建筑工程施工技术
文件编制手册

王立信　主编

中国建筑工业出版社

图书在版编目（CIP）数据

建筑工程施工技术文件编制手册/王立信主编．—北京：中国建筑工业出版社，2007
ISBN 978-7-112-08953-6

Ⅰ．建⋯ Ⅱ．王⋯ Ⅲ．建筑工程-工程施工-文件-编制-中国-手册 Ⅳ．TU71-62

中国版本图书馆 CIP 数据核字（2006）第 159939 号

本书主要介绍施工技术文件的组成和编制要求，全书共分6章内容。书中针对施工技术文件的管理，从施工准备、规范要求、重要原材料的技术性能和检验、施工过程的试验、施工记录、隐蔽工程验收、竣工验收等方面较详细地叙述了施工技术文件的收集、积累、整理、编制和审查过程，提出了一个经分解细化后的资料目录。这是一本编制施工技术文件的应用工具书，附有大量的有关施工技术文件中需用的数据与资料可供参阅。该书按照最新国家标准、规范编写，实用性强、可操作性强。

本书可供建筑企业各级工程技术人员、管理人员、监理公司人员使用，也可供有关专业师生参考。

* * *

责任编辑：余永祯
责任设计：赵　力
责任校对：王金珠　张　虹

建筑工程施工技术文件编制手册
王立信　主编

*

中国建筑工业出版社出版、发行（北京西郊百万庄）
新 华 书 店 经 销
北京密云红光制版公司制版
北京蓝海印刷有限公司印刷

*

开本：787×1092 毫米　1/16　印张：64¾　字数：1611 千字
2007 年 5 月第一版　2007 年 5 月第一次印刷
印数：1—4000 册　定价：**108.00** 元
ISBN 978-7-112-08953-6
（15617）

版权所有　翻印必究
如有印装质量问题，可寄本社退换
（邮政编码 100037）

本社网址：http://www.cabp.com.cn
网上书店：http://www.china-building.com.cn

主　　编　王立信
编写人员　王立信　王春娟　郭晓冰　齐炳辉
　　　　　徐金峰　宋　杰　段亚新　李　晔
　　　　　邢文阁　赵和平　韩玉泉　张　敏
　　　　　韩　伟　刘元沛　王　薇　王　倩
　　　　　张菊花　李　飞　李佑长　王丽云

前 言

《建筑工程施工质量验收统一标准》（GB 50300—2001）及相关专业规范（计14册）已于2001年7月至2003年7月1日期间陆续发布，于2002年1月1日至2003年12月1日期间全面实施。至此，《建筑工程施工质量验收统一标准》（GB 50300—2001）及相关专业规范圆满完成了发布与实施。

新标准和各专业规范已发布并实施数年，经过近几年的实践感到，"88标准"和"2001标准"都是按"类别"提出的纲目性"质量保证资料评定"或"工程质量控制资料和工程安全和功能资料"，在执行中由于不同施工单位对其理解上的差异，在报送的内容和数量上就不够统一，因为标准是按"类别"提出的，所谓"类别"是指标准中按大的类别提出的应报资料，例如：原材料出厂合格证；试（检）验报告；施工试验报告；隐蔽工程验收；施工记录等……，这些"类别"资料在不同的单位工程中施工单位应报送资料的内容、数量从保证结构安全和使用功能的尺度衡量实际报送数量差异也比较大。究其原因就是在"类别"项下资料名称中究竟在不同的单位工程中资料的应报内容没有明确的子目，所以执行起来就不够统一，有的资料报送距离《建筑工程施工质量验收统一标准》（GB 50300—2001）及相关专业规范要求差距比较大，因此，在资料管理及实施中，需要一个对不同结构类型工程施工技术资料都适用，并经分解细化后的基本资料目录名称和实施方法，这一名目应当对工业与民用建筑工程都适用，通过对相关专业规范的考量，认为从以下两个方面应可以实现上述目的：

1. "2001标准"及相关专业规范中都提出了各自条目中的检验内容和检验方法，将这些检验内容和检验方法予以汇总和整理，就会发现需要分解细化的量的划定界线依据，也就是说满足相关专业规范中提出的检验内容和检验方法要求的资料就可以满足规范对施工技术资料的要求。

2. 有关施工技术文件（资料）的条目确立应满足工程的结构安全和使用功能要求。

作者根据多年编制、修订施工技术文件的体会，也曾出版过一些这方面的资料，通过实际调研后均感文件（资料）的内容深度不足，因此，按照新标准的要求编写了《建筑工程施工技术文件编制手册》，该手册主要包括以下内容：

1. 提出了标准要求的工程质量验收资料表式，对工程质量验收资料提出了检验批验收时应提供的核查资料名称和核查要点。

2. 对新标准按"类别"项下提出的资料名目根据相关专业规范提出的各自条目中的检验内容和检验方法进行了分解，并对分解后的资料名称和目录的实施提出了表式与实施要点，例如：建筑与结构项目的隐蔽工程验收按专业规范提出了19项必须报送的隐蔽工程验收项目（见C2-5）细化了的隐蔽验收内容。

3. 新的专业验收规范提出了质量验收时执行的强制性条文，这是对资料的一个新要求，只有认真执行了强制性条文的质量标准，才能真正做到保证工程质量的目的。资料应体现强制性条文的执行情况，对涉及强制性条文的实际操作予以记录，将是对实际工程质量做的真实验证，是十分关键的保证质量的措施和手段。本书对施工试验、施工记录、隐蔽工程验收等新标准提出强制性条文要求的，对其表式进行了修改，要求凡是施工试验、施工记录、隐蔽工程验收等新标准有要求的，均应单独对强制性条文执行情况予以记录。

4. 提出了施工技术文件组排序目表，这一组排序列表是经过分解细化后的名称和目录，该组排目录基本上可供一般工业与民用建筑工程使用。

有了这一组排序列目录表，不论是熟悉还是不熟悉这项工作的同志，只要按组排表按不同资料中的实施要点要求整理施工技术文件即不致于出现大的纰漏，问题是资料来源必须真实、正确。有的同志曾对此提出质疑，认为这样做容易造假和互相抄袭，作者认为能够根据这一组排表和实施要点对资料进行整理是件好事，说明参与该项工作的同志对该项工作比较了解，只要通过教育，树立正确的世界观，对做好资料管理、编制和审查就有了从事业务工作的基础。

本书针对施工技术文件的管理，从施工准备、规范要求、重要原材料的技术性能和检验、施工过程的试验、施工记录、隐蔽工程验收、竣工验收、验收准备等方面，较详细地叙述了施工技术文件的收集、积累、整理、编制和审查过程，提出一个经分解细化后的资料目录。这是一本编制施工技术文件的应用工具书，附有大量的有关技术文件中需用的数据与资料可供参阅，一册在手，即可基本解决施工技术文件编审中的绝大部分问题。

限于水平，本书的不足和错误之处在所难免，敬请读者批评指正。

编 者
2006 年 10 月

目 录

1 概 述

2 建筑工程质量验收技术文件（资料）

2.1 单位（子单位）工程质量竣工验收记录 ·· 6
   2.1.1 单位（子单位）工程质量竣工验收与说明 ·································· 6
   2.1.2 通用名词注释 ·· 12
   2.1.3 工程质量验收的资料编制控制检查要求 ·································· 14
   2.1.4 实例与说明 ··· 15
      2.1.4.1 单位（子单位）工程质量竣工验收记录 ························ 15
      2.1.4.2 填写方法说明 ··· 15

2.2 分部（子分部）工程质量验收记录（C1-2） ······································· 16
   2.2.1 分部（子分部）工程质量验收与说明 ····································· 16
   2.2.2 实例与说明 ··· 24
      2.2.2.1 砌体结构（子分部）工程质量验收记录（表2.2.2.1） ····· 24
      2.2.2.2 填写方法说明 ··· 25

2.3 单位（子单位）工程观感质量检查记录 ··· 26
   2.3.1 单位（子单位）工程观感质量检查与说明 ······························ 26
   2.3.2 实例与说明 ··· 27
      2.3.2.1 单位（子单位）工程观感质量检查记录（表2.3.2.1） ····· 27
      2.3.2.2 单位（子单位）工程观感质量检查记录 ························ 28

2.4 分项与检验批工程质量验收记录 ··· 29
   2.4.1 分项工程质量验收与说明 ·· 29
   2.4.2 实例与说明 ··· 31
   2.4.3 检验批质量验收与说明 ··· 32
   2.4.4 工程质量验收说明 ·· 37
      2.4.4.1 质量等级评定的责任制说明 ·· 37
      2.4.4.2 检验批验收填表综合说明 ·· 38
      2.4.4.3 验收填表实例说明 ·· 39
      2.4.4.4 检验批验收表式中4项评定和验收栏的填写要求 ············ 40

2.5 分项、检验批工程质量验收记录表 ·· 43
   2.5.1 建筑地基与基础工程 ·· 44
      2.5.1.1 灰土地基检验批质量验收记录（表202-1） ···················· 44
      2.5.1.2 砂及砂石地基检验批质量验收记录（表202-2） ············· 44
      2.5.1.3 土工合成材料地基检验批质量验收记录（表202-3） ······ 44

- 2.5.1.4 粉煤灰地基检验批质量验收记录（表202-4） ········· 45
- 2.5.1.5 强夯地基检验批质量验收记录（表202-5） ········· 45
- 2.5.1.6 注浆地基检验批质量验收记录（表202-6） ········· 45
- 2.5.1.7 预压地基和塑料排水带检验批质量验收记录（表202-7） ········· 46
- 2.5.1.8 振冲地基检验批质量验收记录（表202-8） ········· 47
- 2.5.1.9 高压喷射注浆地基检验批质量验收记录（表202-9） ········· 47
- 2.5.1.10 水泥土搅拌桩地基检验批质量验收记录（表202-10） ········· 48
- 2.5.1.11 土和灰土挤密桩检验批质量验收记录（表202-11） ········· 48
- 2.5.1.12 水泥粉煤灰碎石桩复合地基检验批质量验收记录（表202-12） ········· 48
- 2.5.1.13 夯实水泥土桩复合地基检验批质量验收记录（表202-13） ········· 49
- 2.5.1.14 砂桩地基质量验收记录（表202-14） ········· 50
- 2.5.1.15 静力压桩检验批质量验收记录（表202-15） ········· 50
- 2.5.1.16 先张法预应力管桩检验批质量验收记录（表202-16） ········· 51
- 2.5.1.17 预制桩钢筋骨架检验批质量验收记录（表202-17） ········· 51
- 2.5.1.18 钢筋混凝土预制桩检验批质量验收记录（表202-18） ········· 52
- 2.5.1.19 成品钢桩检验批质量验收记录（表202-19） ········· 53
- 2.5.1.20 钢桩施工检验批质量验收记录（表202-20） ········· 53
- 2.5.1.21 混凝土灌注桩钢筋笼检验批质量验收记录（表202-21） ········· 53
- 2.5.1.22 混凝土灌注桩检验批质量验收记录（表202-22） ········· 54
- 2.5.1.23 土方开挖工程检验批质量验收记录（表202-23） ········· 56
- 2.5.1.24 填土工程检验批质量验收记录（表202-24） ········· 56
- 2.5.1.25 基坑工程排桩墙支护重复使用的钢板桩检验批质量验收记录（表202-25） ········· 57
- 2.5.1.26 基坑工程排桩墙支护混凝土板桩制作检验批质量验收记录（表202-26） ········· 57
- 2.5.1.27 基坑工程水泥土桩墙支护加筋水泥土桩检验批质量验收记录（表202-27） ········· 57
- 2.5.1.28 基坑工程锚杆及土钉墙支护检验批质量验收记录（表202-28） ········· 58
- 2.5.1.29 基坑工程钢及混凝土支撑系统工程检验批质量验收记录（表202-29） ········· 59
- 2.5.1.30 基坑工程地下连续墙检验批质量验收记录（表202-30） ········· 59
- 2.5.1.31 基坑工程沉井（箱）检验批质量验收记录（表202-31） ········· 59
- 2.5.1.32 基坑工程降水与排水施工检验批质量验收记录（表202-32） ········· 60
- 2.5.2 砌体工程 ········· 61
  - 2.5.2.1 砖砌体工程检验批质量验收记录（表203-1） ········· 61
  - 2.5.2.2 混凝土小型空心砌块砌体检验批质量验收记录（表203-2） ········· 61
  - 2.5.2.3 石砌体工程检验批质量验收记录（表203-3） ········· 62
  - 2.5.2.4 配筋砌体工程检验批质量验收记录（表203-4） ········· 63
  - 2.5.2.5 填充墙砌体工程检验批质量验收记录（表203-5） ········· 63
- 2.5.3 混凝土结构工程 ········· 64
  - 2.5.3.1 现浇结构模板安装检验批质量验收记录（表204-1） ········· 64
  - 2.5.3.2 预制构件模板安装工程检验批质量验收记录（表204-2） ········· 65
  - 2.5.3.3 模板拆除检验批质量验收记录（表204-3） ········· 66

- 2.5.3.4 钢筋原材料检验批质量验收记录（表204-4） …………………………… 66
- 2.5.3.5 钢筋加工检验批质量验收记录（表204-5） ……………………………… 66
- 2.5.3.6 钢筋连接检验批质量验收记录（表204-6） ……………………………… 67
- 2.5.3.7 钢筋安装检验批质量验收记录（表204-7） ……………………………… 71
- 2.5.3.8 预应力混凝土原材料检验批质量验收记录（表204-8） ………………… 71
- 2.5.3.9 预应力筋的制作与安装检验批质量验收记录（表204-9） ……………… 72
- 2.5.3.10 预应力筋张拉和放张检验批质量验收记录（表204-10） ……………… 72
- 2.5.3.11 预应力灌浆及封锚检验批质量验收记录（表204-11） ………………… 73
- 2.5.3.12 混凝土原材料检验批质量验收记录（表204-12） ……………………… 73
- 2.5.3.13 混凝土配合比设计检验批质量验收记录（表204-13） ………………… 74
- 2.5.3.14 混凝土施工检验批质量验收记录（表204-14） ………………………… 74
- 2.5.3.15 现浇结构外观质量检验批质量验收记录（表204-15） ………………… 75
- 2.5.3.16 现浇结构尺寸允许偏差检验批质量验收记录（表204-16） …………… 76
- 2.5.3.17 混凝土设备基础尺寸允许偏差检验批质量验收记录（表204-17） …… 77
- 2.5.3.18 装配式结构预制构件检验批质量验收记录（表204-18） ……………… 78
- 2.5.3.19 装配式结构施工检验批质量验收记录（表204-19） …………………… 79
- 2.5.4 钢结构工程 …………………………………………………………………………… 79
  - 2.5.4.1 钢材、钢铸件材料检验批质量验收记录（表205-1） …………………… 79
  - 2.5.4.2 焊接材料检验批质量验收记录（表205-2） ……………………………… 79
  - 2.5.4.3 连接用紧固标准件检验批质量验收记录（表205-3） …………………… 80
  - 2.5.4.4 焊接球及加工检验批质量验收记录（表205-4） ………………………… 80
  - 2.5.4.5 螺栓球及加工检验批质量验收记录（表205-5） ………………………… 81
  - 2.5.4.6 封板、锥头和套筒检验批质量验收记录（表205-6） …………………… 81
  - 2.5.4.7 金属压型板制作检验批质量验收记录（表205-7） ……………………… 82
  - 2.5.4.8 钢结构（压型金属板安装）检验批质量验收记录（表205-8） ………… 83
  - 2.5.4.9 钢结构防腐涂料涂装检验批质量验收记录（表205-9） ………………… 83
  - 2.5.4.10 其他材料检验批质量验收记录（表205-10） …………………………… 83
  - 2.5.4.11 钢结构焊接检验批质量验收记录（表205-11） ………………………… 84
  - 2.5.4.12 钢结构焊钉（栓钉）焊接检验批质量验收记录（表205-12） ………… 85
  - 2.5.4.13 钢结构（普通紧固件连接）检验批质量验收记录（表205-13） ……… 86
  - 2.5.4.14 钢结构（高强度螺栓连接）检验批质量验收记录（表205-14） ……… 86
  - 2.5.4.15 钢结构（零件及部件加工切割）检验批质量验收记录（表205-15） … 87
  - 2.5.4.16 钢零件及部件加工矫正成型与边缘加工检验批质量验收记录（表205-16） …… 88
  - 2.5.4.17 钢结构（零部件加工的矫正成型与边缘加工）
    检验批质量验收记录（表205-17） ………………………………………… 89
  - 2.5.4.18 钢结构（零部件加工的管、球加工）检验批质量验收记录（表205-18） … 89
  - 2.5.4.19 钢零件及钢部件制孔检验批质量验收记录（表205-19） ……………… 90
  - 2.5.4.20 钢构件组装焊接H型钢检验批质量验收记录（表205-20） …………… 90
  - 2.5.4.21 钢构件组装检验批质量验收记录（表205-21） ………………………… 91

2.5.4.22 钢构件组装端部铣平及安装焊缝坡口检验批质量验收记录（表205-22）……92
2.5.4.23 钢构件外形尺寸单层钢柱检验批质量验收记录（表205-23）……92
2.5.4.24 钢构件外形尺寸多节钢柱检验批质量验收记录（表205-24）……93
2.5.4.25 钢构件外形尺寸焊接实腹钢梁检验批质量验收记录（表205-25）……94
2.5.4.26 钢构件外形尺寸钢桁架检验批质量验收记录（表205-26）……95
2.5.4.27 钢构件外形尺寸钢管构件检验批质量验收记录（表205-27）……96
2.5.4.28 钢构件外形尺寸墙架、檩条、支撑系统钢构件检验批质量验收记录（表205-28）……97
2.5.4.29 钢构件外形尺寸钢平台、钢梯和防护栏杆检验批质量验收记录（表205-29）……98
2.5.4.30 钢构件预拼装工程检验批质量验收记录（表205-30）……98
2.5.4.31 单层钢结构安装基础和支承面检验批质量验收记录（表205-31）……100
2.5.4.32 单层钢结构安装与校正钢屋架、桁架、梁、钢柱等
检验批质量验收记录（表205-32）……101
2.5.4.33 单层钢结构安装与校正钢吊车梁检验批质量验收记录（表205-33）……102
2.5.4.34 单层钢结构安装与校正墙架、檩条等次要构件
检验批质量验收记录（表205-34）……103
2.5.4.35 单层钢结构安装与校正钢平台、钢梯和防护栏杆
检验批质量验收记录（表205-35）……104
2.5.4.36 多层及高层钢结构安装基础和支承面检验批质量验收记录（表205-36）……105
2.5.4.37 多层及高层钢结构安装和校正钢构件安装检验批质量验收记录（表205-37）……106
2.5.4.38 多层及高层钢结构安装钢柱、主次梁（及受压杆件）
检验批质量验收记录（表205-38）……107
2.5.4.39 多层及高层钢结构安装钢吊车梁（直接承受动力荷载）
构件安装检验批质量验收记录（表205-39）……108
2.5.4.40 多层及高层钢结构安装檩条、墙架等次要构件
安装检验批质量验收记录（表205-40）……109
2.5.4.41 多层及高层钢结构安装钢平台、钢梯和防护栏杆
检验批质量验收记录（表205-41）……110
2.5.4.42 钢网架安装支承面顶板和支承垫块检验批质量验收记录（表205-42）……110
2.5.4.43 钢网架安装总拼与安装（小拼单元）检验批质量验收记录（表205-43）……111
2.5.4.44 钢网架安装总拼与安装（中拼单元）检验批质量验收记录（表205-44）……112
2.5.4.45 钢结构（防腐涂料涂装）检验批质量验收记录（表205-45）……113
2.5.4.46 钢结构（防火涂料涂装）检验批质量验收记录（表205-46）……113
2.5.5 木结构工程……114
2.5.5.1 方木和原木结构木桁架、木梁（含檩条）及木柱制作
检验批质量验收记录（表206-1）……114
2.5.5.2 胶合木结构检验批质量验收记录（表206-2）……116
2.5.5.3 轻型木结构检验批质量验收记录（表206-3）……116
2.5.5.4 木结构防护检验批质量验收记录（表206-4）……117
2.5.6 屋面工程……117
2.5.6.1 卷材防水屋面找平层检验批质量验收记录（表207-1）……117

- 2.5.6.2 卷材（涂膜）防水屋面保温层检验批质量验收记录（表207-2） ········ 118
- 2.5.6.3 卷材防水层检验批质量验收记录（热风焊接法）（表207-3） ········ 118
- 2.5.6.4 涂膜防水屋面涂膜防水层检验批质量验收记录（表207-4） ········ 122
- 2.5.6.5 刚性防水屋面细石混凝土防水层检验批质量验收记录（表207-5） ········ 122
- 2.5.6.6 刚性屋面密封材料嵌缝检验批质量验收记录（表207-6） ········ 122
- 2.5.6.7 平瓦屋面检验批质量验收记录（表207-7） ········ 123
- 2.5.6.8 油毡瓦屋面检验批质量验收记录（表207-8） ········ 123
- 2.5.6.9 金属板材屋面检验批质量验收记录（表207-9） ········ 123
- 2.5.6.10 架空屋面检验批质量验收记录（表207-10） ········ 124
- 2.5.6.11 蓄水隔热屋面检验批质量验收记录（表207-11） ········ 124
- 2.5.6.12 种植屋面检验批质量验收记录（表207-12） ········ 124
- 2.5.6.13 屋面工程细部构造检验批质量验收记录（表207-13） ········ 125
- 2.5.7 地下防水工程 ········ 126
  - 2.5.7.1 防水混凝土检验批质量验收记录（表208-1） ········ 126
  - 2.5.7.2 水泥砂浆防水层检验批质量验收记录（表208-2） ········ 126
  - 2.5.7.3 卷材防水层检验批质量验收记录（表208-3） ········ 127
  - 2.5.7.4 涂料防水层检验批质量验收记录（表208-4） ········ 127
  - 2.5.7.5 塑料板防水层检验批质量验收记录（表208-5） ········ 128
  - 2.5.7.6 金属板防水层检验批质量验收记录（表208-6） ········ 128
  - 2.5.7.7 细部构造检验批质量验收记录（表208-7） ········ 129
  - 2.5.7.8 锚喷支护检验批质量验收记录（表208-8） ········ 129
  - 2.5.7.9 地下连续墙检验批质量验收记录（表208-9） ········ 130
  - 2.5.7.10 复合式衬砌检验批质量验收记录（表208-10） ········ 130
  - 2.5.7.11 盾构法隧道检验批质量验收记录（表208-11） ········ 131
  - 2.5.7.12 渗排水、盲沟排水检验批质量验收记录（表208-12） ········ 131
  - 2.5.7.13 隧道、坑道排水检验批质量验收记录（表208-13） ········ 131
  - 2.5.7.14 预注浆、后注浆检验批质量验收记录（表208-14） ········ 132
  - 2.5.7.15 衬砌裂缝注浆检验批质量验收记录（表208-15） ········ 132
- 2.5.8 建筑地面工程 ········ 133
  - 2.5.8.1 建筑地面工程基土检验批质量验收记录（表209-1） ········ 133
  - 2.5.8.2 建筑地面工程灰土垫层检验批质量验收记录（表209-2） ········ 133
  - 2.5.8.3 建筑地面砂垫层和砂石垫层检验批质量验收记录（表209-3） ········ 134
  - 2.5.8.4 建筑地面碎石垫层和碎砖垫层检验批质量验收记录（表209-4） ········ 134
  - 2.5.8.5 建筑地面三合土垫层检验批质量验收记录（表209-5） ········ 135
  - 2.5.8.6 建筑地面炉渣垫层检验批质量验收记录（表209-6） ········ 135
  - 2.5.8.7 建筑地面水泥混凝土垫层检验批质量验收记录（表209-7） ········ 136
  - 2.5.8.8 建筑地面找平层检验批质量验收记录（表209-8） ········ 136
  - 2.5.8.9 建筑地面隔离层检验批质量验收记录（表209-9） ········ 137
  - 2.5.8.10 建筑地面填充层检验批质量验收记录（表209-10） ········ 137

2.5.8.11 建筑地面水泥混凝土面层检验批质量验收记录（表209-11） …… 138
2.5.8.12 建筑地面水泥砂浆面层检验批质量验收记录（表209-12） …… 138
2.5.8.13 建筑地面水磨石面层检验批质量验收记录（表209-13） …… 139
2.5.8.14 建筑地面水泥钢（铁）屑面层检验批质量验收记录（表209-14） …… 139
2.5.8.15 建筑地面防油渗面层检验批质量验收记录（表209-15） …… 140
2.5.8.16 建筑地面不发火（防爆的）面层检验批质量验收记录（表209-16） …… 140
2.5.8.17 建筑地面砖面层检验批质量验收记录（表209-17） …… 141
2.5.8.18 建筑地面大理石和花岗石面层（含碎拼）检验批质量验收记录（表209-18） …… 142
2.5.8.19 建筑地面预制板块面层检验批质量验收记录（表209-19） …… 143
2.5.8.20 建筑地面料（块）石面层检验批质量验收记录（表209-20） …… 143
2.5.8.21 建筑地面塑料板面层检验批质量验收记录（表209-21） …… 144
2.5.8.22 建筑地面活动地板面层检验批质量验收记录（表209-22） …… 144
2.5.8.23 建筑地面地毯面层检验批质量验收记录（表209-23） …… 144
2.5.8.24 建筑地面实木复合地板面层检验批质量验收记录（表209-24） …… 145
2.5.8.25 建筑地面实木地板面层检验批质量验收记录（表209-25） …… 145
2.5.8.26 建筑地面中密度（强化）复合地板面层检验批质量验收记录（表209-26） …… 146
2.5.8.27 建筑地面竹地板面层检验批质量验收记录（表209-27） …… 146

2.5.9 建筑装饰装修工程 …… 147
2.5.9.1 一般抹灰工程检验批质量验收记录（表210-1） …… 147
2.5.9.2 装饰抹灰工程检验批质量验收记录（表210-2） …… 148
2.5.9.3 清水砌体勾缝工程检验批质量验收记录（表210-3） …… 148
2.5.9.4 木门窗制作工程检验批质量验收记录（表210-4） …… 149
2.5.9.5 木门窗安装工程检验批质量验收记录（表210-5） …… 150
2.5.9.6 钢门窗安装工程检验批质量验收记录（表210-6） …… 151
2.5.9.7 涂色镀锌钢板门窗安装工程检验批质量验收记录（表210-7） …… 152
2.5.9.8 铝合金门窗工程检验批质量验收记录（表210-8） …… 152
2.5.9.9 塑料门窗安装工程检验批质量验收记录（表210-9） …… 153
2.5.9.10 特种门安装工程检验批质量验收记录（表210-10） …… 154
2.5.9.11 门窗玻璃安装工程检验批质量验收记录（表210-11） …… 155
2.5.9.12 暗龙骨吊顶安装工程检验批质量验收记录（表210-12） …… 156
2.5.9.13 明龙骨吊顶安装工程检验批质量验收记录（表210-13） …… 156
2.5.9.14 板材隔墙工程检验批质量验收记录（表210-14） …… 157
2.5.9.15 骨架隔墙工程检验批质量验收记录（表210-15） …… 157
2.5.9.16 活动隔墙工程检验批质量验收记录（表210-16） …… 158
2.5.9.17 玻璃隔墙工程检验批质量验收记录（表210-17） …… 158
2.5.9.18 饰面板（砖）安装工程检验批质量验收记录（表210-18） …… 159
2.5.9.19 饰面砖粘贴工程检验批质量验收记录（表210-19） …… 160
2.5.9.20 明框玻璃幕墙工程检验批质量验收记录（表210-20） …… 161
2.5.9.21 隐框、半隐框玻璃幕墙工程检验批质量验收记录（表210-21） …… 162

2.5.9.22 金属幕墙工程检验批质量验收记录（表210-22） …… 163
2.5.9.23 石材幕墙工程检验批质量验收记录（表210-23） …… 164
2.5.9.24 水性涂料涂饰工程检验批质量验收记录（表210-24） …… 165
2.5.9.25 溶剂型涂料涂饰工程检验批质量验收记录（表210-25） …… 166
2.5.9.26 美术涂饰工程检验批质量验收记录（表210-26） …… 167
2.5.9.27 裱糊工程检验批质量验收记录（表210-27） …… 167
2.5.9.28 软包工程检验批质量验收记录（表210-28） …… 168
2.5.9.29 橱柜制作检验批质量验收记录（表210-29） …… 168
2.5.9.30 窗帘盒、窗台板和散热器罩制作检验批质量验收记录（表210-30） …… 169
2.5.9.31 门窗套制作与安装检验批质量验收记录（表210-31） …… 169
2.5.9.32 护栏和扶手制作与安装检验批质量验收记录（表210-32） …… 170
2.5.9.33 花饰制作与安装检验批质量验收记录（表210-33） …… 170

2.5.10 建筑给水排水及采暖工程 …… 171
2.5.10.1 室内给水管道及配件安装检验批质量验收记录（表242-1） …… 171
2.5.10.2 室内消火栓系统安装检验批质量验收记录（表242-2） …… 171
2.5.10.3 室内给水设备安装检验批质量验收记录（表242-3） …… 172
2.5.10.4 室内排水管道及配件安装检验批质量验收记录（表242-4） …… 173
2.5.10.5 室内雨水管道及配件安装检验批质量验收记录（表242-5） …… 174
2.5.10.6 室内热水供应系统管道及配件安装检验批质量验收记录（表242-6） …… 174
2.5.10.7 室内热水供应辅助设备安装检验批质量验收记录（表242-7） …… 175
2.5.10.8 卫生器具安装检验批质量验收记录（表242-8） …… 176
2.5.10.9 卫生器具给水配件安装检验批质量验收记录（表242-9） …… 176
2.5.10.10 卫生器具排水管道安装检验批质量验收记录（表242-10） …… 177
2.5.10.11 室内采暖系统管道及配件安装检验批质量验收记录（表242-11） …… 177
2.5.10.12 室内采暖系统辅助设备及散热器安装检验批质量验收记录（表242-12） …… 179
2.5.10.13 室内采暖金属辐射板安装检验批质量验收记录（表242-13） …… 179
2.5.10.14 室内采暖低温热水地板辐射采暖系统安装检验批质量验收记录（表242-14） …… 180
2.5.10.15 室内采暖系统水压试验及调试检验批质量验收记录（表242-15） …… 180
2.5.10.16 室外给水管网给水管道安装检验批质量验收记录（表242-16） …… 180
2.5.10.17 消防水泵接合器及室外消火栓安装（室外）检验批质量验收记录（表242-17） …… 182
2.5.10.18 室外给水管网管沟及井室检验批质量验收记录（表242-18） …… 182
2.5.10.19 室外排水管网排水管道安装检验批质量验收记录（表242-19） …… 183
2.5.10.20 排水管沟及井池检验批质量验收记录（表242-20） …… 183
2.5.10.21 室外供热管网管道及配件安装检验批质量验收记录（表242-21） …… 184
2.5.10.22 室外供热管网水压试验与调试检验批质量验收记录（表242-22） …… 185
2.5.10.23 建筑中水系统管道及附属设备安装检验批质量验收记录（表242-23） …… 185
2.5.10.24 游泳池水系统安装检验批质量验收记录（表242-24） …… 185
2.5.10.25 锅炉安装检验批质量验收记录（表242-25） …… 186

2.5.10.26	锅炉辅助设备及管道安装检验批质量验收记录（表242-26）	188
2.5.10.27	供热锅炉安全附件安装检验批质量验收记录（表242-27）	189
2.5.10.28	锅炉烘炉、煮炉和试运行检验批质量验收记录（表242-28）	190
2.5.10.29	换热站安装检验批质量验收记录（表242-29）	190

2.5.11 通风与空调工程 191

2.5.11.1	风管与配件制作检验批质量验收记录（金属风管）（表243-1）	191
2.5.11.2	风管与配件制作检验批质量验收记录（非金属、复合材料风管）（表243-2）	191
2.5.11.3	风管部件与消声器制作检验批质量验收记录（表243-3）	192
2.5.11.4	风管系统安装检验批质量验收记录（送、排风、排烟系统）（表243-4）	192
2.5.11.5	风管系统安装检验批质量验收记录（空调系统）（表243-5）	193
2.5.11.6	风管系统安装检验批质量验收记录（净化空调系统）（表243-6）	193
2.5.11.7	通风机安装检验批质量验收记录（表243-7）	194
2.5.11.8	通风与空调设备安装检验批质量验收记录（通风系统）（表243-8）	194
2.5.11.9	通风与空调设备安装检验批质量验收记录（空调系统）（表243-9）	195
2.5.11.10	通风与空调设备安装检验批质量验收记录（净化空调系统）（表243-10）	196
2.5.11.11	空调制冷系统安装检验批质量验收记录（表243-11）	197
2.5.11.12	空调水系统安装检验批质量验收记录（金属管道）（表243-12）	197
2.5.11.13	空调水系统安装检验批质量验收记录（非金属管道）（表243-13）	198
2.5.11.14	空调水系统安装检验批质量验收记录（设备）（表243-14）	198
2.5.11.15	防腐与绝热施工检验批质量验收记录（风管系统）（表243-15）	199
2.5.11.16	防腐与绝热施工检验批质量验收记录（管道系统）（表243-16）	199
2.5.11.17	工程系统调试检验批质量验收记录（表243-17）	200

2.5.12 建筑电气工程 200

2.5.12.1	架空线路及杆上电气设备安装检验批质量验收记录（表303-1）	200
2.5.12.2	变压器、箱式变电所安装检验批质量验收记录（表303-2）	201
2.5.12.3	成套配电柜、控制柜（屏、台）和动力、照明配电箱（盘）安装检验批质量验收记录（表303-3）	201
2.5.12.4	低压电动机、电加热器及电动执行机构检查接线检验批质量验收记录（表303-4）	202
2.5.12.5	柴油发电机组安装检验批质量验收记录（表303-5）	202
2.5.12.6	不间断电源安装检验批质量验收记录（表303-6）	203
2.5.12.7	低压电气动力设备试验和试运行检验批质量验收记录（表303-7）	203
2.5.12.8	裸母线、封闭母线、插接式母线安装检验批质量验收记录（表303-8）	204
2.5.12.9	电缆桥架安装和桥架内电缆敷设检验批质量验收记录（表303-9）	204
2.5.12.10	电缆沟内和电缆竖井内电缆敷设检验批质量验收记录（表303-10）	205
2.5.12.11	电线导管、电缆导管和线槽敷设检验批质量验收记录（表303-11）	205
2.5.12.12	电线、电缆导管和线槽敷线检验批质量验收记录（表303-12）	206
2.5.12.13	槽板配线检验批质量验收记录（表303-13）	206
2.5.12.14	钢索配线检验批质量验收记录（表303-14）	207

13

- 2.5.12.15 电缆头制作、接地和线路绝缘测试检验批质量验收记录（表303-15） ······ 207
- 2.5.12.16 普通灯具安装检验批质量验收记录（表303-16） ······ 208
- 2.5.12.17 专用灯具安装检验批质量验收记录（表303-17） ······ 208
- 2.5.12.18 建筑物景观照明灯、航空障碍标志灯和庭院灯安装检验批质量验收记录（表303-18） ······ 209
- 2.5.12.19 开关、插座、风扇安装检验批质量验收记录（表303-19） ······ 209
- 2.5.12.20 建筑物通电照明试运行检验批质量验收记录（表303-20） ······ 209
- 2.5.12.21 接地装置安装检验批质量验收记录（表303-21） ······ 210
- 2.5.12.22 避雷引下线和变配电室接地干线敷设检验批质量验收记录（表303-22） ······ 210
- 2.5.12.23 接闪器安装检验批质量验收记录（表303-23） ······ 210
- 2.5.12.24 建筑物等电位联结检验批质量验收记录（表303-24） ······ 211
- 2.5.13 电梯工程 ······ 212
  - 2.5.13.1 电力驱动的曳引式或强制式电梯安装设备进场验收记录（表310-1） ······ 212
  - 2.5.13.2 电力驱动的曳引式或强制式电梯安装土建交接检验记录（表310-2） ······ 212
  - 2.5.13.3 电力驱动曳引式或强制式电梯安装驱动主机分项工程质量验收记录（表310-3） ······ 213
  - 2.5.13.4 电力驱动曳引式或强制式电梯安装导轨分项工程质量验收记录（表310-4） ······ 213
  - 2.5.13.5 电力驱动曳引式或强制式电梯安装门系统分项工程质量验收记录（表310-5） ······ 214
  - 2.5.13.6 电力驱动曳引式或强制式电梯安装轿厢分项工程质量验收记录（表310-6） ······ 214
  - 2.5.13.7 电力驱动曳引式或强制式电梯安装对重（平衡重）分项工程质量验收记录（表310-7） ······ 214
  - 2.5.13.8 电力驱动曳引式或强制式电梯安装安全部件分项工程质量验收记录（表310-8） ······ 215
  - 2.5.13.9 电力驱动曳引式或强制式电梯安装悬挂装置、随行电缆、补偿装置分项工程质量验收记录（表310-9） ······ 215
  - 2.5.13.10 电力驱动曳引式或强制式电梯安装电气装置分项工程质量验收记录（表310-10） ······ 216
  - 2.5.13.11 电力驱动曳引式或强制式电梯安装整机安装验收分项工程质量验收记录（表310-11） ······ 216
  - 2.5.13.12 液压电梯安装液压系统分项工程质量验收记录（表310-12） ······ 217
  - 2.5.13.13 液压电梯安装整机安装验收分项工程质量验收记录（表310-13） ······ 217
  - 2.5.13.14 自动扶梯、自动人行道安装设备进场验收分项工程质量验收记录（表310-14） ······ 217
  - 2.5.13.15 自动扶梯、自动人行道安装土建交接检验分项工程质量验收记录（表310-15） ······ 218
  - 2.5.13.16 自动扶梯、自动人行道安装整机安装验收分项工程质量验收记录（表310-16） ······ 218

2.5.14 智能建筑工程 ··· 219
2.5.14.1 通信网络系统工程检验批质量验收记录（表339-1）··· 219
2.5.14.2 卫星数字电视及有线电视、公共广播与紧急广播系统检测检验批质量验收记录（表339-2）··· 219
2.5.14.3 计算机网络系统检测检验批质量验收记录（表339-3）··· 219
2.5.14.4 应用软件检测检验批质量验收记录（表339-4）··· 220
2.5.14.5 网络安全系统检验批质量验收记录（表339-5）··· 220
2.5.14.6 建筑设备监控系统检验批质量验收记录Ⅰ（表339-6）··· 221
2.5.14.7 建筑设备监控系统检验批质量验收记录Ⅱ（表339-7）··· 221
2.5.14.8 建筑设备监控系统检验批质量验收记录Ⅲ（表339-8）··· 221
2.5.14.9 火灾自动报警及消防联动系统检验批质量验收记录（表339-9）··· 222
2.5.14.10 安全防范系统检验批质量验收记录Ⅰ（表339-10）··· 222
2.5.14.11 安全防范系统检验批质量验收记录Ⅱ（表339-11）··· 223
2.5.14.12 综合布线系统安装质量检测检验批质量验收记录Ⅲ（表339-12）··· 223
2.5.14.13 综合布线系统性能检测检验批质量验收记录（表339-13）··· 224
2.5.14.14 智能化系统集成系统检测检验批质量验收记录（表339-14）··· 224
2.5.14.15 电源系统检测检验批质量验收记录（表339-15）··· 225
2.5.14.16 防雷及接地系统检测检验批质量验收记录（表339-16）··· 225
2.5.14.17 环境系统检测检验批质量验收记录（表339-17）··· 226
2.5.14.18 住宅（小区）智能化火灾自动报警及消防联动系统检测检验批质量验收记录（表339-18）··· 226
2.5.14.19 住宅（小区）智能化安全防范系统检测检验批质量验收记录（表339-19）··· 227
2.5.14.20 住宅（小区）智能化监控与管理系统检测检验批质量验收记录（表339-20）··· 227
2.5.14.21 家庭控制器检测检验批质量验收记录（表339-21）··· 228
2.5.14.22 室外设备及管网检测检验批质量验收记录（表339-22）··· 228
2.6 智能建筑工程验收 ··· 228
2.6.1 综合说明 ··· 228
2.6.2 施工现场质量管理检查 ··· 231
2.6.3 智能建筑工程的质量验收 ··· 232
2.6.4 智能建筑系统检测分项、检验批质量验收表式与说明 ··· 244
2.6.5 分部（子分部）工程竣工验收记录 ··· 244

3 工程质量记录资料

3.1 工程质量记录资料说明 ··· 247
3.1.1 工程质量记录资料组成 ··· 247
3.1.2 工程质量记录资料的分类与要求 ··· 247
3.1.2.1 工程质量记录资料的分类 ··· 247
3.1.2.2 工程质量记录资料的要求 ··· 247
3.2 单位（子单位）工程质量控制资料核查记录（C2）··· 248
建筑与结构 ··· 264

- 3.2.1 图纸会审、设计变更、洽商记录（C2-1） ······ 264
  - 3.2.1.1 图纸会审（C2-1-1） ······ 265
  - 3.2.1.2 设计变更（C2-1-2） ······ 267
  - 3.2.1.3 工程洽商记录（C2-1-3） ······ 267
- 3.2.2 工程定位测量、放线记录（C2-2） ······ 268
  - 3.2.2.1 工程定位测量及复测记录（C2-2-1） ······ 269
  - 3.2.2.2 基槽及各层放线测量及复测记录（C2-2-2） ······ 272
  - 3.2.2.3 建筑物沉降观测记录（C2-2-3） ······ 273
- 3.2.3 原材料出厂合格证书及进场试（检）验报告（C2-3） ······ 277
  - 3.2.3.1 ＿＿＿合格证、试验报告汇总表（通用）（C2-3-1） ······ 278
  - 3.2.3.2 ＿＿＿合格证粘贴表（通用）（C2-3-2） ······ 279
  - 3.2.3.3 ＿＿＿材料检验报告（通用）（C2-3-3） ······ 280
  - 3.2.3.4 钢材合格证、试验报告汇总表（C2-3-4） ······ 281
  - 3.2.3.5 钢筋（材）出厂合格证（C2-3-5） ······ 281
  - 3.2.3.6 钢筋机械性能试验报告（C2-3-6） ······ 281
  - 3.2.3.7 钢材试验报告（C2-3-7） ······ 294
  - 3.2.3.8 预应力钢筋合格证（C2-3-8） ······ 298
  - 3.2.3.9 预应力钢筋（钢绞线）试验报告（C2-3-9） ······ 298
  - 3.2.3.10 预应力锚具、夹具和连接器合格证、出厂检验报告（C2-3-10） ······ 299
  - 3.2.3.11 预应力锚具、夹具和连接器静载荷性能复试报告（C2-3-11） ······ 299
  - 3.2.3.12 金属螺旋管合格证（C2-3-12） ······ 301
  - 3.2.3.13 金属螺旋管复试报告（C2-3-13） ······ 301
  - 3.2.3.14 钢材焊接试（检）验报告、焊条（剂）合格证汇总表（C2-3-14） ······ 301
  - 3.2.3.15 焊条（剂）合格证（C2-3-15） ······ 302
  - 3.2.3.16 水泥、外加剂、掺合料出厂合格证、试验报告汇总表（C2-3-16） ······ 306
  - 3.2.3.17 水泥出厂合格证（C2-3-17） ······ 306
  - 3.2.3.18 水泥试验报告（C2-3-18） ······ 306
  - 3.2.3.19 预应力孔道灌浆用水泥合格证（C2-3-19） ······ 311
  - 3.2.3.20 预应力孔道灌浆用水泥试验报告（C2-3-20） ······ 311
  - 3.2.3.21 混凝土外加剂合格证、出厂检验报告（C2-3-21） ······ 311
  - 3.2.3.22 混凝土外加剂试验报告单（C2-3-22） ······ 312
  - 3.2.3.23 预应力孔道灌浆用外加剂合格证（C2-3-23） ······ 312
  - 3.2.3.24 预应力孔道灌浆用外加剂试验报告（C2-3-24） ······ 312
  - 3.2.3.25 砌筑砂浆用外加剂合格证（C2-3-25） ······ 312
  - 3.2.3.26 砌筑砂浆用外加剂试验报告（C2-3-26） ······ 312
  - 3.2.3.27 掺合料（粉煤灰等）合格证（C2-3-27） ······ 313
  - 3.2.3.28 掺合料（粉煤灰等）试验报告（C2-3-28） ······ 313
  - 3.2.3.29 混凝土拌合用水水质试验报告（有要求时）（C2-3-29） ······ 315
  - 3.2.3.30 砖（砌块）类材料出厂合格证、试验报告汇总表（C2-3-30） ······ 315

3.2.3.31 砖（砌块）类材料出厂合格证（C2-3-31） ………………………… 315
3.2.3.32 砖（砌块）试验报告（C2-3-32） ………………………………… 315
3.2.3.33 陶质釉面砖与陶瓷墙地砖等出厂合格证、出厂检验报告（C2-3-33） … 327
3.2.3.34 陶质釉面砖与陶瓷墙地砖等试验报告（C2-3-34） ………………… 328
3.2.3.35 粗细集料、轻集料合格证、试验报告汇总表（C2-3-35） ………… 330
3.2.3.36 粗细集料合格证、轻集料合格证粘贴表（C2-3-36） ……………… 330
3.2.3.37 砂子试验报告（C2-3-37） ………………………………………… 331
3.2.3.38 石子试验报告（C2-3-38） ………………………………………… 334
3.2.3.39 轻集料试验报告（C2-3-39） ……………………………………… 338
3.2.3.40 防水材料（卷材、涂料）合格证、试验报告汇总表（C2-3-40） … 339
3.2.3.41 防水材料（卷材、涂料）合格证粘贴表（C2-3-41） ……………… 339
3.2.3.42 防水卷材试验报告（C2-3-42） …………………………………… 340
3.2.3.43 防水涂料试验报告（C2-3-43） …………………………………… 351
3.2.3.44 ＿＿防水材料试（检）验报告（通用）（C2-3-44） ……………… 355
3.2.3.45 保温材料合格证、出厂检验报告（C2-3-45） …………………… 355
3.2.3.46 保温材料试验报告（C2-3-46） …………………………………… 356
3.2.3.47 其他建筑材料出厂合格证（出厂检验报告）
　　　　 和试验报告（C2-3-47） …………………………………………… 356
3.2.3.48 幕墙材料出厂合格证和试验报告（C2-3-48） …………………… 360
3.2.4 施工试验报告及见证检测报告（C2-4） …………………………………… 361
　3.2.4.1 ＿＿检验报告（通用）（C2-4-1） ………………………………… 364
　3.2.4.2 钢（材）筋焊接连接试验报告（C2-4-2） ………………………… 365
　3.2.4.3 钢筋机械连接试验报告（C2-4-3） ………………………………… 373
　3.2.4.4 钢结构钢材连接试验报告（C2-4-4） ……………………………… 376
　3.2.4.5 钢结构连接副抗滑移系数复（检）验（C2-4-5） ………………… 383
　3.2.4.6 钢（筋）材探伤检验（C2-4-6） …………………………………… 387
　3.2.4.7 预应力钢丝镦头强度试验报告（C2-4-7） ………………………… 394
　3.2.4.8 幕墙后置埋件现场拉拔试验报告（C2-4-8） ……………………… 394
　3.2.4.9 幕墙石材弯曲强度试验报告（C2-4-9） …………………………… 394
　3.2.4.10 土样密度试验报告（C2-4-10） …………………………………… 394
　3.2.4.11 击实试验报告（C2-4-11） ………………………………………… 405
　3.2.4.12 地表土氡浓度检测报告（C2-4-12） ……………………………… 412
　3.2.4.13 混凝土试块强度试验报告（C2-4-13） …………………………… 412
　3.2.4.14 砂浆抗压强度试验报告（C2-4-14） ……………………………… 438
　3.2.4.15 混凝土强度检测报告（C2-4-15） ………………………………… 449
　3.2.4.16 砌体强度检测报告（C2-4-16） …………………………………… 450
3.2.5 隐蔽工程验收记录（C2-5） ………………………………………………… 453
　3.2.5.1 隐蔽工程验收记录（通用）（C2-5-1） …………………………… 453
　3.2.5.2 钢筋隐蔽工程验收记录（C2-5-2） ………………………………… 456

- 3.2.5.3 预应力钢筋隐蔽工程验收记录（C2-5-3） ... 457
- 3.2.5.4 钢结构焊接隐蔽工程验收记录（C2-5-4） ... 457
- 3.2.5.5 地下防水转角处、变形缝、穿墙管道、后浇带、埋件等、施工缝留槎位置、穿墙管止水环与主管或翼环与套管等细部做法隐蔽工程验收记录（C2-5-5） ... 458
- 3.2.5.6 盾构法隧道管片拼装接缝隐蔽工程验收记录（C2-5-6） ... 458
- 3.2.5.7 渗排水、盲沟排水、复合式衬砌缓冲排水层隐蔽工程验收记录（C2-5-7） ... 458
- 3.2.5.8 注浆工程的注浆孔、注浆控制压力、钻孔埋管等隐蔽工程验收记录（C2-5-8） ... 459
- 3.2.5.9 地下连续墙的槽段接缝及墙体与内衬结构接缝隐蔽工程验收记录（C2-5-9） ... 459
- 3.2.5.10 屋面卷材防水、涂膜防水、刚性防水的防水层基层；密封防水处理部位；细部构造的天沟、檐口、檐沟、水落口、泛水、变形缝和伸出屋面管道的防水构造；防水层的搭接宽度和附加层；刚性保护层与卷材、涂膜防水层之间设置的隔离层等的隐蔽工程验收记录（C2-5-10） ... 459
- 3.2.5.11 抹灰（一般、装饰等）工程隐蔽工程验收记录（C2-5-11） ... 460
- 3.2.5.12 门窗预埋件和锚固件隐蔽工程验收记录（C2-5-12） ... 461
- 3.2.5.13 门窗隐蔽部位的防腐、填嵌处理隐蔽工程验收记录（C2-5-13） ... 461
- 3.2.5.14 吊顶工程隐蔽工程验收记录（C2-5-14） ... 462
- 3.2.5.15 轻质隔墙（板材骨架、活动隔墙、玻璃隔墙）工程隐蔽工程验收记录（C2-5-15） ... 462
- 3.2.5.16 饰面板（砖）工程隐蔽工程验收记录（C2-5-16） ... 463
- 3.2.5.17 细部工程护栏与预埋件（或后置埋件）连接节点隐蔽工程验收记录（C2-5-17） ... 463
- 3.2.5.18 幕墙隐蔽工程验收记录（C2-5-18） ... 463
- 3.2.5.19 建筑地面各构造层隐蔽工程验收记录（C2-5-19） ... 464
- 3.2.6 施工记录（C2-6） ... 465
  - 3.2.6.1 ＿＿＿施工记录（通用）（C2-6-1） ... 466
  - 3.2.6.2 地基钎探记录（C2-6-2） ... 468
  - 3.2.6.3 地基验槽记录（C2-6-3） ... 471
  - 3.2.6.4 砌筑工程施工记录（C2-6-4） ... 474
  - 3.2.6.5 混凝土施工记录（C2-6-5） ... 475
  - 3.2.6.6 钢构件、预制混凝土构件、木构件吊装记录（C2-6-6） ... 493
  - 3.2.6.7 预应力施工记录（C2-6-7） ... 496
  - 3.2.6.8 无粘结预应力筋锚具外观检验、无粘结预应力钢丝镦头外观检验施工记录（C2-6-8） ... 503
  - 3.2.6.9 钢结构施工记录（C2-6-9） ... 503
  - 3.2.6.10 幕墙工程施工记录（C2-6-10） ... 506
  - 3.2.6.11 装饰装修工程施工记录（C2-6-11） ... 507

- 3.2.6.12 地下防水工程施工记录（C2-6-12） ……………………………… 509
- 3.2.6.13 屋面防水施工记录（C2-6-13） …………………………………… 511
- 3.2.6.14 建筑地面各构造层施工记录（C2-6-14） ………………………… 512
- 3.2.7 预制构件、预拌混凝土合格证（C2-7） ………………………………… 513
  - 3.2.7.1 预制构件、钢构件、木构件（门窗）合格证汇总表（C2-7-1） … 513
  - 3.2.7.2 预制构件、钢构件、木构件（门窗）合格证（C2-7-2） ………… 513
  - 3.2.7.3 预拌（商品）混凝土（C2-7-3） …………………………………… 516
- 3.2.8 地基、基础、主体结构检验及抽样检测资料（C2-8） ………………… 521
  - 3.2.8.1 地基、基础检查验收记录（C2-8-1） ……………………………… 521
  - 3.2.8.2 主体结构验收记录（C2-8-2） ……………………………………… 524
  - 3.2.8.3 钢（网架）结构验收记录（C2-8-3） ……………………………… 533
  - 3.2.8.4 中间交接检查验收记录（C2-8-4） ………………………………… 534
  - 3.2.8.5 单项工程竣工验收记录（通用）（C2-8-5） ……………………… 535
  - 3.2.8.6 结构实体检验记录（C2-8-6） ……………………………………… 537
- 3.2.9 工程质量事故及事故调查处理资料（C2-9） …………………………… 540
  - 3.2.9.1 工程质量事故报告（C2-9-1） ……………………………………… 540
  - 3.2.9.2 建设工程质量事故调（勘）查处理记录（C2-9-2） ……………… 542
  - 3.2.9.3 工程质量事故技术处理方案（C2-9-3） …………………………… 543
- 3.2.10 新技术、新工艺、新材料施工记录（C2-10） ………………………… 543

给排水与采暖 …………………………………………………………………… 544

- 3.2.11 给排水与采暖工程图纸会审、设计变更、洽商记录（C2-11） ……… 544
  - 3.2.11.1 图纸会审（C2-11-1） ……………………………………………… 544
  - 3.2.11.2 设计变更（C2-11-2） ……………………………………………… 544
  - 3.2.11.3 洽商记录（C2-11-3） ……………………………………………… 544
- 3.2.12 材料、配件、设备出厂合格证及进场检（试）验报告（C2-12） …… 544
  - 3.2.12.1 主要材料、设备出厂合格证、试（检）验报告汇总表（C2-12-1） … 545
  - 3.2.12.2 材料、设备出厂合格证（C2-12-2） ……………………………… 545
  - 3.2.12.3 主要设备开箱检验记录（C2-12-3） ……………………………… 546
- 3.2.13 管道、设备强度试验、严密性试验记录（C2-13） …………………… 547
  - 3.2.13.1 ___管道、设备强度试验、严密性试验记录（通用）（C2-13-1） … 547
  - 3.2.13.2 室内给水管道水压试验记录（C2-13-2） ………………………… 548
  - 3.2.13.3 水泵试运转记录（C2-13-3） ……………………………………… 549
  - 3.2.13.4 室内热水供应系统水压试验记录（C2-13-4） …………………… 550
  - 3.2.13.5 室内热水供应辅助设备（太阳能集热器、热交换器等）
    水压试验记录（C2-13-5） …………………………………………… 550
  - 3.2.13.6 室内采暖系统水压试验记录（C2-13-6） ………………………… 551
  - 3.2.13.7 低温热水地板辐射采暖系统水压试验记录（C2-13-7） ………… 551
  - 3.2.13.8 散热器水压试验、金属辐射板水压试验记录（C2-13-8） ……… 552
  - 3.2.13.9 室外给水管网水压试验记录（C2-13-9） ………………………… 553

19

3.2.13.10 室外消防管道系统（含水泵接合器及室外消火栓）
水压试验记录（C2-13-10） …… 555
3.2.13.11 室外供热管网水压试验记录（C2-13-11） …… 556
3.2.13.12 建筑中水系统给水管网水压试验记录（C2-13-12） …… 556
3.2.13.13 游泳池水加热系统水压试验记录（C2-13-13） …… 557
3.2.13.14 阀门强度和严密性试验记录（C2-13-14） …… 557
3.2.13.15 室内消防系统水压试验及消火栓试射试验记录（C2-13-15） …… 558
3.2.13.16 密闭水箱水压试验记录（C2-13-16） …… 559
3.2.13.17 供热锅炉水压试验记录（C2-13-17） …… 560
3.2.13.18 锅炉辅助设备分汽缸（分水器、集水器）
水压试验记录（C2-13-18） …… 561
3.2.13.19 地下直埋油罐气密性试验记录（C2-13-19） …… 561
3.2.13.20 锅炉和省煤器安全阀的定压和调整记录（C2-13-20） …… 561
3.2.13.21 锅炉辅助设备热交换器水压试验记录（C2-13-21） …… 562
3.2.14 给排水、采暖隐蔽工程验收记录（C2-14） …… 562
3.2.14.1 隐蔽或埋地给水、排水、雨水、采暖、热水等管道
隐蔽工程验收记录（C2-14-1） …… 563
3.2.14.2 井道、地沟、吊顶内的给水、排水、雨水、采暖、热水等
隐蔽工程验收记录（C2-14-2） …… 563
3.2.14.3 低温热水地板辐射采暖地面、楼面下敷设盘管
隐蔽工程验收记录（C2-14-3） …… 563
3.2.14.4 锅炉及附属设备安装隐蔽工程验收记录（C2-14-4） …… 564
3.2.15 管道系统清洗、灌水、通水、通球试验记录（C2-15） …… 564
3.2.15.1 管道系统吹洗（脱脂）检验记录（C2-15-1） …… 565
3.2.15.2 排水管道灌水（通水）试验记录（C2-15-2） …… 571
3.2.15.3 室内排水管道通球试验记录（C2-15-3） …… 578
3.2.16 施工记录（C2-16） …… 579
3.2.16.1 施工记录（给排水、采暖）（C2-16-1） …… 579
3.2.16.2 伸缩器安装预拉伸施工记录（C2-16-2） …… 581
3.2.16.3 设备安装施工记录（C2-16-3） …… 584
3.2.16.4 烘炉检查记录（C2-16-4） …… 585
3.2.16.5 煮炉检查记录（C2-16-5） …… 586
3.2.16.6 锅炉用机械设备试运转记录（C2-16-6） …… 588
3.2.16.7 管道焊接检查记录（C2-16-7） …… 589
3.2.16.8 生活给水消毒记录（C2-16-8） …… 590

建筑电气 …… 591
3.2.17 建筑电气工程图纸会审、设计变更、洽商记录（C2-17） …… 591
3.2.17.1 图纸会审（C2-17-1） …… 591
3.2.17.2 设计变更（C2-17-2） …… 591

- 3.2.17.3 洽商记录（C2-17-3） ……………………………………………… 591
- 3.2.18 材料、设备出厂合格证及进场检（试）验报告（C2-18） ……………… 591
  - 3.2.18.1 材料、设备出厂合格证、检（试）验报告汇总表（C2-18-1） …… 592
  - 3.2.18.2 材料、设备出厂合格证粘贴表（C2-18-2） …………………… 592
  - 3.2.18.3 主要设备开箱检验记录（C2-18-3） ……………………………… 595
- 3.2.19 设备调试记录（C2-19） ……………………………………………… 596
  - 3.2.19.1 电气设备调试记录（C2-19-1） …………………………………… 596
  - 3.2.19.2 同步发电机及调相机调试记录（C2-19-2） ……………………… 600
  - 3.2.19.3 直流电机调试记录（C2-19-3） …………………………………… 601
  - 3.2.19.4 中频发电机调试记录（C2-19-4） ………………………………… 602
  - 3.2.19.5 交流电动机调试记录（C2-19-5） ………………………………… 602
  - 3.2.19.6 电力变压器调试记录（C2-19-6） ………………………………… 603
  - 3.2.19.7 电抗器及消弧线圈调试记录（C2-19-7） ………………………… 604
  - 3.2.19.8 互感器调试记录（C2-19-8） ……………………………………… 604
  - 3.2.19.9 油断路器调试记录（C2-19-9） …………………………………… 605
  - 3.2.19.10 空气及磁吹断路器调试记录（C2-19-10） ……………………… 605
  - 3.2.19.11 真空断路器调试记录（C2-19-11） ……………………………… 606
  - 3.2.19.12 六氟化硫断路器调试记录（C2-19-12） ………………………… 606
  - 3.2.19.13 六氟化硫封闭式组合电器调试记录（C2-19-13） ……………… 607
  - 3.2.19.14 隔离开关、负荷开关及高压熔断器调试记录（C2-19-14） …… 607
  - 3.2.19.15 套管调试记录（C2-19-15） ……………………………………… 607
  - 3.2.19.16 悬式绝缘子和支柱绝缘子调试记录（C2-19-16） ……………… 608
  - 3.2.19.17 电力电缆调试记录（C2-19-17） ………………………………… 609
  - 3.2.19.18 电容器调试记录（C2-19-18） …………………………………… 610
  - 3.2.19.19 避雷器调试记录（C2-19-19） …………………………………… 610
  - 3.2.19.20 电除尘器调试记录（C2-19-20） ………………………………… 610
  - 3.2.19.21 二次回路调试记录（C2-19-21） ………………………………… 610
  - 3.2.19.22 1kV 以上架空电力线路调试记录（C2-19-22） ………………… 611
  - 3.2.19.23 低压电器调试记录（C2-19-23） ………………………………… 611
- 3.2.20 绝缘、接地电阻测试记录（C2-20） …………………………………… 611
  - 3.2.20.1 绝缘电阻测试记录（C2-20-1） …………………………………… 612
  - 3.2.20.2 接地电阻测试记录（C2-20-2） …………………………………… 614
- 3.2.21 隐蔽工程验收记录（C2-21） …………………………………………… 618
  - 3.2.21.1 电气工程隐蔽工程验收记录（C2-21-1） ………………………… 618
  - 3.2.21.2 电导管安装工程隐蔽验收记录（C2-21-2） ……………………… 619
  - 3.2.21.3 电线导管、电缆导管和线槽敷设隐蔽工程验收记录（C2-21-3） … 620
  - 3.2.21.4 重复接地（防雷接地）工程隐蔽验收记录（C2-21-4） ………… 621
  - 3.2.21.5 配线敷设施工隐蔽工程验收记录（C2-21-5） …………………… 622
- 3.2.22 施工记录（C2-22） …………………………………………………… 623

21

  3.2.22.1 建筑电气施工记录（C2-22-1） ……………………………… 623
  3.2.22.2 电缆敷设施工记录（C2-22-2） ……………………………… 623
  3.2.22.3 电气设备安装施工记录（C2-22-3） ………………………… 624

通风与空调 …………………………………………………………………… 624

 3.2.23 通风与空调工程图纸会审、设计变更、洽商记录（C2-23） ……… 624
  3.2.23.1 图纸会审（C2-23-1） ………………………………………… 625
  3.2.23.2 设计变更（C2-23-2） ………………………………………… 625
  3.2.23.3 洽商记录（C2-23-3） ………………………………………… 625
 3.2.24 材料、设备出厂合格证书及进场检（试）验报告（C2-24） ……… 625
  3.2.24.1 材料、设备出厂合格证书及进场检（试）验
     报告汇总表（C2-24-1） ……………………………………… 625
  3.2.24.2 材料、设备出厂合格证书粘贴表（C2-24-2） ……………… 625
  3.2.24.3 主要设备开箱检验记录（C2-24-3） ………………………… 626
 3.2.25 制冷、空调、水管道强度试验、严密性试验记录（C2-25） ……… 626
  3.2.25.1 制冷、空调、水管道严密性试验记录（通用）（C2-25-1） … 626
  3.2.25.2 制冷、空调、水管道压力试验记录（C2-25-2） …………… 629
  3.2.25.3 空调水管道强度、气密性试验记录（C2-25-3） …………… 630
  3.2.25.4 制冷管道阀门强度、气密性试验记录（C2-25-4） ………… 631
  3.2.25.5 风机盘管机组水压试验记录（C2-25-5） …………………… 633
  3.2.25.6 风管及部件严密性试验记录（C2-25-6） …………………… 633
  3.2.25.7 水箱、集水缸、分水缸、储冷罐满水或水压试验记录（C2-25-7） … 636
  3.2.25.8 通风与空调工程设备、管道吹（扫）洗记录（C2-25-8） … 636
 3.2.26 隐蔽工程验收记录（C2-26） ……………………………………… 637
  3.2.26.1 井道、吊顶内管道或设备隐蔽验收记录（C2-26-1） ……… 637
  3.2.26.2 设备朝向、位置及地脚螺栓隐蔽验收记录（C2-26-2） …… 637
 3.2.27 制冷设备运行调试记录（C2-27） ………………………………… 638
 3.2.28 通风、空调系统试运行调试记录（C2-28） ……………………… 650
  3.2.28.1 通风、空调系统调试记录（通用）（C2-28-1） …………… 650
  3.2.28.2 空调工程系统无生产负荷联动试运转及调试记录（C2-28-2） … 653
  3.2.28.3 防排烟系统联合试运行与调试记录（C2-28-3） …………… 655
  3.2.28.4 净化空调系统联合试运行与调试记录（C2-28-4） ………… 655
  3.2.28.5 制冷系统吹污试验记录（C2-28-5） ………………………… 656
  3.2.28.6 凝结水盘及管道充水试验记录（C2-28-6） ………………… 657
 3.2.29 施工记录（C2-29） ………………………………………………… 657
  3.2.29.1 通风机的安装施工记录（C2-29-1） ………………………… 657
  3.2.29.2 除尘设备的安装施工记录（C2-29-2） ……………………… 658
  3.2.29.3 洁净室空气净化设备的安装施工记录（C2-29-3） ………… 658
  3.2.29.4 装配式洁净室的安装施工记录（C2-29-4） ………………… 659
  3.2.29.5 洁净层流罩的安装施工记录（C2-29-5） …………………… 659

  3.2.29.6 风机过滤器单元（FFU、FMU）安装施工记录（C2-29-6） ········· 659
  3.2.29.7 消声器安装施工记录（C2-29-7） ································ 659
电梯 ··· 660
 3.2.30 土建布置图纸会审、设计变更、洽商记录（C2-30） ······················· 660
  3.2.30.1 图纸会审（C2-30-1） ·· 660
  3.2.30.2 设计变更（C2-30-2） ·· 660
  3.2.30.3 洽商记录（C2-30-3） ·· 660
 3.2.31 设备出厂合格证书及开箱检验记录（C2-31） ······························· 660
  3.2.31.1 设备出厂合格证、检验报告汇总表（C2-31-1） ················ 660
  3.2.31.2 设备出厂合格证粘贴表（C2-31-2） ······························ 660
  3.2.31.3 主要设备开箱检验记录（C2-31-3） ······························ 661
 3.2.32 电梯隐蔽工程验收记录（C2-32） ·· 661
  3.2.32.1 电梯承重梁、起重吊环埋设隐蔽工程验收记录（C2-32-1） ··· 663
  3.2.32.2 电梯钢丝绳头灌注隐蔽检查验收记录（C2-32-2） ··············· 664
 3.2.33 电梯安装工程施工记录（C2-33） ·· 665
 3.2.34 接地、绝缘电阻测试记录（C2-34） ··· 665
  3.2.34.1 接地电阻测试记录（C2-34-1） ·································· 665
  3.2.34.2 绝缘电阻测试记录（C2-34-2） ·································· 665
 3.2.35 负荷试验、安全装置检查记录（C2-35） ···································· 665
  3.2.35.1 电梯安全装置检查记录（C2-35-1） ······························ 665
  3.2.35.2 电梯负荷运行试验记录（C2-35-2） ······························ 668
  3.2.35.3 电梯负荷运行试验曲线图（确定平衡系数）（C2-35-3） ······ 669
  3.2.35.4 电梯噪声测试记录（C2-35-4） ·································· 670
  3.2.35.5A 电梯加、减速度和轿厢运行的垂直、水平
      振动速度试验记录（C2-35-5A） ···························· 671
  3.2.35.5B 电梯加、减速度和轿厢运行的垂直、水平
      振动速度试验记录（C2-35-5B） ···························· 671
  3.2.35.6 曳引机检查与试验记录（C2-35-6） ······························ 673
  3.2.35.7 限速器试验记录（C2-35-7） ······································ 674
  3.2.35.8 安全钳试验记录（C2-35-8） ······································ 674
  3.2.35.9 缓冲器试验记录（C2-3-59） ······································ 675
  3.2.35.10 电梯层门安全装置检验记录（C2-35-10） ······················ 677
  3.2.35.11 门锁试验记录（C2-35-11） ······································ 678
  3.2.35.12 绳头组合拉力试验记录（C2-35-12） ···························· 679
  3.2.35.13 选层器钢带试验记录（C2-35-13） ······························ 680
  3.2.35.14 轿厢试验记录（C2-35-14） ······································ 680
  3.2.35.15 控制屏试验记录（C2-35-15） ···································· 681
智能建筑 ·· 682
 3.2.36 图纸会审、设计变更、洽商记录、竣工图及设计说明（C2-36） ········· 682

3.2.36.1	图纸会审（C2-36-1）	682
3.2.36.2	设计变更（C2-36-2）	682
3.2.36.3	洽商记录（C2-36-3）	682
3.2.37	材料、设备出厂合格证及技术文件及进场检（试）验报告（C2-37）	682
3.2.37.1	主要材料、设备出厂合格证、检（试）验报告汇总表（C2-37-1）	682
3.2.37.2	材料、设备出厂合格证粘贴表（C2-37-2）	682
3.2.37.3	主要设备开箱检验记录（C2-37-3）	684
3.2.38	隐蔽工程验收记录（C2-38）	684
3.2.38.1	管道排列、走向、弯曲处理、固定方式隐蔽工程验收记录（C2-38-1）	685
3.2.38.2	管道连接、管道搭铁、接地隐蔽工程验收记录（C2-38-2）	685
3.2.38.3	管口安放、接线盒及桥架、线缆对管道及线间绝缘电阻、线缆接头处理隐蔽工程验收记录（C2-38-3）	685
3.2.38.4	缆线暗敷隐蔽工程验收记录（C2-38-4）	685
3.2.39	系统功能测定及设备调试记录（C2-39）	685
3.2.39.1	系统功能测定记录（C2-39-1）	686
3.2.39.2	设备调试记录（C2-39-2）	691
3.2.39.3	综合布线测试记录（C2-39-3）	692
3.2.39.4	光纤损耗测试记录（C2-39-4）	699
3.2.39.5	视频系统末端测试记录（C2-39-5）	701
3.2.40	系统技术、操作和维护手册（C2-40）	702
3.2.41	系统管理、操作人员培训记录（C2-41）	702
3.2.42	系统检测报告（C2-42）	702
地基处理与桩基文件（资料）		702
3.2.43	地基处理工程设计变更、洽商记录（C2-43）	702
3.2.43.1	设计变更（C2-43-1）	702
3.2.43.2	洽商记录（C2-43-2）	702
3.2.44	工程测量放线定位平面图（C2-44）	702
3.2.45	原材料出厂合格证及进场检（试）验报告（C2-45）	702
3.2.46	施工试验报告及见证检测报告（C2-46）	703
3.2.47	隐蔽工程验收记录（C2-47）	703
3.2.47.1	隐蔽工程验收记录（C2-47-1）	703
3.2.47.2	钢筋隐蔽工程验收记录（C2-47-2）	703
3.2.47.3	地下连续墙的槽段接缝及墙体与内衬结构接缝隐蔽工程验收记录（C2-47-3）	703
3.2.48	地基处理施工记录（C2-48）	703
Ⅰ	**换填垫层法**	705
3.2.48.1	灰土地基施工记录（C2-48-1）	705
3.2.48.2	砂和砂石地基施工记录（C2-48-2）	708
3.2.48.3	土工合成材料地基施工记录（C2-48-3）	711

3.2.48.4 粉煤灰地基施工记录（C2-48-4） 712
Ⅱ 强夯法和强夯置换法 712
3.2.48.5 强夯施工现场试夯记录（C2-48-5） 712
3.2.48.6 强夯地基施工记录（C2-48-6） 715
Ⅲ 注浆法 719
3.2.48.7 注浆地基施工记录（C2-48-7） 719
Ⅳ 预压法 720
3.2.48.8 预压地基施工记录（C2-48-8） 720
Ⅴ 振冲法 722
3.2.48.9 振冲地基施工记录（C2-48-9） 722
Ⅵ 高压喷射注浆法 726
3.2.48.10 高压喷射注浆地基施工记录（C2-48-10） 726
Ⅶ 水泥土搅拌法 727
3.2.48.11A 水泥土搅拌桩地基施工记录（C2-48-11A） 727
3.2.48.11B 水泥土搅拌桩供灰记录（C2-48-11B） 729
3.2.48.11C 水泥土搅拌轻便触探检测记录（C2-48-11C） 730
Ⅷ 灰土挤密桩法和土挤密桩法 731
3.2.48.12 土桩和灰土挤密桩施工记录（C2-48-12） 731
Ⅸ 水泥粉煤灰碎石桩法（CFG桩） 734
3.2.48.13 水泥粉煤灰碎石桩施工记录（C2-48-13） 734
Ⅹ 夯实水泥土桩法 739
3.2.48.14 夯实水泥土桩施工记录（C2-48-14） 739
Ⅺ 砂桩法 742
3.2.48.15 砂桩地基（C2-48-15） 742
3.2.48.16 地基处理测试报告（C2-48-16） 742

桩基、有支护土方资料 743
3.2.49 桩基工程设计变更、洽商记录（C2-49） 743
　3.2.49.1 设计变更（C2-49-1） 743
　3.2.49.2 洽商记录（C2-49-2） 743
3.2.50 不同桩位测量放线定位图（C2-50） 743
3.2.51 材料出厂合格证、进厂材料检（试）验报告（C2-51） 743
3.2.52 施工试验报告及见证检测报告（C2-52） 743
3.2.53 隐蔽工程验收记录（C2-53） 744
　3.2.53.1 隐蔽工程验收记录（C2-53-1） 744
　3.2.53.2 钢筋隐蔽工程验收记录（C2-53-2） 744
3.2.54 施工记录（C2-54） 744
Ⅰ 混凝土预制桩 744
3.2.54.1 钢筋混凝土预制桩打桩记录（C2-54-1） 744
Ⅱ 静力压桩 750

3.2.54.2　静力压桩施工记录（C2-54-2） …………………………………… 750
　Ⅲ　钢桩 …………………………………………………………………………… 752
　　3.2.54.3　钢管桩施工记录（C2-54-3） …………………………………… 752
　Ⅳ　混凝土灌注桩 ………………………………………………………………… 756
　　3.2.54.4　混凝土灌注桩施工记录（C2-54-4） …………………………… 756
　3.2.55　降低地下水（C2-55） ……………………………………………………… 769
　　3.2.55.1　井点施工记录（通用）（C2-55-1） ……………………………… 769
　　3.2.55.2　轻型井点降水记录（C2-55-2） ………………………………… 771
　　3.2.55.3　喷射井点降水记录（C2-55-3） ………………………………… 772
　　3.2.55.4　电渗井点降水记录（C2-55-4） ………………………………… 773
　　3.2.55.5　管井井点降水记录（C2-55-5） ………………………………… 775
　　3.2.55.6　深井井点降水记录（C2-55-6） ………………………………… 776
　3.2.56　基坑工程（C2-56） ………………………………………………………… 777
　　3.2.56.1　地下连续墙（C2-56-1） ………………………………………… 778
　　3.2.56.2A　锚杆成孔记录（C2-56-2A） …………………………………… 782
　　3.2.56.2B　锚杆安装记录（C2-56-2B） …………………………………… 783
　　3.2.56.2C　预应力锚杆张拉与锁定施工记录（C2-56-2C） ……………… 784
　　3.2.56.2D　注浆及护坡混凝土施工记录（C2-56-2D） …………………… 784
　　3.2.56.3A　土钉墙土钉成孔施工记录（C2-56-3A） ……………………… 785
　　3.2.56.3B　土钉墙土钉钢筋安装施工记录（C2-56-3B） ………………… 787
　　3.2.56.3C　土钉墙土钉注浆及护坡混凝土施工记录（C2-56-3C） ……… 788
　3.2.57　沉井与沉箱（C2-57） ……………………………………………………… 788
　　3.2.57.1　沉井下沉施工记录（C2-57-1） ………………………………… 789
　　3.2.57.2　沉井、沉箱下沉完毕检查记录（C2-57-2） …………………… 792
　3.2.58　预制桩、钢桩、预拌混凝土发货单、预拌混凝土质量证书（C2-58） … 792
　　3.2.58.1　钢筋混凝土预制桩、钢桩合格证（C2-58-1） ………………… 792
　　3.2.58.2　预拌混凝土发货单、预拌混凝土质量证书（C2-58-2） ……… 792
　3.2.59　桩基检测资料（C2-59） …………………………………………………… 793
　　3.2.59.1　桩基检测报告实施说明（C2-59-1） …………………………… 793
　　3.2.59.2　基桩钻芯法试验检测报告（C2-59-2） ………………………… 793
　　3.2.59.3　地下连续墙钻芯法试验检测报告（C2-59-3） ………………… 797
　　3.2.59.4　单桩竖向抗压静载试验检测报告（C2-59-4） ………………… 797
　　3.2.59.5　单桩竖向抗拔静载试验检测报告（C2-59-5） ………………… 800
　　3.2.59.6　单桩水平静载试验检测报告（C2-59-6） ……………………… 802
　　3.2.59.7　基桩低应变法检测报告（C2-59-7） …………………………… 804
　　3.2.59.8　基桩高应变法检测报告（C2-59-8） …………………………… 807
　　3.2.59.9　基桩声波透射法检测报告（C2-59-9） ………………………… 813
　　3.2.59.10　复合地基载荷试验（C2-59-10） ……………………………… 817
　3.2.60　工程质量事故调（勘）查处理资料（C2-60） …………………………… 818

3.2.60.1 工程质量事故报告（C2-60-1）……………………………… 818
3.2.60.2 建设工程质量事故调（勘）查处理资料（C2-60-2）……… 818
3.3 单位（子单位）工程安全和功能检验资料核查及主要功能抽查记录（C3）…… 818
　建筑与结构……………………………………………………………………… 820
　3.3.1 屋面淋水试验记录（C3-1）………………………………………… 820
　3.3.2 地下室防水效果检查记录（C3-2）………………………………… 822
　3.3.3 有防水要求的地面蓄水试验记录（C3-3）………………………… 826
　3.3.4 建筑物垂直度、标高、全高测量记录（C3-4）…………………… 826
　3.3.5 抽气（风）道检查记录（C3-5）…………………………………… 827
　3.3.6 幕墙及外窗气密性、水密性、耐风压检测报告（C3-6）………… 828
　3.3.7 节能、保温测试记录（C3-7）……………………………………… 831
　3.3.8 室内环境检测报告（C3-8）………………………………………… 832
　给排水与采暖…………………………………………………………………… 835
　3.3.9 给水管道通水试验记录（C3-9）…………………………………… 835
　3.3.10 暖气管道、散热器压力试验记录（C3-10）……………………… 835
　　3.3.10.1 暖气管道压力试验记录（C3-10-1）………………………… 835
　　3.3.10.2 散热器压力试验记录（C3-10-2）…………………………… 835
　3.3.11 卫生器具满水试验记录（C3-11）………………………………… 836
　3.3.12 消防管道、燃气管道强度、严密性试验记录（C3-12）………… 837
　　3.3.12.1 消防管道强度试验记录（C3-12-1）………………………… 837
　　3.3.12.2 燃气管道强度、严密性试验验收记录（C3-12-2）………… 837
　　3.3.12.3 户内燃气设施强度/严密性试验记录（C3-12-3）………… 838
　3.3.13 排水干管通球试验记录（C3-13）………………………………… 839
　电气……………………………………………………………………………… 839
　3.3.14 建筑物照明全负荷通电试运行记录（C3-14）…………………… 839
　3.3.15 大型灯具牢固性试验记录（C3-15）……………………………… 842
　3.3.16 避雷接地装置检测记录（C3-16）………………………………… 843
　3.3.17 线路、插座、开关接地检验记录（C3-17）……………………… 844
　通风与空调……………………………………………………………………… 845
　3.3.18 通风、空调系统试运行记录（C3-18）…………………………… 845
　3.3.19 风量、温度测试记录（C3-19）…………………………………… 847
　3.3.20 洁净室洁净度测试记录（C3-20）………………………………… 852
　3.3.21 制冷机组试运行调试记录（C3-21）……………………………… 857
　电梯……………………………………………………………………………… 864
　3.3.22 电梯运行试验记录（C3-22）……………………………………… 864
　3.3.23 电梯安全装置检测报告（C3-23）………………………………… 869
　智能建筑………………………………………………………………………… 869
　3.3.24 系统试运行记录（C3-24）………………………………………… 870
　3.3.25 系统电源及接地检测报告（C3-25）……………………………… 871

27

4 建筑工程施工技术管理文件（C4）

- 4.1 工程开工报审表（C4-1） …… 873
- 4.2 施工组织设计（施工方案）（C4-2） …… 875
- 4.3 施工组织设计（施工方案）实施小结（C4-3） …… 886
- 4.4 材料（设备）进场验收记录（通用）（C4-4） …… 886
- 4.5 技术交底（C4-5） …… 887
- 4.6 技术交底小结（C4-6） …… 889
- 4.7 施工日志（C4-7） …… 889
- 4.8 预检工程（技术复核）记录（C4-8） …… 891
- 4.9 自检互检记录（C4-9） …… 892
- 4.10 工序交接单（C4-10） …… 894
- 4.11 施工现场质量管理检查记录（C4-11） …… 894
- 4.12 见证取样（C4-12） …… 896
- 4.13 工程竣工施工总结（C4-13） …… 898
- 4.14 工程质量保修书（C4-14） …… 899
- 4.15 建设工程竣工验收报告（C4-15） …… 899
  - 4.15.1 工程竣工验收文件的组成 …… 899
  - 4.15.2 工程竣工验收的实施 …… 900

5 竣工图（C5-1）

- 5.1 竣工图的编制 …… 901
- 5.2 竣工图的内容 …… 903
- 5.3 竣工图的折叠（C5-2） …… 904

6 建筑工程施工技术资料分卷报送序列组排

- 6.1 施工技术文件序列组排 …… 905
- 6.2 建筑工程施工技术文件排序 …… 905

附录 优良工程评价实施要点

1 标准对创优评价的基本规定 …… 909
- 1.1 评价基础 …… 909
- 1.2 创优评价的框架体系 …… 909
- 1.3 评价规定 …… 910
- 1.4 评价内容 …… 911
- 1.5 基本评价方法 …… 912

2 施工现场质量保证条件评价 …… 913
- 2.1 施工现场质量保证条件检查评价项目 …… 913
- 2.2 施工现场质量保证条件检查评价方法 …… 914

3 地基及桩基工程质量评价 …… 916
- 3.1 地基及桩基工程性能检测 …… 916
- 3.2 地基及桩基工程质量记录 …… 923
- 3.3 地基及桩基工程尺寸偏差及限值实测 …… 925

  3.4 地基及桩基工程观感质量 ·· 928
4 结构工程质量评价 ··· 929
  4.1 结构工程性能检测 ·· 929
  4.2 结构工程质量记录 ·· 937
  4.3 结构工程尺寸偏差及限值实测 ·· 940
  4.4 结构工程观感质量 ·· 942
5 屋面工程质量评价 ··· 947
  5.1 屋面工程性能检测 ·· 947
  5.2 屋面工程质量记录 ·· 948
  5.3 屋面工程尺寸偏差及限值实测 ·· 950
  5.4 屋面工程观感质量 ·· 952
6 装饰装修工程质量评价 ·· 953
  6.1 装饰装修工程性能检测 ··· 953
  6.2 装饰装修工程质量记录 ··· 955
  6.3 装饰装修工程尺寸偏差及限值实测 ····································· 956
  6.4 装饰装修工程观感质量 ··· 958
7 安装工程质量评价 ··· 959
  7.1 建筑给水排水及采暖工程质量评价 ····································· 959
  7.2 建筑电气安装工程质量评价 ··· 965
  7.3 通风与空调工程质量评价 ·· 970
  7.4 电梯安装工程质量评价 ··· 977
  7.5 智能建筑工程质量评价 ··· 984
8 单位工程质量综合评价 ·· 999
  8.1 工程结构质量评价 ·· 999
  8.2 单位工程质量评价 ·· 1001
  8.3 单位工程各项目评分汇总及分析 ······································ 1003
  8.4 工程质量评价报告 ·· 1003
主要参考文献 ·· 1004

1 概 述

建筑工程施工技术文件的管理，是施工企业技术管理的基础业务之一，是确保工程质量和完善施工管理的一项重要工作。施工技术文件的建立、提出、传递、检查、汇集整理工作应当从施工准备到单位工程交工止，贯穿于施工的全过程中。施工技术资料的完整程度体现了一个施工企业的管理水平，它为确保工程质量提供了数据分析依据，同时为竣工工程的扩建、改建、维修提供重要分析依据。

1. 什么是施工技术文件

施工技术文件一词国家没有详尽的定义。一般讲施工企业对承建建设工程应提供的施工技术文件应包括：

（1）施工通过文件形式表现确立企业的管理能力和技术能力，证明其质量保证体系具有适用性的技术文件（即通常讲的施工管理方面的技术文件如：施工组织设计、技术交底、预检、预验收等）。

（2）工程实施过程中按标准要求进行的工程质量验收方面的技术文件。

（3）建设工程竣工后需要作为依据备存，施工过程中必须用文件形式记录下来的质量保证体系方面规定的技术记录、试验、核查与检验、认证、纠正措施、录音、录像、竣工图……等，证明其质量保证体系有效性方面的技术文件即通常讲的质量保证方面的技术文件如：（GB 50300—2001）标准列述的单位（子单位）工程质量控制资料核查记录及单位（子单位）工程安全和功能检验资料核查及主要功能抽查记录的技术文件）。

综上所述，作为质量保证的证实文件，保证所承担的工程质量达到了规范规定的标准和合同规定的内容要求所形成的上述技术文件，就是施工技术文件。

施工技术文件是建设工程实施过程中形成的技术文件中的重要组成部分。是工程技术文件的核心组成内容之一。

2. 施工技术文件的编目内容依据

（1）建筑工程施工质量验收技术文件（资料）：

1）依据《建筑工程施工质量验收统一标准》（GB 50300—2001）附录 G 中单位（子单位）工程质量竣工验收记录表中项目项下的内容，计有：分部（子分部）工程、质量控制资料核查、安全和主要使用功能核查及抽查结果、观感质量验收等经逐级验收并汇整填记构成。

2）依据相关专业施工质量验收规范中分项和检验批验收的工程质量验收资料。

（2）工程质量记录技术文件（资料）

1）依据《建筑工程施工质量验收统一标准》（GB 50300—2001）附录 G 中表 G.0.1-2 单位（子单位）工程质量控制资料核查记录中的有关内容。

2）依据《建筑工程施工质量验收统一标准》（GB 50300—2001）附录 G 中表 G.0.1-3 单位（子单位）工程安全和功能检验资料核查及主要功能抽查记录中的有关内容。

(3) 建筑工程施工技术管理技术文件（资料）

施工企业为确保工程质量和施工企业为实现合同目标而进行的必须的组织管理工作而制定的制度、规程、操作及工艺标准、规定等形成的施工管理技术文件（资料）。

(4) 竣工图技术文件（资料）：

依据相关施工图设计文件及与施工图设计文件有关的设计变更文件、洽商记录等。

3. 单位工程施工技术文件实施目的

单位工程施工技术文件的实施目的是：按其不同专业，根据其实施的需要和特点，通过施工全过程进行的管理、检查、试验、验收、记录、汇整分析等相互补充环节进行的必须的工作，藉以保证工程质量满足施工图设计和有关规范（标准）要求，为确保工程质量提供数据分析依据，同时为竣工工程的扩建、改建、维修提供主要依据。

4. 建筑工程施工技术文件组成

吴松勤同志主编的《建筑工程施工质量验收规范应用讲座》一书中，根据建筑工程施工质量验收的特点对建筑工程施工技术文件的组成作了如下说明：

"……从工程质量管理出发可将技术资料分为：工程质量验收资料、工程质量记录资料（包括：工程质量控制资料核查、工程安全和主要使用功能核查及抽查结果两个部分）、施工技术管理资料和竣工图等。"

作者编写的这本《建筑工程施工技术文件编制手册》就是根据这一"组成"编整的，作者认为这样编目清晰易懂，操作方便。编制手册延用这一编目方法，将施工技术资料分为：

(1) 工程质量验收技术文件

1) 单位工程内按各专业规范要求进行的检验批的验收记录；

2) 单位工程内按各专业规范要求进行的分项工程的验收记录；

3) 单位工程内按各专业规范要求进行的分部（子分部）的验收记录；

4) 单位（子单位）工程观感质量检查记录；

5) 根据各专业规范检查或验收结果汇整的单位工程质量验收记录（施工单位仅填报除验收结论和综合验收结论以外的其他内容）。

(2) 工程质量记录技术文件

1) 单位（子单位）工程质量控制资料。

2) 单位（子单位）工程安全和功能检验资料核查及主要功能抽查记录资料。

工程技术文件的核心是工程质量记录技术文件。施工阶段应始终对涉及安全与使用功能的地基基础、主体结构、有关安全及重要使用功能的安装分部工程进行有关见证取样、送样试验或抽样检测等的测试和检验。主要包括：工程质量控制资料、工程安全和功能检验资料及主要功能抽查记录两个主要部分。

工程质量控制资料、安全与功能资料是反映建筑工程施工过程中各环节工程质量的基本数据和原始记录，反映已完工工程项目的测试结果和记录，是评定工程质量的重要依据。

对工程技术资料而言，应当特别强调的是充分和客观的认识施工过程中除应提供的"合格证"和技术证明外，施工过程中进行的检测资料比产品的"合格证"和技术证明资料更重要，因为这是一次对资料或工程的复验过程，因此在要求上也应更加严格，这两个部分的资料，其核心是强调资料的真实性、齐全与完整性。资料应收整认真，做到准确、真实、及时、齐全与完整。

(3) 建筑工程施工技术管理文件

建筑工程施工技术管理资料是施工企业在施工过程的管理中，从施工准备到工程交付使用的全过程中，为保证和提高工程质量所进行的各项组织与管理工作，是在实施中制定和实施中形成的有关资料。诸如：工程开工报审、施工组织设计、技术交底、施工日志、工程预检、施工现场质量管理检查等等。

(4) 竣工图

竣工图是指建筑工程在施工过程中和工程完成后，由建设单位组织设计、施工单位，在监理单位协助下，按照建筑工程完成的实貌编制的工程施工图纸。

5. 竣工图编制说明

当前，需要强调的是竣工图的编制，现在有不少设计、施工单位在单位工程竣工后不做或不认真按施工图设计、设计变更、洽商记录等施工实际，按已经修改的部分认真绘制竣工图，给今后的工作带来难以克服的困难，因此，必须强调单位工程竣工后应及时编制竣工图。编制竣工图可根据不同情况区别对待（当地城建档案部门有规定时，应按档案部门的要求办），城建档案部门无要求时，一般可按以下方法进行：

(1) 凡按图施工没有变动的，则由施工单位（包括分包施工单位）在原施工图上加盖"竣工图"标志后，即作为竣工图；

(2) 凡在施工中，虽有一般性设计变更，但能将原施工图加以修改补充作为竣工图的，可不重新绘制，由施工单位负责在原施工图上注明修改的部分，并附加设计变更通知单复印本和施工说明，加盖竣工图标志后，即作为竣工图；

(3) 凡结构形式改变、工艺改变、平面布置改变、项目以及其他重大改变，不宜再在原施工图上修改、补充时，应重新绘制改变后的竣工图。由于设计原因造成的，由设计单位负责重新绘图，由于施工原因造成的，由施工单位负责重新绘制；由于其他原因造成的，由建设单位自行绘图或委托设计单位绘制；施工单位负责在新绘制的图纸上加盖"竣工图"标志并附以记录和说明，作为竣工图；

(4) 重大的改建、扩建工程涉及原有工程项目变更时，应将相关项目的竣工图资料统一整理归档。

竣工图应当在施工过程中及时编制，不要等工程全部竣工后才编制。竣工图由建设单位组织施工、设计单位在施工过程中及时编制，在工程验收时应作为验收条件之一，并要切实保证质量，凡竣工图不准确、不完整的，不能交工验收。

6. 单位工程施工技术文件归存

单位工程施工技术文件归存按《建设工程文件归档整理规范》（GB/T 50328—2001）关于立卷、排列、编目、装订等要求，根据不同专业，按工程质量验收技术文件、工程质量记录技术文件、施工管理技术文件和竣工图，分别汇整归存。

7. 对施工技术文件的总体要求

(1) 施工技术文件（资料）的编制范围以单位工程施工图设计为单位，即每一个单位工程的施工技术文件都必须单独编报、备审、归档。

(2) 资料的收集、整理必须及时，资料来源必须真实、可信，资料填报必须子项齐全，应填子项不得缺漏。

(3) 工程技术文件（资料）的收集、编制应与工程进度同步进行，工程技术文件（资料）的核查验收应与工程验收同步进行。

(4) 检查验收资料应是在按要求内容进行自检的基础上，根据法定程序经有权单位核审签章后的方为有效资料。

(5) 材料、半成品、构配件等以及工程实体的检验。材料必须先试后用，工程实体必须先检后交或先检后用，违背此规定需对已用材料、已交（用）的工程实行重新检测，确定是否满足设计要求，否则应为资料不符合要求。

(6) 国家标准或地方法规规定，实行见证取样的材料、构配件、工程实体检验等均必须实行见证取样、送样并签字及盖章。

(7) 专业标准或规范对某项试验提出的试验要求，其试验方法必须按专业标准或规范提出的试验方法进行，否则该项检（试）验应为无效试（检）验。

(8) 资料表式中规定的责任制度，必须按规定要求该加盖公章的加盖公章，该本人签字的本人签字。签字一律不准代签，否则可视为虚假资料或无效资料。

(9) 对工程资料进行涂改、伪造、随意抽撤或损毁、丢失的，应按有关法规予以处罚，情节严重的，依法追究法律责任。

(10) 对各项技术文件评定的定性要求是：

1) 技术资料达到真实、准确、齐全，符合有关标准与规定，填报规范化，评为符合要求；

2) 技术文件达到真实、准确、齐全程度基本符合有关标准与规定，填报规范化，不足部分的资料不影响结构安全和使用功能，评为基本符合要求；

3) 技术文件不齐或出现一项不符合有关标准与规定，内容失真，评为不符合要求；

4) 合格等级的单位工程，技术文件评定必须符合要求或基本符合要求。技术文件评为不符合要求的单位工程，其质量等级判为不合格工程，单位工程应进行检查和处理。

(11) 工程技术文件（资料）不符合要求，不得进行竣工验收。

8. 保证施工技术文件编制正确必须做好的几件工作

(1) 施工技术文件的见证取样、送样必须严格按有关要求执行，严格执行取、送样签字制度。

1) 见证人员应由建设单位或项目监理机构书面通知施工、检测单位和负责该项工程的质量监督机构。

2) 施工过程中，见证人员应按照见证取样和送检计划，对施工现场的取样和送检进行见证，并由见证人、取样人签字。见证人应制作见证记录，并归入工程档案。

3) 涉及结构安全的试块、试件和材料见证取样和送检的比例不得低于有关技术标准中规定应取样数量的 30%。

注：见证取样及送检的监督管理一般由当地建设行政主管部门委托的质量监督机构办理。

4) 见证取样必须采取相应措施以保证见证取样具有公证性、真实性，应做到：

①严格按照建设部建建 [2000] 211 号文确定的见证取样项目及数量执行。项目不超过该文规定，数量按规定取样数量执行；

②按规定确定见证人员，见证人员应为建设单位或监理单位具备建筑施工试验知识的

专业技术人员担任,并通知施工、检测单位和工程质量监督机构;

③见证人员应在试件或包装上做好标识、封志,标明工程名称、取样日期、样品名称、数量及见证人签名;

④见证人应保证取样具有代表性和真实性并对其负责。见证人应做见证记录并归档;

⑤检测单位应保证严格按上述要求对其试件确认无误后进行检测,其报告应科学、真实、准确,应签章齐全。

(2) 管理好进场材料的验收、使用与管理形成的技术文件:

1) 进场材料质量控制主要包括:进场材料的质量执行标准;进场材料的品种、规格、数量应符合进料单上标明的有关要求。

2) 进口材料、设备应会同商检局检验,如核对凭证中发现问题,应取得供方商检人员签署的商务记录。

(3) 做好地基验槽记录和钎探记录的分析与核定。

(4) 保证施工试验报告正确无误,砂浆、混凝土等的试验评定结论符合标准规定要求。

(5) 认真做好地基基础、主体结构、隐蔽验收及其他验收工作。认真做好混凝土工程的结构实体检验并做好记录(混凝土强度等级评定、钢筋保护层厚度测试)。

(6) 施工企业具有完善的施工管理制度和质量保证体系。严格按规范要求做好施工过程的自检、互检、质量验收、施工试验和工程报验工作。

(7) 施工企业内有一支经过培训、认真负责、素质过硬的信息员队伍。这支队伍最好由施工企业的质量部门专门管理,这对施工技术文件形成的正确、真实是有好处的。

9. 施工技术文件的保存期限

施工技术文件的档案保存期限按国家规定分为短期、长期、永久。短期可自行规定,一般为3～15年;长期为16～50年;永久为永远保存。施工技术文件属长期保存范围。

2 建筑工程质量验收技术文件（资料）

2.1 单位（子单位）工程质量竣工验收记录

2.1.1 单位（子单位）工程质量竣工验收与说明

1. 资料表式（表 2.1.1-1）

单位（子单位）工程质量竣工验收记录表　　　　　表 2.1.1-1

工程名称		结构类型		层数/建筑面积	
施工单位		技术负责人		开工日期	
项目经理		项目技术负责人		竣工日期	
序号	项　目	验　收　记　录		验　收　结　论	
1	分部工程	共　　分部，经查　　分部 符合标准及设计要求　　分部			
2	质量控制资料核查	共　　项，经审查符合要求　　项， 经核定符合规范要求　　项			
3	安全和主要使用功能核查及抽查结果	共核查　　项，符合要求　　项， 共抽查　　项，符合要求　　项， 经返工处理符合要求　　项			
4	观感质量验收	共抽查　　项，符合要求　　项 不符合要求　　项			
5	综合验收结论				
参加验收单位	建设单位 （公章） 单位（项目）负责人 年　月　日	监理单位 （公章） 总监理工程师 年　月　日		施工单位 （公章） 单位负责人 年　月　日	设计单位 （公章） 单位（项目）负责人 年　月　日

注：1. 本表是建设单位组织竣工验收时用表。
　　2. 在工程质量验收评定阶段，"统一标准"规定验收记录由施工单位填写，验收结论由监理（建设）单位填写，综合验收结论由参加验收各方共同商定，建设单位填写。最后完成与确认均由建设单位负责完成。在未进行全面竣工验收之前，施工单位、监理单位可利用该表填报完成标准要求的部分后交建设单位组织全面竣工验收。
　　3. 施工单位按验收评定结果填写完成验收记录、监理单位验收结论和表头部分的一般情况后，该表可以作为施工单位的工程竣工验收报告（在建设单位未经验收确认质量等级，综合结论未填写之前不作为正式工程质量竣工验收记录，只是初验资料）。

2. 实施要点
(1)《建筑工程施工质量验收统一标准》（GB 50300—2001）是结合《中华人民共和国

建筑法》、《建筑工程质量管理条例》对工程质量管理提出的要求，建设部定额司提出的"关于对建筑工程质量验收规范编制指导意见"和"验评分离、强化验收、完善手段、过程控制"的指导思想，以及技术标准中适当增加质量管理内容的要求等，与2001年4月完成报审，经国家建设部和国家质量监督检验检疫总局联合发布2002年元月1日实施。该标准适用于建筑工程施工质量的验收，并作为建筑工程各专业工程施工质量验收规范编制的统一标准。建筑工程各专业工程施工质量的规范必须与该标准配合使用。

新标准对工程质量验收明确提出了"验评分离"。质量评定阶段施工单位是从检验批验收评定开始，直至施工单位根据汇整结果填写的单位工程质量竣工验收表中的验收记录栏内的有关内容后，将经项目监理机构审查完成的整个资料包括：工程质量验收资料、质量控制资料核查、安全和主要使用功能核查及抽查结果和质量管理技术资料交建设单位，当建设单位组织相关专项验收完成后，"评定"工作已基本告一段落，即可正式组织工程竣工验收。

"统一标准"和"相关专业规范"都规定了工程质量验收的评定阶段施工单位均必须自检合格，这是保证单位工程质量的基础资料，施工单位必须保证其真实性、正确性和完整性。复验工作均由项目监理机构完成，复验成为了监理单位的一项主要工作。过去规范都没有这样的规定，这说明新的规范对监理方的要求在质量责任的量上增大了。这一点作为监理工作者也必须深刻认识。

新标准编制的指导思想明确提出"验评分离、强化验收、完善手段、过程控制"。这四句话，16个字体现了工程施工全过程质量控制的核心思路。

1）验评分离 就是把验评标准中的质量检验和质量评定的内容分开，将现行施工及验收规范中的施工工艺和质量验收内容分开；

2）强化验收 是将工程质量验收规范（即现行的15本不同专业的质量验收规范）作为强制性标准，是建设工程必须完成的最低标准，是必须达到的施工质量标准，是验收必须遵守的规定；

3）完善手段 就是完善材料、设备的检测，改进施工阶段的施工试验，施工试验检测可包括：基本试验、施工试验、竣工工程有关安全、使用功能抽检测试三个部分，明确了竣工工程验收时应抽测的项目。竣工抽样试验是确保施工检测的程序、方法、数据的规范性、统一性和有效性，为保证工程的结构安全和使用功能的完善提供数据；

4）过程控制 就是竣工工程的质量验收是在施工全过程控制的基础上完成的。一是体现：建立过程检测的各项制度（基本试验、施工试验）；二是体现：设置控制要求（进场材料、重要部位控制），强化中间（地基基础、主体、隐验、专项验收等）和合格控制，强调施工的操作依据（企业编制或执行行业标准），提出综合质量综合水平考核；三是体现：检验批、分项、分部（子分部）、单位（子单位）工程都是过程控制。

单位工程施工质量验收的程序为：检验批质量验收；分项工程质量验收；分部（子分部）工程质量验收；观感质量验收；单位（子单位）工程质量验收。

单位工程施工质量验收必须按以上顺序依序进行，报送资料逆向依序编整。

（2）为了控制和保证不断提高工程质量和施工过程中记录整理资料的完整性，施工单位必须建立必要的质量管理体系和质量责任制度，推行生产控制和合格控制的全过程，质量控制，建立健全的生产控制和合格控制的质量管理体系。包括材料控制、工艺流程控制、施工操作控制、每道工序质量检查、各道相关工序，它的交接检验、专业工种之间等中间交接环节的质量管理和控制、施工图设计和功能要求的抽检制度等。

(3) 建筑工程应按下列规定进行施工质量控制：

1) 建筑工程采用的主要材料、半成品、成品、建筑构配件、器具和设备应进行现场验收。凡涉及安全、功能的有关产品，应按各专业工程质量验收规范规定进行复验，并应经监理工程师（建设单位技术负责人）检查认可。

2) 各工序应按施工技术标准进行质量控制，每道工序完成后，应进行检查。

3) 每道工序完成后班组应进行自检、专职质量检查员复检，并进行工序交接检查（上道工序应满足下道工序的施工条件要求），相关工序间的中间交接检验，使各工序间和专业间形成一个有机的整体，并形成记录。未经监理工程师（建设单位技术负责人）检查认可，不得进行下道工序施工。

(4) 建筑工程施工质量应按下列要求进行验收：

1) 建筑工程施工质量应符合《建筑工程施工质量验收统一标准》（GB 50300—2001）标准和相关专业质量验收规范（共14册）规定。

注：相关专业质量验收规范包括：《建筑地基基础工程施工质量验收规范》（GB 50202—2002）、《砌体工程施工质量验收规范》（GB 50203—2002）、《混凝土结构工程施工质量验收规范》（GB 50204—2002）、《钢结构工程施工质量验收规范》（GB 50205—2001）、《木结构工程施工质量验收规范》（GB 50206—2002）、《屋面工程施工质量验收规范》（GB 50207—2002）、《地下防水工程施工质量验收规范》（GB 50208—2002）、《建筑地面工程施工质量验收规范》（GB 50209—2002）、《建筑装饰装修工程施工质量验收规范》（GB 50210—2001）、《建筑给水排水及采暖工程施工质量验收规范》（GB 50242—2002）、《通风与空调工程施工质量验收规范》（GB 50243—2002）、《建筑电气工程施工质量验收规范》（GB 50303—2002）、《电梯工程施工质量验收规范》（GB 50310—2002）、《智能建筑工程质量验收规范》（GB 50339—2003）。

2) 建筑工程施工应符合工程勘察、设计文件的要求。

注：工程勘察是指经施工图设计审查单位审查批准的工程地质勘察报告；设计文件是指经施工图设计审查单位审查批准的包括各专业施工图设计、施工过程中执行了的设计变更文件以及设计任务书。

3) 参加工程施工质量验收的各方人员应具备规定的资格。

注：参加工程施工质量验收的各方人员资质是指建设单位应由单位（项目）负责人参加、监理单位应由总监理工程师参加、施工单位应由单位负责人参加、设计单位应由单位（项目）负责人参加以及上述单位的其他有关人员。

4) 工程质量的验收均应在施工单位自行检查评定的基础上进行。

5) 隐蔽工程隐蔽前应由施工单位通知有关单位进行验收，并应形成验收文件。有关隐蔽工程验收项目按隐蔽工程验收章节执行。

6) 检验批的质量应按主控项目和一般项目验收。

①主控项目是指重要材料、构配件、成品半成品、设备性能及附件的材质、技术性能等。主控项目的检查结果具有否决权；一般项目是指允许有一定偏差的项目、对不能确定偏差又允许出现一定缺陷的项目、一些无法定量而采取定性的项目。

②检验批是工程验收的最小单位。

7) 对涉及结构安全和使用功能的重要部分工程应进行抽样检测。

注：该条抽样检测是指单位（子单位）工程质量控制资料核查和单位（子单位）工程安全和功能检验资料核查及主要功能抽查的相关检查项目。

8) 承担见证取样检测及有关结构安全检测的单位应具有相应资质。

9) 工程观感质量应由验收人员通过现场检查，并应由检查人员共同评议确认。

10) 单位（子单位）工程质量验收合格应符合下列规定：

①单位（子单位）工程所含分部（子分部）工程的质量均应验收合格。

②质量控制资料应完整。试验及检验资料符合相应标准的规定。

③单位（子单位）工程所含分部工程有关安全和功能的检测资料应完整。

④主要功能项目的抽查结果应符合相关专业质量验收规范的规定。

⑤观感质量验收应符合要求。

11) 当建筑工程质量不符合要求时，应按下列规定进行处理：

①经返工重做或更换器具、设备的检验批，应重新进行验收。该款属于返工验收之列。

②当不符合验收要求，须经检测鉴定时，经有资格的检测单位检测鉴定能够达到设计要求的检验批，应予以验收。该款属于检测鉴定验收之列。

③经有资质的检测单位检测鉴定达不到设计要求、但经原设计单位核算认可能够满足结构安全和使用功能的检验批，由设计单位出正式核验证明书，由设计单位承担责任，可予以验收。以上三款都属于合格验收的项目。该款属于设计核算验收之列。

④不符合验收要求，经检测单位检测鉴定达不到设计要求，设计单位也不出具核验证明书的，经与建设单位协商，同意加固或返修处理，事前提出加固返修处理方案，按照方案经过加固补强或返修处理的分项、分部工程，虽改变外形尺寸，但仍能满足结构安全和使用功能，可按技术处理方案或协商文件进行验收。这是有条件的验收。这对达不到验收条件，给出了一个处理出路，因为不能将有问题的工程都拆掉。这款应属于不合格工程的验收，工业产品叫让步接受。该款属于"让步接受"验收之列。

⑤经过返修或加固处理仍不能达到满足结构安全和使用要求的分部工程、单位工程（子单位工程），不能验收。尽管这种情况不多，但一定会有的，这种情况严禁验收，这种工程不能流向社会。

注：1. 第一种情况是指在检验批验收时，主控项目不满足验收规范或一般项目超过偏差限值要求时，应及时进行处理的方法，重新验收合格也应认为检验批合格。

2. 第四种情况是指严重的缺陷，检测鉴定也未达到规范标准的相应要求时，采取的处理方法。但不能作为轻视质量而回避责任的一种出路，应特别注意。

(5) 建筑工程质量验收程序和组织：

1) 检验批及分项工程应由监理工程师（建设单位项目技术负责人）组织施工单位项目专业质量（技术）负责人等进行验收。

2) 分部工程应由总监理工程师（建设单位项目负责人）组织施工单位项目负责人和技术、质量负责人等进行验收；地基与基础、主体结构分部工程的验收，勘察、设计单位工程项目负责人和施工单位技术、质量部门负责人也应参加相关分部工程验收。

3) 单位工程完工后，施工单位应自行组织有关人员进行检查评定，并向建设单位提交工程验收报告。

4) 建设单位收到工程验收报告后，应由建设单位（项目）负责人组织施工（含分包单位）、设计、监理等单位（项目）负责人进行单位（子单位）工程验收。

注：单位工程竣工验收记录的形成是：各分部工程完工后，施工单位先行自检合格，项目监理机构

的总监理工程师验收合格签认后，建设单位组织有关单位验收，确认满足设计和施工规范要求并签认后该表方为正式完成。

5) 单位工程有分包单位施工时，分包单位对所承包的工程项目应按标准规定的程序检查评定，总包单位应派人参加。分包工程完成后，应将工程有关资料交总包单位。

6) 当参加验收各方对工程质量验收意见不一致时，可请当地建设行政主管部门或工程质量监督机构协调处理。

7) 单位工程质量验收合格后，建设单位应在规定时间内将工程竣工验收报告和有关文件，报建设行政管理部门备案。

(6) 建筑工程质量验收的划分规定：

1) 建筑工程质量验收应划分为单位（子单位）工程、分部（子分部）工程、分项工程和检验批。

2) 单位工程的划分应按下列原则确定：

①具备独立施工条件并能形成独立使用功能的建筑物及构筑物为一个单位工程；

②建筑规模较大的单位工程，可将其形成独立使用功能的部分为一个子单位工程。

3) 分部工程的划分应按下列原则确定：

①分部工程的划分应按专业性质、建筑部位确定；

②当分部工程较大或较复杂时，可按材料种类、施工特点、施工程序、专业系统及类别等划分为若干子分部工程。

4) 室外工程可根据专业类别和工程规模划分单位（子单位）工程。

室外单位（子单位）工程、分部工程可按标准采用。

(7) 单位（子单位）工程在核查及整理过程中应做到：

1) 核查各分部工程中所含的子分部工程是否齐全。

2) 核查各分部、子分部工程质量验收记录表的质量评价是否完善，有分部、子分部工程质量的综合评价、有质量控制资料的评价、地基与基础、主体结构和设备安装分部、子分部工程规定的有关安全及功能的检测和抽测项目的检测记录，以及分部、子分部观感质量的评价等。

3) 核查分部、子分部工程质量验收记录表的验收人员是否是规定的有相应资质的技术人员，并进行了评价和签认。

4) 质量控制资料应完整。

5) 单位（子单位）工程所含分部工程有关安全和功能的检测资料应完整。

6) 主要功能项目的抽查结果应符合相关专业质量验收规范的规定。

7) 观感质量要求应符合要求。

(8) 形成单位工程质量验收的程序与资料的汇总整理：

工程质量验收资料的汇整：

①检验批质量验收合格完成后，应将有关的检验批质量验收记录汇集构成分项工程质量验收记录。

注：检验批验收：检验批是工程验收的最小单位，是分项工程乃至整个建筑工程质量验收的基础。是划小了的分项工程，是为了便于质量验收的方法，实际上检验批就是分项工程。

检验批验收必须按主控项目和一般项目进行验收。凡是按照主控项目和一般项目进行验收的统称为检验批质量验收。

《电梯工程施工质量验收规范》(GB 50310—2002)基本规定第3.0.3(4)条规定,分项工程质量应分别按主控项目和一般项目检查验收。电梯工程的分项工程为其最小验收单位,故电梯工程的分项工程质量验收也可以视为电梯工程的检验批验收。

②分项工程验收合格完成后,应将有关分项工程汇集构成分部(子分部)工程;分部工程和子分部工程的验收的内容是相同的,都应进行分项工程质量验收、质量控制资料核查、安全和功能检验(检测)报告核查和观感质量验收。

注:分项工程验收:分项工程验收是在检验批验收的基础上进行的。分项工程验收实际上就是检验批验收,分项工程中的检验批验收都完成了,分项工程验收也就完成了,分项工程验收实际上就是检验批验收的统计汇总。分项工程名称已在各专业规范中全部列出,除必须的项目补充外均应按标准中的分项工程名次执行。

③子分部工程验收合格后,为了明确该单位工程的分部工程包含多少子分部工程,故应将有关子分部工程分别列于相关分部工程项下,以示完整。详见表4.3.1-3(在所含子分部栏内划√)。

分部(子分部)工程均不能简单地加以组合即认为已经进行验收,尚需增加以下两类检查:a. 涉及安全和使用功能的地基基础、主体结构、有关安全及重要使用功能的安装分部工程应进行有关见证取样、送样试验或抽样检验(见统一标准 GB 50300—2001 表 G.0.1-2 及表 G.0.1-3)的规定;b. 分部(子分部)观感质量验收。验收时只给出好、一般、差,不评合格或不合格。对差的应进行返修处理。由监理单位的总监理工程师(建设单位项目专业负责人)组织施工单位的项目经理和有关勘察、设计项目负责人进行验收。检查的内容、方法、结论均应在分部工程验收的相应部分中予以阐述。将整理结果扼要填写于分部(子分部)工程质量验收记录的观感质量验收栏。

注:分部(子分部)工程验收:分部工程验收是在其所含各分项工程验收的基础上进行的,子分部工程验收是为了方便管理才将每个分部工程又划分为若干个子分部工程。分部(子分部)工程名称已在各专业规范中全部列出,除必须的项目补充外均应按标准中的分项工程名次执行。

(9)单位(子单位)工程质量竣工验收记录:

施工单位将已经验收合格的分部(子分部)工程以及在分部(子分部)工程验收合格的经审查无误的技术资料编制完整的基础上,按单位(子单位)工程质量竣工验收表式所列的分部工程、质量控制资料核查、安全和主要使用功能核查及抽查结果、观感质量验收结果,经整理将其验收结果分别填写在"验收记录"项下。将填写完成的该表报监理(建设)单位审查同意,监理单位填写验收结论后,由施工单位向建设单位提交工程竣工报告和完整的工程技术资料,报请建设单位审查同意后,组织勘察、设计、施工、监理和施工图审查机构等各方参加在质监部门监督下进行工程竣工验收。经各方验收同意质量等级达到合格后,由建设单位填写"综合验收结论"并对工程质量是否符合设计和规范要求及总体质量水平作出评价。

注:单位工程验收:是在分项、分部工程验收合格的基础上进行的,竣工验收时还需再通过全面检查,检查项目由参加人员商定。子单位工程是当建筑规模较大时,为了考虑大体量工程的分期验收,充分发挥基本建设投资效益,可将其能形成独立使用功能的划分为一个子单位工程,子单位工程可以单独验收。

3. 室外工程划分

室外单位(子单位)工程和分部工程划分见表2.1.1-2。

室外工程划分　　　　　　　　　　表2.1.1-2

单位工程	子单位工程	分部（子分部）工程
室外建筑环境	附属建筑	车棚、围墙、大门、挡土墙、垃圾收集站
	室外环境	建筑小品、道路、亭台、连廊、花坛、场坪绿化
室外安装	给排水与采暖	室外给水系统、室外排水系统、室外供热系统
	电气	室外供电系统、室外照明系统

2.1.2 通用名词注释

1. 试验单位：指承接某项试验的具有相应资质的试验单位。照实际填写。
2. 工程名称：按建设与施工单位合同书中的工程名称填写或按委托单上的工程名称。
3. 工程编号：指施工单位按施工顺序组排或按设计图注编号。
4. 委托单位：提请试验的单位名称，按实际填写。
5. 委托日期：照实际委托的时间填写，按年、月、日。
6. 试验编号：由试验室按收到试件的顺序统一的排序编号。
7. 报告日期：指试验单位出具试验报告的日期，按年、月、日。
8. 使用部位：按委托单上的取样部位填写。
9. 结构类型：指单位（子单位）工程的结构类型，按设计文件确定的结构类型填写。如砖混或框架结构等。
10. 试样名称：照实际填写。
11. 规格尺寸：指被试试件的规格尺寸，照实际填写。
12. 检验类别：分别为委托、仲裁、抽样、监督、对比，按实际检验类别填写。
13. 产地：照实际填写。应写明产地的县、乡、村的地名。
14. 代表数量：指"试件"所能代表的用于某工程或部位的钢材数量。
15. 试验项目：检验项目应按标准要求进行，质量标准与试验结果应一并填写清楚，使其一目了然。
16. 标准要求：指被试材料标准对测试有关项目质量指标的要求，由试验部门填写。
17. 依据标准：由试验室根据试验实际应用标准的名称填写。
18. 实测结果：指试验室测定被试材料的实际结果，由试验部门填写。
19. 单项结论：指被试材料的单项试验结论，由试验室填写符合或不符合标准要求以及能否使用的结论。
20. 检验结论：应全面、准确，核心是否符合标准规定，可用性如何及使用中应注意的问题。
21. 施工标准名称及代号：指该施工图的施工所依据的标准名称及代号。
22. 技术负责人：指法人施工单位的技术负责人。照实际填写。
23. 项目技术负责人：指施工单位的项目经理部级的项目技术负责人，签字有效。
24. 专业技术负责人：指施工单位的项目经理部级的专业技术负责人，签字有效。
25. 质检员：负责该单位工程项目经理部级的专职质检员，签字有效。
26. 材料员：负责该单位工程项目经理部级的材料员，签字有效。

27．审核：指承接某项试验的具有相应资质的试验单位的专业技术负责人。签字有效。

28．试验员：指试验单位的参与试验的人员。签字有效。

29．整理：指施工单位的工程项目经理部级的专职质量检查员，签字有效。

30．值班人：指参与工程试运行日、时的值班人姓名，由制表人填记。

31．值班长签名：指参与工程试运行日、时的值班长姓名，本人签字有效。

32．备注：指需要说明的其他事宜。

33．建设单位：按与施工、设计、监理等单位合同书中的建设单位名称及其代表，签字有效。

34．监理单位：指建设与监理单位合同书中的监理单位名称及其代表，签字有效。

35．施工单位：指建设与施工单位合同书中的施工单位名称及其代表，签字有效。

36．设计单位：按建设与设计单位合同书中的设计单位名称及其代表，签字有效。

37．监理（建设）单位：指监理单位指派的参与该验收的专业监理工程师，签字有效。当不委托监理时由建设单位的项目负责人签字。

38．质量部门负责人：指法人施工单位的质量部门负责人，照实际填写。

39．分包单位负责人：指分包该单位工程的具有相应资质的分包单位负责人，照实际填写。

40．单位（子单位）工程名称：应填写工程名称的全称，应与合同或招投标文件中的工程名称相一致。

41．分部工程：指按专业性质、建筑部位或分部工程较长或复杂时按材料种类、施工特点、施工顺序、专业系统及类别在开工前划分的分部工程。照实际划分的分部数量经检查分部符合标准及设计要求的实际数量填写。

42．子分部工程：按分部工程划分的子分部工程名称，照实际施工的子分部工程名称填写。

43．分项工程名称：指该分部（子分部）工程所含的每个不同分项的工程名称。

44．检验批数：分项工程质量验收是在检验批验收合格的基础上进行的，有关的检验批汇集成一个分项工程。检验批的划分按"统一标准"、"相关专业规范"的规定进行。

45．质量控制资料核查：指直接影响结构安全和使用功能项目在施工过程中形成的资料核查，按统一标准 GB 50300—2001 表 G.0.1-2 内容应检查的工程质量控制资料文件和记录的核查结果填写。

46．工程安全和主要使用功能检验资料核查及主要功能抽查记录：指直接影响工程安全和主要使用功能检验资料；按统一标准 GB 50300—2001 表 G.0.1-3 内容应检查的主要功能抽查的结果填写。使用功能检查是对建筑工程和设备安装工程最终质量的综合检验，也是用户最关心的内容。

47．观感质量验收：指对分部工程观感质量和单位（子单位）工程观感质量检查结果，按实际检查结果填写。

48．综合验收结论：指建设、监理、施工、设计等单位参加竣工初验结果的结论意见。由参加方共议确认后填写。

49．参加验收单位：参加单位盖章，参加人员签字有效。

50．强制性条文验收与执行：指《建筑工程施工质量验收统一标准》（GB 50300—2001）及相关专业规范中界定的强制性条文在工程实施中和验收时的执行情况。

51．施工单位的检查评定结果：是指由项目专业质量检查员根据执行标准检查评定的结果，照实际检查结果填写。

52．监理（建设）单位验收结论：分项工程质量由专业监理工程师（建设单位项目专业技术负责人）组织施工方项目专业技术负责人等进行验收。故检验批质量验收结论由监理工程师照实际填写。

53．建设（使用）单位：指建设与施工单位合同书中的建设（使用）单位名称，由制表人按全称填写。

54．系统运行情况：指被试系统的实际运行情况，应按系统运行时得到的相关参数经分析后填写。

凡本书表式中涉及上述名词时，均不再注释，可以此释参阅。

2.1.3 工程质量验收的资料编制控制检查要求

1．通用条件

（1）参加验收的单位只填写单位名称，项目经理分别签字，项目负责人分别签字，不盖章。

（2）验收意见填写要求应文字简练、技术用语规范。

（3）只填写符合要求而无实际内容的为不符合要求。

2．专用条件

（1）单位（子单位）工程质量竣工验收

单位（子单位）工程质量竣工验收记录项目项下：分部工程、质量控制资料核查、安全和主要使用功能核查及抽查结果、观感质量验收应报资料数量、内容齐全、计算正确，责任制及参加验收单位签章齐全。

（2）分部工程验收

1）检验批、分项工程数量计算正确，应参加验收的检验批、分项工程数量齐全，质量符合相应专业规范的要求，检查每个分项工程验收是否正确。注意查对所含分项工程，有没有漏、缺的分项工程没有归纳进来，或是没有进行验收。

2）地基与基础、主体分部工程，勘察、设计单位必须参加验收并由项目负责人签字。其他分部工程、勘察、设计单位根据日常掌握的质量状况可派员参加也可不派员参加验收，但必须签字认可。

3）质量控制资料应完整、齐全且必须符合相应标准要求。

4）地基与基础、主体结构和设备安装等分部工程有关安全及功能的检验和抽样检测结果应符合有关规定。

5）注意检查分项（检验批）工程的资料完整不完整，每个验收资料的内容是否有缺漏项，以及分项验收人员的签字是否齐全及符合规定。

6）观感质量验收应符合要求。

（3）分项及检验批工程验收

1）应参加检验批验收的工程数量齐全，检验批应报试（检）验资料齐全。

2）检验批质量验收记录主控项目、一般项目内容实际检查结果填写齐全，不漏项。

3）施工单位专职质量检查员检查评定、监理（建设）单位验收结论填写文字应简练，技术用语规范，要求用数据说明的均应有数据资料。

2.1.4 实例与说明

2.1.4.1 单位（子单位）工程质量竣工验收记录

单位（子单位）工程质量竣工验收记录表　　　　表2.1.4.1

工程名称	市技校住宅楼	结构类型	砖混	层数/建筑面积	6层/4558.66m²		
施工单位	建安总公司第二项目部	技术负责人	刘赞中	开工日期	2002年3月15日		
项目经理	王家义	项目技术负责人	梁光	竣工日期	2002年11月20日		
序号	项 目	验 收 记 录				验 收 结 论	
1	分部工程	共6分部，经查6分部 符合标准及设计要求6分部				同意验收	
2	质量控制资料核查	共18项，经审查符合要求18项，经核定符合规范要求18项				同意验收	
3	安全和主要使用功能核查及抽查结果	共核查13项，符合要求13项，共抽查5项，符合要求5项，经返工处理符合要求0项				同意验收	
4	观感质量验收	共抽查10项，符合要求10项，不符合要求0项				好	
5	综合验收结论						
参加验收单位	建设单位		监理单位		施工单位		设计单位
	（公章） 田利民 单位（项目）负责人 年 月 日		（公章） 袁行健 总监理工程师 2002年11月28日		（公章） 王家义 单位负责人 2002年11月28日		（公章） 于克 单位（项目）负责人 年 月 日

2.1.4.2 填写方法说明

1. 表列子项说明

（1）结构类型：指单位（子单位）工程设计实际的结构类型。如砖混或框架结构等，本工程为砖混结构。

（2）技术负责人：指法人施工单位的技术负责人。照实际填写。本工程法人施工单位的技术负责人为刘赞中。

（3）项目技术负责人：指项目经理部属施工该单位工程的技术负责人。照实际填写。本工程项目经理部的技术负责人为梁光。

（4）分部工程：指按专业性质、建筑部位或分部工程较大或复杂时按材料种类、施工特点、施工顺序、专业系统及类别在开工前根据工程特点划分的分部（子分部）工程。照实际划分的分部（子分部）数量经检查分部（子分部）工程质量符合标准及设计要求的实际数量填写。本工程为6个分部工程，计有：地基与基础、主体结构、建筑装饰装修、建筑屋面、建筑给水排水与采暖和建筑电气。其中：地基与基础分部中5个子分部；主体结构分部中2个子分部；建筑装饰装修分部中6个子分部；建筑屋面分部中1个子分部；建筑给水排水与采暖分部中4个子分部和建筑电气分部中3个子分部，共21个子分部工程。

（5）质量控制资料核查：指直接影响结构安全和使用功能项目在施工过程中形成资料之核查，按《建筑工程施工质量验收统一标准》GB 50300—2001 表 G.0.1-2 内容的核查结果，照实际填写。本工程质量控制资料核查共 18 项，主要包括：建筑与结构 8 项、建筑给水排水与采暖 6 项、建筑电气 4 项。

（6）工程安全和主要使用功能核查及抽查结果：指直接影响结构安全和使用功能的检验资料。按统一标准 GB 50300—2001 表 G.0.1-3 内容，根据核查主要功能抽查的检查结果填写。本工程单位（子单位）工程安全和主要使用功能核查及抽查结果共 13 项，主要包括：建筑与结构 6 项、建筑给水排水与采暖 4 项、建筑电气 3 项。

（7）观感质量验收：指对单位（子单位）工程观感质量检查的结果，按实际检查结果填写。本工程共查 13 项，其中：建筑与结构中检评为好的 3 项，检评为一般的 3 项，共 6 项；建筑给水排水与采暖检评为好的 3 项，检评为一般的 1 项，共 4 项；建筑电气中检评为好的 2 项，检评为一般的 1 项，共 3 项；无检评为差的子项。

（8）综合验收结论：指建设单位组织监理、施工、设计等单位参加竣工验收，根据其验收结果提出的结论意见。由参加方共议确认后建设单位填写。

（9）参加验收单位：包括建设、监理、施工、设计单位，均需加盖单位公章，参加人员签字有效。

2．单位（子单位）工程质量验收的几点说明：

（1）单位（子单位）工程质量竣工验收记录，施工验收时只填写验收记录栏，验收结论由监理（建设）单位填写，综合验收结论由参加验收各方共同商定，建设单位填写。

（2）根据这一规定单位（子单位）工程质量竣工验收记录在正式进行工程质量竣工验收之前，是一个半成品表。施工单位无权填写验收结论和综合验收结论。这一点必须注意。

（3）实例表由于尚未全部填写完成，因建设单位尚未组织验收，现仍属于施工单位和监理单位的工程预验和初验阶段，故综合验收结论未予填写。

（4）实例表责任制应填写齐全。本工程参加验收单位有：建设单位、监理单位、施工单位、设计单位、当地质量监督部门监督。建设单位组织验收负责人为田利民，监理单位总工程师为袁行健和施工单位的单位负责人为王家义和设计单位的单位负责人为于克，均本人签字。

2.2 分部（子分部）工程质量验收记录（C1-2）

2.2.1 分部（子分部）工程质量验收与说明
1．资料表式

2.2 分部（子分部）工程质量验收记录（C1-2）

分部（子分部）工程质量验收记录表　　　　表2.2.1

工程名称		结构类型		层数	
施工单位		技术部门负责人		质量部门负责人	
分包单位		分包单位负责人		分包技术负责人	

序号	分项工程名称	检验批数	施工单位检查评定	验　收　意　见
1				
2				
3				
4				
5				
6				

质量控制资料	
安全和功能检验（检测）报告	
观感质量验收	

验收单位	分包单位		项目经理		年　月　日
	施工单位		项目经理		年　月　日
	勘察单位		项目负责人		年　月　日
	设计单位		项目负责人		年　月　日
	监理（建设）单位	总监理工程师 （建设单位项目专业负责人）			年　月　日

2．实施要点

（1）分部工程的划分应按下列原则确定：

1）分部工程的划分应按专业性质、建筑部位确定。

2）当分部工程较大或较复杂时，可按材料种类、施工特点、施工程序、专业系统及类别等划分为若干子分部工程。

注：1．由于新型材料大量涌现、施工工艺和技术的发展，使分项工程越来越多，故将相近工作内容和系统划分若干子分部工程，有利于正确评价工程质量，有利于进行验收。

2．将原建筑电气分部工程中的强电和弱电部分独立出来各为一个分部，称其为建筑电气分部和智能建筑分部（即弱电部分）。

3．分部工程划分子分部工程中的专业系统及类别是指例如建筑给水排水及采暖分部工程中的室内给水系统、室内排水系统、室内热水供应系统、室内采暖系统等都可以分别划分为子分部工程。

3）建筑工程分部（子分部）工程、分项工程划分见表2.2.1-1。

（2）分部（子分部）工程质量应由总监理工程师（建设单位项目专业负责人）组织施工项目经理和有关勘察、设计单位项目负责人进行验收。

（3）分部（子分部）工程质量验收合格应符合下列规定：

1）分部（子分部）工程所含分项工程的质量均应验收合格。

2）质量控制资料应完整。

建筑工程分部工程、分项工程划分

表 2.2.1-1

序号	分部工程	子分部工程	分项工程
1	地基与基础	无支护土方	土方开挖、土方回填
		有支护土方	排桩、降水、排水、地下连续墙、锚杆、土钉墙、水泥土桩、沉井与沉箱、钢及混凝土支撑
		地基处理	灰土地基,砂和砂石地基,碎砖三合土地基,土工合成材料地基,粉煤灰地基,重锤夯实地基,强夯地基,振冲地基,砂桩地基,预压地基,高压喷射注浆地基,土和灰土挤密桩地基,注浆地基,水泥粉煤灰碎石桩地基,夯实水泥土桩地基
		桩基	锚杆静压桩及静力压桩,预应力离心管桩,钢筋混凝土预制桩,钢桩,混凝土灌注桩(成孔、钢筋笼、清孔、水下混凝土灌注)
		地下防水	防水混凝土,水泥砂浆防水层,卷材防水层,涂料防水层,金属板防水层,塑料板防水层,细部构造,喷锚支护,复合式衬砌,地下连续墙,盾构法隧道,渗排水、盲沟排水,隧道、坑道排水,预注浆、后注浆,衬砌裂缝注浆
		混凝土基础	模板,钢筋,混凝土,后浇带混凝土,混凝土结构缝处理
		砌体基础	砖砌体,混凝土砌块砌体,配筋砌体,石砌体
		劲钢(管)混凝土	劲钢(管)焊接,劲钢(管)与钢筋的连接,混凝土
		钢结构	焊接钢结构,栓接钢结构,钢结构制作,钢结构安装,钢结构涂装
2	主体结构	混凝土结构	模板,钢筋,混凝土,预应力,现浇结构,装配式结构
		劲钢(管)混凝土结构	劲钢(管)焊接、螺栓连接,劲钢(管)与钢筋的连接,劲钢(管)制作、安装,混凝土
		砌体结构	砖砌体,混凝土小型空心砌块砌体,石砌体,填充墙砌体,配筋砖砌体
		钢结构	钢结构焊接,紧固件连接,钢零部件加工,单层钢结构安装,多层及高层钢结构安装,钢结构涂装,钢构件组装,钢构件预拼装,钢网架结构安装,压型金属板
		木结构	方木和原木结构,胶合木结构,轻型木结构,木构件防护
		网架和索膜结构	网架制作,网架安装,索膜安装,网架防火,防腐涂料
3	建筑装饰装修	地面	整体面层:基层,水泥混凝土面层,水泥砂浆面层,水磨石面层,防油渗面层,水泥钢(铁)屑面层,不发火(防爆的)面层;板块面层:基层,砖面层(陶瓷锦砖、缸砖、陶瓷地砖和水泥花砖面层),大理石面层和花岗岩面层,预制板块面层(预制水泥混凝土、水磨石板块面层),料石面层(条石、块石面层),塑料板面层,活动地板面层,地毯面层;木竹面层:基层,实木地板面层(条材、块材面层),实木复合地板面层(条材、块材面层),中密度(强化)复合地板面层(条材面层),竹地板面层

续表

序号	分部工程	子分部工程	分项工程
3	建筑装饰装修	抹灰	一般抹灰，装饰抹灰，清水砌体勾缝
		门窗	木门窗制作与安装、金属门窗安装、塑料门窗安装、特种门安装、门窗玻璃安装
		吊顶	暗龙骨吊顶、明龙骨吊顶
		轻质隔墙	板材隔墙、骨架隔墙、活动隔墙、玻璃隔墙
		饰面板（砖）	饰面板安装、饰面砖粘贴
		幕墙	玻璃幕墙、金属幕墙、石材幕墙
		涂饰	水性涂料涂饰、溶剂型涂料涂饰、美术涂饰
		裱糊与软包	裱糊、软包
		细部	橱柜制作与安装，窗帘盒、窗台板和暖气罩制作与安装，门窗套制作与安装，护栏和扶手制作与安装，花饰制作与安装
4	建筑屋面	卷材防水屋面	保温层，找平层，卷材防水层，细部构造
		涂膜防水屋面	保温层，找平层，涂膜防水层，细部构造
		刚性防水屋面	细石混凝土防水层，密封材料嵌缝，细部构造
		瓦屋面	平瓦屋面，油毡瓦屋面，金属板屋面，细部构造
		隔热屋面	架空屋面，蓄水屋面，种植屋面
5	建筑给水、排水及采暖	室内给水系统	给排水管道及配件安装，室内消火栓系统安装，给水设备安装，管道防腐、绝热
		室内排水系统	排水管道及配件安装，雨水管道及配件安装
		室内热水供应系统	管道及配件安装、辅助设备安装、防腐、绝热
		卫生器具安装	卫生器具安装、卫生器具给水配件安装、卫生器具排水管道安装
		室内采暖系统	管道及配件安装、辅助设备及散热器安装、金属辐射板安装、低温热水地板辐射采暖系统安装、系统水压试验及调试、防腐、绝热
		室外给水管网	给水管道安装、消防水泵接合器及室外消火栓安装、管沟及井室
		室外排水管网	排水管道安装、排水管沟与井池
		室外供热管网	管道及配件安装、系统水压试验及调试、防腐、绝热
		建筑中水系统及游泳池系统	建筑中水系统管道及辅助设备安装、游泳池水系统安装
		供热锅炉及辅助设备安装	锅炉安装，辅助设备及管道安装，安全附件安装，烘炉、煮炉和试运行，换热站安装，防腐，绝热

续表

序号	分部工程	子分部工程	分项工程
6	建筑电气	室外电气	架空线路及杆上电气设备安装，变压器、箱式变电所安装，成套配电柜、控制柜（屏、台）和动力、照明配电箱（盘）及控制柜安装，电线、电缆导管和线槽敷设，电线、电缆穿管和线槽敷设，电缆头制作、导线连接和线路电气试验，建筑物外部装饰灯具、航空障碍标志灯和庭院路灯安装，建筑照明通电试运行，接地装置安装
		变配电室	变压器、箱式变电所安装，成套配电柜、控制柜（屏、台）和动力、照明配电箱（盘）安装，裸母线、封闭母线、插接式母线安装，电缆沟内和电缆竖井内电缆敷设，电缆头制作、导线连接和线路电气试验，接地装置安装，避雷引下线和变配电室接地干线敷设
		供电干线	裸母线、封闭母线、插接式母线安装，桥架安装和桥架内电缆敷设，电缆沟内和电缆竖井内电缆敷设，电线、电缆导管和线槽敷设，电线、电缆穿管和线槽敷线，电缆头制作、导线连接和线路电气试验
		电气动力	成套配电柜、控制柜（屏、台）和动力、照明配电箱（盘）及安装，低压电动机、电加热器及电动执行机构检查、接线，低压电气动力设备检测、试验和空载试运行，桥架安装和桥架内电缆敷设，电线、电缆导管和线槽敷设，电线、电缆穿管和线槽敷线，电缆头制作、导线连接和线路电气试验，插座、开关、风扇安装
		电气照明安装	成套配电柜、控制柜（屏、台）和动力、照明配电箱（盘）安装，电线、电缆导管和线槽敷设，电线、电缆导管和线槽敷线，槽板配线，钢索配线，电缆头制作、导线连接和线路电气试验，普通灯具安装，专用灯具安装，插座、开关、风扇安装，建筑照明通电试运行
		备用和不间断电源安装	成套配电柜、控制柜（屏、台）和动力、照明配电箱（盘）安装，柴油发电机组安装，不间断电源的其他功能单元安装，裸母线、封闭母线、插接式母线安装，电线、电缆导管和线槽敷设，电线、电缆导管和线槽敷线，电缆头制作、导线连接和线路电气试验，接地装置安装
		防雷及接地安装	接地装置安装，避雷引下线和变配电室接地干线敷设，建筑物等电位连接，接闪器安装
7	智能建筑	通信网络系统	通信系统、卫星数字电视及有线电视系统、公共广播与紧急广播系统
		信息网络系统	计算机网络系统、应用软件、网络安全系统
		建筑设备监控系统	空调与通风系统、变配电系统、公共照明系统、给排水系统、热源和热交换系统、冷冻和冷却水系统、电梯和自动扶梯系统、建筑设备监控系统与子系统（设备）间的数据通信接口、中央管理工作站与操作分站、系统适时性、系统可维护功能、系统可靠性
		火灾自动报警及消防联动系统	火灾和可燃气体探测系统、火灾报警控制系统、消防联动系统

2.2 分部（子分部）工程质量验收记录（C1-2）

续表

序号	分部工程	子分部工程	分项工程
7	智能建筑	安全防范系统	电视频安防监控系统、入侵报警系统、巡更管理系统、出入口控制（门禁）系统、停车场（库）管理系统、安全防范综合管理系统
		综合布线系统	缆线敷设和终接，机柜、机架、配线架的安装，信息插座和光缆芯线终端的安装
		智能化系统集成	集成系统网络、实时数据库、信息安全、功能接口
		电源与接地	智能建筑电源、防雷及接地
		环境	空间环境、室内空调环境、视觉照明环境、电磁环境
		住宅（小区）智能化系统	火灾自动报警及消防联动系统、安全防范系统（含电视监控系统、入侵报警系统、巡更系统、门禁系统、楼宇对讲系统、住户对讲呼救系统、停车管理系统）、监控与管理系统（多表现场计量及与远程传输系统、建筑设备监控系统、公共广播系统、小区网络及信息服务系统、物业信息网络系统）、监控与管理系统、家庭控制器、室外设备及管网
8	通风与空调	送排风系统	风管与配件制作；部件制作；风管系统安装；空气处理设备安装；消声设备制作与安装，风管与设备防腐；风机安装；系统调试
		防排烟系统	风管与配件制作；部件制作；风管系统安装；防排烟风口、常闭正压风口与设备安装；风管与设备防腐；风机安装；系统调试
		除尘系统	风管与配件制作；部件制作；风管系统安装；除尘器与排污设备安装；风管与设备防腐；风机安装；系统调试
		空调风系统	风管与配件制作；部件制作；风管系统安装；空气处理设备安装；消声设备制作与安装，风管与设备防腐；风机安装；风管与设备绝热；系统调试
		净化空调系统	风管与配件制作；部件制作；风管系统安装；空气处理设备安装；消声设备制作与安装，风管与设备防腐；风机安装；风管与设备绝热；高效过滤器安装；系统调试
		制冷设备系统	制冷机组安装；制冷剂管道及配件安装；制冷附属设备安装；管道及设备的防腐与绝热；系统调试
		空调水系统	管道冷热（媒）水系统安装；冷却水系统安装；冷凝水系统安装；阀门及部件安装；冷却塔安装；水泵及附属设备安装；管道与设备的防腐与绝热；系统调试
9	电梯	电力驱动的曳引式或强制式电梯安装工程	设备进场验收，土建交接检验，驱动主机，导轨，门系统，轿厢，对重（平衡重），安全部件，悬挂装置，随行电缆，补偿装置，电气装置，整机安装验收
		液压电梯安装工程	设备进场验收，土建交接检验，液压系统，导轨，门系统，轿厢，平衡重，安全部件，悬挂装置，随行电缆，电气装置，整机安装验收
		自动扶梯、自动人行道安装工程	设备进场验收，土建交接检验，整机安装验收

注：智能建筑子分部和分项工程名目按《智能建筑工程质量验收规范》（GB 50339—2003）办理。

3) 地基与基础、主体结构和设备安装等分部工程有关安全及功能的检验和抽样检测结果应符合有关规定。

4) 观感质量验收应符合要求。

注：1. 分部工程的验收在其所含各分项工程验收的基础上进行。

2. 观感质量验收分部工程必须进行。观感质量验收往往难以定量，可以人的主观印象判断，不评合格或不合格，只综合验出质量评价。检查方法、内容、结论应在相应分部工程中阐述。

(4) 关于分部工程所含子分部工程汇整统计的几点说明：

1) 《建筑装饰装修工程质量验收规范》（GB 50210—2001）条文说明第 13.0.7 条：分部工程验收和子分部工程验收均应按《建筑工程施工质量验收统一标准》（GB 50300—2001）附录 F 分部（子分部）工程质量验收记录的格式记录。在装饰装修工程的子分部工程验收时，直接按照附录 F 的格式记录即可，但在进行装饰装修工程的分部工程验收时，应对附录 F 的格式稍加修改，"分项工程名称"应改为"子分部工程名称"，"检验批数"应改为"分项工程数"。

作者认为与其这样还不如分部工程做一次汇总统计较为简单，分部工程中有几个子分部统计几个子分部工程也较为清楚。因此，作者设计了"分部工程所含子分部工程统计表"。

2) 《建筑给水排水及采暖工程质量验收规范》（GB 50242—2002）第 14.0.1 条对分部工程质量验收给出了专用表式。该分部验收时应执行此表。

3) 《建筑电气工程质量验收规范》（GB 50303—2002）第 28.0.1 条（2）中"……经子分部工程验收记录汇入分部工程验收记录中"。说明子分部工程验收后应汇总统计成为分部工程。

据此，《建筑工程施工质量验收统一标准》（GB 50300—2001）附录 B 建筑工程分部（子分部）工程、分项工程划分表中 9 个分部中均包括子分部工程，因此，子分部工程验收后应统计汇总至相应分部工程中，为此，制定了分部工程所含子分部工程统计表。凡子分部验收在相应分部中有的可在说明栏内打√，以表示该工程内包含该子分部，详见表 2.2.1-2。当否仅供参考。

分部工程所含子分部工程统计表　　　　表 2.2.1-2

分部工程名称	子分部工程名称	参加验收的子分部质量等级	说　　明
地基与基础	无支护土方		
	有支护土方		
	地基处理		
	桩　基		
	地下防水		
	混凝土基础		
	砌体基础		
	劲钢（管）混凝土		
	钢结构		共　　项均合格

2.2 分部（子分部）工程质量验收记录（C1-2）

续表

分部工程名称	子分部工程名称	参加验收的子分部质量等级	说　明
主体结构	混凝土结构		
	劲钢（管）混凝土结构		
	砌体结构		
	木结构		
	钢结构		
	网架和索膜结构		共　项均合格
建筑装饰装修	地　面		
	抹　灰		
	门　窗		
	吊　顶		
	轻质隔墙		
	饰面板（砖）		
	幕　墙		
	涂　饰		
	裱糊与软包		
	细　部		共　项均合格
建筑屋面	卷材防水屋面		
	涂膜防水屋面		
	刚性防水屋面		
	瓦屋面		
	隔热屋面		共　项均合格
建筑给水排水及采暖	室内给水系统		
	室内排水系统		
	室内热水供应系统		
	卫生器具安装		
	室内采暖系统		
	室外给水管网		
	室外排水管网		
	室外供热管网		
	建筑中水系统及游泳池系统		
	供热锅炉及辅助设备安装		共　项均合格
建筑电气	室外电气		
	变配电室		
	供电干线		
	电气动力		
	电气照明安装		
	备用和不间断电源安装		
	防雷及接地安装		共　项均合格

续表

分部工程名称	子分部工程名称	参加验收的子分部质量等级	说明
智能建筑	通信网络系统		
	信息网络系统		
	建筑设备监控系统		
	火灾自动报警及消防联动系统		
	安全防范系统		
	综合布线系统		
	智能化集成系统		
	电源与接地		
	环境		
	住宅（小区）智能化		共 项均合格
通风与空调	送排风系统		
	防排烟系统		
	除尘系统		
	空调风系统		
	净化空调系统		
	制冷系统		
	空调水系统		共 项均合格
电梯	电力驱动曳引式或强制式电梯安装工程		
	液压电梯安装工程		
	自动扶梯、自动人行道安装工程		共 项均合格
合计			个分部工程中共 个子分部
总监理工程师：	项目经理：		日期： 年 月 日

2.2.2 实例与说明

本工程6个分部工程中共21个子分部。仅以主体分部为例，本工程主体分部包括混凝土结构和砌体结构两个子分部。本例仅附砌体结构（子分部）工程质量验收记录。参加本单位（子单位）工程验收的分部（子分部）名称的数量见表2.2.1-2。

2.2.2.1 砌体结构（子分部）工程质量验收记录（表2.2.2.1）

2.2 分部（子分部）工程质量验收记录（C1-2）

砌体结构（子分部）工程质量验收记录表　　　　　表 2.2.2.1

单位（子单位）工程名称	华龙房地产鑫园小区 2 号住宅楼		结构类型及层数	砖混 6 层
施工单位	市建筑安装总公司	技术部门负责人　刘赞中	质量部门负责人	任中华
分包单位		分包单位负责人	分包技术负责人	
序号	分项工程名称	检验批数	施工单位检查评定	验 收 意 见
1	砖砌体分项工程	12	预验合格	
2				初验合格
3				
4				同意验收
5				
质量控制资料		按 GB 50300—2001 标准表 G.0.1-2 相关内容检查符合要求		同意验收
安全和功能检验（检测）报告		按 GB 50300—2001 标准表 G.0.1-3 相关内容检查符合要求		同意验收
观感质量验收		按 GB 50300—2001 标准 G.0.1-4 相关内容检查符合要求		好；同意验收
验收单位	分包单位		项目经理	2002 年 7 月 20 日
	施工单位	建筑安装总公司直属第二项目部	项目经理　王家义	2002 年 7 月 20 日
	勘察单位	金大地勘察公司	项目负责人　陈洁仁	2002 年 7 月 20 日
	设计单位	天宇设计事务所	项目负责人　于克	2002 年 7 月 20 日
	监理（建设）单位	总监理工程师　　　袁行健 （建设单位项目专业负责人）		2002 年 7 月 20 日

2.2.2.2 填写方法说明

1．表列子项说明

1）结构类型及层数：本工程为砖混结构 6 层。

2）技术部门负责人：本工程法人施工单位技术部门负责人为刘赞中。

3）质量部门负责人：本工程质量部门负责人为任中华。

4）分包单位负责人：本工程无分包。

5）分项工程名称：本例为砖砌体分项工程。

6）检验批数：本工程检验批数为 12 个。

7）质量控制资料核查：本工程质量控制资料核查共 18 项，主要包括：建筑与结构 8 项、建筑给水排水与采暖 6 项、建筑电气 4 项。

8）工程安全和主要使用功能检验资料核查及主要功能抽查记录：本工程单位（子单位）工程安全和主要使用功能核查及抽查结果共 13 项，主要包括：建筑与结构 6 项、建筑给水排水与采暖 4 项、建筑电气 3 项。

9）观感质量验收：指分部（子分部）观感质量的验收记录，本工程砌体结构子分部共查6项，其中：建筑与结构中评议为好的3项，评议为一般的3项，共6项。无评议为差的子项。分部（子分部）观感质量验收不填写表格。

2. 分部（子分部）工程验收的几点说明

（1）总监理工程师应组织专业监理工程师对分部（子分部）工程质量验收资料进行审核：该分部（子分部）工程所包含的全部检验批、分项工程是否均得到了监理工程师的签认和质量等级确认；对分项工程质量等级统计汇总的正确性进行审核；各项工程质量主控项目、一般项目验收的正确性进行审核。

（2）在对分部（子分部）工程质量验收资料进行全面、系统审核后，符合有关工程质量验收规范要求，由总监理工程师签认并初步确认该分部（子分部）工程的质量等级。

（3）监理（建设）单位：指与建设单位签订监理合同的法人单位书面指派到施工现场的项目监理机构，签章有效。

（4）总监理工程师：指与建设单位签订监理合同的法人单位书面指派到施工现场的项目监理的总监理工程师，签字有效。

2.3 单位（子单位）工程观感质量检查记录

2.3.1 单位（子单位）工程观感质量检查与说明

1. 资料表式（表2.3.1）

单位（子单位）工程观感质量检查记录表　　　表2.3.1

工程名称			施工单位				
序号		项目	抽查质量状况		质量评价		
					好	一般	差
1	建筑与结构	室外墙面					
2		变形缝					
3		水落管，屋面					
4		室内墙面					
5		室内顶棚					
6		室内地面					
7		楼梯、踏步、护栏					
8		门窗					
1	给排水与采暖	管道接口、坡度、支架					
2		卫生器具、支架、阀门					
3		检查口、扫除口、地漏					
4		散热器、支架					
1	建筑电气	配电箱、盘、板、接线盒					
2		设备器具、开关、插座					
3		防雷、接地					

续表

工程名称			施工单位				
序号	项目		抽查质量状况		质量评价		
					好	一般	差
1	通风与空调	风管、支架					
2		风口、风阀					
3		风机、空调设备					
4		阀门、支架					
5		水泵、冷却塔					
6		绝热					
1	电梯	运行、平层、开关门					
2		层门、信号系统					
3		机房					
1	智能建筑	机房设备安装及布局					
2		现场设备安装					
观感质量综合评价							
检查结论		施工单位项目经理　　年　月　日			总监理工程师（建设单位项目负责人）　　年　月　日			

注：质量评价为差的项目，应进行返修。

2. 实施要点

（1）分部（子分部）观感质量验收。验收时只给出好、一般、差，不评合格或不合格。对差的应进行返修处理。由监理单位的总监理工程师（建设单位项目专业负责人）组织施工单位的项目经理和有关勘察、设计项目负责人进行验收。检查的内容、方法、结论均应在分部工程验收的相应部分中予以阐述。将整理结果扼要填写于分部（子分部）工程质量验收记录的观感质量验收栏。

（2）观感质量验收：指对分部工程观感质量和单位（子单位）工程观感质量检查，按实际检查结果填写。

（3）观感质量验收应完成的工作：

1）核实质量控制资料；

2）核查分项、分部工程验收的正确性；

3）在分部工程中不能检查的项目或没有检查到的项目在观感质量检查时进行检查；

4）查看不应出现裂缝情况、地面空鼓、起砂、墙面空鼓粗糙、门窗开关不灵、关闭不严格等，以及分项、分部无法测定或不便测定的项目，如建筑物全高垂直度、上下窗口位置偏移、线角不顺直等。

2.3.2 实例与说明

2.3.2.1 单位（子单位）工程观感质量检查记录（表2.3.2.1）

单位（子单位）工程观感质量检查记录表　　　　表 2.3.2.1

工程名称		华龙房地产开发公司鑫园小区2号住宅楼	施工单位	建筑安装总公司直属第二项目部		
序号		项目	抽查质量状况	质量评价		
				好	一般	差
1	建筑与结构	室外墙面		√		
2		变形缝		√		
3		水落管、屋面			√	
4		室内墙面		√		
5		室内顶棚		√		
6		室内地面			√	
7		楼梯、踏步、护栏		√		
8		门窗			√	
1	给排水与采暖	管道接口、坡度、支架		√		
2		卫生器具、支架、阀门		√		
3		检查口、扫除口、地漏			√	
4		散热器、支架		√		
1	建筑电气	配电箱、盘、板、接线盒		√		
2		设备器具、开关、插座		√		
3		防雷、接地			√	
1	通风与空调	风管、支架				
2		风口、风阀				
3		风机、空调设备				
4		阀门、支架				
5		水泵、冷却塔				
6		绝热				
1	电梯	运行、平层、开关门				
2		层门、信号系统				
3		机房				
1	智能建筑	机房设备安装及布局				
2		现场设备安装				
3						
观感质量综合评价		好				

检查结论	建筑物标高、垂直度较好，内外装饰装修表面平整，无大于200cm²的空鼓，阴阳角顺直，门窗洞口尺寸方正，楼梯踏步高差均未超过10mm，屋面防水表面平整、无空鼓、坡度较好，防水卷材贴墙高度大于250mm，其他细部工程尚可，评为好。 施工单位项目经理　王家义　　　总监理工程师 　　　　　　　　　　　　　　　　（建设单位项目负责人）　袁行健　2002年10月17日

2.3.2.2　单位（子单位）工程观感质量检查记录

1．综合说明

观感质量检查记录分为：分部（子分部）工程与单位（子单位）工程的观感质量检

查。

1) 分部工程观感质量检查：（GB 50300—2001）标准规定："观感质量应符合要求"。在该标准的说明中："关于观感质量检查，这类检查往往难以定量，只能以观察、触摸或简单量测的方式进行，并由个人的主观印象判断，检查结果不给出"合格"或"不合格"的结论，而是综合给出：好、一般、差的质量评价。

鉴于上述规定与说明，分部阶段的观感质量检查只是由验收者的观察、触摸或简单量测的主观印象判断。故分部工程观感质量检查：

由主持验收的总监理工程师会同项目经理及参加者对其所验收的分部工程的观感印象，通过充分发表各自对质量的看法后，由主持人按各方参加的验收人提出的看法，通过综合分析、权衡确认，并经参加各方人员同意后认定质量为："好、一般或差"，认定为差的质量应进行返修或处理等补救。分部（子分部）工程观感质量检查只检查验收其本分部工程标准规定的观感质量检查子项。检查确认后由总监理工程师将检查结论填写在分部（子分部）工程质量验收记录的观感质量验收栏内。

2) 分部（子分部）工程观感质量检查不单独填写分部（子分部）工程观感质量验收记录。分部工程观感质量检查、评价可按下列形式填写，例如：

①某住宅楼主体分部工程：构造柱、砌体表面平整度、轴线、标高等基本美观、顺直并符合要求，门窗洞口尺寸方正，楼梯踏步高差偏差不超过 10mm，管道预留槽沟顺直正确，评价为好。

②某住宅楼的屋面分部工程：卷材防水表面平整、无空鼓、坡度较好，保护层铺设粘结牢固，防水卷材贴墙高度大于 250mm，沉降缝处理一般，评价为一般。

③某住宅楼的装饰装修分部工程：抹灰表面平整度较好，阴阳角基本顺直，门窗洞口尺寸个别不太好，踢脚线空鼓较多，细部活做的一般，评价为差。应对存在问题进行处理，返修后再检查。

④其他分部（子分部）的观感质量检查可参照上述说明的思路办理。

2. 单位（子单位）工程观感质量检查

（1）单位（子单位）工程观感质量检查按标准规定的观感质量检查的不同分部（子分部）的检查内容按实际检查结果填写单位（子单位）工程观感质量验收记录表。检查方法与要求同分部（子分部）工程。

（2）单位（子单位）工程和分部（子分部）工程观感质量检查的区别在于：单位（子单位）工程观感质量检查应按标准规定的表列子项逐一检查记录（合理缺项除外），必须填写单位（子单位）工程观感质量检查表；分部（子分部）工程不单独填表而是将检查结果直接填入分部（子分部）工程观感质量检查栏内。

2.4 分项与检验批工程质量验收记录

2.4.1 分项工程质量验收与说明

1. 资料表式（表 2.4.1）

分项工程质量验收记录表

表 2.4.1

工程名称			结构类型		检验批数	
施工单位			项目经理		项目技术负责人	
分包单位			分包单位负责人		分包项目经理	
序号	检验批部位、区段	施工单位检查评定结果		监理（建设）单位验收结论		
1						
2						
3						
4						
5						
6						
7						
8						
9						
10						
11						
12						
13						
14						
15						
检查结论	项目专业技术负责人： 年 月 日			验收结论	监理工程师 （建设单位项目专业技术负责人） 年 月 日	

2．实施要点

（1）分项工程应按主要工种、材料、施工工艺、设备类别等进行划分。建筑工程的分部（子分部）、分项工程可按（GB 50300—2001）标准采用。

（2）一个分项工程可以划分为几个检验批来验收，检验批就是划分小了的分项工程。因此，分项工程验收实际上就是检验批验收，分项工程中的检验批验收完成了，分项工程的验收也就完成了。

（3）因为检验批是划小了的分项工程，因此，分项工程验收实际上就是检验批验收。又知，工程质量验收程序依次是：检验批、分项、子分部、分部工程乃至子单位、单位工程。所以分项工程验收采取的是核查、统计的方法进行。检验批验收完成后应按其原来划分的原则，应用标准规定的分项工程验收表式对其进行核查、汇整统计，即为完成了分项工程验收；对没有进行再划分的分项工程的验收，例如建筑地基基础、地下防水、电梯工程也必须按主控项目和一般项目的要求进行验收，也称之为分项检验批验收。可不再按分项工程验收表式进行核查、汇整，也等于完成了分项工程验收。

（4）分项工程质量应由监理工程师（建设单位项目专业技术负责人）组织项目专业技术负责人等进行验收，并按表记录。

（5）分项工程质量验收合格应符合下列规定：

1）分项工程所含的检验批均应符合合格质量的规定。

2）分项工程所含的检验批的质量验收记录应完整。

注：分项工程质量的验收应在检验批验收合格的基础上进行。

（6）分项工程是在检验批验收合格的基础上进行，通常起一个归纳整理的作用，是一个统计表，没有实质性验收内容。但应注意以下三点：

1) 分项工程质量按检验批部位、区段进行汇总验收,应检查检验批是否将整个工程覆盖,有没有漏掉的部位。

2) 检查有混凝土、砂浆强度要求的检验批,到龄期后当时强度是否达到设计要求和规范规定。

3) 将检验批资料依序进行登记整理。填写分项工程质量验收记录。

4) 施工单位、分包单位只填写单位名称,不盖章;项目经理、项目技术负责人、分包单位负责人、分包项目经理均本人签字,不盖章,有关人员不签字只盖章无效。

5) 施工单位项目专业技术负责人填写检查结论,监理工程师(建设单位项目专业技术负责人)填写验收结论,应文字简炼,技术用语规范,要求用数据说明的均应有数据资料。

6) 只填写符合要求而无实质内容的为不符合要求。

注:分项工程质量验收记录是一个统计表,如同意验收应签字确认,不同意验收应指出存在问题,明确处理意见和完成时间。

2.4.2 实例与说明

砖砌体分项工程质量验收记录见表2.4.2。

砖砌体分项工程质量验收记录表　　　　表2.4.2

单位(子单位)工程名称	华龙房地产鑫园小区2号住宅楼		结构类型	砖混
分部(子分部)工程名称	主体结构分部砌体结构子分部		检验批数	12
施工单位	建筑安装总公司直属第二项目部		项目经理	王家义
序号	检验批部位、区段	施工单位检查评定结果	监理(建设)单位验收结论	
1	一层①~⑯、⑯~㉗轴砖砌体检验批质量	按GB 50203—2002规范预验合格	初验合格	
2	二层①~⑯、⑯~㉗轴砖砌体检验批质量	按GB 50203—2002规范预验合格		
3	三层①~⑯、⑯~㉗轴砖砌体检验批质量	按GB 50203—2002规范预验合格		
4	四层①~⑯、⑯~㉗轴砖砌体检验批质量	按GB 50203—2002规范预验合格		
5	五层①~⑯、⑯~㉗轴砖砌体检验批质量	按GB 50203—2002规范预验合格		
6	六层①~⑯、⑯~㉗轴砖砌体检验批质量	按GB 50203—2002规范预验合格		
7				
说明	1.①~⑯、⑯~㉗轴分别进行检验批验收,检验批部位、区段合并汇整。 2.砖砌体分项工程共12个检验批。 3.全高垂直度:分别各检查8点,允许偏差为:全高7~11mm;垂直度:2.5~3mm,均在允许的偏差内。 4.砂浆试块抗压强度依次为:6.1、6.3、5.9、5.8、6.0等,符合要求			
检查结论	预验合格 项目专业技术负责人:　　牛芳铭 2002年7月25日	验收结论	初验合格 监理工程师:　　王志鹏 (建设单位项目专业技术负责人) 2002年7月10日	

2.4.3 检验批质量验收与说明

1. 资料表式（表 2.4.3）

检验批质量验收记录表   表 2.4.3

		质量验收规范的规定	施工单位检查评定记录	监理（建设）单位验收记录
主控项目	1			
	2			
	3			
	4			
	5			
	6			
	7			
	8			
	9			
一般项目	1			
	2			
	3			
	4			
施工单位检查结果评定			项目专业质量检查员：	年 月 日
监理（建设）单位验收结论			监理工程师 （建设单位项目专业技术负责人）	年 月 日

2. 实施要点

（1）分项工程可由一个或若干检验批组成，检验批可根据施工及质量控制和专业验收需要按楼层、施工段、变形缝等进行划分。另详检验批划分说明。

（2）检验批合格质量应符合下列规定：

1）主控项目和一般项目的质量经抽样检验合格（计数检验合格点率达 100%）。

2）具有完整的施工操作依据、质量检查记录。

注：1. 检验批是工程验收的最小单位，检验批是施工过程中条件相同并有一定数量材料、构配件或安装项目，质量基本均匀一致，故可作为检验的基本单位，并按批验收。

2. 检验批质量合格的条件，共两个方面：资料检查、主控项目和一般项目检验。检验批的合格质量主要取决于对主控项目和一般项目的检验结果。主控项目的检验项目必须全部符合有关专业工程验收规范的规定。主控项目的检查具有否决权。

（3）检验批质量验收记录由施工项目专业质量检查员填写，由监理工程师（建设单位项目专业技术负责人）组织项目专业质量检查员等进行验收，并填写检验批质量验收记录。

检验批的质量检验，应根据检验项目的特点在下列抽样方案中进行选择：

1）计量、计数或计量、计数等抽样方案。

2）一次、二次或多次抽样方案。

3）根据生产连续性和生产控制稳定性情况，尚可采用调整型抽样方案。

4) 对重要的检验项目当可采用简易快速的检验方法时,可选用全数检验方案。

5) 经实践检验有效的抽样方案。

注:1. 对于检验项目的质量、计数检验,可分为全数检验和抽样检验,重要的检验项目可采取简易快速的非破损检验方法时宜选用全数检验。构件截面尺寸和外观质量的检验项目,宜选用考虑合格质量水平的生产方风险和使用方风险的一次或二次抽样方案或经实际检验有效的抽样方案。

2. 合格质量水平的生产方风险,是指合格批被判为不合格的概率,即合格批被拒收的概率。风险控制范围 $\alpha = 1\% \sim 5\%$;使用方风险划为不合格批被判为合格批的概率,即不合格批被误收的概率,风险控制范围 $\beta = 5\% \sim 10\%$。主控项目的 α、β 值均不宜超过 5%;一般项目 α 值不宜超过 5%;β 值不宜超过 10%。

(4) 检验批的验收,只按列为主控项目、一般项目的条款来验收,不能随意扩大内容范围和提高质量标准。只要这些条款达到规定后,检验批就应通过验收。

(5) 表列子项:

1) 验收部位:指验收的检验批所处该工程的部位,照实际部位(如一层①~⑤轴等)填写。

2) 施工执行标准名称及编号:指该工程施工执行的专业标准名称,编号指应用该标准的节、条的编号。如《混凝土结构工程质量验收规范》标准为名称;(GB 50204—2002) 为标准的编号。

3) 主控项目:指该工程执行的专业施工验收规范指明的主控项目的条目,有几条应分别填入表内,并按实际检查结果填在"检查评定记录"栏下。

4) 一般项目:指该工程执行的专业施工验收规范指明的一般项目,有几条应分别填入表内,并按实际检查结果填在"检查评定记录"栏下。

5) 施工单位检查结果评定:是指由项目专业质量检查员,根据执行标准检查的结果,照实际检查结果填写。

6) 监理建设单位验收结论:指项目监理机构的专业监理工程师或建设单位项目专业技术负责人复查验收后填写的工程质量的结论意见,照实际填写。

检验批划分说明:

1. 划分原则

(1) 多层及高层建筑工程中主体分部的分项工程可按楼层或施工段划分检验批,单层建筑工程中的分项工程可按变形缝等划分检验批。

(2) 地基基础分部工程中的分项工程一般划分为一个检验批,有地下室的基础工程可按不同地下室划分检验批。

(3) 屋面分部工程中的分项工程按不同楼层屋面可划分为不同的检验批。

(4) 其他分部工程中的分项工程,一般按楼层划分检验批。

(5) 对于工程量较少的分项工程可统一划为一个检验批。

(6) 安装工程一般按一个设计系统或设备组别划分为一个检验批。

(7) 室外工程统一划分为一个检验批。

(8) 散水、台阶、明沟等含在地面检验批中。

2. 不同专业规范中对检验批的划分规定

(1) 地基基础按一个分项工程为一个检验批进行验收(指地基基础质量验收规范 GB

50202—2002一个分项工程为一个检验批)。

(2) 地下防水工程按一个分项工程为一个检验批进行验收(指地下防水工程质量验收规范 GB 50208—2002 一个分项工程为一个检验批)。

(3) 砌体工程:(GB 50203—2002)规范规定共设7个检验批质量验收记录表。其中一般砌体工程5个;配筋砌体工程除执行一般砌体工程的4个表外,还配合采用2个表。

(4) 混凝土结构工程:分别按模板、钢筋、预应力、混凝土、现浇结构、装配式结构等分项按工作班、楼层、结构缝或施工段划分检验批进行验收。

(5) 钢结构工程:

1) 进场验收的检验批原则上应与各分项工程检验批一致,也可以根据工程规模及进料实际情况划分检验批。

2) 钢结构焊接工程可按相应的钢结构制作或安装工程检验批的划分原则划分为一个或若干个检验批。

3) 紧固件连接工程可按相应的钢结构制作或安装工程检验批的划分原则划分为一个或若干个检验批。

4) 钢零件及钢部件加工工程,可按相应的钢结构制作工程或钢结构安装工程检验批的划分原则划分为一个或若干个检验批。

5) 钢构件预拼装工程可按钢结构制作工程检验批的划分原则划分为一个或若干个检验批。

6) 单层钢结构安装工程可按变形缝或空间刚度单元筹划分成一个或若干个检验批。地下钢结构可按不同地下层划分检验批。

7) 多层及高层钢结构安装工程可按楼层或施工段等划分为一个或若干个检验批。地下钢结构可按不同地下层划分检验批。

8) 钢网架结构安装工程可按变形缝、施工段或空间刚度单元划分成一个或若干检验批。

9) 压型金属板的制作和安装工程可按变形缝、楼层、施工段或屋面、墙面、楼面等划分为一个或若干个检验批。

10) 钢结构涂装工程可按钢结构制作或钢结构安装工程检验批的划分原则划分成一个或若干个检验批。

(6) 木结构工程:

检验批应根据结构类型、构件受力特征、连接件种类、截面形状和尺寸及所采用的树种和加工量划分。

(7) 装饰装修工程:

1) 抹灰工程各分项工程的检验批应按下列规定划分:

①相同材料、工艺和施工条件的室外抹灰工程每 500~1000m² 应划分为一个检验批,不足 500m² 也应划分为一个检验批。

②相同材料、工艺和施工条件的室内抹灰工程每50个自然间(大面积房间和走廊按抹灰面积 30m² 为一间)应划分为一个检验批,不足50间也应划分为一个检验批。

2) 门窗工程各分项工程的检验批应按下列规定划分:

①同一品种、类型和规格的木门窗、金属门窗、塑料门窗及门窗玻璃每100樘应划分

为一个检验批，不足100樘也应划分为一个检验批。

②同一品种、类型和规格的特种门每50樘应划分为一个检验批，不足50樘也应划分为一个检验批。

3）吊顶工程各分项工程的检验批应按下列规定划分：

同一品种的吊顶工程每50间（大面积房间和走廊按吊顶面积30m^2为一间）应划分为一个检验批，不足50间也应划分为一个检验批。

4）轻质隔墙各分项工程的检验批应按下列规定划分：同一品种的轻质隔墙工程每50间（大面积房间和走廊按轻质隔墙的墙面30m^2为一间）应划分为一个检验批，不足50间也应划分为一个检验批。

5）饰面板（砖）各分项工程的检验批应按下列规定划分：

①相同材料、工艺和施工条件的室内饰面板（砖）工程每50间（大面积房间和走廊按施工面积30m^2为一间）应划分为一个检验批，不足50间也应划分为一个检验批。

②相同材料、工艺和施工条件的室外饰面板（砖）工程每500~1000m^2应划分为一个检验批，不足500m^2也应划分为一个检验批。

6）幕墙各分项工程的检验批应按下列规定划分：

①相同设计、材料、工艺和施工条件的幕墙工程每500~1000m^2应划分为一个检验批，不足500m^2也应划分为一个检验批。

②同一单位工程的不连续的幕墙工程应单独划分检验批。

③对于异型或有特殊要求的幕墙，检验批的划分应根据幕墙的结构、工艺特点及幕墙工程规模，由监理单位（或建设单位）和施工单位协商确定。

7）涂饰工程各分项工程的检验批应按下列规定划分：

①室外涂饰工程每一栋楼的同类涂料涂饰的墙面每500~1000m^2应划分为一个检验批，不足500m^2也应划分为一个检验批。

②室内涂饰工程同类涂料涂饰的墙面每50间（大面积房间和走廊按涂饰面积30m^2为一间）应划分为一个检验批，不足50间也应划分为一个检验批。

8）裱糊与软包各分项工程的检验批应按下列规定划分：

同一品种的裱糊或软包工程每50间（大面积房间和走廊按施工面积30m^2为一间）应划分为一个检验批，不足50间也应划分为一个检验批。

9）细部工程各分项工程的检验批应按下列规定划分：

①同类制品每50间（处）应划分为一个检验批，不足50间（处）也应划分为一个检验批。

②每部楼梯应划分为一个检验批。

（8）地面工程：

1）建筑地面工程施工质量的检验，应符合下列规定：

①基层（各构造层）和各类面层的分项工程的施工质量验收应按每一层次或每层施工段（或变形缝）作为检验批，高层建筑的标准层可按每三层（不足三层按三层计）作为一个检验批；

②每检验批应以各子分部工程的基层（各构造层）和各类面层所划分的分项工程按自然间（或标准间）检验，抽查数量应随机检验不少于3间；不足3间，按全数检查；其中

走廊（过道）以 10 延长米为 1 间，工业厂房（按单跨计）、礼堂、门厅应以两个轴线为 1 间计算；

③有防水要求的建筑地面子分部工程的分项工程施工质量每检验批抽查数量应按其房间总数随机检验不少于 4 间，不足 4 间按全数检查。

2) 建筑地面工程的分项工程施工质量验收的主控项目必须达到（GB 50209）规范规定的质量标准，认定为合格；一般项目 80% 以上的检查点符合（GB 50209）规范规定的质量要求，其他检查点（处）不得有明显影响装饰效果，并不得大于允许偏差值的 50% 为合格。凡达不到质量标准时，应按国家标准《建筑工程施工质量验收统一标准》的规定处理。

(9) 屋面工程：

屋面工程中各分项工程的施工质量检验批量应符合下列规定：

1) 卷材防水屋面、涂膜防水屋面、刚性防水屋面、瓦屋面和隔热屋面工程，应按屋面面积每 100m² 抽查一处，每处 10m²，但不少于 3 处。

2) 接缝密封防水，应按每 50m 查一处，每处 5m，但不得少于 3 处。

3) 细部构造应根据分项工程的内容，全部进行检查。

(10) 给排水及采暖工程：

建筑给水、排水及采暖工程的分项工程，应按系统、区域、施工段或楼层等划分。分项工程应划分成若干个检验批进行验收。

(11) 电气工程：

当建筑电气分部工程施工质量检验时，检验批的划分应符合下列规定：

①室外电气安装工程中分项工程的检验批，依据庭院大小、投运时间先后、功能区块不同划分；

②变配电室安装工程中分项工程的检验批，主变配电室为一个检验批；有数个分变配电室，且不属于子单位工程的子分部工程，各为一个检验批，其验收记录汇入所有变配电室有关分项工程的验收记录中；如各分变配电室属于各子单位工程的子分部工程，所属分项工程各为一个检验批，其验收记录为一个分项工程验收记录，经子分部工程验收记录汇入分部工程验收记录中。

③供电干线安装工程分项工程的检验批，依据供电区段和电气线缆竖井的编号划分；

④电气动力和电气照明安装工程中分项工程及建筑物等电位联结分项工程的检验批，其划分的界区，应与建筑土建工程一致；

⑤备用和不间断电源安装工程中分项工程各自成为一个检验批；

⑥防雷及接地装置安装工程中分项工程检验批，人工接地装置和利用建筑物基础钢筋的接地体各为一个检验批，大型基础可按区块划分成几个检验批；避雷引下线安装 6 层以下的建筑为一个检验批，高层建筑依均压环设置间隔的层数为一个检验批；接闪器安装同一屋面为一个检验批。

(12) 通风与空调工程（规范中共列 9 个检验批表式）：

1) 风管与配件制作检验批验收质量验收记录见附表 C.2.1-1 与 C.2.1-2。

2) 风管部件与消声器制作检验批验收质量验收记录见附表 C.2.2。

3) 风管系统安装检验批验收质量验收记录见附表 C.2.3-1、C.2.3-2 与 C.2.3-3。

4) 通风机安装检验批验收质量验收记录见附表 C.2.4。
5) 通风与空调设备安装检验批验收质量验收记录见附表 C.2.5-1、C.2.5-2 与 C.2.5-3。
6) 空调制冷系统安装检验批验收质量验收记录见附表 C.2.6。
7) 空调水系统安装检验批验收质量验收记录见附表 C.2.7-1、C.2.7-2 与 C.2.7-3。
8) 防腐与绝热施工检验批验收质量验收记录见附表 C.2.8-1、C.2.8-2。
9) 工程系统调试检验批验收质量验收记录见附表 C.2.9。

（13）电梯工程：

电梯工程按一个分项工程为一个检验批进行验收。

3. 检验批划分注意事项

（1）检验批的正确划分必须考虑施工工艺要求。要反映工序和施工过程；要考虑不同专业工种的配合。施工过程有变化时，检验批划分也要做相应调整。例如：建设单位为了赶工期，在框架结构的填充墙施工中要求每层一块施工，一起验收，这和常规的按楼层（段）划分要求不一致，因此，砌体的检验批划分也应随着要求进行调整。

（2）检验批划分要有利于施工和质量控制，检验批划分不宜过大、过小或过于悬殊。

（3）检验批划分要便于专业验收。要明确界限，质量控制点、检查点、止停点的设置应十分清楚；检验批划分不能"缺项"或过于笼统；划分的编号要明确无误，这样便于操作。

（4）质量主体各方都要重视检验批的划分，加强检验批划分的管理，通过检验批划分提高工程质量的管理水平。

2.4.4 工程质量验收说明

2.4.4.1 质量等级评定的责任制说明

《建设工程质量管理条例》第 16 条释义 1 中关于竣工验收或单项验收时讲到："建设单位收到竣工验收报告后，应及时组织有设计、施工、工程监理等单位参加的竣工验收，检查整个建设项目是否已按设计要求和合同约定全部建设完成，已符合竣工验收条件。有时为了及早发挥项目的效益，也可对工程进行单项验收，即在一个总体建设项目中，一个单项工程或一个车间已按设计要求建设完成，能满足生产要求或具备使用条件，施工单位已预验，监理工程师已初验通过。在此条件下建设单位可组织进行单项验收。由几个施工单位负责施工的单项工程，当其中一个单位所负责的部分已按设计完成，也可组织正式验收，办理交工手续。在整个项目进行全部验收时，对已验收过的单项工程，可以不再进行验收和办理验收手续，但应将单项工程验收单作为全部工程验收的附件而加以说明。"

根据释义可知：单位工程的检验批、分项、分部（子分部）、单位（子单位）工程的整个施工过程，实际上施工单位的验评不论是检验批、分项、分部（子分部）、单位（子单位）工程，由于施工单位是产品的生产者，必须对其产品质量负责。故施工单位必须对其施工的质量进行自检和评定，所以任何一个检查过程都是一个按标准要求进行预验（自检）过程；监理单位是在接到施工单位请求报验后对其工程质量进行验收的，规范（GB 50300—2001）规定监理工程师主持检验批、分项工程的质量验收，总监理工程师主持分部（子分部）和单位（子单位）工程的质量验收，规范规定了监理单位主持工程质量的验收，所以，具有按标准要求评定和确认质量等级（初验）的权力。规范规定单位工程质量综合验收结论由建设单位组织施工、监理、勘察设计、施工图审查等单位验收后确定，故监理单位的验收也只是一个初验过程。凡此，根据释文对评定质量等级的界定：施工单位的验评是一个**预验**过程，监理单位的验收是一个**初验**过程。

据此，检验批验收表式中的施工单位检查评定记录和施工单位检查评定结果应填写预验合格或不合格；检验批验收表式中的监理单位的监理（建设）单位验收记录和监理（建设）单位验收结果应填写初验合格或不合格。

2.4.4.2 检验批验收填表综合说明

1. 检验批质量验收要点

检验批质量验收大多数工程的内容包括：材料、设备的目测与复检状况；施工的操作规程和工艺流程的执行；成品质量等级检验结果。

（1）材料、设备的目测与复检状况：主要包括强度检测（设计或规范有试验要求时），是否经过复测，合格证的提供情况；外观质量检查，主要是外观的完整性、几何尺寸等；材料物理性能检查，检验报告提供的数量、时间、代表批量等；设备随机技术文件。

（2）施工的操作规程和工艺流程的执行：主要包括操作规程及工艺流程。

（3）成品质量等级检验结果：主要包括强度检验结果；检验批的构造做法；外观质量状况。应按规范规定的主控项目、一般项目的所列子项的应检项目全数进行检查。

2. 检验批验收的基本原则

（1）检验批验收应按规范所列该检验批的主控项目、一般项目进行检查验收。首先应了解清楚主控项目多少条、一般项目多少条、其中哪些条目是应检项目。应检条目必须逐一检查，不应缺漏。

（2）应了解规范对每一条质量检查要求的内容是什么？条目中质量检查的要点是什么？在确认应检条目的质量要求后，按照规范要求的检查方法逐条检查。每一条目的质量检查必须认真做好记录。必须注意一定要按规范提出的检验方法进行检查。

（3）检查结果填写：施工单位在未验收前的预验完成后填写，预验时施工单位的专业工长、施工班组长、专职质量检查员均应参加预验，并予详细、真实的记录检查结果，主要内容不得缺漏。

检验批验收由项目监理机构的专业监理工程师主持，施工单位的专业工长、施工班组长、专职质量检查员参加，专业监理工程师应认真做好验收记录。

（4）由于检验批表式中每一条目填写说明的区格较小，不可能将其检查内容逐一填入表内，要求填写的检验批验收表式应达到既能说明检查结果，又比较全面。

（5）检查结果的填表，有数量要求的一定要把主要的数量检查结果是否符合规范要求填写清楚。无数量要求的条目可按检查内容综合提出符合或不符合规范要求即可。且应技术用语规范、流畅、一目了然。必须对其检查结果进行文字整理、化简，然后将其化简汇整的检查结果填入表内。

3. 责任制（填表分工）

（1）检验批表式的检查与核查结果分别由施工单位的项目经理部和监理单位的项目监理机构完成。

（2）施工单位的项目经理部填写的内容包括：工程名称、验收部位、施工单位、项目经理、分包单位、分包项目经理、施工执行标准名称及编号，主控项目和一般项目中施工单位检查评定记录和施工单位检查评定结果。

（3）监理单位的项目监理机构填写的内容包括：监理（建设）单位验收记录和监理

（建设）单位验收结论。

2.4.4.3 验收填表实例说明

1. 为了能对各分部（子分部）的检验批验收，都有一个较全面地了解，现将主体分部中分项工程的砖砌体工程检验批质量验收记录用附表及说明（详见表203-1）的方式予以初释。藉以使读者对检验批验收及资料应用更为清晰。

2. 填表实例（所列数量值均为设定值，非工程的实例的工程检查值）：

砖砌体工程检验批质量验收记录表式见表203-1，砖砌体检验批质量验收共14条，其中主控项目7条，一般项目7条。

（1）主控项目

第1条：砖的强度等级：验收应检查的内容：砖的种类、砖的使用部位、砖的代表数量、砖的物理力学性能指标、试验报告编号、试验报告的提供时间、提供砖试验报告是否符合设计要求。有关内容逐条检查后如果符合标准要求，即可对其检查结果进行汇整、化简后填表（以下各条均同）。

本工程使用多孔砖，即可填："经查多孔砖试验报告编号为0671，强度、代表数量、部位均符合设计和相应的标准要求"。

第2条：砂浆强度等级：验收应检查内容：砂浆品种与等级、砂浆试验报告的使用部位、试块留置数量、试验报告编号、砂浆试验报告的提供时间、砂浆试验报告是否符合标准和设计要求、查验砂浆试配报告单位的试配强度等级与配合比。

本工程使用M5.0混合砂浆，不同强度等级的试块留置数量、使用部位、砂浆试配报告单及配合比等均符合设计和相应标准要求。即可填："经查混合砂浆试验报告编号为0260，砂浆标准养护试块强度等级的平均强度等级为M5.76MPa，符合设计和规范要求"。

第3条：砌筑及斜槎留置：验收应检查内容：查阅施工图设计的构造柱留置数量及构造要求；检查马牙槎留置的进退尺寸；斜槎留置的水平投影尺寸是否符合规范要求；有无无措施的内外墙分砌施工。

本工程每隔一间在其轴线处设置构造柱，构造柱马牙槎为先退后进，尺寸为：马牙槎高度≤300mm（5皮砖），无构造柱处为斜槎留置，水平投影长度为1.83m，大于高度的2/3，内外墙均有施工措施等均符合设计和相应标准要求。即可填："经查砖砌体砌筑的构造柱留置和斜槎砌筑的水平投影留置尺寸1.83m符合规范要求"。

第4条：直槎拉结钢筋及接槎处理：验收应检查内容：砌体加筋用钢筋的断面；墙体砖角处、丁字墙交接处深入长度，砌体加筋垂直方向的间距；检查砌体加筋的构造形式、长度及钢筋规格；现场实际的砌体加筋留置情况。

本工程砌体加筋用钢筋的断面均为$\phi 6.5$；墙体砖角处、丁字墙交接处深入长度各为1000mm，砌体加筋每500mm设一层；检查砌体加筋的构造形式、长度及钢筋规格符合设计要求；现场实际的砌体加筋留置情况，施工情况良好。即可填："经查直槎拉结钢筋及接槎处理处加筋数量及长度符合设计和规范要求"。

第5条：水平灰缝砂浆饱满度：验收应检查内容：检查数量；砂浆饱满度（≥90%）。

本工程检查数量，每检验批检查不少于5处，该检验批检查5处；砂浆饱满度（≥90%）检查平均值为92%，符合规范要求。即可填："经查检查数量、水平灰缝砂浆饱满度92%符合设计和规范要求"。

第6条：竖向灰缝砂浆饱满度：验收应检查内容：检查数量；砂浆饱满度（≥80%）。

本工程检查数量，每检验批检查不少于5处，该检验批检查5处；砂浆饱满度（≥80%）检查平均值为87%，符合规范要求。即可填："经查检查数量、竖向灰缝砂浆饱满度符合设计和规范要求"。

第7条：轴线位移：验收应检查内容：按标准规定的检查数量和允许偏差值进行检查。

本工程检查数量，每检验批检查不少于10处，该检验批检查10处；轴线位移偏差均在4～8mm之间。即可填："经查检查数量、轴线位移允许偏差符合设计和规范要求"。

注：1. 该条为主控项目，当检查不符合标准和设计要求时，请进行专门处理后，重新核查验收。

2. 第5条、第6条、第7条均为允许偏差值检查，一般每检验批检查10点。

（2）一般项目

第1条：组砌方法：验收应检查内容：检查数量、上下错缝、内外搭接、砖柱是否为包心砌法、通缝、灰缝质量。

本工程检查数量、上下错缝、内外搭接、砖柱是否为包心砌法、通缝、灰缝质量每检验批检查不少于10处，该检验批检查10处；组砌方法检查符合规范要求。即可填："经查检查数量、组砌方法符合设计和规范要求"。

第2条，水平灰缝厚度；第3条，基层顶（楼）面标高；第4条，表面平整度；第5条，门窗洞口；第6条，窗口偏移；第7条，水平灰缝平直度等均为允许偏差值检查。分别按表列允许偏差值，每检验批检查10处，进行质量验收，量测值详表。

本工程检查数量、水平灰缝厚度、表面平整度、门窗洞口、窗口偏移、水平灰缝平直度每检验批检查不少于10处，该检验批检查10处；检查符合规范要求。即可填："经查检查数量、水平灰缝厚度、表面平整度、门窗洞口、窗口偏移、水平灰缝平直度均达到符合设计和规范要求"。

3. 检查评定记录填写

（1）施工单位：对施工单位检查评定记录和施工单位检查评定结果栏，按检验批检查评定记录和检查评定结果，填写质量等级评定合格或不合格。

（2）监理单位：

①监理（建设）单位验收记录：检验批根据检查验收结果，即可填：经共同检查验收，主控项目质量符合合格或不合格质量等级；一般项目质量经共同检查验收，质量符合合格或不合格质量等级，当一般项目有允许偏差项目检查时，尚应填写允许偏差的检查结果，合格率达到的百分率。

②监理（建设）单位验收结论：根据共同检查验收结果，填写验收结论，检验批质量等级合格或不合格。

（3）责任制：

①施工单位：项目经理、专业工长（施工员）、施工班组长、项目专职质量检查员分别签字，签注验收日期。

②监理单位：专业监理工程师签字，签注验收日期。

（4）砖砌体工程检验批质量验收，按上述检查程序并填写完成砖砌体工程检验批质量验收记录，该检查验收即完成。

2.4.4.4 检验批验收表式中4项评定和验收栏的填写要求

检验批验收表式中的4项评定和验收栏是指：施工单位检查评定记录栏；监理（建设）单位验收记录栏；施工单位检查结果评定栏和监理（建设）单位验收结论栏。

1．施工单位检查评定记录栏：

这一栏是检验批按条目检查时检查评定的记录栏，填写内容应满足：

(1) 要求文字简扼易懂，填写的应该是实际检查结果的记录；

(2) 一般应用数据或定性词意表示；

(3) 明确该条的检查结果是否符合设计或（和）规范的规定。

例如：某工程的砖砌体主控项目第1条："砖的强度等级（假设为MU10）"。砖的强度等级应检查砖的试验报告单，检查内容一般应包括砖的品种、强度、使用部位、代表数量等。为了保证资料的正确性、真实性，还应检查报告单的试验编号及试验单位出具报告单的有效性。

如果"砖的强度等级"这一条，按上述要求逐一检查后，全部符合设计和规范要求，即可在"施工单位检查评定记录栏"填写："试验编号为×××，砖试验的强度等级为MU10，符合设计和规范要求。"

这样填写的内容满足了以下两点，一是说明该报告单的试验结果是真实的，二是说明砖的强度等级达到了MU10，试验结果符合设计和规范要求。

如果砖的强度等级这一条，按上述内容逐一检查后，全部或部分子项不符合设计和规范要求，该条评定应为不合格。按要求应评为不符合要求时，应重新组织验收，不应形成表格。严格讲施工单位不应该提请报验，如果施工单位明知这样的报验项目监理机构验收时不会通过而又这样报验了，即为施工单位弄虚作假。

2．施工单位检查结果评定栏：

这一栏是"施工单位对某检验批检查评定所列子项全部检查完成后，对其质量检查结果按规范要求填写的质量评定的结论性意见。应填写："预验合格，同意验收"。"预验合格"是指施工单位已通过自检预验收，验收结果按规范要求已达到合格质量等级要求；"同意验收"是因施工单位预验后需要通过项目监理机构检查验收后才能初步确认其质量等级，故填写"同意验收"。

如果检验批检查验收条目或条目中的某一项检查按规范要求应评为不合格时，即不应进行报验，应返修达到合格要求后，重新组织验收再行报验，且不应形成表格。

3．监理（建设）单位验收记录栏：

这一栏是项目监理机构根据施工单位提请报验的检验批，经监理工程师逐条按标准要求进行验收后，当验收结果质量等级合格时，监理工程师在其栏内填写"初验合格"。经监理工程师验收的检验批子项不合格时，可在其栏内填写"初验不合格"。对验收不合格的检验批，应重新组织验收。该检验批验收资料应作为质量记录予以归存。

该栏项目监理机构的监理工程师必须填写"初验合格或不合格"，不能只填写"同意验收或不同意验收"。

4．监理（建设）单位验收结论栏：

这一栏是项目监理机构根据施工单位提请报验的检验批，经监理工程师逐条按标准要求进行验收后，对检验批验收结果的质量等级下的结论性意见，必须填写"初验合格或不合格、同意或不同意验收"，不能填写"同意验收"。因为标准规定项目监理机构是主持工程质量验收的,所以必须对其验收的工程质量初步确认其质量等级,不能模棱两可。

填写实例见表 203-1。

砖砌体(混水)工程检验批质量验收记录表 表 203-1

单位(子单位)工程名称		华龙房地产鑫园小区 2 号住宅楼									
分部(子分部)工程名称		主体结构分部					验收部位		一层①~⑯轴砖砌体		
施工单位		建筑安装总公司直属第二项目部					项目经理		王家义		
分包单位		—					分包项目经理		—		
施工执行标准名称及编号						QBJ-001-1					

检控项目	序号	质量验收规范规定		施工单位检查评定记录										监理(建设)单位验收记录
主控项目	1	砖强度等级	设计要求 MU10	试验编号 E-0556 和 E-0445 号烧结普通砖与多孔砖资料报告符合 MU10 要求										经共同检查验收主控项目质量符合合格等级要求
	2	砂浆强度等级	设计要求 M5	试验编号 0111-218、0111-213 报告符合 M5.0 要求										
	3	砌筑及斜槎留置	第 5.2.3 条	纵横墙连接处均有构造柱										
	4	直槎拉结钢筋及接槎处理	第 5.2.4 条	拉结筋 240 墙 2 根,370 墙 3 根,伸入长度 1000mm										
		项目	允许偏差(mm)	量测值(mm)										
	5	水平灰缝砂浆饱满度	≥80%	85	89	92	97	95	90	90	96	97		
	6	轴线位移	≤10mm	5 7	7 6	4 5	5 3	2 5	7 8	6 5	4 7	7 5	9	
	7	垂直度	≤5mm	3	3	3	4	4	3					
一般项目	1	组砌方法	第 5.3.1 条	组砌正确,上下错缝,内外墙加筋与混凝土连接										经共同检查验收一般项目质量符合合格等级要求。合格率均达到 80% 以上
		项目	允许偏差(mm)	量测值(mm)										
	2	水平灰缝厚度	灰缝:10mm,不大于 12mm,不少于 8mm	10	9	10	8	9	9	9	10	9	8	
	3	基础顶(楼)面标高	±15mm 以内	6	5	7	5	7	6	6	6	5		
	4	表面平整度	清水墙、柱 5mm 混水墙、柱 8mm	6	4	5	4	5	7	5	5	6		
	5	门窗洞口	±5mm 以内	2	⑥	2	⑦	3	5	2	2	5		
	6	窗口偏移	20mm	8	10	9	12	9						
	7	水平灰缝平直度	清水 7mm 混水 10mm	5	6	⑫	8	9						

施工单位检查评定结果	专业工长(施工员)	牛芳铭	施工班组长	张长河
	预验合格 项目专业质量检查员:韩建新			2002 年 5 月 2 日
监理(建设)单位验收结论	初验合格 专业监理工程师:王志鹏 (建设单位项目专业技术负责人):			2002 年 5 月 2 日

注:表号含义如下:表 203-1 表示采用国家标准《砌体工程施工质量验收规范》GB 50203 的 1 号表。书中其他质量验收表编号与此类同。

2.5 分项、检验批工程质量验收记录表

【检查验收统一说明】

1. 执行规范章、节。

各专业规范的检验批验收执行（GB 50202—2002）规范第××章、第××节主控项目和一般项目有关条目的质量等级要求。应按其质量标准和检查方法逐一进行验收。

表列应检验项目必须全部进行检查验收不得缺漏，应检项目漏检，应进行补充检查验收，不进行补检不应通过验收。

2. 质量等级验收评定：

（1）主控项目是对检验批的基本质量起决定性影响的检验项目，必须全部符合该专业规范的规定，不允许有不符合规范要求的检验结果。计数检验合格率为100%。

（2）各专业规范的检验批验收一般项目应有80%以上的抽检处符合该规范规定或偏差值在其允许偏差范围内。下列专业规范中对检验批验收一般项目尚有如下说明：

1）混凝土结构工程施工质量验收规范一般项目应有80%以上的抽检处符合该规范规定或偏差值在其允许偏差范围内。且不得有严重缺陷。

2）钢结构工程施工质量验收规范一般项目应有80%以上的抽检处符合该规范规定或偏差值在其允许偏差范围内。且最大值不应超过其允许偏差值的1.2倍。

3）建筑地面工程施工质量验收规范一般项目应有80%以上的抽检处符合该规范规定或偏差值在其允许偏差范围内。且最大值不应超过其允许偏差值的50%。

3. 检验批验收应提交资料：

检验批验收时，应提交的施工操作依据和质量检查记录应完整。分别见"各检验批验收表式"后附的"检验批验收应提供的附件资料"。

4. 检验批验收，只按列为主控项目、一般项目的条款验收，不能随意扩大内容范围和提高质量标准。

5. 检验批的验收应包括如下内容：

（1）实物检查，按下列方式进行：

1）对原材料、构配件和器具等产品的进场复验，应按进场的批次和产品的抽样检验方案执行；

2）对混凝土强度、预制构件结构性能等，应按国家现行有关标准和（GB 50204—2002）规范规定的抽样检验方案执行；

3）对（GB 50204—2002）规范中采用计数检验的项目，应按抽查总点数的合格点率进行检查。

（2）资料检查，包括原材料、构配件和器具等的产品合格证及进场复验报告、施工过程中重要工序的自检和交接检记录、抽样检验报告、见证检测报告、隐蔽工程验收记录等。

6. 检验批验收责任制：

检验批表式中的责任制签字必须本人签字，替签为无效检验批验收记录。

2.5.1 建筑地基与基础工程

2.5.1.1 灰土地基检验批质量验收记录（表202-1）

灰土地基质量验收记录表　　　　　　　　　　　　　　　　　表202-1

检控项目	序号	质量验收规范规定	允许偏差或允许值		施工单位检查评定记录	监理（建设）单位验收记录
			单位	数值		
主控项目	1	地基承载力	应符合设计要求			
	2	配合比	应符合设计要求			
	3	压实系数	应符合设计要求			
		项　目	允许偏差（mm）		量　测　值（mm）	
一般项目	1	石灰粒径	mm	≤5		
	2	土料有机质含量	%	≤5		
	3	土颗粒粒径	mm	≤15		
	4	含水量（与要求的最优含水量比较）	%	±2		
	5	分层厚度偏差（与设计要求比较）		±50		

2.5.1.2 砂及砂石地基检验批质量验收记录（表202-2）

砂及砂石地基质量验收记录表　　　　　　　　　　　　　　表202-2

检控项目	序号	质量验收规范规定	允许偏差或允许值		施工单位检查评定记录	监理（建设）单位验收记录
			单位	数值		
主控项目	1	地基承载力	应符合设计要求			
	2	配合比	应符合设计要求			
	3	压实系数	应符合设计要求			
一般项目	1	砂石料有机质含量	%	≤5		
	2	砂石料含泥量	%	≤5		
	3	石料粒径	mm	≤100		
	4	含水量（与最优含水量比较）	%	±2		
	5	分层厚度（与设计要求比较）	mm	±50		

2.5.1.3 土工合成材料地基检验批质量验收记录（表202-3）

土工合成材料地基质量验收记录表　　　　　　　　　　　　表202-3

检控项目	序号	质量验收规范规定	允许偏差或允许值		施工单位检查评定记录	监理（建设）单位验收记录
			单位	数值		
主控项目	1	土工合成材料强度	%	≤5		
	2	土工合成材料延伸率	%	≤3		
	3	地基承载力	应符合设计要求			
一般项目	1	土工合成材料搭接长度	mm	≥300		
	2	土石料有机质含量	%	≤5		
	3	层面平整度	mm	≤20		
	4	每层铺设厚度	mm	±25		

2.5.1.4 粉煤灰地基检验批质量验收记录（表202-4）

粉煤灰地基质量验收记录表　　　　　表202-4

检控项目	序号	质量验收规范规定	允许偏差或允许值		施工单位检查评定记录	监理（建设）单位验收记录
			单位	数值		
主控项目	1	压实系数	设计要求			
	2	地基承载力	应符合设计要求			
	3					
一般项目	1	粉煤灰粒径	mm	0.001～2.0		
	2	氧化铝及二氧化硅含量	%	≥70		
	3	烧失量	%	≤12		
	4	每层铺筑厚度	mm	±50		
	5	含水量（与最优含水量比较）	%	±2		

2.5.1.5 强夯地基检验批质量验收记录（表202-5）

强夯地基质量验收记录表　　　　　表202-5

检控项目	序号	质量验收规范规定	允许偏差或允许值		施工单位检查评定记录	监理（建设）单位验收记录
			单位	数值		
主控项目	1	地基强度	应符合设计要求			
	2	地基承载力	应符合设计要求			
	3					
		项　目	允许偏差（mm）		量　测　值（mm）	
一般项目	1	夯锤落距	mm	±300		
	2	锤重	kg	±100		
	3	夯点间距	mm	±500		
	4	夯击遍数及顺序	应符合设计要求			
	5	夯击范围（超出基础范围距离）	应符合设计要求			
	6	前后两遍间歇时间	应符合设计要求			

2.5.1.6 注浆地基检验批质量验收记录（表202-6）

注浆地基质量验收记录表 表202-6

检控项目	序号	质量验收规范规定		允许偏差或允许值		施工单位检查评定记录	监理（建设）单位验收记录
				单位	数值		
主控项目	1	原材料检验	水泥		应符合设计要求		
			注浆用砂： 粒径 细度模数 含泥量及有机物含量	mm %	<2.5 <2.0 <3		
			注浆用黏土： 塑性指数 黏粒含量 含砂量 有机物含量	 % % %	>14 >25 <5 <3		
			粉煤灰：细度 烧失量	 %	不粗于同时使用的水泥 <3		
			水玻璃：模数		2.5～3.3		
			其他化学浆液		应符合设计要求		
	2	注浆体强度			应符合设计要求		
	3	地基承载力			应符合设计要求		
一般项目		项目		允许偏差（mm）		量 测 值（mm）	
	1	各种注浆材料称量误差		%	<3		
	2	注浆孔位		mm	±20		
	3	注浆孔深		mm	±100		
	4	注浆压力（与设计参数比）		%	±10		

2.5.1.7 预压地基和塑料排水带检验批质量验收记录（表202-7）

预压地基和塑料排水带质量验收记录表 表202-7

检控项目	序号	质量验收规范规定	允许偏差或允许值		施工单位检查评定记录	监理（建设）单位验收记录
			单位	数值		
主控项目	1	预压载荷	%	≤2		
	2	固结度（与设计要求比）	%	≤2		
	3	承载力或其他性能指标		符合设计要求		
一般项目		项目	允许偏差（mm）		量 测 值（mm）	
	1	沉降速率（与控制值比）	%	±10		
	2	砂井或塑料排水带位置	mm	±100		
	3	砂井或塑料排水带插入深度	mm	±200		
	4	插入塑料排水带时的回带长度	mm	≤500		
	5	塑料排水带或砂井高出砂垫层距离	mm	≥200		
	6	插入塑料排水带的回带根数	%	<5		
	注：如真空预压，主控项目中预压载荷的检查为真空度降低值<2%					

2.5 分项、检验批工程质量验收记录表

2.5.1.8 振冲地基检验批质量验收记录（表202-8）

振冲地基质量验收记录表　　　　　表202-8

检控项目	序号	质量验收规范规定	允许偏差或允许值		施工单位检查评定记录	监理（建设）单位验收记录
			单位	数值		
主控项目	1	填料粒径		符合设计要求		
	2	密实电流（黏性土）	A	50～55		
		密实电流（砂性土或粉土）（以上为功率30kW振冲器）	A	40～50		
		密实电流（其他类型振冲器）	A_0	1.5～2.0		
	3	地基承载力		符合设计要求		
		项目	允许偏差（mm）		量测值（mm）	
一般项目	1	填料含泥量	%	<5		
	2	振冲器喷水中心与孔径中心偏差	mm	≤50		
	3	成孔中心与设计孔位中心偏差	mm	≤100		
	4	桩体直径	mm	<50		
	5	孔深	mm	±200		

2.5.1.9 高压喷射注浆地基检验批质量验收记录（表202-9）

高压喷射注浆地基质量验收记录表　　　　　表202-9

检控项目	序号	质量验收规范规定	允许偏差或允许值		施工单位检查评定记录	监理（建设）单位验收记录
			单位	数值		
主控项目	1	水泥及外掺剂质量		符合出厂要求		
	2	水泥用量		符合设计要求		
	3	桩体强度及完整性检验		符合设计要求		
	4	地基承载力		符合设计要求		
		项目	允许偏差（mm）		量测值（mm）	
一般项目	1	钻孔位置	mm	≤50		
	2	钻孔垂直度	%	≤1.5		
	3	孔深	mm	±200		
	4	注浆压力		按设定参数指标		
	5	桩体搭接	mm	>200		
	6	桩体直径	mm	≤50		
	7	桩身中心允许偏差		≤0.2D		
		注：D为桩径。				

2.5.1.10 水泥土搅拌桩地基检验批质量验收记录（表202-10）

水泥土搅拌桩地基质量验收记录表　　表202-10

检控项目	序号	质量验收规范规定	允许偏差或允许值		施工单位检查评定记录	监理（建设）单位验收记录
			单位	数值		
主控项目	1	水泥及外掺剂质量	应符合标准及出厂要求			
	2	水泥用量	应符合参数指标			
	3	桩体强度	应符合设计要求			
	4	地基承载力	应符合设计要求			
		项　目	允许偏差（mm）		量　测　值（mm）	
一般项目	1	机头提升速度	m/min	≤0.5		
	2	桩底标高	mm	±200		
	3	桩顶标高	mm	+100 −50		
	4	桩位偏差	mm	<50		
	5	桩径		<0.04D		
	6	垂直度	%	≤1.5		
	7	搭接	mm	>200		

注：D为桩径。

2.5.1.11 土和灰土挤密桩检验批质量验收记录（表202-11）

土和灰土挤密桩地基质量验收记录表　　表202-11

检控项目	序号	质量验收规范规定	允许偏差或允许值		施工单位检查评定记录	监理（建设）单位验收记录
			单位	数值		
主控项目	1	桩体及桩间土干密度	应符合设计要求			
		项　目	允许偏差（mm）		量　测　值（mm）	
	2	桩长	mm	+500		
	3	地基承载力	应符合设计要求			
	4	桩径	mm	−20		
		项　目	允许偏差（mm）		量　测　值（mm）	
一般项目	1	土料有机质含量	%	≤5		
	2	石灰粒径	mm	≤5		
	3	桩位偏差		满堂布桩≤0.4D 条基布桩≤0.25D		
	4	垂直度	%	≤1.5		
	5	桩径	mm	−20		

注：桩径允许负值是指个别断面

2.5.1.12 水泥粉煤灰碎石桩复合地基检验批质量验收记录（表202-12）

2.5 分项、检验批工程质量验收记录表

水泥粉煤灰碎石桩复合地基质量验收记录表　　表202-12

检控项目	序号	质量验收规范规定	允许偏差或允许值		施工单位检查评定记录	监理（建设）单位验收记录
			单位	数值		
主控项目	1	原材料	符合设计要求			
		项目	允许偏差（mm）		量测值（mm）	
	2	桩径	mm	−20		
	3	桩身承载力	应符合设计要求			
	4	地基承载力	应符合设计要求			
一般项目	1	桩身完整性	按桩基检测技术规范			
		项目	允许偏差（mm）		量测值（mm）	
	2	桩位偏差	满堂布桩≤0.4D 条基布桩≤0.25D			
	3	桩垂直度	%	≤1.5		
	4	桩长	mm	+100		
	5	褥垫层夯填度	≤0.9			
注：1. 夯填度指夯实后的褥垫层厚度与虚体厚度的比值；2. 桩径允许偏差负值是指个别断面						

2.5.1.13 夯实水泥土桩复合地基检验批质量验收记录（表202-13）

夯实水泥土桩复合地基质量验收记录表　　表202-13

检控项目	序号	质量验收规范规定	允许偏差或允许值		施工单位检查评定记录	监理（建设）单位验收记录
			单位	数值		
		项目	允许偏差（mm）		量测值（mm）	
主控项目	1	桩径	mm	−20		
	2	桩长	mm	+500		
	3	桩体干密度	应符合设计要求			
	4	地基承载力	应符合设计要求			
		项目	允许偏差（mm）		量测值（mm）	
一般项目	1	土料有机质含量	%	≤5		
	2	含水量（与最优含水量比）	%	±2		
	3	土料粒径	mm	≤20		
	4	水泥质量	应符合设计要求			
	5	桩位偏差	满堂布桩≤0.4D 条基布桩≤0.25D			
	6	桩孔垂直度	%	≤1.5		
	7	褥垫层夯填度	≤0.9			
注：1. 夯填度指夯实后的褥垫层厚度与虚体厚度的比值；2. 桩径允许负值是指个别断面						

2.5.1.14 砂桩地基质量验收记录（表202-14）

砂桩地基质量验收记录表

表202-14

检控项目	序号	质量验收规范规定	允许偏差或允许值		施工单位检查评定记录	监理（建设）单位验收记录
			单位	数值		
		项 目	允许偏差（mm）		量 测 值（mm）	
主控项目	1	灌砂量	%	≥95		
	2	地基强度		应符合设计要求		
	3	地基承载力		应符合设计要求		
		项 目	允许偏差（mm）		量 测 值（mm）	
一般项目	1	砂料的含泥量	%	≤3		
	2	砂料的有机质含量	%	≤5		
	3	桩位	mm	≤50		
	4	砂桩标高	mm	±150		
	5	垂直度	%	≤1.5		

2.5.1.15 静力压桩检验批质量验收记录（表202-15）

静力压桩检验批质量验收记录表

表202-15

检控项目	序号	质量验收规范规定		允许偏差或允许值		施工单位检查评定记录	监理（建设）单位验收记录
				单 位	数 值		
主控项目	1	桩体质量检验			按桩基检测技术规范		
	2	桩位偏差			见规范表5.1.3		
	3	承载力			按桩基检测技术规范		
一般项目	1	成品桩质量：外观 　　　　　　外形尺寸 　　　　　　强度			表面平整，颜色均匀，掉角深度<10mm，蜂窝面积小于总面积0.5% 见规范表5.4.5满足设计要求		
	2	硫磺胶泥质量（半成品）			应符合设计要求		
	3	接桩	电焊接桩：焊缝质量		见规范表5.5.4-2		
			电焊结束后停歇时间	min	>1.0		
			硫磺胶泥接桩： 胶泥浇注时间	min	<2		
			浇注后停歇时间	min	>7		
	4	电焊条质量			应符合设计要求		
	5	压桩压力（设计有要求时）		%	±5		
	6	接桩时上下节平面偏差 接桩时节点弯曲矢高		mm	<10 <1/1000l		
	7	桩顶标高		mm	±50		

注：表5.1.3和5.5.4-2均指相关专业规范的该表式内容。

2.5 分项、检验批工程质量验收记录表

2.5.1.16 先张法预应力管桩检验批质量验收记录（表202-16）

先张法预应力管桩质量验收记录表　　　　　表 202-16

检控项目	序号	质量验收规范规定		允许偏差或允许值		施工单位检查评定记录	监理（建设）单位验收记录
				单位	数值		
主控项目	1	桩体质量检验			按桩基检测技术规范		
	2	桩位偏差			表5.1.3		
	3	承载力			按桩基检测技术规范		
一般项目	1	成品桩质量	外观		无蜂窝、露筋、裂缝、色感均匀、桩顶处无孔隙		
			桩径	mm	±5		
			管壁厚度	mm	±5		
			桩尖中心线	mm	<5		
			顶面平整度	mm	10		
			桩体弯曲		<1/1000*l*		
	2	接桩：焊缝质量			见表5.5.4-2		
		电焊结束后停歇时间		min	>1.0		
		上下节平面偏差		mm	<10		
		节点弯曲矢高			<1/1000*l*		
	3	停锤标准			应符合设计要求		
	4	桩顶标高		mm	±50		

注：表5.1.3和5.5.4-2均指相关专业规范的该表式内容。

2.5.1.17 预制桩钢筋骨架检验批质量验收记录（表202-17）

预制桩钢筋骨架质量验收记录表　　　　　表 202-17

检控项目	序号	质量验收规范规定	允许偏差或允许值		施工单位检查评定记录	监理（建设）单位验收记录
			单位	数值		
		项　目	允许偏差（mm）		量　测　值（mm）	
主控项目	1	主筋距桩顶距离	mm	±5		
	2	多节桩锚固钢筋位置	mm	5		
	3	多节桩预埋铁件	mm	±3		
	4	主筋保护层厚度	mm	±5		
		项　目	允许偏差（mm）		量　测　值（mm）	
一般项目	1	主筋间距	mm	±5		
	2	桩尖中心线	mm	10		
	3	箍筋间距	mm	±20		
	4	桩顶钢筋网片	mm	±10		
	5	多节桩锚固钢筋长度	mm	±10		

2.5.1.18 钢筋混凝土预制桩检验批质量验收记录（表202-18）

钢筋混凝土预制桩质量验收记录表

表202-18

检控项目	序号	质量验收规范规定		施工单位检查评定记录		监理（建设）单位验收记录
主控项目	1	桩体质量检验		按桩基检测技术规范		
	2	桩位偏差		允许偏差（mm）	量 测 值 （mm）	
	1)	盖有基础梁的桩：垂直基础梁的中心线		$100+0.01H$		
		沿基础梁的中心线		$150+0.01H$		
	2)	桩数为1~3根桩基中的桩		100		
	3)	桩数为4~16根桩基中的桩		1/2桩径或边长		
	4)	桩数大于16根桩基中的桩：最外边的桩		1/3桩径或边长		
		中间桩		1/2桩径或边长		
	3	承载力		按桩基检测技术规范		
一般项目	1	砂、石、水泥、钢材等原材料（现场预制时）		应符合设计要求		
	2	混凝土配合比及强度（现场预制时）		应符合设计要求		
	3	成品桩外形		表面平整，颜色均匀，掉角深度<10mm，蜂窝面积小于总面积0.5%		
	4	成品桩裂缝（收缩裂缝或起吊、装运、堆放引起的裂缝）		深度<20mm，宽度<0.25mm，横向裂缝不超过边长的一半		
	5	成品桩尺寸：	横截面边长	±5		
			桩顶对角线差	<10		
			桩尖中心线	<10		
			桩身弯曲矢高	$1/1000l$		
			桩顶平整度	<2		
	6	电焊接桩：焊缝质量		允许偏差（mm）	量 测 值 （mm）	
		1) 上下节端部错口：（外径>700mm）；（外径<700mm）		≤3mm ≤2mm		
		2) 焊缝咬边深度		≤0.5mm		
		3) 焊缝加强层高度		2mm		
		4) 焊缝加强层宽度		2mm		
		5) 焊缝电焊质量外观		无气孔，无焊瘤，无裂缝		
		6) 焊缝探伤检验		应满足设计要求		
		电焊结束后停歇时间；上下节平面偏差；节点弯曲矢高		>1.0min；<10mm；<$1/1000l$		
	7	硫磺胶泥接桩：胶泥浇注时间；浇注后停歇时间		<2min >7min		
	8	桩顶标高		±50mm		
	9	停锤标准		应符合设计要求		

2.5 分项、检验批工程质量验收记录表

2.5.1.19 成品钢桩检验批质量验收记录（表202-19）

成品钢桩质量验收记录表 表202-19

检控项目	序号	质量验收规范规定	允许偏差或允许值		施工单位检查评定记录	监理（建设）单位验收记录
			单位	数值		
		项目	允许偏差（mm）		量测值（mm）	
主控项目	1	钢桩外径或断面尺寸：桩端 桩身		±0.5%D ±1D		
	2	矢高		<1/1000l		
		项目	允许偏差（mm）		量测值（mm）	
一般项目	1	长度	mm	+10		
	2	端部平整度	mm	≤2		
	3	H钢桩的方正度 $h>300$ $h<300$	mm mm	$T+T'$≤8 $T+T'$≤6		
	4	端部平面与桩中心线的倾斜值	mm	≤2		

2.5.1.20 钢桩施工检验批质量验收记录（表202-20）

钢桩施工质量验收记录表 表202-20

检控项目	序号	质量验收规范规定	允许偏差或允许值		施工单位检查评定记录	监理（建设）单位验收记录
			单位	数值		
		项目	允许偏差（mm）		量测值（mm）	
主控项目	1	桩位偏差		见规范表5.1.3		
	2	承载力		按桩基检测技术规范		
		项目	允许偏差（mm）		量测值（mm）	
一般项目	1	电焊接桩焊缝： 1）上下节端部错口 （外径≥700mm） （外径<700mm）	 mm mm	 ≤3 ≤2		
		2）焊缝咬边深度	mm	≤0.5		
		3）焊缝加强层高度	mm	2		
		4）焊缝加强层宽度	mm	2		
		5）焊缝电焊质量外观		无气孔，无焊瘤，无裂缝		
		6）焊缝探伤检验		应满足设计要求		
	2	电焊结束后停歇时间	min	>1.0		
	3	节点弯曲矢高		<1/1000l		
	4	桩顶标高	mm	±50		
	5	停锤标准		应符合设计要求		

注：表5.1.3和5.5.4-2均指相关专业规范的该表式内容。

2.5.1.21 混凝土灌注桩钢筋笼检验批质量验收记录（表202-21）

混凝土灌注桩钢筋笼质量验收记录表

表 202-21

检控项目	序号	质量验收规范规定	允许偏差或允许值		施工单位检查评定记录	监理（建设）单位验收记录
			单位	数值		
主控项目		项 目	允许偏差（mm）		量 测 值 （mm）	
主控项目	1	主筋间距	mm	±10		
主控项目	2	长度	mm	±100		
一般项目	1	钢筋材质检验	应符合设计要求			
一般项目	2	箍筋间距	mm	±20		
一般项目	3	直径	mm	±10		

2.5.1.22 混凝土灌注桩检验批质量验收记录（表202-22）

混凝土灌注桩质量验收记录表

表 202-22

检控项目	序号	质量验收规范规定			施工单位检查评定记录		监理（建设）单位验收记录
	1	桩位检测			允许偏差（mm）	量 测 值 （mm）	
主控项目	1)	泥浆护壁钻孔桩	$D \leq 1000mm$	甲	$D/6$，且不大于100		
主控项目	1)	泥浆护壁钻孔桩	$D \leq 1000mm$	乙	$D/4$，且不大于150		
主控项目	1)	泥浆护壁钻孔桩	$D > 1000mm$	甲	$100 + 0.01H$		
主控项目	1)	泥浆护壁钻孔桩	$D > 1000mm$	乙	$150 + 0.01H$		
主控项目	2)	套管成孔灌注桩	$D \leq 500mm$	甲	70		
主控项目	2)	套管成孔灌注桩	$D \leq 500mm$	乙	150		
主控项目	2)	套管成孔灌注桩	$D > 500mm$	甲	100		
主控项目	2)	套管成孔灌注桩	$D > 500mm$	乙	150		
主控项目	3)	干成孔灌注桩		甲	70		
主控项目	3)	干成孔灌注桩		乙	150		
主控项目	4)	人工挖孔桩	混凝土护壁	甲	50		
主控项目	4)	人工挖孔桩	混凝土护壁	乙	150		
主控项目	4)	人工挖孔桩	钢套管护壁	甲	100		
主控项目	4)	人工挖孔桩	钢套管护壁	乙	200		
主控项目	注：甲代表：1~3根、单排桩基垂直于中心线和群桩基础的边桩。 乙代表：条形桩基沿中心线方向和群桩基础的中间桩。						
主控项目	2	孔深			+300		
主控项目	3	桩体质量检验			按桩基检测技术规范。如钻芯取样，大直径嵌岩桩应钻至桩尖下50cm		
主控项目	4	混凝土强度			设计要求		
主控项目	5	承载力			按桩基检测技术规范		

2.5 分项、检验批工程质量验收记录表

续表

检控项目	序号	质量验收规范规定			施工单位检查评定记录							监理（建设）单位验收记录
一般项目	1	垂直度、桩径检测		允许偏差（mm）	量 测 值 （mm）							
	1）	泥浆护壁钻孔桩	$D \leqslant 1000mm$ 丙	<1%								
			丁	±50mm								
			$D > 1000mm$ 丙	<1%								
			丁	±50mm								
	2）	套管成孔灌注桩	$D \leqslant 500mm$ 丙	<1%								
			丁	−20mm								
			$D > 500mm$ 丙	<1%								
			丁	−20mm								
	3）	干成孔灌注桩	丙	<1%								
			丁	−20mm								
	4）	人工挖孔桩	混凝土护壁 丙	<0.5%								
			丁	+50mm								
			钢套管护壁 丙	<1%								
			丁	+50mm								
		注：丙代表：灌注桩垂直度 丁代表：灌注桩桩径										
	2	泥浆比重（黏土或砂性土中）		1.15~1.20								
	3	泥浆面标高（高于地下水位）		0.5~1.0m								
	4	沉渣厚度	端承桩	≤50mm								
			摩擦桩	≤150mm								
	5	混凝土坍落度	水下灌注	160~220mm								
			干施工	70~100mm								
	6	钢筋笼安装深度		±100mm								
	7	混凝土充盈系数		>1								
	8	桩顶标高		+30mm −50mm								

2.5.1.23 土方开挖工程检验批质量验收记录（表202-23）

土方开挖工程质量验收记录表 表202-23

检控项目	序号	质量验收规范规定	允许偏差（mm）					施工单位检查评定记录											监理（建设）单位验收记录
			柱基基坑基槽	挖方场地平整		管沟	地(路)面基层	量 测 值（mm）											
				人工	机械														
主控项目	1	标　高	－50	±30	±50	－50	－50												
	2	长度、宽度（由设计中心线向两边量）	＋200 －50	＋300 －100	＋500 －150	＋100													
	3	边　坡	应符合设计要求																
一般项目	1	表面平整度	20	20	50	20	20												
	2	基底土性	应符合设计要求																
	3																		

2.5.1.24 填土工程检验批质量验收记录（表202-24）

填土工程质量验收记录表 表202-24

检控项目	序号	质量验收规范规定	允许偏差（mm）					施工单位检查评定记录											监理（建设）单位验收记录
			柱基基坑基槽	挖方场地平整		管沟	地(路)面基层	量 测 值（mm）											
				人工	机械														
主控项目	1	标　高	－50	±30	±50	－50	－50												
	2	分层压实系数	应符合设计要求																
	3																		
一般项目	1	回填土料	应符合设计要求																
	2	分层厚度及含水量	应符合设计要求																
		项　目	允许偏差（mm）					量 测 值（mm）											
	3	表面平整度	20	20	30	20	20												

2.5 分项、检验批工程质量验收记录表

基坑工程排桩墙支护工程应用灌注桩、预制桩时，分别按表202-21~表202-22和表202-17执行。

2.5.1.25 基坑工程排桩墙支护重复使用的钢板桩检验批质量验收记录（表202-25）

基坑工程排桩墙支护重复使用的钢板桩质量验收记录表　　　表202-25

检控项目	序号	质量验收规范规定	允许偏差或允许值		施工单位检查评定记录	监理（建设）单位验收记录
			单位	数值		
		项目	允许偏差（mm）		量测值（mm）	
主控项目	1	桩垂直度	%	<1		
	2	桩身弯曲度		<2% l		
	3	齿槽平直度及光滑度		无电焊渣或毛刺		
	4	桩长度		不小于设计长度		
一般项目						

2.5.1.26 基坑工程排桩墙支护混凝土板桩制作检验批质量验收记录（表202-26）

基坑工程排桩墙支护混凝土板桩制作质量验收记录表　　　表202-26

检控项目	序号	质量验收规范规定	允许偏差或允许值		施工单位检查评定记录	监理（建设）单位验收记录
			单位	数值		
		项目	允许偏差（mm）		量测值（mm）	
主控项目	1	桩长度	mm	+10 -0		
	2	桩身弯曲度		<0.1% l		
		项目	允许偏差（mm）		量测值（mm）	
一般项目	1	保护层厚度	mm	±5		
	2	模截面相对两面之差	mm	5		
	3	桩尖对桩轴线的位移	mm	10		
	4	桩厚度	mm	+10 -0		
	5	凹凸槽尺寸	mm	±3		

2.5.1.27 基坑工程水泥土桩墙支护加筋水泥土桩检验批质量验收记录（表202-27）

基坑工程水泥土桩墙支护加筋水泥土桩质量验收记录表

表 202-27

检控项目	序号	质量验收规范规定	允许偏差或允许值		施工单位检查评定记录	监理（建设）单位验收记录
			单位	数值		
		项目	允许偏差（mm）		量测值（mm）	
主控项目	1	型钢长度	mm	±10		
	2	型钢垂直度	%	<1		
	3	型钢插入标高	mm	±30		
	4	型钢插入平面位置	mm	10		

注：水泥土桩墙支护指水泥土搅拌桩及高压喷射注浆桩。

2.5.1.28 基坑工程锚杆及土钉墙支护检验批质量验收记录（表202-28）

基坑工程锚杆及土钉墙支护质量验收记录表

表 202-28

检控项目	序号	质量验收规范规定	允许偏差或允许值		施工单位检查评定记录	监理（建设）单位验收记录
			单位	数值		
		项目	允许偏差（mm）		量测值（mm）	
主控项目	1	锚杆土钉长度	mm	±30		
	2	锚杆锁定力	应符合设计要求			
		项目	允许偏差（mm）		量测值（mm）	
一般项目	1	锚杆或土钉位置	mm	±100		
	2	钻孔倾斜度	°	±1		
	3	浆体强度	应符合设计要求			
	4	注浆量	大于理论计算浆量			
	5	土钉墙面厚度	mm	±10		
	6	墙体强度	应符合设计要求			

2.5.1.29 基坑工程钢及混凝土支撑系统工程检验批质量验收记录（表202-29）

基坑工程钢及混凝土支撑系统工程质量验收记录表

表202-29

检控项目	序号	质量验收规范规定		允许偏差或允许值		施工单位检查评定记录	监理（建设）单位验收记录
				单位	数值		
主控项目		项目		允许偏差(mm)		量测值(mm)	
	1	支撑位置：标高		mm	30		
		平面		mm	100		
	2	预加顶力		kN	±50		
一般项目		项目		允许偏差(mm)		量测值(mm)	
	1	围囹标高		mm	30		
	2	立柱桩		参见规范第5章			
	3	立柱位置：标高		mm	30		
		平面		mm	50		
	4	开挖超深（开槽放支撑不在此范围）		mm	<200		
	5	支撑安装时间		应符合设计要求			

2.5.1.30 基坑工程地下连续墙检验批质量验收记录（表202-30）

基坑工程地下连续墙质量验收记录表

表202-30

检控项目	序号	质量验收规范规定		允许偏差或允许值		施工单位检查评定记录	监理（建设）单位验收记录
				单位	数值		
主控项目	1	墙体强度		应符合设计要求			
		项目		允许偏差(mm)		量测值(mm)	
	2	垂直度：永久结构			1/300		
		临时结构			1/150		
		项目		允许偏差(mm)		量测值(mm)	
一般项目	1	导墙尺寸	宽度	mm	W+40		
			墙面平整度	mm	<5		
			导墙平面位置	mm	±10		
	2	沉渣厚度：永久结构		mm	≤100		
		临时结构		mm	≤200		
	3	槽深		mm	+100		
	4	混凝土坍落度		mm	180~220		
	5	钢筋笼尺寸		见表5.6.4-1			
	6	地下墙表面平整度	永久结构	mm	<100		
			临时结构	mm	<150		
			插入式结构	mm	<20		
	7	永久结构时的预埋件位置	水平向	mm	≤70		
			垂直向	mm	≤70		

2.5.1.31 基坑工程沉井（箱）检验批质量验收记录（表202-31）

基坑工程沉井（箱）质量验收记录表

表 202-31

检控项目	序号	质量验收规范规定	允许偏差或允许值		施工单位检查评定记录	监理（建设）单位验收记录
			单位	数值		
主控项目	1	混凝土强度	满足设计要求（下沉前必须达到70%设计强度）			
		项目	允许偏差（mm）		量测值（mm）	
	2	封底前，沉井（箱）的下沉稳定	mm/8h	<10		
	3	封底结束后的位置：刃脚平均标高（与设计标高比）	mm	<100		
		刃脚平面中心线位移	<1% H 当 H<10m 且小于100			
		四角中任何两角的底面高差	<1% l 一般 ≤300，当 l<10m，检测小于100			
		注：上述三项偏差可同时存在，下沉总深度，系指下沉前、后刃脚之高差。				
一般项目	1	钢材、对接钢筋、水泥、骨料等原材料检查	满足设计要求			
	2	结构体外观	无裂缝、无蜂窝、空洞，不露筋			
		项目	允许偏差（mm）		量测值（mm）	
	3	平面尺寸：长与宽	%	±0.5%且<100		
		曲线部分半径	%	±0.5%且<50		
		两对角线差	%	1.0%		
		预埋件	mm	20		
	4	下沉过程中的偏差：高差	%	1.5~2.0		
		平面轴线	H	<1.5%		
	5	封底混凝土坍落度	cm	18~22		

2.5.1.32 基坑工程降水与排水施工检验批质量验收记录（表202-32）

基坑工程降水与排水施工质量验收记录表

表 202-32

检控项目	序号	质量验收规范规定		施工单位检查评定记录	监理（建设）单位验收记录
		检查项目	允许值或允许偏差		
	1	排水沟坡度	1‰~2‰		
	2	井管（点）垂直度	1%		
	3	井管（点）间距（与设计相比）	≤150%		
	4	井管（点）插入深度（与设计相等）	≤200mm		
	5	边滤砂砾料填灌（与计算值相比）	≤5mm		
	6	井点真空度	轻型井点	±>60kPa		
			喷射井点	>93kPa		
	7	电渗井点阴阳极距离	轻型井点	80~100mm		
			喷射井点	120~150mm		

2.5 分项、检验批工程质量验收记录表

2.5.2 砌体工程

2.5.2.1 砖砌体工程检验批质量验收记录（表203-1）

砖砌体工程检验批质量验收记录表　　　　　　　　　　　　表203-1

检控项目	序号	质量验收规范规定		施工单位检查评定记录										监理（建设）单位验收记录
主控项目	1	砖强度等级	设计要求 MU											
	2	砂浆强度等级	设计要求 M											
	3	砌筑及斜槎留置	第5.2.3条											
	4	直槎拉结钢筋及接槎处理	第5.2.4条											
		项　目	允许偏差（mm）	量测值（mm）										
	5	水平灰缝砂浆饱满度	≥80%											
	6	轴线位移	≤10mm											
	7	垂直度	≤5mm											
一般项目	1	组砌方法	第5.3.1条											
		项　目	允许偏差（mm）	量测值（mm）										
	2	水平灰缝厚度	灰缝：10mm，不大于12mm，不少于8mm											
	3	基础顶（楼）面标高	±15mm 以内											
	4	表面平整度	清水墙、柱 5mm 混水墙、柱 8mm											
	5	门窗洞口高、宽（后塞口）	±5mm 以内											
	6	窗口偏移	20mm											
	7	水平灰缝平直度	清水 7mm 混水 10mm											
	8	清水墙游丁走缝	20mm											

注：本表适用于烧结普通砖、烧结多孔砖、蒸压灰砂砖、粉煤灰砖等砌体工程。

2.5.2.2 混凝土小型空心砌块砌体检验批质量验收记录（表203-2）

混凝土小型空心砌块砌体工程检验批质量验收记录表　　　　　　表203-2

检控项目	序号	质量验收规范规定		施工单位检查评定记录										监理（建设）单位验收记录
主控项目	1	小砌块强度等级	设计要求 MU											
	2	砂浆强度等级	设计要求 M											
	3	砌筑留槎	第6.2.3条											
	4	瞎缝、透明缝	不得出现											
		项　目	允许偏差（mm）	量测值（mm）										
	1)	水平灰缝饱满度	≥90%											
	2)	竖向灰缝饱满度	≥80%											
	3)	轴线位移	≤10mm											
	4)	垂直度	≤5mm											
		垂直度全高	≤10m：10mm；＞10m：20mm											

续表

检控项目	序号	质量验收规范规定		施工单位检查评定记录								监理（建设）单位验收记录
一般项目	1	灰缝厚度宽度	8~12mm									
	2	顶面标高	±15mm									
	3	表面平整度	清水 5mm 混水 8mm									
	4	门窗洞口	±5mm 以内									
	5	窗口偏移	20mm 以内									
	6	水平灰缝平直度	清水：7mm 混水：10mm									

注：本表适用于普通混凝土小型空心砌块和轻骨料混凝土小型空心砌块（以下简称小砌块）工程的施工质量验收。

2.5.2.3 石砌体工程检验批质量验收记录（表203-3）

石砌体工程检验批质量验收记录表　　　　　　　　　　表203-3

检控项目	序号	质量验收规范规定							施工单位检查评定记录				监理（建设）单位验收记录
主控项目	1	石材强度等级	必须符合设计要求 MU										
	2	砂浆强度等级	必须符合设计要求 M										
	3	砂浆饱满度	不应小于80%										
	4	项目	允许偏差（mm）						量测值（mm）				
			毛石砌体		料石砌体								
					毛料石		粗料石		细料石				
			基础	墙	基础	墙	基础	墙	墙柱				
	1)	轴线位置	20	15	20	15	15	10	10				
	2)	墙面垂直度 每层		20		20		10	7				
		全高		30		30		25	20				
一般项目	1	基础和墙砌体顶面标高	±25	±15	±25	±15	±15	±15	±10				
	2	砌体厚度	+30	+20 -10	+30	+20 -10	+15	+10 -5	+10 -5				
	3	表面平整度 清水墙、柱	—	20	—	20	—	10	5				
		混水墙、柱	—	20	—	20	—	15	—				
	4	水平灰缝平直度	—	—	—	—	—	10	5				
	5	组砌形式	7.3.2条										

2.5 分项、检验批工程质量验收记录表

2.5.2.4 配筋砌体工程检验批质量验收记录（表203-4）

配筋砌体工程检验批质量验收记录表　　表203-4

检控项目	序号	质量验收规范规定		施工单位检查评定记录	监理（建设）单位验收记录
主控项目	1	钢筋品种规格数量	应符合设计要求		
	2	混凝土强度等级	应符合设计要求		
	3	马牙槎拉结筋	第8.2.3条		
	4	芯柱	贯通截面不削弱		
		项　目	允许偏差（mm）	量测值（mm）	
	5	柱中心线位置	≤10mm		
	6	柱层间错位	≤8mm		
	7	柱垂直度	每层≤10mm		
			全高（≤10m）≤15mm		
			全高（>10m）≤20mm		
一般项目	1	水平灰缝钢筋	第8.3.1条		
	2	钢筋防锈	第8.3.2条		
	3	网状配筋及位置	第8.3.3条		
	4	组合砌体拉结筋	第8.3.4条		
	5	砌块砌体钢筋搭接	第8.3.5条		

2.5.2.5 填充墙砌体工程检验批质量验收记录（表203-5）

填充墙砌体工程检验批质量验收记录表　　表203-5

检控项目	序号	质量验收规范规定		施工单位检查评定记录	监理（建设）单位验收记录
主控项目	1	块材强度等级	应符合设计要求 MU		
	2	砂浆强度等级	应符合设计要求 M		
		项　目	允许偏差（mm）	量测值（mm）	
一般项目	1	轴线位移	≤10mm		
	2	垂直度	≤3m: 5 >3m: 10		
	3	砂浆饱满度	≥80%		
	4	表面平整度	≤8mm		
	5	门窗洞口	±5mm		
	6	窗口偏移	20mm		
	7	无混砌现象	第9.3.2条		
	8	拉结钢筋	第9.3.4条		
	9	搭砌长度	第9.3.5条		
	10	灰缝厚度、宽度	第9.3.6条		
	11	梁底砌法	第9.3.7条		

注：本表适用于房屋建筑采用空心砖、蒸压加气混凝土砌块、轻骨料混凝土小型空心砌块等砌筑填充墙砌体的施工质量验收。

2.5.3 混凝土结构工程
2.5.3.1 现浇结构模板安装检验批质量验收记录（表204-1）

现浇结构模板安装检验批质量验收记录表　　表204-1

检控项目	序号	质量验收规范规定		施工单位检查评定记录	监理（建设）单位验收记录
主控项目	1	模板、支架、立柱及垫板	第4.2.1条		
	2	涂刷隔离剂	第4.2.2条		
一般项目	1	模板安装	第4.2.3条		
	2	用作模板的地坪与胎膜	第4.2.4条		
	3	模板起拱	第4.2.5条		
		项　目	允许偏差（mm）	量　测　值　（mm）	
	4	预埋钢板中心线位置	3		
	5	预埋管、预留孔中心线位置	3		
	6	插筋　中心线位置	5		
		外露长度	+10, 0		
	7	预埋螺栓　中心线位置	2		
		外露长度	+10, 0		
	8	预留洞　中心线位置	10		
		外露长度	+10, 0		
	9	轴线位置纵、横两个方向	5		
	10	底模上表面标高	±5		
	11	截面内部尺寸　基础	±10		
		柱、墙、梁	+4, -5		
	12	层高垂直度　不大于5m	6		
		大于5m	8		
	13	相邻两板表面高低差	2		
	14	表面平整度	5		

2.5.3.2 预制构件模板安装工程检验批质量验收记录（表204-2）

预制构件模板安装工程检验批质量验收记录表　　　　表 204-2

检控项目	序号	质量验收规范规定		施工单位检查评定记录	监理（建设）单位验收记录
主控项目	1	模板、支架、立柱及垫板	第4.2.1条		
	2	涂刷隔离剂	第4.2.2条		
一般项目	1	模板安装	第4.2.3条		
	2	用作模板的地坪与胎膜	第4.2.4条		
	3	模板起拱	第4.2.5条		
		项　　目	允许偏差（mm）	量　测　值　（mm）	
	4	预埋钢板中心线位置	3		
	5	预埋管、预留孔中心线位置	3		
	6	插筋　中心线位置	5		
		外露长度	+10，0		
	7	预埋螺栓　中心线位置	2		
		外露长度	+10，0		
	8	预留洞　中心线位置	10		
		外露长度	+10，0		
	9	长度　梁、板	±5		
		薄腹梁、桁架	±10		
		柱	0，-10		
		墙板	0，-5		
	10	宽度　板、墙板	0，-5		
		梁、薄腹梁、桁架、柱	+2，-5		
	11	高(厚)度　板	+2，-3		
		墙板	0，-5		
		梁、薄腹梁、桁架、柱	+2，-5		
	12	构件长度L内的侧向弯曲　梁、板、柱	L/1000且≤15		
		墙板、薄腹梁、桁架	L/1500且≤15		
	13	板的表面平整度	3		
	14	相邻两板表面高低差	1		
	15	对角线差　板	7		
		墙板	5		
	16	构件长度L内的翘曲　板、墙板	L/1500		
	17	设计起拱　梁、薄腹梁、桁架	±3		

2.5.3.3 模板拆除检验批质量验收记录（表204-3）

模板拆除检验批质量验收记录表

表204-3

检控项目	序号	质量验收规范规定		施工单位检查评定记录	监理（建设）单位验收记录
主控项目	1	底模及其支架拆除	第4.3.1条		
	2	后张预应力混凝土构件模板拆除	第4.3.2条		
	3	后浇带模板的拆除和支顶	第4.3.3条		
一般项目	1	侧模拆除对混凝土强度要求	第4.3.3条		
	2	对模板拆除的操作要求	第4.3.4条		
	3				

2.5.3.4 钢筋原材料检验批质量验收记录（表204-4）

钢筋原材料检验批质量验收记录表

表204-4

检控项目	序号	质量验收规范规定		施工单位检查评定记录	监理（建设）单位验收记录
主控项目	1	钢筋进场抽检	第5.2.1条		
	2	抗震框架结构用钢筋	第5.2.2条		
		抗拉强度与屈服强度比值	≥1.25		
		屈服强度与强度标准值	≤1.3		
	3	钢筋脆断、性能不良等检验	第5.2.3条		
一般项目	1	钢筋外观质量	第5.2.4条		
	2				
	3				

2.5.3.5 钢筋加工检验批质量验收记录（表204-5）

钢筋加工检验批质量验收记录表

表204-5

检控项目	序号	质量验收规范规定		施工单位检查评定记录	监理（建设）单位验收记录
主控项目	1	钢筋的弯钩和弯折	第5.3.1条		
	2	箍筋弯钩形式	第5.3.2条		
	3				
一般项目	1	钢筋的机械调直与冷拉调直	第5.3.3条		
		项 目	允许偏差（mm）	量 测 值 （mm）	
	2	受力钢筋顺长度方向全长的净尺寸	±10		
	3	弯起钢筋的弯折位置	±20		
	4	箍筋内净尺寸	±5		

2.5.3.6 钢筋连接检验批质量验收记录（表204-6）

钢筋连接检验批质量验收记录表　　　　　表204-6

检控项目	序号	质量验收规范规定		施工单位检查评定记录	监理（建设）单位验收记录
主控项目	1	纵向受力钢筋连接	第5.4.1条		
	2	钢筋连接的试件检验	第5.4.2条		
	3				
一般项目	1	钢筋接头位置的设置	第5.4.3条		
	2	钢筋连接的外观检查	第5.4.4条		
	3	钢筋连接的位置设置	第5.4.5条		
	4	绑扎钢筋接头	第5.4.6条		
	5	梁柱类构件的箍筋配置	第5.4.7条		

附录　钢筋焊接接头质量验收记录说明

表204-6检查验收执行条目第5.4.4条规定：钢筋焊接接头质量在施工现场，应按国家现行标准《钢筋机械连接通用技术规程》JGJ 107、《钢筋焊接及验收规程》JGJ 18的规定对钢筋机械连接接头、焊接接头的外观进行检查，其质量应符合有关规程的规定。

据此在钢筋连接检验批验收前应对钢筋焊接接头按JGJ 18、JGJ 107规定抽取试件的检验批进行质量验收，该检验批验收记录应作为附件资料附在相应钢筋焊接接头质量验收记录后面。

1. 钢筋闪光对焊接头检验批质量验收记录见附表1-1。

钢筋闪光对焊接头检验批质量验收记录表　　　　　附表1-1

工程名称			验收部位		
施工单位			批号及批量		
施工执行标准名称及编号	钢筋焊接及验收规程 JGJ 18—2003		钢筋牌号及直径（mm）		
项目经理			施工班组组长		
主控项目		质量验收规程的规定		施工单位检查评定记录	监理（建设）单位验收记录
	1	接头试件拉伸试验	5.1.7条		
	2	接头试件弯曲试验	5.1.8条		
一般项目		质量验收规程的规定		施工单位检查评定记录	监理（建设）单位验收记录
				抽检数　合格数　不合格	
	1	接头处不得有横向裂纹	5.3.2条		
	2	与电极接触处的钢筋表面不得有明显烧伤	5.3.2条		
	3	接头处的弯折角≯3°	5.3.2条		
	4	轴线偏移≯0.1钢筋直径，且≯2mm	5.3.2条		
施工单位检查评定结果			项目专业质量检查员： 年　月　日		
监理（建设）单位验收结论			监理工程师（建设单位项目专业技术负责人）： 年　月　日		

注：1. 一般项目各小项检查评定不合格时，在小格内打×记号；
　　2. 本表由施工单位项目专业检查员填写，监理工程师（建设单位项目专业技术负责人）组织项目专业质量检查员等进行验收

2. 钢筋电弧焊接头检验批质量验收记录见附表1-2。

钢筋电弧焊接头检验批质量验收记录表　　　　　　　　　　　附表1-2

工程名称				验收部位		
施工单位				批号及批量		
施工执行标准名称及编号		钢筋焊接及验收规程 JGJ 18—2003		钢筋牌号及直径（mm）		
项目经理				施工班组组长		

主控项目		质量验收规程的规定		施工单位检查评定记录	监理（建设）单位验收记录
	1	接头试件拉伸试验	5.1.7条		

一般项目		质量验收规程的规定		施工单位检查评定记录			监理（建设）单位验收记录
				抽检数	合格数	不合格	
	1	焊缝表面应平整，不得有凹陷或焊瘤	5.4.2条				
	2	接头区域不得有肉眼可见裂纹	5.4.2条				
	3	咬边深度、气孔、夹渣等缺陷允许值及接头尺寸允许偏差	表5.4.2				
	4	焊缝余高不得大于3mm	5.4.2条				

施工单位检查评定结果	项目专业质量检查员： 年　月　日
监理（建设）单位验收结论	监理工程师（建设单位项目专业技术负责人）： 年　月　日

注：1. 一般项目各小项检查评定不合格时，在小格内打×记号；
　　2. 本表由施工单位项目专业检查员填写，监理工程师（建设单位项目专业技术负责人）组织项目专业质量检查员等进行验收

2.5 分项、检验批工程质量验收记录表

3. 钢筋电渣压力焊接头检验批质量验收记录见附表1-3。

钢筋电渣压力焊接头检验批质量验收记录表　　　　　附表1-3

工程名称		验收部位				
施工单位		批号及批量				
施工执行标准名称及编号	钢筋焊接及验收规程 JGJ 18—2003	钢筋牌号及直径（mm）				
项目经理		施工班组组长				

主控项目		质量验收规程的规定		施工单位检查评定记录	监理（建设）单位验收记录
	1	接头试件拉伸试验	5.1.7条		

一般项目		质量验收规程的规定		施工单位检查评定记录			监理（建设）单位验收记录
				抽检数	合格数	不合格	
	1	四周焊包凸出钢筋表面的高度不得小于4mm	5.5.2条				
	2	钢筋与电极接触处无烧伤缺陷	5.5.2条				
	3	接头处的弯折角≮3°	5.5.2条				
	4	轴线偏移≮0.1钢筋直径，且≮2mm	5.5.2条				

施工单位检查评定结果	项目专业质量检查员： 年　月　日
监理（建设）单位验收结论	监理工程师（建设单位项目专业技术负责人）： 年　月　日

注：1．一般项目各小项检查评定不合格时，在小格内打×记号；
　　2．本表由施工单位项目专业检查员填写，监理工程师（建设单位项目专业技术负责人）组织项目专业质量检查员等进行验收

4. 钢筋气压焊接头检验批质量验收记录见附表1-4。

钢筋气压焊接头检验批质量验收记录表 附表1-4

工程名称				验收部位				
施工单位				批号及批量				
施工执行标准名称及编号			钢筋焊接及验收规程 JGJ 18—2003	钢筋牌号及直径 (mm)				
项目经理				施工班组组长				

		质量验收规程的规定		施工单位检查评定记录		监理（建设）单位验收记录		
主控项目	1	接头试件拉伸试验	5.1.7条					
	2	接头试件弯曲试验	5.1.8条					

		质量验收规程的规定		施工单位检查评定记录			监理（建设）单位验收记录	
				抽检数	合格数	不合格		
一般项目	1	轴线偏移≥0.15钢筋直径，且≥4mm	5.6.2条					
	2	接头处的弯折角≥3°	5.4.2条					
	3	镦粗直径≥1.4钢筋直径	表5.6.2					
	4	镦粗长度≥1.0钢筋直径	5.6.2条					

施工单位检查评定结果	项目专业质量检查员： 年 月 日
监理（建设）单位验收结论	监理工程师（建设单位项目专业技术负责人）： 年 月 日

注：1. 一般项目各小项检查评定不合格时，在小格内打×记号；
2. 本表由施工单位项目专业检查员填写，监理工程师（建设单位项目专业技术负责人）组织项目专业质量检查员等进行验收

2.5.3.7 钢筋安装检验批质量验收记录（表204-7）

钢筋安装检验批质量验收记录表   表204-7

检控项目	序号	质量验收规范规定		施工单位检查评定记录						监理（建设）单位验收记录
主控项目		受力钢筋的品种、级别、规格与数量	第5.5.1条							
		项 目	允许偏差（mm）	量测值（mm）						
一般项目	1	绑扎钢筋网	长、宽	±10						
			网眼尺寸	±20						
	2	绑扎钢筋骨架	长	±10						
			宽、高	±5						
	3	受力钢筋	间距	±10						
			排距	±5						
	4	保护层厚度	基础	±10						
			柱、梁	±5						
			板、墙、壳	±3						
	5	绑扎箍筋、横向钢筋间隙		±20						
	6	钢筋弯起点位置		20						
	7	预埋件	中心线位置	5						
			水平高差	+3, 0						
注：1. 检查埋件中心线位置时，应沿纵、横两个方向量测，并取其中的较大值； 2. 表中梁类、板类构件上部纵向受力钢筋保护层厚度的合格点率应达到90%及以上，且不得有超过表中数值1.5倍的尺寸偏差										

2.5.3.8 预应力混凝土原材料检验批质量验收记录（表204-8）

预应力混凝土原材料检验批质量验收记录表   表204-8

检控项目	序号	质量验收规范规定		施工单位检查评定记录	监理（建设）单位验收记录
主控项目	1	预应力筋性能抽检	第6.2.1条		
	2	无粘结预应力涂包	第6.2.2条		
	3	锚具、夹具和连接器	第6.2.3条		
	4	孔道灌浆用水泥与外加剂	第6.2.4条		
		1）应采用普通硅酸盐水泥			
		2）外加剂应符合现行国家标准			
一般项目	1	预应力筋的外观检查	第6.2.5条		
	2	锚具、夹具和连接器的外观检查	第6.2.6条		
	3	金属螺旋管的尺寸和性能	第6.2.7条		
	4	金属螺旋管的外观检查	第6.2.8条		

2.5.3.9 预应力筋的制作与安装检验批质量验收记录（表204-9）

预应力筋的制作与安装检验批质量验收记录表　　　　　　表204-9

检控项目	序号	质量验收规范规定		施工单位检查评定记录				监理（建设）单位验收记录
主控项目	1	预应力筋的品种、级别、规格和数量		第6.3.1条				
	2	先张法隔离剂选择		第6.3.2条				
	3	受损预应力筋必须更换		第6.3.3条				
一般项目	1	预应力筋的下料要求		第6.3.4条				
	2	端部锚具的制作质量		第6.3.5条				
	3	预留孔道的规格、数量、位置和形状规定		第6.3.6条				
	4	无粘结预应力的铺设		第6.3.8条				
	5	穿入孔道的后张有粘结预应力筋防锈		第6.3.9条				
	6	束形控制点竖向位置偏差（mm）		允许偏差（mm）	量	测	值（mm）	
		构件高（厚）$h \leqslant 300$		±5				
		构件高（厚）$300 < h \leqslant 1500$		±10				
		构件高（厚）$h \geqslant 1500$		±15				

2.5.3.10 预应力筋张拉和放张检验批质量验收记录（表204-10）

预应力筋张拉和放张检验批质量验收记录表　　　　　　表204-10

检控项目	序号	质量验收规范规定			施工单位检查评定记录	监理（建设）单位验收记录
主控项目	1	张拉及放张时混凝土强度规定			≥75%	
	2	实际伸长与设计计算伸长相对允许偏差			±6%	
	3	实际建立预应力值与工程设计规定检验值相对允许偏差			±5%	
	4	预应力筋断裂与脱滑规定			第6.4.4条	
一般项目		预应力筋内缩量要求			内缩量限值（mm）	
	1	支承式锚具（镦头锚具等）	螺帽缝隙		1	
			每块后加垫板的缝隙		1	
	2	锥塞式锚具			5	
	3	夹片式锚具	有顶压		5	
			无顶压		6~8	
	4	预应力张拉后与设计位置偏差			≤5mm且不大于短边边长4%	

2.5.3.11 预应力灌浆及封锚检验批质量验收记录（表204-11）

预应力灌浆及封锚检验批质量验收记录表　　　　　表204-11

检控项目	序号	质量验收规范规定		施工单位检查评定记录	监理（建设）单位验收记录
主控项目	1	预应力筋张拉后的孔道灌浆	第6.5.1条		
	2	锚具及预应力的封闭	第6.5.2条		
		项　　目	允许偏差（mm）	量测值（mm）	
		1）凸出式锚固端保护层厚度	≥50		
		2）外露预应力筋保护层厚度：			
		项　　目	允许偏差（mm）	量测值（mm）	
		①正常环境	≥20		
		②易受腐蚀环境	≥50		
一般项目	1	预应力筋的外露部分，外露长度不宜小于预应力筋直径的1.5倍，且不小于30mm	第6.5.3条		
	2	灌浆用水泥浆	第6.5.4条		
	1)	水泥浆水灰比	不应大于0.45		
	2)	搅拌后3h泌水率	不宜大于2%且不大于3%		
	3)	泌水24h全部被水泥浆吸收			
	3	水泥浆抗压强度不应小于30N/mm²			

2.5.3.12 混凝土原材料检验批质量验收记录（表204-12）

混凝土原材料检验批质量验收记录表　　　　　表204-12

检控项目	序号	质量验收规范规定		施工单位检查评定记录	监理（建设）单位验收记录
主控项目	1	进场水泥的复验	第7.2.1条		
	2	外加剂的质量标准	第7.2.2条		
	3	氯化物和碱总含量	第7.2.3条		
一般项目	1	掺用矿物掺合料质量	第7.2.4条		
	2	粗、细骨料质量	第7.2.5条		
	3	拌制混凝土用水	第7.2.6条		

2.5.3.13 混凝土配合比设计检验批质量验收记录（表204-13）

混凝土配合比设计检验批质量验收记录表　　　　表204-13

检控项目	序号	质量验收规范规定	施工单位检查评定记录	监理（建设）单位验收记录
主控项目	1	混凝土应按国家现行标准《普通混凝土配合比设计规程》JGJ 55 的有关规定，根据混凝土强度等级、耐久性和工作性等要求进行配合比设计。 对有特殊要求的混凝土，尚应符合国家现行有关标准的专门规定	检查方法：检查配合比设计资料	
一般项目	1	首次使用的混凝土应进行开盘鉴定，其工作性应满足设计配合比要求。开始生产时应至少留置一组标养试件，作为验证配合比的依据	检查方法：检查开盘鉴定资料和试块强度试验报告	
	2	拌制前应测定砂、石含水率，据此调整施工配合比	检查数量：每工作班检查一次； 检查含水率测定结果和施工配合比通知单	

2.5.3.14 混凝土施工检验批质量验收记录（表204-14）

混凝土施工检验批质量验收记录表　　　　表204-14

检控项目	序号	质量验收规范规定		施工单位检查评定记录	监理（建设）单位验收记录
主控项目	1	混凝土试件的取样与留置	第7.4.1条		
	2	抗渗混凝土的试件留置	第7.4.2条		
	3	混凝土原材料称量偏差	第7.4.3条		
		1）水泥、掺合料	±2%		
		2）粗、细骨料	±3%		
		3）水、外加剂	±2%		
	4	混凝土运输、浇筑及间歇的全部时间	第7.4.4条		
一般项目	1	施工缝的位置与处理	第7.4.5条		
	2	后浇带的留置位置确定和浇筑	第7.4.6条		
	3	混凝土养护措施规定	第7.4.7条		

2.5.3.15 现浇结构外观质量检验批质量验收记录（表204-15）

现浇结构外观质量检验批质量验收记录表　　　　　　表204-15

检控项目	序号	质量验收规范规定	施工单位检查评定记录	监理（建设）单位验收记录
主控项目	1	现浇结构的外观质量不应有严重缺陷。 对已经出现的严重缺陷，应由施工单位提出技术处理方案，并经监理（建设）单位认可后进行处理。对经处理的部位，应重新检查验收		
一般项目	1	现浇结构的外观质量不宜有一般缺陷。 对已经出现的一般缺陷，应由施工单位按技术处理方案进行处理，并重新检查验收		

附录现浇结构的外观质量缺陷，按《混凝土结构工程施工质量验收规范》GB 50204—2002表8.1.1确定。

现浇结构外观质量缺陷　　　　　　表8.1.1

名称	现象	严重缺陷	一般缺陷
露筋	构件内钢筋未被混凝土包裹而外露	纵向受力钢筋有露筋	其他钢筋有少量露筋
蜂窝	混凝土表面缺少水泥砂浆而形成石子外露	构件主要受力部位有蜂窝	其他部位有少量蜂窝
孔洞	混凝土中孔穴深度和长度超过保护层厚度	构件主要受力部位有孔洞	其他部位有少量孔洞
夹渣	混凝土中夹有杂物且深度超过保护层厚度	构件主要受力部位有夹渣	其他部位有少量夹渣
疏松	混凝土中局部不密实	构件主要受力部位有疏松	其他部位有少量疏松
裂缝	缝隙从混凝土表面延伸至混凝土内部	构件主要受力部位有影响结构性能或使用功能的裂缝	其他部位有少量不影响结构性能或使用功能的裂缝
连接部位缺陷	构件连接处混凝土缺陷及连接钢筋、连接件松动	连接部位有影响结构传力性能的缺陷	连接部位有基本不影响结构传力性能的缺陷
外形缺陷	缺棱掉角、棱角不直、翘曲不平、飞边凸肋等	清水混凝土构件有影响使用性能或装饰效果的外形缺陷	其他混凝土构件有不影响使用功能的外形缺陷
外表缺陷	构件表面麻面、掉皮、起砂、沾污等	具有重要装饰效果的清水混凝土构件有外表缺陷	其他混凝土构件有不影响使用功能的外表缺陷

注：外观质量应由监理（建设）单位、施工单位等各方根据其对结构性能和使用功能影响的严重程度进行检验。

2.5.3.16 现浇结构尺寸允许偏差检验批质量验收记录（表204-16）

现浇结构尺寸允许偏差检验批质量验收记录

表204-16

检控项目	序号	质量验收规范规定			施工单位检查评定记录										监理（建设）单位验收记录
主控项目	1	现浇结构尺寸允许偏差的检查与验收		第8.3.1条											
一般项目		现浇结构拆模后尺寸		允许偏差（mm）	量 测 值（mm）										
	1	轴线位置	基础	15											
			独立基础	10											
			墙、柱、梁	8											
			剪力墙	5											
	2	垂直度	层高 ≤5m	8											
			层高 >5m	10											
			全高（H）	H/1000且≤30											
	3	标高	层 高	±10											
			全 高	±30											
	4	截面尺寸		+8，-5											
	5	电梯井	井筒长、宽对定位中心线	+25，0											
			井筒全高（H）垂直度	H1000且≤30											
	6	表面平整度		8											
	7	预埋设施中心线位置	预埋件	10											
			预埋螺栓	5											
			预埋管	5											
	8	预留洞中心线位置		15											

注：检查轴线，中心线位置时，应沿纵、横两个方向量测，并取其中的较大值

2.5 分项、检验批工程质量验收记录表

2.5.3.17 混凝土设备基础尺寸允许偏差检验批质量验收记录（表204-17）

混凝土设备基础尺寸允许偏差检验批质量验收记录　　表 204-17

检控项目	序号	质量验收规范规定		施工单位检查评定记录										监理（建设）单位验收记录
主控项目	1	设备基础尺寸允许偏差的检查与验收		第8.3.1条										
一般项目		混凝土设备基础拆模后尺寸允许偏差		允许偏差（mm）			量　测　值（mm）							
	1	坐标位置		20										
	2	不同平面的标高		0，-20										
	3	平面外形尺寸		±20										
	4	凸台上平面外形尺寸		0，-20										
	5	凹穴尺寸		+20，0										
	6	平面水平度	每米	5										
			全长	10										
	7	垂直度	每米	5										
			全高	10										
	8	预埋地脚螺栓	标高（顶部）	+20，0										
			中心距	±2										
	9	预埋地脚螺栓孔	中心线位置	10										
			深度	+20，0										
			孔垂直度	10										
	10	预埋活动地脚螺栓锚板	标高	+20，0										
			中心线位置	5										
			带槽锚板平整度	5										
			带螺纹孔锚板平整度	2										
注：检查坐标，中心线位置时，应沿纵、横两个方向量测，并取其中的较大值														

2.5.3.18 装配式结构预制构件检验批质量验收记录（表204-18）

装配式结构预制构件检验批质量验收记录 表204-18

检控项目	序号	质量验收规范规定		施工单位检查评定记录	监理（建设）单位验收记录
主控项目	1	预制构件的标志要求	第9.2.1条		
	2	预制构件的外观质量不应有严重缺陷	第9.2.2条		
	3	预制构件的尺寸偏差的检查与验收	第9.2.3条		
一般项目	1	预制构件外观质量不宜有一般缺陷	第9.2.4条		
	2	预制构件尺寸偏差			
		项 目	允许偏差（mm）		
		长度 板、梁	+10，-5		
		长度 柱	+5，-10		
		长度 墙、板	±5		
		长度 薄腹梁、桁架	+15，-10		
		宽度、高（厚）度 板、梁、柱、墙板、薄腹梁、桁架	±5		
		侧向弯曲 梁、柱、板	$l/750$ 且 ≤20		
		侧向弯曲 墙板、薄腹梁、桁架	$l/1000$ 且 ≤20		
		预埋件 中心线位置	10		
		预埋件 螺栓位置	5		
		预埋件 螺栓外露长度	+10，-5		
		预留孔 中心线位置	5		
		预留洞 中心线位置	15		
		主筋保护层厚度 板	+5，-3		
		主筋保护层厚度 梁、柱、墙板、薄腹梁、桁架	+10，-5		
		对角线差 板、墙板	10		
		表面平整度 板、墙板、柱、梁	5		
		预应力构件预留孔道位置 梁、墙板、薄腹梁、桁架	3		
		翘曲 板	$l/750$		
		翘曲 墙板	$l/1000$		

2.5.3.19 装配式结构施工检验批质量验收记录（表204-19）

装配式结构施工检验批质量验收记录 表204-19

检控项目	序号	质量验收规范规定		施工单位检查评定记录	监理（建设）单位验收记录
主控项目	1	预制构件的进场检验	第9.4.1条		
	2	预制构件与结构之间连接	第9.4.2条		
	3	预制构件吊装工艺要求	第9.4.3条		
一般项目	1	构件的码放运输要求	第9.4.4条		
	2	预制构件吊装前构件标高控制尺寸要求	第9.4.5条		
	3	构件吊装时绳索与构件水平面的夹角要求	第9.4.6条		
	4	构件吊装的临时固定措施	第9.4.7条		
	5	装配结构接头与拼缝规定	第9.4.8条		

2.5.4 钢结构工程

2.5.4.1 钢材、钢铸件材料检验批质量验收记录（表205-1）

钢材、钢铸件材料检验批质量验收记录表 表205-1

	主控项目	合格质量标准（按本规范）	施工单位检验评定记录或结果	监理（建设）单位验收记录或结果	备注
1	钢材、钢铸件品种、规格、性能要求	第4.2.1条			
2	钢材抽样复验	第4.2.2条			
	一般项目	合格质量标准（按本规范）	施工单位检验评定记录或结果	监理（建设）单位验收记录或结果	备注
1	钢板厚度允许偏差	第4.2.3条			
2	型钢规格、尺寸及允许偏差	第4.2.4条			
3	钢材外观质量	第4.2.5条			

注：本表适用于进入钢结构各分项工程实施现场的主要材料、零（部）件、成品件、标准件等产品的进场验收。

2.5.4.2 焊接材料检验批质量验收记录（表205-2）

焊接材料检验批质量验收记录表 表205-2

	主控项目	合格质量标准（按规范）	施工单位检验评定记录或结果	监理（建设）单位验收记录或结果	备注
1	焊接材料的品种、规格、性能	第4.3.1条			
2	材料的抽样复验	第4.3.2条			
	一般项目	合格质量标准（按规范）	施工单位检验评定记录或结果	监理（建设）单位验收记录或结果	备注
1	焊钉及焊接瓷环规格、尺寸及偏差	第4.3.3条			
2	焊条外观质量	第4.3.4条			

注：本表适用于进入钢结构各分项工程实施现场的主要材料、零（部）件、成品件、标准件等产品的进场验收。

2.5.4.3 连接用紧固标准件检验批质量验收记录（表205-3）

连接用紧固标准件检验批质量验收记录表　　　　　表205-3

	主控项目	合格质量标准（按本规范）	施工单位检验评定记录或结果							监理（建设）单位验收记录或结果							备注
1	连接用紧固件检验报告	第4.4.1条															
2	大六角头螺栓扭矩系数检验	第4.4.2条															
3	扭剪型高强螺栓预拉力检验	第4.4.3条															
	一般项目	合格质量标准（按本规范）	施工单位检验评定记录或结果							监理（建设）单位验收记录或结果							备注
1	高强螺栓连接副配套供货要求	第4.4.4条															
2	硬度试验	第4.4.5条															

注：本表适用于进入钢结构各分项工程实施现场的主要材料、零(部)件、成品件、标准件等产品的进场验收。

2.5.4.4 焊接球及加工检验批质量验收记录（表205-4）

焊接球及加工检验批质量验收记录表　　　　　表205-4

	主控项目	合格质量标准（按规范）	施工单位检验评定记录或结果							监理（建设）单位验收记录或结果							备注
1	焊接球用原材料品种、规格、性能	第4.5.1条															
2	焊接球焊缝的无损检验	第4.5.2条															
	一般项目	合格质量标准（按规范）	施工单位检验评定记录或结果							监理（建设）单位验收记录或结果							备注
1	焊接球直径、圆度、壁厚减薄量及允许偏差																
	1) 直径	$\pm 0.005d$															
	2) 圆度	2.5															
	3) 壁厚减薄量	$0.13t$ 且不应大于1.5															
	4) 两半球对口错边	1.0mm															
2	焊接球表面	不大于1.5mm															

注：本表适用于进入钢结构各分项工程实施现场的主要材料、零（部）件、成品件、标准件等产品的进场验收。

2.5.4.5 螺栓球及加工检验批质量验收记录（表205-5）

螺栓球检验批质量验收记录表　　表205-5

检控项目	序号	质量验收规范规定		施工单位检查评定记录	监理（建设）单位验收记录
主控项目	1	螺栓球用原材料的品种、规格、性能	第4.6.1条		
	2	螺栓球不得有过烧、裂纹及褶皱	第4.6.2条		
		项目	允许偏差	量测值（mm）	
	1	螺栓球的螺纹尺寸与公差	第4.6.3条		
	2	螺栓球直径、圆度、相邻两螺栓中心线夹角等允许偏差	第4.6.4条		
一般项目	1)	圆度 $d \leq 120$	1.5mm		
		$d > 120$	2.5mm		
	2)	同一轴线上两铣平面平行度 $d \leq 120$	0.2mm		
		$d > 120$	0.3mm		
	3)	铣平面距球中心距离	±0.2mm		
	4)	相邻两螺栓孔中心夹角	±30°		
	5)	两铣平面与螺栓孔轴线垂直度	0.005r		
	6)	球毛坯直径 $d \leq 120$	+0.2mm −1.0mm		
		$d > 120$	+0.3mm −1.5mm		

注：本表适用于进入钢结构各分项工程实施现场的主要材料、零（部）件、成品件、标准件等产品的进场验收。

2.5.4.6 封板、锥头和套筒检验批质量验收记录（表205-6）

封板、锥头和套筒检验批质量验收记录表　　表205-6

	主控项目	合格质量标准（按本规范）	施工单位检验评定记录或结果	监理（建设）单位验收记录或结果	备注
1	封板、锥头和套筒用原材料品种、规格、性能	第4.7.1条			
2	封板、锥头、套筒外观不得有裂纹、过烧及氧化皮	第4.7.2条			

注：本表适用于进入钢结构各分项工程实施现场的主要材料、零（部）件、成品件、标准件等产品的进场验收。

2.5.4.7 金属压型板制作检验批质量验收记录（表205-7）

金属压型板（制作）检验批质量验收记录表　　　　表205-7

检控项目	序号	质量验收规范规定		施工单位检查评定记录	监理（建设）单位验收记录
主控项目	1	金属压型板用材料的品种、规格、性能	符合现行国家产品标准和设计要求		
	2	泛水板、包角板和零配件的品种、规格及防水密封材料性能	符合现行国家产品标准和设计要求		
	3	压型板成型后	基板不应有裂纹		
	4	涂层、镀层	不应有肉眼可见裂纹、剥落和擦痕等		
		项　目	允许偏差（mm）	量　测　值　（mm）	
一般项目	1	金属压型板的表面应干净，不应有明显凹凸和皱褶			
	2	金属压型板的现场制作			
	1)	压型金属板的覆盖宽度　截面高度≤70	+10.0，-2.0		
		压型金属板的覆盖宽度　截面高度>70	+6.0，-2.0		
	2)	板　长	±9.0		
	3)	横向剪切偏差	6.0		
	4)	泛水板、包角板尺寸　板　长	±6.0		
		泛水板、包角板尺寸　折弯面宽度	±3.0		
		泛水板、包角板尺寸　折弯面夹角	2°		
	3	金属压型板的尺寸			
	1)	波　距	±2.0		
	2)	压型钢板波高　截面高度≤70	±1.5		
		压型钢板波高　截面高度>70	±2.0		
	3)	测量长度内侧向弯曲	20.0		

2.5.4.8 钢结构（压型金属板安装）检验批质量验收记录（表205-8）

钢结构（压型金属板安装）检验批质量验收记录表 表205-8

检控项目	序号	质量验收规范规定		施工单位检查评定记录	监理（建设）单位验收记录
主控项目	1	现场安装	第13.3.1条		
	2	在支承构件上搭接	搭接长（mm）		
	1)	截面高度>70	375		
	2)	截面高度≤70			
		屋面坡度<1/10	250		
		屋面坡度≥1/10	200		
	3)	墙面	120		
	3	锚固支承长度	符合设计要求且不小于50mm		
一般项目	1	安装质量	第13.3.4条		
	2	安装精度	允许偏差（mm）		
	1)	檐口与屋脊的平行度	12.0		
	2)	压型金属板波纹线对屋脊的垂直度	$L/800$，且不应大于25.0		
	3)	檐口相邻两块压型金属板端部错位	6.0		
	4)	屋面压型金属板卷边板件最大波浪高	4.0		
	5)	墙面墙板波纹线的垂直度	$H/800$，且不应大于25.0		
	6)	墙面墙板包角板的垂直度	$H/800$，且不应大于25.0		
	7)	墙面相邻两块压型金属板的下端错位	6.0		

2.5.4.9 钢结构防腐涂料涂装检验批质量验收记录（表205-9）

涂装材料检验批质量验收记录表 表205-9

检控项目	序号	质量验收规范规定		施工单位检查评定记录	监理（建设）单位验收记录
主控项目	1	防腐涂料、稀释剂和固化剂的品种、规格、性能	符合现行国家产品标准和设计要求4.9.1条		
	2	钢材表面除锈	第14.2.1条		
	3	涂装遍数、厚度，当室外$150\mu m$，室内为$125\mu m$时；	第14.2.2条		
	1)	允许偏差	$-25\mu m$		
	2)	每遍允许偏差	$-5\mu m$		
一般项目	1	涂装质量	第14.2.3条		
	2	钢结构处腐蚀环境	第14.2.4条		
	3	涂装标志	清晰完整		

2.5.4.10 其他材料检验批质量验收记录（表205-10）

其他材料分项工程检验批质量验收记录表 表205-10

	主控项目	合格质量标准（按规范）	施工单位检验评定记录或结果	监理（建设）单位验收记录或结果	备注
1	钢结构橡胶垫的品种、规格、性能	符合现行国家产品标准和设计要求			
2	特殊材料的品种、规格、性能	符合现行国家产品标准和设计要求			

2.5.4.11 钢结构焊接检验批质量验收记录（表205-11）

钢结构焊接检验批质量验收记录表　　　　　　　　　　　　表 205-11

检控项目	序号	质量验收规范规定		施工单位检查评定记录	监理（建设）单位验收记录
主控项目	1	焊接材料进场	第4.3.1条		
	2	焊接材料复验	第4.3.2条		
	3	焊接材料与线材匹配	第5.2.1条		
	4	焊工证书	应具有相应的合格证书		
	5	焊接工艺评定	符合评定报告		
	6	内部缺陷检验	第5.2.4条		
	7	组合焊缝尺寸	一般焊脚尺寸不小于 $t/4$		
			吊车梁等为 $t/2$，且 $\geqslant 10\mathrm{mm}$		
			允许偏差 0~4mm		
	8	焊缝表面缺陷	一、二级不得有表面气孔、夹渣、弧坑裂纹、电弧擦伤，且一级焊缝不得有咬边、未焊满，根部收缩等		
一般项目	1	预热和后热处理	预热区 >1.5 倍焊件厚度且不小于 100mm，保温时间每 25mm 板厚 1h		
	2	凹形角焊缝	平缓过渡，不得留下切痕		
	3	焊缝感观	外型均匀，成型较好，焊点与基本金属间过渡较平滑		
	4	焊缝外观质量	允许偏差（mm）		
	1)	未焊满（指不满足设计要求）	二级　$\leqslant 0.2+0.02t$，且 $\leqslant 1.0$；每 100.0 焊缝内缺陷总长 $\leqslant 25.0$		
			三级　$\leqslant 0.2+0.04t$，且 $\leqslant 2.0$；每 100.0 焊缝内缺陷总长 $\leqslant 25.0$		
	2)	根部收缩	二级　$\leqslant 0.2+0.02t$，且 $\leqslant 1.0$；长度不限		
			三级　$\leqslant 0.2+0.04t$，且 $\leqslant 2.0$；长度不限		
	3)	咬边	二级　$\leqslant 0.05t$，且 $\leqslant 0.5$；连续长度 $\leqslant 100.0$，且焊缝两侧咬边总长 $\leqslant 10\%$ 焊缝全长		
			三级　$\leqslant 0.1t$，且 $\leqslant 1.0$；长度不限		
	4)	弧坑裂纹	二级　—		
			三级　允许存在个别长度 $\leqslant 5.0$ 的弧坑裂纹		

续表

检控项目	序号	质量验收规范规定		施工单位检查评定记录	监理（建设）单位验收记录
一般项目	5) 电弧擦伤	二级	—		
		三级	允许存在个别电弧擦伤		
	6) 接头不良	二级	缺口深度 0.05t，且≤0.5；每1000.0焊缝不应超过1处		
		三级	缺口深度 0.1t，且≤1.0；每1000.0焊缝不应超过1处。		
	7) 表面夹渣	二级	—		
		三级	深≤0.2t 长≤0.5t且≤20.0		
	8) 表面气孔	二级	—		
		三级	每50.0焊缝长度内允许直径≤0.4t，且≤3.0的气孔2个，孔距≥6倍孔径		

注：表内 t 为连接处较薄的板厚

检控项目	序号	质量验收规范规定		施工单位检查评定记录	监理（建设）单位验收记录
一般项目	5 组合焊缝尺寸				
	1) 对接焊缝余高 C	一、二级	$B<20$：0～3.0 $B\geqslant20$：0～4.0		
		三级	$B<20$：0～4.0 $B\geqslant20$：0～5.0		
	2) 对接焊缝错边 d	一、二级	$d<0.15t$，且≤2.0		
		三级	$d<0.15t$，且≤3.0		

2.5.4.12 钢结构焊钉（栓钉）焊接检验批质量验收记录（表205-12）

钢结构焊钉（栓钉）焊接分项工程检验批质量验收记录表　　　　表205-12

	主控项目	合格质量标准（按规范）	施工单位检验评定记录或结果	监理（建设）单位验收记录或结果	备注
1	焊接材料进场	第4.3.1条			
2	焊接材料复验	第4.3.2条			
3	焊接工艺评定	第5.3.1条			
4	焊接弯曲试验	第5.3.2条			
	一般项目	合格质量标准（按规范）	施工单位检验评定记录或结果	监理（建设）单位验收记录或结果	备注
1	焊钉瓷环尺寸	第4.3.3条			
2	焊缝外观质量	第5.3.3条			

2.5.4.13 钢结构（普通紧固件连接）检验批质量验收记录（表205-13）

钢结构（普通紧固件连接）分项工程检验批质量验收记录表　　表205-13

	主控项目	合格质量标准（按规范）	施工单位检验评定记录或结果	监理（建设）单位验收记录或结果	备注
1	成品进场	第4.4.1条			
2	螺栓实物复验	第6.2.1条			
3	匹配及间距	第6.2.2条			
	一般项目	合格质量标准（按本规范）	施工单位检验评定记录或结果	监理（建设）单位验收记录或结果	备注
1	螺栓紧固	第6.2.3条			
2	外观质量	第6.2.4条			

注：本表适用于钢结构制作和安装中的普通螺栓、扭剪型高强度螺栓、高强度大六角头螺栓、钢网架螺栓球节点用高强度螺栓及射钉、自攻钉、拉铆钉等连接工程的质量验收。

2.5.4.14 钢结构（高强度螺栓连接）检验批质量验收记录（表205-14）

钢结构（高强度螺栓连接）分项工程检验批质量验收记录表　　表205-14

	主控项目	合格质量标准（按本规范）	施工单位检验评定记录或结果	监理（建设）单位验收记录或结果	备注
1	成品进场	第4.4.1条			
2	扭矩系数或预拉力复验	第4.4.2条或第4.4.3条			
3	抗滑移系数试验	第6.3.1条			
4	终拧扭矩	第6.3.2条或第6.3.3条			
	一般项目	合格质量标准（按本规范）	施工单位检验评定记录或结果	监理（建设）单位验收记录或结果	备注
1	成品包装	第4.4.4条			
2	表面硬度试验	第4.4.5条			
3	初拧、复拧扭矩	第6.3.4条			
4	连接外观质量	第6.3.5条			
5	摩擦面外观	第6.3.6条			
6	扩孔	第6.3.7条			
7	网架螺栓紧固	第6.3.8条			

2.5.4.15 钢结构（零件及部件加工切割）检验批质量验收记录（表205-15）

钢结构（零件及部件加工切割）检验批质量验收记录表　　　　表 205-15

	主控项目	合格质量标准（按规范）	施工单位检验评定记录或结果	监理（建设）单位验收记录或结果	备注
1	切割或剪切面质量	应无裂缝、夹渣、分层和大于1mm的缺棱			

	一般项目	合格质量标准（按规范）（mm）	施工单位检验评定记录或结果	监理（建设）单位验收记录或结果	备注
1	气割				
1)	零件宽度、长度	±3.0			
2)	切割面平面度	$0.05t$，且不应大于2.0			
3)	割纹深度	0.3			
4)	局部缺口深度	1.0			
2	机械切割				
1)	零件宽度、长度	±3.0			
2)	边缘缺棱	1.0			
3)	型钢端部垂直度	2.0			

注：允许偏差项目的检查按说明页允许偏差表进行并填写检查结果

注：本表适用于钢结构制作及安装中钢零件及钢部件加工的质量验收。

2.5.4.16 钢零件及部件加工矫正成型与边缘加工检验批质量验收记录（表205-16）

钢零件及部件加工矫正成型与边缘加工检验批质量验收记录表　　表205-16

检控项目	序号	质量验收规范规定						施工单位检查评定记录	监理（建设）单位验收记录
主控项目	1	碳素和低合金结构钢矫正和成型	第7.3.1条						
	2	零件热加工	第7.3.2条						
	3	边缘加工	边缘加工刨削量不应小于2.0mm						
一般项目	1	矫正后的钢材表面	第7.3.3条						
	2	冷矫正和冷弯曲最小曲率半径和最大弯曲矢高	对应轴	矫正		弯曲			
				r	f	r	f		
	1)	钢板、扁钢	$x-x$	$50t$	$\dfrac{l^2}{400t}$	$25t$	$\dfrac{l^2}{200t}$		
			$y-y$（仅对扁钢轴线）	$100b$	$\dfrac{l^2}{800b}$	$50b$	$\dfrac{l^2}{400b}$		
	2)	角钢	$x-x$	$90b$	$\dfrac{l^2}{720b}$	$45b$	$\dfrac{l^2}{360b}$		
		槽钢	$x-x$	$50h$	$\dfrac{l^2}{400h}$	$25h$	$\dfrac{l^2}{200h}$		
			$y-y$	$90b$	$\dfrac{l^2}{720b}$	$45b$	$\dfrac{l^2}{360b}$		
	3)	工字钢	$x-x$	$50h$	$\dfrac{l^2}{400h}$	$25h$	$\dfrac{l^2}{200h}$		
			$y-y$	$50b$	$\dfrac{l^2}{400b}$	$25b$	$\dfrac{l^2}{200b}$		
	3	项目 钢材矫正	允许偏差（mm）						
	1)	钢板的局部平面度	$t\leq 14$，1.5；$t>14$，1.0						
	2)	型钢弯曲矢高	$l/1000$且不大于5.0						
	3)	角钢肢的垂直度	$b/100$且角度不得大于90°						
	4)	槽钢翼缘对腹板的垂直度	$b/80$						
	5)	工字钢、H型钢翼缘对腹板的垂直度	$b/100$，且不大于2.0						
	4	边缘加工							
		零件宽度、长度	±1.0						
		加工边直线度	$l/3000$，且不应大于2.0						
		相邻两边夹角	±6°						
		加工面垂直度	$0.025t$，且不应大于0.5						
		加工面表面粗糙度	50√						

2.5 分项、检验批工程质量验收记录表

2.5.4.17 钢结构（零部件加工的矫正成型与边缘加工）检验批质量验收记录（表205-17）

钢结构（零部件加工的矫正成型与边缘加工）检验批质量验收记录表　　表205-17

	主控项目	合格质量标准（按规范）	施工单位检验评定记录或结果	监理（建设）单位验收记录或结果	备注
1	矫正和成型	第7.3.1条和第7.3.2条			
2	边缘加工	第7.4.1条			
	一般项目	合格质量标准（按规范）	施工单位检验评定记录或结果	监理（建设）单位验收记录或结果	备注
1	矫正质量	第7.3.3条、第7.3.4条和第7.3.5条			
2	边缘加工精度	第7.4.2条			

注：允许偏差项目的检查按说明页允许偏差表进行并填写检查结果。

2.5.4.18 钢结构（零部件加工的管、球加工）检验批质量验收记录（表205-18）

钢结构（零部件加工的管、球加工）检验批质量验收记录表　　表205-18

	主控项目	合格质量标准（按规范）	施工单位检验评定记录或结果	监理（建设）单位验收记录或结果	备注
1	螺栓球加工	第7.5.1条			
2	焊接球加工	第7.5.2条			
	一般项目	合格质量标准（按规范）	施工单位检验评定记录或结果	监理（建设）单位验收记录或结果	备注
1	螺栓球加工精度	第7.5.3条			
2	焊接球加工精度	第7.5.4条			
3	管件加工精度	第7.5.5条			

注：允许偏差项目的检查按说明页允许偏差表进行并填写检查结果。

2.5.4.19 钢零件及钢部件制孔检验批质量验收记录（表205-19）

钢零件及钢部件制孔质量验收记录表　　　　　　表205-19

<table>
<tr><th colspan="3">检控项目</th><th colspan="3">质量验收规范规定</th><th colspan="2">施工单位检查评定记录</th><th>监理（建设）单位验收记录</th></tr>
<tr><th>检控项目</th><th>序号</th><th colspan="3">质量验收规范规定</th><th colspan="2">施工单位检查评定记录</th><th></th><th></th></tr>
</table>

检控项目	序号	项目		允许偏差（mm）		量测值（mm）		监理（建设）单位验收记录
主控项目		制孔		第7.6.1条				
	1	A、B级螺栓孔孔径		螺栓	孔径	螺栓	孔径	
	1)	$\phi 10 \sim 18$		0.00 / -0.21	+0.18 / 0.00			
	2)	$\phi 18 \sim 30$		0.00 / -0.21	+0.21 / 0.00			
	3)	$\phi 30 \sim 50$		0.00 / -0.25	+0.25 / 0.00			
	2	C级螺栓孔径						
	1)	直径		+1.0 / 0.0				
	2)	圆度		2.0				
	3	垂直度		0.03t，且不大于2.0				
一般项目	1	螺栓孔距		允许偏差（mm）		量测值（mm）		
		孔距范围（mm）		同组间	邻组间	同组间	邻组间	
		≤500		±1.0	±1.5			
		501～1200		±1.5	±2.0			
		1201～3000		—	±2.5			
		>3000		—	±3.0			

注：1. 在节点中连接板与一根杆件相连的所有螺栓孔为一组；
　　2. 对接接头在拼接板一侧的螺栓孔为一组；
　　3. 在两相邻节点或接头间的螺栓孔为一组，但不包括上述两款所规定的螺栓孔；
　　4. 受弯构件翼缘上的连接螺栓孔，每米长度范围内的螺栓孔为一组。

2.5.4.20 钢构件组装焊接H型钢检验批质量验收记录（表205-20）

钢构件组装焊接H型钢检验批质量验收记录表　　　　表205-20

检控项目	序号	质量验收规范规定		施工单位检查评定记录		监理（建设）单位验收记录
一般项目	1	焊接H型钢的翼缘板拼接缝和腹板拼接缝的间距不应小于200mm，翼缘板拼接长度不应小于2倍板宽；腹板拼接宽度不应小于300mm，长度不应小于600mm		第8.2.1条		
	2	焊接H型钢		允许偏差（mm）	量测值（mm）	
		截面高度 h	$h<500$	±2.0		
			$500<h<1000$	±3.0		
			$h>1000$	±4.0		
		截面宽度 b		±3.0		
		腹板中心偏移		2.0		
		翼缘板垂直度 △		b/100，且不应大于3.0		

续表

检控项目	序号	质量验收规范规定		施工单位检查评定记录	监理（建设）单位验收记录
一般项目		弯曲矢高（受压构件除外）	$l/1000$，且不应大于 10.0		
		扭曲	$h/250$，且不应大于 5.0		
		腹板局部平面度 f	$t<14$	3.0		
			$t\geqslant 14$	2.0		
	注：l—长度、距离；H—柱高度；t—板、壁厚度；h—截面高度				

2.5.4.21 钢构件组装检验批质量验收记录（表205-21）

钢构件组装检验批质量验收记录表　　表 205-21

检控项目	序号	质量验收规范规定		施工单位检查评定记录	监理（建设）单位验收记录
主控项目	1	吊车梁和吊车桁架	不应下挠		
一般项目	1	顶紧接触面	应有75%以上面积紧贴		
	2	桁架结构杆件轴线交点错位允许偏差	不得大于3.0mm		
	3	焊接连接制作组装项目	允许偏差（mm）	量　测　值　(mm)	
		对口错边 Δ	$t/10$，且不应大于 3.0		
		间隙 a	±1.0		
		搭接长度 a	±5.0		
		缝隙 Δ	1.5		
		高度 h	±2.0		
		垂直度 Δ	$b/100$，且不应大于 3.0		
		中心偏移 e	±2.0		
		型钢错位	连接处	1.0		
			其他处	2.0		
		箱形截面高度 h	±2.0		
		宽度 b	±2.0		
		垂直度 Δ	$b/200$，且不应大于 3.0		
	注：l—长度、跨度；H—柱高度；t—板、壁厚度；h—截面高度				

2.5.4.22 钢构件组装端部铣平及安装焊缝坡口检验批质量验收记录（表205-22）

钢构件组装端部铣平及安装焊缝坡口检验批质量验收记录表　　表205-22

检控项目	序号	质量验收规范规定		施工单位检查评定记录										监理（建设）单位验收记录
主控项目	1	端部铣平	允许偏差（mm）	量 测 值 （mm）										
	1)	两端铣平时构件长度	±2.0											
	2)	两端铣平时零件长度	±0.5											
	3)	铣平面的平面度	0.3											
	4)	铣平面对轴线的垂直度	$l/1500$											
		按铣平面数量抽查10%，且不应少于3个													
一般项目	1	安装焊缝坡口	允许偏差（mm）	量 测 值 （mm）										
	1)	坡口角度	±5°											
	2)	钝边	±1.0mm											
	2	外露铣平面	应防锈保护（全数检查）												
	注：l—长度、跨度；H—柱高度； t—板、壁厚度；h—截面高度。按坡口数量抽查10%，且不应少于3条														
注：允许偏差项目的检查按说明页允许偏差表进行并填写检查结果															

2.5.4.23 钢构件外形尺寸单层钢柱检验批质量验收记录（表205-23）

钢构件外形尺寸单层钢柱检验批质量验收记录表　　表205-23

检控项目	序号	质量验收规范规定		施工单位检查评定记录										监理（建设）单位验收记录
主控项目	1	钢构件外形尺寸	允许偏差（mm）	量 测 值 （mm）										
	1)	单层柱、梁、桁架受力支托（支承面）表面至第一个安装孔距离	±1.0											
	2)	多节柱铣平面至第一个安装孔距离	±1.0											
	3)	实腹梁两端最外侧安装孔距离	±3.0											
	4)	构件连接处的截面几何尺寸	±3.0											
	5)	柱、梁连接处的腹板中心线偏移	2.0											
	6)	受压构件（杆件）弯曲矢高	$l/1000$，且不应大于10.0											
一般项目	1	单层钢柱外形尺寸项目	允许偏差（mm）	量 测 值 （mm）										
		柱底面到柱端与桁架连接的最上一个安装孔距离 l	±$l/1500$ ±15.0											
		柱底面到牛腿支承面距离 l_1	±$l_1/2000$ ±8.0											
		牛腿面的翘曲 Δ	2.0											
		柱身弯曲矢高	$H/1200$，且不应大于12.0											
		柱身扭曲 牛腿处	3.0											
		柱身扭曲 其他处	8.0											

续表

检控项目	序号	质量验收规范规定		施工单位检查评定记录	监理（建设）单位验收记录
一般项目		柱截面几何尺寸	连接处	±3.0		
			非连接处	±4.0		
		翼缘对腹板的垂直度	连接处	1.5		
			其他处	$b/100$，且不应大于5.0		
		柱脚底板平面度		5.0		
		柱脚螺栓孔中心对柱轴线的距离		3.0		

注：l—长度、跨度；H—柱高度；t—板、壁厚度；h—截面高度。

2.5.4.24 钢构件外形尺寸多节钢柱检验批质量验收记录（表205-24）

钢构件外形尺寸多节钢柱检验批质量验收记录表　　　　表205-24

检控项目	序号	质量验收规范规定		施工单位检查评定记录	监理（建设）单位验收记录
主控项目	1	钢构件外形尺寸		允许偏差（mm）	量测值（mm）	
	1)	单层柱、梁、桁架受力支托（支承面）表面至第一个安装孔距离		±1.0		
	2)	多节柱铣平面至第一个安装孔距离		±1.0		
	3)	实腹梁两端最外侧安装孔距离		±3.0		
	4)	构件连接处的截面几何尺寸		±3.0		
	5)	柱、梁连接处的腹板中心线偏移		2.0		
	6)	受压构件（杆件）弯曲矢高		$l/1000$，且不应大于10.0		
一般项目	1	多节钢柱外形尺寸项目		允许偏差（mm）	量测值（mm）	
		一节柱高度 H		±3.0		
		两端最外侧安装孔距离 l_3		±2.0		
		铣平面到每一个安装孔距离 a		±1.0		
		柱身弯曲矢高 f		$H/1500$，且不应大于5.0		
		一节柱的柱身扭曲		$h/250$，且不应大于5.0		
		牛腿端孔到柱轴线距离 l_2		±3.0		
		牛腿的翘曲或扭曲 Δ	$l_2 \leq 1000$	2.0		
			$l_2 > 1000$	3.0		
		柱截面尺寸	连接处	±3.0		
			非连接处	±4.0		
		柱脚底板平面度		5.0		
		翼缘对腹板的垂直度	连接处	1.5		
			其他处	$b/100$，且不应大于5.0		
		柱脚螺栓孔对柱轴线的距离 a		3.0		
		箱型截面连接处对角线差		3.0		
		箱型柱身板垂直度		$h(b)/150$，且不应大于5.0		

注：l—长度、跨度；H—柱高度；t—板、壁厚度；h—截面高度。

2.5.4.25 钢构件外形尺寸焊接实腹钢梁检验批质量验收记录（表205-25）

钢构件外形尺寸焊接实腹钢梁检验批质量验收记录表　　表205-25

检控项目	序号	质量验收规范规定			施工单位检查评定记录							监理（建设）单位验收记录
主控项目	1	钢构件外形尺寸		允许偏差（mm）	量　测　值　（mm）							
		1)	单层柱、梁、桁架受力支托（支承面）表面至第一个安装孔距离	±1.0								
		2)	多节柱铣平面至第一个安装孔距离	±1.0								
		3)	实腹梁两端最外侧安装孔距离	±3.0								
		4)	构件连接处的截面几何尺寸	±3.0								
		5)	柱、梁连接处的腹板中心线偏移	2.0								
		6)	受压构件（杆件）弯曲矢高	$l/1000$，且不应大于10.0								
一般项目	1	焊接实腹钢梁外形尺寸项目		允许偏差（mm）	量　测　值　（mm）							
		梁长度 l	端部有凸缘支座板	0　−5.0								
			其他形式	±$l/2500$ ±10.0								
		端部高度 h	$h \leqslant 2000$	±2.0								
			$h > 2000$	±3.0								
		拱度	设计要求起拱	±$l/5000$								
			设计未要求起拱	10.0　−5.0								
		侧弯矢高		$l/2000$，且不应大于10.0								
		扭曲		$h/250$，且不应大于10.0								
		腹板局部平面度	$t \leqslant 14$	5.0								
			$t > 14$	4.0								
		翼缘板对腹板的垂直度		$b/1000$，且不应大于3.0								
		吊车梁上翼缘与轨道接触面平面度		1.0								
		箱型截面对角线差		5.0								
		箱型截面两腹板至翼缘板中心线距离 a	连接处	1.0								
			其他处	1.5								
		梁端板的平面度（只允许凹进）		$h/500$，且不应大于2.0								
		梁端板与腹板的垂直度		$h/500$，且不应大于2.0								

注：l—长度、跨度；H—柱高度；t—板、壁厚度；h—截面高度。

2.5.4.26 钢构件外形尺寸钢桁架检验批质量验收记录（表205-26）

钢构件外形尺寸钢桁架检验批质量验收记录表　　表205-26

检控项目	序号	质量验收规范规定		施工单位检查评定记录										监理（建设）单位验收记录
主控项目	1	钢构件外形尺寸		允许偏差（mm）	量测值（mm）									
		1)	单层柱、梁、桁架受力支托（支承面）表面至第一个安装孔距离	±1.0										
		2)	多节柱铣平面至第一个安装孔距离	±1.0										
		3)	实腹梁两端最外侧安装孔距离	±3.0										
		4)	构件连接处的截面几何尺寸	±3.0										
		5)	柱、梁连接处的腹板中心线偏移	2.0										
		6)	受压构件（杆件）弯曲矢高	$l/1000$，且不应大于10.0										
一般项目	1	钢桁架外形尺寸项目		允许偏差（mm）	量测值（mm）									
		桁架最外端两个孔或两端支承面最外侧距离	$l \leqslant 24m$	+3.0　-7.0										
			$l > 24m$	+5.0　-10.0										
		桁架跨中高度		±10.0										
		桁架跨中拱度	设计要求起拱	±$l/5000$										
			设计未要求起拱	10.0　-5.0										
		相邻节间弦杆弯曲（受压除外）		$l/1000$										
		支承面到第一个安装孔距离 a		±1.0										
		檩条连接支座间距		±5.0										
	注：l—长度、跨度；H—柱高度；t—板、壁厚度；h—截面高度。													

2.5.4.27 钢构件外形尺寸钢管构件检验批质量验收记录（表205-27）

钢构件外形尺寸钢管构件检验批质量验收记录表　　　　表205-27

检控项目	序号	质量验收规范规定		施工单位检查评定记录									监理（建设）单位验收记录
主控项目	1	钢构件外形尺寸	允许偏差（mm）	量　测　值　（mm）									
		1) 单层柱、梁、桁架受力支托（支承面）表面至第一个安装孔距离	±1.0										
		2) 多节柱铣平面至第一个安装孔距离	±1.0										
		3) 实腹梁两端最外侧安装孔距离	±3.0										
		4) 构件连接处的截面几何尺寸	±3.0										
		5) 柱、梁连接处的腹板中心线偏移	2.0										
		6) 受压构件（杆件）弯曲矢高	$l/1000$，且不应大于10.0										
一般项目	1	钢管构件外形尺寸项目	允许偏差（mm）	量　测　值　（mm）									
		直径 d	$±d/500$ ±5.0										
		构件长度 l	±3.0										
		管口圆度	$d/500$，且不应大于5.0										
		管面对管轴的垂直度	$d/500$，且不应大于3.0										
		弯曲矢高	$l/1500$，且不应大于5.0										
		对口错边	$t/10$，且不应大于3.0										

注：l—长度、跨度；H—柱高度；
　　t—板、壁厚度；h—截面高度；对方矩形管，d 为长边尺寸

2.5.4.28 钢构件外形尺寸墙架、檩条、支撑系统钢构件检验批质量验收记录（表205-28）

钢构件外形尺寸墙架、檩条、支撑系统钢构件检验批质量验收记录表　表205-28

检控项目	序号	质量验收规范规定		施工单位检查评定记录								监理（建设）单位验收记录
主控项目	1	钢构件外形尺寸	允许偏差（mm）	量　测　值　（mm）								
	1)	单层柱、梁、桁架受力支托（支承面）表面至第一个安装孔距离	±1.0									
	2)	多节柱铣平面至第一个安装孔距离	±1.0									
	3)	实腹梁两端最外侧安装孔距离	±3.0									
	4)	构件连接处的截面几何尺寸	±3.0									
	5)	柱、梁连接处的腹板中心线偏移	2.0									
	6)	受压构件（杆件）弯曲矢高	$l/1000$，且不应大于10.0									
一般项目	1	墙架、檩条、支撑系统钢构件外形尺寸项目	允许偏差（mm）	量　测　值　（mm）								
		构件长度 l	±4.0									
		构件两端最外侧安装孔距离 l_1	±3.0									
		构件弯曲矢高	$l/1000$，且不应大于10.0									
		截面尺寸	+5.0 -2.0									
	注：l—长度、跨度；H—柱高度； 　　t—板、壁厚度；h—截面高度											

2.5.4.29 钢构件外形尺寸钢平台、钢梯和防护栏杆检验批质量验收记录（表205-29）

钢构件外形尺寸钢平台、钢梯和防护栏杆检验批质量验收记录表　　　　表 205-29

检控项目	序号	质量验收规范规定		施工单位检查评定记录							监理（建设）单位验收记录
主控项目	1	钢构件外形尺寸	允许偏差（mm）	量　测　值　（mm）							
	1)	单层柱、梁、桁架受力支托（支承面）表面至第一个安装孔距离	±1.0								
	2)	多节柱铣平面至第一个安装孔距离	±1.0								
	3)	实腹梁两端最外侧安装孔距离	±3.0								
	4)	构件连接处的截面几何尺寸	±3.0								
	5)	柱、梁连接处的腹板中心线偏移	2.0								
	6)	受压构件（杆件）弯曲矢高	$l/1000$，且不应大于 10.0								
一般项目	1	钢平台、钢梯和防护钢栏杆外形尺寸项目	允许偏差（mm）	量　测　值　（mm）							
		平台长度和宽度	±5.0								
		平台两对角线差 $\|l_1-l_2\|$	6.0								
		平台支柱高度	±3.0								
		平台支柱弯曲矢高	5.0								
		平台表面平面度（1m范围内）	6.0								
		梯梁长度 l	±5.0								
		钢梯宽度 b	±5.0								
		钢梯安装孔距离 a	±3.0								
		钢梯纵向挠曲矢高	$l/1000$								
		踏步（棍）间距	±5.0								
		栏杆高度	±5.0								
		栏杆立柱间距	±10.0								

注：l—长度、跨度；H—柱高度；t—板、壁厚度；h—截面高度。

2.5.4.30 钢构件预拼装工程检验批质量验收记录（表205-30）

钢构件预拼装工程检验批质量验收记录表

表 205-30

检控项目	序号	质量验收规范规定			施工单位检查评定记录							监理(建设)单位验收记录
主控项目	1	高强度螺栓和普通螺栓连接的多层板叠		第9.2.1条								
一般项目		项 目		允许偏差(mm)	量 测 值 (mm)							
		多节柱	预拼装单元总长	±5.0								
			预拼装单元弯曲矢高	$l/1500$,且不应大于10.0								
			接口错边	2.0								
			预拼装单元柱身扭曲	$h/200$,且不应大于5.0								
			顶紧面至任一牛腿距离	±2.0								
		梁、桁架	跨度最外两端安装孔或两端支承面最外侧距离	+5.0 / -10.0								
			接口截面错位	2.0								
			拱度 设计要求起拱	±$l/1500$								
			拱度 设计未要求起拱	$l/2000$ / 0								
			节点处杆件轴线错位	4.0								
		管构件	预拼装单元总长	±5.0								
			预拼装单元弯曲矢高	$l/1500$,且不应大于10.0								
			对口错边	$t/10$,且不应大于3.0								
			坡口间隙	+2.0 / -1.0								
		构件平面总体预拼装	各楼层柱距	±4.0								
			相邻楼层梁与梁之间距离	±3.0								
			各层间框架两对角线之差	$H/2000$,且不应大于5.0								
			任意两对角线之差	$\sum H/2000$,且不应大于8.0								

注:l—长度、跨度;H—柱高度;t—板、壁厚度;h—截面高度。本表适用于钢构件预拼装工程的质量验收。

2.5.4.31 单层钢结构安装基础和支承面检验批质量验收记录（表205-31）

单层钢结构安装基础和支承面检验批质量验收记录表　　　　表 205-31

检控项目	序号	质量验收规范规定		施工单位检查评定记录	监理（建设）单位验收记录
主控项目	1	建筑物定位、基础轴线和标高	第10.2.1条		
	2	基础顶面支承面	允许偏差（mm）	量 测 值 （mm）	
	1)	支承面 标高	±3.0		
		支承面 水平度	$l/1000$		
	2)	地脚螺栓（锚栓）螺栓中心偏移	5.0		
	3)	预留孔中心偏移	10.0		
	3	坐浆垫板	允许偏差（mm）	量 测 值 （mm）	
	1)	顶面标高	0.0　-3.0		
	2)	水平度	$l/1000$		
	3)	位置	20.0		
	4	杯口尺寸	允许偏差（mm）	量 测 值 （mm）	
	1)	底面标高	0.0　-5.0		
	2)	杯口深度 H	±5.0		
	3)	杯口垂直度	$H/1000$ 且不应大于10.0		
	4)	位置	10.0		
一般项目	1	地脚螺栓（锚栓）	允许偏差（mm）	量 测 值 （mm）	
	1)	螺栓（锚栓）露出长度	+30.0　0.0		
	2)	螺纹长度	+30.0　0.0		
	注：l—长度、跨度；H—柱高度				

2.5.4.32 单层钢结构安装与校正钢屋架、桁架、梁、钢柱等检验批质量验收记录(表205-32)

单层钢结构安装与校正钢屋架、桁架、梁、钢柱等检验批质量验收记录表　表205-32

检控项目	序号	质量验收规范规定			施工单位检查评定记录	监理（建设）单位验收记录
主控项目	1	钢构件的矫正与修补		第10.3.1条		
	2	设计要求顶紧节点		第10.3.2条		
	3	钢屋（托）架、桁架、梁等		允许偏差(mm)	量　测　值　(mm)	
	1)	跨中的垂直度		$h/250$且不应大于15.0		
	2)	侧向弯曲矢高 f	$l \leqslant 30m$	$l/1000$且不应大于10.0		
			$30m < l \leqslant 60m$	$l/1000$且不应大于30.0		
			$l > 60m$	$l/1000$且不应大于50.0		
	4	主体结构整体垂直度、平面弯曲		允许偏差(mm)	量　测　值　(mm)	
	1)	主体结构整体垂直度		$H/1000$且不应大于25.0		
	2)	主体结构整体平面弯曲		$l/1500$且不应大于25.0		
一般项目	1	钢柱中心线和标高		第10.3.5条		
	2	定位轴线和间距偏差		第10.3.6条		
	3	钢柱安装		允许偏差(mm)	量　测　值　(mm)	
	1)	柱脚底座中心线对定位轴线的偏移		5.0		
	2)	柱基准点标高	有吊车梁的柱	+3.0　－5.0		
			无吊车梁的柱	+5.0　－8.0		
	3)	弯曲矢高		$H/1200$，且不应大于15.0		
	4)	柱轴线垂直度	单层柱 $H \leqslant 10m$	$H/1000$		
			单层柱 $H > 10m$	$H/1000$，且不应大于25.0		
			多节柱 单节柱	$H/1000$，且不应大于10.0		
			多节柱 柱全高	35.0		
	4	现场焊缝组对		允许偏差(mm)	量　测　值　(mm)	
	1)	无垫板间隙		+3.0　－0.0		
	2)	有垫板间隙		+3.0　－2.0		
	5	钢结构表面		第10.3.12条		

注：l—长度、跨度；H—柱高度；h—截面高度

2.5.4.33 单层钢结构安装与校正钢吊车梁检验批质量验收记录（表205-33）

单层钢结构安装与校正钢吊车梁检验批质量验收记录表　　表 205-33

检控项目	序号	质量验收规范规定		施工单位检查评定记录	监理（建设）单位验收记录
主控项目	1	钢构件的矫正与修补		第10.3.1条	
	2	设计要求顶紧节点		第10.3.2条	
一般项目	1	钢结构表面		第10.3.12条	
	2	现场焊缝组对间隙		允许偏差（mm）	量 测 值 （mm）
	1)	无垫板间隙		+3.0　-0.0	
	2)	有垫板间隙		+3.0　-2.0	
	3	钢吊车梁		允许偏差（mm）	量 测 值 （mm）
	1)	梁的跨中垂直度 $\triangle$		$h/500$	
	2)	侧向弯曲矢高		$l/1500$，且不应大于10.0	
	3)	垂直上拱矢高		10.0	
	4)	两端支座中心位移 $\triangle$	安装在钢柱上时，对牛腿中心的偏移	5.0	
			安装在混凝土柱上时，对定位轴线的偏移	5.0	
	5)	吊车梁支座加劲板中心与柱子承压加劲中心的偏移 $\triangle_1$		$t/2$	
	6)	同跨间内同一横截面吊车梁顶面高差 $\triangle$	支座处	10.0	
			其他处	15.0	
	7)	同跨间内同一横截面下挂式吊车梁底面高差 $\triangle$		10.0	
	8)	同列相邻两柱间吊车梁顶面高差 $\triangle$		$l/1500$，且不应大于10.0	
	9)	相邻两吊车梁接头部位 $\triangle$	中心错位	3.0	
			上承式顶面高差	1.0	
			下承式底面高差	1.0	
	10)	同跨间任一截面的吊车梁中心跨距 $\triangle$		±10.0	
	11)	轨道中心对吊车梁腹板轴线的偏移 $\triangle$		$t/2$	
		注：l—长度、跨度；$\triangle$—增量；h—截面高度			

2.5 分项、检验批工程质量验收记录表

2.5.4.34 单层钢结构安装与校正墙架、檩条等次要构件检验批质量验收记录（表205-34）

单层钢结构安装与校正墙架、檩条等次要构件检验批质量验收记录表　　表 205-34

检控项目	序号	质量验收规范规定		施工单位检查评定记录	监理（建设）单位验收记录
主控项目	1	钢构件的矫正与修补	第 10.3.1 条		
	2	设计要求顶紧节点	第 10.3.2 条		
一般项目	1	定位轴线和间距偏差	第 10.3.6 条		
	2	现场焊接组对间隙	允许偏差（mm）	量 测 值 （mm）	
	1)	无垫板间隙	+3.0　−0.0		
	2)	有垫板间隙	+3.0　−2.0		
	3	墙架、檩条等次要构件	允许偏差（mm）	量 测 值 （mm）	
	1) 墙架立柱	中心线对定位轴线的偏移	10.0		
		垂直度	$H/1000$，且不应大于 10.0		
		弯曲矢高	$H/1000$，且不应大于 15.0		
	2)	抗风桁架的垂直度	$h/250$，且不应大于 15.0		
	3)	檩条、墙梁的间距	±5.0		
	4)	檩条的弯曲矢高	$l/750$，且不应大于 12.0		
	5)	墙梁的弯曲矢高	$l/750$，且不应大于 10.0		
	4	钢结构表面	第 10.3.12 条		

注：H 为墙架立柱的高度；
　　h 为抗风桁架的高度；
　　l 为檩条或墙梁的长度。

2.5.4.35 单层钢结构安装与校正钢平台、钢梯和防护栏杆检验批质量验收记录（表205-35）

单层钢结构安装与校正钢平台、钢梯和防护栏杆检验批质量验收记录表　　表205-35

检控项目	序号	质量验收规范规定		施工单位检查评定记录							监理（建设）单位验收记录
主控项目	1	钢构件的矫正与修补	第10.3.1条								
	2	设计要求顶紧节点	第10.3.2条								
一般项目	1	现场焊接组对间隙	允许偏差（mm）	量　测　值　（mm）							
	1)	无垫板间隙	+3.0　-0.0								
	2)	有垫板间隙	+3.0　-2.0								
	2	钢结构表面	第10.3.12条								
	3	钢平台、钢梯和防护栏杆	允许偏差（mm）	量　测　值　（mm）							
	1)	平台高度	±15.0								
	2)	平台梁水平度	$l/1000$，且不应大于20.0								
	3)	平台支柱垂直度	$H/1000$，且不应大于15.0								
	4)	承重平台梁侧向弯曲	$l/1000$，且不应大于10.0								
	5)	承重平台梁垂直度	$h/1000$，且不应大于15.0								
	6)	直梯垂直度	$l/1000$，且不应大于15.0								
	7)	栏杆高度	±15.0								
	8)	栏杆立柱间距	±15.0								
		注：H为墙架立柱的高度； 　　h为抗风桁架的高度； 　　l为檩条或墙梁的长度									

2.5.4.36 多层及高层钢结构安装基础和支承面检验批质量验收记录（表205-36）

多层及高层钢结构安装基础和支承面检验批质量验收记录表　　　表205-36

检控项目	序号	质量验收规范规定		施工单位检查评定记录	监理（建设）单位验收记录
主控项目	1	建筑物定位轴线、基础上柱定位轴线和标高、地脚螺栓（锚栓）		允许偏差（mm）	量　测　值　（mm）	
	1)	建筑物定位轴线		$l/20000$，且不应大于3.0		
	2)	基础上柱定位轴线		1.0		
	3)	基础上柱底标高		±2.0		
	4)	地脚螺栓（锚栓）螺栓位移		2.0		
	2	基础顶面支承面、地脚		允许偏差（mm）	量　测　值　（mm）	
	1)	支承面	标　高	±3.0		
			水平度	$l/1000$		
	2)	地脚螺栓（锚栓）螺栓中心偏移		5.0		
	3)	预留孔中心偏移		10.0		
	3	坐浆垫板		允许偏差（mm）	量　测　值　（mm）	
	1)	顶面标高		0.0　-3.0		
	2)	水平度		$l/1000$		
	3)	位置		20.0		
	4	杯口尺寸		允许偏差（mm）	量　测　值　（mm）	
	1)	底面标高		0.0　-5.0		
	2)	杯口深度 H		±5.0		
	3)	杯口垂直度		$H/1000$且不应大于10.0		
	4)	位置		10.0		
一般项目	1	地脚螺栓（锚栓）		允许偏差（mm）	量　测　值　（mm）	
	1)	螺栓（锚栓）露出长度		+30.0　0.0		
	2)	螺纹长度		+30.0　0.0		
		注：l—长度、跨度；H—柱高度				

2.5.4.37 多层及高层钢结构安装和校正钢构件安装检验批质量验收记录（表205-37）

多层及高层钢结构钢构件安装和校正检验批质量验收记录表　　表 205-37

检控项目	序号	质量验收规范规定		施工单位检查评定记录	监理（建设）单位验收记录
主控项目	1	钢构件的矫正与修补	第11.3.1条		
	2	设计要求顶紧的节点	第11.3.3条		
一般项目	1	钢结构表面	第11.3.6条		
	2	钢柱等标记	第11.3.7条		
	3	钢构件安装	允许偏差（mm）	量 测 值 （mm）	
	1)	上下柱连接处错口 Δ	3.0		
	2)	同一层柱的各柱顶高度差 Δ	5.0		
	3)	同一根梁两侧顶面高差 Δ	$l/1000$，且不应大于10.0		
	4)	主梁与次梁表面高差 Δ	±2.0		
	5)	压型金属板在钢梁上相邻列的错位 Δ	15.00		
	4	主体结构总高度	允许偏差（mm）	量 测 值 （mm）	
	1)	用相对标高控制安装	$\pm\Sigma(\Delta_h+\Delta_s+\Delta_w)$		
	2)	用设计标高控制安装	$H/1000$，且不应大于30.0 $-H/1000$，且不应小于-30.0		
	5	钢构件安装定位轴线偏差	第11.3.10条		
	6	现场焊缝组对	允许偏差（mm）	量 测 值 （mm）	
	1)	无垫板间隙	+3.0 -0.0		
	2)	有垫板间隙	+3.0 -2.0		
	7	钢结构表面	第11.3.12条		
	注：l—长度、跨度；H—柱高度；Δ—增量				

2.5.4.38 多层及高层钢结构安装钢柱、主次梁（及受压杆件）检验批质量验收记录（表205-38）

多层及高层钢结构安装钢柱、主次梁（及受压杆件）检验批质量验收记录表　　表205-38

检控项目	序号	质量验收规范规定		施工单位检查评定记录								监理（建设）单位验收记录
主控项目	1	钢构件的矫正与修补	第11.3.1条									
	2	柱子安装	允许偏差（mm）	量　测　值　（mm）								
	1)	底层柱柱底轴线，对定位轴线的偏差	3.0									
	2)	柱子定位轴线	1.0									
	3)	单节柱垂直度	$h/1000$，且不应大于10.0									
	3	设计要求顶紧的节点	第11.3.3条									
	4	钢主梁、次梁及受压构件	允许偏差（mm）	量　测　值　（mm）								
	1)	主体结构整体垂直度	$H/1000$且不应大于25.0									
	2)	主体结构整体平面弯曲	$l/1500$且不应大于25.0									
	5	主体结构整体垂直度、平面弯曲	允许偏差（mm）	量　测　值　（mm）								
	1)	主体结构整体垂直度、平面弯曲	$H/2500+10.0$，且不应大于50.0									
	2)	主体结构整体平面弯曲	$l/1500$，且不应大于25.0									
一般项目	1	钢结构表面	第11.3.6条									
	2	钢柱等标记	第11.3.7条									
	注：l—长度、跨度；H—柱高度											

2.5.4.39 多层及高层钢结构安装钢吊车梁（直接承受动力荷载）构件安装检验批质量验收记录（表205-39）

多层及高层钢结构安装钢吊车梁（直接承受动力荷载）构件安装检验批质量验收记录表

表205-39

检控项目	序号	质量验收规范规定		施工单位检查评定记录	监理（建设）单位验收记录
主控项目	1	钢构件的矫正与修补	第11.3.1条		
	2	设计要求顶紧的节点	第11.3.3条		
一般项目	1	钢结构表面	第11.3.6条		
	2	钢柱等标记	第11.3.7条		
	3	钢吊车梁安装	允许偏差（mm）	量 测 值 （mm）	
	1)	梁的跨中垂直度 $\triangle$	$h/500$		
	2)	侧向弯曲矢高	$l/1500$，且不应大于10.0		
	3)	垂直上拱矢高	10.0		
	4)	两端支座中心位移 $\triangle$ — 安装在钢柱上时，对牛腿中心的偏移	5.0		
		两端支座中心位移 $\triangle$ — 安装在混凝土柱上时，对定位轴线的偏移	5.0		
	5)	吊车梁支座加劲板中心与柱子承压加劲中心的偏移 $\triangle_1$	$t/2$		
	6)	同跨间内同一横截面吊车梁顶面高差 $\triangle$ — 支座处	10.0		
		同跨间内同一横截面吊车梁顶面高差 $\triangle$ — 其他处	15.0		
	7)	同跨间内同一横截面下挂式吊车梁底面高差 $\triangle$	10.0		
	8)	同列相邻两柱间吊车梁顶面高差 $\triangle$	$l/1500$，且不应大于10.0		
	9)	相邻两吊车梁接头部位 $\triangle$ — 中心错位	3.0		
		相邻两吊车梁接头部位 $\triangle$ — 上承式顶面高差	1.0		
		相邻两吊车梁接头部位 $\triangle$ — 下承式底面高差	1.0		
	10)	同跨间任一截面的吊车梁中心跨距 $\triangle$	±10.0		
	11)	轨道中心对吊车梁腹板轴线的偏移 $\triangle$	$t/2$		
	4	现场焊缝组对间隙	允许偏差（mm）	量 测 值 （mm）	
	1)	无垫板间隙	+3.0 −0.0		
	2)	有垫板间隙	+3.0 −2.0		
		注：l—长度、跨度；$\triangle$—增量；h—截面高度			

2.5.4.40 多层及高层钢结构安装檩条、墙架等次要构件安装检验批质量验收记录（表205-40）

多层及高层钢结构安装檩条、墙架等次要构件安装检验批质量验收记录表　　表205-40

检控项目	序号	质量验收规范规定		施工单位检查评定记录	监理（建设）单位验收记录
主控项目	1	钢构件的矫正与修补	第11.3.1条		
	2	设计要求顶紧的节点	第11.3.3条		
一般项目	1	钢结构表面	第11.3.6条		
	2	钢檩条、墙架等次要构件	允许偏差（mm）	量　测　值　（mm）	
	1) 墙架立柱	中心线对定位轴线的偏移	10.0		
		垂直度	$H/1000$，且不应大于10.0		
		弯曲矢高	$H/1000$，且不应大于15.0		
	2)	抗风桁架的垂直度	$h/250$，且不应大于15.0		
	3)	檩条、墙梁的间距	±5.0		
	4)	檩条的弯曲矢高	$l/750$，且不应大于12.0		
	5)	墙梁的弯曲矢高	$l/750$，且不应大于10.0		
	3	现场焊缝组对间隙	允许偏差（mm）	量　测　值　（mm）	
	1)	无垫板间隙	+3.0　-0.0		
	2)	有垫板间隙	+3.0　-2.0		
	注：H为墙架立柱的高度；h为抗风桁架的高度；l为檩条或墙梁的长度				

2.5.4.41 多层及高层钢结构安装钢平台、钢梯和防护栏杆检验批质量验收记录（表205-41）

多层及高层钢结构安装钢平台、钢梯和防护栏杆检验批质量验收记录表　　表205-41

检控项目	序号	质量验收规范规定		施工单位检查评定记录	监理（建设）单位验收记录
主控项目	1	钢构件的矫正与修补	第11.3.1条		
	2	设计要求顶紧的节点	第11.3.3条		
一般项目	1	钢结构表面	第11.3.6条		
	2	钢平台、钢梯和防护栏杆	允许偏差（mm）	量 测 值 （mm）	
	1)	平台高度	±15.0		
	2)	平台梁水平度	$l/1000$，且不应大于20.0		
	3)	平台支柱垂直度	$H/1000$，且不应大于15.0		
	4)	承重平台梁侧向弯曲	$l/1000$，且不应大于10.0		
	5)	承重平台梁垂直度	$h/1000$，且不应大于15.0		
	6)	直梯垂直度	$l/1000$，且不应大于15.0		
	7)	栏杆高度	±15.0		
	8)	栏杆立柱间距	±15.0		
	3	现场焊缝组对间隙	允许偏差（mm）	量 测 值 （mm）	
	1)	无垫板间隙	+3.0　-0.0		
	2)	有垫板间隙	+3.0　-2.0		
		注：H为墙架立柱的高度；h为抗风桁架的高度；l为檩条或墙梁的长度			

2.5.4.42 钢网架安装支承面顶板和支承垫块检验批质量验收记录（表205-42）

钢网架安装支承面顶板和支承垫块检验批质量验收记录表　　表205-42

检控项目	序号	质量验收规范规定			施工单位检查评定记录	监理（建设）单位验收记录
主控项目	1	支座定位轴线		第12.2.1条		
	2	支承面顶板、支座锚栓		允许偏差（mm）	量 测 值 （mm）	
	1)	支承面顶板	位　置	15		
			顶面标高	0　-3.0		
			顶面水平度	$l/1000$		
	2)	支座锚栓中心偏移		±5.0		
	3	支承垫块		第12.2.3条		
	4	支座锚栓紧固		第12.2.4条		

续表

检控项目	序号	质量验收规范规定		施工单位检查评定记录	监理（建设）单位验收记录
一般项目	1	支座锚栓	允许偏差（mm）	量 测 值 （mm）	
	1)	螺栓（锚栓）露出长度	+30.0 0.0		
	2)	螺纹长度	+30.0 0.0		
		l 为檩条或墙梁的长度			

2.5.4.43 钢网架安装总拼与安装（小拼单元）检验批质量验收记录（表205-43）

钢网架安装总拼与安装（小拼单元）检验批质量验收记录表　　表205-43

检控项目	序号	质量验收规范规定			施工单位检查评定记录	监理（建设）单位验收记录
主控项目	1	小拼单元		允许偏差（mm）	量 测 值 （mm）	
	1)	节点中心偏移		2.0		
	2)	焊接球节点与钢管中心偏移		1.0		
	3)	杆件轴线的弯曲矢高		$L_1/1000$，且不应大于5.0		
	4)	锥体型小拼单元	弦杆长度	±2.0		
			锥体高度	±2.0		
			上弦杆对角线长度	±3.0		
	5)	平面桁架型小拼单元	跨长 ≤24m	+3.0，-7.0		
			跨长 >24m	+5.0，-10.0		
			跨中高度	±3.0		
			跨中拱度 设计要求起拱	±$L/5000$		
			跨中拱度 设计未要求起拱	+10.0		
		注：L_1—为杆件长度；L—为跨长				
	2	节点承载力试验		第12.3.3条		
	3	钢网架挠度测量		第12.3.4条		
一般项目	1	节点及杆件表面		第12.3.5条		
	2	网架安装		允许偏差（mm）	量 测 值 （mm）	
	1)	纵长、横向长度		$L/2000$，且不应大于30.0 -$L/2000$，且不应大于-30.0		
	2)	支座中心偏移		$L/3000$，且不应大于30.0		
	3)	周边支承网架相邻支座高差		$L/400$，且不应大于15.0		
	4)	多点支承网架相邻支座高差		$L_1/800$，且不应大于30.0		
	5)	支座最大高差		30.0		

注：L为纵向、横向长度；L_1为相邻支座间距。

2.5.4.44 钢网架安装总拼与安装（中拼单元）检验批质量验收记录（表205-44）

钢网架安装总拼与安装（中拼单元）检验批质量验收记录表 表205-44

检控项目	序号	质量验收规范规定			施工单位检查评定记录							监理（建设）单位验收记录
主控项目	1	中拼单元		允许偏差（mm）	量 测 值 （mm）							
	1)	单元长度 ≤20m 拼接长度	单跨	±10.0								
			多跨连续	±5.0								
	2)	单元长度 >20m 拼接长度	单跨	±20.0								
			多跨连接	±10.0								
		注：L_1—为杆件长度；L—为跨长										
	2	节点承载力试验		第12.3.3条								
	3	钢网架挠度测量		第12.3.4条								
一般项目	1	节点及杆件表面		第12.3.5条								
	2	网架安装		允许偏差（mm）	量 测 值 （mm）							
	1)	纵向、横向长度		$L/2000$，且不应大于30.0 $-L/2000$，且不应大于-30.0								
	2)	支座中心偏移		$L/3000$，且不应大于30.0								
	3)	周边支承网架相邻支座高差		$L/400$，且不应大于15.0								
	4)	多点支承网架相邻支座高差		$L_1/800$，且不应大于30.0								
	5)	支座最大高差		30.0								

注：L为纵向、横向长度；L_1为相邻支座间距。

2.5.4.45 钢结构（防腐涂料涂装）检验批质量验收记录（表205-45）

钢结构（防腐涂料涂装）检验批质量验收记录表　　　表205-45

	主控项目	合格质量标准（按规范）	施工单位检验评定记录或结果	监理（建设）单位验收记录或结果	备注
1	涂料性能	第4.9.1条			
2	涂装基层验收	第14.2.1条			
3	涂层厚度	第14.2.2条			
	一般项目	合格质量标准（按规范）	施工单位检验评定记录或结果	监理（建设）单位验收记录或结果	备注
1	涂料质量	第4.9.3条			
2	表面质量	第14.2.3条			
3	附着力测试	第14.2.4条			
4	标志	第14.2.5条			

2.5.4.46 钢结构（防火涂料涂装）检验批质量验收记录（表205-46）

钢结构（防火涂料涂装）分项工程检验批质量验收记录表　　　表205-46

	主控项目	合格质量标准（按规范）	施工单位检验评定记录或结果	监理（建设）单位验收记录或结果	备注
1	产品进场	第4.9.2条			
2	涂装基层验收	第14.3.1条			
3	强度试验	第14.3.2条			
4	涂层厚度	第14.3.3条			
1)	符合设计要求厚度面积	≥80%			
2)	最薄处	不低于设计值85%			
5	表面裂纹	第14.3.4条			
1)	一般	不应大于0.5mm			
2)	厚涂型	不应大于1.0mm			
	一般项目	合格质量标准（按规范）	施工单位检验评定记录或结果	监理（建设）单位验收记录或结果	备注
1	产品进场	第4.9.3条			
2	基层表面	不应有油污、灰尘和泥沙等			
3	涂层表面质量	第14.3.6条			

2.5.5 木结构工程

2.5.5.1 方木和原木结构木桁架、木梁（含檩条）及木柱制作检验批质量验收记录（表206-1）

方木和原木结构木桁架、木梁（含檩条）及木柱制作检验批质量验收记录　　表206-1

检控项目	序号	质量验收规范规定			施工单位检查评定记录									监理(建设)单位验收记录
主控项目	1	检查方木、板材及原木构件的材料缺陷限值		第4.2.1条										
	2	检查木构件含水率		允许偏差(mm)	量　　测　　值（mm）									
		1) 原木或方木结构		不大于25%										
		2) 板材结构及受拉构件连接板		不大于18%										
		3) 通风条件较差木构件		不大于20%										
一般项目	1	木桁架、梁、柱制作		允许偏差(mm)										
		构件截面尺寸	方木构件高度宽度	-3										
			板材厚度宽度	-2										
			原木构件梢径	-5										
		结构长度	长度不大于15m	±10										
			长度大于15m	±15										
		桁架高度	跨度不大于15m	±10										
			跨度大于15m	±15										
		受压或压弯构件纵向弯曲	方木构件	$L/500$										
			原木构件	$L/200$										
		弦杆节点间距		±5										
		齿连接刻槽深度		±2										
		支座节点受剪面	长度	-10										
			宽度　方木	-3										
			原木	-4										
		螺栓中心间距	进孔处	±0.2d										
			出孔处　垂直木纹方向	±0.5d 且不大于 $4B/100$										
			顺木纹方向	±1d										
		钉进孔处的中心间距		±1d										
		桁架起拱		+20　-10										

注：本表适用于方木和原木结构的质量检验。

2.5 分项、检验批工程质量验收记录表

1. 木桁架、木梁（含檩条）及木柱安装检验批质量验收记录（表206-1A）

木桁架、木梁（含檩条）及木柱安装检验批质量验收记录 表206-1A

检控项目	序号	质量验收规范规定		施工单位检查评定记录	监理(建设)单位验收记录
主控项目	1	检查方木、板材及原木构件的材料缺陷限值	第4.2.1条		
	2	检查木构件含水率	允许偏差	量 测 值	
		1) 原木或方木结构	不大于25%		
		2) 板材结构及受拉构件连接板	不大于18%		
		3) 通风条件较差木构件	不大于20%		
一般项目		木桁架、梁、柱安装	允许偏差（mm）	量 测 值（mm）	
		结构中心线的间距	±20		
		垂直度	H/200 且不大于15		
		受压或压弯构件纵向弯曲	L/300		
		支座轴线对支承面中心位移	10		
		支座标高	±5		
	2	木屋盖上弦平面横向支撑设置	按设计文件		

2. 屋面木骨架安装检验批质量验收记录（表206-1B）

屋面木骨架安装检验批质量验收记录 表206-1B

检控项目	序号	质量验收规范规定			施工单位检查评定记录	监理(建设)单位验收记录
主控项目	1	检查方木、板材及原木构件的材料缺陷限值		第4.2.1条		
	2	检查木构件含水率		允许偏差	量 测 值	
		1) 原木或方木结构		不大于25%		
		2) 板材结构及受拉构件连接板		不大于18%		
		3) 通风条件较差木构件		不大于20%		
一般项目	1	屋面木骨架安装允许偏差		允许偏差（mm）	量 测 值（mm）	
		檩条椽条	方木截面	-2		
			原木梢径	-5		
			间距	-10		
			方木上表面平直	4		
			原木上表面平直	7		
		油毡搭接宽度		-10		
		挂瓦条间距		±5		
		封山、封檐板平直	下边缘	5		
			表面	8		

2.5.5.2 胶合木结构检验批质量验收记录（表206-2）

胶合木结构检验批质量验收记录　　　　　　　表206-2

检控项目	序号	质量验收规范规定		施工单位检查评定记录	监理(建设)单位验收记录
主控项目	1	检查木材缺陷限值	第5.2.1条		
	2	胶缝的完整性检验	第5.2.2条		
	3	全截面试件胶缝完整性常规检验	第5.2.3条		
	4	检查指接范围内的木材缺陷和加工缺陷	第5.2.4条		
	5	检验弯曲强度	第5.2.5条		
一般项目	1	胶合时木板宽度方向的厚度允许偏差应不超过±0.2mm，每块木板长度方向的厚度允许偏差不超过±0.3mm			
	2	表面加工的截面	允许偏差（mm）	量　测　值（mm）	
		1）宽度：	±2.0		
		2）高度：	±6.0		
		3）规方：以承载处截面为准，最大偏离为：	1/200		
	3	胶合木构件的外观要求	第5.3.3条		

2.5.5.3 轻型木结构检验批质量验收记录（表206-3）

轻型木结构检验批质量验收记录　　　　　　　表206-3

检控项目	序号	质量验收规范规定	施工单位检查评定记录	监理(建设)单位验收记录
主控项目	1	检查规格木材的材质和木材含水率（≤19%）	第6.2.1条	
	2	用作楼面板或屋面板的木基结构板材应按（GB50206—2002）附录E和附录F进行集中静载与冲击荷载试验和均匀布荷试验，其结果应分别符合该规范表6.2.1-1和表6.2.2-2的规定　结构用胶合板每层单板所含木材缺陷不应超过该规范表6.2.2-3规定	第6.2.2条	
	3	普通圆钢钉最小屈服强度应符合该规范表6.2.3规定	第6.2.3条	
一般项目	1	应按表6.3.1-1的规定检查木框架各种构件的钉连接当外墙底梁板未与搁栅相间填块连接时，上层墙面板向下延伸至楼盖框架，并用钉或U形钉与框架构件连接时，应按该规范表6.3.1-2规定检查连接。当屋脊板无支座椽条与木阁相连接时，应按该规范表6.3.1-3规定检查钉连接	第6.3.1条	

注：本表适用于按国家标准《木结构设计规范》GB50005规定的轻型木结构工程的质量验收。

2.5.5.4 木结构防护检验批质量验收记录（表206-4）

木结构防护检验批质量验收记录

表 206-4

检控项目	序号	质量验收规范规定		施工单位检查评定记录	监理(建设)单位验收记录
主控项目	1	木结构防腐（含防虫）的构造措施应按《木结构设计规范》（GB50005—2003）的规定和设计文件要求检查	第7.2.1条		
主控项目	2	下列木构件均应按规定检测防腐剂的保持量和透入度。 1）根据设计文件要求，需要防腐加压处理的木构件，包括锯材、层板胶合木、结构复合木材及结构胶合板制作的构件。 2）木麻黄、马尾松、桦木、湿地松、辐射松、杨木等易腐或易虫蛀的木材制作的构件。 3）设计文件中规定与地面接触或埋入混凝土、砌体中及处于通风不良而经常潮湿的木构件	第7.2.2条		
主控项目	3	木结构防火的构造措施，应按《木结构设计规范》（GB50005—2003）和《建筑设计防火规范》（GB50016—2001）的规定和设计文件的要求检查	第7.2.3条		

2.5.6 屋面工程

2.5.6.1 卷材防水屋面找平层检验批质量验收记录（表207-1）

卷材防水屋面找平层检验批质量验收记录

表 207-1

检控项目	序号	质量验收规范规定		施工单位检查评定记录	监理(建设)单位验收记录
主控项目	1	找平层材料质量及配合比	第4.1.7条		
主控项目	2	屋面（含天沟、檐沟）找平层排水坡度	第4.1.8条		
一般项目	1	连接处、转角处的圆弧形检查	第4.1.9条		
一般项目	2	酥松、起砂、起皮；沥青砂浆拌合不匀、蜂窝检查	第4.1.10条		
一般项目	3	分格缝位置与间距	第4.1.11条		
一般项目	4	找平层表面平整度允许偏差为5mm	第4.1.12条		

注：涂膜防水屋面找平层也用此表。

2.5.6.2 卷材（涂膜）防水屋面保温层检验批质量验收记录（表207-2）

卷材（涂膜）防水屋面保温层检验批质量验收记录 表207-2

检控项目	序号	质量验收规范规定		施工单位检查评定记录	监理(建设)单位验收记录
主控项目	1	保温层材料的质量要求	第4.2.8条		
	2	保温层的含水率	第4.2.9条		
一般项目	1	保温层铺设	第4.2.10条		
	1)	松散保温材料			
	2)	板状保温材料			
	3)	整体现浇保温材料			
	2	保温层厚度	允许偏差	量 测 值（mm）	
		松散	+10%		
		整浇	-5%		
		板状	±5且不大于4mm		
	3	倒置式屋面保护层	第4.2.12条		

注：涂膜防水屋面也用此表。

2.5.6.3 卷材防水层检验批质量验收记录（热风焊接法）（表207-3）

卷材防水层检验批质量验收记录（热风焊接法） 表207-3

检控项目	序号	质量验收规范规定		施工单位检查评定记录	监理(建设)单位验收记录
主控项目	1	卷材防水层材料质量	第4.3.15条		
	2	卷材防水层不得有渗漏或积水现象	第4.3.16条		
	3	卷材防水层细部做法	第4.3.17条		
一般项目	1	卷材搭接缝	第4.3.18条		
	2	保护层铺撒	第4.3.19条		
	3	排气道要求	第4.3.20条		
	4	搭接宽度允许偏差	-10mm		

1. 卷材防水层检验批质量验收记录(冷粘法)(表 207-3A)

_____卷材防水层检验批质量验收记录(冷粘法)　　表 207-3A

检控项目	序号	质量验收规范规定		施工单位检查评定记录	监理(建设)单位验收记录
主控项目	1	卷材防水层材料质量	第 4.3.15 条		
	2	卷材防水层不得有渗漏或积水现象	第 4.3.16 条		
	3	卷材防水层细部做法	符合设计要求		
一般项目	1	卷材防水层用材料质量	第 4.3.2 条		
	2	坡度大于 25% 时卷材固定与密封	第 4.3.3 条		
	3	基层的干净、干燥与检查方法	第 4.3.4 条		
	4	卷材铺设方向	第 4.3.5 条		
	5	卷材的厚度规定	第 4.3.6 条		
	6	卷材的搭接要求	第 4.3.7 条		
	7	冷粘法铺贴卷材	第 4.3.8 条		
	8	沥青玛琋脂的配制和使用	第 4.3.12 条		
	9	细部做法	第 4.3.13 条		
	10	卷材防水层的成品保护	第 4.3.14 条		
	11	卷材的外观质量和物理性能	第 4.3.15 条		
	12	卷材防水层质量检验	允许偏差	量　测　值 (mm)	
		1) 卷材搭接缝	第 4.3.20 (1) 条		
		2) 保护层铺撒	第 4.3.20 (2) 条		
		3) 排气道	第 4.3.20 (3) 条		
		4) 卷材铺设方向	−10mm		

2. 卷材防水层检验批质量验收记录（热熔法）（表207-3B）

_____卷材防水层检验批质量验收记录（热熔法）　　　表207-3B

检控项目	序号	质量验收规范规定		施工单位检查评定记录	监理(建设)单位验收记录
主控项目	1	卷材防水层材料质量	第4.3.19条		
	2	卷材防水层不得有渗漏或积水现象	第4.3.16条		
	3	卷材防水层细部做法	符合设计要求		
一般项目	1	卷材防水层用材料质量	第4.3.2条		
	2	坡度大于25%时卷材固定与密封	第4.3.3条		
	3	基层的干净、干燥与检查方法	第4.3.4条		
	4	卷材铺设方向	第4.3.5条		
	5	卷材的厚度规定	第4.3.6条		
	6	卷材的搭接要求	第4.3.7条		
	7	热熔法铺贴卷材	第4.3.9条		
	8	沥青玛琋脂的配制和使用	第4.3.12条		
	9	细部做法	第4.3.13条		
	10	卷材防水层的成品保护	第4.3.14条		
	11	卷材的外观质量和物理性能	第4.3.15条		
	12	卷材防水层质量检验	允许偏差	量　测　值（mm）	
		1) 卷材搭接缝	第4.3.20(1)条		
		2) 保护层铺撒	第4.3.20(2)条		
		3) 排气道	第4.3.20(3)条		
		4) 卷材铺设方向	－10mm		

2.5 分项、检验批工程质量验收记录表

3. 卷材防水层检验批质量验收记录（自粘法）（表207-3C）

卷材防水层检验批质量验收记录（自粘法）　　　　　表207-3C

检控项目	序号	质量验收规范规定		施工单位检查评定记录	监理(建设)单位验收记录
主控项目	1	卷材防水层材料质量	第4.3.19条		
	2	卷材防水层不得有渗漏或积水现象	第4.3.16条		
	3	卷材防水层细部做法	符合设计要求		
一般项目	1	防水层用材料相容性	第4.3.2条		
	2	坡度大于25％时卷材固定与密封	第4.3.3条		
	3	基层的干净、干燥与检查方法	第4.3.4条		
	4	卷材铺设方向	第4.3.5条		
	5	卷材的厚度规定	第4.3.6条		
	6	卷材的搭接要求	第4.3.7条		
	7	自粘法铺贴卷材	第4.3.10条		
	8	沥青玛𹨺脂的配制和使用	第4.3.12条		
	9	细部做法	第4.3.13条		
	10	卷材防水层的成品保护	第4.3.14条		
	11	卷材的外观质量和物理性能	第4.3.15条		
	12	卷材防水层质量检验	允许偏差	量 测 值（mm）	
		1) 卷材搭接缝	第4.3.20（1）条		
		2) 保护层铺撒	第4.3.20（2）条		
		3) 排气道	第4.3.20（3）条		
		4) 卷材铺设搭接宽度	－10mm		

2.5.6.4 涂膜防水屋面涂膜防水层检验批质量验收记录（表 207-4）

涂膜防水屋面涂膜防水层检验批质量验收记录　　　　　表 207-4

检控项目	序号	质量验收规范规定		施工单位检查评定记录	监理(建设)单位验收记录
主控项目	1	防水涂料和胎体增强材料	符合设计要求		
	2	涂膜防水层	不得有渗漏或积水现象		
	3	涂膜防水的细部做法	第 5.3.11 条		
一般项目	1	防水层平均厚度及防水层最小厚度	符合设计要求 ≥设计厚度的80%		
	2	防水层与基层粘结	第 5.3.13 条		
	3	保护层	第 5.3.14 条		

2.5.6.5 刚性防水屋面细石混凝土防水层检验批质量验收记录（表 207-5）

刚性防水屋面细石混凝土防水层检验批质量验收记录　　　　　表 207-5

检控项目	序号	质量验收规范规定		施工单位检查评定记录	监理(建设)单位验收记录
主控项目	1	细石混凝土的原材料及配比	符合设计要求		
	2	细石混凝土防水层	不得渗漏或积水		
	3	细石混凝土细部做法	第 6.1.9 条		
一般项目	1	防水层表面	第 6.1.10 条		
	2	防水层厚度及钢筋位置	符合设计要求		
	3	分格缝的位置与间距	符合设计要求		
	4	防水层平整度	允许偏差为 5mm		

注：本表适用于防水等级为Ⅰ～Ⅲ级的屋面防水；不适用于设有松散材料保温层的屋面以及受较大震动或冲击的和坡度大于15%的建筑屋面。

2.5.6.6 刚性屋面密封材料嵌缝检验批质量验收记录（表 207-6）

刚性屋面密封材料嵌缝检验批质量验收记录　　　　　表 207-6

检控项目	序号	质量验收规范规定		施工单位检查评定记录	监理(建设)单位验收记录
主控项目	1	密封材料质量	第 6.2.6 条		
	2	密封材料嵌填	第 6.2.7 条		
一般项目	1	嵌填密封材料基层	第 6.2.8 条		
	2	密封防水接缝宽度深度	宽度 允许偏差为 ±10%		
			深度 宽度的 0.5～0.7 倍		
	3	密封材料表面	第 6.2.10 条		

注：本表适用于刚性防水屋面分格缝以及天沟、檐沟、泛水、变形缝等细部构造的密封处理。

2.5.6.7 平瓦屋面检验批质量验收记录（表207-7）

平瓦屋面检验批质量验收记录　　　　表207-7

检控项目	序号	质量验收规范规定		施工单位检查评定记录	监理(建设)单位验收记录
主控项目	1	平瓦及其脊瓦质量	符合设计要求		
	2	平瓦的铺置与固定	第7.1.5条		
一般项目	1	挂瓦条分档	第7.1.6条		
	2	脊瓦搭盖	第7.1.7条		
	3	泛水做法	第7.1.8条		

注：本表适用于防水等级为Ⅱ、Ⅲ级以及坡度不小于20%的屋面。

2.5.6.8 油毡瓦屋面检验批质量验收记录（表207-8）

油毡瓦屋面检验批质量验收记录　　　　表207-8

检控项目	序号	质量验收规范规定		施工单位检查评定记录	监理(建设)单位验收记录
主控项目	1	油毡瓦质量	第7.2.5条		
	2	油毡瓦固定	第7.2.6条		
一般项目	1	油毡瓦铺设	第7.2.7条		
	2	油毡瓦与基层	第7.2.8条		
	3	泛水做法	第7.2.9条		

注：本表使用于防水等级为Ⅱ、Ⅲ级以及坡度不小于20%的屋面。

2.5.6.9 金属板材屋面检验批质量验收记录（表207-9）

金属板材屋面检验批质量验收记录　　　　表207-9

检控项目	序号	质量验收规范规定		施工单位检查评定记录	监理(建设)单位验收记录
主控项目	1	金属板材及辅助材料	第7.3.5条		
	2	金属板材连接与密封处理	第7.3.6条		
一般项目	1	金属板材屋面安装	第7.3.7条		
	2	檐口线、泛水段	第7.3.8条		

注：本表适用于防水等级为Ⅰ~Ⅲ级的屋面。

2.5.6.10 架空屋面检验批质量验收记录（表207-10）

架空屋面检验批质量验收记录
表207-10

检控项目	序号	质量验收规范规定		施工单位检查评定记录	监理(建设)单位验收记录
主控项目	1	架空隔热制品质量	第8.1.4条		
一般项目	1	架空隔热制品铺设制品距山墙、女儿墙距离	≥250mm		
	2	相邻两块制品高低差	≤3mm		

2.5.6.11 蓄水隔热屋面检验批质量验收记录（表207-11）

蓄水隔热屋面检验批质量验收记录
表207-11

检控项目	序号	质量验收规范规定		施工单位检查评定记录	监理(建设)单位验收记录
主控项目	1	蓄水屋面	第8.2.5条		
	2	蓄水屋面防水层	第8.2.6条		

2.5.6.12 种植屋面检验批质量验收记录（表207-12）

种植屋面检验批质量验收记录
表207-12

检控项目	序号	质量验收规范规定		施工单位检查评定记录	监理(建设)单位验收记录
主控项目	1	种植屋面挡墙泄水孔的留设	第8.3.5条		
	2	种植屋面防水层施工	第8.3.6条		

2.5.6.13 屋面工程细部构造检验批质量验收记录（表207-13）

屋面工程细部构造检验批质量验收记录 表207-13

检控项目	序号	质量验收规范规定		施工单位检查评定记录	监理(建设)单位验收记录
主控项目	1	天沟、檐沟的排水坡度	第9.0.10条		
	2	防水构造	第9.0.11条		
	3	细部构造防水材料质量	第9.0.2条		
	4	卷材或涂膜附加层	第9.0.3条		
	5	天沟、檐沟防水构造	第9.0.4条	量　测　值　(mm)	
	1)	沟内附加层	第9.0.4(1)条		
	2)	卷材防水层	第9.0.4(2)条		
	3)	涂膜收头	第9.0.4(3)条		
	4)	天沟、檐沟与防水交接处	第9.0.4(4)条		
	6	檐口的防水构造	第9.0.5条	量　测　值　(mm)	
	1)	铺贴檐口	第9.0.5(1)条		
	2)	卷材收头	第9.0.5(2)条		
	3)	涂膜收头	第9.0.5(3)条		
	4)	鹰嘴和滴水槽	第9.0.5(4)条		
	7	女儿墙泛水的防水构造	第9.0.6条	量　测　值　(mm)	
	1)	铺贴泛水	第9.0.6(1)条		
	2)	卷材收头	第9.0.6(2)条		
	3)	涂膜防水层	第9.0.6(3)条		
	4)	混凝土墙卷材收头	第9.0.6(4)条		
	8	水落口的防水构造	第9.0.7条	量　测　值　(mm)	
	1)	水落口杯上口标高	第9.0.7(1)条		
	2)	防水层	第9.0.7(2)条		
	3)	水落口周围直径	第9.0.7(3)条		
	4)	水落口杯与基层接触处	第9.0.7(4)条		
	9	变形缝的防水构造	第9.0.8条	量　测　值　(mm)	
	1)	泛水高度	第9.0.8(1)条		
	2)	防水层	第9.0.8(2)条		
	3)	变形缝内填充与衬垫	第9.0.8(3)条		
	4)	变形缝顶部	第9.0.8(4)条		
	10	伸出屋面管道的防水构造	第9.0.9条	量　测　值　(mm)	
	1)	管道根部	第9.0.9(1)条		
	2)	管道周围	第9.0.9(2)条		
	3)	管道根部四周	第9.0.9(3)条		
	4)	防水层收头	第9.0.9(4)条		

注：本表适用于屋面的天沟、檐沟、檐口、泛水、水落口、变形缝、伸出屋面管道等防水构造。

2.5.7 地下防水工程

2.5.7.1 防水混凝土检验批质量验收记录（表208-1）

防水混凝土检验批质量验收记录　　　　　　　　　　　　　　表208-1

检控项目	序号	质量验收规范规定		施工单位检查评定记录	监理(建设)单位验收记录
主控项目	1	防水混凝土原材料	第4.1.7条		
	2	防水混凝土配合比	第4.1.7条		
	3	防水混凝土坍落度	第4.1.7条		
	4	抗压强度和抗渗压力	第4.1.8条		
	5	变形缝、施工缝、后浇带、穿墙管道、埋设件设置	第4.1.9条		
一般项目	1	防水混凝土结构表面	第4.1.10条		
	2	结构表面裂缝宽度	≤0.2mm 并不得贯通		
	3	结构厚度	允许偏差（mm）	量测值（mm）	
		不应小于250mm	+15mm −10mm		
		迎水面钢保护层不应小于50mm	±10mm		

注：本表适用于防水等级为1~4级的地下整体式混凝土结构。不适用环境温度高于80℃或处于耐蚀系数小于0.8的侵蚀性介质中使用的地下工程。

2.5.7.2 水泥砂浆防水层检验批质量验收记录（表208-2）

水泥砂浆防水层检验批质量验收记录　　　　　　　　　　　　　表208-2

检控项目	序号	质量验收规范规定		施工单位检查评定记录	监理(建设)单位验收记录
主控项目	1	原材料及配合比	必须符合设计要求		
	2	防水层各层之间	必须结合牢固无空鼓		
一般项目	1	水泥砂浆防水层表面	第4.2.9条		
	2	防水层施工缝留槎与接槎	第4.2.10条		
	3	防水层平均厚度	1) 符合设计要求 2) 最小厚度不小于设计值85%		

注：本表适用于混凝土或砌体结构的基层上采用多层抹面的水泥砂浆防水层。不适用环境有侵蚀性、持续振动或温度高于80℃的地下工程。

2.5.7.3 卷材防水层检验批质量验收记录（表208-3）

卷材防水层检验批质量验收记录

表208-3

检控项目	序号	质量验收规范规定		施工单位检查评定记录	监理(建设)单位验收记录
主控项目	1	卷材防水层所用卷材及主要配套材料	符合设计要求		
	2	卷材防水层及其转角处、变形缝、穿墙管道等细部做法	符合设计要求		
一般项目	1	卷材防水层的基层应牢固，基面应洁净、平整，不得有空鼓、松动、起砂和脱皮现象；基层阴阳角处应做成圆弧形			
	2	卷材防水层的搭接缝应粘（焊）结牢固，密封严密，不得有皱折、翘边和鼓泡等缺陷			
	3	卷材防水层的保护层与防水层应粘结牢固，结合紧密、厚度均匀一致			
	4	卷材搭接宽度允许偏差为 –10mm			

注：本表适用于受侵蚀性介质或受振动作用的地下工程主体迎水面铺贴的卷材防水层。

2.5.7.4 涂料防水层检验批质量验收记录（表208-4）

涂料防水层检验批质量验收记录

表208-4

检控项目	序号	质量验收规范规定		施工单位检查评定记录	监理(建设)单位验收记录
主控项目	1	涂料防水层所用材料及配合比	必须符合设计要求		
	2	涂料防水层及其转角处、变形缝、穿墙管道等细部做法	必须符合设计要求		
一般项目	1	涂料防水层的基层应牢固，基面应洁净、平整，不得有空鼓、松动、起砂和脱皮现象；基层阴阳角处应做成圆弧形			
	2	涂料防水层应与基层粘结牢固，表面平整、涂刷均匀，不得有流淌、皱折、鼓泡、露胎体和翘边等缺陷			
	3	涂料防水层的平均厚度应符合设计要求，最小厚度不得小于设计厚度的80%			
	4	涂料防水层的保护层与防水层粘结牢固，结合紧密、厚度均匀一致			

注：本表适用于受侵蚀性介质或受振动作用的地下工程主体迎水面或背水面涂刷的涂料防水层。

2.5.7.5 塑料板防水层检验批质量验收记录（表208-5）

塑料板防水层检验批质量验收记录

表 208-5

检控项目	序号	质量验收规范规定	施工单位检查评定记录	监理(建设)单位验收记录
主控项目	1	防水层所用塑料板及配套材料必须符合设计要求		
	2	塑料板的搭接缝必须采用双焊缝焊接，不得有渗漏		
一般项目	1	塑料板防水层的基层应坚实、平整、圆顺，无漏水现象；阴阳角处应做成圆弧形		
	2	塑料板的铺设，应平顺并与基层固定牢固，不得有下垂、绷紧和破损现象。		
	3	塑料搭接宽度的允许偏差为 −10mm		

注：本表适用于铺设在初期支护与二次衬砌间的塑料防水板（简称"塑料板"）防水层。

2.5.7.6 金属板防水层检验批质量验收记录（表208-6）

金属板防水层检验批质量验收记录

表 208-6

检控项目	序号	质量验收规范规定	施工单位检查评定记录	监理(建设)单位验收记录
主控项目	1	金属板防水层所用的金属板材和焊条（剂）必须符合设计要求		
	2	焊工必须经考试合格并取得相应的执业资格证书		
一般项目	1	金属板表面不得有明显凹面和损伤		
	2	焊缝不得有裂纹、未熔合、夹渣、焊瘤、咬边、烧穿、弧坑、针状气孔等缺陷		
	3	焊缝的焊波应均匀，焊渣和飞溅物应清除干净；保护涂层不得有漏涂、脱皮和反锈现象。		

注：本表适用于抗渗性能要求较高的地下工程中以金属板材焊接而成的防水层。

2.5.7.7 细部构造检验批质量验收记录（表208-7）

细部构造检验批质量验收记录 表208-7

检控项目	序号	质量验收规范规定	施工单位检查评定记录	监理(建设)单位验收记录
主控项目	1	细部构造所用止水带、遇水膨胀橡胶腻子止水条和接缝密封材料必须符合设计要求		
	2	变形缝、施工缝、后浇带、穿墙管道、埋设件等细部构造做法，均须符合设计要求，严禁有渗漏		
		注：见4.7.3、4.7.4、4.7.5、4.7.6、4.7.7、4.7.8、4.7.9条		
一般项目	1	中埋式止水带中心线应与变形缝中心线重合，止水带应固定牢靠、平直，不得有卷曲现象		
	2	穿墙管止水环与主管或翼环与套管应连续满焊，并做防腐处理		
	3	接缝处混凝土表面应密实、洁净、干燥；密封材料应嵌填严密、粘结牢固，不得有开裂、鼓泡和下塌现象		
		注：见4.7.12、4.7.13、4.7.14条		

注：本表适用于防水混凝土结构的变形缝，施工缝、后浇带、穿墙管道、埋设件等细部构造。

2.5.7.8 锚喷支护检验批质量验收记录（表208-8）

锚喷支护检验批质量验收记录 表208-8

检控项目	序号	质量验收规范规定		施工单位检查评定记录	监理(建设)单位验收记录
主控项目	1	喷射混凝土所用原材料及钢筋网、锚杆必须符合设计要求			
	2	喷射混凝土抗压强度、抗渗压力及锚杆抗拔力必须符合设计要求			
一般项目	1	喷层与围岩及喷层之间应粘结紧密，不得有空鼓现象			
	2	喷层厚度有60%不少于设计厚度，平均厚度不得小于设计厚度，最小厚度不得小于设计厚度的50%			
	3	喷射混凝土应密实、平整，无裂缝、脱落、漏喷、露筋、空鼓和渗漏水			
	4	喷射混凝土表面平整度的允许偏差为30mm，且矢弦比不得大于1/6	检查10个点取其平均值		

注：本表适用于地下工程的支护结构以及复合式衬砌的初期支护。

2.5.7.9 地下连续墙检验批质量验收记录（表208-9）

地下连续墙检验批质量验收记录 表208-9

检控项目	序号	质量验收规范规定		施工单位检查评定记录		监理(建设)单位验收记录
主控项目	1	防水混凝土所用材料、配合比以及其他防水材料必须符合设计要求				
	2	地下连续墙混凝土抗压强度和抗渗压力必须符合设计要求				
一般项目	1	地下连续墙的槽段接缝以及墙体与内衬结构接缝应符合设计要求				
	2	地下连续墙的露筋部分应小于1%墙面面积，且不得有露石和夹泥现象				
	3	地下连续墙墙体表面平整度	允许偏差（mm）	量测值（mm）		
		1）临时支护墙体为	50mm			
		2）单一或复合墙体为	30mm			

注：本表适用于地下工程的主体结构、支护结构以及隧道工程复合式衬砌的初期支护。

2.5.7.10 复合式衬砌检验批质量验收记录（表208-10）

复合式衬砌检验批质量验收记录 表208-10

检控项目	序号	质量验收规范规定	施工单位检查评定记录	监理(建设)单位验收记录
主控项目	1	塑料防水板、土工复合材料和内衬混凝土原材料必须符合设计要求（5.3.6）		
	2	防水混凝土的抗压强度和抗渗压力必须符合设计要求（5.3.7）		
	3	施工缝、变形缝、穿墙管道、埋设件等细部做法，均须符合设计要求，严禁有渗漏（5.3.8）		
一般项目	1	二次衬砌混凝土渗漏水量应控制在设计防水等级要求范围内（5.3.9）		
	2	二次衬砌混凝土表面应坚实、平整，不得有露筋、蜂窝等缺陷（5.3.10）		

注：本表适用于混凝土初期支护与二次衬砌中间设置防水层和缓冲排水层的隧道工程复合式衬砌。

2.5 分项、检验批工程质量验收记录表

2.5.7.11 盾构法隧道检验批质量验收记录（表208-11）

盾构法隧道检验批质量验收记录 表208-11

检控项目	序号	质量验收规范规定	施工单位检查评定记录	监理(建设)单位验收记录
主控项目	1	盾构法隧道采用防水材料的品种、规格、性能必须符合设计要求		
	2	钢筋混凝土管片的抗压强度和抗渗压力必须符合设计要求		
一般项目	1	隧道的渗漏水量应控制在设计的防水等级要求范围内。衬砌接缝不得有线流和漏泥砂现象		
	2	管片拼装接缝防水应符合设计要求		
	3	环向和纵向螺栓应全部穿进并拧紧，衬砌内表面的外露铁件防腐处理应符合设计要求		

注：本节适用于在软土和软岩中采用盾构掘进和拼装钢筋混凝土管片方法修建的区间隧道结构。

2.5.7.12 渗排水、盲沟排水检验批质量验收记录（表208-12）

渗排水、盲沟排水检验批质量验收记录 表208-12

检控项目	序号	质量验收规范规定	施工单位检查评定记录	监理(建设)单位验收记录
主控项目	1	反滤层的砂、石粒径和含泥量必须符合设计要求		
	2	集水管的埋设深度及坡度必须符合设计要求		
一般项目	1	渗排水层的构造应符合设计要求		
	2	渗排水层的铺设应分层、铺平、拍实		
	3	盲沟的构造应符合设计要求		

2.5.7.13 隧道、坑道排水检验批质量验收记录（表208-13）

隧道、坑道排水检验批质量验收记录 表208-13

检控项目	序号	质量验收规范规定	施工单位检查评定记录	监理(建设)单位验收记录
主控项目	1	隧道、坑道排水系统必须畅通		
	2	反滤层的砂、石粒径和含泥量必须符合设计要求		
	3	土工复合材料必须符合设计要求		
一般项目	1	隧道纵向集水盲管和排水明沟的坡度应符合设计要求		
	2	隧道导水盲管和横向排水管的设置间距应符合设计要求		
	3	中心排水盲沟的断面尺寸、集水管埋设及检查井设置应符合设计要求		
	4	复合式衬砌的缓冲排水层应铺设平整、均匀、连续，不得有扭曲、折皱和重叠现象		

注：本节适用于贴壁式、复合式、离壁式衬砌构造的隧道或坑道排水。

2.5.7.14 预注浆、后注浆检验批质量验收记录（表208-14）

预注浆、后注浆检验批质量验收记录

表208-14

检控项目	序号	质量验收规范规定	施工单位检查评定记录	监理(建设)单位验收记录
主控项目	1	配制浆液的原材料及配合比必须符合设计要求		
	2	注浆效果必须符合设计要求		
一般项目	1	注浆各阶段的控制压力和进浆量必须符合设计要求		
	2	注浆时浆液不得溢出地面和超出有效注浆范围		
	3	注浆对地面产生的沉降量不得超过30mm，地面的隆起不得超过20mm		
	4	注浆孔的数量、布置间距、钻孔深度及角度必须符合设计要求		

注：本表适用于工程开挖前预计涌水量较大的地段或软弱地层采用的预注浆，以及工程开挖后处理围岩渗漏、回填衬砌壁后空隙采用的后注浆。

2.5.7.15 衬砌裂缝注浆检验批质量验收记录（表208-15）

衬砌裂缝注浆检验批质量验收记录

表208-15

检控项目	序号	质量验收规范规定		施工单位检查评定记录	监理(建设)单位验收记录
主控项目	1	注浆材料及其配合比必须符合设计要求			
	2	注浆效果必须符合设计要求			
一般项目	1	钻孔埋管的孔径和孔距	第7.2.8条		
	2	注浆的控制压力和进浆量	第7.2.9条		

注：本节适用于衬砌裂缝渗漏水采用的堵水注浆处理。裂缝注浆应待衬砌结构基本稳定和混凝土达到设计强度后进行。

2.5.8 建筑地面工程

2.5.8.1 建筑地面工程基土检验批质量验收记录（表 209-1）

建筑地面工程基土检验批质量验收记录　　表 209-1

检控项目	序号	质量验收规范规定		施工单位检查评定记录									监理(建设)单位验收记录
主控项目	1	基土填土土料要求	第4.2.4条										
	2	基土的压密	第4.2.5条										
		压实系数	≥0.90										
一般项目	1	基土表面的	允许偏差（mm）	量　测　值（mm）									
		1）平整度	15										
		2）标高	+0，-50										
		3）坡度	不大于房间相应尺寸的2/1000，且不大于30											
		4）厚度	个别地方不大于设计厚度的1/10											

2.5.8.2 建筑地面工程灰土垫层检验批质量验收记录（表 209-2）

建筑地面工程灰土垫层检验批质量验收记录　　表 209-2

检控项目	序号	质量验收规范规定		施工单位检查评定记录									监理(建设)单位验收记录
主控项目	1	灰土体积比	符合设计要求										
一般项目	1	灰土土料与黏土（粉黏、粉土）颗粒	第4.3.6条										
		1）石灰颗粒粒径	不得大于5mm											
		2）土料颗粒粒径	不得大于15mm											
	2	灰土垫层表面允许偏差	允许偏差（mm）	量　测　值（mm）									
		1）平整度	10										
		2）标高	±10										
		3）坡度	不大于房间相应尺寸2/1000，且不大于30mm											
		4）厚度	在个别地方不大于设计厚度1/10											

2.5.8.3 建筑地面砂垫层和砂石垫层检验批质量验收记录（表209-3）

建筑地面砂垫层和砂石垫层检验批质量验收记录　　表 209-3

检控项目	序号	质量验收规范规定		施工单位检查评定记录	监理(建设)单位验收记录
主控项目	1	对砂、石材料要求	第4.4.3条		
	2	干密度（或贯入度）	符合设计要求		
	3	石子最大粒径	不得大于垫层厚度的2/3		
一般项目	1	垫层表面	第4.4.5条		
	2	垫层表面允许偏差	允许偏差（mm）	量测值（mm）	
		1）表面平整度	15mm		
		2）标高	±20mm		
		3）坡度	不大于房间相应尺寸2/1000，且不大于30mm		
		4）厚度	个别地方不大于设计厚度1/10		

2.5.8.4 建筑地面碎石垫层和碎砖垫层检验批质量验收记录（表209-4）

建筑地面碎石垫层和碎砖垫层检验批质量验收记录　　表 209-4

检控项目	序号	质量验收规范规定		施工单位检查评定记录	监理(建设)单位验收记录
主控项目	1	对碎石、碎砖材料要求	第4.5.3条		
	2	碎石、碎砖密实度	符合设计要求		
	3	碎砖不应风化，夹有杂质，粒径	不应大于60mm		
一般项目	1	碎石、碎砖垫层表面	允许偏差（mm）	量测值（mm）	
		1）表面平整度	15mm		
		2）标高	±20mm		
		3）坡度	不大于房间相应尺寸2/1000，且不大于30mm		
		4）厚度	个别地方不大于设计厚度1/10		

2.5.8.5 建筑地面三合土垫层检验批质量验收记录（表209-5）

建筑地面三合土垫层检验批质量验收记录 表 209-5

检控项目	序号	质量验收规范规定		施工单位检查评定记录	监理(建设)单位验收记录
主控项目	1	对三合土用材要求	第4.6.3条		
	2	三合土体积比	符合设计要求		
一般项目	1	三合土垫层表面	允许偏差（mm）	量 测 值（mm）	
		1) 表面平整度	10		
		2) 标高	±10		
		3) 坡度	不大于房间相应尺寸2/1000，且不大于30mm		
		4) 厚度	个别地方不大于设计厚度1/10		

2.5.8.6 建筑地面炉渣垫层检验批质量验收记录（表209-6）

建筑地面炉渣垫层检验批质量验收记录 表 209-6

检控项目	序号	质量验收规范规定		施工单位检查评定记录	监理(建设)单位验收记录
主控项目	1	对炉渣的材质要求	第4.7.4条		
	2	炉渣垫层体积比	符合设计要求		
	3	熟化石灰粒径	不得大于5mm		
一般项目	1	炉渣垫层与下层粘结	第4.7.6条		
	2	炉渣垫层表面	允许偏差（mm）	量 测 值（mm）	
		1) 表面平整度	10		
		2) 标高	±10		
		3) 坡度	不大于房间相应尺寸2/1000，且不大于30mm		
		4) 厚度	个别地方不大于设计厚度1/10		

2.5.8.7 建筑地面水泥混凝土垫层检验批质量验收记录（表209-7）

建筑地面水泥混凝土垫层检验批质量验收记录

表209-7

检控项目	序号	质量验收规范规定		施工单位检查评定记录	监理（建设）单位验收记录
主控项目	1	对水泥混凝土用材质要求	第4.8.8条		
	2	砂为中粗砂	含泥量不应大于3%		
	3	水泥混凝土强度等级	符合设计要求且不应小于C10		
一般项目	1	水泥混凝土垫层表面	偏差值（mm）	量 测 值（mm）	
		1）表面平整度	10		
		2）标高	±10		
		3）坡度	不大于房间相应尺寸2/1000，且不大于30mm		
		4）厚度	个别地方不大于设计厚度1/10		

2.5.8.8 建筑地面找平层检验批质量验收记录（表209-8）

建筑地面找平层检验批质量验收记录

表209-8

检控项目	序号	质量验收规范规定				施工单位检查评定记录	监理（建设）单位验收记录
主控项目	1	对找平层用材料的质量要求		第4.9.6条			
	2	砂浆体积比或混凝土强度等级		第4.9.7条			
		1）水泥砂浆体积比		不小于1:3			
		2）混凝土强度等级		不小于C15			
	3	立管、套管、地漏处的处理		第4.9.8条			
一般项目	1	找平层与下层的结合		第4.9.9条			
	2	找平层表面		第4.9.10条			
	3	找平层表面允许偏差（mm）				量 测 值（mm）	
		项目	毛地板的其他种类面层	用沥青玛琋脂作结合层铺设拼花地板、板块面层	用水泥砂浆做结合层铺设板块面层	用胶粘剂做结合层铺设拼花木板、塑料板、强化复合地板、竹地板面层	
		表面平整度	5	3	5	2	
		标高	±8	±5	±8	±4	
		坡度	不大于房间相应尺寸2/1000且不大于30				
		厚度	在个别地方不大于设计厚度1/10				

2.5 分项、检验批工程质量验收记录表

2.5.8.9 建筑地面隔离层检验批质量验收记录（表209-9）

建筑地面隔离层检验批质量验收记录　　　　　表209-9

检控项目	序号	质量验收规范规定		施工单位检查评定记录										监理(建设)单位验收记录
主控项目	1	隔离层材质必须符合	设计要求 国家产品标准											
	2	隔离层设置要求	第4.10.8条											
	3	防水性能和强度等级	必须符合设计要求											
	4	对隔离层的质量要求	严禁渗漏、坡向应正确，排水通畅											
一般项目	1	隔离层厚度	符合设计要求											
	2	隔离层与下一层粘结	粘结牢固 不得有空鼓											
	3	防水涂层应平整、均匀，无脱皮、起壳、裂缝、鼓泡等缺陷												
	4	隔离层表面	允许偏差（mm）	量 测 值（mm）										
		1)表面平整度	3											
		2)标高	±4											
		3)坡度	不大于房间相应尺寸2/1000且不大于30mm											
		4)厚度	在个别地方不大于设计厚度1/10											

2.5.8.10 建筑地面填充层检验批质量验收记录（表209-10）

建筑地面填充层检验批质量验收记录　　　　　表209-10

检控项目	序号	质量验收规范规定			施工单位检查评定记录										监理(建设)单位验收记录
主控项目	1	填充层材质要求		第4.11.5条											
	2	填充层配合比		必须符合设计要求											
一般项目	1	填充层铺设		第4.11.7条											
	2	填充层表面		允许偏差（mm）	量 测 值（mm）										
		项目	松散材料	板、块材料											
		1)表面平整度	7	5											
		2)标高	±4	±4											
		3)坡度	不大于房间相应尺寸2/1000且不大于30mm												
		4)厚度	在个别地方不大于设计厚度1/10												

2.5.8.11 建筑地面水泥混凝土面层检验批质量验收记录（表209-11）

建筑地面水泥混凝土面层检验批质量验收记录　　　　表209-11

检控项目	序号	质量验收规范规定		施工单位检查评定记录	监理(建设)单位验收记录
主控项目	1	对粗骨料的品质要求	第5.2.3条		
	2	面层的强度等级要求	第5.2.4条		
	3	混凝土垫层兼面层强度等级要求	不低于C15		
	4	面层与基层结合要求	应牢固、无空鼓、裂纹		
一般项目	1	面层表面	第5.2.6条		
	2	面层表面坡度	第5.2.7条		
	3	踢脚线与墙面质量	第5.2.8条		
	4	楼梯梯段、踏步的质量	第5.2.9条		
	5	面层	允许偏差（mm）	量　测　值（mm）	
		1) 表面平整度	5		
		2) 踢脚线上口平直	4		
		3) 缝格平直	3		
	6	旋转楼梯踏步宽度允许偏差	5		

2.5.8.12 建筑地面水泥砂浆面层检验批质量验收记录（表209-12）

建筑地面水泥砂浆面层检验批质量验收记录　　　　表209-12

检控项目	序号	质量验收规范规定		施工单位检查评定记录	监理(建设)单位验收记录
主控项目	1	对水泥砂浆用材质要求	第5.3.2条		
	2	水泥砂浆面层体积比及强度等级	第5.3.3条		
	3	面层与基层结合要求	应牢固，无空鼓、裂纹		
	4	水泥砂浆面层体积比及强度	1:2 M15		
一般项目	1	面层表面坡度	第5.3.5条		
	2	面层表面质量	第5.3.6条		
	3	踢脚线与墙面质量	第5.3.7条		
	4	楼梯梯段、踏步质量	第5.3.8条		
	5	水泥砂浆	允许偏差（mm）	量　测　值（mm）	
		1) 表面平整度	4		
		2) 踢脚线上口平直	4		
		3) 缝格平直	3		
	6	旋转楼梯踏步宽度	5		

2.5.8.13 建筑地面水磨石面层检验批质量验收记录（表209-13）

建筑地面水磨石面层检验批质量验收记录　　　　表209-13

检控项目	序号	质量验收规范规定			施工单位检查评定记录							监理(建设)单位验收记录
主控项目	1	水磨石面层材质		第5.4.6条								
	1)	粒径		6~15mm								
	2)	水泥强度等级		不小于32.5								
	2	拌合料的体积比		第5.4.7条								
	3	面层与下一层结合		牢固无空鼓								
一般项目	1	面层表面坡度		第5.4.9条								
	2	踢脚线与墙面质量		第5.4.10条								
	3	楼梯梯段、踏步质量		第5.4.11条								
	4	面层	允许偏差（mm）		量　测　值（mm）							
		项目	普通水磨石	高级水磨石								
		表面平整度	3	2								
		踢脚线上口平直	3	3								
		缝格平直	3	2								
	5	旋转楼梯踏步宽度允许偏差（mm）		5								

2.5.8.14 建筑地面水泥钢（铁）屑面层检验批质量验收记录（表209-14）

建筑地面水泥钢（铁）屑面层检验批质量验收记录　　　　表209-14

检控项目	序号	质量验收规范规定	施工单位检查评定记录								监理(建设)单位验收记录
主控项目	1	钢（铁）屑面层材质	第5.5.4条								
	2	面层的强度等级和体积比	第5.5.5条								
	3	结合层体积比	1:2（或不应小于M15）								
	4	面层与基层结合要求	必须牢固无空鼓								
一般项目	1	面层表面坡度	符合设计要求								
	2	面层表面	不应有裂纹、脱皮、麻面								
	3	踢脚线与墙面质量	第5.5.9条								
	4	面层	允许偏差（mm）	量　测　值（mm）							
		1) 表面平整度	4								
		2) 踢脚线上口平直	4								
		3) 缝格平直	3								

2.5.8.15 建筑地面防油渗面层检验批质量验收记录（表209-15）

建筑地面防油渗面层检验批质量验收记录　　　　　表 209-15

检控项目	序号	质量验收规范规定		施工单位检查评定记录	监理(建设)单位验收记录
主控项目	1	防油渗混凝土材质	第5.6.7条		
	2	强度等级和抗渗性能	第5.6.8条		
	3	面层与基层结合	应固无空鼓		
	4	防油渗涂料面层与基层粘结	第5.6.10条		
	5	防油渗涂料抗拉粘结强度	不应小于0.3MPa		
一般项目	1	面层表面坡度	第5.6.11条		
	2	面层表面质量	第5.6.12条		
	3	踢脚线与墙面质量	第5.6.13条		
	4	面层	允许偏差（mm）	量　测　值（mm）	
		1) 表面平整度	5		
		2) 踢脚线上口平直	4		
		3) 缝格平直	3		

2.5.8.16 建筑地面不发火（防爆的）面层检验批质量验收记录（表209-16）

建筑地面不发火（防爆的）面层检验批质量验收记录　　　　　表 209-16

检控项目	序号	质量验收规范规定		施工单位检查评定记录	监理(建设)单位验收记录
主控项目	1	不发火（防爆）面层用材质	第5.7.4条		
	2	面层的强度等级	符合设计要求		
	3	面层与基层结合（凡单块板块边角有局部空鼓，每自然间（标准间）不超过总数的5%可不计）	第5.7.6条		
	4	面层的试件	必须检验合格		
一般项目	1	面层表面质量	第5.7.8条		
	2	踢脚线与墙面质量	第5.7.9条		
	3	面层	允许偏差（mm）	量　测　值（mm）	
		1) 表面平整度	5		
		2) 踢脚线上口平直	4		
		3) 缝格平直	3		

2.5.8.17 建筑地面砖面层检验批质量验收记录（表209-17）

建筑地面砖面层检验批质量验收记录　　　　表209-17

检控项目	序号	质量验收规范规定		施工单位检查评定记录								监理(建设)单位验收记录
主控项目	1	板块的品种、质量	符合设计要求									
	2	胶粘剂的选用	第6.2.6条									
	3	面层与基层结合	牢固无空鼓									
		（凡单块板块边角有局部空鼓，每自然间（标准间）不超过总数的5%可不计）										
一般项目	1	面层表面质量要求	第6.2.9条									
	2	邻接处镶边用料及尺寸	第6.2.10条									
	3	踢脚线表面质量	第6.2.11条									
	4	楼梯梯段、踏步质量	第6.2.12条									
	5	面层表面坡度及质量	第6.2.13条									
	6	砖表面	允许偏差（mm）	量　测　值（mm）								
		项目	陶瓷锦砖高级水磨石板	缸砖面层	水泥花砖	陶瓷地砖面层						
		表面平整度	2	4	3	2						
		缝格平直	3	3	3	3						
		接缝高低差	0.5	1.5	0.5	0.5						
		踢脚线上口平直	3	4	—	3						
		板块间隙宽度	2	2	2	2						

2.5.8.18 建筑地面大理石和花岗石面层（含碎拼）检验批质量验收记录（表209-18）

建筑地面大理石和花岗石面层（含碎拼）检验批质量验收记录　　表 209-18

检控项目	序号	质量验收规范规定		施工单位检查评定记录	监理(建设)单位验收记录
主控项目	1	板块的品种、质量	第6.3.5条		
	2	面层与基层结合	应牢固无空鼓（凡单块板块边角有局部空鼓，每自然间（标准间）不超过总数的5%可不计）		
一般项目	1	面层表面质量要求	第6.3.7条		
	2	踢脚线表面质量	第6.3.8条		
	3	楼梯梯段、踏步质量	第6.3.9条		
	4	楼梯踏步高度差	不应大于10mm		
	5	面层表面坡度	第6.3.10条		
	6	面层	允许偏差（mm）	量　测　值（mm）	
		1）表面平整度	1.0 (3.0)		
		2）缝格平直	2.0		
		3）接缝高低差	0.5		
		4）踢脚线上口平直	1.0 (1.0)		
		5）板块间隙宽度	1.0		
	注：括号内为碎拼大理石、花岗石面层偏差值。碎拼大理石、花岗石其他项目不检查				

注：碎拼大理石、碎拼花岗石表面平整度为3mm，其他详表。

2.5.8.19 建筑地面预制板块面层检验批质量验收记录（表209-19）

建筑地面预制板块面层检验批质量验收记录　　　　表 209-19

检控项目	序号	质量验收规范规定			施工单位检查评定记录	监理(建设)单位验收记录
主控项目	1	强度等级、规格与质量		第6.4.4条		
主控项目	2	面层与基层结合（凡单块板块边角有局部空鼓，每自然间（标准间）不超过总数的5%可不计）		应牢固无空鼓		
一般项目	1	预制板块表面缺陷		第6.4.6条		
一般项目	2	预制板块面层质量		第6.4.7条		
一般项目	3	邻接处的镶边用料尺寸		第6.4.8条		
一般项目	4	踢脚线表面质量		第6.4.9条		
一般项目	5	楼梯梯段、踏步质量		第6.4.10条		
一般项目	6	楼梯踏步高度差		不应大于10mm		
一般项目	7	板块面层	允许偏差（mm）		量 测 值（mm）	
一般项目		项目	水磨石板块面层	混凝土板块面层		
一般项目		表面平整度	3	4		
一般项目		缝格平直	3	3		
一般项目		接缝高低差	1	1.5		
一般项目		踢脚线上口平直	4	4		
一般项目		板块间隙宽度	2	6		

2.5.8.20 建筑地面料（块）石面层检验批质量验收记录（表209-20）

建筑地面料（块）石面层检验批质量验收记录　　　　表 209-20

检控项目	序号	质量验收规范规定			施工单位检查评定记录	监理(建设)单位验收记录
主控项目	1	面层材质		第6.5.5条		
主控项目	2	面层与基层结合		牢固无松动		
主控项目	3	条石强度等级 块石的强度等级		应大于MU60 应大于MU30		
主控项目	4	面层与下一层结合		应牢固、无松动		
一般项目	1	面层质量		第6.5.7条		
一般项目	2	面层	允许偏差值（mm）		量 测 值（mm）	
一般项目		项目	条石面层	块石面层		
一般项目		表面平整度	10	10		
一般项目		缝格平直	8	8		
一般项目		接缝高低差	2	—		
一般项目		踢脚线上口平直	—	—		
一般项目		板块间隙宽度	5			

2.5.8.21 建筑地面塑料板面层检验批质量验收记录（表209-21）

建筑地面塑料板面层检验批质量验收记录　　　表209-21

检控项目	序号	质量验收规范规定		施工单位检查评定记录					监理(建设)单位验收记录
主控项目	1	面层材料质量	第6.6.4条						
	2	面层与下一层粘结	第6.6.5条						
一般项目	1	塑料板面层质量	第6.6.6条						
	2	缝隙焊接质量	第6.6.7条						
	3	镶边用料质量	第6.6.8条						
	4	面层	允许偏差值（mm）	量　测　值（mm）					
		1) 表面平整度	2						
		2) 缝格平直	3						
		3) 接缝高低差	0.5						
		4) 踢脚线上口平直	2						

2.5.8.22 建筑地面活动地板面层检验批质量验收记录（表209-22）

建筑地面活动地板面层检验批质量验收记录　　　表209-22

检控项目	序号	质量验收规范规定		施工单位检查评定记录					监理(建设)单位验收记录
主控项目	1	面层材质	第6.7.8条						
	2	活动地板面层质量	第6.7.9条						
一般项目	1	活动地板面层外观质量	第6.7.10条						
	2	面层	允许偏差值（mm）	量　测　值（mm）					
		1) 表面平整度	2.0						
		2) 缝格平直	2.5						
		3) 接缝高低差	0.4						
		4) 板块间隙宽度	0.3						

2.5.8.23 建筑地面地毯面层检验批质量验收记录（表209-23）

建筑地面地毯面层检验批质量验收记录　　　表209-23

检控项目	序号	质量验收规范规定	施工单位检查评定记录	监理(建设)单位验收记录
主控项目	1	地毯、胶料及其辅料材质	第6.8.7条		
	2	地毯表面质量	第6.8.8条		
一般项目	1	地毯外观质量	第6.8.9条		
	2	地毯同其他地面、墙、柱交接	第6.8.10条		

2.5.8.24 建筑地面实木复合地板面层检验批质量验收记录(表209-24)

建筑地面实木地板面层检验批质量验收记录　　表209-24

检控项目	序号	质量验收规范规定			施工单位检查评定记录	监理(建设)单位验收记录
主控项目	1	地板面层材质与防腐、防蛀		第7.2.7条		
	2	木搁栅安装		应牢固、平直		
	3	面层铺设		应牢固、粘贴无空鼓		
一般项目	1	地板面层质量		第7.2.10条		
	2	面层缝隙应严密		接头位置应错开、表面洁净		
	3	拼花地板接缝与粘、钉		第7.2.12条		
	4	踢脚线外观		第7.2.13条		
		项 目	允许偏差(mm)		量 测 值(mm)	
			松木地板 / 硬木地板 / 拼花地板			
		板面缝隙宽度	1　　0.5　　0.2			
		表面平整度	3　　2　　2			
		踢脚线上口平齐	3　　3　　3			
		板面拼缝平直	3　　3　　3			
		相邻板材高差	0.5　　0.5　　0.5			
		踢脚线与面层接缝	1			

2.5.8.25 建筑地面实木地板面层检验批质量验收记录(表209-25)

建筑地面实木地板面层检验批质量验收记录　　表209-25

检控项目	序号	质量验收规范规定		施工单位检查评定记录	监理(建设)单位验收记录
主控项目	1	地板面层材质与防腐防蛀	第7.3.9条		
	2	木搁栅安装	应牢固、平直		
	3	面层铺设要求	应牢固;粘结无空鼓		
一般项目	1	地板面层外观质量	第7.3.12条		
	2	面层	接头应错开、缝隙严密、表面洁净		
	3	踢脚线外观	应光滑、接缝严密、高度一致		
	4	面层	允许偏差(mm)		
		项 目	实木地板、中密、竹地板面层	量 测 值(mm)	
		板面缝隙宽度	0.5		
		表面平整度	2		
		踢脚线上口平齐	3		
		板面拼缝平直	3		
		相邻板材高差	0.5		
		踢脚线与面层接缝	1		

2.5.8.26 建筑地面中密度（强化）复合地板面层检验批质量验收记录（表209-26）

建筑地面中密度（强化）复合地板面层检验批质量验收记录　　表209-26

检控项目	序号	质量验收规范规定		施工单位检查评定记录	监理(建设)单位验收记录
主控项目	1	地板材质与防腐、防蛀	第7.4.3条		
	2	木搁栅安装	应牢固、平直		
	3	面层铺设	牢固、无空鼓		
一般项目	1	地板面层外观质量	第7.4.6条		
	2	面层的接头	应错开、缝隙严密、表面洁净		
	3	踢脚线表面	第7.4.8条		
	4	面层	允许偏差（mm）	量　测　值（mm）	
		1）板面缝隙宽度	0.5		
		2）表面平整度	2.0		
		3）踢脚线上口平齐	3.0		
		4）板面拼缝平直	3.0		
		5）相邻板材高差	0.5		
		6）踢脚线与面层接缝	1.0		

2.5.8.27 建筑地面竹地板面层检验批质量验收记录（表209-27）

建筑地面竹地板面层检验批质量验收记录　　表209-27

检控项目	序号	质量验收规范规定		施工单位检查评定记录	监理(建设)单位验收记录
主控项目	1	地板材质与防腐蛀	第7.5.3条		
	2	木搁栅安装	牢固、平直		
	3	面层铺设	牢固、粘贴无空鼓		
一般项目	1	面层的品种与规格	第7.5.6条		
	2	面层缝隙应均匀，接头位置错开，表面洁净			
	3	踢脚线表面应光滑，接缝均匀高度一致			
	4	面层	允许偏差（mm）	量　测　值（mm）	
		1）板面缝隙宽度	0.5		
		2）表面平整度	2.0		
		3）踢脚线上口平齐	3.0		
		4）板面拼缝平直	3.0		
		5）相邻板材高差	0.5		
		6）踢脚线与面层接缝	1.0		

2.5.9 建筑装饰装修工程

2.5.9.1 一般抹灰工程检验批质量验收记录（表210-1）

一般抹灰工程检验批质量验收记录   表210-1

检控项目	序号	质量验收规范规定		施工单位检查评定记录						监理(建设)单位验收记录
主控项目	1	基层清理及洒水	第4.2.2条							
	2	抹灰用材料质量配合比	第4.2.3条							
	3	抹灰分层施工规定	第4.2.4条							
	4	抹灰层与基层之间及各抹灰层之间必须粘结牢固，抹灰层应无脱层、空鼓，面层应无爆灰和裂缝								
一般项目	1	一般抹灰工程表面质量	第4.2.6条							
	2	护角、孔洞、槽盒周围抹灰表面	第4.2.7条							
	3	抹灰层总厚度及抹灰相容要求	第4.2.8条							
	4	分格缝设置及宽、深表面及棱角	第4.2.9条							
	5	滴水线（槽）质量及表面	第4.2.10条							
	6	抹灰工程质量	允许偏差（mm）		量测值（mm）					
			普通	高级						
	1)	立面垂直度	4	3						
	2)	表面平整度	4	3						
	3)	阴阳角方正	4	3						
	4)	分格条（缝）直线度	4	3						
	5)	墙裙、勒脚上口直线度	4	3						

注：本表适用于石灰砂浆、水泥砂浆、水泥混合砂浆、聚合物水泥砂浆和麻刀石灰、纸筋石灰、石膏灰等一般抹灰工程的质量验收。一般抹灰工程分为普通抹灰和高级抹灰，当设计无要求时，按普通抹灰验收。

2.5.9.2 装饰抹灰工程检验批质量验收记录（表210-2）

装饰抹灰工程检验批质量验收记录　　　　　表210-2

检控项目	序号	质量验收规范规定					施工单位检查评定记录	监理(建设)单位验收记录
主控项目	1	基层清理及洒水		第4.3.2条				
	2	抹灰用材料质量、配合比		第4.3.3条				
	3	抹灰分层施工规定		第4.3.4条				
	4	抹灰层与基体之间及各抹灰层之间必须粘结牢固，抹灰层应无脱层、空鼓，面层应无爆灰和裂缝						
一般项目	1	装饰工程抹灰表面质量		第4.3.6条				
	2	分格条（缝）设置宽、深度、表面及棱角		第4.3.7条				
	3	滴水线（槽）质量及表面		第4.3.8条				
	4	装饰抹灰工程	允许偏差（mm）				量　测　值（mm）	
			水刷石	斩假石	干粘石	假面砖		
	1)	立面垂直度	5	4	5	5		
	2)	表面平整度	3	3	5	4		
	3)	阴阳角方正	3	3	4	4		
	4)	分格条（缝）直线度	3	3	3	3		
	5)	墙裙、等脚上口直线度	3	3	—	—		

注：本表适用于水刷石、斩假石、干粘石、假面砖等装饰抹灰工程的质量验收。

2.5.9.3 清水砌体勾缝工程检验批质量验收记录（表210-3）

清水砌体勾缝工程检验批质量验收记录　　　　　表210-3

检控项目	序号	质量验收规范规定	施工单位检查评定记录	监理(建设)单位验收记录
主控项目	1	清水砌体勾缝所用水泥的凝结时间和安定性复验应合格。砂浆配合比应符合设计要求		
	2	清水砌体勾缝应无深勾，勾缝材料应粘结牢固、无开裂		
一般项目	1	清水砌体勾缝应横平竖直，交接处应平顺，宽度和深度应均匀，表面应压实抹平		
	2	灰缝应颜色一致，砌体表面应干净		

注：1. 本表适用于清水砌体砂浆勾缝和原浆勾缝工程的质量验收。
　　2. 勾缝用水泥应测试凝结时间，用于勾缝工程的水泥不测试凝结时间为不符合规范要求，不得用于工程。

2.5.9.4 木门窗制作工程检验批质量验收记录（表210-4）

木门窗制作工程检验批质量验收记录　　　　表 210-4

检控项目	序号	质量验收规范规定			施工单位检查评定记录	监理(建设)单位验收记录
主控项目	1	木门窗用木材材质及等级、人造木板甲醛含量规定		第5.2.2条		
	2	木门窗应采用烘干木材，含水率应符合《建筑木门、木窗》（JG/T122）的规定				
	3	木门窗的防火、防腐、防虫处理应符合设计要求				
	4	木门窗结合处和安装配件处的材质及填补处理要求		第5.2.5条		
	5	门窗扇双榫连接嵌合要求		第5.2.6条		
	6	胶合、纤维和模压门制作质量		第5.2.7条		
一般项目	1	木门窗表面应洁净，不得有创痕、锤印				
	2	割角、拼缝及裁口刨面		第5.2.13条		
	3	木门窗上的槽孔应边缘整齐，无毛刺				
		项目	构件名称	允许偏差（mm） 普通　高级	量　测　值（mm）	
		1) 翘曲	框	3　　2		
			扇	2　　2		
		2) 对角线长度差	框、扇	3　　2		
		3) 表面平整度	扇	2　　2		
		4) 宽度、高度	框	0；-2　0；-1		
			扇	+2；0　+1；0		
		5) 裁口线条结合处高低差	框、扇	1　　0.5		
		6) 相邻棂子两端间距	扇	2　　1		

注：本表适用于木门窗制作与安装工程的质量验收。

2.5.9.5 木门窗安装工程检验批质量验收记录（表210-5）

木门窗安装工程检验批质量验收记录

表 210-5

检控项目	序号	质量验收规范规定				施工单位检查评定记录									监理(建设)单位验收记录
主控项目	1	木门窗的开启方向、安装位置及连接				第5.2.8条									
	2	木门框安装及防腐质量				第5.2.9条									
	3	木门窗扇的安装质量				第5.2.10条									
	4	木门窗配件型号、规格及数量				第5.2.11条									
一般项目	1	木门窗与墙体缝隙的填嵌				第5.2.15条									
	2	批水、盖口条、压缝条、密封条安装				第5.2.16条									
		项目		允许偏差（mm）				量 测 值（mm）							
				普通	高级	普通	高级									
		1）门窗插口对角线长度差		—	—	3	2									
		2）门窗框的正、侧面垂直度		—	—	2	1									
		3）框与扇、扇与扇接缝高度		—	—	2	1									
		4）门窗扇对口缝		1~2.5	1.5~2	—	—									
		5）工业厂房双扇大门对口缝		2~5	—	—	—									
		6）门窗扇与上框间留缝		1~2	1~1.5	—	—									
		7）门窗扇与侧框间留缝		1~2.5	1~1.5	—	—									
		8）窗扇与下框间留缝		2~3	2~2.5	—	—									
		9）门扇与下框间留缝		3~5	3~4	—	—									
		10）双扇门窗内外框间距		—	—	4	3									
		11）无下框时门扇与地面间留缝	外门	4~7	5~6											
			内门	5~8	6~7											
			卫生间门	8~12	8~10											
			厂房大门	10~20												

注：本表适用于木门窗制作与安装工程的质量验收。

2.5.9.6 钢门窗安装工程检验批质量验收记录（表210-6）

钢门窗安装工程检验批质量验收记录

表210-6

检控项目	序号	质量验收规范规定			施工单位检查评定记录	监理(建设)单位验收记录
主控项目	1	门窗品种等、位置、连接、型材壁厚	第5.3.2条			
	2	门窗框、副框、预埋件等	第5.3.3条			
	3	窗扇、推拉门窗扇	第5.3.4条			
	4	配件、安装、位置、功能	第5.3.5条			
一般项目	1	门窗表面	第5.3.6条			
	2	门窗扇开关力	第5.3.7条			
	3	门窗框与墙体缝隙	第5.3.8条			
	4	门窗扇橡胶密封条	第5.3.9条			
	5	门窗扇排水孔	第5.3.10条			
		项目	允许偏差（mm）		量测值（mm）	
			留缝限值	偏差值		
	6	门窗槽口宽度、高度 ≤1500mm / >1500mm	— / —	2.5 / 3.5		
	7	门窗槽口对角线长度差 ≤2000mm / >2000mm	— / —	5 / 6		
	8	门窗框正、侧面垂直度	—	3		
	9	门窗横框水平度	—	3		
	10	门窗横框标高	—	5		
	11	门窗竖向偏移中心	—	4		
	12	双层门窗内外框间距	—	5		
	13	门窗框、扇配合间隙	≤2	—		
	14	无下框时门扇距地面间留缝	4~8	—		

注：本表适用于钢门窗安装工程的质量验收。

2.5.9.7 涂色镀锌钢板门窗安装工程检验批质量验收记录（表210-7）

涂色镀锌钢板门窗安装工程检验批质量验收记录　　　表210-7

检控项目	序号	质量验收规范规定		施工单位检查评定记录	监理(建设)单位验收记录
主控项目	1	门窗品种等、位置、连接、型材壁厚	第5.3.2条		
	2	门窗框、副框、预埋件等	第5.3.3条		
	3	窗扇、推拉门窗扇	第5.3.4条		
	4	配件、安装、位置、功能	第5.3.5条		
一般项目	1	门窗表面	第5.3.6条		
	2	门窗框与墙体缝隙	第5.3.8条		
	3	门窗扇橡胶密封条	第5.3.9条		
	4	门窗扇排水孔	第5.3.10条		
		项　目	允许偏差（mm）	量　测　值（mm）	
	5	门窗槽口宽度、高度 ≤1500mm / >1500mm	2 / 3		
	6	门窗槽口对角线长度差 ≤2000mm / >2000mm	4 / 5		
	7	门窗框正、侧面垂直度	3		
	8	门窗横框水平度	3		
	9	门窗横框标高	5		
	10	门窗竖向偏移中心	5		
	11	双层门窗内外框间距	4		
	12	推拉门窗扇与框搭接量	2		

2.5.9.8 铝合金门窗工程检验批质量验收记录（表210-8）

铝合金门窗工程检验批质量验收记录　　　表210-8

检控项目	序号	质量验收规范规定		施工单位检查评定记录	监理(建设)单位验收记录
主控项目	1	门窗品种等、位置、连接、型材壁厚	第5.3.2条		
	2	门窗框、副框、预埋件等	第5.3.3条		
	3	窗扇、推拉门窗扇	第5.3.4条		
	4	配件、安装、位置、功能	第5.3.5条		
一般项目	1	门窗表面	第5.3.6条		
	2	门窗扇开关力	第5.3.7条		
	3	门窗框与墙体缝隙	第5.3.8条		
	4	门窗扇橡胶密封条	第5.3.9条		
	5	门窗扇排水孔	第5.3.10条		
		项　目	允许偏差（mm）	量　测　值（mm）	
	6	门窗槽口宽度、高度 ≤1500mm / >1500mm	1.5 / 2		
	7	门窗槽口对角线长度差 ≤2000mm / >2000mm	3 / 4		
	8	门窗框正、侧面垂直度	2.5		
	9	门窗横框水平度	2		
	10	门窗横框标高	5		
	11	门窗竖向偏移中心	5		
	12	双层门窗内外框间距	4		
	13	门窗框扇配合间隙	1.5		

注：本表适用于铝合金门窗安装工程的质量验收。

2.5.9.9 塑料门窗安装工程检验批质量验收记录（表210-9）

塑料门窗安装工程检验批质量验收记录
表 210-9

检控项目	序号	质量验收规范规定		施工单位检查评定记录	监理(建设)单位验收记录
主控项目	1	塑料门窗质量要求	第5.4.2条		
	2	塑料门窗框、副框和扇安装	第5.4.3条		
	3	拼樘料内衬增强型钢塑料门窗的连接	第5.4.4条		
	4	塑料门窗开闭与防脱落	第5.4.5条		
	5	塑料门窗配件与安装	第5.4.6条		
	6	塑料门窗框与墙体缝隙填嵌与密封	第5.4.7条		
一般项目	1	塑料门窗表面	第5.4.8条		
	2	窗扇密封条、旋转窗间隙	第5.4.9条		
	3	窗扇的开关力规定	第5.4.10条		
	4	玻璃密封条、排水孔	第5.4.11条 第5.4.12条		

		项目		允许偏差 (mm)	量测值 (mm)
一般项目		1) 门窗槽口宽度、高度	≤1500mm		
			>1500mm	3	
		2) 门窗槽口对角线长度差	≤2000mm	3	
			>2000mm	5	
		3) 门窗框的正、侧面垂直度		3	
		4) 门窗横框的水平度		3	
		5) 门窗横框标高		5	
		6) 门窗竖向偏离中心		5	
		7) 双层门窗内外框间距		4	
		8) 同樘平开门窗相邻扇高度差		2	
		9) 平开门窗铰链部位配合间隙		+2; -1	
		10) 推拉门窗扇与框搭接量		+1.5; -2.5	
		11) 推拉门窗扇与竖框平行度		2	

2.5.9.10 特种门安装工程检验批质量验收记录（表210-10）

特种门安装工程检验批质量验收记录　　　　　　表210-10

检控项目	序号	质量验收规范规定			施工单位检查评定记录		监理(建设)单位验收记录
主控项目	1	特种门质量和各项性能	应符合设计要求				
	2	特种门的品种、类型、规格、尺寸、开启方向、安装位置及防腐处理	应符合设计要求				
	3	带有机械装置、自动装置或智能化装置的特种门的功能	第5.5.4条				
	4	特种门安装，预埋件、埋设方向、连接方式	第5.5.5条				
	5	特种门配件的使用要求和各项性能	第5.5.6条				
一般项目	1	特种门的表面装饰	应符合设计要求				
	2	特种门的表面应清洁，无划痕、碰伤					
	3	推拉门的安装	允许偏差（mm）		量测值（mm）		
			留缝限值	偏差值			
		1) 门槽口宽度、高度 ≤1500mm	—	1.5			
		>1500mm	—	2			
		2) 门槽口对角线长度差 ≤2000mm	—	2			
		>2000mm	—	2.5			
		3) 门框的正、侧面垂直度	—	1			
		4) 门构件装配间隙	—	0.3			
		5) 门梁导轨水平度	—	1			
		6) 下导轨与门梁导轨平行度	—	1.5			
		7) 门扇与侧框间留缝	1.2~1.8	—			
		8) 门扇对口缝	1.2~1.8	—			
	4	推拉自动门的感应时间限值	(s)				
		1) 开门响应时间	≤0.5				
		2) 堵门保护延时	16~20				
		3) 门扇全开启后保持时间	13~17				

注：本表适用于防火门、防盗门、自动门、全玻门、旋转门、金属卷帘门等特种门安装工程质量验收。

2.5 分项、检验批工程质量验收记录表

旋转门安装工程检验批质量验收记录见表210-10A。

旋转门安装工程检验批质量验收记录　　　　　　　　　　　　　　　表 210-10A

检控项目	序号	质量验收规范规定			施工单位检查评定记录	监理(建设)单位验收记录
主控项目	1	特种门质量和各项性能		应符合设计要求		
	2	特种门的品种、类型、规格、尺寸、开启方向、安装位置及防腐处理		应符合设计要求		
	3	带有机械装置、自动装置或智能化装置的特种门的功能		第5.5.4条		
	4	特种门安装,预埋件、埋设方向、连接方式		第5.5.5条		
	5	特种门配件的使用要求和各项性能		第5.5.6条		
一般项目	1	特种门的表面装饰		应符合设计要求		
	2	特种门的表面应清洁,无划痕、碰伤		第5.5.8条		
	3	旋转门安装	允许偏差(mm)		量　测　值(mm)	
			金属框架玻璃旋转门	木质旋转门		
	1)	门扇正、侧面垂直直度	1.5	1.5		
	2)	门扇对角线长度差	1.5	1.5		
	3)	相邻扇高度差	1	1		
	4)	扇与圆弧边留缝	1.5	2		
	5)	扇与上顶间留缝	2	2.5		
	6)	扇与地面间留缝	2	2.5		

2.5.9.11 门窗玻璃安装工程检验批质量验收记录(表210-11)

门窗玻璃安装工程检验批质量验收记录　　　　　　　　　　　　　　表 210-11

检控项目	序号	质量验收规范规定		施工单位检查评定记录	监理(建设)单位验收记录
主控项目	1	玻璃的品种、规格、尺寸、色彩、图案、涂膜朝向及使用要求	第5.6.2条		
	2	门窗玻璃裁割与安装要求	第5.6.3条		
	3	玻璃的安装方法与固定	第5.6.4条		
	4	框、条、镶钉要求	第5.6.5条		
	5	密封条、密封胶与玻璃及玻璃槽口装设	第5.6.6条		
	6	带密封条的玻璃压条装设	第5.6.7条		
一般项目	1	玻璃表面及中空玻璃内外表面	第5.6.8条		
	2	玻璃安装要求	第5.6.9条		
	3	玻璃腻子的施工要求	第5.6.10条		

注：本表适用于平板、吸热、反射、中空、夹层、夹丝、磨砂、钢化、压花玻璃等玻璃安装工程的质量验收。

2.5.9.12 暗龙骨吊顶安装工程检验批质量验收记录（表210-12）

暗龙骨吊顶安装工程检验批质量验收记录　　　　表210-12

检控项目	序号	质量验收规范规定					施工单位检查评定记录	监理(建设)单位验收记录
主控项目	1	吊顶标高、尺寸、起拱和造型				应符合设计要求		
	2	饰面材料的材质、品种、规格、图案、颜色				应符合设计要求		
	3	暗龙骨吊顶工程的吊杆、龙骨和饰面材料				安装必须牢固		
	4	吊顶、龙骨的材质、防腐、防火处理				第6.2.5条		
	5	石膏板的接缝				第6.2.6条		
一般项目	1	饰面材料表面				第6.2.7条		
	2	饰面板上安装设备				第6.2.8条		
	3	金属吊杆龙骨的接缝及木质吊杆、龙骨质量				第6.2.9条		
	4	吊顶及填充吸声材料及铺设厚度				第6.2.10条		
	5	暗龙骨吊顶	允许偏差（mm）				量测值（mm）	
			纸面石膏板	金属板	矿棉板	木板塑料板格栅		
	1)	表面平整度	3	2	2	2		
	2)	接缝直线度	3	1.5	3	3		
	3)	接缝高低差	1	1	1.5	1		

注：本表适用于以轻钢龙骨、铝合金龙骨、木龙骨等为骨架，以石膏板、金属板、矿棉板、木板、塑料板或格栅等为饰面材料的暗龙骨吊顶工程的质量验收。

2.5.9.13 明龙骨吊顶安装工程检验批质量验收记录（表210-13）

明龙骨吊顶安装工程检验批质量验收记录　　　　表210-13

检控项目	序号	质量验收规范规定					施工单位检查评定记录	监理(建设)单位验收记录
主控项目	1	吊顶标高、尺寸、起拱和造型				应符合设计要求		
	2	饰面材料的材质及玻璃板饰面的安全措施				第6.3.3条		
	3	饰面材料安装				第6.3.4条		
	4	吊顶龙骨的材质及其防腐或防火				第6.3.5条		
	5	明龙骨吊顶的吊杆				龙骨安装牢固		
一般项目	1	饰面材料表面				第6.3.7条		
	2	饰面板上安装设备				第6.3.8条		
	3	金属龙骨接缝及木质龙骨质量				第6.3.9条		
	4	吊顶及填充吸声材料及铺设厚度、防散落措施				第6.2.10条		
	5	明吊顶龙骨	允许偏差（mm）				量测值（mm）	
			石膏板	金属板	矿棉板	塑料板玻璃板		
	1)	表面平整度	3	2	3	2		
	2)	接缝直线度	3	2	3	3		
	3)	接缝高低差	1	1	2	1		

注：本表适用于以轻钢龙骨、铝合金龙骨、木龙骨等为骨架，以石膏板、金属板、矿棉板、塑料板、玻璃板或格栅等为饰面材料的明龙骨吊顶工程的质量验收。

2.5.9.14 板材隔墙工程检验批质量验收记录（表210-14）

板材隔墙工程检验批质量验收记录   表210-14

检控项目	序号	质量验收规范规定				施工单位检查评定记录						监理(建设)单位验收记录
主控项目	1	隔墙板材材质及性能			第7.2.3条							
	2	安装隔墙板材的预埋件、连接件			第7.2.4条							
	3	隔墙板材的安装			第7.2.5条							
	4	隔墙板材所用接缝材料的品种及接缝方法			应符合设计要求							
一般项目	1	隔墙材料安装			第7.2.7条							
	2	板材隔墙表面			第7.2.8条							
	3	隔墙上的孔洞、槽、盒应位置正确、套割方正、边缘整齐										
	4	板材隔墙安装	允许偏差（mm）			量 测 值（mm）						
			复合轻质墙板		石膏空心板	钢丝网水泥板						
			金属夹芯板	其他复合板								
	1)	立面垂直度	2	3	3	3						
	2)	表面平整度	2	3	3	3						
	3)	阴阳角方正	3	3	3	4						
	4)	接缝高低差	1	2	2	3						

注：本表适用于复合轻质墙板、石膏空心板、预制或现制的钢丝网水泥板等板材隔墙工程的质量验收。

2.5.9.15 骨架隔墙工程检验批质量验收记录（表210-15）

骨架隔墙工程检验批质量验收记录   表210-15

检控项目	序号	质量验收规范规定			施工单位检查评定记录						监理(建设)单位验收记录
主控项目	1	骨架隔墙用材材质、性能、含水率及有特殊要求时的要求			第7.3.3条						
	2	边框龙骨与基体结构连接			第7.3.4条						
	3	骨架隔墙中龙骨、骨架内设备管线、门窗洞口加强龙骨、填充材料设置等			第7.3.5条						
	4	木龙骨、木墙面板的防火、防腐			第7.3.6条						
	5	骨架隔墙墙面板安装			第7.3.7条						
	6	墙面板用接缝材料的接缝方法应符合			设计要求						
一般项目	1	骨架隔墙表面			第7.3.9条						
	2	骨架隔墙上孔洞、槽、盒			第7.3.10条						
	3	骨架隔墙内填充材料			第7.3.11条						
	4	骨架隔墙安装	允许偏差（mm）		量 测 值（mm）						
			纸面石膏板	人造木板水泥纤维板							
	1)	立面垂直度	3	4							
	2)	表面平整度	3	3							
	3)	阴阳角方正	3	3							
	4)	接缝直线度	—	3							
	5)	压条直线度	—	3							
	6)	接缝高低差	1	1							

注：本表适用于以轻钢龙骨、木龙骨等为骨架，以纸面石膏板、人造木板、水泥纤维板等为墙面板的隔墙工程的质量验收。

2.5.9.16 活动隔墙工程检验批质量验收记录（表210-16）

活动隔墙工程检验批质量验收记录　　　　表210-16

检控项目	序号	质量验收规范规定		施工单位检查评定记录	监理(建设)单位验收记录
主控项目	1	活动隔墙所用墙板、配件材料	第7.4.3条		
	2	活动隔墙轨道必须与基体结构连接牢固，并应位置正确			
	3	活动隔墙用于组装、推拉和制动的构配件	第7.4.5条		
	4	活动隔墙制作方法、组合方式应符合	设计要求		
一般项目	1	活动隔墙表面	第7.4.7条		
	2	活动隔墙上的孔洞、槽盒	第7.4.8条		
	3	活动隔墙推拉应无噪声	第7.4.9条		
	4	活动隔墙安装	允许偏差(mm)	量　测　值（mm）	
	1)	立面垂直度	3		
	2)	表面平整度	2		
	3)	接缝直线度	3		
	4)	接缝高低差	2		
	5)	接缝宽度	2		

注：本表适用于各种活动隔墙工程的质量验收。

2.5.9.17 玻璃隔墙工程检验批质量验收记录（表210-17）

玻璃隔墙工程检验批质量验收记录　　　　表210-17

检控项目	序号	质量验收规范规定			施工单位检查评定记录	监理(建设)单位验收记录
主控项目	1	玻璃隔墙所用材料	第7.5.3条			
	2	玻璃砖隔墙的砌筑或玻璃板隔墙的安装方法应符合	设计要求			
	3	玻璃砖隔墙砌筑中埋设的拉结筋必须与基体结构连结牢固，并应位置正确				
	4	玻璃板隔墙的安装必须牢固。玻璃板隔墙胶垫的安装应正确				
一般项目	1	玻璃隔墙表面应色泽一致、平整洁净、清晰美观				
	2	玻璃隔墙接缝应横平竖直，玻璃应无裂痕、缺损和划痕				
	3	玻璃板隔墙嵌缝、勾缝	第7.5.9条			
	4	玻璃隔墙安装	允许偏差(mm)		量　测　值（mm）	
			玻璃砖	玻璃板		
	1)	立面垂直度	3	2		
	2)	表面平整度	3	—		
	3)	阴阳角方正	—	2		
	4)	接缝直线度	—	2		
	5)	接缝高低差	3	2		
	6)	接缝宽度	—	1		

注：本表适用于玻璃砖、玻璃板隔墙工程的质量验收。

2.5.9.18 饰面板（砖）安装工程检验批质量验收记录（表210-18）

饰面板安装工程检验批质量验收记录　　　　　　　　　　表 210-18

检控项目	序号	质量验收规范规定							施工单位检查评定记录	监理(建设)单位验收记录
主控项目	1	饰面板的材质和性能						第8.2.2条		
	2	饰面板孔、槽的数量、位置和尺寸应符合						设计要求		
	3	饰面板安装预埋件、连接件、防腐处理和现场拉拔强度						第8.2.4条		
一般项目	1	饰面板表面						第8.2.5条		
	2	饰面板嵌缝						第8.2.6条		
	3	湿作业法施工石材的防碱背涂处理						第8.2.7条		
	4	饰面板上的孔洞应套割吻合，边缘应整齐								
	5	饰面板安装								
		项目	允许偏差（mm）						量 测 值 (mm)	
			石材			瓷板	木材	塑料	金属		
			光面	剁斧石	蘑菇石						
		1 立面垂直度	2	3	3	2	1.5	2	2		
		2 表面平整度	2	3	—	1.5	1	3	3		
		3 阴阳角方正	2	4	4	2	1.5	3	3		
		4 接缝直线度	2	4	4	2	1	1	1		
		5 墙裙、勒脚上口直线度	2	3	3	2	2	2	2		
		6 接缝高低差	0.5	3	—	0.5	0.5	1	1		
		7 接缝宽度	1	2	2	1	1	1	1		

注：本表适用于内墙饰面板安装工程和高度不大于24m、抗震设防烈度不大于7度的外墙饰面板安装工程的质量验收。

2.5.9.19 饰面砖粘贴工程检验批质量验收记录（表210-19）

饰面砖粘贴工程检验批质量验收记录

表 210-19

检控项目	序号	质量验收规范规定			施工单位检查评定记录	监理(建设)单位验收记录
主控项目	1	饰面砖材料的材质与性能			第8.3.2条	
	2	饰面砖粘贴工程施工			第8.3.3条	
	3	饰面砖粘贴必须牢固			第8.3.4条	
	4	粘贴法施工的饰面砖工程应无空鼓、裂缝			第8.3.5条	
一般项目	1	饰面砖表面			第8.3.6条	
	2	阴阳角处搭接方式、非套砖使用部位应符合			设计要求	
	3	墙面突出物周围饰面砖施工			第8.3.8条	
	4	饰面砖接缝			第8.3.9条	
	5	有排水要求部位的滴水线（槽）			第8.3.10条	
	6	饰面砖粘贴	允许偏差（mm）		量 测 值（mm）	
			外墙面砖	内墙面砖		
		1) 立面垂直度	3	2		
		2) 表面平整度	4	3		
		3) 阴阳角方正	3	3		
		4) 接缝直线度	3	2		
		5) 接缝高低差	1	0.5		
		6) 接缝宽度	1	1		

注：本表适用于内墙饰面砖粘贴工程和高度不大于100m、抗震设防烈度不大于8度、采用满粘法施工的外墙饰面砖粘贴工程的质量验收。

2.5.9.20 明框玻璃幕墙工程检验批质量验收记录（表210-20）

明框玻璃幕墙工程检验批质量验收记录

表 210-20

检控项目	序号	质量验收规范规定		施工单位检查评定记录		监理(建设)单位验收记录
主控项目	1	玻璃幕墙材料、构件和组件质量	第9.2.2条			
	2	玻璃幕墙的造型和立面分格	应符合设计要求			
	3	玻璃幕墙使用的玻璃	第9.2.4条			
	4	玻璃幕墙与主体结构连接	第9.2.5条			
	5	连接件、紧固件的防松动及焊接连接	第9.2.6条			
	6	明框玻璃幕墙的玻璃	第9.2.8条			
	7	高度超过4m的全玻幕墙	第9.2.9条			
	8	点支承玻璃幕做法	第9.2.10条			
	9	玻璃幕墙四周、内表面与连接节点、变形缝做法	第9.2.11条			
	10	玻璃幕墙应无渗漏	第9.2.12条			
	11	玻璃幕墙结构胶与密封胶	第9.2.13条			
	12	玻璃幕墙的开启窗	第9.2.14条			
	13	玻璃幕墙的防雷装置	第9.2.15条			
一般项目	1	玻璃幕墙表面		第9.2.16条		
	2	每平方米玻璃表面质量		质量要求	量测值（mm）	
	1)	明显划痕和长度＞100mm的轻微划伤		不允许		
	2)	长度≤100mm；轻微划伤		≤8条		
	3)	擦伤总面积		≤500mm²		
	3	一个分格铝合金型材表面质量		质量要求		
	1)	明显划伤和长度≥100mm轻微划伤		不允许		
	2)	长度≤100mm轻微划伤		≤2条		
	3)	擦伤总面积		≤500mm²		
	4	明框玻璃幕墙外窗框和压条		第9.2.19条		
	5	玻璃幕墙的密封胶缝		第9.2.20条		
	6	防火、保温材料填充		第9.2.21条		
	7	玻璃幕墙的隐蔽节点的遮封装修		应牢固、整齐、美观		
	8	明框玻璃幕墙		允许偏差（mm）	量 测 值（mm）	
	1) 幕墙垂直度	幕墙高度≤30m		10		
		30m＜幕墙高度≤60m		15		
		60m＜幕墙高度≤90m		20		
		幕墙高度＞90m		25		
	2) 幕墙水平度	幕墙幅宽≤35m		5		
		幕墙幅宽＞35m		7		
	3) 构件直线度			2		
	4) 构件水平度	构件长度≤2m		2		
		构件长度＞2m		3		
	5) 相邻构件错位			1		
	6) 分格框对角线长度差	对角线长度≤2m		3		
		对角线长度＞2m		4		

注：本表适用于建筑高度不大于150m、抗震设防烈度不大于8度的隐框玻璃幕墙、半隐框玻璃幕墙、明框玻璃幕墙、全玻幕墙及点支承玻璃幕墙工程的质量验收。

2.5.9.21 隐框、半隐框玻璃幕墙工程检验批质量验收记录（表210-21）

隐框、半隐框玻璃幕墙工程检验批质量验收记录   表210-21

检控项目	序号	质量验收规范规定		施工单位检查评定记录	监理(建设)单位验收记录
主控项目	1	玻璃幕墙材料、构件和组件质量	第9.2.2条		
	2	玻璃幕墙的造型和立面分格	应符合设计要求		
	3	玻璃幕墙使用的玻璃	第9.2.4条		
	4	玻璃幕墙与主体结构连接	第9.2.5条		
	5	连接件、紧固件的防松动及焊接连接	第9.2.6条		
	6	隐框和半隐框玻璃幕墙玻璃托条要求	第9.2.7条		
	7	高度超过4m的全玻幕墙	第9.2.9条		
	8	点支承玻璃幕做法	第9.2.10条		
	9	玻璃幕墙四周、内表面与连接节点、变形缝做法	第9.2.11条		
	10	玻璃幕墙应无渗漏	第9.2.12条		
	11	玻璃幕墙结构胶与密封胶	第9.2.13条		
	12	玻璃幕墙的开启窗	第9.2.14条		
	13	玻璃幕墙的防雷装置	第9.2.15条		
一般项目	1	玻璃幕墙表面	第9.2.16条		
	2	每平方米玻璃表面质量	质量要求		
		1）明显划痕和长度>100mm的轻微划伤	不允许		
		2）长度≤100mm；轻微划伤	≤8条		
		3）擦伤总面积	≤500mm²		
	3	一个分格铝合金型材表面质量	质量要求	量测值（mm）	
		1）明显划伤和长度≥100mm轻微划伤	不允许		
		2）长度≤100mm轻微划伤	≤2条		
		3）擦伤总面积	≤500mm²		
	4	隐框玻璃幕墙的分格玻璃拼缝应横平坚直、均匀一致			
	5	玻璃幕墙的密封胶缝	第9.2.20条		
	6	防火、保温材料填充	第9.2.21条		
	7	玻璃幕墙的隐蔽节点的遮封装修	应牢固、整齐、美观		
	8	隐框、半隐框玻璃幕墙	允许偏差（mm）	量 测 值（mm）	
		1）幕墙垂直度 幕墙高度≤30m	10		
		30m<幕墙高度≤60m	15		
		60m<幕墙高度≤90m	20		
		幕墙高度>90m	25		
		2）幕墙水平度 幕墙幅宽≤35m	3		
		幕墙幅宽>35m	5		
		3）幕墙表面平整度	2		
		4）板材立面垂直度	2		
		5）板材上沿水平度	2		
		6）相邻板材板角错位	1		
		7）阳角方正	2		
		8）接缝直线度	3		
		9）接缝高低差	1		
		10）接缝宽度	1		

注：本表适用于建筑高度不大于150m、抗震设防烈度不大于8度的隐框玻璃幕墙、半隐框玻璃幕墙、明框玻璃幕墙、全玻幕墙及点支承玻璃幕墙工程的质量验收。

2.5.9.22 金属幕墙工程检验批质量验收记录（表210-22）

金属幕墙工程检验批质量验收记录　　　　　　　　　　　　　表210-22

检控项目	序号	质量验收规范规定		施工单位检查评定记录										监理(建设)单位验收记录
主控项目	1	金属幕墙用各种材料和配件	第9.3.2条											
	2	金属幕墙的造型和立面分格	第9.3.3条											
	3	金属面板材质和安装方向	第9.3.4条											
	4	金属幕墙的预埋件、后置埋件及拉拔力	第9.3.5条											
	5	金属幕墙连接和安装	第9.3.6条											
	6	金属幕墙防火、保温、防潮材料的设置	第9.3.7条											
	7	金属框架及连接件的防腐处理应符合	设计要求											
	8	金属幕墙的防雷装置	第9.3.9条											
	9	各种变形缝、墙角的连接节点	第9.3.10条											
	10	金属幕墙的板缝注胶	第9.3.11条											
	11	金属幕墙应无渗漏	第9.3.12条											
一般项目	1	金属板表面应平整、洁净、色泽一致												
	2	金属幕墙压条应平直、洁净、接口严密、安装牢固												
	3	金属幕墙的密封胶缝	第9.3.15条											
	4	金属幕墙上滴水线、流水坡向应正确、顺直												
	5	每平方米金属板的表面质量	质量要求	量测值（mm）										
	1)	明显划痕和长度≥100mm，轻微划伤	不允许											
	2)	长度≤100mm轻微划伤	≤8条											
	3)	擦伤总面积	≤500mm^2											
	6	金属幕墙安装	允许偏差（mm）	量　测　值（mm）										
	1) 幕墙垂直度	幕墙高度≤30m	10												
		30m<幕墙高度≤60m	15												
		60m<幕墙高度≤90m	20												
		幕墙高度>90m	25												
	2) 幕墙水平度	幕墙幅宽≤35m	3												
		幕墙幅宽>35m	5												
	3) 幕墙表面平整度		2												
	4) 板材立面垂直度		3												
	5) 板材上沿水平度		2												
	6) 相邻板材板角错位		1												
	7) 阳角方正		2												
	8) 接缝直线度		3												
	9) 接缝高低差		1												
	10) 接缝宽度		1												

注：本表适用于建筑高度不大于150m的金属幕墙工程的质量验收。

2.5.9.23 石材幕墙工程检验批质量验收记录（表210-23）

石材幕墙工程检验批质量验收记录

表210-23

检控项目	序号	质量验收规范规定		施工单位检查评定记录						监理(建设)单位验收记录
主控项目	1	石材幕墙材料材质、弯曲强度、吸水率、铝合金、不锈钢挂件厚度等		第9.4.2条						
	2	石材幕墙造型、分格、颜色等		第9.4.3条						
	3	石材孔、槽数量、深度、位置、尺寸		应符合设计要求						
	4	石材幕墙预埋件、后置埋件及拉拔力		第9.4.5条						
	5	石材幕墙的连接与安装		第9.4.6条						
	6	金属框架和连接件的防腐处理		应符合设计要求						
	7	石材幕墙的防雷装置		第9.4.8条						
	8	石材幕墙防水、保温、防潮材料的设置		第9.4.9条						
	9	各种结构变形缝、墙角连接点		第9.4.10条						
	10	石材表面和板缝处理应符合		设计要求						
	11	石材幕墙板缝的注胶		第9.4.12条						
	12	石材幕墙应无渗漏		第9.4.13条						
一般项目	1	石材幕墙表面		第9.4.14条						
	2	石材幕墙压条		第9.4.15条						
	3	石材接缝、阴阳角石板压向、凸凹线出墙厚度、石材板上洞口		第9.4.16条						
	4	石材幕墙密封胶缝		第9.4.17条						
	5	石材幕墙滴水线、滴水坡向应正确、顺直		第9.4.18条						
	6	每平方米石材表面质量		质量要求			量测值（mm）			
		1）裂痕、明显划伤和长度>100mm轻微划伤		不允许						
		2）长度≤100mm轻微划伤		≤8条						
		3）擦伤总面积		≤500mm²						
	7	石材幕墙安装		允许偏差（mm）			量 测 值（mm）			
		1）幕墙垂直度	幕墙高度≤30m	10						
			30m<幕墙高度≤60m	15						
			60m<幕墙高度≤90m	20						
			幕墙高度>90m	25						
		2）幕墙水平度		3						
		3）板材立面垂直度		3						
		4）板材上沿水平度		2						
		5）相邻板材板角错位		1						
		6）幕墙表面平整度		2	3					
		7）阳角方正		2	4					
		8）接缝直线度		3	4					
		9）接缝高低差		1	—					
		10）接缝宽度		1	2					

注：本表适用于建筑高度不大于100m、抗震设防烈度不大于8度的石材幕墙工程的质量验收。

2.5.9.24 水性涂料涂饰工程检验批质量验收记录（表210-24）

水性涂料涂饰工程检验批质量验收记录

表 210-24

检控项目	序号	质量验收规范规定		施工单位检查评定记录						监理(建设)单位验收记录
主控项目	1	水性涂料涂饰涂料	第10.2.2条							
	2	水性涂料涂饰工程颜色、图案应符合	设计要求							
	3	水性涂料涂饰质量	第10.2.4条							
	4	水性涂料涂饰基层处理	第10.2.5条							
一般项目	1	薄涂料的涂饰质量	普通	高级	量 测 值（mm）					
	1)	颜色	均匀一致	均匀一致						
	2)	泛碱、咬色	允许少量轻微	不允许						
	3)	流坠、疙瘩	允许少量轻微	不允许						
	4)	砂眼、刷纹	允许少量轻微砂眼，刷纹通顺	无砂眼，无刷纹						
	5)	装饰线、分色线直线度允许偏差（mm）	2	1						
	2	厚涂料的涂饰质量	普通	高级	量 测 值（mm）					
	1)	颜色	均匀一致	均匀一致						
	2)	泛碱、咬色	允许少量轻微	不允许						
	3)	点状分布	—	疏密均匀						
	3	复层涂料的涂饰质量	质量要求		量 测 值（mm）					
	1)	颜色	均匀一致							
	2)	泛碱、咬色	不允许							
	3)	喷点疏密程度	均匀，不允许连片							
	4	涂层与其他装修材料和设备衔接处应吻合，界面应清晰								

注：本表适用于乳液型涂料、无机涂料、水溶性涂料等水性涂料涂饰工程的质量验收。

2.5.9.25 溶剂型涂料涂饰工程检验批质量验收记录（表210-25）

溶剂型涂料涂饰工程检验批质量验收记录　　　　　表210-25

检控项目	序号	质量验收规范规定		施工单位检查评定记录							监理(建设)单位验收记录
主控项目	1	溶剂型涂料涂饰工程所选用涂料的品种、型号和性能应符合	设计要求								
	2	溶剂型涂料涂饰工程的颜色、光泽、图案应符合	设计要求								
	3	溶剂型涂料涂饰工程应涂饰均匀、粘结牢固，少量漏涂、透底、起皮和反锈									
	4	溶剂型涂料涂饰工程的基层处理	第10.3.5条								
一般项目	1	色漆的涂饰质量	普通	高级	量	测	值	（mm）			
	1)	颜色	均匀一致	均匀一致							
	2)	光泽、光滑	光泽基本均匀光滑无挡手感	光泽均匀一致光滑							
	3)	刷纹	刷纹通顺	无刷纹							
	4)	裹棱、流坠、皱皮	明显处不允许	不允许							
	5)	装饰线、分色线直线度允许偏差（mm）	2	1							
		注：无光色漆不检查光泽									
	2	清漆的涂饰质量	普通	高级	量	测	值	（mm）			
	1)	颜色	基本一致	均匀一致							
	2)	木纹	棕眼刮平、木纹清楚	棕眼刮平、木纹清楚							
	3)	光泽、光滑	光泽基本均匀光滑无挡手感	光泽均匀一致光滑							
	4)	刷纹	无刷纹	无刷纹							
	5)	裹棱、流坠、皱皮	明显处不允许	不允许							
	3	涂层与其他装修材料和设备衔接处应吻合，界面应清晰									

注：本表适用于丙烯酸酯涂料、聚氨酯丙烯酸涂料、有机硅丙烯酸涂料等溶剂型涂料涂饰工程的质量验收。

2.5.9.26 美术涂饰工程检验批质量验收记录（表210-26）

美术涂饰工程检验批质量验收记录　　　　　表210-26

检控项目	序号	质量验收规范规定		施工单位检查评定记录	监理(建设)单位验收记录
主控项目	1	美术涂饰所用材料的品种、型号和性能应符合设计要求			
	2	美术涂饰工程应涂饰均匀、粘结牢固，不得漏涂、透底、起皮、掉粉和反锈			
	3	美术涂饰工程的基层处理	第10.4.4条		
	4	美术涂饰的套色、花纹和图案应符合	设计要求		
一般项目	1	美术涂饰表面应洁净，不得有流坠现象			
	2	仿花纹涂饰的饰面应具有被模仿材料的纹理。			
	3	套色涂饰的图案不得移位，纹理和轮廓应清晰			

注：本表适用于套色涂饰、滚花涂饰、仿花纹涂饰等室内外美术涂饰工程的质量验收。

2.5.9.27 裱糊工程检验批质量验收记录（表210-27）

裱糊工程检验批质量验收记录　　　　　表210-27

检控项目	序号	质量验收规范规定		施工单位检查评定记录	监理(建设)单位验收记录
主控项目	1	壁纸、墙布的种类、规格、图案、颜色和燃烧性能等级必须符合设计要求及国家现行标准的有关规定			
	2	裱糊工程基层处理质量	第11.2.3条		
	3	裱糊后各幅拼接应横平竖直，拼接处花纹、图案应吻合，不离缝，不搭接，不显拼缝			
	4	壁纸、墙布应粘贴牢固，不得有漏贴、补贴、脱层、空鼓和翘边			
一般项目	1	裱糊后的壁纸、墙布表面应平整，色泽应一致，不得有波纹起伏、气泡、裂缝、皱折及斑污，斜视时应无胶痕			
	2	复合压花壁纸的压痕及发泡壁纸的发泡层应无损坏			
	3	壁纸、墙布与各种装饰线、设备线盒应交接严密			
	4	壁纸、墙布边缘应平直整齐，不得有纸毛、飞刺			
	5	壁纸、墙布阴角处搭接应顺光，阳角处应无接缝			

注：本表适用于聚氯乙烯塑料壁纸、复合纸质壁纸、墙布等裱糊工程的质量验收。

2.5.9.28 软包工程检验批质量验收记录（表210-28）

软包工程检验批质量验收记录　　　　　　　　　　表210-28

检控项目	序号	质量验收规范规定		施工单位检查评定记录	监理(建设)单位验收记录
主控项目	1	软包面料、内衬材料及边框的材质、颜色、图案、燃烧性能等级和木材的含水率应符合设计要求及国家现行标准的有关规定			
	2	软包工程的安装位置及构造做法应符合设计要求			
	3	软包工程的龙骨、衬板、边框应安装牢固，无翘曲，拼缝应平直			
	4	单块软包面料不应有接缝，四周应绷压严密			
一般项目	1	软包工程表面应平整、洁净，无凹凸不平及皱折；图案应清晰、无色差，整体应协调美观			
	2	软包边框应平整、顺直、接缝吻合。其表面涂饰质量应符合本规范第10章的有关规定			
	3	清漆涂饰木制边框的颜色、木纹应协调一致			
	4	软包工程安装	允许偏差（mm）	量　测　值　（mm）	
	1)	垂直度	3		
	2)	边框宽度、高度	0；-2		
	3)	对角线长度差	3		
	4)	裁口、线条接缝高低差	1		

注：本表适用于墙面、门等软包工程的质量验收。

2.5.9.29 橱柜制作检验批质量验收记录（表210-29）

橱柜制作检验批质量验收记录　　　　　　　　　　表210-29

检控项目	序号	质量验收规范规定		施工单位检查评定记录	监理(建设)单位验收记录
主控项目	1	橱柜制作与安装所用材料的材质和规格、木材的燃烧性能等级和含水率、花岗石的放射性及人造木板的甲醛含量应符合设计要求及国家现行标准的有关规定			
	2	橱柜安装预埋件或后置埋件的数量、规格、位置应符合设计要求			
	3	橱柜的造型、尺寸、安装位置、制作和固定方法应符合设计要求。橱柜安装必须牢固。			
	4	橱柜配件的品种、规格应符合设计要求。配件应齐全，安装应牢固			
一般项目	1	橱柜表面应平整、洁净、色泽一致，不得有裂缝、翘曲及损坏			
	2	橱柜裁口应顺直，拼缝应严密			
	3	橱柜安装	允许偏差（mm）	量测值（mm）	
	1)	外型尺寸	3		
	2)	立面垂直度	2		
	3)	门与框架的平行度	2		

注：本表适用于位置固定的壁柜、吊柜等橱柜制作与安装工程的质量验收。

2.5.9.30 窗帘盒、窗台板和散热器罩制作检验批质量验收记录（表210-30）

窗帘盒、窗台板和散热器罩制作检验批质量验收记录 表210-30

检控项目	序号	质量验收规范规定		施工单位检查评定记录	监理(建设)单位验收记录
主控项目	1	窗帘盒、窗台板和散热器罩制作与安装所使用材料的材质和规格、木材的燃烧性能等级和含水率、花岗石的放射性及人造木板的甲醛含量应符合设计要求及国家现行标准的有关规定			
	2	窗帘盒、窗台板和散热器罩的造型、规格、尺寸、安装位置和固定方法必须符合设计要求。窗帘盒、窗台板和散热罩的安装必须牢固			
	3	窗帘盒配件的品种、规格应符合设计要求，安装应牢固			
一般项目	1	窗帘盒、窗后板和散热器罩表面应平整、洁净、线条顺直、接缝严密、色泽一致，不得有裂缝、翘曲及损坏			
	2	窗帘盒、窗台板和散热器罩与墙面、窗框的衔接应严密，密封胶缝应顺直、光滑			
	3	窗帘盒、窗台板和散热器安装	允许偏差（mm）	量测值（mm）	
	1)	水平度	2		
	2)	上口、下口直线度	3		
	3)	两端距窗洞口长度差	2		
	4)	两端出墙厚度差	3		

注：本表适用于窗帘盒、窗台板和散热器罩制作与安装工程的质量验收。

2.5.9.31 门窗套制作与安装检验批质量验收记录（表210-31）

门窗套制作与安装检验批质量验收记录 表210-31

检控项目	序号	质量验收规范规定		施工单位检查评定记录	监理(建设)单位验收记录
主控项目	1	门窗套制作与安装所使用材料的材质、规格、花纹和颜色、木材的燃烧性能等级和含水率、花岗石的放射性及人造木板的甲醛含量应符合设计要求及国家现行标准的有关规定			
	2	门窗套的造型、尺寸和固定方法应符合设计要求，安装应牢固			
一般项目	1	门窗套表面应平整、洁净、线条顺直、接缝严密、色泽一致、不得有裂缝、翘曲及损坏			
	2	门窗套安装	允许偏差（mm）	量测值（mm）	
	1)	正、侧面垂直度	3		
	2)	门窗套上口水平度	1		
	3)	门窗套上口直线度	3		

注：本表适用于门窗套制作与安装工程的质量验收。

2.5.9.32 护栏和扶手制作与安装检验批质量验收记录（表210-32）

护栏和扶手制作与安装检验批质量验收记录　　表210-32

检控项目	序号	质量验收规范规定	施工单位检查评定记录	监理(建设)单位验收记录
主控项目	1	护栏和扶手制作与安装所使用材料的材质、规格、数量和木材、塑料的燃烧性能等级应符合设计要求		
	2	护栏和扶手的造型、尺寸及安装位置应符合设计要求		
	3	护栏和扶手安装预埋件的数量、规格、位置以及护栏与预埋件的连接节点应符合设计要求		
	4	护栏高度、栏杆间距、安装位置必须符合设计要求。护栏安装必须牢固		
	5	护栏玻璃应使用公称厚度不小于12mm的钢化玻璃或钢化夹层玻璃。当护栏一侧距楼地面高度为5m及以上时，应使用钢化夹层玻璃		
一般项目	1	护栏和扶手转角弧度应符合设计要求，接缝应严密，表面应光滑，色泽应一致，不得有裂缝、翘曲及损坏		
	2	护栏和扶手安装	允许偏差(mm)	量测值（mm）	
	1)	护栏垂直度	3		
	2)	栏杆间距	3		
	3)	扶手直线度	4		
	4)	扶手高度	3		

注：本表适用于护栏和扶手制作与安装工程的质量验收。

2.5.9.33 花饰制作与安装检验批质量验收记录（表210-33）

花饰制作与安装检验批质量验收记录　　表210-33

检控项目	序号	质量验收规范规定		施工单位检查评定记录		监理(建设)单位验收记录
主控项目	1	花饰制作与安装所使用材料的材质、规格应符合设计要求				
	2	花饰的造型、尺寸应符合设计要求				
	3	花饰的安装位置和固定方法必须符合设计要求，安装必须牢固				
一般项目	1	花饰表面应洁净，接缝应严密吻合，不得有歪斜、裂缝、翘曲及损坏				
	2	花饰安装	允许偏差(mm)		量 测 值（mm）	
			室内	室外		
	1)	条型花饰的水平度或垂直度	每米 1	2		
			全长 3	6		
	2)	单独花饰中心位置偏移	10	15		

注：本表适用于混凝土、石材、木材、塑料、金属、玻璃、石膏等花饰制作与安装工程的质量验收。

2.5 分项、检验批工程质量验收记录表

2.5.10 建筑给水排水及采暖工程

2.5.10.1 室内给水管道及配件安装检验批质量验收记录（表242-1）

室内给水管道及配件安装检验批质量验收记录　　　　表 242-1

检控项目	序号	质量验收规范规定			施工单位检查评定记录							监理(建设)单位验收记录
主控项目	1	室内给水管道水压试验		第4.2.1条								
	2	给水系统通水试验		第4.2.2条								
	3	生产给水系统管道的冲洗与消毒		第4.2.3条								
	4	室内直埋给水管道的防腐处理		第4.2.4条								
一般项目	1	给水管道安装		第4.2.5条								
	2	管道及管件焊接的焊缝表面质量		第4.2.6条								
	3	给水水平管道应有2‰～5‰的坡度坡向汇水装置										
	4	管道的支、吊架安装		第4.2.9条								
	5	水表安装		第4.2.10条								
	6	管道和阀门安装		允许偏差(mm)	量　测　值　(mm)							
	1)	水平管道纵横方向弯曲	钢管	每米 全长25m以上	1 ≥25							
			塑料管复合管	每米 全长25m以上	1.5 ≥25							
			铸铁管	每米 全长25m以上	2 ≥25							
	2)	立管垂直度	钢管	每米 5m以上	3 ≥8							
			塑料管复合管	每米 5m以上	3 ≥8							
			铸铁管	每米 5m以上	3 ≥10							
	3)	成排管段和成排阀门		在同一平面上间距	3							

2.5.10.2 室内消火栓系统安装检验批质量验收记录（表242-2）

室内消火栓系统安装检验批质量验收记录　　　　表 242-2

检控项目	序号	质量验收规范规定		施工单位检查评定记录								监理(建设)单位验收记录
主控项目	1	室内消火栓系统安装完成后应取屋顶层（或水箱间内）试验消火栓和自层取二处消火栓做试射试验，达到设计要求为合格。										
一般项目	1	安装消火栓水龙带，水龙带与水枪和快速接头绑扎好后，应根据箱内构造将水龙带挂放在箱内的挂钉、托盘或支架上										
	2	箱式消火栓安装	允许偏差(mm)	量　测　值　(mm)								
	1)	栓口应朝外，并不应安装在门轴侧										
	2)	栓口中心距地面1.1mm	±20									
	3)	阀门中心距箱侧面140mm	±5									
	4)	阀门中心距后内面100mm	±5									
	5)	箱体安装垂直度	3									

2.5.10.3 室内给水设备安装检验批质量验收记录（表242-3）

室内给水设备安装检验批质量验收记录

表242-3

检控项目	序号	质量验收规范规定			施工单位检查评定记录								监理(建设)单位验收记录
主控项目	1	水泵就位前的混凝土强度、坐标、标高、尺寸等		第4.4.1条									
	2	水泵试运转的轴承温升		第4.4.2条									
	3	满水试验和水压试验		第4.4.3条									
一般项目	1	水箱支架或底座安装		第4.4.4条									
	2	水箱溢流管和泄放管设置		第4.4.5条									
	3	立式水泵的减振装置不应采用强簧减振器											
	4	室内给水设备安装		允许偏差(mm)	量测值（mm）								
	1)	静置设备	坐 标	15									
			标 高	±5									
			垂直直度（每米）	5									
	2)	离心式水泵	立式泵体垂直度（每米）	0.1									
			卧式泵体水平度（每米）	0.1									
		联轴器同心度	轴向倾斜（每米）	0.8									
			径向位移	0.1									
	5	管道及设备保温		允许偏差(mm)	量侧值（mm）								
	1)	厚 度		+0.1δ -0.05δ									
	2)	表面平整度	卷 材	5									
			涂 抹	10									

注：δ为保温层厚度。

2.5.10.4 室内排水管道及配件安装检验批质量验收记录（表242-4）

室内排水管道及配件安装检验批质量验收记录

表242-4

检控项目	序号	质量验收规范规定				施工单位检查评定记录	监理(建设)单位验收记录
主控项目	1	排水管道的灌水试验			第5.2.1条		
	2	生活污水铸铁管道坡度			第5.2.2条		
	3	生活污水塑料管道坡度			第5.2.3条		
	4	排水塑料管装设伸缩节			第5.2.4条		
	5	排水管道的通球试验			第5.2.5条		
一般项目	1	检查口或清扫口设置			第5.2.6条		
	2	排水管道检查工设置原则			第5.2.7条		
	3	吊钩或吊箍固定与设置			第5.2.8条		
	4	塑料管道的支、吊架间距			第5.2.9条		
	5	排水通气管做法规定			第5.2.10条		
	6	医院的含菌污水管道			第5.2.11条		
	7	饮食业的排水管、溢流管			第5.2.12条		
	8	通向室外排水管的连接			第5.2.13条		
	9	通向室外排水检查中的排水管			第5.2.14条		
	10	室内排水管道的连接要求			第5.2.15条		
	11	室内排水管道安装			允许偏差(mm)	量 测 值 (mm)	
	1)	坐标			15		
	2)	标高			±15		
	3)	横管纵横方向弯曲	铸铁管	每1m	1		
				全长（25m以上）	25		
			钢管	每1m 管径小于或等于100mm	1		
				每1m 管径大于100mm	1.5		
				全长(25m以上) 管径小于或等于100mm	25		
				全长(25m以上) 管径大于100mm	308		
			塑料管	每1m	1.5		
				全长（25m以上）	38		
			钢筋混凝土管、混凝土管	每1m	3		
				全长（25m以上）	75		
	4)	立管垂直度	铸铁管	每1m	3		
				全长（5m以上）	15		
			钢管	每1m	3		
				全长（5m以上）	10		
			塑料管	每1m	3		
				全长（5m以上）	15		

2.5.10.5 室内雨水管道及配件安装检验批质量验收记录（表242-5）

室内雨水管道及配件安装检验批质量验收记录　　表242-5

检控项目	序号	质量验收规范规定		施工单位检查评定记录	监理(建设)单位验收记录
主控项目	1	雨水管道的灌水试验	第5.3.1条		
	2	雨水管道如采用塑料管，其伸缩节安装应符合设计要求			
	3	雨水管的坡度	第5.3.3条		
一般项目	1	雨水管道不得与生活污水管道相连接			
	2	雨水斗管的连接	第5.3.5条		
	3	悬吊管检查口间距	第5.3.6条		
	4	雨水管道安装	允许偏差(mm)	量测值(mm)	
	1)	焊口平直度：管壁厚10mm以内	管壁厚1/4		
	2)	焊缝加强面 高度	+1mm		
		焊缝加强面 宽度	+1mm		
	3)	咬边 深度	小于0.5mm		
		咬边 长度 连续长度	25mm		
		咬边 长度 总长度（两侧）	小于焊缝长度的10%		

2.5.10.6 室内热水供应系统管道及配件安装检验批质量验收记录（表242-6）

室内热水供应系统管道及配件安装检验批质量验收记录　　表242-6

检控项目	序号	质量验收规范规定			施工单位检查评定记录	监理(建设)单位验收记录
主控项目	1	系统水压试验、管道热伸缩补偿		第6.2.1条 第6.2.2条		
	2	热水供应系统竣工后必须进行冲洗				
一般项目	1	管道安装坡度应符合设计要求				
	2	温度控制器及阀门应安装在便于观察和维护位置				
	3	管道和阀门安装		允许偏差(mm)	量测值(mm)	
	1)	水平管道纵横方向弯曲	钢管 每米 全长25m以上	1 ≥25		
			塑料管复合管 每米 全长25m以上	1.5 ≥25		
			铸铁管 每米 全长25m以上	2 ≥25		
	2)	立管垂直度	钢管 每米 5m以上	3 ≥8		
			塑料管复合管 每米 5m以上	2 ≥8		
			铸铁管 每米 5m以上	3 ≥10		
	3)	成排管段和成排阀门	在同一平面上间距	3		
	4	管道保温要求		第6.2.7条		
	5	管道及设备保温		允许偏差(mm)	量侧值(mm)	
	1)	厚度		+0.1δ -0.05δ		
	2)	表面平整度	卷材	5		
			涂抹	10		

注：δ为保温层厚度。

2.5.10.7 室内热水供应辅助设备安装检验批质量验收记录（表242-7）

室内热水供应辅助设备安装检验批质量验收记录　　　　　　　表 242-7

检控项目	序号	质量验收规范规定			施工单位检查评定记录	监理(建设)单位验收记录
主控项目	1	太阳能集热器的水压试验		第6.3.1条		
	2	热交换器的水压试验		第6.3.2条		
	3	水泵就位前的混凝土强度、坐标、标高、尺寸等		第6.3.3条		
	4	水泵试运转的轴承温升		第6.3.4条		
	5	水箱的满水和闭水试验		第6.3.5条		
一般项目	1	固定式太阳能热水器的安装朝向		第6.3.6条		
	2	集热器循环管道坡度		第6.3.7条		
	3	热水箱底部与集热器上集管间距离		第6.3.8条		
	4	吸热钢板制作与集热排管安装		第6.3.9条		
	5	太阳能热水器汇水装置		第6.3.10条		
	6	热水箱及循环管道保温		第6.3.11条		
	7	太阳能热水器的防冻		第6.3.12条		
	8	热水供应辅助设备安装		允许偏差(mm)	量测值 (mm)	
	1)	静置设备	坐标	15		
			标高	±5		
			垂直度（每米）	5		
	2)	离心式水泵	立式泵体垂直度（每米）	0.1		
			卧式泵体水平度（每米）	0.1		
		联轴器同心度	轴向倾斜（每米）	0.8		
			径向位移	0.1		
	9	太阳能热水器安装		允许偏差(mm)	量测值 (mm)	
		板式直管太阳能热水器	标高	中心线距地面(mm)	±20		
			固定安装朝向	最大偏移角	不大于15°		

2.5.10.8 卫生器具安装检验批质量验收记录（表242-8）

卫生器具安装检验批质量验收记录　　　　　表242-8

检控项目	序号	质量验收规范规定		施工单位检查评定记录							监理(建设)单位验收记录
主控项目	1	排水栓和地漏安装		第7.2.1条							
	2	满水和通水试验		第7.2.2条							
一般项目	1	卫生器具安装		允许偏差(mm)	量　测　值　(mm)						
	1)	坐标	单独器具	10							
			成排器具	5							
	2)	标高	单独器具	±15							
			成排器具	±10							
	3)	器具水平度		2							
	4)	器具垂直度		3							
	2	浴盆排水口的检修门		第7.2.4条							
	3	小便槽冲洗管安装		第7.2.5条							
	4	卫生器具的支、托架		第7.2.6条							

2.5.10.9 卫生器具给水配件安装检验批质量验收记录（表242-9）

卫生器具给水配件安装检验批质量验收记录　　　　　表242-9

检控项目	序号	质量验收规范规定		施工单位检查评定记录							监理(建设)单位验收记录
主控项目	1	卫生器具给水配件应完好无损伤，接口严密，启闭部分灵活									
一般项目	1	卫生器具给水配件安装标高		允许偏差(mm)	量　测　值　(mm)						
	1)	大便器高、低水箱角阀及截止阀		±10							
	2)	水嘴		±10							
	3)	淋浴器喷头下沿		±15							
	4)	浴盆软管淋浴器挂钩		±20							
	2	浴盆软管淋浴器挂钩高度，如设计无要求，应距地面1.8m									

2.5.10.10 卫生器具排水管道安装检验批质量验收记录（表242-10）

卫生器具排水管道安装检验批质量验收记录　　表242-10

检控项目	序号	质量验收规范规定			施工单位检查评定记录									监理(建设)单位验收记录
主控项目	1	卫生器具的固定及防渗漏		第7.4.1条										
	2	卫生器具的管道接口及支架管卡支梯		第7.4.2条										
一般项目	1	卫生器具排水管道安装		允许偏差(mm)	量　测　值　(mm)									
	1)	横管弯曲度	每1m长	2										
			横管长度≤10m,全长	<8										
			横管长度>10m,全长	10										
	2)	卫生器具的排水管口及横支管的纵横坐标	单独器具	10										
			成排器具	5										
	3)	卫生器具的接口标高	单独器具	±10										
			成排器具	±5										
	2	连接卫生器具的排水管管径和最小坡度		第7.4.4条										

2.5.10.11 室内采暖系统管道及配件安装检验批质量验收记录（表242-11）

室内采暖系统管道及配件安装检验批质量验收记录　　表242-11

检控项目	序号	质量验收规范规定		施工单位检查评定记录									监理(建设)单位验收记录
主控项目	1	管道的安装坡度		第8.2.1条									
	2	补偿器安装、预拉伸和支架构造		第8.2.2条									
	3	平衡阀及调节阀安装		第8.2.3条									
	4	减压阀、安全阀安装		第8.2.4条									
	5	方形补偿器制作		第8.2.5条									
	6	方形补偿器安装		第8.2.6条									
一般项目	1	热量表、疏水器、除污器等安装		第8.2.7条									
	2	钢管管道焊口尺寸		允许偏差(mm)	量　测　值　(mm)								
	1)	焊口平直度：管壁厚10mm以内		管壁厚1/4									

续表

检控项目	序号	质量验收规范规定			施工单位检查评定记录						监理(建设)单位验收记录
一般项目	2)	焊缝加强面	高度	+1mm							
			宽度	+1mm							
	3)	咬边	深度	小于0.5mm							
			长度 连续长度	25mm							
			长度 总长度（两侧）	小于焊缝长度的10%							
	3	系统入口装置及分户热计量		第8.2.9条							
	4	散热器支管长度超过1.5m时，应在支管上安装管卡									
	5	上供下回式系统干管变径		第8.2.11条							
	6	干管焊接的废弃物清理及焊接要求		第8.2.12条							
	7	膨胀水箱的膨胀管及循环管上不得安装阀门									
	8	热媒为110~130℃高温水时管道拆卸使用法兰规定		第8.2.14条							
	9	钢管、塑料管的转弯要求		第8.2.15条							
	10	管道、金属支架和设备的防腐、涂漆		第8.2.16条							
	11	管道和设备保温		允许偏差(mm)	量 测 值 （mm）						
	1)	厚度（δ为保温层厚度）		+0.1δ -0.05δ							
	2)	表面平整度	卷材	5							
			涂抹	10							
	12	采暖管道安装		允许偏差(mm)	量 测 值 （mm）						
	1)	横管道纵、横方向弯曲（mm）	每1m 管径≤100mm	1							
			每1m 管径>100mm	1.5							
			全长(25m以上) 管径≤100mm	≯13							
			全长(25m以上) 管径>100mm	≯25							
	2)	立管垂直度（mm）	每1m	2							
			全长（5m以上）	≯10							
	3)	弯管	椭圆率 $\frac{D_{max}-D_{min}}{D_{max}}$ 管径≤100mm	10%							
			椭圆率 管径>100mm	8%							
			折皱不平度（mm） 管径≤100mm	4							
			折皱不平度（mm） 管径>100mm	5							

注：D_{max}，D_{min}分别为管子最大外径及最小外径。

2.5.10.12 室内采暖系统辅助设备及散热器安装检验批质量验收记录（表242-12）

室内采暖系统辅助设备及散热器安装检验批质量验收记录　　　　表242-12

检控项目	序号	质量验收规范规定		施工单位检查评定记录	监理(建设)单位验收记录
主控项目	1	散热器组对及水压试验	第8.3.1条		
	2	水泵、水箱、热交换器质检与验收	第8.3.2条		
一般项目	1	散热器组对平直度	允许偏差(mm)	量　测　值　(mm)	
	1)	长翼型　　　2~4片	4		
		5~7片	6		
	2)	铸铁片式钢制片式　3~15片	4		
		16~25片	6		
	2	组对散热器的垫片	第8.3.4条		
	3	散热器支架、托架安装	第8.3.5条		
	4	散热器距墙内表面距离	第8.3.6条		
	5	散热器安装	允许偏差(mm)	量　测　值　(mm)	
	1)	散热器背面与墙内表面距离	3		
	2)	与窗中心线或设计定位尺寸	20		
	3)	散热器垂直度	3		
	6	铸铁或钢制散热器表面的防腐及面漆应附着良好，色泽均匀，无脱落、起泡、流淌和漏涂缺陷			

2.5.10.13 室内采暖金属辐射板安装检验批质量验收记录（表242-13）

室内采暖金属辐射板安装检验批质量验收记录　　　　表242-13

检控项目	序号	质量验收规范规定	施工单位检查评定记录	监理(建设)单位验收记录
主控项目	1	辐射板安装前应做水压试验	第8.4.1条		
	2	水平安装辐射板应有不小于5‰的坡度坡向回水管	第8.4.2条		
	3	辐射板管道及带状辐射板连接	第8.4.3条		

2.5.10.14 室内采暖低温热水地板辐射采暖系统安装检验批质量验收记录（表242-14）

室内采暖低温热水地板辐射采暖系统安装检验批质量验收记录　　表242-14

检控项目	序号	质量验收规范规定		施工单位检查评定记录	监理（建设）单位验收记录
主控项目	1	地面上敷设的盘管埋地部分不应有接头			
	2	盘管隐蔽前水压试验	第8.5.2条		
	3	加热盘管的弯曲	第8.5.3条		
一般项目	1	分、集水器安装	第8.5.4条		
	2	加热盘管管径、间距和长度应符合设计要求。间距偏差不大于±10mm			
	3	防潮层、防水层、隔热层及伸缩缝应符合设计要求			
	4	填充层强度应符合设计要求			

2.5.10.15 室内采暖系统水压试验及调试检验批质量验收记录（表242-15）

室内采暖系统水压试验及调试检验批质量验收记录　　表242-15

检控项目	序号	质量验收规范规定		施工单位检查评定记录	监理（建设）单位验收记录
主控项目	1	安装完毕，管道保温前的水压试验	第8.6.1条		
	2	系统的冲洗	第8.6.2条		
	3	系统冲洗完毕应充水、加热，进行试运行和调试			

2.5.10.16 室外给水管网给水管道安装检验批质量验收记录（表242-16）

室外给水管网给水管道安装检验批质量验收记录　　表242-16

检控项目	序号	质量验收规范规定		施工单位检查评定记录	监理（建设）单位验收记录
主控项目	1	给水管道埋地敷设	第9.2.1条		
	2	给水管道不得直接穿越污水井、化粪池、公共厕所等污染源。			
	3	管道接口法兰、卡扣、卡箍安装	第9.2.3条		
	4	给水系统各种室内的管道安装	第9.2.4条		
	5	管网水压试验	第9.2.5条		
	6	镀锌钢管及钢管的埋地防腐	第9.2.6条		
	7	管道的冲洗与消毒	第9.2.7条		

续表

检控项目	序号	质量验收规范规定				施工单位检查评定记录	监理(建设)单位验收记录
一般项目	1	管道的坐标、标高和坡度			允许偏差（mm）	量 测 值 （mm）	
	1)	坐标	铸铁管	埋地	100		
				敷设在沟槽内	50		
			钢管、塑料管、复合管	埋地	100		
				敷设在沟槽内或架空	40		
	2)	标高	铸铁管	埋地	±50		
				敷设在沟槽内	±30		
			钢管、塑料管、复合管	埋地	±50		
				敷设在沟槽内或架空	±30		
	3)	水平管纵横向弯曲	铸铁管	直段（25m以上）起点~终点	40		
			钢管、塑料管、复合管	直段（25m以上）起点~终点	30		
	2	管道和金属支架涂漆			第9.2.9条		
	3	管道连接阀门水表安装			第9.2.10条		
	4	给水与污水管道不同标高的平行敷设			第9.2.11条		
	5	铸铁管承插捻口连接			第9.2.12条		
	6	铸铁承插捻口连接		环型间隙	允许偏差（mm）	量 测 值 （mm）	
	1)	75~200mm		10mm	+3 −2		
	2)	250~450mm		11mm	+4 −2		
	3)	500mm		12mm	+4 −2		
	7	铸铁管沿曲线敷设，每个接口允许有2°转角			第9.2.13条		
	8	捻口油漆填料与操作			第9.2.14条		
	9	捻口用水泥与操作			第9.2.15条		
	10	水泥捻口的防腐			第9.2.16条		
	11	橡胶圈接口防腐与最大允许偏转角			第9.2.17条		

2.5.10.17 消防水泵接合器及室外消火栓安装（室外）检验批质量验收记录（表242-17）

消防水泵接合器及室外消火栓安装（室外）检验批质量验收记录　　　　表242-17

检控项目	序号	质量验收规范规定		施工单位检查评定记录							监理(建设)单位验收记录
主控项目	1	系统的水压试验	第9.3.1条								
	2	消防管道冲洗	第9.3.2条								
	3	消防水泵接合器和消火栓的安装	第9.3.3条								
一般项目	1	消防水泵、消火栓安装	允许偏差(mm)	量　测　值　(mm)							
	1)	各项安装尺寸	符合设计要求								
	2)	栓口安装高度	±20								
	2	消防水泵、消火栓安装位置	第9.3.5条								
	3	安全阀及止回阀安装	第9.3.6条								

2.5.10.18 室外给水管网管沟及井室检验批质量验收记录（表242-18）

室外给水管网管沟及井室检验批质量验收记录　　　　表242-18

检控项目	序号	质量验收规范规定		施工单位检查评定记录	监理(建设)单位验收记录
主控项目	1	基层处理及地基	第9.4.1条		
	2	各类井室和井盖	第9.4.2条		
	3	通车路面用井圈与井盖	第9.4.3条		
	4	重型铸铁和混凝土井盖	第9.4.4条		
一般项目	1	管沟坐标、位置、沟底标高	第9.4.5条		
	2	管沟的沟底层	第9.4.6条		
	3	管沟为岩石时的做法	第9.4.7条		
	4	管沟回填土	第9.4.8条		
	5	井室砌筑及不同底标高做法	第9.4.9条		
	6	管道穿过井壁	第9.4.10条		

2.5.10.19 室外排水管网排水管道安装检验批质量验收记录（表242-19）

室外排水管网排水管道安装检验批质量验收记录　　　　　表242-19

检控项目	序号	质量验收规范规定		施工单位检查评定记录	监理(建设)单位验收记录
主控项目	1	排水管道坡度		第10.2.1条	
	2	灌水和通水试验		第10.2.2条	
一般项目	1	管道坐标、标高		允许偏差（mm）	量 测 值 （mm）	
	1)	坐标	埋地	100		
			敷设在沟槽内	50		
	2)	标高	埋地	±20		
			敷设在沟槽内	±20		
	3)	水平管道纵横向弯曲	每5m长	10		
			全长（两井间）	30		
	2	铸铁管水泥捻口		第10.2.4条	
	3	铸铁管外壁除锈		第10.2.5条	
	4	承插接口的安装方向		第10.2.6条	
	5	混凝土管、钢筋混凝土管抹带接口		第10.2.7条	

2.5.10.20 排水管沟及井池检验批质量验收记录（表242-20）

排水管沟及井池检验批质量验收记录　　　　　表242-20

检控项目	序号	质量验收规范规定	施工单位检查评定记录	监理(建设)单位验收记录
主控项目	1	沟基处理和井池底板强度	第10.3.1条	
	2	检查井、化粪池标高	允许偏差（mm）	量 测 值 （mm）
	1)	符合设计要求		
	2)	底板和进出口标高	±15	
一般项目	1	井、池规格尺寸和位置	第10.3.3条	
	2	井盖选用	第10.3.4条	

2.5.10.21 室外供热管网管道及配件安装检验批质量验收记录（表242-21）

室外供热管网管道及配件安装检验批质量验收记录　　　表242-21

检控项目	序号	质量验收规范规定			施工单位检查评定记录	监理(建设)单位验收记录
主控项目	1	平衡阀与调节阀		第11.2.1条		
	2	管道预热伸长、管道加固及回填		第11.2.2条		
	3	补偿器位置、预拉伸、固定架位置及构造		第11.2.3条		
	4	管道布置		第11.2.4条		
	5	管道保温		第11.2.5条		
一般项目	1	管道水平敷设坡度		应符合设计要求		
	2	除污器构造		第11.2.7条		
	3	管道安装		允许偏差(mm)	量　测　值　(mm)	
	1)	坐标(mm)	敷设在沟槽内及架空	20		
			埋地	50		
	2)	标高(mm)	敷设在沟槽内及架空	±10		
			埋地	±15		
	3)	水平管道纵、横方向弯曲(mm)	txgu1m	管径≤100mm	1	
				管径>100mm	1.5	
			全长(25m以上)	管径≤100mm	≥13	
				管径>100mm	≥25	
	4)	弯管	椭圆率 $\dfrac{D_{max}-D_{min}}{D_{max}}$	管径≤100mm	8%	
				管径>100mm	5%	
			折皱不平度(mm)	管径≤100mm	4	
				管径125~200mm	5	
				管径250~400mm	7	
	4	管道焊口		允许偏差(mm)	量　测　值　(mm)	
	1)	焊口平直度：管壁厚10mm以内		管壁厚1/4		
	2)	焊缝加强面	高度	+1mm		
			宽度	+1mm		
	3)	咬边	深度	小于0.5mm		
			连续长度	25mm		
			总长度(两则)	小于焊缝长度的10%		

2.5 分项、检验批工程质量验收记录表

续表

检控项目	序号	质量验收规范规定			施工单位检查评定记录	监理(建设)单位验收记录
一般项目	5	焊缝表面质量		第11.2.10条		
	6	供水管、蒸气管敷设位置		第11.2.11条		
	7	沟内管道安装位置		第11.2.12条		
	8	供热管道安装高度		第11.2.13条		
	9	防锈漆涂刷		第11.2.14条		
	10	保温层厚度及平整度		允许偏差(mm)	量 测 值 (mm)	
	1)	厚度		$+0.1\delta$ -0.05δ		
	2)	表面平整度	卷 材	5		
			涂 抹	10		
		δ为保温层厚度				

2.5.10.22 室外供热管网水压试验与调试检验批质量验收记录（表242-22）

室外供热管网水压试验与调试检验批质量验收记录　　　　表242-22

检控项目	序号	质量验收规范规定	施工单位检查评定记录	监理(建设)单位验收记录
主控项目	1	水压试验的压力	第11.3.1条	
	2	管道冲洗	第11.3.2条	
	3	试运行和调试	第11.3.3条	
	4	供热管道做水压试验时，试验管道上的阀门应开启，试验管道与非试验管道应隔断		

2.5.10.23 建筑中水系统管道及附属设备安装检验批质量验收记录（表242-23）

建筑中水系统管道及附属设备安装检验批质量验收记录　　　　表242-23

检控项目	序号	质量验收规范规定	施工单位检查评定记录	监理(建设)单位验收记录
主控项目	1	中水高位水箱与生活高位水箱	第12.2.1条	
	2	中水给水管道	第12.2.2条	
	3	中水供水管道	第12.2.3条	
	4	中水管道装设	第12.2.4条	
一般项目	1	中水管道管材与配件	第12.2.5条	
	2	中水管道与生活饮水管、排水管道安装距离与位置	第12.2.6条	

2.5.10.24 游泳池水系统安装检验批质量验收记录（表242-24）

游泳池水系统安装检验批质量验收记录　　　　表242-24

检控项目	序号	质量验收规范规定	施工单位检查评定记录	监理(建设)单位验收记录
主控项目	1	游泳池给水口、回水口、泄水口埋设	第12.3.1条	
	2	游泳池的毛发聚集器	第12.3.2条	
	3	游泳池地面	第12.3.3条	
一般项目	1	循环水系统加药	第12.3.4条	
	2	游泳池浸脚、浸腰消毒	第12.3.5条	

2.5.10.25 锅炉安装检验批质量验收记录（表242-25）

锅炉安装检验批质量验收记录　　　　　　　　　表242-25

检控项目	序号	质量验收规范规定		施工单位检查评定记录										监理(建设)单位验收记录
主控项目	1	锅炉及辅助设备基础		允许偏差（mm）	量　测　值　(mm)									
	1)	基础坐标位置		20										
	2)	基础各不同平面的标高		0，－20										
	3)	基础平面外形尺寸		20										
	4)	凸台上平面尺寸		0，－20										
	5)	凹穴尺寸		＋20，0										
	6)	基础上平面水平度	每米	5										
			全长	10										
	7)	竖向偏差	每米	5										
			全高	10										
	8)	预埋地脚螺栓	标高（顶端）	＋20，0										
			中心距（根部）	2										
	9)	预留地脚螺栓孔	中心位置	10										
			深度	－20，0										
			孔壁垂直度	10										
	10)	预埋活动地脚螺栓锚板	中心位置	5										
			标高	＋20，0										
			水平度（带槽锚板）	5										
			水平度（带螺纹孔锚板）	2										
	2	非承压锅炉检查		第3.2.2条										
	3	天然气燃料锅炉的天然气释放管		第3.2.3条										
	4	燃油锅炉		第3.2.4条										
	5	锅炉的锅筒、水冷壁和排污阀及排污管道		第3.2.5条										
	6	锅炉水压试验		第13.2.6条										
	7	锅炉冷态运转试验		第13.2.7条										
	8	锅炉本体焊缝质量		第13.2.8条										
一般项目	1	锅炉安装		允许偏差（mm）	量　测　值　(mm)									
	1)	坐标		10										
	2)	标高		±5										
	3)	中心线垂直度	卧式锅炉炉体全高	3										
			立式锅炉炉体全高	4										

续表

检控项目	序号	质量验收规范规定		施工单位检查评定记录		监理(建设)单位验收记录
一般项目	2	组装链条炉排安装	允许偏差(mm)	量 测 值 (mm)		
	1)	炉排中心位置	2			
	2)	墙板的标高	65			
	3)	墙板的垂直度,全高	3			
	4)	墙板间两对角线的长度之差	5			
	5)	墙板框的纵向位置	5			
	6)	墙板顶面的纵向水平度	长度 $l/1000$,且≯5			
	7)	墙板间的距离 跨距≤2m	+3 0			
		跨距>2m	+5 0			
	8)	两墙板的顶面在同一水平面上相对高差	5			
	9)	前轴、后轴的水平度	长度 $l/1000$			
	10)	前轴和后轴和轴心线相对标高差	5			
	11)	各轨道在同一水平面上的相对高差	5			
	12)	相邻两轨道间的距离	±2			
	3	往复炉排安装	允许偏差(mm)	量 测 值 (mm)		
	1)	两侧板的相对标高	3			
	2)	两侧板间距离 跨距≤2m	+3 0			
		跨距>2m	+4 0			
	3)	两侧板的垂直度,全高	3			
	4)	两侧板间对角线的长度之差	5			
	5)	炉排片的纵向间隙	1			
	6)	炉排两侧的间隙	2			
	4	铸铁省煤器破损	第 13.2.12 条			
		铸铁省煤器支架安装	允许偏差(mm)	量 测 值 (mm)		
	1)	支承架的位置	3			
	2)	支承架的标高	0 −5			
	3)	支承架的纵、横向水平度(每米)	1			
	5	锅炉本体安装	第 13.2.13 条			
	6	锅炉由炉底送风的风室及锅炉底座与基础之间必须封、堵严密。	第 13.2.14 条			
	7	省煤器的出口	第 13.2.15 条			
	8	电动调节阀门	第 13.2.16 条			

2.5.10.26 锅炉辅助设备及管道安装检验批质量验收记录（表242-26）

锅炉辅助设备及管道安装检验批质量验收记录　　表242-26

检控项目	序号	质量验收规范规定			施工单位检查评定记录										监理(建设)单位验收记录
主控项目	1	辅助设备基础		第13.3.1条											
	2	风机试运转		第13.3.2条											
	3	分气缸水压试验		第13.3.3条											
	4	敞口箱、灌的满水试验		第13.3.4条											
	5	直埋油灌的气密性试验		第13.3.5条											
	6	锅炉工艺管道安装		第13.3.6条											
	7	设备操作通道净距		第13.3.7条											
	8	仪表阀门安装		第13.3.8条											
	9	管道焊接质量		第13.3.9条											
		焊接管道安装		允许偏差(mm)	量　测　值　(mm)										
	1)	焊口平直度：管壁厚10mm以内		管壁厚1/4											
	2)	焊缝加强面	高度	+1mm											
			宽度	+1mm											
	3)	咬边长度	深度	小于0.5mm											
			连续长度	25mm											
			总长度(两则)	小于焊缝长度的10%											
一般项目	1	单斗式提升机安装		第13.3.12条											
	2	安装锅炉送、引风机		第13.3.13条											
	3	水泵安装外观质量		第13.3.14条											
	4	锅炉辅助设备安装		允许偏差(mm)	量　测　值　(mm)										
	1)	送、引风机	坐标	10											
			标高	±5											
	2)	各种静置设备(各种容器、箱、罐等)	坐标	15											
			标高	±5											
			垂直度(1m)	2											
	3)	离心式水泵	泵体水平度(1m)	0.1											
			联轴器同心度	轴向倾斜(1m)	0.8											
				径向位移	0.1										

续表

检控项目	序号	质量验收规范规定			施工单位检查评定记录											监理(建设)单位验收记录
一般项目	5	锅炉工艺管道安装		允许偏差(mm)	量 测 值 (mm)											
	1)	坐标	架空	15												
			地沟	10												
	2)	标高	架空	±15												
			地沟	±10												
	3)	水平管道纵、横方向弯曲	$DN \leqslant 100mm$	2‰，最大50												
			$DN > 100mm$	3‰，最大70												
	4)	立管垂直		2‰，最大15												
	5)	成排管道间距		3												
	6)	交叉管的外壁或绝热层间距		10												
	6	手摇泵安装		第13.3.15条												
	7	水泵试运转		第13.3.16条												
	8	注水器安装		第13.3.17条												
	9	除尘器安装		第13.3.18条												
	10	除氧器排气管		第13.3.19条												
	11	软化水设备视镜		第13.3.20条												
	12	管道及设备保温		第13.3.21条												
	13	涂刷油漆		第13.3.22条												

2.5.10.27 供热锅炉安全附件安装检验批质量验收记录（表242-27）

供热锅炉安全附件安装检验批质量验收记录　　　　表242-27

检控项目	序号	质量验收规范规定	施工单位检查评定记录	监理(建设)单位验收记录
主控项目	1	安全阀门定压与调整	第13.4.1条	
	2	压力表	第13.4.2条	
	3	安装水位表	第13.4.3条	
	4	报警器及联锁保护装置	第13.4.4条	
	5	蒸汽锅炉安全阀安装	第13.4.5条	
一般项目	1	安装压力表	第13.4.6条	
	2	测压仪表取压口方位	第13.4.7条	
	3	安装温度计	第13.4.8条	
	4	温度计与压力表安装	第13.4.9条	

2.5.10.28 锅炉烘炉、煮炉和试运行检验批质量验收记录（表242-28）

锅炉烘炉、煮炉和试运行检验批质量验收记录

表242-28

检控项目	序号	质量验收规范规定		施工单位检查评定记录	监理(建设)单位验收记录
主控项目	1	锅炉火焰烘炉	第13.5.1条		
	2	烘炉结束	第13.5.2条		
	3	烘炉、煮炉后的定压检验与调整	第13.5.3条		
一般项目	1	煮炉时间	第13.5.4条		

2.5.10.29 换热站安装检验批质量验收记录（表242-29）

换热站安装检验批质量验收记陆

表242-29

检控项目	序号	质量验收规范规定			施工单位检查评定记录					监理(建设)单位验收记录
主控项目	1	热交换器水压试验			第13.6.1条					
	2	循环水泵和热交换器的相对安装位置			第13.6.2条					
	3	壳管式热交换器安装			第13.6.3条					
一般项目	1	换热站内设备安装			允许偏差(mm)	量	测	值	(mm)	
		1) 送、引风机	坐标		10					
			标高		±5					
		2) 各种静置设备（各种容器、箱、罐等）	坐标		15					
			标高		±5					
			垂直度（1m）		2					
		3) 离心式水泵	泵体水平度（1m）		0.1					
			联轴器同心度	轴向倾斜(1m)	0.8					
				径向位移	0.1					
	2	循环泵、调节阀等的安装			第13.6.5条					
	3	换热站内管道安装			允许偏差(mm)	量	测	值	(mm)	
		1) 坐标	架空		15					
			地沟		10					
		2) 标高	架空		±15					
			地沟		±10					
		3) 水平管道纵、横方向弯曲	DN≤100mm		2‰，最大50					
			DN>100mm		3‰，最大70					
		4) 立管垂直			2‰，最大15					
		5) 成排管道间距			3					
		6) 交叉管的外壁或绝热层间距			10					
	4	设备及管道保温			允许偏差(mm)	量	测	值	(mm)	
		1) 厚度			+0.1δ；-0.05δ					
		2) 表面平整度	卷材		5					
			涂抹		10					

注：δ为保温层厚度。

2.5 分项、检验批工程质量验收记录表

2.5.11 通风与空调工程

2.5.11.1 风管与配件制作检验批质量验收记录（金属风管）（表243-1）

风管与配件制作检验批质量验收记录（金属风管） 表243-1

检控项目	序号	质量验收规范规定		施工单位检查评定记录	监理(建设)单位验收记录
主控项目	1	材质种类、性能及厚度	第4.2.1条		
	2	防火风管	第4.2.3条		
	3	风管强度及严密性工艺性检测	必须为不燃材料耐火等级符合设计规定		
	4	风管的连接	第4.2.6条		
	5	风管的加固	第4.2.10条		
	6	矩形弯管导流片	第4.2.12条		
	7	洁净风管	第4.2.13条		
一般项目	1	圆形弯管制作	第4.3.1-1条		
	2	风管的外形尺寸	第4.3.1-2,3条		
	3	焊接风管	第4.3.1-4条		
	4	法兰风管制作	第4.3.2条		
	5	铝板或不锈钢板风管	第4.3.2条		
	6	无法兰矩形风管制作	第4.3.3条		
	7	无法兰圆形风管制作	第4.3.3条		
	8	风管的加固	第4.3.4条		
	9	净化空调风管	第4.3.11条		

2.5.11.2 风管与配件制作检验批质量验收记录（非金属、复合材料风管）（表243-2）

风管与配件制作检验批质量验收记录（非金属、复合材料风管） 表243-2

检控项目	序号	质量验收规范规定		施工单位检查评定记录	监理(建设)单位验收记录
主控项目	1	材质种类、性能及厚度	第4.2.2条		
	2	复合材料风管的材料	第4.2.4条		
	3	风管强度及严密性工艺性检测	第4.2.5条		
	4	风管的连接	第4.2.6、4.2.7条		
	5	复合材料风管的连接	第4.2.8条		
	6	砖、混凝土风道的变形缝	第4.2.9条		
	7	风管的加固	第4.2.11条		
	8	矩形弯管导流片	第4.2.12条		
	9	净化空调风管	第4.2.13条		
一般项目	1	风管的外形尺寸	第4.3.1条		
	2	硬聚氯乙烯风管	第4.3.5条		
	3	有机玻璃钢风管	第4.3.6条		
	4	无机玻璃钢风管	第4.3.7条		
	5	砖、混凝土风管	第4.3.8条		
	6	双面铝箔绝热板风管	第4.3.9条		
	7	铝箔玻璃纤维板风管	第4.3.10条		
	8	净化空调风管	第4.3.11条		

2.5.11.3 风管部件与消声器制作检验批质量验收记录（表243-3）

风管部件与消声器制作检验批质量验收记录　　　　表243-3

检控项目	序号	质量验收规范规定		施工单位检查评定记录	监理(建设)单位验收记录
主控项目	1	一般风阀	第5.2.1条		
	2	电动风阀	第5.2.2条		
	3	防火阀、排烟阀（口）	第5.2.3条		
	4	防爆风阀	第5.2.4条		
	5	净化空调系统风阀	第5.2.5条		
	6	特殊风阀	第5.2.6条		
	7	排烟柔性短管	第5.2.7条		
	8	消声弯管、消声器	第5.2.8条		
一般项目	1	调节风阀	第5.3.1条		
	2	止回风阀	第5.3.2条		
	3	插板风阀	第5.3.3条		
	4	三通调节阀	第5.3.4条		
	5	风量平衡阀	第5.3.5条		
	6	风罩	第5.3.6条		
	7	风帽	第5.3.7条		
	8	矩形弯管导流片	第5.3.8条		
	9	柔性短管	第5.3.9条		
	10	消声器	第5.3.10条		
	11	检查门	第5.3.11条		
	12	风口	第5.3.12条		

2.5.11.4 风管系统安装检验批质量验收记录（送、排风、排烟系统）（表243-4）

风管系统安装检验批质量验收记录（送、排风、排烟系统）　　　　表243-4

检控项目	序号	质量验收规范规定		施工单位检查评定记录	监理(建设)单位验收记录
主控项目	1	风管穿越防火、防爆墙	第6.2.1条		
	2	风管内严禁其他管线穿越	第6.2.2条		
	3	高于80℃风管系统	第6.2.3条		
	4	室外立管的拉索	第6.2.2-3条		
	5	风阀的安装	第6.2.4条		
	6	手动密闭阀安装	第6.2.9条		
	7	风管严密性检验	第6.2.8条		
一般项目	1	风管系统的安装	第6.3.1条		
	2	无法兰风管系统的安装	第6.3.2条		
	3	风管安装的水平、垂直质量	第6.3.3条		
	4	风管的支、吊架	第6.3.4条		
	5	铝板、不锈钢板风管安装	第6.3.1-8条		
	6	非金属风管的安装	第6.3.5条		
	7	风阀的安装	第6.3.8条		
	8	风帽的安装	第6.3.9条		
	9	吸、排风罩的安装	第6.3.10条		
	10	风口的安装	第6.3.11条		

2.5.11.5 风管系统安装检验批质量验收记录（空调系统）（表243-5）

风管系统安装检验批质量验收记录（空调系统）　　　表 243-5

检控项目	序号	质量验收规范规定		施工单位检查评定记录	监理(建设)单位验收记录
主控项目	1	风管穿越防火、防爆墙	第6.2.1条		
	2	风管内严禁其他管线穿越	第6.2.2条		
	3	高于80℃风管系统	第6.2.3条		
	4	室外立管的拉索	第6.2.2-3条		
	5	风阀的安装	第6.2.4条		
	6	手动密闭阀安装	第6.2.9条		
	7	风管严密性检验	第6.2.8条		
一般项目	1	风管系统的安装	第6.3.1条		
	2	无法兰风管系统的安装	第6.3.2条		
	3	风管安装的水平、垂直质量	第6.3.3条		
	4	风管的支、吊架	第6.3.4条		
	5	铝板、不锈钢板风管安装	第6.3.1-8条		
	6	非金属风管的安装	第6.3.5条		
	7	复合材料风管安装	第6.3.6条		
	8	风阀的安装	第6.3.8条		
	9	风口的安装	第6.3.11条		
	10	变风量末端装置安装	第7.3.20条		

2.5.11.6 风管系统安装检验批质量验收记录（净化空调系统）（表243-6）

风管系统安装检验批质量验收记录（净化空调系统）　　　表 243-6

检控项目	序号	质量验收规范规定		施工单位检查评定记录	监理(建设)单位验收记录
主控项目	1	风管穿越防火、防爆墙	第6.2.1条		
	2	风管内严禁其他管线穿越	第6.2.2条		
	3	高于80℃风管系统	第6.2.3条		
	4	室外立管的拉索	第6.2.1-3条		
	5	风阀的安装	第6.2.4条		
	6	手动密闭阀安装	第6.2.5条		
	7	净化风管安装	第6.2.6条		
	8	真空吸尘系统安装	第6.2.7条		
	9	风管严密性检验	第6.2.8条		
一般项目	1	风管系统的安装	第6.3.1条		
	2	无法兰风管系统的安装	第6.3.2条		
	3	风管安装的水平、垂直质量	第6.3.3条		
	4	风管的支、吊架	第6.3.4条		
	5	铝板、不锈钢板风管安装	第6.3.1-8条		
	6	非金属风管的安装	第6.3.5条		
	7	复合材料风管安装	第6.3.6条		
	8	风阀的安装	第6.3.8条		
	9	净化空调风口的安装	第6.3.12条		
	10	真空吸尘系统安装	第6.3.7条		
	11	风口的安装	第6.3.11条		

2.5.11.7 通风机安装检验批质量验收记录（表243-7）

通风机安装检验批质量验收记录 表243-7

检控项目	序号	质量验收规范规定		施工单位检查评定记录	监理(建设)单位验收记录
主控项目	1	通风机的安装	第7.2.1条		
	2	通风机安全措施	第7.2.2条		
一般项目	1	离心风机的安装	第7.3.1-1~-4条		
	2	轴流风机的安装	第7.3.1-2条		
	3	风机的隔振支架	第7.3.1-3条 7.3.1-4条		
	项次	项目（通风机安装）	允许偏差（mm）	量测值（mm）	
	1	中心线的平面位移	10mm		
	2	标高	±10mm		
	3	皮带轮轮宽中心偏移	1mm		
	4	传动轴水平度	纵向 0.2/1000		
			横向 0.3/1000		
	5	联轴器 两轴芯径向位移	0.05mm		
		两轴线倾斜	0.2/1000		

2.5.11.8 通风与空调设备安装检验批质量验收记录（通风系统）（表243-8）

通风与空调设备安装检验批质量验收记录（通风系统） 表243-8

检控项目	序号	质量验收规范规定		施工单位检查评定记录	监理(建设)单位验收记录
主控项目	1	通风机的安装	第7.2.1条		
	2	通风机安全措施	第7.2.2条		
	3	除尘器的安装	第7.2.4条		
	4	布袋与静电除尘器的接地	第7.2.4-3条		
	5	静电空气过滤器安装	第7.2.7条		
	6	电加热器的安装	第7.2.8条		
	7	过滤吸收器的安装	第7.2.10条		
一般项目	1	离心风机的安装	第7.3.1-1条		
	项次	项目	允许偏差（mm）	量测值（mm）	
	1)	中心线的平面位移	10mm		
	2)	标高	±10mm		
	3)	皮带轮轮宽中心偏移	1mm		
	4)	传动轴水平度	纵向 0.2/1000		
			横向 0.3/1000		
	5)	联轴器 两轴芯径向位移	0.05mm		
		两轴线倾斜	0.2/1000		

续表

检控项目	序号	质量验收规范规定		施工单位检查评定记录	监理(建设)单位验收记录
一般项目	2	除尘设备的安装	第7.3.5条		
	项次	项目（除尘器安装）	允许偏差（mm）	量测值（mm）	
	1)	平面位移	≤10		
	2)	标高	±10		
	3)	垂直度 每米	≤2		
		总偏差	≤10		
	序号	质量验收规范规定		施工单位检查评定记录	
	3	现场组装静电除尘器的安装	第7.3.6条		
	4	现场组装布袋除尘器的安装	第7.3.7条		
	5	消声器的安装	第7.3.13条		
	6	空气过滤器的安装	第7.3.14条		
	7	蒸汽加湿器的安装	第7.3.18条		
	8	空气风幕机的安装	第7.3.19条		

2.5.11.9 通风与空调设备安装检验批质量验收记录（空调系统）（表243-9）

通风与空调设备安装检验批质量验收记录(空调系统) 表243-9

检控项目	序号	质量验收规范规定		施工单位检查评定记录	监理(建设)单位验收记录
主控项目	1	通风机的安装	第7.2.1条		
	2	通风机安全措施	第7.2.2条		
	3	空调机的安装	第7.2.3条		
	4	静电空气过滤器安装	第7.2.7条		
	5	电加热器的安装	第7.2.8条		
	6	干蒸汽加湿器的安装	第7.2.9条		
	7	过滤吸收器的安装	第7.2.10条		
一般项目	1	通风机的安装	第7.3.1条		
	项次	项目	允许偏差(mm)	量测值(mm)	
	1)	中心线的平面位移	10mm		
	2)	标高	±10mm		
	3)	皮带轮宽中心偏移	1mm		
	4)	传动轴水平度 纵向	0.2/1000		
		横向	0.3/1000		
	5)	联轴器 两轴芯径向位移	0.05mm		
		两轴线倾斜	0.2/1000		
	序号	质量验收规范规定		施工单位检查评定记录	
	2	组合式空调机组的安装	第7.3.2条		
	3	现场组装的空气处理室安装	第7.3.3条		
	4	单元式空调机组的安装	第7.3.4条		
	5	消声器的安装	第7.3.13条		
	6	风机盘管机组安装	第7.3.15条		
	7	粗、中效空气过滤器的安装	第7.3.14条		
	8	空气风幕机的安装	第7.3.19条		
	9	转轮式换热器安装	第7.3.16条		
	10	转轮式去湿器安装	第7.3.17条		
	11	蒸汽加湿器安装	第7.3.18条		

2.5.11.10 通风与空调设备安装检验批质量验收记录(净化空调系统)(表243-10)

通风与空调设备安装检验批质量验收记录(净化空调系统)　　表243-10

检控项目	序号	质量验收规范规定		施工单位检查评定记录		监理(建设)单位验收记录
主控项目	1	通风机的安装		第7.2.1条		
	2	通风机安全措施		第7.2.2条		
	3	空调机的安装		第7.2.3条		
	4	净化空调设备的安装		第7.2.6条		
	5	高效过滤器的安装		第7.2.5条		
	6	静电空气过滤器安装		第7.2.7条		
	7	电加热器的安装		第7.2.8条		
	8	干蒸汽加湿器的安装		第7.2.9条		
一般项目	1	通风机的安装		第7.3.1条		
	项次	项目		允许偏差(mm)	量测值(mm)	
	1)	中心线的平面位移		10mm		
	2)	标高		±10mm		
	3)	皮带轮轮宽中心偏移		1mm		
	4)	传动轴水平度		纵向 0.2/1000		
				横向 0.3/1000		
	5)	联轴器	两轴芯径向位移	0.05mm		
			两轴线倾斜	0.2/1000		
	序号	质量验收规范规定		施工单位检查评定记录		
	2	组合式净化空调机组的安装		第7.3.2条		
	3	净化室设备安装		第7.3.8条		
	4	装配式洁净室的安装		第7.3.9条		
	5	洁净室层流罩的安装		第7.3.10条		
	6	风机过滤单元安装		第7.3.11条		
	7	粗、中效空气过滤器的安装		第7.3.14条		
	8	高效过滤器安装		第7.3.12条		
	9	消声器的安装		第7.3.13条		
	10	蒸气加湿器安装		第7.3.18条		

2.5.11.11 空调制冷系统安装检验批质量验收记录（表243-11）

空调制冷系统安装检验批质量验收记录　　表243-11

检控项目	序号	质量验收规范规定		施工单位检查评定记录	监理(建设)单位验收记录
主控项目	1	制冷设备与附属设备安装	第8.2.1-1、3条		
	2	设备混凝土基础的验收	第8.2.1-2条		
	3	表面式冷却器的安装	第8.2.2条		
	4	燃气、燃油系统设备的安装	第8.2.3条		
	5	制冷设备的严密性试验及试运行	第8.2.4条		
	6	管道及管配件的安装	第8.2.5条		
	7	燃油管道系统接地	第8.2.6条		
	8	燃气系统的安装	第8.2.7条		
	9	氨管道焊缝的无损检测	第8.2.8条		
	10	乙二醇管道系统的规定	第8.2.9条		
一般项目	1	制冷设备安装	第8.3.1-1、3条		
	2	制冷附属设备安装	第8.3.1-3条		
	3	模块式冷水机组安装	第8.3.2条		
	4	泵的安装	第8.3.3条		
	5	制冷剂管道的安装	第8.3.4-1,2,3,4条		
	6	管道的焊接	第8.3.4-5,6条		
	7	阀门安装	第8.3.5-2~5条		
	8	阀门的试压	第8.3.5-1条		
	9	制冷系统的吹扫	第8.3.6条		

2.5.11.12 空调水系统安装检验批质量验收记录（金属管道）（表243-12）

空调水系统安装检验批质量验收记录（金属管道）　　表243-12

检控项目	序号	质量验收规范规定		施工单位检查评定记录	监理(建设)单位验收记录
主控项目	1	系统的管材与配件验收	第9.2.1条		
	2	管道柔性接管的安装	第9.2.2-3条		
	3	管道的套管	第9.2.2-5条		
	4	管道补偿器安装及固定支架	第9.2.5条		
	5	系统的冲洗、排污	第9.2.2-4条		
	6	阀门的安装	第9.2.4条		
	7	阀门的试压	第9.2.4-3条		
	8	系统的试压	第9.2.3条		
	9	隐蔽管道的验收	第9.2.2-1条		
一般项目	1	管道的焊接	第9.3.2条		
	2	管道的螺纹连接	第9.3.3条		
	3	管道的法兰连接	第9.3.4条		
	4	管道的安装	第9.3.5条		
	5	钢塑复合管道的安装	第9.3.6条		
	6	管道沟槽式连接	第9.3.6条		
	7	管道的支、吊架	第9.3.8条		
	8	阀门及其他部件的安装	第9.3.10条		
	9	系统放气阀与排水阀	第9.3.10-4条		

2.5.11.13 空调水系统安装检验批质量验收记录（非金属管道）（表243-13）

空调水系统安装检验批质量验收记录（非金属管道）　　表243-13

检控项目	序号	质量验收规范规定		施工单位检查评定记录	监理(建设)单位验收记录
主控项目	1	系统的管材与配件验收	第9.2.1条		
	2	管道柔性接管的安装	第9.2.2-3条		
	3	管道的套管	第9.2.2-5条		
	4	管道补偿器安装及固定支架	第9.2.5条		
	5	系统的冲洗、排污	第9.2.2-4条		
	6	阀门的安装	第9.2.4条		
	7	阀门的试压	第9.2.4-3条		
	8	系统的试压	第9.2.3条		
	9	隐蔽管道的验收	第9.2.2-1条		
一般项目	1	PVC-U管道的安装	第9.3.1条		
	2	PP-R管道的安装	第9.3.1条		
	3	PEX管道的安装	第9.3.1条		
	4	管道安装的位置	第9.3.9条		
	5	管道的支、吊架	第9.3.8条		
	6	阀门的安装	第9.3.10条		
	7	系统放气阀与排水阀	第9.3.10-4条		

2.5.11.14 空调水系统安装检验批质量验收记录（设备）（表243-14）

空调水系统安装检验批质量验收记录（设备）　　表243-14

检控项目	序号	质量验收规范规定		施工单位检查评定记录	监理(建设)单位验收记录
主控项目	1	系统的设备与附属设备	第9.2.1条		
	2	冷却塔的安装	第9.2.6条		
	3	水泵的安装	第9.2.7条		
	4	其他附属设备的安装	第9.2.8条		
一般项目	1	风机盘管的管道连接	第9.3.7条		
	2	冷却塔的安装	第9.3.11条		
	3	水泵及附属设备的安装	第9.3.12条		
	4	水箱、集水缸、分水缸、储冷罐等设备的安装	第9.3.13条		
	5	水过滤器等设备的安装	第9.3.10-3条		
	6	管道安装	第9.3.5-5条		

2.5.11.15 防腐与绝热施工检验批质量验收记录(风管系统)(表243-15)

防腐与绝热施工检验批质量验收记录(风管系统) 表243-15

检控项目	序号	质量验收规范规定		施工单位检查评定记录	监理(建设)单位验收记录
主控项目	1	材料的验证	第10.2.1条		
	2	防腐涂料或油漆质量	第10.2.2条		
	3	电加热器与防火墙2m管道	第10.2.3条		
	4	低温风管的绝热	第10.2.4条		
	5	洁净室内风管	第10.2.5条		
一般项目	1	防腐涂层质量	第10.3.1条		
	2	空调设备、部件油漆或绝热	第10.3.2, 10.3.3条		
	3	绝热材料厚度及平整度	第10.3.4条		
	4	风管绝热粘接固定	第10.3.5条		
	5	风管绝热层保温钉固定	第10.3.6条		
	6	绝热涂料	第10.3.7条		
	7	玻璃布保护层的施工	第10.3.8条		
	8	金属保护层的施工	第10.3.12条		

2.5.11.16 防腐与绝热施工检验批质量验收记录（管道系统）(表243-16)

防腐与绝热施工检验批质量验收记录（管道系统） 表243-16

检控项目	序号	质量验收规范规定		施工单位检查评定记录	监理(建设)单位验收记录
主控项目	1	材料的验证	第10.2.1条		
	2	防腐涂料或油漆质量	第10.2.2条		
	3	电加热器与防火墙2m管道	第10.2.3条		
	4	冷冻水管道的绝热	第10.2.4条		
	5	洁净室内管道	第10.2.5条		
一般项目	1	防腐涂层质量	第10.3.1条		
	2	空调设备、部件油漆或绝热	第10.3.2, 10.3.3条		
	3	绝热材料厚度及平整度	第10.3.4条		
	4	绝热涂料	第10.3.7条		
	5	玻璃布保护层的施工	第10.3.8条		
	6	管道阀门的绝热	第10.3.9条		
	7	管道绝热层施工	第10.3.10条		
	8	管道防潮层的施工	第10.3.11条		
	9	金属保护层的施工	第10.3.12条		
	10	机房内制冷管道色标	第10.3.13条		

2.5.11.17 工程系统调试检验批质量验收记录（表243-17）

工程系统调试检验批质量验收记录　　表243-17

检控项目	序号	质量验收规范规定		施工单位检查评定记录	监理(建设)单位验收记录
主控项目	1	通风机、空调机组单机试运转及调试	第11.2.2-1条		
	2	水泵单机试运转及调试	第11.2.2-2条		
	3	冷却塔单机试运转及调试	第11.2.2-3条		
	4	制冷机组单机试运转及调试	第11.2.2-4条		
	5	电控防、排烟阀的动作试验	第11.2.2-5条		
	6	系统风量的调试	第11.2.3-1条		
	7	空调水系统的调试	第11.2.3-2条		
	8	恒温、恒湿空调	第11.2.3-3条		
	9	防、排系统调试	第11.2.4条		
	10	净化空调系统的调试	第11.2.5条		
一般项目	1	风机、空调机组	第11.3.1-2、3条		
	2	水泵的安装	第11.3.1-1条		
	3	风口风量的平衡	第11.3.2-2条		
	4	水系统的试运行	第11.3.3-1、11.3.3-3条		
	5	水系统检测元件的工作	第11.3.3-2条		
	6	空调房间的参数	第11.3.3-4、5、6条		
	7	洁净空调房间的参数	第11.3.3条		
	8	工程的控制和监测元件和执行结构	第11.3.4条		

2.5.12 建筑电气工程
2.5.12.1 架空线路及杆上电气设备安装检验批质量验收记录（表303-1）

架空线路及杆上电气设备安装检验批质量验收记录　　表303-1

检控项目	序号	质量验收规范规定	施工单位检查评定记录	监理(建设)单位验收记录
主控项目	1	电杆坑、拉线坑深允许偏差	不深于设计坑深100mm 不浅于设计坑深50mm	
	2	架空导线的弧垂值	不大于设计弧垂值±5% 水平排列同档导线间弧垂值不大于±50mm	
	3	变压器中性点连接与接地电阻值	符合设计要求	
	4	杆上设备的交换试验规定	第4.1.4条 第3.1.8条	
	5	低压配电箱的交接试验	第4.1.5条	
一般项目	1	拉线的方向、数量规格及弧垂值	第4.2.1条	
	2	电杆组	第4.2.2条	
	3	直线杆单横担装设位置与镀锌	第4.2.3条	
	4	导线与绝缘子固定，金具规格与导线规格适配	第4.2.4条	
	5	线路安全距离及破口绝缘修复	第4.2.5条	
	6	杆上电气设备安装规定	第4.2.6条	

2.5.12.2 变压器、箱式变电所安装检验批质量验收记录（表303-2）

变压器、箱式变电所安装检验批质量验收记录

表303-2

检控项目	序号	质量验收规范规定		施工单位检查评定记录	监理(建设)单位验收记录
主控项目	1	变压器安装	第5.1.1条		
	2	接地装置的接地	第5.1.2条		
	3	变压器的交接试验	第5.1.3条		
	4	变配电设备基础安装与接地接零	第5.1.4条		
	5	箱式变电箱的交接试验	第5.1.5条		
一般项目	1	有载调压开关的传动、点动	第5.2.1条		
	2	绝缘件的质量	第5.2.2条		
	3	装有滚轮变压器的固定	第5.2.3条		
	4	变压器的器身检查	第5.2.4条		
	5	箱式变电所涂层及道风口	条5.2.5条		
	6	箱式变电所接线标记	第5.2.6条		
	7	气体继电器气流坡度1.0%～1.5%升高坡度	第5.2.7条		

2.5.12.3 成套配电柜、控制柜（屏、台）和动力、照明配电箱（盘）安装检验批质量验收记录（表303-3）

成套配电柜、控制柜（屏、台）和动力、照明配电箱（盘）安装检验批质量验收记录

表303-3

检控项目	序号	质量验收规范规定		施工单位检查评定记录	监理(建设)单位验收记录
主控项目	1	柜、屏、台、箱、盘的接地或接零	第6.1.1条		
	2	低压成套设备的电击保护以及保护导体的最小截面积	第6.1.2条		
	3	手车、抽出式成套配电柜推拉要求	第6.1.3条		
	4	高压成套配电柜的交接试验	第6.1.4条		
	5	低压成套配电柜的交接试验	第6.1.5条		
	6	柜、屏、台、箱、盘;绝缘电阻值	第6.1.6条		
	7	柜、屏、台、箱、盘;耐压试验	第6.1.7条		
	8	直流屏试验	第6.1.8条		
	9	照明配电箱（盘）安装	第6.1.9条		
一般项目	1	基础型钢安装	第6.2.1条		
	2	柜、屏、台、箱、盘的连接	第6.2.2条		
	3	柜、屏、台、箱、盘的安装	第6.2.3条		
	4	柜、屏、台、箱、盘内检查试验	第6.2.4条		
	5	低压电气组合	第6.2.5条		
	6	柜、屏、台、箱、盘间配线	第6.2.6条		
	7	电器及控制台、板等可动部位的电线	第6.2.7条		
	8	照明配电箱（盘）安装	第6.2.8条		

2.5.12.4 低压电动机、电加热器及电动执行机构检查接线检验批质量验收记录（表303-4）

低压电动机、电加热器及电动执行机构检查接线检验批质量验收记录　　　表303-4

检控项目	序号	质量验收规范规定	施工单位检查评定记录	监理(建设)单位验收记录
主控项目	1	可接近裸露导体	第7.1.1条	
	2	绝缘电阻值	第7.1.2条	
	3	100kW以上电动机应测各相直流电阻值	第7.1.3条	
一般项目	1	电气设备安装	第7.2.1条	
	2	抽芯检查规定	第7.2.2条	
	3	电动机的抽芯检查	第7.2.3条	
	4	裸露导线间最小间距	第7.2.4条	

2.5.12.5 柴油发电机组安装检验批质量验收记录（表303-5）

柴油发电机组安装检验批质量验收记录　　　表303-5

检控项目	序号	质量验收规范规定	施工单位检查评定记录	监理(建设)单位验收记录
主控项目	1	发动机的试验	第8.1.1条	
	2	绝缘电阻值与直流耐压试验	第8.1.2条	
	3	馈电线路两端相序	第8.1.3条	
	4	发电动中性能（工作零线）	第8.1.4条	
一般项目	1	控制柜接线	第8.2.1条	
	2	发电机裸露导体的接地或接零	第8.2.2条	
	3	切换装置和保护装置试验	第8.2.3条	

2.5.12.6 不间断电源安装检验批质量验收记录（表303-6）

不间断电源安装检验批质量验收记录　　　　表303-6

检控项目	序号	质量验收规范规定		施工单位检查评定记录	监理(建设)单位验收记录
主控项目	1	整流装置、逆变装置和静态开关装置的规格、型号	第9.1.1条		
	2	保护系统和输出开关动作的试验调整	第9.1.2条		
	3	绝缘电阻值规定	大于0.5MΩ		
	4	输出端中性线的接地	第9.1.4条		
一般项目	1	电源的机架组装	第9.2.1条		
	2	电线、电缆敷设与接地	第9.2.2条		
	3	可接近裸露导体的接地	第9.2.3条		
	4	运行时的噪声控制	第9.2.4条		
	1)	A声级噪声	不应大于45dB		
	2)	电流5A以下噪声	不应大于30dB		

2.5.12.7 低压电气动力设备试验和试运行检验批质量验收记录（表303-7）

低压电气动力设备试验和试运行检验批质量验收记录　　　　表303-7

检控项目	序号	质量验收规范规定		施工单位检查评定记录	监理(建设)单位验收记录
主控项目	1	相关电气设备和线路试验	第10.1.1条		
	2	单独安装的低压电器交接试验	第10.1.2条		
一般项目	1	柜、台、箱运行电压、电流	第10.2.1条		
	2	电动机通电、转向、转动试运行	第10.2.2条		
	3	交流电动机的空载试运行	第10.2.3条		
	4	大容量导线或母线连接处的温度抽测	第10.2.4条		
	5	电动执行机构的动作方向及指示	第10.2.5条		

2.5.12.8 裸母线、封闭母线、插接式母线安装检验批质量验收记录（表303-8）

裸母线、封闭母线、插接式母线安装检验批质量验收记录　　　表303-8

检控项目	序号	质量验收规范规定	施工单位检查评定记录	监理(建设)单位验收记录
主控项目	1	裸露导体的接地或接零	第11.1.1条	
	2	母线、电器接线端子的连接规定	第11.1.2条	
	3	封闭插接式母线安装	第11.1.3条	
	4	室内裸母线的最小安全净距规定	第11.1.4条	
	5	高压母线交流工频耐压试验	合格	
	6	低压母线交接试验规定	第11.1.6条	
一般项目	1	支架与预埋铁件的固定	第11.2.1条	
	2	母线、电器接线端子，搭接面处理	第11.2.2条	
	3	母线的相序排列及涂色	第11.2.3条	
	4	母线在绝缘子上安装	第11.2.4条	
	5	封闭、插接式母线组装和固定	第11.2.5条	

2.5.12.9 电缆桥架安装和桥架内电缆敷设检验批质量验收记录（表303-9）

电缆桥架安装和桥架内电缆敷设检验批质量验收记录　　　表303-9

检控项目	序号	质量验收规范规定	施工单位检查评定记录	监理(建设)单位验收记录
主控项目	1	桥架、支架和引入、引出金属电缆导管接地或接零	第12.1.1条	
	2	电缆敷设严禁有绞拧、铠装压扁、护层断裂和表面划伤等缺陷		
一般项目	1	电缆桥架安装规定	第12.2.1条	
	2	桥架内电缆敷设规定	第12.2.2条	
	3	电缆的首端、末端和分支处应设标志牌	第12.2.3条	

2.5.12.10 电缆沟内和电缆竖井内电缆敷设检验批质量验收记录（表303-10）

电缆沟内和电缆竖井内电缆敷设检验批质量验收记录 表303-10

检控项目	序号	质量验收规范规定		施工单位检查评定记录	监理(建设)单位验收记录
主控项目	1	金属电缆支架、电缆导管必须接地（PE）或接零（PEN）可靠。			
	2	电缆敷设严禁有绞拧、铠装压扁、护压断裂和表面严重划伤等缺陷			
一般项目	1	电缆支架安装规定	第13.2.1条		
	2	电缆在支架上敷设，转弯处的最小允许弯曲半径	第13.2.2条		
	3	电缆敷设固定规定	第13.2.3条		
	4	电缆的首端、末端和分支处应设标志牌	第13.2.4条		

2.5.12.11 电线导管、电缆导管和线槽敷设检验批质量验收记录（表303-11）

电线导管、电缆导管和线槽敷设检验批质量验收记录 表303-11

检控项目	序号	质量验收规范规定		施工单位检查评定记录	监理(建设)单位验收记录
主控项目	1	金属的导管和线槽必须接地（PE）或接零（PEN）可靠及其规定	第14.1.1条		
	2	金属导管严禁对口熔焊连接；镀锌和壁厚小于等于2mm的钢导管不得套管熔焊连接			
	3	防爆导管连接及其要求	第14.1.3条		
	4	绝缘导管在砌体上剔槽埋设规定	第14.1.4条		
一般项目	1	室外电缆导管埋地敷设要求	第14.2.1条		
	2	室外导管管口设置的处理	第14.2.2条		
	3	电缆导管弯曲半径规定	第14.2.3条		
	4	金属导管内、外壁的防腐	第14.2.4条		
	5	室内落地导管管口的安装高度	第14.2.5条		
	6	暗配、明配导管的装设规定	第14.2.6条		
	7	线槽的安装要求	第14.2.7条		
	8	防爆导管敷设规定	第14.2.8条		
	9	绝缘导管敷设规定	第14.2.9条		
	10	金属、非金属柔性导管敷设规定	第14.2.10条		
	11	导管和线槽，在建筑物变形缝处应设补偿装置			

2.5.12.12 电线、电缆导管和线槽敷线检验批质量验收记录（表 303-12）

电线、电缆导管和线槽敷线检验批质量验收记录　　　　　　　　表 303-12

检控项目	序号	质量验收规范规定		施工单位检查评定记录	监理(建设)单位验收记录
主控项目	1	三相或单相的交流单芯电缆，不得单独穿于钢导管内	第 15.1.1 条		
	2	电线可穿或不可穿入同一导管的要求	第 15.1.2 条		
	3	爆炸危险环境照明线路的电线和电缆额定电压，不低于 750V，电线必须穿于钢导管内			
一般项目	1	穿管前的此物清除及管口保护	第 15.2.1 条		
	2	多相供电，电线绝缘层颜色选择规定	第 15.2.2 条		
	3	线槽敷线规定	第 15.2.3 条		

2.5.12.13 槽板配线检验批质量验收记录（表 303-13）

槽板配线检验批质量验收记录　　　　　　　　表 303-13

检控项目	序号	质量验收规范规定	施工单位检查评定记录	监理(建设)单位验收记录
主控项目	1	槽板内电线无接头，电线连接设在器具处；槽板与各种器具连接时，电线应留有余量，器具底座应压住槽板端部		
	2	槽板敷设应紧贴建筑物表面，横平竖直，固定可靠，严禁用木楔固定，木槽板应经阻燃处理，塑料槽板表面应有阻燃标识		
一般项目	1	木槽板无劈裂，塑料槽板无扭曲变形。槽板底板固定点间距小于 500mm；槽板盖板固定点间距小于 300mm；底板距终端 50mm 和盖板距终端 30mm 处应固定		
	2	槽板的底板接口与盖板接口应错开 20mm，盖板在直线段和 90°转角处成 45°斜口对接，T 形分支处应成三角叉接，盖板应无翘角，接口应严密整齐		
	3	槽板穿过梁、墙和楼板处应有保护套管，跨越建筑物变形缝处槽板应设补偿装置，且与槽板结合严密		

2.5 分项、检验批工程质量验收记录表

2.5.12.14 钢索配线检验批质量验收记录（表303-14）

钢索配线检验批质量验收记录 表303-14

检控项目	序号	质量验收规范规定			施工单位检查评定记录	监理(建设)单位验收记录
主控项目	1	应采用镀锌钢索，不应采用含油芯的钢索。钢索的钢丝直径应小于0.5mm，钢索不应有扭曲和断股等缺陷				
	2	钢索的终端拉环埋件应牢固可靠，钢索与终端拉环套接应采用心形环，固定钢索的线卡不应少于2个，钢索端头应用镀锌绑扎紧密，且应接地（PE）或接零（PEN）可靠				
	3	当钢索长度50m及以下时，可在其一端装设花篮螺栓紧固；当钢索长度大于50m时，应在钢索两装设花蓝螺栓紧固				
一般项目	1	钢索中间吊架间距不应大于12m，吊架与钢索连接处的吊钩深度不应小于20mm，并应有防止钢索跳出的锁定零件				
	2	电线和灯具在钢索上安装后，钢索应承受全部负载，且钢索表面应整洁，无锈蚀				
	3	钢索配线的零件间和线间距离如下：				
		配线类别	支持件之间最大距离（mm）	支持件与灯头盒之间最大距离（mm）		
	1)	钢管	1500	200		
	2)	刚性绝缘导管	1000	150		
	3)	塑料护套线	200	100		

2.5.12.15 电缆头制作、接地和线路绝缘测试检验批质量验收记录（表303-15）

电缆头制作、接地和线路绝缘测试检验批质量验收记录 表303-15

检控项目	序号	质量验收规范规定		施工单位检查评定记录	监理(建设)单位验收记录
主控项目	1	高压电力电缆直流耐压试验	第3.1.8条		
	2	低压电线、电缆绝缘电阻值测定	第18.1.2条		
	3	铠装电力电缆头接地线规定	第18.1.3条		
	4	电线、电缆接线必须准确，并联运行电线或电缆的型号、规格、长度、相位应一致	第18.1.4条		
一般项目	1	芯线与电器设备的连结规定	第18.2.1条		
	2	电线、电缆的芯线连接金具（连接管和端子），规格应与芯线规格适配，且不得采用开口端子	第18.2.2条		
	3	电线、电缆的回路标记应清晰，编号准确	第18.2.3条		

2.5.12.16 普通灯具安装检验批质量验收记录（表303-16）

普通灯具安装检验批质量验收记录　　　　　　　　　　表303-16

检控项目	序号	质量验收规范规定		施工单位检查评定记录	监理(建设)单位验收记录
主控项目	1	灯具的固定	第19.1.1条		
	2	花灯吊钩圆钢直径、大型花灯过载试验规定	第19.1.2条		
	3	对钢管作灯杆的要求	第19.1.3条		
	4	对固定灯具带电部件的绝缘材料要求	第19.1.4条		
	5	灯具安装高度和使用电压等级规定	第19.1.5条		
	6	灯具距地面高度小于2.4m时，可接近裸所导体的接地或接零	第19.1.6条		
一般项目	1	导线线芯的最小截面	第19.2.1条		
	2	灯具外形，灯头及其接线规定	第19.2.2条		
	3	变电所内安装灯具要求	第19.2.3条		
	4	白炽灯泡的装设要求	第19.2.4条		
	5	大型灯具防溅落措施	第19.2.5条		
	6	投光灯的装设要求	第19.2.6条		
	7	室外壁灯的防水措施	第19.2.7条		

2.5.12.17 专用灯具安装检验批质量验收记录（表303-17）

专用灯具安装检验批质量验收记录　　　　　　　　　　表303-17

检控项目	序号	质量验收规范规定		施工单位检查评定记录	监理(建设)单位验收记录
主控项目	1	36V及以下行灯变压器和安装	第20.1.1条		
	2	游泳池和类似场所灯具安装	第20.1.2条		
	3	手术台无影灯安装规定	第20.1.3条		
	4	应急照明灯具安装规定	第20.1.4条		
	5	防爆灯具安装及规定	第20.1.5条		
一般项目	1	36V及以下行灯变压器和安装	第20.2.1条		
	2	手术台无影灯安装规定	第20.2.2条		
	3	应急照明灯具安装规定	第20.2.3条		
	4	防爆灯具安装的规定	第20.2.4条		

2.5.12.18 建筑物景观照明灯、航空障碍标志灯和庭院灯安装检验批质量验收记录（表303-18）

建筑物景观照明灯、航空障碍标志灯和庭院灯安装检验批质量验收记录　　表303-18

检控项目	序号	质量验收规范规定		施工单位检查评定记录	监理(建设)单位验收记录
主控项目	1	建筑物彩灯安装规定	第21.1.1条		
	2	霓虹灯安装规定	第20.2.2条		
	3	建筑物景观灯具安装规定	第21.1.3条		
	4	航空障碍标志灯安装规定	第21.1.4条		
	5	庭院灯安装规定	第21.1.5条		
一般项目	1	建筑物彩灯安装的规定	第21.2.1条		
	2	霓虹灯安装规定	第21.2.2条		
	3	建筑物景观灯安装与保护	第21.2.3条		
	4	航空障碍标志灯安装	第21.2.4条		
	5	庭院灯安装规定	第21.2.5条		

2.5.12.19 开关、插座、风扇安装检验批质量验收记录（表303-19）

开关、插座、风扇安装检验批质量验收记录　　表303-19

检控项目	序号	质量验收规范规定		施工单位检查评定记录	监理(建设)单位验收记录
主控项目	1	插座安装	第22.1.1条		
	2	插座接线	第22.1.2条		
	3	特殊情况下插座安装	第22.1.3条		
	4	照明开关安装	第22.1.4条		
	5	吊扇安装	第22.1.5条		
	6	座扇安装	第22.1.6条		
一般项目	1	插座安装	第22.2.1条		
	2	照明开关安装	第22.2.2条		
	3	吊扇安装	第22.2.3条		
	4	座扇安装	第22.2.4条		

2.5.12.20 建筑物通电照明试运行检验批质量验收记录（表303-20）

建筑物通电照明试运行检验批质量验收记录　　表303-20

检控项目	序号	质量验收规范规定		施工单位检查评定记录	监理(建设)单位验收记录
主控项目	1	照明系统通电，灯具回路控制应与照明箱及回路的标识一致；开关与灯具控制顺序相对应，风扇的转向及调速开关应正常	第23.1.1条		
	2	公安建筑照明系统通电连续试运行时间应24小时，民用住宅照明系统通电连续试运行时间应8小时。所有照明灯具均应开启，且每2小时启示运行状态一次，连续试运行时间内无故障	第23.1.2条		

2.5.12.21 接地装置安装检验批质量验收记录（表303-21）

接地装置安装检验批质量验收记录　　　　　　　　　　表303-21

检控项目	序号	质量验收规范规定		施工单位检查评定记录	监理(建设)单位验收记录
主控项目	1	接地装置测试点位置设置要求	第24.1.1条		
	2	测试的接地电阻值必须符合设计要求	第24.1.2条		
	3	防雷接地的人工接地装置	第24.1.3条		
	4	接地模块埋深、间距、基坑尺寸等	第24.1.4条		
	5	接地模块应垂直或水平就位，不应倾斜设置，保持与原土层接触良好			
一般项目	1	接地装置的埋设规定	第24.2.1条		
	2	接地装置的材料采用规定	第24.2.2条		
	3	接地模块应集中引线，用干线把接地模块并联焊接成一个环路，干线的材质与接地模块焊接点材质应相同，钢制的采用热浸镀锌扁钢，引出线不少于2处	第24.2.3条		

2.5.12.22 避雷引下线和变配电室接地干线敷设检验批质量验收记录（表303-22）

避雷引下线和变配电室，接地干线敷设检验批质量验收记录　　　　表303-22

检控项目	序号	质量验收规范规定		施工单位检查评定记录	监理(建设)单位验收记录
主控项目	1	引下线敷设的固定与防腐	第25.1.1条		
	2	变压器室、高、低、压开关室内接地干线，应有不少于2处与接地装置引出干线连接	第25.1.2条		
	3	当利用金属构件、金属管道作接地线时，应在构件或管道与接地干线间焊接金属跨接线	第25.1.3条		
一般项目	1	钢制接地线的焊接连接、材料采用规定	第25.2.1条		
	2	支持件水平、垂直、弯曲部分的尺寸规定	第25.2.2条		
	3	接地线穿越墙壁、楼板和地坪处的加保护套管要求	第25.2.3条		
	4	变配电室内明敷接地干线安装	第25.2.4条		
	5	电缆穿过零序电流互感器时的要求	第25.2.5条		
	6	变配电室金属门绞链处接地连接	第25.2.6条		
	7	幕墙金属框架接地与防腐	第25.2.7条		

2.5.12.23 接闪器安装检验批质量验收记录（表303-23）

2.5 分项、检验批工程质量验收记录表

接闪器安装检验批质量验收记录　　　　　　　表 303-23

检控项目	序号	质量验收规范规定	施工单位检查评定记录	监理(建设)单位验收记录
主控项目	1	建筑物顶部的避雷针、避雷带等必须与顶部外露的其他金属物体连成一个整体的电气通路，且与避雷引下线连接可靠	第26.1.1条	
一般项目	1	避雷针、避雷带应位置正确，焊接固定的焊缝饱满无遗漏，螺栓固定的应备帽等防松零件齐全，焊接部分补刷的防腐油漆完整	第26.2.1条	
一般项目	2	避雷带应平正顺直，固定点支持件间距均匀，固定可靠，每个支持件应能承受大于49N（5kg）的垂直柱力。当设计无要求时，支持件间距符合： 水平直线部分：0.5~1.5mm 垂直直线部分：1.5~3.0mm 弯曲部分：0.3~0.5mm	第26.2.2条	

2.5.12.24 建筑物等电位联结检验批质量验收记录（表 303-24）

建筑物等电位联结检验批质量验收记录　　　　　　　表 303-24

检控项目	序号	质量验收规范规定	施工单位检查评定记录	监理(建设)单位验收记录
主控项目	1	建筑物等电位联结有关要求	第27.1.1条	
	2	等电位联结线的最小允许截面	第27.1.2条	
	1)	铜（干线）	16mm²	
	2)	铜（支线）	6mm²	
	3)	钢（干线）	50mm²	
	4)	钢（支线）	16mm²	
一般项目	1	等电位联结的可接点裸露导体或其他金属件、构件与支线连接可靠，熔焊、钎焊或机械紧固应导通正常	第27.2.1条	
一般项目	2	需等电位联结的高弧装修金属部件或零件，应有专门接线螺栓与等电位联结支线连接，且有标识连接处螺帽紧固、防松零件齐全	第27.2.2条	

2.5.13 电梯工程

2.5.13.1 电力驱动的曳引式或强制式电梯安装设备进场验收记录（表310-1）

电力驱动的曳引式或强制式电梯安装设备进场验收记录　　　　表310-1

	检 验 项 目		检 验 结 果	
			合　格	不合格
主控项目	1. 随机文件必须包括下列资料：	第4.1.1条 第5.1.1条		
	1）土建布置图			
	2）产品出厂合格证			
	3）门锁装置、限速器、安全钳及缓冲器			
	型式试验证书复印件			
一般项目	1. 随机文件还应包括下列资料：	第4.1.2条 第5.1.2条		
	1）装箱单			
	2）安装、使用维护说明书			
	3）动力电路和安全电路的电气原理图			
	2. 设备零部件应与装箱单	内容符合		
	3. 设备外观	不应存在明显的损坏		

2.5.13.2 电力驱动的曳引式或强制式电梯安装土建交接检验记录（表310-2）

电力驱动的曳引式或强制式电梯安装土建交接检验记录表　　　　表310-2

	检 验 项 目		检 验 结 果	
			合　格	不合格
主控项目	1. 机房内部、井道土建结构及布置	第4.2.1条		
	2. 主电源开关	第4.2.2条		
	3. 井道	第4.2.3条		
一般项目	1. 机房	第4.2.4条		
	2. 井道	第4.2.5条		

注：液压电梯安装土建交接检验也用此表

2.5.13.3 电力驱动曳引式或强制式电梯安装驱动主机分项工程质量验收记录（表310-3）

电力驱动曳引式或强制式电梯安装驱动主机分项工程质量验收记录表　　　　表310-3

<table>
<tr><td colspan="3" rowspan="2">检 验 项 目</td><td colspan="2">检 验 结 果</td></tr>
<tr><td>合　格</td><td>不合格</td></tr>
<tr><td rowspan="3">主控项目</td><td>1. 紧急操作装置动作必须正常</td><td>第4.3.1条</td><td></td><td></td></tr>
<tr><td>1) 可拆卸的装置必须置于驱动主机附近易接近处</td><td></td><td></td><td></td></tr>
<tr><td>2) 紧急救援操作说明必须贴于紧急操作时易见处</td><td></td><td></td><td></td></tr>
<tr><td rowspan="5">一般项目</td><td>1. 当驱动主机承重梁需埋入承重墙时，埋入端长度应超过墙厚中心至少20mm，且支承长度不应小于75mm</td><td>第4.3.2条</td><td></td><td></td></tr>
<tr><td>2. 制动器动作应灵活，制动间隙调整应符合产品设计要求</td><td>第4.3.3条</td><td></td><td></td></tr>
<tr><td>3. 驱动主机、驱动主机底座与承重梁的安装应符合产品设计要求</td><td>第4.3.4条</td><td></td><td></td></tr>
<tr><td>4. 驱动主机减速箱（如果有）内油量应在油标所限定的范围内</td><td>第4.3.5条</td><td></td><td></td></tr>
<tr><td>5. 机房内钢丝绳与楼板孔洞边间隙应为20~40mm，通向井道的孔洞四周应设置高度不小于50mm的台缘</td><td>第4.3.6条</td><td></td><td></td></tr>
</table>

注：液压电梯导轨安装分项也用此表。

2.5.13.4 电力驱动曳引式或强制式电梯安装导轨分项工程质量验收记录（表310-4）

电力驱动曳引式或强制式电梯安装导轨分项工程质量验收记录表　　　　表310-4

<table>
<tr><td colspan="3" rowspan="2">检 验 项 目</td><td colspan="2">检 验 结 果</td></tr>
<tr><td>合　格</td><td>不合格</td></tr>
<tr><td>主控项目</td><td colspan="2">导轨安装位置必须符合土建布置图要求</td><td>第4.4.1条</td><td></td><td></td></tr>
<tr><td rowspan="7">一般项目</td><td colspan="2">1. 两列导轨顶面间的距离偏差应为：
轿厢导轨 0~+2mm
对重导轨 0~+3mm</td><td>第4.4.2条</td><td></td><td></td></tr>
<tr><td colspan="2">2. 导轨支架</td><td>第4.4.3条</td><td></td><td></td></tr>
<tr><td colspan="2">3. 导轨工作面与安装基准线偏差
设安全钳：导轨为0.6mm
不设安全钳：导轨为1.0mm</td><td>第4.4.4条</td><td></td><td></td></tr>
<tr><td colspan="2">4. 设有安全钳对重（平衡重）导轨工作面接头</td><td>第4.4.5条</td><td></td><td></td></tr>
<tr><td rowspan="3">5. 不设安全钳对重（平衡重）导轨接头</td><td></td><td>第4.4.6条</td><td></td><td></td></tr>
<tr><td>1) 接头缝隙（mm）</td><td>不应大于1.0</td><td></td><td></td></tr>
<tr><td>2) 接头台阶（mm）</td><td>不应大于0.15</td><td></td><td></td></tr>
</table>

注：液压电梯导轨安装分项也用此表。

2.5.13.5 电力驱动曳引式或强制式电梯安装门系统分项工程质量验收记录（表310-5）

电力驱动曳引式或强制式电梯安装门系统分项工程质量验收记录表　　表310-5

检 验 项 目			检 验 结 果	
			合　格	不合格
主控项目	1. 层门地坎至桥厢地坎之间的水平距离偏差	第4.5.1条		
	2. **层门强迫关门装置**	**第4.5.2条**		
	3. 动力操纵的水平滑动门	第4.5.3条		
	4. 层门锁钩动作要求	**第4.5.4条**		
一般项目	1. 层门与地坎、门锁滚轮与轿厢地坎间隙不应小于5mm	第4.5.5条		
	2. 层门地坎水平度不得大于2/1000	第4.5.6条		
	3. 层门指示灯盒、召唤盒和消防开关盒	第4.5.7条		
	4. 门扇与门套、门楣门口处轿壁、门楣下端与地坎相互间间隙	第4.5.8条 客梯≤6mm 货梯≤8mm		

注：液压电梯门系统安装分项也用此表。

2.5.13.6 电力驱动曳引式或强制式电梯安装轿厢分项工程质量验收记录（表310-6）

电力驱动曳引式或强制式电梯安装轿厢分项工程质量验收记录表　　表310-6

检 验 项 目			检 验 结 果	
			合　格	不合格
主控项目	当距轿底面在1.1m以下使用玻璃轿壁时，必须在距轿底面0.9~1.1m的高度安装扶手，且扶手必须独立地固定，不得与玻璃有关	第4.6.1条		
一般项目	1. 当桥厢有反绳轮时，反绳轮应设置防护装置和挡绳装置	第4.6.2条		
	2. 当轿顶外侧边缘至井道壁水平方向的自由距离大于0.3m时，轿顶应装设防护栏及警示性标识	第4.6.3条		

注：液压电梯轿厢安装分项也用此表。

2.5.13.7 电力驱动曳引式或强制式电梯安装对重（平衡重）分项工程质量验收记录（表310-7）

电力驱动曳引式或强制式电梯安装对重（平衡重）分项工程质量验收记录表　　表310-7

检 验 项 目			检 验 结 果	
			合　格	不合格
一般项目	1. 当对重（平衡重）架有反绳轮，反绳轮应设置防护装置和挡绳装置	第4.7.1条		
	2. 对重（平衡重）块应可靠固定	第4.7.2条		

注：液压电梯对重（平衡重）安装分项也用此表。

2.5.13.8 电力驱动曳引式或强制式电梯安装安全部件分项工程质量验收记录（表310-8）

电力驱动曳引式或强制式电梯安装安全部件分项工程质量验收记录表　　表310-8

执行标准名称及编号				
	检 验 项 目		检 验 结 果	
			合　格	不合格
主控项目	1. 限速器动作速度整定封记必须完好，且无拆动痕迹	第4.8.1条		
	2. 当安全钳可调节时，整定封记应完好，且无拆动痕迹	第4.8.2条		
一般项目	1. 限速器张紧装置与其限位开关相对位置安装应正确	第4.8.3条		
	2. 安全钳与导轨的间隙应符合产品设计要求	第4.8.4条		
	3. 轿厢在两端站平层位置时，轿厢、对重的缓冲器撞板与缓冲器顶面间的距离应符合土建布置图要求。轿厢、对重的缓冲器撞板中心与缓冲器中心的偏差不应大于20mm	第4.8.5条		
	4. 液压缓冲器柱塞铅垂度不应大于0.5%，充液量应正确	第4.8.6条		

2.5.13.9 电力驱动曳引式或强制式电梯安装悬挂装置、随行电缆、补偿装置分项工程质量验收记录（表310-9）

电力驱动曳引式或强制式电梯安装悬挂装置、随行电缆、补偿装置分项工程质量验收记录表　　表310-9

	检 验 项 目		检 验 结 果	
			合　格	不合格
主控项目	1. 绳头组合	第4.9.1条 第5.9.1条		
	2. 钢丝绳严禁有死弯	第4.9.2条 第5.9.2条		
	3. 轿厢悬挂的电气安全开关	第4.9.3条 第5.9.3条		
	4. 随行电缆	第4.9.4条 第5.9.4条		
一般项目	1. 每根钢丝绳与平均值偏差不应大于5%	第4.9.5条 第5.9.5条		
	2. 随行电缆安装	第4.9.6条 第5.9.6条		
	3. 补偿绳、链、缆等补偿装置	第4.9.7条		
	4. 补偿绳张紧的电气安全开关	第4.9.8条		

2.5.13.10 电力驱动曳引式或强制式电梯安装电气装置分项工程质量验收记录（表310-10）

电力驱动曳引式或强制式电梯安装电气装置分项工程质量验收记录表　　表310-10

检验项目			检验结果	
			合格	不合格
主控项目	1. 电气设备接地	第4.10.1条		
	2. 绝缘电阻	第4.10.2条		
	1）动力及电气安全电路	0.5MΩ		
	2）其他电路	0.25MΩ		
一般项目	1. 主电源开关	第4.10.3条		
	2. 机房和井道配线	第4.10.4条		
	3. 导管、线槽的敷设	第4.10.5条		
	4. 接地支线应采用黄绿相间绝缘导线	第4.10.6条		
	5. 控制柜（屏）的安装位置	第4.10.7条		

注：液压电梯安装电气装置检查也用此表。

2.5.13.11 电力驱动曳引式或强制式电梯安装整机安装验收分项工程质量验收记录（表310-11）

电力驱动曳引式或强制式电梯安装整机安装验收分项工程质量验收记录表　　表310-11

检验项目			检验结果	
			合格	不合格
主控项目	1. 安全保护验收	第4.11.1条		
	1）必须检查的安全装置			
	2）应检查的安全开关动作			
	2. 限速器安全钳联动试验	第4.11.2条		
	3. 层门与轿门的试验	第4.11.3条		
	4. 曳引能力试验	第4.11.4条		
一般项目	1. 曳引式电梯的平衡系数应为0.4~0.5	第4.11.5条		
	2. 运行试验	第4.11.6条		
	3. 噪声检验	第4.11.7条		
	4. 平层准确度检验	第4.11.8条		
	5. 运行速度检验	第4.11.9条		
	6. 观感检查	第4.11.10条		

2.5.13.12 液压电梯安装液压系统分项工程质量验收记录（表310-12）

液压电梯安装液压系统分项工程质量验收记录表　　　表310-12

<table>
<tr><th colspan="2" rowspan="2">检 验 项 目</th><th rowspan="2"></th><th colspan="2">检 验 结 果</th></tr>
<tr><th>合　格</th><th>不合格</th></tr>
<tr><td>主控项目</td><td>液压泵站及液压顶升机构的安装必须按土建布置图进行。顶升机构必须牢固，缸体垂直度严禁大于0.4%</td><td>第5.3.1条</td><td></td><td></td></tr>
<tr><td rowspan="3">一般项目</td><td>1. 液压管路应可靠连接，且无渗漏现象</td><td>第5.3.2条</td><td></td><td></td></tr>
<tr><td>2. 液压泵站油位显示应清晰、准确</td><td>第5.3.3条</td><td></td><td></td></tr>
<tr><td>3. 显示系统工作压力的压力表应清晰、准确</td><td>第5.3.4条</td><td></td><td></td></tr>
</table>

2.5.13.13 液压电梯安装整机安装验收分项工程质量验收记录（表310-13）

液压电梯安装整机安装验收分项工程质量验收记录表　　　表310-13

<table>
<tr><th colspan="2" rowspan="2">检 验 项 目</th><th rowspan="2"></th><th colspan="2">检 验 结 果</th></tr>
<tr><th>合　格</th><th>不合格</th></tr>
<tr><td rowspan="7">主控项目</td><td>1. 液压电梯安全保护验收</td><td>第5.11.1条</td><td></td><td></td></tr>
<tr><td>1) 安全装置和功能检查</td><td></td><td></td><td></td></tr>
<tr><td>2) 安全开关动作</td><td></td><td></td><td></td></tr>
<tr><td>2. 限速器（安全绳）安全钳联动试验</td><td>第5.11.2条</td><td></td><td></td></tr>
<tr><td>3. 层门与轿门试验</td><td>第5.11.3条</td><td></td><td></td></tr>
<tr><td>4. 超载试验</td><td>第5.11.4条</td><td></td><td></td></tr>
<tr><td rowspan="8">一般项目</td><td>1. 运行试验</td><td>第5.11.5条</td><td></td><td></td></tr>
<tr><td>2. 噪声检验</td><td>第5.11.6条</td><td></td><td></td></tr>
<tr><td>3. 平层准确度检验</td><td>第5.11.7条</td><td></td><td></td></tr>
<tr><td>4. 运行速度检验</td><td>第5.11.8条</td><td></td><td></td></tr>
<tr><td>5. 额定载重量沉降量试验</td><td>第5.11.9条</td><td></td><td></td></tr>
<tr><td>6. 液压泵站溢流阀压力检查</td><td>第5.11.10条</td><td></td><td></td></tr>
<tr><td>7. 超压静载试验</td><td>第5.11.11条</td><td></td><td></td></tr>
<tr><td>8. 观感检查</td><td>第5.11.12条</td><td></td><td></td></tr>
</table>

2.5.13.14 自动扶梯、自动人行道安装设备进场验收分项工程质量验收记录（表310-14）

自动扶梯、自动人行道安装设备进场验收分项工程质量验收记录表　　　表310-14

<table>
<tr><th colspan="2" rowspan="2">检 验 项 目</th><th rowspan="2"></th><th colspan="2">检 验 结 果</th></tr>
<tr><th>合　格</th><th>不合格</th></tr>
<tr><td rowspan="7">主控项目</td><td>1. 必须提供以下资料</td><td>第6.1.1条</td><td></td><td></td></tr>
<tr><td>1) 技术资料</td><td></td><td></td><td></td></tr>
<tr><td>①梯级或踏板的型式试验报告复印件或胶带的断裂强度证明文件复印件</td><td></td><td></td><td></td></tr>
<tr><td>②对公共交通型自动扶梯、自动人行道应有扶手带的断裂强度证书复印件</td><td></td><td></td><td></td></tr>
<tr><td>2) 随机文件</td><td></td><td></td><td></td></tr>
<tr><td>①土建布置图</td><td></td><td></td><td></td></tr>
<tr><td>②产品出厂合格证</td><td></td><td></td><td></td></tr>
<tr><td rowspan="6">一般项目</td><td>1. 随机文件还应提供以下资料：</td><td>第6.1.2条</td><td></td><td></td></tr>
<tr><td>1) 装箱单</td><td></td><td></td><td></td></tr>
<tr><td>2) 安装、使用维护说明书</td><td></td><td></td><td></td></tr>
<tr><td>3) 动力电路和安全电路的电气原理图</td><td></td><td></td><td></td></tr>
<tr><td>2. 设备零部件应与装箱单内容相符</td><td>第6.1.3条</td><td></td><td></td></tr>
<tr><td>3. 设备外观不应存在明显的损坏</td><td>第6.1.4条</td><td></td><td></td></tr>
</table>

2.5.13.15 自动扶梯、自动人行道安装土建交接检验分项工程质量验收记录（表310-15）

自动扶梯、自动人行道安装土建交接检验分项工程质量验收记录表　　表310-15

检 验 项 目			检 验 结 果	
			合　格	不合格
主控项目	1. 自动扶梯的梯级或自动人行道的踏板或胶带上空，垂直净高度严禁小于2.3m	第6.2.1条		
	2. 在安装之前，井道周围必须设有保证安全的栏杆或屏障，其高度严禁小于1.2m	**第6.2.2条**		
一般项目	1. 土建工程应按照土建布置图进行施工，且其主要尺寸允许误差应为： 提升高度 −15 ～ +15mm； 跨度 0 ～ +15mm	第6.2.3条		
	2. 根据产品供应商的要求应提供设备进场所需的通道和搬运空间	第6.2.4条		
	3. 在安装之前，土建施工单位应提供明显的水平基准线标识	第6.2.5条		
	4. 电源零线和接地线应始终分开。接地装置的接地电阻值不应大于4Ω。	第6.2.6条		

2.5.13.16 自动扶梯、自动人行道安装整机安装验收分项工程质量验收记录（表310-16）

自动扶梯、自动人行道安装整机安装验收分项工程质量验收记录表　　表310-16

检 验 项 目			检 验 结 果	
			合　格	不合格
主控项目	1. 自动扶梯、自动人行道的自动停止运行	第6.3.1条		
	2. 绝缘电阻测量	第6.3.2条		
	3. 电气设备接地	第4.10.1条		
一般项目	1. 整机安装检查	第6.3.4条		
	2. 性能试验	第6.3.5条		
	3. 自动扶梯、自动人行道制动试验	第6.3.6条		
	4. 电气装置	第6.3.7条		
	5. 观感检查	第6.3.8条		

2.5.14 智能建筑工程

2.5.14.1 通信网络系统工程检验批质量验收记录（表339-1）

通信网络系统工程检验批质量验收记录 表339-1

检控项目	序号	质量验收规范规定	施工单位检查评定记录	监理（建设）单位验收记录
主控项目	1	通信系统安装工程的检测与性能	第4.2.6条	
	2	接入公用通信信道的传输、信号、物理接口与接口协议	第4.2.7条	
	3	通信系统的工程实施及质量控制和系统检测内容	第4.2.8条	

2.5.14.2 卫星数字电视及有线电视、公共广播与紧急广播系统检测检验批质量验收记录（表339-2）

卫星数字电视及有线电视、公共广播与紧急广播系统检测检验批质量验收记录 表339-2

检控项目	序号	质量验收规范规定	施工单位检查评定记录	监理（建设）单位验收记录
主控项目	1	安装质量检查	第4.2.9条（1款）	
	2	卫星天线安装质量检查	第4.2.9条（2款）	
	3	电视的输出电平	第4.2.9条（3款）	
	4	主观评测检查技术指标	第4.2.9-1表	
	5	图像质量的主观评价标准	第4.2.9-2表	
	6	HFC网络和双向数字电视调制误差率等	第4.2.9条（6款）	
	7	公共广播与紧急广播系统检测	第4.2.10条	

2.5.14.3 计算机网络系统检测检验批质量验收记录（表339-3）

计算机网络系统检测检验批质量验收记录 表339-3

检控项目	序号	质量验收规范规定	施工单位检查评定记录	监理（建设）单位验收记录
主控项目	1	连通图应具有的功能	第5.3.3条（1款）	
	2	各子网内用户通信功能检测	第5.3.3条（2款）	
	3	用户和公用网的连通能力	第5.3.3条（3款）	
	4	对计算机网络的路由检测	第5.3.4条	
一般项目	1	容错能力系统检测	第5.3.5条（1款）	
	2	链路冗余配制系统的检测	第5.3.5条（2款）	
	3	网络系统拓扑结构图和设备连接图的功能检测	第5.3.6条（1款）	
	4	网络系统的自诊断功能检测	第5.3.6条（2款）	
	5	远程配置和网络性能检测	第5.3.6条（3款）	

2.5.14.4 应用软件检测检验批质量验收记录（表339-4）

应用软件检测检验批质量验收记录　　　　　表339-4

检控项目	序号	质量验收规范规定		施工单位检查评定记录	监理（建设）单位验收记录
主控项目	1	软件产品质量检查	第5.4.3条		
	2	功能测试	第5.4.4条（1款）		
	3	性能测试	第5.4.4条（2款）		
	4	文档测试	第5.4.4条（3款）		
	5	可靠性测试	第5.4.4条（4款）		
	6	互连测试	第5.4.4条（5款）		
	7	回归测试	第5.4.4条（6款）		
一般项目	1	软件操作命令界面检测	第5.4.5条		
	2	软件的可扩展性检测	第5.4.6条		

2.5.14.5 网络安全系统检验批质量验收记录（表339-5）

网络安全系统检验批质量验收记录　　　　　表339-5

检控项目	序号	质量验收规范规定		施工单位检查评定记录	监理（建设）单位验收记录
主控项目	1	安全专用产品的审批发证	第5.5.2条		
	2	必须安装防火墙和防病毒系统	第5.5.3条		
	3	安全性检测要求			
	(1)	防攻击	第5.5.4条（1款）		
	(2)	因特网访问控制	第5.5.4条（2款）		
	(3)	信息网络与控制网络安全隔离	第5.5.4条（3款）		
	(4)	防病毒系统的有效性	第5.5.4条（4款）		
	(5)	入侵检测系统的有效性	第5.5.4条（5款）		
	(6)	内容过滤系统的有效性	第5.5.4条（6款）		
	4	系统层安全要求	第5.5.5条		
	(1)	操作系统选用	第5.5.5条（1款）		
	(2)	文件系统	第5.5.5条（2款）		
	(3)	用户账号要求	第5.5.5条（3款）		
	(4)	服务器应只提供必须的服务	第5.5.5条（4款）		
	(5)	设置与利用审计系统	第5.5.5条（5款）		
	5	应用层安全应符合两个要求	第5.5.6条		
一般项目	1	物理及安全检测	第5.5.7条		
	(1)	中心机房电源与接地及环境	第5.5.7条（1款）		
	(2)	保密信息网络要求	第5.5.7条（2款）		
	2	应用层安全检测	第5.5.8条		
	(1)	应用层安全的完整性检测	第5.5.8条（1款）		
	(2)	应用层安全的保密性检测	第5.5.8条（2款）		
	(3)	应用层安全审计检测	第5.5.8条（3款）		

2.5.14.6 建筑设备监控系统检验批质量验收记录Ⅰ（表339-6）

建筑设备监控系统检验批质量验收记录Ⅰ　　　　表339-6

检控项目	序号	质量验收规范规定		施工单位检查评定记录	监理（建设）单位验收记录
主控项目	1	空调与通风系统功能检测	第6.3.5条		
	2	变配电系统功能检测	第6.3.6条		
	3	公共照明系统功能检测	第6.3.7条		
	4	给排水系统功能检测	第6.3.8条		
一般项目	1	现场设备安装质量检查	第6.3.17条		
	2	传感器检查数量	第6.3.17条（1款）		
	3	执行器检查数量	第6.3.17条（2款）		
	4	控制箱(柜)检查数量	第6.3.17条（3款）		

2.5.14.7 建筑设备监控系统检验批质量验收记录Ⅱ（表339-7）

建筑设备监控系统检验批质量验收记录Ⅱ　　　　表339-7

检控项目	序号	质量验收规范规定		施工单位检查评定记录	监理（建设）单位验收记录
主控项目	1	热源和热交换系统功能检测	第6.3.9条		
	2	冷冻和冷却水系统功能检测	第6.3.10条		
	3	电梯和自动扶梯系统功能检测	第6.3.11条		
	4	建筑设备监控与子系统（设备）间的数据通信接口功能检测	第6.3.12条		
一般项目	1	现场设备性能检测	第6.3.18条		
	(1)	传感器精度测试	第6.3.18条（1款）		
	(2)	控制设备及执行器性能测试	第6.3.18条（2款）		

2.5.14.8 建筑设备监控系统检验批质量验收记录Ⅲ（表339-8）

建筑设备监控系统检验批质量验收记录Ⅲ　　　　表339-8

检控项目	序号	质量验收规范规定		施工单位检查评定记录	监理（建设）单位验收记录
主控项目	1	中央管理工作站与操作分站功能检测	第6.3.13条		
	2	系统实时性检测	第6.3.14条		
	3	系统可维护功能检测	第6.3.15条		
	4	系统可靠性检测	第6.3.16条		
一般项目	1	标准化、开放性评测	第6.3.19条（1款）		
	2	系统的冗余配置评测	第6.3.19条（2款）		
	3	系统可扩展性评测	第6.3.19条（3款）		
	4	节能措施评测	第6.3.19条（4款）		

2.5.14.9 火灾自动报警及消防联动系统检验批质量验收记录（表339-9）

火灾自动报警及消防联动系统检验批质量验收记录　　　　表339-9

检控项目	序号	质量验收规范规定	施工单位检查评定记录	监理（建设）单位验收记录
主控项目	1	联动系统检测	第7.2.1条	
	2	应是独立系统验收	第7.2.2条	
	3	联动系统检测的验收标准	第7.2.3条	
	4	电磁兼容性防护功能检测	第7.2.4条	
	5	汉化图形显示界面及中文屏幕菜单等检测及操作试验	第7.2.5条	
	6	消防控制室检测必须采用的方式	**第7.2.6条**	
	7	其他子系统的接口和通信功能检测	第7.2.7条	
	8	智能型、普通型火灾探测器检测	第7.2.8条	
	9	新型消防设施的设置情况及功能检测内容	**第7.2.9条**	
	10	公共广播与紧急广播共用时检测	第7.2.10条	
	11	安全防范系统检测应采用的方式	第7.2.11条	
	12	合用控制室时消防控制及其他系统设置与布置	第7.2.12条	

2.5.14.10 安全防范系统检验批质量验收记录Ⅰ（表339-10）

安全防范系统检验批质量验收记录Ⅰ　　　　表339-10

检控项目	序号	质量验收规范规定	施工单位检查评定记录	监理（建设）单位验收记录
主控项目	1	综合防范功能检测	第8.3.4条	
	(1)	防范范围、设防情况、防范功能、安防设备运行检测	第8.3.4条（1款）	
	(2)	子系统之间的联动检测	第8.3.4条（2款）	
	(3)	中心系统记录检测	第8.3.4条（3款）	
	(4)	与其他系统集成检测	第8.3.4条（4款）	
	2	视频安防监控系统检测	第8.3.5条	
	(1)	系统功能检测	第8.3.5条（1款）	
	(2)	图像质量检测	第8.3.5条（2款）	
	(3)	系统整体功能检测	第8.3.5条（3款）	
	(4)	系统联动功能检测	第8.3.5条（4款）	
	(5)	视频安防图像记录要求	第8.3.5条（5款）	
	3	入侵报警系统检测	第8.3.6条	
	(1)	必检内容要求（逐一检测）	第8.3.6条（1款）	
	(2)	探测器抽检数量规定	第8.3.6条（2款）	
	4	出入口控制（门禁）系统检测	第8.3.7条	
	(1)	出入口控制（门禁）系统检测内容（逐一检测）	第8.3.7条（1款）	
	(2)	出入口控制器抽检标准	第8.3.7条（2款）	

2.5.14.11 安全防范系统检验批质量验收记录Ⅱ（表339-11）

安全防范系统检验批质量验收记录Ⅱ　　　　　表 339-11

检控项目	序号	质量验收规范规定		施工单位检查评定记录	监理（建设）单位验收记录
主控项目	1	巡更管理系统的检测	第8.3.8条		
	1)	巡更管理系统的检测的检测内容	第8.3.8条（1款）		
	2)	巡更系统抽检数量规定	第8.3.8条（2款）		
	2	停车场（库）管理系统检测	第8.3.9条		
	1)	停车场（库）管理系统检测的检测内容（逐一检测）	第8.3.9条（1款）		
	2)	停车场管理系统检测标准	第8.3.9条（2款）		
	3	安全防范综合管理系统检测	第8.3.10条		
	1)	安全防范综合管理系统检测内容	第8.3.10条（1款）		
	2)	检测要求及合格标准	第8.3.10条（2款）		

2.5.14.12 综合布线系统安装质量检测检验批质量验收记录Ⅲ（表339-12）

综合布线系统安装质量检测检验批质量验收记录　　　　　表 339-12

检控项目	序号	质量验收规范规定		施工单位检查评定记录	监理（建设）单位验收记录
主控项目	1	缆线敷设和终接检测	第9.2.1条		
	2	建筑群子系统的检测规定	第9.2.2条		
	3	机柜、机器、配线架安装的检测	第9.2.3条		
	4	接线盒安装注意事项	第9.2.4条		
一般项目	1	缆线终接规定	第9.2.5条		
	2	各类跳线的终接规定	第9.2.6条		
	3	机柜、机器、配线架安装要求	第9.2.7条		
	4	信息插座的安装要求	第9.2.8条		
	5	光缆芯线终端的连线盒面板	第9.2.9条		

2.5.14.13 综合布线系统性能检测检验批质量验收记录（表339-13）

综合布线系统性能检测检验批质量验收记录　　　表339-13

检控项目	序号	质量验收规范规定	施工单位检查评定记录	监理（建设）单位验收记录
主控项目	1	系统监测电气性能检测和光纤特性检测（按GB/T50312第8.0.2条的规定执行）	第9.3.4条	
	2			
一般项目	1	采用计算机进行综合布线系统管理和维护时的检测	第9.3.5条	
	2			

2.5.14.14 智能化系统集成系统检测检验批质量验收记录（表339-14）

智能化系统集成系统检测检验批质量验收记录　　　表339-14

检控项目	序号	质量验收规范规定	施工单位检查评定记录	监理（建设）单位验收记录
主控项目	1	子系统之间关系的检测标准	第10.3.6条		
	2	检查系统数据集成功能的检测标准	第10.3.7条		
	3	系统集成的整体指挥协调能力检测	第10.3.8条		
	4	现场模拟的视频安防系统和联动逻辑检测	第10.3.8条（1款）		
	5	非法侵入时联动逻辑的反应	第10.3.8条（2款）		
	6	系统集成商与用户商定的其他方法的检测	第10.3.8条（3款）		
	7	综合管理功能、信息管理和服务功能检测	第10.3.9条		
	8	视频图像要求	第10.3.10条		
	9	冗余和容错功能的检测	第10.3.11条		
	10	系统相关性进行的连带测试	第10.3.12条		
一般项目	1	可靠性维护检测	第10.3.13条		
	2	系统集成的安全性检测	第10.3.14条		
	3	对工程实施及质量控制记录审查	第10.3.15条		

2.5.14.15 电源系统检测检验批质量验收记录（表339-15）

电源系统检测检验批质量验收记录　　　　　表339-15

检控项目	序号	质量验收规范规定		施工单位检查评定记录	监理（建设）单位验收记录
主控项目	1	依GB50303验收合格公用电源	第11.2.1条		
	2	自主配置的稳流稳压电源装置	第11.2.2条		
	3	应急发电机组的检测	第11.2.3条		
	4	蓄电池组及充电设备的检测	第11.2.4条		
	5	供电专用电源设备、用户电源箱的安装质量检测	第11.2.5条		
	6	专用电源线路检测	第11.2.6条		
一般项目	1	稳流稳压、不间断电源装置检测	第11.2.7条		
	2	自主配置应急发电机组检测	第11.2.8条		
	3	主机房集中供电专用电源设备、用户电源箱安装检测	第11.2.9条		
	4	主机房集中供电专用电源线路的安装质量检测	第11.2.10条		

2.5.14.16 防雷及接地系统检测检验批质量验收记录（表339-16）

防雷及接地系统检测检验批质量验收记录　　　　　表339-16

检控项目	序号	质量验收规范规定		施工单位检查评定记录	监理（建设）单位验收记录
主控项目	1	防雷及接地系统接地电阻不应大于1Ω	第11.3.1条		
	2	接地装置检测应按GB50303有关规定执行	第11.3.2条		
	3	防过流、过压元件、防电磁干扰、防静电接地装置连接的检测	第11.3.3条		
	4	等电位联结检测	第11.3.4条		
一般项目	1	单独接地装置的检测（按GB50303中有关规定执行）	第11.3.5条		
	2	智能化系统与建筑物等电位联结检测	第11.3.6条		

2.5.14.17 环境系统检测检验批质量验收记录（表339-17）

环境系统检测检验批质量验收记录　　　　表339-17

检控项目	序号	质量验收规范规定		施工单位检查评定记录	监理（建设）单位验收记录
主控项目	1	空间环境检测	第12.2.1条		
	2	室内空调环境检测	第12.2.2条		
	3	视觉照明环境检测	第12.2.3条		
	4	环境电磁辐射检测	第12.2.4条		
一般项目	1	空间环境检测	第12.2.5条		
	2	空内空调检测	第12.2.6条		
	3	室内噪声测试	第12.2.7条		

2.5.14.18 住宅（小区）智能化火灾自动报警及消防联动系统检测检验批质量验收记录（表339-18）

住宅（小区）智能化火灾自动报警及消防联动系统检测检验批质量验收记录　　表339-18

检控项目	序号	质量验收规范规定		施工单位检查评定记录	监理（建设）单位验收记录
主控项目	1	火灾自动报警及消防联动系统功能检测	第13.3.1条		
	1)	可燃气泄漏报警系统的可靠性检测	第13.3.1条（1款）		
	2)	自动切断气源及打开排气装置的功能	第13.3.1条（2款）		
	3)	探测器不得重复接入家庭控制器	第13.3.1条（3款）		

2.5.14.19 住宅（小区）智能化安全防范系统检测检验批质量验收记录（表339-19）

住宅（小区）智能化安全防范系统检测检验批质量验收记录　　表339-19

检控项目	序号	质量验收规范规定		施工单位检查评定记录	监理（建设）单位验收记录
主控项目	1	访客对讲系统检测		第13.4.2条	
		1)	门铃提示、访客通话等的检测	第13.4.2条（1款）	
		2)	门口机呼叫、CCD红外夜视等的试验	第13.4.2条（2款）	
		3)	管理员机等的功能检测	第13.4.2条（3款）	
		4)	备用电源保证工作时间测试	第13.4.2条（4款）	
一般项目	1	访客对讲系统室内机应具有的功能及管理员机对门口机的图像监视		第13.4.3条	
	2				

2.5.14.20 住宅（小区）智能化监控与管理系统检测检验批质量验收记录（表339-20）

住宅（小区）智能化监控与管理系统检测检验批质量验收记录　　表339-20

检控项目	序号	质量验收规范规定		施工单位检查评定记录	监理（建设）单位验收记录
主控项目	1	表具数据自动抄收及远传系统检测		第13.5.1条	
		1)	水、电、气、热（冷）能等表具的检查验收	第13.5.1条（1款）	
		2)	各种表具通过系统可进行查询、统计……等功能检查	第13.5.1条（2款）	
		3)	电源断电时系统有保存措施，恢复后保存数据不应丢失	第13.5.1条（3款）	
		4)	系统应有时钟、报警、防破坏等功能检查	第13.5.1条（4款）	
	2	监控系统饮用水消毒等设备报警功能测试		第13.5.2条	
	3	公共广播与紧急广播系统的检测		第13.5.3条	
	4	小区物业管理系统的有关内容检测		第13.5.4条	
一般项目	1	每类表具的抽检数量标准		第13.5.5条	
	2	设备监控的有关内容检测		第13.5.6条	
	3	管理系统的房产出租、二次装修等的检测		第13.5.7条	

2.5.14.21 家庭控制器检测检验批质量验收记录（表339-21）

家庭控制器检测检验批质量验收记录　　　　表339-21

检控项目	序号	质量验收规范规定		施工单位检查评定记录	监理（建设）单位验收记录
主控项目	1	家庭报警功能检测要求	第13.6.2条		
	2	求助报警装置检测要求	第13.6.3条		
	3	家庭电器的监控功能	第13.6.4条		
	4	家庭控制器对误操作等要求	第13.6.5条		
	5	无线报警发射频率及功率检测	第13.6.6条		
一般项目	1	家庭紧急求助报警装置检测要求	第13.6.7条		
	2				

2.5.14.22 室外设备及管网检测检验批质量验收记录（表339-22）

室外设备及管网检测检验批质量验收记录　　　　表339-22

检控项目	序号	质量验收规范规定		施工单位检查评定记录	监理（建设）单位验收记录
主控项目	1	室外设备箱应具备的措施，设备浪涌过电压防护器设置、接地联结要求	第13.7.1条		
	2	室外电缆导管及线路敷设	第13.7.2条		

2.6 智能建筑工程验收

2.6.1 综合说明

1.《建筑工程施工质量验收统一标准》（GB50300—2001）（以下简称"统一标准"）对工程质量验收的基本要求

（1）前言中："……本标准规定了建筑工程各专业工程施工验收规范编制的统一准则和单位工程验收质量标准、内容和程序等；……建筑工程各专业工程施工质量验收规范必须与本标准配合使用"。明确了统一标准和各专业规范之间应配合使用。

（2）基本规定中对工程质量验收提出的标准要求见2.1 单位（子单位）工程质量竣工验收记录中的2.（4）的内容。

2.《智能建筑工程质量验收规范》（GB50339—2003）对工程质量验收的基本要求

智能建筑工程质量验收包括工程实施及质量控制、系统检测和竣工验收三项内容。

（1）工程实施及质量控制：工程实施及质量控制是施工实施过程的质量控制。

第3.3.7条规定：工程实施及质量控制验收"采用现场观察、核对施工图、抽查测试等方法，对工程设备安装质量进行检查和观感质量验收。根据GB50300—2001规范第

4.0.5和5.0.5条规定按检验批要求进行"。

第4.0.5条是关于建筑工程质量验收的划分规定："分项工程可由一个或若干检验批组成，检验批可根据施工及质量控制和专业验收需要按楼层、施工段、变形缝等进行划分"。这就是说GB50339—2003规范规定智能建筑的最小验收单位与"统一标准"的规定相同，也为检验批。检验批的划分原则也与建筑工程是相同的。

简言之，工程实施及质量控制的控制过程按（GB50300—2001）规范要求进行检验批划分，应按其划分结果，依序进行工程实施及质量控制验收并依序归存。

第5.0.5条是建筑工程质量验收记录的表式与应用。包括：检验批、分项工程、分部（子分部）工程和单位（子单位）工程质量验收表式与要求。

GB50339—2003规范在附录B中表B.0.1～表B.0.5附有工程实施及质量控制记录表式；在附录D中表D.0.1～D.0.2附有分部（子分部）工程竣工验收记录表式。

智能建筑需要执行"统一标准"中5.0.5条的要求是要将按GB50339—2003规范的附录B和附录D表式的验收结果应汇总统计在单位（子单位）工程质量竣工验收记录中。

（2）系统检测：是指对已进行了工程实施及质量控制验收合格的检验批进行的系统检测。顾名思义检测是按构成系统的子分部系统（即GB50339—2003规范中的10个子分部）分别进行的。检测资料包括：分项工程质量检测、子系统检测、强制性措施条文检测和系统（分部工程）检测汇总。系统检测的验收应注意：

①系统检测是在工程实施及质量控制阶段完成后开始的，工程实施及质量控制是为系统检测进行的前期工作，是为系统检测做的前期准备，也是智能建筑的智能化特点为保证质量而采取的有效措施。

②火灾自动报警及消防联动系统、安全防范系统、通信网络系统三个系统的检测验收按国家发行的相关现行标准和国家及地方的相关法律法规执行。

③其他系统的检测验收由省市级以上建设行政主管部门或质量技术监督部门认可的专业检测机构组织实施。

④由于当前多数地方并不具有专业检测机构，专业检测机构的建立尚需时日，所以系统检测验收的检验批验收应根据（GB50339—2003）规定："暂时无专业检测机构时，可按（GB50300—2001）第6章规定执行"。即分部（子分部）工程由总监理工程师（建设单位项目负责人）组织施工单位项目负责人和技术、质量负责人等进行验收；检验批及分项工程由监理工程师（建设单位项目技术负责人）组织施工单位项目专业质量（技术）负责人等进行验收。因此，智能建筑检验批工程质量验收用表式仍可按（GB50300—2001）规范检验批验收用表格式进行。检测内容按《智能建筑工程质量验收规范》（GB50339—2003）的质量要求进行。

注：实施辅导材料的智能建筑检验批工程质量验收表式系按（GB50300—2001）规范的验收表式编制的。

⑤对有的地方已设有智能建筑的专业检测机构时，应按《智能建筑工程质量验收规范》（GB50339—2003）质量验收的要求进行。可用编制手册的1.5.14.4-1～1.5.14.4-10E表中已整理完成的检测内容，用（GB50339—2003）规范中表C.0.2子系统检测记录表，即编制手册智能建筑工程1.5.14.3-8子系统检测记录举例的方法编制已设有智能建筑专业检测机构地区的检验批质量验收表式，作为对有地方已设有智能建筑的专业检测机构

地区的《智能建筑工程质量验收规范》（GB50339—2003）质量验收的表式。

(3) 竣工验收：在以上"工程实施及质量控制和系统检测"两项基础验收工作完成且工程质量合格后再进行分部（子分部）工程验收、竣工验收结论汇总等。

注：在实施智能建筑验收之前，必须对施工现场质量管理进行检查并填写施工现场质量管理检查记录。

3. 分部（子分部）工程竣工验收

(1) 竣工验收的 8 项内容：

1) 工程实施及质量控制检查；

2) 系统检测合格；

3) 运行管理队伍组建完成，管理制度健全；

4) 运行管理人员已完成培训，并具备独立上岗能力；

5) 竣工验收文件资料完整；

6) 系统检测项目的抽检和复核应符合设计要求；

7) 观感质量验收应符合要求；

8) 根据《智能建筑设计标准》GB/T50314 的规定，智能建筑的等级符合设计的等级要求。

以上 8 项内容是各系统在验收时必须进行认真查验的内容，当设计和工程实际有特殊要求时可以作出规定。以上 8 项内容必须全部合格方为系统竣工验收合格，否则为不合格。

(2) 竣工验收时主要应对在系统检测和试运行中发现问题的子系统或部分进行复验，必须保证不合格工程严禁投入使用。

(3) 观感质量验收应符合要求，其内容包括设备的布局合理性、使用方便性及外观等内容。

4. 《智能建筑工程质量验收规范》（GB50339—2003）与《建筑工程施工质量验收统一标准》（GB50300—2001）验收的不同点

从统一标准对验收的规定和智能建筑对工程质量验收的规定所列内容看出建筑工程的质量验收和智能建筑的质量验收存在明显差异。

统一标准（GB50300—2001）中建筑工程验收是按单位（子单位）工程、分部（子分部）工程、分项工程和检验批逆向依序验收。

智能建筑（GB50339—2003）的验收程序依序为：工程实施及质量控制、系统检测和各系统的竣工验收，最后进行分部（子分部）工程验收、竣工验收结论汇总。

工程实施及质量控制是为系统检测进行的前期工作，是为系统检测作的前期准备，也是智能建筑的智能化特点为保证质量而采取的有效措施，智能建筑工程验收将系统检测作为一个重要环节进行，藉以保证主要由软件组成的系统质量。

5. 智能建筑的规范应用规定

智能建筑的规范应用必须将《智能建筑设计标准》（GB/T50314）、《建筑工程施工质量验收统一标准》（GB50300—2001）和《智能建筑工程质量验收规范》（GB50339—2003）配套使用。

当（GB50339—2003）规范与（GB/T50314）或（GB50300）的要求不同或有差异时，

根据标准的编制和执行时间规定应按（GB50339—2003）规范执行。

2.6.2 施工现场质量管理检查

施工现场质量管理检查记录见表2.6.2。

1. 资料表式

施工现场质量管理检查记录　　　　表2.6.2

开工日期：

工程名称			施工许可证（开工证）	
建设单位			建设单位项目负责人	
设计单位			设计单位项目负责人	
监理单位			总监理工程师	
施工单位		项目经理	项目技术负责人	
序号	项　　目		内　　容	
1	现场质量管理检查制度			
2	施工安全技术措施			
3	主要专业工种操作上岗证书			
4	分包方确认与管理制度			
5	施工图审查情况			
6	施工组织设计、施工方案及审批			
7	施工技术标准			
8	工程质量检验制度			
9	现场设备、材料存放与管理			
10	检测设备、计量仪表检验			
11	开工报告			
检查结论：				
		总监理工程师（建设单位项目负责人）	年　月　日	

2. 实施要点

（1）施工现场质量管理检查记录在开工前由施工单位填写。

（2）项目总监理工程师进行检查并做出检查结论。表列子项内容及相关资料检查不合格不准开工，检查不合格改正后应重审直至合格。检查记录资料审查完成后应签字退回施工单位。

（3）应附有表列有关核查资料。表列内容栏应填写核查资料名称及数量。

（4）为了控制和保证不断提高施工过程中记录整理资料的完整性，施工单位必须建立必要的质量管理体系和质量责任制度，推行生产控制和合格控制的全过程。质量控制有健全的生产控制和合格控制的质量管理体系，包括材料控制、工艺流程控制、施工操作控制、每道工序质量检查、各道相关工序和它的交接检验、专业工种之间等中间交接环节的质量管理和控制、施工图设计和功能要求的抽检制度，否则难以保证工程质量符合设计和有关规范要求等。

（5）工程开工施工单位应填报施工现场质量管理检查记录，经项目监理机构总监理工程师或建设单位项目负责人核查属实签字后填写检查结论。详见表1.5.14.2-1。

(6) 表列检查项目说明：

应填写各项检查项目文件的名称或编号，并将应检文件（复印件或原件）附在表的后面供检查，检查后应将文件归还提供单位。

1）现场质量管理制度栏。主要是图纸会审、设计交底、技术交底、施工组织设计编制审批程序、工序交接、质量检查评定制度，质量好的奖励及达不到质量要求处罚办法，以及质量例会制度及质量问题处理制度等。

2）施工安全技术措施栏。是根据弱电特征编制的施工安全技术措施。

3）主要专业工种操作上岗证书栏。测量工、起重、塔吊等垂直运输司机，钢筋、混凝土、机械、焊接、瓦工、防水工等建筑结构工种。

电工、管道工等安装工种的上岗证，以当地建设行政主管部门的规定为准。

4）分包方资质与对分包单位的管理制度栏。专业承包单位的资质应在其承包业务的范围内承建工程，超出范围的应办理特许证书，否则不能承包工程。在有分包的情况下，总承包单位应有管理分包单位的制度，主要是质量、技术的管理制度等。

5）施工图审查情况栏。重点是看建设行政主管部门出具的施工图审查批准书及审查机构出具的审查报告。如果图纸是分批交出的话，施工图审查可分段进行。

6）施工组织设计、施工方案及审批栏。施工单位编写施工组织设计、施工方案，经项目行政机构审批，应检查编写内容、有针对性的具体措施，编制程序、内容，有编制单位、审核单位、批准单位，并有贯彻执行的措施。

7）施工技术标准栏。是操作的依据和保证工程质量的基础，承建企业应编制不低于国家质量验收规范的操作规程等企业标准。要有批准程序，由企业的总工程师、技术委员会负责人审查批准，有批准日期、执行日期、企业标准编号及标准名称。企业应建立技术标准档案。施工现场应有的施工技术标准都有。可作培训工人、技术交底和施工操作的主要依据，也是质量检查评定的标准。

8）工程质量检验制度栏。包括三个方面的检验，一是原材料、设备进场检验制度；二是施工过程的试验报告；三是竣工后的抽查检测，应专门制定抽测项目、抽测时间、抽测单位等计划，使监理、建设单位等都做到心中有数。可以单独搞一个计划，也可在施工组织设计中作为一项内容。

9）现场设备、材料存放与管理栏。这是为保持材料、设备质量必须有的措施。要根据材料、设备性能制定管理制度，建立相应的库房等。

10）检测设备、计量仪表检验栏。编制弱电系统用设备、计量仪表的检验方式与方法。

11）开工报告栏。是施工单位或项目监理机构对承包单位的工程经自检满足开工条件后，提出申请开工且已经项目监理机构审核确认已具备开工条件提出的报告。

2.6.3 智能建筑工程的质量验收

1. 工程实施及质量控制

工程实施及质量控制应包括与前期工程的交接和工程实施条件准备，进场设备和材料的验收、隐蔽工程检查验收和过程检查、工程安装质量检查、系统自检和试运行等。

工程实施及质量控制阶段必须填写工程实施及质量控制记录，包括：

①设备材料进场检验表。

②隐蔽工程（随工检查）验收表。

③更改审核表。
④工程安装质量及观感质量验收记录。
⑤系统试运行记录。

根据实施的实际而填写的这些表格是工程实施的实际记录，是评定工程质量的依据，应认真做好。

施工过程中如果有变更（建设、设计或施工）均应填写此表，责任制要填写清楚。

必须注意：智能建筑的质量验收在工程实施及质量控制阶段，规范10个子分部中凡在工程实施中需要进行：设备材料进场检验表；隐蔽工程（随工检查）验收表；更改审核表；工程安装质量及观感质量验收记录；系统试运行记录过程控制时，不论需要进行上述五项中的任何一项、几项或全部五项时，均应认真填报不得缺漏。

(1) 设备材料进场检验表：

1) 资料表式（表2.6.3-1）

设备材料进场检验表　　　　　　表2.6.3-1

编号：

系统名称：＿＿＿＿＿＿＿　　　　　施工单位：＿＿＿＿＿＿＿

序号	产品名称	规格、型号、产地	主要性能/功能	数量	包装及外观	检验结果		备注
						合格	不合格	

施工单位人员签名：　　　　监理工程师（或建设单位）签名：　　　　检测日期：

注：1. 在检查结果栏，按实际情况在相应空格内打"√"，左列打"√"视为合格，右列打"√"视为不合格。
　　2. 备注格内填写产品的检测报告和记录是否齐备和主要检测实施人姓名。

2) 实施要点

①产品质量检查：

智能建筑工程中使用材料、硬件设备、软件产品的质量检查包括列入《中华人民共和国实施强制性产品认证的产品目录》或实施生产许可证和上网许可证管理的产品。对于未列入强制性认证产品目录或未实施生产许可证和上网许可证管理的产品应按规定程序通过产品检测后方可使用。

产品质量检查的项目主要包括：产品功能、性能、硬件设备及材料、软件产品、系统接口等的质量检查。

a. 产品功能、性能等项目的检测应按相应的现行国家产品标准进行；供需双方有特殊要求的产品，可按合同规定设计要求进行。

b. 对不具备现场检测条件的产品，可要求进行工厂检测并出具检测报告。

c. 硬件设备及材料的质量检查重点应包括安全性、可靠性及电磁兼容性等项目，可靠性检测可参考生产厂家出具的可靠性检测报告。

d. 软件产品质量应按下列内容检查：

(a) 商业化的软件，如操作系统、数据库管理系统、应用系统软件、信息安全软件和网管软件件等应做好使用许可证及使用范围的检查；

(b) 由系统承包商编制的用户应用软件、用户组态软件及按口软件等应用软件，除进行功能测试和系统测试之外还应根据需要进行容量、可靠性、安全性、可恢复性、兼容性、自诊断等多项功能测试、并保证软件的可维护性；

(c) 所有自编软件均应提供完整的文档（包括软件资料、程序结构说明、安装调试说明、使用和维护说明书等）。

e. 系统接口的质量应按下列要求检查：

(a) 系统承包商应提交接口规范，接口规范应在合同签订时由合同签订机构负责审定；

(b) 系统承包商应根据接口规范制定接口测试方案，接口测试方案经检测机构批准后实施，系统接口测试应保证接口性能符合设计要求，实现接口规范中规定的各项功能，不发生兼容性及通信瓶颈问题，并保证系统接口的制造和安装质量。

②必须按照合同技术文件和工程设计文件的要求，对设备、材料和软件进行进场验收。进场验收应有书面记录和参加人签字，并经监理工程师或建设单位验收人员签字。未经进场验收的设备和材料应按产品的技术要求妥善保管。

③设备及材料的进场验收要求：

a. 保证外观完好，产品无损伤、无瑕疵，品种、数量、产地符合要求；

b. 设备和软件是保证智能建筑工程质量的基础。设备和软件产品的质量检查应执行本条中①产品质量检查的 c、d 款的规定；

c. 依规定程序获得批准使用的新材料和新产品除符合本条规定外，尚应提供主管部门规定的相关证明文件，并应符合国家和行业有关规定；

d. 进口产品除应符合（GB50339—2003）规范规定外，尚应提供原产地证明和商检证明，配套提供的质量合格证明、检测报告及安装、使用、维护说明书等文件资料为中文文本（或附中文译文）。

④通信网络系统：

材料（设备）质量控制：质量要求、缆线检验要求、型材、管材和铁件检验、光纤调度软纤（光跳线）检验。

⑤信息网络系统工程实施前的具备条件：

信息网络系统的设备、材料进场验收还应进行：

(a) 有序列号的设备必须登记设备的序列号；

(b) 网络设备开箱后通电自检，查看设备状态指示灯的显示是否正常，检查设备启动是否正常；

(c) 计算机系统、网管工作站、UPS 电源、服务器、数据存储设备、路由器、防火墙、交换机等产品按实施要点①产品质量检查的有关要求执行。

⑥建筑设备监控系统：

a. 建筑设备监控系统用于对智能建筑内各类机电设备进行监测、控制及自动化管理，达到安全、可靠、节能和集中管理的目的。

b. 建筑设备监控系统的监控范围为空调与通风系统、变配电系统、公共照明系统、给排水系统、热源和热交换系统、冷冻和冷却水系统、电梯和自动扶梯系统等各子系统。

c. 设备及材料的进场验收还应符合下列要求：

（a）电气设备、材料、成品和半成品的进场验收应按《建筑电气安装工程施工质量验收规范》GB50303 中 3.2 节的有关规定执行；

（b）各类传感器、变送器、电动阀门及执行器、现场控制器等的进场验收要求；

a）查验合格证和随带技术文件，实行产品许可证和强制性产品认证标志的产品应有产品许可证和强制性产品认证标志。

b）外观检查：铭牌、附件齐全，电气接线端子完好，设备表面无缺损，涂层完整。

（c）网络设备的进场验收按《智能建筑工程质量验收规范》（GB50339—2003）规范第 5.2.2 条中的有关规定执行。

（d）软件产品的进场验收按《智能建筑工程质量验收规范》（GB50339—2003）规范第 3.2.6 条中的有关规定执行。

注：第 3.2.6 条见《智能建筑工程质量验收规范》（GB50339—2003）规范 3 基本规定中的 3.2 产品质量检查中的 3.2.6 条。

⑦安全防范系统：

设备及器材的进场验收还应符合下列要求：

a. 安全技术防范产品必须经过国家或行业授权的认证机构（或检测机构）认证（检测）合格，并取得相应的认证证书（或检测报告）；

b. 产品质量检查应按《智能建筑工程质量验收规范》（GB50339—2003）规范第 3.2 节的规定执行。

⑧智能化系统集成：

系统集成中使用的设备进场验收应参照《智能建筑工程质量验收规范》（GB50339—2003）规范第 3.3.4 和 3.3.5 条的规定执行。

⑨填表说明：

a. 系统名称：指（GB50339—2003）规范界定的 10 个系统名称，照实际进场设备材料用于某系统的名称填写。

b. 序号：指设备材料进场检验施工单位根据工程需要报送检验表时的序号。

c. 产品名称：指设备材料进场检验的产品名称。

d. 规格、型号、产地：指设备材料进场检验的设备材料的规格、型号、产地。

e. 主要性能、功能：指设备材料进场检验的设备材料的主要性能、功能。

f. 数量：指设备材料进场检验的数量。

g. 包装及外观：指设备材料进场检验时的包装及外观，包装及外观应符合要求。

h. 检验结果：指对设备材料进场检验的检验结果，检验结果应符合设备材料的标准要求。

（a）合　格：指对设备材料进场检验的检查结果符合合格要求。

（b）不合格：指对设备材料进场检验的检查结果质量等级不合格。

（2）隐蔽工程（随工检查）验收表：

1）资料表式（表 2.6.3-2）

隐蔽工程（随工检查）验收表

表 2.6.3-2

系统名称：＿＿＿＿＿＿＿＿　　　　　　　　　　　　　　　　　　　　　　　　编号：

建设单位	施工单位	监理单位

隐蔽工程（随工检查）内容与检查结果	检查内容	检查结果		
		安装质量	楼层（部位）	图号

验收意见：

建设单位/总包单位	施工单位	监理单位
验收人： 日期： 盖章：	验收人： 日期： 盖章：	验收人： 日期： 盖章：

注：1. 检查内容包括：1）管道排列、走向、弯曲处理、固定方式；2）管道连接、管道搭铁、接地；3）管口安放护圈标识；4）接线盒及桥架加盖；5）线缆对管道及线间绝缘电阻；6）线缆接头处理等。
2. 检查结果的安装质量栏内，按检查内容序号，合格的打打"√"，不合格的打"×"，并注明对应的楼层（部位）、图号。
3. 综合安装质量的检查结果，在验收意见栏内填写验收意见并扼要说明情况。

2）实施要点

①隐蔽工程检查验收内容：

检查内容包括：管道排列、走向、弯曲处理、固定方式；管道连接、管道搭铁、接地；管口安放护圈标识；接线盒及桥架加盖；线缆对管道及线间绝缘电阻；线缆接头处理等。

②GB/T50312综合布线系统工程隐蔽工程签证项目：

a. 缆线暗敷（包括暗管、线槽、地板等方式）：缆线规格、路由、位置；符合布放缆线工艺；接地。

b. 管道缆线：使用管孔孔位；缆线规格；缆线走向；缆线的防护设施的设置质量。

c. 埋式缆线：缆线规格；敷设位置、深度；缆线的防护设施的设置质量；回土夯实质量。

d. 隧道缆线：缆线规格；安装位置、路由；土建设计符合工艺要求。

e. 其他：通信线路与其他设施的间距；进线室安装、施工质量（随工检验或隐蔽工程签证）。

③应做好隐蔽工程检查验收和过程检查记录，并经监理工程师签字确认；未经监理工程师签字，不得实施隐蔽作业。

④信息网络系统的随工检查内容应包括：

a. 安装质量检查：机房环境是否满足要求；设备器材清点检查；设备机柜加固检查；设备模配置检查；设备间及机架内缆线布放；电源检查；设备至各类配线设备间缆线布放；缆线导通检查；各种标签检查；接地电阻值检查；接地引入线及接地装置检查；机房内防火措施；机房内安全措施等。

b.通电测试前设备检查:按施工图设计文件要求检查设备安装情况;设备接地应良好;供电电源电压及极性符合要求。

c.设备通电测试:设备供电正常;报警指示工作正常;设备通电后工作正常及故障检查。

⑤GB/T50312综合布线系统工程随工检验项目:

a.设备安装阶段

(a)交接间、设备间、设备机距、机架随工检验项目:规格、外观;安装垂直、水平度;油漆不得脱落,标志完整齐全;各种螺丝必须紧固;抗震加固措施;接地措施。

(b)配线部件及8位模块及通用插座随工检验项目:规格、位置、质量;各种螺丝必须拧紧;标志齐全;安装符合工艺要求;屏蔽层可靠连接。

b.电、光缆布放(楼内)阶段

电缆桥架及线槽布放随工检验项目:安装位置正确;安装符合工艺要求;符合布放缆线工艺要求;接地。

c.电、光缆布放(楼间)阶段

架空缆线随工检验项目:吊线规格、架设位置、装设规格;吊线垂度;缆线规格;卡、挂间隔;缆线的引入符合工艺要求。

d.缆线终接阶段

(a)8位模块式通用插座随工检验项目:符合工艺要求;

(b)配线部件随工检验项目:符合工艺要求;

(c)光纤插座随工检验项目:符合工艺要求;

(d)各类跳线随工检验项目:符合工艺要求。

(3)更改审核表:

1)资料表式(表2.6.3-3)

更 改 审 核 表   表2.6.3-3

系统(工程)名称:_____   编号:

更改内容	更改原因	原 为	更 改 为

申请:	日期:	分发单位	
审核:	日期:		
批准:	日期:		
更改实施日期:			

2)实施要点

①检查工程设计文件及施工图的完备性,智能建筑工程必须按已审的施工图设计文件

实施；工程中出现的设计变更应填写设计变更审核表。

②应按有关单位提出的更改变更子项经原设计单位同意建设单位认可后实施的内容经审核后逐项填写。

(4) 工程安装质量及观感质量验收记录：

1）资料表式（表2.6.3-4）

工程安装质量及观感质量验收记录表　　　　　表2.6.3-4

系统（工程）名称：_____　　　工程安装单位：_____　　　编号：

设备名称	项目	要求	方法	主观评价	检查结果		抽查百分数
					合格	不合格	
检查结果				安装质量检查结论			
施工单位人员签名：			监理工程师（建设单位）签名：				验收日期：

注：1. 在检查结果栏，按实际情况在相应空格内打"√"（左列打"√"，视为合格；右列打"√"，视为不合格）。

2. 检查结果：K_s（合格率）＝合格数/项目检查数（项目检查数如无要求或实际缺项未检查的，不计在内）。

3. 检查结论：K_s（合格率）≥0.8，判为合格；K_s＜0.8，判为不合格；必要时作简要说明。

4. 主观评价内填写主观评价意见，分"符合要求"和"不符合要求"；不符合要求者注明主要问题。

2）实施要点

①工程实施前应进行工序交接，做好与建筑结构、建筑装饰装修、建筑给水排水及采暖、建筑电气、通风与空调和电梯等分部工程的接口确认。

②工程实施前应做好如下条件准备：

a. 检查工程设计文件及施工图的完备性，智能建筑工程必须按已审的施工图设计文件实施；工程中出现的设计变更，应按《智能建筑工程质量验收规范》（GB50339—2003）规范附录B中表B.0.3的要求填写设计变更审核表（表式见2.6.3-3更改审核表）。

b. 完善施工现场质量管理检查制度和施工技术措施。

③采用现场观察、核对施工图、抽查测试等方法，对工程设备安装质量进行检查和观感质量验收。

a. 工程安装质量及观感质量按检验批规定进行验收。检验批可根据施工及质量控制和专业验收需要按楼层、施工段、变形缝等进行划分，按划分结果逐一进行验收。

b. 检验批的质量验收由施工项目专业质量检查填写，监理工程师（建设单位项目专业技术负责从）组织项目专业质量检查员等进行验收。填写工程安装质量及观感质量验收记录。

④信息网络系统：

a. 信息网络系统的网络设备应安装整齐、固定牢靠，便于维护和管理；高端设备的信息模块和相关部件应正确安装，空余槽位应安装空板；设备上的标签应标明设备的名称和网络地址；跳线连接应稳固，走向清楚明确，线缆上应正确标签。

b. 信息网络系统的随工检查应包括如下内容：

(a) 安装质量检查：机房环境是否满足要求；设备器材清点检查；设备机柜加固检查；设备模块配置检查；设备间及机架内缆线布放；电源检查；设备至各类配线设备间缆线布放；缆线导通检查；各种标签检查；接地电阻值检查；接地引入线及接地装置检查；机房内防火措施；机房内安全措施等。

(b) 通电测试前设备检查：按施工图设计文件要求检查设备安装情况；设备接地应良好；供电电源、电压及极性符合要求。

(c) 设备通电测试：设备供电正常；报警指示工作正常；设备通电后工作正常及故障检查。

⑤建筑设备监控系统：

a. 施工中的安全技术管理，应符合《建设工程施工现场供用电安全规范》GB50194和《施工现场临时用电安全技术规范》JGJ46中的有关规定。

b. 施工及施工质量检查还应符合下列要求：

(a) 电缆桥架安装和桥架内电缆敷设，电缆沟内和电缆竖井内电缆敷设，电线、电缆导管和线路敷设，电线、电缆穿管和线槽敷线的施工应按GB50303中第12章至第15章的有关规定执行，在工程实施中有特殊要求时应按设计文件的要求执行；

(b) 传感器、电动阀门及执行器、控制柜和其他设备安装时应符合GB50303第6章及第7章、设计文件和产品技术文件的要求。

c. 工程调试完成后，系统承包商要对传感器、执行器、控制器及系统功能（含系统联动功能）进行现场测试，传感器可用高精度仪表现场校验，使用现场控制器改变给定值或用信号发生器对执行器进行检测，传感器和执行器要逐点测试；系统功能、通信接口功能要逐项测试；并填写系统自检表。

⑥安全防范系统：

a. 安全防范系统的电缆桥架、电缆沟、电缆竖井、电线导管的施工及线缆敷设，应遵照《建筑电气安装工程施工质量验收规范》GB50303第12、13、14、15章的内容执行。如有特殊要求应以设计施工图的要求为准。

b. 安全防范系统施工质量检查和观感质量验收，应根据合同技术文件、设计施工图进行。

(a) 对电（光）缆敷设与布线应检验管线的防水、防潮，电缆排列位置，布放、绑扎质量，桥架的架设质量，缆线在桥架内的安装质量，焊接及插接头安装质量和接线盒接线质量等；

(b) 对接地线应检验接地材料、接地线焊接质量、接地电阻等；

(c) 对系统的各类探测器、摄像机、云台、防护罩、控制器、辅助电源、电锁、对讲设备等的安装部位、安装质量和观感质量等进行检验；

(d) 同轴电缆的敷设、摄像机、机架、监视器等的安装质量检验应符合《民用闭路监视电视系统工程技术规范》GB50198 的有关规定；

（e）控制柜、箱与控制台等的安装质量检验应遵照 GB50303 第 6 章有关规定执行。

c. 系统承包商应对各类探测器、控制器、执行器等部件的电气性能和功能进行自检，自检采用逐点测试的形式进行。

⑦智能化系统集成：

a. 系统集成工程的实施必须按已批准的设计文件和施工图进行。

b. 系统集成调试完成后，应进行系统自检，并填写系统自检报告。

⑧工程安装质量及观感质量验收记录表式实施要点中的④～⑦均应逐一验收并填报。

（5）系统试运行记录：

1）资料表式（表 2.6.3-5）

系统试运行记录　　　　　　　　　　　　　　　表 2.6.3-5

系统名称：_____　建设(使用)单位：_____　设计、施工单位：_____

编号：

日期/时间	系统运行情况	备　注	值班人
值班长签名：		建设单位代表签名：	

注：系统运行情况栏中，正常/不正常，并每班至少填写一次；不正常的在备注栏内扼要说明情况（包括修复日期）。

2）实施要点

①系统承包商在安装调试完成后，应对系统进行自检，自检时要求对检测项目逐项检测（即全数检查不得抽检）。

②根据各系统的不同要求，应按《智能建筑工程质量验收规范》（GB50339—2003）各章规定的合理周期对系统进行连续不中断试运行，并填写试运行记录，提供试运行报告。

③信息网络系统：

信息网络系统的试运行要求：信息网络系统在安装、调试完成后，应进行不少于 1 个月的试运行，有关系统自检和试运行应符合实施要点的①、②的要求。

④建筑设备监控系统：

工程调试完成经与工程建设单位协商后可投入系统试运行，应由建设单位或物业管理单位派出的管理人员和操作人员进行试运行，认真作好值班运行记录；并应保存系统试运行的原始记录和全部历史数据。

⑤安全防范系统：

在安全防范系统设备安装、施工测试完成后，经建设方同意可进入系统试运行，试运行周期应不少于 1 个月；系统试运行时应做好试运行记录。

⑥智能化系统集成：

系统集成调试完成，经与工程建设方协商后可投入系统试运行，投入试运行后应由建设单位或物业管理单位派出的管理人员和操作人员认真作好值班运行记录,并保存试运行的全部历史数据。

⑦系统试运行记录表式实施要点中的信息网络、建筑设备监控、安全防范、智能化系统集成等系统均应逐一验收并填报。

注:工程实施与质量控制 10 个子分部中均应根据工程需要填报工程实施与质量控制记录。《智能建筑工程质量验收规范》(GB50339—2003)规范中有的子分部中没有单独列出工程实施与质量控制,因工程实施及质量控制应包括与前期工程的交接和工程实施条件准备,进场设备和材料的验收、隐蔽工程检查验收和过程检查、工程安装质量检查、系统自检和试运行等项内容,工程实施中可能没有隐蔽工程检查验收和过程检查、工程安装质量检查、系统自检和试运行等,但一定有与前期工程的交接和工程实施条件准备,进场设备和材料的验收等,故均应根据工程需要填报工程实施与质量控制记录。

2. 系统检测

(1) 系统检测的验收:

基本说明:

1) 系统检测是在工程实施及质量控制阶段完成后开始的。

2) 系统检测前在工程实施过程中的质量控制(与前期工程交接、实施条件准备、进场材料设备验收、隐蔽验收、过程检查、安装质量检查、系统自检、试运行等)都是为系统检测进行必要准备。

3) 系统检测委托专业机构实施,以保证工程质量;暂时无专业检测机构时,系统检测可按 GB50300 第 6 章规定执行。

4) 系统检测时应具备的条件:

①系统安装调试完成后,已进行了规定时间的试运行;

②已提供了相应的技术文件和工程实施及质量控制记录。

5) 建设单位应组织有关人员依据合同技术文件和设计文件,以及本规范规定的检测项目、检测数量和检测方法,制定系统检测方案并经检测机构批准实施。

注:检测方案的批准单位为省市级以上的建设行政主管部门或质量技术监督部门认可的专业检测机构,检测方案经批准后方可实施。

6) 检测机构应按系统检测方案所列检测项目进行检测。

7) 检测结论与处理:

①检测结论分为合格和不合格;

②主控项目有一项不合格,则系统检测不合格;一般项目两项或两项以上不合格,则系统检测不合格;

③系统检测不合格应限期整改,然后重新检测,直至检测合格,重新检测时抽检数量应加倍;系统检测合格,但存在不合格项,应对不合格项进行整改,直到整改合格,并应在竣工验收时提交整改结果报告。

8) 检测机构应按《智能建筑工程质量验收规范》(GB50339—2003)规范附录 C 中表 C.0.1、表 C.0.2、表 C.0.3 和表 C.0.4 填写系统检测记录和汇总表。

系统检测的检测记录表式(GB50339—2003)(系统检测记录由检测机构专业人员填写)。

(2) 智能建筑工程分项工程质量检测记录:

1) 资料表式(表 2.6.3-6)

智能建筑工程分项工程质量检测记录表

表 2.6.3-6

编号：

单位（子单位）工程名称		子分部工程	
分项工程名称		验收部位	
施工单位		项目经理	
施工执行标准名称及编号			
分包单位		分包项目经理	
检测项目及抽检数量	检测记录		备 注
检测意见： 监理工程师签字　　　　　　　　　　　　检测机构负责人签字 （建设单位项目专业技术负责人） 　　　　　　　　日期　　　　　　　　　　　　　　日期			

2）实施要点

智能建筑工程分项工程质量检测记录是子系统检验记录表的统计表式，统计原则应按规范界定的子系统检测子项进行。

（3）子系统检测记录表：

1）资料表式（表 2.6.3-7）

子系统检测记录表

表 2.6.3-7

编号：

系统名称		子系统名称		序号		检测部位		
施工单位						项目经理		
执 行 标 准 名 称 及 编 号								
分包单位				分包项目经理				
主控项目	系统检测内容		检测规范的规定		系统检测评定记录	检测结果		备 注
						合 格	不合格	
一般项目								
强制性条文								
检测机构的检测结论　　　　　　　　　　　　　　　　　　检测负责人　　年　月　日								

注：1. 检测结果栏中，左列打"√"为合格，右列打"√"为不合格；
　　2. 备注栏内填写检测时出现的问题。

2) 实施要点

①通信网络系统、信息网络系统、建筑设备监控系统、火灾自动报警及消防联动系统、安全防范系统、综合布线系统、智能化系统集成、电源与接地、环境和住宅（小区）智能化等共10个子分部工程，应对10个子分部工程中的子系统的系统检测进行验收，填写子系统检测记录表。

②该表为地区有专业检测机构的专业检测机构进行子系统检测时的用表。

(4) 强制措施条文检测记录：

1) 资料表式（表2.6.3-8）

强制措施条文检测记录　　　　　　　　　　　　　　　　　表 2.6.3-8

编号：

工程名称			结构类型	
建设单位			受检部位	
施工单位			负责人	
项目经理		技术负责人	开工日期	

检测依据《智能建筑工程施工质量验收规范》GB50339—2003

条号	项　目	检查内容	判定
5.5.2	防火墙和防病毒软件	检查产品销售许可证及条例相关规定	
5.5.3	智能建筑网络安全系统检查	防火墙和防病毒软件的安全保障功能及可靠性	
7.2.6	检查消防控制室向建筑设备监控系统传输、显示火灾报警信息的一致性和可靠性	1．检测与建筑设备监控系统的接口 2．对火灾报警的响应 3．火灾运行模式	
7.2.9	新型消防设施的设置及功能检测	1．早期烟雾火灾报警系统 2．大空间早期火灾智能检测系统 3．大空间红外图像矩阵火灾报警及灭火系统 4．可燃气体泄漏报警及联动控制系统	
7.2.11	安全防范系统对火灾自动报警的响应及火灾模式的功能检测	1．视频安防监控系统的录像、录音响应 2．门禁系统的响应 3．停车场（库）的控制响应 4．安全防范管理系统的响应	
11.1.7	电源与接地系统	1．引接验收合格的电源和防雷接地装置 2．智能化系统的接地装置 3．防过流与防过压元件的接地装置 4．防电磁干扰屏蔽的接地装置 5．防静电接地装置	

2) 实施要点

强制性措施条文检测是一项特定检测。必需按表列检查内容逐一检查，并与标准对照，检查结果必须满足设计和标准要求。

（5）系统（分部工程）检测汇总：

1）资料表式（表2.6.3-9）

系统（分部工程）检测汇总表　　　　　表2.6.3-9

系统名称：_____　　　设计、施工单位：_____　　　编号：

子系统名称	序 号	内 容 及 问 题	检测结果	
			合 格	不合格
检测机构项目负责人签名：		检测结论		
检测人员签字：		检测日期：		

注：在检测结果栏，按实际情况在相应空格内打"√"（左列打"√"，视为合格；右列打"√"，视为不合格）。

2）实施要点

该系统（分部工程）检测汇总表是专业检测机构根据子系统检测结果进行的汇总整理表式。专业检测机构的检测机构的项目负责人本人签字、检测人员本人签字，检测结论由检测机构负责人填写。

2.6.4 智能建筑系统检测分项、检验批质量验收表式与说明

系统检测的子系统检测表式，基于以下原因仍选用《建筑工程施工质量验收统一标准》（GB50300—2001）附录D检验批质量验收记录表式。

1．标准规定：火灾自动报警及消防联动系统、安全防范系统、通信网络系统的检测验收应按相关国家现行标准和国家及地方的相关法律法规执行；其他系统的检测应由省市级以上的建设行政主管部门或质量技术监督部门认可的专业检测机构组织实施。

2．系统检测委托专业检测机构实施，以保证工程质量。暂时无专业检测机构时，系统检测可按GB50300第6章的规定执行。

3．多数地方专业检测机构尚未设立，故仍用统一标准检验批验收表式进行验收。如当地建设行政主管部门具有专业检测机构时，可按1.5.14.3-8子系统检测记录3.具有地区专业检测机构的专业检测机构用子系统检测记录表式举例的方法编制地方智能建筑系统检测分项、检验批质量验收表式。

4．建筑工程各专业分项、检验批质量验收记录表式中均未编入相应规范条目的质量标准规定。鉴于智能建筑质量验收规范2003年发行，比其他专业规范发行较晚，且规范中质量标准规定条目涉及其他专业规范的条目较多（如《建筑电气工程质量验收规范》GB50303—2002），为了更好的应用相关规范，智能建筑系统检测分项、检验批质量验收表式中编入了有关专业规范检验批质量验收的执行条目。

2.6.5 分部（子分部）工程竣工验收记录

表2.6.5-1和表2.6.5-2由验收机构负责填写。

1. 资料审查
(1) 资料表式

资　料　审　查　　　　　　　　　　　　　　　表 2.6.5-1

系统名称：_____　　　　　　　　　　　　编号：

序号	审查内容	审查结果				备注
		完整性		准确性		
		完整（或有）	不完整（或无）	合格	不合格	
1	工程合同技术文件					
2	设计更改审核					
3	工程实施及质量控制检验报告及记录					
4	系统检测报告及记录					
5	系统的技术、操作和维护手册					
6	竣工图及竣工文件					
7	重大施工事故报告及处理					
8	监理文件					
9						
审查结果统计：			审查结论：			
审核人员签名：					日期：	

注：1. 在审查结果栏，按实际情况在相应的空格内打"√"（左列打"√"，视为合格；右列打"√"，视为不合格）。
　　2. 存在的问题，在备注栏内注明。
　　3. 根据行业要求，验收组可增加竣工验收要求的文件，填在空格内

(2) 实施要点
1) 分部（子分部）竣工验收应验收如下资料：
①工程合同技术文件；
②设计更改审核；
③工程实施及质量控制检验报告及记录；
④系统检测报告及记录；
⑤系统的技术、操作和维护手册；
⑥竣工图及竣工文件；
⑦重大施工事故报告及处理；
⑧监理文件。
2) 根据行业要求，验收组可增加竣工验收要求的文件，填在空格内。
2. 竣工验收结论汇总
(1) 资料表式

竣工验收结论汇总　　　　　　　　　　表 2.6.5-2

系统名称：_____　　设计、施工单位：_____　　编号：

工程实施及质量控制检验结论		验收人签名：	年　月　日
系统检测抽检结果		验收人签名：	年　月　日
系统检测结论		抽检人签名：	年　月　日
观感质量验收		验收人签名：	年　月　日
资料审查结论		审查人签名：	年　月　日
人员培训考评结论		考评人签名：	年　月　日
运行管理队伍及规章制度审查		审查人签名：	年　月　日
设计等级要求评定		评定人签名：	年　月　日
系统验收结论		验收小组（委员会）组长签名：　　日期：	
建议与要求：			
验收组长、副组长（主任、副主任）签名：			

注：1. 本汇总表须附本附录所有表格、行业要求的其他文件及出席验收会与验收机构人员名单（签到）。
　　2. 验收结论一律填写"通过"或"不通过"。

（2）资料编制控检要求

资料要求同 2.6.3 节 1、（1）的内容。

（3）实施要点

1）竣工验收结论应汇总如下内容：

①系统检测抽检结果；

②系统检测结论；

③观感质量验收；

④资料审查结论；

⑤人员培训考评结论；

⑥运行管理队伍及规章制度审查；

⑦设计等级要求评定。

验收人、抽检人、审查人、考评人、评定人应对其汇总项目本人签字。

2）验收结论一律填写"通过"或"不通过"。

3. 综合补充说明：

（1）智能建筑工程质量验收完成后的有关技术文件，应按《建筑工程施工质量验收统一标准》（GB50300—2001）标准进行汇总整理，构成完整的单位（子单位）工程质量竣工验收记录资料。

（2）鉴于系统检测是在工程实施及质量控制阶段完成后开始的。系统检测前在工程实施过程中的质量控制（与前期工程交接、实施条件准备、进场材料设备验收、隐蔽验收、过程检查、安装质量检查、系统自检、试运行等）都是为系统检测进行的必要准备。因此，在系统检测前应提供在工程实施及质量控制阶段完成而形成的施工技术文件，作为核查智能建筑工程实施实际质量必须的措施。

3 工程质量记录资料

3.1 工程质量记录资料说明

3.1.1 工程质量记录资料组成

工程质量记录资料通常包括：工程质量控制资料核查和工程安全与功能检验资料核查及主要功能抽查记录。这两个部分资料是施工过程中形成的各个环节质量状况的基本数据和原始记录，统称为工程质量记录资料。这些资料是建筑工程在建造过程中随着工程进度，根据工程需要，按照设计、规范要求进行的测试和检验，这些资料在形成过程中，经过施工、检测部门、监理、建设等环节的检审，有的通过见证取样、送样形成的，可以说这样形成的资料是比较真实的。这些资料是说明工程质量的一个重要组成部分，是工程技术资料的核心。

3.1.2 工程质量记录资料的分类与要求

3.1.2.1 工程质量记录资料的分类

工程质量记录资料应按工程质量控制资料和工程安全与功能检验资料分类并分别编整：

Ⅰ、单位（子单位）工程质量控制资料。

Ⅱ、单位（子单位）工程安全和功能检验资料核查及主要功能抽查记录。

3.1.2.2 工程质量记录资料的要求

（GB50300—2001）标准规定工程质量控制资料和工程安全与功能检验资料应完整。

众所周知，由于目前材料供应渠道中的原始技术资料不能完全保证，加上施工单位管理制度不健全等情况，因此往往使一些工程中的技术资料不能达到完整。如何掌握这一尺度，《建筑工程施工质量验收统一标准》（GB50300—2001）主要起草人吴松勤同志主编的《建筑工程施工质量验收规范应用讲座》中指出："当一个分部、子分部工程的质量控制资料虽有欠缺，但能反映其结构安全和使用功能，是满足设计要求的，则可以认定该工程质量控制资料为完整"。例如：钢材的标准要求既要有出厂合格证，又要有试验报告，即为完整，实际中，如有一批用于非重要构件的钢材没有出厂合格证，但经有资质的检测单位检测，该批钢材物理性能和化学成分均符合标准和设计要求，则可认为该批钢材技术资料是完整的。

这段话较完整的体现了技术文件（资料）完整程度的控制原则。同时可以满足标准规定的工程质量控制资料和工程有关安全和功能的检测资料应完整的要求。

按照这段话的原则控制工程质量记录资料即可达到工程质量控制资料应完整的有关要求。具体的讲，可以按照表3.2目录列出的内容，根据工程特点和内容参照表3.2的目录编制工程质量控制资料的有关施工技术文件，即可基本编制一份合格的单位工程工程质量控制资料的有关施工技术文件。

3.2 单位（子单位）工程质量控制资料核查记录（C2）

根据《建筑工程施工质量验收统一标准》（GB50300—2001）附录G表G.0.1-2单位（子单位）工程质量控制资料核查记录目次对照相关专业规范经分解细化后编制的单位（子单位）工程质量控制资料核查记录序目表见表3.2。

单位（子单位）工程质量控制资料核查记录序目表　　　　表3.2

序号	资料名称	应用表式编号	说明
1	**建筑与结构**		
1.1	**图纸会审、设计变更、洽商记录**	C2-1	
1.1.1	图纸会审	C2-1-1	
1.1.2	设计变更	C2-1-2	
1.1.3	洽商记录	C2-1-3	
1.2	**工程定位测量、放线记录**	C2-2	
1.2.1	工程定位测量及复测记录	C2-2-1	
1.2.2	基槽及各层放线测量及复测记录	C2-2-2	
1.2.3	建筑物沉降观测记录	C2-2-3	
1.3	**原材料出厂合格证书及进场检（试）验报告**	C2-3	
1.3.1	合格证、试（检）验报告汇总表（通用）	C2-3-1	
1.3.2	合格证粘贴表（通用）	C2-3-2	
1.3.3	材料检验报告（通用）	C2-3-3	
1.3.4	钢材合格证、试验报告汇总表	C2-3-4	
1.3.5	钢筋（材）出厂合格证	C2-3-5	
1.3.6	钢筋机械性能试验报告	C2-3-6	
1.3.7	钢材试验报告	C2-3-7	
1.3.8	预应力钢筋合格证	C2-3-8	
1.3.9	预应力钢筋（钢绞线）试验报告	C2-3-9	
1.3.10	预应力锚具、夹具和连接器合格证、出厂检验报告	C2-3-10	
1.3.11	预应力锚具、夹具和连接器静载荷性能复试报告	C2-3-11	
1.3.12	金属螺旋管合格证	C2-3-12	
1.3.13	金属螺旋管复试报告	C2-3-13	
1.3.14	钢材焊接试（检）验报告、焊条（剂）合格证汇总表	C2-3-14	
1.3.15	焊条（剂）合格证	C2-3-15	
1.3.16	水泥、外加剂、掺合料出厂合格证、试验报告汇总表	C2-3-16	
1.3.17	水泥出厂合格证	C2-3-17	
1.3.18	水泥试验报告	C2-3-18	
1.3.19	预应力孔道灌浆用水泥合格证	C2-3-19	
1.3.20	预应力孔道灌浆用水泥试验报告	C2-3-20	
1.3.21	混凝土外加剂合格证、出厂检验报告	C2-3-21	
1.3.22	混凝土外加剂试验报告	C2-3-22	
1.3.23	预应力孔道灌浆用外加剂合格证	C2-3-23	

3.2 单位（子单位）工程质量控制资料核查记录（C2）

续表

序号	资　料　名　称	应用表式编号	说明
1.3.24	预应力孔道灌浆用外加剂试验报告	C2-3-24	
1.3.25	砌筑砂浆用外加剂合格证	C2-3-25	
1.3.26	砌筑砂浆用外加剂试验报告	C2-3-26	
1.3.27	掺合料（粉煤灰等）合格证	C2-3-27	
1.3.28	掺合料（粉煤灰等）试验报告	C2-3-28	
1.3.29	混凝土拌合用水水质试验报告（有要求时）	C2-3-29	
1.3.30	砖（砌块）类材料出厂合格证、试验报告汇总表	C2-3-30	
1.3.31	砖（砌块）类材料出厂合格证	C2-3-31	
1.3.32	砖（砌块）试验报告	C2-3-32	
1.3.33	陶质釉面砖与陶瓷墙地砖等出厂合格证、出厂检验报告	C2-3-33	
1.3.34	陶质釉面砖与陶瓷墙地砖等试验报告	C2-3-34	
1.3.35	粗细骨料、轻骨料合格证、试验报告汇总表	C2-3-35	
1.3.36	粗细骨料、轻骨料合格证粘贴表	C2-3-36	
1.3.37	砂子试验报告	C2-3-37	
1.3.38	石子试验报告	C2-3-38	
1.3.39	轻骨料试验报告	C2-3-39	
1.3.40	防水材料（卷材、涂料）合格证、试验报告汇总表	C2-3-40	
1.3.41	防水材料（卷材、涂料）合格证粘贴表	C2-3-41	
1.3.42	防水卷材试验报告	C2-3-42	
1.3.43	防水涂料试验报告	C2-3-43	
1.3.44	＿＿＿防水材料试（检）验报告（通用）	C2-3-44	
1.3.45	保温材料合格证、出厂检验报告	C2-3-45	
1.3.46	保温材料试验报告	C2-3-46	
1.3.47	其他建筑材料出厂合格证（出厂检验报告）和试验报告	C2-3-47	
1.3.47.1	其他建筑材料出厂合格证（出厂检验报告）和试验报告汇总表	C2-3-47-1	
1.3.47.2	饰面板（砖）合格证、出厂检验报告	C2-3-47-2	
1.3.47.3	饰面板（砖）试验报告	C2-3-47-3	
1.3.47.4	吊顶（隔墙）龙骨产品合格证	C2-3-47-4	
1.3.47.5	隔墙墙板以及吊顶、隔墙面板产品合格证	C2-3-47-5	
1.3.47.6	人造木板合格证	C2-3-47-6	
1.3.47.7	人造木板甲醛含量检测报告	C2-3-47-7	
1.3.47.8	玻璃产品合格证、出厂性能检测报告	C2-3-47-8	
1.3.47.9	室内外用大理石、花岗石、水磨石等合格证、出厂检测报告	C2-3-47-9	
1.3.47.10	室内用大理石、花岗石等放射性检测报告	C2-3-47-10	
1.3.47.11	涂料产品合格证、出厂性能检验报告	C2-3-47-11	
1.3.47.12	裱糊用壁纸、墙布产品合格证、出厂性能检验报告	C2-3-47-12	
1.3.47.13	软包面料、内衬产品合格证、出厂性能检验报告	C2-3-47-13	
1.3.47.14	地面材料产品合格证、出厂性能检验报告	C2-3-47-14	
1.3.48	幕墙等材料出厂合格证和试验报告	C2-3-48	
1.3.48.1	铝合金、塑钢、幕墙材料（如玻璃等）出厂质量证书汇总表	C2-3-48-1	

续表

序号	资料名称	应用表式编号	说明
1.3.48.2	铝合金、塑钢、幕墙材料（如玻璃等）出厂质量证书粘贴表	C2-3-48-2	
1.3.48.3	硅酮结构胶相容性试验报告	C2-3-48-3	
1.3.48.4	幕墙用材料放射性检验报告	C2-3-48-4	
1.3.48.5	**幕墙用材料物理性能机械性能试（检）验报告**	C2-3-48-5	
1.4	**施工试验报告及见证检测报告**	C2-4	
1.4.1	＿＿＿＿检验报告（通用）	C2-4-1	
1.4.2	钢（材）筋焊接连接试验报告	C2-4-2	
1.4.2.1	钢筋焊接接头拉伸、弯曲试验报告	C2-4-2-1	
1.4.2.2	钢筋电阻点焊制品力学性能报告	C2-4-2-2	
1.4.3	钢筋机械连接试验报告	C2-4-3	
1.4.3.1	钢筋锥螺纹接头拉伸试验报告	C2-4-3-1	
1.4.3.1A	钢筋锥螺纹加工检验记录	C2-4-3-1A	
1.4.3.1B	钢筋锥螺纹质量检查记录	C2-4-3-1B	
1.4.4	钢结构钢材连接试验报告	C2-4-4	
1.4.4.1	钢结构焊接试验报告	C2-4-4-1	
1.4.4.2	建筑钢结构焊接工艺评定报告	C2-4-4-2	
1.4.5	钢结构连接副、抗滑移系数复（检）验	C2-4-5	
1.4.5.1	扭剪型高强度螺栓连接副预拉力复验	C2-4-5-1	
1.4.5.2	高强度大六角头螺栓连接副扭矩系数复验	C2-4-5-2	
1.4.5.3	高强度螺栓连接副施工扭矩检验	C2-4-5-3	
1.4.5.4	高强度螺栓连接摩擦面的抗滑移系数检验	C2-4-5-4	
1.4.6	钢（筋）材探伤检验	C2-4-6	
1.4.6.1	钢材焊接接头疲劳试验报告	C2-4-6-1	
1.4.6.2	钢材焊接接头冲击试验报告	C2-4-6-2	
1.4.6.3	钢材焊接接头硬度试验报告	C2-4-6-3	
1.4.6.4	焊缝射线探伤报告	C2-4-6-4	
1.4.6.5	焊缝超声波探伤报告	C2-4-6-5	
1.4.6.6	焊缝磁粉探伤报告	C2-4-6-6	
1.4.6.7	金相试验报告	C2-4-6-7	
1.4.7	预应力钢丝镦头强度试验报告	C2-4-7	
1.4.8	幕墙后置埋件现场拉拔试验报告	C2-4-8	
1.4.9	幕墙石材弯曲强度试验报告	C2-4-9	
1.4.10	土壤试验报告	C2-4-10	
1.4.10.1	室内填土土壤试验报告（素土、灰土、粉煤灰等）	C2-4-10-1	
1.4.10.2	基槽（坑）回填土土壤试验报告（素土、灰土、粉煤灰等）	C2-4-10-2	
1.4.10.3	场地填土土壤试验报告（素土、灰土、粉煤灰等）	C2-4-10-3	
1.4.10.4	地基局部处理土壤试验报告	C2-4-10-4	
1.4.10.5	其他土壤试验报告	C2-4-10-5	
1.4.11	土壤击实试验报告	C2-4-11	
1.4.12	地表土壤氡浓度检测报告	C2-4-12	

3.2 单位（子单位）工程质量控制资料核查记录（C2）

续表

序号	资料名称	应用表式编号	说明
1.4.13	混凝土试块强度试验报告	C2-4-13	
1.4.13.1	混凝土试块强度试验报告汇总表	C2-4-13-1	
1.4.13.2	混凝土强度试配报告单	C2-4-13-2	
1.4.13.3	混凝土外加剂适用性试验报告	C2-4-13-3	
1.4.13.4	混凝土试块试验报告单	C2-4-13-4	
1.4.13.5	混凝土抗渗性能试验报告单	C2-4-13-5	
1.4.13.6	混凝土抗冻性能试验报告单	C2-4-13-6	
1.4.13.7	装配式结构拼缝、接头处理混凝土强度试验报告单	C2-4-13-7	
1.4.13.8	特种混凝土试块试验报告	C2-4-13-8	
1.4.13.9	混凝土试块强度评定汇总	C2-4-13-9	
1.4.13.9A1	混凝土强度统计方法评定汇总表	C2-4-13-9A1	
1.4.13.9A2	统计方法评定	C2-4-13-9A2	
1.4.13.9B	非统计方法评定	C2-4-13-9B	
1.4.13.9C	混凝土试块强度代表值的确定	C2-4-13-9C	
1.4.13.9D	混凝土试块强度评定核查注意事项	C2-4-13-9D	
1.4.14	砂浆抗压强度试验报告	C2-4-14	
1.4.14.1	砂浆抗压强度试验报告汇总表	C2-4-14-1	
1.4.14.2	砂浆试配报告单	C2-4-14-2	
1.4.14.3	砂浆试块试验报告	C2-4-14-3	
1.4.14.4	特种砂浆试块试验报告单	C2-4-14-4	
1.4.14.5	外墙饰面砖粘结强度检测报告	C2-4-14-5	
1.4.14.6	预应力灌浆用水泥浆试块试验报告	C2-4-14-6	
1.4.15	混凝土强度检测报告	C2-4-15	
1.4.15.1	回弹法检测混凝土强度报告	C2-4-15-1	
1.4.15.2	钻芯法检测混凝土强度报告	C2-4-15-2	
1.4.15.3	超声回弹综合法检测混凝土强度报告	C2-4-15-3	
1.4.15.4	超声法检测混凝土缺陷报告	C2-4-15-4	
1.4.16	砌体强度检测报告	C2-4-16	
1.5	**隐蔽工程验收**	C2-5	
1.5.1	隐蔽工程验收记录表（通用）	C2-5-1	
1.5.2	钢筋隐蔽工程验收记录	C2-5-2	
1.5.3	预应力钢筋隐蔽工程验收记录	C2-5-3	
1.5.4	钢结构焊接隐蔽工程验收记录	C2-5-4	
1.5.5	地下防水转角处、变形缝、穿墙管道、后浇带、埋设件、施工缝留槎位置、穿墙管止水环与主管或翼环与套管等细部做法隐蔽工程验收记录	C2-5-5	
1.5.6	盾构法隧道管片拼装接缝隐蔽工程验收记录	C2-5-6	
1.5.7	渗排水、盲沟排水、复合式衬砌缓冲排水层隐蔽工程验收记录	C2-5-7	
1.5.8	注浆工程的注浆孔、注浆控制压力、钻孔埋管等隐蔽工程验收记录	C2-5-8	
1.5.9	地下连续墙的槽段接缝及墙体与内衬结构接缝隐蔽工程验收记录	C2-5-9	

续表

序号	资料名称	应用表式编号	说明
1.5.10	屋面卷材防水、涂膜防水、刚性防水的防水层基层；密封防水处理部位；细部构造的天沟、檐口、檐沟、水落口、泛水、变形缝和伸出屋面管道的防水构造；防水层的搭接宽度和附加层；刚性保护层与卷材、涂膜防水层之间设置的隔离层等的隐蔽工程验收记录	C2-5-10	
1.5.11	抹灰（一般、装饰等）隐蔽工程验收记录	C2-5-11	
1.5.12	门窗预埋件和锚固件隐蔽工程验收记录	C2-5-12	
1.5.13	门窗隐蔽部位的防腐、填嵌处理隐蔽工程验收记录	C2-5-13	
1.5.14	吊顶工程隐蔽工程验收记录	C2-5-14	
1.5.15	轻质隔墙（板材骨架、活动隔墙、玻璃隔墙）工程隐蔽工程验收记录	C2-5-15	
1.5.16	饰面板（砖）隐蔽工程验收记录	C2-5-16	
1.5.17	细部工程护栏与预埋件（或后置埋件）连接节点隐蔽工程验收记录	C2-5-17	
1.5.18	幕墙隐蔽工程验收记录	C2-5-18	
1.5.19	建筑地面各构造层隐蔽工程验收记录	C2-5-19	
1.6	**施工记录**	C2-6	
1.6.1	_____施工记录表（通用）	C2-6-1	
1.6.2	地基钎探记录	C2-6-2	
1.6.3	地基验槽记录	C2-6-3	
1.6.4	砌筑工程施工记录	C2-6-4	
1.6.5	混凝土施工记录	C2-6-5	
1.6.5.1	混凝土浇灌申请书	C2-6-5-1	
1.6.5.2	混凝土开盘鉴定	C2-6-5-2	
1.6.5.3	混凝土工程施工记录	C2-6-5-3	
1.6.5.4	混凝土后浇带施工检查记录	C2-6-5-4	
1.6.5.5	混凝土坍落度检查记录	C2-6-5-5	
1.6.5.6	冬期施工混凝土日报	C2-6-5-6	
1.6.5.7	_____混凝土养护测温记录	C2-6-5-7	
1.6.5.8	混凝土同条件养护测温记录	C2-6-5-8	
1.6.5.9	混凝土养护情况记录	C2-6-5-9	
1.6.6	钢构件、预制混凝土构件、木构件吊装记录	C2-6-6	
1.6.7	预应力施工记录	C2-6-7	
1.6.7.1	电热法施加预应力记录	C2-6-7-1	
1.6.7.2	现场施加预应力筋张拉记录	C2-6-7-2	
1.6.7.3	钢筋冷拉记录	C2-6-7-3	
1.6.8	无粘结预应力筋锚具外观检验、无粘结预应力钢丝镦头外观检验施工记录	C2-6-8	
1.6.9	钢结构施工记录	C2-6-9	
1.6.9.1	钢构件焊接预、后热施工记录	C2-6-9-1	
1.6.9.2	钢零件、钢部件矫正和成型、边缘加工施工记录	C2-6-9-2	

3.2 单位(子单位)工程质量控制资料核查记录(C2)

续表

序号	资料名称	应用表式编号	说明
1.6.9.3	钢结构单层、多层及高层主体结构的整体垂直度和整体平面弯曲测量施工记录	C2-6-9-3	
1.6.9.4	高强度螺栓连接副施工质量检查施工记录	C2-6-9-4	
1.6.9.5	钢网架结构接点承载力试验施工记录	C2-6-9-5	
1.6.9.6	钢网架结构挠度测量施工记录	C2-6-9-6	
1.6.9.7	压型金属板安装施工记录	C2-6-9-7	
1.6.9.8	钢结构防腐、防火涂料涂装施工记录	C2-6-9-8	
1.6.10	幕墙工程施工记录	C2-6-10	
1.6.10.1	幕墙节点联结、防火处理、安装与固定、变形缝处理等施工记录	C2-6-10-1	
1.6.10.2	幕墙结构胶粘结剥离试验施工记录	C2-6-10-2	
1.6.10.3	密封胶、密封材料和衬垫材料检查验收施工记录	C2-6-10-3	
1.6.10.4	注胶施工记录	C2-6-10-4	
1.6.11	装饰装修工程施工记录	C2-6-11	
1.6.11.1	抹灰(一般、装饰等)施工记录	C2-6-11-1	
1.6.11.2	门窗预埋件、锚固件、防腐、填嵌处理施工记录	C2-6-11-2	
1.6.11.3	吊顶工程施工记录	C2-6-11-3	
1.6.11.4	轻质隔墙(板材骨架、活动隔墙、玻璃隔墙等)工程施工记录	C2-6-11-4	
1.6.11.5	饰面板(砖)施工记录	C2-6-11-5	
1.6.11.6	涂饰、裱糊与软包工程施工记录	C2-6-11-6	
1.6.11.7	细部工程护栏与预埋件(或后置埋件)连接节点施工记录	C2-6-11-7	
1.6.12	地下防水工程施工记录	C2-6-12	
1.6.12.1	地下防水转角处、变形缝、穿墙管道、后浇带、埋设件、施工缝留槎位置、穿墙管止水环与主管或翼环与套管等细部做法施工记录	C2-6-12-1	
1.6.12.2	盾构法隧道管片拼装接缝施工记录	C2-6-12-2	
1.6.12.3	渗排水、盲沟排水、隧道、坑道排水施工记录	C2-6-12-3	
1.6.12.4	注浆工程的注浆孔、注浆控制压力、钻孔埋管等施工记录	C2-6-12-4	
1.6.12.5	地下连续墙的槽段接缝及墙体与内衬结构接缝施工记录	C2-6-12-5	
1.6.13	屋面防水施工记录	C2-6-13	
1.6.14	建筑地面各构造层施工记录	C2-6-14	
1.7	**预制构件、预拌混凝土合格证**	C2-7	
1.7.1	预制构件、钢构件、木构件(门窗)合格证汇总表	C2-7-1	
1.7.2	预制构件、钢构件、木构件(门窗)合格证	C2-7-2	
1.7.2.1	预制构件合格证	C2-7-2-1	
1.7.2.2	钢构件合格证	C2-7-2-2	
1.7.2.3	木构件(门窗)合格证	C2-7-2-3	
1.7.3	预拌(商品)混凝土	C2-7-3	
1.7.3.1	预拌(商品)混凝土出厂质量证书	C2-7-3-1	
1.7.3.2	预拌混凝土订货与交货	C2-7-3-2	
1.8	地基、基础、主体结构检验及抽样检测资料	C2-8	

续表

序号	资料名称	应用表式编号	说明
1.8.1	地基、基础检查验收记录	C2-8-1	
1.8.2	主体结构验收记录	C2-8-2	
1.8.3	钢（网架）结构验收记录	C2-8-3	
1.8.4	中间交接检查验收记录	C2-8-4	
1.8.5	单项工程竣工验收记录（通用）	C2-8-5	
1.8.6	结构实体检验记录	C2-8-6	
1.8.6.1	结构实体检验用同条件养护试件强度检验（GB50204—2002）	C2-8-6-1	
1.8.6.2	结构实体钢筋保护层厚度检验	C2-8-6-2	
1.9	**工程质量事故调查处理资料**	C2-9	
1.9.1	工程质量事故报告	C2-9-1	
1.9.2	建设工程质量事故调（勘）查处理记录	C2-9-2	
1.9.3	工程质量事故技术处理方案	C2-9-3	
1.10	**新技术、新工艺、新材料施工记录**	C2-10	
	给排水与采暖		
1.11	**给排水与采暖工程图纸会审、设计变更、洽商记录**	C2-11	
1.11.1	图纸会审	C2-11-1	
1.11.2	设计变更	C2-11-2	
1.11.3	洽商记录	C2-11-3	
1.12	**材料、配件、设备出厂合格证书及进场检（试）验报告**	C2-12	
1.12.1	材料、设备出厂合格证、试（检）验报告汇总表	C2-12-1	
1.12.2	材料、设备出厂合格证	C2-12-2	
1.12.3	主要设备开箱检验记录（通用）	C2-12-3	
1.13	**管道、设备强度试验、严密性试验记录**	C2-13	
1.13.1	_____管道、设备强度试验、严密性试验记录（通用）	C2-13-1	
1.13.2	室内给水管道水压试验记录	C2-13-2	
1.13.3	水泵试运转记录	(C2-13-3)	
1.13.4	室内热水供应系统水压试验记录	C2-13-4	
1.13.5	室内热水供应辅助设备（太阳能集热器、热交换器等）水压试验记录	C2-13-5	
1.13.6	室内采暖系统水压试验记录	C2-13-6	
1.13.7	低温热水地板辐射采暖系统水压试验记录	C2-13-7	
1.13.8	散热器水压试验、金属辐射板水压试验记录	C2-13-8	
1.13.9	室外给水管网水压试验记录	C2-13-9	
1.13.10	室外消防管道系统（含水泵接合器及室外消火栓）水压试验记录	C2-13-10	
1.13.11	室外供热管网水压试验记录	C2-13-11	
1.13.12	建筑中水系统给水管网水压试验记录	C2-13-12	
1.13.13	游泳池水加热系统水压试验记录	C2-13-13	
1.13.14	阀门强度和严密性试验记录	C2-13-14	

续表

序号	资 料 名 称	应用表式编号	说明
1.13.15	室内消防系统水压试验及消火栓试射试验记录	C2-13-15	
1.13.16	密闭水箱水压试验记录	C2-13-16	
1.13.17	供热锅炉水压试验记录	C2-13-17	
1.13.18	锅炉辅助设备分汽缸（分水器、集水器）水压试验记录	C2-13-18	
1.13.19	地下直埋油灌气密性试验记录	C2-13-19	
1.13.20	锅炉和省煤器安全阀的定压和调整记录	C2-13-20	
1.13.21	锅炉辅助设备热交换器水压试验记录	C2-13-21	
1.14	**给排水、采暖隐蔽工程验收记录**	C2-14	
1.14.1	隐蔽或埋地给水、排水、雨水、采暖、热水等管道隐蔽工程验收记录	C2-14-1	
1.14.2	井道、地沟、吊顶内的给水、排水、雨水、采暖、热水等隐蔽工程验收记录	C2-14-2	
1.14.3	低温热水地板辐射采暖地面、楼面下敷设盘管隐蔽工程验收记录	C2-14-3	
1.14.4	锅炉及附属设备安装隐蔽工程验收记录	C2-14-4	
1.15	系统清洗、灌水、通水、通球试验记录	C2-15	
1.15.1	管道系统吹洗（脱脂）检验记录	C2-15-1	
1.15.1.1	室内给水管道及配件冲洗试验记录	C2-15-1-1	
1.15.1.2	室内热水管道及配件冲洗试验记录	C2-15-1-2	
1.15.1.3	室内采暖管道及配件冲洗试验记录	C2-15-1-3	
1.15.1.4	室外给水管网、消防管道冲洗试验记录	C2-15-1-4	
1.15.1.5	室外供热管道及配件冲洗试验记录	C2-15-1-5	
1.15.1.6	煤气管网的吹扫试验记录	C2-15-1-6	
1.15.1.7	建筑中水系统及游泳池水系统管道冲洗试验记录	C2-15-1-7	
1.15.2	排水管道灌水（通水）试验记录	C2-15-2	
1.15.2.1	室内给排水系统通水试验记录	C2-15-2-1	
1.15.2.2	室内给水设备敞口水箱满水试验记录	C2-15-2-2	
1.15.2.3	室内排水系统灌水试验记录	C2-15-2-3	
1.15.2.4	雨水管道及配件灌水试验记录	C2-15-2-4	
1.15.2.5	室内热水供应敞口水箱满水试验记录	C2-15-2-5	
1.15.2.6	卫生器具满水和通水试验记录	C2-15-2-6	
1.15.2.7	室外排水管网灌水和通水试验记录	C2-15-2-7	
1.15.2.8	建筑中水系统及游泳池排水系统灌水、通水试验记录	C2-15-2-8	
1.15.2.9	锅炉敞口箱、罐满水试验记录	C2-15-2-9	
1.15.3	室内排水管道通球试验记录	C2-15-3	
1.16	**施工记录**	C2-16	
1.16.1	施工记录（给排水与采暖）	C2-16-1	
1.16.2	伸缩器安装预拉伸记录	C2-16-2	
1.16.3	设备安装施工记录	C2-16-3	
1.16.4	烘炉检查记录	C2-16-4	
1.16.5	煮炉检查记录	C2-16-5	

续表

序号	资 料 名 称	应用表式编号	说明
1.16.6	锅炉用机械设备试运转记录	C2-16-6	
1.16.7	管道焊接检查记录	C2-16-7	
1.16.8	生活给水消毒记录	C2-16-8	
	建筑电气		
1.17	**建筑电气工程图纸会审、设计变更、洽商记录**	C2-17	
1.17.1	图纸会审	C2-17-1	
1.17.2	设计变更	C2-17-2	
1.17.3	洽商记录	C2-17-3	
1.18	**材料、设备出厂合格证及进场检（试）验报告**	C2-18	
1.18.1	材料、设备出厂合格证、检（试）验报告汇总表	C2-18-1	
1.18.2	材料、设备出厂合格证粘贴表	C2-18-2	
1.18.3	主要设备开箱检验记录	C2-18-3	
1.19	**设备调试记录**	C2-19	
1.19.1	电气设备调试记录	C2-19-1	
1.19.2	同步发电机及调相机调试记录	C2-19-2	
1.19.3	直流电机调试记录	C2-19-3	
1.19.4	中频发电机调试记录	C2-19-4	
1.19.5	交流电动机调试记录	C2-19-5	
1.19.6	电力变压器调试记录	C2-19-6	
1.19.7	电抗器及消弧线圈调试记录	C2-19-7	
1.19.8	互感器调试记录	C2-19-8	
1.19.9	油断路器调试记录	C2-19-9	
1.19.10	空气及磁吹断路器调试记录	C2-19-10	
1.19.11	真空断路器调试记录	C2-19-11	
1.19.12	六氟化硫断路器调试记录	C2-19-12	
1.19.13	六氟化硫封闭式组合电器调试记录	C2-19-13	
1.19.14	隔离开关、负荷开关及高压熔断器调试记录	C2-19-14	
1.19.15	套管调试记录	C2-19-15	
1.19.16	悬式绝缘子和支柱绝缘子调试记录	C2-19-16	
1.19.17	电力电缆调试记录	C2-19-17	
1.19.18	电熔器调试记录	C2-19-18	
1.19.19	避雷器调试记录	C2-19-19	
1.19.20	电除尘器调试记录	C2-19-20	
1.19.21	二次回路调试记录	C2-19-21	
1.19.22	1kV以上架空电力线路调试记录	C2-19-22	
1.19.23	低压电器调试记录	C2-19-23	
1.20	**绝缘、接地电阻测试记录**	C2-20	
1.20.1	绝缘电阻测试记录	C2-20-1	
1.20.2	接地电阻测验记录	C2-20-2	
1.21	**隐蔽工程验收记录表**	C2-21	

续表

序号	资料名称	应用表式编号	说明
1.21.1	电气工程隐蔽验收记录	C2-21-1	
1.21.2	电导管安装工程隐蔽验收记录	C2-21-2	
1.21.3	电线导管、电缆导管和线槽敷设隐蔽验收记录	C2-21-3	
1.21.4	重复接地（防雷接地）工程隐蔽验收记录	C2-21-4	
1.21.5	配线敷设施工隐蔽验收记录	C2-21-5	
1.22	施工记录	C2-22	
1.22.1	建筑电气施工记录	C2-22-1	
1.22.2	电缆敷设施工记录	C2-22-2	
1.22.3	电气设备安装施工记录	C2-22-3	
	通风与空调		
1.23	图纸会审、设计变更、洽商记录	C2-23	
1.23.1	图纸会审	C2-23-1	
1.23.2	设计变更	C2-23-2	
1.23.3	洽商记录	C2-23-3	
1.24	材料、设备出厂合格证书及进场检（试）验报告	C2-24	
1.24.1	材料、设备出厂合格证书及进场检（试）验报告汇总表	C2-24-1	
1.24.2	材料、设备出厂合格证书粘贴表	C2-24-2	
1.24.3	主要设备开箱检验记录	C2-24-3	
1.25	制冷、空调、水管道强度试验、严密性试验记录	C2-25	
1.25.1	制冷、空调、水管道气密性试验记录（通用）	C2-25-1	
1.25.2	制冷、空调、水管道压力试验记录	C2-25-2	
1.25.3	空调水管道强度、气密性试验记录	C2-25-3	
1.25.4	制冷剂管道用阀门强度、气密性试验记录	C2-25-4	
1.25.5	风机盘管机组水压试验记录	C2-25-5	
1.25.6	风管及部件严密性试验记录	C2-25-6	
1.25.7	水箱、集水缸、分水缸、储冷罐满水或水压试验记录	C2-25-7	
1.25.8	通风空调工程设备、管道吹（扫）洗记录	C2-25-8	
1.26	隐蔽工程验收记录	C2-26	
1.26.1	井道、吊顶内管道或设备隐蔽验收记录	C2-26-1	
1.26.2	设备朝向、位置及地脚螺栓隐蔽验收记录	C2-26-2	
1.27	制冷设备运行调试记录	C2-27	
1.27.1	设备单机试车记录（通用）	C2-27-1	
1.27.1.1	通风机、空调机组中的风机运行调试记录	C2-27-1-1	
1.27.1.2	水泵运行调试记录	C2-27-1-2	
1.27.1.3	冷却塔运行调试记录	C2-27-1-3	
1.27.1.4	制冷机组、单元式空调机组运行调试记录	C2-27-1-4	
1.27.1.5	电控防火、防排烟风阀（口）运行调试记录	C2-27-1-5	
1.27.1.6	风机、空调机组、风冷热泵运行调试记录	C2-27-1-6	
1.27.1.7	风机盘管机组运行调试记录	C2-27-1-7	
1.27.1.8	除尘器、空气过滤器和换热器运行调试记录	C2-27-1-8	

续表

序号	资料名称	应用表式编号	说明
1.27.1.9	风量、温度测试记录	C2-27-1-9	
1.27.1.10	各房间室内风量测量记录	C2-27-1-10	
1.27.1.11	管网风量平衡记录	C2-27-1-11	
1.27.1.12	空气净化系统检测记录	C2-27-1-12	
1.28	**通风、空调系统调试记录**	C2-28	
1.28.1	通风、空调系统调试记录表（通用）	C2-28-1	
1.28.1.1	通风工程系统无生产负荷联动试运转及调试记录	C2-28-1-1	
1.28.1.2	系统总风量测定与调整记录	C2-28-1-2	
1.28.1.3	舒适空调温度、湿度测定与调整记录	C2-28-1-3	
1.28.1.4	设备及主要部件联动试运转与调整记录	C2-28-1-4	
1.28.1.5	各风口或吸风罩风量测定与调整记录	C2-28-1-5	
1.28.1.6	湿式除尘器供水与排水系统运行与调整记录	C2-28-1-6	
1.28.2	空调工程系统无生产负荷联动试运转及调试记录	C2-28-2	
1.28.2.1	空调冷热水、冷却水总流量测试与调试记录	C2-28-2-1	
1.28.2.2	空调工程水系统连续运行与调试记录	C2-28-2-2	
1.28.2.3	空调系统设备（水泵、电机）连续运行与调整记录	C2-28-2-3	
1.28.2.4	各空调机组水流量测定与调整记录	C2-28-2-4	
1.28.2.5	各种自动计量检测元件和执行机构工作测定与调整记录	C2-28-2-5	
1.28.2.6	多台冷却塔联动运行冷却塔进、出水量测试与调整记录	C2-28-2-6	
1.28.2.7	空调室内噪声测定与调试记录	C2-28-2-7	
1.28.2.8	有压差房间、厅堂与相邻房间的压差调整记录	C2-28-2-8	
1.28.2.9	制冷、空调机组的环境噪声测定与调整记录	C2-28-2-9	
1.28.3	防排烟系统联合试运行与调试记录	C2-28-3	
1.28.4	净化空调系统联合试运行与调试记录	C2-28-4	
1.28.4.1	单向流洁净室的系统总风量测试记录	C2-28-4-1	
1.28.4.2	单向流洁净室的系统室内截面平均风速测定与调试记录	C2-28-4-2	
1.28.4.3	相邻不同级别洁净室之间和洁净室与非洁净室之间的静压差调试记录	C2-28-4-3	
1.28.5	制冷系统吹污试验记录	C2-28-5	
1.28.6	凝结水盘及管道充水试验记录	C2-28-6	
1.29	**施工记录**	C2-29	
1.29.1	通风机安装施工记录	C2-29-1	
1.29.2	除尘设备安装施工记录	C2-29-2	
1.29.3	洁净室空气净化设备安装施工记录	C2-29-3	
1.29.4	装配式洁净室的安装施工记录	C2-29-4	
1.29.5	洁净层流罩安装施工记录	C2-29-5	
1.29.6	风机过滤器单元（FFU、FMU）安装施工记录	C2-29-6	
1.29.7	消声器安装施工记录	C2-29-7	
	电　　梯		
1.30	**土建布置图纸会审、设计变更、洽商记录**	C2-30	
1.30.1	图纸会审	C2-30-1	

3.2 单位（子单位）工程质量控制资料核查记录（C2）

续表

序号	资料名称	应用表式编号	说明
1.30.2	设计变更	C2-30-2	
1.30.3	洽商记录	C2-30-3	
1.31	**设备出厂合格证书及开箱检验记录**	C2-31	
1.31.1	设备出厂合格证书、检验报告汇总表	C2-31-1	
1.31.2	设备出厂合格证书粘贴表	C2-31-2	
1.31.3	主要设备开箱检验记录	C2-31-3	
1.32	**隐蔽工程验收**	C2-32	
1.32.1	电梯承重梁、起重吊环埋设隐蔽工程验收记录	C2-32-1	
1.32.2	电梯钢丝绳头灌注隐蔽检查验收记录	C2-32-2	
1.33	**施工记录**	C2-33	
1.34	**接地、绝缘电阻测试记录**	C2-34	
1.34.1	接地电阻测试记录	C2-34-1	
1.34.2	绝缘电阻测试记录	C2-34-2	
1.35	**负荷试验、安全装置检查记录**	C2-35	
1.35.1	电梯安全装置检查记录	C2-35-1	
1.35.2	电梯负荷运行试验记录	C2-35-2	
1.35.3	电梯负荷运行试验曲线图（确定平衡系数）	C2-35-3	
1.35.4	电梯噪声测试记录	C2-35-4	
1.35.5A	电梯加、减速度和轿厢运行的垂直、水平振动速度试验记录	C2-35-5A	
1.35.5B	电梯加、减速度和轿厢运行的垂直、水平振动速度试验记录	C2-35-5B	
1.35.6	曳引机检查与试验记录	C2-35-6	
1.35.7	限速器试验记录	C2-35-7	
1.35.8	安全钳试验记录	C2-35-8	
1.35.9	缓冲器试验记录	C2-35-9	
1.35.10	层门和开门机试验记录	C2-35-10	
1.35.11	门锁试验记录	C2-35-11	
1.35.12	绳头组合拉力试验记录	C2-35-12	
1.35.13	选层器钢带试验记录	C2-35-13	
1.35.14	轿厢试验记录	C2-35-14	
1.35.15	控制屏试验记录	C2-35-15	
	智能建筑		
1.36	**图纸会审、设计变更、洽商记录、竣工图及设计说明**	C2-36	
1.36.1	图纸会审	C2-36-1	
1.36.2	设计变更	C2-36-2	
1.36.3	洽商记录	C2-36-3	
1.37	**材料、设备出厂合格证及技术文件及进场检（试）验报告**	C2-37	
1.37.1	材料、设备出厂合格证、检（试）验报告汇总表	C2-37-1	
1.37.2	材料、设备出厂合格证粘贴表	C2-37-2	
1.37.3	主要设备开箱检验记录	C2-37-3	
1.38	**隐蔽工程验收表**	C2-38	

续表

序号	资料名称	应用表式编号	说明
1.38.1	管道排列、走向、弯曲处理、固定方式隐蔽工程验收记录	C2-38-1	
1.38.2	管道连接、管道搭铁、接地隐蔽工程验收记录	C2-38-2	
1.38.3	管口安放、接线盒及桥架、线缆对管道及线间绝缘电阻、线缆接头处理隐蔽工程验收记录	C2-38-3	
1.38.4	缆线暗敷隐蔽工程验收记录	C2-38-4	
1.39	系统功能测定及设备调试记录	C2-39	
1.39.1	系统功能测定记录	C2-39-1	
1.39.2	设备调试记录	C2-39-2	
1.39.3	综合布线测试记录	C2-39-3	
1.39.4	光纤损耗测试记录	C2-39-4	
1.39.5	视频系统末端测试记录	C2-39-5	
1.40	**系统技术、操作和维护手册**	C2-40	
1.41	系统管理、操作人员培训记录	C2-41	
1.42	系统检测报告	C2-42	
	地基处理与桩基文件（资料）		
	Ⅰ 地基处理文件（资料）		
1.43	**地基处理工程设计变更、洽商记录**	C2-43	
1.43.1	设计变更	C2-43-1	
1.43.2	洽商记录	C2-43-2	
1.44	工程测量放线定位平面图	C2-44	
1.45	**原材料出厂合格证及进场检（试）验报告**	C2-45	
1.45.1	合格证、试（检）验报告汇总表（通用）	C2-45-1	
1.45.2	合格证粘贴表（通用）	C2-45-2	
1.45.3	材料检验报告（通用）	C2-45-3	
1.45.4	钢材合格证、试验报告汇总表（通表）	C2-45-4	
1.45.5	钢筋出厂合格证（通表）	C2-45-5	
1.45.6	钢筋机械性能试验报告	C2-45-6	
1.45.7	钢材试验报告	C2-45-7	
1.45.8	焊接试验报告、焊条（剂）合格证汇总表（通表）	C2-45-8	
1.45.9	焊条（剂）合格证（通表）	C2-45-9	
1.45.10	水泥出厂合格证、试验报告汇总表（通表）	C2-45-10	
1.45.11	水泥出厂合格证（通表）	C2-45-11	
1.45.12	水泥试验报告	C2-45-12	
1.45.13	混凝土外加剂合格证、出厂检报告	C2-45-13	
1.45.14	混凝土外加剂复试报告	C2-45-14	
1.45.15	粉煤灰合格证	C2-45-15	
1.45.16	粉煤灰试验报告	C2-45-16	
1.45.17	混凝土拌用水水质试验报告（有要求时）	C2-45-17	
1.45.18	粗细骨料合格证、试验报告汇总表	C2-45-18	
1.45.19	砂子试验报告	C2-45-19	

3.2 单位（子单位）工程质量控制资料核查记录（C2）

续表

序号	资料名称	应用表式编号	说明
1.45.20	石子试验报告	C2-45-20	
1.46	**施工试验报告及见证检测报告**	C2-46	
1.46.1	检验报告（通用）	C2-46-1	
1.46.2	土壤试验报告	C2-46-2	
1.46.3	土壤击实试验报告	C2-46-3	
1.46.4	钢（材）筋连接试验报告	C2-46-4	
1.46.5	混凝土试块强度试验报告汇总表	C2-46-5	
1.46.6	混凝土强度试配报告单	C2-46-6	
1.46.7	外加剂试配报告单	C2-46-7	
1.46.8	混凝土试块试验报告单	C2-46-8	
1.46.9	混凝土强度统计方法评定汇总表	C2-46-9	
1.46.10	混凝土强度非统计方法评定汇总表	C2-46-10	
1.47	**隐蔽工程验收记录**	C2-47	
1.47.1	隐蔽工程验收记录表（通用）	C2-47-1	
1.47.2	钢筋隐蔽工程验收记录	C2-47-2	
1.47.3	地下连续墙的槽段接缝及墙体与内衬结构接缝隐蔽工程验收记录	C2-47-3	
1.48	**地基处理施工记录**	C2-48	
	Ⅰ 换填垫层法		
1.48.1	灰土地基施工记录	C2-48-1	
1.48.2	砂和砂石地基施工记录	C2-48-2	
1.48.3	土工合成材料地基施工记录	C2-48-3	
1.48.4	粉煤灰地基施工记录	C2-48-4	
	Ⅱ 强夯法和强夯置换法		
1.48.5	强夯施工现场试夯记录	C2-48-5	
1.48.6	强夯地基施工记录	C2-48-6	
	Ⅲ 注浆法		
1.48.7	注浆地基施工记录	C2-48-7	
	Ⅳ 预压法		
1.48.8	预压地基施工记录	C2-48-8	
	Ⅴ 振冲法		
1.48.9	振冲地基施工记录	C2-48-9	
	Ⅵ 高压喷射注浆法		
1.48.10	高压喷射注浆地基施工记录	C2-48-10	
	Ⅶ 水泥土搅拌法		
1.48.11A	水泥土搅拌桩地基施工记录	C2-48-11A	
1.48.11B	水泥土搅拌桩供灰记录	C2-48-11B	
1.48.11C	水泥土搅拌轻便触探验测记录	C2-48-11C	
	Ⅷ 灰土挤密桩法和土挤密桩法		
1.48.12	土桩和灰土挤密桩施工记录	C2-48-12	
1.48.12-1	土桩和灰土挤密桩桩孔施工记录	C2-48-12-1	

3 工程质量记录资料

续表

序号	资料名称	应用表式编号	说明
1.48.12-2	土桩和灰土挤密桩孔分填施工记录	C2-48-12-2	
	Ⅸ 水泥粉煤灰碎石桩法		
1.48.13	水泥粉煤灰碎石桩施工记录	C2-48-13	
	Ⅹ 夯实水泥土桩法		
1.48.14	夯实水泥土桩施工记录	C2-48-14	
	Ⅺ 砂桩法		
1.48.15	砂桩地基	C2-48-15	
1.48.16	地基处理测试报告	C2-48-16	
	桩基、有支护土方资料		
1.49	**桩基工程设计变更、洽商记录**	C2-49	
1.49.1	设计变更	C2-49-1	
1.49.2	洽商记录	C2-49-2	
1.50	**不同桩位测量放线定位图**	C2-50	
1.51	**材料出厂合格证及进场检（试）验报告**	C2-51	
1.51.1	合格证、试（检）验报告汇总表（通用）	C2-51-1	
1.51.2	合格证粘贴表（通用）	C2-51-2	
1.51.3	材料检验报告（通用）	C2-51-3	
1.51.4	钢材合格证、试验报告汇总表（通表）	C2-51-4	
1.51.5	钢筋出厂合格证（通表）	C2-51-5	
1.51.6	钢筋机械性能试验报告	C2-51-6	
1.51.7	钢材试验报告	C2-51-7	
1.51.8	焊接试验报告、焊条（剂）合格证汇总表（通表）	C2-51-8	
1.51.9	焊条（剂）合格证（通表）	C2-51-9	
1.51.10	水泥出厂合格证、试验报告汇总表（通表）	C2-51-10	
1.51.11	水泥出厂合格证（通表）	C2-51-11	
1.51.12	水泥试验报告	C2-51-12	
1.51.13	混凝土外加剂合格证、出厂检报告	C2-51-13	
1.51.14	混凝土外加剂复试报告	C2-51-14	
1.51.15	掺合料合格证	C2-51-15	
1.51.16	掺合料试验报告	C2-51-16	
1.51.17	混凝土拌合用水水质试验报告（有要求时）	C2-51-17	
1.51.18	粗细骨料合格证、试验报告汇总表	C2-51-18	
1.51.19	砂子试验报告	C2-51-19	
1.51.20	石子试验报告	C2-51-20	
1.52	**施工试验报告及见证检测报告**	C2-52	
1.52.1	检验报告（通用）	C2-52-1	
1.52.2	钢（材）筋连接试验报告	C2-52-2	
1.52.3	混凝土试块强度试验报告汇总表	C2-52-3	
1.52.4	混凝土强度试配报告单	C2-52-4	
1.52.5	外加剂试配报告单	C2-52-5	

续表

序号	资 料 名 称	应用表式编号	说明
1.52.6	混凝土试块试验报告单	C2-52-6	
1.52.7	混凝土强度统计方法评定汇总表	C2-52-7	
1.52.8	混凝土强度非统计方法评定汇总表	C2-52-8	
1.53	**隐蔽工程验收记录**	C2-53	
1.53.1	隐蔽工程验收记录表	C2-53-1	
1.53.2	钢筋隐蔽工程验收记录	C2-53-2	
1.54	施工记录	C2-54	
	Ⅰ 混凝土预制桩		
1.54.1	钢筋混凝土预制桩打桩记录	C2-54-1	
	Ⅱ 静力压桩		
1.54.2	静力压桩施工记录	C2-54-2	
	Ⅲ 钢 桩		
1.54.3	钢管桩施工记录	C2-54-3	
	Ⅳ 混凝土灌注桩		
1.54.4	混凝土灌注桩施工记录	C2-54-4	
1.54.4.1	混凝土浇灌申请书	C2-54-4-1	
1.54.4.2	混凝土开盘鉴定	C2-54-4-2	
1.54.4.3	混凝土工程施工记录	C2-54-4-3	
1.54.4.4	混凝土坍落度检查记录	C2-54-4-4	
1.54.4.5	泥浆护壁成孔灌注桩施工记录	C2-54-4-5	
1.54.4.6	干作业成孔灌注桩施工记录	C2-54-4-6	
1.54.4.7	套管成孔灌注桩施工记录	C2-54-4-7	
1.54.4.8	钻孔类桩成孔质量检查记录	C2-54-4-8	
1.55	**降低地下水**	C2-55	
1.55.1	井点施工记录（通用）	C2-55-1	
1.55.2	轻型井点降水记录	C2-55-2	
1.55.3	喷射井点降水记录	C2-55-3	
1.55.4	电渗井点降水记录	C2-55-4	
1.55.5	管井井点降水记录	C2-55-5	
1.55.6	深井井点降水记录	C2-55-6	
1.56	**基坑工程**	C2-56	
1.56.1	地下连续墙	C2-56-1	
1.56.1.1	地下连续墙挖槽施工记录	C2-56-1-1	
1.56.1.2	地下连续墙泥浆护壁施工记录	C2-56-1-2	
1.56.1.3	地下连续墙混凝土浇筑记录	C2-56-1-3	
1.56.2A	锚杆成孔记录	C2-56-2A	
1.56.2B	锚杆安装记录	C2-56-2B	
1.56.2C	预应力锚杆张拉与锁定施工记录	C2-56-2C	
1.56.2D	注浆及护坡混凝土施工记录	C2-56-2D	
1.56.3A	土钉墙土钉成孔施工记录	C2-56-3A	

续表

序号	资料名称	应用表式编号	说明
1.56.3B	土钉墙土钉钢筋安装记录	C2-56-3B	
1.56.3C	土钉墙土钉注浆及护坡混凝土施工记录	C2-56-3C	
1.57	**沉井与沉箱**	C2-57	
1.57.1	沉井下沉施工记录	C2-57-1	
1.57.2	沉井、沉箱下沉完毕检查记录	C2-57-2	
1.58	**预制桩、钢桩、预拌混凝土发货单、预拌混凝土质量证书**	C2-58	
1.58.1	钢筋混凝土预制桩、钢桩合格证	C2-58-1	
1.58.2	预拌混凝土发货单、预拌混凝土质量证书	C2-58-2	
1.59	**桩基检测资料**	C2-59	
1.59.1	桩基检测报告实施说明	C2-59-1	
1.59.2	基桩钻芯法试验检测报告	C2-59-2	
1.59.3	地下连续墙钻芯法试验检测报告	C2-59-3	
1.59.4	单桩竖向抗压静载试验检测报告	C2-59-4	
1.59.5	单桩竖向抗拔静载试验	C2-59-5	
1.59.6	单桩水平静载试验检测报告	C2-59-6	
1.59.7	基桩低应变法检测报告	C2-59-7	
1.59.8	基桩高应变法检测报告	C2-59-8	
1.59.9	基桩声波透射法检测报告	C2-59-9	
1.59.10	复合地基载荷试验	C2-59-10	
1.60	**工程质量事故调（勘）查处理资料**	C2-60	
1.60.1	工程质量事故报告	C2-60-1	
1.60.2	建设工程质量事故调（勘）查处理资料	C2-60-2	

建 筑 与 结 构

3.2.1 图纸会审、设计变更、洽商记录（C2-1）

资料编制控检要求：

(1) 图纸会审

1) 提供图纸会审的勘察、测绘、设计文件必须是经施工图审查单位审查批准的勘察、测绘、设计施工技术文件。

2) 应按要求组织图纸会审。重点工程，应有设计单位对工程质量的技术交底记录，应有对重要部位的技术要求和施工程序要求等的技术交底资料。

3) 有关专业均应有专人参加会审，会审记录整理内容完整成文，要求参加人员签字齐全，加盖单位章。日期、会审地点填写清楚。会审记录内容不符合要求，与设计、施工规范有矛盾，且记录中没有说明原因；签章不全者均为不正确。

(2) 设计变更、洽商记录

1) 工程设计变更、洽商记录必须内容明确、具体，办理及时；经设计单位同意的洽商并下发设计变更通知的按签订日期先后顺序编号，要求责任制明确，签字齐全。应先有设计变更、洽商记录然后施工，特殊情况需先施工后变更者，必须先征得设计单位同意，设计变更、洽商记录在一周内补上；设计变更、洽商记录（包括建筑工程各专业），无设计部门盖章和经办人签字者无效。

2）先有设计变更、洽商记录，后施工者为符合要求；已经设计单位口头同意先行施工，必须在施工后一周内后补设计变更、洽商记录者可为基本符合要求；无设计变更、洽商记录不按图纸施工者为不符合要求。该分项、分部工程应评为不合格工程，并需专题研究处理；影响结构和使用功能的洽商记录，应及时办理，否则应为不符合要求。

3）建设单位对主体结构和电器安装等有损使用功能和人身安全的自行变更者为不符合要求。

4）已经形成的设计变更、洽商记录，任何一方不得任意抽撤或单方废止、涂改洽商记录条款等。

3.2.1.1 图纸会审（C2-1-1）

1. 资料表式

图 纸 会 审 记 录   表 C2-1-1

工程编号：   首页

工程名称			会审日期及地点	
建筑面积			结构类型	
参加人员	设计单位			
	施工单位			
	监理单位			
	建设单位			
主持人				
记录内容				记录人：
建设单位签章 代表：	设计单位签章 代表：		监理单位盖章 代表：	施工单位签章 代表：

图 纸 会 审 记 录

续页

记录内容：
记录人：

2. 实施要点

图纸会审记录是对已正式签署的设计文件进行技术交底、审查和会审，对提出的问题予以记录的技术文件。

(1) 正式施工前，施工图设计由建设单位组织，设计单位、监理单位、施工单位参加共同进行的图纸会审，将施工图设计中将要遇到的问题提前予以解决。图纸会审是设计和施工双方的技术文件交接的一种方式，是明确、完善设计质量的一个过程，也是保证工程顺利施工的措施。

(2) 图纸会审时，各专业的会审记录资料应分别整理。当图纸会审分次进行时，其经整理完成的记录依序组排。

(3) 设计图纸和有关设计技术文件资料，是施工单位赖以施工的、带根本性的技术文件，必须认真地组织学习和会审。会审的目的：

1) 通过事先认真的熟悉图纸和说明书，以达到了解设计意图、工程质量标准及新结构、新技术、新材料、新工艺的技术要求，了解图纸间的尺寸关系、相互要求与配合等内存的联系，更能采取正确的施工方法去实现设计能力；

2) 在熟悉图纸、说明书的基础上，通过有设计、建设、监理、施工等单位土建、安装等专业人员参加的会审，将有关问题解决在施工之前，给施工创造良好的条件。

凡参加该工程的建设、施工、监理各单位均应参加图纸会审，在施工前均应对施工图设计进行学习（熟悉）；各工种间对施工图初审；各专业间对施工图设计进行会审，解决好专业间有关联的事宜；总分包单位之间按施工图要求进行专业间的协作、配合事项的会商性综合会审。

(4) 会审方法：

1) 图纸会审应由建设单位组织，设计单位交底，施工、监理单位参加。

2) 会审分二个阶段进行，一是内部预审，由施工单位的有关人员负责在一定期限内完成。提出施工图纸中的问题，并进行整理归类，会审时候一并提出；监理单位同时也应进行类似的工作，为正确开展监理工作奠定基础。二是会审，由建设单位组织、设计单位交底、施工、监理单位参加，对预审及会审中提出的问题要逐一解决。

3) 图纸会审是对已正式签署的设计文件进行交底和审查，对问题提出的实施办法应会签图纸、记录会审纪要。加盖各参加单位的公章，存档备查。

4) 对提出问题的处理，一般问题设计单位同意的，可在图纸会审记录中注释进行修改，并办理手续；较大的问题必须由建设（或监理）、设计和施工单位洽商，由设计单位修改，经监理单位同意后向施工单位签发设计变更图或设计变更通知单方为有效；如果设计变更影响了建设规模和投资方向，要报请原批准初步设计的单位同意方准修改。

(5) 图纸的会审内容：

1) 建筑、结构、设备安装等设计图纸是否齐全，手续是否完备；设计是否符合国家有关的经济和技术政策、规范规定，图纸总的做法说明（包括分项工程做法说明）是否齐全、清楚、明确，与建筑、结构、安装图、装饰和节点大样图之间有无矛盾；设计图纸（平、立、剖、构件布置，节点大样）之间相互配合的尺寸是否符合，分尺寸与总尺寸、大、小样图、建筑与结构图、土建图与水电安装图之间互相配合的尺寸是否一致，有无错误和遗漏；设计图纸本身、建筑构造与结构构造、结构各构件之间，在立体空间上有无矛盾，预留孔洞、预埋件、大样图或采用标准构配件图的型号、尺寸有无错误与矛盾。

2）总图的建筑物坐标位置与单位工程建筑平面图是否一致；建筑物的设计标高是否可行；地基与基础的设计与实际情况是否相符，结构性能如何；建筑物与地下构筑物及管线之间有无矛盾。

3）主要结构的设计在强度、刚度、稳定性等方面有无问题，主要部位的建筑构造是否合理，设计能否保证工程质量和安全施工。

4）设计图纸的结构方案、建筑装饰，与施工单位的施工能力、技术水平、技术装备有无矛盾；采用新工艺、新技术，施工单位有无困难，所需特殊建筑材料的品种、规格、数量能否解决，专用机械设备能否保证。

5）安装专业的设备、管架、钢结构立柱、金属结构平台、电缆、电线支架以及设备、基础是否与工艺图、电气图、设备安装图和到货的设备相一致；传动设备、随机到货图纸和出厂资料是否齐全，技术要求是否合理，是否与设计图纸及设计技术文件相一致，底座同土建基础是否一致，管口相对位置、接管规格、材质、坐标、标高是否与设计图纸一致；管道、设备及管件需防腐衬里、脱脂及特殊清洗时，设计结构是否合理，技术要求是否切实可行。

3.2.1.2 设计变更（C2-1-2）

实施要点：

设计变更的表式以设计单位签发的设计变更文件为准汇整。

设计变更是施工过程中由于设计图纸本身差错，设计图纸与实际情况不符，施工条件变化，原材料的规格、品种、质量不符合设计要求，及职工提出合理化建议等原因，需要对设计图纸部分内容进行修改而办理的变更设计的文件。

（1）设计变更是施工图的补充和修改的记载，应及时办理，内容要求明确具体，必要时附图，不得任意涂改和后补。

（2）工程设计变更由施工单位提出：例如钢筋代换，细部尺寸修改等施工单位提出的重大技术问题，必须取得设计单位和建设、监理单位的同意。并加盖同意单位章。

（3）工程设计变更由设计单位提出：如设计计算错误，做法改变，尺寸矛盾，结构变更等问题，必须由设计单位提出变更设计联系单或设计变更图纸，由施工单位根据施工准备和工程进展情况，做出能否变更的决定。

（4）遇有下列情况之一时，必须由设计单位签发设计变更通知单（或施工变更图纸）：

1）当决定对图纸进行较大修改时；

2）施工前及施工过程中发现图纸有差错、做法、尺寸矛盾、结构变更或与实际情况不符时；

3）由建设单位提出，对建筑构造、细部做法、使用功能等方面提出的修改意见，必须经过设计单位同意，并提出设计变更通知书或设计变更图纸。

由设计单位或建设单位提出的设计图纸修改，应由设计部门提出设计变更联系单；由施工单位提出的属于设计错误时，应由设计部门提供设计变更联系单；由施工单位的技术、材料等原因造成的设计变更，由施工单位提出洽商，请求设计变更，并经设计部门同意，以洽商记录作为变更设计的依据。

3.2.1.3 工程洽商记录（C2-1-3）

1. 资料表式

工程洽商记录　　　　　　　　　　　　表 C2-1-3

工程名称：			
洽商事项：			
建设单位： 代表：	监理单位： 代表：	设计单位： 代表：	施工单位： 代表：　年　月　日

2. 实施要点

洽商记录是施工过程中，由于设计图纸本身差错，设计图纸与实际情况不符，施工条件变化，原材料的规格、品种、质量不符合设计要求，及职工提出合理化建议等原因，需要对设计图纸部分内容进行修改，上述问题由实施单位发现并提出需要办理的工程洽商记录文件。

(1) 洽商记录是施工图的补充和修改的记载，应及时办理，应详细叙述洽商内容及达成的协议或结果，内容要求明确具体，必要时附图，不得任意涂改和后补。

(2) 洽商记录由施工单位提出：例如钢筋代换、细部尺寸修改等施工单位提出的重大技术问题，必须取得设计单位和建设、监理单位的同意。洽商记录施工单位盖章，核查同意单位也应签章方为有效。

(3) 遇有下列情况之一时，必须由设计单位签发设计变更通知单，不得以洽商记录办理。

1) 当决定对图纸进行较大修改时；

2) 施工前及施工过程中发现图纸有差错、做法、尺寸矛盾、结构变更或与实际情况不符时；

3) 由建设单位提出，对建筑构造、细部做法、使用功能等方面提出的修改意见，必须经过设计单位同意，并提出设计通知书或设计变更图纸。

由设计单位或建设单位提出的设计图纸修改，应由设计部门提出设计变更联系单；由施工单位提出的属于设计错误时，应由设计部门提供设计变更联系单；由施工单位的技术、材料等原因造成的设计变更，由施工单位提出洽商，请求设计变更，并经设计部门同意，以洽商记录作为变更设计的依据。

(4) 当洽商与分包单位工作有关时，应及时通知分包单位参加洽商讨论，必要时（合同允许）参加会签。

注：施工单位在施工过程中遇到问题，请求设计单位进行设计变更或其他事因需洽商时，均需经过队以上技术负责人核定后方准提出。

3.2.2 工程定位测量、放线记录（C2-2）

资料编制控检要求：

(1) 通用条件

1) 工程定位测量、放线记录出具的有关资料，项目齐全且满足设计、标准要求的为符合要求。不符合设计要求及规范、标准的规定为不符合要求。

2) 工程定位测量、放线记录凡属甲方定的相对标高应和城市提供的绝对标高相一致，由甲方认证盖章；无甲方提供的定位放线依据手续证明的为不符合要求；无城建部门核准的验线、定位、±0.00标高签字的文件资料为不符合要求。

3) 责任制填写必须齐全且为本人签字，代签为无效资料。

(2) 专用条件

1) 工程定位测量、放线记录

①建设单位应提供测量定位近点的依据点、位置、数据，并应现场交底，如导线点、三角点、水准点和水准点级别。

②测量定位、闭合差符合工程测量规范要求。

③定向应取二个以上后视点（避免算错、测错）。

④定位测量距离时，测量往返距离误差一般在万分之一内，或符合设计要求。

⑤应符合设计对坐标、标高等精度的要求。

⑥重点工程或大型工业厂房应有测量原始记录。

2) 基槽及各层放线测量与复测记录

①基槽及各层放线测量与复测记录应符合设计要求。轴线、坐标、标高等精度应符合测量规范的要求。

②重点工程或大型工业厂房应有测量原始记录。

3) 建筑物沉降观测记录

①设计图纸有要求的按设计要求，无要求的按有关规定办。子项填写齐全。

②沉降观测点按设计要求或有关规定执行，应以达到沉降观测目的为前提。

③涂改原始测量记录以及后补者均为不符合要求。

④沉降观测的各项记录，必须注明观测时的气象情况和荷载变化情况。

⑤沉降观测资料应绘制：沉降量、地基荷载与连续时间三者关系曲线图及沉降量分布曲线图；计算出建筑物、构筑物的平均沉降量、相对弯曲和相对倾斜；水准点平面布置图和构造图。

3.2.2.1 工程定位测量及复测记录（C2-2-1）

1. 资料表式

工程定位测量及复测记录表　　　　　表C2-2-1

施测单位：　　　　　　　日期：　　年　月　日

工程名称：		附图：
工程编号：		
施测部位：		
使用仪器：		
室外温度：		
施测日期：		
施测人：		
测量依据	坐　标	
	标　高	
实测情况	坐　标	
	标　高	
复测意见		

项目技术负责人：　　　　　　质检员：　　　　　　初、复测人：

2. 实施要点

工程定位测量与复测是指建设工程根据当地建设行政主管部门给定总图范围内的建筑物、构筑物及其他建设物的位置、标高进行的测量与复测,以保证建筑物等的标高、位置。

(1) 测量与复测的内容要求:

工程测量与复测记录包括平面位置定位、标高定位、测设点位和提供施工技术资料。

1) 工程平面位置定位:根据场地上建筑物主轴线控制点或其他控制点,将房屋外墙轴线的交点,用经纬仪投测至地面木桩顶面为标志的小钉上。

2) 工程的标高定位:根据施工现场水准控制点标高(或从附近引测的大地水准点标高),推算±0.000标高,或根据±0.000标高与某建筑物、某处标高的相对关系,用水准仪和水准尺(或刨光的直木杆)在供放线用的龙门桩上标出标高的定位工作。

3) 测设点位:是将已经设计好的各种不同的建(构)筑物的几何尺寸和位置,按照设计要求,运用测量仪器和工具标定到地面及楼层上,并设置相应的标志,作为施工的依据。

4) 提供竣工资料:是在工程竣工后,将施工中各项测量数据及建筑物的实际位置、尺寸和地下设施位置等资料,按规定格式,整理或编绘技术资料。

5) 工程施工测量(在工程施工阶段进行的测量工作)贯穿于施工各个阶段,场地平整、土方开挖、基础及墙体砌筑、构件安装、烟囱、水塔、道路铺设、管道敷设、沉降观测等,并做好记录,鉴于工程测量的重要性,规定凡工程测量均必须进行复测,以确保工程测量正确无误。

(2) 不论民用、工业建筑与构筑物、烟囱、水塔、道路、管道安装等均应提供由城建部门提供的永久水准点的位置与高度,以此测设单位工程的远控桩、引桩。

(3) 水准点是用水准测量方法,测定其高程达到一定精度的高程控制点。经测定高程的固定标点,作为水准测量的依据点。水准点测量是测量各点高程的作业。高程(标高)是某点沿铅垂线方向到绝对基面的距离,称为绝对高程,简称高程。某点沿铅垂线方向到某假定水准基面的距离,称假定高程。水准点复测是对以完成的水准测量进行校核的测量作业。

(4) 复测施工测量控制网:

在工程总平面图上,房屋等的平面位置系用施工坐标系统的坐标来表示。施工控制网起始坐标和起始方向,一般根据测量控制点来测定的,当测定好建筑物的长方向主轴线后,作为施工平面控制网的起始方向,在控制网加密或建筑物定位时,不再利用控制点来定向,否则将会使建筑物产生不同位移和偏转,影响工程质量。在复测施工质量坐标控制网时,应抽测建筑方格网;高程控制水准网点;标桩埋设位置。

(5) 民用建筑施工测量的复核要点:房屋定位测量、基础施工测量、对墙体皮数杆检测、楼层轴线投测、楼层之间高程传递检测。

(6) 工业建筑施工测量的复核要点:厂房控制网测量,柱基施工测量、柱网立模轴线与高程检测、厂房结构安装原位检测、动力设备基础与预埋地脚螺栓抽测。

(7) 高层建筑施工测量的复核要点:建筑场地控制测量、基础以上的平面和高程控制、高耸建(构)筑物中垂准检测、高层建筑施工中沉降变形观测。

（8）管线工程施工测量的复核要点：场区管网与输配电线路定位测量、地下管线施工检测、架空管线施工检测、多种管线交汇点高程抽测。

工程测量既是施工准备阶段重要内容，又是贯彻在设计、施工、竣工交付使用的全过程，监理工程师必须把它当作保证质量一种重要的监控手段。

（9）工程测量放线应检查的内容：

1）承包单位专职测量人员的岗位证书及测量设备的检定证书（应具有有资质的计量鉴定单位出具的检定证书）。

2）应对报审的控制桩成果、保护措施以及平面控制网、高程控制网和临时水准点测量成果进行校核。

3）检查基准点的设置（包括水准点的引进地点及其编号）。

（10）平面位置定位的影响因素应注意：仪器不均匀下沉对测角的影响；对中不准对测角的影响；水平度盘不水平对测角的影响；照准误差对测角的影响；视准轴不垂直横轴和横轴不垂直竖轴对测角的影响；刻度盘刻划不均匀和游标盘偏心差对测角的影响。

（11）标高定位的影响因素应注意：水准仪本身的视准轴和水准管不平行；支架安设在非坚实土上；行人和震动影响；水准仪的位置应尽量安置在水准点与建筑物龙门桩的中间，减少或抵销前后视产生的误差；读数前定平水准管，读数后检查水准管气泡是否居中；读数前对光消除视差影响；扶尺者应保证测尺垂直。

（12）对施工测量、放线成果进行复验和确认：

1）对交桩进行检查，交桩不论建设单位交桩，还是委托设计或监理单位交桩一定要确保承包单位复测无误才可认桩。如有问题须请建设单位处理。确认无误后由承包单位建立施工控制网，并妥善保管。

当由监理单位交桩时，对工程师而言，特别需要做好水准点与坐标控制点的交验。

2）承包单位在测量放线完毕，应进行自检，合格后填写施工测量放线报验申请表，承建单位填报的《施工测量方案报审表》，应将施工测量方案，专职测量人员的岗位证书及测量设备鉴定证书报送项目监理机构审批认可。

3）承包单位按《施工测量方案》对建设单位交给施工单位的红线桩、水准点进行校核复测，并在施工场地设置平面坐标控制网（或控制导线）及高程控制网后，填写《施工测量放线报验申请表》并应附上相应放线的依据资料及测量放线成果表供项目监理机构审核查验。

4）当施工单位对交验的桩位通过复测提出质疑时，应通过建设单位邀请当地建设行政主管部门认定的规划勘察部门或勘察设计单位复核红线桩及水准点引测的成果；最终完成交桩过程，并通过会议纪要的方式予以确认。

5）专业监理工程师应实地查验放线精度是否符合规范及标准要求，施工轴线控制桩的位置、轴线和高程的控制标志是否牢靠、明显等。经审核、查验合格，签认施工测量报验申请表。

（13）对测量人员的要求：

1）要有三个精神：实事求是、认真负责的科学态度、勤勤恳恳一丝不苟的工作精神，不怕苦、不怕累的精神，合作、集体主义和相互配合的精神。

2）技术好、业务精：识图能力强；熟悉设备性能、维护保养好；懂得施工工艺过程。

注：1. 建筑施工的标高概念有两种：绝对标高与相对标高，绝对标高是国家测绘部门在全国统一测定的海拔标高（青岛黄海平均海平面定为绝对标高零点），并在适当地点设置标准水准点，城建部门提供的即此标高；相对标高一般以首层地面上皮为±0.00，施工单位定位放线应根据城建部门提供的绝对标高引出远控桩（即保险桩），一般设置在距建筑物1.5倍高度的距离处，以此为基准测设引桩。中心桩宜与引桩一起测设。远控桩、引桩、中心桩必须妥善保护。

2. 基础、砖墙必须设置皮数杆，以此控制标高，用水准仪校核。

3. 测量标记就是在地面上标定测量控制点位置的标石、觇标和其他标记的总称。测量标志以标石中心为基准，分永久性（天文点、三角点、导线点、军控点、水准点以及其他标石点等）和临时性两种。各城市根据需要均设有国家、军队和专业系统需要的永久性测量标志。基本建设施工单位根据工程需要可向当地城建主管部门申请建设项目的测量标志。

(14) 填表说明：

1) 测量依据：位置与标高按城建或建设单位提供的水准点位置与标高、高程或桩号。不准简单的填写以马路牙或散水为基准等。

2) 实测情况：位置与标高按实测位置与实际测定的标高值填写。

3) 复测意见：当复测与初测相同或偏差较小可以不必改正时，填"初测无误，同意施工"；当复测与初测偏差较大需要纠正时，注明偏差方向、数值后，填"按复测后有关数值施工"。

4) 附图：注明原水准点的方向、距离、标高；注明建筑物的位置和邻界关系。

3.2.2.2 基槽及各层放线测量及复测记录（C2-2-2）

1. 资料表式

基槽及各层放线测量及复测记录表　　　　　　　　表 C2-2-2

日期：　　年　　月　　日

工程名称及部位			
轴线定位方法说明			
标高确定方法说明			
测量仪器名称及编号			
轴线简图			
测量或复测结果			
检查人员签字			
参加人员	监理（建设）单位	施 工 单 位		
		项目技术负责人	质检员	初、复测人

2. 实施要点

基槽及各层放线测量与复测记录是指建筑工程根据施工图设计给定的位置、轴线、标高进行的测量与复测，以保证建筑物的位置、轴线、标高正确。

(1) 基槽验线主要包括：轴线、四廓线、断面尺寸、基底高程、坡度等的检测与检查。

(2) 楼层放线主要包括：各层墙柱轴线、边线、门窗洞口位置线和皮数杆等；楼层 0.5m（或 1m）水平控制线、轴线竖向投测控制线。

(3) 不同类别的工程应分别提供基槽及各层放线测量与复测记录。

1) 各类民用建筑。
①基础工程测量：轴线投测、标高控制。
②各层间墙体测量：轴线投测、标高控制。

2) 工业建筑。
①基础工程测量：轴线投测、标高控制。
②柱子安装测量：定位投测，标高控制，中心线。
③吊车梁安装测量：定位投测，标高控制，中心线。
④吊车轨道测量：中心线、轨距、轨顶标高。
⑤屋架测量：柱顶标高、跨距、屋架定位。
⑥屋架垂直控制。

3) 烟囱。
①资料附图应有定位与轴线控制桩的位置。
②中心线投测（含基础、筒身二部分）。
③筒径施工标高控制与传递（一般每步测量一次数据、每步测四个点）。
④锥度收坡控制（以锥度靠尺板贴靠烟囱外壁，每量一次记录一次，一般每步架测一次，一般检查 4 个点）。
⑤总标高投测控制（用水准仪在烟囱外壁上测设出 +0.5m 或任一整分米数的标高线，以该标高线向上量取垂直高度）。

4) 管道（单项工程中各类管道是指给、排水、热力、煤气、电缆等管道的施工）。
①管道中心线测设（管道的起点、终点、转折点等尺寸数据，及中心线与邻近原有或现有建筑物、公路主管干线等关系数据）。
②管道高程与坡度的测设与控制数据。

5) 设备基础。
①轴线位置测设。
②标高控制测设。

(4) 填表说明：

1) 工程名称及部位：指被测基槽及各层放线测量与复测的项目。如×××基槽、一层、二层等，是测量还是复测应在此栏予以注明。
2) 轴线定位方法说明：指轴线定位的依据、施用工具等。
3) 标高确定方法说明：指标高确定的依据、施用工具等。
4) 轴线简图：由测量人员绘制轴线简图。
5) 放线人员：指初测时的放线人员，签字有效。
6) 测量或复测结果：分别按测量或复测的平面位置、标高的符合程度填写。

3.2.2.3 建筑物沉降观测记录（C2-2-3）

1. 资料表式

建筑物沉降观测记录表

表 C2-2-3

工程编号：_____ 工程名称：_____ 施工单位：_____
控制水准点编号：_____ 控制水准点所在位置：_____ 控制水准点高程：_____
观测日期：自　　年　　月　　日至　　年　　月　　日止

观测点	观测阶段	实测标高（m）	本期沉降量（cm）	总沉降量（cm）	说　　明

观测单位：　　　　　计算：　　　　　测量：　　　　　年　月　日

2．实施要点

为保证建筑物质量满足设计对建筑使用年限的要求而对该建筑物进行的沉降观测，以保证建筑物的正常使用。

（1）水准基点的设置：

1）水准基点应引自城市固定水准点。基点的设置以保证其稳定、可靠、方便观测为原则。对于安全等级为一级的建筑物，宜设置在基岩上。安全等级为二级的建筑物，可设在压缩性较低的土层上。

2）水准基点的位置应靠近观测对象，但必须在建筑物的地基变形影响范围以外，并避免交通车辆等因素对水准基点的影响。在一个观测区内，水准基点一般不少于三个。水准标石的构造可参照图 C2-2-3-1、图 C2-2-3-2。

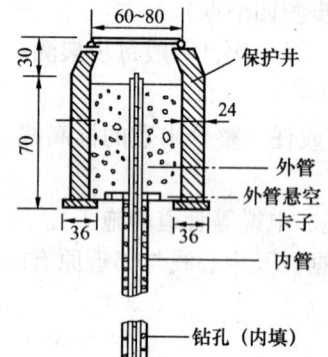

图 C2-2-3-1　深埋钢管水准基点标石

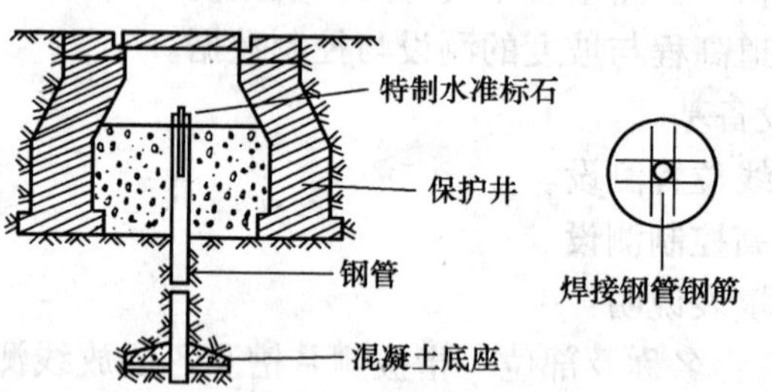

图 C2-2-3-2　浅埋钢管水准标石

3）确定水准点离观测建筑物的最近距离，可按下列经验公式估算：

$$L = 10\sqrt{s_\infty}$$

式中　L——水准点离观测建筑物的最近距离（m）；

s_∞——观测建筑物最终沉降量的理论计算值（cm）。

4）观测水准点是沉降观测的基本依据，应设置在沉降或振动影响范围之外，并符合工程测量规范的规定。

5）沉降点的布设应根据建筑物的体型、结构、工程地质条件、沉降规律等因素综合考虑，要求便于观测和不易遭到损坏，标志应稳固、明显、结构合理，不影响建筑物和构筑物的美观和使用。沉降点一般可设在下列各处：

①建筑物的角点、中点及沿周边每隔 6～12m 设一点；建筑物宽度大于 15m 的内部承重墙（柱）上；圆形、多边形的构筑物宜沿纵横轴线对称布点；

②基础类型、埋深和荷载有明显不同处及沉降缝、新老建筑物连接处的两侧，伸缩缝的任一侧；

③工业厂房各轴线的独立柱基上；

④箱形基础底板，除四角外还宜在中部设点；

⑤基础下有暗浜或地基局部加固处；

⑥重型设备基础和动力基础的四角。

注：单座建筑的端部及建筑平面变化处，观测点宜适当加密。

⑦观测点的位置应避开障碍物，便于观测和长期保存。

6）观测点可设置在地面以上或地面以下。对于要求长期观测的建筑物，观测点宜设在室外地面以下，以便于长期观测和保护。观测点的埋设高度应方便观测，也应考虑沉降对观测点的影响。观测点应采取保护措施，避免在施工和使用期间受到破坏。观测点的构造可参照图 C2-2-3-3 和图 C2-2-3-4。

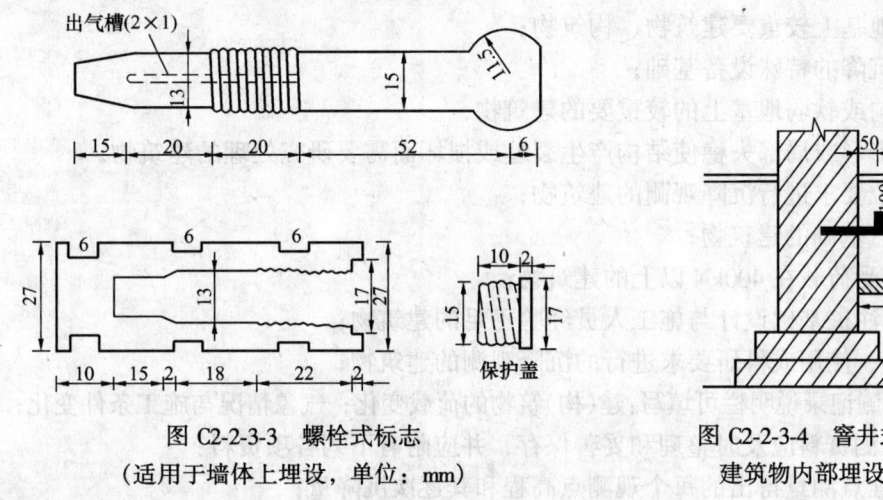

图 C2-2-3-3　螺栓式标志
（适用于墙体上埋设，单位：mm）

图 C2-2-3-4　窨井式标志（适用于建筑物内部埋设，单位：mm）

（2）观测的时间和次数，应按设计规定并符合下列要求：

1）施工期观测：基槽开挖时，可用临时测点作为起始读数，基础完成后换成永久性测点。

2）荷载变化期间：沉降观测周期应符合不列要求：

①高层建筑施工期间每增加 1～2 层，电视塔、烟囱等每增高 10～15m 应观测一次；工业建筑应在不同荷载阶段分别进行观测，整个施工期间的观测不应少于 4 次。

②基础混凝土工浇筑，回填土及结构安装等增加较大荷载前后应进行观测。

③基础周围大量积水、挖方、降水及暴雨前后应观测。

④出现不均匀沉降时，根据情况应增加观测次数。

⑤施工期间因故暂停施工，超过三个月，应在停工时及复工前进行观测。

3) 结构封顶至工程竣工,沉降观测周期应符合下列要求:
①均匀沉降且连续三个月平均沉降量不超过1mm时,每三个月观测一次。
②连续二次每三个月平均沉降量不超过2mm时,每六个月观测一次。
③外界发生剧烈变化应及时观测。
④交工前观测一次。

4) 使用期一般第一年至少观测5~6次,即每2~3个月观察一次,第二年起约每季度观测一次,即每隔4个月左右观察一次,第四年以后每半年一次,至沉降稳定为止。

观测期限一般为:砂土地基,二年;黏性土地基,5年;软土地基,10年或10年以上。

5) 当建筑物发生过大沉降或产生裂缝时,应增加观测的次数,必要时应进行裂缝观测。

6) 沉降稳定标准可采用半年沉降量不超过2mm。当工程有特殊要求时,应根据要求进行观测。

(3) 一般需进行沉降观测的建(构)筑物:
1) 高层建筑物和高耸构筑物;重要的工业与民用建筑物;造型复杂的14层以上的高层建筑;
2) 湿陷性黄土地基上建筑物、构筑物;对地基变形有特殊要求的建筑物;
3) 地下水位较高处建筑物、构筑物;
4) 三类土地基上较重要建筑物、构筑物;
5) 不允许沉降的特殊设备基础;
6) 在不均匀或软弱地基上的较重要的建筑物;
7) 因地基变形或局部失稳使结构产生裂缝或损坏而需要研究处理的建筑物;
8) 建设单位要求进行沉降观测的建筑物;
9) 采用天然基础的建筑物;
10) 单桩承受荷载在400kN以上的建筑物;
11) 使用灌注桩基础设计与施工人员经验不足的建筑物;
12) 因施工、使用或科研要求进行的沉降观测的建筑物;
13) 沉降观测记录说明栏可填写:建(构)筑物的荷载变化;气象情况与施工条件变化;

(4) 沉降观测资料应及时整理和妥善保存,并应附有下列各项资料:
1) 根据水准点测量得出的每个观测点高程和其逐次沉降量;
2) 根据建筑物和构筑物的平面图绘制的观测点的位置图,根据沉降观测结果绘制的沉降量,地基荷载与连续时间三者的关系曲线图及沉降量分布曲线图;
3) 计算出的建筑物和构筑物的平均沉降量,对弯曲和相对倾斜值;
4) 水准点的平面布置图和构造图,测量沉降的全部原始资料。

(5) 沉降观测网应布设符合或闭合路线。

(6) 工程竣工时应提供以下沉降观测资料:
1) 根据水准点测量得出的每个观测点和其逐次沉降量(沉降观测成果表)。
2) 根据建筑物和构筑物的平面图绘制的观测点的位置图、沉降观测结果绘制的沉降量、地基荷载与延续时间三者的关系曲线图(要求每一观测点均应绘制曲线图)。
3) 计算出建筑物和构筑物的平均沉降量、相对弯曲和相对倾斜值。

4）水准点的平面布置图和构造图，测量沉降的全部原始资料。

5）根据上述内容编写的沉降观测分析报告（其中应附有工程地质和工程设计的简要说明）。

（7）经有资质的测量单位出具的沉降观测报告必须签名、盖章（公章）齐全，结论明确，并应在报告后附企业的资质证明。

3.2.3 原材料出厂合格证书及进场试（检）验报告（C2-3）

资料编制控检要求：

（1）通用要求

1）合格证、试验报告汇总表应按施工过程中依序形成的原材料合格证、试（检）验报告按以下表式经核查后全部逐一汇总不得缺漏。

2）合格证粘贴应按施工过程中依序形成的原材料合格证、试（检）验报告，经核查符合要求后全部粘贴表内，不得缺漏。

3）各种不同材料的检验必须按相关现行标准要求进行。材料检验的试验单位必须具有相应的资质，不具备相应资质的试验室出具的材料试验报告无效。

4）材料复试必须在工地取样。必须在使用前进行检验。试验室出具的各种材料的试验报告单子项应填写齐全，不得漏填或错填。试验项目、数据应和检验标准对照，必须符合专项规定或标准要求，试验结论要明确。不合格的材料不得用于工程，如使用必须通过技术负责人专项处理。试样来源及名称应填写清楚。责任制签章必须齐全。分别个人签字，不得代签。

5）有见证取样试验要求的必须进行见证取样、送样试验。实行见证取样和送样，试验室必须在试验报告单的适当位置注明见证取样人的单位、姓名和见证资质证号。对必须实行见证取样、送样的试验报告单上不注有见证取样人单位、姓名和见证资质证号的试验报告单，按无效试验报告单处理。

6）出厂合格证采用抄件或影印件时应加盖抄件（注明原件存放单位及钢材批量）或影印件单位章，经手人签字。抄（影）件不加盖公章和经手人不签字为不符合要求。

7）不同材料当主要试验项目不全或试验结果不符合质量标准且又无处理结论者，应为不符合要求。试验不符合要求，经处理（降级使用、有鉴定结论等）能满足设计和使用要求，技术负责人签章，可定为符合要求项目。

8）试验报告单的试验编号必须填写。此为备查试验室及试验台账，这是防止弄虚作假、备查试验室工作是否存在问题、核实报告试验数据正确性的重要依据。

9）提供的不同材料的合格的试验报告单应满足工程使用的数量、品种、性能等要求，且必试项目不得缺漏。

10）凡执行见证取样、送样的材料均必须有出厂合格证和试验报告（双试）。材料使用以复试报告为准。试验内容必须齐全且均应在使用前取得。

11）材料试验报告品种类别不全为不符合要求，材料应做不作试验为不符合要求。试验结论与使用品种、强度等级等不符为不符合要求。使用材料与规范及设计要求不符为不符合要求。

12）施工技术文件编制应核实材料的出厂合格证的品种、数量；不同品种、数量试验报告的复试应保证材料必须先试后用、试验的代表批量和使用数量其比率应相一致，是否有漏检。单位工程用不同材料与复试批量、实际使用数量的批量构成应基本一致。

13) 有合格证无复试报告为不符合要求。无合格证有试验报告,必试项目齐全且满足标准要求,为经鉴定符合要求。主要的材料试验缺项、漏项或品种、强度等级、技术性能不符合设计要求及规范、标准的规定为不符合要求。

(2) 专用要求(除执行通用要求外,尚应满足下列要求)

1) 钢材

①结构中所用受力钢筋及钢材必须有出厂合格证和复试报告。凡用于工程的钢材,第一次复试不符合标准要求的,应为双倍试件数量。对加工中出现的异常现象,应进行化学成分检验,或依据设计要求进行其他专项检验;

②无出厂合格证时,应做机械性能试验和化学成分检验;凡使用进口钢筋,均应做机械性能试验及化学成分检验,如需焊接,应做焊接性能试验;

③钢材试验内容不符合要求(如钢筋未做冷弯试验或弯心距不对等),为不符合要求;钢材无合格证、未试验,为不符合要求。

2) 水泥

①水泥出厂合格证内容应包括:水泥牌号、厂标、水泥品种、强度等级、出厂日期、批号、合格证编号、抗压强度、抗折强度、安定性、凝结时间等。

②从出厂日期起3个月内为有效期,超过3个月(快硬硅酸盐水泥超过一个月)应另做试验。

③进口水泥使用前必须复试,按国产水泥做一般试验,同时应对其水泥的有害成分含量根据要求做出试验。

④重点工程和设计有要求的水泥品种必须符合设计要求。用于抹灰工程的水泥,提供的水泥复验报告单必须保证水泥的凝结时间和安定性符合设计和规范要求。

⑤合格证中应有3天、7天、28天抗压、抗折强度和安定性试验结果。水泥复试可以提出7天强度以适应施工需要,但必须在28天后补充28天水泥强度报告。应注意出厂编号、出厂日期应一致。

⑥水泥试验报告单必须和配合比通知单相一致,试块强度试验报告单上的水泥品种、强度等级、厂牌相一致。如不符合即为水泥试验报告单不全;水泥复试单和混凝土、砂浆试验报告上的时间进行对比可鉴别水泥是否有先用后试现象(水泥禁止先用后试);

⑦核实出厂合格证是否齐全,核实水泥复试日期与实际使用日期,以确认是否有超期或漏检。

⑧单位工程的水泥复试批量与实际使用数量的批量构成应基本一致。

⑨水泥出厂合格证或试验报告不齐全,为不符合要求;水泥先用后试或不做试验,为不符合要求;水泥进场日期超3个月未复试,为不符合要求。

3) 防水材料

①委托单上的工程名称、部位、品种、强度等级等与试验报告单上应对应一致。

②防水卷材必试项目:不透水性、吸水性、耐热度、纵向拉力和柔度。

③各种拌合物如玛碲脂、聚氯乙烯胶泥、细石混凝土防水层,拌合物不经试验室试配,在熬制和使用过程中无现场取样复试为不符合要求。

3.2.3.1 _____合格证、试验报告汇总表(通用)(C2-3-1)

1. 资料表式

3.2 单位（子单位）工程质量控制资料核查记录（C2）

_____合格证、试验报告汇总表（通用）　　　　表 C2-3-1

工程名称：

序号	名称规格品种	生产厂家	进场数量	进场时间	合格证编号	复试报告日期	试验结论	主要使用部位及有关说明

填表单位：　　　　　　审核：　　　　　　　　　　　　　　制表：

注：本表除有名称对象的合格证、试验报告汇总表外均用此表进行合格证、试验报告汇总。

2. 实施要点

合格证、试验报告汇总表是指核查用于工程的各种材料的品种、规格、数量，通过汇总对某种乃至全部材料达到便于检查的目的。

(1) 本表适用于砂、石、砖、水泥、钢筋、防水材料、隔热保温材料、防腐材料、轻集料等，上述材料均应进行整理汇总。

(2) 合格证、试验报告的整理按工程进度为序进行，如地基基础、主体工程等；

(3) 某种材料的品种、规格，应满足设计要求的品种、规格要求，否则为合格证、试验报告不全。由核查人判定是否符合该要求。

(4) 填表说明：

1) 合格证编号：指应汇总批材料出厂合格证上的编号，照原合格证上的合格证编号名称填写。

2) 复试报告日期：指应汇总批抽样复试材料的复试报告的发出时间，照原复试报告上日期填写。

3) 主要使用部位及有关说明：指应汇总批材料主要使用在何处及需要说明的事宜。

3.2.3.2　_____合格证粘贴表（通用）（C2-3-2）

1. 资料表式

_____合　格　证　粘　贴　表　　　　表 C2-3-2

审核：　　　　整理：　　　　　　　　　　年　月　日	

2. 实施要点

合格证粘贴表是为整理不同厂家提供的出厂合格证，因规格不一，为统一规格而规定的表式。

(1) 本表适用于砂、石、砖、水泥、钢筋、防水材料、隔热保温材料、防腐材料、轻集料等的出厂合格证的整理粘贴,上述材料的合格证均应进行整理粘贴。

(2) 合格证的整理粘贴应按工程进度为序,如地基基础、主体工程。应按品种分别整理粘贴。

(3) 某种材料合格证的整理粘贴,其品种、规格、数量,应满足设计要求。性能质量应满足相应标准质量要求。

3.2.3.3 _____材料检验报告(通用)(C2-3-3)

1. 资料表式

_____材料检验报告表(通用)　　　　　　表 C2-3-3

委托单位:　　　　　　　　　　　　　　　　　　试验编号:

工程名称		委托日期	
使用部位		报告日期	
试样名称及规格型号		检验类别	
生产厂家		批　号	
序　号	检　验　项　目	标　准　要　求	实测结果	单项结论
依据标准:				
检验结论:				
备　注:				

试验单位:　　　　技术负责人:　　　　审核:　　　　试(检)验:

2. 实施要点

材料检验报告表是指为保证建筑工程质量而对用于工程的除已明确有对象的试验表式以外的材料,根据标准要求可应用本表进行有关指标的测试,由试验单位出具试验证明文件。

(1) 掺合料、外加剂、砌块等材料的检验报告均可用此表式。

(2) 掺合料、外加剂、砌块等材料应有出厂合格证、试验报告。

(3) 材料检验的目的、抽样与内容:

1) 材料质量检验的目的:是通过一系列的检测手段,将所取的材料试验数据与材料质量标准相比较,借以判断材料质量的可靠性,以确认能否使用于工程。

材料质量的抽样数量和检验方法,要能反映该批材料质量的性能。重要材料或非匀质材料应酌情增加取样数量。

2) 材料质量标准是用于衡量材料质量的尺度,也是作为验收、检验材料的依据。不同材料应用不同的质量标准,应分别对照执行。受检材料必须满足相应标准质量要求。

3) 材料质量控制的内容主要有:材料的质量标准、材料的性能、材料的取样、试验方法、材料的适用范围和施工要求。

3.2 单位（子单位）工程质量控制资料核查记录（C2）

4）进口材料、设备应会同商检局检验，如核对凭证时发现问题，应取得供方商检人员签署的合格的商物记录。

3.2.3.4 钢材合格证、试验报告汇总表（C2-3-4）

实施要点：

（1）钢材合格证、试验报告汇总表式按C2-3-1表式执行。

（2）钢材合格证、试验报告汇总表是指对用于工程的钢材（筋）的合格证、试验报告及品种、规格、数量等进行整理汇总，通过整理汇总对钢材达到便于检查的目的。

3.2.3.5 钢筋（材）出厂合格证（C2-3-5）

实施要点：

（1）钢筋（材）出厂合格证按C2-3-2表式执行。

钢筋（材）合格证是指对用于工程的钢筋（材）的合格证及品种、规格、数量等进行的整理粘贴，可按工程进度依次进行整理贴入表内。

（2）钢筋（材）的品种、规格，主要受力钢筋（材）应满足设计要求的品种、规格，否则为合格证、试验报告不全。由核查人判定是否符合要求。

3.2.3.6 钢筋机械性能试验报告（C2-3-6）

1. 资料表式

钢筋机械性能检验报告　　　　　　　表 C2-3-6

委托单位：　　　　　　　　　　　　　　　试验编号：

工程名称						委托日期	
使用部位						报告日期	
试样名称						检验类别	
产　地			代表数量			炉批号	
规格 （mm）	屈服点 （MPa）		抗拉强度 （MPa）		伸长率 （%）		弯曲条件	弯曲结果
	标准要求	实测值	标准要求	实测值	标准要求	实测值		
依据标准：								
检验结论：								
备　注：								

试验单位：　　　　　技术负责人：　　　　　审核：　　　　　试（检）验：

注：钢筋机械性能试验报告表式，可根据当地的使用惯例制定的表式应用，但屈服点、抗拉强度、伸长率、弯曲条件、弯曲结果5项试验内容必须齐全。

2. 实施要点

钢筋机械性能试验报告是指为保证用于建筑工程的钢筋机械性能（屈服强度、抗拉强度、伸长率、弯曲条件）满足设计和标准要求而进行的试验项目。

（1）钢材标准应用

1)标准应用应和出厂合格证上钢材生产厂家提供的应用标准相一致。对合格证上没有应用标准说明时,应根据提供试件的钢种,分别按实际使用的钢材执行《碳素结构钢》(GB700)、《优质碳素结构钢技术条件》(GB699)、《低合金结构钢》(GB1591)和《合金结构钢》(GB3077)现行标准。

2)应检查标准应用是否符合某标准规定的使用范围,如果钢材试件应用标准的使用范围不符合某标准的使用要求时,该批钢材应予查明,否则该批钢材不能用于工程。

3)《低碳钢热轧圆盘条》(GB701)标准,适用于普通质量的低碳热轧圆盘条($\phi 5.5 \sim \phi 14$)的钢筋,建筑工程中用钢筋强度均在 Q235 以上,其力学性能及化学成分与 GB700—88 标准相一致。

4)《钢筋混凝凝土用热轧带肋钢筋》(GB1499)……等标准中规定该标准不适用于由成品钢再次轧制成的再生钢筋。再生钢筋的材质成分比较复杂,必须严格控制。

5)(GB50204)规定:对有抗震要求的框架结构纵向受力钢筋应满足设计要求,检验所得的强度实测值应符合:钢筋的抗拉强度实测值与屈服强度实测值的比值不应小于 1.25;钢筋的屈服强度实测值与钢筋的强度标准的比值,不应大于 1.30。

(2)钢材的检验项目规定

1)优质碳素结构钢(GB699):包括:化学成分、断口、硬度、拉伸试验、冲击试验、脱碳、晶粒度、非金属夹杂物、显微组织、顶锻试验、尺寸检验、表面质量;

2)碳素结构钢(GB700):包括:化学成分、拉伸、冷弯、常温冲击、低温冲击;

3)低合金结构钢(GB1591):包括:化学成分、拉伸、冷弯、常温冲击、低温冲击;

4)钢筋混凝土用热轧带肋钢筋(GB1499):包括:化学成分、拉伸、弯曲、反向弯曲、尺寸检验、表面质量、重量偏差;

5)余热处理钢筋(GB13014)包括:化学成分、拉伸、冷弯、尺寸检验、表面质量、重量偏差;

6)光圆钢筋(GB13013)包括:化学成分、拉伸、冷弯、尺寸检验、表面质量、重量偏差。

(3)钢筋(材)的取样规定

1)钢筋

①取样规则:钢筋应按批进行检查和验收,每批应由同一牌号、同一炉罐号、同一规格、同一交货状态的钢筋组成。冷拉钢筋应分批进行验收,每批应以同级别、同直径的冷拉钢筋组成。

②钢筋的试样数量根据其供货形式的不同而不同。常用钢(材)筋取样数量见表 C2-3-6-1。

常用钢材的代表批量及取样数量　　表 C2-3-6-1

钢材种类	验收批组成	每批数量	取样数量
热轧钢筋	每批由同牌号、同炉罐号、同规格的组成 冶炼炉容量不大于 30t 的不同炉罐号可组成混合批,每批不应大于 6 个炉罐号	≤60t	任选两根钢筋,每根钢筋切取拉伸、冷弯试样各 1 个

续表

钢材种类	验收批组成	每批数量	取样数量
热轧盘条	每批由同牌号、同炉罐号、同尺寸的组成。同冶炼浇注方法的不同炉罐号可组成混合批，每批不得多于6个炉罐号	≤60t	任取1根，切取拉伸试样1个；任取2根，每根切取冷弯试样1个
冷轧带肋钢筋	每批由同牌号、同规格、同级别的组成	10t	拉伸、冷弯试样各1个
碳素结构钢	每批由同牌号、同炉罐号、同等级、同品种、同尺寸的组成。冶炼炉容量不大于30t的，不同炉罐号的A或B级钢可组成混合批，每批不得多于6个炉罐号	≤60t	拉伸、冷弯试样各1个
冷拉钢筋	每批由不大于20t的同级别、同直径冷拉钢筋组成	≤20t	任选两根钢筋，每根钢筋切取拉伸、冷弯试样各1个
冷轧扭钢筋	每批由同牌号、同规格尺寸、同轧机、同台班组的组成	≤10t	任取拉伸试样2个，冷弯试样1个

③取样方法：拉伸和弯曲试验的试样可在每批材料中任选两根钢筋切取。

2）钢丝

①取样方法：甲级钢丝的力学性能应逐盘检验，从每盘钢丝上任一端截去不少于500mm后再取两个试样。乙级钢丝的力学性能可分批抽样检验。以同一直径的钢丝5t为一批，从中任取三盘，每盘各截取两个试样。

②取样数量：甲级钢丝每盘做1个拉伸试验，1个180°的反复弯曲试验。乙级钢丝每批做3个拉伸试验，3个180°的反复弯曲试验。

3）试样规格

试样规格见表C2-3-6-2。钢筋日常习惯用试样长度见表C2-3-6-3。

试样规格（mm） 表C2-3-6-2

试样	拉伸试样长度	弯曲试样长度	反复弯曲试样长度
圆形试样	不小于$l_0 + d_0 +$夹持长度	$5d_0 + 150$	150~250
矩形试样	不小于$l_0 + b_0/2 +$夹持长度	$5d_0 + 150$	

注：式中 l_0——原标距长度；d_0——钢筋直径；b_0——矩形试样宽度。

钢筋日常习惯用试样长度（供参考）（mm） 表C2-3-6-3

试样直径	拉伸试样长度	弯曲试样长度	反复弯曲试样长度
6.5~20	300~400	250	150~250
22~32	350~450	300	

(4) 冷拉钢筋检验要点

1) 冷拉钢筋应分批验收，当直径在12mm或小于12mm时，每批数量不得大于10t，直径在14mm或大于14mm时,不得大于20t;每批钢筋的直径和钢筋级别均应相同。

2)每批冷拉钢筋均应分别取样做拉力试验和冷弯性能。试样应从3根钢筋上各取1套。试样形状、尺寸以及试验方法均与热轧钢筋相同。

3)做拉力试验和冷弯试验的3套试样中,如有1个指标不符合相应标准合格的规定时,则另取双倍数量的试样重做试验,如仍有1根试样不合格,则该批钢筋为不合格品。

(5)冷拔低碳钢丝的检验要点

冷拔低碳钢丝分为甲、乙两级。甲级钢丝适用于作预应力筋;乙级钢丝适用作焊接网、焊接骨架、箍筋和构造钢筋。

1)冷拔低碳钢丝以5t为一批进行验收(每批指用相同材料的钢筋冷拔成相同直径钢丝);

2)冷拔丝首先应进行外观检验。应先从每批冷拔低碳钢丝中选取5%的盘数(但不少于5盘),做外观检验。合格后,任选3盘,在每盘上一处(至少距端部50cm)截取1套试样,以1根做拉力试验,1根做弯曲试验;

采用分批抽样时,对同一钢厂、同一钢号、同一总压缩率、同一直径的冷拔丝应在不少于50盘为一批的总数中任取5盘,每盘各取1根做试验;而对钢厂、钢号不明,但总压缩率和直径相同的冷拔丝应在不少于80盘为一批的总数中任意取8盘,各取1根试样作试验(截取试样方法与逐盘取样同)。

若一批冷拔丝中,同一钢厂、同一钢号、同一总压缩率、同一直径的盘数少于50盘,或钢厂、钢号不明,但总压缩率和直径相同的盘数少于80盘时,应采取逐盘取样检验。

3)试验结果如有1根试样不合格时,允许在未经截取试样的钢丝盘中另取双倍数量的试件做全部各项试验;如再有1根试样不合格,则该批冷拔低碳钢丝需逐盘截取试样,每盘作拉力和弯曲试验,合格者方可使用;否则,该盘冷拔低碳钢丝作为不合格品。

(6)冷轧带肋钢筋的检查验收

1)冷轧带肋钢筋技术要求和各项质量指标应符合国标《冷轧带肋钢筋》GB13788—2000规定。

2)550级和650级冷轧带肋钢筋的母材应符合国标《低碳钢热轧圆盘条》GB701—1997或行业标准《低碳钢无扭控冷热轧盘条》YB4027—91的有关规定。800级钢筋的盘条应符合行业标准《预应力混凝土用低合金钢丝》YB/T038—93中关于公称直径6.5mm盘条的有关规定。650级和800级成盘供应钢筋每盘由1根组成;550级成盘或成捆供应,成捆供应钢筋每捆应由同一炉罐号的母材轧制而成。

3)进厂(场)的冷轧带肋钢筋应按下列规定进行检查和验收。

①钢筋应成批验收。每批由同一钢号、同一规格和同一级别的钢筋组成,每批不大于50t。每批钢筋应有出厂合格证书,每盘或捆均应有标牌。

②每批抽取5%(但不少于5盘或5捆)进行外形尺寸、表面质量和重量偏差的检查。检查结果应符合冷轧带肋钢筋的技术性能指标。检查结果如其中有一盘或一捆不合格,则应对该批钢筋逐盘或逐捆检查。

③钢筋的力学性能和工艺性能应逐盘进行检验,从每盘任一端截去500mm以后取2个试样,一个作抗拉强度和伸长率试验,另一个作冷弯试验。检查结果如有1项指标不符合冷轧带肋钢筋的技术性能指标的规定,则判该盘钢筋不合格。

④对成捆供应的550级钢筋应逐捆检验,从每捆中同一根钢筋上截取2个试样,一个作抗拉强度和伸长率试验,另一个作冷弯试验。检查结果如有1项指标不符合冷轧带肋钢筋的技术性能指标的规定,应从该捆钢筋中取双倍数量的试件进行复验,复验结果如仍有1个试样不合格,则判该捆钢筋不合格。

(7) 钢筋试(检)验报告核查要点

1) 钢筋进场时应有包括炉号、型号、规格、机械性能、化学成分、数量(指每批的进货数量)、生产厂家名称、出厂日期等内容的出厂合格证,又要在施工现场取样进行复试,提供机械性能试验报告。合格证必须包括机械性能、化学成分,二者缺一不可。无出厂合格证时,使用国产钢材均应增加化学成分试验,主要受力钢筋若只有物理性能试验即为不符合要求。国产钢筋在加工中发现脆断、焊接性能不良或机械性能显著不正常现象,应进行化学成分检验或其他专项性能检验。使用进口钢筋应复试机械性能和化学成分,有焊接要求的应做可焊接试验。冷拉钢筋通过试验确定冷拉率,符合国产HRB335钢筋要求的日本SD35和荷兰、西班牙、西德BST42/50RU(35/50RU、35/50RU)钢筋,作非预应力筋时,可代替国产HRB335钢筋使用,经冷拉加工后可作预应力钢筋使用。

注:质量证明文件的抄件(复印件)应保留原件的所有内容,并注明原件存放处。

2) 钢筋集中加工,应将钢筋复验单及钢筋加工出厂证明抄送施工单位(钢筋出厂证明及复验单原件由钢筋加工厂保存)。直接发到现场或构件厂的钢筋,复验由使用单位负责。

3) 当钢材出厂合格证为抄件时,抄件应注明原件存放单位、抄件人(应有 技术职称)和抄件单位,签字盖公章后方为有效。

4) 检查试验编号是否填写。检查钢材试验单的试验数据是否准确无误,各项签字和报告日期是否齐全。这是防止弄虚作假,备查试验室台账、核实报告试验数据的正确性的重要依据。

5) 钢筋的强度变异主要影响因素是:钢筋直径;试验时的加速度;钢筋截面面积的正负公差。检查钢筋的出厂合格证和试验报告、现场外观检查时均应注意验查这些内容。

注:没有出厂合格证又无现场抽样试验报告时,钢材不得盲目使用;钢材出厂合格证本身不符合要求,填写混乱,该批钢材不得用于工程。

(8) 钢筋(材)力学性能与化学成分

1) 热轧带肋钢筋(表C2-3-6-4至表C2-3-6-11)

热轧带肋钢筋的力学性能　　　　　表C2-3-6-4

编　号	公称直径 (mm)	σ_K 或 $\sigma_{P0.2}$ (MPa)	σ_b (MPa)	δ_S (%)
		不　小　于		
HRB335	6~25 28~50	335	490	16
HRB400	6~25 28~50	400	570	14
HRB500	6~25 28~50	500	630	12

注:摘自《钢筋混凝土用热轧带肋钢筋》GB 1499—1998。

热轧带肋钢筋的弯曲性能　　　　　　　　　　　　　　　　　　　　　表 C2-3-6-5

牌 号	公称直径 a (mm)	弯曲试验 弯心直径
HRB335	6~25 28~50	$3a$ $4a$
HRB400	6~25 28~50	$4a$ $5a$
HRB500	6~25 28~50	$6a$ $7a$

注：摘自《钢筋混凝土用热轧带肋钢筋》GB 1499—1998。

热轧带肋钢筋的牌号和化学成分　　　　　　　　　　　　　　　　　　表 C2-3-6-6

牌 号	化 学 成 分（%）					
	C	Si	Mn	P	S	Ceq
HRB335	0.25	0.80	1.60	0.045	0.045	0.52
HRB400	0.25	0.80	1.60	0.045	0.045	0.54
HRB500	0.25	0.80	1.60	0.045	0.045	0.55

注：摘自《钢筋混凝土用热轧带肋钢筋》GB 1499—1998。

热轧带肋钢筋的牌号和化学成分及其范围　　　　　　　　　　　　　　表 C2-3-6-7

牌号	原牌号	化学成分（%）						P	S
		C	Si	Mn	V	Nb	Ti	不大于	
HRB335	20MnSi	0.17~0.25	0.40~0.80	1.20~1.60	—		—	0.045	0.045
HRB400	20MnSiV	0.17~0.25	0.20~0.80	1.20~1.60	0.04~0.12		—	0.045	0.045
	20MnSiNb	0.17~0.25	0.40~0.80	1.20~1.60		0.02~0.04		0.045	0.045
	20MnTi	0.17~0.25	0.17~0.37	1.20~1.60			0.02~0.05	0.045	0.045

注：摘自《钢筋混凝土用热轧带肋钢筋》GB 1499—1998。

热轧光圆钢筋的化学成分要求　　　　　　　　　　　　　　　　　　　表 C2-3-6-8

表面形状	钢筋级别	牌号	化 学 成 分（%）			P	S
			C	Si	Mn	不大于	
光圆	HPB235	Q235	0.14~0.22	0.12~0.30	0.30~0.65	0.045	0.050

热轧盘条、碳素结构钢、冷拉钢筋力学性能表　　　　表 C2-3-6-9

钢材种类	钢筋牌号或级别	公称直径及规格(mm)	拉伸　不小于			冷弯 D：弯心直径 d：钢材直径	
			屈服点(MPa)	抗拉强度(MPa)	伸长率(%)		
热轧盘条	建筑用 Q235	5.5~30	235	410	23	180°	$D=0.5d$ $D=0$
	建筑用 Q215		215	375	27		
碳素结构钢	Q215	≤16 16~40 40~60	215 205 195	335~450	31 30 29	180°	$D=0.5d$ 纵 $D=0.5d$ 横
	Q235	≤16 16~40 40~60	235 225 215	375~500	26 25 24	180°	$D=d$ 纵 $D=1.5d$ 横
冷拉钢筋	HPB235	≤12	280	370	11	180°	$D=3d$
	HRB335	≤25 28~40	450 430	520 500	10	90°	$D=3d$ $D=4d$
	HRB400	8~25 28~40	500	580	8	90°	$D=5d$ $D=6d$
	HRB500	10~25 28	700	850	6	90°	$D=5d$ $D=6d$

注：本表选自《碳素结构钢》（GB 700—88）有关部分；《混凝土及预制混凝土构件质量控制规程》（CECS40：92）。

低碳钢热轧圆盘条的化学成分要求　　　　表 C2-3-6-10

牌号	化学成分（%）					脱氧方法
	C	Mn	Si	S	P	
				不大于		
Q215A	0.09~0.15	0.25~0.55	0.30	0.050	0.045	F.b.Z
Q215B				0.045		
Q215C	0.10~0.15	0.30~0.60		0.040	0.04	
Q235A	0.14~0.22	0.30~0.65	0.30	0.050	0.045	F.b.Z
Q235B	0.12~0.20	0.30~0.70		0.045		
Q235C	0.13~0.18	0.30~0.60		0.040	0.04	

注：本表选自《低碳钢热轧圆盘条》（GB/T 701—1997）。

碳素结构钢化学成分要求 表 C2-3-6-11

牌号	等级	化学成分（%）					脱氧方法
		C	Mn	Si	S	P	
					不大于		
Q215	A	0.09~0.15	0.25~0.55	0.30	0.050	0.045	F.b.Z
	B				0.045		
Q235	A	0.14~0.22	0.30~0.65[1)]	0.30	0.050	0.045	F.b.Z
	B	0.12~0.20	0.30~0.70[1)]		0.045		
	C	≤0.18	0.35~0.80		0.040	0.040	Z
	D	≤0.17			0.035	0.035	TZ
Q225	A	0.18~0.28	0.40~0.70	0.30	0.050	0.045	Z
	B				0.045		
Q275	—	0.28~0.38	0.50~0.80	0.35	0.050	0.045	Z

注：1. Q235A、B级沸腾钢锰含量上限为0.60%。
碳素结构钢中沸腾钢硅含量不大于0.07%；半镇静钢硅含量不大于0.17%；镇静钢硅含量下限值为0.12%。
2. 本表选自《碳素结构钢》（GB 700—88）。

2）冷轧带肋钢筋（表 C2-3-6-12 至表 C2-3-6-14）

冷轧带助钢筋的试验项目、取样方法及试验方法 表 C2-3-6-12

序号	试验项目	试验数量	取样方法	试验方法
1	拉伸试验	每盘1个	在每（任）盘中随机切取	GB/T 228 GB/T 6397
2	弯曲试验	每批2个		GB/T 232
3	反复弯曲试验	每批2个		GB/T 228
4	应力松驰试验	定期1个		GB/T 10120 GB/T 13788—2000 第7.3
5	尺　寸	逐　盘		GB/T13788—2000 第7.4
6	表　面	逐　盘		目　视
7	重量偏差	每盘1个		GB/T 13788—2000 第7.5

注：1. 供方在保证 $\sigma_{p0.2}$ 合格的条件下，可逐盘进行 $\sigma_{p0.2}$ 的试验。
2. 表中试验数量栏中的"盘"指生产钢筋"原料盘"。
3. 本表摘自《冷轧带助钢筋》GB 13788—2000。

冷轧带肋钢筋力学性能和工艺性能 表 C2-3-6-13

牌 号	σ_b (MPa) 不小于	伸长率不小于（%）		弯曲试验 180°	反复弯曲次数	松驰率 初始应力 $\sigma_{con}=0.7\sigma_b$	
		δ_{10}	δ_{100}			1000h, % 不小于	10h, % 不大于
CRB550	550	8.0	—	$D=3d$	—	—	—
CRB650	650	—	4.0	—	3	8	5
CRB800	800	—	4.0	—	3	8	5
CRB970	970	—	4.0	—	3	8	5
CRB1170	1170	—	4.0	—	3	8	5

注：1. 表中 D 为弯心直径，d 为钢筋公称直径；钢筋受弯曲部位表面不得产生裂纹；
 2. 当钢筋的公称直径为 4mm、5mm、6mm 时，反复弯曲试验的弯曲半径分别为 10mm、15mm、15mm；
 3. 抗拉强度按公称直径 d 计算；
 4. 对成盘供应的各级别钢筋，经调直后的抗拉强度仍应符合表中的规定；
 5. 本表摘自《冷轧带肋钢筋》（GB 13788—2000）和《冷轧带肋钢筋混凝土结构技术规程》（JGJ 95—2003、J254—2003）的有关部分。

冷轧带肋钢筋用盘条的参考牌号和化学成分 表 C2-3-6-14

钢筋牌号	盘条牌号	化学成分（%）					
		C	Si	Mn	V、Ti	S	P
CRB550	Q215	0.09~0.15	≤0.03	0.25~0.55	—	≤0.050	≤0.045
CRB650	Q235	0.14~0.22	≤0.03	0.30~0.65	—	≤0.050	≤0.045
CRB800	24MnTi	0.19~0.27	0.17~0.37	1.20~1.60	Ti: 0.01~0.05	≤0.045	≤0.045
	20MnSi	0.17~0.25	0.40~0.80	1.20~1.60	—	≤0.045	≤0.045
CRB970	41MnSiV	0.37~0.45	0.60~1.10	1.00~1.40	V: 0.05~0.12	≤0.045	≤0.045
	60	0.57~0.25	0.17~0.37	0.50~0.80	—	≤0.035	≤0.035
CRB1170	70Ti	0.66~0.70	0.17~0.37	0.60~1.00	Ti: 0.01~0.05	≤0.045	≤0.045
	70	0.67~0.75	0.17~0.37	0.50~0.80	—	≤0.035	≤0.035

注：本表摘自《冷轧带肋钢筋》GB 13788—2000。

3）冷轧扭钢筋（表 C2-3-6-15～表 C2-3-6-16）

冷轧扭钢筋检验项目、取样数量和试验方法　　　　　　　表 C2-3-6-15

序 号	检验项目	取样数量		试验方法
		出厂检验	型式检验	
1	外观质量	逐根	逐根	目　测
2	轧扁厚度	每批三个	每批三个	GB 3046—98.6.1.1
3	节 距	每批三个	每批三个	GB 3046—98.6.1.2
4	定尺长度	—	每批三个	GB 3046—98.6.1.3
5	重 量	每批三个	每批三个	GB 3046—98.6.2
6	化学成分	—	每批三个	GB 3046—98.6.3
7	拉伸试验	每批三个	每批三个	GB 3046—98.6.4
8	冷弯试验	每批三个	每批三个	GB 3046—98.6.5

注：1. 拉伸试验中伸长率测定的原始标距为 $10d$（d 为冷轧钢筋标志直径）；
　　2. 本表摘自《冷轧扭钢筋》GB 3046—1998。

冷轧扭钢筋力学性能　　　　　　　表 C2-3-6-16

抗拉强度 σ_b （N/mm²）	伸长率 δ_{10} （%）	冷弯 180° （弯心直径 = $3d$）
≥580	≥4.5	受弯曲部位表面不得产生裂纹

注：1. d 为冷轧扭钢筋标志直径。
　　2. δ_{10} 为以标距为 10 倍标志直径的试样拉断伸长率。
　　3. 本表摘自《冷轧扭钢筋》GB 3046—1998。

4）热轧余热处理钢筋（表 C2-3-6-17）

热轧余热处理钢筋的化学成分要求　　　　　　　表 C2-3-6-17

表面形状	钢筋级别	强度代号	牌号	化学成分（%）				
				C	Si	Mn	P	S
							不大于	
月牙肋	HRB400	KL400	20MnSi	0.17~0.25	0.40~0.80	1.20~1.60	0.045	0.045

注：本表选自《钢筋混凝土用余热处理钢筋》（GB 13014—91）。

5）进口热轧变形钢筋（表 C2-3-6-18）

①进口钢筋进场后，其机械性能的检验应按国家现行标准或规范要求进行复试。当检验结果符合国产钢筋的机械性能要求时，可按国家对进口钢筋应用范围的有关规定执行。

②当进口钢筋需要焊接施工时，应进行化学成分检验，热轧变形钢筋的化学成分可按表 C2-3-6-18 执行。

③特种进口钢筋应按国家相应的技术规定进行复试和应用。

进口热轧变形钢筋的化学成分要求

表 C2-3-6-18

国 别	日本	日本	日本	日本	日本 澳大利亚 阿根廷 新加坡	墨西哥	巴西
材料标准	JISG 3112	JISG 3112	JISG 3112	JISG 3112	JISG A615~75	ASTM A615~75	ASTM
钢筋代号	SD30	SD40	SD550	特殊35	SD35	60级	60级
化学成分(%) 碳(C)	—	<0.29	<0.32	0.12~0.22	<0.27	0.35~0.44	0.25~0.35
锰(Mn)	—	<1.80	<1.80	1.20~1.60	<1.60	>1.0	>1.0
磷(P)	<0.05	<0.05	<0.05	<0.05	<0.05	0.03	0.05
硫(S)	<0.05	<0.05	<0.05	<0.05	<0.05	0.044	0.05
硅(Si)	—	—	—	—	—	—	—
铝(Al)	—	—	—	—	—	—	—
铌(Nb)	—	—	—	—	—	—	—
碳当量 C+Mn/6	—	<0.50	<0.60	—	<0.50	—	—

国 别	荷兰		德国		西班牙	意大利	法国	比利时
材料标准	DIN 488	DIN 488	DIN 488	DIN 488	DIN 488	DIN 488	DIN 488	DIN 488
钢筋代号	BSt42/50RU	BSt42/50RU	BSt42/50RU	BSt42/50RU	BSt42/50RU	BSt42/50RU	BSt42/50RU	BSt42/50RU
化学成分(%) 碳(C)	0.15~0.30	0.15~0.28	0.32~0.43	0.41~0.45	0.15~0.27	0.30~0.40	0.12~0.25	0.12~0.25
锰(Mn)	0.45~1.60	0.45~1.60	0.9~1.20	1.0~1.2	0.8~1.6	0.8~1.6	0.8~1.6	0.8~1.6
磷(P)	≤0.05	≤0.05	≤0.05	≤0.04	≤0.05	≤0.05	≤0.05	≤0.05
硫(S)	≤0.05	≤0.05	≤0.05	≤0.04	≤0.05	≤0.05	≤0.05	≤0.05
硅(Si)	0.02~0.07	0.02~0.07	0.2~0.4	0.15~0.35	0.2~0.4	0.3~0.5	—	—
铝(Al)	—	—	—	0.025~0.07	—	—	—	—
铌(Nb)	<0.04	<0.04	—	—	—	—	—	—
碳当量	—	—	—	—	—	—	—	—

注：表内的化学成分是外贸订货时的协议规定供参考。

6）低合金高强度结构钢（表 C2-3-6-19 至表 C2-3-6-23）

低合金高强度结构钢化学成分表 表 C2-3-6-19

牌号	质量等级	化学成分 (%)					
		碳≤	锰	硅≤	磷≥	硫≥	铝≥
Q295	A	0.16	0.80~1.50	0.55	0.045	0.045	—
	B	0.16	0.80~1.50	0.55	0.040	0.040	—
Q345	A	0.20	1.00~1.60	0.55	0.045	0.045	—
	B	0.20	1.00~1.60	0.55	0.040	0.040	—
	C	0.20	1.00~1.60	0.55	0.035	0.035	0.015
	D	0.18	1.00~1.60	0.55	0.030	0.030	0.015
	E	0.18	1.00~1.60	0.55	0.025	0.025	0.015
Q390	A	0.20	1.00~1.60	0.55	0.045	0.045	—
	B	0.20	1.00~1.60	0.55	0.040	0.040	—
	C	0.20	1.00~1.60	0.55	0.035	0.035	0.015
	D	0.18	1.00~1.60	0.55	0.030	0.030	0.015
	E	0.18	1.00~1.60	0.55	0.025	0.025	0.015
Q420	A	0.20	1.00~1.70	0.55	0.045	0.045	—
	B	0.20	1.00~1.70	0.55	0.040	0.040	—
	C	0.20	1.00~1.70	0.55	0.035	0.035	0.015
	D	0.18	1.00~1.70	0.55	0.030	0.030	0.015
	E	0.18	1.00~1.70	0.55	0.025	0.025	0.015
Q460	C	0.20	1.00~1.70	0.55	0.035	0.035	0.015
	D	0.20	1.00~1.70	0.55	0.030	0.030	0.015
	E	0.20	1.00~1.70	0.55	0.025	0.025	0.015

牌号	质量等级	化学成分 (%)				
		钒	铌	钛	铬≤	镍≤
Q295	A	0.02~0.15	0.015~0.060	0.02~0.20	—	—
	B	0.02~1.50	0.015~0.060	0.02~0.20	—	—
Q345	A	0.02~0.15	0.015~0.060	0.02~0.20	—	—
	B	0.02~1.50	0.015~0.060	0.02~0.20	—	—
	C	0.02~1.50	0.015~0.060	0.02~0.20	—	—
	D	0.02~1.50	0.015~0.060	0.02~0.20	—	—
	E	0.02~1.50	0.015~0.060	0.02~0.20	—	—
Q390	A	0.02~0.15	0.015~0.060	0.02~0.20	0.30	0.70
	B	0.02~1.50	0.015~0.060	0.02~0.20	0.30	0.70
	C	0.02~1.50	0.015~0.060	0.02~0.20	0.30	0.70
	D	0.02~1.50	0.015~0.060	0.02~0.20	0.30	0.70
	E	0.02~1.50	0.015~0.060	0.02~0.20	0.30	0.70
Q420	A	0.02~0.20	0.015~0.060	0.02~0.20	0.40	0.70
	B	0.02~0.20	0.015~0.060	0.02~0.20	0.40	0.70
	C	0.02~0.20	0.015~0.060	0.02~0.20	0.40	0.70
	D	0.02~0.20	0.015~0.060	0.02~0.20	0.40	0.70
	E	0.02~0.20	0.015~0.060	0.02~0.20	0.40	0.70
Q460	C	0.02~0.20	0.015~0.060	0.02~0.20	0.70	0.70
	D	0.02~0.20	0.015~0.060	0.02~0.20	0.70	0.70
	E	0.02~0.20	0.015~0.060	0.02~0.20	0.70	0.70

注：①铝为全铝含量，如化验酸溶铝，其含量≥0.010%；②Q295钢的碳含量到0.18%也可交货；③Q345钢的锰含量的上限可到1.70%；④不加钒、铌、钛的Q295钢，当碳含量≤0.12%时，锰含量下限可到1.80%；⑤厚度≤6mm的钢板（带）和厚度≤16mm的热连轧钢板（带）的锰含量下限可到0.20%；⑥在保证钢材力学性能符合规定的情况下，用铌作细化晶粒元素时，Q345、Q390钢的锰含量下限可低于规定的下限含量；⑦除各牌号A、B级钢外，表中规定的细化晶粒元素（钒、铌、钛、铝），钢中至少含有其中的一种，如这些元素同时使用，则至少应有一种元素的含量不低于规定的最小值；⑧为改善钢的性能，各牌号A、B级钢，可加入钒或铌等细化晶粒元素，其含量应符合规定。如不做合金元素加入时，其下限含量不受限制；⑨当钢中不加入细化晶粒元素时，不进行该元素含量的分析，也不予保证；⑩型钢和棒钢的铌含量下限为0.005%；⑪各牌号钢中的铬、镍、铜残余元素含量均小于或等于0.30%，供方如能保证可不做分析；⑫为改善钢的性能，各牌号可加入稀土元素，其加入量按0.02%～0.20%计算；对Q390、Q420、Q460钢，可加入少量铝元素；⑬供应商品钢锭、连铸坯、钢坯时，为保证钢材力学性能符合规定，其碳、硅元素含量的下限，可根据需方要求，另订协议。

低合金高强度结构钢物理性能表

表 C2-3-6-20

牌号	质量等级	厚度(直径、边长)(mm) ≤16	>16~35	>35~50	50~100	抗拉强度 σ_b (MPa)
		屈服点 σ (MPa)				
Q295	A	295	275	255	235	390~570
	B	295	275	255	235	390~570
Q345	A	345	325	295	275	470~630
	B	345	325	295	275	470~630
	C	345	325	295	275	470~630
	D	345	325	295	275	470~630
	E	345	325	295	275	470~630
Q390	A	390	370	350	330	490~650
	B	390	370	350	330	490~650
	C	390	370	350	330	490~650
	D	390	370	350	330	490~650
	E	390	370	350	330	490~650
Q420	A	420	400	380	360	520~680
	B	420	400	380	360	520~680
	C	420	400	380	360	520~680
	D	420	400	380	360	520~680
	E	420	400	380	360	520~680
Q460	C	460	440	420	400	550~720
	D	460	440	420	400	550~720
	E	460	440	420	400	550~720

牌号	质量等级	伸长率 δ_s	试验温度(℃) +20	0	-20	-40	180°弯曲试验 [d=弯心直径, α=试样厚度(直径)] 钢材厚度(直径)(mm) ≤16	>16~100
			冲击吸收功 A_{kv} (纵向) (J) ≥					
Q295	A	23	—	—	—	—	$d=2\alpha$	$d=3\alpha$
	B	23	34	—	—	—	$d=2\alpha$	$d=3\alpha$
Q345	A	21	—	—	—	—	$d=2\alpha$	$d=3\alpha$
	B	21	34	—	—	—	$d=2\alpha$	$d=3\alpha$
	C	22	—	34	—	—	$d=2\alpha$	$d=3\alpha$
	D	22	—	—	34	—	$d=2\alpha$	$d=3\alpha$
	E	22	—	—	—	27	$d=2\alpha$	$d=3\alpha$
Q390	A	19	—	—	—	—	$d=2\alpha$	$d=3\alpha$
	B	19	34	—	—	—	$d=2\alpha$	$d=3\alpha$
	C	20	—	34	—	—	$d=2\alpha$	$d=3\alpha$
	D	20	—	—	34	—	$d=2\alpha$	$d=3\alpha$
	E	20	—	—	—	27	$d=2\alpha$	$d=3\alpha$
Q420	A	18	—	—	—	—	$d=2\alpha$	$d=3\alpha$
	B	18	34	—	—	—	$d=2\alpha$	$d=3\alpha$
	C	19	—	34	—	—	$d=2\alpha$	$d=3\alpha$
	D	19	—	—	34	—	$d=2\alpha$	$d=3\alpha$
	E	19	—	—	—	27	$d=2\alpha$	$d=3\alpha$
Q460	C	17	—	34	—	—	$d=2\alpha$	$d=3\alpha$
	D	17	—	—	34	—	$d=2\alpha$	$d=3\alpha$
	E	17	—	—	—	27	$d=2\alpha$	$d=3\alpha$

注：①进行拉伸和弯曲试验时，钢板（带）应取横向试样；宽度<600mm的钢带、型钢和棒钢应取纵向试样；②钢板（带）的伸长率允许比表中规定低1个单位；③Q345钢其厚度>35mm的钢板的伸长率允许比表中规定低1个单位；④边长或直径>50~100mm的方、圆钢其伸长率允许比表中规定低1个单位；⑤宽钢带（卷状）的抗拉强度上限值不作交货条件；⑥A级钢应进行弯曲试验。其他质量等级钢，如供方能保证弯曲试验结果符合表中规定，可不做检验；⑦夏比（V型缺口）冲击试验的冲击吸收功和试验温度应符合表中规定。冲击吸收功按一组三个试样算术平均值计算，允许其中一个试样单值低于表中规定值，但不得低于规定值的70%；⑧当采用5×10×55（mm）小尺寸试样做冲击试验时，其试验结果应不小于规定值的50%；⑨表例牌号以外的钢材性能，由供需双方协商确定；⑩Q460和各牌号D、E级钢一般不供应型钢、棒钢；⑪钢一般应以热轧、控轧、正火及正火加回火状态交货，Q420、Q460钢的C、D、E级钢也可按淬火加回火状态交货。

铸造碳钢件的化学成分表　　　　　　　　　　　　　　　表 C2-3-6-21

牌　号	化　学　成　分　（%）　≤					
	碳	硅	锰	硫	磷	残余元素
ZG200-400	0.20	0.50	0.80	0.040	0.040	镍 0.30
ZG230-450	0.30	0.50	0.90	0.040	0.040	铬 0.35
ZG270-500	0.40	0.50	0.90	0.040	0.040	铜 0.30
ZG310-570	0.50	0.60	0.90	0.040	0.040	钼 0.20
ZG340-640	0.60	0.60	0.90	0.040	0.040	钒 0.05

注：①残余元素总和≤1.00；　②对上限每减少0.01%碳，允许增加0.04%锰。对ZG200-400，锰含量最高至1.00%，其余四个牌号锰含量最高至1.20%。

铸造碳钢件的力学性能表　　　　　　　　　　　　　　　表 C2-3-6-22

牌　号	室温下试样力学性能≥				
	屈服点或屈服强度（MPa）	抗拉强度	伸长率	收缩率	（V形）冲击吸收功* A_{kv} (J)
			（%）		
ZG200-400	200	400	25	40	30
ZG230-450	230	450	22	32	25
ZG270-500	270	500	18	25	22
ZG310-570	310	570	15	21	15
ZG340-640	340	640	10	18	10

注：①表列数值适用于小于或等于100mm的铸件；对于厚度>100mm的铸件，仅屈服强度数值可供设计用。如需从经热处理的铸件上或从代表铸件的大型试块上切取试样时，其数值须由供需双方协商确定；　②*对收缩率和冲击吸收功，如需方无要求，即由制造厂选择保证其中一项。

高强度螺栓的性能等级和机械性能表　　　　　　　　　　表 C2-3-6-23

螺栓种类	性能等级	采用的钢号	屈服强度		抗拉强度	
			N/mm²	N/mm²	N/mm²	N/mm²
			≥			
大六角头高强度螺栓	8.8级	45号钢、35号钢	630	660	850~1050	830~1030
	10.9级	20MnTiB 钢	950	940	1060~1260	1040~1240
		40B 钢				
扭剪型高强度螺栓	10.9级	20MnTiB 钢	950	940	1060~1260	1040~1240

注：①对高强度螺栓（即高强度大六角头螺栓连接副、扭剪型高强度螺栓连接副和钢网架用高强度螺栓共3种）的进场检验按包装箱配套供货，包装箱上应标明批号、规格、数量及生产日期。按包装箱数检查5%，且不应少于3箱。　②对高强度大六角头螺栓连接副按GB 50205—2001规范附录B检验其扭矩系数，每批随机抽取8套连接副进行复验。　③对扭剪型高强度螺栓连接副按GB 50205—2001规范附录B检验其预拉力，每批随机抽取8套连接副进行复验。　④对钢网架用高强度螺栓：（对建筑结构安全等级为一级，跨度40m及以上的螺栓球节点钢网架结构）进行表面硬度试验（按规格检查8只）：对8.8级高强度螺栓，硬度应为HRC21~29；对10.9级高强度螺栓，硬度应为HRC32~36；表面不能有裂纹或损伤。　⑤对螺栓、螺母、垫圈等外观表面应涂油保护，不应出现生锈和沾染脏物，螺纹不应损伤。

3.2.3.7　钢材试验报告（C2-3-7）

1. 资料表式

钢材试验报告表

表 C2-3-7

委托单位： 　　　　　　　　　　　　　　　　　试验编号：

工程名称						使用部位					
委托日期						报告日期					
试样名称						检验类别					
产　　地						代表数量					

试件规格	机械性能				硬度 HR	冲击韧性 (MPa)	化学成分（%）				
	屈服点 (MPa)	抗拉强度 (MPa)	伸长率 δ_5（%）	冷弯 $d=a$			碳 C	硫 S	锰 Mn	磷 P	硅 Si

依据标准和结论	
备　注	

试验单位：　　　　　　技术负责人：　　　　　　审核：　　　　　　试（检）验：

注：1. 当需要进行化学分析时应用此表。
　　2. 钢筋机械性能试验报告表式，可根据当地的使用惯例制定的表式应用，但机械性能：屈服点、抗拉强度、伸长率、弯曲条件、弯曲结果；化学成分：碳 C、硫 S、锰 Mn、磷 P、硅 Si 等项试验内容必须齐全。

2. 实施要点

钢材试验报告是指为保证用于建筑工程的钢材性能（屈服强度、抗拉强度、伸长率、弯曲条件及化学成分）满足设计或标准要求而进行的试验。

(1) 本表为当钢材（筋）试验需进行化学成分检验时采用。有关实施要点见钢筋机械性能试验报告。

(2) 钢材进场后，应根据国家标准和订货协议进行检查，对要求不很严格的产品可用抽查的方法进行，对重要的产品应进行普查。对任何一种钢材都应用卡尺、千分尺、塞尺和各种形状的极限样板进行表面缺陷、几何形状和尺寸公差检查。应经工地技术负责人确认检查合格后，明确使用该批钢材的单位工程名称和部位后方可使用。

(3) 钢材复试的品种、规格必须齐全，钢材试验报告单的品种、规格是否和图纸上的品种、规格相一致，并应满足批量要求；钢材试验报告单上的试验项目，子目应齐全，应将试验结果与标准数据相对比，检查其是否符合要求。

(4) 钢材必须先试验后使用，对复试不合格的钢材，在使用前企业技术负责人应签署处理意见，并注明使用部位，必要时应征得设计单位同意。

(5) 型钢的取样方法与取样数量：

1) 根据中华人民共和国国家标准《钢材力学及工艺性能试验取样规定》（GB 2975—

82）的要求：

①样坯应在外观尺寸合格的钢材上切取。

②切取样坯时，应防止因受热、加工硬化及变形而影响其力学及工艺性能。

③用烧割法切取样坯时，从样坯切割线至试样边缘必须留有足够的加工余量，一般应不小于钢材的厚度或直径，但最小不得少于20mm。对厚度或直径大于60mm的钢材，其加工余量可根据双方协议适当减少。

④冷剪样坯所留的加工余量可按表C2-3-7-1选取。

冷剪样坯加工余量　　　　　　　　　　　　表 C2-3-7-1

厚度或直径（mm）	加工余量（mm）	厚度或直径（mm）	加工余量（mm）
≤4	4	>20~35	15
>4~10	厚度或直径	>35	20
>10~20	10		

2）样坯切取位置及方向：

①对截面尺寸小于或等于60mm的圆钢、方钢和六角钢，应在中心切取拉力试验样坯；截面尺寸大于60mm，则在直径或对角线距外端四分之一处切取（见图C2-3-7-1）。

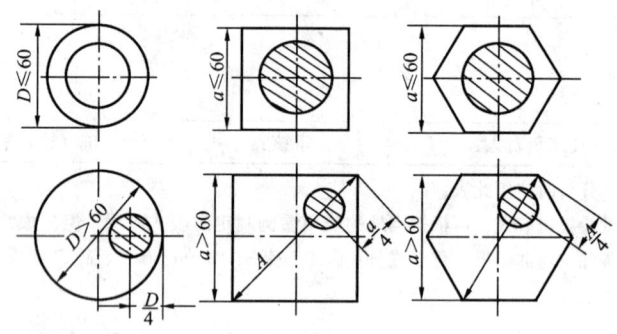

图 C2-3-7-1

②样坯不需要热处理时，截面尺寸小于或等于40mm的圆钢、方钢和六角钢，应使用全截面进行拉力试验。当试验机械条件不能满足要求时，应加工成《金属拉力试验法》（GB 228—87）中相应的圆形比例试样。

③样坯需要热处理时，应按有关产品标准规定的尺寸，从圆钢、方钢和六角钢上切取。

④应从圆钢和方钢端部沿轧制方向切取弯曲样坯，截面尺寸小于或等于35mm时，应以钢材全截面进行试验。截面尺寸大于35mm时，圆钢应加工成直径25mm的圆形试样，并应保留宽度不大于5mm的表面层；方钢应加工成厚度为20mm并保留一个表面层的矩形试样（见图C2-3-7-2）。

⑤应从工字钢和槽钢腰高四分之一处沿轧制方向切取矩形拉力、弯曲样坯。拉力、弯曲试样的厚度应是钢材厚度（见图C2-3-7-3）。

⑥应从角钢和乙字钢腿长以及T形钢和球扁钢腰高三分之一处切取矩形拉力、弯曲样坯（见图C2-3-7-4）。

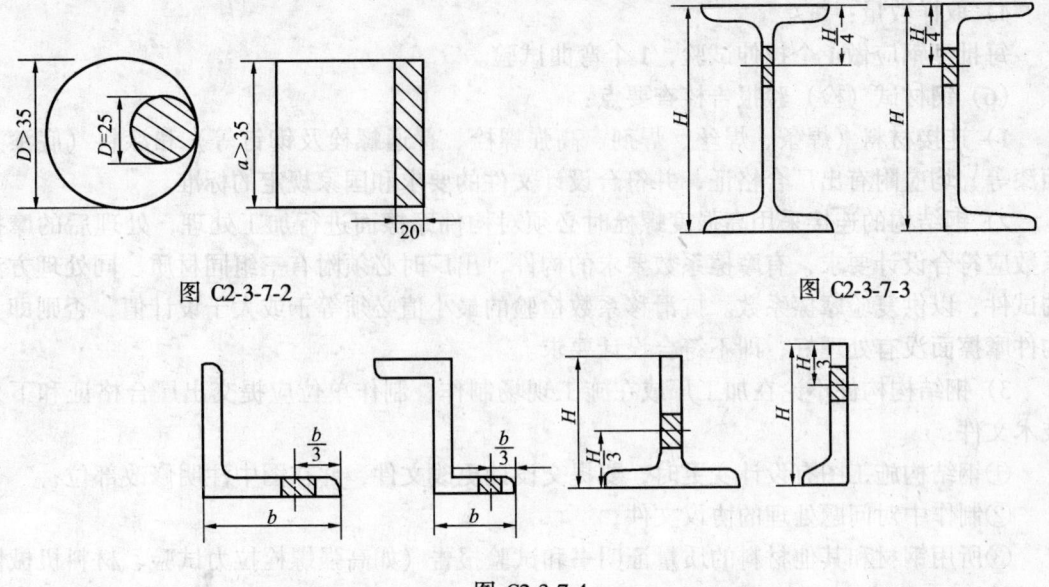

图 C2-3-7-2   图 C2-3-7-3

图 C2-3-7-4

⑦应从扁钢端部轧制方向在距边缘为宽度三分之一处切取拉力、弯曲样坯（见图 C2-3-7-5）。

⑧型钢尺寸如不能满足上述要求时，可使样坯中心线向中部移动或以其全截面进行试验。

⑨应在钢板端部垂直于轧制方向切取拉力、弯曲样坯。对纵轧钢板，应在距边缘为板宽四分之一处切取样坯（见图 C2-3-7-6）。对横轧钢板，则可在宽度的任意位置切取样坯。

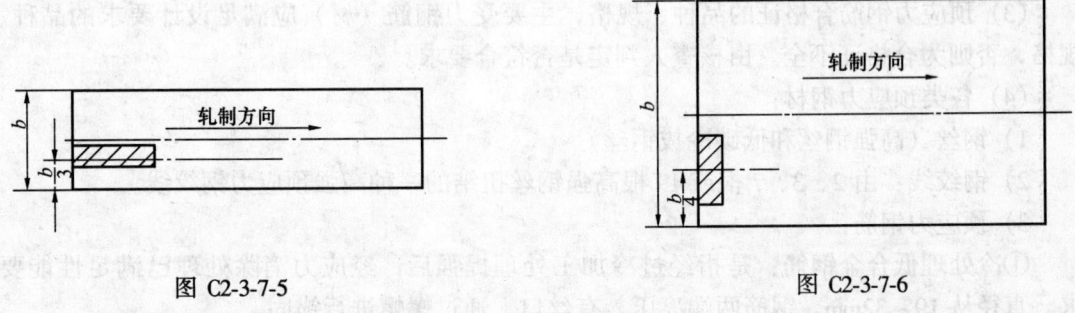

图 C2-3-7-5   图 C2-3-7-6

⑩从厚度小于或等于 25mm 的钢板及扁钢上取下的样坯应加工成保留原表面层的矩形拉力试样。当试验条件不能满足要求时，应加工成保留一个表面层的矩形试样。厚度大于 25mm 时，应根据钢材厚度，加工成 GB228 中相应的圆形比例试样，试样中心线尽可能接近钢材表面，即在头部保留不大显著的氧化皮。

钢板及扁钢小于或等于 30mm 时，弯曲样坯厚度应为钢材厚度；大于 30mm 时，样坯应加工成厚度为 20mm 的试样，并保留一个表面层。

3）取样规则：

型钢应按批进行检查和验收，每批重量不得大于 60t。每批应由同一牌号、同一炉罐号、同一等级、同一品种、同一尺寸、同一交货状态组成。

4）取样数量：

每批型钢应做1个拉伸试验，1个弯曲试验。

（6）钢材试（检）验报告核查要点：

1）连接材料（焊条、焊丝、焊剂、高强螺栓、普通螺栓及铆钉等）和涂料（底漆及面漆等）均应附有出厂合格证，并符合设计文件的要求和国家规定的标准。

2）钢结构的连接采用高强度螺栓时必须对构件摩擦面进行加工处理，处理后的摩擦系数应符合设计要求，有摩擦系数要求的构件，出厂时必须附有三组同材质、同处理方法的试件，以供复验摩擦系数。抗滑移系数检验的最小值必须等于或大于设计值，否则即为构件摩擦面没有处理好，即不符合设计要求。

3）钢结构构件不论在加工厂或在施工现场制作，制作单位应提交出厂合格证和下列技术文件：

①钢结构施工图有设计变更时，要提交设计更改文件，并在图中注明修改部位；

②制作中对问题处理的协议文件；

③所用钢材和其他材料的质量证明书和试验报告（如高强螺栓拉力试验、材料机械性能试验）；

④高强度螺栓连接摩擦系数实测资料；

⑤外观几何尺寸设计有要求时的结构性能检验资料。

3.2.3.8 预应力钢筋合格证（C2-3-8）

1. 实施要点

（1）预应力钢筋合格证按 C2-3-2 表式执行。

（2）预应力钢筋合格证是指对用于工程的预应力钢筋合格证的品种、规格、数量等进行的整理与粘贴，可按工程进度依次进行整理贴入表内。

（3）预应力钢筋合格证的品种、规格，主要受力钢筋（材）应满足设计要求的品种、规格，否则为合格证不全。由核查人判定是否符合要求。

（4）各类预应力钢材：

1）钢丝（高强钢丝和低碳冷拔钢丝）。

2）钢绞线：由2、3、7根或19根高强钢丝扭结的一种高强预应力钢绞线。

3）预应力钢筋：

①冷处理低合金钢筋：是指经过冷加工处理提强后，经应力消除处理已满足性能要求。直径从 19~32mm。钢筋两端滚压，有丝口，通过螺帽进行锚固。

②热处理高强钢筋：是指采用各种热处理工艺而获得比热轧钢筋强度更高的预应力筋。大直径钢筋两端滚压成丝扣，配以标准螺帽和连接套筒，张拉、锚固和接长均很方便。小直径盘条供货多用于混凝土桩、电杆和轨枕。

③常用预应力钢筋宜选用冷拉 HRB335（Ⅱ级）、HRB400（Ⅲ级）、HRB500（Ⅳ级）钢筋。

4）冷拉钢筋：通常是用卷扬机和滑轮进行的，冷拉可采用控制应力或冷拉率，可通过拉力试验机确定。

3.2.3.9 预应力钢筋（钢绞线）试验报告（C2-3-9）

实施要点：

（1）预应力钢筋（钢绞线）试验报告按 C2-3-6 表式执行。

(2) 预应力钢筋试验报告是指为保证用于建筑工程的预应力钢筋满足设计或标准要求而进行的试验项目。

(3) 冷拉钢筋的检验要点：

1) 冷拉钢筋应分批验收，当直径在 $\phi 12$ 或小于 $\phi 12$ 时，每批数量不得大于10t，直径在 $\phi 14$ 或大于 $\phi 14$ 时，不得大于20t，每批钢筋的直径和钢筋级别均应相同。

2) 每批冷拉钢筋均应分别取样做拉力试验和冷弯性能试验。试样应从三根钢筋上各取一套。试样形状、尺寸以及试验方法均与热轧钢筋相同。

3) 做拉力试验和冷弯试验的三套试样中，如有一个指标不符合相应标准合格的规定时，则另取双倍数量的试样重做试验，如仍有一根试样不合格，则该批钢筋为不合格品。

(4) 冷拔低碳钢丝的检验要点：

冷拔低碳钢丝分为甲、乙两级。甲级钢丝适用于作预应力筋；乙级钢丝适用于作焊接网、焊接骨架、箍筋和构造钢筋。

1) 冷拔低碳钢丝以5t为一批进行验收（每批是指用相同材料的钢筋冷拔成相同直径的钢丝）；

2) 冷拔丝首先应进行外观检验。应先从每批冷拔低碳钢丝中选取5%的盘数（但不少于5盘），做外观检验。合格后，任选3盘，在每盘上一处（至少距端部50厘米）截取一套试样，以一根做拉力试验，一根做弯曲试验；

采用分批抽样时，对同一钢厂、同一钢号、同一总压缩率、同一直径的冷拔丝应在不少于50盘为一批的总数中任取5盘，每盘各取一根做试验；而对钢厂、钢号不明，但总压缩率和直径相同的冷拔丝应在不少于80盘为一批的总数中任意取8盘，各取一根试样做试验（截取试样方法与逐盘取样同）。

若一批冷拔丝中，同一钢厂、同一钢号、同一总压缩率、同一直径的盘数少于50盘，或钢厂、钢号不明，但总压缩率和直径相同的盘数少于80盘时，应采取逐盘取样检验。

3) 试验结果如有一根试样不合格时，允许在未经截取试样的钢丝盘中另取双倍数量的试件全部各项试验；如再有一根试样不合格，则该批冷拔低碳钢丝需逐盘截取试样，每盘做拉力和弯曲试验，合格者方可使用；否则，该盘冷拔低碳钢丝应作为不合格品。

用作预应力筋的冷拔丝（甲级冷拔丝）要求表面没有锈蚀、裂纹和机械损伤。直径偏差：3mm 冷拔丝，直径允许偏差为 ±0.06mm；4mm 冷拔丝，直径允许偏差为 ±0.08mm；5mm 冷拔丝，直径允许偏差 ±0.10mm。

3.2.3.10 预应力锚具、夹具和连接器合格证、出厂检验报告（C2-3-10）

实施要点：

(1) 预应力锚具、夹具和连接器合格证、出厂检验报告按 C2-3-2 表式执行。

(2) 合格证、出厂检验报告应按施工过程中依序整理形成的合格证、出厂检验报告，经核查符合要求后全部粘贴表内，不得缺漏。

3.2.3.11 预应力锚具、夹具和连接器静载荷性能复试报告（C2-3-11）

实施要点：

(1) 预应力锚具、夹具和连接器静载荷性能试验报告按当地建设行政主管部门批准的试验室出具的试验报告表式执行。

(2) 预应力锚具、夹具和连接器静载荷性能试验报告应由具有相应资质等级的实验单位提供。

(3) 预应力锚具、夹具和连接器静载荷性能试验结果必须符合《预应力锚具、夹具和连接器》(GB/T 14370) 的规定。

(4) 取样批量：以同一材料和同一生产工艺、不超过 200 套为一批。

(5) 静载锚固性能试验应测量下列项目：

1) 试件的实测极限拉力 F_{apu} (F_{gpu})；

2) 达到实测极限拉力时的总应变 ε_{gpu}。

3) 试验过程中，还应观测下列项目：

①各根预应力筋与锚具、夹具或连接器之间的相对位移；

②锚具、夹具或连接器各零件之间的相对位移；

③在达到预应力钢材抗拉强度标准值的 80% 以后，持荷 1h 时间内，锚具、夹具或连接器的变形；

④试件的破坏部位与破坏形式。

全部试验结果均应作出记录，并据此确定锚具、夹具或连接器的锚固效率系数 η_a 和 η_g。

(6) 锚固性能检验：从同一批中抽取 6 套锚具，将锚具装在预应力筋的两端，组成 3 个预应力筋锚具组装体；锚具的锚固能力不得低于预应力筋标准抗拉强度的 90%，锚固时预应力筋的内缩量，不超过锚具设计要求的数值，螺丝端杆锚具的强度，不得低于预应力筋的实际抗拉强度。如有一套不合格，则取双倍数量的锚具重新检验；再不合格，则该批锚具为不合格。

(7) 使用要求：

1) 预应力筋用锚具、夹具或连接器应由专人保管。贮存、运输及使用期间均应妥善维护，避免锈蚀、沾污、遭受机械损伤和混淆、散失。保管期间的临时性维护措施，应不影响使用性能和永久性防锈措施的实施。

2) 预应力筋用锚具、夹具或连接器安装前必须清洗干净。凡按设计规定需要在锚固零件上涂抹改善锚固性能的物质，应在安装时涂抹。

3) 为保证锚具和连接器安装时与孔道对中，锚垫板上宜设置对中止口或对中标志。

4) 预应力筋张拉前施工单位应组织技术培训，负责张拉的技术人员和操作工作应严格执行本规程和其他有关规定，以确保张拉工作顺利进行。

5) 张拉过程中必须严格执行各项安全措施，以确保人身及设备安全。

6) 当用超张拉方法补偿预应力筋的松弛损失和孔道摩擦损失时，预应力筋的张拉应符合现行国家标准《混凝土结构工程施工质量验收规范》(GB 50204—2002) 的有关规定。

7) 利用螺母锚固的支承式锚具，安装前应逐个检查螺纹的配合情况。对于大直径螺纹的表面应涂润滑脂，以确保张拉或锚固过程中顺利旋合。

8) 夹片式、锥塞式等具有自锚性能的锚具，在预应力筋张拉和锚固过程中以及锚固以后，均不得大力敲击或振动，防止因锚固失效导致预应力筋飞出伤人。

9) 预应力筋锚固后，如因故必须放松时，对于支承式锚具可用张拉设备松开锚具，将预应力逐渐缓慢地卸除；对于夹片式、锥塞式等具有自锚性能的锚具，宜用专门的放松设备将锚具松开，不宜直接将锚具切去。

10) 预应力筋张拉锚固完毕后，应尽快灌浆。切割外露于锚具的预应力筋必须用砂轮锯或氧乙炔焰，严禁使用电弧。当用氧乙炔焰切割时，火焰不得接触锚具，切割过程中还应用水冷却锚具，切割后预应力筋的外露长度不应小于30mm。

11）预应力筋张拉锚固及灌浆完毕后，对暴露于结构外部的锚具或连接器必须尽快实施永久性防护措施，防止水分和其他有害介质侵入。防护措施还应具有符合设计要求的防水隔热功能。

（8）预应力筋端部锚具的制作质量应符合下列要求：

1）挤压锚具制作时压力表油压应符合操作说明书的规定，挤压后预应力筋外端应露出挤压套筒 1~5mm；

2）钢绞线压花锚成形时，表面应清洁、无油污，梨形头尺寸和直线段长度应符合设计要求；

3）钢丝镦头的强度不得低于钢丝强度标准值的98%。

3.2.3.12 金属螺旋管合格证（C2-3-12）

实施要点：

（1）金属螺旋管合格证按 C2-3-2 表式执行。

（2）金属螺旋管合格证应按施工过程中依序形成的以上表式，经核查符合要求后全部粘贴表内（C2-3-2），不得缺漏。

3.2.3.13 金属螺旋管复试报告（C2-3-13）

实施要点：

（1）金属螺旋管复试报告应由具有相应资质等级的试验单位试验并提供。

（2）预应力混凝土用金属螺旋管的尺寸和性能应符合国家现行标准《预应力混凝土用金属螺旋管》JG/T 3013 的规定。

注：对金属螺旋管用量较小的一般工程，当有可靠依据时，可不做径向刚度、抗渗漏性能的进场复验。

（3）预应力混凝土用金属螺旋管在使用前应进行外观检查，其内外表面应清洁，无锈蚀，不应有油污、孔洞和不规则的褶皱，咬口不应有开裂或脱扣。

3.2.3.14 钢材焊接试（检）验报告、焊条（剂）合格证汇总表（C2-3-14）

焊接试（检）验报告、焊条（剂）合格证汇总表 表 C2-3-14

工程名称： 年 月 日

序号	报告类别	焊接类型	钢材品种和规格	出厂合格证编号	焊接试验报告			主要使用部位
					日期	编号	结论	

填表单位： 审核： 制表：

3.2.3.15 焊条（剂）合格证（C2-3-15）

实施要点：

(1) 焊条（剂）合格证表按 C2-3-2 表式执行。

(2) 工程上使用的电焊条、焊丝和焊剂，必须有出厂合格证。

(3) 焊接材料（焊条、焊丝、焊剂、合成粉末及焊接用气体）管理与主要技术性能。

焊接材料管理：

①焊接材料应由了解焊接材料用途和重要性并应按择优定点或指定供货单位原则进行采购。

②焊接材料管理人员对烘干、保温、发放与回收应做详细记录。以达到焊接材料使用的可溯性。

③焊丝、焊带表面必须光滑、整洁，对非镀铜或防腐处理的焊丝及焊带，使用前应除油、除锈及清洗处理。

④使用过程中应保持焊接材料的识别标志，以保证正确使用，焊接材料的回收应满足：标记清楚、整洁、无污染。

⑤焊剂一般不宜重复使用。当新、旧焊剂为同批号且旧焊剂的混合比在 50% 以下（一般控制在 30% 左右）；在混合前，旧焊剂的熔渣、杂质及粉尘已清除或混合焊剂的颗粒度符合规定要求时允许重复使用。

(4) 焊条、焊剂的主要技术性能：

1)《碳钢焊条》（GB/T 5117—1995）

①E43 系列—熔敷金属抗拉强度 $\geq$ 420MPa（43kgf/mm^2）；屈服点：330MPa（34kgf/mm^2）；伸长率：E4312、E4313、E4324 为 17%；E4322 不要求；其他如 E4300、E4328 等为 22%。

② E50 系列—熔敷金属抗拉强度 $\geq$ 490MPa（50kgf/mm^2）；屈服点：400MPa（41kgf/mm^2）；E5018M 为 365～500MPa（37～51kgf/mm^2）；伸长率：E5018M 为 24%；E5014、E5023、E5024 为 17%；E5015、E5016、E5018、E5027、E5028、E5048 为 22%；E5001、E5003、E5010、E5011 为 20%。

注：1. 上述的单值均为最小值。

2. E5024-1 型焊条的伸长率最低值为 22%。

3. E5018M 型焊条熔敷金属抗拉强度 490MPa（50kgf/mm^2），直径为 2.5mm 焊条的屈服点不大于 530MPa（54kgf/mm^2）。

③焊接材料的取样数量、方法：每批焊条由同一批号焊芯、同一批号主要涂料原料、以同样涂料配方及制造工艺制成。E××01、E××03E 及 E4313 型焊条的每批最高量为 100t，其他型号焊条的每批最高量为 50t。

焊条取样方法：每批焊条试验时，按照需要数量至少在 3 个部位平均取有代表性的样品。

④焊接材料的合格判定：角焊缝检验结果应符合《碳钢焊条》（GB/T 5117—1995）的有关规定；每批焊条的熔敷金属化学成分检验结果应符合表 C2-3-15-1 规定。除 E5018M 型焊条外，其他型号焊条熔敷金属化学成分中的 Cr、Ni、Mo、V 等元素及 Mn、Cr、Ni、Mo、V 总量在保证符合表 C2-3-15-1 的规定时，可不按批检验；每批焊条的熔敷金属性能应符合表 C2-3-15-2 规定；对焊条有特殊要求时，可由供需双方协议。

熔敷金属化学成分（%） 表 C2-3-15-1

焊条型号	C	Mn	Si	S	P	Ni	Cr	Mo	V	MnNiCrMoV
E4300、E4301 E4303、E4310 E4311、E4312 E4313、E4320 E4322、E4323 E4324、E4327 E5001、E5003 E5010、E5011				0.035	0.040					
E5015、E5016 E5018、E5027	—	1.60	0.75							1.75
E4315、E4316 E4328、E5014 E5023、E5024	—	1.25	0.90			0.30	0.20	0.30	0.08	1.50
E5028、E5048	—	1.60								1.75
E5018M	0.12	0.40~1.60	0.80	0.020	0.030	0.25	0.15	0.35	0.05	—

注：表中单值均为最大值。

熔敷金属拉伸试验及 E4322 型焊条焊缝横向拉伸试验表 表 C2-3-15-2

焊条型号	抗拉强度 σ_b		屈服点 σ_s		伸长率 δ_5
	MPa	kgf/mm²	MPa	kgf/mm²	%
E43 系列					
E4300、E4301、E4303、 E4310、E4311、E4315、 E4316、E4320、E4323、 E4327、E4328	420	(43)	330	(34)	22
E4312、E4313、E4324					17
E4322			不要求		
E50 系列					
E5001、E5003、E5010、E5011、					20
E5015、E5016、E5018、 E5027、E5028、E5048	490	(50)	400	(41)	22
E5014、E5023、E5024					17
E5018M			365~500	(37~51)	24

注：1. 表中的单值均为最小值。
2. E5024-1 型焊条的伸长率最低值为 22%。
3. E5018M 型焊条熔敷金属抗拉强度 490MPa（50kgf/mm²），直径为 2.5mm 焊条的屈服点不大于 530MPa（50kgf/mm²）。

复验：任何一项检验不合格时，该项检验应加倍复验。当复验拉伸试验时，抗拉强度、屈服点及伸长率同时作为复验项目。其试样可在原试板或新焊的试板上截取。加倍复验结果应符合对该项检验的规定。

焊接材料力学性能见表 C2-3-15-2。

2)《低合金钢焊条》(GB/T 5118)

①焊条熔敷金属力学性能：E50 系列熔敷金属抗拉强度 ≥490MPa（50kgf/mm^2）；E55 系列熔敷金属抗拉强度 ≥540MPa（55kgf/mm^2）；E60 系列熔敷金属抗拉强度 ≥590MPa（60kgf/mm^2）；E70 系列熔敷金属抗拉强度 ≥690MPa（70kgf/mm^2）；E75 系列熔敷金属抗拉强度 ≥740MPa（75kgf/mm^2）；E80 系列熔敷金属抗拉强度 ≥780MPa（80kgf/mm^2）；E85 系列熔敷金属抗拉强度 ≥830MPa（85kgf/mm^2）；E90 系列熔敷金属抗拉强度 ≥880MPa（90kgf/mm^2）；E100 系列熔敷金属抗拉强度 ≥980MPa（100kgf/mm^2）。

②取样数量及方法：每批焊条由同一批号焊芯、同一批号主要涂料原料、以同样的涂料配方及制造工艺制成。每批焊条取样数量应符合表 C2-3-15-3 规定；焊条取样方法：每批焊条检验时，按照需要数量至少在 3 个部位平均取有代表性的样品。

低合金钢焊条取样数量规定　　　　　　　　　　　　　　　表 C2-3-15-3

焊 条 型 号	每批最高量（t）	焊 条 型 号	每批最高量（t）
E××03-×　E××13-×	50	E××16-×　E××18-× E××20-×　E××27-×	30
E××00-×　E××10-× E××11-×　E××15-×	30		

③合格判定：每批焊条的角焊缝检验结果、每批焊条的熔敷金属力学性能检验结果均应符合《碳钢焊条》(GB/T 5117) 和《低合金钢焊条》(GB/T 5118) 标准要求。

复验：任何一项检验不合格时，该项检验应加倍复验。当复验拉伸试验时，抗拉强度、屈服强度及伸长率同时作为复验项目。其试样可在原试板或新焊的试板上截取。加倍复验结果应符合对该项检验的规定。

3)《碳素钢埋弧焊用焊剂》(GB 5293)

①焊缝金属拉伸力学性能（表 C2-3-15-4）。

焊缝金属拉伸力学性能要求——第一位数字含意　　　　　表 C2-3-15-4

焊剂型号	抗拉强度（kgf/mm^2）	屈服强度（kgf/mm^2）	伸长率（%）
HJ3×$_2$×$_3$-H×××	42.0 ~ 56.0	≥31.0	≥22.0
HJ4×$_2$×$_3$-H×××	42.0 ~ 56.0	≥33.6	≥22.0
HJ5×$_2$×$_3$-H×××	49.0 ~ 66.0	≥40.6	≥22.0

注：HJ—表示埋弧焊用焊剂；　×$_1$—表示焊缝金属的拉伸力学性能；　×$_2$—表示拉伸试样和冲击试样的状态；×$_3$—表示焊缝金属冲击值不小于 3.5 (kgf·m/cm^2) 时的最低试验温度；　H×××—焊丝牌号。

②焊缝金属的冲击值：所有焊剂型号内在试验温度 0 ~ -60℃ 情况下冲击值均 ≥3.5 (kgf·m/cm^2)。

③碳素钢埋弧焊用焊剂使用说明：每批焊剂系指用批号不变的原材料、按同一配方、以相同的制造工艺所生产的焊剂而言，且每批焊剂的重量不得超过 50t；在焊剂使用说明书中应注明焊剂的类型（熔炼型、陶质型或烧结型）、渣系、焊接电流种类及极性、使用前的烘干温度、使用注意事项等内容。

4)《气体保护电弧焊用碳钢、低合金钢焊丝》(GB/T 8110—95)

①气体保护电弧焊用碳钢、低合金钢焊丝见表C2-3-15-5。

气体保护电弧焊用碳钢、低合金钢焊丝熔敷金属拉伸试验力学性能　　表 C2-3-15-5

焊丝型号	保护气体	抗拉强度 σ_b（MPa）	屈服强度 $\sigma_{0.2}$（MPa）	伸长率 δ_5（%）
ER49-1	CO_2	≥490	≥372	≥20
ER50-2	CO_2	≥500	≥420	≥22
ER50-3	CO_2	≥500	≥420	≥22
ER50-4	CO_2	≥500	≥420	≥22
ER50-5	CO_2	≥500	≥420	≥22
ER50-6	CO_2	≥500	≥420	≥22
ER50-7	CO_2	≥500	≥420	≥22
ER55-D2-Ti	CO_2	≥550	≥470	≥17
ER55-D2	CO_2	≥550	≥470	≥17
ER55-B2	$A_r+1\sim5\%O_2$	≥550	≥470	≥19
ER55-B2L	$A_r+1\sim5\%O_2$	≥550	≥470	≥19
ER55-B2-MnV	$A_r+20\%CO_2$	≥550	≥440	≥20
ER55-B2-Mn	$A_r+20\%CO_2$	≥550	≥440	≥20
ER55-C1	$A_r+1\sim5\%O_2$	≥550	≥470	≥24
ER55-C2	$A_r+1\sim5\%O_2$	≥550	≥470	≥24
ER55-C3	$A_r+1\sim5\%O_2$	≥550	≥470	≥24
ER55-62-B3	$A_r+1\sim5\%O_2$	≥620	≥540	≥17
ER55-62-B3L	$A_r+1\sim5\%O_2$	≥620	≥540	≥17
ER55-69-1	$A_r+1\sim2\%O_2$	≥690	610~700	≥16
ER55-69-2	$A_r+1\sim2\%O_2$	≥690	610~700	≥16
ER55-69-3	CO_2	≥690	610~700	≥16
ER55-76-1	$A_r+2\%O_2$	≥760	660~740	≥15
ER83-1	$A_r+2\%O_2$	≥830	730~840	≥14
ER××-G	供需双方协商			

注：ER50-2、ER50-3、ER50-4、ER50-5、ER50-6、ER50-7型焊丝，当伸长率超过最低值时，每增加1%，屈服强度和抗拉强度可减少10MPa，但抗拉强度最低值不得小于480MPa，屈服强度最低值不得小于400MPa。

②焊丝的挺度应能使焊丝均匀连续送进。焊丝盘（卷、筒）抗拉强度见表C2-3-15-6。

(5) 取样数量及方法：

成品焊丝按批验收。每批焊丝由同一炉号、同规格、同样制造工艺生产的焊丝组成。每批焊丝的最大重量应符合表C2-3-15-7规定。

焊丝盘抗拉强度表　　表 C2-3-15-6

焊丝直径（mm）	焊丝抗拉强度（MPa）
0.8、1.0、1.2	≥930
1.4、1.6、2.0	≥860
2.5、3.0、3.2	≥550

注：焊丝抗拉强度只适用于绕成直径>200mm焊丝盘，焊丝卷和焊丝筒的焊丝。

每批焊丝最大重量　　　　　　　　　　　表 C2-3-15-7

焊丝型号	每批最大重量（t）
ER49-×	30
ER50-×	
ER55-×	20
ER62-×	15
ER69-×	
ER76-×	
ER83-×	

每批焊丝中按盘（卷）、筒数任选3%，但不少于两盘（卷）、筒，分别取样进行化学分析。

每批焊丝中按盘（卷）、筒数任选1%，但不少于两盘（卷）、筒，分别取样检查镀铜层的结合力、焊丝的抗拉强度、焊丝的松驰直径和翘距。

焊丝直径在同一横截面两个互相垂直方向测量，测量部位不少于两处。

（6）复验：任何一项检验不合格时，该项检验应加倍复验。当复验拉伸试验时，抗拉强度、屈服强度及伸长率同时作为复验项目。其试样取自原来的试件或新焊的试件，复验结果均应符合对该项检验的要求。

注：钢结构连接用材料包括螺栓、焊条、焊丝、焊钉（螺柱）、焊剂、保护焊用气体等，应与有关钢材匹配使用。

（7）必须实行见证取样和送样。试验室必须在试验报告单的适当位置注明见证取样人的单位、姓名和见证资质证号。对必须实行见证取样、送样的试验报告单上不注有见证取样人单位、姓名和见证资质证号的试验报告单，按无效试验报告单处理。

3.2.3.16　水泥、外加剂、掺合料出厂合格证、试验报告汇总表（C2-3-16）

水泥、外加剂、掺合料出厂合格证、试验报告汇总表按 C2-3-1 表式及有关说明执行。

3.2.3.17　水泥出厂合格证（C2-3-17）

水泥出厂合格证表均分类按序贴于此表上。水泥出厂合格证按 C2-3-2 表式执行。

3.2.3.18　水泥试验报告（C2-3-18）

1. 资料表式
2. 实施要点

（1）建筑工程用水泥按其工程需要应用水泥可分为通用水泥、专用水泥和特性水泥。通用水泥是指一般土木建筑工程通常采用的水泥；专用水泥是指具有专门用途的水泥；特性水泥是指某种性能比较突出的水泥。

（2）水泥的品质标准包括物理性质和化学成分。物理性质包括细度、标准稠度用水量、凝结时间、体积安定性（与游离 CaO、MgO、SO_3 和含碱量 Na_2O、K_2O 等有关）和强度等；化学成分主要是限制其中的有害物质。如氧化镁、三氧化硫等。水泥的品质必须符合国家有关标准的规定。

（3）水泥供料单位应按国家规定，及时、完整地交付有关水泥出厂资料。所有进场水泥均必须有出厂合格证。水泥出厂合格证应具有标准规定天数的抗压、抗折强度和安定性试验结果。抗折、抗压强度、安定性试验均必须满足该强度等级之标准要求。

水泥试验报告

表 C2-3-18

委托单位：　　　　　　　　　　　　　　　　　　　试验编号：

工程名称				使用说明	
水泥品种		强度等级		委托日期	
批　号				检验类别	
生产厂		代表批量		报告日期	
检验项目	标准要求	实测结果	检验项目	标准要求	实测结果
细　度			初　凝		
标稠用水量			终　凝		
胶砂流动度			安定性		
强度检验	抗折强度（MPa）		抗压强度（MPa）		快测强度（MPa）
	d	28d	d	28d	
标准要求					
测定值					
实测结果					

依据标准：

检验结论：

备　注：

试验单位：　　　　　技术负责人：　　　　审核：　　　　　试（检）验：

注：水泥试验报告表式，可根据当地的使用惯例制定的表式应用，但抗折强度、抗压强度、初凝、终凝、安定性、依据标准、检验结论等项试验内容必须齐全。

(4) 水泥进场时应对其品种、级别、包装或散装仓号、出厂日期等进行检查，并应对其强度、安定性及其他必要的质量性能指标进行复验，其质量必须符合现行国家标准《硅酸盐水泥、普通硅酸盐水泥》GB 175—1999、《矿渣硅酸盐水泥、火山灰质硅酸盐水泥、粉煤灰硅酸盐水泥》GB 1344—1999、《复合硅酸盐水泥》GB 12958—1999 等的规定；按同一生产厂家、同一等级、同一品种、同一批号且连续进场的水泥，袋装不超过 200t 为一批，散装不超过 500t 为一批，每批抽样不少于一次。取样方法：

1) 散装水泥：随机从不少于 3 个车罐中采取等量水泥，经混拌均匀后，再从中称取不少于 12kg 的水泥作为检验试样。

2) 袋装水泥：随机从不少于 20 袋中（要求从不破损的袋的中部）各取等量水泥，经混拌均后，再从中称取不少于 12kg 水泥作为检验试样。

按标准检验时，应将其水泥试样等分为两份，一份用于试验，一份密封保存三个月，以备有疑问时用为复验。

(5) 水泥的品种、数量、强度等级、立窑还是回转窑生产应核查清楚（由于立窑水泥的生产工艺上的某种缺陷，水泥安定性容易出现问题），水泥进场日期不应超期，超期应复试，出厂合格证上的试验项目必须齐全，并符合标准要求等。

(6) 无出厂合格证的水泥、有合格证但已超期水泥、进口水泥、立窑生产的水泥或对水泥材质有怀疑的，应按规定取样做二次试验，其试验结果必须符合标准规定。

注：水泥需要复试的原则为：用于承重结构、使用部位有强度等级要求的混凝土用水泥，或水泥出厂超过3个月（快硬硅酸盐水泥为1个月）和进口水泥，使用前均必须进行复试，并提供复试报告。

(7) 核查是否有主要结构部位所使用水泥无出厂合格证明（或试验报告），或品种、强度等级不符，或超期而未进行复试，或试验内容缺少"必试"项目之一或进口或立窑水泥未做试验等。

(8) 重点工程或设计有要求必须使用某品种、强度等级水泥时，应核查实际使用是否保证设计要求。

(9) 水泥应入库堆放，水泥库底部应架空，保证通风防潮，并应分品种、按进厂批量设置标牌分垛堆放。贮存时间一般不应超过3个月（按出厂日期算起，在正常干燥环境中，存放3个月，强度约降低10%~20%，存放6个月，强度约降低15%~30%，存放一年强度约降低20%~40%）。为此，水泥出厂时间在超过3个月以上时，必须进行检验，重新确定强度等级，按实际强度使用。对于非通用水泥品种的贮存期规定如表C2-3-18-1所示。

水泥的贮存期规定　　　　　　　　　表 C2-3-18-1

水泥品种	贮存期规定	过期水泥处理
快硬硅酸盐水泥	1个月	必须复试，按复试强度等级使用
高铝水泥	2个月	必须复试，按复试强度等级使用
硫铝酸盐早强水泥	2个月	必须复试，按复试强度等级使用

(10) 出厂合格证与试验报告核查注意事项：

1) 凡氧化镁、三氧化硫、初凝时间、安定性中的任一项不符合标准规定或强度低于该品种水泥最低强度等级规定的指标者均为废品，废品不得在工程中使用；

注：安定性的测定系采用标准稠度的水泥净浆，做成直径70~80mm的一组试饼，按规定养护24±3h，放在沸煮箱内水中的箅板上，加热至连续沸煮4h。煮毕将水放出，待箱内温度冷却至室温时，取出检查。如果试饼不发生到达边缘的径向裂缝、网状裂缝和翘曲变形等现象，则说明其体积变化均匀，安定性合格。安定性不合格，主要是由于水泥中存在过量的游离石灰、氧化镁及硫酸盐类，使硬化了的水泥产生不均匀体积膨胀，造成内部结构的破坏，产生裂缝。安定性不合格的水泥不能使用。

2) 凡细度、终凝时间、不熔物、烧失量和混合材料掺加量中的任一项不符合标准规定或强度低于商品强度等级规定的指标者称为不合格品，不合格品可以经企业技术负责人签章确定是否使用。

3) 水泥进场必须按品种、强度等级、出厂日期分别堆放挂牌，并对照出厂合格证进行核查检验。

4) 水泥试验内容：必须试验项目为抗压强度、抗折强度、安定性、凝结时间（初凝和终凝），必要时做比重、细度、标准稠度（含相应用水量说明）、碱含量等项目的试验。

5) 水泥试验单的子目应填写齐全,要有品种、强度等级、结论等。水泥质量有问题时,在可使用条件下,由施工技术部门或其技术负责人签注使用意见,并在报告单上注明使用工程项目的部位。安定性不合格时,不准在工程上使用。

6) 混凝土、砂浆试块试验报告单上注明的水泥品种、强度等级应与水泥出厂证明或复验单上的相一致。

(11) 当核查出厂合格证或试验报告时,除强度指标应符合标准规定外,应特别注意水泥中有害物质含量是否超标。如氧化镁（MgO）、三氧化硫（SO_3）、碱含量等。

水泥中含有氧化镁会增加水泥在凝结硬化后期的体积膨胀,可能使水泥石产生有害的内应力而引起破坏。水化过程中含有氧化镁的水泥,颗粒表面会产生 $Mg(OH)_2$,它的溶解度较小,阻碍水浸透入颗粒内部,减慢了水硬化过程。在水泥的其他成分已经水化硬化之后,$Mg(OH)_2$ 还会在有水的条件下长期进行水化,并使体积膨胀,容易引起水泥石的破坏。标准规定水泥中氧化镁含量不得超过5%,水泥经压、蒸安定性合格允许放宽到6%。

水泥中的最大石膏含量均有限制,如标准规定,硅酸盐、普通硅酸盐、火山灰、粉煤灰水泥,水泥的三氧化硫含量不超过3.5%,矿渣水泥三氧化硫含量不超过4%。

(12) 水泥含碱量及骨料活性成分:

水泥中的碱含量,标准规定按 $Na_2O + 0.658K_2O$ 计算值来表示,若使用活性骨料(目前已被确定的有蛋白石、玉髓、鳞石英和方石英等,一般规定含量不超过1%)。

1) 当水泥中碱含量大于0.6%时,需对骨料进行碱—骨料反应试验;当骨料中活性成分含量高,可能引起碱—骨料反应时,应根据混凝土结构或构件的使用条件,进行专门试验,以确定是否可用。

2) 如必须采用的骨料是碱活性的,就必须选用低碱水泥(当量 $Na_2O < 0.06\%$),并限制混凝土总碱量不超过 $2.0 \sim 3.0 kg/m^3$。

3) 如无低碱水泥,则应掺入足够的活性混合材料,如粉煤灰不小于30%,矿渣不小于30%或硅灰不小于7%,以缓解破坏作用。

4) 碱—骨料反应的必要条件是水分。混凝土构件长期处在潮湿环境中(即在有水的条件下)会助长发生碱—骨料反应;而干燥状态下则不会发生反应,所以混凝土的渗透性对碱—骨料反应有很大影响,应保证混凝土密实性和重视建筑物排水,避免混凝土表面积水和接缝存水。

(13) 水泥品质应符合相应标准技术要求条目中的有关要求,通用水泥的废品和不合格品条件如表 C2-3-18-2。

通用水泥的废品和不合格品条件表　　　　　　　　　　　　　　　　C2-3-18-2

水泥名称	废　品	不　合　格　品
硅酸盐水泥、普通硅酸盐水泥（GB 175—1999）	凡氧化镁、三氧化硫、初凝时间、安定性中的任一项不符合相应标准规定均为废品	凡细度、终凝时间、不溶物和烧失量中的任一项不符合相应标准规定或混合材料掺加量超过最大限量和强度低于商品强度等级规定的指标时称为不合格。水泥包装标志中水泥品种、强度等级、工厂名称和出厂编号不全的也属于不合格品

续表

水泥名称	废 品	不 合 格 品
火山灰硅酸盐水泥、矿渣硅酸盐水泥、粉煤灰硅酸盐水泥（GB 1344—1999）	凡氧化镁、三氧化硫、初凝时间、安定性中的任一项不符合相应标准规定，均称为废品	凡细度、终凝时间中的任一项不符合相应标准规定或混合材料掺量超过最大限量和强度低于商品称号规定的指标时称为不合格品。水泥包装标志中水泥品种、标号、工厂名称和出厂编号不全的也属于不合格品
复合水泥（GB 12958—1999）	凡氧化镁、三氧化硫、初凝时间、安定性中的任一项不符合允标准规定时，均为废品	凡细度、终凝时间和混合材料掺量中的任一项不符合相应标准规定或强度低于商品强度等级规定的指标时，均为不合格品

值得注意的是废品不得用于工程，不合格品可由企业技术负责人签注处理意见，可用于工程的某些部位。

(14) 通用水泥的强度不得低于 GB 175—1999、GB 1344—1999、GB 12958—1999 标准规定的数值。标准规定硅酸盐水泥、普通硅酸盐水泥的抗压和抗折强度只进行 3 天和 28 天的强度试验，而矿渣硅酸盐水泥、火山灰硅酸盐水泥、粉煤灰硅酸盐水泥、复合硅酸盐水泥需进行 3 天、7 天、28 天的强度试验。

(15) 对于安定性不合格的水泥，不得用于工程。

(16) 应用散装水泥：散装水泥是指不用纸袋等包装，直接通过专用器具进行出厂、运输、贮存和使用的水泥。衡量是否是散装水泥应当具有以下四个基本特征：不用纸袋等包装物；机械化作业；通过专用器具；一定的数量标准。即可成为散装水泥。

(17) 填表说明：

1) 检验项目：

①细度：水泥经标准筛分筛余量的百分数，或者水泥的比表面积来表示，照试验的实际结果填写。

②标稠用水量：即标准稠度用水量，照标准稠度用水量的试验结果填写。

③胶砂流动度：是为了确定水泥胶砂的适宜水量而需要测定的一项内容，按水泥胶砂强度检验方法执行，照胶砂流动度的实际试验结果填写。

④初凝：从水泥加水拌合起到围卡仪试针沉入净浆中，距底板 0.5~1mm 的时间为初凝时间，照实际试验的初凝时间填写。

⑤终凝：试针深入净浆不超过 1mm 时的时间为终凝时间，照实际试验的终凝时间填写。

⑥安定性：是水泥浆硬化后，体积膨胀不均匀产生变形的重要质量指标，用试饼法及压蒸法测定。照实际试验安定性的结果填写。安定性不合格水泥为废品。

2) 强度检验：即水泥强度的检查与试验，分为抗折强度和抗压强度，由试验室填写以下抗折和抗压强度。

3）抗折强度：指水泥抵抗折断的强度值，照实际试验结果填写。

4）抗压强度：指水泥抵抗压力的强度值，照实际试验结果填写。

5）快测强度：快速推定水泥强度的一种测试方法，照实际快测强度填写。

3.2.3.19　预应力孔道灌浆用水泥合格证（C2-3-19）

实施要点：

（1）预应力孔道灌浆用水泥材料的合格证均应进行整理粘贴，按C2-3-2表式执行。

（2）孔道灌浆用水泥应符合设计要求，一般应采用普通硅酸盐水泥。

（3）孔道灌浆用水泥的应用与保管见C2-3-18水泥试验报告实施要点有关部分。

（4）孔道灌浆用水泥当设计无明确要求时，水泥可以按水泥出厂合格证一并统计。该项可作为合理缺项处理。

3.2.3.20　预应力孔道灌浆用水泥试验报告（C2-3-20）

实施要点：

（1）预应力孔道灌浆用水泥必须进行复试，试验报告按C2-3-18表式执行。

（2）孔道灌浆用水泥应采用普通硅酸盐水泥，其质量应符合（GB 50204—2002）规范第7.2.1条的规定。孔道灌浆用外加剂的质量应符合（GB 50204—2002）规范第7.2.2条的规定。

注：7.2.1　水泥进场时应对其品种、级别、包装或散装仓号、出厂日期等进行检查，并应对其强度、安定性及其他必要的性能指标进行复验，其质量必须符合现行国家标准《硅酸盐水泥、普通硅酸盐水泥》GB 175等的规定。

当在使用中对水泥质量有怀疑或水泥出厂超过3个月（快硬硅酸盐水泥超过1个月）时，应进行复验，并按复验结果使用。

钢筋混凝土结构、预应力混凝土结构中，严禁使用含氯化物的水泥。

7.2.2　混凝土中掺用外加剂的质量及应用技术应符合现行国家标准《混凝土外加剂》GB 8076、《混凝土外加剂应用技术规范》GB 50119等和有关环境保护的规定。

预应力混凝土结构中，严禁使用含氯化物的外加剂。钢筋混凝土结构中，当使用含氯化物的外加剂时，混凝土中氯化物的总含量应符合现行国家标准《混凝土质量控制标准》GB 50164的规定。

（3）混凝土中氯化物和碱的总含量应符合现行国家标准《混凝土结构设计规范》GB 50010和设计的要求。

（4）灌浆用水泥浆的水灰比不应大于0.45，搅拌后3h泌水率不宜大于2%，且不应大于3%。沁水应能在24h内全部重新被水泥浆吸收。

（5）灌浆用水泥浆的抗压强度不应小于$30N/mm^2$。

注：1. 一组试件由6个试件组成，试件应标准养护28d（试件边长为70.7mm立方体）；

2. 抗压强度为一组试件的平均值，当一组试件中抗压强度最大值或最小值与平均值相差超过20%时，应取中间4个试件强度的平均值。

3.2.3.21　混凝土外加剂合格证、出厂检验报告（C2-3-21）

实施要点：

（1）混凝土外加剂合格证、出厂检验报告均应进行整理粘贴，按C2-3-2表式执行。

（2）混凝土外加剂合格证、出厂检验报告是指由混凝土外加剂生产厂家提供的出厂合格证和出厂检验报告，应按施工过程中依序形成的以上表式，经核查符合要求后全部粘贴表内（C2-3-2），不得缺漏。

（3）混凝土外加剂合格证、出厂检验报告的应用与保管见 3.2.3.18 水泥试验报告实施要点有关部分。

3.2.3.22 混凝土外加剂试验报告单（C2-3-22）

实施要点：

（1）外加剂试验报告单按试验室提供的外加剂试验报告表式汇整。

（2）外加剂试验报告单是指承包单位根据设计要求的混凝土强度等级需掺加外加剂，由于外加剂质量或其他原因需要提请试验单位进行试验并出具质量证明文件时进行的试验。

（3）外加剂必须有质量证明书或合格证。提请试验单位进行试验的试验室应具有相应资质等级。

3.2.3.23 预应力孔道灌浆用外加剂合格证（C2-3-23）

实施要点：

（1）预应力孔道灌浆用水泥的外加剂合格证均应进行整理粘贴，按 C2-3-2 表式执行。

（2）孔道灌浆用水泥的外加剂应符合设计要求。

（3）孔道灌浆用水泥的外加剂应用与保管见表 C2-3-18 水泥试验报告实施要点有关部分。

3.2.3.24 预应力孔道灌浆用外加剂试验报告（C2-3-24）

实施要点：

（1）预应力孔道灌浆用水泥的外加剂必须进行复试，试验报告按 C2-3-18 表式执行。

（2）孔道灌浆用水泥的加剂试验报告应符合（GB 50204—2002）规范第 7.2.2 条的规定。

注：7.2.2 混凝土中掺用外加剂的质量及应用技术应符合现行国家标准《混凝土外加剂》GB 8076、《混凝土外加剂应用技术规范》GB 50119 等和有关环境保护的规定。

预应力混凝土结构中，严禁使用含氯化物的外加剂。钢筋混凝土结构中，当使用含氯化物的外加剂时，混凝土中氯化物的总含量应符合现行国家标准《混凝土质量控制标准》GB 50164 的规定。

3.2.3.25 砌筑砂浆用外加剂合格证（C2-3-25）

实施要点：

（1）砌筑砂浆用外加剂合格证均应进行整理粘贴，按 C2-3-2 表式执行。

（2）砌筑砂浆用外加剂合格证是指由外加剂生产厂家提供的出厂合格证和出厂检验报告，应按施工过程中依序形成的以上表式，经核查符合要求后全部粘贴表内（C2-3-2），不得缺漏。

（3）砌筑砂浆用外加剂合格证的应用与保管见表 C2-3-18 水泥外加剂试验报告实施要点有关部分。

3.2.3.26 砌筑砂浆用外加剂试验报告（C2-3-26）

实施要点：

（1）砌筑砂浆用外加剂试验报告的质量及应用技术应符合现行国家标准《混凝土外加剂》GB 8076、《混凝土外加剂应用技术规范》GB 50119 等和有关环境保护的规定。

(2) 凡在砂浆中掺入有机塑化剂、早强剂、缓凝剂、防冻剂等，应经检验和试配符合要求后，方可使用。有机塑化剂应有砌体强度的型式检验报告。

(3) 砌筑砂浆用外加剂试验报告的应用与保管见表C2-3-18水泥试验报告实施要点有关部分。

3.2.3.27 掺合料（粉煤灰等）合格证（C2-3-27）

实施要点：

(1) 掺合料（粉煤灰等）合格证均应进行整理粘贴，按C2-3-2表式执行。

(2) 掺合料（粉煤灰等）合格证是指由粉煤灰厂家提供的出厂合格证和出厂检验报告，应按施工过程中依序形成以上表式，经核查符合要求后全部粘贴表内（C2-3-2），不得缺漏。

3.2.3.28 掺合料（粉煤灰等）试验报告（C2-3-28）

实施要点：

(1) 掺合料（粉煤灰等）试验报告按材料检验报告表（通用）C2-3-3表式执行。

(2) 掺合料（粉煤灰等）试验报告是指掺合料（粉煤灰）应用于混凝土中作为矿物掺合料时提供的试验报告。其质量应符合现行国家标准《用于水泥和混凝土中的粉煤灰》GB1596等的规定。矿物掺合料的掺量应通过试验确定。应按进场的批次和产品的抽样检验方案确定抽检数量。

(3) 掺合料：

1）依据标准见表C2-3-28-1。

评定与检验标准　　　　　　　　　　　　　　　　　表C2-3-28-1

评定标准	检验标准
建筑生石灰 JC/T 479—92 建筑生石灰粉 JC/T 480—92 建筑消石灰粉 JC/T 481—92 用于水泥和混凝土中的粉煤灰 GB 1596—91 粉煤灰混凝土应用技术规范 GBJ 146—90	建筑石灰试验方法物理试验方法 JC/T 478.1—92 建筑石灰试验方法化学分析方法 JC/T 478.2—92 石灰取样方法 JC/T 620—1996

2）检验项目见表C2-3-18-2。

检　验　项　目　　　　　　　　　　　　　　　　　表C2-3-28-2

序号	种　　类	检　验　项　目
1	建筑生石灰	CaO + MgO含量，未消化残渣含量
2	建筑生石灰粉	CaO + MgO含量
3	建筑消石灰粉	CaO + MgO含量
4	用于水泥和混凝土中的粉煤灰	细度、需水量比、烧失量、含水量、三氧化硫

3）取样要求：

①建筑生石灰

批量：同一厂家、同一类别、同一等级不超过100t为一批。

取样：从整批材料的不同部位选取，取样点不少于 25 个，每个点的取样量不少于 2kg，缩分至 4kg 装入密封容器内。

②建筑生石灰粉

批量：同一厂家、同一类别、同一等级不超过 100t 为一批。

取样：散装生石灰粉可随机取样或使用自动取样器取样。袋装生石粉应从本批产品中随机抽取 10 袋，样品总量不少于 3kg。试样在采集过程中应贮存于密封容器内。

③建筑消石灰粉

批量：检验批按生产规模划分。100t 为一批量，小于 100t 仍作一批量。

取样：从每一批量的产品中抽取 10 袋样品，从每袋不同位置抽取 100g 样品，总数量不小于 1kg，混合均匀，用四分法缩取，最后 250g 样品供检验用。

④粉煤灰

批量：以连续供应的 200t 相同等级的粉煤灰为一批，不足 200t 者按一批论，粉煤灰的数量按干灰（含水量小于 10%）的重量计算。

取样：散装灰从运输工具、贮灰库或料堆中的不同部位取 15 份试样，每份试样 2kg，混合拌匀。袋装灰从每批任抽 10 袋，从每袋中分取试样不小于 1kg，按散装灰取样方法混合缩取均匀试样。

4）各类掺合料技术性能指标：

①建筑生石灰技术要求见表 C2-3-28-3。

建筑生石灰技术要求 表 C2-3-28-3

项目		钙质生石灰			镁质生石灰		
		优等品	一等品	合格品	优等品	一等品	合格品
CaO + MgO 含量（%）	不小于	90	85	80	85	80	75
未消化残渣含量（5mm 圆孔筛余）%	不大于	5	10	15	5	10	15
CO_2（%）	不大于	5	7	9	6	8	10
产浆量（1/kg）	不大于	2.8	2.3	2.0	2.8	2.3	2.0

②建筑生石灰粉技术指标见表 C2-3-28-4。

建筑生石灰粉技术指标 表 C2-3-28-4

项目			钙质生石灰			镁质生石灰		
			优等品	一等品	合格品	优等品	一等品	合格品
CaO + MgO 含量（%）		不小于	85	80	75	80	75	70
CO_2（%）		不大于	7	9	11	8	10	12
细度	0.90mm 筛的筛余（%）	不大于	0.2	0.5	1.5	0.2	0.5	1.5
	0.125mm 筛的筛余（%）	不大于	7.0	12.0	18.0	7.0	12.0	18.0

③建筑消石灰粉技术指标见表 C2-3-28-5。

建筑消石灰粉技术指标 表 C2-3-28-5

项　　目		钙质生石灰			镁质生石灰			白云石消石灰粉		
		优等品	一等品	合格品	优等品	一等品	合格品	优等品	一等品	合格品
CaO+MgO 含量（%）	不小于	70	65	60	65	60	55	65	60	55
游离水（%）		0.4~2	0.4~2	0.4~2	0.4~2	0.4~2	0.4~2	0.4~2	0.4~2	0.4~2
体积安定性		合格	合格	—	合格	合格	—	合格	合格	—
细度	0.90mm 筛的筛余（%）不大于	0	0	0.5	0	0	0.5	0	0	0.5
	0.125mm 筛的筛余（%）不大于	3	10	15	3	10	15	3	10	15

④粉煤灰技术指标见表 C2-3-28-6。

粉煤灰技术指标 表 C2-3-28-6

序号	指　　标		级　　别		
			Ⅰ	Ⅱ	Ⅲ
1	细度（0.045mm 方孔筛的筛余）（%）	不大于	12	20	45
2	需水量比（%）	不大于	95	105	115
3	烧失量（%）	不大于	5	8	15
4	含水量（%）		1	1	不规定
5	三氧化硫（%）	不大于	3	3	3

3.2.3.29 混凝土拌合用水水质试验报告（有要求时）（C2-3-29）

实施要点：

（1）混凝土拌合用水水质试验报告表式以具有相应资质出具的试验报告表式执行。

（2）混凝土拌合用水水质宜采用饮用水；当采用其他水源时，水质应符合国家现行标准《混凝土拌合用水标准》JGJ 63 的规定。

（3）混凝土拌合用水水质试验报告为设计有要求时提供。

3.2.3.30 砖（砌块）类材料出厂合格证、试验报告汇总表（C2-3-30）

砖（砌块）类材料出厂合格证、试验报告汇总表按 C2-3-1 表式及有关说明执行。

3.2.3.31 砖（砌块）类材料出厂合格证（C2-3-31）

砖（砌块）类材料出厂合格证按 C2-3-2 表式及有关说明执行。

3.2.3.32 砖（砌块）试验报告（C2-3-32）

1. 资料表式

砖（砌块）试验报告　　　　　　　　　表 C2-3-32

委托单位：　　　　　　　　　　　　　　　　　试验编号：

工程名称					委托日期		
使用部位					报告日期		
强度级别		代表批量			检验类别		
生产厂			规格尺寸				
砖	强度平均值（MPa）		强度标准值/最小值（MPa）		强度标准差（MPa）	变异系数	
	标准要求	实测结果	标准要求	实测结果			
砌块	抗压强度（MPa）		干燥表观密度（kg/m³）		抗折强度（MPa）		
	平均值	最小值			最大值	最小值	
检验项目	泛霜	石灰爆裂	冻融	吸水率	饱和系数	尺寸偏差	
实测结果							

依据标准：

检验结论：

备　注：

试验单位：　　　　技术负责人：　　　　审核：　　　　试（检）验：

注：砖试验报告表式，可根据当地的使用惯例制定的表式应用，但表式内容：抗压检验（强度平均值 MPa、强度标准值/最小值 MPa、强度标准差 MPa、变异系数）、外观质量、尺寸偏差、泛霜、石灰爆裂、冻融、吸水率、饱和系数等项试验内容必须齐全。必试项目按工程需要确定。

2. 实施要点

砖（砌块）试验报告是对用于工程中的砖（砌块）强度等指标进行复试后由有相应资质的试验单位出具的质量证明文件。

(1) 砖、砌块的标准应用：

1) 《烧结普通砖》（GB/T 5101）标准：适用于以黏土为主要原料，经焙烧而成的普通砖。烧结普通砖以页岩、煤矸石、粉煤灰等为主要原料经过焙烧而成的实心和孔隙率不大于25%的都称为烧结普通砖。

2)《蒸压灰砂砖》(GB 11945)标准：适用于以石灰、砂子为主要原料，经坯料制备、压制成型、饱和蒸气蒸压、养护而成的砌体材料，为实心砖，统一规格尺寸为长240mm、宽115mm、厚53mm。

3)《粉煤灰砖》(JC 239)标准：属蒸压实心砖，适用于以粉煤灰、石灰为主要原料，掺加适量石膏和骨料，经坯料制备、压制成型，常压或高压蒸气养护而成的墙体材料。统一的规格尺寸为长240mm、宽115mm、厚53mm。

4)《承重黏土空心砖》(JC196)标准：适用于以黏土为主要原料、经焙烧而成的承重竖孔空心砖，其孔洞率占所在面面积的15%以上。尺寸规格分为 KM_1（190mm×190mm×90mm），KP_1（240mm×115mm×90mm），KP_2（240mm×180mm×115mm）。标准规定了空心砖的技术要求、检验方法及质量验收规则。

5)《粉煤灰砌块》(JC 238)标准：适用于以粉煤灰、石灰、石膏和集料等原料，经加水搅拌、振动成型、蒸汽养护制成的砌块墙体材料，可用于工业与民用建筑的墙体和基础。主要规格为：长880mm，1180mm；高380mm；厚180mm，190mm，200mm，240mm。标准规定了砌块的技术要求、检验方法和质量验收规则，并对经人工碳化后的强度试验和抗冻试验方法做了规定。

6)《普通混凝土小型空心砌块》(GB 8239)标准：适用于工业与民用建筑用普通混凝土小型空心砌块。规格尺寸为：长390mm，宽190mm，高190mm。

7)《中型砌块建筑设计与施工规程》(JC J5)标准：适用于以块高为380~940mm的粉煤灰硅酸盐密实中型砌块和混凝土空心砌块为主要墙体材料的一般建筑，规程中规定了砌块材料和砂浆的常用强度等级及其计算指标，规定了砌块的质量标准和试验方法。

8)《蒸压加气混凝土砌块》(GB 11968)标准：适用于做民用与工业建筑物墙体和绝热使用的蒸压加气混凝土砌块。规格尺寸为：长600mm，高200mm、250mm、300mm，厚75mm、100mm、125mm、150mm、175mm、200mm、250mm。

9)《砌墙砖（外观质量，抗压、抗折强度，抗冻性能）检验方法》执行 GB 2542 标准；普通黏土砖的取样、检查及试验方法执行 JC 150 标准。

10) 常用饰面砖材料标准：《白色陶釉面砖》(GB 4100)；《玻璃锦砖》(GB 7697)；《耐酸砖》(GB 8488)；《彩色釉面陶瓷墙地砖》(GB 11947)；《陶瓷锦砖》(JC 201)；《花岗石花料》(JC 204)；《水泥荒砖》(JC 410)；《建筑水磨石制品》(ZBQ 21001)。

(2) 砖出厂合格证、试验报告核查要点：

1) 用于工程各种品种、强度等级的砖，进场后不论有无出厂合格证均必须按（在工地取样）规定批量进行复试。"必试"项目为抗压，设计有要求时进行抗折强度。合格证应注明砖的分等（特等、一等、二等）指标和砖的强度等级和耐久性能试验、砖的代表数量。有冻融要求时，冬期施工正温条件下均应浇水或洒水并进行浸水试验，合格证不包括上述内容时，复试时应加试。

2) 外墙釉面砖应复试，并应符合《彩色釉面陶瓷墙地砖》(GB 11947)标准的规定（吸水率不大于10%）；经急冷急热循环不出现炸裂或裂纹，经20次冻融循环不出现破裂、剥落或裂纹；弯曲强度平均值不低于24.5MPa。

(3) 砖进场的外观检查：检查砖的规格、尺寸、长、宽、厚；检查缺棱掉角程度、数量；砖的花纹检查；检查棱边弯曲和大面翘曲程度；检查有无石灰爆裂现象；检查砖的煅烧程度。

(4) 进入施工现场的砖应按品种、规格堆放整齐，堆置高度不易超过 2m。

(5) 取样方法及数量：

1) 烧结普通砖

批量：验收批的批量在 3.5 万～15 万块的范围内，不足 3.5 万块按一批计。

抽样：外观质量检验的样品用随机法在每一检验批的产品堆垛中抽取，尺寸偏差检验的样品用随机法从外观质量检验后的样品中抽取，其他项目的样品用随机法从外观质量和尺寸偏差检验后的样品中抽取，抽样数量如表 C2-3-32-1。

烧结普通砖抽样数量　　　　　表 C2-3-32-1

序号	检验项目	抽样数量（块）	序号	检验项目	抽样数量（块）
1	外观质量	50（$n_1 = n_2 = 50$）	5	石灰爆裂	5
2	尺寸偏差	20	6	冻融	5
3	强度等级	10	7	吸水率和饱和系数	5
4	泛霜	5			

2) 蒸压灰砂砖

批量：每 10 万块砖为一批，不足 10 万块砖亦为一批，但不得少于 2 万块。

抽样：用机械随机抽样法抽取 100 块砖进行尺寸偏差、外观检验。从尺寸偏差、外观质量合格的砖样中按随机抽样法抽取 4 组 20 块砖样（每组 5 块）。其中 2 组进行抗压和抗折强度试验，1 组进行抗冻试验，1 组备用。

3) 烧结多孔砖

批量：每 5 万块为一批，不足该数量时，仍按一批计。

抽样：尺寸偏差、外观质量检查采用随机抽样法在每批产品堆垛中抽取 200 块。强度、物理性能试验的砖样从尺寸偏差和外观质量检查合格的砖样中用随机抽样法抽取，共需 35 块。其中，抗压强度、抗折荷重、冻融、泛霜、石灰爆裂、吸水率试验各 5 块，备用 5 块。

4) 烧结空心砖和空心砌块

批量：每 3 万块为一批，不足该数量时，仍按一批计。

抽样：尺寸偏差、外观质量检查采用随机抽样法在每批产品堆垛中抽取 100 块。其他各项试验从尺寸偏差、外观质量合格的砖样中按随机抽样法抽取。强度抽样 10 块，冻融 5 块，密度、孔洞及其排数、吸水率、泛霜和石灰爆裂各 5 块，备用 5 块。

5) 粉煤灰砖

批量：每 10 万块为一批，不足 10 万块亦为一批。

抽样：用随机抽样法抽取 100 块砖进行尺寸偏差、外观检验。从外观质量合格的砖样中按随机抽样法抽取 3 组 30 块（每一组 10 块），其中 1 组进行抗折强度和抗压强度试验，1 组进行抗冻试验，1 组备用。干燥收缩试验从外观质量合格的砖样中，按随机抽样法抽取 1 组 3 块。

6）非烧结普通黏土砖

批量：提交检验的产品批量应由同一规格型号以及由同一原材料在同一工艺条件下生产的免烧砖构成，批量大小规定为30000~50000块，不足30000块的按一个批量计。

抽样：从整个检验批中按机械随机抽样法抽取200块砖样进行外观质量检查，从外观检验合格的样本中随机抽取80块进行尺寸偏差检验。从尺寸偏差合格的样本中随机抽取10块（5块备用）进行抗压和抗折强度检验。抗冻性、耐水性、吸水率检验亦从尺寸偏差合格的样本中随机抽取共30块（包括备用）。

7）煤渣砖

批量：每10万块为一批，不足10万块亦为一批。

抽样：用随机抽样法抽取100块砖进行尺寸偏差和外观质量的检验。从尺寸偏差和外观质量合格的砖样中按随机抽样法抽取2组20块（每组10块），其中1组进行抗压强度与抗折强度试验，另1组备用。抗冻性和碳化后强度的检验，亦从尺寸偏差和外观质量合格的砖样中各抽10块，共20块。

8）蒸压灰砂空心砖

批量：每10万块为一批，不足10万块亦为一批。

抽样：用随机抽样法抽取50块砖进行尺寸偏差、外观质量检验，从外观质量合格的砖样中随机抽取2组10块（NF砖为2组20块）进行抗压强度试验，其中1组作抗冻性试验。

9）混凝土路面砖

批量：每批路面砖应为同一类别、同一规格、同一等级。每2万块为一批，不足2万块，亦按一批计。

抽样：规格尺寸及外观质量按机械随机抽样法抽取50块。强度和耐磨性从规格尺寸及外观质量合格的试件中仍按机械随抽样法抽取15块（其中5块备用）。吸水率、抗冻性能抽样同强度试验取样，同样共取15块（包括备用块）。

10）水泥花砖

批量：提交检验的批应由同一规格的水泥花砖构成，批量可与销售批相同或不同。

抽样：当批量为3000~10000块时，各项检验可按表C2-3-32-2抽取。

水泥花砖取样数量　　　　　表 C2-3-32-2

序　号	检 验 项 目	块　数
1	外观质量	80
2	尺寸偏差	32
3	物理力学性能和结构性能	15

外观质量检查的样品从整批中随机抽取，尺寸偏差检验的样本从外观质量合格的样本中抽取，物理力学性能和结构性能检验的样本从外观和尺寸均合格的样本中抽取。

11）耐酸耐温砖

批量：以相同工艺生产的同一品种规格的5000~20000块作为一批，少于5000块时，由供需双方协商验收方法。

抽样：用随机法抽取表C2-3-32-1中检验项目所需的全部样品。

(6) 砖类的试验评定：

1)《烧结普通砖》（GB/T 5101—1998）

烧结普通砖外观质量、泛霜、石灰爆裂见表 C2-3-32-3；强度等级见表 C2-3-32-4。

烧结普通砖外观质量、泛霜、石灰爆裂（mm） 表 C2-3-32-3

项 目		优等品	一等品	合格品
外观质量	两条面高度差　不大于	2	3	5
	弯曲　不大于	2	3	5
	杂质凸出高度　不大于	2	3	5
	缺棱掉角的三个破坏尺寸不得同时大于	15	20	30
	裂纹长度　不大于			
	a. 大面上宽度方向及其延伸至条面的长度	70	70	110
	b. 大面上长度方向及其延伸至顶面的长度或条顶面水平裂纹的长度	100	100	150
	完整面不得少于	一条面和一顶面	一条面和一顶面	—
	颜色	基本一致	—	—
泛霜		无泛霜	不允许出现中等泛霜	不允许严重泛霜
石灰爆裂		不允许出现最大破坏尺寸大于 2mm 爆裂区域	a. 最大破坏尺寸大于 2mm 且小于 10mm 的爆裂区域，每组砖样不得多于 15 处。 b. 不允许出现最大破坏尺寸大于 10mm 的爆裂区域	a. 最大破坏尺寸大于 2mm 且小于等于 15mm 爆裂区域，每组砖样不得多于 15 处，其中大于 10mm 不得多于 7 处。 b. 不允许出现最大破坏尺寸大于 15mm 的爆裂区域

注：1. 为装饰而施加的色差、凹凸纹、拉毛、压花等不算作缺陷。
　　2. 凡有下列缺陷之一者，不得称为完整面。
　　　①缺损在条面或顶面上造成的破坏面尺寸同时大于 10mm×10mm。
　　　②条面或顶面上裂纹宽度大于 1mm，其长度超过 30mm。
　　　③压陷、粘底、焦花在条面或顶面上的凹陷或凸出超过 2mm，区域尺寸同时大于 10mm×10mm。

烧结普通砖强度等级（MPa） 表 C2-3-32-4

强度等级	抗压强度平均值 $f \geq$	变异系数 $\delta \leq 0.21$ 强度标准值 $f_k \geq$	变异系数 $\delta > 0.21$ 单块最小抗压强度值 $f_{min} \geq$
MU30	30.0	22.0	25.0
MU25	25.0	18.0	22.0
MU20	20.0	14.0	16.0
MU15	15.0	10.0	12.0
MU10	10.0	6.5	7.5

2)《蒸压灰砂砖》(GB 11945—89)

蒸压灰砂砖力学性能见表 C2-3-32-5。

蒸压灰砂砖力学性能　　　　　表 C2-3-32-5

强度级别	抗压强度（MPa）		抗折强度（MPa）	
	平均值不小于	单块值不小于	平均值不小于	单块值不小于
25	25.0	20.0	5.0	4.0
20	20.0	16.0	4.0	3.2
15	15.0	12.0	3.3	2.6
10	10.0	8.0	2.5	2.0

3)《烧结多孔砖》(GB 13544—2000)

烧结多孔砖外观质量见表 C2-3-32-6；烧结多孔砖强度等级规定见表 C2-3-32-7；烧结多孔砖抽样数量见表 C2-3-32-8。

烧结多孔砖外观质量（mm）　　　　　表 C2-3-32-6

项　　目	优等品	一等品	合格品
1. 颜色（一条面和一顶面）	一致	基本一致	—
2. 完整面　　　　　　　　　　　　　　不得少于	一条面和一顶面	一条面和一顶面	—
3. 缺棱掉角的三个破坏尺寸不得同时大于	15	20	30
4. 裂纹长度　　　　　　　　　　　　　不大于			
a. 大面上深入孔壁 15mm 以上宽度方向及其延伸到条面的长度	60	80	100
b. 大面上深入孔壁 15mm 以上长度方向及其延伸到顶面的长度	60	100	120
c. 条顶面上的水平裂纹	80	100	120
5. 杂质在砖面上造成的凸出高度　　　　不大于	3	4	5

注：1. 为装饰而施加的色差、凹凸纹、拉毛、压花等不算缺陷。
　　2. 凡有下列缺陷之一者，不能称为完整面：
　　　a. 缺损在条面或顶面上造成的破坏面尺寸同时大于 20mm×30mm。
　　　b. 条面或顶面上裂纹宽度大于 1mm，其长度超过 70mm。
　　　c. 压隐、焦花、粘底在条面或顶面上的凹隐或凸出超过 2mm，区域尺寸同时大于 20mm×30mm。

烧结多孔砖强度等级规定（MPa）　　　　　表 C2-3-32-7

强度等级	抗压强度平均值 $f \geq$	变异系数 $\delta \leq 0.21$	变异系数 $\delta > 0.21$
		强度标准值 $f_k \geq$	单块最小抗压强度值 $f_{min} \geq$
MU30	30.0	22.0	25.0
MU25	25.0	18.0	22.0
MU20	20.0	14.0	16.0
MU15	15.0	10.0	12.0
MU10	10.0	6.5	7.5

烧结多孔砖抽样数量 表 C2-3-32-8

序号	检验项目	抽样数量（块）	序号	检验项目	抽样数量（块）
1	外观质量	50（$n_1 = n_2 = 50$）	5	泛霜	5
2	尺寸偏差	20	6	石灰爆裂	5
3	强度等级	10	7	冻融	5
4	孔型孔洞率及孔洞排列	5	8	吸水率和饱和系数	5

4)《烧结空心砖和空心砌块》（GB 13545—92）

烧结空心砖和空心砌块外观质量见表 C2-3-32-9；强度等级和密度级别分别见表 C2-3-32-10、表 C2-3-32-11。

烧结空心砖和空心砌块外观质量（mm） 表 C2-3-32-9

项目		优等品	一等品	合格品
1. 弯曲	≤	3	4	5
2. 缺棱掉角的三个破坏尺寸不得同时	>	15	30	40
3. 垂直度差	≤	3	4	5
4. 未贯穿裂纹长度	≤			
①大面上宽度方向及其延伸到条面的长度		不允许	100	120
②大面上长度方向或条面上水平面方向的长度		不允许	120	140
5. 贯穿裂纹长度				
①大面上宽度方向及其延伸到条面的长度		不允许	40	60
②壁、肋沿长度方向、宽度方向及其水平面方向的长度		不允许	40	60
6. 肋、壁内残缺长度	≤	不允许	40	60
7. 完整面[a] 不少于		一条面和一大面	一条面或一大面	—

a: 凡有下列缺陷之一者，不能称为完整面：
 ①缺损在大面、条面上造成的破坏面尺寸同时大于 20mm×30mm。
 ②大面、条面裂纹宽度大于 1mm，其长度超过 70mm。
 ③压陷、粘底、焦花在大面、条面上的凹陷或凸出超过 2mm，区域尺寸同时大于 20mm×30mm

烧结空心砖和空心砌块强度等级 表 C2-3-32-10

强度等级	抗压强度（MPa）			密度等级范围（kg/m³）
	抗压强度平均值 $f \geq$	变异系数 $\delta \leq 0.21$ 强度标准值 $f_k \geq$	变异系数 $\delta \leq 0.21$ 单块最小抗压强度值 $f_{min} \geq$	
MU10.0	10.0	7.0	8.0	
MU7.5	7.5	5.0	5.8	
MU5.0	5.0	3.5	4.0	≤1100
MU3.5	3.5	2.5	2.8	
MU2.5	2.5	1.6	1.8	≤800

3.2 单位（子单位）工程质量控制资料核查记录（C2）

密 度 级 别（kg/m³）　　　　　　　　　　　　　　　表 C2-3-32-11

密度级别	五块密度平均值	密度级别	五块密度平均值
800	≤800	1000	901~1000
900	810~900	1100	1001~1100

5)《粉煤灰砖》（JC 279—2001）

粉煤灰砖外观质量及干收缩试验的规定见表 C2-3-32-12；强度指标见表 C2-3-33-13。

粉煤灰砖外观质量及干燥收缩试验的规定（mm）　　　　表 C2-3-32-12

项 目			优等品	一等品	合格品
尺寸偏差	长度		±2	±3	±4
	宽度		±2	±3	±4
	高度		±1	±2	±3
外观质量	对应高度差	不大于	1	2	3
	每一缺棱掉角的最小破坏尺寸	不大于	10	15	20
	完整面	不少于	二条面和一顶面或二顶面和一条面	一条面和一顶面	一条面和一顶面
	裂纹长度 a. 大面上宽度方向的裂纹（包括延伸到条面上的长度） b. 其他裂纹	不大于	30 50	50 70	70 100
	层裂		不允许		
干燥收缩值（mm/m）		不大于	0.65	0.65	0.75

注：在条面或顶面上破坏面的两个尺寸同时大于10mm和20mm者为非完整面。

粉煤灰砖强度指标　　　　表 C2-3-32-13

强度等级	抗压强度（MPa）		抗折强度（MPa）	
	10块平均值不小于	单块值不小于	10块平均值不小于	单块值不小于
MU30	30.0	24.0	6.2	5.0
MU25	25.0	20.0	5.0	4.0
MU20	20.0	16.0	4.0	3.2
MU15	15.0	12.0	3.3	2.6
MU10	10.0	8.0	2.5	2.0

注：强度级别以蒸汽养护后1天的强度为准。

6)《非烧结普通黏土砖》[JC 422—91（96）]

非烧结普通黏土砖强度等级见表 C2-3-32-14。

非烧结普通黏土砖强度等级　　　　　　　　　　　　　表 C2-3-32-14

强度级别	抗压强度（MPa）		抗折强度（MPa）	
	平均值不小于	单块值不小于	平均值不小于	单块值不小于
MU15	15.0	10.0	2.5	1.5
MU10	10.0	6.0	2.0	1.2
MU7.5	7.5	4.5	1.5	0.9

注：本表选自《非烧结普通黏土砖》[JC 422—91（96）]。

7)《煤渣砖》(JC 525—93)

煤渣砖强度级别判定见表 C2-3-32-15。

煤渣砖强度级别判定　　　　　　　　　　　　　　　表 C2-3-32-15

强度级别	抗压强度（MPa）		抗折强度（MPa）	
	10块平均值不小于	单块值不小于	10块平均值不小于	单块值不小于
MU20	20.0	15.0	4.0	3.0
MU15	15.0	11.2	3.2	2.4
MU10	10.0	7.5	2.5	1.9
MU7.5	7.5	5.6	2.0	1.5

注：强度级别以蒸汽养护后 24~36h 内的强度为准。优等品的强度级别不低于 15 级，一等品的强度级别应不低于 10 级，合格品的强度级别应不低于 7.5 级。

8)《蒸压灰砂空心砖》(JC/T 637—1996)

蒸压灰砂空心砖抗压强度规定见表 C2-3-32-16。

蒸压灰砂空心砖抗压强度规定　　　　　　　　　　　表 C2-3-32-16

强度级别	抗压强度（MPa）	
	5块平均值 ≥	单块值 ≥
MU25	25.0	20.0
MU20	20.0	16.0
MU15	15.0	12.0
MU10	10.0	8.0
MU7.5	7.5	6.0

注：优等品的强度级别应不低于 15 级，一等品的强度级别应不低于 10 级。

9)《混凝土路面砖》(JC/T 446—2000)

混凝土路面砖外观质量、力学性能和物理性能分别见表 C2-3-32-17 至表 C2-3-32-19。

外 观 质 量（mm）　　　　　　　　　　　　　　　表 C2-3-32-17

项 目			优等品	一等品	合格品
正面粘皮及缺损的最大投影尺寸		≤	0	5	10
缺棱掉角的最大投影尺寸		≤	0	10	20
裂纹	非贯穿裂纹长度最大投影尺寸	≤	0	10	20
	贯穿裂纹		不允许		

力 学 性 能（MPa）　　　　　　　　　　表 C2-3-32-18

边长/厚度	<5		≥5		
抗压强度等级	平均值≥	单块最小值≥	抗折强度等级	平均值≥	单块最小值
C_c30	30.0	25.0	$C_f3.5$	3.50	3.00
C_c35	35.0	30.0	$C_f4.0$	4.00	3.20
C_c40	40.0	35.0	$C_f5.0$	5.00	4.20
C_c50	50.0	42.0	$C_f6.0$	6.00	5.00
C_c60	60.0	50.0	—	—	—

物 理 性 能　　　　　　　　　　表 C2-3-32-19

质量等级	耐磨性		吸水率（%）≤	抗冻性
	磨抗长度（mm）≤	耐磨度≥		
优等品	28.0	1.9	5.0	冻融循环试验后，外观质量必须符合表C2-3-32-17的规定，强度损失不得大于20.0%
一等品	32.0	1.5	6.5	
合格品	35.5	1.2	8.0	

注：磨抗长度与耐磨度二项试验只做一项即可

10)《水泥花砖》(JC 410—91（96))

水泥花砖外观质量规定，抗折破坏荷载及耐磨性见表 C2-3-32-20 至表 C2-3-32-22。

水泥花砖外观质量规定（mm）　　　　　　　　　　表 C2-3-32-20

项 目		一 等 品	合 格 品
正面	缺棱	长×宽>10×2，不允许	长×宽>20×2，不允许
	掉角	长×宽>2×2，不允许	长×宽>4×4，不允许
掉底		长×宽<20×20 深≤1/3砖厚允许1处	长×宽<30×30 深≤1/3砖厚允许1处
越线		越线距离<1.0 长度<10.0允许1处	越线距离<2.0 长度<20.0允许1处
图案偏差		≤1.0	≤3.0

注：水泥花砖不允许有裂纹，露底和起鼓；不得有明显的色差、污迹和麻面。

水泥花砖抗折破坏荷载（N） 表C2-3-32-21

品种	规格(mm)	一等品		合格品	
		平均值	单块最小值	平均值	单块最小值
F W	200×200	900 600	760 500	760 500	600 420
F W	200×150	680 460	580 380	520 380	440 320
F W	1500×150	1080 720	920 610	840 600	720 500

水泥花砖耐磨性（g） 表C2-3-32-22

品种	一等品		合格品	
	平均磨耗量	最大磨耗量	平均磨耗量	最大磨耗量
F	5.0	6.0	7.5	9.0

注：墙砖（W）不要求耐磨指标。

11)《耐酸耐温砖》(JC 424—91)

耐酸耐温砖外观质量、物理力学性能见表C2-3-32-23和表C2-3-32-24。

耐酸耐温砖外观质量（mm） 表C2-3-32-23

缺陷类别		要求		
		优等品	一等品	合格品
裂纹	工作面	长3~5 允许3条	长3~5 允许5条	长5~10 允许3条
	非工作面	长2~10 允许3条	长5~10 允许3条	长5~15 允许3条
磕碰	工作面	伸入工作面1~2，深不大于3，总长不大于30	伸入工作面1~3，深不大于5，总长不大于30	伸入工作面1~4，深不大于8，总长不大于40
	非工作面	长5~10允许3处	长5~20允许5处	长10~20允许5处
穿透性裂纹		不允许		
疵点	工作面	最长尺寸1~2 允许2个	最大尺寸1~3 允许3个	最长尺寸2~3 允许3个
	非工作面	最长尺寸1~3 每面允许3个	最大尺寸2~3 每面允许3个	最大尺寸2~4 每面允许3个
缺釉 釉裂 桔釉、干釉		不允许	总面积不大于1cm² 不允许 不明显	总面积不大于2cm² 不明显 不严重

注：1. 标形砖应有一个大面(230mm×13mm)达到表C2-3-32-23对于工作面的要求。如订货时需方指定工作面，则该面应符合表C2-3-32-23的要求。
2. 缺陷不允许集中，10cm²正方形内不得多于5处。
3. 用金属锤轻轻敲击砖体应发出清音。
4. 板形砖的背面应有深1~2mm的背纹。

耐酸耐温砖物理力学性能　　　　　　　　　　　　　　　　　表 C2-3-32-24

项　目	要　求	
	NSW1 类	NSW2 类
吸水率（%）	≤5.0	>5.0, ≤8.0
耐酸度（%）≥	99.7	99.7
压缩强度（MPa）≥	80	60
耐急冷急热性	试验温差 200℃	试验温差 250℃
	试验 1 次后，试样不得有新生裂纹和破损剥落	

12）《耐酸砖》（GB 8488—87）

耐酸砖外观质量规定及物理化学性能见表 C2-3-32-25 和表 C2-3-32-26。

耐酸砖外观质量规定（mm）　　　　　　　　　　　　　　　　　表 C2-3-32-25

项　目		质　量　要　求	
		一等品	合格品
外观质量	裂纹	工作面：不允许 非工作面：宽不大于 0.25，长 5[1]~15，允许 2 条	工作面：宽不大于 0.25，长 5~15，允许 1 条 非工作面：宽不大于 0.5，长 5~20，允许 2 条
	磕碰	工作面：伸入工作面 1~2，砖厚小于 20 时，深不大于 3；砖厚 20~30，深不大于 5；砖厚大于 30 时，深不大于 10 的磕碰允许 2 处，总长不大于 35 非工作面：深 2~4，长不大于 35，允许 3 处	工作面：伸入工作面 1~4，砖厚小于 20 时，深不大于 5；砖厚 20~30，深不大于 8；砖厚大于 30 时，深不大于 10 的磕碰允许 2 处，总长不大于 40 非工作面：深 2~5，长不大于 40，允许 4 处
	疵点	工作面：最大尺寸 1~2，允许 3 个 非工作面：最大尺寸 1~3，每面允许 3 个	工作面：最大尺寸 2~4，允许 3 个 非工作面：最大尺寸 3~6，每面允许 4 个
	开裂	不允许	不允许
	缺釉	总面积不大于 1cm² 每处不大于 0.3cm²	总面积不大于 2cm² 每处不大于 0.5cm²
	釉裂	不允许	不允许
	桔釉	不允许	不超过釉面面积的 1/4
	干釉	不允许	不严重

耐酸砖物理化学性能　　　　　　　　　　　　　　　　　表 C2-3-32-26

项　目	要　求		
	1 类	2 类	3 类
吸水率（%）	≤0.5	≤2.0	≤4.0
耐酸度（%）	≥99.80	≥99.80	≥99.70
弯曲强度（MPa）	≥39.2	≥29.4	≥19.6
耐急冷急热性（℃）	100	130	150
	试验一次后，试验不得有裂纹、剥落等破损现象		

3.2.3.33　陶质釉面砖与陶瓷墙地砖等出厂合格证、出厂检验报告（C2-3-33）

实施要点：

（1）陶质釉面砖与陶瓷墙地砖等出厂合格证、出厂检验报告均应进行整理粘贴，应用表 C2-3-2。

（2）陶质釉面砖与陶瓷墙地砖等是指由陶质釉面砖与陶瓷墙地砖厂家提供的出厂合格证和出厂检验报告，应按施工过程中依序形成以上表式，经核查符合要求后全部粘贴表内（C2-3-2），不得缺漏。

3.2.3.34　陶质釉面砖与陶瓷墙地砖等试验报告（C2-3-34）

实施要点：

（1）陶质釉面砖与陶瓷墙地砖等是指用于建筑物内部饰面、护墙，建筑物墙面、地面等材料进场后经抽样检测提供的试验报告。

（2）陶质釉面砖与陶瓷墙地砖等试验报告应根据设计和相应标准要求进行有关测试，主要包括：尺寸允许偏差、表面质量、变形、理化性能（吸水率、耐急冷急热性能、抗冻性能、弯曲强度、耐磨性、耐化学腐蚀等）。试验结果应符合设计要求和相应标准要求。

（3）陶质釉面砖与陶瓷墙地砖等试验的抽样方案及抽样方法应按《釉面砖抽样方案及抽样方法》（GB 3810）执行。

（4）陶质釉面砖与陶瓷墙地砖等试验报告其质量应符合现行国家标准《白色陶质釉面砖》（GB 4100）、《陶瓷锦砖》（JC 456）等的规定。

（5）干压陶瓷砖物理、化学性能见表 C2-3-34-1。

干压陶瓷砖物理、化学性能表　　　　表 C2-3-34-1

		瓷质砖	炻瓷砖	细炻砖	炻质砖	陶质砖
物理性能		GB/T 4100.1—1999 neq ISO 13006（BⅠa）：1998	GB/T 4100.2—1999 neq ISO 13006（BⅠb）：1998	GB/T 4100.3—1999 neq ISO 13006（BⅡa）：1998	GB/T 4100.4—1999 neq ISO 13006（BⅡb）：1998	GB/T 4100.5—1999 neq ISO 13006（BⅢ类）：1998
		吸水率 $E \leqslant 0.5\%$	吸水率 $0.5\% < E \leqslant 3\%$	吸水率 $3\% < E \leqslant 6\%$	吸水率 $6\% < E \leqslant 10\%$	吸水率 $E > 10\%$
吸水率[③]		陶质砖的吸水率平均值不大于 0.5%，单个值不大于 0.6%	陶质砖的吸水率平均值为 $0.5\% < E \leqslant 3\%$，单个值不大于 3.3%	陶质砖的吸水率平均值为 $3\% < E \leqslant 6\%$，单个值不大于 6.5%	陶质砖的吸水率平均值为 $6\% < E \leqslant 10\%$，单个值不大于 11%	陶质砖吸水率平均值 $E > 10\%$，单个值不小于 9%。平均值 $E > 20\%$ 时，厂家应说明
破坏强度和断裂模数	破坏强度	a）厚度 ≥7.5mm，破坏强度平均值不小于 1300N b）厚度 <7.5mm，破坏强度平均值不小于 700N	a）厚度 ≥7.5mm，破坏强度平均值不小于 1100N b）厚度 <7.5mm，破坏强度平均值不小于 700N	a）厚度 ≥7.5mm，破坏强度平均值不小于 1000N b）厚度 <7.5mm，破坏强度平均值不小于 600N	a）厚度 ≥7.5mm，破坏强度平均值不小于 800N b）厚度 <7.5mm，破坏强度平均值不小于 500N	a）厚度 ≥7.5mm，破坏强度平均值不小于 600N b）厚度 <7.5mm，破坏强度平均值不小于 200N

续表

物理性能	瓷质砖 GB/T 4100.1—1999 neq ISO 13006 （BⅠa）:1998 吸水率 $E \leq 0.5\%$	炻瓷砖 GB/T 4100.2—1999 neq ISO 13006 （BⅠb）:1998 吸水率 $0.5\% < E \leq 3\%$	细炻砖 GB/T 4100.3—1999 neq ISO 13006 （BⅡa）:1998 吸水率 $3\% < E \leq 6\%$	炻质砖 GB/T 4100.4—1999 neq ISO 13006 （BⅡb）:1998 吸水率 $6\% < E \leq 10\%$	陶质砖 GB/T 4100.5—1999 neq ISO 13006 （BⅢ类）:1998 吸水率 $E > 10\%$
破坏强度和断裂模数 断裂模数	陶瓷砖断裂模数平均值不小于35MPa,单个值不小于32MPa	陶瓷砖断裂模数平均值不小于30MPa,单个值不小于27MPa	陶瓷砖断裂模数平均值不小于22MPa,单个值不小于20MPa	陶瓷砖断裂模数平均值不小于18MPa,单个值不小于16MPa	陶瓷砖断裂模数平均值不小于15MPa,单个值不小于12MPa
抗热震性	经10次抗热震试验不出现炸裂或裂纹	经10次抗热震试验不出现炸裂或裂纹	经10次抗热震试验不出现炸裂或裂纹	经10次抗热震试验不出现炸裂或裂纹	经10次抗热震试验不出现炸裂或裂纹
抗釉裂性④	有釉陶瓷砖经抗釉裂性试验后,釉面应无裂纹或剥落	有釉陶瓷砖经抗釉裂性试验后,釉面应无裂纹或剥落	有釉陶瓷砖经抗釉裂性试验后,釉面应无裂纹或剥落	有釉陶瓷砖经抗釉裂性试验后,釉面应无裂纹或剥落	有釉陶瓷砖经抗釉裂性试验后,釉面应无裂纹或剥落
抗冻性	陶瓷砖经抗冻性试验后应无裂纹或剥落	陶瓷砖经抗冻性试验后应无裂纹或剥落	陶瓷砖经抗冻性试验后应无裂纹或剥落	陶瓷砖经抗冻性试验后应无裂纹或剥落	—
抛光砖光泽度	抛光砖的光泽度不低于55	—	—	—	—
耐磨性	a)无釉砖耐深度磨损体积不大于175mm³ b)用于铺地的有釉砖表面耐磨性报告磨损等级和转数5)	a)无釉砖耐深度磨损体积不大于175mm³ b)用于铺地的有釉砖表面耐磨性报告磨损等级和转数4)	a)无釉砖耐深度磨损体积不大于345mm³ b)用于铺地的有釉砖表面耐磨性报告磨损等级和转数4)	a)无釉砖耐深度磨损体积不大于540mm³ b)用于铺地的有釉砖表面耐磨性报告磨损等级和转数4)	用于铺地的有釉砖表面耐磨性报告磨损等级和转数4)
抗冲击性⑤	经抗冲击性试验后报告陶瓷砖的平均恢复系数	经抗冲击性试验后报告陶瓷砖的平均恢复系数	经抗冲击性试验后报告陶瓷砖的平均恢复系数	经抗冲击性试验后报告陶瓷砖的平均恢复系数	经抗冲击性试验后报告陶瓷砖的平均恢复系数
线性热膨胀系数⑥（从室温到100℃）	经检验后报告陶瓷砖线性热膨胀系数	经检验后报告陶瓷砖线性热膨胀系数	经检验后报告陶瓷砖线性热膨胀系数	经检验后报告陶瓷砖线性热膨胀系数	经检验后报告陶瓷砖线性热膨胀系数
湿膨胀⑥（用mm/m表示）	经试验后报告陶瓷砖的湿膨胀平均值	经试验后报告陶瓷砖的湿膨胀平均值	经试验后报告陶瓷砖的湿膨胀平均值	经试验后报告陶瓷砖的湿膨胀平均值	经试验后报告陶瓷砖的湿膨胀平均值
小色差⑥	经检验后报告陶瓷砖色差值	经检验后报告陶瓷砖色差值	经检验后报告陶瓷砖色差值	经检验后报告陶瓷砖色差值	经检验后报告陶瓷砖色差值
地砖的摩擦系数	经检验后报告陶瓷地砖的摩擦系数和所用的试验方法	经检验后报告陶瓷地砖的摩擦系数和所用的试验方法	经检验后报告陶瓷地砖的摩擦系数和所用的试验方法	经检验后报告陶瓷地砖的摩擦系数和所用的试验方法	经检验后报告陶瓷地砖的摩擦系数和所用的试验方法

续表

化学性能		瓷质砖 GB/T 4100.1—1999 neq ISO 13006 （BⅠa）:1998 吸水率 $E\leqslant 0.5\%$	炻瓷砖 GB/T 4100.2—1999 neq ISO 13006 （BⅠb）:1998 吸水率 $0.5\%<E\leqslant 3\%$	细炻砖 GB/T 4100.3—1999 neq ISO 13006 （BⅡa）:1998 吸水率 $3\%<E\leqslant 6\%$	炻质砖 GB/T 4100.4—1999 neq ISO 13006 （BⅡb）:1998 吸水率 $6\%<E\leqslant 10\%$	陶质砖 GB/T 4100.5—1999 neq ISO 13006 （BⅢ类）:1998 吸水率 $E>10\%$
耐化学腐蚀性	耐低浓度酸和碱	经试验后陶瓷砖⑦耐化学腐蚀性等级与生产企业确定的等级比较并判定	经试验后陶瓷砖⑥耐化学腐蚀性等级与生产企业确定的等级比较并判定	经试验后陶瓷砖⑥耐化学腐蚀性等级与生产企业确定的等级比较并判定	经试验后陶瓷砖⑥耐化学腐蚀性等级与生产企业确定的等级比较并判定	经试验后陶瓷砖⑦耐化学腐蚀性等级与生产企业确定的等级比较并判定
	耐高浓度酸和碱⑤	经试验后报告陶瓷砖耐化学腐蚀性等级	经试验后报告陶瓷砖耐化学腐蚀性等级	经试验后报告陶瓷砖耐化学腐蚀性等级	经试验后报告陶瓷砖耐化学腐蚀性等级	经试验后报告陶瓷砖耐化学腐蚀性等级
	耐家庭化学试剂和游泳池盐类	经试验后有釉陶瓷砖不低于GB级，无釉陶瓷砖⑦不低于UB级	经试验后有釉陶瓷砖不低于GB级，无釉陶瓷砖⑥不低于UB级	经试验后有釉陶瓷砖不低于GB级，无釉陶瓷砖⑥不低于UB级	经试验后有釉陶瓷砖不低于GB级，无釉陶瓷砖⑥不低于UB级	经试验后有釉陶瓷砖不低于GB级，无釉陶瓷砖⑥不低于UB级
耐污染性		a）有釉砖 经耐污染试验后不低于3级 b）无釉砖⑥ 经耐污染试验后报告耐污染级别	a）有釉砖 经耐污染试验后不低于3级 b）无釉砖⑤ 经耐污染试验后报告耐污染级别	a）有釉砖 经耐污染试验后不低于3级 b）无釉砖⑤ 经耐污染试验后报告耐污染级别	a）有釉砖 经耐污染试验后不低于3级 b）无釉砖⑤ 经耐污染试验后报告耐污染级别	有釉砖 经耐污染试验后不低于3级
铅和镉的溶出量⑥		经试验后报告有釉陶瓷砖釉面铅和镉的溶出量				经试验后报告有釉陶瓷砖釉面铅和镉的含量
铅和镉的溶出量⑤			经试验后报告有釉陶瓷砖釉面铅和镉的溶出量	经试验后报告有釉陶瓷砖釉面铅和镉的溶出量	经试验后报告有釉陶瓷砖釉面铅和镉的溶出量	

注：1. 断裂模数（不适用于破坏强度≥3000N的砖）。 2. ③吸水率单个最大值为0.5%的砖（常被认为不吸水）是全玻化砖。 3. ④生产厂为装饰效果而雕刻的裂纹应加以说明，这种情况下 GB/T3810.11 给出的釉裂试验不适用。 4. ⑤有釉地砖的耐磨性分级，附录C（提示的附录）作为一项参考标准。 5. ⑥非强制性的检验项目被认为是需要的，并且能在"试验方法中得知结果"，附录D（提示的附录）也作为一项参考标准。 6. ⑦如果色泽有微小变化，不应算是化学腐蚀。 7. 地砖的摩擦系系指用于铺地的陶瓷砖。

3.2.3.35 粗细集料、轻集料合格证、试验报告汇总表（C2-3-35）

粗细集料合格证、试验报告汇总按 C2-3-1 表式及有关说明执行。

3.2.3.36 粗细集料合格证、轻集料合格证粘贴表（C2-3-36）

粗细集料合格证、轻集料合格证粘贴表按 C2-3-1 表式及有关说明执行。

3.2.3.37 砂子试验报告（C2-3-37）

1. 资料表式

砂 子 试 验 报 告 表　　　　　　　　　表 C2-3-37

委托单位：　　　　　　　　　　　　　　　试验编号：

工程名称							委托日期	
砂 种 类							报告日期	
产 地			代表批量				检验类别	
检验项目	标准要求		实测结果		检验项目		标准要求	实测结果
表观密度（kg/m³）					石粉含量（%）			
堆积密度（kg/m³）					氯盐含量（%）			
紧密密度（kg/m³）					含水率（%）			
含泥量（%）					吸水率（%）			
泥块含量（%）					云母含量（%）			
硫酸盐硫化物（%）					空隙率（%）			
					坚固性			
轻物质含量（%）					碱活性			
筛孔尺寸（mm）	9.50	4.75	2.36	1.18	0.600	0.300	0.150	细度模数
标准下限（%）								筛分结果
标准上限（%）								级配区属
实测结果（%）								
依据标准：								
检验结论：								
备注：								

试验单位：　　　　技术负责人：　　　　审核：　　　　试（检）验：

注：砂子试验报告表式，可根据当地的使用惯例制定的表式应用，但表观密度（kg/m³）、石粉含量（%）、堆积密度（kg/m³）、氯盐含量（%）、紧密密度（kg/m³）、含水率（%）、含泥量（%）、吸水率（%）、泥块含量（%）、云母含量（%）、硫酸盐硫化物（%）、轻物质含量（%）、空隙率（%）、坚固性、碱活性、筛孔尺寸（mm）[标准下限（%）、标准上限（%）、实测结果（%）]、筛分结果（细度模数、级配区属）、依据标准等项目试验内容必须齐全。实际试验项目根据工程实际择用。

2. 实施要点

（1）砂子试验报告是对用于工程中的砂子筛分以及含泥量、泥块含量等指标进行复试后由试验单位出具的质量证明文件。

（2）细集料应有工地取样的试验报告单，应试项目齐全，试验编号必须填写，并应符合有关规范要求。

(3) 对重要工程混凝土使用的砂，应采用化学法和砂浆长度法进行集料的碱活性检验。经检验判断为有潜在危害时，应采取下列措施：

1) 使用含碱量小于 0.6% 的水泥或采取能抑制碱—集料反映的掺合料；

2) 当使用含钾、钠离子的外加剂时，必须进行专门试验。

(4) 泵送混凝土用砂宜选用中砂。

(5) 对有抗冻、抗渗或特殊要求混凝土用砂，含泥量不应大于 3%，泥块含量不应大于 1%。

(6) 取样要求：

1) 代表批量：依据 JGJ 52—92、JGJ 53—92 标准，砂的验收批规定如下：供货单位应提供产品合格证及质量检验报告。购货单位应按同产地同规格分批验收。用大型工具（如火车、货船、汽车）运输的，以 400m³ 或 600t 为一验收批。用小型工具（如马车等）运输的，以 200m³ 或 300t 为一验收批。不足上述数量者亦以一验收批论。

2) 取样方法：砂每验收批取样方法应按下列规定执行：

①在料堆上取样时，取样部位应均匀分布，取样前先将取样部位表面铲除，然后由各部位抽大致相等的砂共 8 份，组成一组样品。

②从皮带运输机上取样时，应在皮带运输机机尾的出料处用接料器定时抽取砂 4 份组成一组样品。

③从火车、汽车、货船上取样时，从不同部位和深度抽取大致相等的砂 8 份，组成一组样品。

注：如经观察，认为各节车皮间（汽车，货船间）所载的砂质量相差甚为悬殊时，应对质量有怀疑的每节列车（汽车、货船）分别取样和验收。

3) 取样数量见表 C2-3-37-1。

每一试验项目所需砂最少取样数量　　　　　　表 C2-3-37-1

试 验 项 目	最少取样数量（g）
筛分析	4400
表观密度	2600
吸水率	4000
紧密密度和堆积密度	5000
含 水 率	1000
含 泥 量	4400
泥块含量	10000
有机质含量	2000
云母含量	600
轻物质含量	3200
坚固性	分成 5.00～2.50、2.50～1.25、1.25～0.630、0.630～0.315mm 四个粒级，各需 100g
硫化物及硫酸盐含量	50
氯离子含量	2000
碱活性	7500

(7)《普通混凝土用砂质量标准及检验方法》（JGJ 52—92）质量要求：

砂的颗粒级配区，含泥量限值，泥块含量，坚固性指标和有害物质限值见表 C2-3-37-2

~表 C2-3-37-6。

砂的颗粒级配区 表 C2-3-37-2

累计筛余（%） 筛孔尺寸（mm）	Ⅰ区	Ⅱ区	Ⅲ区
10.0	0	0	0
5.00	0～10	0～10	0～10
2.50	5～35	0～25	0～15
1.25	35～65	10～50	0～25
0.630	71～85	41～70	16～40
0.315	80～95	70～92	55～85
0.160	90～100	90～100	90～100

砂中含泥量限值 表 C2-3-37-3

混凝土强度等级	大于或等于 C30	小于 C30
含泥量（按重量计%）	≤3.0	≤5.0

砂中的泥块含量 表 C2-3-37-4

混凝土强度等级	大于或等于 C30	小于 C30
含泥量（按重量计%）	≤1.0	≤2.0

砂的坚固性指标 表 C2-3-37-5

混凝土所处的环境条件	循环后的重量损失（%）
在严寒及寒冷地区室外使用并经常处于潮湿或干湿交替状态下的混凝土	≤8
其他条件下使用的混凝土	≤10

砂中的有害物质限值 表 C2-3-37-6

项　目	质量指标
云母含量（按重量计%）	≤2.0
轻物质含量（按重量计%）	≤1.0
硫化物及硫酸盐含量（折算成 SO_3 按质量计%）	≤1.0
有机物含量（用比色法试验）	颜色不应深于标准色，如深于标准色，则应按水泥胶砂强度试验法，进行强度对比试验，抗压强度比不应低于 0.95

(8) 细骨料使用注意事项：

1) 砂粒的粗细，对混凝土拌合物有着重要的影响，相同条件下，砂子越细，总表面积越大，在混凝土中砂的表面都需要水泥浆包裹，较细的砂水泥用量相对多一些，反之水泥就用的少一些，水泥用量太少混凝土拌合物的和易性不良。一般情况下C20以上混凝土应选用中砂偏粗为宜。

2) 严格执行海砂的使用规定。因海砂中含有比较多的氯盐，对钢筋有严重腐蚀作用，应建立和健全使用海砂配制混凝土的管理规定，定期检查和取样试验。

3) 使用特细砂配制混凝土，应认真执行《特细砂混凝土配制应用规程》。细度模数小于0.7，且通过0.16mm筛的量大于30%的特细砂，在无实践依据和相应技术措施的情况下，一般不得用来配制混凝土。

4) 严格细骨料的复试。严格按《普通混凝土用砂质量标准及检验方法》（JGJ 52—92）执行。试验项目按标准要求，必试项目为颗粒级配、含泥量、泥块含量、有害物质含量，必要时对坚固性等进行试验。

5) 骨料混凝土被污染，这会使混凝土配合比失去准确性和降低水泥的粘结力，影响混凝土质量。

6) 对重要工程混凝土使用的砂，应采用化学法和砂浆长度法进行集料的碱活性检验。经上述检验判断为有潜在危害时，应采取下列措施：

①使用含碱量小于0.60%的水泥或采用能抑制碱—集料反应的掺合料；

②当使用含钾、钠离子的外加剂时，必须进行专门试验。

7) 采用海砂配制混凝土时，其氯离子含量应符合下列规定：

①对素混凝土，海砂中氯离子含量不予限制；

②对钢筋混凝土，海砂中氯离子含量不应大于0.06%（以干砂重的百分率计，下同）；

③对预应力混凝土不宜用海砂。若必须使用海砂时，则应经淡水冲洗，其氯离子含量不得大于0.02%。

3.2.3.38 石子试验报告（C2-3-38）

1. 资料表式
2. 实施要点

(1) 石子试验报告是对用于工程中的石子的表观密度、堆积密度、紧密密度、筛分、含泥量、泥块含量、针片状含量、压碎指标以及石子有机物含量等进行复试后由试验单位出具的质量证明文件。

(2) 石及其他粗骨料应有工地取样的试验报告单，应试项目齐全，试验编号必须填写，并应符合有关规范要求。

对重要工程混凝土使用的碎石或卵石应进行碱活性检验。

(3) 粗骨料试验报告必须是经省及其以上建设行政主管部门或其委托单位批准的试验室出具的试验报告方为有效报告。

(4) 当怀疑砂中因含有活性二氧化硅而可能引起碱—骨料反映时，应根据混凝土结构构件的使用条件进行专门试验，以确定其是否可用。

(5) 混凝土工程所使用的石按产地不同和批量要求进行试验，一般混凝土工程的石必须试验项目为颗粒级配、含水率、比重、密度、含泥量、泥块含量，对超过规定但仍可在某些部位使用的应由技术负责人签注，注明使用部位及处理方法。

石子检验报告表　　　　　　　　　　　　　　　　　表 C2-3-38

委托单位：						试验编号：					
工程名称						委托日期					
石子种类						报告日期					
产　　地			代表批量			检验类别					
检验项目	标准要求		实测结果		检验项目		标准要求		实测结果		
表观密度（kg/m³）					有机物含量						
堆积密度（kg/m³）					坚　固　性						
紧密密度（kg/m³）					岩石强度（N/mm²）						
含泥量（%）					压碎指标（%）						
泥块含量（%）					SO_3 含量（%）						
吸水率（%）					碱　活　性						
针片状含量（%）											
含水率（%）											
筛孔尺寸（mm）	90	75.0	63.0	53.0	37.5	31.5	26.5	19.0	16.0	9.50	4.75	2.36
标准下限（%）												
标准上限（%）												
实测结果（%）												
依据标准：												
检验结论：												
备　　注：												
试验单位：		技术负责人：		审核：				试（检）验：				

注：石子试验报告表式，可根据当地的使用惯例制定的表式应用，但表观密度(kg/m³)、有机物含量、堆积密度(kg/m³)、坚固性、紧密密度(kg/m³)、岩石强度(N/mm²)、含泥量(%)、压碎指标(%)、泥块含量(%)、SO_3含量(%)、吸水率(%)、碱活性、针片状含量(%)、含水率(%)、筛孔尺寸(mm)[标准下限(%)、标准上限(%)、实测结果(%)]、依据标准、检验结果等项试验内容必须齐全。实际试验项目根据工程实际择用。

对 C30 及 C30 以上的混凝土、防水混凝土、特殊部位混凝土设计提出要求的或无可信质量证明依据的应加试有害杂质含量等。

混凝土强度等级为 C40 及其以上混凝土或设计有要求时应对所用石子硬度进行试验。

（6）对有抗渗或其他特殊要求的混凝土，其所用碎石或卵石的含泥量不应大于 1%。泥块含量不应大于 0.5%；等于及小于 C10 的混凝土用碎石或卵石含泥量可放宽到 2.5%，泥块含量可放宽到 1%。

（7）碎石、卵石质量标准《普通混凝土用碎石或卵石质量标准及检验方法》（JGJ 53—92）。

碎石或卵石的颗粒级配范围；针、片状颗粒含量；碎碱卵石的含泥量和泥块含量。卵石的压碎指标值和碎石的压碎指标值，碎石或卵石的坚固性指标，有害物质的含量见表 C2-3-38-1～表 C2-3-38-8。每一试验项目需碎石或卵石的最少取样数量及坚固性各颗粒级试验取样数量见表 C2-3-38-9 和表 C2-3-38-10。

碎石或卵石的颗粒级配范围 表 C2-3-38-1

级配情况	公称粒级(mm)	累计筛余按重计(%) 筛孔尺寸(圆孔筛)(mm)										
		2.5	5.00	10.0	16.0	20.0	25.0	31.5	40.0	50.0	63.0	80.0	100
连续粒级	5~10	95~100	80~100	0~15	0	—	—	—	—	—	—	—	—
	5~16	95~100	90~100	30~60	0~10	0	—	—	—	—	—	—	—
	5~20	95~100	90~100	40~70	—	0~10	0	—	—	—	—	—	—
	5~25	95~100	90~100	—	—	30~70	0~5	0	—	—	—	—	—
	5~31.5	95~100	95~100	70~90	—	15~45	—	0~5	0	—	—	—	—
	5~40	—	95~100	75~90	—	30~65	—	—	0~5	0	—	—	—
单粒级	10~20	—	95~100	85~100	—	0~15	0	—	—	—	—	—	—
	16~31.5	—	95~100	—	85~100	—	—	0~10	0	—	—	—	—
	20~40	—	—	95~100	—	80~100	—	—	0~10	0	—	—	—
	31.5~63	—	—	—	95~100	—	75~100	45~75	—	—	0~10	0	—
	40~80	—	—	—	—	95~100	—	—	70~100	—	30~60	0~10	0

注：公称粒级的上限为该粒级的最大粒径。

针、片状颗粒含量 表 C2-3-38-2

混凝土强度等级	大于或等于 C30	小于 C30
针、片状颗粒含量，按重量计（%）	≤15	≤25

注：等于及小于 C10 等级的混凝土，其针、片状颗粒含量可放宽到 40%。泵送混凝土，针片状粒含量应≤10%。

碎石或卵石中的含泥量 表 C2-3-38-3

混凝土强度等级	大于或等于 C30	小于 C30
含泥量按重量计（%）	≤1.0	≤2.0

注：对有抗冻、抗渗或其他特殊要求的混凝土，其所用碎石或卵石的含泥量不应大于 1.0%。如含泥量本身是非黏土质的石粉时，含泥量可由 1.0%、2.0%，分别提高到 1.5%、3.0%；等于及小于 C10 级的混凝土用碎石或卵石，其含泥量可放宽到 2.5%。

碎石或卵石中的泥块含量 表 C2-3-38-4

混凝土强度等级	大于或等于 C30	小于 C30
含泥量按重量计（%）	≤0.5	≤0.7

注：有抗冻、抗渗和其他特殊要求的混凝土，其所用碎石或卵石的泥块含量应不大于 0.5%；对等于或小于 C10 的混凝土用碎石或卵石其泥块含量或可放宽到 1.0%。

碎石的压碎指标值 表 C2-3-38-5

岩石品种	混凝土强度等级	碎石压碎指标值（%）
水成岩	C55~C40	≤10
	≤C35	≤16
变质岩或深成的火成岩	C55~C40	≤12
	≤C35	≤20
火成岩	C55~C40	≤13
	≤C35	≤30

注：1. 水成岩包括石灰岩、砂岩等。变质岩包括片麻岩、石英岩等。深成的火成岩包括花岗岩、正长岩、闪长岩和橄榄岩等。喷出的火成岩包括玄武岩和辉绿岩等。

2. 混凝土强度等级为 C60 及以上时应进行岩石抗压强度检验，其他情况下如有怀疑或认为有必要时也可进行岩石的抗压强度检验。岩石的抗压强度与混凝土强度等级之比不应小于 1.5，且火成岩强度不宜低于 80MPa，变质岩不宜低于 60MPa，水成岩不宜低于 30MPa。

卵石的压碎指标值 表 C2-3-38-6

混凝土强度等级	C55～C40	≤C35
压碎指标值（%）	≤12	≤16

碎石或卵石的坚固性指标 表 C2-3-38-7

混凝土所处的环境条件	循环后的重量损失（%）
在严寒及寒冷地区室外使用并经常处于潮湿或干湿交替状态下的混凝土	≤8
其他条件下使用的混凝土	≤12

注：有腐蚀性介质作用或经常处于水位变化区的地下结构或有抗疲劳、耐磨、抗冲击等要求的混凝土用碎石或卵石，其重量损失应不大于8%。

碎石或卵石中的有害物质含量 表 C2-3-38-8

项　　目	质　量　要　求
硫化物及硫酸盐含量（折算成 SO_3 按重量计）（%）	≤1.0
卵石中有机质含量（用比色法试验）	颜色应不深于标准色。如深于标准色，则应配制成混凝土进行强度对比试验，抗压强度比应不低于0.95

每一试验项目所需碎石或卵石的最少取样数量（kg） 表 C2-3-38-9

试验项目	最　大　粒　径（mm）							
	10	16	20	25	31.5	40	63	80
筛分析	10	15	20	20	30	40	60	80
表观密度	8	8	8	8	12	16	24	24
含水率	2	2	2	2	3	3	4	6
吸水率	8	8	1	16	16	24	24	32
堆积密度、紧密密度	40	40	40	40	40	80	120	120
含泥量	8	8	24	24	40	40	80	80
泥块含量	8	8	24	24	40	40	80	80
针、片状含量	1.2	4	8	8	20	40	80	80
硫化物、硫酸盐	1.0							

注：当配制混凝土强度等级为C60及以上时应进行岩石抗压强度检验，其他情况下如有怀疑或认为有必要时也可进行岩石的抗压强度检验。岩石的抗压强度检验取样时，应取有代表性的岩石样品用石材切割机切割成边长为50mm立方体，或用钻孔机钻取直径与高度均为50mm圆柱体，共6块，作岩石抗压强度检验。碎石或卵石的压碎指标试验，其标准试样一律采用10～20mm颗粒，并在气干状态下进行试验。所取试样数量约15kg。

卵石、碎石坚固性所需的各粒级试验取样数量 表 C2-3-38-10

粒级（mm）	5～10	10～20	20～40	40～63	63～80
试样重（g）	500	1000	1500	3000	3000

注：1. 粒级为10～20mm试样中，应含有10～16mm颗粒40%，16～20mm颗粒60%。
　　2. 粒级为20～40mm试样中，应含有20～31.5mm颗粒40%，31.5～40mm颗粒60%。

(8) 石子每验收批取样应按下列规定执行：

在料堆上取样时，取样部位应均匀分布。取样前先将取样部位表面铲除，然后由各部位抽取大致相等的石子 15 分（在料堆的顶部、中部和底部各均匀分布的 5 个不同部位取得）组成一组样品。

从皮带运输机上取样时，应在皮带运输机机尾的出料处用接料器定时取 8 份石子，组成一组样品。

从火车、汽车、货船上取样时，应从不同部位和深度抽取大致相同的石子 16 份，组成一组样品。

注：如经观察，认为各节车皮站（车辆间、船只间）材料质量相差甚为悬殊时，应对质量有怀疑的每节车皮（车辆、船只）分别取样和验收。

(9) 注意事项：

1) 混凝土用石取样后，每组样品应妥善包装，避免细料散失及防止污染。并附样品卡片，标明样品的编号、取样时间、代表数量、产地、样品量、要求检验项目及取样方法等。

2) 石子颗粒级配检验，应根据级配情况和公称粒级，按表 C2-3-38-1 要求确定筛子规格，核对报告结果时，也要按该表规定进行。

3) 对重要工程的混凝土所使用的碎石或卵石应进行碱活性检验。

进行碱活性检验时，首先应采用岩相法检验碱活性集料的品种、类型和数量（也可由地质部门提供）。若集料中含有活性二氧化硅时，应采用化学法和砂浆长度法进行检验；若含有活性碳酸盐集料时，应采用岩石柱法进行检验。

经上述检验，集料判定为有潜在危害时，属碱——碳酸盐反应的不宜作混凝土集料，如必须使用，应以专门的混凝土试验结果作出最后评定。

潜在危害属碱——硅反应的，应遵守以下规定方可使用：

①使用含碱量小于 0.6% 的水泥或采用能抑制碱——集料反应的掺合料；

②当使用含钾、钠离子的混凝土外加剂时，必须进行专门的试验。

4) 重视粗骨料的选择和使用。按工程需要合理选择粗骨料的级配、形状等。低强度等级的混凝土用卵石，高强度等级宜用碎石。

3.2.3.39 轻集料试验报告（C2-3-39）

1. 资料表式

2. 实施要点

(1) 轻集料试验报告是对用于工程中的轻集料的筛分指标等进行复试后由试验单位出具的质量证明文件。

(2) 轻集料：凡集料粒径在 5mm 以上，松散密度小于 1000kg/m³ 者，称为轻粗集料；粒径小于 5mm，松散密度小于 1200kg/m³ 者，称为轻细集料。

轻集料又可分为超轻集料、普通轻集料和高强轻集料。

超轻集料：堆积密度不大于 500kg/m³ 的保温用或结构保温用的轻粗集料。

普通轻集料：堆积密度大于 510kg/m³ 的轻粗集料。

高强轻集料：强度等级不小于 25MPa 的结构用轻粗集料。

轻集料主要有：黏土陶粒和陶砂、页岩陶粒和陶砂、粉煤灰陶粒、浮石、火山渣、煤渣、自燃煤矸石、膨胀矿渣珠等。

注：粒径小于5mm的黏土陶粒和页岩陶粒称为黏土陶砂和页岩陶砂。

轻集料试验报告 表 C2-3-39

委托单位： 试验编号：

工程名称				委托日期	
轻集料种类		密度等级		报告日期	
产　　地		代表批量		检验类别	
检验项目				实测结果	
试验结果	一、筛分析	1. 细度模数（细骨料）			
		2. 最大粒径（粗骨料）			
		3. 级配情况			
	二、表观密度				
	三、堆积密度				
	四、筒压强度				
	五、吸水率（1h）				
	六、其他				
依据标准：					
检验结论：					
试验单位：	技术负责人：	审核：	计算：	试（检）验：	

注：1. 轻集料试验报告表式，可根据当地的使用惯例制定的表式应用，但筛分析［细度模数（细集料）、最大粒径（粗集料）、级配情况］、表观密度、堆积密度、筒压强度、吸水率（1h）、其他、依据标准、检验结果等项试验内容必须齐全。实际试验项目根据工程实际择用。

2. 表内其他栏：指轻集料设计或工程需要时的测试项目。如：空隙率、软化系数、含泥量及黏土块含量、粒型系数、匀质性指标的统计检验、煮沸质量损失、硫化物或硫酸盐含量、烧失量、有机物含量等。

（3）取样数量及方法：

轻集料按品种、种类、密度等级和质量等级分批检验与验收。每200m^3为一批。不足200m^3亦以一批论。

（4）合格判定：

产品检验（含复验）后，各项性能指标都符合相应标准的相应等级规定时，可判为符合该等级。若有一项性能指标不符合相应标准要求时，则应从同一批轻集料中加倍取样，对不符合标准要求的项目进行复验。复验后，仍然不符合相应标准要求时，则该产品判为降等或不合格。

产品出厂时，生产厂应提供质量合格证书，内容包括：轻集料品种名称和生产厂名；合格证编号及发放日期；检验结果及执行标准编号；批量编号及供货数量；检验部门及检验人员签章。

轻集料一般用于结构或结构保温用混凝土或保温用轻混凝土。

（5）轻集料的主要性能测试包括：筛分析、表观密度、筒压强度、堆积密度、吸水率等。

3.2.3.40 防水材料（卷材、涂料）合格证、试验报告汇总表（C2-3-40）

防水材料合格证、试验报告汇总表是指对用于工程的防水材料的合格证、试验报告及品种、规格、数量等进行分类整理、汇总按 C2-3-1 表式及有关说明执行。

3.2.3.41 防水材料（卷材、涂料）合格证粘贴表（C2-3-41）

1. 防水材料的出厂合格证（包括商标上有技术指标），内容应包括品种、强度等级等各项技术指标。使用单位应在出厂合格证上注明设计要求的品种、强度等级。

2. 防水材料合格证粘贴按 C2-3-2 表式及有关说明执行。

3.2.3.42 防水卷材试验报告（C2-3-42）

1. 资料表式

防水卷材试验报告表　　　　　　　　　　表 C2-3-42

委托单位：　　　　　　　　　　　　　试验编号：

工程名称				委托日期			
生产厂家				报告日期			
使用部位				检验类别			
代表数量		规格型号			批号		
试验结果	一、拉力试验	1. 拉力（N）		纵		横	
		2. 拉伸强度		纵	MPa	横	MPa
	二、断裂伸长率（延伸率）			纵	%	横	%
	三、剥离强度（屋面）						MPa
	四、粘合性（地下）						MPa
	五、耐热度	温度（℃）			评定		
	六、不透水性（抗渗透性）						
	七、柔韧性(低温柔性、低温弯折性)	温度（℃）			评定		
	八、其他						

依据标准：

结论

备注：

试验单位：　　　　技术负责人：　　　　审核：　　　　试（检）验：

注：防水卷材试验报告表式，可根据当地的使用惯例制定的表式应用，但拉力试验（拉力（N）、拉伸强度）、断裂伸长率（延伸率）、剥离强度（屋面）、粘合性（地下）、耐热度（温度（℃））、评定）、不透水性（抗渗透性）、柔韧性（低温柔性、低温弯折性）：（温度（℃）、评定）、其他、依据标准、检验结果等项试验内容必须齐全。实际试验项目根据工程实际择用。

2. 实施要点

（1）防水卷材试验报告是对用于工程中的防水卷材的耐热度、不透水性、拉力、柔度等指标进行复试后由试验单位出具的质量证明文件。

（2）屋面防水用卷材厚度应按表 C2-3-42-1 执行。

卷材厚度选用表　　　　　　　　　表 C2-3-42-1

层面防水等级	设防道数	合成高分子防水卷材	高聚物改性沥青防水卷材	沥青防水卷材
Ⅰ级	三道或三道以上设防	不应小于1.5mm	不应小于3mm	—
Ⅱ级	二道设防	不应小于1.2mm	不应小于3mm	—
Ⅲ级	一道设防	不应小于1.2mm	不应小于4mm	三毡四油
Ⅳ级	一道设防	—	—	二毡三油

(3) 新型防水材料性能必须符合设计要求并应有合格证和有效鉴定材料，进场后必须复试。

(4) 防水材料的进场检查：

1) 防水材料品种繁多，性能各异，应按各自标准要求进行外观检查，并应符合相应标准的规定。

2) 检查出厂合格证，与进场材料分别对照检查商标品种、强度等级、各项技术指标。

3) 检查不合格的防水材料应由专业技术负责人签发不合格防水材料处理使用意见书，提出降级使用或作他用、退货等技术措施，确认必须退换的材料不得用于工程。

4) 按规定在现场进行抽样复检，对试件进行编号后按见证取样规定送试验室复试。

(5) 卷材防水层应采用高聚物改性沥青防水卷材、合成高分子防水卷材或沥青防水卷材。所选用的基层处理剂、接缝胶粘剂、密封材料等配套材料应与铺贴的卷材材性相容，使之粘结良好。

(6) 取样要求见表 C2-3-42-2。

各类防水材料的取样方法、数量、代表批量　　　表 C2-3-42-2

序号	名 称	方 法 及 数 量	代 表 批 量
1	石油沥青纸胎油毡、油纸	在重量检查合格的10卷中取重量最轻的，外观、面积合格的无接头的一卷作为物理性能试样，若最轻的一卷不符合抽样条件时，可取次轻的一卷，切除距外层卷头2.5m后顺纵向截取0.5m长的全幅卷材两块	同品种、标号、等级1500卷
2	弹性体改沥青防水卷材	在卷重检查合格的样品中取重量最轻的，外观、面积、厚度合格的，无接头的一卷作为物理性能试验样品，若最轻的一卷不符合抽样条件时，可取次轻的一卷，切除距外层卷头2.5m后，顺纵向截取长度0.5m的全幅卷材两块	同品种、标号、等级1000卷
3	塑性体改沥青防水卷材		
4	改性沥青聚乙烯胎防水卷材	从卷重、外观、尺寸偏差均合格的产品中任取一卷，在距端部2m处顺纵向取长度1m的全幅卷材两块	
5	聚氯乙烯防水卷材	外观、表面质量检验合格的卷材，任取一卷，在距端部0.3m处截取长度3m的全幅卷材两块	同类型、同规格5000m²
6	氯化聚乙烯防水卷材		
7	三元丁橡胶防水卷材	从规格尺寸、外观合格的卷材中任取一卷，在距端部3m处，顺纵向截取长度0.5m的全幅卷材两块	同规格、等级300卷
8	三元乙丙片材	从规格尺寸、外观合格的卷材中任取一卷，在距端部0.3m处，顺纵向截取长度1.5m的全幅卷材两块	同规格、等级3000m²
9	水性沥青基防水涂料	任取一桶，使之均匀，按上、中、下三个位置，用取样器取出4kg，等分两等份，分别置于洁净的瓶内，并密封置于5℃至35℃的室内	5t
10	水性聚氯乙烯焦油防水涂料		5t
11	聚氨酯防水涂料	取样方法同上，取样数量为甲、乙组分总量2kg两份	甲组分5t，乙组分按与甲组分重量比
12	沥 青	取样时从每个取样单位的不同部位分五处取数量大致相等的洁净试样，共2kg，混合均匀等分成两等份	20t

(7) 防水材料标准：
1)《石油沥青纸胎油毡物理性能》(GB 326—89)
石油沥青纸胎油毡（纸）的物理性能见表 C2-3-42-3 和表 C2-3-42-4。

石油沥青纸胎油纸的物理性能　　　　　　　　　表 C2-3-42-3

指标名称 \ 标号	200 号	350 号
浸渍材料占干原纸重量 不小于（%）	100	
吸水率（真空法）不大于（%）	25	
拉力 25±2℃时纵向 不小于（N）	100	240
弯度在 18±2℃时	围绕 Φ10mm 圆棒或弯板无裂纹	

石油沥青纸胎油毡的物理性能　　　　　　　　　表 C2-3-42-4

指标名称 \ 标号等级	200 号			350 号			500 号		
	合格	一等	优等	合格	一等	优等	合格	一等	优等
单位面积浸涂材料总量（g/m²）不小于	600	700	800	1000	1050	1110	1400	1450	1500
不透水性 压力不小于（MPa）	0.05			0.10			0.15		
不透水性 保持时间不小于（min）	15	20	30	30	45		30		
吸水率（真空法）不大于（%）粉毡	1.0			1.0			1.5		
吸水率（真空法）不大于（%）片毡	3.0			3.0			3.0		
耐热度（℃）	85±2	90±2		85±2	90±2		85±2	90±2	
	受热 2h 涂盖层应无滑动和集中性气泡								
拉力 25±2℃时纵向不小于（N）	240	270		340	370		440	470	
柔度	18±2℃	18±2℃	16±2℃	14±2℃			18±2℃	14±2℃	
	绕 Φ20mm 圆棒或弯板无裂纹						绕 Φ25mm 圆棒或弯板无裂纹		

2)《弹性体改性沥青防水卷材》(GB 18242—2000)

弹性体改性沥青防水卷材物理性能见表 C2-3-42-5。

弹性体改性沥青防水卷材物理性能　　　　　表 C2-3-42-5

序号	胎基			PY		G	
	型号			Ⅰ	Ⅱ	Ⅰ	Ⅱ
1	可溶物含量（g/m²）≥	2mm		—		1300	
		3mm		2100			
		4mm		2900			
2	不透水性	压力（MPa）≥		0.3		0.2	0.3
		保持时间（min）≥		30			
3	耐热度（℃）			90	105	90	105
				无滑动、流淌、滴落			
4	拉力（N/50mm）≥	纵向		450	800	350	500
		横向				250	300
5	最大拉力时延伸率（%）≥	纵向		30	40	—	
		横向					
6	低温柔度（℃）			-18	-25	-18	-25
				无裂纹			
7	撕裂强度（N）≥	纵向		250	350	250	350
		横向				170	200
8	人工气候加速老化	外观		1级			
				无滑动、流淌、滴落			
		拉力保持率（%）≥	纵向	80			
		低温柔度（℃）		-10	-20	-10	-20
				无裂纹			

注：表中 1～6 项为强制性项目。

3)《塑性改体沥青防水卷材》(GB 18243—2000)

塑性改体沥青防水卷材物理性能见表 C2-3-42-6。

塑性改体沥青防水卷材物理性能 表 C2-3-42-6

序号	胎基		PY		G	
	型号		Ⅰ	Ⅱ	Ⅰ	Ⅱ
1	可溶物含量 (g/m²) ≥	2mm	—			1300
		3mm	2100			
		4mm	2900			
2	不透水性	压力(MPa)≥	0.3		0.2	0.3
		保持时间(min)≥	30			
3	耐热度(℃)		110	130	110	130
			无滑动、流淌、滴落			
4	拉力(N/50mm)≥	纵向	400	800	350	500
		横向			250	300
5	最大拉力时延伸率(%)≥	纵向	25	40	—	
		横向				
6	低温柔度(℃)		−5	−15	−5	−15
			无裂纹			
7	撕裂强度(N)≥	纵向	250	350	250	350
		横向			170	200
8	人工气候加速老化	外观	1级			
			无滑动、流淌、滴落			
		拉力保持率(%)≥ 纵向	80			
		低温柔度(℃)	3	−10	3	−10
			无裂纹			

注：表中1~6项为强制性项目，当需要耐热度超过130℃卷材时，该指标可由供需双方协商确定。

4)《改性沥青聚乙烯胎防水卷材》(GB 18967—2003)

改性沥青聚乙烯胎防水卷材性能见表 C2-3-42-7。

改性沥青聚乙烯胎防水卷材性能表　　　表 C2-3-42-7

序号	上表面覆盖材料			E					AL			
	基 料			O		M		P		M		P	
	型 号			Ⅰ	Ⅱ	Ⅰ	Ⅱ	Ⅰ	Ⅱ	Ⅰ	Ⅱ	Ⅰ	Ⅱ
1	不透水性 (MPa),≥			0.3									
				不 透 水									
2	耐热度 (℃)			85	85	90	90	95		85	90	90	95
				无流淌,无起泡									
3	拉力 (N/50mm) ≥		纵向	100	140	100	140	100	140	200	220	200	220
			横向		120		120		120				
4	断裂延伸率 (%) ≥		纵向	200	250	200	250	200	250	—			
			横向										
5	低温柔度 (℃)			0	−5	−10		−15		−5	−10		−15
				无 裂 纹									
6	尺寸稳定性		℃	85	85	90	90	95		85	90	90	85
			%,≤	2.5									
7	热空气老化	外观		无流淌,无起泡									
		拉力保持率 (%) ≥,纵向		80						—			
		低温柔度 (℃)		8	3	−2		−7					
8	人工气候加速老化	外观								无流淌,无起泡			
		拉力保持率 (%) ≥,纵向		无 裂 纹						80			
		低温柔度 (℃)		—						3	−2		−7
										无 裂 纹			

注：表中 1~5 项为强制性的

5)《聚氯乙烯防水卷材》(GB 12952—2003)。

N类卷材理化性能和L类、W类卷材理化性能见表C2-3-42-8～表C2-3-42-11。

N类卷材理化性能（一） 表C2-3-42-8

序号	项目		Ⅰ型	Ⅱ型
1	拉伸强度（MPa） ≥		8.0	12.0
2	断裂伸长率（%） ≥		200	250
3	热处理尺寸变化率（%） ≤		3.0	2.0
4	低温弯折性		-20℃无裂纹	-25℃无裂纹
5	抗穿孔性		不渗水	
6	不透水性		不透水	
7	剪切状态下的粘合性（N/mm） ≥		3.0或卷材破坏	
8	热老化处理	外观	无起泡、裂纹、粘结和孔洞	
		拉伸强度变化率（%）	±25	±20
		断裂伸长率变化率（%）	±25	±20
		低温弯折性	-15℃无裂纹	-20℃无裂纹
9	耐化学侵蚀	拉伸强度变化率（%）	±25	±20
		断裂伸长率变化率（%）	±25	±20
		低温弯折性	-15℃无裂纹	-20℃无裂纹
10	人工气候加速老化	拉伸强度变化率（%）	±25	±20
		断裂伸长率变化率（%）	±25	±20
		低温弯折性	-15℃无裂纹	-20℃无裂纹

注：非外露使用可以不考核人工气候加速老化性能。

L类及W类卷材理化性能（一） 表C2-3-42-9

序号	项目		Ⅰ型	Ⅱ型
1	拉力（N/cm） ≥		100	160
2	断裂伸长率（%） ≥		150	200
3	热处理尺寸变化率（%） ≤		1.5	1.0
4	低温弯折性		-20℃无裂纹	-25℃无裂纹
5	抗穿孔性		不渗水	
6	不透水性		不透水	
7	剪切状态下的粘合性（N/mm） ≥	L类	3.0或卷材破坏	
		W类	6.0或卷材破坏	
8	热老化处理	外观	无起泡、裂纹、粘结和孔洞	
		拉力变化率（%）	±25	±20
		断裂伸长率变化率（%）	±25	±20
		低温弯折性	-15℃无裂纹	-20℃无裂纹
9	耐化学侵蚀	拉力变化率（%）	±25	±20
		断裂伸长率变化率（%）	±25	±20
		低温弯折性	-15℃无裂纹	-20℃无裂纹
10	人工气候加速老化	拉力变化率（%）	±25	±20
		断裂伸长率变化率（%）	±25	±20
		低温弯折性	-15℃无裂纹	-20℃无裂纹

注：非外露使用可以不考核人工气候加速老化性能。

N类卷材理化性能（二） 表C2-3-42-10

序号	项目		Ⅰ型	Ⅱ型
1	拉伸强度（MPa）	≥	5.0	8.0
2	断裂伸长率（%）	≥	200	300
3	热处理尺寸变化率（%）	≤	3.0	纵向2.5 横向1.5
4	低温弯折性		-20℃无裂纹	-25℃无裂纹
5	抗穿孔性		不渗水	
6	不透水性		不透水	
7	剪切状态下的粘合性（N/mm）	≥	3.0或卷材破坏	
8	热老化处理	外观	无起泡、裂纹、粘结和孔洞	
8	热老化处理	拉伸强度变化率（%）	+25 / -20	±20
8	热老化处理	断裂伸长率变化率（%）	±50 / -30	±20
8	热老化处理	低温弯折性	-15℃无裂纹	-20℃无裂纹
9	耐化学侵蚀	拉伸强度变化率（%）	+25 / -20	±20
9	耐化学侵蚀	断裂伸长率变化率（%）	±50 / -30	±20
9	耐化学侵蚀	低温弯折性	-15℃无裂纹	-20℃无裂纹
10	人工气候加速老化	拉伸强度变化率（%）	+25 / -20	±20
10	人工气候加速老化	断裂伸长率变化率（%）	±50 / -30	±20
10	人工气候加速老化	低温弯折性	-15℃无裂纹	-20℃无裂纹

注：非外露使用可以不考核人工气候加速老化性能。

L类及W类卷材理化性能（二） 表C2-3-42-11

序号	项目		Ⅰ型	Ⅱ型
1	拉力（N/cm）	≥	70	120
2	断裂伸长率（%）	≥	125	250
3	热处理尺寸变化率（%）	≤	1.0	
4	低温弯折性		-20℃无裂纹	-25℃无裂纹
5	抗穿孔性		不渗水	
6	不透水性		不透水	
7	剪切状态下的粘合性/(N/mm) ≥	L类	3.0或卷材破坏	
7	剪切状态下的粘合性/(N/mm) ≥	W类	6.0或卷材破坏	
8	热老化处理	外观	无起泡、裂纹、粘结和孔洞	
8	热老化处理	拉力/(N/cm) ≥	55	100
8	热老化处理	断裂伸长（%） ≥	100	200
8	热老化处理	低温弯折性	-15℃无裂纹	-20℃无裂纹
9	耐化学侵蚀	拉力/(N/cm) ≥	55	100
9	耐化学侵蚀	断裂伸长（%） ≥	100	200
9	耐化学侵蚀	低温弯折性	-15℃无裂纹	-20℃无裂纹
10	人工气候加速老化	拉力/(N/cm) ≥	55	100
10	人工气候加速老化	断裂伸长（%） ≥	100	200
10	人工气候加速老化	低温弯折性	-15℃无裂纹	-20℃无裂纹

注：非外露使用可以不考核人工气候加速老化性能。

6)《三元丁橡胶防水卷材》(JC/T 645—96)

三元丁橡胶防水卷材性能见表 C2-3-42-12。

三元丁橡胶防水卷材性能表　　　　表 C2-3-42-12

产　品　等　级		一等品	合格品
不透水性	压力（MPa）不小于	0.3	
	保持时间（min）不小于	90，不透水	
	纵向拉伸强度（MPa）不小于	2.2	2.0
	纵向断裂伸长率（%）不小于	200	150
	低温弯折性（-30℃）	无裂纹	
耐碱性	纵向拉伸强度的保持率（%）不小于	80	
	纵向断裂伸长的保持率（%）不小于	80	
热老化处理	纵向拉伸强度保持率（80±2℃，168h）（%）不小于	80	
	纵向断裂伸长保持率（80±2℃，168h）（%）不小于	70	
热老化处理尺寸变化率（80±2℃，168h）（%）不小于		+4，+2	
人工加速气候老化 27 周期	外　观	无裂纹，无气泡，不粘结	
	纵向拉伸强度的保持率（%）不小于	80	
	纵向断裂伸长的保持率（%）不小于	70	
	低温弯折性	-20℃，无裂缝	

7)《高分子防水卷材》(GB 181731—2000)

均质片的物理性能和复合片的物理性能见表 C2-3-42-13 和表 C2-3-42-14。

均质片的物理性能　　　　表 C2-3-42-13

项　目		指　标										适用试验条目
		硫化橡胶类				非硫化橡胶类			树脂类			
		JL1	JL2	JL3	JL4	JF1	JF2	JF3	JS1	JS2	JS3	
断裂拉伸强度（MPa）	常温 ≥	7.5	6.0	6.0	2.2	4.0	3.0	5.0	10	16	14	5.3.2
	60℃ ≥	2.3	2.1	1.8	0.7	0.8	0.4	1.0	4	6	5	
扯断伸长率（%）	常温 ≥	450	400	300	200	450	200	200	200	550	500	
	-20℃ ≥	200	200	170	100	200	100	100	15	350	300	
撕裂强度 (kN/m) ≥		25	24	23	15	18	10	10	40	60	60	5.3.3
不透水性[①] (30min) 无渗漏		0.3MPa	0.3MPa	0.2MPa	0.2MPa	0.3MPa	0.2MPa	0.2MPa	0.3MPa	0.3MPa	0.3MPa	5.3.4
低温弯折[②]（℃）≤		-40	-30	-30	-20	-30	-20	-20	-20	-35	-35	5.3.5
加热伸缩量（mm）	延伸 <	2	2	2	2	2	4	4	2	2	2	5.3.6
	收缩 <	4	4	4	4	4	6	10	6	6	6	
热空气老化 (80℃×168h)	断裂拉伸强度保持率（%）≥	80	80	80	80	90	60	80	80	80	80	5.3.7
	扯断伸长率保持率（%）≥	70	70	70	70	70	70	70	70	70	70	
	100%伸长率外观	无裂纹	无裂纹	无裂纹	无裂纹	无裂纹	无裂纹	无裂纹	无裂纹	无裂纹	无裂纹	5.3.8
耐碱性 [10%Ca(OH)$_2$常温×168h]	断裂拉伸强度保持率（%）≥	80	80	80	80	80	70	70	80	80	80	5.3.9
	扯断伸长率保持率（%）≥	80	80	80	80	90	80	70	80	90	90	
臭氧老化[③]（40℃×168h）	伸长率40%, 500pphm	无裂纹	—	—	—	无裂纹	—	—	—	—	—	5.3.10
	伸长率20%, 500pphm	—	无裂纹	—	—	—	—	—	—	—	—	
	伸长率20%, 200pphm	—	—	无裂纹	—	—	—	—	无裂纹	无裂纹	无裂纹	
	伸长率20%, 100pphm	—	—	—	无裂纹	—	无裂纹	无裂纹	—	—	—	
人工候化	断裂拉伸强度保持率（%）≥	80	80	80	80	80	70	80	80	80	80	5.3.11
	扯断伸长率保持率（%）≥	70	70	70	70	70	70	70	70	70	70	
	100%伸长率外观	无裂纹	无裂纹	无裂纹	无裂纹	无裂纹	无裂纹	无裂纹	无裂纹	无裂纹	无裂纹	
粘合性能	无处理	自基准线的偏移及剥离长度在 5mm 以下，且无有害偏移及异状点										5.3.12
	热处理											
	碱处理											

注：人工候化和粘合性能项目为推荐项目。
采用说明：
① 日本标准无此项。
② 日本标准无此项。
③ 日本标准中规定臭氧浓度为 75pphm。

复合片的物理性能　　　　　　表 C2-3-42-14

项目			种类				适用试验条目
			硫化橡胶类	非硫化橡胶类	树脂类		
					FS1	FS2	
断裂拉伸强度（N/cm）	常温	≥	80	60	100	60	5.3.2
	60℃	≥	30	20	40	30	
胶断伸长率（%）	常温	≥	300	250	150	400	
	−20℃	≥	150	50	10	10	
撕裂强度（N）		≥	40	20	20	20	5.3.3
不透水性①（30min）无渗漏			0.3MPa	0.3MPa	0.3MPa	0.3MPa	5.3.4
低温弯折②（℃）≤			−35	−20	−30	−20	5.3.5
加热伸缩量（mm）	延伸	<	2	2	2	2	5.3.6
	收缩	<	4	4	2	4	
热空气老化（80℃×168h）	断裂拉伸强度保持率（%）	≥	80	80	80	80	5.3.7
	胶断伸长率保持率（%）	≥	70	70	70	70	
耐碱性[10%Ca(OH)$_2$ 常温×168h]	断裂拉伸强度保持率（%）	≥	80	60	80	80	5.3.9
	胶断伸长率保持率（%）	≥	80	60	80	80	
臭氧老化③（40℃×168h），200pphm			无裂纹	无裂纹	无裂纹	无裂纹	5.3.10
人工候化	断裂拉伸强度保持率（%）	≥	80	70	80	80	5.3.11
	胶断伸长率保持率（%）	≥	70	70	70	70	
粘合性能	无处理		自基准线的偏移及剥离长度在5mm以下，且无有害偏移及异状点				5.3.12
	热处理						
	碱处理						

注：人工候化和粘合性能项目为推荐项目，带织物加强层的复合片不考核粘合性能。

采用说明：
①日本标准无此项。
②日本标准无此项。
③日本标准中规定臭氧浓度为75pphm。

3.2.3.43 防水涂料试验报告（C2-3-43）

1. 资料表式

防水涂料试验报告　　　　　　　　　　　　　　　　　表 C2-3-43

委托单位：　　　　　　　　　　　　　　　　　　　　试验编号：

工程名称及使用部位		委托日期	
试样名称及规格型号		报告日期	
生 产 厂 家		检验类别	
代 表 数 量		批 号	

试验结果	一、延伸性			mm
	二、拉伸强度			MPa
	三、断裂伸长率			%
	四、粘结性			MPa
	五、耐热度	温度（℃）	评定	
	六、不透水性			
	七、柔韧性（低温）	温度（℃）	评定	
	八、固体含量			
	九、其他			

依据标准：

检验结论：

备　注：

试验单位：　　　　技术负责人：　　　　审核：　　　　试（检）验：

注：防水涂料试验报告表式，可根据当地的使用惯例制定的表式应用，但延伸性（mm）、拉伸强度（MPa）、断裂伸长率（%）、粘结性（MPa）、耐热度（温度（℃）、评定）、不透水性、柔韧性（低温）：（温度（℃）、评定）、固体含量、其他、依据标准、检验结果等项试验内容必须齐全。实际试验项目根据工程实际择用。

2．实施要点

（1）建筑防水涂料一般应进行固体含量、耐热度、粘结性、延伸性、拉伸性、加热伸缩率、低温柔性、干燥时间、不透水性和人工加速老化等性能试验。

（2）厚质涂料涂刷量为（180±0.1）g/mm；薄质涂料涂刷量为（56±0.1）g/mm；

（3）防水材料标准：

1)《水性沥青基防水涂料》(JC 408—91)。

水性沥青基防水涂料物理性能见表C2-3-43-1。

水性沥青基防水涂料物理性能表　　　　表 C2-3-43-1

项目		质量指标			
		AE-1 类		AE-2 类	
		一等品	合格品	一等品	合格品
外观		搅拌后为黑色或黑灰色均质膏体或黏稠体，搅匀和分散在水溶液中无沥青丝	搅拌后为黑色或黑灰色均质膏体或黏稠体，搅匀和分散在水溶液中无沥青丝	搅拌后为黑色或蓝褐色均质液体，搅拌棒上不黏附任何颗粒	搅拌后为黑色或蓝褐色均质液体，搅拌棒上不黏附任何颗粒
固体含量（%）不小于		50		43	
延伸性（mm）不小于	无处理	5.5	4.0	6.0	4.5
	处理后	4.0	3.0	4.5	3.5
柔韧性		5±1℃	10±1℃	-15±1℃	-10±1℃
		无裂纹、断裂			
耐热性		80℃，5h，无流淌、起泡和滑动			
粘结性（MPa）不小于		0.2			
不透水性		不渗水			
抗冻性		20次无开裂			

注：试件参考涂布量与工程施工用量相同：AE-1 类为 8kg/m^2，AE-2 类为 2.5kg/m^2。

2)《聚氨酯防水涂料》(JC 500—92)

聚氨酯防水涂料物理性能见表C2-3-43-2。

聚氨酯防水涂料物理性能表

表 C2-3-43-2

序号	试验项目		技术要求	
			一等品	合格品
1	拉伸强度（MPa）	无处理大于	2.45	1.65
		加热处理	无处理值的80%~150%	不小于无处理值的80%
		紫外线处理	无处理值的80%~150%	不小于无处理值的80%
		碱处理	无处理值的60%~150%	不小于无处理值的60%
		酸处理	无处理值的80%~150%	不小于无处理值的80%
2	断裂时的延伸率（%）大于	无处理	450	350
		加热处理	300	200
		紫外线处理	300	200
		碱处理	300	200
		酸处理	300	200
3	加热伸缩率（%）小于	伸 长	1	
		缩 短	4	6
4	拉伸时的老化	加热老化	无裂缝及变形	
		紫外线老化	无裂缝及变形	
5	低温柔性（℃）	无处理	-35 无裂纹	-30 无裂纹
		加热处理	-30 无裂纹	-25 无裂纹
		紫外线处理	-30 无裂纹	-25 无裂纹
		碱处理	-30 无裂纹	-25 无裂纹
		酸处理	-30 无裂纹	-25 无裂纹
6	不透水性（0.3MPa，30min）		不渗漏	
7	固体含量（%）		≥94	
8	适用时间（min）		≥20 黏度不大于 10^5 mPa·s	
9	涂膜表干时间（h）		≤4 不粘手	
10	涂膜实干时间（h）		≤12 无粘着	

3) 《水性聚氯乙烯焦油防水涂料》(JC 634—1996)

水性聚氯乙烯焦油防水涂料性能见表 C2-3-43-3。

水性聚氯乙烯焦油防水涂料性能表　　　表 C2-3-43-3

序号	试验项目		指标
1	延伸性（mm）≥（膜厚4mm）	无处理	14.0
		热处理	8.0
		碱处理	12.0
		紫外线处理	8.0
2	不挥发物含量（%）≥		43
3	低温柔性		Φ20mm，-10℃，无裂纹
4	耐热性		80±2℃，2h，无流淌、起泡
5	不透水性≥		0.10MPa，30min，无渗水
6	粘结强度（MPa）≥		0.20

4) 《建筑石油沥青》(GB/T 494—1998)

建筑石油沥青物理性能见表 C2-3-43-4。

建筑石油沥青物理性能表　　　表 C2-3-43-4

项目	质量指标			试验方法
	10号	30号	40号	
针入度（25℃，100g，5s），1/10mm	10~25	26~35	36~50	GB/T4509
延度（25℃，5cm/min）(cm) 不小于	1.5	2.5	3.5	GB/T4508
软化点（环球法）(℃) 不低于	95	75	60	GB/T4507
溶解度（三氯甲烷、三氯乙烯、四氯化碳或苯）(%) 不小于	99.5			GB/T11148
蒸发损失（163℃，5h）(%) 不大于	1			GB/T 11964
蒸发后针入度比（%）不小于	65			1)
闪点（开口）(℃) 不低于	230			GB/T 267
脆点（℃）	报告			GB/T 4510

注：测定蒸发损失后样品的针入度与原针入度之比乘以100后，所得的百分比，称为蒸发后针入度比。

(4) 填表说明：

1) 断裂伸长率（延伸率）：指防水涂料在一定温度和外力作用下的变形能力，在做拉伸性能试验时求得。照实际试验结果填写。

2) 拉伸强度：是防水涂料验收时的测试项目之一，防水涂料做拉伸性能试验时拉断时的强度值，在作拉伸性能试验时求得，以 MPa 表示，照实际试验结果填写。

3) 粘结性：是防水涂料验收时的测试项目之一，在20℃±2℃温度下，用8字形金属模法测试抗拉强度不小于0.2MPa，照实际试验结果填写。

4) 耐热度：是防水涂料验收时的测试项目之一，在80℃±2℃温度下，恒温无效时，无皱纹，起泡现象，照实际试验结果填写。

5) 不透水性：是防水涂料验收时的测试项目之一，在20℃±2℃动水压法，0.1MPa 保持30分钟不透水。照实际试验结果填写。

6) 柔韧性：是防水涂料验收时的测试项目之一，在-10℃温度下通过ϕ10mm圆棒，无裂纹、裂缝、剥落现象为合格，照实际试验结果填写。

3.2.3.44 ＿＿＿＿＿＿防水材料试（检）验报告（通用）（C2-3-44）

1. 资料表式

＿＿＿＿＿＿防水材料试（检）验报告表（通用）　　　　表 C2-3-44

委托单位：　　　　　　　　　　　　　　　　　　　　　　　　　　　试验编号：

工程名称及使用部位		委托日期		
试样名称及规格型号		报告日期		
生 产 厂 家		批号		检验类别
序 号	检 验 项 目	标 准 要 求	实 测 结 果	单 项 结 论
依据标准：				
检验结论：				
备　　注：				

试验单位：　　　　　技术负责人：　　　　　审核：　　　　　　　　　试（检）验：

注：防水材料试（检）验报告表式，可根据当地的使用惯例制定的表式应用。

2．实施要点

（1）该表为防水材料试（检）验报告的通用表式。通用表式是指以上表式不足以作为被试防水材料试（检）验报告时的用表。

（2）填表说明：

1）试样名称及规格型号：指产品种类的名称、规格及型号，如：石油沥青油毡（粉毡、片毡）及油纸、煤沥青油毡、玻璃丝布油毡、麻布油毡等。型号：指出厂合格证标定的型号，如：石油沥青油毡标号为200号、350号或500号三种；石油沥青油纸为200号、350号两种等，应填写清楚。

2）检验项目：卷材的必检项目为：不透水性、纵向拉力、吸水性、耐热度和柔度，设计要求进行其他项目试验时应补试。质量标准与试验结果应一并填写清楚，使其一目了然。

3）强度检验：即防水材料强度的检查与试验，分为抗折强度和抗压强度，由试验部门填写。

3.2.3.45 保温材料合格证、出厂检验报告（C2-3-45）

实施要点：

（1）保温材料合格证均应进行整理粘贴，应用表C2-3-2。

（2）保温材料合格证是指由保温材料生产厂家提供的出厂合格证和出厂检验报告，应按施工过程中依序形成的以上表式，经核查符合要求后全部粘贴表内（C2-3-2），不得缺漏。

3.2.3.46 保温材料试验报告（C2-3-46）

实施要点：

（1）保温材料试验报告表式可按材料检验报告（通用）C2-3-3执行。

（2）松散材料保温层的含水率应符合设计要求；松散保温材料应分层铺设并压实，压实的程度与厚度应经试验确定；保温层施工完成后，应及时进行找平层和防水层的施工；在雨季施工时，保温层应采取遮盖措施。

（3）板状材料保温层应紧靠在需保温的基层表面上，并应铺平垫稳；分层铺设的板块上下层接缝应相互错开；板间缝隙应采用同类材料嵌填密实。

（4）整体现浇（喷）保温层：沥青膨胀蛭石、沥青膨胀珍珠岩宜用机械搅拌，色泽均匀一致，无沥青团；压实程度根据试验确定，其厚度应符合设计要求，表面应平整；硬质聚氨酯泡沫塑料应按配比准确计量，发泡厚度均匀一致。

（5）保温材料的堆积密度或表观密度、导热系数以及板材的强度、吸水率，必须符合设计要求。

3.2.3.47 其他建筑材料出厂合格证（出厂检验报告）和试验报告（C2-3-47）

实施要点：

（1）其他建筑材料出厂合格证和出厂检验报告均应进行整理粘贴，应用表C2-3-2。

（2）其他建筑材料出厂合格证和出厂检验报告是指由混凝土外加剂生产厂家提供的出厂合格证和出厂检验报告，应按施工过程中依序形成的以上表式，经核查符合要求后全部粘贴表内（C2-3-2），不得缺漏。

（3）其他建筑材料出厂合格证和出厂检验报告的质量及应用技术应符合现行国家标准的规定。

（4）其他建筑材料试验报告表按C2-3-3执行。试验结果应符合现行国家标准的规定。

1．其他建筑材料出厂合格证（出厂检验报告）和试验报告汇总表（C2-3-47-1）

其他建筑材料出厂合格证（出厂检验报告）和试验报告汇总表按C2-3-1表式执行。

2．饰面板（砖）产品合格证、出厂检验报告（C2-3-47-2）

实施要点：

（1）饰面板（砖）产品合格证、出厂检验报告均应进行整理粘贴，应用表C2-3-2。

（2）饰面板（砖）产品合格证、出厂检验报告是指由饰面板（砖）生产厂家提供的出厂合格证和出厂检验报告，应按施工过程中依序形成的以上表式，经核查符合要求后全部粘贴表内（C2-3-2），不得缺漏。

3．饰面板（砖）试验报告（C2-3-47-3）

实施要点：

（1）饰面板（砖）产品试验报告按C2-3-3表式执行或按当地建设行政主管部门或其委托单位批准的具有相应资质的试验室提供的复试报告表式执行。

（2）饰面板（砖）产品试验报告的质量及应用技术应符合现行国家标准的规定。

（3）天然大理石、花岗石的技术等级、光泽度、外观等质量要求应符合建材行业标准《天然大理石建筑板材》、《天然花岗石建筑板材》JC205的规定；预制板块的强度等级、规格、质量应符合设计要求；水磨石板块尚应符合国家现行行业标准《建筑水磨石制品》JC507的规定；饰面板、砖的品种、规格、图案、颜色和性能应符合设计要求。木龙骨、木饰面板和塑料饰面板的燃烧性能等级应符合设计要求。

（4）面层与下一层应结合牢固、无空鼓。饰面砖粘贴必须牢固。铺设水泥混凝土板块、水磨石板块、水泥花砖、陶瓷锦砖、陶瓷地砖、缸砖、料石、大理石和花岗石面层等的结合层和填缝的水泥砂浆，在面层铺设后，表面应覆盖、湿润，其养护时间不应少于7d。

当板块面层的水泥砂浆结合层的抗压强度达到设计要求后，方可正常使用。

（5）大理石、花岗石面层采用天然大理石、花岗石（或碎拼大理石、碎拼花岗石）板材、料石面层采用天然条石和块石均应在结合层上铺设。

（6）采用湿作业法施工的饰面板工程，石材应进行防碱背涂处理。饰面板与基体之间的灌注材料应饱满、密实。

（7）饰面板上的孔洞应套割吻合，边缘应整齐。饰面板安装的允许偏差和检验方法应符合（GB 50210—2001）规范的规定。

4．吊顶、隔墙龙骨产品合格证（C2-3-47-4）

实施要点：

（1）吊顶、隔墙龙骨产品合格证均应进行整理粘贴，表式按 C2-3-2 执行。

（2）吊顶、隔墙龙骨产品合格证是指由饰面板（砖）生产厂家提供出厂合格证和出厂检验报告，应按施工过程中依序形成以上表式，经核查符合要求后全部粘贴表内（C2-3-2），不得缺漏。

5．隔墙墙板以及吊顶、隔墙面板产品合格证（C2-3-47-5）

实施要点：

（1）隔墙墙板以及吊顶、隔墙面板产品合格证表式按 C2-3-2 执行。

（2）隔墙墙板以及吊顶、隔墙面板产品合格证是指由饰面板（砖）生产厂家提供的出厂合格证和出厂检验报告，应按施工过程中依序形成以上表式，经核查符合要求后全部粘贴表内（C2-3-2），不得缺漏。

（3）隔墙板材的品种、规格、性能、颜色应符合设计要求。有隔声、隔热、阻燃、防潮等特殊要求的工程，板材应有相应性能等级的检测报告。

（4）隔墙板材安装必须牢固。安装隔墙板材所需预埋件、连接件的位置、数量及连接方法应符合设计要求。现制钢丝网水泥隔墙与周边墙体的连接方法应符合设计要求，并应连接牢固。

（5）隔墙上的孔洞、槽、盒应位置正确、套割方正、边缘整齐。

（6）骨架隔墙所用龙骨、配件、墙面板、填充材料及嵌缝材料的品种、规格、性能和木材的含水率应符合设计要求。有隔声、隔热、阻燃、防潮等特殊要求的工程，材料应有相应性能等级的检测报告。

（7）骨架隔墙中龙骨间距和构造连接方法应符合设计要求。木龙骨及木墙面板的防火和防腐处理必须符合设计要求。

（8）骨架隔墙的墙面板应安装牢固，无脱层、翘曲、折裂及缺损。骨架隔墙上的孔洞、槽、盒应位置正确、套割吻合、边缘整齐。

（9）骨架隔墙安装、板材隔墙安装的允许偏差和检验方法应符合（GB 50210—2001）规范的规定。

6．人造木板合格证（C2-3-47-6）

实施要点：

（1）人造木板合格证均应进行整理粘贴按 C2-3-2 表式执行。

（2）塑料板面层：

1）塑料板面层应采用塑料板块材、塑料板焊接、塑料卷材以胶粘剂在水泥类基层上铺设。

2）塑料板面层所用的塑料板块和卷材的品种、规格、颜色、等级应符合设计要求和国家标准的规定。

3）塑料板面层应表面洁净，图案清晰，色泽一致，接缝严密、美观。拼缝处的图案、花纹吻合，无胶痕；与墙边交接严密，阴阳角收边方正。

4）塑料板面层允许偏差应符合（GB 50209—2002）规范表 6.1.8 的规定。

（3）活动地板面层：

1）活动地板面层是用于防尘和防静电要求的专业用房的建筑地面工程。用特制的平压刨花板为基材，表面饰以装饰板和底层用镀锌板经粘结胶合组成的活动地板块，配以横梁、橡胶垫条和可供调节高度的金属支架组装成架空板铺设在水泥类面层（或基层）上。

2）活动地板面层包括标准地板、异形地板和地板附件（即支架和横梁组件）。采用的活动地板块应平整、坚实，面层承载力不得小于 7.5MPa，其系统电阻：A 级板为 $1.0 \times 10^5 \sim 1.0 \times 10^8 \Omega$；B 级板为 $1.0 \times 10^5 \sim 1.0 \times 10^{10} \Omega$。

3）当活动地板不符合模数时，其不足部分在现场根据实际尺寸将板块切割后镶补，并配装相应的可调支撑和横梁。切割边不经处理不得镶补安装，并不得有局部膨胀变形情况。

4）面层材质必须符合设计要求，且应具有耐磨、防潮、阻燃、耐污染、耐老化和导静电等特点。

7. 人造木板甲醛含量检测报告（C2-3-47-7）

实施要点：

（1）人造木板甲醛含量复验报告（指现场取样的复验）按 C2-3-3 表式执行或按当地建设行政主管部门或其委托单位批准的具有相应资质的试验室提供的复试报告表式执行。

（2）胶粘剂选用应符合现行国家标准《民用建筑工程室内环境污染控制规范》GB 50325 的规定。其产品应按基层材料和面层材料使用的相容性要求，通过试验确定。

8. 玻璃产品合格证、出厂性能检测报告（C2-3-47-8）

实施要点：

（1）玻璃产品合格证、出厂性能检测报告均应进行整理粘贴按 C2-3-2 表式执行。

（2）玻璃产品合格证、出厂性能检测报告是指由玻璃生产厂家提供的出厂合格证和出厂检验报告，应按施工过程中依序形成的以上表式，经核查符合要求后全部粘贴表内（C2-3-2），不得缺漏。

9. 室内外用大理石、花岗石、水磨石等合格证、出厂性能检验报告（C2-3-47-9）

实施要点：

（1）室内装饰装修工程用大理石、花岗石、水磨石等面积大于 500m² 时，材料必须实行进场检验。进场验收时，供货单位必须提供产品合格、物理性能检验报告，室内装饰装修工程用大理石、花岗石必须提供建筑材料放射性指标检验报告。

(2) 大理石、花岗石、水磨石等面层所用板块的品种、质量应符合设计要求。

(3) 天然大理石、花岗石、水磨石等的技术等级、光泽度、外观等质量要求应符合建材行业标准《天然大理石建筑板材》、《天然花岗石建筑板材》JC205 及水磨石生产厂的质量标准规定。

(4) 铺设大理石、花岗石面层前，板材应浸湿、晾干；结合层与板材应分段同时铺设。

10. 室内用大理石、花岗石等放射性检测报告（C2-3-47-10）

实施要点：

室内用大理石、花岗石等放射性检测报告（指现场取样的复验）按当地建设行政主管部门或其委托单位批准的具有相应资质试验室提供的检测报告表式执行。检测结果应符合相应标准规定。

11. 涂料产品合格证、出厂性能检验报告（C2-3-47-11）

实施要点：

(1) 涂料产品合格证、出厂性能检测报告均应进行整理粘贴，按 C2-3-2 表式执行。

(2) 涂料产品合格证、出厂性能检测报告是指由涂料生产厂家提供的出厂合格证和出厂检验报告，应按施工过程中依序形成以上表式，经核查符合要求后全部粘贴表内（C2-3-2），不得缺漏。

(3) 水性涂料涂饰工程所用涂料的品种、型号和性能、溶剂型涂料涂饰工程所选用涂料的品种、型号和性能、美术涂饰所用材料的品种、型号和性能均应符合设计要求。

12. 裱糊用壁纸、墙布产品合格证、出厂性能检验报告（C2-3-47-12）

实施要点：

(1) 裱糊用壁纸、墙布产品合格证、出厂性能检测报告均应进行整理粘贴，按 C2-3-2 表式执行。

(2) 裱糊用壁纸、墙布产品合格证、出厂性能检测报告是指由裱糊用壁纸、墙布生产厂家提供的出厂合格证和出厂检验报告，应按施工过程中依序形成的以上表式，经核查符合要求后全部粘贴表内（C2-3-2），不得缺漏。

(3) 壁纸、墙布的种类、规格、图案、颜色和燃烧性能等级必须符合设计要求及国家现行标准的有关规定。

(4) 复合压花壁纸的压痕及发泡壁纸的发泡层应无损坏。

注：裱糊用壁纸、墙布产品当需要复试时，试验报告表式以当地建设行政主管部门批准的试验室出具的试验报告表式为准。

13. 软包面料、内衬产品合格证、出厂性能检验报告（C2-3-47-13）

实施要点：

(1) 软包面料、内衬产品合格证、出厂性能检测报告均应进行整理粘贴，表式按 C2-3-2 执行。

(2) 软包面料、内衬产品合格证、出厂性能检测报告是指由软包面料、内衬生产厂家提供的出厂合格证和出厂检验报告，应按施工过程中依序形成以上表式，经核查符合要求后全部粘贴表内（C2-3-2），不得缺漏。

(3) 软包面料、内衬材料及边框的材质、颜色、图案、燃烧性能等级和木材的含水率应符合设计要求及国家现行标准的有关规定。

(4) 单块软包面料不应有接缝，四周应绷压严密。

注：软包面料、内衬产品当需要复试时，试验报告表式以当地建设行政主管部门批准的试验室出具的试验报告表式为准。

14. 地面材料产品合格证、出厂性能检验报告（C2-3-47-14）

实施要点：

(1) 地面材料产品合格证、出厂性能检测报告均应进行整理粘贴按 C2-3-2 表式执行。

(2) 地面材料产品合格证、出厂性能检测报告是指由地面材料生产厂家提供的出厂合格证和出厂检验报告，应按施工过程中依序形成的以上表式，经核查符合要求后全部粘贴表内（C2-3-2），不得缺漏。

注：地面材料产品当需要复试时，试验报告已有表式不足以使用时，应以当地建设行政主管部门批准的试验室出具的试验报告表式为准。

3.2.3.48 幕墙材料出厂合格证和试验报告（C2-3-48）

实施目的：

(1) 幕墙材料出厂合格证按 C2-3-2 表式执行。幕墙材料试验报告按试验室出具的试验报告表式执行。

(2) 隐框、半隐框幕墙所采用的结构粘结材料必须是中性硅酮结构密封胶，其性能必须符合《建筑用硅酮结构密封胶》（GB 16776—97）的规定；硅酮结构密封胶必须在有效期内使用。

(3) 硅酮结构胶的检测单位必须是国家经贸委认可的法定检测机构，并采用国家经贸委通过认可的生产企业（目前国内生产企业8家，国外生产企业4家）生产的产品（共25个品牌）。

注：1. 幕墙资料包括：设计图纸、文件、设计修改和材料代用文件；材料出厂质量证书，结构硅酮密封胶相容性试验报告、幕墙材料物理性能检验报告；构件出厂合格证书；隐蔽工程验收文件；施工安装自检记录。以上资料不得缺漏。

2. 幕墙结构计算书包括：位移、挠度计算；板材（玻璃）应力计算；横梁、立柱承载力计算；硅酮结构密封胶的强度验算；幕墙与主体结构连接件承载力计算等。

1. 铝合金、塑钢、幕墙材料（如玻璃）等出厂质量证书汇总表（C2-3-48-1）

铝合金、塑钢、幕墙材料（如玻璃）等出厂质量证书汇总表按 C2-3-1 表式执行。

2. 铝合金、塑钢、幕墙材料（如玻璃）等出厂质量证书粘贴表（C2-3-48-2）

铝合金、塑钢、幕墙材料（如玻璃）等出厂质量证书按 C2-3-2 表式执行。

3. 硅酮结构胶相容性试验报告（C2-3-48-3）

实施要点：

(1) 硅酮结构胶相容性试验报告是指为保证幕墙工程质量对工程用硅酮结构密封胶进行有关的相容性测试后，由有相应资质的试验单位出具的质量证明文件。

(2) 幕墙工程所用硅酮结构胶应有认定证书和抽查合格证明，进口硅酮结构胶应有商检证明。

(3) 隐框、半隐框幕墙所采用的结构粘结材料必须是中性硅酮结构密封胶其性能必须符合《建筑用硅酮结构密封胶》（GB 16776）规定（为强制性标准）；硅酮结构密封胶必须在有效期内使用。

幕墙结构胶和密封胶的打注应饱满、密实、连续、均匀、无气泡，宽度和厚度应符合设计要求和技术标准的规定。

（4）国家指定的检测结构据2002年资料介绍共3家，分别在北京、苏州和成都。对检测机构的审查一定要慎重。检查其资质是否已被国家正式批准。应注意不具有正式资质出具的试验报告无效。

（5）硅酮结构胶相容性试验报告应由有资质的检测单位测检，出具试验报告单。

（6）硅酮结构密封胶物理力学性能见表C2-3-48-3。

硅酮结构密封胶物理力学性能　　　　　　　　　　　　　　　　表 C2-3-48-3

序 号	项　　目			技术指标
1	下 垂 度	垂直放置（mm） 不大于		3
		水 平 放 置		不变形
2	挤出性（s）	不大于		10
3	适用期（min）	不小于		20
4	表干时间（h）	不大于		3
5	邵氏硬度			30～60
6	拉伸粘结性	拉伸粘结强度（MPa）不小于	标准条件	0.45
			90℃	0.45
			－30℃	0.45
			浸水后	0.45
			水-紫外线光照后	0.45
		粘强破坏面积（%） 不大于		5
7	热 老 化	热失重（%） 不大于		10
		龟　裂		无
		粉　化		无

4．幕墙用材料放射性检验报告（C2-3-48-4）

实施要点：

幕墙用材料的放射性检测报告（指现场取样的复验）按当地建设行政主管部门或其委托单位批准的具有相应资质试验室提供的放射性检测报告表式执行。检测结果应符合相应标准规定。

5．幕墙用材料物理性能、机械性能试（检）验报告（C2-3-48-5）

实施要点：

（1）幕墙材料出厂合格证按C2-3-2表式执行。幕墙材料试验报告按具有相应资质试验室出具的试验报告表式执行。

（2）幕墙工程所使用的各种材料、构件和组件的质量，应符合设计要求及国家现行产品标准和工程技术规范的规定。

（3）幕墙与主体结构连接的各种预埋件、连接件、紧固件必须安装牢固，其数量、规格、位置、连接方法和防腐处理应符合设计要求。

3.2.4　施工试验报告及见证检测报告（C2-4）

资料编制控检要求：

施工试验报告及见证检测报告资料要求通用条件按原材料出厂合格证书及进场检(试)验报告有关要求执行。专用条件分别附后。

(1) 土壤试验、击实试验

1) 素土、灰土及级配砂石、砂石地基的干密度试验,应有取样位置图,取样点分布应有代表性并符合标准或规范要求。

2) 单位工程的素土、砂、砂石等回填必须按每层取样,检验的数量、部位、范围和测试结果必须符合设计要求及规范规定。如干质量密度低于质量标准时,必须有补夯措施和重新进行测定的报告。

3) 大型和重要的填方工程,其填料的最大干土质量密度、最佳含水量等技术参数必须通过击实试验确定。

4) 试验项目齐全,有取样位置图,试验结果符合规范规定为符合要求。没有试验为不符合要求;虽经试验,但没有取样位置图或无结论,且试验结果不符合规范规定应为不符合要求,当试验结果符合要求时,可视具体情况定为基本符合要求或不符合要求。

5) 评定时,如出现下列情况之一者,该项目应定为不符合要求:

大型土方或重要的填方工程以及素土、灰土、砂石等地基处理,无干土质量密度试验报告单或报告单中的实测数据不符合质量标准;土壤试验有"缺、漏、无"现象及不符合有关规定的内容和要求。

6) 土壤击实试验报告单的子目应齐全,计算数据准确,签证手续完备,鉴定结论明确。击实试验必须有试验室做的最优含水率条件下用击实仪压实得到的最大干密度值。

(2) 钢筋焊接接头试验

1) 钢筋或钢材凡进行闪光对焊、电弧焊、电渣压力焊、气压焊、埋弧压力焊等均应按有关标准规定进行检验。试验子项齐全,试验数据必须符合标准或设计要求。

2) 钢筋焊接接头不论进行抗剪(点焊)、拉伸及弯曲试验,试件数量必须符合规范规定,试验报告单的子项填写齐全。对不合格焊接件应按规定重新抽样复试,对焊件进行补焊并予记录。

3) 钢结构构件按设计要求应分别按要求进行Ⅰ、Ⅱ、Ⅲ级焊接质量检验。一、二级焊缝,即承受拉力或压力要求与母材有同等强度的焊缝,必须有超声波检验报告,一级焊缝还应有 X 射线探伤检验报告。

注:超声波探伤是一种利用超声波不能穿透任何固体、气体界面而被全部反射的特性来进行探伤的。超声波探伤器发出波长很短的超声波,射入被检锻件,并接受从锻件底面或缺陷处反射回来的超声波,将其信号显示在示波屏上。当探头放在无缺陷部位的表面上时,示波屏上只呈现始脉冲和底脉冲。当探测到内部的小缺陷时,示波屏上就呈现始脉冲,底脉冲,当探测到大缺陷时,示波屏显示始脉冲和缺陷脉冲而无底脉冲。

4) 受力预埋件钢筋 T 型接头必须做拉伸试验,且必须符合设计或规范规定。

5) 电焊条、焊丝和焊剂的品种、牌号及规格和使用应符合设计要求和规范规定,应有出厂合格证(如包装商标上有技术指标时,也可将商标揭下存档,无技术指标时应进行复试)并应注明使用部位及设计要求的型号。质量指标包括机械性能和化学分析,低氢型碱性焊条以及在运输中受潮的酸性焊条,应烘焙后再用并填写烘焙记录。

6) 不同预应力钢筋的焊接均必须符合设计或规范要求(先焊后拉)。

7）凡必试项中有未试项者均为不符合要求；钢筋闪光对焊，未做冷弯试验，拉断情况不清，子项填写不全为不符合要求；钢材连接材料必须符合设计和规范要求，否则为不符合要求；预埋件焊接有试验要求的，没有试验为不符合要求；有烘焙要求的焊条，不烘焙为不符合要求；无焊工合格证的人员进行施焊为不符合要求；钢筋焊接违反规定为不符合要求；进口钢材没有按国家规定要求进行施焊者为不符合要求；焊接材料与焊接试验报告符合要求，但批量、部位、焊工姓名等内容不完善时，可视为基本符合要求。

8）机械连接或其他连接方式必须按设计要求进行试验，由试验室出具试验报告。

(3) 混凝土工程

1）重要工程如现浇框架结构、剪力墙结构、现场预制大型构件、重要混凝土基础以及构筑物、大体积混凝土；对混凝土性能有特殊要求时；所有原材料的产地、品种的质量有显著变化时；外加剂和掺合料的品种有变化时；一般建筑工程的不同品种、不同强度等级、不同级配的混凝土均应事先送样申请试配，以保证混凝土强度满足设计要求。应由试验室根据试配结果签发混凝土试配通知单。施工中如材料与送样有变化时应另行送样，申请修改配合比。承接试配的试验室应由省级以上建设行政主管部门或其委托单位批准的具有相应资质的试验室。严禁使用经验配合比；不做试配为不正确。

2）混凝土试配应在原材料试配试验合格后进行，施工单位应提出混凝土试配的技术要求，原材料的有关性能，混凝土的搅拌，施工方法和养护方法，设计有特殊要求的混凝土应特别予以详细说明。

3）混凝土试块由施工单位提供。不同品种、不同强度等级、不同级配的混凝土试块、抗渗混凝土试块、抗冻混凝土试块等混凝土均应在混凝土浇筑地点随机留置试块，混凝土试块均应按标养试块和同条件养护试块分别留置。试件的留置数量应符合相应标准的规定。

4）混凝土强度以标准养护龄期28天的试块抗压试验结果为准。非"标养"试块必须提供等效龄期天数的养护温度记录，作为分析测试结果时参考。

5）混凝土试块均应按标养试块和同条件养护试块分别进行混凝土强度评定与统计。同条件养护试块作为结构实体检验之用，参加混凝土强度评定与统计的试块必须是具有相应资质试验室提供的经项目监理机构核查后同意的混凝土试块，方可参加该项统计计算。

注：GBJ 107—87标准第2.0.3条：混凝土强度应分批进行检验评定。一个验收批应由强度等级相同、龄期相同以及生产工艺条件和配合比相同的混凝土组成。对施工现场的现浇混凝土应按单位工程验收划分的检验批构成的混凝土量、台班留置试件，按强度等级相同、龄期相同以及生产工艺条件和配合比相同原则构成检验批每个验收项目应按现行国家标准确定，国家现行标准为《混凝土结构工程施工质量验收规范》(GB 50204—2002)。

6）有特殊性能要求的混凝土，应符合相应标准并满足施工规范要求。

7）混凝土试块、抗渗混凝土试块、抗冻混凝土试块等的留置数量不符合要求，代表性不足，应为不符合要求；部位不清、子项填写不全，应为不符合要求；混凝土试块用料与设计不符的，虽强度达到设计强度等级要求仍应经企业技术负责人批准，否则为不符合要求；混凝土强度等级不按单位工程进行验收或验收不符合标准要求者，应为不符合要求；非省级以上建设行政主管部门或其委托单位批准的实验室出具试验报告单为不符合要求。

当发现有下列情况之一者，应核定为"不符合要求"：

①无试验室确定的混凝土配合比试配报告单和混凝土试块试验报告单;
②出现不合格的混凝土试块,又无科学鉴定和采取相应的技术措施进行处理;
③混凝土试块取样、制作、养护、试压等方法不符合规范要求,试块强度不能真正反映和代表结构或构件混凝土的真实强度。

8) 特种混凝土试块应分别单独进行评定汇整。

(4) 砌筑砂浆

1) 砂浆试配应在原材料试验合格后进行,施工单位应提出砂浆试配的技术要求,原材料的有关性能,砂浆的搅拌,施工方法和养护方法,设计有特殊要求的砂浆应特别予以详细说明。

2) 砂浆试块由施工单位提供。不同品种、不同强度等级、不同级配的砂浆试块均应在砂浆浇筑地点随机留置试块,试件的留置数量应符合相应标准的规定。

3) 砂浆强度以标准养护龄期28天的试块抗压试验结果为准。

4) 砌筑砂浆试块强度验收时其强度合格标准必须符合以下规定:

同一验收批砂浆试块抗压强度平均值必须大于或等于设计强度等级所对应的立方体抗压强度;同一验收批砂浆试块抗压强度的最小一组平均值必须大于或等于设计强度等级所对应的立方体抗压强度的0.75倍。

注:①砌筑砂浆的验收批,同一类型、强度等级的砂浆试块应不少于3组。当同一验收批只有一组试块时,该组试块抗压强度的平均值必须大于或等于设计强度等级所对应的立方体抗压强度。

②砂浆强度应以标准养护,龄期为28d的试块抗压试验结果为准。

5) 每一检验批且不超过250m^3砌体的各种类型及强度等级的砌筑砂浆,每台搅拌机应至少抽检一次;在砂浆搅拌机出料口随机取样制作砂浆试块(同盘砂浆只应制作一组试块),最后检查试块强度试验报告单。

6) 当施工中或验收时出现下列情况,可采用现场检验方法对砂浆和砌体强度进行原位检测或取样检测,并判定其强度:

①砂浆试块缺乏代表性或试块数量不足;
②对砂浆试块的试验结果有怀疑或有争议;
③砂浆试块的试验结果,不能满足设计要求。

7) 有特殊性能要求的砂浆,应符合相应标准并满足施工规范要求。

8) 砂浆试块留置数量不符合要求,代表性不足,应为不符合要求,但经设计部门认定合格者,可按基本符合要求评定。部位不清、子项填写不全,应为不符合要求。

9) 砂浆试块用料与设计不符的,如设计为混合砂浆,而实际用水泥砂浆,虽强度达到设计强度等级仍应为不符合要求。

(5) 混凝土外加剂

1) 混凝土外加剂检验必须按相关现行标准要求进行。

2) 混凝土外加剂适用性检验的试验单位必须具有相应的资质,不具备相应资质的试验室出具的材料试验报告单无效。

3) 混凝土外加剂适用性试验报告责任制签章必须齐全。

3.2.4.1 ＿＿＿＿＿＿检验报告(通用)(C2-4-1)

3.2 单位（子单位）工程质量控制资料核查记录（C2）

1. 资料表式：

_____检验报告（通用）　　　　　　　　　　表 C2-4-1

委托单位：　　　　　　　　　　　　　　　　试验编号：

工程名称及使用部位		委托日期	
试样名称及规格型号		报告日期	
生　产　厂　家		批号	检验类别
依据标准：			
检验结论：			
备　注：			

试验单位：　　　技术负责人：　　　审核：　　　　　　试（检）验：

2. 实施要点

检验报告是指为保证建筑工程质量对用于工程的无特定试验报告表式而进行的有关指标测试时的用表，由具有相应资质试验单位出具的该试验的证明文件。没有相应资质的试验单位出具的检测报告无效。

3.2.4.2 钢（材）筋焊接连接试验报告（C2-4-2）

1. 钢筋焊接接头拉伸、弯曲试验报告见表 C2-4-2-1。

（1）资料表式

钢筋焊接接头拉伸、弯曲试验报告　　　　　　表 C2-4-2-1

试验编号：

工程名称								
委托单位				工程取样部位				
钢筋级别				试验项目				
焊接操作人				施焊证		焊接方法或焊条型号		
试样代表数量				送检日期				
试样编号	钢筋直径(mm)	拉伸试验		试样编号	钢筋直径(mm)	弯曲试验		评定
		抗拉强度(MPa)	断裂位置及特征(mm)			弯心直径(mm)	弯曲角(°)	
依据标准：								
检验结果：								

试验单位：（印章）

年　月　日

技术负责：　　　审核：　　　　　　试验：

注：钢筋焊接接头拉伸、弯曲试验报告表式，可根据当地的使用惯例制定的表式应用，但试样编号、钢筋直径（mm）、拉伸试验（抗拉强度（MPa）、断裂位置及特征（mm））、弯曲试验（弯心直径（mm）、弯曲角（°））、评定、依据标准、检验结果等项试验内容必须齐全。实际试验项目根据工程实际择用。

(2) 实施要点

1) 钢筋焊接接头拉伸、弯曲试验报告是指为保证建筑工程质量对用于工程的不同形式的钢筋焊接接头拉伸、弯曲试验进行的有关指标的测试,由试验单位出具的试验证明文件。

2) 钢筋焊接连接试验方法:

钢筋焊接接头的基本性能试验方法:包括拉伸、抗剪和弯曲试验三种;特殊性能试验方法包括冲击、疲劳、硬度和金相试验四种。

钢筋焊接接头,各种试验一般应在常温(10~36℃)下进行,如有特殊要求,亦可根据有关规定在其他温度下进行。

3) 一般焊接的试验项目:

①焊接钢筋骨架和焊接钢筋网片做抗剪、拉伸试验。

②钢筋闪光对焊接头做拉伸、弯曲试验。

③钢筋电弧焊接头做拉伸试验。

④钢筋电渣压力焊接头做拉伸试验。

⑤预埋件钢筋T形接头做拉伸试验。

⑥钢材焊接接头做拉伸试验等。

⑦钢筋气压焊做拉伸试验。

注:常见钢筋接头的检验项目包括接头的抗拉强度和外观质量(外观质量由工地自检),对于闪光对焊以及在梁板水平连接中的气压焊接头还须进行冷弯性能试验。

4) 取样要求:

①常用钢筋接头机械性能试验的代表批量及取样数量见表 C2-4-2-1A。

钢筋接头机械性能试验的代表批量及取样数量　　　表 C2-4-2-1A

连接方法	验收批组成	每批数量	取样数量
闪光对焊	每批由同台班、同焊工、同焊接参数的组成。数量较少时可一周内累计计算	≤300个	从每批成品中随机切取拉伸、冷弯试样各3个
电弧焊	工厂焊接时,每批由同级别、同接头型式的组成。现场焊接时,每批由一至二楼层、同级别、同接头型式的组成		从每批成品中随机切取3个拉伸试样
电渣压力焊	现浇多层结构中,每批由同楼层或施工区段、同级别的组成		从每批成品中随机切取3个拉伸试样
气压焊	每批由同一楼层的组成		随机切取3个拉伸试样,在梁板的水平连接中须另切取3个冷弯试样
钢筋焊接骨架	凡钢筋级别、直径及尺寸相同的焊接骨架应视为同一类型制品,应按一批计算	≤200件	热轧钢筋焊点抗剪试件为3件,冷拔丝焊件增加3件拉伸试件
机械连接	每批由同施工条件、同材料、同型式的组成	≤500个	在工程结构中随机切取3个拉伸试样

②外观质量的取样数量:

闪光对焊接头每批抽检10%,且不少于10个,电弧焊、电渣压力焊以及气压焊接头间应逐个进行外观检查。

③弯曲试验试样长度：

弯曲试验试样长度宜为两支辊内侧距离另加150mm，具体尺寸可按表C2-4-2-1B执行。

钢筋焊接接头弯曲试验参数表　　　　　　　　表 C2-4-2-1B

钢筋公称直径 （mm）	钢筋级别	弯心直径 （mm）	支辊内侧距 $(D+2.5d)$（mm）	试样长度 （mm）
12	HPB235	24	54	200
	HRB335	48	78	230
	HRB400	60	90	240
	HRB500	84	114	260
14	HPB235	28	63	210
	HRB335	56	91	240
	HRB400	70	105	250
	HRB500	98	133	280
16	HPB235	32	72	220
	HRB335	64	104	250
	HRB400	80	120	270
	HRB500	112	152	300
18	HPB235	36	81	230
	HRB335	72	117	270
	HRB400	90	135	280
	HRB500	126	171	320
20	HPB235	40	90	240
	HRB335	80	130	280
	HRB400	100	150	300
	HRB500	140	190	340
22	HPB235	44	99	250
	HRB335	88	143	290
	HRB400	110	165	310
	HRB500	154	209	360
25	HPB235	50	113	260
	HRB335	100	163	310
	HRB400	125	188	340
	HRB500	175	237	390
28	HPB235	80	154	300
	HRB335	140	210	360
	HRB400	168	238	390
	HRB500	224	294	440
32	HPB235	96	176	330
	HRB335	160	240	390
	HRB400	192	259	410
36	HPB235	108	198	350
	HRB335	180	270	420
	HRB400	216	306	460
40	HPB235	120	220	370
	HRB335	200	300	450
	HRB400	240	340	490

注：试样长度根据$(D+2.5d)+150mm$修约而得。

5) 钢筋各种焊接接头机械性能试验：

①钢筋闪光对焊接头的质量检验，应分批进行外观检查和力学性能试验。

a. 闪光对焊接头拉伸试验结果应符合要求：ⓐ3个热轧钢筋接头试件的抗拉强度均不得小于该级别钢筋规定的抗拉强度；ⓑ余热处理Ⅲ级钢筋接头试件的抗拉强度均不得小于热轧Ⅲ级钢筋抗拉强度570MPa；ⓒ应至少有2个试件断于焊缝之外，并呈延性断裂。当试验结果有1个试件的抗拉强度小于上述规定值，或有2个试件在焊缝或热影响区发生脆性断裂时，应再取6个试件进行复验。复验结果，当仍有1个试件的抗拉强度小于规定值时，或有3个试件断于焊缝或热影响区，呈脆性断裂，应确认该批接头为不合格品。

b. 预应力钢筋与螺丝端杆闪光对焊接头拉伸试验结果，3个试件应全部断于焊缝之外，呈延性断裂。

当试验结果，有1个试件在焊缝或影响区发生脆性断裂时，应从成品中再切取3个试件进行复验。复验结果，当仍有1个试件在焊缝或热影响区发生脆性断裂时，应确认该批接头为不合格品。

c. 模拟试件的试验结果不符合要求时，应从成品中再切取试件进行复验，其数量和要求应与初始试验时相同。

d. 闪光对焊接头弯曲试验时，应将受压面金属毛刺和镦粗变形部分消除，且与母材外表齐平。

弯曲试验可在万能试验机、手动或电动液压弯曲试验器上进行，焊缝应处于弯曲中心点，弯心直径和弯曲角应符合表C2-4-2-1C的规定，当弯至90°，至少有2个试件不得发生破断。

闪光对焊接头弯曲试验指标　　　　　　　　　　表 C2-4-2-1C

钢筋级别	弯心直径	弯曲角(°)	钢筋级别	弯心直径	弯曲角(°)
HPB235	2d	90	HRB400	5d	90
HRB335	4d	90	HRB500	7d	90

注：1. d 为钢筋直径（mm）；
　　2. 直径大于25mm的钢筋对焊接头，弯曲试验弯心直径应增加1倍钢筋直径。

当试验结果，有2个试件发生破断时，应再取6个试件进行复验。复验结果，当仍有3个试件发生破断，应确认该批接头为不合格品。

②钢筋电弧焊接头外观检查时，应在清渣后逐个进行目测或量测。当进行力学性能试验时，钢筋电弧焊接头拉伸试验结果应符合要求：3个热轧钢筋接头试件的抗拉强度均不得小于该级别钢筋规定的抗拉强度；余热处理HRB400级钢筋接头试件的抗拉强度均不得小于热轧HRB400级钢筋规定的抗拉强度570MPa；3个接头试件均应断于焊缝之外，并应至少有2个试件呈延性断裂；当试验结果，有1个试件的抗拉强度小于规定值，或有1个试件断于焊缝，或有2个试件发生脆性断裂时，应再取6个试件进行复验。复验结果当有1个试件抗拉强度小于规定值，或有1个试件断于焊缝，或有3个试件呈脆性断裂时，应确认该批接头为不合格品。

模拟试件的数量和要求应与从成品中切取时相同。当模拟试件试验结果不符合要求时，复验应再从成品中切取，其数量和要求应与初始试验时相同。

③钢筋电渣压力焊应逐个进行外观检查。当进行力学性能试验时，电渣压力焊接头拉伸试验结果，3个试件的抗拉强度均不得小于该级别钢筋规定的抗拉强度。

当试验结果有1个试件的抗拉强度低于规定值，应再取6个试件进行复验。复验结果，当仍有1个试件的抗拉强度小于规定值，应确认该批接头为不合格品。

④钢筋气压焊应逐个进行外观检查。当进行力学性能试验时，气压焊接头拉伸试验结果，3个试件的抗拉强度均不得小于该级别钢筋规定的抗拉强度，并应断于压焊面之外，呈延性断裂。当有1个试件不符合要求时，应切取6个试件进行复验；复验结果，当仍有1个试件不符合要求，应确认该批接头为不合格品。

气压焊接头进行弯曲试验时，应将试件受压面的凸起部分消除，并应与钢筋外表面齐平。弯心直径应符合表 C2-4-2-1D 的规定。

气压焊接头弯曲试验弯心直径 表 C2-4-2-1D

钢筋等级	弯 心 直 径	
	$d \leqslant 25\text{mm}$	$d > 25\text{mm}$
HPB235	$2d$	$3d$
HRB335	$4d$	$5d$
HRB400	$5d$	$6d$

注：d 为钢筋直径（mm）。

弯曲试验可在万能试验机、手动或电动液压弯曲试验器上进行；压焊面应处在弯曲中心点，弯至 90°，3个试件均不得在压焊面发生破断。

当试验结果有1个试件不符合要求，应再切取6个试件进行复验。复验结果，当仍有1个试件不符合要求，应确认该批接头为不合格品。

⑤预埋件钢筋 T 型接头应进行外观检查，当进行力学性能试验时，预埋件钢筋 T 型接头3个试件拉伸试验结果，其抗拉强度应符合要求：HPB235 级钢筋接头均不得小于 350MPa；HRB335 级钢筋接头均不得小于 490MPa；当试验结果有1个试件的抗拉强度小于规定值时，应再取6个试件进行复验。复验结果，当仍有1个试件的抗拉强度小于规定值时，应确认该批接头为不合格品。对于不合格品采取补强焊接后，可提交二次验收。

6）焊接接头的外观质量要求见表 C2-4-2-1E。

7）进口钢筋的焊接：

①进口钢筋焊接前，应分批进行化学分析试验，当钢筋化学成分符合下列规定时，可采用电弧焊或闪光接触对焊。

含碳量 $\leqslant 0.3\%$；

碳当量 $C_H \leqslant 0.55\%$，碳当量可近似按 $C_H = \left(C + \dfrac{Mn}{6}\right)\%$ 计算；

含硫量 $\leqslant 0.05\%$；含磷量 $\leqslant 0.05\%$。

焊接接头的外观质量要求   表 C2-4-2-1E

接头类型	外观质量要求
闪光对焊	1. 不得有横向裂纹； 2. 不得有明显烧伤； 3. 接头弯折角≤4°； 4. 轴线偏移≤0.1d，且≤2mm
电弧焊	1. 焊缝表面平整，无凹陷或焊瘤； 2. 接头区域不得有裂纹； 3. 弯折角≤4°； 4. 轴线偏移≤0.1d，且≤3mm； 5. 帮条焊纵向偏移≤0.5d
电渣压力焊	1. 钢筋与电极接触处无烧伤缺陷； 2. 四周焊包凸出钢筋表面高度≥4mm； 3. 弯折角≤4°； 4. 轴线偏移≤0.1d，且≤2mm
气压焊	1. 偏心量≤0.15d，且≤4mm； 2. 弯折角≤4°；3. 镦粗直径≥1.4d； 镦粗长度≥1.2d； 4. 压焊面偏移≤0.2d

【例】 进口钢筋在焊接前，抽样进行化学分析，测得其含碳量为0.17%，含锰量为1.20%，问碳当量是否符合焊接规定？

解：碳当量(C_H) $= \left(0.17 + \dfrac{1.2}{6}\right) = 0.37\%$

按碳当量规定：$C_H \leq 0.55\%$，所以该种钢筋碳当量符合要求。

如需与国产钢筋预埋件焊接时，应预先进行焊接试验和质量检验，焊接接头质量不合格时，不得采用焊接连接。

如需采用接触点焊和接触电渣焊时，必须先进行焊接试验，并根据试验结果确定能否采用这种焊接方法。

②进口钢筋严禁采用电弧点焊和在非焊接部位上打火。

③进口钢筋的闪光接触对焊的焊接工艺方法应参照我国的有关规程和规范执行；焊接工艺参数可通过试验确定。

8）注意事项：

①钢筋接头的取样应严格按照验收批分批取样，不同焊工、不同焊接参数的闪光对焊接头不能组为一批。

②钢筋焊接接头的热影响区宽度主要取决于焊接方法和焊接时的线能量（或热输入）。当采用较大线能量（或热输入）时，对不同焊接接头其热影响区宽度如下：

钢筋电阻点焊焊点 $0.5d$；钢筋闪光对焊接头 $0.7d$；钢筋电弧焊接头 $6\sim10$mm；钢筋电渣压力焊接头 $0.8d$；钢筋气压焊接头 $1.0d$；预埋件钢筋埋弧压力焊接头 $0.8d$。

注：d—钢筋直径（mm）。

③钢筋焊接接头断裂特征一般分两种，一种是延性断裂，一种是脆性断裂。试验报告中应注明断裂特征。

④委托焊接件检验时，应填写使用部位、焊接方法、代表批量、焊接人等。

⑤钢筋机械接头的破坏形态有三种：钢筋母材拉断、连接件拉断、钢筋从连接件中滑脱。只要满足标准中规定的性能要求，任何破坏形态均判为合格，但破坏形态应在试验报告中注明。

9) 焊接试（检）验报告，焊条（剂）合格证核查要点：

①凡对钢筋进行点焊、电弧焊、闪光对焊、电渣压力焊、埋弧焊接等，均应按《钢筋焊接及验收规程》（JGJ 18）的规定进行焊接试验，并应分批进行质量检查和验收。气压焊接根据《钢筋气压焊及验收规程》进行焊接试验，焊接试验结果应符合有关"标准"、"规范"的规定方为合格。

采用某产品的标准来评价该产品的质量时，检验方法必须根据产品标准中规定的检验方法进行试验。

②电焊条、焊丝和焊剂，必须有足以证明其各种性能的出厂质量合格证明，包括规格、机械性能、化学成分和抗裂性。凡无合格证或对其质量有怀凝时不准使用。应根据设计要求和实际使用的母材材质及焊接形式，对照检查所选用焊条品种、规格是否符合《钢筋焊接及验收规程》（JGJ 18）及《钢结构工程施工质量验收规范》（GB 50205）的要求。首次采用的钢种和焊接材料的钢结构必须进行焊接工艺性能和力学性能试验，符合要求后方可在工程上采用。

③焊接材料质量包装检验：

a. 检验焊接材料是否符合标准要求，是否完好，有无破损、受潮现象；

b. 质量证明书检验：核对其质量证明书提供的数据是否齐全并符合规定要求；

c. 外观检验：检验其外表面是否污染，有无质量缺陷、识别标志是否清晰、牢固、与产品实物是否相符；

d. 成分及性能试验：即根据要求进行相应的试验；

e. 检验结果：试验报告的有关数据应符合产品质量标准要求。

④焊接如发现断裂时，断裂实际状况应反映在试验报告单上，各级别的钢筋均应按焊接规定办理，HRB400 级钢筋按 HRB335 级钢筋焊接不行。HRB400 级钢筋试验结果达不到 HRB400 级钢筋的机械性能指标的，不允许按 HRB335 级钢筋的焊接要求进行施焊，应由企业技术负责人对此作出是否使用的决定。

⑤焊接试验报告内容应写明焊工姓名、结构类型、使用部位、母材及焊条的品种、规格、代表数量、外观检查和机械性能试验结果。

⑥施焊应由取得焊工合格证的人员进行，并在报告单上注明焊接人员的姓名，无焊工合格证不得进行施焊。焊接试件应由所有施焊焊工进行的焊件中随机抽取。

10）其他不同形式的钢材连接试验应分别符合相应专业规范的要求。

2．钢筋电阻点焊制品力学性能报告（C2-4-2-2）：

（1）资料表式

钢筋电阻点焊制品剪切、拉伸试验报告　　　　　　　　表 C2-4-2-2

试验编号：

委托单位		施工单位	
工程取样部位		制品名称	
钢筋级别		制品用途	
送检日期		批　量	
剪　切　试　验		拉　伸　试　验	
试样编号	抗剪载荷（N）	试样编号	抗拉强度（MPa）
依据标准：			
结论：			试验单位：（印章） 年　月　日
技术负责：	审核：		试验：

注：钢筋电阻点焊制品剪切、审试验报告表式，可根据当地的使用惯例制定的表式应用，但剪切试验（试样编号、抗剪载荷（N））、拉伸试验（试样编号、抗拉强度（MPa））、依据标准、检验结果等项试验内容必须齐全。实际试验项目根据工程实际择用。

（2）实施要点

钢筋电阻点焊制品剪切、拉伸试验报告是指为保证建筑工程质量对用于工程的不同形式的钢筋电阻点焊制品剪切、拉审试验进行的有关指标的测试，由试验单位出具的试验证明文件。

注：点焊：即钢筋电阻点焊。是将两筋安放成交叉叠接形式，压紧于两电极之间，利用电阻热熔化母材金属，加压形成焊点的一种压焊方法。

1）点焊焊点的抗剪试验结果，应符合表 C2-4-2-2-1 的规定；拉伸试验结果，不得小于冷拔低碳钢丝乙级规定的抗拉强度。

点焊焊点抗剪试验结果　　　　　　　　表 C2-4-2-2-1

钢筋级别	较小钢筋直径（mm）								
	3	4	5	6	6.5	8	10	12	14
HPB235级	—	—	—	6640	7800	11810	18460	26580	36170
HRB335级	—	—	—	—	—	16840	26310	37890	51560
冷拔低碳钢丝	2530	4490	7020	—	—	—	—	—	—

2) 焊接网的力学性能试验应包括拉伸试验、弯曲试验和抗剪试验。

①拉伸试验应符合下列规定：冷轧带肋钢筋或冷拔低碳钢丝的焊点应作拉伸试验；拉伸试验时，两夹头之间的距离不应小于20倍试件受拉钢筋的直径，且不小于180mm；对于双根钢筋，非受拉钢筋应在离交叉焊点约20mm处切断；试件数量应为纵向钢筋1个，横向钢筋1个；拉伸试验结果，不得小于LL550级冷轧带肋钢筋规定的抗拉强度或冷拔低碳钢丝乙级规定的抗拉强度。

②弯曲试验应符合下列规定：冷轧带肋钢筋焊点应作弯曲试验；弯曲试件，在单根钢筋焊接网中，应取钢筋直径较大的1根；在双根钢筋焊接网中，应取双根钢筋中的1根；试件长度应大于或等于200mm；弯曲试件的受弯曲部位与交叉点的距离应大于或等于25mm；试件数量应为纵向钢筋1个，横向钢筋1个；当弯曲至180°时，其外侧不得出现横向裂纹。

③抗剪试验应符合下列规定：热轧钢筋、冷轧带肋钢筋或冷拔低碳钢丝的焊点应作抗剪试验；抗剪试件应沿同一横向钢筋随机切取，其受拉钢筋为纵向钢筋；对于双根钢筋，非受拉钢筋应在焊点外切断，且不应损伤受拉钢筋焊点；试件数量应为3个；抗剪试验结果，3个试件抗剪力的平均值应符合下式计算的抗剪力：

$$F \geqslant 0.3 \times A_0 \times \sigma_S$$

式中　　F——抗剪力(N)；

　　　　A_0——较大钢筋的横截面面积(mm^2)；

　　　　σ_S——该级别钢筋（丝）规定的屈服强度（MPa）。

注：1. 冷拔低碳钢丝的屈服强度按0.65×550计算，取360MPa。

　　2. 冷轧带肋钢筋的屈服强度按LL550级钢筋的屈服强度500MPa计算。

3) 当焊接网的拉伸试验、弯曲试验结果不合格时，应从该批焊接网中再切取双倍数量试件进行不合格项目的检验；复验结果合格时，应确认该批焊接网为合格品。

焊接网的抗剪试验结果，按平均值计算，当不合格时，应在取样的同1横向钢筋上所有交叉焊点取样检查；当全部试件平均值合格时，应确认该批焊接网为合格品。

3.2.4.3 钢筋机械连接试验报告（C2-4-3）

钢筋机械连接是指通过钢筋与连接件的机械咬合作用或钢筋端面的承压作用，将一根钢筋中的力传递至另一根钢筋的连接方法。

常用钢筋机械连接接头类型有：

套筒挤压接头：通过挤压力使连接件钢套筒塑性变形与带肋钢筋紧密咬合形成的接头；

锥螺纹接头：通过钢筋端头特制的锥形螺纹和连接件锥螺纹咬合形成的接头；

镦粗直螺纹接头：通过钢筋端头镦粗后制作的直螺纹和连接件螺纹咬合形成的接头；

滚轧直螺纹接头：通过钢筋端头直接滚轧或剥肋后滚轧制作的直螺纹和连接件螺纹咬合形成的接头；

熔融金属充填接头：由高热剂反应产生熔融金属充填在钢筋与连接件套筒间形成的接头；

水泥灌浆充填接头：用特制的水泥浆充填在钢筋与连接件套筒间硬化后形成的接头。

钢筋锥螺纹接头拉伸试验报告（C2-4-3-1）：

(1) 资料表式

钢筋锥螺纹接头拉伸试验报告

表 C2-4-3-1

工程名称		结构层数		构件名称		接头等级	
试件编号	钢筋规格 d (mm)	横截面积 A (mm²)	屈服强度标准值 f_{yk} (N/mm²)	抗拉强度标准值 f_{tk} (N/mm²)	极限拉力实测值 P (kN)	抗拉强度实测值 $f_{mst}^0 = P/A$ (N/mm²)	评定结果
评定结论							
备 注	1. $f_{mst}^0 \leq f_{tk}$ 且 $f_{mst}^0 \geq 0.9 f_{st}^0$ 为 A 级接头； 2. $f_{mst}^0 \geq 1.35 f_{yk}$ 为 B 级接头； 3. f_{st}^0 —钢筋母材抗拉强度实测值						

试验单位（盖章）： 　　　 负责人： 　　　 试验员： 　　　 试验日期：

注：1. 本表选自《钢筋锥螺纹接头技术规程》JGJ 109—96。
　　2. 其他机械连接接头拉伸试验报告表式可参照本表使用。

(2) 实施要点

1) 钢筋锥螺纹接头拉伸试验报告是指为保证建筑工程质量对用于工程的不同形式的钢筋锥螺纹接头拉伸试验进行的有关指标的测试，由试验单位出具的试验证明文件。

2) 机械连接接头型式的锥螺纹连接和套筒挤压连接

①钢筋锥螺纹接头是一种能承受拉、压两种作用的机械接头。锥螺纹接头可用来连接 HPB235、HRB335、HRB400 钢筋，进口钢筋也可参考应用。

②带肋钢筋套筒挤压连接技术与传统的搭接和焊接相比具有接头性能可靠，质量稳定，不受气候及焊工技术水平影响，连接速度快，安全、无明火、不需大功率电源、可焊与不可焊钢筋均能可靠连接等优点。

套筒挤压接头适用于各种规格和各种强度等级的带肋钢筋连接。套筒挤压接头暂应用在直径为 16~40mm 的 HRB335、HRB400 级带肋钢筋和余热处理钢筋。对于进口带肋钢筋可参考应用，但需进行补充试验，符合接头性能要求后方可采用。

③钢筋机械连接接头根据受力条件，共分为 HPB235、HRB335、HRB400 三个性能等级。

　　注：1. 混凝土结构中要求充分发挥钢筋强度或对接头延性要求较高的部位，应采用 HPB235 或 HRB335 接头。
　　　　2. 混凝土结构中钢筋应力较高但对接头延性要求不同的部位，可采用 HRB400 接头。

④钢筋锥螺纹接头拉伸试验。

a. 钢筋锥螺纹加工检验记录（C2-4-3-1A）

钢筋锥螺纹加工检验记录　　　　　　　　表 C2-4-3-1A

工程名称				结构所在层数		
接头数量		抽检数量		构件种类		
序号	钢筋规格	螺纹牙形检验	小端直径检验	检验结论	备 注	

注：1. 按每批加工钢筋锥螺纹丝头数的10%检验；
　　2. 牙形合格、小端直径合格的打"√"；否则打"×"

检查单位：　　　　　负责人：　　　　　检查人员：　　　　　日　　期：

b. 钢筋锥螺纹接头质量检查记录（C2-4-3-1B）

钢筋锥螺纹接头质量检查记录　　　　　　表 C2-4-3-1B

工程名称				检验日期		
结构所在层数				构件种类		
钢筋规格	接头位置	无完整丝扣外露	规定力矩值(N·m)	施工力矩值(N·m)	检验力矩值(N·m)	检验结论

注：1. 检验结论：合格"√"；不合格"×"

检查单位：　　　　　负责人：　　　　　检查人员：　　　　　日　　期：

3) 钢筋机械连接现场检验与验收：

①工程中应用钢筋机械连接接头时，应由该技术提供单位提交有效的型式检验报告。

②钢筋连接工程开始前及施工过程中，应对每批进场钢筋进行接头工艺检验，工艺检验应符合下列要求：

a. 每种规格钢筋的接头试件不应少于3根；

b. 钢筋母材抗拉强度试件不应少于3根，且应取自接头试件的同一根钢筋；

c. 3根接头试件的抗拉强度均应符合表C2-4-3-1C的规定；对于HPB235级接头，试件抗拉强度尚应大于等于钢筋抗拉强度实测值的0.95倍；对于HRB335级接头，应大于0.90倍。

HPB235、HRB335、HRB400接头的抗拉强度应符合表C2-4-3-1C规定。

接头的抗拉强度　　　　　　　　　　　　表 C2-4-3-1C

接头等级	Ⅰ级	Ⅱ级	Ⅲ级
抗拉强度	$f_{mst}^0 \geq f_{st}^0$ 或 $\geq 1.10 f_{uk}$	$f_{mst}^0 \geq f_{uk}$	$f_{mst}^0 \geq 1.35 f_{yk}$

注：f_{mst}^0——接头试件实际抗拉强度；
　　f_{st}^0——接头试件中钢筋抗拉强度实测值；
　　f_{uk}——钢筋抗拉强度标准值；
　　f_{yk}——钢筋屈服强度标准值

③现场检验应进行外观质量检查和单向拉伸试验。对接头有特殊要求的结构,应在设计图纸中另行注明相应的检验项目。

④接头的现场检验按验收批进行。同一施工条件下采用同一批材料的同等级、同型式、同规格接头,以500个为一个验收批进行检验与验收,不足500个也作为一个验收批。

⑤对接头的每一验收批,应在工程结构中随机截取3个接头试件作抗拉强度试验,按设计要求的接头等级进行评定。

当3个接头试件的抗拉强度均符合《钢筋机械连接通用技术规程》(JGJ 107—2003、J 257—2003)表3.0.5中相应等级的要求时,该验收批应评为合格。

如有1个试件的强度不符合要求,应再取6个试件进行复检。复检中如仍有1个试件的强度不符合要求,则该验收批评为不合格。

⑥现场检验连续10个验收批抽样试件抗拉强度试验1次合格率为100%时,验收批接头数量可扩大1倍。

⑦外观质量检验的质量要求、抽样数量、检验方法、合格标准以及螺纹接头所必需的最小拧紧力矩值由各类型接头的技术规程确定。锥螺纹接头最小拧紧力矩值见表C2-4-3-1D。

接头拧紧力矩值   表 C2-4-3-1D

钢筋直径(mm)	16	18	20	22	25~28	32	36~40
拧紧力矩(N·m)	118	145	177	216	275	314	343

⑧现场截取抽样试件后,原接头位置的钢筋允许采用同等规格的钢筋进行搭接连接,或采用焊接及机械连接方法补接。

⑨对抽检不合格的接头验收批,应由建设方会同设计等有关方面研究后提出处理方案。

3.2.4.4 钢结构钢材连接试验报告(C2-4-4)

1. 钢结构焊接试验报告(C2-4-4-1):

(1) 资料表式

(2) 实施要点

1) 钢结构钢材连接试验报告是指为保证建筑工程质量对用于工程的钢材根据设计要求进行的钢结构钢材连接试验有关指标测试,由试验单位出具的试验证明文件。

2) 建筑钢结构焊接

钢结构焊接节点构造的焊接坡口形状和尺寸、不同焊接要求焊缝的计算厚度、组焊构件的焊接节点、为防止翼缘板材产生层状撕裂节点的构造设计、构件制作焊接节点形式和工地安装焊接节点形式要求以及承受动载与抗震的焊接节点形式等均应满足《建筑钢结构焊接技术规程》(JGJ 81—2002、J 218—2002)的规定。

基本规定:

①建筑钢结构工程的焊接难度区分原则可以分为一般、较难和难三种情况。施工单位在承担钢结构焊接工程时应具备与焊接难度相适应的技术条件。监理、监督及管理部门应核查承担钢结构焊接工程的施工单位是否具备与焊接难度相适应的技术条件。焊接难度区

分原则见表C2-4-4-2。

钢结构焊接试验报告

表 C2-4-4-1

委托单位： 　　　　　　　　　　　　　　　　　　　试验编号：

工程名称				委托日期	
使用部位				报告日期	
钢材类别		原材料号		检验类别	
接头类型		代表数量		焊接人	
公称直径（mm）	屈服点（MPa）	抗拉强度（MPa）	断口特征及位置	冷弯条件	冷弯结果

依据标准：
检验结论：
备　注：

试验单位：　　　技术负责人：　　　审核：　　　试（检）验：

注：钢结构钢材连接试验报告表式，可根据当地的使用惯例制定的表式应用，但委托单位、试验编号、工程名称、委托日期、使用部位、报告日期、钢材类别、检验类别、接头类型、代表数量、焊接人、屈服点MPa、抗拉强度MPa、断口特征及位置、冷弯条件、冷弯结果、依据标准、检验结论等项试验内容必须齐全。

建筑钢结构工程的焊接难度区分原则　　　　表 C2-4-4-2

焊接难度影响因素 焊接难度	节点复杂程度和拘束度	板厚 (mm)	受力状态	钢材碳当量[①] C_{eq}（％）
一般	简单对接、角接，焊缝能自由收缩	$t < 30$	一般静载拉、压	< 0.38
较难	复杂节点或已施加限制收缩变形的措施	$30 \leq t \leq 80$	静载且板厚方向受拉或间接动载	$0.38 \sim 0.45$
难	复杂节点或局部返修条件而使焊缝不能自由收缩	$t > 80$	直接动载、抗震设防烈度大于 8 度	> 0.45

注：① 按国际焊接学会（IIW）计算公式，$C_{eq}(\%) = C + \dfrac{Mn}{6} + \dfrac{Cr + Mo + V}{5} + \dfrac{Cu + Ni}{15} (\%)$（适用于非调质钢）

注：本表摘自《建筑钢结构焊接技术规程》（JGJ 81—2002、J 218—2002）。

②施工图中应标明下列焊接技术要求：应明确规定结构构件使用钢材和焊接材料的类型和焊缝质量等级，有特殊要求时，应标明无损探伤的类别和抽查百分比；应标明钢材和焊接材料的品种、性能及相应的国家现行标准，并应对焊接方法、焊缝坡口形式和尺寸、焊后热处理要求等作出明确规定。对于重型、大型钢结构，应明确规定工厂制作单元和工地拼装焊接的位置，标注工厂制作或工地安装焊缝符号。

③承担钢结构工程焊接的设计、制作与安装单位均应具有国家和地方规定并取得相应资质的单位和人员承担。从事相关专业的设计、制作、安装、检测的人员均应具有规定的相关资格。

④建筑钢结构焊接有关人员的职责应符合下列规定：a. 焊接技术责任人员负责组织进行焊接工艺评定，编制焊接工艺方案及技术措施和焊接作业指导书或焊接工艺卡，处理施工过程中的焊接技术问题；b. 焊接质检人员负责对焊接作业进行全过程的检查和控制，根据设计文件要求确定焊缝检测部位、填报签发检测报告；c. 无损探伤人员应按设计文件或相应规范规定的探伤方法及标准，对受检部位进行探伤，填报签发检测报告；d. 焊工应按焊接作业指导书或工艺卡规定的工艺方法、参数和措施进行焊接，当遇到焊接准备条件、环境条件及焊接技术措施不符合焊接作业指导书要求时，应要求焊接技术责任人员采取相应整改措施，必要时应拒绝施焊；e. 焊接预热、后热处理人员应按焊接作业指导书及相应的操作规程进行作业。

⑤**建筑钢结构用钢材及焊接填充材料的选用应符合设计图的要求，并应具有钢厂和焊接材料厂出具的质量证明书或检验报告；其化学成分、力学性能和其他质量要求必须符合国家现行标准规定。当采用其他钢材和焊接材料替代设计选用的材料时，必须经原设计单位同意。**

钢结构工程中选用的新材料必须经过新产品鉴定。钢材应由生产厂提供焊接性能资料、指导性焊接工艺、热加工和热处理工艺参数、相应钢材的焊接接头性能数据等资料；焊接材料应由生产厂提供贮存及焊前烘焙参数规定、熔敷金属成分、性能鉴定资料及指导性施焊参数，经专家论证、评审和焊接工艺评定合格后，方可在工程中采用。

2. 建筑钢结构焊接工艺评定报告（C2-4-4-2）：

实施要点：

(1) 焊接工艺评定要求：凡符合以下情况之一者，应在钢结构构件制作及安装施工之前进行焊接工艺评定：

1) 国内首次应用于钢结构工程的钢材（包括钢材牌号与标准相符但微合金强化元素的类别不同和供货状态不同，或国外钢号国内生产）；

2) 国内首次应用于钢结构工程的焊接材料；

3) 设计规定的钢材类别、焊接材料、焊接方法、接头形式、焊接位置、焊后热处理制度以及施工单位所采用的焊接工艺参数、预热后热措施等各种参数的组合条件为施工企业首次采用。

(2) 焊接工艺评定试验完成后，应由评定单位根据检测结果提出焊接工艺评定报告，连同焊接工艺评定指导书、评定记录、评定试样检验结果一起报工程质量监督验收部门和有关单位审查备案。报告及表格见《建筑钢结构焊接技术规程》（JGJ 81—2002、J 218—2002）建筑钢结构焊接工艺评定报告有关表式。

(3) 钢结构焊接质量检查：

1) 质量检查人员的主要职责应为：

①对所用钢材及焊接材料的规格、型号、材质以及外观进行检查，均应符合图纸和相关规程、标准的要求；

②监督检查焊工合格证及认可施焊范围；

③监督检查焊工是否严格按焊接工艺技术文件要求及操作规程施焊；

④对焊缝质量按照设计图纸、技术文件及《建筑钢结构焊接技术规程》（JGJ 81—2001—J 218—2002）规程要求进行验收检验。

2) 抽样检查时，应符合下列要求：

①焊缝处数的计数方法：工厂制作焊缝长度小于等于1000mm时，每条焊缝为1处；长度大于1000mm时，将其划分为每300mm为1处；现场安装焊缝每条焊缝为1处；

②可按下列方法确定检查批：a. 按焊接部位或接头形式分别组成批；b. 工厂制作焊缝可以同一工区（车间）按一定的焊缝数量组成批；多层框架结构可以每节柱的所有构件组成批；c. 现场安装焊缝可以区段组成批；多层框架结构可以每层（节）的焊缝组成批。d. 抽样检查除设计指定焊缝外应采用随机取样方式取样。

③批的大小宜为300~600处。

3) 抽样检查的焊缝数如不合格率小于2%时，该批验收应定为合格；不合格率大于5%时，该批验收应定为不合格；不合格率为2%~5%时，应加倍抽检，且必须在原不合格部位两侧的焊缝延长线各增加一处，如在所有抽检焊缝中不合格率不大于3%时，该批验收应定为合格，大于3%时，该批验收应定为不合格。当批量验收不合格时，应对该批余下焊缝的全数进行检查。当检查出一处裂纹缺陷时，应加倍抽查，如在加倍抽检焊缝中未检查出其他裂纹缺陷时，该批验收应定为合格，当检查出多处裂纹缺陷或加倍抽检又发现裂纹缺陷时，应对该批余下焊缝的全数进行检查。

4) 所有焊缝应冷却到环境温度后进行外观检查，HRB335、HRB400钢材的焊缝应以焊接完成24h后检查结果作为验收依据，HRB500类钢应以焊接完成48h后的检查结果作为验收依据。

5) 外观检查一般用目测，裂纹的检查应辅以 5 倍放大镜并在合适的光照条件下进行，必要时可采用磁粉探伤或渗透探伤，尺寸的测量应用量具、卡规。

6) 焊缝外观质量应符合下列规定：

①一级焊缝不得存在未焊满、根部收缩、咬边和接头不良等缺陷，一级焊缝和二级焊缝不得存在表面气孔、夹渣、裂纹和电弧擦伤等缺陷；

②二级焊缝的外观质量除应符合本条第一款的要求外，尚应满足表 C2-4-4-2A 的有关规定；

③三级焊缝的外观质量应符合表 C2-4-4-2A 的有关规定。

焊缝外观质量允许偏差　　　　　　　　　　　表 C2-4-4-2A

焊缝质量等级 检查项目	二 级	三 级
未焊满	≤0.2+0.02t 且 ≤1mm，每 100mm 长度焊缝内未焊满累积长度 ≤25mm	≤0.2+0.04t 且 ≤2mm，每 100mm 长度焊缝内未焊满累积长度 ≤25mm
根部收缩	≤0.2+0.02t 且 ≤1mm，长度不限	≤0.2+0.04t 且 ≤2mm，长度不限
咬边	≤0.05t 且 ≤0.5mm，连续长度 ≤100mm，且焊缝两侧咬边总长 ≤10% 焊缝全长	≤0.1 ≤1mm，长度不限
裂纹	不允许	允许存在长度 ≤5mm 的弧坑裂纹
电弧擦伤	不允许	允许存在个别电弧擦伤
接头不良	缺口深度 ≤0.05t 且 ≤0.5mm，每 1000mm 长度焊缝内不得超过 1 处	缺口深度 ≤0.1t 且 ≤1mm，每 1000mm 长度焊缝内不得超过 1 处
表面气孔	不允许	每 50mm 长度焊缝内允许存在直径 <0.4t 且 ≤3mm 的气孔 2 个；孔距应 ≥6 倍孔径
表面夹渣	不允许	深 ≤0.2t，长 ≤0.5t 且 ≤20mm

7) 焊缝尺寸应符合下列规定：

①焊缝焊脚尺寸允许偏差应符合表 C2-4-4-2B 的规定；

②焊缝余高和错边允许偏差应符合表 C2-4-4-2C 的规定。

焊缝焊脚尺寸允许偏差　　　　　　　　　　表 C2-4-4-2B

序号	项 目	示 意 图	允许偏差（mm）
1	一般全焊透的角接与对接组合焊缝		$h_f \geq (\frac{t}{4})_0^{+4}$ 且 ≤10
2	需经疲劳验算的全焊透角接与对接组合焊缝		$h_f \geq (\frac{t}{2})_0^{+4}$ 且 ≤10

续表

序号	项目	示意图	允许偏差（mm）	
3	角焊缝及部分焊透的角接与对接组合焊缝		$h_f \leq 6$ 时 0~1.5	$h_f > 6$ 时 0~3.0

注：1. $h_f > 8.0$ mm 的角焊缝其局部焊脚尺寸允许低于设计要求值 1.0mm，但总长度不得超过焊缝长度的 10%；
2. 焊接 H 形梁腹板与翼缘板的焊缝两端在其两倍翼缘板宽度范围内，焊缝的焊脚尺寸不得低于设计要求值。

焊缝余高和错边允许偏差　　　　　　　　　表 C2-4-4-2C

序号	项目	示意图	允许偏差（mm）	
			一、二级	三级
1	对接焊缝余高（C）		$B < 20$ 时，C 为 0~3；$B \geq 20$ 时，C 为 0~4	$B < 20$ 时，C 为 0~3.5；$B \geq 20$ 时，C 为 0~5
2	对接焊缝错边（d）		$d < 0.1t$ 且 ≤ 2.0	$d < 0.15t$ 且 ≤ 3.0
3	角焊缝余高（C）		$h_f \leq 6$ 时 C 为 0~1.5；$h_f > 6$ 时 C 为 0~3.0	

8) 栓钉焊焊后应进行打弯检查。合格标准：当焊钉打弯至 30°时，焊缝和热影响区不得有肉眼可见的裂纹，检查数量应不小于焊钉总数的 1%。

9) 电渣焊、气电立焊接头的焊缝外观成形应光滑，不得有未熔合、裂纹等缺陷；当板厚小于 30mm 时，压痕、咬边深度不得大于 0.5mm；板厚大于或等于 30mm 时，压痕、咬边深度不得大于 1.0mm。

10) 无损检测应在外观检查合格后进行。

11) 焊缝无损检测报告签发人员必须持有相应探伤方法的Ⅱ级或Ⅱ级以上资格证书。

12) 设计要求全焊透的焊缝，其内部缺陷的检验应符合下列要求：
①一级焊缝应进行 100% 的检验，其合格等级应为现行国家标准《钢焊缝手工超声波

探伤方法及质量分级法》(GB 11345) B 级检验的Ⅱ级及Ⅱ级以上；

②二级焊缝应进行抽检，抽检比例应不小于 20%，其合格等级应为现行国家标准《钢焊缝手工超声波探伤方法及质量分级法》(GB 11345) B 级检验的Ⅲ级及Ⅲ级以上；

③全焊透的三级焊缝可不进行无损检测。

13) 焊接球节点网架焊缝的超声波探伤方法及缺陷分级应符合国家现行标准《焊接球节点钢网架焊缝超声波探伤及质量分级法》(JG/T 3034.1)的规定。

14) 螺栓球节点网架焊缝的超声波探伤方法及缺陷分级应符合国家现行标准《螺栓球节点钢网架焊缝超声波探伤及质量分级法》(JG/T 3034.2)的规定。

15) 箱形构件隔板电渣焊焊缝无损检测结果除应符合第 12) 条的有关规定外，还应按《建筑钢结构焊接技术规程》(JGJ 81—2001) 附录 C 进行焊缝熔透宽度、焊缝偏移检测。

16) 圆管 T、K、Y 节点焊缝的超声波探伤方法及缺陷分级应符合《建筑钢结构焊接技术规程》(JGJ 81—2001、J 218—2002) 附录 D 的规定。

17) 设计文件指定进行射线探伤或超声波探伤不能对缺陷性质作出判断时，可采用射线探伤进行检测、验证。

18) 射线探伤应符合现行国家标准《钢熔化焊对接接头射线照相和质量分级》(GB 3323)的规定，射线照相的质量等级应符合 AB 级的要求。一级焊缝评定合格等级应为《钢熔化焊对接接头射线照相和质量分级》(GB 3323) 的Ⅱ级及Ⅱ级以上，二级焊缝评定合格等级应为《钢熔化焊对接接头射线照相和质量分级》(GB 3323) 的Ⅲ级及Ⅲ级以上。

19) 下列情况之一应进行表面检测：

①外观检查发现裂纹时，应对该批中同类焊缝进行 100%的表面检测；

②外观检查怀疑有裂纹时，应对怀疑的部位进行表面探伤；

③设计图纸规定进行表面探伤时；

④检查员认为有必要时。

20) 铁磁性材料应采用磁粉探伤进行表面缺陷检测。确因结构原因或材料原因不能使用磁粉探伤时，方可采用渗透探伤。

21) 磁粉探伤应符合国家现行标准《焊缝磁粉检验方法和缺陷磁痕的分级》(JB/T 6061) 的规定，渗透探伤应符合国家现行标准《焊缝渗透检验方法和缺陷迹痕的分级》(JB/T 6062) 的规定。

22) 磁粉探伤和渗透探伤的合格标准应符合本节 5)、6) 中外观检验的有关规定。

注：关于材料、成品、半成品、构配件和设备进场与检验。

1. 凡相关专业施工质量验收规范中主控项目或一般项目的检查方法中要求对材料、成品、半成品、构配件或设备等检查进场验收记录的，均应在施工中按资料要求对该项工程的材料、成品、半成品、构配件或设备进行进场检验，并填报进场验收记录。经检验以上材料、成品、半成品、构配件或设备不合格时，对设备、设计结构安全的混凝土构件、钢构件等由单位技术负责人做出处理建议。其他不合格品时由单位工程技术负责人做出处理，并提出处理建议。不合格品不进行报验。

2. 凡相关专业施工质量验收规范中主控项目或一般项目的检查方法中要求对材料、成品、半成品、构配件或设备等既提供出厂质量合格证明文件又要求使用前在现场取样复试的材料、成品、半成品、构配件或设备，建设、监理、施工各方均应严格执行上述规定，并对有关资料进行汇整、存留。

3.2.4.5 钢结构连接副抗滑移系数复（检）验（C2-4-5）

1．扭剪型高强度螺栓连接副预拉力复验（C2-4-5-1）：

实施要点：

（1）扭剪型高强度螺栓连接副预拉力复验报告应由省级及其以上建设行政主管部门或其委托单位批准的具有相应资质试验单位提供的试验报告表式执行。

（2）取样方法、数量与复验：

1）扭剪型高强度螺栓连接副应按批进行检验。同批由同一性能等级、材料、炉号、螺纹规格、长度、机械加工、热处理工艺、表面处理工艺的螺栓组成。

2）复验用的螺栓应在施工现场待安装的螺栓批中随机抽取，每批应抽取8套连接副进行复验。

3）连接副预拉力可采用经计量检定、校准合格的轴力计进行测试。

4）试验用的电测轴力计、油压轴力计、电阻应变仪、扭矩扳手等计量器具，应在试验前进行标定，其误差不得超过2%。

5）采用轴力计方法复验连接副预拉力时，应将螺栓直接插入轴力计。紧固螺栓分初拧、终拧两次进行，初拧应采用手动扭矩扳手或专用定扭电动扳手；初拧值应为预拉力标准值的50%左右。终拧应采用专用电动扳手，至尾部梅花头拧掉，读出预拉力值。

6）每套连接副只应做一次试验，不得重复使用。在紧固中垫圈发生转动时，应更换连接副，重新试验。

7）复验螺栓连接副的预拉力平均值和标准偏差应符合表C2-4-5-1的规定。

扭剪型高强度螺栓紧固预拉力和标准偏差（kN）　　　　表C2-4-5-1

螺栓直径（mm）	16	20	(22)	24
紧固预拉力的平均值 P	99~120	154~186	191~231	222~270
标准偏差 σ_p	10.1	15.7	19.5	22.7

附：紧固件连接工程检验项目的螺栓实物最小载荷检验

螺栓实物最小载荷检验的目的和检验方法：

（1）目的：测定螺栓实物的抗拉强度是否满足现行国家标准《紧固件机械性能螺栓、螺钉和螺柱》（GB 3098.1）的要求。

（2）检验方法：用专用卡具将螺栓实物置于拉力试验机上进行拉力试验，为避免试件承受横向载荷，试验机的夹具应能自动调正中心，试验时夹头张拉的移动速度不应超过25mm/min。

螺栓实物的抗拉强度应根据螺纹应力截面积（As）计算确定，其取值应按现行国家标准《紧固件机械性能螺栓、螺钉和螺柱》GB 3098.1的规定取值。

进行试验时，承受拉力载荷的末旋合的螺纹长度应为6倍以上螺距；当试验拉力达到现行国家标准《紧固件机械性能螺栓、螺钉和螺柱》GB 3098.1中规定的最小拉力载荷（$A_s \cdot \sigma_b$）时不得断裂。当超过最小拉力载荷直至拉断时，断裂应发生在杆部或螺纹部分，而不应发生在螺头与杆部的交接处。

2．高强度大六角头螺栓连接副扭矩系数复验（C2-4-5-2）：

实施要点：

（1）高强度大六角头螺栓连接副扭矩系数复验报告应由省级及其以上建设行政主管部

门或其委托单位批准的具有相应资质试验单位提供的试验报告表式执行。

(2) 取样方法、数量与复验：

1) 大六角高强度螺栓连接副应按批进行检验。同批由同一性能等级、材料、炉号、螺纹规格、长度、机械加工、热处理工艺、表面处理工艺的螺栓组成。

2) 复验用螺栓应在施工现场待安装的螺栓批中随机抽取，每批应抽取 8 套连接副进行复验。

3) 连接副扭矩系数复验用的计量器具应在试验前进行标定，误差不得超过 2%。

4) 每套连接副只应做一次试验，不得重复使用。在紧固中垫圈发生转动时，应更换连接副，重新试验。

5) 连接副扭矩系数的复验应将螺栓穿入轴力计，在测出螺栓预拉力 P 的同时，应测定施加于螺母上的施拧扭矩值 T，并应按下式计算扭矩系数 K。

$$K = \frac{T}{P \cdot d}$$

式中 T——施拧扭矩（N·m）；

d——高强度螺栓的公称直径（mm）；

P——螺栓预拉力（kN）。

6) 进行连接副扭矩系数试验时，螺栓预拉力值应符合表 C2-4-5-2 的规定。

螺栓预拉力值范围（kN） 表 C2-4-5-2

螺栓规格（mm）		M16	M20	M22	M24	M27	M30
预拉力值 P	10.9s	93～113	142～177	175～215	206～250	265～324	325～390
	8.8s	62～78	100～120	125～150	140～170	185～225	230～275

7) 每组 8 套连接副扭矩系数的平均值应为 0.110～0.150，标准偏差小于或等于 0.010。

8) 扭剪型高强度螺栓连接副当采用扭矩法施工时，其扭矩系数亦按本附录的规定确定。

注：1. 对高强度螺栓（即高强度大六角头螺栓连接副、扭剪型高强度螺栓连接副和钢网架用高强度螺栓共 3 种）的进场检验按包装箱配套供货，包装箱上应标明批号、规格、数量及生产日期。按包装箱数检查 5%，且不应少于 3 箱。

2. 对钢网架用高强度螺栓：（对建筑结构安全等级为一级，跨度 40m 及以上的螺栓球节点钢网架结构）进行表面硬度试验（按规格检查 8 只）：对 8.8 级高强度螺栓，硬度应为 HRC21～29；对 10.9 级高强度螺栓，硬度应为 HRC32～36；表面不能有裂纹或损伤。

3. 对螺栓、螺母、垫圈等外观表面应涂油保护，不应出现生锈和沾染脏物，螺纹不应损伤。

3. 高强度螺栓连接副施工扭矩检验（C2-4-5-3）：

实施要点：

(1) 高强度螺栓连接副施工扭矩检验报告应由省级及其以上建设行政主管部门或其委托单位批准的具有相应资质试验单位提供的试验报告表式执行。

(2) 高强度螺栓连接副施工扭矩检验。

高强度螺栓连接副扭矩检验含初拧、复拧、终拧扭矩的现场无损检验。检验所用的扭矩扳手其扭矩精度误差应不大于 3%。

高强度螺栓连接副扭矩检验分扭矩法检验和转角法检验两种,原则上检验法与施工法应相同。扭矩检验应在施拧 1h 后,48h 内完成。

1) 扭矩法检验。

检验方法:在螺尾端头和螺母相对位置划线,将螺母退回 60°左右,用扭矩扳手测定拧回至原来位置时的扭矩值。该扭矩值与施工扭矩值的偏差在 10% 以内为合格。

高强度螺栓连接副终拧扭矩值按下式计算:

$$T_c = K \cdot P_c \cdot d$$

式中　T_c——终拧扭矩值(N·m);
　　　P_c——施工预拉力值标准值(kN),见表 C2-4-5-3;
　　　d——螺栓公称直径(mm);
　　　K——扭矩系数,按(GB 50205—2001)附录 B.0.4 的规定试验确定。

高强度大六角头螺栓连接副初拧扭矩值 T_0 可按 $0.5T_c$ 取值。

扭剪型高强度螺栓连接到初拧扭矩值 T_0 可按下式计算:

$$T_0 = 0.065 P_c \cdot d$$

式中　T_0——初拧扭矩值(N·m);
　　　P_c——施工预拉力标准值(kN),见表 C2-4-5-3;
　　　d——螺栓公称直径(mm)。

高强度螺栓连接副施工预拉力标准值(kN)　　　表 C2-4-5-3

螺栓的	螺栓公称直径(mm)					
性能等级	M16	M20	M22	M24	M27	M30
8.8s	75	120	150	170	225	275
10.9s	110	170	210	250	320	390

2) 转角法检验。

检验方法:

①检查初拧后在螺母与相对位置所画的终拧起始线和终止线所夹的角度是否达到规定值。

②在螺尾端头和螺母相对位置画线,然后全部卸松螺母,在按规定的初拧扭矩和终拧角度重新拧紧螺栓,观察与原画线是否重合。终拧转角偏差在 10° 以内为合格。

终拧转角与螺栓的直径、长度等因素有关,应由试验确定。

3) 扭剪型高强度螺栓施工扭矩检验。

检验方法:观察尾部梅花头拧掉情况。尾部梅花头被拧掉者视同其终拧扭矩达到合格质量标准;尾部梅花头未被拧掉者应按上述扭矩法或转角法检验。

4. 高强度螺栓连接摩擦面的抗滑移系数检验(C2-4-5-4):

实施要点:

(1) 高强度螺栓连接摩擦面的抗滑移系数检验报告应由省级及其以上建设行政主管部门或其委托单位批准的具有相应资质试验单位提供的试验报告表式执行。

(2) 取样方法、数量与复验:

1) 制造厂和安装单位应分别以钢结构制造批为单位进行抗滑移系数试验。制造批可按分部(子分部)工程划分规定的工程量每 2000t 为一批,不足 2000t 的可视为一批。选用两种及两种以上表面处理工艺时,每种处理工艺应单独检验。每批三组试件。

抗滑移系数试验应采用双摩擦面的二栓拼接的拉力试件(图C2-4-5-4)。

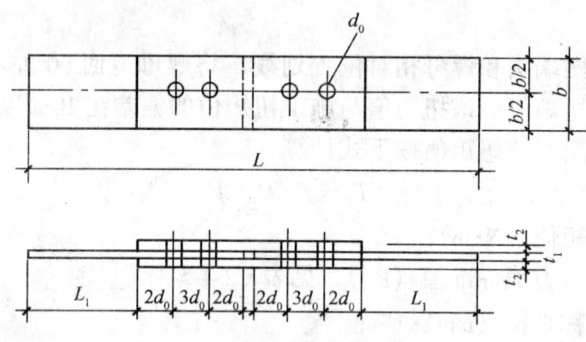

图 C2-4-5-4　抗滑移系数拼接试件的形式和尺寸

2)抗滑移系数试验用的试件应由制造厂加工,试件与所代表的钢结构构件应为同一材质、同批制作、采用同一摩擦面处理工艺和具有相同的表面状态,并应用同批同一性能等级的高强度螺栓连接副,在同一环境条件下存放。

3)试件钢板的厚度 t_1、t_2 应根据钢结构工程中有代表性的板材厚度来确定,同时应考虑在摩擦面滑移之前,试件钢板的净截面始终处于弹性状态;宽度 b 可参照表C2-4-5-4规定取值。L_1 应根据试验机夹具的要求确定。

试件板的宽度(mm)　　　　　　　　　　　　　　　　　　表 C2-4-5-4

螺栓直径 d	16	20	22	24	27	30
板宽 b	100	100	105	110	120	120

4)试件板面应平整,无油污,孔和板的边缘无飞边、毛刺。

(3)试验方法:

1)试验用的试验机误差应在1%以内。

2)试验用的贴有电阻片的高强度螺栓、压力传感器和电阻应变仪应在试验前用试验机进行标定,其误差应在2%以内。

3)试件的组装顺序应符合下列规定:

先将冲钉打入试件孔定位,然后逐个换成装有压力传感器或贴有电阻片的高强度螺栓,或换成同批经预拉力复验的扭剪型高强度螺栓。

4)紧固高强度螺栓应分初拧、终拧。初拧应达到螺栓预拉力标准值的50%左右。终拧后,螺栓预拉力应符合下列规定:

①对装有压力传感器或贴有电阻片的高强度螺栓,采用电阻应变仪实测控制试件每个螺栓的预拉力值应在 $0.95P \sim 1.05P$(P 为高强度螺栓设计预拉力值)之间;

②不进行实测时,扭剪型高强度螺栓的预拉力(紧固轴力)可按同批复验预拉力的平均值取用。

5)试件应在其侧面画出观察滑移的直线。

6)将组装好的试件置于拉力试验机上,试件的轴线应与试验机夹具中心严格对中。

7)加荷时,应先加10%的抗滑移设计荷载值,停1min后,再平稳加荷,加荷速度为 $3 \sim 5kN/s$。直拉至滑动破坏,测得滑移荷载 N_v。

8) 在试验中当发生以下情况之一时，所对应的荷载可定为试件的滑移荷载：

①试验机发生回针现象；

②试件侧面画线发生错动；

③X-Y记录仪上变形曲线发生突变；

④试件突然发生"嘣"的响声。

9) 抗滑移系数，应根据试验所测得的滑移荷载 N_v 和螺栓预拉力 P 的实测值，按下式计算，宜取小数点二位有效数字。

$$\mu = \frac{N_v}{n_f \cdot \sum_{i=1}^{m} P_i}$$

式中 N_v——由试验测得的滑移荷载（kN）；

n_f——摩擦面面数，取 $n_f = 2$；

$\sum_{i=1}^{m} P_i$——试件滑移一侧高强度螺栓预拉力实测值（或同批螺栓连接副的预拉力平均值）之和（取三位有效数字）（kN）；

m——试件一侧螺栓数量，取 $m = 2$。

3.2.4.6 钢（筋）材探伤检验（C2-4-6）

1. 钢筋焊接接头疲劳试验报告（C2-4-6-1）：

(1) 资料表式

钢筋焊接接头疲劳试验报告　　　　　　　　　表 C2-4-6-1

试验编号：

委托单位				试验机型号				
试验名称				试样组数				
钢筋级别				表面情况				
钢筋直径				试样处理				
焊接方法				送检日期				
试样编号	载荷		应力		应力比 (ρ)	频率 (Hz)	循环次数 ($\times 10^6$)	断口特征	断裂位置
	P_{max} (N)	P_{min} (N)	σ_{max} (MPa)	σ_{min} (MPa)					
依据标准：									
检验结果：									
							试验单位：（印章）		
							年　月　日		
技术负责人：			审核：			试验：			

注：钢筋焊接接头疲劳试验报告表式，可根据当地的使用惯例制定的表式应用，但试验机型号、试样组数、表面情况、试样处理、焊接方法、试样编号、载荷（P_{max}（N）、P_{min}（N））、应力（σ_{max}（MPa）、σ_{min}（MPa））、应力比（ρ）、频率（Hz）、循环次数（$\times 10^6$）、断口特征、断裂位置、依据标准、检验结果等项试验内容必须齐全。实际试验项目根据工程实际择用。

(2) 实施要点

钢筋焊接接头疲劳试验报告是指为保证建筑工程质量对用于工程的不同形式的钢筋在常温下的轴向拉伸疲劳试验的有关指标的测试,是测定和检验钢筋焊接接头在确定应力比和应力循环次数下的条件疲劳极限。由试验单位出具的试验证明文件。

1) 试件长度

①疲劳试验的试件的长度一般不得小于疲劳受试区(包括焊缝和母材)与两个夹持长度和;其中,受试区长度不宜小于500mm(见图2.2.4.6-1)。

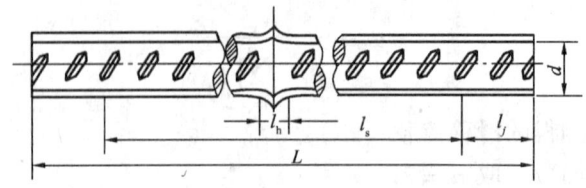

图 2.2.4.6-1　钢筋焊接接头疲劳试件
l_s—受试长度;l_h—焊缝长度;l_j—夹持长度;
L—试件长度;d—钢筋直径

当试验机不能适应上述试件长度时,应在报告中注明试件的实际长度。

高频疲劳试件的长度根据试验机的具体条件确定。

②试件的外观应仔细检查,不得有气孔、烧伤、压伤、咬边等焊接缺陷。试件的中心线应成一直线。

③为避免试件断于夹持部分,对夹持部分可采取下列措施:

a. 对夹持部分进行冷作强化处理;

b. 采用与钢筋外形相适应的铜模套;

c. 采用与钢筋直径相适应的带有环形内槽的钢模套,并灌注环氧树脂。

2) 试验报告内容

钢筋焊接接头疲劳试验过程中,应及时记录各项原始记录,试验完毕,提出试验报告。报告内容应包括:试验机型号、试样组数、表面情况、试样处理、焊接方法、试样编号、载荷[P_{max}(N)、P_{min}(N)]、应力[σ_{max}(MPa)、σ_{min}(MPa)]、应力比(ρ)、频率(Hz)、循环次数($\times 10^6$)、断口特征、断裂位置、依据标准、检验结果等。

2. 钢材焊接接头冲击试验报告(C2-4-6-2):

(1) 资料表式

(2) 实施要点

钢材焊接接头冲击试验报告是指为保证建筑工程质量对用于工程的钢材焊接接头进行的夏比冲击试验的有关指标测试,测定焊接接头各部位的冲击吸收功或冲击韧性值,由试验单位出具的试验证明文件。

1) 钢材焊接冲击试验是测试焊缝质量的方法之一,为设计有要求时的试验内容。冲击试验即通常说的夏比冲击试验(夏比缺口冲击试验和夏比冲击断口测定)。

2) 试验目的是测定焊接接头各部位的冲击吸收功或冲击韧性值。

3) 冲击试验的试样按《钢筋焊接接头试验方法》(JGJ 27)执行。

3.2 单位（子单位）工程质量控制资料核查记录（C2）

钢材焊接接头冲击试验报告 表 C2-4-6-2

委托单位：　　　　　　　　　　　　　　　　　　　　试验编号：

钢筋级别及直径					焊接方法及接头型式							备注
试件编号	试验温度（℃）	试件尺寸（mm）	缺口型式	缺口底部截面积（cm²）	冲击吸收功 A_k (J)				冲击韧性值 a_k (J/cm²)			
					焊缝区	熔合区	过热区	母材	焊缝区	熔合区	过热区	母材	

结　论		试验单位：（印章）　　　　　　　　　年　月　日
备　注		

试验单位：　　　　技术负责人：　　　　审核：　　　　试（检）验：

注：钢材焊接接头冲击试验报告表式，可根据当地的使用惯例制定的表式应用，但钢筋级别及直径、焊接方法及接头型式、试件编号、试验温度（℃）、试件尺寸（mm）、缺口型式、缺口底部截面积（cm²）、冲击吸收功 A_k (J)（焊缝区、熔合区、过热区、母材）、冲击韧性值 a_k (J/cm²)（焊缝区、熔合区、过热区、母材）、结果分析等项试验内容必须齐全。实际试验项目根据工程实际择用。

4）冲击断口测定报告应包括的内容：产品名称、材料、炉批号和试样编号；试样类型和尺寸；试验温度；纤维（或晶状）断面率；侧膨胀值。

注：如果试样未折断，应在报告中注明"未折断"。

3. 钢材焊接接头硬度试验报告（C2-4-6-3）：

（1）资料表式

钢材焊接接头硬度试验报告 表 C2-4-6-3

委托单位：　　　　　　　　　　　　　　　　　　　　试验编号：

钢筋级别及直径	焊接方法及接头型式	焊接工艺参数	试验机型号及荷载
测点位置简图		硬度测定结果	
备　注			

试验单位：　　　　技术负责人：　　　　审核：　　　　试（检）验：

(2) 实施要点

钢材焊接接头硬度试验报告是指为保证建筑工程质量对用于工程的钢材焊接接头进行硬度的有关指标测试,由试验单位出具的试验证明文件。

1) 钢材焊接接头硬度试验是测试焊缝质量的方法之一,为设计有要求时的试验内容。

2) 试验目的是了解各区域的硬度差异及其变化。采用洛氏或维氏硬度计测试。洛氏硬度用符号 HR 表示,HR 前面为硬度数值,HR 后面为使用的标尺。例如 50HRC 表示用 C 标尺测定的邵氏硬度值为 50。试验报告中给出的邵氏硬度值应精确至 0.5 个洛氏硬度单位。

3) 试样:试样在制备过程中,应尽量避免由于受热,冷加工等对试样表面硬度的影响;试样的试验面尽可能是平面,不应有氧化皮及其他污物,表面粗糙度 R_a 一般不大于 $0.80\mu m$;试样或试验层厚度应不小于 e 的十倍。试验后,试样背面不得有肉眼可见变形痕迹。

注:e——是指去除主试验力后,在初始试验力下的残余压痕深度增量,用 0.002mm 为单位表示。

4. 焊缝射线探伤报告(C2-4-6-4):

(1) 资料表式

焊缝射线探伤报告　　　　　　　　　　表 C2-4-6-4

委托单位:　　　　　　　　　　　　　　试验编号:

工程名称		焊接类型		报告日期	
工程编号		规　格		母材试验单编号	
设备型号		焦　距		管电压	
曝光时间				管电流	
透度计型号		胶片型号		胶片尺寸		有效长度	
增感方式				冲洗方式	

焊缝全长:　　　m;　　探伤比例:　　　%;　　长度:　　　m

探伤部位:

射线拍片共　　张;其中纵缝:　　张,环缝:　　张,其他部位　　张

　　　　　　　　　　Ⅰ级片　　　张,占总片数　　　%

　　　　　　　　　　Ⅱ级片　　　张,占总片数　　　%

　　　　　　　　　　Ⅲ级片　　　张,占总片数　　　%

附:探伤位置图和探伤记录

试验单位:	技术负责人:	审核:	试(检)验:

(2) 实施要点

1) 焊缝射线探伤报告是指为保证建筑工程质量对用于工程的焊接试件进行的焊缝射线探伤的有关指标测试,由试验单位出具的试验证明文件。

2) 焊缝射线探伤报告是指钢熔化焊对接接头(焊缝)用 X 射线或 γ 射线照相方法提

供的焊缝射线探伤报告。是无损探伤焊缝试（检）验的项目之一，应按相应标准规定执行。

注：碳素结构钢应在焊缝冷却到环境温度、低合金结构钢应在完成焊接24h以后，方可进行焊缝探伤检验。

3）射线探伤分级与评定：

①对接焊缝的射线探伤按《钢熔化焊对接接头射线照相和质量分级》（GB 3323）的有关规定进行（按所需要达到的底片影象质量，射线照相方法分为A级（普通级）、AB级（较高级）和B级（高级）。选用B级时，焊缝余高应磨平）。

②每个焊缝射线检验点都应作出明显的识别标记，并在焊缝边缘母材上打检测编号钢印。

③建筑钢结构焊缝射线探伤的质量标准分两级：一级相当于GB 3323标准中的二级；二级相当于GB 3323标准中的三级。

④射线探伤不合格的焊缝，要在其附近再选2个检验点进行探伤。如这2个检验点中又发现1处不合格，则该焊缝必须全部进行射线探伤。

4）探伤报告应包括：

①被检管线情况：管线名称、编号、材质及规格、坡口形式、焊接方法、焊条牌号。

②探伤条件：仪器型号、增感方式、管电压、管电流、曝光时间、透照方法。

③探伤要求：探伤比例；执行标准；合格级别。

④探伤结果：探伤数量；通修扩探情况。

⑤探伤人员姓名、资格日期、探伤时间。

注：底片存档应至少保存5年。

5．焊缝超声波探伤报告（C2-4-6-5）：

(1) 资料表式

焊缝超声波探伤报告　　　　　　表 C2-4-6-5

委托单位：

工程名称		焊接类型		试验编号	
工程编号		规　　格		报告日期	
仪器型号		探伤方法		探测频率	
探头直径		探头K值		探头移动方式	
耦合剂		检验标准		试　　块	
探测灵敏度		增益		抑制		输出		粗调	

焊缝全长：　　　　m；探伤比例：　　　　%；长度：　　　　m

探伤部位：

缺陷记录：

（附探伤位置图）

试验单位：	技术负责人：	审核：	试（检）验：

(2) 实施要点

1) 焊缝超声波探伤报告是指为保证建筑工程质量对用于工程的焊接试件进行的焊缝超声波探伤报告的有关指标测试,由试验单位出具的试验证明文件。

2) 焊缝超声波探伤报告是无损探伤焊缝试(检)验项目的内容之一,应按相应标准规定执行。

注:碳素结构钢应在焊缝冷却到环境温度、低合金结构钢应在完成焊接24h以后,方可进行焊缝探伤检验。

3) 超声波探伤的分级和评定:

①建筑钢结构对接焊缝的超声波探伤,应按《钢制压力容器对接焊缝超声波探伤》(JB 1152) 的有关规定进行。角焊缝及T形接头焊缝的探伤方法和灵敏度可按 JB 1152 标准采用,其推荐操作方法见《钢制压力容器对接焊缝超声波探伤》(JB 1152) 附录八。

②每个焊缝超声波检验点都应有明显的识别标记,并在焊缝边缘母材上打检测编号钢印。

③建筑钢结构焊缝(包括角焊缝和T形接头焊缝)超声波探伤的质量标准分两组:一级相当于 JB 1152 标准中的一级;二级相当于 JB 1152 标准中的二级。对于要求焊透的吊车梁上翼缘与腹板的T形接头焊缝,可允许单个条性缺陷长度小于 50mm,但在 1000mm 焊缝长度内条性缺陷的总和应小于 100mm。

④超声波探伤的每个探测区焊缝长度应不少于 300mm。对超声波探伤不合格的检验区,要在其附近再选2个检验区进行探伤;如这2个检验区中又发现1处不合格,则该焊缝必须全部进行超声波探伤。

6. 焊缝磁粉探伤报告(C2-4-6-6):

(1) 资料表式

焊缝磁粉探伤报告表　　　　　　　　　　　　表 C2-4-6-6

委托单位:　　　　　　　　　　　　　　　　　　试验编号:

工程名称		主品名称		日　期	
工程编号		产品编号		规　格	
设备型号		材　质		壁　厚	
仪器型号		激磁方式		灵敏度	
磁粉和磁悬液体配制					
焊缝全长:　　m; 探伤比例:　　%; 长度,　　m 探伤部位: 探伤结果: (附探伤位置图)					
试验单位:	技术负责人:		审核:		试(检)验:

(2) 实施要点

1) 焊缝磁粉探伤报告是指为保证建筑工程质量对用于工程的焊接试件进行的焊缝磁粉探伤报告的有关指标测试,由试验单位出具的试验证明文件。

2) 焊缝磁粉探伤报告是无损探伤焊缝试(检)验项目的内容之一,应按相应标准规定执行。

3) 磁粉粒度选用:用湿法探伤时,磁粉力度应不小于200目;用干法探伤时应为80~120目。

4) 磁粉探伤应优先选用交叉磁轮式旋转磁化法,也可以使用磁轮法(即电磁铁)或触头法(即局部通电法)。

7. 金相试验报告（C2-4-6-7）：

(1) 资料表式：

金相试验报告　　　　　　　　表 C2-4-6-7

委托编号：　　　　　　　　　　　　　　　　试验编号：

工程名称		试样编号	
委托单位		试验委托人	
材质及规格		试件名称	
代表数量		来样日期	年 月 日	试验日期	年 月 日

试验情况与结果：

结论：

试验单位：　　　　技术负责人：　　　　审核：　　　　试(检)验：

(2) 实施要点

1) 金相试验报告是指为保证建筑工程质量对用于工程的钢材根据设计要求进行的金相试验有关指标测试,由试验单位出具的试验证明文件。

2) 金相试验报告是无损探伤焊缝试(检)验项目的内容之一,应按相应标准规定执行。试验目的是了解接头各区域的组织差异和变化,以及检查焊接缺陷。

3) 金相检验：是通过金相显微镜，在放大 100～2000（一般为 50～1000 倍）倍下，观察和研究金属的组织和缺陷。它可以测定金属晶粒大小，显示金属的组织特征，鉴定金属夹杂物和缺陷等。

金相检验所需的试样要经过特殊制备。试样的制备过程是：先选择具有代表性的试样，经磨削、抛光后，进行腐蚀，显露出金属的显微组织，然后将试样放在金相显微镜下观察组织。一般应先用低倍来观察，了解组织的全貌后，逐渐提高放大倍数。

4) 金相试验报告内容包括：试样的原始条件、试样的宏观组织和各区域的显微组织、放大倍数、焊接缺陷等。金相组织一般以照片表示，可能条件下附以分析性意见。

3.2.4.7 预应力钢丝镦头强度试验报告（C2-4-7）

实施要点：

（1）预应力钢丝镦头强度试验报告应由具有相应资质等级的实验单位提供的试验报告表式执行。

（2）预应力钢丝镦头强度试验报告是指为保证建筑工程质量对用于工程的预应力钢丝镦头进行的预应力钢丝镦头强度试验的有关指标测试，由试验单位出具的试验证明文件。

（3）采用镦头夹具时，预应力筋端头应进行镦粗。钢筋（丝）的镦头一般有热镦和冷镦两种工艺，冷镦又有机械式镦头与液压式镦头。

（4）热镦法是在 $UN_1～75$ 型或 $UN_1～100$ 型手动对焊机上进行。操作时注意加热加压应根据钢筋软化程度缓慢均匀地进行，钢筋的中心线必须对准紫铜棒的中心线，以保证镦头的外形不歪斜和镦头附近不烧伤。

（5）冷镦法机械式镦头，将钢筋放入夹具中后，利用机械力量进行冷镦。

镦粗头质量的要求：除逐根进行外观检查，不得有镦头歪斜或烧伤缺陷等外，在第一次作镦头时，还应取镦头总数的 3% 做抗拉试验，其抗拉强度不得小于母材的抗拉强度 98%，若有一个试件不合格，应加倍取样试验，如仍有试件不合格，则应逐根试验。

3.2.4.8 幕墙后置埋件现场拉拔试验报告（C2-4-8）

实施要点：

（1）幕墙后置埋件现场拉拔试验报告应由具有相应资质等级的实验单位提供的试验报告表式执行。

（2）后置埋件现场拉拔试验报告是指为保证建筑工程质量对用于工程的后置埋件现场拉拔试验进行的有关指标测试，由试验单位出具的试验证明文件。

（3）凡属后置埋件，相应规范、标准规定或施工图设计要求必须进行拉拔试验的，均应对后置埋件进行后置埋件现场拉拔试验，并提供后置埋件现场拉拔试验报告，试验结果必须符合设计和规范、标准的有关要求。

3.2.4.9 幕墙石材弯曲强度试验报告（C2-4-9）

实施要点：

幕墙石材弯曲强度试验报告按当地建设行政主管部门或其委托单位批准的具有相应资质的试验室提供的石材弯曲强度试验报告表式执行。石材弯曲强度试验结果应符合相应标准规定。

3.2.4.10 土样密度试验报告（C2-4-10）

1. 环刀法试验用表见表 C2-4-10A：

(1) 资料表式

土样密度试验报告（环刀法）　　　　　　　表 C2-4-10A

委托单位：　　　　　　　　　　　　　　　　　　　　试验编号：

工程名称				委托日期	
取样部位		试样种类		报告日期	
试样数量		最小干密度		检验类别	
取样编号	取样步次	湿密度（g/cm³）	含水率（%）	干密度（g/cm³）	单个结论
取样位置示意图：					
依据标准：					
检验结论：					
试验单位：	技术负责人：		审核：		检验：

注：土壤试验报告表式，可根据当地的使用惯例制定的表式应用，但工程名称、委托日期、取样部位、试样种类、报告日期、试样数量、最小干密度、检验类别、取样编号、取样步次、湿密度（g/cm³）、含水率（%）、干密度（g/cm³）、单个结论、取样位置示意图、依据标准、检验结果等项试验内容必须齐全。实际试验项目根据工程实际择用。

(2) 实施要点

1) 回填常用材料

①石灰

石灰是一种无机的胶结材料，可分为气硬性和水硬性。它不但能在空气中硬化，而且还能在水中硬化。

灰土垫层中石灰 CaO + MgO 总量达 8% 左右，和土的体积比一般以 2:8 或 3:7 为最佳（土料较湿时可用 3:7 灰土，承载力要求不高时可用 1:9 灰土）。垫层强度随灰量的增加而提高，但当含灰量超过一定值后，灰土强度增加很慢。灰土垫层中所用的石灰宜达到国家三等石灰标准，生石灰标准见表 C2-4-10A1。在施工现场用作灰土的熟石灰应过筛，其粒径不得大于 5mm。熟石灰中不得夹有未熟化的生石灰块，也不得含有过多的水分。所谓熟石灰是指 CaO 加 H_2O 变成的 $Ca(OH)_2$。石灰的贮存时间不宜超过 3 个月，长期存放将会使其活性降低。灰土用石灰应以生石灰消解 3~4 天后过筛使用。

生石灰的技术指标　　　　　　　　　　　　　　　　　　C2-4-10A1

指标项目	类别等级	钙质生石灰			镁质生石灰		
		一等	二等	三等	一等	二等	三等
有效钙加氧化镁含量不小于（%）		85	80	70	80	75	65
未消化残渣含量（5mm 圆孔筛的筛孔）不大于（%）		7	11	17	10	14	20

②粉煤灰（表 C2-4-10A2）

粉煤灰技术指标　　　　　　　　表 C2-4-10A2

序号	指　　标		级　　别		
			Ⅰ	Ⅱ	Ⅲ
1	细度（0.045mm方孔筛的筛余）（%）	不大于	12	20	45
2	需水量比（%）	不大于	95	105	115
3	烧失量（%）	不大于	5	8	15
4	含水量（%）	不大于	1	1	不规定
5	三氧化硫（%）	不大于	3	3	3

符合表 C2-4-10A2 技术要求的为等级品，若其中任何一项不符合要求的应重新加倍取样，进行复检。复检不合格的需降级处理。

凡低于表 C2-4-10A2 要求中最低级别技术要求的粉煤灰为不合格品。

③土料

灰土中的土不仅作为填料，而且参与化学反应，尤其是土中的黏粒（<0.005mm）或胶粒（<0.002mm）具有一定活性和胶结性，含量越多（即土的塑性指数越高），则灰土的强度也越高。

在施工现场宜采用就地基坑（槽）中挖出的黏性土（塑性指数宜大于5）拌制灰土。淤泥、耕土、冻土、膨胀土以及有机物含量超过8%的土料都不得使用。土料应予以过筛，其粒径不得大于 15mm。

注：简易土工试验用石灰、粉煤灰掺和料不实行见证取样。

2）取样数量规定

①《建筑地基处理技术规范》（JGJ 79—2002、J 220—2002）规定：采用环刀法取样时，检验数量：大基坑每 50~100m² 应不少于 1 个检验点；基槽每 10~20m 应不少于 1 个点；每个单独柱基应不少于 1 个点。

②《建筑地基基础工程施工质量验收规范》（GB 50202—2002）规定：对灰土地基、砂和砂石地基、土工合成材料地基、粉煤灰地基、强夯地基、注浆地基、预压地基，其竣工后的结果（地基强度或承载力）必须达到设计要求的标准，检验数量，每单位工程应不少于 3 点，1000m² 以上工程，每 100m² 至少应有 1 点，3000m² 以上工程，每 300m² 至少应有 1 点。每一独立基础下至少应有 1 点，基槽每 20 延米应有 1 点。

③采用贯入仪或动力触探检验垫层施工质量时，每分层检验点的间距应不大于 4m。

④垫层法检测可适当多打一些钎探点，以判别地基土的均匀程度，籍以保证垫层法处理地基基土的均匀性。

⑤整片垫层每 100m² 不应少于 4 点。

3）环刀法应用说明

①环刀法取土用容积不小于 200cm³ 的环刀，必须每段每层进行检验。

②环刀取土方法：取土点处先用平口铲挖一个约 20×20cm 的小坑，挖至每（步）压实部，再用环刀，（详图 C2-4-10-1，图 C2-4-10-2），使环刀口向下，加环盖，用落锤打环盖，使环盖深入土中 1~2cm，用平口铲把环刀及环盖取出，轻取环盖，用削土刀修平环

刀余土，擦净环刀外壁土。把环刀内土直接取出称其重量（g/cm³）。

③环刀容积：$V = \pi \cdot r^2 \cdot h = 3.14 \times 3.5^2 \times 5.2 = 200 \text{cm}^3$

取土环刀包括环刀（200cm³）、环盖及落锤（重1kg）；天平（称量1kg，感量1g）；平口铲；削土刀等。

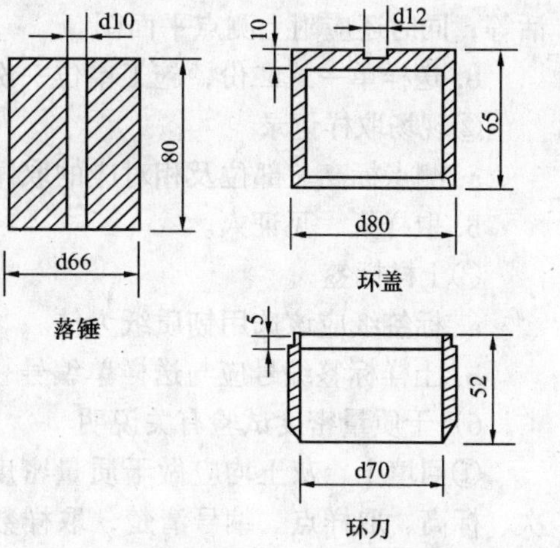

4）取样要求及其注意事项

①采取的土样应具有一定的代表性，取样数量应满足试验的需要。

②回填材料应按设计要求每层应按要求夯实，采用环刀取样时应注意以下事项：

a. 现场取样必须是在见证人监督下，由取样人员按要求在测点处取样，而取样、见证人员，必须是通过资格考核。

b. 取样时应使环刀在测点处垂直而下，并应在夯实层2/3处取样。

c. 取样时应注意免使土样受到外力作用，环刀内应充满土样，如果环刀内土样不足，应将同类土样补足。

图 C2-4-10-1 取土环刀

d. 尽量使土样受最低程度的扰动，并使土样保持天然含水量。

e. 如果遇到原状土测试情况，除土样尽可能免受扰动外，还应注意保持土样的原状结构及其天然湿度。

③土样存放及运送：

在现场取样后，原则上应及时将土样运送到试验室。土样存放及运送中，还须注意以下事项：

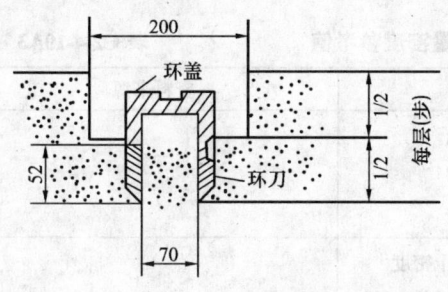

图 C2-4-10-2 素土环刀取点处示意图

a. 土样存放：（a）将现场采取的土样，立即放入密封的土样盒或密封的土样筒内，同时贴上相应的标签；（b）如无密封的土样盒和密封的土样筒时，可将取得的土样，用砂布包裹，并用蜡融封密实；（c）密封土样宜放在室内常温处，使其避免日晒、雨淋及冻融等有害因素的影响。

b. 土样运送：

关键问题是使土样在运送过程中少受振动。

5）送样要求

为确保基础回填的公正性、可靠性和科学性，有关人员应认真、准确地填写好土样试验的送样单，现场取样记录及土样标签等有关内容。

①土工试验送样单

a. 在见证人员陪同下，送样人应准确填写下述内容：

委托单位、工程名称、试验项目、设计要求、现场土样的鉴别名称、夯实方法、测点标高、测点编号、取样日期、取样地点、填单日期、取样人、送样人、见证人以及联系电话等，同时还应附上测点平面图。

b. 送样单一式二份，施工单位一份，试验室一份。

②现场取样记录

a. 测点标高、部位及相对应的取样日期。

b. 取样人、见证人。

③土样标签

a. 标签纸应该选用韧质纸为佳。

b. 土样标签编号应与送样单编号一致。

6）干质量密度试验有关说明

①回填土、灰土均应做干质量密度试验。按平面位置图分层取样，注明施工段、层次、标高、取样点。编号清楚，取样数量要符合质量验评标准要求，试验报告要注明种类、试验日期。试验结果未达到要求的部位应有处理及复试结果。砂土的质量检查宜采用环刀取样，测定干质量密度。分层厚度可用标桩控制，每层密实度经检验合格后方可进行上层的施工。实际测定的密度不应低于最小干质量密度，不符合要求者，应经处理后进行复试，前后测定结果并列于试验单中，不允许存在不符合要求的试验结果。

②贯入测试：回填土、灰土应用贯入测试法见灌砂法贯入测试有关说明。

③灰土、填土、砂地基干质量密度参考值见表 C2-4-10A3。

灰土、填土、砂地基干质量密度参考值　　　　表 C2-4-10A3

序　号	项　目	最小干密度 g/cm³	资料来源
1	灰　土	粉　土　1.55 粉质黏土　1.50 黏　土　1.45	
2	砂	不小于在中密状态时的干密度 中　砂　1.55～1.60	
3	填　土	一般情况下　1.65 黏　土　1.49	

注：灰土可按压实系数 dy 鉴定，一般为 0.93～0.95。

7）核查注意事项

①填方工程包括大型土方、室内填方及柱基、基坑、基槽和管沟的回填土等。填方工程应按设计要求和施工规范规定，对土壤分层取样试验，提供分层取点平面示意图，编号及试验报告单。试验记录编号应与平面图对应。

②各层填土压实后，应及时测定干土质量密度，应符合设计要求，且应分散，不得集中。

③重要的、大型的或设计有要求的填方工程，在施工前应对填料作击实试验，求出填料的干土质量密度—含水量关系曲线，并确定其最大干土质量密度 γ_{dmax} 和最优含水量，并根据设计压实系数，分别计算出各种填料的施工控制干土质量密度。对于一般的小型工程又无击实试验条件的单位，最大干土质量密度可按施工规范计算。

④砂、砂石、灰土、三合土地基用环刀取样实测，其干土质量密度不应低于设计要求

的最小干土质量密度；用贯入仪、钢筋或钢叉等实测贯入度大小不应低于通过试验所确定的贯入度数值。

8) 填表说明

①最小干密度：即设计干密度，按《地基与基础工程施工及验收规范》的有关标准测试。

②取样步次：指分层夯实时应分层取样，取样步次照实际填写。

③湿密度：指试件未烘干时的密度，照实测值填写。

④含水率：指试件单位体积内的含水率，照实测值填写。

⑤干密度：指试件烘干后的密度，按不同步次的实测干密度值填写。

⑥单个结论：指单个试件强度的测试结果，照实测值填写。

⑦取样位置示意图：按《地基与基础施工及验收规范》的要求布点，并绘制简图。

2. 蜡封法试验用表见表 C2-4-10B。

(1) 资料表式

蜡封法密度试验记录 　　　　　　　　　　　　　　　表 C2-4-10B

工程名称_____　　　　　　　　　　　　　　　试验日期_____

试样编号	试样质量 (g)	蜡封试样质量 (g)	蜡封试样水中质量 (g)	温度 (℃)	纯水在 T℃ 时的密度 (g/cm³)	蜡封试样体积 (cm³)	蜡体积 (cm³)	试样体积 (cm³)	湿密度 (g/cm³)	含水率 (%)	干密度 (g/cm³)	平均干密度 (g/cm³)
(1)	(2)	(3)		(4)		$(5)=\dfrac{(2)-(3)}{(4)}$	$(6)=\dfrac{(2)-(1)}{\rho_n}$	(7)=(5)-(6)	$(8)=\dfrac{(1)}{(7)}$	(9)	$(10)=\dfrac{(8)}{1+0.01(9)}$	

试验单位：　　　　　技术负责人：　　　　　审核：　　　　　检验：

(2) 实施要点

蜡封法：

1) 本试验方法适用于易破裂土和形状不规则的坚硬土。

2) 蜡封法试验，应按下列步骤进行：

①从原状土样中，切取体积不小于 30cm³ 的代表性试样，清除表面浮土及尖锐棱角，系上细线，称试样质量，准确至 0.01g。

②持线将试样缓缓浸入刚过熔点的蜡液中，浸没后立即提出，检查试样周围的蜡膜，当有气泡时应用针刺破，再用蜡液补平，冷却后称蜡封试样质量。

③将蜡封试样挂在天平的一端，浸没于盛有纯水的烧杯中，称蜡封试样在纯水中的质量，并测定纯水的温度。

④取出试样，擦干蜡面上的水分，再称蜡封试样质量。当浸水后试样质量增加时，应另取试样重做试验。

3) 试样的密度，应按下式计算：

$$\rho_0 = \frac{m_0}{\dfrac{m_n - m_{nw}}{\rho_{wT}} - \dfrac{m_n - m_0}{\rho_n}}$$

式中 m_0——蜡封试样质量（g）；

m_{nw}——蜡封试样在纯水中的质量（G）；

ρ_{wT}——纯水在T℃时的密度（g/cm³）；

ρ_n——蜡的密度（g/cm³）。

4）本试验应进行两次平行测定，两次测定的差值不得大于0.03g/cm³，取两次测值的平均值。

3. 灌水法试验用表见表C2-4-10C。

(1) 资料表式

灌水法密度试验记录　　　　　　　　　　表 C2-4-10C

工程名称_____　　　　　　　　　　试验日期_____

试样编号	储水筒水位 (cm)		储水筒断面积 (cm²)	试坑体积 (cm²)	试样质量 (g)	湿密度 (g/cm³)	含水率 (%)	干密度 (g/cm³)	试样重度 (kN/cm³)
	初始	终了							
	(1)	(2)	(3)	(4)=[(2)-(1)]×(3)	(5)	(6)=$\frac{(5)}{(6)}$	(7)	(8)=$\frac{(6)}{1+0.01(7)}$	(9)=9.81×(8)

试验单位：　　　　技术负责人：　　　　　审核：　　　　检验：

(2) 实施要点

灌水法：

1）本试验方法适用于现场测定粗粒土的密度。

2）灌水法试验，应按下列步骤进行：

①根据试样最大粒径，确定试坑尺寸见表C2-4-10D。

试　坑　尺　寸（mm）　　　　　　　表 C2-4-10D

试样最大粒径	试 坑 尺 寸		试样最大粒径	试 坑 尺 寸	
	直径	深度		直径	深度
5 (20)	150	200	60	250	300
40	200	250			

②将选定试验处的试坑地面整平，除去表面松散的土层。

③按确定的试坑直径划出坑口轮廓线，在轮廓线内下挖至要求深度，边挖边将坑内的试样装入盛土容器内，称试样质量，准确到10g，并应测定试样的含水率。

④试坑挖好后，放上相应尺寸的套环，用水准尺找平，将大于试坑容积的塑料薄膜袋平铺于坑内，翻过套环压住薄膜四周。

⑤记录储水筒内初始水位高度，拧开储水筒出水管开关，将水缓慢注入塑料薄膜袋中。当袋内水面接近套环边缘时，将水流调小，直至袋内水面与套环边缘齐平时关闭出水

管，持续3~5min，记录储水筒内水位高度。当袋内出现水面下降时，应另取塑料薄膜袋重做试验。

3）试坑的体积，应按下式计算：

$$V_p = (H_1 - H_2) \times A_w - V_0$$

式中　V_p——试坑体积（cm^3）；

　　　H_1——储水筒内初始水位高度（cm）；

　　　H_2——储水筒内注水终了时水位高度（cm）；

　　　A_w——储水筒断面积（cm^2）；

　　　V_0——套环体积（cm^3）。

4）试样的密度，应按下式计算：

$$\rho_0 = \frac{m_p}{V_p}$$

式中　m_p——取自试坑内的试样质量（g）。

4．灌砂法试验用表见表C2-4-10E。

(1) 资料表式

灌砂法密度试验记录　　　　　　　　　　　　表 C2-4-10E

工程名称_____　　　　　　　　　　　　　　　　　试验日期_____

试样编号	量砂容器质量加原有量砂质量(g)	量砂容器质量加剩余量砂质量(g)	试坑用砂质量(g)	量砂密度(g/cm³)	试坑体积(cm³)	试样加容器质量(g)	容器质量(g)	试样质量(g)	试样密度(g/cm³)	试样含水率(%)	试样干密度(g/cm³)	试样重度(kN/cm³)
	(1)	(2)	(3)=(1)-(2)	(4)	(5)=$\frac{(3)}{(4)}$	(6)	(5)	(8)=(6)-(7)	(9)=$\frac{(8)}{(5)}$	(10)	(11)=$\frac{(9)}{1+0.01(10)}$	(12)=9.81×(9)

试验单位：　　　　　技术负责人：　　　　　　审核：　　　　　　　　检验：

(2) 实施要点

1）灌砂法

①本试验方法适用于现场测定粗粒土的密度。

②标准砂密度的测定，应按下列步骤进行：

a．标准砂应清洗洁净，粒径宜选用0.25~0.50mm，密度宜选用1.47~1.61g/cm³。

b．组装容砂瓶与灌砂漏斗，螺纹联接处应旋紧，称其质量。

c．将密度测定器竖立，灌砂漏斗口向上，关阀门，向灌砂漏斗中注标准砂，打开阀门使灌砂漏斗内的标准砂漏入容砂瓶内，继续向漏斗内注砂漏入瓶内，当砂停止流动时迅速关闭阀门，倒掉漏斗内多余的砂，称容砂瓶、灌砂漏斗和标准砂的总质量，准确至5g。

试验中应避免震动。

d. 倒出容砂瓶内的标准砂，通过漏斗向容砂瓶内注水至水面高出阀门，关阀门，倒掉漏斗中多余的水，称容砂瓶、漏斗和水的总质量，准确到5g，并测定水温，准确到0.5℃。重复测定3次，3次测值之间的差值不得大于3ml，取3次测值的平均值。

③容砂瓶的容积，应按下式计算：

$$V_r = (m_{r2} - m_{r1})/\rho_{wt}$$

式中 V_r——容砂瓶容积（ml）；

m_{r2}——容砂瓶、漏斗和水的总质量（g）；

m_{r1}——容砂瓶和漏斗的质量（g）；

ρ_{wt}——不同水温时水的密度（g/cm³），查表C2-4-10E1。

水 的 密 度　　　　　　　　表 C2-4-10E1

温度 (℃)	水的密度 (g/cm³)	温度 (℃)	水的密度 (g/cm³)	温度 (℃)	水的密度 (g/cm³)
4.0	1.0000	15.0	0.9991	26.0	0.9968
5.0	1.0000	16.0	0.9989	27.0	0.9965
6.0	0.9999	17.0	0.9988	28.0	0.9962
7.0	0.9999	18.0	0.9986	29.0	0.9959
8.0	0.9999	19.0	0.9984	30.0	0.9957
9.0	0.9998	20.0	0.9982	31.0	0.9953
10.0	0.9997	21.0	0.9980	32.0	0.9950
11.0	0.9996	22.0	0.9978	33.0	0.9947
12.0	0.9995	23.0	0.9975	34.0	0.9944
13.0	0.9994	24.0	0.9973	35.0	0.9940
14.0	0.9992	25.0	0.9970	36.0	0.9937

④标准砂的密度，应按下式计算：

$$\rho_s = \frac{m_{rs} - m_{r1}}{V_r}$$

式中 ρ_s——标准砂的密度（g/cm³）；

m_{rs}——容砂瓶、漏斗和标准砂的总质量（g）。

⑤灌砂法试验，应按下列步骤进行：

a. 按灌水法试验步骤第2）条①~③款的步骤挖好规定的试坑尺寸，并称试样质量。

b. 向容砂瓶内注满砂，关阀门，称容砂瓶、漏斗和砂的总质量，准确至10g。

c. 将密度测定器倒置（容砂瓶向上）于挖好的坑口上，打开阀门，使砂注入试坑。在注砂过程中不应震动。当砂注满试坑时关闭阀门，称容砂瓶、漏斗和余砂的总质量，准确至10g，并计算注满试坑所用的标准砂质量。

⑥试样的密度，应按下式计算：

$$\rho_0 = \frac{m_p}{\dfrac{m_s}{\rho_s}}$$

式中 m_s——注满试坑所用标准砂的质量（g）。

⑦试样的干密度，应按下式计算，准确至0.01g/cm³。

$$\rho_d = \frac{m_p}{\dfrac{1+0.01\omega_1}{\dfrac{m_s}{\rho_s}}}$$

2) 罐砂法试验取样说明

用于级配砂石回填或不宜用环刀法取样的土质。采用罐砂（或灌水）法取样时，取样数量可较环刀法适当减少，取样部位应为每层压实后的全步深度。取样应由施工单位按规定在现场取样，将样品包好、编号（编号要与取样平面图上各点的标示一一对应），送试验室试验。如取样器具或标准砂不具备，应请试验室在现场取样进行试验。施工单位取样时，宜请建设单位参加，并签认。

3) 级配砂石干密度取样测定方法与计算实例

用灌砂法，在级配砂石层面挖一小坑约 30（l）×30（b）×20（h）cm 并烘干（烘箱温度为 105~110℃）坑中取出的砂石。用计算体积器逐次将标准干砂灌入坑内，灌平为止，求得小坑体积。

$$干密度 = \frac{烘干砂石重量（g）}{标准干砂体积（cm^3）}$$

最低值与设计值之差不得大于 0.03g/cm³。

【例】 级配砂石试样经烘干干重为 45kg，用标准干砂灌入小坑体积为 17000cm³，求其干密度？

解：干密度 $= \dfrac{45000}{17000} = 2.65\text{g/cm}^3$

注：级配砂石干密度应按设计规定。无设计规定时，一般以 2.1~2.2g/cm³ 来控制。

5. 贯入测试：

测试说明：

用钢筋、钢钎、钢叉、动力触探（轻型 N_{10}；中型 N_{28}；重型 $N_{63.5}$）、静力触探等方法，用动力或人力，利用一定的下落能量，将一定尺寸、一定形状的探头打入土中，以贯入度大小测定被检土打入的难易程度的方法通称为贯入测试。以不小于通过试验所确定的贯入度为合格。其基本要求是：

（1）贯入测试应先进行现场试验，以确定贯入度的具体要求。所使用的器具品种、规格及操作方法应符合有关规定。测试结果应满足试验确定的贯入度要求；

（2）同一工程所用的测试工具，如钎、锤等必须一致；

（3）探点与探测深度应按设计要求布置，如设计无要求时，可按附录 X 的要求进行布置；探点在基槽平面位置应编号，并绘图标明。

（4）贯入测定完毕，应对测试结果进行分析比较，如发现与设计要求、地质情况不一致时，应与有关部门共同协商解决。贯入测试不符合要求时，应处理后重新复测，到符合要求为止。

注：钢筋贯入测定法：用直径为 20mm、长 1250mm 的平头钢筋举离砂层面 700mm 自由下落，插入深度应根据该砂的控制干密度确定。钢叉贯入测定法：用水撼法使用的钢叉举离砂层面 500mm 自由下落，插入深度根据该砂的控制干密度测定。

6. 室内填土土壤试验报告（C2-4-10-1）：

实施要点：

(1) 室内填土土壤试验报告表式按土壤试验报告（C2-4-10A）执行。

(2) 回填土质、填土种类、取样数量及分布、最佳含水量、最小干密度、试验时间及试验方法确定，均应符合设计和规范要求。

(3) 《建筑地面工程施工质量验收规范》（GB 50209—2002）规范规定：建筑地面工程的基土，对软弱土层应按设计要求进行处理；对填土应分层压（夯实），填土质量应符合现行国家标准《地基与基础工程施工质量验收规范》GB 50202 的有关规定；填土时应为最优含水量。重要工程或大面积地面填土前应取土样，按击实试验确定最优含水量与相应的最大干密度。

(4) 基土严禁用淤泥、腐植土、冻土、耕植土、膨胀土和含有有机物质大于 8% 的土作为填土。砂和砂石不得含有草根等有机杂质；砂应采用中砂；石子最大粒径不得大于垫层厚度的 2/3。

(5) 基土应均匀密实，压实系数应符合设计要求，设计无要求时，不应小于 0.90。

(6) 灰土垫层应采用熟化石灰与黏土（或粉质黏土、粉土）的拌和料铺设，其厚度不应小于 100mm；熟化石灰可采用磨细生石灰，亦可用粉煤灰或电石渣代替；灰土垫层应铺设在不受地下水浸泡的基土上。施工后应有防止水浸泡的措施。

(7) 灰土垫层应分层夯实，经湿润养护、晾干后方可进行下道工序施工。

(8) 砂垫层厚度不应小于 60mm；砂石垫层厚度不应小于 100mm。

(9) 砂垫层和砂石垫层的干密度（或贯入度）应符合设计要求。

7. 基槽（坑）回填土土壤试验记录（C2-4-10-2）：

实施要点：

(1) 基槽（坑）回填土土壤试验报告表式按土壤试验报告 C2-4-10A 执行。

(2) 填土取样数量规定等按土壤试验报告 C2-4-10A 实施要点有关内容执行。

(3) 回填土质、填土种类、取样数量及分布、最佳含水量、最小干密度、试验时间及试验方法确定，均应符合设计和规范要求。

(4) 基坑（槽）、管沟土方工程验收必须确保支护结构安全和周围环境安全为前提。当设计有指标时，以设计要求为依据，如无设计指标时应按《地基与基础工程施工质量验收规范》（GB 50202—2002）表 C2-4-10-2 的规定。

基坑变形的监控值（cm）　　　　　　　　　　　表 C2-4-10-2

基坑类别	围护结构墙顶位移监控值	围护结构墙体最大位移监控值	地面最大沉降监控值
一级基坑	3	5	3
二级基坑	6	8	6
三级基坑	8	10	10

注：1. 符合下列情况之一，为一级基坑：
　　1) 重要工程或支护结构做主体结构的一部分；
　　2) 开挖深度大于 10m；
　　3) 与临近建筑物，重要设施的距离在开挖深度以内的基坑；
　　4) 基坑范围内有历史文物、近代优秀建筑、重要管线等需严加保护的基坑。
　2. 三级基坑为开挖深度小于 7m，且周围环境无特别要求时的基坑。
　3. 除一级和三级外的基坑属二级基坑。
　4. 当周围已有的设施有特殊要求时，尚应符合这些要求

(5) 土方开挖前应检查定位放线、排水和降低地下水位系统，合理安排土方运输车的行走路线及弃土场。

(6) 施工过程中应检查平面位置、水平标高、边坡坡度、压实度、排水、降低地下水位系统，并随时观测周围的环境变化。

8. 场地填土土壤试验报告（C2-4-10-3）：

实施要点：

(1) 场地填土土壤试验报告表式按土壤试验报告 C2-4-10A 执行。

(2) 填土取样数量规定等按土壤试验报告 C2-4-10A 实施要点有关内容执行。

(3) 回填土质、填土种类、取样数量及分布、最佳含水量、最小干密度、试验时间及试验方法确定，均应符合设计和规范要求。

9. 地基局部处理土壤试验报告（C2-4-10-4）：

实施要点：

(1) 地基处理土壤试验报告表式按土壤试验报告 C2-4-10A 执行。

(2) 对地基处理的土壤试验应根据场地的复杂程度在有代表性的场地上进行相应的现场试验，以确定施工参数和加固处理效果。

(3) 回填土质、填土种类、取样数量及分布、最佳含水量、最小干密度、试验时间及试验方法确定，均应符合设计和规范要求。

(4) 取样数量规定：

1)《建筑地基处理技术规范》（JGJ 79—2002、J 220—2002）规定：采用环刀法取样时，检验数量：大基坑每 50~100m^2 应不少于 1 个检验点；基槽每 10~20m 应不少于 1 个点；每个单独柱基应不少于 1 个点。

2)《建筑地基基础工程施工质量验收规范》（GB 50202—2002）规定：对灰土地基、砂和砂石地基、土工合成材料地基、粉煤灰地基、强夯地基、注浆地基、预压地基，其竣工后的结果（地基强度或承载力）必须达到设计要求的标准，检验数量，每单位工程应不应少于 3 点，1000m^2 以上工程，每 100m^2 至少应有 1 点，3000m^2 以上工程，每 300m^2 至少应有 1 点。每一独立基础下至少应有 1 点，基槽每 20 延米应有 1 点。

3) 采用贯入仪或动力触探检验垫层施工质量时，每分层检验点的间距应不大于 4m。

4) 垫层法检测可适当多打一些钎探点，以判别地基土的均匀程度，籍以保证垫层法处理地基基土的均匀性。

5) 整片垫层每 100m^2 不应少于 4 点。

(5) 地基处理土壤试验报告其他有关说明详见土壤试验报告实施要点有关说明。

10. 其他土壤试验报告（C2-4-10-5）：

实施要点：

(1) 其他土壤试验报告表式按土壤试验报告 C2-4-10A 执行。

(2) 回填土质、填土种类、取样数量及分布、最佳含水量、最小干密度、试验时间及试验方法确定，均应符合设计和规范要求。

(3) 其他土壤试验报告其他有关说明详见土壤试验报告实施要点有关说明。

3.2.4.11 击实试验报告（C2-4-11）

1. 资料表式

击实试验报告 表 C2-4-11

委托单位：				试验编号：	
工程名称：			取样部位		
土壤类别		最大粒径（mm）		压实系数	
检　验		委托日期		报告日期	
$\rho_a \text{g/cm}^3$					
依据标准：					
检验结论：最佳含水率　　%，最大干密度　　g/cm³，控制最小干密度　　g/cm³					
备注：					
试验单位：	技术负责人：		审核：		试验：

注：击实试验报告表式，可根据当地的使用惯例制定的表式应用，但工程名称、取样部位、类别、最大粒径（mm）、压实系数、检验、委托日期、报告日期 $\rho_a\text{g/cm}^3$、依据标准、检验结论（最佳含水率（%）、最大干密度（g/cm³）、控制最小干密度（g/cm³））等项试验内容必须齐全。实际试验项目根据工程实际择用。

2. 实施要点

(1) 击实试验是测定压实土密度的方法之一，击实试验报告必须由有资质的试验单位提供。无相应资质试验单位提供的报告无效。

(2) 压实填土的压实系数：

1)《建筑地基基础设计规范》（GB 50007—2002）第六章山区地基第三节规定：利用压实填土作为地基的工程，其压实系数为：

砌体承重结构，框架结构：在地基主要受力层范围内：≥0.97

在地基主要受力层范围以下：≥0.95

排架结构：在地基主要受力层范围内：≥0.96

在地基主要受力层范围以下：≥0.94

作为填土用作地基持力层上述数字可供参考。

2) 压实系数：所谓系数，是两个对比数据的计算结果。压实系数是同一个土在最优含水率条件下用击实仪压实得到最大干密度和在现场用某种设备压实土得到实际干密度，两者的比值即得到现场用某种设备压实土的压实系数。如果没有最优含水率条件下用击实仪得到的最大干密度值，只有现场用某种设备压实土得到的干密度值，因为只有分子值，没有分母值是得不到压实系数的。

用最大干密度值乘压实系数即得到现场用某种设备压实土得到的某一组的干密度值。试验室用击实仪等到的最大干密度值去除现场得到的某一组的实际干密度值，就是压实系数。

(3) 土样应从现场的回填土（扰动土）中采取土样 15kg（轻型击实试验用）或 30kg（重型击实试验用），在现场或试验室进行击实试验。

击实试验按《土工试验方法标准》（GBJ 123—88）中的规定进行，并按规定计算出试验的干密度（P_d）和最优含水量（W_{op}）。

(4) 填表说明：

1) 土类别：照实际填写，如粉土、粉质黏土、素土、灰土等。

2）最大粒径：指送样的击实土试件的最大粒径，照实际填写。

3）压实系数：指施工图设计要求达到的压实系数，照实际填写。

4）$P_a \sim \omega$ 关系曲线：由试验单位按实测数据绘制。

5）检验结论：分别按测试结果填写最佳含水率　　%；最大干密度　　g/cm³；控制最小干密度　　g/cm³。

附录：击实试验方法

用击实法测定密度是土类试验的方法之一，《土方及爆破工程施工及验收规范》GBJ 2017—83 规定，击实实试验方法适用于粒径小于 5mm 的土料。《灰土桩和土桩挤密地基设计施工及验收规程》DBJ 24—2—85 规定，灰土的击实方法要求按《城市道路路基工程及验收规范》(GJJ 44—91) 土的击实试验执行，该击实试验分为轻型与重型，现分别介绍于后。

1. 重型击实试验方法：

（1）适用范围。适用于测定各种细粒土、含砾土等的含水量与干密度的关系，从而确定土的含水量与相应的最大干密度。

（2）方法概述。击实试验分轻型、重型击实试验方法。采用哪种方法，应根据规范的规定或科学试验的实际需要选定。土样不重复使用。

（3）本试验既适用于粒径小于 5mm 的土料，也适用于含粒径 5mm 以上颗粒的含砾土。当粒径大于 5mm 的土重小于总土重的 30% 时，用小试筒击实，大于 30% 时，用大试筒击实。击实筒详见图 C2-4-11A。

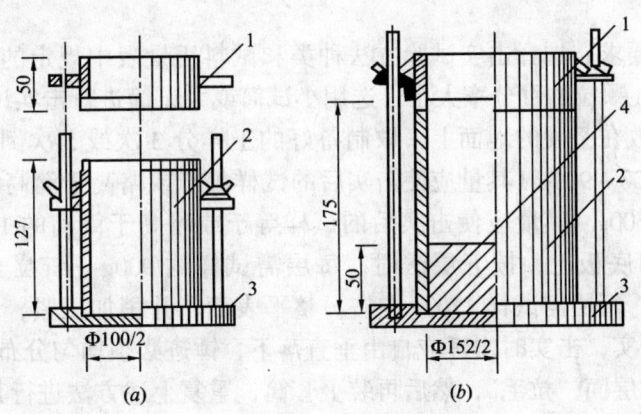

图 C2-4-11A　击实筒
(a) 小击实筒（直径 10cm）；(b) 大击实筒（直径 15.2cm）
1—套筒；2—击实筒；3—底板；4—垫块

（4）仪器设备：

1）标准击实仪（见图 C2-4-11B）；

2）烘干箱及干燥器；

3）天平：感量 0.01g；

4）台秤：称量 10kg，感量 5g；

5）圆孔筛：孔径 5mm；

6）拌和工具：400×600mm、深70mm 的金属盘，土铲；

7）其他：喷水设备、碾土器、盛土器、量筒、推土器、铝盒、修土刀、平直尺等。

(5) 操作步骤

1）将具有代表性的风干（或在低于50℃温度下烘干）土样放在橡皮板上，用圆木棍或用碾土机碾散，然后过5mm筛。对于小试筒按四分法取筛下的土 $N×3$kg；对于大试筒不必过5mm筛，用手将大于40mm的碎（砾）石拣除即可，同样按四分法取样约 $N×6$kg。（N 为预估测点数，至少为4个。）

2）比初步估计的最佳含水量低3～4%左右洒水，将土拌匀风干。土样应放在不吸水的盘上，盖上润湿布或塑料布，闷料一段时间，最好能过夜。

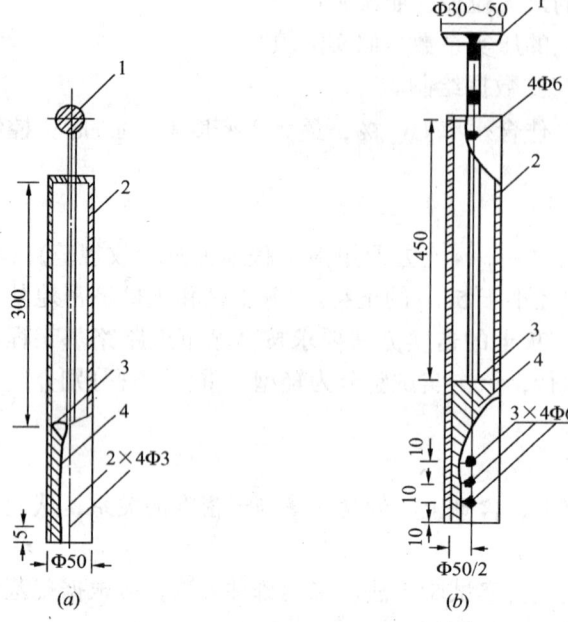

图 C2-4-11B　击锤及导杆　单位：mm
（a）2.5kg击锤（落高30cm）；（b）4.5kg击锤（落高45cm）
1—提手；2—导筒；3—硬橡皮垫；4—击锤

3）根据工程要求，选择击实试验方法种类和试料用量表中规定的轻型或重型试验方法，并视大于5mm颗粒的百分率大小，选用小试筒或大试筒进行击实试验。

4）将击实筒放在坚硬的地面上，取制备好的土样分3次或5次倒入筒内。小筒按三层法时，每次约800～900g（其量应使击实后的试样等于或略高于筒高的1/3）；按五层法时，每次约400～500g（其量应使击实后的试样等于或略高于筒高的1/5）。对于大试筒，先将垫块放入筒内底板上，按五层法时，每层需试样约900g（细粒土）～1100g（中粒土）；按三层法时，每层需试样1700g左右。整平表面，并稍加压紧，然后按规定的击数进行第一层土的击实，击实时击锤应自由垂直落下，锤迹必须均匀分布于试样面。第一层击实完后，将试样层面"拉毛"，然后再装上套筒，重复上述方法进行其余各层土的击实。小试筒击实后试样稍高出筒但不大于5mm，大试筒击实后试样高出筒但不大于10～40mm。

5）用修土刀沿套筒内壁削刮，使试样与套筒脱离后，扭动并取下套筒，齐筒顶细心削平试样，拆除底板，擦净筒外壁，称量准确至1g。

6）用推土器推出筒内试样，从试样中心处取样测其含水量，计算至0.1%。按表C2-4-12规定的数量取出有代表性的土样测定含水量。

7）另取准备好的土样，按第2）条方法进行洒水、拌和，每次约增加1.5%～2%的含水量。拌匀后按上述步骤进行其他含水量试样的击实试验，直至试件湿质量密度不再增加为止。

(6) 计算及报告。

1）按下式计算各次击实后的干质量密度：

$$\rho_\mathrm{a} = \frac{\rho_0}{1+0.01\omega}$$

式中 ρ_a——干质量密度,$\mathrm{g/cm^3}$;

ρ_0——湿质量密度,$\mathrm{g/cm^3}$;

ω——含水量,%。

测定含水量用试样的数量 表 C2-4-12

最大粒径（mm）	试样质量（g）	个　数
<5	15~20	2
约5	约50	1
约20	约250	1
约40	约500	1

2) 以干质量密度为纵坐标,含水量为横坐标,绘制干质量密度与含水量的关系曲线,曲线上峰值点的纵、横座标分别为最大干质量密度和最佳含水量。如曲线不能绘出明显的峰值点,应进行补点或重做。

3) 根据需要,可按下式计算空气体积等于零的等值线,并将这根线绘在含水量与干质量密度的关系图（见图 C2-4-11C）上,以资比较。

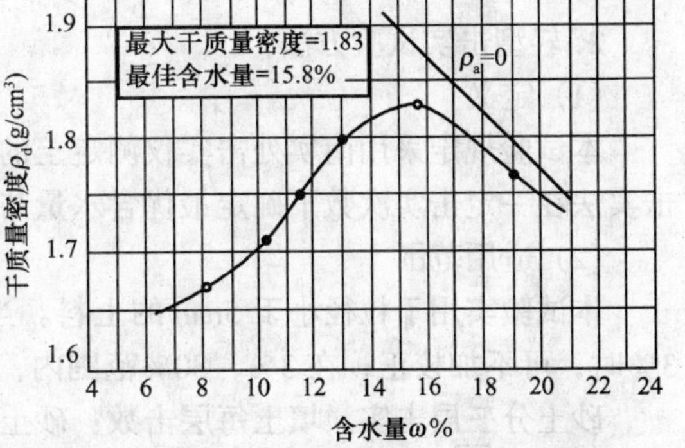

$$\rho_\mathrm{a} = \frac{1-0.01V}{\frac{1}{\rho_\mathrm{s}}+\frac{\omega}{100}}$$

图 C2-4-11C　含水量与干质量密度的关系曲线

式中 ρ_a——试样的干质量密度（$\mathrm{g/cm^3}$);

V——空气体积（%）;

ρ_s——土粒的质量密度,对于中颗粒土和细颗粒土,则为粗细颗粒的混合质量密度（$\mathrm{g/cm^3}$);

ω——试样的含水量（%）。

4) 试验结果,含水量精确到0.1%,质量密度取两位小数（$\mathrm{g/cm^3}$）。

5) 报告应注明采用何种击实法。

(7) 说明:

1) 击实筒一般放在水泥混凝土地面上试验,如没有这种地面,也可以放在坚硬平稳较厚的石头上做试验。

2) 对于细粒土可参照其塑限估计最佳含水量。一般较塑限约小3~6%,对于砂性土接近3%,对于黏性土约为6%。天然砂砾土,级配集料的最佳含水量与集料中的细土含量和塑性指数有关,一般变化在5~12%之间,对于细土偏少,塑性指数为0的级配碎石,其最佳含水量接近5%。对于细土偏多,塑性指数较大的砂砾土,其最佳含水量约在10%左右。

3) 当试料中大于5mm颗料的含量为5%~30%并用小试筒试验时,按下面经验公式分别对试验所得的最大干质量密度和最佳含水量进行校正（大于5mm颗粒的含量小于5%时，可以不进行校正）。

最大干质量密度按下式校正：

$$P'_{dmax} = P_{dmax}(1-0.01P) + 0.09 \times 0.01P\rho_s$$

式中　P'_{dmax}——校正后的最大干质量密度（g/cm^3）；

　　　P_{dmax}——用粒径小于5mm的土样试验所得的最大干质量密度（g/cm^3）；

　　　P——试料中粒径大于5mm颗粒的百分数（%）；

　　　ρ_s——粒径大于5mm颗粒的毛体积重力密度，计算至$0.01g/cm^3$。

最佳含水量按下式校正：

　　　ω'_{opt}——用粒径小于5mm的土样试验所得的最佳含水量（%）；

　　　P——试料中粒径大于5mm颗粒的百分数（%）；

　　　ω_s——粒径大于5mm颗粒的吸水量（%）。

2. 轻型击实试验方法：

(1) 定义

本试验规定采用南实处击实仪测定土的含水量与密度的关系。试验的目的，是用标准击实法在一定击实次数下确定最优含水量与相应的最大干密度。

(2) 适用范围

本试验实用于粒径小于5mm的土料。当土料中粒径大于5mm，砾石重量小于总土重3%时，可不加校正；在3%~30%范围内，应用计算法对试验结果进行校正。

砂土分三层击实。填土每层击数：砂土和轻亚黏土20击，亚黏土和黏土30击，压实要求较低的场地平整填土，每层可采用15击。

(3) 仪器设备

1) 南实击实仪（见图C2-4-11D），锤重2.5kg，锤底内径5cm，落高46cm，击实筒直径9.251cm，高15cm，容积$1000cm^3$，每击功能$0.345kg·s/cm^3$。

2) 天平：称量200g，感量0.01g；称量2000g，感量1g。

3) 台称：称量10kg，感量5g。

4) 筛：孔径5mm。

5) 其他：喷水设备、碾土器、盛土器、推土器、修土刀及保湿设备等。

(4) 操作步骤

1) 将有代表性的风干土样（或天然含水量低于塑限并可碾散过筛的土样）15~20kg，放在橡皮板上用木碾或碾土器碾散再过5mm筛，拌匀备用。

称大于5mm的土粒重量，并计算其占总土重的百分比。

2) 测定土样已有含水量，参照土的塑限，估计一个最优含水量，再至少预定两个大于、两个小于此最优含水量的不同含水量，依次相差约2%，所需加水量可按下式计算：

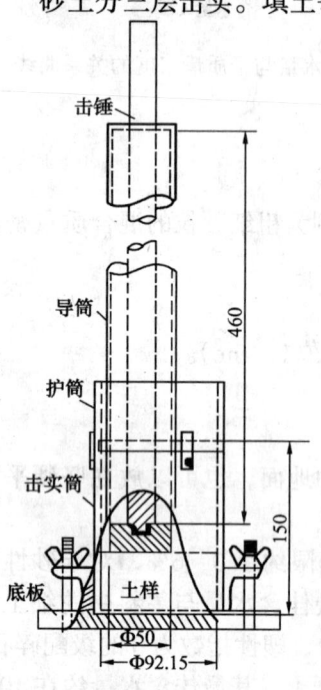

图C2-4-11D　南实处型击实仪

$$g_w = \frac{g_s}{(1+0.01W_0)} \times 0.01(W-W_0)$$

式中 g_w——所需的加水量，g 或 cm³；

g_s——含水量为 W_0 时土样重，g；

W_0——土样已有含水量，%；

W——要求达到的含水量，%。

3）称取土样，每个约 2.5kg，平铺于一个不吸水的平板上，用喷水设备往土样上均匀喷洒预定的加水量，充分拌和后装入塑料袋内，或密闭的的盛样器内浸润备用。浸润的时间：黏土不得少于一昼夜；亚黏土和轻亚黏土可酌情缩短，但不应少于 12 小时。

4）将击实仪放在坚实的地面上，取制备好的试样 600~800g（其量应使击实后试样略大于筒高的 1/3）倒入筒内，整平其表面，并用圆木板稍加压紧，然后进行击实。击实时，击锤应自由垂直落下，击数 30 次、20 次或 15 次，落距 46cm，锤迹必须均匀分布于土面。再安装套环，把土面刨毛。重复上述步骤进行第二层及第三层击实，击完后超出击实筒的余土高度不得大于 10mm。

5）用修土刀沿套环内壁削挖后，旋转并取下套环，齐筒顶细心削平试样，拆除底板，如试样底面超出筒外，亦应削平，擦净筒外壁，称重应准确到 1g。

6）用推土器推出击实筒内试样，从试样中心处取两个各约 15~30g 土，测定其含水量，计算至 0.1%，其平均误差不得超过 1%。

7）按 4）~6）条同样步骤进行其他含水量土样的击实试验。

注：如土量不足，允许用击过的土重复进行试验，但尽量减少重复使用次数，并在记录表中注明。易被击碎的脆性颗粒及高液限黏土不宜重复使用。

(5) 计算及制图

1）按下列计算击实后各点的干密度：

$$\gamma_d = \frac{\gamma}{1+0.01W}$$

式中 γ_d——干密度，g/cm³；

γ——湿密度，g/cm³；

W——含水量，%。

精确到 0.01g/cm³。

2）以干密度为纵坐标，含水量为横坐标，绘制干密度与含水量的关系曲线。此曲线上峰值点的纵、横坐标分别表示土的最大干密度和最优含水量（见图 C2-4-11E），如果曲线不能给出准确峰值点时，应进行补点。

3）粒径大于 5mm 的砾石重量占总土重的 3%~30% 时，应按下式计算校正后的最大干密度及最优含水量。

$$\gamma'_{max} = \frac{100}{\frac{100-P}{\gamma_{max}} + \frac{P}{G}}$$

式中 γ'_{max}——校正后土的最大干密度，g/cm³；

γ_{max}——粒径小于 5mm 土样试验所得的最大干密度，g/cm³；

G——粒径大于5mm砾石的比重;

P——粒径大于5mm颗粒含量占总土重的百分比,%,计算至0.01g/cm^3。

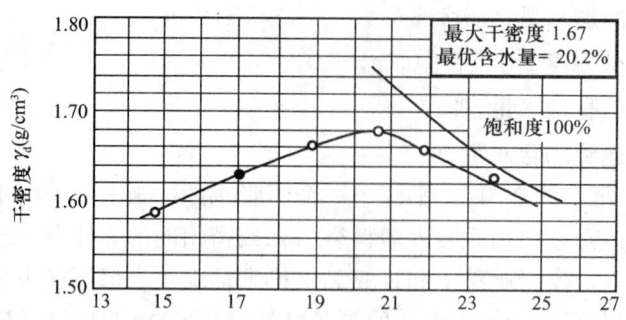

图 C2-4-11E $\gamma_d \sim W$ 关系线

$$W'_y = W_y(1 - 0.01P) + 0.01PW_A$$

式中 W'_y——校正后土的最优含水量,%;

W_y——粒径小于5mm的土样试验所得的最优含水量,%;

W_A——粒径大于5mm颗粒的吸着含水量,%。计算到0.1%。

(6)记录。详见表C2-4-10。

3.2.4.12 地表土氡浓度检测报告（C2-4-12）

实施要点

（1）地表土氡浓度检测报告应由当地建设行政主管部门或其委托单位批准的具有相应资质等级的实验单位提供的试验报告表式执行。

（2）地表土氡浓度检测报告是指为保证建筑工程质量对用于工程的地表土氡浓度检测进行的有关指标测试，由试验单位出具的试验证明文件。

（3）地表土氡浓度检测报告，相应规范、标准规定或施工图设计要求必须进行地表土氡浓度检测时均应对地表土氡浓度进行检测，并提供地表土壤氡浓度检测报告，试验结果必须符合设计和规范、标准的有关要求。

3.2.4.13 混凝土试块强度试验报告（C2-4-13）

1．混凝土试块强度试验报告汇总表（C2-4-13-1）。

（1）资料表式

混凝土试块强度试验报告汇总表　　　　表 C2-4-13-1

工程名称　　　　　　　　年　月　日

序号	试验编号	施工部位	留置组数	设计要求强度等级	试块成型日期	龄期	混凝土试块强度等级	备注

填表单位：　　　　　　　审核：　　　　　　　制表：

3.2 单位（子单位）工程质量控制资料核查记录（C2）

(2) 实施要点

1) 混凝土试块强度试验报告汇总表的整理按工程进度为序进行，如地基基础、主体工程等。

2) 各种品种、强度等级、数量的混凝土试件应满足设计要求，否则为合格证、试验报告不全。由核查人判定是否符合该要求。

3) 混凝土强度按单位工程设计强度等级、龄期相同及生产工艺条件、配合比基本相同的混凝土为同一验收批进行验收，应按《混凝土强度检验评定标准》（GBJ 107—87）规定的评定方法进行评定（统计方法或非统计方法）。但验收批仅有一组试块时，其强度不低于 $1.15 f_{cu,k}$。

4) 对混凝土试块留置数量应按混凝土试块试验报告单（C2-4-13-4）实施要点（2）的要求执行。经查如试块留置数量不足，应查明原因，并因代表数量不足进行专研究处理。

5) 施工企业送交的各种试件，试验结果不符合标准要求时，建议试验单位应发送不合格试件通知单，分别送交建设、设计、施工和质监部门，以便及时采取措施。

2. 混凝土强度试配报告单（C2-4-13-2）：

(1) 资料表式

混凝土强度试配报告单　　　　　　　　　　表 C2-4-13-2

委托单位：　　　　　　　　　　　　　　　　　　　　试验编号：

工程名称				委托日期	
使用部位				报告日期	
混凝土种类		设计等级		要求塌落度	
水泥品种强度等级		生产厂家		试验编号	
砂 规 格				试验编号	
石子规格				试验编号	
外加剂种类及掺量				试验编号	
掺合料种类及掺量				试验编号	
配　合　比					
材料名称	水泥	砂子	石子	水	外加剂	掺合料
用量（kg/m³）						
质量配合比						
搅拌方法		捣固方法		养护条件	
砂率（%）		水灰比		实测塌落度	
依据标准：					
备　注					

试验单位：　　　　　技术负责人：　　　　　审核：　　　　　试（检）验：

(2) 实施要点

1) 重要工程如现浇框架结构、剪力墙结构、现场预制大型构件、重要混凝土基础以及构筑物、大体积混凝土；对混凝土性能有特殊要求时；所有原材料的产地、品种的质量有显著变化时；外加剂和掺和料的品种有变化时；一般建筑工程的不同品种、不同强度等级、不同级配的混凝土均应事先送样申请试配，以保证混凝土强度满足设计要求。应由试验室根据试配结果签发混凝土试配通知单。施工中如材料与送样有变化时应另行送样，申请修改配合比。承接试配的试验室应由省级以上建设行政主管部门或其委托单位批准的具有相应资质的试验室。

2) 混凝土试配中一般混凝土工程基本参数的选取原则。

①干硬性混凝土用水量见表 C2-4-13-2A。

干硬性混凝土的用水量（kg/m³）　　　　　　　表 C2-4-13-2A

拌合物稠度		卵石最大粒径（mm）			碎石最大粒径（mm）		
项 目	指 标	10	20	40	16	20	40
维勃稠度（s）	16~20	175	160	145	180	170	155
	11~15	180	165	150	185	175	160
	5~10	185	170	155	190	180	165

②塑性混凝土用水量见表 C2-4-13-2B。

塑性混凝土的用水量（kg/m³）　　　　　　　表 C2-4-13-2B

拌合物稠度		卵石最大粒径（mm）				碎石最大粒径（mm）			
项 目	指 标	10	20	31.5	40	16	20	31.5	40
坍落度（mm）	10~30	190	170	160	150	200	185	175	165
	35~50	200	180	170	160	210	195	185	175
	55~70	210	190	180	170	220	205	195	185
	75~90	215	195	185	175	230	215	205	195

注：1. 本表用水量系采用中砂时的平均取值，采用细砂时，每立方米混凝土用水量可增加 5~10kg，采用粗砂则可减少 5~10kg。

2. 掺用各种外加剂或掺合料时，用水量应相应调整。

3. 本表适用于水灰比在 0.40~0.80 范围。水灰比小于 0.40 的混凝土以及采用特殊成型工艺的混凝土用水量应通过试验确定。流动性和大流动性的用水量宜按下列步骤计算：

坍落度按表 C2-4-13-2B 用水量为基础，按坍落度每增大 20mm 用水量增加 5kg，计算出未掺外加剂时的混凝土的用水量；掺外加剂时的混凝土用水量可按下式计算：

$$m_{wa} = m_{w0}(1-\beta)$$

式中　m_{wa}——掺外加剂混凝土每立方米混凝土的用水量（kg）

m_{w0}——未掺外加剂混凝土每立方米混凝土的用水量（kg）

β——外加剂的减水率（%）。

外加剂的减水率应经试验确定。

4. 本表选自《普通混凝土配合比设计规程》（JGJ 55—2000，J 64—2000）。

③混凝土砂率的选用见表 C2-4-13-2C。

混凝土的砂率　　　　　表 C2-4-13-2C

水灰比（W/C）	卵石最大粒径（mm）			碎石最大粒径（mm）		
	10	20	40	16	20	40
0.40	26~32	25~31	24~30	30~35	29~34	27~32
0.50	30~35	29~34	28~33	33~38	32~37	30~35
0.60	33~38	32~37	31~36	36~41	35~40	33~38
0.70	36~41	35~40	34~39	39~44	38~43	36~41

注：1. 本表数值系中砂的选用砂率，对细砂或粗砂，可相应地减小或增大砂率；
2. 只用一个单粒级粗骨料配制混凝土时，砂率应适当增大；
3. 对薄壁构件砂率取偏大值；
4. 本表中的砂率系指砂与骨料总量的重量比；
5. 坍落度大于 60mm 的混凝土砂率，可经试验确定，也可在表 C2-4-13-2B 上，按坍落度每增大 20mm，砂率增大 1% 的幅度予以调整；
6. 坍落度小于 10mm 的混凝土，其砂率应经试验确定；
7. 本表选自《普通混凝土配合比设计规程》（JGJ 55—2000，J 64—2000）。

④混凝土最大水灰比和最小水泥用量见表 C2-4-13-2D。

混凝土的最大水灰比和最小水泥用量　　　　　表 C2-4-13-2D

环境条件		结构物类别	最大水灰比值			最小水泥用量（kg）		
			素混凝土	钢筋混凝土	预应力混凝土	素混凝土	钢筋混凝土	预应力混凝土
1. 干燥环境		·正常的居住或办公用房屋内	不作规定	0.65	0.60	200	260	300
2. 潮湿环境	无冻害	·高湿度的室内 ·室外部件 ·在非侵蚀性土和（或）水中的部件	0.70	0.60	0.60	225	280	300
	有冻害	·经受冻害的室外部件 ·在非侵蚀性土和（或）水中且经受冻害的部件 ·高湿度且经受冻害中的室内部件	0.55	0.55	0.55	250	280	300
3. 有冻害和除冰剂的潮湿环境		·经受冻害和除冰剂作用的室内和室外部件	0.50	0.50	0.50	300	300	300

注：1. 当用活性掺合料取代部分水泥时，表中的最大水灰比及最小水泥用量即为替代前的水灰比和水泥用量。
2. 配制 C15 级及其以下等级的混凝土，可不受本表限制。

⑤混凝土配合比设计试配时，外加剂和掺合料的掺量应通过试验确定并应符合国家现行有关标准。

⑥长期处于潮湿和严寒环境中的混凝土，应掺用引气剂或引气减水剂。引气剂的掺入

量应根据混凝土的含气量并经试验确定,混凝土的最小含气量应符合表 C2-4-13-2E 的规定;混凝土的含气量亦不宜超过 7%。混凝土中的粗骨料和细骨料应作坚固性试验。

长期处于潮湿和严寒环境中混凝土的最小含气量　　　表 C2-4-13-2E

粗骨料最大粒径（mm）	最小含气量（%）
40	4.5
25	5.0
20	5.5

注:含气量的百分比为体积比。

(3) 有特殊要求的混凝土用材料要求:

①抗渗混凝土所用原材料应符合下列规定:

a. 粗骨料宜采用连续级配,其最大粒径不宜大于 40mm,含泥量不得大于 1.0%,泥块含量不得大于 0.5%;

b. 细骨料的含泥量不得大于 3.0%,泥块含量不得大于 1.0%;

c. 外加剂宜采用防水剂、膨胀剂、引气剂、减水剂或引气减水剂;

d. 抗渗混凝土宜掺用矿物掺合料。

②抗冻混凝土所用原材料应符合下列规定:

a. 应选用硅酸盐水泥或普通硅酸盐水泥,不宜使用火山灰质硅酸盐水泥;

b. 宜选用连续级配的粗骨料,其含泥量不得大于 1.0%,泥块含量不得大于 0.5%;

c. 细骨料含泥量不得大于 3.0%,泥块含量不得大于 1.0%;

d. 抗冻等级 F100 及以上的混凝土所用的粗骨料和细骨料均应进行坚固性试验,并应符合现行行业标准《普通混凝土用碎石或卵石质量标准及检验方法》(JGJ 53) 及《普通混凝土用砂质量标准及检验方法》(JGJ 52) 的规定;

e. 抗冻混凝土宜采用减水剂,对抗冻等级 F100 及以上的混凝土应掺引气剂,掺用后混凝土的含气量应符合本规程第 3.0.5 条的规定。

③配制高强混凝土所用原材料应符合下列规定:

a. 应选用质量稳定、强度等级不低于 42.5 级的硅酸盐水泥或普通硅酸盐水泥;

b. 对强度等级为 C60 级的混凝土,其粗骨料的最大粒径不应大于 31.5mm,对强度等级高于 C60 级的混凝土,其粗骨料的最大粒径不应大于 25mm;针片状颗粒含量不宜大于 5.0%,含泥量不应大于 0.5%,泥块含量不宜大于 0.2%;其他质量指标应符合现行行业标准《普通混凝土用碎石或卵石质量标准及检验方法》(JGJ 53) 的规定;

c. 细骨料的细度模数宜大于 2.6,含泥量不应大于 2.0%,泥块含量不应大于 0.5%。其他质量指标应符合现行行业标准《普通混凝土用砂质量标准及检验方法》(JGJ 52) 的规定;

d. 配制高强混凝土时应掺用高效减水剂或缓凝高效减水剂;

e. 配制高强混凝土时应掺用活性较好的矿物掺合料,且宜复合使用矿物掺合料。

④泵送混凝土所采用的原材料应符合下列规定:

a. 泵送混凝土应选用硅酸盐水泥、普通硅酸盐水泥、矿渣硅酸盐水泥和粉煤灰硅酸盐水泥,不宜采用火山灰质硅酸盐水泥;

b. 粗骨料宜采用连续级配,其针片状颗粒含量不宜大于 10%;粗骨料的最大粒径与输送管径之比宜符合表 C2-4-13-2F 的规定；

粗骨料的最大粒径与输送管径之比 表 C2-4-13-2F

石子品种	泵送高度（m）	粗骨料最大粒径与输送管径比
碎　石	<50	≤1:3.0
	50~100	≤1:4.0
卵　石	<50	≤1:2.5
	50~100	≤1:3.0
	>100	≤1:4.0

c．泵送混凝土宜采用中砂，其通过 0.315mm 筛孔的颗粒含量不应少于 15%；

d．泵送混凝土应掺用泵送剂或减水剂，并宜掺用粉煤灰或其他活性矿物掺合料，其质量应符合国家现行有关标准的规定。

⑤大体积混凝土所用的原材料应符合下列规定：

a．水泥应选用水化热低和凝结时间长的水泥，如低热矿渣硅酸盐水泥、中热硅酸盐水泥、矿渣硅酸盐水泥、粉煤灰硅酸盐水泥、火山灰质硅酸盐水泥等；当采用硅酸盐水泥或普通硅酸盐水泥时，应采取相应措施延缓水化热的释放；

b．粗骨料宜采用连续级配，细骨料宜采用中砂；

c．大体积混凝土应掺和缓凝剂、减水剂和减少水泥水化热的掺合料。

（4）混凝土配合比严禁采用经验配合比。

（5）混凝土试配应注意的几个问题：

①申请试配应提供混凝土的技术要求和原材料的有关性能。试配应采用工程中实际使用的材料。

②应提供混凝土施工的搅拌、生产使用方法，如搅拌方式、振捣、养护等。

③设计有特殊要求的混凝土应特别予以详尽说明。

（6）填表说明：

①要求坍落度：根据施工条件与工程特征，由施工单位根据施工需要提出的混凝土坍落度。

②水泥品种、强度等级、试验编号：指送交试验单位的"送样"批的水泥品种、要求的强度等级及实验室按送样依序进行的试验编号。

③石子规格、试验编号：指送交试验单位的"送样"批的石子的规格及实验室按送样依序进行的试验编号。

④外加剂种类、试验编号：指送交试验单位的"送样"批的外加剂的种类和名称及实验室按送样依序进行的试验编号。

⑤砂率：指试验单位混凝土试配时根据试配实际使用的含砂率。

⑥水灰比：指试验单位混凝土试配时根据委托要求的水灰比（水和水泥之比）。

⑦实测坍落度：指试验单位试配时混凝土的实测坍落度。

3．混凝土外加剂适用性试验报告（C2-4-13-3）：

（1）资料表式

混凝土外加剂适用性检验表式按混凝土强度试配报告单 C2-4-13-2 执行。

（2）实施要点

1) 混凝土外加剂主要包括减水剂、早强剂、缓凝剂、泵送剂、防水剂、防冻剂、膨胀剂、引气剂和速凝剂等。

2) 外加剂必须有质量证明书或合格证、应有相应资质等级检测部门出具的试配报告、产品性能和使用说明书等。承重结构混凝土使用的外加剂应实行有见证取样和送检。

3)《混凝土结构工程施工质量验收规范》GB 50204—2002 第 7.2.2 条规定：混凝土中掺用外加剂的质量及应用技术应符合现行国家标准《混凝土外加剂》GB 8076、《混凝土外加剂应用技术规范》GB 50119 等和有关环境保护的规定。

预应力混凝土结构中，严禁使用含氯化物的外加剂。钢筋混凝土结构中，当使用含氯化物的外加剂时，混凝土中氯化物的总含量应符合现行国家标准《混凝土质量控制标准》GB 50164 的规定。

4) 抗冻融性要求高的混凝土，必须掺用引气剂或引气减水剂，其掺量应根据混凝土的含气量要求，通过试验确定。

5) 含有六价铬盐、亚硝酸盐等有毒防冻剂，严禁用于饮水工程及与食品接触的部位。

6) 混凝土中氯化物和碱的总含量应符合现行国家标准《混凝土结构设计规范》GB 50010 和设计的要求。

7) 试配外加剂应注意外加剂的相容性，对试配结果有怀疑时应进行复试或提请上一级试验单位进行复试。

8) 混凝土外加剂中释放氨的量应≤0.1%（质量分数）。

9) 外加剂掺法：

①把外加剂直接掺入水泥中：根据外加剂的最佳掺量，把外加剂掺入水泥中。混凝土、砂浆拌和时就可以得到预定的目的，如塑化水泥、加气水泥等，但这种方法在国内不是经常使用。

②水溶液法：把外加剂先用水配制一定比重的水溶液，搅拌混凝土时按掺量取一定体积，加入搅拌机中进行拌和，这种方法目前在国内应用广泛，采用这种方法的优点是拌和物较均匀，但准确度较低，往往由于水溶液中有大量的外加剂沉淀，因此混凝土、砂浆等拌和物的外加剂掺量偏低，配合比不准，容易造成工程质量事故。

③干掺法：干掺法是外加剂为基料，以粉煤灰、石粉为载体，经过烘干、配料、研磨、计量、装袋等主要工序生产而成。用干掺法可以得到良好的效果，混凝土、砂浆等拌和物质量较好、强度均匀，和易性与湿掺法相同。用塑料小口袋包袋，搅拌混凝土时倒入，用这种方法操作简单，深受广大建筑工人的欢迎。

用干掺法必须注意所用的外加剂要有足够的细度，粉粒太粗效果就不好。

为了简化混凝土外加剂操作程序，保证掺量准确，目前国内很多单位在研制混凝土复合外加剂，以解决混凝土搅拌时现场配制减水剂、抗冻剂、早强剂、阻锈剂等多功能外加剂时的繁琐工序，克服掺量不准的缺陷。

注：在预应力混凝土中不得掺入加气剂、引气剂等外加剂，掺入加气、引气外加剂，混凝土的弹性模量有减小，预应力损失大，有的会引起超过规范的损失值。

10) 各类外加剂：

①依据标准：减水剂、早强剂、缓凝剂、引气剂、防水剂、泵送剂、防冻剂、膨胀剂的评定标准及检验标准如表 C2-4-13-3A。

②检验项目：减水剂、早强剂、缓凝剂、引气剂、防水剂、泵送剂、防冻剂、膨胀剂的检验项目如表C2-4-13-3B。

外加剂执行标准 表 C2-4-13-3A

序号	名称	评定标准	检 验 标 准
1	减水剂	GB 8076—1997	GB/T 14684—5—93
2	早强剂		GB/T 14684—5—93
3	缓凝剂		GB/T 50080—2002　GB/T 50081—2002
4	引气剂		JGJ/T 55—2000　JGJ 63—99
5	防水剂	JC 474—1999	GB 751—81　GB 1346—2991　GB 8076—1997 GBJ 82—85　GB/T 2419—94
6	泵送剂	JC 473—2001	GB 8076—1997　GB/T 50080—2002 JGJ/T 55—2000
7	防冻剂	JC 475—92（96）	GB 8076—1997　GB/T 50080—2002
8	膨胀剂	JC 476—2001	GB/T 1761—1999　GB 8076—1997 GB 1346—2001

各种外加剂检验项目 表 C2-4-13-3B

序号	名称	检 验 项 目
1	减水剂	减水率、抗压强度比、钢筋锈蚀、氯离子含量
2	早强剂	凝结时间差、抗压强度比、钢筋锈蚀、氯离子含量
3	缓凝剂	同早强剂
4	引气剂	含气量、抗压强度比、钢筋锈蚀、氯离子含量
5	泵送剂	稠度增加值、稠度保留值、抗压强度比、钢筋锈蚀、氯离子含量、压力泌水率比。
6	防冻剂	冻融强度失率比，其他项同减水剂（负温抗压强度比）
7	防水剂	抗压强度比、渗透高度比、钢筋锈蚀、氯离子含量
8	膨胀剂	细度、限制膨胀率、抗压、抗折强度

③取样规定：

a. 每批外加剂的取样数量一般按其最大掺量不少于0.5t水泥所需外加剂量，但膨胀剂的取样数量不应少于10kg。

b. 每批外加剂的取样应从10个以上的不同部位取等量样品，混合均匀分成两等份并密封保存。一份对其检验项目按相应标准进行试验，另一份封存半年以备有疑问时交国家指定的检验机构进行复验或仲裁。

④代表批量：

常用外加剂的代表批量如表C2-4-13-3C所示，不足此数量的也按一批计。

外加剂取样代表批量 表 C2-4-13-3C

序号	名 称	代表批量
1	减水剂、早强剂、缓凝剂、引气剂	50t
2	泵送剂	50t
3	防冻剂	50t
4	防水剂	50t
5	膨胀剂	60t

⑤各类外加剂指标：

a. 混凝土外加剂：根据《混凝土外加剂》（GB 8076—97），掺外加剂混凝土性能指标应符合表C2-4-13-3D的要求。

表 C2-4-13-3D 掺外加剂混凝土性能指标

试验项目		普通减水剂		高效减水剂		早强减水剂		缓凝高效减水剂		缓凝减水剂		引气减水剂		早强剂		缓凝剂		引气剂	
		一等品	合格品	一等品	合格品	一等品	合格品	一等品	合格品	一等品	合格品	一等品	合格品	一等品	合格品	一等品	合格品	一等品	合格品
减水率(%)不小于		8	5	12	10	8	5	12	10	8	5	10	10	—	—	—	—	6	6
泌水率比(%)不大于		95	100	90	95	95	100	100	100	100	100	70	80	100	—	100	110	70	80
含气量(%)		≤3.0	≤4.0	≤3.0	≤4.0	≤3.0	≤4.0	≤4.5	—	≤5.5	—	>3.0	>3.0	—	—	—	—	>3.0	>3.0
凝结时间之差(min)	初凝	-90~+120	—	-90~+120	—	-90~+120	—	>+90	—	>+90	—	-90~+120	—	-90~+90	—	>+90	—	-90~+120	-90~+120
	终凝	—	—	—	—	—	—	—	—	—	—	—	—	125	—	—	—	—	—
抗压强度比(%)不小于	1d	—	—	140	130	140	130	125	120	—	—	—	—	135	130	—	—	—	—
	3d	115	110	130	120	130	120	125	115	110	100	115	110	130	120	100	90	95	80
	7d	115	110	125	115	115	110	125	120	110	110	110	100	110	105	100	90	96	80
	28d	110	105	120	115	110	105	120	110	110	105	100	100	100	100	100	90	90	80
收缩率比(%)不大于	28d	135	135	135	135	135	135	135	135	135	135	135	135	135	135	135	135	135	135
相对耐久性指标(%)200次,不小于		—	—	—	—	—	—	—	—	—	—	80	60	—	—	—	—	80	60
对钢筋锈蚀作用		应说明对钢筋有无锈蚀作用																	

注:1. 除含气量外,表中所列数据为掺外加剂混凝土与基准混凝土的差值或比值。
2. 凝结时间指标,"—"号表示提前,"+"号表示延缓。
3. 相对耐久性指标一栏中,"200次≥80和60"表示将28d龄期的掺外加剂混凝土试件冻融循环200次后,动弹性模量保留值≥80%或≥60%。
4. 对可可以用高频振捣排除的,由外加剂所引入的气泡的产品,允许用高频振捣,达到某类型性能指标要求的外加剂,可按本表进行命名分类,但须在产品说明书和包装上注明"用于高频振捣的×剂。"

b. 混凝土泵送剂：根据《混凝土泵送剂》(JC 473—2001)，掺泵送剂混凝土性能指标应符合表 C2-4-13-3E 的要求。

掺泵送剂混凝土性能指标 表 C2-4-13-3E

项　　　目	性能指标	一等品	合格品
坍落度增加值（mm）≥		100	80
常压泌水率比（%）≤		90	100
压力泌水率比（%）≤		90	95
含气量（%）≤		4.5	5.5
坍落度保留值（mm）≥	30min	150	120
	60mm	120	100
抗压强度比（%）≥	3d	90	85
	7d	90	85
	28d	90	85
收缩率比（%）≤	28d	135	135
对钢筋锈蚀作用		应说明对钢筋有无锈蚀作用	

注：本表选自泵送剂（JC 473—2001）。

c. 混凝土防冻剂：根据《混凝土防冻剂》(JC 475—92)，掺防冻剂混凝土性能应符合表 C2-4-13-3F 要求。

掺防冻剂混凝土性能指标 表 C2-4-13-3F

试　验　项　目		性　　能			指　　标		
		一　等　品			合　格　品		
减水率（%）不小于		8			—		
泌水率（%）不大于		100			100		
含气量（%）不小于		2.5			2.0		
凝结时间差（min）	初凝	$-120 \sim +120$			$-150 \sim +150$		
	终凝						
	规定温度（℃）	-5	-10	-15	-5	-10	-15
	R_{28}	95	90	90	90	90	85
	R_{-7+28}	95	90	85	90	85	80
	R_{-7+56}	100			100		
90d 收缩率比（%）不大于		120					
抗渗压力（或高度）比（%）		不小于 100（或不大于 100）					
50 次冻融强度损失率比（%）不大于		100					
对钢筋锈蚀作用		应说明对钢筋有无锈蚀作用					

注：本表选自《混凝土防冻剂》(JC 475—92)。

d. 混凝土防水剂：根据《砂浆、混凝土防水剂》(JC 474—1999)，掺防水剂混凝土性能、砂浆应符合表 C2-4-13-3G1 和表 C2-4-13-3G2 的要求。

掺防水剂混凝土性能指标　　　　　　　　　　　　　　　表 C2-4-13-3G1

试 验 项 目		性　能　指　标	
		一等品	合格品
净浆安定性		合　格	合　格
凝结时间差（min）	初凝	−90	−90
	终凝	—	—
泌水率比（%）不大于		50	70
抗压强度比（%）不小于	3d	100	90
	7d	110	100
	28d	100	90
渗透高度比（%）不大于		30	40
48h 吸水量（%）不大于		65	75
28d 收缩率比（%）不大于		125	135
对钢筋的锈蚀作用		应说明对钢筋有无锈蚀作用	

注：本表选自《砂浆、混凝土防水剂》（JC 474—1999）。

掺防水剂砂浆性能指标　　　　　　　　　　　　　　　　表 C2-4-13-3G2

试 验 项 目		性　能　指　标	
		一等品	合格品
安 定 性		合　格	合　格
凝结时间差	初凝（min）不早于	45	45
	终凝（min）不迟于	10	10
抗压强度比（%）不小于	7d	100	85
	28d	90	80
透水压力比（%）不大于		300	200
48h 吸水量（%）不大于		65	75
28d 收缩率比（%）不大于		125	135
对钢筋的锈蚀作用		应说明对钢筋有无锈蚀作用	

注：本表选自《砂浆、混凝土防水剂》（JC 474—1999）。

e. 混凝土膨胀剂：根据《混凝土膨胀剂》（JC 476—2001），混凝土膨胀剂性能及掺膨胀剂砂浆性能应符合表 C2-4-13-3H 要求。

混凝土膨胀剂性能及掺膨胀砂浆性能指标　　　　　　　表 C2-4-13-3H

项　目				指标值
化学成分	氧化镁（%）		≤	5.0
	含水率（%）		≤	3.0
	总碱量（%）		≤	0.75
	氯离子（%）		≤	0.05
物理性能	细　度	比表面积（m^2/kg）	≥	250
		0.08mm 筛筛余（%）	≤	12
		1.25mm 筛筛余（%）	≤	0.5
	凝结时间	初凝（min）	≥	45
		终凝（h）	≤	10
	限制膨胀率（%）	水中 7d	≥	0.025
		28d	≤	0.10
		空气中 28d	≥	−0.020
	抗压强度（MPa) ≥	7d		25.0
		28d		45.0
		7d		4.5
		28d		6.5

注：1. 细度用比表面积和 1.25mm 筛筛余或 0.08mm 筛筛余和 1.25mm 筛筛余表示，仲裁检验则采用比表面积和 1.25mm 筛筛余。
　　2. 本表选自《混凝土膨胀剂》（JC 476—2001）。

⑥检验结论：a.减水剂，早强剂，缓凝剂，引气剂，泵送剂，防冻剂，防水剂，膨胀剂经检验各项指标应全部符合相应混凝土（砂浆）技术性能标准要求，否则作为不合格品。b.各类外加剂原则上应不含氯离子，或含微量氯离子否则判为不合格。c.验结论中，应有外加剂的名称规格、等级、掺量，防冻剂还应说明使用温度及掺量。

11）外加剂使用注意事项：

①混凝土工程掺用外加剂，应根据不同的工程工艺和环境等特点及外加剂生产厂家出厂说明书中规定的性能、主要技术指标、应用范围、使用要点等予以应用。

②计量和搅拌：减水剂的掺量很小，对减水剂溶液的掺量和混凝土的用水量必须严加控制。尤其减水剂的掺量，应严格遵守厂家的规定，通过试验确定最佳掺量。

减水剂为干粉末时，可按每盘水泥掺入量称量，随拌合水将干粉直接加入搅拌机拌合物内，并适当延长搅拌时间。

粉末受潮结块，则应筛除颗粒。干粉末减水剂也可预先装入小桶内，用定量水稀释后掺入。

减水剂为液状或结晶状使用时，宜先溶解稀释成为一定浓度的溶液，掺入混凝土拌合物内，并根据溶液的浓度，计算出每盘混凝土用水量。

③混凝土从出机到入模，其间隔时间应尽量缩短，一般不应超过以下规定：

当混凝土温度为20~30℃时，不超过1h；

当混凝土温度为10~19℃时，不超过1.5h；

当混凝土温度为5~9℃时，不超过2h；用特殊水泥拌制的混凝土，其间隔时间应通过试验确定。

混凝土装入运输车料斗内，不应装得过满，否则车辆颠簸，混凝土沿途流淌严重。此外，高强混凝土单位重量比一般混凝土重0.1~0.2t，模板制作安装时应考虑这一因素。

高强泵送混凝土的捣固应采用高频振动器。混凝土流动性和黏性大，振动时间长，难免产生分离现象，对大流动性混凝土，不宜强烈振动，以免造成泌水和分层离析。

④掺有减水剂的混凝土养护，要注重早期浇水。构件拆模后应立即捆上草包或麻袋，喷水养护，养护时间应按规范要求执行，一般不少于7昼夜。蒸养构件则应通过试验确定蒸养制度。

⑤两种或两种以上外加剂复合使用，在配制溶液时，如产生絮凝或沉淀现象，应分别配制溶液并分别加入搅拌机内。

⑥在用硬石膏或工业废料石膏作调凝剂的水泥中，掺用木质磺酸盐类减水剂或糖密类缓凝剂时，使用前需先做水泥适应性试验，合格后方可使用。

⑦外加剂因受潮结块时，粉状外加剂应再粉碎并通过0.63mm筛子方能使用，液体外加剂存放过久，应重新测定外加剂的固体含量。

4.混凝土试块试验报告单（C2-4-13-4）：

（1）资料表式

（2）实施要点

1）混凝土试块的试验内容：

混凝土试块试验或称混凝土物理力学性能试验，内容有：抗压强度试验；抗拉强度试验；抗折强度试验；抗冻性试验；抗渗性能试验；干缩试验等。对混凝土的质量检验，一一般只进行抗压强度试验，对设计有抗冻、抗渗等要求的混凝土尚应分别按设计有关要求进行试验。

混凝土试块试验报告　　　　　　　　　　　　　　　　　　表 C2-4-13-4

委托单位：　　　　　　　　　　　　　　　　　　　　　试验编号：

工程名称					委托日期	
结构部位					报告日期	
强度等级		试块边长 mm			检验类别	
配合比编号					养护方法	
试样编号	成型日期	破型日期	龄期(d)	强度值(MPa)	强度代表值(MPa)	达设计强度(%)

依据标准：

备　注：

试验单位：　　　　　技术负责人：　　　　　审核：　　　　　试（检）验：

2）混凝土试块取样规定：

①用于检查结构构件混凝土强度的试件，应在混凝土的浇筑地点随机抽取。取样与试件留置应符合下列规定：

a. 每拌制 100 盘且不超过 $100m^3$ 的同配合比的混凝土，取样不得少于一次；

b. 每工作班拌制的同一配合比的混凝土不足 100 盘时，取样不得少于一次；

c. 当一次连续浇筑超过 $1000m^3$ 时，同一配合比的混凝土每 $200m^3$ 取样不得少于一次；

d. 每一楼层、同一配合比的混凝土，取样不得少于二次（主要构件不少于一组）；

e. 每次取样应至少留置一组标准养护试件，同条件养护试件的留置组数应根据实际需要确定。

②对有抗渗要求的混凝土结构，应在浇筑地点随机取样。同一工程、同一配合比的混凝土，取样不应少于二次，留置组数可根据实际需要确定。

③每次取样应至少留置一组标准试件（每组三个试件）；为确定结构构件的拆模、出池、出厂、吊装、张拉、放张及施工期间的临时负荷时的混凝土强度，应留置同条件养护试件。

注：预拌混凝土除应在预拌混凝土厂内按规定留置试件外，混凝土运到施工现场后，尚应按本条的规定留置试件。

④结构混凝土强度等级必须符合设计要求和《混凝土强度检验评定标准》（GBJ 107—87）要求。

⑤不按规定留置标准试块和同条件养护试块的均应为存在质量问题，必须依据经法定单位出具的检测报告进行技术处理。属于结构的处理应有设计单位提出处理方案。

⑥混凝土试件的取样应注意其随机性。

⑦当混凝土试件的留置数量大于其要求提供的数量时，在提供试验时不得只挑好的试件送试。

3）普通混凝土、加气混凝土、轻骨料混凝土试样：

①普通混凝土立方体抗压强度和抗冻性试块试样为正立方体（表 C2-4-13-4A）每组3块。

②加气混凝土性能试验用的试件，采用机锯或刀锯在制品发气方向的上、中、下顺序地锯取试件，每种试件尺寸和块数（表 C2-4-13-4B）。

③轻骨料混凝土试样尺寸及试块数见表 C2-4-13-4C。

混凝土抗压强度试件尺寸选择表　　　　　　　　　　　　　　表 C2-4-13-4A

骨料最大颗粒直径（mm）	试块尺寸（mm）
≤31.5	100×100×100（非标准试块）
≤40	150×150×150（标准试块）
≤60	200×200×200（非标准试块）

注：混凝土中粗骨料的最大粒径选择试件尺寸，立方体试件边长应不小于骨料最大粒径的3倍。如大型构件的混凝土中骨料直径很大而用边长为100mm的立方体试块，试验结果很难有代表性。

加气混凝土试件尺寸与每组块数表　　　　　　　　　　　　　　表 C2-4-13-4B

试验项目	试件尺寸（mm）	每组块数
表观密度，含水率，吸水率	100×100×100（或150×150×150）	6
抗 压	100×100×100	3
抗 拉	100×100×100	3
抗 折	100×100×400	3
轴心抗压	100×100×300	3
静力弹性模量	100×100×300	6
干燥收缩	100×100×160	5
抗 冻	100×100×100	12
碳 化	100×100×100	15
干湿循环	100×100×100	6
导热系数	200×200×(15~20)	1
	200×200×(60~100)	2

轻骨料混凝土试件尺寸与每组块数表　　　　　　　　　　　　　　表 C2-4-13-4C

试验项目	骨料最大粒径（mm）	试件尺寸（mm）	每组块数
抗压	31.5	100×100×100	3
	40	150×150×150	3
抗拉	40	150×150×150	3
抗折	40	150×150×600（或550）	3
轴压、弹性模量	40	150×150×300	3
收缩		100×100×515	3
徐变	31.5	100×100×注①	3
	40	150×150×注①	

续表

试验项目	骨料最大粒径（mm）	试件尺寸（mm）	每组块数
线膨胀系数		100×100×300	3
吸水率与软化系数	31.5 40	100×100×100 150×150×150	12 12
导热系数		200×00×(20×30) 200×200×(60×100)	1 2
抗剪	40	150×150×150	3
抗冻	31.5 40	100×100×100 150×150×150	3 3
抗渗	—	顶面直径175，底面 直径185，高150	6
钢筋锈蚀	31.5	100×100×300	3

注：①试件的长度至少应比拟采用的测量标距长出一个截面边长。

4）建筑地面混凝土、砂浆取样规定：

①建筑地面工程检验水泥混凝土和水泥砂浆强度试块的组数，按每一层（或检验批）建筑地面工程不应小于1组。当每一层（或检验批）建筑地面工程面积大于1000m²时，每增加1000m²应增做1组试块，小于1000m²按1000m²计算。当改变配合比时，亦应相应地制作其试块组数。

②建筑地面水泥混凝土施工质量检验按《混凝土结构工程施工质量验收规范》（GB 50204—2002）的有关规定执行。

③建筑地面的水泥混凝土面层强度应符合设计要求且不应小于C20。

5）混凝土试块的制作：

混凝土抗压试块以同一龄期者为一组，每组至少有3个属于同盘混凝土、在浇筑地点同时制作的混凝土试块。

①在混凝土拌和前，应将试模擦拭干净，并在模内涂一薄层机油；

②用振动法捣实混凝土时，将混凝土拌和物一次装满试模，并用捣棒初步捣实，使混凝土拌和物略高出试模，放在振动台上，一手扶住试模，一手用铁抹子在混凝土表面施压，并不断来回擦抹。按混凝土稠度（工作度或坍落度）的大小确定振动时间，所确定的振动时间必须保证混凝土能振捣密实，待振捣时间即将结束时，用铁抹子刮去表面多余的混凝土，并将表面抹平。同一组的试块，每块振动时间必须完全相同，以免密度不均匀影响强度的均匀性；

注：在施工现场制作试块时，也可用平板式振捣器，振动至混凝土表面水泥浆呈现光亮状态时止。

③用插捣法人工捣实试块时，按下述方法进行：

a. 对于100mm×100mm×100mm、150mm×150mm×150mm或200mm×200mm×200mm的立方体试块，混凝土拌合物分两层装入，其厚度约相等，每层插捣次数如表C2-4-13-4D所示。

混凝土抗压强度试件制作插捣次数表　　　　　　　C2-4-13-4D

试块尺寸（mm）	每层插捣次数
100×100×100	12
150×150×150	25
200×200×200	50

b. 插捣时应在混凝土全面积上均匀地进行,由边缘逐渐向中心。

c. 插捣底层时,捣棒应达到试模底面,捣上层时捣棒应插入该层底面以下 2～3cm 处。

d. 面层插捣完毕后,再用抹刀沿四边模壁插捣数下,以消除混凝土与试模接触面的气泡,并可避免蜂窝、麻面现象,然后用抹刀刮去表面多余的混凝土,将表面抹光,使混凝土稍高于试模。

e. 静置半小时后,对试块进行第二次抹面,将试块仔细抹光抹平,以使试块与标准尺寸的误差不超过 ±1mm。

6) 试块的养护:

①试块成型后,用湿布覆盖表面,在室温为 16～20℃下至少静放一昼夜,但不得超过二昼夜,然后进行编号及拆模工作;混凝土拆模后,要在试块上写清混凝土强度等级代表的工程部位和制作日期;

②拆去试模后,随即将试块放在标准养护室(温度 20±3℃,相对湿度大于 90%,应避免直接浇水)养护至试压龄期为止。

注:1. 现场施工作为检验拆模强度或吊装强度的试块,其养护条件应与构件的养护条件相同。

2. 现场作为检验依据的标准强度试块,允许埋在湿砂内进行养护,但养护温度应控制在 16～20℃范围内。

3. 在标准养护室内,试块宜放在铁架或木架上养护,彼此之间的距离至少为 3～5cm。

4. 试块从标准养护室内取出,经擦干后即进行抗压试验。

5. 无标准养护室时可以养护池代替,池中水温 20±3℃,水的 pH 值不小于 7,养护时间自成型时算起 28 天。

7) 混凝土用拌合水要求:拌制混凝土宜用饮用水。污水、pH 值小于 4 的酸性水和含硫酸盐量按 SO_4 计超过 1% 的水,不得用于生产混凝土构件。水中含有碳酸盐时会引起水泥的异常凝结;含有硝酸盐、磷酸盐时能引起缓凝作用;含有腐植质、糖类等有机物时有的会引起缓凝、有的发生快硬或不硬化;含有洗涤剂等污水时,由于产生过剩的拌生空气,会使混凝土的各种性能恶化;含有超过 0.2% 浓度的氯化物时,会产生促凝性,使早期水化热增大,同时收缩增加,易导致混凝土中钢材的腐蚀;应予高度重视。

8) 填表说明:

①强度值:破坏荷载除以截面面积后的值为标准强度。当试件尺寸为 20mm×20mm×20cm 和 10mm×10mm×10cm 时,应按标准规定换算为 15mm×15mm×15cm 的强度值。

②强度代表值:即按标准规定的取值方法,计算得出的强度值。

③达到设计等级(%):试验得到的实测强度值与设计强度之比。

注:1. 凡试块试验不合格者(指小于规定的最低值或平均强度达不到规定值者),应有处理措施及结论(如后备试块达到要求强度等级并经设计签认;经设计验算签证不需要进行处理;经法定检测单位鉴定达到要求的强度等级,出具证明,并经设计同意;按设计要求进行加固处理者以及返工重做等)。出现类似情况,应按国标《建筑工程施工质量验收统一标准》第 5.0.6 条确定该项目的结论。

2. 采用预拌混凝土时,除应按《混凝土强度检验评定标准》(GBJ 107—87)的规定制作、试验混凝土试块并提供资料外,预拌混凝土的订货单、发货单和出厂质量证明书应作为附件资料附后。

5. 混凝土抗渗性能试验报告单（C2-4-13-5）：
（1）资料表式

混凝土抗渗性能报告单　　　　　　　　　　　　　　　　表 C2-4-13-5

委托单位：　　　　　　　　　　　　　　　　　　　试验编号：

工程名称		使用部门	
混凝土强度等级	C	设计抗渗等级	P
混凝土配合比编号		成型日期		委托日期	
养护方法		龄期		报告日期	

试件上表渗水部位及剖开渗水高度（cm）：　　　实际达到压力（MPa）

① ② ③ ④ ⑤ ⑥

试块解剖渗水高度（cm）：

1　2　3　4　5　6

依据标准：

检验结论：

备注：

试验单位：　　　技术负责人：　　　审核　　　　　试（检）验：

注：混凝土抗渗性能试验报告单表式，可根据当地的使用惯例制定的表式应用，但工程名称、使用部门、混凝土强度等级（C）、设计抗渗等级（P）、混凝土配合比编号、成型日期、委托日期、养护方法、龄期、报告日期、试件上表渗水部位及剖开渗水高度（cm）、实际达到压力（MPa）、依据标准、检验结果等项试验内容必须齐全。实际试验项目根据工程实际择用。

（2）实施要点

1）抗渗混凝土不论工程量大小均必须由具有资质的试验室进行试配并提供试配报告，施工单位根据现场实际经调整后实施施工。无试配报告不得进行施工。

2）抗渗混凝土试块由施工单位提供。抗渗混凝土不仅需要满足强度要求，而且需要符合抗渗要求，均应根据需要留置试块。

3）防水混凝土的抗压强度和抗渗压力必须符合设计要求。

4）防水混凝土的变形缝、施工缝、后浇带、穿墙套管、埋设件等的设置和构造均应符合设计要求严禁渗漏。

5）抗渗性能试块基本要求：

①抗渗试块的尺寸顶面直径为175mm，底面直径为185mm，高为150mm的圆台体，或直径与高度均为150mm的圆柱体试件。

②混凝土抗渗性能试件应采用标准条件下养护混凝土抗渗试件的试验结果评定，试件应在浇筑地点制作。

连续浇筑混凝土每500m³应留置一组抗渗试件。采用预拌混凝土的抗渗试件，留置组数应视结构的规模和要求而定。同一混凝土等级、同一抗渗等级、同一配合比、同一原材料每单位工程不少于两组，每6块为一组。

③试块应在浇筑地点制作，其中至少一组试块应在标准条件下养护，其余试块应在与构件相同条件下养护。

④试样要有代表性，应在搅拌后第三盘至搅拌结束前30分钟之间取样。

⑤每组试样包括同条件试块、抗渗试块、强度试块的试样，必须取同一次拌制的混凝土拌和物。

⑥试件成型后24小时拆模。用钢丝刷刷去两端面水泥浆膜，然后送入标养室。

⑦试件一般养护至28天龄期进行试验，如有特殊要求，可在其他龄期进行。

6）防水混凝土用材料应符合下列规定：

①水泥品种应按设计要求选用，其强度等级不应低于32.5级，不得使用过期或受潮结块水泥；

②碎石或卵石的粒径宜为5～40mm，含泥量不得大于1.0%，泥块含量不得大于0.5%；

③砂宜用中砂，含泥量不得大于3.0%，泥块含量不得大于1.0%；

④拌制混凝土所用的水，应采用不含有害物质的洁净水；

⑤外加剂的技术性能，应符合国家或行业标准一等品及以上的质量要求；

⑥粉煤灰的级别不应低于二级，掺量不宜大于20%；硅粉掺量不应大于3%，其他掺合料的掺量应通过试验确定。

7）防水混凝土的配合比应符合下列规定：

①试配要求的抗渗水压值应比设计值提高0.2MPa；

②水泥用量不得少于300kg/m³；掺有活性掺合料时，水泥用量不得少于280kg/m³；

③砂率宜为35%～45%，灰砂比宜为1:2～1:2.5；

④水灰比不得大于0.55；

⑤普通防水混凝土坍落度不宜大于50mm，泵送时入泵坍落度宜为100～140mm。

8）混凝土拌制和浇筑过程控制应符合下列规定：

①拌制混凝土所用材料的品种、规格和用量，每工作班检查不应少于两次。每盘混凝土各组成材料计量结果的偏差应符合表C2-4-13-5A的规定。

混凝土组成材料计量结果的允许偏差（%）　　　　表 C2-4-13-5A

混凝土组成材料	每盘计量	累计计量
水泥、掺合料	±2	±1
粗、细骨料	±3	±2
水、外加剂	±2	±1

注：累计计量仅适用于微机控制计量的搅拌站。

②混凝土在浇筑地点的坍落度，每工作班至少检查两次。混凝土的坍落度试验应符合现行《普通混凝土拌合物性能试验方法》GBJ 80 的有关规定。

混凝土实测的坍落度与要求坍落度之间的偏差应符合表 C2-4-13-5B 的规定。

混凝土坍落度允许偏差　　　　表 C2-4-13-5B

要求坍落度（mm）	允许偏差（mm）
≤40	±10
50~90	±15
≥100	±20

9）混凝土抗渗性能试验结果评定：

①混凝土的抗渗等级以每组 6 个试件中 4 个未出现渗水时的最大水压力表示。

其计算式为：
$$S = 10H - 1$$

式中　S——抗渗等级；H——6 个试件中第三个渗水时的水压力（MPa）。

②若按委托抗渗等级（S）评定：（6 个试件均无渗水现象）应试压至 S+1 时的水压，方可评为 >S。

③如压力到 1.2MPa，经过 8 小时，渗水仍不超过 2 个小时，混凝土的抗渗等级应等于或大于 S_{12}。

10）抗渗混凝土：

根据《地下防水工程施工质量验收规范》（50208—2002）混凝土抗渗试块取样（即试块留置）按下列规定：

①连续浇筑混凝土每 500m³，应留置一组（6 块）混凝土抗渗试块，且每项工程不得少于两组。

②采用预拌混凝土的抗渗试件，留置组数应视结构的规模和要求而定。

③如使用材料配合比或施工方法有变化时，均应另行按上述规定留置。

④抗渗试块应在浇筑地点制作，留置的两组试块，其中一组（六块）应在"标养"室中养护，另一组（六块）与现场相同条件下养护，养护期不得少于 28d。

11）填表说明：

①混凝土强度等级：按委托单提供的混凝土强度等级，不应低于设计的混凝土强度等级。

②设计抗渗等级：一般为施工图设计提出的抗渗等级，照实际填写。

③混凝土配合比编号：指原试验室提供的混凝土配合比编号。

④水泥用量：指实际施工时用于混凝土每立方米的水泥用量。

⑤外加剂名称、用量：指实际施工作用于混凝土的外加剂名称、用量，照实际填写。
⑥试件上表渗水部位及剖开渗水高度：试验室照实际试验结果填写。

6. 混凝土抗冻性能试验报告单（C2-4-13-6）：

(1) 资料表式

混凝土抗冻性能试验报告单　　　　　　　　　　　　　　　表 C2-4-13-6

委托单位：　　　　　　　　　　　　　　　　　　　试验编号：

工程名称		施工部位	
混凝土强度等级		抗冻性能	
成型日期		配合比编号	
委托日期		报告日期	
冻融循环次数			
抗 冻 试 验 结 果			
试件编号	抗压强度（MPa）		试块单块重量（kg）	
1	对比试件	冻融循环次数	冻融循环以前	冻融循环以后
2				
3				
3块平均值				
结　　果	强度损失率	%	重量损失率	%
依据标准及检验结论：			
备注：			

试验单位：　　　　技术负责人：　　　　审核　　　　试（检）验：

(2) 实施要点

1) 不同品种、不同强度等级、不同级配的抗冻混凝土均应在混凝土浇筑地点随机留置试块，并在标准条件下养护，试件的留置数量应符合相应标准的规定。

2) 混凝土抗冻性试验（抗冻强度等级）说明：

①以试块所能承受的最大反复冻融循环次数表示。如 M_{150} 表示混凝土能够承受反复冻融循环 150 次。试块抗冻后抗压强度的下降不得超过 25%。抗冻强度换算系数见表 C2-4-13-6B。

②立方体试块的尺寸与抗压强度试验相同。见表 C2-4-13-6A。

不同立方体混凝土抗冻强度试件尺寸表　　　　　　　　　　表 C2-4-13-6A

骨料最大颗粒直径（mm）	试块尺寸（mm）
≤30	100×100×100
≤40	150×150×150
≤50	200×200×200

不同立方体混凝土试块抗冻强度换算系数表　　　　表 C2-4-13-6B

小梁试块（mm）	换算和系数
100×100×400	1.05
150×150×600	1.00
200×200×800	0.95

③受冻融检验用的试块数量选择，每次试验所需的试件组数应符合表 C2-4-13-6C 的规定，每组试件应为 3 块。

慢冻法试验所需的试件组数　　　　表 C2-4-13-6C

设计抗冻等级	D25	D50	D100	D150	D200	D250	D300
检查强度时的冻融循环次数	25	50	50 及 100	100 及 150	150 及 200	200 及 250	250 及 300
鉴定 28d 强度所需试件组数	1	1	2	2	2	2	2
冻融试件组数	1	1	2	2	2	2	2
对比试件组数	1	1	2	2	2	2	2
总计试件组数	3	3	5	5	5	5	5

④抗冻混凝土的试块留置组数，可视结构的规模和要求确定。

⑤试块制作、养护方法和步骤，均与混凝土抗压强度试验中之规定相同，试块的养护龄期（包括试块在水中浸泡时间）为 28 天。

⑥冻融时间规定：对于 100mm×100mm×100mm 及 150mm×150mm×150mm 的立方体试块，每次冻结时间为 4h；200mm×200mm×200mm 的立方体试块，每次冻结时间为 6h。不同尺寸的试块在水中融化时间均不得少于 4h，水池水温应保持在 15~20℃，池中注水深度应超过试块高度至少 2cm，在冻结过程中不得中断。

注：如果在同一冷藏（或冻箱）内，有各种不同尺寸的试块同时进行冻结试验，以其最大试块尺寸之冻结时间进行。

⑦混凝土强度试验结果合格条件的评定：

a. 冻融试块在规定冻融循环次数之后的抗压极限强度，同检验用的相当龄期的试块抗压极限强度相比较，其降低值不超过 25% 时，则认为混凝土抗冻性合格。

b. 如果在试验过程中（未达到规定冻融循环次数以前），受冻融的试块的抗压极限强度，同检验用的相当龄期的试块的抗压极限强度相比较，其降低值已超过 25% 时，则认为混凝土抗冻性不合格。

⑧抗冻试块留置数量，应符合表 C2-4-13-6D 要求。

抗冻试块留置数量表　　　　表 C2-4-13-6D

设计抗冻等级	F25	F50	F100	F150	F200	F250	F300
冻融循环次数	25	50	50 及 100	100 及 150	150 及 200	200 及 250	250 及 300
冻融组数	1	1	1	1	1	1	1
对比试块	1	1	2	2	2	2	2
总计组数	3	3	5	5	5	5	5

当进行冬季施工时，混凝土抗压强度试块留置数量，应遵守 GB 50204—2002 标准要求外，还应增加两组混凝土试块，其中一组与结构同条件养护 28d 后用于检验受冻前的混凝土强度，另一组与结构同条件养护 28d 后转入标养室养护 28d 测抗压强度。

3）填表说明：

①抗冻性能：指设计要求的冻融循环性能值。

②抗冻试验结果：

a．抗压强度：分别按对比试件和冻融循环次数测试的抗冻混凝土的抗压强度值填写。

b．试块单块重量：分别按冻融循环以前和冻融循环以后测试的抗冻混凝土的抗压强度值填写。

③结果：抗冻混凝土的测试结果，由试验室填写。

④结论：抗冻混凝土的测试结论，由试验室填写。

7．装配式结构拼缝、接头处理混凝土强度试验报告单（C2-4-13-7）：

实施要点：

（1）混凝土试块试验报告单按 C2-4-13-4 表式执行。

（2）装配式结构拼缝、接头处理混凝土强度试验报告单是指为保证建筑工程质量对用于工程的根据设计要求进行的装配式结构拼缝、接头处理混凝土强度试验必须单独留置试块并进行有关指标测试，由试验单位出具的试验证明文件。

（3）装配式结构拼缝、接头处理混凝土强度试验试块的留置数量、混凝土强度评定结果必须符合《混凝土强度检验评定标准》（GBJ 107—87）的要求。

（4）装配式结构拼缝、接头处理混凝土强度试验报告单必须是经当地建设行政主管部门或其委托单位批准的具有相应资质试验室出具的试验报告单。

8．特种混凝土试块试验报告（C2-4-13-8）：

实施要点：

（1）特种混凝土试块试验报告单按 C2-4-13-4 表式执行。

（2）特种混凝土试块试验报告是指为保证建筑工程质量对用于工程的根据设计要求进行的特种混凝土试块强度试验，必须单独留置试块并进行有关指标测试，由试验单位出具的试验证明文件。

（3）特种混凝土试块是指防水混凝土、耐热混凝土、耐酸混凝土、耐碱混凝土、沥青混凝土、抗油渗混凝土、抗冻混凝土、耐低温混凝土、防辐射混凝土、不发火混凝土、钢屑混凝土、钢纤维混凝土、泡沫混凝土、蛭石混凝土、陶粒混凝土等。

（4）特种混凝土试块的留置数量、混凝土强度评定结果必须符合《混凝土强度检验评定标准》（GBJ 107—87）的要求。

9．混凝土试块强度评定（C2-4-13-9）：

（1）混凝土强度统计方法评定汇总表见表 C2-4-13-9A1。

1）资料表式

2）实施要点

①评定结构构件的混凝土强度应采用标准试件和同条件养护试块共同判定混凝土强度的方法。标准养护：即按标准方法制作的边长为 150mm 的标准尺寸的立方体试件，在温度为 $20\pm3℃$、相对湿度为 90% 以上的环境或水中的标准条件下，养护到 28 天龄期时按

标准试验方法测得的混凝土立方体抗压强度。

混凝土强度统计方法评定汇总表 表 C2-4-13-9A1

单位工程： 施工单位： 编号：

结构部位		混凝土强度等级	
配合比编号		养护条件	
验收组数 $n=$		合格判定系数	$\lambda_1=$ $\lambda_2=$
同一验收批强度平均值 $m_{fcu}=$		$f_{cu,min}=$	
前一检验期强度标准差 $\sigma_0=$			
同一验收批强度标准差 $S_{fcu}=$			
验收批各组试件强度（MPa）			

	统 计 方 法		非统计方法
标准差已知统计法	$m_{fcu} \geq f_{cu,k} \pm 7\sigma_0$ $f_{cu,min} \geq f_{cu,k} - 0.7\sigma_0$ 当强度等级 $\leq C_{20}$ 时 $f_{cu,min} \geq 0.85 f_{cu,k}$ 当强度等级 $> C_{20}$ 时 $f_{cu,min} \geq 0.9 f_{cu,k}$	标准差未知统计法 $m_{fcu} - \lambda_1 S_{fcu} \geq 0.9 f_{cu,k}$ $f_{cu,min} \geq \lambda_2 f_{cu,k}$	$f_{cu} \geq 1.15 f_{cu,k}$ $f_{cu} \geq 0.95 f_{cu,k}$

依据标准：

参加人员	监理（建设）单位	施 工 单 位		
		专业技术负责人	质 检 员	统 计
	年 月 日			

确定结构构件的拆模、出池、出厂、吊装、张拉、放张、施工期间临时负荷时和结构实体检验用同条件养护试件进行强度检验。试件采用标准尺寸试件测试混凝土强度。

试件强度试验的方法应符合现行国家标准《普通混凝土力学性能试验方法》的规定。

注：1. 试件应采用钢模制作。
　　2. 对采用蒸汽法养护的混凝土结构构件，其标准试件应先随同结构构件同条件蒸汽养护，再转入标准条件下养护共 28 天。

②《混凝土强度检验评定标准》（GBJ 107—87）规定，混凝土的强度评定根据混凝土生产条件的稳定程度，按统计方法或非统计方法按实际采用方法分别进行。

混凝土强度检验评定，不同评定方法的采用条件、验收批构成、标准差计算、验收界限、验收函数和合格条件详见表 C2-4-13-9A2。

混凝土强度检验评定总表 表 C2-4-13-9A2

评定方法	采用条件	验收批的样本容量	标准差	验收界限 平均值界限			验收界限 最小值界限		
标准差已知统计法	生产条件长期一致、强度变异性保持稳定	连续3组	$\sigma_0 = \dfrac{0.59}{m}\sum\limits_{i=1}^{m}\Delta f_{cu,k}$ $(m \geq 15)$	$[m_{fcu}] = f_{cu,k} + 0.7\sigma_0$			$[f_{cu,min}] = \begin{cases} f_{cu,k} - 0.7\sigma_0 \\ 0.85 f_{cu,k} \quad (\leq C20) \\ 0.90 f_{cu,k} \quad (> C20) \end{cases}$		
标准差未知统计法	生产条件和强度变异性有变化或无前期强度标准差	不少于10组	$S_{fcu} = \sqrt{\dfrac{\sum\limits_{i=1}^{m} f_{cu,i}^2 - nm^2 f_{cu}}{n-1}}$ $\geq 0.06 f_{cu,k}$	$[m_{fcu}] = 0.9 f_{cu,k} + \lambda_1 S_{fcu}$			$[f_{cu,min}] = \lambda_2 S_{fcu,k}$		
				n	10.14	15.24	≥ 25	n	10.14	≥ 15
				λ_1	1.70	1.65	1.60	λ_2	0.90	0.85
非统计法	零星个别生产	少于10组	—	$[m_{fcu}] = 1.15 f_{cu,k}$			$[f_{cu,min}] = 0.95 f_{cu,k}$		
合格条件				$m_{fcu} \geq [m_{fcu}]$ $f_{cu,min} \geq [f_{cu,min}]$					
验收函数	平均值			$m_{fcu} = \dfrac{\sum\limits_{i=1}^{m} f_{cu,i}}{n}$					
	最小值			$f_{cu,min}$					

③混凝土试件强度检验评定方法要求:

a. 混凝土试块强度检验评定方法一般采用统计方法评定或非统计方法评定;

b. 填表步骤:

(a) 确定单位工程中需要统计评定的混凝土验收批,找出所有统一强度等级的各种试件强度值;

(b) 填写所有已知项目;

(c) 分别计算出该批混凝土试块批的强度平均值、标准差、找出合理判定合格系数和混凝土强度试块最小值填入表内;

(d) 计算出各评定数据并对混凝土试件强度进行判定,结论填入表内。

(2) 统计方法评定(C2-4-13-9A2):

1) 标准差已知的统计方法。

混凝土强度应分批进行验收。同一验收批的混凝土应由强度等级相同、生产工艺和配合比基本相同的混凝土组成,对现浇混凝土结构构件,尚应按单位工程的验收项目划分验收批,每个验收项目应按现行国家标准《建筑安装工程质量检验评定标准》确定。对同一验收批的混凝土强度,应以同批内标准试件的全部强度代表值来评定。

①当混凝土的生产条件在较长时间内能保持一致,且同一品种混凝土的强度变异性能保持稳定时,应由连续的三组试件代表一个验收批,其强度应同时符合下列要求:

$$m_{\mathrm{fcu}} \geqslant f_{\mathrm{cu,k}} + 0.7\sigma_0$$

且最小值还应满足：
$$f_{\mathrm{cu,min}} \geqslant f_{\mathrm{cu,k}} - 0.7\sigma_0$$

当混凝土强度等级不高于 C20 时，尚应符合下式要求：
$$f_{\mathrm{cu,min}} \geqslant 0.85 f_{\mathrm{cu,k}}$$

当混凝土强度等级高于 C20 时，尚应符合下式要求：
$$f_{\mathrm{cu,min}} \geqslant 0.90 f_{\mathrm{cu,k}}$$

式中　m_{fcu}——同一验收批混凝土强度的平均值，（N/mm² = MPa）；

　　　$f_{\mathrm{cu,k}}$——设计的混凝土强度标准值，（N/mm² = MPa）；

　　　σ_0——验收批混凝土强度的标准差，（N/mm² = MPa）；

　　　$f_{\mathrm{cu,min}}$——同一验收批混凝土强度的最小值，（N/mm² = MPa）。

②验收批混凝土强度的标准差，应根据前一检验期内同一品种混凝土试件的强度数据，按下列公式确定：

$$\sigma_0 = \frac{0.59}{m} \sum_{i=1}^{m} \Delta f_{\mathrm{cu,k}}$$

式中　$\Delta f_{\mathrm{cu,k}}$——前一检验期内第 i 验收批混凝土试件中强度的最大值与最小值之差；

　　　m——前一检验期内验收批总数。

注：每个检验期不应超过三个月，且在该期间内验收批总批数不得少于 15 组。批数不足 15 批或时间过长的情况下，用标准差书籍统计法检验评定混凝土强度是不正确的。

2）标准差未知的统计方法。

当混凝土的生产条件不能满足"在较长时间内保持一致，且同一品种混凝土的强度变异性能保持稳定"的规定，或在前一检验期内同一品种混凝土没有足够的强度数据用以确定验收批混凝土强度标准差时，应由不少于 10 组的试件代表一个验收批，其强度应同时符合下列要求：

$$m_{\mathrm{fcu}} - \lambda_1 S_{\mathrm{fcu}} \geqslant 0.9 f_{\mathrm{cu,k}}$$

$$f_{\mathrm{cu,min}} \geqslant \lambda_2 f_{\mathrm{cu,k}}$$

式中　S_{fcu}——验收批混凝土强度的标准差（N/mm²），当 S_{fcu} 的计算值小于 $0.06 f_{\mathrm{cu,k}}$ 时，取 $S_{\mathrm{fcu}} = 0.06 f_{\mathrm{cu,k}}$；

　　　λ_1，λ_2——合格判定系数。

验收批混凝土强度的标准差 S_{fcu} 应按下式计算：

$$S_{\mathrm{fcu}} = \sqrt{\sum_{i=1}^{n} \frac{f_{\mathrm{cu},i}^2 - n m^2 f_{\mathrm{cu}}}{n-1}}$$

式中　$f_{\mathrm{cu},i}$——验收批内第 i 组混凝土试件的强度值（N/mm²）；

　　　n——验收批内混凝土试件的总组数。

合格判定系数，应按表 C2-4-13-9B 取用。

合格判定系数 表 C2-4-13-9B

试件组数	10~14	15~24	≥25
λ_1	1.70	1.65	1.60
λ_2	0.90	0.85	

注：试件组数不足10组时采用标准差未知统计法检验评定混凝土强度是不正确的。

(3) 非统计方法评定：

对零星生产的预制构件的混凝土或现场搅拌批量不大的混凝土（指一个验收批的试件不足10组时），可采用非统计法评定。此时，验收批混凝土的强度必须同时符合下列要求：

$$m_{fcu} \geq 1.15 f_{cu,k}$$
$$f_{cu,min} \geq 0.95 f_{cu,k}$$

(4) 混凝土试块强度代表值的确定：

混凝土立方体抗压试件经强度试验后，其强度代表值的确定，应符合下列规定：

1) 取三个试件强度的算术平均值作为每组试件的强度代表值。

2) 当一组试件中强度的最大值或最小值与中间值之差超过中间值的15%时，取中间值作为该组试件的强度代表值。

3) 当一组试件中强度的最大值和最小值与中间值之差均超过中间值的15%时，该组试件的强度不应作为评定的依据。

取150mm×15mm×150mm试件的抗压强度为标准值，用其他尺寸试件测得的强度值均应乘以尺寸换算系数，其值为：对200mm×200mm×200mm试件为1.05；对100mm×100mm×100mm试件为0.95。

(5) 混凝土试块强度评定核查注意事项：

1) 凡钢筋混凝土工程均应事先选样进行混凝土强度试配。

2) 采用预拌（商品）混凝土应有出厂合格证，由搅拌站试验室按要求进行试验，试块强度以现场制作试块作为检验结构强度质量的依据。如对进场混凝土有怀疑，应会同搅拌站有关负责人到现场共同取样进行试验，并应进行外观鉴定，决定能否使用，并做好记录反映于资料中。

搅拌站试验的有关数据（原始试验单或单位工程有关试验汇总报表）应交施工单位归入技术档案，留置数量应具有代表性，能正确反映各部位不同混凝土的试块强度。

3) 现场所用材料应和试配通知单相符，单位工程全部混凝土试块强度应按工程部位的施工顺序列表，内容包括各组试块强度及达到设计标号的百分比，并注明试验报告的编号。

4) 混凝土试件评定中应注意当试件尺寸为骨料粒径的3倍时，试件的试验结果不具有代表性。

5) 核查要点：

①按照施工图设计要求，核查混凝土配合比及试块强度报告单中混凝土强度等级、试压龄期、养护方法、试块的留置部位及组数、试块抗压强度是否符合设计要求及有关规范、标准的规定。

②核查混凝土试块试验报告单中的水泥是否和水泥出厂合格证或水泥试验报告单中的水泥品种、强度等级、厂牌相一致。对超龄期的水泥或质量有怀疑的水泥应经检验重新鉴

③核查混凝土试块试验报告单中，是否以《混凝土强度检验评定标准》（GBJ 107—87）来检评混凝土的强度质量。

④当混凝土验收批抗压强度不合格时，是否及时进行鉴定，并采用相应的技术措施和处理办法，处理记录是否齐全、设计单位是否签认。

⑤核验每张混凝土试块试验报告单中的试验子目是否齐全，试验编号是否填写，计算是否正确，检验结论是否明确。

⑥有抗渗设计要求的混凝土，应核查混凝土抗渗试验报告单中的部位、组数、抗渗等级是否符合要求，是否有缺漏部位或组数不全以及抗渗等级达不到设计要求等情况。

3.2.4.14 砂浆抗压强度试验报告（C2-4-14）

1. 砂浆抗压强度试验报告汇总表（C2-4-14-1）：

（1）资料表式

砂浆抗压强度试验报告汇总表　　　　　　　　表 C2-4-14-1

工程名称：

序号	试验编号	施工部位	设计强度等级	试块成型日期	龄期	砂浆试块平均强度	备注
强度评定	砂浆品种符合设计要求，强度必须符合下列规定： 一、砂浆强度评定以同一验收批砂浆试块抗压强度计算。 二、同品种、同强度等级的砂浆各组试块平均强度必须大于或等于设计强度等级所对应的立方体抗压强度。 三、同一验收批任意最小一组试块平均值必须大于或等于设计强度等级所对应的立方体抗压强度的 0.75 倍							
	计算：					结论：		

填表单位：　　　　　审核：　　　　　制表：　　　　　年　月　日

砂浆抗压强度试验报告汇总表　　　　　　　　续表

工程名称：

序号	试验编号	施工部位	设计强度等级	试块成型日期	龄期	砂浆试块平均强度	备注

计算：　　　　　　　　　　　　　　　结论：

填表单位：　　　　　审核：　　　　　制表：　　　　　年　月　日

(2) 实施要点

1) 砂浆抗压强度试验报告的整理顺序按工程进度和不同强度等级为序进行整理，如地基基础、主体工程等。

2) 砂浆的品种、强度等级应满足设计要求的品种、强度等级，否则为试验报告不全。由核查人判定是否符合要求。

3) 填表说明：

①施工部位、试块成型日期、龄期：分别按原试验报告单上的施工部位、试块成型日期、龄期填写。

②设计要求强度等级：指施工图设计要求的砂浆强度等级，按原砂浆试块试验报告单上设计要求强度等级填写。

③砂浆试块平均强度：指每组砂浆试块的平均强度，照原砂浆试块试验报告单上的砂浆试块的平均强度填写，应对砂浆试块平均强度进行汇总合计填写。

4) 强度评定：

1) 计算：按砂浆抗压强度试验报告以单位工程为单元的合计组数计算。

2) 结论：砂浆抗压强度计算结果以同品种、同强度等级砂浆各组试块平均强度不小于设计砂浆强度等级；任意一组试块的强度不小于0.75设计砂浆强度等级为合格，否则为不合格。

2. 砂浆试配报告单（C2-4-14-2）：

(1) 资料表式

砂浆试配报告单　　　　　　　　　　　　　　　　　表 C2-4-14-2

委托单位：　　　　　　　　　　　　　　　　　　　试验编号：

工程名称					
使用部位				委托日期	
砂浆种类		设计等级		报告日期	
水泥品种强度等级		生产厂家		要求稠度	
砂 规 格				试验编号	
掺合料种类				试验编号	
外加剂种类				试验编号	
配　合　比					
材料名称	水 泥	砂 子	掺合料	水	外加剂
用量（kg/m³）					
质量配合比					
实测稠度		分层度		养护条件	
依据标准：					
检验结论：					

试验单位：　　　　技术负责人：　　　　审核：　　　　试验：

注：砂浆试配报告单表式，可根据当地的使用惯例制定的表式应用，但工程名称、委托日期、使用部位、报告日期、砂浆种类、设计等级、要求稠度、水泥品种强度等级、生产厂家、试验编号、砂规格、试验编号、掺合料种类、试验编号、外加剂种类、试验编号、配合比、材料名称（水泥、砂子、掺合料、水、外加剂）、用量 kg/m³（水泥、砂子、掺合料、水、外加剂）、质量配合比（水泥、砂子、掺合料、水、外加剂）、实测稠度、分层度、养护条件、依据标准、检验结果等项试验内容必须齐全。实际试验项目根据工程实际择用。

(2) 实施要点

1) 不论砂浆用量的工程量大小、强度等级高低,均应进行试配。并按试配单要求拌制砂浆,砌筑结构用砂浆严禁使用经验配合比。

2) 砂浆试配的材料要求:

①砌筑砂浆用水泥的强度等级应根据设计要求进行选择。水泥砂浆采用的水泥,其强度等级不宜大于32.5级;水泥混合砂浆采用的水泥,其强度等级不宜大于42.5级。

②砌筑砂浆用砂宜选用中砂,其中毛石砌体宜选用粗砂。砂的含泥量不应超过5%。强度等级为2.5的水泥混合砂浆,砂的含泥量不应超过10%。

③掺加料应符合下列规定:

a. 生石灰熟化成石灰膏时,应用孔径不大于3mm×3mm网过滤,熟化时间不得少于7d;磨细生石灰粉的熟化时间不得小于2d。沉淀池中贮存的石灰膏,应采取防止干燥、冻结和污染的措施。严禁使用脱水硬化的石灰膏。

b. 采用黏土或亚黏土制备黏土膏时,宜用搅拌机加水搅拌,通过孔径不大于3mm×3mm的网过滤。用比色法鉴定黏土中的有机物含量时应浅于标准色。

c. 制作电石膏的电石渣应用孔径不大于3mm×3mm的网过滤,检验时应加热至70℃并保持20min,没有乙炔气味后,方可使用。

d. 消石灰粉不得直接用于砌筑砂浆中。

④石灰膏、黏土膏和电石膏试配时的稠度,应为120±5mm。

⑤粉煤灰的品质指标和磨细生石灰的品质指标应符合国家标准《用于水泥和混凝土中的粉煤灰》(GB 1596—91)及行业标准《建筑生石灰粉》(JC/T 480—92)的要求。

⑥拌制砂浆用水应符合现行行业标准《混凝土拌合用水标准》JGJ63的规定。

⑦砌筑砂浆中掺入的砂浆外加剂,应具有法定检测机构出具的该产品砌体强度型式检验报告,并经砂浆性能试验合格后,方可使用。

3) 砂浆的技术条件要求:

①水泥砂浆拌合物的密度不宜小于$1900kg/m^3$;水泥混合砂浆拌合物的密度不宜小于$1800kg/m^3$。

②砌筑砂浆的稠度和每立方米水泥砂浆材料用量应按表C-2-4-14-2A、表C-2-4-14-2B的规定选用。

砌筑砂浆的稠度 表 C-2-4-14-2A

砌 体 种 类	砂浆稠度(mm)
烧结普通砖砌体	70~90
轻骨料混凝土小型空心砌块砌体	60~90
烧结多孔砖,空心砖砌体	60~80
烧结普通砖平拱式过梁 空斗墙,筒拱 普通混凝土小型空心砌块砌体 加气混凝土砌块砌体	50~70
石砌体	30~50

③砌筑砂浆的分层度不得大于30mm。

④水泥砂浆中水泥用量不应小于$200kg/m^3$;水泥混合砂浆中水泥和掺加料总量宜为

$300 \sim 350 \text{kg/m}^3$。

⑤具有冻融循环次数要求的砌筑砂浆,经冻融试验后,质量损失率不得大于5%,抗压强度损失率不得大于25%。

⑥砂浆试配时应采用机械搅拌。搅拌时间,应自投料结束算起,并应符合下列规定:

a. 对水泥砂浆和水泥混合砂浆,不得小于120s;

b. 对掺用粉煤灰和外加剂的砂浆,不得小于180s。

4) 水泥砂浆配合比选用:

每立方米水泥砂浆材料用量　　　　　　　　　表 C-2-4-14-2B

强度等级	每立方米砂浆水泥用量（kg）	每立方米砂子用量（kg）	每立方米砂浆用水量（kg）
M2.5～M5	200～230		
M7.5～M10	220～280	1m^3 砂子的堆积密度值	270～330
M15	280～340		
M20	340～400		

注:1. 此表水泥强度等级为32.5级,大于32.5级水泥用量宜取下限;
　　2. 根据施工水平合理选择水泥用量;
　　3. 当采用细砂或粗砂时,用水量分别取上限或下限;
　　4. 稠度小于70mm时,用水量可小于下限;
　　5. 施工现场气候炎热或干燥季节,可酌量增加用水量;
　　6. 试配强度应按《砌筑砂浆配合比设计规范》(JGJ 98)规程5.1.2条计算。

5) 配合比用材料及其试配执行:

①试配时应采用工程中实际使用的材料;搅拌要求应符合6)砂浆试配搅拌时间的规定。

②施工时应严格按试验室提供的砂浆试配报告执行。

6) 关于稠度、分层度:

①《砌体砂浆配合比设计规程》(JGJ 98—2000)第4.0.3条条文说明指出:所谓合格砂浆即是砌筑用砂浆的稠度、分层度、强度必须都合格,砂浆配合比设计此三项均为必检项目。即是说试验室在进行砂浆试配中应进行此三项试验,以确保砂浆的顺利施工。

②现场拌制砂浆的质量验收应按《砌体工程施工质量验收规范》(GB 50203—2002)。

a. 稠度:是直接影响砂浆流动性和可操作性的测试指标。稠度小流动性大,稠度过小反而会降低砂浆强度。

b. 分层度:是影响砂浆保水性的测试指标。分层度在10～30mm时,砂浆保水性好。分层度大于30mm砂浆的保水性差,分层度接近于零砂浆易产生裂逢,不宜作抹面用。

现场施工过程中为确保砌筑砂浆质量应适当进行稠度和分层度检查。

③砂浆试配报告单,配合比、依据标准和检验结论必须按试验结果填写齐全。

7) 填表说明:

①要求稠度:指施工规范或设计要求的砂浆稠度,照实际采用值填写。

②掺合料种类:指用于砂浆的掺合料种类,照实际采用值填写。

③外加剂种类：指用于砂浆的外加剂种类，照实际采用值填写。

④配合比：

a．质量配合比：指砂浆的建议施工配合比。

b．实测稠度：指实验室根据设计或委托要求配制的不同强度的砂浆的实测稠度。

c．分层度：实验室根据设计要求配制的不同强度的砂浆的分层度。

d．养护条件：指砂浆的在试验室试配时的养护条件。

3．砂浆试块试验报告（C2-4-14-3）：

(1) 资料表式

砂浆试块试验报告　　　　　　表 C2-4-14-3

委托单位：　　　　　　　　　　　　试验编号：

工程名称					委托日期	
结构部位					报告日期	
强度等级		砂浆种类			检验类别	
配合比号					养护方法	
试样编号	成型日期	破型日期	龄期(d)	强度值(MPa)	强度代表值(MPa)	达设计强度(%)
依据标准：						
备　注：						
试验单位：		技术负责人：		审核：		检验：

注：砂浆试块试验报告表式，可根据当地的使用惯例制定的表式应用，但工程名称、委托日期、结构部位、报告日期、强度等级、砂浆种类、检验类别、配合比号、养护方法、试样编号、成型日期、破型日期、龄期(d)、强度值(MPa)、强度代表值(MPa)、达设计强度(%)、依据标准等项试验内容必须齐全。实际试验项目根据工程实际择用。

(2) 实施要点

1) 砂浆的配合比：

①砂浆的配合比应采用经试验室确定的重量比，配合比应事先通过试配确定。水泥、有机塑化剂和冬期施工中掺用的氯盐等的配料准确度应控制在±2%以内；砂、水及石灰膏、电石膏、黏土膏、粉煤灰、磨细生石灰粉等组份的配料精确度应控制在±5%范围内。砂应计入其含水量对配料的影响。

②为使砂浆具有良好的保水性，应掺入无机或有机塑化剂，不应采取增加水泥用量的方法。

③水泥砂浆的最少水泥用量不宜小于 200kg/m³。

④砌浆砂浆的分层度不应大于 30mm。

⑤石灰膏、黏土膏和电石膏的用量，宜按稠度 120±5mm 计量。现场施工时当石灰膏稠度与试配时不一致时，可参考表 C2-4-14-3A 换算。

石灰膏不同稠度时的换算系数　　　　表 C2-4-14-3A

石灰膏稠度(mm)	120	110	100	90	80	70	60	50	40	30
换算系数	1.00	0.99	0.97	0.95	0.93	0.92	0.90	0.88	0.87	0.86

2）当砂浆的组成材料有变更时，其配合比应重新确定。

3）砌筑砂浆采用重量配合比，如砂浆组成材料有变更，应重新选定砂浆配合比。砂浆所有材料需符合质量检验标准，不同品种的水泥不得混合使用。砂浆的种类、等级、稠度、分层度均应符合设计要求和施工规范规定。

4）与建筑砂浆基本性能有关的试验包括：稠度试验、密度试验、分层度试验、凝结时间的测定、抗压强度试验、静力受压弹性模量试验、抗冻性能试验、收缩试验等。在施工过程中经常需要测试的有稠度试验、分层度试验和抗压强度试验。必要时进行抗冻性试验。施工完成后，必须报审有关砂浆强度试验为抗压强度试验，试验报告应齐全、真实。

5）代表批量与取样数量规定：

①代表批量

每一检验批且不超过 250m³ 砌体的各种类型及强度等级的砌筑砂浆，每台搅拌机应至少抽检一次，在砂浆搅拌机出料口随机取样制作砂浆试块（同盘砂浆只应制作 1 组试块）。每次至少应制作一组试件，如砂浆等级配合比变更时，还应制作试块。

水泥砂浆地面每 500m² 留置一组试块。

②取样数量

根据代表批量，所取强度试样（砂浆拌合物）的数量应多于试验用（成型试块用）的 1~2 倍，进行砂浆试配时，各种材料送样数量为：水泥 35kg、砂子 60kg、掺合料 10kg、塑化剂 1kg，有特殊要求的（防水、防冻等）应适当增加送样材料。

③取样方法

建筑砂浆试验用料（砂浆拌合物）应根据不同要求，可从同一盘搅拌机或同一车运送的砂浆中取出；出试验室取样时，可从机械拌合的砂浆中取出。

施工中取样进行砂浆试验时，其取样方法和原则按相应的施工验收规范执行。一般应在使用地点的砂浆槽、砂浆运送车或搅拌机出料口中的至少三个不同部位集取。

砂浆拌合物取样后，应尽快进行试验。现场取来的试样，在试验前应经人工再翻拌，以保证质量均匀。

④注意事项

a. 水泥石灰砂浆中掺入有机塑化剂时，石灰用量最多减少一半。微沫剂宜用不低于 70℃ 的水稀释至 5%~10% 的浓度，稀释后的微沫剂溶液，存放时间不宜超过 7d。

b. 砂浆稠度的选用

砂浆流动性用"稠度"表示,采用"砂浆稠度仪"按标准方法测定出"稠度值",用毫米(mm)表示。

砂浆流动性的大小与砌筑材料和种类、施工条件及气候条件等因素有关,当施工资料无规定时可按表 C2-4-14-3B 选用:

砌筑砂浆的稠度　　　　　　　　表 C2-4-14-3B

烧结普通砖砌体	70mm～90mm
轻骨料混凝土小型空心砌块砌体	60mm～90mm
烧结多孔砖、空心砖砌体	60mm～80mm
烧结普通砖平拱式过梁空斗墙、筒拱 普通混凝土小型空心砌块砌体、加气混凝土砌块砌体	50mm～70mm
石 砌 体	30mm～50mm

6) 试块制作。

①将内壁事先涂刷薄层机油(或脱模剂)的 7.07cm×7.07cm×7.07cm 的无底金属或塑料试模(试模内表面应机械加工,其不平度应为每 100mm 不超过 0.05mm。组装后各相邻面的不垂直度不超过 ±0.5°)放在预先铺有吸水性较好的湿纸(应为湿的新闻纸或其他未黏过胶凝材料的纸,纸的大小要以能盖过砖的四边为准)的普通砖上(砖 4 个垂直面黏过水泥或其他胶结材料后,不允许再使用),砖的吸水率不应小于 10%。砖的含水率不大于 20%。

②砂浆拌和后一次注满试模内,用直径 10mm、长 350mm 的钢筋捣棒(其中一端呈半球形)均匀由外向里螺旋方向插捣 25 次,为了防止低稠度砂浆插捣后可能留下孔洞,允许用油灰刀沿模壁插数次。然后在四侧用油漆刮刀沿试模壁插捣数次,砂浆应高出试模顶面 6～8mm。

③当砂浆表面开始出现麻斑状态时(约 15～30 分钟),将高出部分的砂浆沿试模顶面削平。

7) 试块养护:

①试块制作后,一般应在正温度环境中养护一昼夜(24±2h),当气温较低时,可适当延长时间,但不应超过两昼夜,然后对试块进行编号并拆模。

②试块拆模后,应在标准养护条件或自然养护条件下继续养护至 28 天,然后进行试压。

③标准养护。

a. 水泥混合砂浆应在温度为 20±3℃,相对湿度为 60%～80% 的条件下养护。

b. 水泥砂浆和微沫砂浆应在温度为 20±3℃,相对湿度为 90% 以上的潮湿条件下养护。

c. 养护期间试件彼此间隔不少于 10mm。

④自然养护。

a. 水泥混合砂浆应在正温度,相对湿度为 60%～80% 的条件下(如养护箱中或不通风的室内）养护。

b. 水泥砂浆和微沫砂浆应在正温度并保持试块表面湿润的状态下（如湿砂堆中）养护。

c. 养护期间必须做好温度记录。

8）试件的试验：

①试件的试验步骤

a. 试件从养护地点取出后，应尽快进行试验，以免试件内部的温湿度发生显著变化。试验前先将试件擦拭干净，测量尺寸，并检查其外观。试件尺寸测量精确至1mm，并据此计算试件的承压面积。如实测尺寸与公称尺寸之差不超过1mm，可按公称尺寸进行计算；

b. 将试件安放在试验机的下压板上（或下垫板上），试件的承压面应与成型时的顶面垂直，试件中心应与试验机下压板（或下垫板）中心对准。开动试验机，当上压板与试件（或上垫板）接近时，调整球座，使接触面均衡受压。承压试验应连续而均匀地加荷，加荷速度应为每秒钟0.5～1.5kN（砂浆强度5MPa及5MPa以下时，取下限为宜，砂浆强度5MPa以上时，取上限为宜），当试件接近破坏而开始迅速变形时，停止调整试验机油门，直至试件破坏，然后记录破坏荷载。

②试件的强度计算

a. 砂浆立方体抗压强度应按下列公式计算：

$$f_{m,cu} = \frac{N_u}{A}$$

式中　$f_{m,cu}$——砂浆立方体抗压强度（MPa）；

　　　N_u——立方体破坏压力（N）；

　　　A——试件承压面积（mm^2）。

砂浆立方体抗压强度计算应精确至0.1MPa。

b. 以六个试件测值的算术平均值作为该组试件的抗压强度值，平均值计算精确至0.1MPa。

c. 当六个试件的最大值或最小值与平均值的差超过20%时，以中间四个试件的平均值作为该组试件的抗压强度值。

【例】　某一组砂浆试件经试压后分别为：

$5.1N/mm^2$、$5.3N/mm^2$、$4.9N/mm^2$、$5.8N/mm^2$、$6.0N/mm^2$、$4.1N/mm^2$

则　　　$$f_{m,cu} = \frac{5.1+5.3+4.9+5.8+6.0+4.1}{6} = 5.2N$$

其中最大值差　　$$\frac{6.0-5.2}{5.2} \times 100\% = 15\% < 20\%$$

其中最小值差　　$$\frac{5.2-4.1}{5.2} \times 100\% = 21.2\% > 20\%$$

所以　　　$$f_{m,cu} = \frac{5.1+5.3+4.9+5.8}{4} = 5.28 \approx 5.3N/mm^2$$

结论：该组试件抗压强度值　　$f_{m,cu} = 5.3N/mm^2$

9）砂浆强度检验评定：

按《砌体工程施工质量验收规范》(GB 50203—2002)规定评定。

①同品种、同强度等级砂浆各组试件的平均强度不小于 $f_{m,k}$。

②任意一组试件的强度不小于 $0.75 f_{m,k}$。

③单位工程中同品种、同强度等级仅有一组试件时，其强度不应低于 $f_{m,k}$。

注：砂浆强度按单位工程内同品种、同强度等级为同一验收批评定。

当自然养护与标准温度不同时，应按表 C2-4-14-3C、表 C2-4-14-3D 进行换算后，再与试验抗压强度值对比进行检验评定。

用 32.5 级普通硅酸盐水泥拌制的砂浆强度增长表　　　　表 C2-4-14-3C

龄期 (d)	不同温度下的砂浆强度百分率（以在 20℃时养护 28d 的强度为 100%）							
	1℃	5℃	10℃	15℃	20℃	25℃	30℃	35℃
1	4	6	8	11	15	19	23	25
3	18	25	30	36	43	48	54	60
7	38	46	54	62	69	73	78	82
10	46	55	64	71	78	84	88	92
14	50	61	71	78	85	90	94	98
21	55	67	76	85	93	96	102	104
28	59	71	81	92	100	104	—	—

用 32.5 级普通硅酸盐水泥拌制的砂浆强度增长表　　　　表 C2-4-14-3D

龄期 (d)	不同温度下的砂浆强度百分率（以在 20℃时养护 28d 的强度为 100%）							
	1℃	5℃	10℃	15℃	20℃	25℃	30℃	35℃
1	3	4	6	8	11	15	19	22
3	12	18	24	31	39	45	50	56
7	28	37	45	54	61	68	73	77
10	39	47	54	63	72	77	82	86
14	46	55	62	72	82	87	91	95
21	51	61	70	82	92	96	100	104
28	55	63	75	89	100	104	—	—

④按上述检验评定不合格或留置组数不足时，可经法定检测单位鉴定，采用非破损或截取墙体检验等方法检验评定后，做出相应处理。

10) 砌筑砂浆测试结果为低强度值时，《规范》已划定界限，单组值小于设计强度 0.75 倍时为不合格试块，需采用非破损或微破损方法对现形砂浆进行原位法检测，依据检测结果做出判定和处理。

11) 砂浆强度评定说明：

①标准要求

a. 砂浆度块，其结果评定是以六个试块（70.7mm×70.7mm×70.7mm）测值的算术平均值作为该组试块的抗压强度代表值，平均值计算精确到 0.1MPa。当六个试块的最大值或最小值与平均值之差超过 20% 时，去掉最大和最小值，以剩余四个试块的平均值为该组试块的抗压强度代表值。

b. 单组砂浆试块，一般只给出达到设计强度百分率，砂浆强试的评定根据《建筑工程施工质量验收统一标准》（GB 50300—2001）规定，同品种、同强度等级砂浆各组平均值不小于设计强度，任意一组试块的强度代表值不小于设计强度的 0.75，砂浆强度按单位分项工程为同一验收批。当单位分项工程中仅有一组试块时，其强度不应低于设计强度值。

c. 砂浆配合比报告，稠度应符合设计要求，强度应达到设计强度加 0.645 倍标准差，抗冻砂浆、冻融后质量损失率不大于 5%，抗压强度损失不大于 25%。防水砂浆必须达到设计的抗渗等级要求。

②检验结论

a. 试验室对砂浆试块测定抗压强度后，如是标养试块，其结果只计算出达设计强度百分率。

b. 砂浆抗压强度试验报告，一组试块时不对合格与否作评定。

c. 砂浆配比报告，要为使用单位提供质量配比、每立方米材料用量、拌合物密度、稠度、分层度、凝结时间及 7d 及 28d 试配强度值。

d. 有特殊要求的砂浆还应满足相应的要求。

12）核查要点：

①按照设计施工图要求，核查砂浆配合比及试块强度报告单中砂浆品种、强度等级、试块制作日期、试压龄期、养护方法、试块组数、试块强度是否符合设计要求及施工规范的规定；

②核验每张砂浆试块抗压强度试验报告中的试验子目是否齐全，试验编号是否填写，试验数据计算是否正确；

③核查砂浆试块抗压强度试验报告单是否和水泥出厂质量合格证或水泥试验报告单的水泥品种、强度等级、厂牌相一致；

④主要承重砌体砂浆出现下列情况之一者，本项目应核定为不符合要求：

a. 无试验室确定的砂浆配合比报告单和砂浆试块试验报告。

b. 砂浆留置的试块组数不足，试压龄期普遍超龄期，原材料状况与配合比要求有明显差异。

c. 砂浆试块抗压强度不符合施工质量验收规范规定，又未提供鉴定和处理结论。

⑤所用材料应与配合比通知单相符，单位工程全部砂浆试块强度应按工程部位的施工顺序列表，内容包括各组试块强度及达到设计强度等级的百分比，应注明试验的编号。凡强度达不到设计要求的，应有鉴定处理方案和实施记录，并经设计部门签认。否则应为不符合要求项目。

13）填表说明：

①配合比号：按试验通知单建议的施工配合比，或按调整后的配合比填写，调整后的配合比不得低于试配单的建议值。

②强度值：指每一试块单位面积上的荷载值。

③强度代表值：即按标准规定的取值方法，计算得出的强度值。

④达到设计等级的百分比：强度代表值与设计等级的百分比。

注：试块试验不合格时，可按混凝土的有关技术要求进行处理。

4．特种砂浆试块试验报告（C2-4-14-4）：

实施要点：

（1）特种砂浆试块试验报告按 C2-4-14-3 表式执行。

（2）特种砂浆试块试验报告是指承包单位根据设计要求的特种砂浆强度等级提请实验单位进行特种砂浆试块试验并出具的特种砂浆试块试验报告单。

（3）特种砂浆当设计对其提出强度要求时，应用该表提供特种砂浆试块试验报告。试验结果必须满足设计要求。当设计对特种砂浆试块不提出强度要求时，特种砂浆可按所用材料的技术性能要求进行检验。

5．外墙饰面砖黏结强度检测报告（C2-4-14-5）：

（1）资料表式

外墙饰面砖黏结强度检测报告表
表 C2-4-14-5

委托单位：　　　　　　　　　　　　　　　　试验编号：

工程名称		委托日期	
使用部位		报告日期	
试样名称及规格型号		检验类别	
基本材料		黏结材料	
环境温度		龄　期	
生产厂家		批　号	
序号	受力面积（mm²）	拉力（kN）	黏结强度（MPa）	破坏状态（序号）	平均强度（MPa）
依据标准：					
检验结论：					
备　注：					

试验单位：　　　　技术负责人：　　　　审核：　　　　试（检）验：

（2）实施要点

1）外墙饰面砖黏结强度检测报告是指承包单位根据设计要求的外墙饰面砖黏结强度等级提请实验单位进行外墙饰面砖黏结强度检测并出具的外墙饰面砖黏结强度检测报告单。

2）在建筑物外墙上镶贴的同类饰面砖，其黏结强度同时符合以下两项指标时可定为合格：

①每组试样平均黏结强度不应小于 0.4MPa。

②每组可有一个试样的黏结强度小于0.4MPa，但不应小于0.3MPa。

当两项指标均不符合要求时，其黏结强度应为不合格。

3）与预制构件一次成型的外墙板饰面砖，其黏结强度同时符合以下两项指标时可定为合格：

①每组试样平均黏结强度不应小于0.6MPa。

②每组可有一个试样的黏结强度小于0.6MPa，但不应小于0.4MPa。

当两项指标均不符合要求时，其黏结强度应为不合格。

4）当一组试样只满足第（2）条或第（3）条中的一项指标时，应在该组试样原取样区域内重新抽取双倍试样检验。若检验结果仍有一项指标达不到规定数值，则该批饰面砖黏结强度可定为不合格。

5）外墙饰面砖黏结强度的检验结果应符合现行行业标准《建筑工程饰面砖黏结强度检验标准》（JGJ 110）的规定。

6）外墙饰面砖的黏贴施工应具备的条件：

①基体按设计要求处理完毕；

②日最低温度在0℃以上。当低于0℃时，必须有可靠的防冻措施；当高于35℃时，应有遮阳设施；

③基层含水率宜为15%~25%；

④施工现场所需的水、电、机具和安全设施齐备；

⑤门窗洞、脚手眼、阳台和落水管预埋件等处理完毕。

7）水泥基黏结材料应符合现行行业标准《陶瓷墙地砖胶黏剂》（JC/T 547）的技术要求，并应按现行行业标准《建筑工程饰面砖黏结强度检验标准》（JGJ 110）的规定，在试验室进行制样、检验，黏结强度不应小于0.6MPa。

6. 预应力灌浆用水泥浆试块试验报告（C2-4-14-6）：

实施要点：

(1) 按混凝土强度试块试验报告按 C2-4-14-3 表式执行。

(2) 预应力灌浆用水泥浆试块试验报告是指承包单位根据设计要求的预应力灌浆用水泥浆试块强度等级提请实验单位进行预应力灌浆用水泥浆试块试验并出具的预应力灌浆用水泥浆试块试验报告单。

(3) 预应力灌浆用水泥浆试块试验报告当设计对其提出强度要求时，应用该表提供预应力灌浆用水泥浆试块试验报告。

(4) 灌浆用水泥浆的水灰比不应大于0.45，搅拌后3h泌水率不宜大于2%，且不应大于3%。泌水应能在24h内全部重新被水泥浆吸收。同一配合比检查一次。

(5) 灌浆用水泥浆的抗压强度不应小于30N/mm^2。

(6) 每工作班留置一组边长为70.7mm的立方体试件。

注：1. 一组试件由6个试件组成，试件应标准养护28d；

2. 抗压强度为一组试件的平均值，当一组试件中抗压强度最大值或最小值与平均值相差超过20%时，应取中间4个试件强度的平均值。

3.2.4.15 混凝土强度检测报告（C2-4-15）

(1) 当混凝土施工结果对其强度有怀疑时，应根据专家建议进行强度检测。按具有相应资质试验单位提供的试验报告核查。

(2) 按回弹法、钻芯法、超声回弹综合法、超声法提供的混凝土强度检验报告,可直接依序作为施工技术文件组成提供核查。

1. 回弹法检测混凝土强度报告(C2-4-15-1):

(1) 回弹法检测混凝土强度按《回弹法检测混凝土抗压强度技术规程》(JGJ/T 23—2001)执行。

(2) 当有下列情况之一时,可按回弹法评定混凝土强度,并作为混凝土强度检验的依据之一。

1) 当标准养护试件或同条件试件数量不足或未按规定制作试件时。

2) 当所制作的标准养护试件或同条件试件与所成型的构件在材料用量、配合比、水灰比等方面有较大差异,已不能代表构件的混凝土质量时。

3) 当标准养护试件或同条件试件的试验结果,不符合现行标准、规范规定的对结构或构件的强度合格要求,并且对该结果持有怀疑时。

2. 钻芯法检测混凝土强度报告(C2-4-15-2):

(1) 钻芯法检测混凝土强度按《钻芯法检测混凝土强度技术规程》(C1CS03:88)执行。

(2) 钻芯法检测混凝土强度主要用于下列情况:

1) 对试块抗压强度的测试结果有怀疑时。

2) 因材料、施工或养护不良而发生混凝土质量问题时。

3) 混凝土遭受冻害、火灾、化学侵蚀或其他损害时。

4) 需检测经多年使用的建筑结构或构筑物中混凝土强度时。

(3) 钻取的芯样数量:

1) 按单个构件检测时,每个构件的钻芯数量不应少于3个,对于较少构件,钻芯数量可取2个。

2) 对构件的局部区域进行检测时,应由要求检测的单位提出钻芯位置及芯样数量。

3. 超声回弹综合法检测混凝土强度报告(C2-4-15-3):

(1) 当对结构的混凝土强度有怀疑时,可按《超声回弹综合法检测混凝土强度技术规程》(C1CS02:88)规程进行检测,以推定混凝土强度,并作为处理混凝土质量问题的一个主要依据。

(2) 在具有钻芯试件作校核的条件下,可按《超声回弹综合法检测混凝土强度技术规程》(C1CS02:88)规程对结构或构件长龄期的混凝土强度进行检测推定。

4. 超声法检测混凝土缺陷报告(C2-4-15-4):

超声法检测一般是对混凝土内部空洞和不密实区的位置及范围、裂缝深度、表面损伤层厚度、不同时间浇筑的混凝土结合面质量、灌注桩和钢管混凝土中的缺陷进行检测。

3.2.4.16 砌体强度检测报告(C2-4-16)

实施要点:

(1) 当砌体的强度施工结果对其强度有怀疑或对已建砌体工程进行可靠性鉴定时,应根据专家建议进行强度检测。按省级及其以上建设行政主管部门或其委托单位批准的具有相应资质试验单位提供的试验报告核查。

(2) 当遇到下列情况之一时,应进行检测和推定砂浆或砖砌体的强度:

1) 砂浆试块缺乏代表性或试件数量不足。
2) 对砂浆试块的试验结果有怀疑或争议，需要确定实际的砌体抗压、抗剪强度。
3) 发生工程质量事故或对施工质量有怀疑和争议，需要进一步分析砖、砂浆和砌体的强度。

(3) 砌体工程的现场检测方法，按测试内容可分为下列几类：
1) 检测砌体抗压强度：原位轴压法、扁顶法。
2) 检测砌体工作应力、弹性模量：扁顶法。
3) 检测砌体抗剪强度：原位单剪法、原位单砖双剪法。
4) 检测砌筑砂浆强度：推出法、筒压法、砂浆片剪切法、回弹法、点荷法、射钉法。
5) 检测砌筑砂浆抗压强度：贯入法。

(4) 砌体工程现场检测：
砌体工程中砖砌体和砂浆的现场检验和强度推定。
1) 新建工程中检验和评定砂浆或砖砌体强度，当遇有下列情况之一时，应按《砌体工程现场检测技术标准》(GB/T 50315—2000) 标准检测和推定砂浆或砖砌体的强度：
①砂浆试块缺乏代表性或试件数量不足；
②对砂浆试块的试验结果有怀疑或争议，需要确定实际的砌体抗压、抗剪强度；
③发生工程事故，或对施工质量有怀疑和争议，需要进一步分析砖、砂浆和砌体强度。

注：砖的强度等级，按现行产品标准抽样检测。

2) 已建砌体工程，在进行下列可靠性鉴定时，应按《砌体工程现场检测技术标准》(GB/T 50315—2000) 标准检测和推定砂浆的强度或砖砌体的工作应力、弹性模量和强度：
①静力安全鉴定及危房鉴定或其他应急鉴定；
②抗震鉴定；
③大修前的可靠性鉴定；
④房屋改变用途、改建、加层或扩建前的专门鉴定。

3) 检测方法及选用原则见表 C2-4-16-1。

(5) 检测方法说明：
1) 原位轴压法是采用原位压力机在墙体上进行抗压试验，检测砌体抗压强度的方法。原位轴压法适用于推定 240mm 厚普通砌体的抗压强度。

2) 扁式液压顶法是采用扁式液压千斤顶在墙体上进行抗压试验，检测砌体的受压应力、弹性模量、抗压强度的方法。适用于推定普通砖砌体的受压工作应力、弹性模量和抗压强度。

3) 原位砌体通缝单剪法是在墙体上沿单个水平灰缝进行抗剪试验，检测砌体抗剪强度的方法。适用于推定砖砌体沿通缝截面的抗剪强度。

4) 原位单砖双剪法是采用原位剪切仪的墙体上对单块顺砖进行双面受剪试验，检测砌体抗剪强度的方法。适用于推定烧结普通砖砌体的抗剪强度。

5) 推出法是采用推出仪从墙体上水平推出单块丁砖，测得水平推力及推出砖下的砂浆饱满度，以此推定砌筑砂浆抗压强度的方法。适用于推定 240mm 厚普通砖墙中的砌筑砂浆强度，所测砂浆的强度等级宜为 M1～M15。

检 测 方 法 一 览 表　　　　　　　表 C2-4-16-1

序号	检测方法	特　　点	用　　途	限　制　条　件
1	轴压法	1. 属原位检测，直接在墙体上测试，测试结果综合反映了材料质量和施工质量； 2. 直观性、可比性强； 3. 设备较重； 4. 检测部位局部破损	检测普通砖砌体的抗压强度	1. 槽间砌体每侧的墙体宽度应不小于1.5m； 2. 同一墙体上的测点数量不宜多于1个；测点数量不宜太多； 3. 限用于240mm砖墙
2	扁顶法	1. 属原位检测，直接在墙体上测试，测试结果综合反映了材料质量和施工质量； 2. 直观性、可比性较强； 3. 扁顶重复使用率较低； 4. 砌体强度较高或轴向变形较大时，难以测出抗压强度； 5. 设备较轻； 6. 检测部位局部破损	1. 检测普通砖砌体的抗压强度； 2. 测试古建筑和重要建筑的实际应力； 3. 测试具体工程的砌体弹性模量	1. 槽间砌体每侧的墙体宽度不应小于1.5m； 2. 同一墙体上的测点数量不宜多于1个；测点数量不宜太多
3	原位单剪法	1. 属原位检测，直接在墙体上测试，测试结果综合反映了施工质量和砂浆质量； 2. 直观性强； 3. 检测部位局部破损	检测各种砌体的抗剪强度	1. 测点选在窗下墙部位，且承受反作用力的墙体应有足够长度； 2. 测点数量不宜太多
4	原位单砖双剪法	1. 属原位检测，直接在墙体上测试，测试结果综合反映了施工质量和砂浆质量； 2. 直观性较强； 3. 设备较轻便； 4. 检测部位局部破损	检测烧结普通砖砌体的抗剪强度，其他墙体应经试验确定有关换算系数	当砂浆强度低于5MPa时，误差较大
5	推出法	1. 属原位检测，直接在墙体上测试，测试结果综合反映了施工质量和砂浆质量； 2. 设备较轻便； 3. 检测部位局部破损	检测普通砖墙体的砂浆强度	当水平灰缝的砂浆饱满度低于65%时，不宜选用
6	筒压法	1. 属取样检测； 2. 仅需利用一般混凝土试验室的常用设备； 3. 取样部位局部损伤	检测烧结普通砖墙体中的砂浆强度	测点数量不宜太多
7	砂浆片剪切法	1. 属取样检测； 2. 专用的砂浆测强仪和其标定仪，较为轻便； 3. 试验工作较简便； 4. 取样部位局部损伤	检测烧结普通砖墙体中的砂浆强度	
8	回弹法	1. 属原位无损检测，测区选择不受限制； 2. 回弹仪有定型产品，性能较稳定，操作简便； 3. 检测部位的装修面层仅局部损伤	1. 检测烧结普通砖墙体中的砂浆强度； 2. 适宜于砂浆强度均质性普查	砂浆强度不应小于2MPa
9	点荷法	1. 属取样检测； 2. 试验工作较简便； 3. 取样部位局部损伤	检测烧结普通砖墙体中的砂浆强度	砂浆强度不应小于2MPa
10	射钉法	1. 属原位无损检测，测区选择不受限制； 2. 射钉枪、子弹、射钉有配套定型产品，设备较方便； 3 墙体装修面层仅局部损伤	烧结普通砖和多孔砖砌体中，砂浆强度均质性普查	1. 定量推定砂浆强度，宜与其他检测方法配合使用； 2. 砂浆强度不应小于2MPa； 3. 检测前，需要用标准靶检校

6) 筒压法是将取样砂浆破碎、烘干并筛分成符合一定级配要求的颗粒，装入承压筒并施加筒压荷载后，检测其破损程度，用筒压比表示，以此推定其抗压强度的方法。适用于推定烧结普通砖墙中的砌筑砂浆强度。检测时，应从砖墙中抽取砂浆试样，在试验室内进行筒压荷载试验，测试筒压比，然后换算为砂浆强度。

7) 砂浆片剪切法是采用砂浆测强仪检测墙体中砂浆的表面硬度，以此推定砌筑砂浆抗压强度的方法。适用于推定烧结普通砖砌体中的砌筑砂浆强度。检测时，应从砖墙中抽取砂浆片试样，采用砂浆测强仪测试其抗剪强度，然后换算为砂浆强度。

8) 回弹法是采用砂浆回弹仪检测墙体中砂浆的表面硬度，根据回弹值和碳化深度推定其强度的方法。适用于推定烧结普通砖砌体中的砌筑砂浆强度。检测时，应用回弹仪测试砂浆表面硬度，用酚酞试剂测试砂浆碳化深度，以此两项指标换算为砂浆强度。

9) 点荷法是在砂浆片的大面上施加点荷载，以此推定砌筑砂浆抗压强度的方法。适用于推定烧结普通砖砌体中的砌筑砂浆强度。检测时，应从砖墙中抽取砂浆片试样，采用试验机测试其点荷载值，然后换算为砂浆强度。

10) 射钉法是采用射钉枪将射钉射入墙体的水平灰缝中，依据成组射钉的射入量推定砌筑砂浆抗压强度的方法。适用于推定烧结普通砖和多孔砖砌体中 M2.5～M15 范围内的砌体砂浆强度。

（6）按回弹法、钻芯法、超声回弹综合法、超声法提供的混凝土强度检验报告，可直接依序作为施工技术文件组成提供核查。

3.2.5 隐蔽工程验收记录（C2-5）

资料编制控检要求：

（1）隐蔽工程验收项目：土建、水暖、电气、通风与空调、电梯、建筑智能化等专业均需进行隐蔽工程验收，并按表列内容填写隐蔽工程验收记录。

（2）隐蔽工程验收需按相应专业规范规定执行，隐蔽内容应符合设计图纸及规范要求。

（3）隐蔽验收单内容填写齐全，问题记录清楚、具体，结论准确为符合要求。

（4）按部位不同，分别由有关部门及时验收、签证，并签字加盖公章为符合要求，隐蔽日期和其他资料有矛盾与实际不符为不符合要求。

（5）有关测试资料填写齐全为符合要求，测试资料不全为不符合要求。

3.2.5.1 隐蔽工程验收记录（通用）（C2-5-1）

1. 资料表式
2. 实施要点

（1）隐蔽验收项目是指为下道工序所隐蔽的工程项目，关系到结构性能和使用功能的重要部位或项目的隐蔽检查，在隐蔽前必须进行隐蔽工程验收。隐蔽工程验收由项目经理部的技术负责人提出，向项目监理机构提请报验，报验手续应及时办理，不得后补。需要进行处理的隐蔽工程项目必须进行复验，提出复验日期，复验后应做出结论。隐蔽验收的部位要复查材质化验单编号、设计变更、材料代用的文件编号等。隐蔽工程检查验收的报验应在隐验前两天，向项目监理机构提出隐蔽工程的名称、部位和数量。

隐蔽工程验收为不同专业规范检验批验收时应提供的附件资料，凡专业规范某检验批项下的检验方法中规定应提供隐蔽工程验收记录时，均应进行隐蔽工程验收并填写隐蔽工

隐蔽工程验收记录

表 C2-5-1

施工单位：

工程编号			分项工程名称	
施工图名称及编号			项目经理	
施工标准名称及代号			专业技术负责人	
隐蔽工程部位	质量要求	施工单位自查情况	监理（建设）单位验收情况	
强制性条文验收与执行				
施工单位自查结论			施工单位项目技术负责人： 年 月 日	
参加人员	监理（建设）单位	施 工 单 位		
		项目技术负责人	专职质检员	工 长

注：隐蔽工程验收记录表式，可根据当地的使用惯例制定的表式应用，但工程编号、分项工程名称、施工图名称及编号、项目经理、施工标准名称及代号、专业技术负责人、隐蔽工程部位、质量要求、施工单位自查情况、监理（建设）单位验收情况、施工单位自查结论、施工单位项目技术负责人、监理（建设）单位验收结论、监理工程师（建设单位项目负责人）等项试验内容必须齐全。实际试验项目根据工程实际择用。

程验收记录。

(2) 隐蔽验收项目包括：

土建工程需进行隐蔽工程验收记录的部位及内容：

1) 定位抄测放线记录：一般应包括建筑物定位检测记录，要注明建筑物与建筑红线及原有相邻建筑物的关系，并标量±0.00的绝对标高值；土方开挖检测记录；基础施工检测记录；预制柱杯口底标高检测记录；每层平口检测放线记录（砖平口或混凝土板安装完）；地面标高检测记录；柱子检测放线记录；牛腿标高检测记录等。

2) 土方工程：基坑（槽）或管沟开挖竣工图（土质情况、几何尺寸、标高）；排水盲沟设置情况；填方土料、冻土块含量及填土压实试验记录。

3) 支护工程：支护方案、技术交底；锚杆、土钉的规格、数量、插入长度、钻孔直径、深度和角度；地下连续墙槽宽、深度、倾斜度、钢筋笼规格、位置、槽底清理、沉渣厚度等。

4) 地下防水：施工方案、技术交底；混凝土变形缝、施工缝、后浇带、穿墙套管、预埋件等设置形式和构造情况；防水层基层处理；防水材料规格、厚度、铺设方式、阴阳角处理、搭接密封等。

5) 地基基础：基坑（槽）底的土质情况；基槽几何尺寸、标高；钎探、地基容许承载力复查及对不良地基的处理情况；检查地基夯实施工；预制桩基础的混凝土试块制作、试件编号及强度报告；预制桩的出厂合格证。打桩施工及桩位竣工图；基础钢筋的品种、规格、数量、接头位置及除锈、代用情况；防潮层做法、标高；砖石基础的组砌方法、砌体强度。

搅拌类桩施工属于需要隐蔽验收的工程，以上均应有完整"隐验"记录。

6）砖石工程：主体结构砌体的组砌方法、砌体强度、砌体配筋情况；沉降缝、伸缩缝、防震缝的构造做法。

7）钢筋混凝土工程：纵向、横向及箍筋钢筋的品种、规格、形状尺寸、数量及位置；钢筋连接方式的数量、接头百分率情况；钢筋除锈情况；预埋件数量及其位置；材料代用情况；绑扎及保护层情况；墙板销子铁、阳台尾部处理等；板缝灌注及胡子筋处理。

预应力筋的品种、规格、数量、位置等；预应力的锚具和连接器的品种、规格、数量、位置等；预留孔道的规格、数量、位置、形状和灌浆孔、排气管、泌水管等；锚固区局部加强构造等。

8）焊接工程：焊接强度试验报告，焊条型号，规格，焊缝长度、厚度，外观清渣按"级别"进行外观检查；超声波、X光射线检查的主要部位是墙板、梁柱、阳台、楼板、屋面板、楼梯、钢结构等结构的焊接部位。

9）屋面工程：保温隔热层、找平层、防水层的施工；材料的品种、规格、厚度、铺贴方式、附加层、天沟、泛水和变形缝处细部做法、密封部位处理。

10）防水工程：卷材防水层及沥青胶结材料防水层的基层、防水材料配比、防水构造情况、防水细部等；防水层被土、水、砌体等掩盖的部位；管道设备穿过防水层的封固处；外墙板空腔立缝、平缝、十字缝接头、阳台雨篷接缝等。

11）地面工程：地面下的基土；基层（垫层、找平层、隔离层、填充层）材料品种、规格、铺设厚度、铺设方式、坡度、标高、表面情况、节点密封处理；各种防护层以及经过防腐处理的结构或连接件。

12）装饰工程：各类装饰工程基层、暗龙骨吊顶与防腐、吊顶内填充吸声材料及铺设厚度、轻质隔墙的材料防腐、预埋拉结、玻璃砖隔墙的埋设与拉结等。

装饰、装修的其他工程：预埋件（木砖、固定片、膨胀螺栓等）数量、位置、埋设方式；门窗框与墙体之间缝隙；饱满度填嵌；门窗框、副框和扇的固定点、间距和固定点距窗角、中横框、中竖框的距离（150～200mm）等；

13）幕墙工程：幕墙与主体结构连接的预埋件、后置埋件（拉拔力）、连接件、紧固件、吊夹具、吊挂、连接件或紧固件螺栓防松、墙角连接点等的数量、位置、焊接、各种变形缝、防火保温材料填充、防腐处理、防雷装置等。

14）其他：完工后无法进行检查的工程；重要结构部位和有特殊要求隐蔽的工程。

（3）对隐蔽工程验收除规范规定确需设计部门参加外如还有请设计部门参加检验时应由建设单位向设计部门提出邀请。

注：1. 设计变更必须经过设计单位同意，在施工图上签字，加盖公章并有正式手续。不履行手续无效。

2. 材料代用应有单位工程技术负责人签字方为有效，否则设计单位必须出具证明。

（4）填表说明：

1）隐蔽工程部位：指被隐蔽工程所在工程的部位名称。

2）施工单位自查情况：指施工单位自检后填写的自查意见及结论，由施工单位项目技术负责人签署。

注：凡相关专业施工质量验收规范中主控项目或一般项目的检查方法中要求进行检查隐蔽工程验收的项目，均应按资料的要求对该项施工过程中的隐蔽工程部分进行隐蔽工程验收。并填报隐蔽工程验收记录。对隐蔽工程验收不合格的部位，修复后应重新进行隐蔽工程验收。

3.2.5.2 钢筋隐蔽工程验收记录（C2-5-2）

1. 钢筋隐蔽工程验收记录表式见 C2-5-2。

钢筋隐蔽工程验收记录表　　　　　　　　　　　　　　　表 C2-5-2

单位工程名称		施工单位			
隐蔽项目部位		要求隐蔽日期		年　月　日	
图　　号		检验日期		年　月　日	
隐检内容	钢筋品种、规格、数量		图示：		
	钢筋接头位置和形式				
	除锈和油污				
	钢筋代用				
	胡子筋				
	其　　他				
强制性条文验收与执行		钢材试验单或焊件编号	直径	出厂合格证编号	复试编号
施工单位检查验收意见					
建设单位的验收意见					
监理单位的验收意见		施工单位	单位工程技术负责人		
			工　长		
设计单位的验收意见			专职质量检查员		

注：重要的隐蔽工程验收设计单位应参加并签章。一般工程设计单位应审查施工单位提供的隐蔽验收记录，核定其可否隐蔽。

2. 实施要点：

（1）钢筋隐蔽验收应按国家现行标准《钢筋机械连接通用技术规程》JGJ 107、《钢筋焊接及验收规程》JGJ 18 的规定对钢筋机械连接接头、焊接接头试件的力学性能检验、外观质量检查结果进行复查，其质量应符合有关规程的规定。

（2）凡钢筋工程均应对：纵向、横向及箍筋钢筋的品种、规格、形状尺寸、数量及位置；钢筋连接方式的数量、接头百分率情况；钢筋除锈情况；预埋件数量及其位置；材料代用情况；绑扎及保护层情况；墙板销子铁、阳台尾部处理等；板缝灌注及胡子筋处理。

预应力筋的品种、规格、数量、位置等；预应力的锚具和连接器的品种、规格、数量、位置等；预留孔道的规格、数量、位置、形状和灌浆孔、排气管、泌水管等；锚固区局部加强构造等进行隐蔽工程验收。

（3）凡钢筋混凝土工程中的焊接工程均应对：焊接强度试验报告，焊条型号、规格，焊缝长度、厚度，外观清渣按"级别"进行外观检查；超声波、X 光射线检查的主要部位是墙板、梁柱、阳台、楼板、屋面板、楼梯、钢结构等结构的钢筋焊接部位进行隐蔽工程验收。

（4）填表说明：

1）图示：指需要时钢筋隐蔽验收需绘制的隐验简图。

2）隐检内容：应分别按表列项目（钢筋品种、规格、数量、钢筋接头位置和形式、除锈和油污、钢筋代用、胡子筋、其他）及其需要增加项目的内容，逐一填写。

3）钢材试验单或焊件编号：指隐验钢筋的出厂合格证、复试报告、焊接试验报告等的原试验资料。

3.2.5.3 预应力钢筋隐蔽工程验收记录（C2-5-3）

实施要点

（1）按钢筋隐蔽工程验收记录 C2-5-2 执行。

（2）预应力钢筋隐蔽工程验收记录是指承包单位根据规范要求提请监理、建设、设计等相关单位对预应力钢筋隐蔽工程进行验收，籍以保证工程质量。

（3）检查验收预应力筋的品种、级别、规格、数量，且必须符合设计要求。

（4）检查验收先张法预应力施工选用的非油质类模板隔离剂，应避免沾污预应力筋。

（5）施工过程中电火花不应损伤预应力筋；受损伤的预应力筋应予以更换。

（6）检查验收后张法有黏结预应力筋的预留孔道规格、数量、位置和形状，且应符合设计要求。

（7）检查验收预应力筋束形控制点的竖向位置偏差，应符合（50204-2002）的规定。

（8）检查验收浇筑混凝土前穿入孔道的后张有黏结预应力筋防止锈蚀的措施。

（9）张拉属隐验内容的可在其空格内逐项填写隐验结果。

3.2.5.4 钢结构焊接隐蔽工程验收记录（C2-5-4）

实施要点：

（1）按隐蔽工程验收记录（通用）按 C2-5-1 表式执行。

（2）凡钢结构焊接工程均应对：焊接强度试验报告，焊条型号、规格，焊缝长度、厚度，外观清渣按"级别"进行外观检查；超声波、X 光射线检查的主要部位是墙板、梁柱、阳台、楼板、屋面板、楼梯、钢结构等结构的焊接部位进行核查与隐蔽工程验收。

3.2.5.5 地下防水转角处、变形缝、穿墙管道、后浇带、埋设件、施工缝留槎位置、穿墙管止水环与主管或翼环与套管等细部做法隐蔽工程验收记录（C2-5-5）

施实要点：

（1）按隐蔽工程验收记录（通用）按 C2-5-1 表式执行。

（2）地下防水转角处、变形缝、穿墙管道、后浇带、埋设件、施工缝留槎位置等细部做法隐蔽工程验收记录是指承包单位根据规范要求提请监理、建设、设计等相关单位对地下防水转角处、变形缝、穿墙管道、后浇带、埋设件、施工缝留槎位置等细部做法隐蔽工程验收，籍以保证工程质量。

穿墙管止水环与主管或翼环与套管隐蔽工程验收记录是指承包单位根据规范要求提请监理、建设、设计等相关单位对穿墙管止水环与主管或翼环与套管隐蔽工程验收，籍以保证工程质量。

（3）变形缝：检查验收变形缝防水止水带宽度和材质的物理性能，均应符合设计要求，接头应采用热接，不得叠接，不得有裂口和脱胶现象；中埋式止水带中心线应和变形缝中心线重合，止水带不得穿孔或用铁钉固定；变形缝处增设的卷材或涂料防水层，应按设计要求施工。

（4）施工缝：检查验收施工缝防水的水平施工缝、垂直施工缝表面清理程度、涂刷混凝土界面处理剂情况以及采用遇水膨胀橡胶腻子止水条时是否牢固置于缝表面预留槽内，确保止水带位置准确、固定牢靠。

（5）后浇带：检查验收后浇带防水两侧混凝土龄期是否达到 42d 后再施工；后浇带采用的补偿收缩混凝土强度等级不得低于两侧混凝土的强度等级。

（6）埋设件：检查验收埋设件的防水端部或预留孔（槽）底部的混凝土厚度不得小于 250mm；预留地坑、孔洞、沟槽内的防水层，应与孔（槽）外的结构防水层保持连续；固定模板用的螺栓必须穿过混凝土结构时，螺栓或套管应满焊止水环或翼环；采用工具式螺栓或螺栓加堵头做法，拆模后应采取加强防水措施将留下的凹槽封堵密实。

（7）穿墙管：检查验收穿墙管止水环与主管或翼环与套管的连续满焊及防腐处理情况；穿墙管处防水层施工前套管内表面应清理干净；套管内的管道安装完毕后两管间嵌入内衬填料、端部密封材料填缝情况。柔性穿墙时，穿墙内侧用的法兰是否压紧；穿墙管外侧防水层是否铺设严密，不留接茬；增铺附加层时，必须按设计要求施工。

3.2.5.6 盾构法隧道管片拼装接缝隐蔽工程验收记录（C2-5-6）

实施要点：

（1）按隐蔽工程验收记录（通用）按 C2-5-1 表式执行。

（2）管片拼装接缝防水应符合设计要求。按施工图设计进行隐蔽工程验收。

3.2.5.7 渗排水、盲沟排水、复合式衬砌缓冲排水层隐蔽工程验收记录（C2-5-7）

实施要点：

（1）按隐蔽工程验收记录（通用）按 C2-5-1 表式执行。

（2）渗排水水层的构造应符合设计要求。

（3）渗排水水层的铺设应分层、铺平、拍实。

（4）盲沟的构造应符合设计要求。

（5）复合式衬砌缓冲排水层应铺设平整、均匀、连续，不得有扭曲、折皱和重叠现象。

3.2.5.8 注浆工程的注浆孔、注浆控制压力、钻孔埋管等隐蔽工程验收记录（C2-5-8）
实施要点：
(1) 按隐蔽工程验收记录（通用）按 C2-5-1 表式执行。
(2) 裂缝注浆所选用水泥的细度应符合表 C2-5-8-1 的规定。

裂缝注浆水泥的细度　　　　　　表 C2-5-8-1

项 目	普通硅酸盐水泥	磨细水泥	湿磨细水泥
平均粒径（D_{50}，μm）	20~25	8	6
比表面（cm^2/g）	3250	6300	8200

(3) 衬砌裂缝注浆采用低压低速注浆，化学注浆压力宜为 0.2~0.4MPa，水泥浆灌浆压力宜为 0.4~0.8MPa。
(4) 衬砌裂缝注浆的施工质量检验数量，应按裂缝条数的 10% 抽查，每条裂缝为 1 处，且不得少于 3 处。
(5) 注浆效果必须符合设计要求。渗漏水量测，必要时采用钻孔取芯、压水（或空气）等方法检查。
(6) 钻孔埋管的孔径和孔距应符合设计要求。
(7) 注浆的控制压力和进浆量应符合设计要求。

3.2.5.9 地下连续墙的槽段接缝及墙体与内衬结构接缝隐蔽工程验收记录（C2-5-9）
实施要点：
(1) 按隐蔽工程验收记录（通用）按 C2-5-1 表式执行。
(2) 地下连续墙的槽段接缝及墙体与内衬结构接缝隐蔽工程验收记录是指承包单位根据规范要求提请监理、建设、设计等相关单位对地下连续墙的槽段接缝及墙体与内衬结构接缝隐蔽工程验收，籍以保证工程质量。
(3) 单元槽段接头：检查验收单元槽段接头，不宜设在拐角处；采用复合式衬砌时，内外墙接头宜相互错开。
(4) 地下连续墙与内衬结构连接：检查验收地下连续墙与内衬结构连接处的凿毛及清理情况，必要时应做特殊防水处理。
(5) 槽段接缝：检查验收地下连续墙的槽段接缝以及墙体与内衬结构接缝，应符合设计要求。
(6) 墙面露筋：检查验收地下连续墙墙面的露筋部分，应小于 1% 墙面面积，且不得有露石和夹泥现象。

3.2.5.10 屋面卷材防水、涂膜防水、刚性防水的防水层基层；密封防水处理部位；细部构造的天沟、檐口、檐沟、水落口、泛水、变形缝和伸出屋面管道的防水构造；防水层的搭接宽度和附加层；刚性保护层与卷材、涂膜防水层之间设置的隔离层等的隐蔽工程验收记录（C2-5-10）
实施要点：

(1) 按隐蔽工程验收记录（通用）按 C2-5-1 表式执行。

(2) 屋面天沟、檐口、檐沟、水落口、泛水、变形缝和伸出屋面管道等的防水构造隐蔽工程验收记录是指承包单位根据规范要求提请监理、建设、设计等相关单位对屋面天沟、檐口、檐沟、水落口、泛水、变形缝和伸出屋面管道的防水构造隐蔽工程验收，籍以保证工程质量。

(3) 核查用于细部构造处理的防水卷材、防水涂料和密封材料的质量，检查防水材料的出厂合格证及复试报告，均应符合《屋面工程质量验收规范》（GB 50207—2002）有关规定的要求。

(4) 附加层：检查验收天沟、檐沟与屋面交接处、泛水、阴阳角等部位的卷材或涂膜附加层。天沟、檐沟的沟内附加层在天沟、檐沟与屋面交接处宜空铺，空铺的宽度不应小于 200mm；卷材防水层应由沟底翻上至沟外檐顶部，卷材收头应用水泥钉固定，并用密封材料封严；涂膜收头应用防水涂料多遍涂刷或用密封材料封严；在天沟、檐沟与细石混凝土防水层的交接处，应留凹槽并用密封材料嵌填严密。

(5) 檐口防水构造：检查验收檐口的防水构造，铺贴檐口 800mm 范围内的卷材应采取满黏法。卷材收头应压入凹槽，采用金属压条钉压，并用密封材料封口。涂膜收头应用防水涂料多遍涂刷或用密封材料封严。檐口下端应抹出鹰嘴和滴水槽。

(6) 女儿墙泛水：检查验收女儿墙泛水的防水构造，铺贴泛水处的卷材应采取满黏法。砖墙上的卷材收头可直接铺压在女儿墙压顶下，压顶应做防水处理；也可压入砖墙凹槽内固定密封，凹槽距屋面找平层不应小于 250mm，凹槽上部的墙体应做防水处理。涂膜防水层应直接涂刷至女儿墙的压顶下，收头处理应用防水涂料多遍涂刷封严，压顶应做防水处理。混凝土墙上的卷材收头应采用金属压条钉压，并用密封材料封严。

(7) 水落口的防水构造：检查验收水落口的防水构造，水落口杯上口的标高应设置在沟底的最低处。防水层贴入水落口杯内不应小于 50mm。水落口四周围直径 500mm 范围内坡度不应小于 5%，并采用防水涂料或密封材料涂封，其厚度不应小于 2mm。水落口杯与基层接触处应留宽 20mm，深 20mm 凹槽，并嵌填密封材料。

(8) 变形缝的防水构造：检查验收变形缝的防水构造，变形缝的泛水高度不应小于 250mm。防水层应铺贴到变形缝两侧砌体的上部。变形缝内应填充聚苯乙烯泡沫塑料，上部填放衬垫材料，并用卷材封盖。变形缝顶部应加扣混凝土或金属盖板，混凝土盖板的接缝应用密封材料嵌填。

(9) 伸出屋面管道的防水构造：检查验收伸出屋面管道的防水构造，管道根部直径 500mm 范围内，找平层应抹出高度不小于 30mm 的圆台。管道周围与找平层或细石混凝土防水层之间，应预留 20mm×20mm 的凹槽，并用密封材料嵌填严密。管道根部四周应增设附加层，宽度和高度均不应小于 300mm。管道上的防水层收头处应用金属箍紧固，并用密封材料封严。

(10) 排水坡度：天沟、檐沟的排水坡度，必须符合设计要求。

3.2.5.11 抹灰（一般、装饰等）工程隐蔽工程验收记录（C2-5-11）

实施要点：

(1) 按隐蔽工程验收记录（通用）按 C2-5-1 表式执行。

(2) 抹灰工程隐蔽工程验收记录是指承包单位根据规范要求提请监理、建设、设计等相关单位对抹灰工程隐蔽工程验收，籍以保证工程质量。

(3) 核查一般抹灰、装饰抹灰所用材料的品种和性能，检查防水材料的出厂合格证及复试报告，均应符合《建筑装饰装修工程质量验收规范》（GB 50210—2001）有关规定的要求。砂浆的配合比均应符合设计要求。

(4) 抹灰工程应分层进行，应分层隐蔽验收。当抹灰总厚度大于或等于35mm时，应采取加强措施。不同材料基体交接处表面的抹灰，应采取防止开裂的加强措施，当采用加强网时，加强网与各基体的搭接宽度不应小于100mm。

(5) 有排水要求的部位应做滴水线（槽）。滴水线（槽）应整齐顺直，滴水线应内高外低，滴水槽的宽度和深度均不应小于10mm。

3.2.5.12 门窗预埋件和锚固件隐蔽工程验收记录（C2-5-12）

实施要点：

(1) 隐蔽工程验收记录（通用）按C2-5-1表式执行。

(2) 门窗预埋件和锚固件的隐蔽工程验收记录是指承包单位根据规范要求提请监理、建设、设计等相关单位对门窗预埋件和锚固件的隐蔽工程验收，籍以保证工程质量。

(3) 核查木门窗的木材品种、材质等级、规格、尺寸、框扇的线型及人造木板的甲醛含量应符合设计要求。设计未规定材质等级时，所用木材的质量应符合（GB 50210—2001）规范附录A的规定。

(4) 检查验收木门窗框的安装必须牢固。预埋木砖的防腐处理、木门窗框固定点的数量、位置及固定方法应符合设计要求。

(5) 检查验收特种门的安装必须牢固。预埋件的数量、位置、埋设方式、与框的连接方式，必须符合设计要求。

(6) 特种门的配件应齐全，位置应正确，安装应牢固，功能应满足使用要求和特种门的各项性能要求。

注：建筑外门窗的安装必须牢固。在砌体上安装门窗严禁用射钉固定。

3.2.5.13 门窗隐蔽部位的防腐、填嵌处理隐蔽工程验收记录（C2-5-13）

实施要点：

(1) 按隐蔽工程验收记录（通用）按C2-5-1表式执行。

(2) 门窗隐蔽部位的防腐、填嵌处理隐蔽工程验收记录是指承包单位根据规范要求提请监理、建设、设计等相关单位对门窗隐蔽部位的防腐、填嵌处理隐蔽工程验收，籍以保证工程质量。

(3) 检查验收木门窗与墙体间缝隙的填嵌材料，应符合设计要求，填嵌应饱满；寒冷地区外门窗（或门窗框）与砌体间的空隙应填充保温材料。

(4) 检查验收塑料门窗的品种、类型、规格、尺寸、开启方向、安装位置、连接方式及填嵌密封处理应符合设计要求，内衬增强型钢的壁厚及设置应符合国家现行产品标准的质量要求。

(5) 检查验收塑料门窗框、副框和扇的安装，必须牢固；固定片或膨胀螺栓的数量与位置应正确，连接方式应符合设计要求。固定点应距窗角、中横框、中竖框150~200mm，固定点间距应不大于600mm。

(6) 检查验收塑料门窗框与墙体间缝隙，应采用闭孔弹性材料填嵌饱满，表面应采用密封胶密封；密封胶应粘结牢固，表面应光滑、顺直、无裂纹。

(7) 金属门窗框与墙体之间的缝隙应填嵌饱满，并采用密封胶密封。密封胶表面应光滑、顺直、无裂纹。

(8) 检查验收特种门的品种、类型、规格、尺寸、开启方向、安装位置及防腐处理，应符合设计要求。

3.2.5.14 吊顶工程隐蔽工程验收记录（C2-5-14）

实施要点：

(1) 按隐蔽工程验收记录（通用）按 C2-5-1 表式执行。

(2) 吊顶工程隐蔽工程验收记录是指承包单位根据规范要求提请监理、建设、设计等相关单位对吊顶工程隐蔽工程验收，籍以保证工程质量。

(3) 吊顶工程应对下列隐蔽工程项目进行验收：

吊顶内管道、设备的安装及水管试压；木龙骨防火、防腐处理；预埋件或拉结筋；吊杆安装；龙骨安装；填充材料的设置。

(4) 检查验收暗龙骨吊顶、明龙骨吊顶工程的吊杆、龙骨和饰面材料的安装，必须牢固；暗龙骨吊顶、明龙骨吊顶工程吊杆、龙骨的材质、规格、安装间距及连接方式，应符合设计要求；金属吊杆、龙骨应经过表面防腐处理；木吊杆、龙骨应进行防腐、防火处理；金属吊杆、龙骨的接缝均匀、吻合、平整、无翘曲、锤印。

(5) 检查验收暗龙骨吊顶、明龙骨吊顶工程吊顶内填充吸声材料的品种和铺设厚度，应符合设计要求，并应有防散落措施。

(6) 检查验收吊顶的标高、尺寸、起拱和造型，应符合设计要求。

3.2.5.15 轻质隔墙（板材骨架、活动隔墙、玻璃隔墙）工程隐蔽工程验收记录（C2-5-15）

实施要点：

(1) 按隐蔽工程验收记录（通用）按 C2-5-1 表式执行。

(2) 轻质隔墙（板材、骨架、活动、玻璃隔墙）工程隐蔽工程验收记录是指承包单位根据规范要求提请监理、建设、设计等相关单位对轻质隔墙工程隐蔽工程验收，籍以保证工程质量。

(3) 轻质隔墙（板材、骨架、活动、玻璃隔墙）工程应对下列工程进行隐蔽验收：

骨架隔墙中设备管线的安装及水管试压；木龙骨防火、防腐处理；预埋件或拉结筋；龙骨安装；填充材料的设置。

(4) 核查验收隔墙板材的品种、规格、性能、颜色应符合设计要求。有隔声、隔热、阻燃、防潮等特殊要求的工程，板材应有相应性能等级的检测报告；骨架隔墙所用龙骨、配件、墙面板、填充材料及嵌缝材料的品种、规格、性能和木材的含水率，应符合设计要求。有隔声、隔热、阻燃、防潮等特殊要求的工程，材料应有相应性能等级的检测报告。

(5) 检查验收安装隔墙板材所需预埋件、连接件的位置、数量及连接方法，应符合设计要求；骨架隔墙工程边框龙骨必须与基体结构连接牢固，并应平整、垂直、位置正确。骨架隔墙中龙骨间距和构造连接方法应符合设计要求。骨架内设备管线的安装、门窗洞口等部位加强龙骨应安装牢固、位置正确，填充材料的设置应符合设计要求。

(6) 检查验收木龙骨及木墙面板的防火和防腐处理，必须符合设计要求。

(7) 检查验收骨架隔墙内的填充材料应干燥，填充应密实、均匀、无下坠。

(8) 检查验收玻璃砖隔墙砌筑中埋设的拉结筋，必须与基体结构连接牢固，并应位置正确。

3.2.5.16 饰面板（砖）工程隐蔽工程验收记录（C2-5-16）

实施要点：

(1) 按隐蔽工程验收记录（通用）按 C2-5-1 表式执行。

(2) 饰面板（砖）工程隐蔽工程验收记录是指承包单位根据规范要求提请监理、建设、设计等相关单位对饰面板（砖）工程隐蔽工程验收，籍以保证工程质量。

(3) 饰面板（砖）工程应对下列隐蔽工程项目进行验收：

预埋件（或后置埋件）；连接节点；防水层。

(4) 核查验收饰面板的品种、规格、颜色和性能，应符合设计要求，木龙骨、木饰面板和塑料饰面板的燃烧性能等级应符合设计要求；饰面砖的品种、规格、图案、颜色和性能，应符合设计要求。

(5) 检查验收饰面板安装工程的预埋件（或后置埋件）、连接件的数量、规格、位置、连接方法和防腐处理，必须符合设计要求。后置埋件的现场拉拔强度必须符合设计要求。饰面板安装必须牢固。

(6) 检查验收饰面砖粘贴工程的找平、防水、粘结和勾缝材料及施工方法，应符合设计要求及国家现行产品标准和工程技术标准的规定。

3.2.5.17 细部工程护栏与预埋件（或后置埋件）连接节点隐蔽工程验收记录（C2-5-17）

实施要点：

(1) 隐蔽工程验收记录（通用）按 C2-5-1 表式执行。

(2) 护栏与预埋件的连接节点，预埋件隐蔽工程验收记录是指承包单位根据规范要求提请监理、建设、设计等相关单位对护栏与预埋件的连接节点，预埋件等进行隐蔽工程验收，籍以保证工程质量。

(3) 细部工程应对下列部位进行隐蔽验收：

预埋件或后置埋件；护栏与预埋件的连接节点。

(4) 核查验收护栏和扶手制作与安装所使用材料的材质、规格、数量和木材、塑料的燃烧性能等级应符合设计要求。

(5) 检查验收护栏和扶手安装预埋件的数量、规格、位置以及护栏与预埋件的连接节点，应符合设计要求。

(6) 橱柜安装预埋件或后置埋件的数量、规格、位置应符合设计要求。

3.2.5.18 幕墙隐蔽工程验收记录（C2-5-18）

实施要点：

(1) 幕墙隐蔽工程验收记录按 C2-5-1 表式执行。

(2) 幕墙工程应对下列隐蔽工程项目进行验收：

1) 预埋件（或后置埋件）。

2) 构件的连接节点。

3) 变形缝及墙面转角处的构造节点。
4) 幕墙防雷装置。
5) 幕墙防火构造。
(3) 玻璃幕墙隐蔽验收内容：
1) 玻璃幕墙与主体结构连接的各种预埋件、连接件、紧固件必须安装牢固，其数量、规格、位置、连接方法和防腐处理应符合设计要求。
2) 各种连接件、紧固件的螺栓应有防松动措施；焊接连接应符合设计要求和焊接规范的规定。
3) 高度超过 4m 的全玻幕墙应吊挂在主体结构上，吊夹具应符合设计要求，玻璃与玻璃、玻璃与玻璃肋之间的缝隙，应采用硅酮结构密封胶填嵌严密。
4) 玻璃幕墙四周、玻璃幕墙内表面与主体结构之间的连接节点、各种变形缝、墙角的连接节点应符合设计要求和技术标准的规定。
5) 玻璃幕墙的防雷装置必须与主体结构的防雷装置可靠连接。
6) 防火、保温材料填充应饱满、均匀，表面应密实、平整。
(4) 金属幕墙隐蔽验收内容：
1) 金属幕墙主体结构上的预埋件、后置埋件的数量、位置及后置埋件的拉拔力必须符合设计要求。
2) 金属幕墙的金属框架立柱与主体结构预埋件的连接、立柱与横梁的连接、金属面板的安装必须符合设计要求，安装必须牢固。
3) 金属幕墙的防火、保温、防潮材料的设置应符合设计要求，并应密实、均匀、厚度一致。
4) 金属框架及连接件的防腐处理应符合设计要求。
5) 金属幕墙的防雷装置必须与主体结构的防雷装置可靠连接。
6) 各种变形缝、墙角的连接节点应符合设计要求和技术标准的规定。
(5) 石材幕墙隐蔽验收内容：
1) 石材幕墙主体结构上的预埋件和后置埋件的位置、数量及后置理件的拉拔力必须符合设计要求。
2) 石材幕墙的金属框架立柱与主体结构预埋件的连接、立柱与横梁的连接、连接件与金属框架的连接、连接件与石材面板的连接必须符合设计要求，安装必须牢固。
3) 金属框架和连接件的防腐处理应符合设计要求。
4) 石材幕墙的防雷装置必须与主体结构防雷装置可靠连接。
5) 石材幕墙的防火、保温、防潮材料的设置应符合设计要求，填充应密实、均匀、厚度一致。
6) 各种结构变形缝、墙角的连接节点应符合设计要求和技术标准的规定。

3.2.5.19 建筑地面各构造层隐蔽工程验收记录（C2-5-19）
实施要点：
(1) 建筑地面各构造层隐蔽工程验收记录按 C2-5-1 表式执行。
(2) 建筑地面下的沟槽、暗管等工程完工后，经检验合格并做隐蔽记录，方可进行建筑地面工程的施工。

(3) 建筑地面工程基层（各构造层）和面层的铺设，均应待其下一层检验合格后方可施工上一层。建筑地面工程各层铺设前与相关专业的分部（子分部）工程、分项工程以及设备管道安装工程之间，应进行交接检验。

3.2.6 施工记录（C2-6）

资料编制控检要求：

(1) 通用要求

施工记录应按表式内容填写。按要求的内容填写齐全的为符合要求，记录的文字应简洁，技术用语应规范。应填写而没有填写施工记录的为不符合要求。

(2) 专用要求

1) 地基钎探记录

①钎探布点，钎探深度、方法等应按有关要求执行。

②钎探应有结论分析，如发现软弱层、土质不均、墓穴、古井或其他异常情况等，应有设计提出处理意见并在钎探图中标明位置。

③除设计有规定外，均应进行地基钎探

④没有钎探记录为不符合要求（设计有规定时除外）。

⑤钎探记录无结论的为不符合要求。

⑥需经处理的地基，处理方案必须经设计同意并经监理单位认可，否则为不符合要求。

2) 地基验槽

①填写内容齐全，例如：土壤类别、基槽几何尺寸、标高、基底是否为老土、基土的均匀程度和地基土密度，以及有无坑、穴、洞、古墓等，签字盖章齐全。

②地基需处理时，须有设计部门的处理方案。处理后应经复验并注明复验意见。

③对有地基处理或设计要求处理及注明的地段、处理的方案、要求、实施记录及实施后的验收结果，应作为专门问题进行处理，归档编号。

④地基验槽除设计有规定外，均应提供地基钎探记录资料，没有地基钎探时应补探。

⑤地基验收必须由当地质量监督部门监督的情况下进行地基验槽，由建设、设计、施工、监理各方签证为符合要求，否则为不符合要求；地基处理有设计部门处理方案的为符合要求，无设计部门处理方案的为不符合要求；验槽记录无设计单位代表参加和签证为不符合要求；基底持力层、地基容许承载力不满足设计要求为不符合要求；地基处理无记录，处理后未进行验收和复验的为不符合要求。

3) 混凝土浇灌申请书、开盘鉴定、施工记录、坍落度、冬期施工

①混凝土浇灌前必须填写混凝土浇灌申请书，详细真实地填写表内有关实际应用参数，并对准备工作情况均已复验完成后，请求批准。不经批准而开始浇灌混凝土为不符合要求。

②混凝土开盘鉴定资料应按不同混凝土配比分别进行鉴定。必须在施工现场进行，并详细记录混凝土开盘鉴定的有关内容。不进行混凝土开盘鉴定为不符合要求。开盘鉴定应进行如下工作： a.实际施工配合比不得小于试配配合比； b.认真进行开盘鉴定并填写鉴定结果； c.进行拌合物和易性试拌，检查坍落度，并制作试块，按龄期试压。

③混凝土施工必须填写混凝土施工记录。按表列要求记录混凝土的施工过程。不填写

混凝土施工记录为不符合要求。记录混凝土施工应做好以下工作： a.检查混凝土配合比，如有调整应填报调整配合比； b.认真记录填写表内有关内容； c.按标准规定留置好试块，分别进行同条件和标准养护。

④混凝土施工必须填写混凝土坍落度检查记录。按表列要求记录混凝土坍落度的施工过程。不填写混凝土坍落度检查记录为不符合要求。

⑤混凝土冬期施工必须填写混凝土冬期施工日报。认真做好冬施温度记录及天气情况记录。不认真进行混凝土冬期施工混凝土日报的为不符合要求。冬期施工混凝土日报项目技术负责人、质检员、记录人必须签字，不签字或代签为不符合要求。

4）钢构件、预制混凝土构件、木构件吊装

①工业与民用建筑工程均应分层填报，数量及子项填报清楚、齐全、准确、真实、签字要齐全。

②无钢构件、预制混凝土构件、木构件吊装记录（应提供而未提供）为不符合要求。

③吊装记录内容不齐全，重点不突出，不能反映吊装工程的内在质量，吊装的主要质量特征不能满足设计要求和施工规范的规定。

5）预应力施工、钢筋冷拉：

①预应力施工的施加预应力记录填报内容及子项应齐全，应提供而未提供为不符合要求。子项填写不全不能反映焊接工程内在质量时为不符合要求。

②必须绘制钢筋张拉顺序编号草图，应明了清晰，便于施工。

③预应力筋锚具、夹具和连接器应有出厂合格证，并在进场时按下列规定进行验收： a.外观检查：应从每批中抽取10%但不少于10套的锚具，检查其外观和尺寸。当有一套表面有裂纹或超过产品标准及设计图纸规定尺寸的允许偏差时，应另取双倍数量的锚具重做检查，如仍有一套不符合要求，则不得使用或逐套检查，合格者方可使用； b.硬度检查：应从每批中抽取5%但不少于5件的锚具，对其中有硬度要求的零件做硬度试验，对多孔夹片式锚具的夹片，每套至少抽5片。每个零件测试三点，其硬度应在设计要求范围内，当有一个零件不合格时，应另取双倍数量的零件重做试验，如仍有一个零件不合格，则不得使用或逐个检查，合格者方可使用； c.静载锚固性能试验，经上述两项试验合格后，应从同批中抽取6套锚具（夹具或连接器）组成3个预应力筋锚具（夹具、连接器）组装件，进行静载锚固性能试验，当有一个试件不符合要求时，应另取双倍数量的锚具（夹具或连接器）重做试验，如仍有一套不合格，则该批锚具（夹具或连接器）为不合格品。

注：对一般工程的锚具（夹具或连接器）进场验收，其静载锚固性能，也可由锚具生产厂提供试验报告。

④钢筋冷拉表应逐项填写，内容齐全，为符合要求。对于用做预应力的冷拉HRB335、HRB400、HRB500级钢，宜采用控制应力的方法。

⑤进口钢筋的冷拉：进口钢筋，当抗拉强度与屈服点之比大于或等于110%时，允许进行冷拉，其控制应力和冷拉率的数值为：控制应力450MPa；冷拉率：≤5%；控制冷拉率：1%~5%。

3.2.6.1 _____施工记录（通用）(C2-6-1)

1. 资料表式

3.2 单位（子单位）工程质量控制资料核查记录（C2）

施工记录表（通用）　　　　　　　表 C2-6-1

记录项目或部位			记录日期		
施工班组人数			主要施工机具		
技术交底时间			交 底 人		
施工内容					
依据标准					
施工过程记录					
强制性条文执行					
质量验收与评定					
问题记录与处理意见					
参加人员	监理（建设）单位		施 工 单 位		
		项目技术负责人	专职质检员		工 长

注：施工过程记录主要记录材料使用质量、施工工艺及操作执行情况。

2. 实施要点

（1）施工记录是施工过程的记录，记录施工过程中执行设计文件、操作工艺质量标准和技术管理等的各自执行手段的实际完成情况记录。

施工记录是验收的原始记录。必须强调施工记录的真实性和准确性，且不得任意涂改。

担任施工记录的人员应具有一定的业务素质，藉以确保做好施工记录。

（2）凡相关专业技术施工质量验收规范中主控项目或一般项目的检查方法中要求进行检查施工记录的项目均应按资料要求对该项施工过程或成品质量进行检查并填写施工记录。存在问题时应有处理建议及改正情况。

（3）施工记录（通用）表式由项目经理部的专职质量检查员或工长实施记录由项目技术负责人审定。

（4）填写举例：以砌体工程为例，在现场对施工中用砖、砂浆、组砌方式、砌体加强措施、构造柱砌筑先进后退、尺寸等施工检查，都应进行记录，如有误也应如实记录，提出建议并改正，绝对不应放松这方面的工作。例如对砌体用砖含水率的检查，这是一项非常重要的检查，在"砖混"中砖的含水率直接影响砌体质量。砌体用砖含水率的检查，有关试验表明：

砖的含水率将直接影响砖与砂浆的粘结力。适宜的含水率对保证砂浆强度、砖与砂浆的粘结力及整体砌体质量都是十分重要的，试验研究发现：

①当砖的含水率<8%，开始对砌体强度产生不利影响；

②当砖的含水率≥8%，砌体强度随含水率的增大而提高；

③当砖的含水率为零时，砌体抗压强度最多可降低高达36.3%；

④当砖的含水率>15%时，开始带来相应的质量问题，主要表现为：坠灰、砖块容易滑动、墙面不洁、灰逢不平直、墙面不平整等。

因此，规范规定：黏土砖、空心砖应提前1~2d浇水湿润，其相应的含水率为10%~

15%，现场检测的简易办法为砖截面四周融水深度为15~20mm为符合要求。

对砖的淋水应做为一道重要工序看待。应注意淋匀、淋透，且应对砖堆采取适当的防晒措施，严禁干砖上墙。

砌体用砖应认真做好施工记录。

3.2.6.2　地基钎探记录（C2-6-2）

1. 资料表式

地 基 钎 探 记 录　　　　　　　　　　　　　表 C2-6-2

施工单位：　　　　　　　　　　　　　　　　　　　　施工单位：

探点编号	钎探方式	N_{10}轻便触探		直径：		钎探日期：			探点布置及处理部位示意图
	锤　击　数								
	合计	0~30 (cm)	30~60 (cm)	60~90 (cm)	90~120 (cm)	120~150 (cm)	150~180 (cm)	180~210 (cm)	
									结论

单位工程技术负责人：　　　　　　　质检员：　　　　　　　钎探人：

2. 实施要点

（1）锤重：10kg。

（2）落距：50cm。

（3）钎探杆直径：钢钎直径为：Φ25，钎头Φ40，成60度锥体。

（4）钎探点布置：

1）基槽完成后，一般均应按照设计要求进行钎探，设计无要求时可按下列规则布置。

2）槽宽小于800mm时，在槽中心布置探点一排，间距一般为：1~1.5m，应视地层复杂情况而定。

3）槽宽800~2000mm时，在距基槽两边200~500mm处，各布置探点一排，间距一般：1~1.5m，应视地层复杂情况而定。

4）槽宽2000mm以上者，应在槽中心及两槽边200~500mm处，各布置探点一排，每排探点间距一般为：1~1.5m，应视地层复杂情况而定。

5）矩形基础：按梅花形布置，纵向和横向探点间距均为1~2m，一般为1.5m，较小基础至少应在四角及中心各布置一个探点。

注：基槽转角处应再补加一个点。

6）钎孔布置详表 C2-6-2-1。

钎 孔 布 置　　　　　　　　　　　表 C2-6-2-1

槽宽（cm）	排列方式及图示	间距（m）	钎探深度（m）
小于80	中心一排	1~2	1.2

续表

槽宽(cm)	排列方式及图示	间距(m)	钎探深度(m)
80~200	两排错开	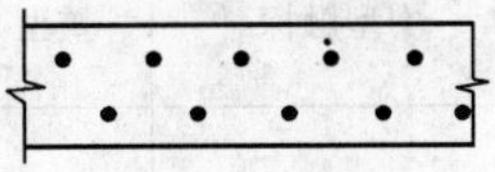 1~2	1.5
大于200	梅花形	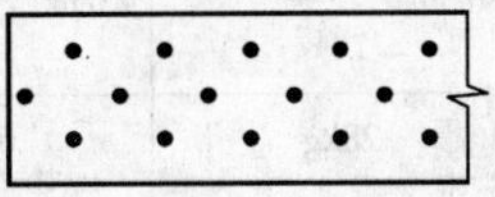 1~2	≥2.0
柱基	梅花形	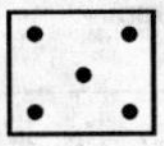 1~2	≥1.5m,并不浅于短边宽度

注：1. 对于较软弱的新近沉积黏性土和人工杂填土的地基，钎孔间距应不大于1.5米。
　　2. 钎距和钎探深度不能随意改动，过大的钎距会遗漏地基土中的隐患。

7）探孔布置详表C2-6-2-2。

探 孔 布 置　　　　　　　　　　表 C2-6-2-2

基槽宽(cm)	排列方式及图标	间距L(m)	探孔深度(m)
小于200	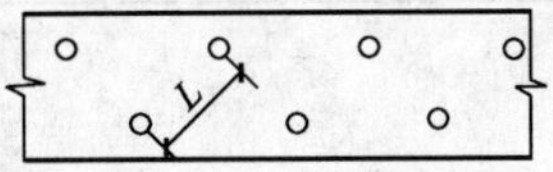	1.5~2.0	3.0
大于200	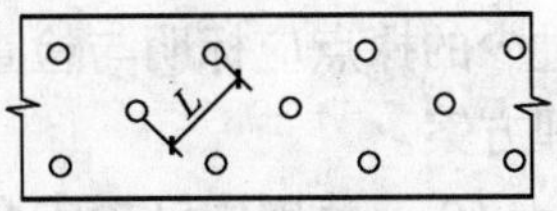	1.5~2.0	3.0
桩基	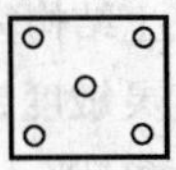	1.5~2.0	3.0（荷重较大时为4.0~5.0）
加孔	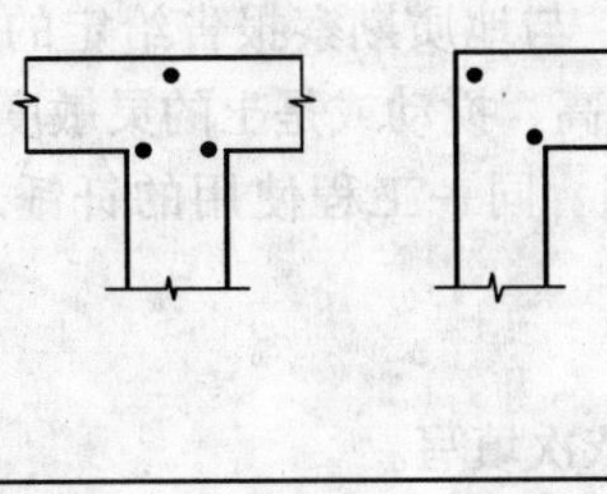	<2.0（如基础过宽时中间再加孔）	3.0

8）国内常用的几种动力触探详见表 C2-6-2-3。

国内常用的几种动力触探　　　　表 C2-6-2-3

触探名称	标准贯入试验（SPT）（重型（1）动力触探）	轻型触探	中型触探	重型（2）触探	轻型标准贯入试验
探头或贯入器的规格	对开管式贯入器，外径 51mm，内径 35mm，长 700mm，刃口角度 19°47′	圆锥探头，锥角60°，锥底面积 12.6cm²	圆锥探头，锥角60°，锥底面积 30cm²	圆锥探头，锥角60°，锥底面积 43cm²	同 SPT
落锤重量	63.5kg	10kg	28kg	63.5kg	22.5kg
落　距	76cm	50cm	80cm	76cm	同 SPT
触探杆直径	42mm	25mm	33.5mm	42mm，厚壁钻杆，接手外径 46mm	同 SPT
最大贯入深度	15~20m	4m		约 16m	
触探指标	N63.5 为贯入土中 30cm 的锤击数	N10 为贯入土中 30cm 的锤击数	N28 为贯入土中 10cm 的锤击数	N（63.5）为贯入土中 10cm 的锤击数	N22.5 为贯入土中 30cm 的锤击数
适用土层	砂土、老黏性土、一般黏性土等	一般黏性土，黏性素填土，新近沉积黏性土	一般黏土	砂土和松散及中密的圆砾、卵石	同 SPT
使用单位	已列入国家地基基础设计规范、工程地质勘察规范和抗震设计规范	已列入国家地基基础设计规范和工程地质勘察规范	已列入国家工程地质勘察规范	已列入国家工程地质勘察规范	冶金系统的有关单位

(5) 钎探记录分析：

1) 钎探应绘图编号，并按编号顺序进行击打，应固定打钎人员，锤击高度离钎顶 500~700mm 为宜，用力均匀，垂直打入土中，记录每贯入 300mm 钎段的锤击次数，钎探完成后应对记录进行分析比较，锤击数过多、过少的探点应标明与检查，发现地质条件不符合设计要求时应会同设计、勘察人员确定处理方案。

2) 钎探结果，往往出现开挖后持力层的基土 60cm 范围内钎探击数偏低，可能与土的卸载、含水量或灵敏度有关，应做全面分析。

注：土的灵敏度是指原状土在无侧限条件下的抗压强度与该土结构完全破坏后的重塑土在无侧限条件下的抗压强度的比值。灵敏度高低反映了土的结构性的强弱，灵敏度越高的土，其结构性愈弱，即土在受扰动后强度降低得愈多。根据灵敏度的高低，土可分为三类，当土的灵敏度大于 4 时为高灵敏度土；当土的灵敏度小于或等于 4 但大于 2 时为中灵敏度土；当土的灵敏度小于或等于 2 时为低灵敏度土。对于高灵敏度的土在施工中应特别注意保护，以免使其结构受到扰动而使强度大大降低。

3) 基础验槽时，持力层基土钎探击数偏低，与地质勘察报告给定的地基容许承载力有差异。综合其原因大概为：基土卸荷、含水量高、搅动或是土的灵敏度偏高。

4) 钎探孔应用砂土罐实，钎探记录应存档。同一工程使用的钎锤规格、型号必须一致。

(6) 填表说明：

1) 探点编号：按探点平面布置图上的编号依次填写。

2) 锤击数：记录钢钎垂直打入每 30cm 厚土层的锤击数，并进行合计，此数据极关重要，应认真记数并记录。

3) 探点布置及处理部位示意图：

①探孔布置与钎探深度应根据地基土质的复杂情况和基槽宽度、形状而定。可按上述要求布置，也可分区布置，由施工单位绘制。

②处理部位：指采用打钎、洛阳铲、轻便触探或其他器具探查地基土，发现问题需处理的部位，应有项目经理级技术负责人提出，待验槽时一并处理。

4) 地基钎探记录表原则上应用原始记录表，受损严重的可以重新抄写，但原始记录仍要原样保存，重新抄写好的记录数据、文字应与原件一致，要注明原件的保存处及有抄写人签字。

地基钎探记录表作为一项重要技术资料，必须保存完整，不得遗失。

5) 钎探记录结果，应在平面上进行锤击数比较，将垂直、水平方向锤击数的比较结果予以记录。如无问题可以填写"地基土未发现异常，可以继续施工"，如果发现问题，应将分析结果报建设、勘察、设计等单位研究处理。如周围环境可能存在古墓、洞穴时，可用洛阳铲探检查并报告铲探结果，为地基处理提供较完整的资料。

6) 遇下列情况之一时，可不进行轻型动力触探：

①基坑不深处有承压水层，触探可造成冒水涌砂时。

②持力层为砾石或卵石层且其厚度满足设计要求时。

3.2.6.3 地基验槽记录（C2-6-3）

1. 资料表式

地基验槽记录　　　　　　　　　　　　　表 C2-6-3

工程名称：　　　　　　　　　　　　　　施工单位：

建 筑 面 积			项 目 经 理		
开 挖 时 间			项目技术负责人		
完 成 时 间			质 检 员		
验 收 时 间			记 录 人		
项 次	项 目		查验情况		附图或说明
1	土壤类别				
2	基底是否为老土层				
3	地基土的均匀、致密程度				
4	地下水情况				
5	有无坑、穴、洞、窑、墓				
6	其　　他				
初验结论					
复验结论					
建设单位	监理单位		设计单位	勘察单位	施工单位

2. 实施要点

(1) 所有建（构）筑物均应进行施工验槽。遇到下列情况之一时，应进行专门的施工勘察。

1) 工程地质条件复杂，详勘阶段难以查清时；
2) 开挖基槽发现土质、土层结构与勘察资料不符时；
3) 施工中边坡失稳，需查明原因，进行观察处理时；
4) 施工中，地基土受扰动，需查明其性状及工程性质时；
5) 为地基处理，需进一步提供勘察资料时；
6) 建（构）筑物有特殊要求，或在施工时出现新的岩土工程地质问题时。

(2) 施工勘察应针对需要解决的岩土工程问题布置工作量，勘察方法可根据具体条件情况选用施工验槽、钻探取样和原位测试等。

(3) 天然地基基础基槽检验要点：

1) 基槽开挖后，应检验下列内容：
①核对基坑的位置、平面尺寸、坑底标高；
②核对基坑土质和地下水情况；
③空穴、古墓、古井、防空掩体及地下埋设物的位置、深度、性状。

2) 在进行直接观察时，可用袖珍式贯入仪作为辅助手段。

3) 遇到下列情况之一时，应在基坑底普遍进行轻型动力触探：
①持力层明显不均匀；
②浅部有软弱下卧层；
③有浅埋的坑穴、古墓、古井等，直接观察难以发现时；
④勘查报告或设计文件规定应进行轻型动力触探时。

4) 采用轻型动力触深进行基槽检验时，检验深度及间距按表 C2-6-3-1 执行：

轻型动力触探检验深度及间距表　　　　　　　　　表 C2-6-3-1

排列方式	基坑宽度（m）	检验深度（m）	检验间距
中心一排	<0.8	1.2	1.0~1.5m 视地质复杂情况
两排错开	0.8~2.0	1.5	
梅花型	>2.0	2.1	

注：轻型动力触探对基槽进行检验的深度和检验间距本表可供参考。应注意当地对此有规定时应以地方规定为好，地方经验更具有区域性指导意义。

5) 遇下列情况之一时，可不进行轻型动力触探：
①基坑不深处有承压水层，触探可造成冒水涌砂时；
②持力层为砾石或卵石层，且其厚度满足设计要求时。

(4) 地基验槽的基本要求：

1) 地基验槽记录必须能反映验槽的主要程序，地基的主要质量特征。且必须经土方工程质量验收合格后，方准提请有关单位进行验槽。必须应提交地基质量验收资料供验槽时参考。

2) 地基土的钎探已经完成并对钎探结果作出分析。钎孔必须用砂灌实。验槽时对分析结果做出判定。核查内容包括下面三点：
①按基础平面设计的钎探点平面图，检查是否满足钎探布孔和孔深的要求，孔深范围

内基土坚硬程度是否一致。

②打钎记录单上，锤重、落距、钎径是否符合规范要求，钎探日期应填写清楚、真实并有项目经理部级的工程技术负责人、打钎人签字。

③根据打钎记录分析，地基需要处理时要有处理意见，并在打钎点平面布置图上标明部位、区段、标高及处理方法（锤击数一定要描述在平面上以后再进行分析，才能从总体上发现有无问题）。

3）参加验槽的人员，必须对已开挖的基槽按顺序详细的、严肃认真的、全部的进行踏勘与分析，不可带有丝毫的随意性。观察基土的土质概况；槽壁走向、分布、基土特征；检查地基持力层是否与勘察设计资料相符，地基土的颜色是否均匀一致，是否为老土，属何种土壤类别，表层土的坚硬程度、有无局部软硬不均；检查基槽的几何尺寸、标高、挖土深度（是否满足最小埋置深度）、机械开挖施工预留高度、基土是否被扰动等。

注：机械开挖施工应注意槽底标高（基土预留厚度）。

4）如发现有文物、古迹遗址、化石等，应及时报告文物管理部门处理。对旧基础、管道、旧检查井、人防工事、古墓、坑、穴、菜窖、电缆沟道等，应在有关人员指挥下挖露出原始形状，以便及时研究处理。

5）雨季施工，开挖基槽被雨水浸后，应配合设计、勘察、质监部门专题研究，决定是否需要进行处理。

6）验槽：

①初验结论：由项目经理部级的专业技术负责人会同施工人员初验后，经分析做出。

②复验结论：由参加验槽的单位和人员分析后做出，若有异常尚应另附有关资料。

7）工程地质施工结果符合工程地质报告要求的一般工业与民用建筑工程，工程地质不需要重新研究处理的工程，验槽须有设计、建设、施工、监理部门各方有关人员参加并签字，并有结论意见，质监部门监督实施。不请求质量监督部门监督地基验槽为不符合要求。

需重新进行地基验槽。重要工程、工程地质施工结果不符合工程地质报告要求、高层建筑等必须邀请工程地质勘察单位参加验槽。勘察部门参加并签字（勘察部门的地质勘察报告要求参加验槽的，不论地基基础是否需要处理，均应邀请参加），无验槽手续视基础工程为不合格，后补无效。

高层建筑地基验槽必须请勘察单位参加，对场地工程地质条件复杂地区，勘察部门除应参与施工验槽外，还必须参加工程地质处理研究和进行施工勘察。

(5) 地基验槽完成后采取地基处理时：

1）地基验收时经参加验收的有关方认为确需地基处理时，地基处理方案应由设计、勘察部门提出，经监理单位同意后由施工单位实施。或由施工单位根据参加人员提出的方案整理成书面地基处理方案，经设计方签字后实施。

2）地基处理方案中原有工程名称、验收时间、钎探记录分析、实际地基与地质勘察报告是否符合，需处理的部位及地基实际情况，处理的具体方法和质量要求，

3）建设、设计、勘察、施工、监理等部门参加验收人员必须签字。

(6) 当需要进行施工勘察时，施工勘察报告的主要内容：

1) 工程概况

2) 目的和要求
3) 原因分析
4) 工程安全性评价
5) 处理措施及建议
(7) 填表说明：
1) 建筑面积：按施工图设计根据建筑面积计算规定计算的实际面积填写。
2) 验槽内容。
①土壤类别：与地质报告对照后按实际填写。如粉土、亚黏土、黏土等。
②基底是否为老土层：基底必须是老土层，由参加验槽人员根据验槽实际确定。不是老土层时应继续开挖或进行其他处理。
③地基土的均匀密实程度：检查钎探记录，核查地质报告经分析得出，照实际填写。
④地下水情况：说明槽底在地下水位的什么位置。
⑤有无坑、穴、洞、窑：根据钎探、洛阳铲探或其他方法判定。
⑥定位检查：一般指1~5m以内下卧层的土质变化的定位检查情况。

基槽土方工程必须经过质量验收后，方准提请有关单位进行基槽检验。验槽前，施工单位应核对持力层基土与"地质报告"提供的土质是否一致，不论是否一致均应在初验结论栏内予以说明。

3.2.6.4 砌筑工程施工记录（C2-6-4）

实施要点：

(1) 砌筑工程施工记录可按C2-6-1（通用）表式执行。

(2) 施工记录应记录的内容包括：校核放线尺寸、砌筑工艺、组砌方法、临时施工洞口留置与补砌、脚手眼设置位置、灰缝检查、搁置预制梁板顶面座浆（1:2.5）、施工质量控制等级、楼面堆载等。

(3) 砌筑工程中的砖砌体工程、混凝土小型空心砌块砌体工程、石砌体工程、配筋砌体工程、填充墙砌体工程等除应记录（2）条内容外尚应对以下内容的实际施工实际情况与标准要求重点予以记录。

1) 砖砌体

①砖砌体的转角处和交接处应同时砌筑，严禁无可靠措施的内外墙分砌施工。对不能同时砌筑而又必须留置的临时间断处应砌成斜槎，斜槎水平投影长度不应小于高度的2/3。

②非抗震设防及抗震设防烈度为6度、7度地区的临时间断处，当不能留斜槎时，除转角处外，可留直槎，但直槎必须做成凸槎。留直槎处应加设拉结钢筋，拉结钢筋的数量为每120mm墙厚放置1ϕ6拉结钢筋（120mm厚墙放置2ϕ6拉结钢筋）。间距沿墙高不应超过500mm；埋入长度从留槎处算起每边均不应小于500mm，对抗震设防烈度6度、7度的地区，不应小于1000mm；末端应有90°弯钩。

③砖砌体应组砌方法正确，上、下错缝，内外搭砌，砖柱不得采用包心砌法。
清水墙、窗间墙无通缝；混水墙中长度大于或等于300mm的通缝每间不超过3处，且不得位于同一面墙体上。

2) 混凝土小型空心砌块砌体工程

墙体转角处和纵横墙交接处应同时砌筑。临时间断处应砌成斜搓，斜搓水平投影长度不应小于高度的2/3。

3）石砌体工程

①砂浆饱满度不应小于80%。

②石砌体：内外搭砌，上下错缝，拉结石、丁砌石交错设置。毛石墙拉结石每$0.7m^2$墙面不应少于1块。

4）配筋砌体工程

①构造柱、芯柱、组合砌体构件、配筋砌体剪力墙构件的混凝土或砂浆的强度等级应符合设计要求。

②构造柱与墙体的连接处应砌成马牙槎，马牙槎应先退后进，预留的拉结钢筋应位置正确，施工中不得任意弯折。

③对配筋混凝土小型空心砌块砌体，芯柱混凝土应在装配式楼盖处贯通，不得削弱芯柱截面尺寸。

④设置在砌体灰缝内的钢筋的防腐保护应符合 GB 50203—2002 规范第 3.0.11 条的规定。

注：3.0.11 设置在潮湿环境或有化学侵蚀性介质的环境中的砌体灰缝内的钢筋应采取防腐措施。

⑤网状配筋砌体中，钢筋网及放置间距应符合设计规定。

5）填充墙砌体工程

①蒸压加气混凝土砌块和轻骨料混凝土小型空心砌块砌体，不应与其他块材混砌。

②填充墙砌筑时应错缝搭砌。蒸压加气混凝土砌块搭砌长度不应小于砌块长度的1/3；轻骨料混凝土小型空心砌块搭砌长度不应小于 90mm；竖向通缝不应大于 2 皮。

3.2.6.5 混凝土施工记录（C2-6-5）

1. 混凝土浇灌申请书（C2-6-5-1）：

（1）资料表式

混凝土浇灌申请书　　　　　　　　　　　　　表 C2-6-5-1

工程名称：　　　　　　　　　　　　　　　　施工单位：

申请浇灌时间：		申请浇灌混凝土的部位：			
混凝土强度等级：		混凝土配比单编号：			
材料用量	水泥	水	砂	石	掺加剂
干料用量/m³	kg	kg	kg	kg	
每盘用量	kg	kg	kg	kg	
准备工作情况					
批准意见	施工单位（章）			批准人：	
监理（建设）单位意见				批准人：	
申请单位：				年　月　日	

(2) 实施要点

1) 凡进行混凝土施工，不论工程量大小均必须填报混凝土浇灌申请。

2) 混凝土浇灌申请由施工班组填写、申报。由监理（建设）单位批准。应按表列内容准备完毕并经批准后，方可浇灌混凝土。

3) 混凝土浇灌申请填报之前，混凝土施工的各项准备工作均应齐备，特别是混凝土用材料已满足施工要求。并已经施工单位的技术负责人签章批准，方可提出申请。

2. 混凝土开盘鉴定（C2-6-5-2）：

(1) 资料表式

混凝土开盘鉴定　　　　　　　　　　　　　　表 C2-6-5-2

工程名称：　　　　　　　　　　　施工单位：

混凝土施工部位					混凝土配合比编号				
混凝土设计强度					鉴　定　日　期				
混凝土配合比	水灰比	砂率	水泥(kg)	水(kg)	砂(kg)	石(kg)			坍落度(工作度)
试配配合比									
实际使用施工配合比	砂子含水率：　　%				石子含水率：　　%				
鉴定结果：									
鉴定项目	混凝土拌和物				原材料检验				
	坍落度	保水性			水泥	砂	石	掺合料	外加剂
设计									
实际									
鉴定意见：									
参加开盘鉴定各单位代表签字或盖章									
监理（建设）单位代表		施工单位项目负责人			混凝土试配单位代表			单位工程技术负责人	

(2) 实施要点

1) 混凝土开盘鉴定的基本要求。

①混凝土施工应做开盘鉴定，不同配合比的混凝土都要有开盘鉴定。

混凝土开盘鉴定要有施工单位、监理单位、搅拌单位的主管技术部门和质量检验部门参加，做试配的试验室也应派人参加鉴定，混凝土开盘鉴定一般在施工现场浇筑点进行。

②混凝土开盘鉴定内容：

a. 混凝土所用原材料检验，包括水泥、砂、石、外加剂等，应与试配所用的原材料相符合。

b. 试配配合比换算为施工配合比。根据现场砂、石材料的实际含水率，换算出实际单方混凝土加水量，计算每罐和实际用料的称重。

实际加水量 = 配合比中用水量 − 砂用量 × 砂含水率 − 石子用量 × 石子含水率

砂、石实际用量 = 配合比中砂、石用量 × (1 + 砂、石含水率)

每罐混凝土用料量 = 单方混凝土用料量 × 每罐混凝土的方量值

实际用料的称重值 = 每罐混凝土用料量 + 配料容器或车辆自重 + 磅秤盖重。

c. 混凝土拌合物的检验，即鉴定拌和物的和易性。应用坍落度法或维勃稠度试验。

d. 混凝土计量、搅拌和运输的检验。水泥、砂、石、水、外加剂等的用量必须进行严格控制，每盘均必须严格计量，否则混凝土的强度波动是很大的。

③搅拌设备应按一机二磅设置计量器具，计量器具应标注计量材料的品种，运料车辆应做好配备，并注明用量、品种，必须盘盘过磅。

2) 原材料计量允许偏差的规定：

《混凝土结构工程施工质量验收规范》（GBJ 50204—2002）第7.4.3条规定：混凝土原材料每盘称量偏差不得超过下列规定：水泥、掺合材料±2%；粗、细骨料±3%；水、外加剂溶液±2%。

注：1. 各种衡器应定期校验，保持准确。

2. 骨料含水率应经常测定，雨天施工应增加测定次数。

3. 原材料、施工管理过程中的失误都会对混凝土强度造成不良影响。例如：

(1) 用水量增大即水灰比变大，会带来混凝土强度的降低，如表C2-6-5-2A所示。

(2) 施工中砂石集料称量误差也会影响混凝土强度，例如砂石总用量为1910kg，砂骨料称量出现负误差5%，将少称砂石 $1910 \times 5\% = 95.5$ kg，以砂石表面密度均为 2.65 g/cm³ 计，折合绝对体积 $V = 95.5/2650 = 0.036$ m³，从而多用水泥 0.036（按第一例的水泥用量）×300 = 10.8kg。砂石重量如出现正偏差5%，则多称 95.5kg，由于砂吸水率将降低混凝土和易性，不易操作，工人也会增加用水量，从而降低混凝土强度。

保证混凝土质量，严格计量，对混凝土搅拌、运输严加控制，做好混凝土开盘鉴定，是保证混凝土质量的一项有效措施，对分析混凝土标准差好差会有一定的作用。

用水量增加5%时混凝土强度降低值　　　　表 C2-6-5-2A

配合比	水泥强度等级	水泥用量（kg）	用水量（kg）	水灰比	实测强度（MPa）	混凝土强度（MPa）	强度降低值（%）
原配合比	42.5	300	190	1.58	55	26.82	
变更后的配合比	42.5	300	199.5	1.46	66	23.78	11.3%

注：1. 表内混凝土强度值为碎石集料的计算值。

2. 强度计算公式：$R_{28} = 0.46 R_c (C/W - 0.52)$ …… （碎石集料）$R_{28} = 0.48 R_c (C/W - 0.6)$ …… （卵石集料）

3) 混凝土中掺用外加剂的质量及应用技术应符合现行国家标准《混凝土外加剂》GB 8076、《混凝土外加剂应用技术规范》GB 50119 等和有关环境保护的规定。

4) 预应力混凝土结构中，严禁使用含氯化物的外加剂。钢筋混凝土结构中。当使用含氯化物的外加剂时，混凝土中氯化物的总含量应符合现行国家标准《混凝土质量控制标准》GB 50164 的规定。

5) 混凝土中氯化物和碱的总含量应符合现行国家标准《混凝土结构设计规范》GB 50010 和设计的要求。

6) 混凝土中掺用矿物掺合料的质量应符合现行国家标准《用于水泥和混凝土中的粉煤灰》GB 1596 等的规定。矿物掺合料的掺量应通过试验确定。

7) 混凝土搅拌的最短时间：

混凝土搅拌的最短时间可按表 C2-6-5-2B 采用。

混凝土搅拌的最短时间（s） 表 C2-6-5-2B

混凝土坍落度（mm）	搅拌机机型	搅拌机出料量（1）		
		<250	250~500	>500
≤30	强制式	60	90	120
	自落式	90	120	150
>30	强制式	60	60	90
	自落式	90	90	120

注：①混凝土搅拌的最短时间系指自全部材料装入搅拌筒中起，到开始卸料止的时间；
②当掺有外加剂时，搅拌时间应适当延长；
③全轻混凝土宜采用强制式搅拌机搅拌，砂轻混凝土可采用自落式搅拌机搅拌，但搅拌时间应延长60~90s；
④采用强制式搅拌机搅拌轻骨料混凝土的加料顺序是：当轻骨料在搅拌前预湿时，先加粗、细骨料和水泥搅拌30s，再加水继续搅拌；当轻骨料在搅拌前未预湿时，先加1/2的总用水量和粗、细骨料搅拌60s，再加水泥和剩余用水量继续搅拌；
⑤当采用其他形式的搅拌设备时，搅拌的最短时间应按设备说明书的规定或经试验确定。

8）填表说明：
①要求坍落度或工作度：指经试验室试配要求的坍落度和工作度，施工方不得随意变更。
②混凝土配合比：
a．水灰比：水泥浆、混凝土混合料中拌合水与水泥重量的比值。实际水灰比大于试配的建议值。
b．砂率：指砂在单位体积混凝土中所占砂石总量的百分率，按试配通知单建议的砂率或按实际砂率填写，实际砂率不得大于试配的建议值。

3．混凝土工程施工记录（C2-6-5-3）：
（1）资料表式

混凝土工程施工记录 表 C2-6-5-3

工程名称： 　　　　　　　　　　　　　施工单位：

混凝土强度等级		操作人员		天气情况	
混凝土配比单编号		浇筑部位		振捣方法	

材料 混凝土配合比	水泥	砂	石	水	外加剂名称及用量			外掺混合材料名称及用量	
配合比									
每 m³ 数量									
每盘用料数量									

开始浇筑时间	年　月　日　时
终止浇筑时间	年　月　日　时
当班完成混凝土数量（立方米）	
备　注	

参加人员	监理（建设）单位	施　工　单　位		
		专业技术负责人	质检员	材料员

(2) 实施要点

1) 混凝土浇筑前的检查：

①检查混凝土用材料的品种、规格、数量等核实无误，并经试拌检查认可后发出了混凝土开工令。

②现场安装的搅拌机、计量设备及堆放材料的场地满足混凝土阶段性浇筑量的要求；设备符合性能要求。混凝土搅拌机应有可靠的加水计时装置及降尘和沉淀排水系统。对水泥和骨料应经过校准的衡器计量；检查各种衡器的灵活性及可用程度，不得使用失灵的衡器。

各种衡器应定期校验，应定期测定骨料的含水率，当遇雨天施工或其他原因致使含水率发生显著变化时，应增加测定次数，以便及时调整用水量和骨料用量。

③基本检查要求：

a. 机具准备是否齐全，搅拌运输机具以及料斗、串筒、振捣器等设备应按需要准备充足，并考虑发生故障时的应急修理或采用备用机具。

b. 检查模板支架、钢筋、预埋件，已办理完成隐检及预检手续。

c. 浇筑混凝土的架子及通道已支搭完毕并检查合格。

d. 应了解天气状况并考虑防雨、防寒或抽水等措施。

e. 浇筑期间水电供应及照明必须保证不应中断。

f. 已向操作者进行了技术交底。

g. 自动计量时应检查其自动计量设备的灵敏度、使用程度。

h. 检查参加混凝土施工人员：班组、人员数量，并记录班组长姓名。

2) 混凝土生产配比、计量与投料顺序检查：

①混凝土配合比和技术要求，应向操作人员交底；悬挂配合比标示牌，牌上应标明配合比和各种材料的每盘用量。

②各种投料的计量应准确（水泥、水、外加剂±2%、骨料±3%）。

③投料顺序和搅拌时间应符合规定。投料顺序：石子→水泥→砂子→水。如有外加剂与水泥同时加入，如有添加剂应与水同时加入。400L自落式搅拌机拌合时间通常应≥1.5分钟。

3) 混凝土运输和浇筑

①混凝土运至浇筑地点，应符合浇筑时规定的坍落度，当有离析现象时，必须在浇筑前进行二次搅拌。

②混凝土应以最少的转载次数和最短的时间，从搅拌地点运至浇筑地点。

混凝土从搅拌机中卸出到浇筑完毕的延续时间不宜超过表C2-6-5-3A的规定。

混凝土从搅拌机中卸出到浇筑完毕的延续时间（min）　　表 C2-6-5-3A

混凝土强度等级	气温	
	不高于25℃	高于25℃
不高于C30	120	90
高于C30	90	60

注：①对掺用外加剂或采用快硬水泥拌制的混凝土，其延续时间应按试验确定；

②对轻骨料混凝土，其延续时间应适当缩短。

4) 采用泵送混凝土应符合下列规定:

①混凝土的供应,必须保证输送混凝土的泵能连续工作;

②输送管线宜直,转弯宜缓,接头应严密,如管道向下倾斜,应防止混入空气产生阻塞;

③泵送前应先用适量的与混凝土内成分相同的水泥浆或水泥砂浆润滑输送管内壁;预计泵送间歇时间超过45min或当混凝土出现离析现象时,应立即用压力水或其他方法冲洗管内残留的混凝土;

④在泵送过程中,受料斗内应具有足够的混凝土,以防止吸入空气产生阻塞。

⑤混凝土泵宜与混凝土搅拌运输车配套使用,应使混凝土搅拌站的供应和混凝土搅拌运输车的运输能力大于混凝土泵的泵送能力,以保证混凝土泵能连续工作,保证不堵塞。

混凝土泵排量大,在进行浇筑建筑物时,最好用布料机进行布料。

⑥泵送结束要及时进行清洗泵体和管道,用水清洗时将管道拆开,放入海绵球及清洗活塞,再通过法兰使高压水软管与管道连接,高压水推动活塞和海绵球,将残存的混凝土压出并清洗管道。

⑦用混凝土泵浇筑的结构物,要加强养护,防止因水泥用量较大而引起龟裂。如混凝土浇筑速度快,对模板的侧压力大,模板和支撑应保证稳定和有足够的强度。

5) 在地基或基土上浇筑混凝土时,应清除淤泥和杂物,并应有排水和防水措施。

对于干燥的非黏性土,应用水湿润;对未风化的岩石,应用水清洗,但其表面不得留有积水。

6) 对模板及其支架、钢筋和预埋件必须进行检查,并做好记录,符合设计要求后方能浇筑混凝土。

7) 在浇筑混凝土前,对模板内的杂物和钢筋上的油污等应清理干净;对模板的缝隙和孔洞应予堵严;对木模板应浇水湿润,但不得有积水。

8) 混凝土自高处倾落的自由高度,不应超过2m。

9) 在浇筑竖向结构混凝土前,应先在底部填以50~100mm厚与混凝土内砂浆成分相同的水泥砂浆;浇筑中不得发生离析现象;当浇筑高度超过3m时,应采用串筒、溜管或振动溜管使混凝土下落。

10) 混凝土浇筑层的厚度,应符合表C2-6-5-3B的规定。

11) 浇筑混凝土应连续进行。当必须间歇时,其间歇时间宜缩短,并应在前层混凝土凝结之前,将次层混凝土浇筑完毕。

混凝土运输、浇筑及间歇的全部时间不得超过表C2-6-5-3C的规定,当超过时应留置施工缝。

12) 采用振捣器捣实混凝土应符合下列规定:

①每一振点的振捣延续时间,应使混凝土表面呈现浮浆和不再沉落;

②当采用插入式振捣器时,捣实普通混凝土的移动间距,不宜大于振捣器作用半径的1.5倍;捣实轻骨料混凝土的移动间距,不宜大于其作用半径;振捣器与模板的距离,不应大于其作用半径的0.5倍,并应避免碰撞钢筋、模板、芯管、吊环、预埋件或空心胶囊等;振捣器插入下层混凝土内的深度应不小于50mm;

混凝土浇筑层厚度（mm） 表 C2-6-5-3B

捣实混凝土的方法		浇筑层的厚度
插入式振捣		振捣器作用部分长度的1.35倍
表面振动		200
人工捣固	在基础、无筋混凝土或配筋稀疏的结构中	250
	在梁、墙板、柱结构中	200
	在配筋密列的结构中	150
轻骨料混凝土	插入式振捣	300
	表面振动（振动时需加荷）	200

混凝土运输、浇筑和间歇的允许时间（min） 表 C2-6-5-3C

混凝土强度等级	气温	
	不高于25℃	高于25℃
不高于C30	210	180
高于C30	180	150

注：当混凝土中掺有促凝或缓凝型外加剂时，其允许时间应根据试验结果确定。

③当采用表面振动器时，其移动间距应保证振动器的平板能覆盖已振实部分的边缘；

④当采用附着式振动器时，其设置间距应通过试验确定，并应与模板紧密连接；

⑤当采用振动台振实干硬性混凝土和轻骨料混凝土时，宜采用加压振动的方法，压力为 $1\sim3kN/m^2$。

13）在混凝土浇筑过程中，应经常观察模板、支架、钢筋、预埋件和预留孔洞的情况，当发现有变形、移位时，应及时采取措施进行处理。

14）在浇筑与柱和墙连成整体的梁和板时，应在柱和墙浇筑完毕后停歇 1~1.5h，再继续浇筑。

15）梁和板宜同时浇筑混凝土；拱和高度大于1m的梁等结构，可单独浇筑混凝土。

16）浇筑混凝土叠合构件应符合下列规定：

①在主要承受静力荷载的梁中，预制构件的叠合面应有凹凸差不小于6mm的自然粗糙面，并不得疏松和有浮浆。

②当浇筑叠合式板时，预制板的表面应有凹凸差不小于4mm的人工粗糙面。

③当浇筑叠合式受弯构件时，应按设计要求确定是否设置支撑。

大体积混凝土的浇筑应合理分段分层进行，使混凝土沿高度均匀上升；浇筑应在室外气温较低时进行，混凝土浇筑温度不宜超过28℃。

注：混凝土浇筑温度系指混凝土振捣后，在混凝土50mm~100mm深处的温度。

④严格控制现浇板的截面尺寸，偏差为 +8、-5，并有保护质量的可靠措施。

17）施工缝的位置应在混凝土浇筑之前确定，并宜留置在结构受剪力较小且便于施工的部位。施工缝的留置位置应符合下列规定：

①柱，宜留置在基础的顶面、梁或吊车梁牛腿的下面、吊车梁的上面、无梁楼板柱帽的下面；

②与板连成整体的大截面梁，留置在板底面以下 20~30mm处。当板下有梁托时，留置在梁托下部；

③单向板,留置在平行于板的短边的任何位置;

④有主次梁的楼板宜顺着次梁方向浇筑,施工缝应留置在次梁跨度的中间1/3范围内;

垂直方向、水平方向施工缝的留置位置详见图C2-6-5-3A和图C2-6-5-3B。

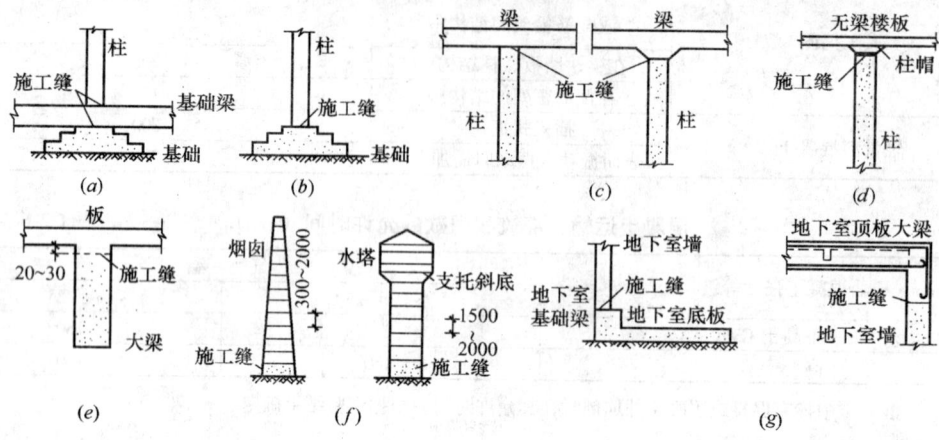

图C2-6-5-3A 水平方向的施工缝位置

⑤墙,留置在门洞口过梁跨中1/3范围内,也可留在纵横墙的交接处;

⑥双向受力楼板、大体积混凝土结构、拱、穹拱、薄壳、蓄水池、斗仓、多层刚架及其他结构复杂的工程,施工缝的位置应按设计要求留置。

18)在施工缝处继续浇筑混凝土时,应符合下列规定:

①已浇筑的混凝土,其抗压强度不应小于$1.2N/mm^2$;

②在已硬化的混凝土表面上,应清除水泥薄膜和松动石子以及软弱混凝土层,并加以充分湿润和冲洗干净,且不得积水;

③在浇筑混凝土前,宜先在施工缝处铺一层水泥浆或与混凝土内成分相同的水泥砂浆;

④混凝土应细致捣实,使新旧混凝土紧密结合。

19)承受动力作用的设备基础,不应留置施工缝;当必须留置时,应征得设计单位同意。

20)在设备基础的地脚螺栓范围内施工缝的留置位置,应符合下列要求:

①水平施工缝,必须低于地脚螺栓底端,其与地脚螺栓底端的距离应大于150mm;

当地脚螺栓直径小于30mm时,水平施工缝可留置在不小于地脚螺栓埋入混凝土部分总长度的四分之三处;

②垂直施工缝,其与地脚螺栓中心线间的距离不得小于250mm,且不得小于螺栓直径的5倍。

21)承受动力作用的设备基础的施工缝处理,应符合下列规定:

①标高不同的两个水平施工缝,其高低接合处应留成台阶形,台阶的高宽比不得大于1.0;

②在水平施工缝上继续浇筑混凝土前,应对地脚螺栓进行一次观测校准;

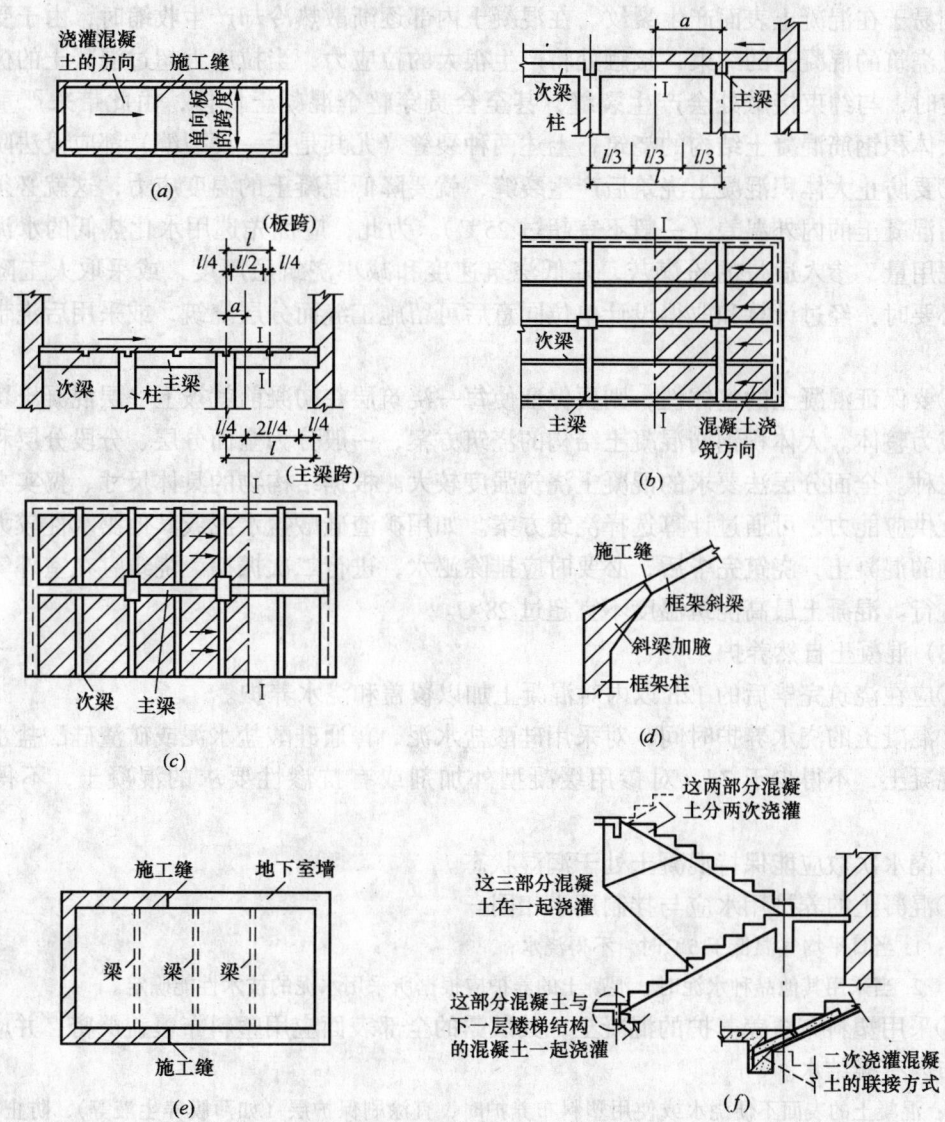

图 C2-6-5-3B 垂直方向的施工缝位置

③垂直施工缝处应加插钢筋,其直径为12~16mm,长度为500~600mm,间距为500mm,在台阶式施工缝的垂直面上也应补插钢筋;

④施工缝的混凝土表面应凿毛,在继续浇筑混凝土前,应用水冲洗干净,湿润后在表面上抹10~15mm厚与混凝土内成分相同的一层水泥砂浆。

22)大体积混凝土结构的浇筑:

①大体积钢筋混凝土结构浇筑。大体积钢筋混凝土结构在工业建筑中多为设备基础,在高层建筑中多为厚大的桩基承台或基础底板等;其上有巨大的荷载,整体性要求较高,往往不允许留施工缝,要求一次连续浇筑完毕。另外,大体积钢筋混凝土结构浇筑后水泥的水化热量大,由于体积大,水化热聚积在内部不易散发,混凝土内部温度显著升高,而表面散热较快,这样形成较大的内外温差,内部产生压应力,而表面产生拉应力,如温差

过大则易于在混凝土表面产生裂纹。在混凝土内部逐渐散热冷却产生收缩时，由于受到基底或已浇筑的混凝土的约束，接触处将产生很大的拉应力，当拉应力超过混凝土的极限抗拉强度时，与约束接触处会产生裂缝，甚至会贯穿整个混凝土块体，由此带来严重的危害。大体积钢筋混凝土结构的浇筑，上述两种裂缝（尤其是后一种裂缝）都应设法防止。

②要防止大体积混凝土浇筑后产生裂缝，就要降低混凝土的温度应力，这就必须减少浇筑后混凝土的内外温差（一般不宜超过25℃）。为此，应优先选用水化热低的水泥，降低水泥用量，掺入适量的粉煤灰，降低浇筑速度和减小浇筑层厚度，或采取人工降温措施。必要时，经过计算和取得设计单位同意后可留施工缝而分层浇筑，或采用后浇带分开浇筑。

③要保证混凝土的整体性，则要保证使每一浇筑层在初凝前就被上一层混凝土覆盖并捣实成为整体。大体积钢筋混凝土结构的浇筑方案，一般分为全面分层、分段分层和斜面分层三种。全面分层法要求的混凝土浇筑强度较大。根据结构物的具体尺寸、捣实方法的混凝土供应能力，可通过计算选择浇筑方案。如用矿渣硅酸盐水泥或其他泌水性较大的水泥拌制的混凝土，浇筑完毕后，必要时应排除泌水，进行二次振捣。浇筑宜在室外气温较低时进行。混凝土最高浇筑温度不宜超过28℃。

23）混凝土自然养护：

①应在浇筑完毕后的12h以内对混凝土加以覆盖和浇水养护。

②混凝土的浇水养护时间，对采用硅酸盐水泥、普通硅酸盐水泥或矿渣硅酸盐水泥拌制的混凝土，不得少于7d，对掺用缓凝型外加剂或有抗渗性要求的混凝土，不得少于14d。

③浇水次数应能保持混凝土处于润湿状态。

④混凝土的养护用水应与拌制用水相同。

注：1. 当日平均气温低于5℃时，不得浇水；
　　2. 当采用其他品种水泥时，混凝土的养护应根据所采用水泥的技术性能确定。

⑤采用塑料布覆盖养护的混凝土，其敞露的全部表面应用塑料布覆盖严密，并应保持塑料布内有凝结水。

注：混凝土的表面不便浇水或使用塑料布养护时，宜涂刷保护层（如薄膜养生液等），防止混凝土内部水分蒸发。

对大体积混凝土的养护，应根据气候条件采取控温措施，并按需要测定浇筑后的混凝土表面和内部温度，将温差控制在设计要求的范围以内；当设计无具体要求时，温差不宜超过25℃。

⑥现浇板养护期间，当混凝土强度小于12MPa时，不得进行后续施工。当混凝土强度小于10MPa时，不得在现浇板上吊运、堆放重物。吊运重物时，应减轻对现浇板的冲击影响。

注：1. 混凝土施工记录每台班记录一张，注明开始及终止浇筑时间。
　　2. 拆模日期及试块试压结果应记录在施工日志中。

4. 混凝土后浇带施工检查记录（C2-6-5-4）：

实施要点：

（1）混凝土后浇带施工检查记录应用施工记录通用表式C2-6-1。

(2) 混凝土后浇带施工检查是根据《混凝土结构工程施工质量验收规范》GB 50204—2002 第 7.4 混凝土施工的有关要求而进行的施工过程检查。由单位工程技术负责人协同质量检查人员及班组长进行，混凝土后浇带施工检查应邀请驻地监理工程师参加。

(3) 检查数量为全数检查，每施工一次做一次检查记录。

注：后浇带应设在对结构受力影响较小的部位，宽度为 700~1000mm。后浇带混凝土浇筑应在主体结构浇筑 60d 后进行较为适宜，浇筑时宜采用微膨胀混凝土。

5．混凝土坍落度检查记录（C2-6-5-5）：

(1) 资料表式

混凝土坍落度检查记录 表 C2-6-5-5

混凝土强度等级			搅拌方式		
时间（年 月 日 时）	施工部位	要求坍落度	坍落度	备 注	
参加人员	监理（建设）单位		施 工 单 位		
		专业技术负责人		质检员	工长

(2) 实施要点

1) 坍落度试验是混凝土工作性能试验方法的一种，目前被国内施工现场测试混凝土拌合物的工作性能，划分混凝土稠度级别所广泛采用。适用于坍落度值不小于 10mm 的混凝土。

2) 记录混凝土坍落度施工应检查以下内容：

①检查拌制混凝土所用材料、规格和用量，每一工作班至少应检查 2 次。检查混凝土配合比，如有调整应填报调整配合比；

②检查记录表内有关内容的填写必须齐全；

③按标准规定留置好标准养护和同条件养护试块，分别进行同条件和标准养护。

3) 浇筑混凝土应连续进行。并应定时连续根据规范要求检查坍落度（每工作班检查不少于 2 次）。

4) 混凝土浇筑坍落度：

混凝土浇筑时的坍落度宜按表 C2-6-5-5A 选用。

混凝土浇筑坍落度 表 C2-6-5-5A

结 构 种 类	坍落度（mm）
基础或地面等的垫层，无配筋的大体积结构（挡土墙、基础等）或配筋稀疏的结构	10~30
板、梁和大型及中型截面的柱子等	30~50
配筋密列的结构（薄壁、斗仓、筒仓、细柱等）	50~70
配筋特密的结构	70~90

注：1. 本表系采用机械振捣时的混凝土坍落度，当采用人工捣实时，其值可适当增大。

2. 当需要配制大坍落度混凝土（如泵送混凝土的坍落度一般应为 80~180mm）时，应掺用外加剂。

3. 曲面或斜面结构混凝土坍落度，应根据实际需要另行选定。

4. 轻骨料混凝土坍落度，宜比表中数值减少 10~20mm。

5）坍落度的测定方法：

坍落度测定方法应符合《普通混凝土拌合物性能试验方法》(50080—2002)规定。详图 C2-6-5-5A。

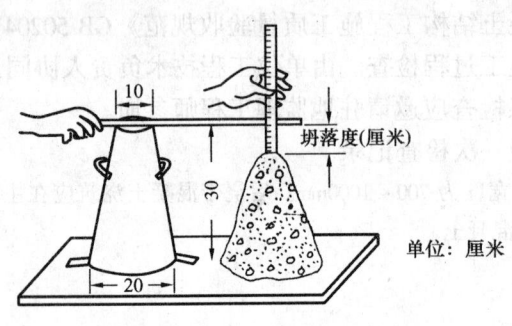

图 C2-6-5-5A 坍落度测定方法

①湿润坍落度筒及其他用具，并把筒放在吸水的刚性水平底板上，然后用脚踩住两边的脚踏板，使坍落度筒在装料时，保持位置固定。

②将混凝土试样，用小铲分三层均匀地装入筒内，使捣实后每层高度约为筒高的1/3左右。每层用捣棒应沿螺旋方向在截面上由外向中心均匀插捣 25 次。各次插捣应在截面上均匀分布；插捣筒边混凝土时，捣棒可稍稍倾斜；插底层时，捣棒应贯穿整层深度；插捣第二层和顶层时，捣棒应插透本层至一层的表面。

浇灌顶层时，混凝土应灌到高出筒口。插捣过程中，如混凝土沉落到低于筒口，则应随时添加。顶层插捣完后，应刮去多余混凝土，并用抹刀抹平。

③将筒边底板上混凝土清除后，垂直而平稳地上提坍落度筒，坍落度筒的提离过程应在 5~10s 内完成。

从开始装料到提起坍落度筒的全过程应连续进行，并应在 150s 内完成。

④提起坍落度筒后，量测筒高与坍落后混凝土试体最高点之间的高度差以 mm 为单位（精确至5mm），即为该混凝土拌合物的坍落度值。坍落度筒提离后，如混凝土发生崩坍或一边剪坏现象，则应重新取样另行测定。如第二次试验仍出现上述现象，则表示该混凝土和易性不好，应记录备查。

⑤观察坍落后混凝土试体的粘聚性及保水性。

黏聚性的检查方法是：用捣棒在已坍落的混凝土锥体侧面轻轻敲打，此时，如果锥体逐渐下沉，则表示粘聚性良好；如果锥体倒塌，部分崩裂或出现离析现象，则表示粘聚性不好。

保水性是以混凝土拌合物中的稀浆析出的程度来评定。坍落度筒提起后，如有较多稀浆从底部析出，锥体部分混凝土拌合物也因失浆而骨料外露，则表明混凝土拌合物的保水性能不好。如坍落度筒提起后无稀浆或仅有少量稀浆自底部析出，则表示此混凝土拌合物保水性良好。

6）坍落度的控制原则：

①预拌混凝土进场时，应按检验批检查入模坍落度，高层建筑应控制在 180mm 以内为宜，其他建筑应控制在 150mm 以内为宜。

②现场搅拌混凝土的坍落度，应按施工组织设计根据试配报告确定的水灰比，严格控制。其允许偏差不应超过表 C2-6-5-5B。

混凝土实测坍落度与要求坍落度的允许偏差详表 C2-6-5-5B。

6. 冬期施工混凝土日报（C2-6-5-6）：

(1) 资料表式

混凝土坍落度与要求坍落度之间的允许偏差（mm）　　表 C2-6-5-5B

要 求 坍 落 度	允 许 偏 差
<50	±10
50~90	±20
>90	±30

冬期施工混凝土日报　　表 C2-6-5-6

工程名称：　　　　　　　　　　　　　　　　年　月　日

时：分	天气情况	积雪	风向	风速	气温（℃）			
					最高	最低	干球	湿度

时：分	原材料温度（℃）			混凝土塌落度	混凝土温度℃养护条件			混凝土数量（m³）	养护方法	备注
	水泥	水	砂	石		出机	入模	结构部位			

项目技术负责人：　　　　　　　　质检员：　　　　　　　　记录人

(2) 实施要点

冬施测温必须由专人负责进行。并通过培训方可上岗。

1) 冬期初始日与终止日：

当日平均气温连续稳定降低到5℃或5℃以下，或者最低气温降到0℃或0℃以下时，即认为进入冬期施工阶段。通常按连续5天稳定低于5℃的第一天为冬期施工的初始日，取连续5天稳定低于5℃时的末日为冬期施工的终止日。

2) 冬期混凝土的配制和搅拌：

配制冬期施工的混凝土，应优先用硅酸盐水泥或普通硅酸盐水泥。水泥强度等级不应低于32.5级，最小水泥用量不宜少于300kg/m³，水灰比不应大于0.6。

使用矿渣硅酸盐水泥，宜采用蒸汽养护；使用其他品种水泥，应注意其中掺合材料对混凝土抗冻、抗渗等性能的影响。

掺用防冻剂的混凝土，严禁使用高铝水泥。

原材料出入罐温度及室外温度每工作班不少于四次测温。

3) 在钢筋混凝土中掺用氯盐类防冻剂时，氯盐掺量按无水状态计算不得超过水泥重量的1%。掺用氯盐的混凝土必须振捣密实，且不宜采用蒸汽养护。在下列钢筋混凝土结构中不得掺用氯盐：

①在高湿度空气环境中使用的结构；

②处于水位升降部位的结构；

③露天结构或经常受水淋的结构；

④与镀锌钢材或与铝铁相接触部位的结构，以及有外露钢筋预埋件而无防护措施的结构；

⑤与含有酸、碱或硫酸盐等侵蚀性介质相接触的结构；

⑥使用过程中经常处于环境温度为60℃以上的结构；

⑦使用冷拉钢筋或冷拔低碳钢丝的结构；

⑧薄壁结构、中级或重级工作制吊车梁、屋架、落锤或锻锤基础等结构；

⑨电解车间和直接靠近直流电源的结构；

⑩直接靠近高压电源（发电站、变电所）的结构；

⑪预应力混凝土结构。

4）当采用素混凝土时，氯盐掺量不得大于水泥重量的3%。

5）冬期拌制混凝土时应优先采用加热水的方法。水及骨料的加热温度应根据热工计算确定，但不得超过表C2-6-5-6A的规定。

水泥不得直接加热，并宜在使用前运入暖棚内存放。

6）混凝土所用骨料必须清洁、不得含有冰、雪等冻结物及易冻裂的矿物质。在掺用含有钾、钠离子防冻剂的混凝土中，不得混有活性骨料。

7）拌制掺用防冻剂的混凝土应符合下列规定：

①防冻剂溶液的配制及防冻剂的掺量应符合现行国家标准的有关规定；

②严格控制混凝土水灰比，由骨料带入的水分及防冻剂溶液中的水分均应从拌合水中扣除；

③搅拌前，应用热水或蒸汽冲洗搅拌机，搅拌时间应取常温搅拌时间的1.5倍；

④混凝土拌合物的出机温度不宜低于10℃，入模温度不得低于5℃。

注：1. 冬期施工前后，应密切注意天气预报，以防气温突然下降遭受寒流和霜冻袭击。
2. 试验资料表明，当温度在4~0℃时，混凝土凝结时间要比15℃时延长三倍；当温度低于0℃，特别是温度下降到混凝土冰点温度（新浇混凝土的冰点为-0.3~0.5℃）以下时，混凝土的水开始结冰，体积膨胀约9%，混凝土将有冻害可能。

拌合水及骨料最高温度（℃） 表 C2-6-5-6A

项 目	拌 合 水	骨 料
强度等级小于42.5的普通硅酸盐水泥、矿渣硅酸盐水泥	80	60
强度等级等于及大于42.5的硅酸盐水泥、普通硅酸盐水泥	60	40

注：当骨料不加热时，水可加热到100℃，但水泥不应与80℃以上的水直接接触，投料顺序为先投入骨料和已加热的水，然后再投入水泥。

8）掺防冻剂混凝土施工的注意事项：

①防冻剂、低温早强剂的质量和拌制成溶液后的质量（有无沉淀和杂质）及浓度；

②拌和物的和易性借以检查配合比是否正确；

③原材料温度、拌和物的出机温度、以及终凝前和浇灌后3天的温度情况；

④浇灌振捣对混凝土保护层厚度的控制情况；

⑤保温覆盖情况。

9）冬期不得在强冻胀性地基上上浇筑混凝土；当混凝土受冻前其抗压强度不得低于：
①硅酸盐水泥或普通硅酸盐水泥配制的混凝土，为设计混凝土强度标准值的30%；
②矿渣硅酸盐水泥配制的混凝土，为设计混凝土强度标准值的40%，但不大于C10的混凝土，不得小于5.0N/mm²。在弱冻胀性地基土上浇筑混凝土时，基土不得遭冻。

10）对加热养护的现浇混凝土结构，混凝土的浇筑程序和施工缝的位置，应能防止在加热养护时产生较大的温度应力，当加热温度在40℃以上时，应征得设计单位同意。

11）当分层浇筑大体积结构时，已浇筑层的混凝土温度，在被上一层混凝土覆盖前，不得低于按热工计算的温度，且不得低于2℃。

12）预应力混凝土的孔道灌浆，应在正温下进行，并应符合，且应养护到强度不小于15.0N/mm²。

13）混凝土养护室外最低温度不低于−15℃时，地面以下的工程或表面系数不大于15m⁻¹的结构，应优先采用蓄热法养护。

混凝土蓄热法养护可掺用早强型外加剂、外部早期短时加热、采用快硬早强水泥、采用棚罩加强围护或利用未冻土热量等延长正温养护龄期和加快混凝土强度的增长措施。

对结构容易受冻的部位，应采取防止混凝土过早冷却的保温措施。

注：表面系数系指结构冷却的表面积（m³）与其全部体积（m²）的比值。

14）整体浇筑的结构，当采用蒸汽法或电热法养护时，混凝土的升、降温速度，不得超过表C2-6-5-6B的规定。

15）蒸汽养护的混凝土，当采用普通硅酸盐水泥时，养护温度不宜超过80℃；当采用矿渣硅酸盐水泥时，养护温度可提高到85℃~95℃。

电热法养护混凝土的温度，应符合表C2-6-5-6C的规定。

当采用蒸汽养护混凝土时，应使用低压饱和蒸汽，加热应均匀，并须排除冷凝水和防止结冰。

加热养护混凝土的升、降温速度（℃/h）　　　　　表C2-6-5-6B

表面系数（m⁻¹）	升 温 速 度	降 温 速 度
≥6	15	10
<6	10	5

注：大体积混凝土应根据实际情况确定。

电热法养护混凝土的温度（℃）　　　　　表C2-6-5-6C

水泥强度等级	结构表面系数（m⁻¹）		
	<10	10~15	>15
425		40	35

16）当采用电热法养护混凝土时，电极的布置，应保证混凝土温度均匀，且混凝土仅应加热到设计的混凝土强度标准值的50%。并尚应符合下列规定：
①应在混凝土的外露表面覆盖后进行；
②宜采用工作电压为50~110V，在素混凝土和每立方米混凝土含钢量不大于50kg的结构中，可采用120~200V；

③在养护过程中,应观察混凝土外露表面的湿度,当表面开始干燥时,应先停电,并浇温水湿润混凝土表面。

17）当采用暖棚法养护混凝土时,棚内温度不得低于5℃,并应保持混凝土表面湿润。

18）模板和保温层,应在混凝土冷却到5℃后方可拆除。当混凝土与外界温差大于20℃时,拆模后的混凝土表面,应采取使其缓慢冷却的临时覆盖措施。

19）掺用防冻剂混凝土的养护应符合下列规定:

①在负温条件下养护,严禁浇水且外露表面必须覆盖;

②混凝土的初期养护温度,不得低于防冻剂的规定温度,达不到规定温度时,应立即采取保温措施;

③掺用防冻剂的混凝土,当温度降低到防冻剂的规定温度以下时,其强度不应小于$3.5N/mm^2$;

④当拆模后混凝土的表面温度与环境温度差大于15℃时,应对混凝土采用保温材料覆盖养护。

20）混凝土养护温度的测量应符合下列规定:

①当采用蓄热法养护时,在养护期间至少每6h一次;

②对掺用防冻剂的混凝土,在强度未达到$3.5N/mm^2$以前每2h测定一次,以后每6h测定一次;

③当采用蒸汽法或电流加热法时,在升温、降温期间每1h一次,在恒温期间每2h一次。

室外气温及周围环境温度在每昼夜内至少应定时定点测量四次。

21）混凝土养护温度的测量方法应符合下列规定:

①全部测温孔均应编号,并绘制测温孔布置图;

②测量混凝土温度时,测温表应采取措施与外界气温隔离;测温表留置在测温孔内的时间应不少于3min;

③测温孔的设置,当采用蓄热法养护时,应在易于散热的部位设置;当采用加热养护法时,应在离热源不同的位置分别设置;大体积结构应在表面及内部分别设置。

22）冬期施工混凝土受冻前临界强度不低于下列值:

①硅酸盐或普通硅酸盐水泥的临界强度为设计标号的30%;

②矿渣硅酸盐水泥的临界强度为设计强度的40%;

③C10或C10以下的混凝土的临界强度为5MPa;掺外加剂的混凝土的临界强度为3.5MPa（该临界强度是在混凝土的水灰比不大于0.6的前提下制定的,水灰比必须大于0.6时,需重新试验）。

注:平均气温测定以室外每天6时、14时、21时的温度为准。

23）在冬期浇筑的混凝土,宜使用无氯盐类防冻剂、对抗冻性要求高的混凝土,宜使用引气剂或引气减水剂。

掺用防冻剂、引气剂或引气减水剂的混凝土的施工,应符合现行国家标准《混凝土外加剂应用技术规范》的规定。

24）测温要求:

①现浇混凝土在测温时，应按测温孔的编号顺序进行，温度计插入测温孔后，堵塞住孔口，留置在测温孔内3~5min后进行读数，读数前应先用指甲按住酒精柱上端所指度数，然后从测温孔口取出温度计，并使与视线成水平，仔细读出所测温度值，并将所测温度记录在记录表上，然后将测温孔封闭。

②测温时要按项目要求按时进行，测温次数：

a.大气温度、环境温度：气温测量每昼夜8、12、20、4点共测4次。其他每昼夜测2~4次。

b.对材料和防冻剂温度每工作班不少于3次。

c.拌合物出机温度每两小时测一次。

d.混凝土入模温度每工作班不少2~4次。

e.养护期间的温度测定：终凝前、低温变化混凝土每4小时测一次，负温混凝土前3天每2小时测一次，以后每昼夜测两次。

f.温度变化时应加强抽测次数。

注：1.大体和混凝土测温应单独记录。新浇筑的大体积混凝土应进行表面保护，减少表面温度的频繁变化，防止或减少因内外温差导致混凝土开裂。

2.备注栏须注明"现场搅拌混凝土"或"商品混凝土"

7._____混凝土养护测温记录（C2-6-5-7）：

（1）资料表式

（2）实施要点

1）基本要求：

①室外日平均气温连续5d低于5℃时起，至室外日平均气温连续5d高于5℃冬施结束这期间浇筑养护的混凝土均需测温观察。

_____混凝土养护测温记录　　　　表 C2-6-5-7

工程名称：　　　　　　　　　　　　　　　　　　施工单位

部　位			养护方法			测试方法			
测温时间	大气温度	浇筑温度	各测孔温度（℃）			平均温度（℃）	间隔时间（h）	温差（℃）
项目技术负责人：			施工员：				试验员：		

②对于采用叠模板工艺施工和滑模工艺施工的结构工程，由于施工工艺对拆模的要求，当大气平均温度低于15℃转入低温施工时就应开始测温。

③采用综合蓄热法，未掺抗冻剂的一般间隔6h测一次，若掺加抗冻剂的混凝土达到受冻临界强度之前，每隔2h测一次，达到受冻临界强度以后每隔6h测一次，若采用蒸汽养护法、干热养护则在升温、降温阶段每隔1h测一次，恒温阶段每隔2h测一次。

④全部测温均应在现场技术部门编号,并绘制布置图(包括位置和深度)。测温时,测温仪表应采取与外界气温隔离措施,并留置在测温孔内不少于3mm。

2) 大体积混凝土浇筑后应测试混凝土表面和内部温度,将温差控制在设计要求的范围之内,当设计无要求时,温差应符合规范规定。新浇筑的大体积混凝土应进行表面保护,减少表面温度的频繁变化,防止或减少因内外温差过大导致混凝土开裂。

3) 冬期施工混凝土和大体积混凝土在浇筑时,根据规范规定设置温孔。测温应编号,并绘制测温孔布置图。大体积混凝土的测温孔应在表面及内部分别设置。

4) 测温的时间、点数以及日次数根据不同的保温方式而不同,但均需符合规范要求。

5) 采用热电偶测温时按表 C2-6-5-7A 要求记录。

热电偶测温记录　　　　　　　　　　　　　　　表 C2-6-5-7A

测点号	测点位置	恒温点温度（℃）	工作点		校核点			备注
			热电势（μV）	换算温度（℃）	实测温度（℃）	热电势（μV）	换算温度	

6) 填表说明:

①平均温度:按不同测温点温度的加数平均值;

②各测孔温度:每测温一次均应按不同时、分,不同测温孔的温度分别记录;

③浇筑温度:系指混凝土振捣后,在混凝土 50mm～100mm 深处的温度;

④间隔时间:系指本次测温和上次测温的时间间隔;

⑤温差:指混凝土浇筑后内部和表面温度之差,不宜超过 25℃。冬期混凝土施工养护测温记录可不填此项。

8. 混凝土同条件养护测温记录 (C2-6-5-8):

(1) 资料表式

混凝土同条件养护测温记录　　　　　　　　　　　表 C2-6-5-8

工程名称:　　　　　　　　　　　　　　　　　　　　　施工单位:

部　位				养护方法		测试方法		
测温时间	大气温度（℃）				平均温度（℃）	间隔时间（h）	温差（℃）	
	2点	8点	14点	20点				
年 月 日								
年 月 日								
年 月 日 ……								
专业技术负责人:			工长:			试验员:		

(2) 实施要点

1) 为保证同条件混凝土试件养护测温具有完整的测温记录，主体工程的测温应从基础混凝土浇筑开始至主体结构完成后一个月内逐日进行了测温。

2) 同条件混凝土试件养护测温记录应满足等效龄期600℃/天时的要求。混凝土试件应以见证送样方式送交试验室进行了抗压强度试验，以保证混凝土试件的真实性。

9. 混凝土养护情况记录（C2-6-5-9）：

实施要点：

(1) 混凝土养护情况记录应用施工记录通用按C2-6-1表式执行。

(2) 混凝土养护情况是根据《混凝土结构工程施工质量验收规范》GB 50204—2002第7.4混凝土施工的有关要求而进行的施工过程检查。由单位工程技术负责人协同质量检查人员及班组长进行，混凝土养护情况应邀请驻地监理工程师参加。

(3) 检查数量为全数检查。

3.2.6.6 钢构件、预制混凝土构件、木构件吊装记录（C2-6-6）

1. 资料表式

钢构件、预制混凝土构件、木构件吊装记录　　　　表 C2-6-6

施工单位：　　　　　　　　　　　　　　　　　　　　　　　　首页

工程名称				构件名称				
使用部位				吊装日期				
位　置			安　装　检　查				焊、铆、栓接检查	
跨	轴线	柱号	搁置与搭接尺寸	接头(点)处理	固定方法	标高复测	尺寸检查	外观检查
吊装综合评价	搭接、接头、固定、尺寸、施工情况							
	施工单位意见							
	旁站监理意见							
项目技术负责人：			质检员：			记录人：		

钢构件、预制混凝土构件、木构件吊装记录　　　　表 C2-6-6A

施工单位：　　　　　　　　　　　　　　　　　　　　　　　　次页

工程名称				构件名称				
使用部位				吊装日期				
位　置			安　装　检　查				焊、铆、栓接检查	
跨	轴线	柱号	搁置与搭接尺寸	接头(点)处理	固定方法	标高复测	尺寸检查	外观检查
项目技术负责人：			质检员：			记录人：		

注：构件吊装记录除首页外均用次页表式记录。

2. 实施要点

凡工程所用需要吊装的构件,均必须有构件吊装施工记录。

(1) 吊装前的检查

1) 对照设计施工图,核对结构吊装的检查内容及技术复核是否真实、齐全,构件的型号、部位、搁置长度、固定方法、节点处理是否符合设计要求和有关规定。复杂的、特殊的装配式结构吊装,其专门的吊装记录是否能反映吊装的主要质量特性。

2) 钢结构的安装焊缝质量检验资料,高强螺栓的检查记录是否符合设计要求和质量标准。

3) 结构吊装是否存在质量问题,对存在的隐患是否进行鉴定和处理,处理后是否复验,复验意见是否明确,设计单位是否签认。

(2) 构件运输应符合下列规定

1) 构件运输时的混凝土强度,当设计无规定时,不应小于设计混凝土强度标准值的75%;

2) 构件支承的位置和方法,应根据其受力情况确定,不得引起混凝土的超应力或损伤构件;

3) 构件装运时应绑扎牢固,防止移动或倾倒;对构件边部或与链索接触处的混凝土,应采用衬垫加以保护;

4) 在运输细长构件时,行车应平稳,并可根据需要对构件设置临时水平支撑。

(3) 构件堆放应符合下列规定

1) 堆放构件的场地应平整坚实,并具有排水措施,堆放构件时应使构件与地面之间留有一定空隙;

2) 应根据构件的刚度及受力情况,确定构件平放或立放,并应保持其稳定;

3) 重叠堆放的构件,吊环应向上,标志应向外;其堆垛高度应根据构件与垫木的承载能力及堆垛的稳定性确定;各层垫木的位置应在一条垂直线上;

4) 采用靠放、架立放的构件,必须对称靠放和吊运,其倾斜角度应保持大于80°,构件上部宜用木块隔开。

(4) 构件安装基本要求

1) 构件安装时的混凝土强度,当设计无具体要求时,不应小于设计的混凝土强度标准值的75%;预应力混凝土构件孔道灌浆的强度,不应小于 15.0N/mm^2。

2) 构件安装前,应在构件上标注中心线。

支承结构的尺寸、标高、平面位置和承载能力均应符合设计要求;应用仪器校核支承结构和预埋件的标高及平面位置,并在支承结构上划出中心线和标高,根据需要尚应标出轴线位置,并做好记录。

3) 构件起吊应符合下列规定:

①当设计无具体要求时,起吊点应根据计算确定;

②在起吊大型空间构件或薄壁构件前,应采取避免构件变形或损伤的临时加固措施;当起吊方法与设计要求不同时,应验算构件在起吊过程中所产生的内力能否符合要求;

③构件在起吊时,绳索与构件水平面所成夹角不宜小于45°,应经过验算或采用吊架

起吊。

4) 构件安装就位后，应采取保证构件稳定性的临时固定措施。

5) 安装就位的构件，必须经过校正后方准焊接或浇筑混凝土，根据需要焊接后可再进行一次复查。

6) 结构构件的校正工作，应符合下列规定：
①应根据水准点和主轴线进行校正，并作好记录；
②吊车梁的校正，应在房屋结构校正和固定后进行。

7) 构件接头的焊接，应符合国家现行标准《钢结构工程施工质量验收规范》和《建筑钢结构焊接技术规程》(JGJ81) 的规定，并经检查合格后，填写记录单。

当混凝土在高温作用下易受损伤时，可采用间隔流水焊接或分层流水焊接的方法。

8) 装配式结构中承受内力的接头和接缝，应采用混凝土或砂浆浇筑，其强度等级宜比构件混凝土强度等级提高二级；对不承受内力的接缝，应采用混凝土或水泥砂浆浇筑，其强度不应低于 $15.0N/mm^2$。

对接头或接缝的混凝土或砂浆宜采取快硬措施，在浇筑过程中，必须捣实。

9) 承受内力的接头和接缝，当其混凝土强度未达到设计要求时，不得吊装上一层结构构件；当设计无具体要求时，应在混凝土强度不小于 $10.0N/mm^2$ 或具有足够的支承时，方可吊装上一层结构构件。

10) 已安装完毕的装配式结构，应在混凝土强度达到设计要求后，方可承受全部设计荷载。

(5) 钢结构焊缝外观安装前的检查

1) 焊缝外观检查是根据《钢结构工程施工质量验收规范》GB 50205—2001 第 5.2 钢构件焊接工程焊缝观感应达到外形均匀、成型较好、焊道与焊道、焊道与基本金属间过渡较平滑，焊渣和飞溅物基本清除干净的要求而进行的施工过程检查。由单位工程技术负责人协同质量检查人员及班组长进行，焊缝外观检查应邀请驻工地监理工程师参加。

2) 焊缝外观检查主要有是否焊满、根部收缩、咬边、裂纹、电弧擦边、接头不良、表面气孔和表面夹渣等项目。

3) 施工单位对焊口进行焊接和焊后进行施工自检。并在焊前检查焊缝宽度、根部间隙和错边值，在焊后检查焊缝宽度和高度。记录主要焊接参数（如电流、电压、焊速和层间温度）和焊接方法。

(6) 填表说明

1) 跨、轴线、柱号：分别按被检构件所在跨、轴线与柱号填写。

2) 安装检查：搁置与搭接尺寸：指构件伸入支承点实际尺寸；接头（点）处理：指构件接头的处理方法，无修改时照图注方法填写，圆孔板堵孔、对头缝处理填入此栏内；固定方法：指构件支承节点的固定方法，如焊接固定、栓接固定等；标高复测：按被安装构件实际复测结果填写。

3) 焊、铆、栓接检查：尺寸检查按被检查的实际尺寸填写；外观检查：按"标准"规定的构件结构的外观质量检查结果填写。

4) 吊装结论：结构吊装的构件、连结部位等，安装完毕后的质量状况，由项目技术负责人填写。

注：钢结构制作单位负责钢构件验收，并填写《钢构件尺寸检查记录表》，检查记录表应反映构件编号、施工图号与位置、图纸尺寸、实测尺寸、误差和外观质量，同时可附图做图示说明。在制作单位的钢构件验收合格基础上，使用单位应对进场的钢构件进行尺寸复验，无误后方可投入吊装使用。

3.2.6.7 预应力施工记录（C2-6-7）

1. 电热法施加预应力记录（C2-6-7-1）：

（1）资料表式

电热法施加预应力记录表　　　　　　表 C2-6-7-1

工程名称：　　　　　　　　　　　　　构件名称、型号：

张拉日期	张拉顺序	钢筋长度(mm)	钢筋直径(mm)	通电时间(s)	伸长(mm)	一次电压(V_1)	一次电流(A_1)	二次电压(V_2)	二次电流(A_2)	孔道温度(℃)	用电量(度)	校核应力			备注
												计算应力(N/mm²)	实际应力(N/mm²)	误差(%)	
1	2	3	4	5	6	7	8	9	10	11	12	13	14	15	16
钢筋张拉顺序编号草图															

项目技术负责人：　　　　　　质检员：　　　　　　记录：

（2）实施要点

1）采用电热法张拉时，预应力筋的电热温度，不应超过 350℃，反复电热次数不宜超过三次。

成批生产前应检查所建立的预应力值，其偏差不应大于相应阶段预应力值的 10% 或小于 5%。

2）电热法适用于用冷拉 HRB335、HRB400、HRB500 级钢筋配筋的一般构件，但对抗裂度较严的结构则不宜采用。当圆形结构（如水池、油罐）采用钢筋做预应力筋时，仍可采用电热法张拉。采用波纹管或其他金属管作预留孔道的结构，不得采用电热法张拉。长线台座上的预应力钢筋因长度较长，散热快，耗电量大，不能采用电热张拉法。

3）冷拉钢筋做预应力筋时，其反复电热次数不宜超过三次，因为电热次数过多，会引起钢筋失去冷强效应，降低钢筋强度。

4）后张电热张拉钢筋是以控制钢筋的伸长值来建立必须的预应力值，对预应力筋的弹性模量，应先经试验确定。应注意，由于电热张拉是以控制伸长建立预应力值的，往往由于对钢材材质掌握不好，而使预应力值不易得到准确的控制。故应在构件成批生产前，应用千斤顶对构件抽样加以校核，摸索出钢筋伸长与建立应力之间的规律，作为成批生产的根据。

5）预应力筋电热张拉过程中，应随时测定电流、电压和钢筋电热温度，并做好记录。可采用交流电压表测定电压，钳形电流表测定电流，采用半导体点温计测定钢筋表面的温度，或用变色测温铅笔，利用笔中色素在一定温度下起变化的特性来测定温度。

6) 电热张拉完成后，间隔一段时间，用拉伸机抽样校核预应力筋的应力。校核时，预应力值偏差不得超过设计规定张拉控制应力值的 +10%或-5%。不论张拉时环境温度如何，预应力筋应力校核的时间，应在断电后 2～24 小时内进行。

校核应力的取值，必须考虑相应阶段的预应力损失。

注：电热法张拉工艺其伸长值、拉伸机校核应力、变压器选择均应经计算确定。

7) 电热张拉注意事项：

①电热变压器或电弧焊机，应尽量靠近张拉钢筋的旁边，以缩短二次线路长度，减少线路电阻。

②若两台电热变压器同时使用时，应注意保证接线方式和线路正确。

③在通电过程中，要不断检查仪表读数，主要掌握二次电流和钢筋温度变化情况。

④预应力钢筋的张拉次序，应按照设计要求依次分组对称张拉，防止构件产生偏心受压。

⑤在通电过程中，如发现钢筋伸长很慢，而构件的混凝土又温度很高，说明有分流，应当立即停电，检查原因。

⑥合闸通电时，要专人负责，统一指挥；一次导线（除采用绝缘胶皮线外）接到现场，必须架立在上空通过，以免触电。

⑦电热设备选用必须正确，最好选用三相低压变压器，变压器应装有可变电阻调节电流，同时应带有冷却设备，以便持续使用。

8) 填表说明：

①张拉顺序：按施工组织设计安排的张拉顺序进行。

②钢筋长度：照实际，钢筋长度应与设计要求的钢筋长度相一致。

③通电时间：照实际的通电时间填写。

④伸长：指电热法施加预应力的伸长值，照实际填写。

⑤一次电压：第一次通电的电压，照实际填写。

⑥一次电流：第一次通电的电流，照实际填写。

⑦二次电压：第二次通电的电压，照实际填写。

⑧二次电流：第二次通电的电流，照实际填写。

⑨孔道温度：指后张法预应力钢筋孔道的温度，照实际测量的孔道温度填写。

⑩用电量（度）：照实际用电量填写。

⑪校核应力：

a. 计算应力：照施工图设计提供的计算应力填写。

b. 实际应力：照实际，最大张拉控制应力，应符合设计和施工规范的要求。

c. 误差：照实际校核测得的误差值，预应力张拉校核误差，不应超过施工规范的要求。

2. 现场施加预应力筋张拉记录（C2-6-7-2）：

(1) 资料表式

现场施加预应力筋张拉记录表　　　　　表 C2-6-7-2

工程名称：																		构件名称、型号：					
施加预应力日期	构件编号	钢筋张拉顺序编号	钢筋规格	设计		张拉时						张拉时弹性伸长(N/mm²)		锚具内缩量(N/mm²)	张拉时强度(N/mm²)	张拉时立缝处混凝土砂浆强度(N/mm²)	钢筋放松顺序编号	放张时					备注
				控制应力(N/mm²)	张拉力(kN)	千斤顶编号	压力表编号	第一次		第二次		计算	实际					千斤顶编号	压力表编号	放松螺帽时		混凝土强度(N/mm²)	
								压力表读数(N/mm²)	拉力(N/mm²)	压力表读数(N/mm²)	拉力(N/mm²)									压力表读数(N/mm²)	张拉力(kN)		
1	2	3	4	5	6	7	8	9	10	11	12	13	14	15	16	17	18	19	20	21	22	23	24
钢筋张拉程序及顺序编号草图																							

项目技术负责人：　　　　　　质检员：　　　　　　记录人：

（2）实施要点

1）预应力筋进场时，应按现行国家标准《预应力混凝土用钢绞线》GB/T 5224 等的规定抽取试件作力学性能检验，其质量必须符合有关标准的规定。按进场的批次和产品的抽样检验方案确定。

2）无粘结预应力筋的涂包质量应符合国家现行标准《钢绞线、钢丝束无粘结预应力筋》JG3006 等的规定。每 60t 为一批，每批抽取一组试件。

3）预应力筋用锚具、夹具和连接器应按设计要求采用，其性能应符合现行国家标准《预应力筋用锚具、夹具和连接器》GB/ 14370 等的规定。按进场批次和产品的抽样检验方案确定。

4）预应力筋张拉及放张时，混凝土强度应符合设计要求；当设计无具体要求时，不应低于设计的混凝土立方体抗压强度标准值的 75%。

5）预应力筋的张拉顺序、张拉力应符合设计及施工技术方案的要求。

当采用应力控制方法张拉时，应校核预应力筋的伸长值。实际伸长值与设计计算伸长值的相对允许偏差为 ±6%。

6）预应力筋张拉锚固后实际建立的预应力值与工程设计规定检验值的相对允许偏差为 ±5%。对先张法施工，每工作班抽查预应力筋总数的 1%，且不少于 3 根；对后张法施工，在同一检验批内，抽查预应筋总数的 3%，且不少于 5 束。

7）锚固阶段张拉端预应力筋的内缩量应符合设计要求。每工作班抽查预应力筋总数的 3%，且不应少于 3 束。

8）先张法预应力筋张拉后与设计位置的偏差不得大于 5mm，且不得大于构件截面短边边长的 4%。每工作班抽查预应力筋总数的 3%，且不应少于 3 束。

9）施加预应力所用的机具设备及仪表，应定期维护和校验。

张拉设备应配套校验，以确定张拉力与仪表读数的关系曲线。压力表的精度不宜低于1.5级，校验张拉设备用的试验机或测力计精度不得低于±2%。校验时千斤顶活塞的运行方向，应与实际张拉工作状态一致。

10）张拉过程中应避免预应力筋断裂或滑脱；当发生断裂或滑脱时，必须符合下列规定：

①对后张法预应力结构构件，断裂或滑脱的数量严禁超过同一截面预应力筋总根数的3%，且每束钢丝不得超过一根；对多跨双向连续板，其同一截面应按每跨计算；

②对先张法预应力构件，在浇筑混凝土前发生断裂或滑脱的预应力筋必须予以更换。

11）安装张拉设备时，直线预应力筋，应使张拉力的作用线与孔道中心线重合；曲线预应力筋，应使张拉力的作用线与孔道中心线末端的切线重合。

12）当采用应力控制方法张拉时，应校核预应力筋的伸长值。如实际伸长值比计算伸长值大于10%或小于5%，应暂停张拉，在采取措施予以调整后，方可继续张拉。

13）预应力筋的计算伸长值 Δl（mm），可按下式计算：

$$\Delta l = \frac{F_p \cdot l}{A_p \cdot E_s}$$

式中　F_p——预应力筋的平均张拉力（kN），直线筋取张拉端的拉力；两端张拉的曲线筋，取张拉端的拉力与跨中扣除孔道摩阻损失后拉力的平均值；

　　　A_p——预应力筋的截面面积（mm²）；

　　　l——预应力筋的长度（mm）；

　　　E_s——预应力筋的弹性模量（kN/mm²）。

预应力筋的实际伸长值，宜在初应力为张拉控制应力10%左右时开始量测，但必须加上初应力以下的推算伸长值；对后张法，尚应扣除混凝土构件在张拉过程中的弹性压缩值。

14）锚固阶段张拉端预应力筋的内缩量，不宜大于表C2-6-7-2A的规定。

锚固阶段张拉端预应力筋的内缩量允许值（mm）　　　表C2-6-7-2A

锚具类别	内缩量允许值
支承式锚具（镦头锚、带有螺丝端杆的锚具等）	1
锥塞式锚具	5
夹片式锚具	5
每块后加的锚具垫板	1
夹片式锚具无顶压	6~8

注：1. 内缩量值系数指预应力筋锚固过程中，由于锚具零件之间和锚具与预应力筋之间的相对移动和局部塑性变形造成的回缩量；

　　2. 当设计对锚具内缩量允许值有专门规定时，可按设计规定确定。

15）先张法预应力施工：

①先张法墩式台座的承力台墩，其承载能力和刚度必须满足要求，且不得倾覆和滑移，其抗倾覆和抗滑移安全系数，应符合现行国家标准《建筑地基基础设计规范》的规定。台座的构造，应适合构件生产工艺的要求；台座的台面，宜采用预应力混凝土。

②在铺放预应力筋时，应采取防止隔离剂沾污预应力筋的措施。

③当同时张拉多根预应力筋时，应预先调整初应力，使其相互之间的应力一致。

④张拉后的预应力筋与设计位置的偏差不得大于 5mm，且不得大于构件截面最短边长的 4%。

⑤放张预应力筋时，混凝土强度必须符合设计要求；当设计无专门要求时，不得低于设计的混凝土强度标准值的 75%。

⑥预应力筋的放张顺序，应符合设计要求；当设计无专门要求时，应符合下列规定：对承受轴心预压力的构件（如压杆、桩等），所有预应力筋应同时放张；对承受偏心预压力的构件，应先同时放张预压力较小区域的预应力筋，再同时放张预压力较大区域的预应力筋；当不能按上述规定放张时，应分阶段、对称、相互交错地放张。

⑦放张后预应力筋的切断顺序，宜由放张端开始，逐次切向另一端。

16）后张法预应力施工：

①预留孔道的尺寸与位置应正确，孔道应平顺。端部的预埋钢板应垂直于孔道中心线。

②孔道可采用预埋波纹管、钢管抽芯、胶管抽芯等方法成形。钢管应平直光滑，胶管宜充压力水或其他措施以增强刚度，波纹管应密封良好并有一定的轴向刚度，接头应严密，不得漏浆。

固定各种成孔管道用的钢筋井字架间距：钢管不宜大于 1m；波纹管不宜大于 0.8mm；胶管大宜大于 0.5mm，曲线孔道宜加密。

灌浆孔间距：预埋波纹管不宜大于 30m；轴芯成形孔道不宜大于 12m；曲线孔道的曲线波峰部位，宜设置泌水管。

③当铺设已穿有预应力筋的波纹管或其他金属管道时，严禁电火花损伤管道内的钢丝或钢绞线。

④孔道成形后，应立即逐孔检查，发现堵塞，应及时疏通。

⑤预应力筋张拉时，结构的混凝土强度应符合设计要求，当设计无具体要求时，不应低于设计强度标准值的 75%。

⑥预应力筋的张拉顺序应符合设计要求，当设计无具体要求时，可采用分批、分阶段对称张拉。

采用分批张拉时，应计算分批张拉的预应力损失值，分别加到先张拉预应力筋的张拉控制应力值内，或采用同一张拉值逐根复拉补足。

⑦预应力筋张拉端的设置，应符合设计要求；当设计无具体要求时，应符合下列规定：抽芯成形孔道：对曲线预应力筋和长度大于 24m 的直线预应力筋，应在两端张拉；对长度不大于 24m 的直线预应力筋，可在一端张拉；预埋波纹管孔道：对曲线预应力筋和长度大于 30m 的直线预应力筋，宜在两端张拉；对长度不大于 30m 的直线预应力筋可在一端张拉。

当同一截面中有多根一端张拉的预应力筋时，张拉端宜别设置在结构的两端。

当两端同时拉同一根预应力筋时，宜先在一端锚固，再在另一端补足张力后进行锚固。

⑧平卧重叠浇筑的构件，宜先上后下逐层进行张拉。为了减少上下层之间因摩阻引起的预应力损失。可逐层加大张拉力。底层张拉力，对钢丝、钢绞线、热处理钢筋，不宜比顶层张拉力大 5%；对冷拉 HRB335、HRB400、HRB500 级钢筋，不宜比顶层张拉力大

9%，且不得超过第6.3.3条的规定。当隔离层效果较好时，可采用同一张拉值。

⑨预应力筋锚固后的外露长度，不宜小于30mm锚具应用封端混凝土保护，当需长期外露时，应采取防止锈蚀的措施。

⑩预应力筋张拉后，孔道应及时灌浆；当采用电热法时，孔道灌浆应在钢筋冷却后进行。

⑪用连接器连接的多跨连续预应力筋的孔道灌浆，应张拉完一跨随即灌注一跨，不得在各跨全部张拉完毕后，一次连续灌浆。

⑫孔道灌浆应采用砂浆强度等级不低于32.5普通硅酸盐水泥配制的水泥浆；对空隙大的孔道，可采用砂浆灌浆。水泥浆及砂浆强度，均不应少于$20N/mm^2$。

⑬灌浆用水泥浆的水灰比宜为0.4左右，搅拌后三小时泌水率宜控制在2%，最大不得超过3%，当需要增加孔道灌浆的密实性时，水泥浆中可掺入对预应力筋无腐蚀作用的外加剂。

注：矿渣硅酸盐水泥：按上述要求试验合格后，也可使用。

⑭灌浆前孔道应湿润、洁净；灌浆顺序宜先灌注下层孔道；灌浆应缓慢均匀地进行，不得中断，并应排气通顺；在灌满孔道并封闭排气孔后，宜再继续加压至0.5~0.6MPa，稍后再封闭灌浆孔。

不掺外加剂的水泥浆，可采用二次灌浆法。

17) 填表说明：

①钢筋张拉程序：按施工组织设计程序进行，应符合设计和规范的有关要求。

②钢筋张拉顺序编号：按冷拉顺序草图上的编号，应依次填写。

③设计：控制应力照施工图设计说明填写，张拉力照施工图设计说明填写。

④张拉时：千斤顶编号照实际选用。

⑤压力表编号：照实际选用压力表的编号填写。

⑥第一次：压力表读数，照第一次测得的压力表实际数值填写。

⑦拉力：照第一次测得的拉力实际数值填写。

⑧第二次：压力表读数，照第二次测得的压力表实际数值填写。

⑨拉力：照第二次测得的拉力数值填写。

⑩张拉时弹性伸长：计算，指张拉时弹性伸长的计算值，按实际结果填写；实际，指实际测得张拉时的弹性伸长。

⑪锚具内缩量：照实际检测的内缩量值填写。锚具内缩量允许值见表C2-6-7-2A。

⑫张拉时混凝土强度：指张拉钢筋时混凝土已达到的实际强度值。

⑬张拉时立缝处混凝土砂浆强度：指张拉钢筋时混凝土立缝处强度值。

⑭钢筋放张顺序编号：按冷拉顺序草图上的编号。分别按放松顺序依次填写。

⑮放张时：千斤顶编号照实际使用的千斤顶的编号填写；压力表编号照实际使用的压力表的编号填写。

⑯放松螺帽时：压力表读数照实际放松螺帽时测得的压力表读数填写；张拉力照实际放松螺帽时测得的压力表读数填写。

⑰混凝土强度：指放张时混凝土已达到的实际强度值。

3. **钢筋冷拉记录（C2-6-7-3）：**

(1) 资料表式

钢筋冷拉记录表 表 C2-6-7-3

工程名称： 施工单位

构件名称和编号：			试验报告编号：			控制冷拉率、应力：		
冷拉日期	钢筋编号	钢筋规格	钢筋长度（不包括螺丝端杆长）			冷拉控制拉力（kN）	冷拉时温度（℃）	备注
			冷拉前	冷拉后	弹性回缩后			
1	2	3	4	5	6	7	8	9
技术负责人			质检员：			记录：		

(2) 实施要点

1) 预应力筋张拉记录是根据《混凝土结构工程施工质量验收规范》GB 50204—2002 第 6 节预应力分项工程中 6.4 张拉和放张的有关要求而进行的施工过程检查。由单位工程技术负责人协同质量检查人员及班组长进行，预应力筋张拉应邀请驻工地监理工程师参加。

2) 冷拉是将 HPB235～HRB500 级热轧钢筋在常温下进行强力拉伸至超过钢筋屈服点，但小于抗拉强度的某一应力，然后放松。冷拉可将调直、除锈、冷拉三个工序同时完成。冷拉控制方法有两种：单控和双控。仅用冷拉率控制的方法称单控；用冷拉率和冷拉应力同时控制称为双控。冷拉设备由拉力装置，承力机构，钢筋夹具及测量装置组成。

3) 冷拉钢筋进场时应按规范要求进行检查验收。

4) 用控制冷拉率方法冷拉钢筋时，钢筋应按每一原捆为一批，通过试验确定该批冷拉率。对屈服点大于或等于 450MPa 的进口钢筋代替冷拉 HRB335 级钢筋时也应进行冷拉，此时一批钢筋的统一冷拉率取为 1%。

5) 通常拉伸直径 $\phi6～\phi12$mm 的钢筋，采用 3 吨慢动卷扬机。拉伸直径 $\phi12$mm 以上的钢筋，采用 5 吨慢动卷扬机。

6) 凡从事预应力张拉施工的单位，必须取得资质证明，否则不能进行预应力张拉施工。

7) 预应力筋张拉过程中，监理单位应旁站，对张拉进行质量控制。

8) 填表说明：

①控制应力：指控制冷拉应力。由施工企业的技术负责人按要求提出。

②控制冷拉率：指冷拉的拉伸长度，单控时的控制值：HPB235 级钢冷拉伸长约 5%，HRB335 级钢冷拉伸长率 2%，由技术负责人按要求提出。

③钢筋编号：按施工单位钢筋冷拉的实际钢筋编号填写。

④钢筋长度：

a. 冷拉前：指未冷拉时的钢筋长度。

b. 冷拉后：指冷拉后的钢筋长度。

c. 弹性回缩后：指经时效后的冷拉钢筋长度。

⑤冷拉控制拉力：指钢筋冷拉时设备上的实际冷拉控制力。

⑥冷拉时温度：指钢筋冷拉时大气温度，照实际测温记录填写。

3.2.6.8 无粘结预应力筋锚具外观检验、无粘结预应力钢丝镦头外观检验施工记录（C2-6-8）

实施要点：

（1）无粘结预应力筋锚具外观检验、无粘结预应力钢丝镦头外观检验施工记录（通用）按C2-6-1表式执行。

（2）无粘结预应力筋锚具外观检验、无粘结预应力钢丝镦头外观检验施工是根据《混凝土结构工程施工质量验收规范》GB 50204—2002第6章预应力分项工程中6.3制作与安装和6.4张拉与放张的有关要求而进行的施工过程检查。由单位工程技术负责人协同质量检查人员及班组长进行，无粘结预应力筋锚具外观检验、无粘结预应力钢丝镦头外观检验施工应邀请驻工地监理工程师参加。

（3）检验结果应符合《预应力筋锚具、夹具和连接器》（GB/T 14370）等的规定。

（4）外观检验内容包括：表面无污物、锈蚀、机械损伤和裂纹。检查数量为全数检查。

3.2.6.9 钢结构施工记录（C2-6-9）

1. 钢构件焊接预、后热施工记录（C2-6-9-1）

实施要点：

（1）按施工记录（通用）按C2-6-1表式执行。

（2）施工单位对其首次采用的钢材、焊接材料、焊接方法、焊后热处理等，应进行焊接工艺评定，并应根据评定报告确定焊接工艺。检查焊接工艺评定报告。

（3）对于需要进行焊前预热或焊后热处理的焊缝，其预热温度或后热温度应符合国家现行有关标准的规定或通过工艺试验确定。预热区在焊道两侧，每侧宽度均应大于焊件厚度的1.5倍以上，且不应小于100mm；后热处理应在焊后立即进行，保温时间应根据板厚按每25mm板厚1h确定。《钢结构工程施工质量验收规范》（GB 50205）第5.2.7条要求检查预、后热施工记录和工艺试验报告。

2. 钢零件、钢部件矫正和成型、边缘加工施工记录（C2-6-9-2）

实施要点：

（1）钢零件及钢部件加工矫正和成型、边缘加工施工记录按C2-6-1表式执行。

（2）碳素结构钢在环境温度低于-16℃、低合金结构钢在环境温度低于-12℃时，不应进行冷矫正和冷弯曲。碳素结构钢和低合金结构钢在加热矫正时，加热温度不应超过900℃。低合金结构钢在加热矫正后应自然冷却。

注：因在低温下钢材受外力脆断要比冲孔、剪切加工时而脆断更敏感，故对冷矫正和冷弯曲在低温下施工必须严格限制环境温度。

（3）当零件采用热加工成型时，加热温度应控制在900~1000℃；碳素结构钢和低合金结构钢在温度分别下降到700℃和800℃之前，应结束加工；低合金结构钢应自然冷却。

（4）气割或机械剪切的零件，需要进行边缘加工时，其刨削量不应小于2.0mm。

（5）《钢结构工程施工质量验收规范》（GB 50205）第7.3.1条、第7.3.2条、第7.4.1条要求检查施工记录和工艺报告。

3. 钢结构单层、多层及高层主体结构的整体垂直度和整体平面弯曲测量施工记录

（C2-6-9-3）

实施要点：

（1）钢结构单层、多层及高层主体结构的整体垂直度和整体平面弯曲测量施工记录按 C2-6-1 表式执行。

（2）记录施工结果的偏差值：单层钢结构主体结构的整体垂直度和整体平面弯曲的允许偏差应符合表 C2-6-9-3A 的规定。检查数量：对主要立面全部检查。对每个所检查的立面，除两列角柱外，尚应至少选取一列中间柱。

整体垂直度和整体平面弯曲的允许偏差（mm） 表 C2-6-9-3A

项　目	允许偏差	图　例
主体结构的整体垂直度	H/1000，且不应大于 25.0	
主体结构的整体平面弯曲	L/1500，且不应大于 25.0	

多层及高层钢结构主体结构的整体垂直度和整体平面弯曲的允许偏差应符合表 C2-6-9-3B 的规定。检查数量：对主要立面全部检查。对每个所检查的立面，除两列角柱外，尚应至少选取一列中间柱。检验方法：对于整体垂直度，可采用激光经纬仪、全站仪测量，也可根据各节柱的垂直度允许偏差累计（代数和）计算。对于整体平面弯曲，可按产生的允许偏差累计（代数和）计算。

整体垂直度和整体平面弯曲的允许偏差（mm） 表 C2-6-9-3B

项　目	允许偏差	图　例
主体结构的整体垂直度	(H/2500 + 10.0)，且不应大于 50.0	
主体结构的整体平面弯曲	L/1500，且不应大于 25.0	

4. 高强度螺栓连接副施工质量检查施工记录（C2-6-9-4）

实施要点：

（1）高强度螺栓连接副施工质量检查施工记录按 C2-6-1 表式执行。

（2）高强度螺栓连接副施工质量检查是根据《钢结构工程施工质量验收规范》GB 50205—2001 第 6.3 高强度螺栓连接的有关要求而进行的施工过程检查。由单位工程技术负责人协同质量检查人员及班组长进行，高强度螺栓连接副施工质量检查应邀请驻工地监理工程师参加。

（3）记录：螺栓规格型号、对应的构件编号，设计初拧扭矩和终拧扭矩，扭矩扳手核定偏差，施工质量检查项目（初拧与终拧值，设计预拉力检验与测定扭矩，螺栓外露丝扣和外观质量）。

高强度螺栓拧紧：分为初拧、终拧，对于大型节点应分为初拧、复拧、终拧。大六角头高强度螺栓初拧扭矩为施工扭矩的 50% 左右，扭剪型高强度螺栓初拧扭矩值为 $0.13 \times Pc \times d$ 的 50% 左右。复拧扭矩等于初拧扭矩。

高强度螺栓连接副终拧后：螺栓丝扣外露应 2~3 扣，其中允许有 10% 的螺栓丝扣外露 1 扣或 4 扣。

（4）大六角头高强度螺栓按节点数抽查 10%，且不应少于 10 个；每个被抽查节点按螺栓数抽查10%，且不应少于2个。

（5）扭剪型高强度螺栓按节点数抽查10%，且不应少于10个；被抽查节点中梅花头未拧掉的扭剪型高强度螺栓连接副全数进行终拧扭矩检查。

5. 钢网架结构节点承载力试验施工记录（C2-6-9-5）

实施要点：

（1）钢网架结构节点承载力试验施工记录按C2-6-1表式执行。

（2）记录结构节点承载力试验过程与结果：对建筑结构安全等级为一级，跨度40m及以上的公共建筑钢网架结构，且设计有要求时，应按下列项目进行节点承载力试验，其结果应符合以下规定：

1）焊接球节点应按设计指定规格的球及其匹配的钢管焊接成试件，进行轴心拉、压承载力试验，其试验破坏荷载值大于或等于1.6倍设计承载力为合格。

2）螺栓球节点应按设计指定规格的球最大螺栓孔螺纹进行抗拉强度保证荷载试验，当达到螺栓的设计承载力时，螺孔、螺纹及封板仍完好无损为合格。

3）检查数量：每项试验做3个试件。

6. 钢网架结构挠度测量施工记录（C2-6-9-6）

实施要点：

（1）钢网架结构挠度测量施工记录按C2-6-1表式执行。

（2）记录结构挠度试验过程与结果：钢网架结构总拼完成后及屋面工程完成后应分别测量其挠度值，且所测的挠度值不应超过相应设计值的1.15倍。

（3）检查数量：跨度24m及以下钢网架结构测量下弦中央一点；跨度24m以上钢网架结构测量下弦中央一点及各向下弦跨度的四等分点。

7. 压型金属板安装施工记录（C2-6-9-7）

实施要点：

（1）压型金属板安装施工记录按C2-6-1表式执行。

（2）压型金属板安装应记录的内容：

1）压型金属板、泛水板和包角板等应固定可靠、牢固，防腐涂料涂刷和密封材料敷设应完好，连接件数量、间距应符合设计要求和国家现行有关标准规定。

2）压型金属板应在支承构件上可靠搭接，搭接长度应符合设计要求，且不应小于钢结构（压型金属板安装）检验批质量验收记录表所规定的数值。

3）组合楼板中压型金属板与主体结构（梁）的锚固支承长度应符合设计要求，且不应小于50mm，端部锚固件连接应可靠，设置位置应符合设计要求。

4）压型金属板安装应平整、顺直，板面不应有施工残留物和污物。檐口和墙面下端应呈直线，不应有未经处理的错钻孔洞。

8. 钢结构防腐、防火涂料涂装施工记录（C2-6-9-8）

实施要点：

（1）钢结构防腐、防火涂料涂装施工记录按C2-6-1表式执行。

（2）钢结构防腐、防火涂料涂装应记录的内容：

1）涂装前钢材表面除锈应符合设计要求和国家现行有关标准的规定。处理后的钢材表面不应有焊渣、焊疤、灰尘、油污、水和毛刺等。当设计无要求时，钢材表面除锈等级应符合表 C2-6-9-8 的规定。

各种底漆或防锈漆要求最低的除锈等级 表 C2-6-9-8

涂 料 品 种	除锈等级
油性酚酸等底漆或防锈漆	St2
高氯化聚乙烯、氯化橡胶、氯磺化聚乙烯、环氧树脂、聚氨酯等底漆或防锈漆	Sa2
无机富锌、有机硅、过氯乙烯等底漆	Sa2$\frac{1}{2}$

2）涂料、涂装遍数、涂层厚度均应符合设计要求。当设计对涂层厚度无要求时，涂层干漆膜总厚度：室外应为 150μm，室内应为 125μm，其允许偏差为 –5μm。

3）构件表面不应误涂、漏涂，涂层不应脱皮和返锈等。涂层应均匀、无明显皱皮、流坠、针眼和气泡等。

4）当钢结构处在有腐蚀介质环境或外露且设计有要求时，应进行涂层附着力测试，在检查测处范围内，当涂层完整程度达到 70% 以上时，涂层附着力达到合格质量标准的要求。

3.2.6.10 幕墙工程施工记录（C2-6-10）

1．幕墙节点联结、防火处理、安装与固定、变形缝处理等施工记录（C2-6-10-1）

实施要点：

（1）幕墙节点联结、防火处理、安装与固定、变形缝处理施工记录按 C2-6-1 表式执行。

（2）记录幕墙细部的施工过程与结果：幕墙与主体结构连接的各种预埋件、连接件、紧固件必须安装牢固，其数量、规格、位置、连接方法和防腐处理应符合设计要求；各种连接件、紧固件的螺栓应有防松动措施；焊接连接应符合设计要求和焊接规范的规定。

各种结构变形缝、墙角的连接节点应符合设计要求和技术标准的规定。

幕墙的防雷装置必须与主体结构的防雷装置可靠连接。

（3）记录幕墙防火：幕墙的防火除应符合现行国家标准《建筑设计防火规范》（GBJ 16）和《高层民用建筑设计防火规范》（GB 50045）的有关规定外，还应符合下列规定：

1）应根据防火材料的耐火极限决定防火层的厚度和宽度，并应在楼板处形成防火带。

2）防火层应采取隔离措施。防火层的衬板应采用经防腐处理且厚度不小于 1.5mm 的钢板，不得采用铝板。

3）防火层的密封材料应采用防火密封胶。

4）防火层与玻璃不应直接接触，一块玻璃不应跨两个防火分区。

2．幕墙结构胶粘结剥离试验施工记录（C2-6-10-2）

实施要点：

（1）幕墙结构胶粘结剥离试验施工记录按 C2-6-1 表式执行。

（2）记录幕墙结构胶粘结剥离试验过程与结果：玻璃幕墙结构胶粘结剥离试验是根据《玻璃幕墙工程技术规范》JGJ 102 关于幕墙安装施工的有关要求而进行的施工过程检查。由单位工程技术负责人协同质量检查人员及班组长进行，玻璃幕墙结构胶粘结剥离试验应邀请驻工地监理工程师参加。

（3）每百个隐框幕墙组件随机抽取一件进行剥离试验，如结构胶属双组份胶的应进行拉断和蝴蝶试样试验。

3. 密封胶、密封材料和衬垫材料检查验收施工记录（C2-6-10-3）

实施要点：

（1）密封胶、密封材料和衬垫材料检查验收施工记录按C2-6-1表式执行。

（2）记录施工用材料的合格程度：密封胶、密封材料和衬垫材料检查验收是根据《玻璃幕墙工程技术规范》JGJ 102关于幕墙安装施工的有关要求而进行的施工过程检查。由单位工程技术负责人协同质量检查人员及班组长进行，密封胶、密封材料和衬垫材料检查验收应邀请驻工地监理工程师参加。

检查密封胶出厂合格证。采用观察检查、切割检查，并应采用分辨为0.5mm的游标卡尺测量密封胶的宽度和厚度。同时检查相容性试验报告及其结果。

4. 注胶施工记录（C2-6-10-4）

实施要点：

（1）注胶施工记录按C2-6-1表式执行。

（2）记录幕墙注胶施工过程与结果：幕墙注胶是根据《玻璃幕墙工程技术规范》JGJ102关于幕墙安装施工的有关要求而进行的施工过程检查。由单位工程技术负责人协同质量检查人员及班组长进行，幕墙注胶应邀请驻工地监理工程师参加。

（3）幕墙注胶施工过程中应进行检查记录，检查内容包括宽度、厚度连续性、均匀性、密实度和饱满度等。

3.2.6.11 装饰装修工程施工记录（C2-6-11）

1. 抹灰（一般、装饰等）施工记录（C2-6-11-1）

实施要点：

（1）抹灰（一般、装饰等）施工记录按C2-6-1表式执行。

（2）记录抹灰工程施工过程与结果：抹灰前基层表面的尘土、污垢、油渍等应清除干净，并应洒水润湿。

（3）抹灰工程应分层进行。当抹灰总厚度大于或等于35mm时，应采取加强措施。不同材料基体交接处表面的抹灰，应采取防止开裂的加强措施，当采用加强网时，加强网与各基体的搭接宽度不应小于100mm。

抹灰层的总厚度应符合设计要求；水泥砂浆不得抹在石灰砂浆层上；罩面石膏灰不得抹在水泥砂浆层上。

（4）抹灰层与基层之间及各抹灰层之间必须粘结牢固，抹灰层应无脱层、空鼓，面层应无爆灰和裂缝。

（5）有排水要求的部位应做滴水线（槽），滴水槽的宽度和深度均不应小于10mm。

2. 门窗预埋件、锚固件、防腐、填嵌处理施工记录（C2-6-11-2）

实施要点：

（1）门窗预埋件、锚固件、防腐、填嵌处理施工记录按C2-6-1表式执行。

（2）记录门窗预埋件、锚固件、防腐、填嵌处理施工过程与结果：木门窗框的安装必须牢固。预埋木砖的防腐处理、木门窗框固定点的数量、位置及固定方法应符合设计要求。

（3）木门窗与墙体间缝隙的填嵌材料应符合设计要求，填嵌应饱满。寒冷地区外门窗

(或门窗框）与砌体间的空隙应填充保温材料。

3. 吊顶工程施工记录（C2-6-11-3）

实施要点：

（1）吊顶工程施工记录按 C2-6-1 表式执行。

（2）记录吊顶工程施工过程与结果：明龙骨、暗龙骨吊顶工程的吊杆、龙骨和饰面材料的安装必须牢固。

（3）金属吊杆、龙骨的接缝应均匀一致，角缝应吻合，表面应平整，无翘曲、锤印。木质吊杆、龙骨应顺直，无劈裂、变形。

（4）吊顶内填充吸声材料的品种和铺设厚度应符合设计要求，并应有防散落措施。

4. 轻质隔墙（板材骨架、活动隔墙、玻璃隔墙等）工程施工记录（C2-6-11-4）

实施要点：

（1）轻质隔墙（板材骨架、活动隔墙、玻璃隔墙等）工程施工记录按 C2-6-1 表式执行。

（2）记录轻质隔墙工程施工过程与结果：隔墙板材所用接缝材料的品种及接缝方法应符合设计要求。

（3）玻璃板隔墙的安装必须牢固。玻璃板隔墙胶垫的安装应正确。

5. 饰面板（砖）施工记录（C2-6-11-5）

实施要点：

（1）饰面板（砖）施工记录按 C2-6-1 表式执行。

（2）记录饰面板（砖）工程施工过程与结果：饰面板安装工程的预埋件（或后置埋件）、连接件的数量、规格、位置、连接方法和防腐处理必须符合设计要求。后置埋件的现场拉拔强度必须符合设计要求。饰面板安装必须牢固。

（3）采用湿作业法施工的饰面板工程，石材应进行防碱背涂处理。饰面板与基体之间的灌注材料应饱满、密实。

6. 涂饰、裱糊与软包工程施工记录（C2-6-11-6）

实施要点：

（1）涂饰、裱糊与软包工程施工记录按 C2-6-1 表式执行。

（2）记录涂饰、裱糊与软包工程施工过程与结果：

1）软包工程的安装位置及构造做法应符合设计要求。

2）水性涂料涂饰、溶剂型涂料涂饰工程的基层处理应符合《建筑装饰装修工程质量验收规范》（GB 50210—2001）规范第 10.1.5 条的要求。

3）裱糊工程基层处理质量应符合《建筑装饰装修工程质量验收规范》（GB 50210—2001）规范第 11.1.5 条的要求。

7. 细部工程护栏与预埋件（或后置埋件）连接节点施工记录（C2-6-11-7）

实施要点：

（1）细部工程护栏与预埋件（或后置埋件）连接节点施工记录按 C2-6-1 表式执行。

（2）记录细部工程施工过程与结果：橱柜安装预埋件或后置埋件的数量、规格、位置应符合设计要求。

（3）护栏和扶手安装预埋件的数量、规格、位置以及护栏与预埋件的连接节点应符合设计要求。

3.2.6.12 地下防水工程施工记录（C2-6-12）

1. 地下防水转角处、变形缝、穿墙管道、后浇带、埋设件、施工缝留槎位置、穿墙管止水环与主管或翼环与套管等细部做法施工记录（C2-6-12-1）

实施要点：

（1）地下防水转角处、变形缝、穿墙管道、后浇带、埋设件、施工缝留槎位置、穿墙管止水环与主管或翼环与套管等细部做法施工记录按C2-6-1表式执行。

（2）地下防水细部做法应记录的内容：

1）地下防水转角处、变形缝、穿墙管道、后浇带、埋设件、施工缝留槎位置等细部做法隐蔽工程验收记录是指承包单位根据规范要求提请监理、建设、设计等相关单位对地下防水转角处、变形缝、穿墙管道、后浇带、埋设件、施工缝留槎位置等细部做法。

穿墙管止水环与主管或翼环与套管隐蔽工程验收记录是指承包单位根据规范要求提请监理、建设、设计等相关单位对穿墙管止水环与主管或翼环与套管细部做法的验收。

2）变形缝：检查验收变形缝防水止水带宽度和材质的物理性能，均应符合设计要求，接头应采用热接，不得叠接，不得有裂口和脱胶现象；中埋式止水带中心线应和变形缝中心线重合，止水带不得穿孔或用铁钉固定；变形缝处增设的卷材或涂料防水层，应按设计要求施工。

3）施工缝：检查验收施工缝防水的水平施工缝、垂直施工缝表面清理程度、涂刷混凝土界面处理剂情况以及采用遇水膨胀橡胶止水条时是否牢固置于缝表面预留槽内，确保止水带位置准确、固定牢靠。

4）后浇带：检查验收后浇带防水两侧混凝土龄期是否达到42d后再施工；后浇带采用的补偿收缩混凝土强度等级不得低于两侧混凝土的强度等级。

5）埋设件：检查验收埋设件的防水端部或预留孔（槽）底部的混凝土厚度不得小于250mm；预留地坑、孔洞、沟槽内的防水层，应与孔（槽）外的结构防水层保持连续；固定模板用的螺栓必须穿过混凝土结构时，螺栓或套管应满焊止水环或翼环；采用工具式螺栓或螺栓加堵头做法，拆模后应采取加强防水措施将留下的凹槽封堵密实。

6）穿墙管：检查验收穿墙管止水环与主管或翼环与套管的连续满焊及防腐处理情况；穿墙管处防水层施工前套管内表面应清理干净；套管内的管道安装完毕后两管间嵌入内衬填料、端部密封材料填缝情况。柔性穿墙时，穿墙内侧用的法兰是否压紧；穿墙管外侧防水层是否铺设严密，不留接茬；增铺附加层时，必须按设计要求施工。

2. 盾构法隧道管片拼装接缝施工记录（C2-6-12-2）

实施要点：

（1）盾构法隧道管片拼装接缝施工记录按C2-6-1表式执行。

（2）记录盾构法隧道管片拼装接缝工程施工过程与结果：盾构法隧道管片拼装接缝防水应符合设计要求。

3. 渗排水、盲沟排水、隧道、坑道排水施工记录（C2-6-12-3）

实施要点：

（1）渗排水、盲沟排水、隧道、坑道排水施工记录按C2-6-1表式执行。

（2）渗排水、盲沟排水应记录的内容：

反滤层的砂、石粒径和含泥量、集水管的埋设深度及坡度、渗排水层的构造、盲沟的构造应符合设计要求。

(3) 隧道、坑道排水系统应记录的内容（必须畅通）：

反滤层的砂、石粒径和含泥量、土工复合材料、隧道纵向集水盲管和排水明沟的坡度、隧道导水盲管和横向排水管的设置间距、中心排水盲沟的断面尺寸、集水管埋设及检查井设置应符合设计要求。

(4) 盲沟反滤层材料控制应记录：

1) 砂、石粒径：滤水层（贴天然土）：塑性指数 $I_p \leqslant 3$（砂性土）时，采用 0.1~2mm 粒径砂子；$I_p > 3$（黏性土）时，采用 2~5mm 粒径砂子。

渗水层：塑性指数 $I_p \leqslant 3$（砂性土）时，采用 1~7mm 粒径卵石；$I_p > 3$（黏性土）时，采用 5~10mm 粒径卵石。

2) 砂石含泥量不得大于 2%。

4. 注浆工程的注浆孔、注浆控制压力、钻孔埋管等施工记录（C2-6-12-4）

实施要点：

(1) 注浆工程的注浆孔、注浆控制压力、钻孔埋管等施工记录按 C2-6-1 表式执行。

(2) 注浆结果应记录的内容：

注浆效果、注浆孔的数量、布置间距、钻孔深度及角度、注浆各阶段的控制压力和进浆量、钻孔埋管的孔径和孔距、注浆的控制压力和进浆量、地表沉降控制等应符合设计要求。

(3) 注浆过程控制应记录：

1) 根据工程地质、注浆目的等控制注浆压力。

2) 回填注浆应在衬砌混凝土达到设计强度的 70% 后进行，衬砌后围岩注浆应在充填注浆固结体达到设计强度的 70% 后进行。

3) 浆液不得溢出地面和超出有效注浆范围，地面注浆结束后注浆孔应封填密实。

4) 注浆范围和建筑物的水平距离很近时，应加强对临近建筑物和地下埋设物的现场监控。

5) 注浆点距离饮用水源或公共水域较近时，注浆施工如有污染应及时采取相应措施。

(4) 衬砌裂缝注浆过程控制应记录：

1) 浅裂缝应骑槽粘埋注浆嘴，必要时沿缝开凿"V"槽并用水泥砂浆封缝。

2) 深裂缝应骑缝钻孔或斜向钻孔至裂缝深部，孔内埋设注浆管，间距应根据裂缝宽度而定，但每条裂缝至少有一个进浆孔和一个排气孔。

3) 注浆后嘴及注浆管应设于裂缝的交叉处、较宽处及贯穿处等部位。对封缝的密封效果应进行检查。

4) 采用低压低速注浆，化学注浆压力宜为 0.2~0.4MPa，水泥浆灌浆压力宜为 0.4~0.8MPa。

5) 注浆后待缝内浆液初凝而不外流时，方可拆下注浆嘴并进行封口抹平。

5. 地下连续墙的槽段接缝及墙体与内衬结构接缝施工记录（C2-6-12-5）

实施要点：

(1) 地下连续墙的槽段接缝及墙体与内衬结构接缝施工记录按 C2-6-1 表式执行。

(2) 地下连续墙的槽段接缝及墙体与内衬结构接缝应记录的内容：

1) 地下连续墙的槽段接缝及墙体与内衬结构接缝应符合设计要求。

2) 单元槽段接头：检查验收单元槽段接头，不宜设在拐角处；采用复合式衬砌时，内外墙接头宜相互错开。

3) 地下连续墙与内衬结构连接：检查验收地下连续墙与内衬结构连接处的凿毛及清理情况，必要时应做特殊防水处理。

4) 槽段接缝：检查验收地下连续墙的槽段接缝以及墙体与内衬结构接缝，应符合设计要求。

5) 墙面露筋：检查验收地下连续墙墙面的露筋部分，应小于1%墙面面积，且不得有露石和夹泥现象。

3.2.6.13 屋面防水施工记录（C2-6-13）

实施要点：

（1）屋面卷材防水、涂膜防水、刚性防水的防水层基层；密封防水处理部位；细部构造的天沟、檐口、檐沟、水落口、泛水、变形缝和伸出屋面管道的防水构造；防水层的搭接宽度和附加层；刚性保护层与卷材、涂膜防水层之间设置的隔离层施工记录按C2-6-1表式执行。

（2）屋面卷材防水、涂膜防水、刚性防水的防水层基层；密封防水处理部位；细部构造的天沟、檐口、檐沟、水落口、泛水、变形缝和伸出屋面管道的防水构造；防水层的搭接宽度和附加层；刚性保护层与卷材、涂膜防水层之间设置的隔离层应记录的内容：

1) 屋面天沟、檐口、檐沟、水落口、泛水、变形缝和伸出屋面管道的防水构造应符合设计要求。

2) 记录用于细部构造处理的防水卷材、防水涂料和密封材料的质量，检查防水材料的出厂合格证及复试报告，均应符合《屋面工程质量验收规范》（GB 50207—2002）有关规定的要求。

3) 附加层：记录天沟、檐沟与屋面交接处、泛水、阴阳角等部位的卷材或涂膜附加层。天沟、檐沟的沟内附加层在天沟、檐沟与屋面交接处宜空铺，空铺的宽度不应小于200mm；卷材防水层应由沟底翻上至沟外檐顶部，卷材收头应用水泥钉固定，并用密封材料封严；涂膜收头应用防水涂料多遍涂刷或用密封材料封严；在天沟、檐沟与细石混凝土防水层的交接处，应留凹槽并用密封材料嵌填严密。

4) 檐口防水构造：记录檐口的防水构造，铺贴檐口800mm范围内的卷材应采取满粘法。卷材收头应压入凹槽，采用金属压条钉压，并用密封材料封口。涂膜收头应用防水涂料多遍涂刷或用密封材料封严。檐口下端应抹出鹰嘴和滴水槽。

5) 女儿墙泛水：记录女儿墙泛水的防水构造，铺贴泛水处的卷材应采取满粘法。砖墙上的卷材收头可直接铺压在女儿墙压顶下，压顶应做防水处理；也可压入砖墙凹槽内固定密封，凹槽距屋面找平层不应小于250mm，凹槽上部的墙体应做防水处理。涂膜防水层应直接涂刷至女儿墙的压顶下，收头处理应用防水涂料多遍涂刷封严，压顶应做防水处理。混凝土墙上的卷材收头应采用金属压条钉压，并用密封材料封严。

6) 水落口的防水构造：记录水落口的防水构造，水落口杯上口的标高应设置在沟底的最低处。防水层贴入水落口杯内不应小于50mm。水落口四周围直径500mm范围内坡度不应小于5%，并采用防水涂料或密封材料涂封，其厚度不应小于2mm。水落口杯与基层接触处应留宽20mm，深20mm凹槽，并嵌填密封材料。

7）变形缝的防水构造：记录变形缝的防水构造，变形缝的泛水高度不应小于250mm。防水层应铺贴到变形缝两侧砌体的上部。变形缝内应填充聚苯乙烯泡沫塑料，上部填放衬垫材料，并用卷材封盖。变形缝顶部应加扣混凝土或金属盖板，混凝土盖板的接缝应用密封材料嵌填。

8）伸出屋面管道的防水构造：记录伸出屋面管道的防水构造，管道根部直径500mm范围内，找平层应抹出高度不小于30mm的圆台。管道周围与找平层或细石混凝土防水层之间，应预留20mm×20mm的凹槽，并用密封材料嵌填严密。管道根部四周应增设附加层，宽度和高度均不应小于300mm。管道上的防水层收头处应用金属箍紧固，并用密封材料封严。

9）排水坡度：天沟、檐沟的排水坡度，必须符合设计要求。

3.2.6.14 建筑地面各构造层施工记录（C2-6-14）

实施要点：

（1）建筑地面各构造层施工记录按C2-6-1表式执行。

（2）建筑地面各构造层应记录的内容：

1）建筑地面下的沟槽、暗管等工程完工后，经检验合格方可进行建筑地面工程的施工。

2）建筑地面工程基层（各构造层）和面层的铺设，均应待其下一层检验合格后方可施工上一层。建筑地面工程各层铺设前与相关专业的分部（子分部）工程、分项工程以及设备管道安装工程之间，应进行交接检验。

3）建筑地面的强度和密度、坡度、厚度、标高、平整度、连接以及变形缝的位置、宽度等。

附：不发生火花（防爆的）建筑地面材料及其制品不发火性的试验方法：

1. 不发火性的定义

当所有材料与金属或石块等坚硬物体发生摩擦、冲击或冲擦等机械作用时，不发生火花（或火星），致使易燃物引起发火或爆炸的危险，即为具有不发火性。

2. 试验方法

（1）试验前的准备。材料不发火的鉴定，可采用砂轮来进行。试验的房间应完全黑暗，以便在试验时易于看见火花。

试验用的砂轮直径为150mm，试验时其转速应为600~1000r/min，并在暗室内检查其分离火花的能力。检查砂轮是否合格，可在砂轮旋转时用工具钢、石英岩或含有石英岩的混凝土等能发生火花的试件进行摩擦，摩擦时应加10~20N的压力，如果发生清晰的火花，则该砂轮即认为合格。

（2）粗骨料的试验。从不少于50个试件中选出做不发生火花试验的试件10个。被选出的试件，应是不同表面、不同颜色、不同结晶体、不同硬度的。每个试件重50~250g，准确度应达到1g。

试验时也应在完全黑暗的房间内进行。每个试件在砂轮上摩擦时，应加以10~20N的压力，将试件任意部分接触砂轮后，仔细观察试件与砂轮摩擦的地方，有无火花发生。

必须在每个试件的重量磨掉不少于20g后，才能结束试验。

在试验中如没有发现任何瞬时的火花，该材料即为合格。

(3) 粉状骨料的试验。粉状骨料除着重试验其制造的原料外，并应将这些细粒材料用胶结料（水泥或沥青）制成块状材料来进行试验，以便于以后发现制品不符合不发火的要求时，能检查原因，同时，也可以减少制品不符合要求的可能性。

(4) 不发火水泥砂浆、水磨石和水泥混凝土的试验。主要试验方法同本节。

3.2.7 预制构件、预拌混凝土合格证（C2-7）

资料编制控检要求：

(1) 预制构件、预拌混凝土合格证应按施工过程中依序形成的合格证按以上表式经核查后全部逐一汇总整理不得缺漏，依序归档。

(2) 有见证取样试验要求的必须进行见证取样、送样试验。实行见证取样和送样，试验室必须在试验报告单的适当位置注明见证取样人的单位、姓名和见证资质证号。对必须实行见证取样、送样的试验报告单上不注有见证取样人单位、姓名和见证资质证号的试验报告单，按无效试验报告单处理。

(3) 出厂合格证采用抄件或影印件时应加盖抄件（注明原件存放单位及钢材批量）或影印件单位章，经手人签字。抄（影）件不加盖公章和经手人不签字为不符合要求。

3.2.7.1 预制构件、钢构件、木构件（门窗）合格证汇总表（C2-7-1）

预制构件、钢构件、木构件（门窗）合格证汇总表按（C2-3-1）执行。

3.2.7.2 预制构件、钢构件、木构件（门窗）合格证（C2-7-2）

1. 预制混凝土构件合格证（C2-7-2-1）：

(1) 资料表式

预制混凝土构件合格证　　　　　　　　　　　　表 C2-7-2-1

工程名称：

委托单位：　　　　　　　合格证编号：　　　　　　　　　许可证编号：

构、配件名称及型号	数量	生产日期	混凝土强度等级			主筋		质量等级	结构试验		备注
			设计	实际	出厂	种类及规格	钢材试验单编号		钢筋	构件	
使用及运输注意事项											

生产单位：　　　　　　技术负责人：　　　　　　　质检员：　年　月　日

(2) 实施要点

1) 预制混凝土构件必须具有出厂合格证。要求表列内容填写齐全，不得缺漏或填错。预制构件合格证是技术鉴定质量合格原件的依据。"构件"必须是合格产品且必须有合格标志。应按预制混凝土构件的质量验收规范对模板、钢筋、构件外观、几何尺寸、结构性能进行检验，并做好实测记录。检验结果必须符合预制混凝土构件质量验收规范和设计文件的要求。构件出厂合格证必须填写近期结构性能试验结果（不超过三个月）。施工现场制作的混凝土预制构件，按预制混凝土构件质量验收规范检验的有关要求进行，安装前应进行外观、几何尺寸复查，并做好实测记录。构件生产不论是预制构件厂或自产自销施工企业都必须取得生产资质证书（资质证书必须是省级及其以上建设行政主管部门颁发），并应提供出厂合格证。

2）任何预制混凝土构件，只有在取得生产厂家提供的合格证，并经核对有关指标符合规定后，方可在工程上使用。

3）不合格的材料及构件，没有取得资质证书厂家生产的构件不得用于工程，应由施工单位主管技术负责人会同有关单位对其材料及构件及时进行处理，并在合格证备注栏内注明处理意见（应注意：不符合标准要求并不一定是废品，可据实际情况有些可以降级，有的作为非承重构件，有的经过返修后再用等或作退场处理）。

4）预制构件应在明显部位标志生产单位、构件型号、生产日期和质量验收标志。构件上的预埋件、插筋和预留孔洞的规格、位置和数量应符合标准图或设计的要求。

5）填表说明：

①构、配件名称及型号：按委托单位提供的名称及型号填写。

②混凝土强度等级：

a. 设计：按委托单上混凝土强度等级填写。

b. 实际：按28天"标养"试块的强度值填写。

c. 出厂：如设计无要求时，不应低于设计混凝土强度等级的70%。

③主筋：

种类及规格：根据出厂构件内容实际配筋的种类与规格填写。

④质量等级：按生产厂家的"质量评定结果"填写（合格或不合格）。

⑤结构试验：必须按规定进行"抽样"试验，以最近一次的试验数据为准。

a. 钢筋：指该结构试验构件的主要受力钢筋试验结果是否符合要求，照实际试验结果填写。

b. 构件：指该结构试验的构件试验结果是否符合要求，照实际试验结果填写。

2. 钢构件合格证（C2-7-2-2）

(1) 资料表式

钢 构 件 合 格 证 表 C2-7-2-2

工程名称：

委托单位： 　　　　　　　　　　　　　合格证编号：

名称(型号)	构件规格	数量	生产日期	采用图集	钢材质量			钢材规格			重要构件探伤报告编号	质量评定等级	出厂日期	备注
					屈服强度(N/mm²)	抗拉强度(N/mm²)	延伸率(%)	设计	实际	合格证或复试单编号				
使用及运输注意事项														

生产单位： 　　　技术负责人： 　　　　　质检员： 　　　　　年 　月 　日

(2) 实施要点

1) 钢构件合格证是指钢构件生产厂家提供的质量合格证明文件。

2) 钢构件合格证应包括生产厂家、工程名称、合格证编号、合同编号、设计图纸的种类、构件类别和名称、型号、代表数量、生产日期、结构试验评定、承载力、拱度。

3) 构件合格证必须物、证相符，表列各项内容填写齐全。

4) 成品、半成品的合格证均必须齐全，并符合设计要求。

5) 重要构件应填写实际测试的探伤报告单编号。

6) 物证不符和子项填写不全的为不符合要求。

7) 重要构件无实测的探伤报告单及其试验编号者为不符合要求。

8) 构件出厂合格证的数量，应与该工程的使用数量相符，不符的为不符合要求。

9) 构件合格证，需有产品生产许可证编号及许可证批准日期，否则为不符合要求。

10) 构件进场应抽检，必要时可全数检查，先外观检察后检查合格证的有关指标，必须符合要求，否则为不合格。

11) 填表说明：

①采用图集：填写国、省、市及其他标图或现制图的图号及图集号。

②钢材质量：分别填写屈服强度、抗拉强度、延伸率均照提供该批材料的出厂合格证或复试报告填写。

③钢材规格：分别按设计图纸上的规格和实际使用的规格填写并填写该批钢材的合格证或复试报告编号。

④质量评定等级：按生产厂家的"质量评定结果"填写（合格或不合格）。

3．木构件（门窗）合格证（C2-7-2-3）

(1) 资料表式

木构件（门窗）合格证　　　　　　　　　　　　　　　　　　表 C2-7-2-3

工程名称：

委托单位：　　　　　　　　合格证编号：

名　称（型号）	规　格宽×高	数量	生产日期	采用图集	材质等级		含水率（%）		质量评定等级	出　厂日　期	备注
					规定	实际	规定	实际			
使用及运输注意事项											

生产单位（盖章）：　　　技术负责人：　　　　质检员：　　　年　月　日

(2) 实施要点

1) 木构件合格证

①木构件合格证是指木构件生产厂家提供的质量合格证明文件。

②木构件出厂合格证应包括生产厂家、工程名称、合格证编号、合同编号、设计图纸的种类、构件类别和名称、型号、代表数量、生产日期、结构试验评定、承载力、拱度。

③构件合格证必须物、证相符，表列各项内容应填写齐全。

④成品、半成品的合格证必须齐全，符合设计要求。

⑤重要构件应填写实际测试的探伤报告单，试验报告单编号。

⑥物证不符和子项填写不全的为不符合要求。

⑦构件出厂合格证的数量，应与该工程的使用数量相符，不符的为不符合要求。

⑧构件合格证，需有产品生产许可证编号及许可证批准日期，否则为不符合要求。

⑨构件进场应抽检，必要时可全数检查，先外观检察后检查合格证的有关指标，必须符合要求，否则为不合格。

2) 门窗合格证

①门窗合格证是指由生产厂家提供的质量合格证明文件。

②包括木门窗、铝合金、塑料门窗等。

③门窗合格证中应包括生产厂家、工程名称、合格证编号、生产许可证编号、委托单位、质量验收、构件类别和名称、型号、代表数量、生产日期、采用的图集号、出厂日期、材质等级、木材含水率等子项，并有生产单位技术负责人、质检员签字，加盖生产公章。

④门窗出厂必须有出厂合格证及物理性能试验报告，且合格证中的数量必须与构件进场数量相符，特种门还应有生产许可证复印件。取得生产厂家提供的合格证及相应附件，并经核实符合规定后，方可在工程上使用。

⑤门窗生产厂家必须是取得资质证书的厂家。

⑥门窗进场时应进行抽查检验，必要时可进行全数检查。对不符合质量要求者应经施工单位技术负责人会同有关人员及时进行处理。

3) 填表说明

①材质等级：分别填写该批材料的规定材料质量和实际实测材料质量。

②含水率：规定含水率按《木结构工程施工质量验收规范》（GB 50206—2002）填写，实际含水率按生产厂的实测值填写。

3.2.7.3 预拌（商品）混凝土（C2-7-3）

1. 预拌（商品）混凝土出厂质量证书：

(1) 资料表式（C2-7-3-1）

(2) 实施要点

1) 基本说明

①预拌（商品）混凝土出厂质量证书是指预拌（商品）混凝土生产厂家提供的质量合格证明文件。

②预拌混凝土系指由水泥、集料、水以及根据需要掺入的外加剂和掺合料等组分按一定比例，在搅拌站（厂）经计量、拌制后出售的、并采用运输车，在规定时间内运至使用地点的混凝土拌合物。

预拌商品混凝土出厂质量证书

表 C2-7-3-1

订货单位： 合同编号：
工程名称： 混凝土配合比编号：
浇筑部位： 供应数量：
强度等级： 供应日期： 年 月 日至 年 月 日

原材料名称								
品种与规格								
试验编号								
强度统计结果			合格评定结果				其他指标	
均值 (N/mm²)	标准差 (N/mm²)	标准值的保证率 $P(f_{cu,i} f_{cu,k})(\%)$	采用的评定方法	批数		合格率 %		

技术负责人： 填表人： 搅拌站（供方）

盖 章

年 月 日

③预拌混凝土可分为通用品和特制品。通用品系指强度等级不超过C50、坍落度不大于180mm（25mm，50mm，80mm，100mm，120mm，150mm，180mm）、粗集料最大粒径不大于40mm（20mm，25mm，31.5mm，40mm），无其他特殊要求的预拌混凝土。通用品应在合同中指定混凝土强度等级、坍落度及粗集料最大粒径，主要参数选取为：强度等级不大于C50、坍落度（25mm～180mm）、粗集料最大粒径（mm）不大于40mm的连续粒级或单粒级。

通用品根据需要应在合同中指定：水泥品种、强度等级；外加剂品种；掺合料品种、规格；混凝土拌合物的密度；交货时混凝土拌合物的最高温度或最低温度。

特制品系指任何一项指标超出通用品规定范围或有特殊要求的预拌混凝土。特制品根据需要应在合同中指定：水泥品种、强度等级；外加剂品种；掺合料品种、规格；混凝土拌合物的密度；交货时混凝土拌合物的最高温度或最低温度；混凝土强度的特定龄期；氯化物总含量限值；含气量；其他事项（指对预拌混凝土有耐久性、长期性能或其他物理力学性能等特殊要求的事项）。

2）水泥的代号

①硅酸盐水泥：硅酸盐水泥分两种类型，不掺加混合材料的称Ⅰ类硅酸盐水泥，代号 P·Ⅰ。在硅酸盐水泥粉磨时掺加不超过水泥质量5%石灰石或粒化高炉矿渣混合材料的称Ⅱ型硅酸盐水泥，代号 P·Ⅱ。

②普通硅酸盐水泥：代号 P·O。

③矿渣硅酸盐水泥：代号 P·S。

④火山灰质硅酸盐水泥：代号 P·P。

⑤复合硅酸盐水泥：代号 P·C。

3）预拌混凝土标记

①用于预拌混凝土标记的符号，应根据其分类及使用材料不同按下列规定选用：

a. 通用品用 A 表示，特制品用 B 表示；

b. 混凝土强度等级用 C 和强度等级值表示；

c. 坍落度用所选定以毫米为单位的混凝土坍落度值表示；

d. 粗集料最大公称粒径用 GD 和粗集料最大公称粒径值表示；

e. 水泥品种用其代号表示；

f. 当有抗冻、抗渗及抗折强度要求时，应分别用 F 即抗冻等级值、P 即抗渗等级值、Z 即抗折强度等级值表示。抗冻、抗渗及抗折强度直接标记在强度等级之后。

②预拌混凝土标记如下：

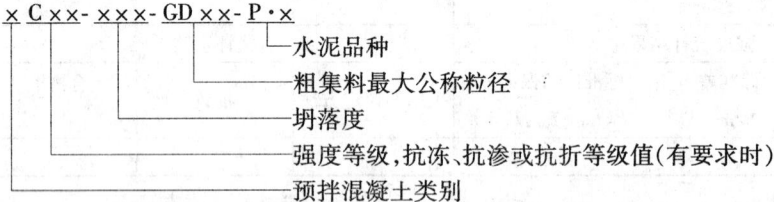

示例 1：预拌混凝土的强度等级为 C20，坍落度为 150mm，粗集料最大公称粒径为 20mm，采用矿渣硅酸盐水泥，无其他特殊要求，其标记为：

A C20—150—GD20—P·S

示例 2：预拌混凝土的强度等级为 C30，坍落度为 180mm，粗集料最大公称粒径为 25mm，采用普通硅酸盐水泥，抗渗要求为 P8，其标记为：

B C30P8—180—GD25—P·O

4）预拌混凝土的原材料和配合比

水泥应符合 GB 50204—2002 的规定；集料应符合 JGJ52 或 JGJ53 及其他国家现行标准的规定；拌合用水应符合 JGJ63 规定；外加剂应符合 GB 8076 等国家现行标准的规定；矿物掺合料（粉煤灰、粒化高炉矿渣粉、天然沸石粉）应分别符合 GB 1596、GB/T18046、JGJ112 的规定；配合比应根据合同要求由供方按 JGJ55 等国家现行有关标准的规定进行。

5）预拌混凝土的取样与组批

①用于交货检验的混凝土试样应在交货地点采取。用于出厂检验的混凝土试样应在搅拌地点采取。

②交货检验的混凝土试样的采取应在混凝土运送到交货地点后按 GBJ 80 规定在 20min 内完成；强度试件的制作应在 40min 内完成。

③每个试样应随机地从一运输车中抽取；混凝土试样应在卸料过程中卸料量的 1/4 至 3/4 之间采取。

④每个试样量应满足混凝土质量检验项目所需用的 1.5 倍，且不宜少于 0.02m³。

⑤预拌混凝土（商品混凝土），除应在预拌混凝土厂内按规定留置试块外，（商品）混凝土运至施工现场后，还应根据《预拌混凝土》(GB 14902—94) 的规定满足如下条件：

a. 用于交货检验的混凝土试样应按 GB 50204 的规定进行。

b. 用于出厂检验的混凝土试样应在搅拌地点采样，按每 100 盘相同配合比的混凝土取样检验不得少于一次；每一工作班相同的配合比的混凝土不足 100 盘时，取样亦不得少于一次。

6）对于预拌混凝土拌合物的质量，每车应目测检查。

7）预拌混凝土质量要求

①预拌混凝土强度试验结果必须满足《混凝土强度检验评定标准》（GBJ 107—87）的规定。

②坍落度、含气量和氯离子总含量

a. 坍落度在交货地点测得的混凝土坍落度与合同规定的坍落度之差，不应超过表 C2-7-3-1A 的允许偏差。

混凝土坍落度的允许偏差（mm）　　　　　　　　　　　　　　表 C2-7-3-1A

要 求 坍 落 度	允 许 偏 差
<50	±10
50～90	±20
>90	±30

b. 含气量与合同规定值之差不应超过 ±1.5%。

c. 混凝土拌合物中氯离子总含量不应超过表 C2-7-3-1B 的规定。

氯离子总含量的最高限值　　　　　　　　　　　　　　表 C2-7-3-1B

混凝土类型及其所处环境类型	最大氯离子含量
素混凝土	2.0
室内正常环境下的钢筋混凝土	
室内潮湿环境；非严寒和非寒冷地区的露天环境、与无侵蚀性的水或土壤直接接触的环境下的钢筋混凝土	0.3
严寒和寒冷地区的露天环境、与侵蚀性的水或土壤直接接触的环境下的钢筋混凝土	0.2
使除冰盐的环境；严寒和寒冷地区冬季水位变动的环境；滨海室外环境下的钢筋混凝土	0.1
预应力混凝土构件及设计使用年限为 100 年的室内正常环境下的钢筋混凝土	0.06
注：氯离子含量系指其占所用水泥（含替代水泥量的矿物掺合料）重量的百分率	

③混凝土放射性核素放射性比活度应满足 GB 6566 标准的规定。

④当需方对混凝土其他性能有要求时，应按国家现行有关标准规定进行试验，无相应标准时应按合同规定进行试验，其结果应符合标准及合同要求。

⑤混凝土拌合物的坍落度取样检验频率应与混凝土强度检验的取样频率一致。

⑥对有抗渗要求的混凝土进行抗渗检验的试样，用于出厂及交货检验的取样频率均应为同一工程、同一配合比的混凝土不得少于 1 次。留置组数可根据实际需要确定。

⑦对有抗冻要求的混凝土进行抗冻检验的试样，用于出厂及交货检验的取样频率均应为同一工程、同一配合比的混凝土不得少于 1 次。留置组数可根据实际需要确定。

⑧预拌混凝土的含气量及其他特殊要求项目的取样检验频率应按合同规定进行。

⑨对强度不合格的混凝土，应按《混凝土强度检验评定标准》（GBJ 107—87）的规定进行处理。对坍落度，含气量及氯离子总含量不符合《预拌混凝土》（GB 14902—94）标准要求的混凝土应按合同规定进行处理。

⑩供方应按工程名称分混凝土等级向需方提供预拌混凝土出厂质量证明书，出厂合格证书。

8）预拌混凝土用运输车及运送

①运输车在运送时应能保持混凝土拌合物的均匀性，不应产生分层离析现象。

②混凝土搅拌运输车应符合 JG/T5094 标准的规定。翻斗车仅限用于运送坍落度小于 80mm 的混凝土拌合物，并应保证运送容器不漏浆，内壁光滑平整，具有覆盖设施。

③严禁向运输车内的混凝土任意加水。

④混凝土的运送时间系指从混凝土由搅拌机卸入运输车开始至该运输车开始卸料为止。运送时间应满足合同规定，当合同未作规定时，采用搅拌运输车运送的混凝土，宜在 1.5h 内卸料；采用翻斗车运送的混凝土，宜在 1.0h 内卸料；当最高气温低于 25℃时，运送时间可延长 0.5h。如需延长运送时间，则应采取相应的技术措施，并应通过试验验证。

⑤混凝土的运送频率，应能保证混凝土的连续性。

9）预拌混凝土应在商定的交货地点进行坍落度检查，并应填写检查记录

2．预拌混凝土订货与交货（C2-7-3-2）：

签订合同：

（1）购买预拌混凝土供需双方应签订合同，按合同形式明确各自的权力和义务，并应认真执行。合同中应明确使用的材料（水泥、集料、拌合用水、外加剂、掺合料）等的品种、规格和质量要求；拌合物质量诸如：强度、坍落度、含气量、氯化物含量、其他等应符合相应规范及合同的规定。

（2）需方在与供方签订合同之前，应对供方的材料贮存设施、计量设备、搅拌机、运输车、计量、搅拌、运送、质量管理、供货量等进行考查，考查结果经需方考查人员综合权衡后认为符合需方要求时，则可以签订合同。藉以保证合同的顺利执行。

（3）合同应包括预拌混凝土订货单，见表 C2-7-3-2A。

预 拌 混 凝 土 订 货 单　　　　　　　表 C2-7-3-2A

合同编号：		供货起止时间： 年 月 日~ 年 月 日	
订货单位及联系人：		工程名称：	
施工单位及联系人：		混凝土供货量：	
交货地点： 运 距： 公里		泵 车：用 ；不用	
订货单位对混凝土的技术要求：		混凝土标记：	
浇筑部位			
浇筑方式			
浇筑时间			
浇筑数量			
强度等级			
坍落度（mm）			
水泥品种			
集　　料			
外 加 剂			
其他要求			
混凝土强度评定方法：			
混凝土单价（元/m³）： 运　　费（元/m³）： 泵车费（元/m³） 泵车管加长费： 外加剂费（元/m³）： 总合价：			
订　货　单　位		混凝土生产单位： 站（厂）	
代表人： 电话： 现场联系人： 电话：		代 表 人： 电话： 技术负责人： 电话：	

(4) 交货时，供方必须向需方提供每一运输车预拌混凝土的发货单。发货单的格式见表 C2-7-3-2B。

预拌混凝土发货单　　　　　　　　　　　　　表 C2-7-3-2B

工程名称：		合同编号：	
交货地点：		供货日期：　年　月　日	
运　输车　号：		发　车：　　　时　　　分到　达：　　　时　　　分	
本次供应量（m³）		累计供应量（m³）：	
标　记：			
浇筑部位：		强度等级：	
坍落度（mm）：	水　泥：		集　料：
收货人：	发货人：		司　机：

3.2.8 地基、基础、主体结构检验及抽样检测资料（C2-8）

地基、基础、主体结构、钢（网架）结构检验属施工过程中的中间验收。抽样检测属施工过程中的抽检，应由具有相应资质的试验单位进行检测，并提供报告。

资料编制控检要求：

(1) 地基、基础检查和验收、主体结构验收、钢（网架）结构验收、中间交接检验

1) 凡进行地基、基础检查和验收、主体结构验收、钢（网架）结构验收、中间交接检验，必须填写地基基础检查和验收、主体结构验收、钢（网架）结构验收、中间交接检验记录，并附有应提供核查的附件资料。检查过程中如有验收意见不一致时，凡涉及结构安全和使用功能的均应提请试验部门予以检测确定，对其他不一致意见可由当地建设行政主管部门协调解决。

2) 地基、基础检查和验收、主体结构验收、钢（网架）结构验收、中间交接检验中的遗留问题和验收意见其交接方的技术负责人必须签字。

3) 责任制填写齐全为符合要求。责任制必须本人签字不得代签。

(2) 结构实体检验

1) 凡进行结构实体检验，必须填写结构实体检验记录。如有验收意见不一致时，凡涉及结构安全和使用功能的均应提请试验部门予以检测确定，对其他不一致意见可由当地建设行政主管部门协调解决，协调意见应予记录。

2) 结构实体检验中的遗留问题和验收意见其交接方的技术负责人必须签字。

3) 结构实体检验应附同条件养护混凝土试件的试验结果与评定结论和钢筋保护层测定资料（按施工单位和试验部门的检验结果提供）。

4) 责任制填写齐全为符合要求。责任制必须本人签字不得代签。

3.2.8.1 地基、基础检查验收记录（C2-8-1）

1．资料表式

2．实施要点

(1) 地基基础验收记录是指对地基基础进行的全面验收，做出可否继续施工的确认记录。

(2) 凡进行地基基础验收均必须分别填写地基基础验收记录。

(3) 地基基础验收中,如有验收意见不一致,凡涉及结构安全和使用功能时均应提请试验部门予以检测确定,对其他不一致意见可由当地建设行政主管部门或其委托单位协调解决。

(4) 交接检验应核查提交方提供的所有资料,对工程质量进行验收认可,签署验收意见,办理移交手续。

(5) 地基基础验收检验要点:

1) 内业资料的检查主要是原材料、防水材料等的出厂合格及试验报告的检查;砂浆、混凝土强度的试(检)验报告,应符合设计和标准(强度和数量)要求;工业与民用建筑项目的混凝土应有同条件养护试块。

地基、基础检查验收记录　　　　　　　　　表 C2-8-1

施工单位:

工程名称			施工日期		
建筑面积			验收日期		
验收内容	1. 核查地基基础分部验收资料。 2. 地基基础分部工程质量:主要包括:砌体组砌方法及交接部位、混凝土板、梁的外观及尺寸及位置,标高、质量状况等。 3. 内业资料:质量控制资料,工程安全与功能抽检资料。 4. 隐蔽验收资料;施工记录。 5. 观感质量验收状况。 6. 建筑物沉降状况					
验收资料	1. 工程质量控制资料。 2. 隐蔽验收资料;施工记录。 3. 工程安全与功能抽检资料。 4. 观感质量验收记录					
验收意见	按上述验收内容、验收资料全数检查后评定:					
参加人员	建设单位代表	监理单位代表	勘察、设计单位代表	施　工　单　位		
				企业技术负责人		专业技术负责人	
				质检员		施工员	

2) 地基基础验收是对地基基础分部工程质量进行综合性技术鉴定与评价。未经验收的地基基础结构不得进行回填;当需要提前插入回填时,应分段进行验收。

3) 地基基础验收应对地基基础施工质量进行全面的观感检查与分析,提出质量评价意见,核查施工有关技术资料,包括原材料、构件出厂合格证及试验报告;混凝土、砂浆试块试验报告;土壤、桩基试验报告、地基验槽、隐蔽工程验收记录(包括建筑设备安装专业工程的预埋隐蔽部分)、技术复核记录以及分项、检验批工程的检验批质量评定记录和分部(子分部)工程质量等级的统计汇总等。分项工程检验批质量的评定应核查应参加分部(子分部)工程的分项工程检验批数量是否满足要求。

4）地基基础工程检查发现存在的质量问题应确切地进行记载，必要时应有附图，结构质量缺陷须有技术鉴定、处理方法、处理结论及复验签证，无遗留未了事项。

5）地基基础验收后，应对地基基础的观感、技术资料及基础分部（子分部）工程的质量等级等进行评价，并将其结论载入验收意见栏中由监理单位签发分部（子分部）工程质量认可通知。

6）核查地基基础验收的内容是否齐全，结论是否明确，签证是否齐全。验收意见中应包含对观感、质量控制资料的评价，有对基础分部（子分部）工程质量等级的评定意见。

（6）单位工程的深基础、地下室及人防工程，基础和地下部分应单独验收，未经验收的工程不得进行下一道工序施工。验收要核查主要技术资料并对地基基础进行全部的系统检查。

地基与基础验收单的结论对其经处理的地基基础应填写处理方法，并附上复查验收签证。

（7）地基基础验收应进行内业资料检查和现场观察检查两项内容，应分别检查并分别记录。

（8）现场观察检查：应先对地基基础施工质量进行全面观察检查，提出质量评价。重点检查地基基础施工质量是否符合质量标准和设计要求。

（9）地基基础验收记录须经建设、监理、设计、施工单位四方代表签证后，地基基础验收记录由结构设计负责人、建设单位、施工单位和监理单位的主管人员进行联合验收签证；验收中所需处理的问题，处理中应做好记录。需隐验者应按有关手续办理。加固补强者，应有附图说明及试块试验记录，处理后应有复验签证。

（10）地基基础验收应提交的主要试（检）验资料：

1）原材料试（检）验报告；

2）标养试块的试验报告及其评定结果；

3）砂浆强度试验报告及其评定结果；

4）地基基础分部施工质量验收记录（砌体：检验批、分项工程、子分部工程；混凝土：检验批、分项工程、子分部工程）；

5）地基验槽记录；

6）隐蔽工程验收记录；

7）土壤试验报告；

8）同条件养护试块的试验报告及其评定结果；

9）混凝土保护层测定资料；

10）回弹法或钻芯法的测试报告、砂浆回弹测试报告（设计有要求或施工质量须按上述方法进行检测时提供）；

11）混凝土同条件养护测温记录。

（11）地基基础工程验收的质量检测资料：

1）地基基础工程验收时，根据工程需要或当发现地基基础工程存在缺陷时，应按规范要求进行工程验收检测。

2）中华人民共和国建设部令第141号（2005年11月1日施行）《建设工程质量检测

管理办法》规定，具有相应资质的检测单位，应按批准的资质在其批准范围内实施不同的检测内容。地基基础工程验收可根据需要进行如下内容的某项检测：

①地基及复合地基承载力静载检测；
②桩的承载力检测；
③桩身完整性检测；
④锚杆锁定力检测等。

3.2.8.2 主体结构验收记录（C2-8-2）

1. 资料表式

主体结构验收记录　　　　　　　　　　　表 C2-8-2

施工单位：

工程名称			施工日期			
建筑面积			验收日期			
验收内容	1. 核查主体分部验收资料。 2. 主体分部工程质量：主要包括：砌体组砌方法及交接部位、混凝土板、梁、柱的外观及尺寸、安装预留孔洞的正确性、门窗洞口尺寸及位置，标高、墙面平整垂直度、建筑物有无裂缝、样板间的质量状况等。 3. 内业资料：质量控制资料。 4. 隐蔽验收资料；施工记录。 5. 观感质量验收状况。 6. 建筑物沉降状况					
验收资料	1. 工程质量控制资料。 2. 隐蔽验收资料；施工记录。 3. 工程安全与功能抽检资料。 4. 观感质量验收记录 　　　　　　　　　　　　　　　　　　　　　　　施工人员：					
验收意见	按上述验收内容、验收资料全数检查后评定：					
参加人员	建设单位代表	监理单位代表	勘察、设计单位代表	施　工　单　位			
				企业技术负责人	质检员	专业技术负责人	施工员

2. 实施要点

（1）主体结构验收记录是指由主体施工转入装饰装修施工时对主体结构进行的全面质量验收，做出可否继续施工的确认记录。

（2）凡进行主体结构验收必须分别填写主体结构验收记录。

（3）主体结构验收中，如有验收意见不一致，凡涉及结构安全和使用功能的均应提请试验部门予以检测确定，对其他不一致意见可由相关各方或当地建设行政主管部门协调解决。

（4）交接检验应核查提交方提供的所有资料，对工程质量进行验收认可，签署验收意见，办理移交手续。

（5）主体结构检验要点：

1）内业资料的检查主要是原材料、防水材料等的出厂合格证明及试验报告的检查；砂浆、混凝土强度的试（检）验报告，应符合设计和标准（强度和数量）要求；工业与民用建筑项目的混凝土应有同条件养护试块；大型吊装工程应符合国家现行规范的规定。

2）主体结构验收是对主体分部工程质量进行综合的技术鉴定与评价。单位工程未经主体结构验收的工程，不得进行装饰装修工程施工。当需要提前插入装修时，应分段进行验收，例如主体可按"段"进行结构验收；高层建筑可根据施工条件几层验收一次，多层建筑物一般不宜多于2次。

3）主体结构验收应对结构施工质量进行全面的观感检查与分析，提出质量评价意见。核查施工有关技术资料，包括原材料、构件出厂合格证及试验报告；混凝土、砂浆试块试验报告、隐蔽工程验收记录（包括建筑设备安装专业工程的预埋隐蔽部分）、技术复核记录以及分项工程的检验批质量评定记录和分部（子分部）工程质量等级的统计汇总等。分项工程检验批质量验收的评定应核查应该参加分部工程的分项工程检验批数量是否满足要求。

4）主体结构工程检查发现存在的质量问题应确切地进行记载，必要时应有附图，结构质量缺陷须有技术鉴定、处理方法、处理结论及复验签证，无遗留未了事项。

5）主体工程结构验收后，应对结构观感、技术资料及主体分部工程的质量等级等进行评价，并将其结论载入验收意见栏中由监理单位签发分部工程质量认可通知。

6）核查主体工程结构验收的内容是否齐全，结论是否明确，签证是否齐全。验收意见中是否包含有对结构观感、结构质量控制资料和安全与功能的评价，是否有对主体分部工程质量等级的评定意见。

（6）主体结构验收单的结论应填写处理方法，并附上复查验收签证。

（7）主体结构验收应进行内业资料检查和现场观察检查两项内容，应分别检查并分别记录。

（8）现场观察检查：应先对结构施工质量进行全面观察检查，提出质量评价。重点检查主体结构系统的施工质量是否符合质量标准和设计要求。不同结构类型的重点部位，除其共性的重点部位外，不同结构类型要求也不一致。一般检查以下部位：

1）砖混结构

①砌体的组砌方法，尤其是砌体的交接部位；

②各种混凝土梁、板、柱构件的外观尺寸，挠度是否过大，有无裂缝、露筋和严重损坏等现象；

③空心板板缝的间距尺寸和混凝土灌缝情况；

注：预制混凝土楼面必须妥善处理好板的接缝及细石混凝土面层，灌缝材料有两种，一种是水泥砂浆，另一种是细石混凝土，灌缝材料中加入膨胀剂质量会更好。板缝用1:2水泥砂浆封底，然后再灌C20的细石混凝土，砂浆封底可以防止漏浆，细石混凝土灌筑上层，可以减少灌缝材料的干缩。板缝底部宽度不宜小于20mm。

④安装预留孔洞或凿打洞，楼板的损坏程序以及打洞的修补情况（以不影响结构和不渗漏为原则）；

⑤门窗过梁的型号选定是否正确及支座处的垫灰饱满程度；

⑥圈梁的断面尺寸及平整度；

⑦预制楼梯的构件联结、预制阳台扶手的安装、焊接件与墙体的联结情况；
⑧现浇钢筋混凝土雨篷、阳台根部有无裂缝等异常现象；
⑨土建与安装有无相互干扰之处；
⑩建筑物沉降是否均匀，有无墙体开裂现象，建筑物的安全度总体评价如何。

2）大模板结构

除检查含有与砖混结构共性的应检内容外，主要应检查墙体厚度、门窗洞口处及墙体有无裂缝、混凝土的总体质量等。

3）框架结构

除检查含有与砖混结构共性的应检内容外，主要应检查节点做法与质量、框架轴线位移和垂直度、围护墙体的组砌与质量等。

4）排架结构

除检查含有与砖混结构共性的应检内容外，主要应检查柱、屋面系统、支撑系统，吊车梁等的构造联结和混凝土质量、轴线位移、吊车梁标高等。

(9) 对主体（分部）结构工程质量验收中提出的问题，应逐条落实，认真进行处理。

(10) 主体（分部）结构验收以观察为主，必要时采取其他相应的检测手段进行质量鉴定。

(11) 主体（分部）结构验收的基本要求：

1）单位工程进入装饰前必须进行主体结构工程质量验收，未经主体结构验收的工程不得进行下一道工序施工，如需提前装饰的工程，可分层进行结构验收且分层记录。多层建筑物结构验收一般不宜多于2次。

2）结构验收单经建设、监理、设计、施工单位四方代表签证后。结构验收记录由结构设计负责人、建设单位和施工单位、监理单位的主管技术人员进行联合验收签证；验收中所需处理的问题，处理中应做好记录。需隐验者应按有关手续办理。加固补强者，应有附图说明及试块试验记录，处理后应有复验签证。

3）主体结构竣工后，检查是否及时进行结构工程验收，对照结构验收日期与施工日志。检查过程施工中是否存在质量隐患，是否对隐患已进行处理，记录是否齐全。

(12) 主体结构验收记录应提交的主要资料：

1）原材料试（检）验报告；
2）混凝土标养试块试验报告及其评定结果；
3）同条件养护试块的试验报告及其评定结果；
4）砂浆强度试验报告及其评定结果；
5）主体分部施工质量验收记录（砌体：检验批、分项工程、子分部工程；混凝土：检验批、分项工程、子分部工程）；
6）地基验槽记录；
7）隐蔽工程验收记录；
8）土壤试验报告；
9）混凝土保护层测定资料；
10）回弹法或钻芯法的测试报告、砂浆回弹测试报告（设计有要求或施工质量须按上述方法进行检测时提供）；

11) 混凝土同条件养护测温记录。

(13) 主体结构工程验收的检测：

1) 主体结构工程验收时，根据工程需要或当发现主体结构工程存在缺陷时，应按规范要求进行工程验收检测。

2) 中华人民共和国建设部令第 141 号（2005 年 11 月 1 日施行）《建设工程质量检测管理办法》规定，具有相应资质的检测单位，应按批准的资质在其批准范围内实施不同的检测内容。主体结构工程验收可根据需要进行如下内容的某项检测：

①混凝土、砂浆、砌体强度现场检测；
②钢筋保护层厚度检测；
③混凝土预制构件结构性能检测；
④后置埋件的力学性能检测。

附录

结构性能检验

1．预制构件施工的有关说明

(1) 预制构件应按规定进行结构性能检验。结构性能检验不合格的预制构件不得用于装配式结构工程。

(2) 叠合结构中预制构件的叠合面应符合设计要求。

(3) 装配式结构外观质量、尺寸偏差的验收及对缺陷的处理应符合（GB 50204—2002）规范第 8 章的相关规定。

(4) 预制构件的外观质量不应有严重缺陷。对已经出现的严重缺陷，应按技术处理方案进行处理，并重新检查验收。

(5) 预制构件不应有影响结构性能和安装、使用功能的尺寸偏差。对超过尺寸允许偏差且影响结构性能和安装、使用功能的部位，应按技术处理方案进行处理，并重新检查验收。

2．预制构件的结构性能检验（GB 50204—2002 标准，9.3 节）

(1) 预制构件应按标准图或设计要求的试验参数及检验指标进行结构性能检验。

检验内容：钢筋混凝土构件和允许出现裂缝的预应力混凝土构件进行承载力、挠度和裂缝宽度检验；不允许出现裂缝的预应力混凝土构件进行承载力、挠度和抗裂检验；预应力混凝土构件中的非预应力杆件按钢筋混凝土构件的要求进行检验。对设计成熟、生产数量较少的大型构件，当采取加强材料和制作质量检验的措施时，可仅做挠度、抗裂或裂缝宽度检验；当采取上述措施并有可靠的实践经验时，可不做结构性能检验。

检验数量：对成批生产的构件，应按同一工艺正常生产的不超过 1000 件且不超过 3 个月的同类型产品为一批。当连续检验 10 批且每批的结构性能检验结果均符合（GB 50204—2002）规范规定的要求时，对同一工艺正常生产的构件，可改为不超过 2000 件且不超过 3 个月的同类型产品为一批。在每批中应随机抽取一个构件作为试件进行检验（采用短期静力加载检验）。

注：1. "加强材料和制作质量检验的措施"包括下列内容：
   (1) 钢筋进场检验合格后，在使用前再对用做构件受力主筋的同批钢筋按不超过5t抽取一组试件，并经检验合格；对逐盘检验的预应力钢丝，可不再抽样检查；
   (2) 受力主筋焊接接头的力学性能，应按国家现行标准《钢筋焊接及验收规程》JGJ 18检验合格后，再抽取一组试件，并经检验合格；
   (3) 混凝土按$5m^3$且不超过半个工作班生产的相同配合比的混凝土，留置一组试件，并经检验合格；
   (4) 受力主筋焊接接头的外观质量、入模后的主筋保护层、张拉预应力总值和构件的截面尺寸等，应逐件检验合格。
2. "同类型产品"是指同一钢种、同一混凝土强度等级、同一生产工艺和同一结构形式的构件。对同类型产品进行抽样检验时，试件宜从设计荷载最大、受力最不利或生产数量最多的构件中抽取、对同类型的其他产品，也应定期进行抽样检验。

(2) 预制构件承载力应按下列规定进行检验：
1) 当按现行国家标准《混凝土结构设计规范》（GB 50010）的规定进行检验时，应符合下列公式的要求：

$$\gamma_u^0 \geq \gamma_0 [\gamma_u]$$

式中 γ_u^0——构件的承载力检验系数实测值，即试件的荷载实测值与荷载设计值（均包括自重）的比值；
γ_0——结构重要性系数，按设计要求的结构安全等级确定，当无专门要求时取1.0；
$[\gamma_u]$——构件的承载力检验系数允许值，按表C2-8-2-1取用。

2) 当按构件实配钢筋进行承载力检验时，应符合下列公式的要求：

$$\gamma_u^0 \geq \gamma_0 \eta [\gamma_u]$$

式中 η——构件承载力检验修正系数，根据现行国家标准《混凝土结构设计规范》（GB 50010）按实配钢筋的承载力计算确定。

承载力检验的荷载设计值是指承载能力极限状态下，根据构件设计控制截面上的内力设计值与构件检验的加载方式，经换算后确定的荷载值（包括自重）。

构件的承载力检验系数允许值 表C2-8-2-1

受力情况	达到承载能力极限状态的检验标志		$[\gamma_u]$
轴心受拉、偏心受拉，受弯、大偏心受压	受拉主筋处的最大裂缝宽度达到1.5mm，或挠度达到跨度的1/50	热轧钢筋	1.20
		钢丝、钢绞线、热处理钢筋	1.35
	受压区混凝土破坏	热轧钢筋	1.30
		钢丝、钢绞线、热处理钢筋	1.45
	受拉主筋拉断		1.50
受弯构件的受剪	腹部斜裂缝达到1.5mm，或斜裂缝末端受压混凝土剪压破坏		1.40
	沿斜截面混凝土斜压破坏，受拉主筋在端部滑脱或其他锚固破坏		1.55
轴心受压、小偏心受压	混凝土受压破坏		1.50

注：热轧钢筋系指HPB235级、HRB335级、HRB400级和RRB400级钢筋。

(3) 预制构件的挠度应按下列规定进行检验：

1) 当按现行国家标准《混凝土结构设计规范》(GB 50010) 规定的挠度允许值进行检验时，应符合下列公式的要求：

$$a_s^0 \leq [a_s]$$

$$[a_s] = \frac{M_k}{M_q(\theta-1)+M_k}[a_f]$$

式中 a_s^0——在荷载标准值下的构件挠度实测值；

$[a_s]$——挠度检验允许值；

$[a_f]$——受弯构件的挠度限值，按现行国家标准《混凝土结构设计规范》(GB 50010) 确定；

M_k——按荷载标准组合计算的弯矩值；

M_q——按荷载准永久组合计算的弯矩值；

θ——考虑荷载长期作用对挠度增大的影响系数，按现行国家标准《混凝土结构设计规范》(GB 50010) 确定。

2) 当按构件实配钢筋进行挠度检验或仅检验构件的挠度、抗裂或裂缝宽度时，应符合下列公式的要求：

$$a_s^0 \leq 1.2 a_s^c$$

同时，还应符合公式 (3) 中1) 的挠度验算的要求。

式中 a_s^c——在荷载标准值下按实配钢筋确定的构件挠度计算值，按现行国家标准《混凝土结构设计规范》(GB 50010) 确定。

正常使用状态检验的荷载标准值是指正常使用极限状态下，根据构件设计控制截面上的荷载标准组合效应与构件检验的加载方式，经换算后确定的荷载值。

注：直接承受重复荷载的混凝土受弯构件，当进行短期静力加荷试验时，a_s^c值应按正常使用极限状态下静力荷载标准组合相应的刚度值确定。

(4) 预制构件的抗裂检验应符合下列公式的要求：

$$\gamma_{cr}^0 \geq [\gamma_{cr}]$$

$$[\gamma_{cr}] = 0.95 \frac{\sigma_{pc} + \gamma f_{tk}}{\sigma_{ck}}$$

式中 γ_{cr}^0——构件的抗裂检验系数实测值，即试件的开裂荷载实测值与荷载标准值（均包括自重）的比值；

$[\gamma_{cr}]$——构件的抗裂检验系数允许值；

σ_{pc}——由预加力产生的构件抗拉边缘混凝土法向应力值，按现行国家标准《混凝土结构设计规范》(GB 50010) 确定；

γ——混凝土构件截面抵抗矩塑性影响系数，按现行国家标准《混凝土结构设计规范》(GB 50010) 计算确定；

f_{tk}——混凝土抗拉强度标准值；

σ_{ck}——由荷载标准值产生的构件抗拉边缘混凝土法向应力值，按现行国家标准《混凝土结构设计规范》(GB 50010) 确定。

(5) 预制构件的裂缝宽度检验应符合下列公式的要求：

$$\omega_{s.max}^0 \leq [\omega_{max}]$$

式中 $\omega_{s.max}^0$——在荷载标准值下,受拉主筋处的最大裂缝宽度实测值(mm);

$[\omega_{max}]$——构件检验的最大裂缝宽度允许值,按表C2-8-2-2取用。

构件检验的最大裂缝宽度允许值(mm)　　　表 C2-8-2-2

设计要求的最大裂缝宽度限值	0.2	0.3	0.4
$[\omega_{max}]$	0.15	0.20	0.25

(6) 预制构件结构性能的检验结果应按下列规定验收:

1) 当试件结构性能的全部检验结果均符合(GB 50204—2002)标准第9.3.2~9.3.5条(即结构性能检验的(2)、(3)、(4)、(5)条)的检验要求时,该批构件的结构性能应通过验收。

2) 当第一个试件的检验结果不能全部符合上述要求,但又能符合第二次检验的要求时,可再抽两个试件进行检验。第二次检验的指标,对承载力及抗裂检验系数的允许值应取(GB 50204—2002)规范第9.3.2条〔即结构性能检验的(2)条〕和第9.3.4条〔即结构性能检验的(4)条〕规定的允许值减0.05;对挠度的允许值应取(GB 50204—2002)规范第9.3.3条〔即结构性能检验的(3)条〕规定允许值的1.10倍。当第二次抽取的两个试件的全部检验结果均符合第二次检验的要求时,该批构件的结构性能可通过验收。

3) 当第二次抽取的第一个试件的全部检验结果均已符合(GB 50204—2002)规范第9.3.2~9.3.5条〔即结构性能检验的(2)、(3)、(4)、(5)条〕的要求时,该批构件的结构性能可通过验收。

3. 预制构件结构性能检验方法

(1) 预制构件结构性能试验条件应满足下列要求:

1) 构件应在0℃以上的温度中进行试验;

2) 蒸汽养护后的构件应在冷却至常温后进行试验;

3) 构件在试验前应量测其实际尺寸,并检查构件表面,所有的缺陷和裂缝应在构件上标出;

4) 试验用的加荷设备及量测仪表应预先进行标定或校准。

(2) 试验构件的支承方式应符合下列规定:

1) 板、梁和桁架等简支构件,试验时应一端采用铰立承,另一端采用滚动支承。铰支承可采用角钢、半圆型钢或焊于钢板上的圆钢,滚动支承可采用圆钢;

2) 四边简支或四角简支的双向板,其支承方式应保证支承处构件能自由转动,支承面可以相对水平移动;

3) 当试验的构件承受较大集中力或支座反力时,应对支承部分进行局部受压承载力验算;

4) 构件与支承面应紧密接触;钢垫板与构件、钢垫板与支墩间,宜铺砂浆垫平;

5) 构件支承的中心线位置应符合标准图或设计的规定;

(3) 试验构件的荷载布置应符合下列要求。

1) 构件的试验荷载布置应符合标准图或设计的要求;

2）当试验荷载布置不能完全与标准图或设计的要求相符时，应按荷载效应等效的原则换算，即使构件试验的内力图形与设计的内力图形相似，并使控制截面上的内力值相等，但应考虑荷载布置改变后对构件其他部位的不利影响。

（4）加载方法应根据标准图或设计的加载要求、构件类型及设备条件等进行选择。当按不同形式荷载组合进行加载试验（包括均布荷载、集中荷载、水平荷载和垂直荷载等）时，各种荷载应按比例增加。

1）荷重块加载：

荷重块加载适用于均布加载试验。荷重块应按区格成垛堆放，垛与垛之间间隙不宜小于50mm。

2）千斤顶加载：

千斤顶加载适用于集中加载试验。千斤顶加载时，可采用分配梁系统实现多点集中加载。千斤顶的加载值宜采用荷载传感器量测，也可采用油压表量测。

3）梁或桁架可采用水平对顶加载方法，此时构件应垫平且不应妨碍构件在水平方向的位移。梁也可采用竖直对顶的加载方法。

4）当屋架仅做挠度、抗裂或裂缝宽度检验时，可将两榀屋架并列，安放屋面板后进行加载试验。

（5）构件应分级加载。当荷载小于荷载标准值时，每级荷载不应大于荷载标准值的20%；当荷载大于荷载标准值时，每级荷载不应大于荷载标准值的10%；当荷载接近抗裂检验荷载值时，每级荷载不应大于荷载标准值的5%；当荷载接近承载力检验荷载值时，每级荷载不应大于承载力检验荷载设计值的5%。

对仅做挠度、抗裂或裂缝宽度检验的构件应分级卸载。

作用在构件上的试验设备重量及构件自重应作为第一次加载的一部分。

注：构件在试验前，宜进行预压，以检查试验装置的工作是否正常，同时应防止构件因预压而产生裂缝。

（6）每级加载完成后，应持续10~15min；在荷载标准值作用下，应持续30min。在持续时间内，应观察裂缝的出现和开展，以及钢筋有无滑移等；在持续时间结束时，应观察并记录各项读数。

（7）对构件进行承载力检验时，应加载至构件出现（GB 50204—2002）规范表9.3.2（即表C2-8-2-1 构件的承载力检验系数允许值）所列承载能力极限状态的检验标志。当在规定的荷载持续时间内出现上述检验标志之一时，应取本级荷载值与前一级荷载值的平均值作为其承载力检验荷载实测值；当在规定的荷载持续时间结束后出现上述检验标志之一时，应取本级荷载值作为其承载力检验荷载实测值。

注：当受压构件采用试验机或千斤顶加荷时，承载力检验荷载实测值应取构件直至破坏的整个试验过程中所达到的荷载最大值。

（8）构件挠度可用百分表、位移传感器、水平仪等进行观测。接近破坏阶段的挠度，可用水平仪或拉线、钢尺等测量。

试验时，应量测构件跨中位移和支座沉陷。对宽度较大的构件，应在每一量测截面的两边或两肋布置测点，并取其量测结果的平均值作为该处的位移。

当试验荷载竖直向下作用时，对水平放置的试件，在各级荷载下的跨中挠度实测值应按下列公式计算：

$$a_t^0 = a_q^0 + a_g^0$$

$$a_q^0 = \upsilon_m^0 - \frac{1}{2}(\upsilon_l^0 + \upsilon_r^0)$$

$$a_g^0 = \frac{M_g}{M_b} a_b^0$$

式中 a_t^0——全部荷载作用下构件跨中的挠度实测值（mm）；

a_q^0——外加试验荷载作用下构件跨中的挠度实测值（mm）；

a_g^0——构件自重及加荷设备重产生的跨中挠度值（mm）；

υ_m^0——外加试验荷载作用下构件跨中的位移实测值（mm）；

υ_l^0，υ_r^0——外加试验荷载作用下构件左、右端支座沉陷位移的实测值（mm）；

M_g——构件自重和加荷设备重产生的跨中弯矩值（kN·m）；

M_b——从外加试验荷载开始至构件出现裂缝的前一级荷载为止的外加荷载产生的跨中弯矩值（kN·m）；

a_b^0——从外加试验荷载开始至构件出现裂缝的前一级荷载为止的外加荷载产生的跨中挠度实测值（mm）。

（9）当采用等效集中力加载模拟均布荷载进行试验时，挠度实测值应乘以修正系数ψ。当采用三分点加载时，ψ可取 0.98；当采用其他形式集中力加载时，ψ应经计算确定。

（10）试验中裂缝的观测应符合下列规定：

1) 观察裂缝出现可采用放大镜。若试验中未能及时观察到正截面裂缝的出现，可取荷载—挠度曲线上的转折点（曲线第一弯转段两端点切线的交点）的荷载值作为构件的开裂荷载实测值；

2) 构件抗裂检验中，当在规定的荷载持续时间内出现裂缝时，应取本级荷载值与前一级荷载值的平均值作为其开裂荷载实测值；当在规定的荷载持续时间结束后出现裂缝时，应取本级荷载值作为其开裂荷载实测值；

3) 裂缝宽度可采用精度为 0.05mm 的刻度放大镜等仪器进行观测；

4) 对正截面裂缝，应量测受拉主筋处的最大裂缝宽度；对斜截面裂缝，应量测腹部斜裂缝的最大裂缝宽度。确定受弯构件受拉主筋处的裂缝宽度时，应在构件侧面量测。

（11）试验时必须注意下列安全事项：

1) 试验的加荷设备、支架、支墩等，应有足够的承载力安全储备；

2) 对屋架等大型构件进行加载试验时，必须根据设计要求设置侧向支承，以防止构件受力后产生侧向弯曲和倾倒；侧向支承应不妨碍构件在其平面内的位移；

3) 试验过程中应注意人身和仪表安全；为了防止构件破坏时试验设备及构件坍落，应采取安全措施（如在试验构件下面设置防护支承等）。

（12）构件试验报告应符合下列要求：

1) 试验报告应包括试验背景、试验方案、试验记录、检验结论等内容，不得有漏项缺检；

2) 试验报告中的原始数据和观察记录必须真实、准确，不得任意涂抹篡改；

3.2 单位（子单位）工程质量控制资料核查记录（C2）

3）试验报告宜在试验现场完成，及时审核、签字、盖章，并登记归档。

3.2.8.3 钢（网架）结构验收记录（C2-8-3）

1. 资料表式

钢（网架）结构验收记录　　　　　　　　　　　表 C2-8-3

施工单位：

工程名称		施工日期			
建筑面积		验收日期	年	月	日
验收内容	1. 焊接质量：全数目测焊缝质量、检查材料质量证明、复试报告、焊工合格证。 2. 高强螺栓连接：全数目测高强螺栓连接质量、检查材料质量证明、复试报告、操作上岗证。 3. 钢（网架）结构制作：结构制作验收记录复查。目测构件变形、扭曲情况、构件起拱、焊接变形、轴线尺寸等。 4. 钢（网架）结构安装：结构安装验收记录复查。目测构件变形、扭曲情况、构件起拱、焊接变形、轴线尺寸等。 5. 安全、功能检测资料复查：（GB 50205—2001）附录 G 的有关内容。 6. 其他应检项目或复检				
验收资料	1. 工程质量控制资料。 2. 隐蔽验收资料；施工记录。 3. 工程安全与功能抽检资料。 4. 观感质量验收记录 　　　　　　　　　　　　　　　　施工人员：				
验收意见	按上述验收内容、验收资料全数检查后评定：				
参加人员	建设单位代表	监理单位代表	设计单位代表	施工单位		
				企业技术负责人	质检员	专业技术负责人	施工员

2. 实施要点

（1）资料检验要点

内业资料的检查主要是分部（子分部）、分项（检验批）工程质量验收资料及其附件，核查应参加钢（网架）结构评定的分项、检验批必须齐全、验收必须正确、必须符合验评程序与组织；原材料出厂合格证明及试验报告检查品种、数量及其正确性；钢（网架）结构用的砂浆、混凝土强度的试（检）验报告应符合设计和标准（强度和数量）要求；大型吊装工程的技术要求应符合国家规范的规定。各种构件的损伤、更换处理记录、冬施的测试记录等；隐蔽工程验收记录、预检记录、设计变更记录；核查施工有关技术资料，其他有关文件和资料等。

（2）钢（网架）结构工程质量评价

1）钢（网架）结构工程质量应进行综合技术鉴定与评价、观感质量评定。未经综合技术鉴定与评价的钢（网架）结构不得进行下道工序施工。

2）钢（网架）结构验收应在施工现场对其质量进行全面的观感检查与分析，提出质量评价意见。

3）钢（网架）结构工程检查发现存在的质量问题应确切地进行记载，必要时并有附图，结构质量缺陷须有技术鉴定、处理方法、处理结论及复验签证，无遗留未了事项。

4）钢（网架）结构验收的内容核查必须齐全，结论必须明确，签证必须齐全。验收意见中必须包含有对结构观感、结构质量控制资料的评价。

5）钢（网架）结构，建设、施工、监理、设计任何一方对施工结果提出疑异时需要进行抽样检测以判定其是否满足设计和施工规范规定时，均应进行抽样检测并提供的检测资料。

(3) 钢（网架）结构工程验收的检测

1）钢（网架）结构工程验收时，根据工程需要或当发现建筑幕墙工程存在缺陷，钢（网架）结构工程存在缺陷时，应按规范要求进行工程验收检测。

2）中华人民共和国建设部令第141号（2005年11月1日施行）《建设工程质量检测管理办法》规定，具有相应资质的检测单位，应按批准的资质在其批准范围内实施不同的检测内容。钢（网架）结构工程验收可根据需要进行如下内容的某项检测：

①钢结构焊接质量无损检测；

②钢结构防腐及防火涂装检测；

③钢结构节点、机械连接用紧固标准件及高强度螺栓力学性能检测；

④钢网架结构的变形检测。

3.2.8.4 中间交接检查验收记录（C2-8-4）

1．资料表式

2．实施要点

(1) 中间交接检验记录是指工程进行中根据施工需要进行中间交接时填报的记录资料，同时对其做出的确认记录。

(2) 中间交接检验一般包括：专业施工队之间的交接检验；专业施工公司之间的交接检验；承包工程企业之间的交接检验等。例如：

中间交接检查验收记录　　　　　　　　　　　表 C2-8-4

工程名称：　　　　　　　　　　　　　　　　施工单位：

工程名称		分部（子单位）工程			
交验项目		开工日期	年　月　日		
完成日期	年　月　日	交验日期	年　月　日		
交验简要说明					
遗留问题	施工人员：				
验收评定意见					
参加人员	监理（建设）单位代表	施工 单位			
		技术负责人	交验人	质检员	接收人

1) 单位工程的土建完成后,转交安装时应进行中间验收;
2) 设备安装前应对设备基础、框架等构筑物进行中间验收;
3) 压力容器进行热处理前,应进行中间验收后才能进行热处理;
4) 锅炉房工程在锅炉安装前必须对其钢结构屋面及支撑系统工程进行中间验收,且合格后方可进行锅炉本体安装。

(3) 中间交接之间的步骤与方法
1) 交方提供本工程的全部质量控制资料、工程安全与功能检验及主要功能抽查技术文件及对工程质量的必要说明;
2) 接方按提交的文件资料进行必要的检查、量测或观感检查;
3) 通过资料、文件及实物检查,对发现的问题按标准要求进行处理;
4) 办理交接手续,双方签字,如有仲裁方也应签字;
5) 如交方交出的实物质量经查不合格,接方可不予接受。

3.2.8.5 单项工程竣工验收记录(通用)(C2-8-5)

1. 资料表式
2. 实施要点

(1) 专项工程竣工验收如幕墙、电梯、通风与空调、消防等工程的专项验收均用此表。

(2) 专项工程施工应按有关要求进行抽样测试和检验,专项竣工验收前应将有关资料汇总整理。

单项工程竣工验收记录(通用)　　　　　　　　　　表 C2-8-5

工程名称:　　　　　　　　　　　　　　施工单位:

工程名称		分部(或单位)工程			
专项工程名称		开工日期	年　月　日		
完成日期	年　月　日	交验日期	年　月　日		
工程内容					
验收资料		施工人员:			
验收意见					
参加人员	建设单位代表	监理单位代表	设计单位代表	施　工　单　位			
				技术负责人	质检员	交验人	接收人

(3) 建筑幕墙质量检验:
1) 基本要求
①主体结构与幕墙连接的各种预埋件,其数量、规格、位置和防腐处理必须符合设计要求。
②幕墙的金属框架与主体结构预埋件的连接,立柱与横梁的连接及幕墙面板的安装必须符合设计要求,安装必须牢固。

③隐框、半隐框幕墙所采用的结构粘结材料必须是中性硅酮结构密封胶,其性能必须符合《建筑用硅酮结构密封胶》(GB 16776—97)的规定;硅酮结构密封胶必须在有效期内使用。

2) 玻璃幕墙四周与主体结构之间的缝隙,应采用防火的保温材料填塞;内外表面应用密封胶连续封闭,接缝应严密不漏水。

3) 玻璃幕墙施工过程中应分层进行抗雨水渗漏性能检查。

①耐候硅酮密封胶的施工厚度应大于3.5mm,施工宽度不应小于施工厚度的2倍;较深的密封槽口底部应用聚乙烯发泡材料填塞;

②耐候硅酮密封胶在接缝内应形成相对两面粘结,并不得三面粘结。

4) 玻璃幕墙安装施工应对下列项目进行隐蔽验收:

①构件与主体结构连接节点的安装;

②幕墙四周、幕墙内表面与主体结构之间间隙节点的安装;

③幕墙伸缩缝、沉降缝、防震缝及墙面转角节点的安装;

④幕墙防雷接地节点的安装。

5) 幕墙性能试验说明:

①风压变形性能:指玻璃幕墙其性能试验的结果,即玻璃幕墙在风荷载标准值作用下,其立柱和横梁的相对挠度不应大于L/180(L为立柱和横梁两支点间的跨度),绝对挠度不得大于20mm。

②雨水渗漏性能:指玻璃幕墙雨水渗漏性能试验的结果,即玻璃幕墙在风荷载标准值除以2.25的风荷载作用下不应发生雨水渗漏。在任何情况下,玻璃幕墙开启部分的雨水渗漏压力应大于250MPa。

③空气渗透性能:指玻璃幕墙空气渗透性能试验的结果,即玻璃幕墙在有空调和采暖要求时,玻璃幕墙的空气渗透性能应在10Pa的内外压力差下,其固定部分的空气渗透不应大于$0.10m^2/m·h$,开启部分的空气渗透量不应大于$2.5m^2/m·h$。

④平面内变形性能:指玻璃幕墙平面内变形性能试验的结果,即玻璃幕墙在平面内变形性能应符合下列要求: a.平面内变形性能以建筑物的层间相对位移值表示。在设计允许的相对位移范围内,玻璃幕墙不应损坏; b.平面内变形性能应按不同结构类型弹性计算的位移控制的3倍设计。

6) 硅酮结构胶的检验:

①硅酮结构胶的检验方法:a.垂直于胶条做一个切割面,由该切割面沿基材面切出个长度约50mm的垂直切割面,并以大于90°方向手拉硅酮结构胶块,观察剥离面破坏情况,如图C2-8-5;b.观察检查打胶质量,用分度值为1mm的钢直尺测量胶的厚度和宽度。

②硅酮结构胶的检测单位必须是国家经贸委认可的法定检测机构,并采用国家经贸委通过认可的生产企业(目前国内生产企业8家,国外生产企业4家)生产的产品(共25个品牌)。

③硅酮结构密封胶的检验指标,应符合下列规定:a.硅酮结构密封胶必须是内聚性破坏;b.硅酮结构密封胶切开的截面应颜色均匀,注胶应饱满、密实;c.硅酮结构密封胶的注胶宽度、厚度应符合设计要求,且宽度不能小于7mm,厚度不能小于6mm。

(4) 建筑幕墙工程验收的检测:

3.2 单位（子单位）工程质量控制资料核查记录（C2）

图 C2-8-5 硅酮结构密封胶现场手拉试验示意

1）建筑幕墙工程验收时，根据工程需要或当发现建筑幕墙工程存在缺陷时，应按规范要求进行工程验收检测。

2）中华人民共和国建设部令第 141 号（2005 年 11 月 1 日施行）《建设工程质量检测管理办法》规定，具有相应资质的检测单位，应按批准的资质在其批准范围内实施不同的检测内容。建筑幕墙工程验收可根据需要进行如下内容的某项检测：

①建筑幕墙的气密性、水密性、风压变形性能、层间变位性能检测；

②硅酮结构密封胶相容性检测。

3.2.8.6 结构实体检验记录（C2-8-6）

1. 资料表式

结构实体检验记录　　　　　表 C2-8-6

施工单位：

\	工程名称		施工日期			
\	测试单位		验收日期			
混凝土强度等级评定	1. 同条件养护试件的数量。 2. 同条件养护试件统计评定结果。 3. 最小一组试件的强度。 同条件养护试件强度的检验结果符合现行国家标准《混凝土强度检验评定标准》GBJ 107 的有关规定。混凝土强度					
钢筋保护层厚度测试	钢筋保护层厚度测定单位名称 施工人员：					
备注	附件资料应包括： 1. 同条件养护混凝土试件的试验结果与评定结论。 2. 钢筋保护层测定资料（由试验部门提供）					
参加人员	建设单位代表	监理单位代表	施 工 单 位			
			企业技术负责人	专业技术负责人	质检员	施工员

2．实施要点

（1）结构实体检验仅对重要结构构件的混凝土强度、钢筋保护层厚度两件项目进行检验。如果合同有约可以增加其他项目的检测。

（2）当未留置同条件养护试件或强度不合格、钢筋保护层厚度测试不合格时，则应委托具有相应资质的检测机构进行检测，并通过专家会商提出处理意见。

（3）填表说明：

1）测试单位：一般为建设行政主管部门委托的测试单位，照实际填写。

2）混凝土强度等级评定：按 GB 50204—2002 规范的规定执行。

3）钢筋保护层测试：按 GB 50204—2002 规范的规定执行。

3．结构实体检验用同条件养护试件强度检验（GB 50204—2002）（C2-8-6-1）：

（1）同条件养护试件的留置方式和取样数量，应符合下列要求：

1）同条件养护试件所对应的结构构件或结构部位，应由监理（建设）、施工等各方共同选定。

2）对混凝土结构工程中的各混凝土强度等级，均应留置同条件养护试件。

3）同一强度等级的同条件养护试件，其留置的数量应根据混凝土工程量和重要性确定，不宜少于 10 组，且不应少于 3 组。

4）同条件养护试件拆模后，应放置在靠近相应结构构件或结构部位的适当位置，并应采取相同的养护方法。

（2）同条件养护试件应在达到等效养护龄期时进行强度试验。

等效养护龄期应根据同条件养护试件强度与在标准养护条件下 28d 龄期试件强度相等的原则确定。

（3）同条件自然养护试件的等效养护龄期及相应的试件强度代表值，宜根据当地的气温和养护条件，按下列规定确定：

1）等效养护龄期可取按日平均温度逐日累计达到 600℃·d 时所对应的龄期，0℃及以下的龄期不计入；等效养护龄期不应小于 14d，也不宜大于 60d；

2）同条件养护试件的强度代表值应根据强度试验结果按现行国家标准《混凝土强度检验评定标准》GBJ 107 的规定确定后，乘折算系数取用；折算系数宜为 1.10，也可根据当地的试验统计结果作适当调整。

（4）冬期施工、人工加热养护的结构构件，其同条件养护试件的等效养护龄期可按结构构件的实际养护条件，由监理（建设）、施工等各方根据附1中第2条（即 GB 50204—2002 附录 D 的 D.0.2 条）的规定共同确定。

注：结构实体检验用同条件养护试件强度试验报告应附同条件养护试件测温记录。

4．结构实体钢筋保护层厚度检验（C2-8-6-2）：

结构实体钢筋保护层厚度检验记录施工单位检验时按表 C2-8-6-2A 执行。当需要试验单位对被检钢筋保护层厚度测定进行校核检验时按表 C2-8-6-2B 执行。

（1）资料表式

（2）实施要点

结构实体钢筋保护层厚度检验（GB 50204—2002）：

1）钢筋保护层厚度检验的结构部位和构件数量，应符合下列要求：

3.2 单位（子单位）工程质量控制资料核查记录（C2）

①钢筋保护层厚度检验的结构部位，应由监理（建设）、施工等各方根据结构构件的重要性共同选定：

结构实体钢筋保护层厚度验收记录   表 C2-8-6-2A

编号：

构件类别	构件名称	钢筋保护层厚度（mm）		合格点率	评定结果	监理（建设）单位验收结果
		设计值	实 测 值			
梁						
板						

结论：

说明：
    本表中对每一构件可填写6根钢筋的保护层厚度实测值，应检验钢筋的具体数量须根据规范要求和实际情况确定

参加人员	监理（建设）单位	施 工 单 位		
		专业技术负责人	质检员	施工员

钢筋保护层厚度试验报告   表 C2-8-6-2B

编 号		试验编号		委托编号	
工程名称及部位					
委托单位					
试验委托人				见证人	
构件名称					
测试点编号	1	2	3	4	5	6
保护层厚度设计值（mm）						
保护层厚度实测值（mm）						

测试位置示意图：

结论：

试验单位：   技术负责人：   审核：   试（检）验：

注：本表由建设单位、监理单位、施工单位各保存一份。

②对梁类、板类构件，应各抽取构件数量的2%且不少于5个构件进行检验；当有悬挑构件时，抽取的构件中悬挑梁类、板类构件所占比例均不宜小于50%。

2）对选定的梁类构件，应对全部纵向受力钢筋的保护层厚度进行检验；对选定的板类构件，应抽取不少于6根纵向受力钢筋的保护层厚度进行检验。对每根钢筋，应在有代表性的部位测量1点。

3）钢筋保护层厚度的检验，可采用非破损或局部破损的方法，也可采用非破损方法测试并用局部破损方法进行校准。当采用非破损方法检验时，所使用的检测仪器应经过计量检验，检测操作应符合相应规程的规定。

钢筋保护层厚度检验的检测误差不应大于1mm。

4）钢筋保护层厚度检验时，纵向受力钢筋保护层厚度的允许偏差，对梁类构件为+10mm、-7mm，对板类构件为+8mm、-5mm。

5）对梁类、板类构件纵向受力钢筋的保护层厚度应分别进行验收。

结构实体钢筋保护层厚度验收合格应符合下列规定：

①当全部钢筋保护层厚度检测的合格点率为90%及以上时，钢筋保护层厚度的检验结果应判为合格。

②当全部钢筋保护层厚度的检测结果的合格点率小于90%但不小于80%时，可再抽取相同数量的构件进行检验；当按两次抽样总和计算的合格点率为90%及以上时，钢筋保护层厚度的检验结果仍应判为合格。

③每次抽样检验结果中不合格点的最大偏差均不应大于实施要点中（1）结构实体钢筋保护层厚度检验第4）的要求。

3.2.9 工程质量事故及事故调查处理资料（C2-9）

资料编制控检要求：

（1）工程质量事故的内容及处理建议应填写具体、清楚。注明日期（质量事故日期、处理日期）。

（2）有当事人及有关领导的签字及附件资料。参加调查人员、陪同调（勘）查人员必须逐一填写清楚。

（3）事故经过及原因分析应实事求是、尊重科学。调（勘）查记录应真实、科学、详细，实事求是，物证、照片、事故证据资料提供齐全。

（4）按规定日期及内容及时上报者为符合要求，否则为不符合要求。

（5）被调查人员必须签字。

3.2.9.1 工程质量事故报告（C2-9-1）

1. 资料表式

2. 实施要点

凡因工程质量不符合规定的质量标准、影响使用功能或设计要求的，都叫质量事故。造成质量事故的原因主要包括：设计错误、施工错误、材料设备不合格、指挥不当等等。

（1）事故产生的原因可分为指导责任事故和操作责任事故。事故按其情节性质分为一般事故、重大事故。

（2）质量事故的技术处理必须遵守的原则：

3.2 单位（子单位）工程质量控制资料核查记录（C2）

工程质量事故报告　　　　　　　　　　　　　表 C2-9-1

工程名称：

事 故 部 位		报 告 日 期			
事 故 性 质	设 计 错 误		交 底 不 清		违反操作规程
事故发生日期					
事 故 等 级					
直接责任者		职　务		损失金额	
故事经过和原因分析：					
事故处理意见：					

企业负责人：　　　　　　企业技术负责人：　　　　　　　　项目经理：

　　1）工程（产品）质量事故的部位，原因必须查清，必要时应委托法定工程质量检测单位进行质量鉴定或请专家论证；

　　2）技术处理方案，必须依据充分、可靠、可行，确保结构安全和使用功能；技术处理方案应委托原设计单位提出，由其他单位提供技术方案的，需经原设计单位同意并签认。设计单位在提供处理方案时应征求建设单位意见；

　　3）施工单位必须依据技术处理方案的要求，制定可行的技术处理施工措施，并做好原始记录；

　　4）技术处理过程中关键部位的工序，应会同建设单位（设计单位）进行检查认可，技术处理完工，应组织验收，并将有关单位的签证、处理过程中的各项施工记录、试验报告、原材料试验单等相关资料应完整配套归档。

　　(3) 关于《工程建设重大事故报告和调查程序规定》有关问题说明：

　　1）该"规定"系指工程建设过程中发生的重大质量事故；

　　2）由于勘察设计、施工等过失造成工程质量低劣，而在交付使用后发生的重大质量事故；

　　3）因工程质量达不到合格标准，而需加固补强、返工或报废、且经济损失额达到重大质量事故级别的。

　　(4) 事故发生后，事故发生单位应当在 24 小时内写出书面的事故报告，逐级上报，书面报告应包括以下内容：

　　1）事故发生的时间、地点、工程项目、企业名称；

2) 事故发生的简要经过、伤亡人数和直接经济损失的初步估计；
3) 事故发生原因的初步判断；
4) 事故发生后采取的措施及事故控制的情况；
5) 事故报告单位。

(5) 属于特别重大事故者，其报告、调查程序、执行国务院发布的《特别重大事故调查程序暂行规定》及有关规定。

(6) 工程质量事故处理方案应由原设计单位出具或签认，并经建设、监理单位审查同意后方可实施。

(7) 工程质量事故报告和事故处理方案及记录，要妥善保存，任何人不得随意抽撤或毁损。

(8) 一般事故每月集中汇总上报一次。

(9) 填表说明：

1) 事故经过和原因分析：简述事故原因分析，应经项目经理部级以上主管技术负责人主持会议讨论定论后的原因分析；凡需要修补或做技术处理的事故，均需填写事故经过及原因分析。

2) 事故处理意见：处理措施和复查意见等内容，均需有单位工程技术负责人和质检员签字，对于重要部位的质量事故，此项内容需经施工企业和设计单位同意（附有关手续）。

3.2.9.2 建设工程质量事故调（勘）查处理记录（C2-9-2）

1. 资料表式

建设工程质量事故调（勘）查处理记录　　　　表 C2-9-2

工程名称：　　　　　　　　　　　　　　　　施工单位：

工程名称				
调(勘)查时间				
调(勘)地点				
参加人员	单位	姓名	职务	电话
陪同调(勘)人员				
调(勘)记录				
现场证物照片				
事故证据资料				
被调查人签字				
处理意见				

2. 实施要点

(1) 调查记录应详细、实事求是。记录内容包括事故调查的：事故的发生时间、地点、部位、性质、人证、物证、照片及有关的数据资料。

(2) 调查方式可视事故的轻重由施工单位自行进行调查或组织有关部门联合调查做出处理方案。

(3) 工程质量事故调查、事故处理资料应在事故处理完毕后随同工程质量事故报告一并存档。

(4) 设计单位应当参与建设工程质量事故的分析，并对因设计造成的质量事故提出技术处理方案。

注：质量事故处理一般有以下几种：事故已经排除，可以继续施工；隐患已经消除，结构安全可靠；经修补处理后，安全满足使用要求；基本满足使用要求，但附有限制条件；虽经修补但对耐久性有一定影响，并提出影响程度的结论；虽经修补但对外观质量有一定影响，并提出外观质量影响程度的结论。

3.2.9.3 工程质量事故技术处理方案（C2-9-3）

实施要点：

工程质量事故技术处理方案按设计或施工单位根据事故特点提供并经监理单位同意的工程质量事故技术处理方案作为施工技术文件依序提供。

3.2.10 新技术、新工艺、新材料施工记录（C2-10）

实施要点：

(1) 新技术、新工艺、新材料施工记录按 C2-6-1 执行。

(2) 新技术、新工艺、新材料施工记录是建设工程应用新技术、新工艺、新材料进行施工的记录。

(3) 新技术、新工艺、新材料由建设、监理和施工单位根据相关资料予以确认。

(4) 凡属新技术、新工艺、新材料的施工均必须由施工单位或专项施工单位按新技术、新工艺、新材料提供的专项施工图或施工资料进行施工，并填报新技术、新工艺、新材料施工记录。

(5) 应用新技术、新工艺、新材料规定：

1) 建设部 2005 年 7 月 20 日印发《"采用不符合工程建设强制性标准的新技术、新工艺、新材料核准"行政许可实施细则》（简称三新核准），规定建设工程应用新技术、新工艺、新材料实行核准制度。

2)《"采用不符合工程建设强制性标准的新技术、新工艺、新材料核准"行政许可实施细则》由建设部负责审查与决定。

3) 所称"不符合工程建设强制性标准"是指与现行工程建设强制性标准不一致的情况，或直接涉及建设工程质量安全、人身健康、生命财产安全、环境保护、能源资源节约和合理利用以及其他社会公共利益，且工程建设强制性标准没有规定又没有现行工程建设国家标准、行业标准和地方标准可依的情况。

4) 拟采用不符合工程建设强制性标准的新技术、新工艺、新材料时，应当由该工程的建设单位依法取得行政许可，并按照行政许可决定的要求实施。

5) 申请"三新核准"时，建设单位应当提交下列材料：

①《采用不符合工程建设强制性标准的新技术、新工艺、新材料核准申请书》（见附件一）；

②采用不符合工程建设强制性标准的新技术、新工艺、新材料的理由；

③工程设计图（或施工图）及相应的技术条件；

④省级、部级或国家级的鉴定或评估文件，新材料的产品标准文本和国家认可的检验、检测机构的意见（报告），以及专题技术论证会纪要；

⑤新技术、新工艺、新材料在国内或国外类似工程应用情况的报告或中试（生产）试验研究情况报告；

⑥国务院有关行政主管部门的标准化管理机构或省、自治区、直辖市建设行政主管部门的审核意见。

6）建设部依法对申请者按照专家对申请事项的审查结果，提出审查意见对符合法定条件的发给《准予建设行政许可决定书》；对不符合法定条件的发给《不予建设行政许可决定书》，说明理由，并告知申请人享有依法申请行政复议或者提起行政诉讼的权利。

在建设工程中应用新技术、新工艺、新材料的建设单位必须严格按照建设部 2005 年 7 月 20 日印发的《"采用不符合工程建设强制性标准的新技术、新工艺、新材料核准"行政许可实施细则》（简称三新核准）的规定执行。

给排水与采暖

3.2.11 给排水与采暖工程图纸会审、设计变更、洽商记录（C2-11）

资料编制控检要求：

按建筑与结构图纸会审、设计变更、洽商记录资料要求执行。

3.2.11.1 图纸会审（C2-11-1）

1. 资料表式、实施要点按 C2-1-1 执行。

2. 图纸会审记录是对已正式签署的设计文件进行交底、审查和会审对提出的问题予以记录的技术文件。

3.2.11.2 设计变更（C2-11-2）

1. 资料表式、实施要点按 C2-1-2 执行。

2. 设计变更的表式以设计单位签发的设计变更文件为准。

3. 设计变更是工程实施过程中，由于设计图纸本身差错，设计图纸与实际情况不符，施工条件变化，原材料的规格、品种不符合设计要求及职工提出合理化建议等原因，需要对设计图纸部分内容进行修改而办理的变更设计文件。

3.2.11.3 洽商记录（C2-11-3）

1. 洽商记录的资料表式、实施要点按 C2-1-3 执行。

2. 洽商记录是工程实施过程中，由于设计图纸本身差错，设计图纸与实际情况不符，建设单位根据需要提出的设计修改，施工条件变化，原材料的规格、品种不符合设计要求及职工提出合理化建议等原因，需要对设计图纸部分内容进行修改而需要由建设单位或施工单位提出的变更设计的洽商记录文件。

3.2.12 材料、配件、设备出厂合格证及进场检（试）验报告（C2-12）

资料编制控检要求：

(1) 通用条件

按建筑与结构材料、配件、设备出厂合格证书及进场检（试）验报告资料要求执行。

(2) 专用条件

1）材料、设备主要包括：管材、管件、法兰衬垫等原材料出厂合格证及焊接、防腐、保温、隔热等材料的合格证；采暖设备（散热器、集气罐等）、卫生陶瓷及配件、膨胀水箱、辐射板、热水器、锅炉及附属设备（水泵、风机等）出厂合格证；煤气系统有关设备、各种相应仪表阀门等的出厂合格证（管材、设备与配件）。

2）应提供设计或规范有规定的、对材质有怀疑的以及其他必需的抽样检查记录。

3）出厂合格证所证明的材质和性能符合设计和规范要求的为符合要求。建筑给水、排水及采暖工程所使用的主要材料、成品、半成品、配件、器具和设备必须具有中文质量合格证明文件，规格、型号及性能检测报告应符合国家技术标准和设计要求。进场时应做检查验收，并经监理工程师核查确认。

4）主要材料、设备进场时应进行开箱检验（主要材料、设备）并有检验记录。

5）仅有合格证明而无材质技术数据的，经建设单位认可签章者可视为基本符合要求，否则，为不符合要求。

3.2.12.1 主要材料、设备出厂合格证、试（检）验报告汇总表（C2-12-1）

材料、设备合格证、试（检）验报告汇总表按 C2-3-1 执行。

3.2.12.2 材料、设备出厂合格证（C2-12-2）

实施要点：

材料、设备合格证表式按 C2-3-2 执行。

(1) 各种原材料、成品、半成品、器具、设备等合格证分类按序贴于合格证粘贴表内。

(2) 材料、设备与配件：

产品应有出厂合格证明，并应符合国家或行业现行标准的技术质量要求及设计要求，产品到场后必须进行主要设备开箱检验，使用前应做必要的试（检）验，并做好记录。抽检应有抽检时间，抽检人及抽检结果的证明。

(3) 主要材料、设备出厂合格证明及目录，一般包括：

1）管材及型钢出厂合格证；

2）锅炉及锅炉附件，引风机、除尘器出厂合格证；

3）散热器、暖风机等散热设备出厂合格证；

4）离心式水泵和汽泵出厂合格证；

5）各种阀类的出厂合格证及强度、严密性试验单；

6）水位计、压力计、温度计和煤气表等热工仪表的出厂合格证；

7）减压器、疏水器、调压器和分汽缸等管道附件、构件出厂合格证；

8）焊条、焊接剂出厂合格证；

9）防腐工程粘结力试验单（有特殊要求的工程用）；

10）保温结构热耗试验单（有特殊要求的工程用）。

(4) PVC 管材技术要求：

1）管材外观质量：管材内外壁应光滑，不允许有气泡、裂口和明显划痕、凹陷、色差及分解变色；管材两端应切割平整；

2）管材平均外径极限偏差、管材壁厚尺寸极限偏差、管材长度尺寸极限偏差应分别符合国家现行标准要求。管材同一截面的壁厚偏差率不得超过 14%。管材同一截面的外径椭圆度，直管不大于 0.024de（至少为 1mm），盘管不大于 0.06de；

3) 管材物理性能应符合相应标准规定。

3.2.12.3 主要设备开箱检验记录（C2-12-3）

1. 资料表式

主要设备开箱检验记录（通用） 表 C2-12-3

工程名称		分部（或单位）工程	
设备名称		型号、规格	
系统编号		装箱单号	
设备检查	1. 包装 2. 设备外观 3. 设备零部件 4. 其他	检查结果	
技术文件检查	1. 装箱单　　份　　张 2. 合格证　　份　　张 3. 说明书　　份　　张 4. 设备图　　份　　张 5. 其他	检查结果	
存在问题及处理意见		检查人员：　　　　年　月　日	
参加人员	监理（建设）单位	施　工　单　位	
	专业技术负责人	质检员	材料员

2. 实施要点

（1）建筑给水、排水及采暖工程的施工单位应当具有相应的资质。工程质量验收人员应具备相应的专业技术资格。

（2）主要器具和设备必须有完整的安装使用说明书。在运输、保管和施工过程中，应采取有效措施防止损坏或腐蚀。

（3）主要材料、设备、风机的开箱检验：

①设备开箱检查由安装单位、供货单位或建设单位共同进行，并做好检查记录；应按照设备清单、施工图纸及设备技术资料，核对设备本体及附件、备件的规格、型号是否符合设计图纸要求；附件、备件、产品合格证件、技术文件资料、说明书是否齐全；设备本体外观检查应无损伤及变形，油漆完整无损；设备内部检查：电器装置及元件、绝缘瓷件应齐全，无损伤、裂纹等缺陷；对检查出现的问题应由参加方共同研究解决；

②根据设备装箱清单，核对叶轮、机壳和其他部位（如地脚螺栓孔中心距、进、排气口法兰直径和方位及中心距、轴的中心标高等）的主要安装尺寸是否与设计相符；

③叶轮旋转方向应符合设备技术文件的规定；

④进、排气口应有盖板严密遮盖，防止尘土和杂物进入；

⑤检查风机外露部分各加工面的防锈情况和转子是否发生明显的变形或严重锈蚀、碰伤等，如有上述情况应会同有关单位研究处理。

3.2 单位（子单位）工程质量控制资料核查记录（C2）

3.2.13 管道、设备强度试验、严密性试验记录（C2-13）

资料编制控检要求：

(1) 通用条件

记录必须详尽、准确，检查人员和单位技术负责人签章齐全的为符合要求。

(2) 专用条件

1) 强度和严密性试验包括采暖、给水、热水、消防等，包括系统项目的单项和系统两个方面试验。给水、采暖、热水系统主干管起切断作用的阀门及设计要求报送项目的资料应齐全。

2) 凡未达到设计和规范要求者不应验收，对存在问题应有详细记载，处理后有隐验记录及签证，达不到上述要求者为不符合要求。

3) 各种记录中应以数据、部位和内容为重点。试验内容不全、部位不全、结果不符合要求等情况，又无复试为不符合要求。

3.2.13.1 ＿＿＿＿管道、设备强度试验、严密性试验记录（通用）（C2-13-1）

1. 资料表式

＿＿＿＿管道、设备强度试验、严密性试验记录表（通用） 表 C2-13-1

工程名称					被试系统				
接口做法					试验时间	年 月 日 时起 年 月 日 时止			
部 位	材 质	规 格	单 位	数 量		备 注			
试验标准及规定									
试压方式									
试压标准	工作压力		MPa			试验压力		MPa	
实测数值									
试压经过及问题处理									
								试验人：	
试验结果									
参加人员	监理（建设）单位				施 工 单 位				
		专业技术负责人			质检员			试验员	

2. 实施要点

给水、热力等的严密性试验通用说明：

1) 管道、设备、强度、严密性试验应报送以下资料：
①给水、采暖和热水供应系统的试压记录；
②煤气管道及调压站系统的强度和严密性试验记录；
③锅炉、分汽缸、分水器、热交换器和散热器的试压记录；
④敞口和密闭箱罐灌水和试压记录；
⑤阀门安装前的强度和严密性试验记录；
⑥设备基础验收及混凝土强度测试记录（抄件）。

2) 给水工程中配水管网的工作压力大于 0.1MPa 的压力管道工程均应进行管道水压试

验。工作压力小于 0.1MPa 的管道应按无压力管道进行试验（一般为闭水法试验）。

3）给水、采暖、热水系统隐蔽前，阀门、散热器及设备在安装前必须进行管道、设备强度和严密性试验（有焊接管道时应进行焊口检查），填写检查和试压记录，试验结果应满足设计规范的有关规定。经建设单位代表验证签名后才能隐蔽和安装。

4）管道压力试验的几点说明。

①管道试压一般分单项试压和系统试压两种。单项试压是在干管敷设完成，隐蔽部位的管道安装完毕后按设计和规范要求进行的水压试验。

②试压前应将预留口堵严，关闭入口总阀门和所有泄水阀门及低处放风阀门，打开各分路及主管阀门和系统最高处的放风阀门。

③检查全部系统，发现有漏水处应做好标记，并进行修理，修好后再充满水进行加压，而后复查，如管道不渗、不漏，并持续到规定时间，压降在允许范围内，即试压符合要求。应通知有关单位验收，并办理验收手续。

④冬季竣工而又不能及时供暖的工程进行系统试压时，必须采取可靠措施把水泄净，以防冻坏管道和设备。

5）填表说明：

①试验标准及规定： a. 试压方式：指被试系统试压采用介质的方式，照实际试压方式填写； b. 试压标准：指被试系统试压采用的标准，由测试人照实际填写； c. 实测数据：指被试系统试压时的实测数据，照实际填写。

②试压经过及问题处理：按实际试压中发现问题的过程及对发现问题的处理方法，照实际填写。

3.2.13.2 室内给水管道水压试验记录（C2-13-2）

实施要点：

(1) 室内给水管道水压试验记录按 C2-13-1 表式执行。

(2)《建筑给水排水及采暖工程施工质量验收规范》（GB 50242—2002）第 4 章第 4.2.1 条规定：室内给水管道的水压试验必须符合设计要求。当设计未注明时，各种材质的给水管道系统试验压力均为工作压力的 1.5 倍，但不得小于 0.6MPa。金属及复合管给水管道系统在试验压力下观测 10min，压力降不应大于 0.02MPa，然后降到工作压力进行检查，应不渗不漏；塑料管给水系统应在试验压力下稳压 1h，压力降不得超过 0.05MPa，然后在工作压力的 1.15 倍状态下稳压 2h，压力降不得超过 0.03MPa，同时检查各连接处不得渗漏。

(3) 室内直埋给水管道（塑料管道和复合管道除外）应做防腐处理。埋地管道防腐层材质和结构应符合设计要求。

(4) 给水引入管与排水排出管的水平净距不得小于 1m。室内给水与排水管道平行敷设时，两管间的最小水平净距不得小于 0.5m；交叉铺设时，垂直净距不得小于 0.15m。给水管应铺在排水管上面，若给水管必须铺在排水管的下面时，给水管应加套管，其长度不得小于排水管管径的 3 倍。

注：给水管道必须采用与管材相适应的管件。生活给水系统所涉及的材料必须达到饮用水卫生标准。

(5) 室内给水管道系统水压试验方法：

水压试验，是在管道系统施工完毕后，对其管道的材质与配件结构的强度和接口严密性检查的必要手段，是确保管道系统使用功能的关键措施，也是管道安装质量检验评定中的主控项目之一。

1）水压试验

①向管道系统注水：水压试验是以水为介质，可用自来水，也可用未被污染、无杂质、无腐蚀性的清水为介质。向管道系统注水时，应采用由下而上向系统送水。当注水压力不足时，可采取增压措施。注水时需将给水管道系统最高处用水点阀门打开，待管道系统内的空气全部排净见水后，再将阀门关闭，此时表明管道系统注水已满（可关闭反复数次）。

②向管道系统加压：管道系统注满水后，启动加压泵使系统内水压逐渐升高，先升至工作压力，停泵观察，当各部位无破裂、无渗漏时，再将压力升至试验压力，其试验压力不应小于 0.59MPa。生活饮用水和生产、消防合用的管道，试验压力应为工作压力的 1.5 倍，但不得超过 0.98MPa。管道试压标准是在试验压力下，10min 内，压力降不大于 0.05MPa，表明管道系统强度试验合格。然后再将试验压力缓慢降至工作压力，再做较长时间观察，此时全系统的各部位仍无渗漏，则管道系统的严密性为合格，然后再将工作压力逐渐降压至零。至此，管道系统试压全过程才算结束。

③泄水：给水管道系统试压合格后，应及时将系统低处的存水泄掉，防止积水冬季冻结而破坏管道。

2）填写管道系统试压记录

填写管道系统试压记录时，应如实填写明确试压实际情况。试压记录是管道工程的重要技术资料，存入工程档案里，随工程的完工，转交给建设单位留存。

(6) 塑料管材水压试验方法：

1）水压试验之前，对试压管道应采取安全有效的固定的保护措施，但接头部位必须明露。

2）水压试验步骤：

①将试验管道末端封堵，缓慢注水，同时将管道内气体排出。

②充满水后，进行水密性检查。

③加压宜采用手动泵缓慢升压，升压时间不得小于 10min。

④升压至规定试验压力后，停止加压，稳压 1h，观察接头部位是否有漏水现象。

⑤稳压 1h 后，补压至规定的试验压力值，15min 内的压力降不超过 0.05MPa 为合格。

(7) 饮用净水管道应用塑料管材时，在使用前应采用每升水含 20～30mg 的游离氯的清水灌满管道进行消毒。含氯水在管中应静置 24h 以上。消毒后，应再用饮用水冲洗管道，并经卫生部门取样检验符合现行国家标准《生活饮用水卫生标准》后，方可使用。

3.2.13.3 水泵试运转记录（C2-13-3）

实施要点：

(1) 水泵试运转记录按通风与空调工程单机设备试运转记录表 C2-27-1 表式执行。

(2) 水泵试运转记录包括：生活给水冷热水泵、泳池水泵、排水水泵、消防水泵、空调水（冷冻水、冷却水）泵等的安装试运转记录。

(3) 水泵试运转前应对水泵进行检查并做如下记录。

1）水泵型号及主要性能参数是否符合设计要求（型号及主要性能参数可在设备技术

文件或设备铭牌上摘录)。

  2) 各固定连接部位是否有松动。
  3) 压力表应灵敏、准确、可靠。
  4) 润滑油的规格和数量应符合技术文件的规定。
  5) 盘车应灵活、无异常现象。
  6) 电机绕组对地绝缘电阻应符合要求。
  7) 电动机转向应与泵的转向相符。

  (4) 水泵试运转，应无异常振动和声响，其电机运行电流、电压应符合设备技术文件的规定。连续运转 2h 后，水泵轴承外壳最高温度——滑动轴承不得超过 70℃，滚动轴承不得超过 80℃；电机轴承最高温度——滑动轴承不应超过 80℃，滚动轴承不应超过 95℃。

  (5) 记录中应表达连续试运转时间及试运转时的环境温度。

3.2.13.4　室内热水供应系统水压试验记录（C2-13-4）

实施要点：

  (1) 室内热水供应系统水压试验记录按 C2-13-1 表式执行。

  (2)《建筑给水排水及采暖工程施工质量验收规范》（GB 50242—2002）第 6 章第 6.2.1 条规定：热水供应系统安装完毕，管道保温之前应进行水压试验。试验压力应符合设计要求。当设计未注明时，热水供应系统水压试验压力应为系统顶点的工作压力加 0.1MPa，同时在系统顶点的试验压力不小于 0.3MPa。

  钢管或复合管道系统试验压力下 10min 内压力降不大于 0.02MPa，然后降至工作压力检查，压力应不降，且不渗不漏；塑料管道系统在试验压力下稳压 1h，压力降不得超过 0.05MPa，然后在工作压力 1.15 倍状态下稳压 2h，压力降不得超过 0.03MPa，连接处不得渗漏。

  (3) 热水供应系统竣工后必须进行冲洗。

  (4) 温度控制器及阀门应安装在便于观察和维护的位置。

3.2.13.5　室内热水供应辅助设备（太阳能集热器、热交换器等）水压试验记录（C2-13-5）

实施要点：

  (1) 室内热水供应辅助设备（太阳能集热器、热交换器等）水压试验记录按 C2-13-1 表式执行。

  (2)《建筑给水排水及采暖工程施工质量验收规范》（GB 50242—2002）第 6 章第 6.3.1 条、6.3.2 条规定：在安装太阳能集热器玻璃前，应对集热排管和上、下集管作水压试验，试验压力为工作压力的 1.5 倍。试验压力下 10min 内压力不降，不渗不漏。

  (3) 热交换器应以工作压力的 1.5 倍做水压试验。蒸汽部分应不低于蒸汽供汽压力加 0.3MPa；热水部分应不低于 0.4MPa。试验压力下 10min 内压力不降，不渗不漏。

  (4) 水泵就位前的基础混凝土强度、坐标、标高、尺寸和螺栓孔位置必须符合设计要求。

  (5) 水泵试运转的轴承温升必须符合设备说明书的规定。

  (6) 安装固定式太阳能热水器，朝向应正南。如受条件限制时，其偏移角不得大于 15°。集热器的倾角，对于春、夏、秋三个季节使用的，应采用当地纬度为倾角；若以夏季为主，可比当地纬度减少 10°。太阳能热水器的最低处应安装泄水装置。

(7) 自然循环的热水箱底部与集热器上集管之间的距离为 0.3~1.0m。热水箱及上、下集管等循环管道均应保温。

(8) 凡以水作介质的太阳能热水器，在 0℃以下地区使用，应采取防冻措施。

3.2.13.6 室内采暖系统水压试验记录（C2-13-6）

实施要点：

(1) 室内采暖系统水压试验记录按 C2-13-1 表式执行。

(2)《建筑给水排水及采暖工程施工质量验收规范》（GB 50242—2002）第 8 章第 8.6.1 条规定：采暖系统安装完毕，管道保温之前应进行水压试验。试验压力应符合设计要求。当设计未注明时，应符合下列规定：

1) 蒸汽、热水采暖系统，应以系统顶点工作压力加 0.1MPa 作水压试验，同时在系统顶点的试验压力不小于 0.3MPa。

2) 高温热水采暖系统，试验压力应为系统顶点工作压力加 0.4MPa。

3) 使用塑料管及复合管的热水采暖系统，应以系统顶点工作压力加 0.2MPa 作水压试验，同时在系统顶点的试验压力不小于 0.4MPa。使用钢管及复合管的采暖系统应在试验压力下 10min 内压力降不大于 0.02MPa，降至工作压力后检查，不渗、不漏；使用塑料管的采暖系统应在试验压力下 1h 内压力降不大于 0.05MPa，然后降压至工作压力的 1.15 倍，稳压 2h，压力降不大于 0.03MPa，同时各连接处不渗、不漏。

(3) 系统试压合格后，应对系统进行冲洗并清扫过滤器及除污器。应到现场观察，直至排出水不含泥沙、铁屑等杂质，且水色不浑浊为合格。

(4) 系统冲洗完毕应充水、加热，进行试运行和调试。

(5) 通暖实施要点说明：

1) 首先联系好热源，根据供暖面积确定通暖范围，制定通暖人员的分工，检查供暖系统中的泄水阀门是否关闭，干管、立管、支管的阀门是否打开。

2) 向系统内充软化水，开始先打开系统最高点的放风阀，安排专人看管。慢慢打开系统回水干管的阀门，待最高点的放风阀见水后即关闭放风阀。再开总进口的供水管阀门，高点放风阀要反复开放几次，使系统中的冷风排净为止。

3) 正常运行半小时后，开始检查全系统，遇有不热处应先查明原因，需冲洗检修时，则关闭供回水阀门泄水，然后分先后开关供回水阀门放水冲洗，冲净后再按照上述程序通暖运行，直到正常为止。

4) 冬季通暖时，必须采取临时取暖措施，使室温保持 +5℃以上才可进行。遇有热度不均，应调整各分路立管、支管上的阀门，使其基本达到平衡后，进行正式检查验收，并办理验收手续。

3.2.13.7 低温热水地板辐射采暖系统水压试验记录（C2-13-7）

实施要点：

(1) 低温热水地板辐射采暖系统水压试验记录按 C2-13-1 表式执行。

(2)《建筑给水排水及采暖工程施工质量验收规范》（GB 50242—2002）第 8 章第 8.5.2 条规定：地面下敷设的盘管埋地部分不应有接头。施工、监理人员必须在隐蔽前到现场查看。

(3) 盘管隐蔽前必须进行水压试验，试验压力为工作压力的 1.5 倍，但不小于 0.6MPa。稳压 1h 内压力降不大于 0.05MPa 且不渗不漏。

(4) 加热盘管弯曲部分不得出现硬折弯现象，曲率半径应符合下列规定：
1) 塑料管：不应小于管道外径的 8 倍。
2) 复合管：不应小于管道外径的 5 倍。
(5) 加热盘管管径、间距和长度应符合设计要求。
(6) 地板辐射供暖系统，应根据工程施工特点进行中间验收。中间验收过程，从加热管道敷设和热媒集配装置安装完毕进行试压起，至混凝土填充层养护期满再次进行试压止，由施工单位会同监理单位进行。
(7) 水压试压：
浇捣混凝土填充层之前和混凝土填充层养护期满之后，应分别进行系统水压试验。水压试验应符合下列要求：
1) 水压试验之前，应对试压管道和构件采取安全有效的固定和保护措施。
2) 试验压力应为不小于系统静压加 0.3MPa，但不得低于 0.6MPa。
3) 冬季进行水压试验时，应采取可靠的防冻措施。
(8) 水压试验步骤：
水压试验应按下列步骤进行：
1) 首先经分水器缓慢注水，同时将管道内空气排出。
2) 充满水后，进行水密性检查。
3) 采用手动泵缓慢升压，升压时间不得少于 15min。
4) 升压至规定试验压力后，停止加压，稳压 1h，观察有无漏水现象。
5) 稳压 1h 后，补压至规定试验压力值，15min 内的压力降不超过 0.05MPa 无渗漏为合格。
(9) 地板辐射采暖的调试：
1) 地板辐射供暖系统未经调试，严禁运行使用。
2) 具备供热条件时，调试应在竣工验收阶段进行；不具备供热条件时，经与工程使用单位协商，可延期进行调试。
3) 调试工作由施工单位在工程使用单位配合下进行。
4) 调试时初次通暖应缓慢升温，先将水温控制在 25～30℃ 范围内运行 24h，以后再每隔 24h 升温不超过 5℃，直至达设计水温。
5) 调试过程应持续在设计水温条件下连续通暖 24h，并调节每一通路水温达到正常范围。
(10) 竣工验收标准：
符合以下规定，方可通过竣工验收：
1) 竣工质量符合设计要求和国家规范的有关规定。
2) 填充层表面不应有明显裂缝。
3) 管道和构件无渗漏。
4) 阀门开启灵活、关闭严密。

3.2.13.8 散热器水压试验、金属辐射板水压试验记录（C2-13-8）

1. 资料表式

散热器水压试验、金属辐射板水压试验记录　　　　　　　　　表 C2-13-8

工程名称				施工单位			
产品厂家				试验时间		年　月　日　时	起止
部　位	材　质	规　格	单　位	数　量	备　注		
试验标准及规定							
试压方式							
试压标准	工作压力		MPa		试验压力		MPa
实测数值							
标准依据：							
试压经过及问题处理：						试验人：	
参加人员	监理（建设）单位	施　工　单　位					
		专业技术负责人		质检员		试验员	

2．实施要点

(1)《建筑给水排水及采暖工程施工质量验收规范》（GB 50242—2002）第 8 章第 8.3.1 条规定：散热器组对后，以及整组出厂的散热器在安装之前应做水压试验。试验压力如设计无要求时应为工作压力的 1.5 倍，但不小于 0.6MPa。试验时间为 2~3min，压力不降且不渗不漏为合格。

(2)《建筑给水排水及采暖工程施工质量验收规范》（GB 50242—2002）第 8 章第 8.4.1 条规定：辐射板在安装前应做水压试验，如设计无要求时试验压力应为工作压力 1.5 倍，但不得小于 0.6MPa。试验压力下 2~3min 压力不降且不渗不漏为合格。

(3) 水平安装的辐射板应有不小于 5‰的坡度坡向回水管。

(4) 散热器水压试验：

1) 将散热器抬到试压台上，用管钳子上好临时炉堵和临时补心，上好放气嘴，连接试压泵；各种成组散热器可直接联接试压泵。

2) 试压时打开进水截门，往散热器内充水，同时打开放气嘴，排净空气，待水满后关闭放气嘴。

3) 加压到规定的压力值时，关闭进水截门，持续 5min，观察每个接口是否有渗漏，不渗漏为合格。

4) 如有渗漏用铅笔做出记号，将水放尽，卸下炉堵或炉补心，用长杆钥匙从散热器外部比试，量到漏水接口的长度，在钥匙杆上做标记，将钥匙从散热器对丝孔中伸入至标记处，按丝扣旋紧的方向拧动钥匙，使接口继续上紧或卸下换垫，如有坏片需换片。钢制散热器如有砂眼渗漏可补焊，返修好后再进行水压试验，直到合格。不能用的坏片要做明显标记（或用手锤将坏片砸一个明显的孔洞单独存放），防止再次混入好片中误组对。

5) 打开泄水阀门，拆掉临时丝堵和临时补心，泄净水后将散热器运到集中地点，补焊处要补刷二道防锈漆。

3.2.13.9　室外给水管网水压试验记录（C2-13-9）

实施要点：

(1) 室外给水管网水压试验记录表式执行 C2-13-1。

(2)《建筑给水排水及采暖工程施工质量验收规范》(GB 50242—2002)第9章第9.2.5条规定：给水管道在埋地敷设时，应在当地规定的冰冻线以下，如必须在冰冻线以上铺设时，应做可靠的保温防潮措施。在无冰冻地区，埋地敷设时，管顶的覆土埋深不得小于500mm，穿越道路部位的埋深不得小于700mm。

(3) 管网必须进行水压试验，试验压力为工作压力的1.5倍，但不得小于0.6MPa。管材为钢管、铸铁管时，试验压力下10min内压力降不应大于0.05MPa，然后降至工作压力进行检查，压力应保持不变，不渗不漏；管材为塑料管时，试验压力下，稳压1h压力降不大于0.05MPa，然后降至工作压力进行检查，压力应保持不变，不渗不漏为合格。

(4) 管道连接应符合工艺要求，阀门、水表等安装位置应正确。塑料给水管道上的水表、阀门等设施其重量或启闭装置的扭矩不得作用于管道上，当管径≥50mm时必须设独立的支承装置。

(5) 给水管道与污水管道在不同标高平行敷设，其垂直间距在500mm以内时，给水管管径小于或等于200mm的，管壁水平间距不得小于1.5m；管径大于200mm的，不得小于3m。

(6) 室外给水管道系统水压试验：

1) 试压条件：

①给水管道试压一般采用水介质进行试压，在冬季或缺水时，也可用气压试验。

②在回填管沟前，分段进行试压。回填管沟和完成管段各项工作后进行最后试压。水压试验的管段长度一般不超过1000m，并应在管件支墩达到要求强度后方可进行，否则应做临时支撑。未做支墩处应做临时后背。

③凡在使用中易于检查的地下管道允许一次性试压。铺设后必须立即回填的局部地下管道，可不做预先试压。焊接接口的地下钢管的各管段，允许在向沟边做预先试压。

④埋地管道经检查管基合格后，管身上部回填土不小于500mm后方可试压（管道接口工作坑除外）。

2) 试压程序：

①按标准工艺要求量尺、下料、制作、安装堵板和管道末端支撑，并从水源开始，铺设和连接好试压给水管，安装给水管上的阀门、试压水泵、试压泵前后阀门、前后压力表及截止阀。

②非焊接或螺纹连接管道，在接口后须经过养护期达到强度以后方可进行充水。充水后应把管内空气全部排尽。

③空气排尽后，将检查阀门关闭好，进行加压。先升至试验压力时稳压，观测10min，压力降不超过0.05MPa，管道、附件和接口等未发生漏裂，然后将压力降压至工作压力，再进行外观全面检查，接口不漏为合格（工作压力由项目设计要求确定）。

④试压过程中，全部检查，若发现接口渗漏，应标记好明显记号，然后将压力降至零。制定补修措施，经补修后再重新试验，直至合格。禁止带压力进行任何修补工作。

⑤管道试压合格后，应立即办理验收手续并填写好试压报告方可组织回填。

3) 各类管材的给水管道水压试验压力由设计确定，如设计没有规定试压压力可参照有关施工验收规范执行。

4) 水压试压方法：

室内管道安装完毕即可进行试压,试验压力可按设计要求或按现行施工质量验收规范执行。

试压步骤:

①准备:将试压用的泵桶、管材、管件、阀体、压力表等工具材料准备好,并找好水源。压力表必须经过校验,其精度不得低于1.5级,且铅封良好。

②接管:试压泵与系统的接管,可参照图C2-13-9-1。由于试压泵种类不同,本图仅供参考,具体接法可按现场具体情况确定。

③试压:a.参见图C2-13-9-1,打开阀1、2、3,自来水不经泵直接往系统进水,同时将管网中最高处配水点的阀门打开,以便排尽管中空气,等出水时关闭;b.当管网中的压力和自来水压力相同,管网不再增压时(管网中压力与自来水的压力平衡时)关闭3,同时开启阀4,由泵桶经阀4、阀1往管网中增水加压至试验压力(加压的速度应平稳均匀,不得太快太猛)后关闭阀4,稳压规定时间,压力降不大于规定压力降,然后将试验压力降至工作压力做外观检查,以不漏为合格;c.试压合格后,及时填写试验记录表。

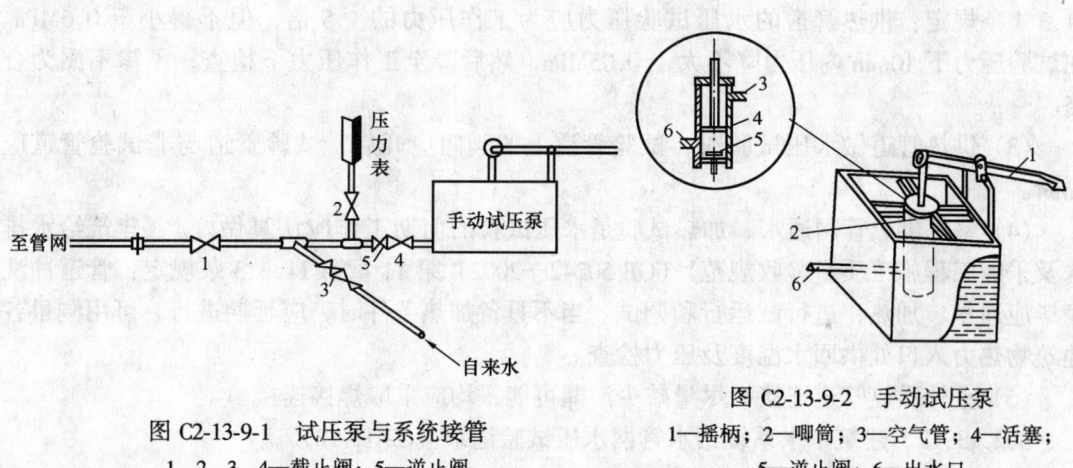

图C2-13-9-1 试压泵与系统接管
1、2、3、4—截止阀;5—逆止阀

图C2-13-9-2 手动试压泵
1—摇柄;2—唧筒;3—空气管;4—活塞;
5—逆止阀;6—出水口

④拆除:试压合格,将管网中的水排尽,同时将试验压力的泵桶、阀件、管件、压力表等拆除,并卸下所有临时堵头,装上给水配件。如暂不能(或不需要)装给水配件或卫生器具则不必拆除堵头,在安装配件卫生器具时再拆。拆除后的试压泵及压力表等,应妥善保管(压力表单独存放,一般由计量室或计量员保管),以利下次使用。

⑤试压注意事项:a.试压时一定要排尽空气,若管线过长可在最高处(多处)排空气;b.若自来水的压力等于或大于试验压力时,可只开闭1、2、3阀进行试验;c.试压时,应保证阀2(压力表阀)呈开启状态,直到试压完毕为止;d.若气温低于5℃,则应采取防冻措施。试压合格后,应将系统内的存水排除干净;e.手动试压泵:试压泵的外形及构造见图C2-13-9-2。

3.2.13.10 室外消防管道系统(含水泵接合器及室外消火栓)水压试验记录(C2-13-10)

实施要点:

(1)室外消防管道系统(含水泵接合器及室外消火栓)水压试验记录按C2-13-1表式

执行。

(2) 室外消防管道系统（含水泵接合器及室外消火栓）必须进行水压试验。《建筑给水排水及采暖工程施工质量验收规范》(GB 50242—2002) 第9章第9.3.1条规定：系统必须进行水压试验，试验压力为工作压力的1.5倍，但不得小于0.6MPa。试验压力下，10min内压力降不大于0.05MPa，然后降至工作压力进行检查，压力保持不变，不渗不漏为合格。

(3) 消防水泵接合器和消火栓的位置标志应明显，栓口的位置应方便操作。消防水泵接合器和室外消火栓当采用墙壁式时，如设计未要求，进、出水栓口的中心安装高度距地面应为1.10m，其上方应设有防坠落物打击的措施。

(4) 消防栓配件安装应在交工前进行。

(5) 消防管道系统的水压试验方法可参照室内给水水压试验方法进行。

3.2.13.11 室外供热管网水压试验记录（C2-13-11）

实施要点：

(1) 室外供热管网水压试验记录按C2-13-1表式执行。

(2)《建筑给水排水及采暖工程施工质量验收规范》(GB 50242—2002) 第11章第11.3.1条规定：供热管道的水压试验压力应为工作压力的1.5倍，但不得小于0.6MPa。在试验压力下10min内压力降不大于0.05MPa，然后降至工作压力下检查，不渗不漏为合格。

(3) 供热管道做水压试验时，试验管道上的阀门应开启，试验管道与非试验管道应隔断。

(4) 室外供热管网通水、加热试验是水压试验的前期工作应认真做好。《建筑给水排水及采暖工程施工质量验收规范》(GB 50242—2002) 第11章第11.3.3条规定：管道冲洗完毕应通水、加热，进行试运行和调试。当不具备加热条件时，应延期进行。可用测量各建筑物热力入口处供回水温度及压力检查。

(5) 室外供热管道连接为尽量减少渗漏可能，均应采取焊接连接。

3.2.13.12 建筑中水系统给水管网水压试验记录（C2-13-12）

实施要点：

(1) 建筑中水系统给水管网水压试验记录按C2-13-1表式执行。

(2)《建筑给水排水及采暖工程施工质量验收规范》(GB 50242—2002) 第4章第4.2.1条规定：建筑中水系统给水管网水压试验必须符合设计要求。当设计未注明时，各种材质的给水管道系统试验压力均为工作压力的1.5倍，但不得小于0.6MPa。金属及复合管给水管道系统在试验压力下观测10min，压力降不应大于0.02MPa，然后降到工作压力进行检查，应不渗不漏；塑料管给水系统应在试验压力下稳压1h，压力降不得超过0.05MPa，然后在工作压力的1.15倍状态下稳压2h，压力降不得超过0.03MPa，同时检查各连接处不得渗漏为合格。

(3) 室内直埋给水管道（塑料管道和复合管道除外）应做防腐处理。埋地管道防腐层材质和结构应符合设计要求。

(4) 给水水平管道应有2‰~5‰的坡度坡向泄水装置。

(5) 水表应安装在便于检修、不受曝晒、污染和冻结的地方。安装螺翼式水表，表前

3.2 单位（子单位）工程质量控制资料核查记录（C2）

与阀门应有不小于8倍水表接口直径的直线管段。表外壳距墙表面净距为10～30mm；水表进水口中心标高按设计要求，允许偏差为±10mm。

3.2.13.13 游泳池水加热系统水压试验记录（C2-13-13）

实施要点：

(1) 游泳池水加热系统水压试验记录按C2-13-1表式执行。

(2)《建筑给水排水及采暖工程施工质量验收规范》（GB 50242—2002）第4章第4.2.1条规定：游泳池水加热系统水压试验必须符合设计要求。当设计未注明时，各种材质的给水管道系统试验压力均为工作压力的1.5倍，但不得小于0.6MPa。金属及复合管给水管道系统在试验压力下观测10min，压力降不应大于0.02MPa，然后降到工作压力进行检查，应不渗不漏；塑料管给水系统应在试验压力下稳压1h，压力降不得超过0.05MPa，然后在工作压力的1.15倍状态下稳压2h，压力降不得超过0.03MPa，同时检查各连接处不得渗漏为合格。

(3) 室内直埋给水管道（塑料管道和复合管道除外）应做防腐处理。埋地管道防腐层材质和结构应符合设计要求。

(4) 给水水平管道应有2‰～5‰的坡度坡向泄水装置。

3.2.13.14 阀门强度和严密性试验记录（C2-13-14）

1. 资料表式

阀门强度和严密性试验记录　　　　　表 C2-13-14

单位工程名称：　　　　　　分部分项工程名称：
制造厂证明书号：　　　　　　　　　　　　　　　年　月　日

序号	阀门编号	名称	规格	型号	公称压力（MPa）	试验压力（MPa）		备注
						强度	严密性	

专业技术负责人：　　　　　　质量检查员：　　　　　　试验人员：

2. 实施要点

(1) 阀门安装前，应做强度和严密性试验。试验应在每批（同牌号、同型号、同规格）数量中抽查10%，且不少于一个。对于安装在主干管上起切断作用的闭路阀门，应逐个做强度和严密性试验。

(2) 阀门的强度和严密性试验，应符合以下规定：阀门的强度试验压力为公称压力的1.5倍；严密性试验压力为公称压力的1.1倍；试验压力在试验持续时间内应保持不变，且壳体填料及阀瓣密封面无渗漏。阀门试压的试验持续时间应不少于表C2-13-14-1的规定。

阀门试验持续时间 表 C2-13-14-1

公称直径 DN (mm)	最短试验持续时间（s）		
	严密性试验		强度试验
	金属密封	非金属密封	
≤50	15	15	15
65~200	30	15	60
250~450	60	30	180

（3）阀门的外观检查：
1) 阀体及法兰表面应光滑、无裂纹、气泡及毛刺等缺陷。
2) 打开阀门法兰或压盖，检查填料材质及密实情况，压紧填料拧紧法兰或压盖。手扳检查阀门开启和关闭是否灵活，开启、关闭是否到位。
（4）把阀门卡回在试验台或卡具上，以手压泵进行水压试验。
（5）强度试验合格后，将阀门关闭，介质从通路一端引入，在另一端检查其严密性，将试验压力降至工作压力的 1.25 倍，使压力稳定后，持续观察 2h 以上，以不渗漏为气密性试验合格。
（6）试压后阀体内要冲洗干净，阀门要关严密，防止阀底部积存污物而导致阀门关闭不到位，不能完全关断管路。

试验记录，每项试验记录内容，包括试验管路、设备及阀门的类别、规格、材质、项目部位、压力表设置层数、试验压力、试压日期及起止时间、试验介质，检查渗漏情况、位置及返修情况等。

3.2.13.15 室内消防系统水压试验及消火栓试射试验记录（C2-13-15）

室内消防系统水压试验及消火栓试射试验记录表 表 C2-13-15

施工单位： 编号：

工程名称		试射日期	
试射消火栓位置		启泵按钮	
消火栓组件		栓口安装	
栓口水枪型号		卷盘间距、组件	
栓口静压（MPa）		栓口动压（MPa）	
试验要求：			
试验情况记录：			
试验结论：			
备 注			
参加人员	监理（建设）单位	施 工 单 位		
		项目技术负责人	质检员	初、复测人

1. 资料表式
2. 实施要点
（1）《建筑给水排水及采暖工程施工质量验收规范》（GB 50242—2002）第 4.3.1 条规

定：室内消火栓系统安装完成后应取屋顶层（或水箱间内）试验消火栓和首层取二处消火栓做试射试验，达到设计要求为合格。

(2) 消防管道试压：

1) 消防管道试压可分层分段进行，上水时最高点要有排气装置，高低点各装一块压力表，上满水后检查管路有无渗漏，如有法兰、阀门等部位渗漏，应在加压前紧固，升压后再出现渗漏时做好标记，卸压后处理。必须泄水处理。冬季试压环境温度不得低于+5℃，夏季试压最好不直接用外线上水防止结露。试压合格后及时办理验收手续。

2) 室内消火栓系统安装完成后应取屋顶层（或水箱间内）试验消火栓和首层取二处消火栓做试射试验，达到设计要求为合格，应通过进行实地试射检查是否符合要求。

3) 试验消火栓和首层取两处消火栓，目的是屋顶试验消火栓试射可测出流量和压力（充实水柱）；首层两处消火栓试射可检验两股充实水柱同时到达本消火栓应到达的最远点的能力。

4) 安装消火栓水龙带，水龙带与水枪和快速接头绑扎好后，应根据箱内构造将水龙带挂放在箱内的挂钉、托盘或支架上。

5) 箱式消火栓的安装：栓口应朝外，并不应安装在门轴侧；栓口中心距地面为1.1m，允许偏差±20mm；阀门中心距箱侧面为140mm，距箱后内表面为100mm，允许偏差±5mm；消火栓箱体安装的垂直度允许偏差为3mm。

6) 消防管道试验方法可参照室内给水管道的试验方法执行。

注：室内消防应用气体（卤代烷）灭火系统的管道单项及系统试压：

1. 管道在安装完毕后交付使用前，必须进行下列工作：

(1) 系统内水压试验，在水压试验前，首先将高压管段与低压管段及系统不宜连接的试压设备隔开。并且在所需要的位置上加设盲板，做好标记、记录。系统内的阀门应开启。一般情况下系统水压试验以工作压力的1.5倍进行。在试验压力下保持10min，然后降至工作压力，检查系统管路，没有渗漏现象为合格。

(2) 系统水压试验后，应对系统内管道进行一次吹扫。吹扫工作一般用工艺装置内的气体压缩机进行。吹扫时在每个出口处放置白布或白纸板检查，不得有铁锈、铁屑、尘土、水分及其他脏物存在。吹扫合格后，应及时把该处接合件拧紧。

(3) 系统一次吹扫管道完毕后，先用氮气吹净试验、增压至1MPa，检漏用肥皂水刷焊口处，并观察压力表10min不动为合格。然后分管段试验，由1301容器出口到选择阀试验压力为5.9MPa。由选择阀至喷嘴（配临时盲堵）弯头处试验压力为4.62MPa。两段试验压力时间分别为5min，不降为合格。及时办理验收手续（当设计无规定时，1301气体灭火试压以此依据）。

(4) 当使用氮气或卤代烷气体进行管道系统试压时（包括喷放试验），应由消防监督部门、建设单位、设计单位、施工单位和监理单位共同参加并办理验收手续。

2. 气压试验完毕后，就可进行管道冲洗工作，要逐根管道地进行冲洗，直到符合设计要求时为合格。

(3) 室内消火栓试射试验：

室内消火栓系统安装完成后应取屋顶层（或水箱间内）试验消火栓和首层取二处消火栓做试射试验，达到设计要求为合格。屋顶试验消火栓试射可测出流量和压力（充实水柱）；首层两处消火栓试射可检验两股充实水柱同时到达消火栓应到达的最远点的能力。要求栓口静压≤0.8MPa，栓口动压≤0.5MPa。

3.2.13.16 密闭水箱水压试验记录（C2-13-16）

实施要点：

(1) 密闭水箱水压试验记录按 C2-13-1 表式执行。

(2)《建筑给水排水及采暖工程施工质量验收规范》（GB 50242—2002）第 6 章第 6.3.5 条规定：敞口水箱的满水试验和密闭水箱（罐）的水压试验必须符合设计与本规范的规定。满水试验静置 24h 观察，不渗不漏；水压试验在试验压力下 10min 压力不降，不渗不漏为合格。

3.2.13.17 供热锅炉水压试验记录（C2-13-17）

1. 资料表式

供热锅炉水压试验记录　　　　　　　　　表 C2-13-17

建设单位		施工单位	
工程名称		环境温度	℃
被试系统		进水温度	℃
试验压力		试验日期	年　月　日
水压试验简要程序： ___时___分开始进水；___时___分锅炉充满水，初检；___时___分缓慢升压至 0.4MPa 再检；___时___分升至工作压力_____MPa 停压，三次检查；___时___分升至试验压力_____MPa，保持压力 5min；压力下降_____MPa，分___时___回降至工作压力，进行全面（正式）检查；___时___分泄压排水			
水压试验检查结果： 1. 受压元件金属壁和焊缝上有无水珠和水雾 2. 胀口处降至工作压力后有无漏水 3. 肉眼观察有无发现残余变形			
存在问题及处理意见：			
单位工程负责人	质检员	试压组织人	
建设（监理）单位代表	劳动部门代表	记录人	

2. 实施要点

(1)《建筑给水排水及采暖工程施工质量验收规范》（GB 50242—2002）第 13 章第 13.2.6 条规定：锅炉的汽、水系统安装完毕后，必须进行水压试验。水压试验的压力应符合表 C2-13-17-1 的规定。检验方法：在试验压力下 10min 内压力降不超过 0.02MPa；然后降至工作压力进行检查，压力不降，不渗、不漏；观察检查，不得有残余变形，受压元件金属壁和焊缝上不得有水珠和水雾。

水压试验压力规定　　　　　　　　　表 C2-13-17-1

项　次	设备名称	工作压力 P（MPa）	试验压力（MPa）
1	锅炉本体	<0.59	1.5P 但不小于 0.2
		$0.59 \leq P \leq 1.18$	P+0.3
		P>1.18	1.25P
2	可分式省煤器	P	1.25P+0.5
3	非承压锅炉	大气压力	0.2

注：1. 工作压力 P 对蒸汽锅炉指锅筒工作压力，对热水锅炉指锅炉额定出水压力；
　　2. 铸铁锅炉水压试验同热水锅炉；
　　3. 非承压锅炉水压试验压力为 0.2MPa，试验期间压力应保持不变。

(2) 以天燃气为燃料的锅炉的天然气释放管或大气排放管不得直接通向大气，应通向贮存或处理装置。

(3) 两台或两台以上燃油锅炉共用一个烟囱时，每一台锅炉的烟道上均应配备风阀或挡板装置，并应具有操作调节和闭锁功能。

(4) 机械炉排安装完毕后应做冷态运转试验，连续运转时间不应少于 8h。

(5) 铸铁省煤器破损的肋片数不应大于总肋片数的 5%，有破损肋片的根数不应大于总根数的 10%。

(6) 电动调节阀门的调节机构与电动执行机构的转臂应在同一平面内动作，传动部分应灵活、无空行程及卡阻现象，其行程及伺服时间应满足使用要求。

(7) 填表说明：

水压试验检查结果：分别对以下 3 项进行检查，检查结果应符合要求：

1) 受压元件金属壁和焊缝上有无水珠和水雾。
2) 胀口处降至工作压力后有无漏水。
3) 肉眼观察有无发现残余变形。

3.2.13.18 锅炉辅助设备分汽缸（分水器、集水器）水压试验记录（C2-13-18）

实施要点：

(1) 锅炉辅助设备分汽缸（分水器、集水器）水压试验记录按 C2-13-1 表式执行。

(2)《建筑给水排水及采暖工程施工质量验收规范》（GB 50242—2002）第 13 章第 13.3.3 条规定：分汽缸（分水器、集水器）安装前应进行水压试验，试验压力为工作压力的 1.5 倍，但不得小于 0.6MPa。试验压力下 10min 内无压降、无渗漏为合格。

(3) 风机试运转，轴承温升应符合下列规定：滑动轴承温度最高不得超过 60℃；滚动轴承温度最高不得超过 80℃。

轴承径向单振幅应符合下列规定：风机转速小于 1000r/min 时，不应超过 0.10mm；风机转速为 1000～1450r/min 时，不应超过 0.08mm。

(4) 连接锅炉及辅助设备的工艺管道安装完毕后，必须进行系统的水压试验，试验压力为系统中最大工作压力的 1.5 倍。在试验压力 10min 内压力降不超过 0.05MPa，然后降至工作压力进行检查，不渗不漏为合格。

(5) 锅炉的送、引风机，转动应灵活无卡碰等现象；送引风机的传动部位，应设置安全防护装置。

(6) 水泵安装的外观质量检查：泵壳不应有裂纹、砂眼及凹凸不平等缺陷；多级泵的平衡管路应无损伤或折陷现象；蒸汽往复泵的主要部件、活塞及活动轴必须灵活。

3.2.13.19 地下直埋油罐气密性试验记录（C2-13-19）

实施要点：

(1) 地下直埋油罐气密性试验记录按 C2-13-1 表式执行。

(2)《建筑给水排水及采暖工程施工质量验收规范》（GB 50242—2002）第 13 章第 13.3.5 条规定：地下直埋油罐在埋地前应做气密性试验，试验压力降不应小于 0.03MPa。在试验压力下观察 30min 不渗、不漏，无压降为合格。

3.2.13.20 锅炉和省煤器安全阀的定压和调整记录（C2-13-20）

实施要点：

(1)《建筑给水排水及采暖工程施工质量验收规范》(GB 50242—2002)第 13 章第 13.4.1 条规定:锅炉和省煤器安全阀的定压和调整应符合表 C2-13-20-1 的规定。锅炉上装有两个安全阀时,其中的一个按表中较高值定压,另一个按较低值定压。装有一个安全阀时,应按较低值定压。

安全阀定压规定 表 C2-13-20-1

项 次	工作设备	安全阀开启压力(MPa)
1	蒸汽锅炉	工作压力 + 0.02MPa
		工作压力 + 0.04MPa
2	热水锅炉	1.12 倍工作压力,但不少于工作压力 + 0.07MPa
		1.14 倍工作压力,但不少于工作压力 + 0.10MPa
3	省煤器	1.1 倍工作压力

(2)压力表的刻度极限值,应大于或等于工作压力的 1.5 倍,表盘直径不得小于 100mm。

3.2.13.21 锅炉辅助设备热交换器水压试验记录(C2-13-21)

实施要点:

(1)锅炉辅助设备热交换器水压试验记录按 C2-13-1 表式执行。

(2)《建筑给水排水及采暖工程施工质量验收规范》(GB 50242—2002)第 13 章供热锅炉及辅助设备安装第 13.6.1 条规定:**热交换器应以最大工作压力的 1.5 倍作水压试验,蒸汽部分应不低于蒸汽供汽压力加 0.3MPa;热水部分应不低于 0.4MPa。在试验压力下,保持 10min 压力不降。**

(3)换热站内的循环泵、调节阀、减压器、疏水器、除污器、流量计等安装应符合 GB 50242—2002 规范的相关规定。

3.2.14 给排水、采暖隐蔽工程验收记录(C2-14)

1. 资料编制控检要求

给排水、采暖与煤气工程应进行隐验的项目必须实行隐蔽工程验收,隐蔽工程验收应符合施工规范规定,按表列内容认真填报为符合要求,不进行隐蔽工程验收或不填报隐蔽工程验收记录为不符合要求。

2. 实施要点

(1)给排水、采暖隐蔽工程验收记录按建筑与结构 C2-5-1 表式执行。

(2)给排水、采暖卫生与煤气工程隐蔽验收的主要项目:

1)污、雨水部分。

①污水铺设用水试验后需隐蔽部分应进行隐蔽验收。

②污水、雨水隐蔽部分隐蔽前应检查试验记录。

2)冷、热水部分。

①冷水铺设水压试验后需隐蔽部分应进行隐蔽验收。

②冷、热水地沟干管水压试验后需隐蔽部分应进行隐蔽验收。

③冷、热水暗装干、支管水压试验后需隐蔽部分应进行隐蔽验收。
④隐蔽前检查有关冷、热水的试验记录。
3）暖气部分。
①暖气地沟干管水压试验后需隐蔽部分应进行隐蔽验收。
②暖气暗装干立支管水压试验后需隐蔽部分应进行隐蔽验收。
③暖气系统试压后需隐蔽部分应进行系统隐蔽验收。
④隐蔽前检查有关暖气工程和试验记录。
4）煤气部分
①煤气强度试压后需隐蔽部分应进行隐蔽验收。
②煤气密封试压后需隐蔽部分应进行隐蔽验收。
③隐蔽前检查有关煤气工程的试验记录。
5）其他部分。
①消防部分试压，包括喷洒部分试验后需隐蔽部分应进行隐蔽验收。
②外线上水、暖气、煤气试压后需隐蔽部分应进行隐蔽验收。
③各种工业管道试压后需隐蔽部分应进行隐蔽验收。
④锅炉房各项记录，应按锅炉安装工艺标准要求进行试验需进行隐蔽验收的项目。
注：1. 给水、采暖、热水、煤气等需隐蔽的项目在隐蔽前进行隐蔽和严密性试验。
    2. 凡直埋、暗敷的及需保温的各类管道、阀门、设备等均应进行隐蔽验收。
6）给排水、采暖隐蔽工程验收，在隐蔽前必须经监理人员验收及认可签证。

3.2.14.1 隐蔽或埋地给水、排水、雨水、采暖、热水等管道隐蔽工程验收记录（C2-14-1）

实施要点：

（1）隐蔽或埋地给水、排水、雨水、采暖、热水等管道隐蔽工程验收记录按 C2-5-1 表式执行。

（2）隐蔽或埋地给水、排水、雨水、采暖、热水等管道根据规范和工艺要求在各自需要进行的：水压试验、防腐处理、灌水试验、严密性试验等完成后，凡属需要隐蔽或埋地的均应进行隐蔽工程验收。

3.2.14.2 井道、地沟、吊顶内的给水、排水、雨水、采暖、热水等隐蔽工程验收记录（C2-14-2）

实施要点：

（1）井道、地沟、吊顶内的给水、排水、雨水、采暖、热水等管道隐蔽工程验收记录按 C2-5-1 表式执行。

（2）井道、地沟、吊顶内的给水、排水、雨水、采暖、热水等管道根据规范和工艺要求在各自需要进行的：水压试验、防腐处理、灌水试验、严密性试验等完成后，凡属需要隐蔽或埋地的均应进行隐蔽工程验收。

3.2.14.3 低温热水地板辐射采暖地面、楼面下敷设盘管隐蔽工程验收记录（C2-14-3）

实施要点：

（1）低温热水地板辐射采暖地面、楼面下敷设盘管隐蔽工程验收记录按 C2-5-1 表式执行。

(2) 低温热水地板辐射采暖地面、楼面下敷设盘管隐蔽工程验收应检查的内容：

1) 地面下敷设的盘管埋地部分不应有接头。

2) 盘管隐蔽前必须进行水压试验。试验压力为工作压力的 1.5 倍，但不小于 0.6MPa。稳压 1h 内压力降不大于 0.05MPa 且不渗不漏。

3) 加热盘管弯曲部分不得出现硬折弯现象，曲率半径应符合下列规定：

①塑料管：不应小于管道外径的 8 倍。

②复合管：不应小于管道外径的 5 倍。

4) 加热盘管管径、间距和长度应符合设计要求。间距偏差不大于 ±10mm。

5) 填充层浇灌前观察检查防潮层、防水层、隔热层及伸缩缝，应符合设计要求。

6) 填充层强度应符合设计要求。

3.2.14.4 锅炉及附属设备安装隐蔽工程验收记录（C2-14-4）

实施要点：

(1) 锅炉及附属设备安装隐蔽工程验收记录按 C2-5-1 表式执行。

(2) 锅炉及附属设备安装当基础施工完毕交接验收时或验收单位基础移交给安装单位时，应对基础进行检查。内容包括：基础位置、设备朝向、几何尺寸、标高、预留孔、预埋装置的位置，地脚螺栓规格长度、底座接触、平整牢固、混凝土强度等级、工程设计对设备基础的消声、防震装置等是否符合工程设计与基础设计施工图。

3.2.15 管道系统清洗、灌水、通水、通球试验记录（C2-15）

资料编制控检要求：

(1) 通用条件

1) 记录必须详尽、部位准确，内容齐全，检查人员和单位技术负责人签章齐全的为符合要求。

2) 按系统试验记录齐全、准确为符合要求，否则为不符合要求。

3) 试验范围必须齐全，无漏试，试验结果必须符合设计和施工规范要求，记录手续齐全为符合要求，否则为不符合要求。

(2) 专用条件

1) 系统清洗

①管道设备在安装后应按设计要求进行除污、清洗，并分别填报记录。

②给水和采暖系统使用前应进行除污、清洗，并分别填报记录。

③煤气系统安装完毕后必须进行除污、吹洗，并分别填报记录。

④设计与规范有要求的必须有清洗、吹洗、脱脂记录。按要求施工为符合要求，有要求未做为不符合要求。

2) 灌水通水

①排水管道灌水试验记录：凡暗装或直接埋于地下、结构内、沟井管道间、吊顶内、夹皮墙内的隐蔽排水管道和建筑物内及地下的金属雨水管道，必须按系统或分区做灌水试验。

②通水试验：室内给水、室内排水及消防管道均应进行通水试验。室内给水系统同时开放最大数量配水点的额定流量，消防栓组数的最大消防能力，室内排水系统的排放效果等的试验记录。

3) 通球试验

①通球试验后必须填写"通球试验记录"。凡需进行通球试验而未进行试验的，该分项工程为不合格。

②通球试验表式的内容应详细填写，必须详细填写试验要求和试验结论。

③通球试验抽检必须全部畅通。如试验过程中发现堵塞，应有详细记录，并应对返工重做情况加以记录与说明。

3.2.15.1 管道系统吹洗（脱脂）检验记录（C2-15-1）

1. 资料表式

管道系统吹洗（脱脂）检验记录　　　　表 C2-15-1

工程名称			部位					日期		
管线编号	材质	工作介质	吹　　　洗					脱脂		备注
			介质	压力	流速	吹洗次数	鉴定	介质	鉴定	
依据标准及要求			试验情况					试验结论		
核定意见										
参加人员	监理（建设）单位			施　工　单　位						
				专业技术负责人			质检员		试验员	

2. 实施要点

（1）一般规定

1) 管道在压力试验合格后，建设单位应负责组织吹扫或清洗（简称吹洗）工作，并应在吹洗前编制吹洗方案。

2) 吹洗方法应根据对管道的使用要求、工作介质及管道内表面的脏污程度确定。公称直径大于或等于 600mm 的液体或气体管道，宜采用人工清理；公称直径小于 600mm 的液体管道宜采用水冲洗；公称直径小于 600mm 的气体管道宜采用空气吹扫；蒸汽管道应以蒸汽吹扫；非热力管道不得用蒸汽吹扫。

对有特殊要求的管道，应按设计文件规定采用相应的吹洗方法。

3) 不允许吹洗的设备及管道应与吹洗系统隔离。

4) 管道吹洗前，不应安装孔板、法兰连接的调节阀、重要阀门、节流阀、安全阀、仪表等，对于焊接的上述阀门和仪表，应采取流经旁路或卸掉阀头及阀座加保护套等保护措施。

5) 吹洗的顺序应按主管、支管、疏排管依次进行，吹洗出的脏物，不得进入已合格的管道。

6) 吹洗前应检验管道支、吊架的牢固程度，必要时应予以加固。

7) 清洗排放的脏液不得污染环境，严禁随地排放。

8) 吹扫时应设置禁区。

9) 蒸汽吹扫时，管道上及其附近不得放置易燃物。

10) 管道吹洗合格并复位后,不得再进行影响管内清洁的其他作业。

11) 管道复位时,应由施工单位会同建设单位共同检查,并应按标准规定或地方制定的表格格式填写"管道系统吹扫及清洗记录"及"隐蔽工程(封闭)记录"。

(2) 水冲洗

1) 冲洗管道应使用洁净水,冲洗奥氏体不锈钢管道时,水中氯离子含量不得超过 25×10^{-6} (25ppm)。

2) 冲洗时,宜采用最大流量,流速不得低于 1.5m/s。

3) 排放水应引入可靠的排水井或沟中,排放管的截面积不得小于被冲洗管截面积的 60%。排水时,不得形成负压。

4) 管道的排水支管应全部冲洗。

5) 水冲洗应连续进行,以排出口的水色和透明度与入口水目测一致为合格。

6) 管道经水冲洗合格后暂不运行时,应将水排净,并应及时吹干。

(3) 空气吹扫

1) 空气吹扫利用生产装置的大型压缩机,也可利用装置中的大型容器蓄气,进行间断性的吹扫。吹扫压力不得超过容器和管道的设计压力,流速不宜小于 20m/s。

2) 吹扫忌油管道时,气体中不得含油。

3) 空气吹扫过程中,当目测排气无烟尘时,应在排气口设置贴白布或涂白漆的木制靶板检验,5min 内靶板上无铁锈、尘土、水分及其他杂物,应为合格。

(4) 蒸汽吹扫

1) 为蒸汽吹扫安设的临时管道应按蒸汽管道的技术要求安装,安装质量应符合 GB 50235—97 规范的规定。

2) 蒸汽管道应以大流量蒸汽进行吹扫,流速不应低于 30m/s。

3) 蒸汽吹扫前,应先行暖管、及时排水,并应检查管道热位移。

4) 蒸汽吹扫应按加热—冷却—再加热的顺序,循环进行。吹扫时宜采取每次吹扫一根,轮流吹扫的方法。

5) 通往汽轮机或设计文件有规定的蒸汽管道,经蒸汽吹扫后应检验靶片。当设计文件无规定时,其质量应符合表 C2-15-1A 的规定。

吹扫质量标准　　　　　　　　　　　　　　表 C2-15-1A

项　目	质量标准
靶片上痕迹大小	ϕ0.6mm 以下
痕　深	<0.5mm
粒　数	1 个/cm²
时　间	15min(两次皆合格)

注:靶片宜采用厚度 5mm,宽度不小于排汽管道内径的 8%,长度略大于管道内径的铝板制成。

6) 蒸汽管道检验除符合 5) 吹扫质量标准外还可用刨光木板检验,吹扫后木板上无铁锈、脏物时,应为合格。

(5) 化学清洗

1) 需要化学清洗的管道,其范围和质量要求应符合设计文件的规定。

2) 管道进行化学清洗时,必须与无关设备隔离。

3) 化学清洗液的配方必须经过鉴定,并曾在生产装置中使用过,经实践证明是有效和可靠的。

4) 化学清洗时,操作人员应着专用防护服装,并应根据不同清洗液对人体的危害佩带护目镜、防毒面具等防护用具。

5) 化学清洗合格的管道,当不能及时投入运行时,应进行封闭或充氮保护。

6) 化学清洗后的废液处理和排放应符合环境保护的规定。

(6) 油清洗

1) 润滑、密封及控制油管道,应在机械及管道酸洗合格后、系统试运转前进行油清洗。不锈钢管道,宜用蒸汽吹净后进行油清洗。

2) 油清洗应以油循环的方式进行,循环过程中每8h应在40~70℃的范围内反复升降油温2~3次,并应及时清洗或更换滤芯。

3) 当设计文件或制造厂无要求时,管道油清洗后应采用滤网检验,合格标准应符合表C2-15-1B的规定。

4) 油清洗应采用适合于被清洗机械的合格油,清洗合格的管道,就采取有效的保护措施。试运转前应采用具有合格证的工作用油。

油清洗合格标准　　　　　　　　　表 C2-15-1B

机械转速（r/min）	滤网规格（目）	合格标准
≥6000	200	目测滤网,无硬颗粒及黏稠物;每平方厘米范围内,软杂物不多于3个
<6000	100	

3. 室内给水管道及配件冲洗试验记录（C2-15-1-1）:

实施要点:

(1) 室内给水管道及配件冲洗试验记录按 C2-15-1 表式执行。

(2)《建筑给水排水及采暖工程施工质量验收规范》（GB 50242—2002）第4章第4.2.3条规定:生产给水系统管道在交付使用前必须冲洗和消毒,并经有关部门取样检验,符合国家《生活饮用水卫生标准》方可使用。检验方法:检查有关部门提供的检测报告。

(3) 室内给水管道吹洗试验:

1) 吹洗条件:

①室内给水管路系统水压试验已做完。

②各环路控制阀门关闭灵活可靠。

③临时供水装置运转正常,增压水泵工作性能符合要求。

④冲洗水放出时有排出的条件。

⑤水表尚未安装,如已安装应卸下,可用直管代替水表,冲洗后再复位。

2) 先吹洗给水管道系统底部干管,后吹洗各环路支管。

由给水入户管控制阀前接临时供水入口向系统供水。关闭其他支管的控制阀门,只开启干管末端支管（一根或几根）最底层的阀门,由底层放水并引至排水系统内,观察出水口处水质的变化;底层干管吹洗后再依次吹洗各分支（一支或几支）环路,直至全系统管路吹（冲）洗完毕为止。吹洗后如实填写吹洗记录,存入工程技术档案内。

3) 冲洗时应符合下述几项技术要求:

①冲洗时水压应大于系统供水的工作压力。

②出水口处的管径截面不得小于被冲洗管径截面的 3/5（排放管径不应小于被冲洗管径截面的 60%，即出水口管径应比被冲洗管径小 1 号）。因为出口管径截面大，出水流速低无冲洗力；出口管径截面小，出水流速大不好操作和观察。

③出水口处的排水流速 $v \not< 1.5 \text{m/s}$。

④为便于控制吹洗水管管径与流速的关系，可参考表 C2-15-1-1 数据选用。

⑤管径冲洗后应将水排尽，需要时应采取其他保护措施。

⑥当发现系统循环水量小的时候，应及时分析判断情况，管径堵塞，开大供水阀门进行冲洗。

吹洗增压水泵流量与接管流速选用表 表 C2-15-1-1

小时流量 m³/h	秒流量 m³/s	D_g 管径流速 (m/s)							
		32	40	50	70	80	100	125	150
5	0.0014	1.67	1.08	0.72					
10	0.0027		2.09	1.38	0.72				
15	0.0042			2.14	1.12	0.78			
20	0.0056			2.86	1.50	1.08	0.71		
25	0.0069				1.84	1.33	0.88		
30	0.0083				2.22	1.60	1.06	0.67	
40	0.011				2.97	2.12	1.40	0.89	
50	0.014				3.78	2.69	1.78	1.14	0.79
60	0.0167					3.22	2.13	1.36	0.94
70	0.019					3.65	2.42	1.54	1.07

（第 25 行 3.52 位于 50 列）

4）冲洗前可结合饮用水管道消毒规定，先进行处理，即用每升水中含 20～30mg 的游离氯的水灌满管道，并在管中留置 24h 以上，然后再进行冲洗，直至达到饮用水标准。

4．室内热水管道及配件冲洗试验记录（C2-15-1-2）：

实施要点：

（1）室内热水管道及配件冲洗试验记录按 C2-15-1 表式执行。

（2）《建筑给水排水及采暖工程施工质量验收规范》（GB 50242—2002）第 6 章第 6.2.3 条规定：热水供应系统竣工后必须进行冲洗。现场观察检查。

（3）热水管道及蒸汽凝结水管用清水冲洗，冲洗应按设计提供的最大压力和流量进行，直到出水口水色，透明度与入水目测一致为合格。

5．室内采暖管道及配件冲洗试验记录（C2-15-1-3）：

实施要点：

（1）室内采暖管道及配件冲洗试验记录按 C2-15-1 表式执行。

（2）《建筑给水排水及采暖工程施工质量验收规范》（GB 50242—2002）第 8 章第 8.6.2 条规定：系统试压合格后，应对系统进行冲洗并清扫过滤器及除污器。现场观察，直至排出水不含泥沙、铁屑等杂质，且水色不浑浊为合格。

（3）系统冲洗完毕应充水、加热，进行试运行和调试。观察、测量室温应满足设计要求。

（4）室内供热管道冲洗：

工作条件：

1) 管道已进行系统试压合格。
2) 热源已送至进户装置前,或者热源已具备。
(5) 室内采暖系统冲洗:
工作条件:
1) 热水采暖系统的冲洗。
首先检查全系统内各类阀门的关启状态。要关闭系统上的全部阀门,应关紧、关严,并拆下除污器、自动排汽阀等。a. 水平供水干管及总供水立管的冲洗:先将自来水管接进供水水平干管的末端,再将供水总立管进户处接往下水道。打开排水口的控制阀,再开启自来水进口控制阀,进行反复冲洗。冲洗结束后,先关闭自来水进口阀,后关闭排水口控制阀门。b. 系统上立管及回水水平导管冲洗:自来水连通进口可不动,将排水出口连通管改接至回水管总出口处。关上供水总立管上各个分环路的阀门。先打开排水口的总阀门,再打开靠近供水总立管边的第一个立支管上的全部阀门,最后打开自来水入口处阀门进行第一分立支管的冲洗。冲洗结束时,先关闭进水口阀门,再关闭第一分支管上的阀门。按此顺序分别对第二、三……各环路上各根立支管及水平回路的导管进行冲洗。若为同程式系统,则从最远的立支管开始冲洗为好。c. 冲洗中,当排入下水道的冲洗水为洁净水时可认为合格。全部冲洗后,再以流速 1~1.5m/s 的速度进行全系统循环,延续 20min 以上,循环水色透明为合格。d. 全系统循环正常后,把系统回路按设计要求连接好。

2) 蒸汽采暖,供热系统的吹洗:a. 蒸汽供热系统的吹洗,采用蒸汽为热源较好,也可以采用压缩空气进行。b. 系统投入使用前必须冲洗,冲洗前应将管道安装的流量孔板,滤网温度计等阻碍污物通过的设施临时拆除,待冲洗合格后再安装好。c. 蒸汽系统宜用蒸汽吹洗,吹扫前应缓慢升温,且恒温 1 小时后进行吹洗,吹洗后降至环境温度(一般应不少于三次吹扫)直到管内无铁锈及污物为合格。d. 吹洗的过程除了将疏水器、回水盒卸除以外,其他程序均与热水系统相同。

6. 室外给水管网、消防管道冲洗试验记录(C2-15-1-4):
实施要点:
(1) 室外给水管网冲洗试验记录按 C2-15-1 表式执行。
(2)《建筑给水排水及采暖工程施工质量验收规范》(GB 50242—2002)第 9 章第 9.2.7 条规定:给水管道在竣工后,必须对管道进行冲洗,饮用水管道还要在冲洗后进行消毒,满足饮用水卫生要求。观察冲洗水的浊度,查看有关部门提供的检验报告。
(3) 室外给水管道吹洗试验:
1) 吹洗条件:室外给水管道吹洗条件与室内给水管道吹洗条件相同。
2) 消毒冲洗的管道不应与其他正常供水的干线或支线连接,严防污水进入正常送水的管道内。
3) 管道消毒用水、用氯数量参见表 C2-15-1-4。

100mm 管道消毒用水、用氯数量　　　　　　　　　　　表 C2-15-1-4

管径(mm)	50	75	100	150	200	250	300	350	400	450	500	600
用水量(m³)	1~4	6	8	14	22	32	42	56	75	93	116	168
漂白粉量(kg)	0.09	0.11	0.14	0.24	0.38	0.55	0.93	0.97	1.31	1.61	2.02	2.9

4）吹洗试验方法：

管道及设备安装前应清理污垢，系统安装完后，给水、消防管道应分系统在使用前进行冲洗，并作好记录。燃气系统完工后应有压缩空气或氮气的吹洗试验记录。

给水管道及生活热水、消防管道在交付使用前须进行冲洗，冲洗应以系统最大设计流量或不小于1.5m/s的流速进行，直到各出水口的水色透明度与进水目测一致为合格。

（4）《建筑给水排水及采暖工程施工质量验收规范》（GB 50242—2002）第9章第9.3.2条规定：消防管道在竣工前，必须对管道进行冲洗。观察冲洗出水的浊度。

消防管道吹洗试验方法同室外给水管道吹洗试验。

设计及工艺有要求的其他介质管道还应按设计要求相应有关国家规定标准做脱脂处理（如氧气管）。

7．室外供热管道及配件冲洗试验记录（C2-15-1-5）：

实施要点：

（1）室外供热管道及配件冲洗试验记录按C2-15-1表式执行。

（2）《建筑给水排水及采暖工程施工质量验收规范》（GB 50242—2002）第11章第11.3.2条规定：管道试压合格后，应进行冲洗。现场观察，以水色不浑浊为合格。

（3）室外热力管网冲洗：

1）工作条件

①管道试压经验收均已合格。

②水、电源均已具备。

2）热力网系统冲洗

①热水管的冲洗：对供水及回水总干管先分别进行冲洗，先利用0.3~0.4MPa压力的自来水进行管道冲洗，当接入下水道的出口流出洁净水时，认为合格。然后再以1~1.5m/s的流速进行循环冲洗，延续20min以上，直至从回水总干管出口流出的水色为透明为止。

②蒸汽管道的冲洗：在冲洗段末端与管道垂直升高处设冲洗口。冲洗口是钢管焊接在蒸汽管道下侧，并装设阀门。a.拆除管道中的流量孔板、温度计、滤网及止回阀、疏水器等。b.缓缓开启总阀门，切勿使蒸汽流量和压力增加过快。c.冲洗时先将各冲洗口的阀门打开，再开大总进汽阀，增大蒸汽量进行冲洗，延续20至30min，直至蒸汽完全清洁时为止。d.最后拆除洗管及排汽管，将水放尽。

8．煤气管网的吹扫试验记录（C2-15-1-6）：

实施要点：

（1）煤气管网的吹扫试验记录按C2-15-1表式执行。

（2）煤气管网及其调压装置吹扫试验：

1）煤气、压缩空气管道系统安装完毕后应做吹冲试验。

2）管网竣工或交付使用前，必须根据设计要求进行吹扫。如设计无明确要求，应按下列要求进行吹扫（吹扫可用压缩空气、煤气，对较长的管道一般用清管球法清扫）：

①管道的吹扫应在管道试压后进行。介质先采用压缩空气，把水分及污物清除干净，再用煤气进行吹扫。

②吹扫的压力不少于0.6MPa。每次吹扫的管道长度，应根据吹扫介质、压力和气量

确定，一般不宜超过3km。

③钢管管道的吹扫口应设在开扩地段，并加固牢靠，吹扫段内的阀门全部打开，吹扫段终端拧紧阀门或加焊堵板。

④吹扫应反复进行数次，当使用清管球清扫时，发球次数以确认吹净污染物排净为止，同时做好记录。

⑤吹扫时的放散管必须设置在安全可靠的地方严禁火种，以免发生燃烧或爆炸事故。

⑥调压装置的吹扫不得与管道同时进行，应分别分段进行。

3) 吹（冲）洗试验记录，应分段、分系统进行分别填表。应填写冲（吹）洗情况及效果，日期及有关人员的签字应齐全。

9. 建筑中水系统及游泳池水系统管道冲洗试验记录（C2-15-1-6）：

实施要点：

(1) 建筑中水系统及游泳池水系统管道冲洗试验记录按C2-15-1表式执行。

(2) 《建筑给水排水及采暖工程施工质量验收规范》（GB 50242—2002）第4章第4.2.3条和第6章第6.2.3条规定：生产给水系统管道在交付使用前必须冲洗和消毒，并经有关部门取样检验，符合国家《生活饮用水卫生标准》方可使用。检查有关部门提供的检测报告；热水供应系统竣工后必须进行冲洗。现场观察检查。

(3) 建筑中水系统及游泳池水系统管道冲洗试验方法照室内给水系统管道冲洗方法执行。

3.2.15.2 排水管道灌水（通水）试验记录（C2-15-2）

1. 资料表式

排水管道灌水（通水）试验记录表（通用）　　　　表C2-15-2

工程名称：

工程名称					试验日期			年　月　日	
试验部位					依据标准				
编号	规范或设计要求				试　　验				备注
	规　格	材　质	允许渗水量	计量时间	实际渗水量	试验时间	通水情况		
评定意见： 　　　　　　　　　　　　　　　　　　　　　　　　　　　　　　　年　月　日									
参加人员	监理（建设）单位			施　工　单　位					
				专业技术负责人		质检员		试验员	

2. 实施要点

(1) 暗装或埋地的排水管道，在隐蔽前必须做灌水试验，其灌水高度不应低于底层地面高度（满水15分钟后，再灌满延续5分钟，液面不下降为合格）。

试验方法：堵室外排水口，从一层检查口或地漏向管道内注水，满水停 15 分钟后，水面有下降，再注满水，延续 5 分钟，液面不下降即为合格。

雨水管道安装后，应做灌水试验，灌水高度必须到每根立管最上部的雨水漏斗。

（2）生活污水管道的坡度应符合表 C2-15-2-1 规定。悬吊式雨水管道的敷设坡度不得小于 0.005，埋地雨水管道的最小坡度应符合表 C2-15-2-2 规定。

生活污水管道的坡度　　　　　　　　　　　　　表 C2-15-2-1

项 次	管 径（mm）	标准坡度	最小坡度
1	50	0.035	0.025
2	75	0.025	0.015
3	100	0.020	0.012
4	125	0.015	0.010
5	150	0.010	0.007
6	200	0.008	0.005

地下埋设雨水排水管道的最小坡度　　　　　　　　表 C2-15-2-2

项 次	管 径（mm）	最小坡度
1	50	0.020
2	75	0.015
3	100	0.008
4	125	0.006
5	150	0.005
6	200～400	0.004

（3）其他规定：承插管道的接口，应以麻丝填充，用水泥或石棉水泥打口（捻口），不得用一般水泥砂浆抹口。

（4）隐蔽的排水和雨水管道的灌水试验结果；排水系统竣工后的通水试验结果必须符合设计要求和施工规范规定。按给水系统的 1/3 配水点同时开放，检查各排水点是否畅通，连接处必须严密不渗不漏为合格。

非金属污水管道，应做渗水量试验。如设计无要求，应符合下列规定：

1）在潮湿土壤中，检查地下水渗入管中的水量，可根据地下水的水平线而定：地下水位超过管顶 2～4m，渗入管道内水量不超过表 C2-15-2-3A 的规定；地下水位超过管顶 4m 以上，则每增加水头 1 米允许增加渗水量 10%；

2）在干燥土壤中，检查管道的渗出水量，其充水高度，应高出上游检查井内管顶 4m。渗出的水量不应大于表 C2-15-2-3 的规定；

3）在潮湿土壤中，当地下水位不高出管顶 2m 时，可按②项规定做渗出水量试验。

1000m 长的管道一昼夜内允许渗出或渗入水量　　　　表 C2-15-2-3A

单位：m^3

管径（mm）	小于150	200	250	300	350	400	450	500	600
钢筋混凝土管、混凝土或石棉水泥管	7.0	20	24	28	30	32	34	36	40
缸瓦管	7.0	12	15	18	20	21	22	23	23

注：1. 雨水和与其性质相似的管道，除湿陷性黄土及水源地区外，可不做渗出水量试验。
　　2. 渗水量试验时间，不应少于 30 分钟。
　　3. 排出腐蚀性的污水管道不允许渗漏。

必须按系统或分区（段）做灌水及渗漏试验，试验数量和范围必须齐全、无漏试。试验必须在隐蔽前进行，未经试验或试验不符合要求的，不得进行隐蔽。

(5) 测试注意事项：

1) 室内排水管道的埋地铺设及吊顶，管井内隐蔽工程在封顶、回填土前都应进行闭水试验，内排水雨水管道安装完毕亦要进行闭水试验。

2) 闭水试验前应将各预留口采取措施堵严，在系统最高点留出灌水口。

3) 由灌水口将水灌满后，按设计或规范要求的规定时间对管道系统的管材、管件及捻口进行检查，如有渗漏现象应及时修理，修好后再进行一次灌水试验，直到无渗漏现象后，再请有关单位验收并办理验收记录。

4) 楼层吊顶内管道的闭水试验应在下一层立管检查口处用橡皮气胆堵严，由本层预留口处灌水试验。

3. 室内给排水系统通水试验记录（C2-15-2-1）：

实施要点：

(1) 室内给排水系统通水试验记录按 C2-15-2 表式执行。

(2)《建筑给水排水及采暖工程施工质量验收规范》（GB 50242—2002）第 4 章第 4.2.2 条规定：室内给排水系统交付使用前必须进行通水试验并做好记录。观察和开启阀门、水嘴等放水。

1) 通水试验要求：

①室内给水系统（包括生活给水、热水供应）排水系统卫生器具完工后应进行通水试验，通水试验应分系统、分区段进行，应分别填写试验记录。

②如因条件限制达不到规定流量时，卫生器具 100% 均应做满水排泄试验，满水试验水量应达到卫生器具溢水口处，并检查器具的溢水口通畅能力及排水点的通畅情况，管路设备无堵塞及渗漏现象为合格。

③通水试验记录必须注明试验日期，试验项目、部位、通水方式并签字齐全。

给水、消防、卫生器具及排水系统应有系统、区段的通水试验记录。

经通水试验的卫生器具及配件应齐全，启动灵活好用，安装稳牢固表面光亮整洁无损坏，1/3 放水点同时放水，污水系统排泄畅通无阻。各接口处无渗漏，符合设计要求和验收规范规定。消防应抽查顶层首层消火栓的水柱高及压力，喷淋的末端试验阀、水流指示及信号报警、水泵监控联网等情况。

2) 工作条件：

①室内给水系统已达供水条件。

②室内排水系统已经与室外排水接通，达到使用条件。

③室内卫生器具与设备已全部安装完，达到使用条件。

④有满足室内各用水点供水水质和水量的水源。

⑤室内给水、排水及卫生器具安装工程，除通水试验外，均达到了图纸规定和质量验收标准的要求。

⑥在正温条件下进行。

3) 检查给水系统全部阀门，将配水阀件全部关闭，将控制阀门全部开启。

4) 向给水系统供水，使其压力、水质符合设计要求，热水给水系统可供与热水使用压力相同的冷水。

5）核查各排水系统，均应与室外排水系统接通，并可以向室外排水。

6）检查排水系统各排水点及卫生器具，清除污物。

7）将排水立管顶层各配水阀件开至最大水量，使其处于向对应的排水点排水状态。

8）检查排水立管从顶层到第一座排水检查井间各管段及排水点是否达到额定流量。消火栓能否满足组数的最大消防能力。

9）检查室内给水系统，设计要求同时开放的最大数量的配水点是否达到额定流量。消火栓能否满足组数的最大消防能力。

10）室内排水系统，按给水系统的1/3配水点同时开放，检查各排水点是否畅通，接口处有无渗漏。

11）高层建筑，可根据管道布置状态采取分层或两层（按系统配水点折算1/3量）分区段做通水试验，多层建筑可从最顶层做起。

12）按上述方法顺次对各排水立管系统进行通水试验，直到排水系统通水试验全部完毕。

13）经有关人员检查后将排水通水试验记录填写完整。

14）停止向给水系统供水，并将给水系统及卫生器具内的积水排放，处理净。

4. 室内给水设备敞口水箱满水试验记录（C2-15-2-3B）：

（1）资料表式

箱罐（池）满水试验记录表　　　　　　　表 C2-15-2-3B

工程名称				
箱罐（池）名称			施工单位	
箱罐（池）平面尺寸或直径（mm）			箱罐（池）高度（mm）	
试验时间	自　年　月　日　时始至　年　月　日　时止			
测试内容与情况：				
实际渗水量	m^3/d		$L/m^2 \cdot d$	占允许量的百分率（%）
试验结论：				
参加人员	监理（建设）单位	施　工　单　位		
		专业技术负责人	质检员	试验员

（2）实施要点

1）箱罐（池）满水试验记录是水池施工完毕后，按规范规定必须进行的测试项目和内容。在满水试验中并应进行外观检查，不得有漏水现象。

2）《建筑给水排水及采暖工程施工质量验收规范》（GB 50242—2002）第4章第4.4.3条规定：敞口水箱的满水试验和密闭水箱（罐）的水压试验必须符合设计与本规范的规定。满水试验静置24h观察，不渗不漏；水压试验在试验压力下10min压力不降，不渗不漏为合格。

3）箱罐（池）满水试验前，应做好下列准备工作：

①将箱罐（池）内清理干净；

②充水的水源应采用清水并做好充水和放水系统的设施；

③对箱罐（池）初试充水高度进行量测，充水高度应满足设计要求。

4）箱罐（池）满水试验应填写试验记录。

5）箱罐（池）满水试验：

①充水：向箱罐（池）内充水必须满足设计水深要求；

②水位观测：充水至设计水深后即可开始进行渗水量测定。测读水位的初读数与末读数之间的间隔时间，按规范要求进行；

③蒸发量测定：按无渗漏情况下的水位下降值计算。

6）箱罐（池）满水试验过程中应检查的内容：

①检查箱罐（池）渗漏情况；

②箱罐（池）满水试验累计总时间（小时数）；

③对混凝土箱罐（池）表面进行湿润面积检查并记录；

④大气温度和水温检查：大气温度按日平均气象温度执行，水温按箱罐（池）内的实测温度；

⑤雨天时，不应做满水试验渗水量的测定。

5. 室内排水系统灌水试验记录（C2-15-2-3）：

实施要点：

(1) 室内排水系统灌水试验记录按 C2-15-2 表式执行。

(2) 《建筑给水排水及采暖工程施工质量验收规范》（GB 50242—2002）第 5 章第 5.2.1 条规定：隐蔽或埋地的排水管道在隐蔽前必须做灌水试验，其灌水高度应不低于底层卫生器具的上边缘或底层地面高度。满水 15min 水面下降后，再灌满观察 5min，液面不降，管道及接口无渗漏为合格。

(3) 室内排水、雨水管道灌水试验程序：

1）工作条件

①暗装或埋地排水管道已分段或全部施工完，接口已达到强度，标高、坐标等经复核已全部达到质量标准。

②管道及接口均未隐蔽，有防露或保温要求的管道尚未进行保温前，管外壁及接口处保持干燥。

③工作应在干作业条件和正温下进行。

④对施工人员已进行灌水试验技术交底，并制定好试验的泄水措施。

⑤参加检查的施工人员、施工技术人员、建设、监理单位的有关人员均已到场。

2）接短管、封闭排出管口

①对标高低于各层地面的所有管口，接临时短管直至某层地面上。接管时，对承插接口的管道用水泥捻口，对于横管上、地下（或楼板下）管道清扫口应加垫、加盖正式封闭。

②通向室外的排出管管口，用大于管径的橡胶管管胆，放进管口充气堵严。灌一层立管和棚上管道时，用堵管管胆从一层立管检查口处将上部管道堵严，再灌上层时，依次类

推按上述方法进行。

3）向管道内灌水

①用胶管从便于检查的管口（最好选择离出户排水管口近的地面管口）向管道内灌水。

②从灌水开始，便应设专人，检查监视出户排水管口、地下扫除口等易跑水部位，发现堵盖不严或管道出现漏水时均应停止向管内灌水，立即进行整修，待管口堵塞、封闭严密或管道修复待管道接口达到强度后，再重新开始灌水。

③管内灌水水面高出地面以后，停止灌水，记下管内水面位置和停止灌水时间，经过24小时后开始对管道、接口逐一进行观察。

4）检查、做灌水试验记录

①停止灌水 15min 后在未发现管道及接口渗漏的情况下再次向管道内灌水，使管内水面回复到停止灌水时的水面位置后第二次记下时间。

②施工人员、施工技术质量管理人员，建设、监理单位有关的人员在第二次灌满水 5min 后，对管内水面进行共同检查，水面位置没有下降则为管道灌水试验合格，应立即填写好排水管道灌水试验记录，有关检查人员签字盖章。

③检查中若发现水面下降则为灌水试验没有合格，应对管道及各接口、堵口全面细致地进行逐一检查、修复。排除渗漏因素后重新按上述方法进行灌水试验，直至合格。

5）灌水试验后的工作

①灌水试验合格后，应从室外排水口放净管内存水。

②把为灌水试验临时接出的短管全部拆除，各管口恢复原标高，拆管时严防污物落入管内。

③用木塞、草绳等进行临时堵塞封闭时，确保堵塞物不能落入管内，并应牢固严密，便于在起封时方便简单不易损坏管口。

6. 雨水管道及配件灌水试验记录（C2-15-2-4）：

实施要点：

(1) 雨水管道及配件灌水试验记录按 C2-15-2 表式执行。

(2)《建筑给水排水及采暖工程施工质量验收规范》（GB 50242—2002）第 5 章第 5.3.1 条规定安装在室内的雨水管道安装后应做灌水试验，灌水高度必须到每根立管上部的雨水斗。灌水试验持续 1h，不渗不漏为合格。

(3) 悬吊式雨水管道的敷设坡度不得小于 5‰；埋地雨水管道的最小坡度，应符合表 C2-15-2-4A 的规定。

地下埋设雨水排水管道的最小坡度　　　　表 C2-15-2-4A

项 次	管 径（mm）	最小坡度（‰）
1	50	20
2	75	15
3	100	8
4	125	6
5	150	5
6	200～400	4

(4) 雨水管道不得与生活污水管道相连接。

(5) 雨水斗管的连接应固定在屋面承重结构上。雨水斗边缘与屋面相连处应严密不漏。连接管管径当设计无要求时，不得小于100mm。

(6) 悬吊式雨水管道的检查口或带法兰堵口的三通的间距不得大于表C2-15-2-4B的规定。

悬吊管检查口间距　　　　　　　　　　表C2-15-2-4B

项次	悬吊管直径（mm）	检查口间距（m）
1	≤150	≥15
2	≥200	≥20

(7) 雨水管道及配件灌水试验方法同室内排水系统灌水试验方法。

7. 室内热水供应敞口水箱满水试验记录（C2-15-2-5）：

实施要点：

(1) 室内热水供应敞口水箱满水试验记录按C2-15-2表式执行。

(2)《建筑给水排水及采暖工程施工质量验收规范》（GB 50242—2002）第6章第6.3.5条规定：敞口水箱的满水试验必须符合设计和《建筑给水排水及采暖工程施工质量验收规范》（GB 50242—2002）的规定。满水试验静置24h观察，不渗不漏为合格。

(3) 水箱溢流管和泄放管应设置在排水地点附近但不得与排水管直接连接。

(4) 立式水泵的减振装置不应采用弹簧减振器。

8. 卫生器具满水和通水试验记录（C2-15-2-6）：

实施要点：

(1) 卫生器具满水和通水试验记录按C2-15-2表式执行。

(2)《建筑给水排水及采暖工程施工质量验收规范》（GB 50242—2002）第7章第7.2.2条规定：卫生器具交工前应做满水和通水试验。满水后各连接件不渗不漏；通水试验给水、排水畅通。

(3) 有饰面的浴盆，应留有通向浴盆排水口的检修门。

(4) 小便槽冲洗管，应采用镀锌钢管或硬质塑料管。冲洗孔应斜向下方安装，冲洗水流同墙面成45°角。镀锌钢管钻孔后应进行二次镀锌。

(5) 卫生器具的支、托架必须防腐良好，安装平整、牢固，与器具接触紧密、平稳。

(6) 卫生器具通水试验前应检查地漏是否畅通，分户阀门是否关好，然后按层段分房间逐一进行通水试验，以免漏水使装修工程受损。

9. 室外排水管网灌水和通水试验记录（C2-15-2-7）：

实施要点：

(1) 室外排水管网灌水和通水试验记录按C2-15-2表式执行。

(2)《建筑给水排水及采暖工程施工质量验收规范》（GB 50242—2002）第10章第10.2.2条规定：管道埋设前必须做灌水试验和通水试验，排水应畅通，无堵塞，管接口无渗漏为合格。检验方法：按排水检查井分段试验，试验水头应以试验段上游管顶加1m，时间不少于30min，逐段观察。

(3) 通水试验是检验排水使用功能的手段，随着从上游不断向下游做灌水试验的同时，也检验了通水的能力。

(4) 排水管道的坡度必须符合设计要来,严禁无坡或倒坡。
(5) 管道的坐标和标高应符合设计要求。

10. 建筑中水系统及游泳池排水系统灌水、通水试验记录（C2-15-2-8）：

实施要点：

(1) 建筑中水系统及游泳池排水系统灌水、通水试验记录按 C2-15-2 表式执行。

(2)《建筑给水排水及采暖工程施工质量验收规范》（GB 50242—2002）第 4 章第 4.2.2 条规定：给水系统交付使用前必须进行通水试验并做好记录。观察和开启阀门、水嘴等放水。

(3) 隐蔽或埋地的排水管道在隐蔽前必须做灌水试验，其灌水高度应不低于底层卫生器具的上边缘或底层地面高度。满水 15min 水面下降后，再灌满观察 5min，液面不降，管道及接口无渗漏为合格。

11. 锅炉敞口箱、罐满水试验记录（C2-15-2-9）：

实施要点：

(1) 锅炉敞口箱、罐满水试验记录按 C2-15-2 表式执行。

(2)《建筑给水排水及采暖工程施工质量验收规范》（GB 50242—2002）第 13 章第 13.3.4 条规定：敞口箱、罐安装前应做满水试验；满水试验满水后静置 24h 不渗不漏为合格。

(3) 水箱溢流管和泄放管应设置在排水地点附近但不得与排水管直接连接。

(4) 立式水泵的减振装置不应采用弹簧减振器。

3.2.15.3 室内排水管道通球试验记录（C2-15-3）

1. 资料表式

室内排水管道通球试验记录   表 C2-15-3

工程名称			管径、球径	
试验部位		管道编号	试验日期	年 月 日
试验要求：				
试验情况：				
试验结论：				
参加人员	监理（建设）单位	施 工 单 位		
		专业技术负责人	质检员	工 长

2. 实施要点

为了防止室内排水管道和室内雨水管道堵塞，确保使用功能，对室内排水管道和室内雨水管道必须做通球试验。室内排水干、立管，应根据有关规定进行100%通球试验。

通球试验基本要求：

(1) 通球前必须做通水试验，试验程序由上至下进行，以不漏、不堵为合格；

(2) 通球用的皮球（也可以用木球）直径为排水管道管径的3/4；

(3) 通球试验时，皮球（木球）应从排水管道顶端投下，并注入一定水量于管内，使球顺利流入于该排水管道相应的检查井内为合格；

(4) 通球试验时，如遇堵塞，应查明位置进行疏通，无效时应返工重做；

(5) 通球试验完毕应做好试验记录，并归入工程技术资料内以备查；

锅炉试运行时，如对炉管或省煤器弯管安装有怀疑，必要时可用通球试验的方法检查水管锅炉是否通畅，通球直径按表C2-15-3-1选用。内部检查合格后，装好人孔和手孔盖；

通 球 直 径 表（mm）　　　　　　表 C2-15-3-1

管子弯曲半径	$R \leqslant 3.6D$ 外	$3.5D$ 外 $> R \geqslant 1.8D$ 外	$R < 1.8D$ 外
通球直径	$0.75D$ 内	$0.7D$ 内	$0.55D$ 内

(6) 单位工程竣工检验时，对室内排水管道进行通球试验抽查，若有一处堵塞，则该分项工程质量为不合格，并应改正至疏通为止。

3.2.16 施工记录（C2-16）

资料编制控检要求：

(1) 通用条件

管道预拉伸、烘炉、煮炉检查应按表式内容详细填写，煮炉的时间、压力、煮炉效果情况记录和评定意见及烘炉情况记录和评定意见应详细填写。

(2) 专用条件

1) 采暖供热和生活热水供应管道伸缩器设计有要求时必须实行预拉伸，预拉伸应符合设计的有关标准规定为符合要求，不进行预拉伸或不进行预拉伸记录为不符合要求。

2) 烘炉试验后必须填写烘炉检查记录。凡需进行烘炉检查而未进行的，该分项工程为不合格。

3) 煮炉试验后必须填写煮炉检查记录。凡需进行煮炉检查而未进行的，该分项工程为不合格。

3.2.16.1 施工记录（给排水、采暖）（C2-16-1）

施工记录（给排水、采暖）按C2-6-1（即建筑与结构施工记录用表）执行。

实施要点：

(1) 给排水、采暖工程施工记录采用施工记录（通用）表式C2-6-1。由项目经理部的给排水、采暖专业的专职质量检查员或工长实施记录，由项目技术负责人审定。

(2) PVC塑料管材施工的一般要求：

1) 管道的安装工程施工前应具备下列条件：

①设计图纸及其他技术文件齐全，并经会审；

②经批准的施工方案或施工组织设计，已按此进行技术交底；

③施工现场及施工用水、用电、材料储放场地等临时设施能满足施工需要。

2) 管道安装前，应对材料的外观和接头配合的公差进行仔细检查，应清除管材及管件内外的污垢和杂物。

3) 管道系统安装过程中，应防止油漆，沥青等污染管材和管件。

4) 管道系统安装间断或完毕的敞口处，应随时封堵。

5) 埋设于浇捣的混凝土楼板或墙体内的管材不得有管接头。管道穿墙壁，楼板及嵌墙暗敷时，应配合土建预留孔槽。其尺寸设计无规定时，应按下列执行：

①预留孔洞尺寸宜较管外径大 50～100mm。如按带座弯头连接水龙头等五金时一定要用水泥填实不得有空鼓现象。

②嵌墙暗管应保证管道外侧至水泥墙面净距不小于 10mm，并采用 1:2 的水泥砂浆填补。

③架空管顶上部的净空间不宜小于 100mm。

6) 管道穿过地下室或地下构筑物外墙时，应采取严格的防渗漏措施。

7) 管道系统的横管，宜有 0.2%～0.5%的坡度坡向泄水装置。

8) 管道系统的坐标，标高及其允许偏差应符合设计和相关施工质量验收规范的规定。

9) 水平管道的纵横方向的弯曲，立管垂直度，平等管道和成排阀门的安装应符合设计和相关施工质量验收规范的规定。

10) 搬运管材和管件时，应小心轻放，避免油污。严禁剧烈撞击，与尖锐物碰触，抛摔滚拖并用油布等遮盖。

11) 管材和管件应存放在通风良好，干净的库房内，不得露天存放；距热源不应小于 1m。

12) 直管应水平堆放在平整的支垫物上。支垫物间距不应大于 1m，外悬端部不应超过 0.5m。堆放高度不应超过 1.5m。

(3) 地板辐射采暖施工一般要求：

1) 地板辐射供暖的安装工程，施工前应具备下列条件：

①设计图纸及其他技术文件齐全。

②经批准的施工方案或施工组织设计，已进行技术交底。

③施工力量和机具等，能保证正常施工。

④施工现场、施工用水和用电、材料储放场地等临时设施，能满足施工需要。

2) 地板辐射供暖的安装工程，环境温度宜不低于 5℃。

3) 地板辐射供暖施工前，应了解建筑物的结构，熟悉设计图纸、施工方案及其他工种的配合措施。安装人员应熟悉管材的一般性能，掌握基本操作要点，严禁盲目施工。

4) 加热管安装前，应对材料的外观和接头的配合公差进行仔细检查，并清除管道和管件内外的污垢和杂物。

5) 安装过程中，应防止油漆、沥清或其他化学溶剂污染塑料类管道。

6) 管道系统安装间断或完毕的敞口处，应随时封堵。

7) 绝热层铺设时，填充层内的加热管不应有接头。加热管应加以固定，加热管固定点的间距，直管段不应大于 700mm，弯曲管段不应大于 350mm。可以分别采用以下的固定方法：

①用固定卡子将加热管直接固定在绝热板上。

②用扎带将加热管绑扎在铺设于绝热层表面的钢丝网上。

③卡在铺设于绝热层表面的专用管架或管卡上。

8）混凝土填充层应设置以下热膨胀构造措施：

①辐射供暖地板面积超过 $30m^2$ 或长边超过 6m 时，填充层应设置间距≤6m，宽度≥5mm 的伸缩缝，缝中填充弹性膨胀材料。

②与墙、柱的交接处，应填充厚度≥10mm 的软质闭孔泡沫塑料。

③加热管穿超过伸缩缝处，应设长度不小于 100mm 的柔性套管。

9）混凝土填充层浇捣和养护过程中，系统应保持不小于 0.4MPa 的压力。

10）饮用净水管道应用塑料管材时，在使用前应采用每升水含 20～30mg 的游离氯的清水灌满管道进行消毒。含氯水在管中应静置 24h 以上。消毒后，应再用饮用水冲洗管道，并经卫生部门取样检验符合现行的国家标准《生活饮用水卫生标准》后，方可使用。

3.2.16.2　伸缩器安装预拉伸施工记录（C2-16-2）

1．资料表式

伸缩器安装预拉伸施工记录　　　　　　　　　　　　　　　表 C2-16-2

工程名称		施工单位	
分项工程名称		预拉伸时间	年　月　日
管道材质		伸缩器部位	
伸缩器规格型号		环境温度	
固定支架间距（m）		管内介质温度	
计算预拉伸值（mm）		实际预拉伸值（mm）	
预拉伸方法			
预拉伸标准			
伸缩器安装及预拉伸示意图及说明：			
评定意见： 年　月　日			

参加人员	监理（建设）单位	施 工 单 位		
		专业技术负责人	质检员	实验员

2．实施要点

（1）伸缩器安装预拉伸应对照设计图纸，全数检查预拉伸记录，记录必须符合设计要求和施工规范规定，如设计无要求：

1）管道预拉伸（或压缩）前应具备的条件：

①预拉伸区域内固定支架间所有焊缝（预拉口除外）已焊接完毕，需热处理的焊缝已做热处理，并经检验合格；

②预拉伸区域支、吊架已安装完毕，管子与固定支架已固定。预拉口附近的支、吊架已预留足够的调整余量，支、吊架弹簧已按设计值压缩，并临时固定，不使弹簧承受管道载荷；

③预拉伸区域内的所有连接螺栓已拧紧。

2）当预拉伸管道的焊缝需热处理时，应在热处理完毕后，方可拆除在预拉伸时安装的临时卡具。

3）套管补偿器预拉伸：

①填料式补偿器又名套管伸缩器，只有在管道中心线与伸缩器中心线一致时，方能正常工作。故不适用悬吊式支架上安装。

②靠近伸缩器两侧，必须各设一个导向支座，使其运行时，不致偏离中心线。

③安装时必须做好预拉伸，如设计无明确要求时，按表 C2-16-2-1 规定进行。

套管伸缩器预拉伸表　　　　　　　　　　　　　　表 C2-16-2-1

项 目	套管补偿器预拉伸长度											
补偿器规格（mm）	15	20	25	32	40	50	65	75	80	100	125	150
拉出长度（mm）	20	20	30	30	40	40	50	50	50	55	60	63

④安装长度应考虑气温变化，留有剩余的伸缩量，其值按下式计算。

$$\Delta = \Delta_1 \frac{t_1 - t_0}{t_2 - t_0}$$

式中　Δ——芯子与外套挡圈间的安装剩余伸缩量；

　　　Δ_1——伸缩器最大伸缩量；

　　　t_1——安装伸缩器的气温；

　　　t_2——介质的最高计算温度；

　　　t_0——室外最低计算温度。

安装前先将芯子全部拔出来，量出剩余伸缩量值并做出标志，然后退回芯子至标志处。

4）方型补偿器的预拉伸：

①在方型补偿器安装前，先将两端的固定支座焊死、焊牢。补偿器两端的直管端与连接管端分别预留 1/4 的设计补偿量的间隙。

②补偿器的预拉伸是为设计补偿量的 1/2 长度，但在安装时要考虑到实际安装温度，补偿器运行时的介质最高温度以及设计计算温度的差别，故在实际安装时预拉伸量要进行修正，其计算公式如下式：

$$\Delta L' = \Delta L \frac{t_0 - t_a}{t_2 - t_1}$$

式中　$\Delta L'$——补偿器实际安装温度下的预拉伸量（m）；

　　　ΔL——管段计算的热伸长度（m）；

t_1——设计计算安装温度（℃）；
t_2——管段介质工作温度（℃）；
t_a——实际安装的温度（℃）；
t_0——零点温度，即补偿器不需预拉伸温度（℃）。

$$t_0 = \frac{t_1 + t_2}{2}$$

③方型补偿器两侧的第一个导向支架，宜设在补偿器弯曲起点 0.5～1.0m 处。采用吊架时其靠近补偿器两侧的吊架应倾斜安装，其倾斜方向与管路的热胀方向相反，而倾斜距离等于该吊架管路热胀量的一半。

5）波纹管（波型）补偿器的预拉伸：

①安装波纹管（波型）补偿器时，应按设计管道最高温度和最低温度，找出其波动范围的中间值，作为零点温度，并依此温度按表 C2-16-2-2 对补偿器进行预拉伸或压缩。

②安装波纹管（波型）补偿器时要注意介质流动方向，必须使补偿器的内衬套筒与外壳焊接的一端迎着介质流向，对垂直管道应置于上方。

③为保证补偿器只发生轴向伸缩，补偿器应安装在两端固定的直线管段上，且应尽量设在两固定点的中间位置上。

波纹管补偿器的预拉伸或预压缩量　　　　表 C2-16-2-2

安装时的环境温度与补偿零点温度之差（℃）	预拉伸量（mm）	预压缩量（mm）
-40	$0.5\Delta L$	
-30	$0.375\Delta L$	
-20	$0.25\Delta L$	
-10	$0.125\Delta L$	
0	0	0
+10		$0.125\Delta L$
+20		$0.25\Delta L$
+30		$0.375\Delta L$
+40		$0.5\Delta L$

注：ΔL 为补偿器的全补偿能力。

(2) PVC 塑料管材的管道补偿胀缩措施：

1）在安装长距离水平管道时可采用 Ω 型管或伸缩节的方法来补偿管热胀冷缩的影响。

2）长距离的水平敷设必须有一定数量的固定支承点及滑动支承点。在与支管接通的三通接头处必须安有固定支承点，以免使支管受到横向膨胀力。

3）如嵌装在墙内做暗管使用时，应考虑管道在墙内的热膨胀，墙壁暗槽应加深 10mm 以上，或在管道外加塑料波纹保护套管或泡沫保温保护套管。

4）管道伸缩长度可按下式确定：

$$\Delta L = \Delta T \cdot L \cdot \alpha$$

式中　ΔL——管道伸缩长度（mm）；

ΔT——计算温差（℃）；

L——管道长度（m）；

α——线膨胀系数（m/m℃），一般可取 1.5×10^4。

5) 管道宜采用分水器，尽量避免过多使用三通，亦可弥补管道的热胀冷缩。使用分水器时应先将管道埋在砂浆地面内或地板夹层内，最后再连接分水器。

（3）填表说明：

1) 环境温度：指伸缩器安装时所处的环境温度，照实际填写。

2) 计算预拉值：指规范要求进行的预拉伸计算值。

3) 实际预拉值：指实际预拉伸的结果，照实际填写。

3.2.16.3 设备安装施工记录（C2-16-3）

1．资料表式

设备安装施工记录表（通用） 表 C2-16-3

工程名称		验收日期	
施工班组及人数			
施工内容			
强制性条文执行情况			
问题与处理意见			
评定与建议			
参加人员	监理（建设）单位	施 工 单 位	
		项目技术负责人	专职质检员	工 长

2．实施要点

（1）设备安装施工记录主要是指给水、排水及采暖工程用设备安装时进行的施工过程记录，主要设备如锅炉本体、送引风机、提升机、泵类（给水冷热水泵、泳池水泵、排水水泵、消防水泵等）、罐体等的安装均应填写设备安装记录。

（2）设备安装记录应按标准提出的下列要求根据施工实际的操作工艺、质量状况予以记录，应记录内容：

1) 设备型号规格：指实际使用设备铭牌标注的型号和规格。设备必须符合设计要求。

2) 设备出厂编号：在机体铭牌上摘录。

3) 设备与设备基础的连接状况：连接应牢固、平稳、接触紧密，并符合减振要求。

4) 设备安装后其纵向水平度偏差及横向水平度偏差、垂直度偏差以及联轴器两轴芯的偏差须满足设计或规范要求。

5) 设备安装的外观质量检查：设备壳体不应有裂纹、砂眼及凹凸不平等缺陷；多级泵的平衡管路应无损伤或折陷现象；蒸汽往复泵的主要部件、活塞及活动轴必须灵活。

6) 手摇泵应垂直安装。安装高度如设计无要求时，泵中心距地面为 800mm。

7) 用图示或文字说明水泵安装位置及有关备注。

8）设备试运转应灵活。轴承温升应符合产品说明书的要求。试验结果应符合设计要求和产品说明书要求。

3.2.16.4 烘炉检查记录（C2-16-4）

1. 资料表式

烘炉检查记录　　　　　　　　　表 C2-16-4

工程名称			施工单位		
锅炉名称			烘炉方法		工作压力	
型号规格			测温方法		介质温度	
烘炉时间		年 月 日 时至 年 月 日 时
烘炉情况记录				时间	火焰实测温度
评定意见					
参加人员	监理（建设）单位		施工单位		
		专业技术负责人	质检员		试验员

2. 实施要点

（1）烘炉前应具备下列条件：

1）锅炉及附属装置全部组装完毕且水压试验合格。

2）烘炉所需辅助设备试运转合格，热工仪表校验合格。

3）保温及准备工作结束。

（2）锅炉火焰烘炉应符合下列规定：

1）火焰应在炉膛中央燃烧，不应直接烧烤炉墙及炉拱。

2）烘炉时间一般不少于4d，升温应缓慢，后期烟温不应高于160℃，且持续时间不应少于24h。

3）链条炉排在烘炉过程中应定期转动。

4）烘炉的中、后期应根据锅炉水水质情况排污。

（3）烘炉结束后应符合下列规定：

1）炉墙经烘烤后没有变形、裂纹及塌落现象。

2）炉墙砌筑砂浆含水率达到7%以下。

（4）锅炉在烘炉、煮炉合格后，应进行48h的带负荷连续试运行，同时应进行安全阀的热状态定压检验和调整。

（5）锅炉的烘炉：

1）工作条件

①锅炉本体及其附属设备、工艺管道全部安装完毕，附属设备、软化设备、化验设备、水泵等已达到使用条件，经过水压试验并试运转合格。

②炉墙砌完后应打开各处门、孔，让其干燥一段时间且已经完毕。

③备好燃料。

2）烘炉前的准备工作

①清理炉膛及烟风道内留下的砖头、木块、铁线等杂物。

②拆掉所有的临时支撑设施。

③检查给水系统及水处理系统的工作情况，要求给水系统（包括水处理）8h连续试运行，均能正常工作。

④关闭省煤器主烟道进口挡板，使用旁烟道。无旁通烟道时，打开省煤器出口。保证省煤器内有循环水冷却。

3）烘炉

①木柴烘炉阶段：a. 关闭所有阀门，打开锅筒排气阀，并向锅炉内注入合格的软化清水，使其达到锅炉运行的最低水位；b. 加进木柴，将木柴集中在炉排中间，约占炉排 1/2 时点火。小火烘烤，开始可单靠自然通风，按温升情况控制火焰的大小。起始的 2～3h 内，烟道挡板开启约为烟道剖面 1/3，待温升后加大引力时，把烟道挡板关至仅留 1/6 为止。炉膛保持负压；c. 最初两天，木柴燃烧须稳定均匀，不得在木柴已经熄火时再急增火力，直至第三昼夜，略添少量煤，开始向下个阶段过渡；d. 木柴烘炉阶段第一天不得超过 80℃，后期不超过 150℃，烘烤约 2～3d。

②煤炭烘炉阶段：a. 首先缓缓开动炉排及鼓、引风机，烟道挡板开到烟道面积 1/3～1/6 的位置上。不得让烟从人孔、手孔或其他地方冒出。注意打开上部检查门排除炉墙气体；b. 一般情况下烘炉不少于 4d，冬季烘炉要酌情将木柴烘炉时间延迟若干天。烟道局部后期烟温不高于 150℃。砌筑砂浆的含水率降到 10% 以下为好；c. 烘炉中水位下降时及时补充清水，保持正常水位。烘炉初期开启连续排污，到中期每隔一定时间进行一次定期排污（一般为 6～8 小时排污一次）。烘炉期少开检查门、看火门、人孔等，防止冷空气进入炉膛，使炉膛产生裂损，严禁冷水洒在炉墙上；d. 烘炉时锅炉不升压。

注：烘煮炉：

烘煮炉应按当地劳动局的管理部门对锅炉烘煮炉的有关要求进行操作，劳动局验收合格后可从劳动局验收合格资料中摘出烘煮炉记录。

3.2.16.5　煮炉检查记录（C2-16-5）

1. 资料表式

2. 实施要点

（1）烘炉试验完成后即可进行煮炉。

（2）煮炉检查包括煮炉的药品成份和用量、加药程序、蒸煮压力、温度升降控制。需要写明煮炉时间、效果和情况、清洗除垢的情况。

（3）煮炉时间一般应为 2～3d，如蒸汽压力较低，可适当延长煮炉时间。非砌筑或浇注保温材料保温的锅炉，安装后可直接进行煮炉。煮炉结束后，锅筒和集箱内壁应无油垢，擦去附着物后金属表面应无锈斑。

3.2 单位（子单位）工程质量控制资料核查记录（C2）

煮炉检查记录　　　　　　　　　　　　　　　表 C2-16-5

工程名称					施工单位				
锅炉名称					炉水容量			工作压力	
型号规格					炉水碱度			介质温度	
煮炉	时间				年 月 日 时至			年 月 日 时	
	压力				MPa 至			MPa	
	年	月	日	时					

煮炉效果情况记录：

评定意见：
　　　　　　　　　　　　　　　　　　　　　　　　　　　　　年　月　日

参加人员	监理（建设）单位	施 工 单 位		
		专业技术负责人	质检员	工长

（4）锅炉在烘炉、煮炉合格后，应进行 48h 的带负荷连续试运行，同时应进行安全阀的热状态定压检验和调整。应检查烘炉、煮炉及试运行全过程。后期应使蒸汽压力保持工作压力的 75% 左右。

（5）锅炉的煮炉：

为清除在制造、安装中带入锅炉内的铁锈、油脂和污垢，以免恶化蒸汽品质或使受热面过热烧坏。将碱性溶液加入锅炉内，使锅炉内的油脂与碱起皂化作用而沉淀，通过排污排除杂质。

1）加药

①若设计无规定，按表 C2-16-5-1 用量向锅炉内加药。

锅炉煮炉加药量　　　　　　　　　　　　　　　表 C2-16-5-1

药品名称	加药量 kg/m³（水）		药品名称	加药量 kg/m³（水）	
	铁锈较薄	铁锈较厚		铁锈较薄	铁锈较厚
氢氧化钠 NaOH	2~3	2~4	磷酸三钠（$Na_3PO_4 \cdot 12H_2O$）	2~3	2~4

②有加药器的锅炉，在最低水位加入药量，否则可以上锅筒一次加入；

③当碱度低于 45mg 当量/L，应补充加药量；

④药器可按 100% 纯度计算，无磷酸三钠时，可用碳酸钠（Na_2CO_3）代替，用量为磷酸三钠的 1.5 倍。若单独用碳酸钠煮炉，其数量为每立方米水加 6kg。

2) 煮炉的方法

①煮炉开始在炉内升起微火。使炉水缓慢沸腾待产生蒸汽后由空气阀或安全阀排出，使锅炉不受压，维持 10～12h；

②减弱燃烧，将压力降到 0.1MPa，打开定期排污阀逐个排污一次，并补充给水或加入未加完的药溶液，维持水位；

③再加强燃烧，把压力升到工作压力 75%～100% 范围时，运行 12～24h；

④停炉冷却后排出炉水（蒸汽压力降为零，水温低于 70℃），并及时用清水（温水）将锅炉内部冲洗干净。检查锅炉和集箱内壁，无油垢、无锈斑为煮炉合格。

3) 煮炉操作中应注意的几点

①煮炉时间，炉水水位控制在最高水位，水位降低时，及时补充给水；

②每隔 3～4h 由上、下锅筒（锅壳）及各集箱排污处进行炉水取样，若炉水碱度低于 50mg 当量/L，应向炉内补充加药；

③需要排污时，应将压力降低后，注意要前后、左右对称排污；

④对所有接触煮炉用水的管道、阀门进行清洗，清洗干净后，打开人孔，进行检查，清除沉积物；

⑤经甲、乙、监理三方共同检验，确认合格，并在验收记录上签章后，方可封闭人孔和手孔。

3.2.16.6 锅炉用机械设备试运转记录（C2-16-6）

1. 资料表式

锅炉用机械设备试运转记录 表 C2-16-6

记录日期：　　年　月　日

建设单位				单位工程名称			子分部工程名称			设备名称		
型号规格				设备位号			试运转种类			试运日期		起止
开车次数	开车时间			温　度　（℃）						压力（kgf/cm²）		停车时间	停车原因及试车情况说明
	月	日	时	分	温室	冷却水	润滑油入	润滑油出	轴　承				润滑油			日	时	分	
									1″	2″	3″	4″							

图示或说明

参加人员	监理（建设）单位	施　工　单　位		
		专业技术负责人	质检员	班组长

2. 实施要点

锅炉炉排冷态试运转：

1）清理炉膛、炉排，尤其是容易卡住炉排的铁块、焊渣、焊条头和铁钉等，必须清理干净。然后将炉排各部位的油杯加满润滑油。

2）机械传动炉排安装完后，在烘炉前应做冷态试运转，炉排冷运转连续不少于8小时，试运转速度最少应在两级以上，经检查和调整应达到以下要求：

①检查炉排有无卡住和拱起现象，如炉排有拱起现象，可通过调整炉排前轴的拉紧螺栓消除。

②检查炉排有无跑偏现象，要钻进炉膛内检查两侧主炉排片与两侧板的距离是否基本相等。不相等时说明跑偏，应调整前轴相的一侧的拉紧螺栓（拧紧），使炉排走正，如拧到一定程度后还不能纠偏时，还可以稍松另一侧的拉紧螺栓，使炉排走正。

③检查炉排长销轴与两侧板的距离是否大致相等，通过一字形检查孔，用榔头间接打击调正，使长销轴与两侧板的距离相等。同时还要检查有无漏装垫圈和开口销，如果漏装，应停转炉排，装好后再运转。

④检查主炉排片与链轮齿合是否良好，各链轮齿是否同位，炉排片应运行自如。如有严重不同位时，应与制造厂联系解决。

⑤检查炉排片有无断裂，有断裂时等炉排转到一字形检查孔的位置时停下，把备片换上再运转。

⑥检查煤闸板吊链的长短是否相等。检查各风室的调节门是否灵活。

⑦冷态试运行结束后应填好记录，甲乙双方签字。

3.2.16.7 管道焊接检查记录（C2-16-7）

1. 资料表式

管道焊接检查记录　　　　　　　表 C2-16-7

施工单位：　　　　　　　　　　　　　　　　编号：

工程名称		检查日期	
被检位置与区段		外观质量	
焊工证书号		施焊范围	
检查内容			
强制性条文执行			
检查结果			
检查结论			
备　注			
参加人员	监理（建设）单位		
	施　工　单　位		
	项目技术负责人	专职质检员	工　长

2. 实施要点

(1) 一般规定

1) 管道焊接检查记录是对各种给水系统、供热系统、空调水系统、制冷剂系统和燃油系统管道焊接的焊缝外观质量检查。应包括：对各种管道组成件、管道支承件的检验以及管道施工过程中的检验。

2) 建筑给水排水及采暖工程的管道及管件焊接方法（工艺）和焊缝形式、几何尺寸应符合设计图纸和工艺文件的规定。焊缝高度不得低于母材表面，焊缝与母材应圆滑过渡；焊缝及热影响区表面应无裂纹、未熔合、未焊透、夹渣、弧坑和气孔等缺陷。

3) 空调水系统金属管道焊接的焊缝外观质量应不低于 GB 50236 中的Ⅳ级规定。

4) 焊缝外观检查数量按焊缝总数抽查 20%，且不少于 1 处。

5) 其他系统管道焊缝外观质量要求，按相关标准执行。

(2) 外观检验

1) 外观检验应包括对各种管道组成件、管道支承件的检验以及在管道施工过程中的检验。

2) 管道组成件及管道支承件、管道加工件、坡口加工及组对、管道安装的检验数量和标准应符合《建筑给水、排水及采暖工程施工质量验收规范》第 3～6 章的有关规定。

3) 除焊接作业指导书有特殊要求的焊缝外，应在焊完后立即除去渣皮、飞溅物，并应将焊缝表面清理干净，进行外观检验。

4) 管道焊缝的外观检验质量应符合现行国家标准《现场设备、工业管道焊接工程施工及验收规范》的有关规定。

(3) 焊缝表面无损检验

1) 焊缝表面应按设计文件的规定进行有关无损检验。

2) 有热裂纹倾向的焊缝应在热处理后进行检验。

3) 当发现焊缝表面有缺陷时，应及时消除，消除后应重新进行检验，直至合格。

3.2.16.8 生活给水消毒记录（C2-16-8）

1. 资料表式

生活给水消毒记录表　　　　表 C2-16-8

工程名称		检查日期		
消毒剂名称		消毒起止日期		
检查内容				
依据标准				
问题与处理意见				
检查结果与建议				
参加人员	监理（建设）单位	施　工　单　位		
		项目技术负责人	专职质检员	工　长

2. 实施要点

(1) 生活给水系统管道在交付使用前必须冲洗和消毒。消毒工作应在管道试压冲洗合格后进行。

(2) 生活给水消毒记录内容：

1) 消毒剂名称。

2) 标准要求及消毒时实际每升水中消毒剂的含量。

3) 消毒的起止时间。

4) 消毒的方法。

5) 消毒后水质观感评价。

(3) 消毒结束后，放空管道内的消毒液，再用生活饮用水冲洗管道，并取样送有关检验部门检验，检验结果必须符合国家《生活饮用水卫生标准》方可使用（水质检验报告应作为附件资料附后）。

建 筑 电 气

3.2.17 建筑电气工程图纸会审、设计变更、洽商记录（C2-17）

资料编制控检要求：

按建筑与结构图纸会审、设计变更、洽商记录资料要求执行。

3.2.17.1 图纸会审（C2-17-1）

1. 资料表式、实施要点按 C2-1-1 表式执行。

2. 图纸会审记录是对已正式签署的设计文件进行交底、审查和会审对提出的问题予以记录的技术文件。

3.2.17.2 设计变更（C2-17-2）

1. 资料表式、实施要点按 C2-1-2 执行。

2. 设计变更的表式以设计单位签发的设计变更文件为准。

3. 设计变更是实施过程中，由于设计图纸本身差错，设计图纸与实际情况不符，施工条件变化，原材料的规格、品种、质量不符合设计要求，及职工提出合理化建议等原因，需要对设计，图纸部分内容进行修改而办理的变更设计文件。

3.2.17.3 洽商记录（C2-17-3）

1. 洽商记录的资料表式、实施要点按 C2-1-3 表式执行。

2. 洽商记录是工程实施过程中，由于设计图纸本身差错，设计图纸与实际情况不符，建设单位根据需要提出的设计修改，施工条件变化，原材料的规格、品种不符合设计要求及职工提出合理化建议等原因，需要对设计图纸部分内容进行修改而需要由建设单位或施工单位提出的变更设计的洽商记录文件。

3.2.18 材料、设备出厂合格证及进场检（试）验报告（C2-18）

资料编制控检要求：

(1) 通用条件

1) 按建筑与结构材料、设备出厂合格证及进场检（试）验报告资料要求执行。

2) 出厂合格证所证明的材质和性能符合设计和规范的为符合要求；仅有合格证明无材质技术数据，经建设单位认可签章者为基本符合要求，否则为不符合要求。

(2) 专用条件

1) 应提供设计或规范有规定的，对材质有怀疑的以及认为必需的抽样检查记录。

2) 进场时进行开箱检验（主要材料、设备）并有检验记录。

3.2.18.1　材料、设备出厂合格证、检（试）验报告汇总表（C2-18-1）

材料、设备出厂合格证、检（试）验报告汇总表表式及有关说明按 C2-3-1 表式执行。

3.2.18.2　材料、设备出厂合格证粘贴表（C2-18-2）

实施要点：

(1) 材料、设备出厂合格证粘贴表按 C2-3-2 表式执行。

(2) 合格证试验报告是指各种原材料、成品、半成品、器具、设备等合格证均分类按序贴于合格证粘贴表上。

(3) 合格证的收集范围：

1) 原则上在工程中使用的所有电气设备和材料均应具有合格证。其主要材料包括硬母线、铝合金管形母线、封闭母线、软母线、电线、电缆及大型灯具、开关、插座、各种钢材和阻燃型 PVC 塑料管、金属线槽、阻燃型 PVC 塑料线槽、水泥电杆、变压器油、蓄电池用硫酸、低压设备及附件等。

2) 主要设备高低压开关柜、电力变压器、照明及动力配电箱（盘、板、柜、屏）、高压开关、低压大型开关、插接母线、电机、蓄电池应急电源、继电器、接触器、漏电保安器、电表、配电箱等。

(4) 材料设备进现场后（或使用前）的验收：

1) 主要设备、材料、成品和半成品进场检验结论应有记录，确认符合《建筑电气工程施工质量验收规范》（GB 50303—2002）的规定，才能在施工中应用。

2) 因有异议送有资质试验室进行抽样检测，试验室内出具检测报告，确认符合《建筑电气工程施工质量验收规范》（GB 50303—2002）规范和相关技术标准规定，才能在施工中应用。

3) 依法定程序批准进入市场的新电气设备、器具和材料进场验收，除符合《建筑电气工程施工质量验收规范》（GB 50303—2002）的规定外，尚应提供安装、使用、维修和试验要求等技术文件。

4) 进口电气设备、器具和材料进场验收，除符合《建筑电气工程施工质量验收规范》（GB 50303—2002）的规定外，尚应提供商检证明和中文的质量合格证明文件、规格、型号、性能检测报告以及中文的安装、使用、维修和试验要求等技术文件。

5) 经批准的免检产品或认定的名牌产品，当进场验收时，宜不做抽样检测。

6) 核查步骤：

①电气材料与产品检验：电气材料与产品不论有无出厂合格证明，使用前均应做必要的试验和检验，注明日期，由检查人签证。

②对原材料、半成品、产品的检验：检查原材料、半成品、产品出厂质量证明和质量试（检）验报告。原材料、半成品、产品的质量必须合格，并应有出厂质量合格证明或试验单。需采取的技术处理措施应满足技术要求并应经有关技术负责人批准后方可使用。

③合格证、试（检）验单或记录的抄件（复印件）应注明原件存放单位，并有抄件

人、抄件（复印）单位的签字和盖章。

④凡使用新材料、新产品、新工艺、新技术的，应附有有关证明，要有产品质量标准，使用说明和工艺要求。使用前，应按其质量标准进行检验。

⑤对设备检验的要求：设备在安装前必须开箱检验及试验。如各种仪表的检验，各种断路器的外观检验，调整及操作试验，各种避雷器、电容器、变压器及附件、互感器、各种电机、盘柜、高低压电器型号、规格外观检验，并做好记录。

⑥主要检查项目：规格、型号、质量是否符合国家规范和设计要求。

a.外包装检查：检查标记，箱体外包装是否牢固，起吊位置、表面保护层等外观有无损伤；b.内包装和外观检查：检查购货卡的情况，防雨防潮措施，防震措施，层间的隔离情况，主要部件、设备主体及材料的外观情况，密封有无损坏现象；c.数量检查：主要清点设备、附机附件、备品备件、随机工具、图纸及有关技术资料；材料设备进场后，应对产品的规格、型号、外观及产品性能进行抽检、检查一般为各品种的10%，重要设备、材料，应全数检查；d.品质检查：电气设备的品质检查应根据出厂品质试验标准，并参考国家标准《电气装置安装工程电气设备交接试验标准》进行绝缘试验，耐压试验，理化试验，直流电阻测定，型式尺寸测定，机械转动试验，特性测试及程序模拟试验等；e.对于所用钢管、扁钢、铜、铅母线等均需检查其品质证明；f.对于各类电气材料、元件均应检查其产品合格证，并检验材料与合格证是否一致，元器件应做相应的电气测试检验。对设计规范有规定或材质有怀疑的材料和设备必须按规定进行试验；g.检验人员要做好检验记录签证及检验报告，对不合格产品绝对不得安装使用。

(5) 主要材料、设备进场的检验要求：

1) 变压器、箱式变电所、高压电器及电瓷制品应符合下列规定：

①查验合格证和随带技术文件，变压器有出厂试验记录；

②外观检查：有铭牌，附件齐全、绝缘件无缺损、裂纹，充油部分不渗漏，充气高压设备气压指示正常，涂层完整。

2) 高、低压成套配电柜、蓄电池柜、不间断电源柜、控制柜（屏、台）及动力、照明配电箱（盘）应符合下列规定：

①查验合格证和随带技术文件，实行生产许可证和安全认证制度的产品，有许可证编号和安全认证标志。不间断电源柜有出厂试验记录；

②外观检查：有铭牌，柜内元器件无损坏丢失、接线无脱落脱焊，蓄电池柜内电池壳体无碎裂、漏液，充油、充气设备无泄漏，涂层完整，无明显碰撞凹陷。

3) 柴油发电机组应符合下列规定：

①依据装箱单，核对主机、附件、专用工具、备品备件和随带技术文件，查验合格证和出厂运行记录，发电机及其控制柜有出厂试验记录；

②外观检查：有铭牌，机身无缺件、涂层完整。

4) 电动机、电加热器、电动执行机构和低压开关设备等应符合下列规定：

①查验合格证和随带技术文件，实行生产许可证和安全认证制度的产品，有许可证编号和安全认证标志；

②外观检查：有铭牌、附件齐全、电气接线端子完好，设备器件无缺损，涂层完整。

5) 照明灯具及附件应符合下列规定：

①查验合格证，新型气体放电灯具有随带技术文件；

②外观检查：灯具涂层完整，无损伤，附件齐全。防爆灯具铭牌上有防爆标志和防爆合格证号，普通灯具有安全认证标志；

③对成套灯具的绝缘电阻、内部接线等性能进行现场抽样检测。灯具的绝缘电阻值不小于 $2M\Omega$，内部接线为铜芯绝缘导线，芯线截面积不小于 $0.5mm^2$，橡胶或聚氯乙烯（PVC）绝缘电线的绝缘层厚度不小于 $0.6mm$。对游泳池和类似场所灯具（水下灯及防水灯具）的密闭和绝缘性能有异议时，按批抽样送有资质的试验室检测。

6）开关、插座、接线盒和风扇及其附件应符合下列规定：

①查验合格证，防爆产品有防爆标志和防爆合格证号，实行安全认证制度的产品有安全认证标志；

②外观检查：开关、插座的面板及接线盒盒体完整、无碎裂、零件齐全，风扇无损坏，涂层完整，调速器等附件适配；

③对开关、插座的电气和机械性能进行现场抽样检测。检测规定如下：

a. 不同极性带电部件间的电气间隙和爬电距离不小于 3mm；b. 绝缘电阻值不小于 $5M\Omega$；c. 用自攻锁紧螺钉或自攻螺钉安装的，螺钉与软塑固定件旋合长度不小于 8mm，软塑固定件在经受 10 次拧紧退出试验后，无松动或掉渣；螺钉及螺纹无损坏现象；d. 金属间相旋合的螺钉螺母，拧紧后完全退出，反复 5 次仍能正常使用。

④对开关、插座、接线盒及其面板等塑料绝缘材料阻燃性能有异议时，按批抽样送有资质的试验室检测。

7）电线、电缆应符合下列规定：

①按批查验合格证，合格证有生产许可证编号，按《额定电压 450/750V 及以下聚氯乙烯绝缘电缆》GB 5023.1—5023.7 标准生产的有安全认证标志；

②外观检查：包装完好，抽检的电线绝缘层完整无损，厚度均匀。电缆无压扁、扭曲，铠装不松卷。耐热、阻燃的电线、电缆外护层有明显标识和制造厂标；

③按制造标准，现场抽样检测绝缘层厚度和圆形线芯的直径；线芯直径误差不大于标称直径的 1%。常用的 BV 型绝缘电线的绝缘层厚度不小于表 C2-18-2 的规定；

④对电线、电缆绝缘性能、导电性能和阻燃性能有异议时，按批抽样送有资质的试验室检测。

表 C2-18-2

序号	1	2	3	4	5	6	7	8	9	10	11	12	13	14	15	16	17
电线芯线标称截面积（mm^2）	1.5	2.5	4	6	10	16	25	35	50	70	95	120	150	185	240	300	400
绝缘层厚度规定值（mm）	0.7	0.8	0.8	0.8	1.0	1.0	1.2	1.2	1.4	1.4	1.6	1.6	1.8	2.0	2.2	2.4	2.6

8）导管应符合下列规定：

①按批查验合格证；

②外观检查：钢导管无压扁、内壁光滑。非镀锌钢导管无严重锈蚀，控制标准油漆出

厂的油漆完整；镀锌钢导管镀层覆盖完整、表面无锈斑；绝缘导管及配件不碎裂、表面有阻燃标记和制造厂标；

③按制造标准现场抽样检测导管的管径、壁厚及均匀度。对绝缘导管及配件的阻燃性能有异议时，按批抽样送有资质的试验室检测。

9）型钢和电焊条应符合下列规定：

①按批查验合格证和材质证明书；有异议时，按批抽样送有资质的试验室检测；

②外观检查：型钢表面无严重锈蚀，无过度扭曲、弯折变形；电焊条包装完整，拆包抽检，焊条尾部无锈斑。

10）镀锌制品（支架、横担、接地极、避雷用型钢等）和外线金属应符合下列规定：

①按批查验合格证或镀锌厂出具的镀锌质量证明书；

②外观检查：镀锌层复盖完整、表面无锈斑，金具配件齐全，无砂眼；

③对镀锌质量有异议时，按批抽样送有资质的试验室检测。

11）电缆桥架、线槽应符合下列规定：

①查验合格证；

②外观检查：部件齐全，表面光滑、不变形；钢制桥架涂层完整，无锈蚀；玻璃钢制桥架色泽均匀，无破损碎裂；铝合金桥架涂层完整、无扭曲变形，不压扁、表面不划伤。

12）封闭母线、插接母线应符合下列规定：

①查验合格证和随带安装技术文件；

②外观检查：防潮密封良好，各段编号标志清晰，附件齐全，外壳不变形，母线螺栓搭接面平整、镀层覆盖完整、无起皮和麻面；插接母线上的静触头无缺损、表面光滑、镀层完整。

13）裸母线、裸导线应符合下列规定：

①查验合格证；

②外观检查：包装完好，裸母线平直，表面无明显划痕，测量厚度和宽度符合制造标准；裸导线表面无明显损伤，不松股、扭折和断股（线），测量线径符合制造标准。

14）电缆头部件及接线端子应符合下列规定：

①查验合格证；

②外观检查：部件齐全，表面无裂纹和气孔，随带的袋装涂料或填料不泄漏。

15）钢制灯柱应符合下列规定：

①按批查验合格证；

②外观检查：涂层完整、根部接线盒盒盖紧固件和内置熔断器、开关等器件齐全，盒盖密封垫片完整。钢柱内设有专用接地螺栓，地脚螺孔位置按提供的附图尺寸，允许偏差不大于±2mm。

16）钢筋混凝土电杆和其他混凝土制品应符合下列规定：

①按批查验合格证；

②外观检查：表面平整，无缺角露筋，每个制品表面有合格印记；钢筋混凝土电杆表面光滑，无纵向、横向裂纹，杆身平直，弯曲不大于杆长的1/1000。

3.2.18.3 主要设备开箱检验记录（C2-18-3）

主要设备开箱检验记录按C2-12-3表式执行。

3.2.19 设备调试记录（C2-19）

资料编制控检要求：

（1）调试项目和内容应符合有关标准规定，内容真实、准确为符合要求。有试运转检验、调整要求的项目，有齐全的过程记录者为符合要求。

（2）可针对设计及系统情况符合以上要求时为符合要求。调试内容基本齐全，设备已能正常运转可评为基本符合要求。发现调试记录不真实或缺主要调试项目，实验调试单位资质不符合要求的为不符合要求。

3.2.19.1 电气设备调试记录（C2-19-1）

1. 资料表式

电气设备调试记录 表 C2-19-1

工程名称				记录日期		
分项名称				装设地点		
型号及规格		容量		电压 V	电流	A
制造厂		出厂编号		出厂日期	室温	℃
外观检查						
试验记录						
调试评定						
					年 月 日	
参加人员	监理（建设）单位		施 工 单 位			
		专业技术负责人	质检员		材料员	

2. 实施要点

电气设备调试记录是指建筑安装工程的电气设备安装完成后，按规范要求必须进行的测试项目。

（1）一般规定

1）电气设备的试验、调整一般执行 GB 50150 标准。

2）继电保护、自动、远动、通讯、测量、整流装置以及电气设备的机械部分等的交接试验，应分别按有关标准或规范的规定进行。

3）电气设备应按照 GB 50150 标准进行耐压试验，但对 110kV 及以上的电气设备，当 GB 50150 标准条款没有规定时，可不进行交流耐压试验。

①交流耐压试验时加至试验标准电压后的持续时间，无特殊说明时，应为 1min。

②耐压试验电压值以额定电压倍数计算时，发电机和电动机应按铭牌额定电压计算，电缆可按电缆额定电压计算。

③非标准电压等级的电气设备，其交流耐压试验电压值，当没有规定时，可根据 GB 50150 标准规定的相邻电压等级按比例采用插入法计算。

④进行绝缘试验时，除制造厂装配的成套设备外，宜将连接在一起的各种设备分离开来单独试验。同一试验标准的设备可以连在一起试验。为便于现场试验工作，已有出厂试

验记录的同一电压等级不同试验标准的电气设备,在单独试验有困难时,也可以连在一起进行试验。试验标准应采用连接的各种设备中的最低标准。

⑤油浸式变压器、电抗器及消弧线圈的绝缘试验应在充满合格油静置一定时间,待气泡消除后方可进行。静置时间按产品要求,当制造厂无规定时,对电压等级为500kV的,须静置72h以上;220~330kV的为48h以上;110kV及以下的为24h以上。

4) 进行电气绝缘的测量和试验时,当只有个别项目达不到GB 50150标准的规定时,则应根据全面的试验记录进行综合判断,经综合判断认为可以投入运行者,可以投入运行。

5) 当电气设备的额定电压与实际使用的额定工作电压不同时,应按下列规定确定试验电压的标准:

①采用额定电压较高的电气设备在于加强绝缘时,应按照设备的额定电压的试验标准进行;

②采用较高电压等级的电气设备在于满足产品通用性及机械强度的要求时,可以按照设备实际使用的额定工作电压的试验标准进行;

③采用较高电压等级的电气设备在于满足高海拔地区要求时,应在安装地点按实际使用的额定工作电压的试验标准进行。

6) 在进行与温度及湿度有关的各种试验时,应同时测量被试物温度和周围的温度及湿度。绝缘试验应在良好天气且被试物温度及仪器周围温度不宜低于5℃,空气相对湿度不宜高于80%的条件下进行。

试验时,应注意环境温度的影响,对油浸式变压器、电抗器及消弧线圈,应以变压器、电抗器及消弧线圈的上层油温作为测试温度。

7) GB 50150标准中所列的绝缘电阻测量,应使用60s的绝缘电阻值;吸收比的测量应使用60s与15s绝缘电阻值的比值;极化指数应为10min与1min的绝缘电阻值的比值。

8) 多绕组设备进行绝缘试验时,非被试绕组应予短路接地。

9) 测量绝缘电阻时,采用兆欧表的电压等级,在GB 50150标准未作特殊规定时,应按下列规定执行:

①100V以下的电气设备或回路,采用250V兆欧表;

②500V以下至100V的电气设备或回路,采用500V兆欧表;

③3000V以下至500V的电气设备或回路,采用1000V兆欧表;

④10000V以下至3000V的电气设备或回路,采用2500V兆欧表;

⑤10000V及以上的电气设备或回路,采用2500V或5000V兆欧表。

(2) 变压器送电试运行

1) 变压器送电前的检查

①变压器试运行前应做全面检查,确认符合试运行条件时方可投入运行;

②变压器运行前,必须由质量监督部门检查合格;

③变压器试运行前的检查内容:a. 各种交接试验单据齐全,数据符合要求;b. 变压器应清理、擦拭干净,顶盖上无遗留杂物,本体及附件无缺损,且不渗油;c. 变压器一、二次引线相位正确,绝缘良好;d. 接地线良好;e. 通风设施安装完毕,工作正常;事故排油设施完好;消防设施齐备;f. 油浸变压器油系统油门应打开,油门指示正确,油位正

常；g. 油浸变压器的电压切换装置及干式变压器的分接头位置放置正常电压档位；h. 保护装置整定值符合规定要求；操作及联动试验正常；i. 干式变压器护栏安装完毕，各种标志牌挂好，门装锁。

2）变压器送电试运行验收

①送电试运行：a. 变压器第一次投入时，可全压冲击合闸，冲击合闸时一般可由高压侧投入；b. 变压器第一次受电后，持续时间不应少于10min，无异常情况；c. 变压器应进行3~5次全压冲击合闸，并无异常情况，励磁涌流不应引起保护装置误动作；d. 油浸变压器带电后，检查油系统不应有渗油现象；e. 变压器试运行要注意冲击电流、空载电流、一二次电压、温度，并做好详细记录；f. 变压器并列运行前，应核对好相位；g. 变压器空载运行24min，无异常情况，方可投入负荷运行。

②验收：a. 变压器开始带电起，24h后无异常情况，应办理验收手续；b. 验收时，应移交下列资料和文件：变更设计证明；产品说明书、试验报告单、合格证及安装图纸等技术文件；安装检查及调整记录。

（3）成套配电柜（盘）试验与验收

1）柜（盘）试验调整

①高压试验应由当地供电部门许可的试验单位进行。试验标准符合国家规范、当地供电部门的规定及产品技术资料要求；

②试验内容：高压柜框架、母线、避雷器、高压瓷瓶、电压互感器、电流互感器、高压开关等；

③调整内容：过流继电器调整，时间继电器、信号继电器调整以及机械连锁调整；

④二次控制小线调整及模拟试验：a. 将所有的接线端子螺丝再紧一次；b. 绝缘摇测：用500V摇表在端子板处测试每条回路的电阻，电阻必须大于$0.5M\Omega$；c. 二次小线回路如有晶体管、集成电路、电子元件时，该部位的检查不准使用摇表和试铃测试，应使用万用表测试回路是否接通；d. 接通临时的控制电源和操作电源；将柜（盘）内的控制、操作电源回路熔断器上端相线拆掉，接上临时电源；e. 模拟试验：按图纸要求，分别模拟试验控制、连锁、操作、继电保护和信号动作，正确无误，灵敏可靠；f. 拆除临时电源，将被拆除的电源线复位。

2）送电运行验收

①送电前的准备工作：a. 一般应由建设单位备齐试验合格的继电器、绝缘靴、绝缘手套、临时接地编织铜线、绝缘胶垫、粉沫灭火器等；b. 彻底清扫全部设备及变配电室、控制室的灰尘。用吸尘器清扫电器、仪表元件，另外，室内除送电需用的设备用具外，其他物品不得堆放；c. 检查母线上、设备上有无遗留下的工具、金属材料等其他物件；d. 试运行的组织工作，明确试运行指挥者，操作者和监护人；e. 安装作业完毕，质量检查部门检查全部合格；f. 试验项目全部合格，并有试验报告单；g. 继电保护动作灵敏可靠，控制、连锁、信号等动作准确无误。

②送电：a. 经供电部门检查合格后，将电源送进室内，经过验电、校相无误；b. 由安装单位合进线柜开关，检查PT柜上电压表三相是否电压正常；c. 合变压器柜开关，检查变压器是否有电；d. 合低压柜进线开关，查看电压表三相是否电压正常；e. 按上述2~4项，送其他柜的电；f. 在低压联络柜内，在开关的上下侧（开关未合状态）进行同相

校核。用电压表或万用表电压档 500V，用表的两个测针，分别接触两路的同相，此时电压表无读数，表示两路电同一相。用同样方法，检查其他两相；g.验收。送电空载运行 24h，无异常现象、办理验收手续，交建设单位使用。同时提交变更洽商记录、产品合格证、说明书、试验报告单等技术资料。

(4) 电动机试运行与验收

1) 试运行前的检查

①土建工程全部结束，现场清扫整理完毕；

②电机本体安装检查结束；

③冷却、调速、润滑等附属系统安装完毕，验收合格，全部试运行情况良好；

④电机的保护、控制、测量、信号、励磁等回路的调试完毕动作正常；

⑤电动机应做下列试验：a.测定绝缘电阻：1kV 以下电动机使用 1kV 摇表摇测，绝缘电阻值不低于 1MΩ；1kV 及以上电动机，使用 2.5kV 摇表摇测，绝缘电阻值在 75℃时，定子绕组不低于每 kV1MΩ，转子绕组不低于每 kV0.5MΩ，并做吸收比试验；b.1kV 及以上电动机应作交流耐压试验；c.500kW 及以上交流电动机的定子绕组应作直流耐压及泄漏试验；

⑥电刷与换向器或滑环的接触应良好；

⑦盘动电机转子应转动灵活，无碰卡现象；

⑧电机引出线应相位正确，固定牢固，连接紧密；

⑨电机外壳涂膜完整，保护接地良好。

⑩照明、通讯、消防装置应齐全。

2) 试运行及验收

①电动机试运行一般应在空载的情况下进行，空载运行时间为 2h，并做好电动机空载电流电压记录；

②电机试运行接通电源后，如发现电动机不能起动和起动时转速很低或声音不正常等现象，应立即切断电源检查原因；

③起动多台电动机时，应按容量从大到小逐台起动，不能同时起动；

④电机试运行中应进行下列检查：a.电机的旋转方向符合要求，声音正常；b.导向器、滑环及电刷的工作情况正常；c.电动机的温度不应有过热现象；d.滑动轴承温升不应超过 75℃，滚动轴承温升不应超过 60℃；e.电动机的振动应符合规范要求；

⑤交流电动机带负荷起动次数应尽量减少，如产品无规定时，在冷态时可连续起动 2 次，在热态时可连续起动 1 次；

⑥电机验收时，应提交下列资料和文件：a.设计变更洽商；b.产品说明书、试验记录、合格证等技术文件；c.安装记录（包括电机抽芯检查记录、电机干燥记录等）；d.调整试验记录。

(5) 电力电容器送电运行及验收

用于 10kV 以下，并联补偿的电力电容器：

1) 送电前的检查

①绝缘摇测：1kV 以下电容器应用 1kV 摇表摇测，1kV 以上的电容器应用 2.5kV 摇表摇测，并做好记录。摇测时应注意摇测方法，以防电容放电烧坏摇表，摇完后要进行

放电；

②耐压试验：电力电容器送电前应做交接试验。交流耐压试验标准参照表 C2-19-1-1；

电力（移相）电容交流耐压试验标准　　　　　　表 C2-19-1-1

额定电压（kV）	<1	1	3	6	10
出厂试验电压（kV）	2.5	5	18	25	35
交接试验电压（kV）	2.1	4.2	15	21	30

③电容器外观检查无坏损及漏油、渗油现象；

④联线正确可靠；

⑤各种保护装置正确可靠；

⑥放电系统完好无损；

⑦控制设备完好无损，动作正常，各种仪表校对合格；

⑧自动功率因数补偿装置调整好（用移相器事先调整好）。

2）送电运行验收

①冲击合闸试验：对电力电容器组进行三次冲击合闸试验，无异常情况，方可投入运行；

②正常运行 24h 后，应办理验收手续，移交甲方验收；

③验收时应移交以下技术资料：a.设计图纸及设备附带的技术资料；b.设计变更洽商记录；c.设备开箱检查记录；d.设备绝缘摇测及耐压试验记录；e.安装记录及调试记录。

（6）填表说明

1）装设地点：指高低压设备的装设地点。照实际填写。

2）型号及规格：指被试高低压开关的型号与规格，测试结果应与出厂合格证对照，并应满足设计要求。

3）容量：指实测高低压设备的容量填写，应与出厂合格证对照，并应满足设计要求。

4）电压：按实测高低压设备的电压填写，应与出厂合格证对照，并应满足设计要求。

5）电流：按实测高低压设备电流填写，应与出厂合格证对照，并应满足设计要求。

6）室温：指高低压设备试调时室内的温度。

7）试验记录：指高低压设备试验过程的记录，主要是高低压设备的基本参数是否满足设计要求。

注：额定电压 1 千伏以下的称为低压；额定电压 1 千伏以上称为高压。

3.2.19.2　同步发电机及调相机调试记录（C2-19-2）

实施要点：

（1）同步发电机及调相机调试记录按 C2-19-1 表式执行。

（2）《电气装置安装工程电气设备交接试验标准》（GB 50150—91）第 2 章第 2.0.1 条规定：容量 6000kW 及以上的同步发电机及调相机的试验项目，应包括下列内容：

1）测量定子绕组的绝缘电阻和吸收比；

2）测量定子绕组的直流电阻；

3）定子绕组直流耐压试验和泄漏电流测量；

4）定子绕组交流耐压试验；

5) 测量转子绕组的绝缘电阻；

6) 测量转子绕组的直流电阻；

7) 转子绕组交流耐压试验；

8) 测量发电机或励磁机的励磁回路连同所连接设备的绝缘电阻，不包括发电机转子和励磁机电枢；

9) 发电机或励磁机的励磁回路连同所连接设备的交流耐压试验，不包括发电机转子和励磁机电枢；

10) 定子铁芯试验；

11) 测量发电机、励磁机的绝缘轴承和转子进水支座的绝缘电阻；

12) 测量埋入式测温计的绝缘电阻并校验温度误差；

13) 测量灭磁电阻器、自同期电阻器的直流电阻；

14) 测量超瞬态电抗和负序电抗；

15) 测量转子绕组的交流阻抗和功率损耗；

16) 测录三相短路特性曲线；

17) 测录空载特性曲线；

18) 测量发电机定子开路时的灭磁时间常数；

19) 测量发电机自动灭磁装置分闸后的定子残压；

20) 测量相序；

21) 测量轴电压。

注：1. 容量6000kW以下，电压1kV以上的同步发电机应进行除第14) 款以外的其余各款。

2. 电压1kV及以下的同步发电机不论其容量大小，均应按本条第1)、2)、4)、5)、6)、7)、8)、9)、11)、12)、13)、20)、21) 款进行试验。

3. 无起动电动机的同步调相机或调相机的起动电动机只允许短时运行者，可不进行本条第16)、17) 款的试验。

(3) 交流电机试验（表 C2-19-2-1）：

试验项目及标准　　　　　　　　　　　　　表 C2-19-2-1

试 验 项 目	试 验 标 准
测量绕组的绝缘电阻和吸收比	额定电压1000V以下常温电阻不低于0.5MΩ；1000V及以定子绕组上下低于每千伏1MΩ，其吸收比不低于1.2
测量绕组的直流电阻	1000V以上或100W以上的电动机各线圈直流电阻相互差别应不超过其最小值的2%
电动机定子绕组的交流耐压试验	额定电压3、6、10kV，其试验电压为5、10、16kV
测量可变电阻器、起动电阻器、灭磁电阻器的绝缘电阻和直流电阻	同回路一起测量绝缘电阻值不低于0.5MΩ。测得的直流电阻值与产品出厂数字相比，差别不超过10%
检查定子绕组的极性及其连接的正确性	定子线圈弧极性与连接应正确。中性点无引出者可不检查极性

3.2.19.3　直流电机调试记录（C2-19-3）

实施要点：

(1) 直流电机调试记录按 C2-19-1 表式执行。

(2)《电气装置安装工程电气设备交接试验标准》(GB 50150—91) 第 3 章第 3.0.1 条规定：直流电机的试验项目，应包括下列内容：

1) 测量励磁绕组和电枢的绝缘电阻；
2) 测量励磁绕组的直流电阻；
3) 测量电枢整流片间的直流电阻；
4) 励磁绕组和电枢的交流耐压试验；
5) 测量励磁可变电阻器的直流电阻；
6) 测量励磁回路连同所有连接设备的绝缘电阻；
7) 励磁回路连同所有连接设备的交流耐压试验；
8) 检查电机绕组的极性及其连接的正确性；
9) 调整电机炭刷的中性位置；
10) 测录直流发电机的空载特性和以转子绕组为负载的励磁机负载特性曲线。

注：6000kW 以上同步发电机及调相机的励磁机，应按上列 10 项中的全部项目进行试验，其余直流电机按上列 10 项中的第 1)、2)、5)、6)、8)、9)、10) 款进行。

3.2.19.4 中频发电机调试记录（C2-19-4）

实施要点：

(1) 中频发电机调试记录按 C2-19-1 表式执行。

(2)《电气装置安装工程电气设备交接试验标准》(GB 50150—91) 第 4 章第 4.0.1 条规定：中频发电机的试验项目，应包括以下内容：

1) 测量绕组的绝缘电阻；
2) 测量绕组的直流电阻；
3) 绕组的交流耐压试验；
4) 测录空载特性曲线；
5) 测量相序。

(3) 测量绕阻的绝缘电阻值，不应低于 $0.5M\Omega$。

3.2.19.5 交流电动机调试记录（C2-19-5）

实施要点：

(1) 交流电动机调试记录按 C2-19-1 表式执行。

(2)《电气装置安装工程电气设备交接试验标准》(GB 50150—91) 第 5 章第 5.0.1 条规定：交流电动机的试验项目，应包括以下内容：

1) 测量绕组的绝缘电阻和吸收比；
2) 测量绕组的直流电阻；
3) 定子绕组的直流耐压试验和泄漏电流测量；
4) 定子绕组的交流耐压试验；
5) 绕线式电动机转子绕组的交流耐压试验；
6) 同步电动机转子绕组的交流耐压试验；
7) 测量可变电阻器、起动电阻器、灭磁电阻器的绝缘电阻；
8) 测量可变电阻器、起动电阻器、灭磁电阻器的直流电阻；
9) 测量电动机轴承的绝缘电阻；

10）检查定子绕组极性及其连接的正确性；

11）电动机空载转动检查和空载电流测量。

注：电压 1000V 以下，容量 100kW 以下的电动机，可按以上 11 款中的第 1）、7）、10）、11）款进行试验。

3.2.19.6 电力变压器调试记录（C2-19-6）

实施要点：

(1) 电力变压器调试记录按 C2-19-1 表式执行。

(2)《电气装置安装工程电气设备交接试验标准》（GB 50150—91）第 6 章第 6.0.1 条规定：电力变压器的试验项目，应包括以下内容：

1）测量绕组连同套管的直流电阻；

2）检查所有分接头的变压比；

3）检查变压器的三相结线组别和单相变压器引出线的极性；

4）测量绕组连同套管的绝缘电阻、吸收比或极化指数；

5）测量绕组连同套管的介质损耗角正切值 $tg\delta$；

6）测量绕组连同套管的直流泄漏电流；

7）绕组连同套管的交流耐压试验；

8）绕组连同套管的局部放电试验；

9）测量与铁芯绝缘的各紧固件及铁芯接地线引出套管对外壳的绝缘电阻；

10）非纯瓷套管的试验；

11）绝缘油试验；

12）有载调压切换装置的检查和试验；

13）额定电压下的冲击合闸试验；

14）检查相位；

15）测量噪声。

注：1. 1600kVA 以上油浸式电力变压器的试验（表 C2-19-6），应按以上 15 款中的全部项目的规定进行。

2. 1600kVA 及以下油浸式电力变压器的试验，可按以上 15 款中的第 1）、2）、3）、4）、7）、9）、10）、11）、12）、14）款的规定进行。

3. 干式变压器的试验，可按以上 15 款中的第 1）、2）、3）、4）、7）、9）、12）、13）、14）款的规定进行。

4. 变流、整流变压器的试验，可按以上 15 款中的第 1）、2）、3）、4）、7）、9）、11）、12）、13）、14）款的规定进行。

5. 电炉变压器的试验，可按以上 15 款中的第 1）、2）、3）、4）、7）、9）、10）、11）、12）、13）、14）款的规定进行。

6. 电压等级在 35kV 及以上的变压器，在交接时，应提交变压器及非纯瓷套管的出厂试验记录。

1600kVA 油浸式和干式变压器的试验　　　　　　表 C2-19-6

试 验 项 目	试 验 标 准
测量一、二次绕组直流电阻	1600kVA 及以下的变压器线间差别应小于三项平均值的 2%，各相测得值的相互差值应小于平均值 4%
检查所有分接头的变压比	变压比与制造厂铭牌数据相比，应无显著差别，且应符合变压比的规律。220kV 及以上变压器，变压比允许误差为 ±0.5%

续表

试 验 项 目	试 验 标 准
检查变压器的三相结线组别和单相变压器引出线的极性	必须与设计要求及铭牌上的标记和外壳上的符号相符
测量绕组的绝缘电阻和吸收比或极化指数	绝缘电阻应不低于产品出厂试验数值的70%，35kV及以上且容量在4000kVA及以上时吸收比与出厂产品值相比应无明显差别，在常温下不应小于1.3
绕组的交流耐压试验	容量为8000kVA以下、额定电压在110kV以下的变压器应进行耐压试验
箱中绝缘油试验	按规范第6.0.12条绝缘油试验标准（见注）
额定电压下的冲击合闸试验	试验5次，间隙时间宜为5min，应无异常现象，一般应在变压器高压侧进行
检查相位	必须与电网相位一致

注：本表选自《电气装置安装工程电气设备交接试验标准》（GB 50150）。

3.2.19.7 电抗器及消弧线圈调试记录（C2-19-7）

实施要点：

（1）电抗器及消弧线圈调试记录按C2-19-1表式执行。

（2）《电气装置安装工程电气设备交接试验标准》（GB 50150—91）第7章第7.0.1条规定：电抗器及消弧线圈的试验项目，应包括以下内容：

1) 测量绕组连同套管的直流电阻；

2) 测量绕组连同套管的绝缘电阻、吸收比或极化指数；

3) 测量绕组连同套管的介质损耗角正切值 $tg\delta$；

4) 测量绕组连同套管的直流泄漏电流；

5) 绕组连同套管的交流耐压试验；

6) 测量与铁芯绝缘的各紧固件的绝缘电阻；

7) 绝缘油的试验；

8) 非纯瓷套管的试验；

9) 额定电压下冲击合闸试验；

10) 测量噪音；

11) 测量箱壳的振动；

12) 测量箱壳表面的温度分布。

注：1. 干式电抗器的试验，可按以上12款中的第1）、2）、5）、9）款的规定进行。

2. 消弧线圈的试验项目可按以上12款中的第1）、2）、5）、6）款的规定进行。对35kV及以上油浸式消弧线圈应增加第3）、4）、7）、8）款的规定进行。

3. 油浸式电抗器的试验项目可按以上12款中的第1）、2）、5）、6）、7）、9）款的规定进行。对35kV及以上电抗器应增加第3）、4）、8）、10）、11）、12）款。

4. 电压等级在35kV及以上的油浸电抗器，还应在交接时提交电抗器及非纯瓷套管的出厂试验记录。

3.2.19.8 互感器调试记录（C2-19-8）

实施要点：

（1）互感器调试记录按C2-19-1表式执行。

（2）《电气装置安装工程电气设备交接试验标准》（GB 50150—91）第8章第8.0.1条规定：互感器的试验项目，应包括以下内容：

1) 测量绕组的绝缘电阻；
2) 绕组连同套管对外壳的交流耐压试验；
3) 测量 35kV 及以上互感器一次绕组连同套管的介质损耗角正切值 tgδ；
4) 油浸式互感器的绝缘油试验；
5) 测量电压互感器一次绕阻的直流电阻；
6) 测量电流互感器的励磁特性曲线；
7) 测量 1000V 以上电压互感器的空载电流和励磁特性；
8) 检查互感器的三相结线组别和单相互感器引出线的极性；
9) 检查互感器变化；
10) 测量铁芯夹紧螺栓的绝缘电阻；
11) 局部放电试验；
12) 电容分压器单元件的试验。

注：1. 套管式电流互感器的试验，应按以上 12 款中的第 1)、2)、6)、9) 款的规定进行，其中第 2) 款可随同变压器、电抗器或油断路器等一起进行。

2. 六氟化硫封闭式组合电器中的互感器的试验，应按以上 12 款中的第 6)、7)、9) 款的规定进行。

3.2.19.9 油断路器调试记录（C2-19-9）

实施要点：

(1) 油断路器调试记录按 C2-19-1 表式执行。

(2)《电气装置安装工程电气设备交接试验标准》（GB 50150—91）第 9 章第 9.0.1 条规定：油断路器的试验项目，应包括以下内容：

1) 测量绝缘拉杆的绝缘电阻；
2) 测量 35kV 多油断路器的介质损耗角正切值 tgδ；
3) 测量 35kV 以上少油断路器的直流泄漏电流；
4) 交流耐压试验；
5) 测量每相导电回路的电阻；
6) 测量油断路器的分、合闸时间；
7) 测量油断路器的分、合闸速度；
8) 测量油断路器主触头分、合闸的同期性；
9) 测量油断路器合闸电阻的投入时间及电阻值；
10) 测量油断路器分、合闸线圈及合闸接触器线圈的绝缘电阻及直流电阻；
11) 油断路器操动机构的试验；
12) 断路器电容器试验；
13) 绝缘油试验；
14) 压力表及压力动作阀的校验。

3.2.19.10 空气及磁吹断路器调试记录（C2-19-10）

实施要点：

(1) 空气及磁吹断路器调试记录按 C2-19-1 表式执行。

(2)《电气装置安装工程电气设备交接试验标准》（GB 50150—91）第 10 章第 10.0.1

条规定：空气及磁吹断路器的试验项目，应包括以下内容：
1) 测量绝缘拉杆的绝缘电阻；
2) 测量每相导电回路的电阻；
3) 测量支柱瓷套和灭弧室每个断口的直流泄漏电流；
4) 交流耐压试验；
5) 测量断路器主、辅触头分、合闸的配合时间；
6) 测量断路器的分、合闸时间；
7) 测量断路器主触头分、合闸的同期性；
8) 测量分、合闸线圈的绝缘电阻和直流电阻；
9) 断路器操动机构的试验；
10) 测量断路器的并联电阻值；
11) 断路器电容器的试验；
12) 压力表及压力动作阀的校验。

注：1. 发电机励磁回路的自动灭磁开关，除应进行以上12款中的第8)、9) 款试验外，还应作以下检查和试验：常开、常闭触头分、合切换顺序；主触头和灭弧触头的动作配合；灭弧栅的片数及其并联电阻值；在同步发电机空载额定电压下进行灭磁试验。
2. 磁吹断路器试验，应按以上12款中的第2)、4)、6)、8)、9) 款规定进行。

3.2.19.11 真空断路器调试记录（C2-19-11）

实施要点：

(1) 真空断路器调试记录按 C2-19-1 表式执行。

(2)《电气装置安装工程电气设备交接试验标准》（GB 50150—91）第 11 章第 11.0.1 条规定：真空断路器的试验项目，应包括以下内容：
1) 测量绝缘拉杆的绝缘电阻；
2) 测量每相导电回路的电阻；
3) 交流耐压试验；
4) 测量断路器的分、合闸时间；
5) 测量断路器主触头分、合闸的同期性；
6) 测量断路器合闸时触头的弹跳时间；
7) 断路器电容器的试验；
8) 测量分、合闸线圈及合闸接触器线圈的绝缘电阻和直流电阻；
9) 断路器操动机构的试验。

3.2.19.12 六氟化硫断路器调试记录（C2-19-12）

实施要点：

(1) 六氟化硫断路器调试记录按 C2-19-1 表式执行。

(2)《电气装置安装工程电气设备交接试验标准》（GB 50150—91）第 12 章第 12.0.1 条规定：六氟化硫（SF_6）断路器的试验项目，应包括以下内容：
1) 测量绝缘拉杆的绝缘电阻；
2) 测量每相导电回路的电阻；
3) 耐压试验；

4）断路器电容器的试验；

5）测量断路器的分、合闸时间；

6）测量断路器的分、合闸速度；

7）测量断路器主、辅触头分、合闸的同期性及配合时间；

8）测量断路器合闸电阻的投入时间及电阻值；

9）测量断路器分、合闸线圈绝缘电阻及直流电阻；

10）断路器操动机构的试验；

11）套管式电流互感器的试验；

12）测量断路器内 SF_6 气体的微量水含量；

13）密封性试验；

14）气体密度继电器、压力表和压力动作阀的校验。

3.2.19.13　六氟化硫封闭式组合电器调试记录（C2-19-13）

实施要点：

(1) 六氟化硫封闭式组合电器调试记录按 C2-19-1 表式执行。

(2)《电气装置安装工程电气设备交接试验标准》(GB 50150—91) 第 13 章第 13.0.1 条规定：六氟化硫封闭式组合电器的试验项目，应包括以下内容：

1）测量主回路的导电电阻；

2）主回路的耐压试验；

3）密封性试验；

4）测量六氟化硫气体微量水含量；

5）封闭式组合电器内各元件的试验；

6）组合电器的操动试验；

7）气体密度继电器、压力表和压力动作阀的校验。

3.2.19.14　隔离开关、负荷开关及高压熔断器调试记录（C2-19-14）

实施要点：

(1) 隔离开关、负荷开关及高压熔断器调试记录按 C2-19-1 表式执行。

(2)《电气装置安装工程电气设备交接试验标准》(GB 50150—91) 第 14 章第 14.0.1 条规定：隔离开关、负荷开关及高压熔断器的试验项目，应包括以下内容：

1）测量绝缘电阻；

2）测量高压限流熔丝管熔丝的直流电阻；

3）测量负荷开头导电回路的电阻；

4）交流耐压试验；

5）检查操动机构线圈的最低动作电压；

6）操动机构的试验。

3.2.19.15　套管调试记录（C2-19-15）

实施要点：

(1) 套管调试记录按 C2-19-1 表式执行。

(2)《电气装置安装工程电气设备交接试验标准》(GB 50150—91) 第 15 章第 15.0.1 条规定：套管的试验项目，应包括以下内容：

1) 测量绝缘电阻;
2) 测量 20kV 及以上非纯瓷套管的介质损耗角正切值 $tg\delta$ 和电容值;
3) 交流耐压试验;
4) 绝缘油的试验。

注:整体组装于 35kV 油断路器上的套管,可不单独进行 $tg\delta$ 的试验。

3.2.19.16 悬式绝缘子和支柱绝缘子调试记录（C2-19-16）

实施要点:

（1）悬式绝缘子和支柱绝缘子调试记录按 C2-19-1 表式执行。

（2）《电气装置安装工程电气设备交接试验标准》（GB 50150—91）第 16 章第 16.0.1 条规定:悬式绝缘子和支柱绝缘子的试验项目,应包括以下内容:

1) 测量绝缘电阻;
2) 交流耐压试验。

（3）绝缘子耐压试验:

1) 悬式绝缘子交流耐压试验标准见表 C2-19-16-1。

悬式绝缘子交流耐压试验标准 表 C2-19-16-1

试验电压（kV）	45	55	60
型号	XP2-70	XP-70　XP1-160 LXP1-70　LXP1-160 XP1-70　XP2-160 XP-100　LXP2-160 LXP-100　XP-160 XP-120　LXP-160 LXP-120	XP1-210 LXP1-210 XP-300 LXP-300

2) 支柱绝缘子交流耐压试验电压标准见表 C2-19-16-2。

高压电气设备绝缘的交流耐压试验 表 C2-19-16-2

额定电压（kV）	最高工作电压（kV）	交流耐压试验电压 (kV)							支持绝缘子和套管				干式变压器		备注
		油浸电力变压器		电压互感器		断路器电流互感器		隔离开关和干式电抗器		纯瓷和纯瓷充油绝缘		固体有机绝缘				
		出厂	交换	出厂	交换	出厂	交换	出厂	交换	出厂	交换	出厂	交换	出厂	交换	
		5	4											3	2	
3	3.5	18	15	18	15	18	16	18	18	18	18	18	16	10	8.5	
6	6.9	25	21	23	21	23	21	23	23	23	23	23	21	20	17	
10	11.5	35	30	30	27	30	27	30	30	30	30	30	27	28	24	
15	17.5	45	38	40	36	40	36	40	40	40	40	40	36	38	32	
20	23	55	47	50	45	50	45	50	50	50	50	50	45	50	43	
35	40.5	85	72	80	72	80	72	80	80	80	80	80	72	70	60	
63	69	140	120	140	120	140	126	140	140	140	140	140	126			
110	126	200	170	200	180	185	180	185	185	185	185	185	180			
						(260)		(290)		(305)		(280)				
220	252	395	335	395	356	395	356	395	395	395	360	360	360	356		

注:1. 每片悬式绝缘子的绝缘电阻值,不应低于 300MΩ, 35kV 以下的支柱绝缘电阻值不应低于 500MΩ。
　　2. 本表摘自《电气装置安装工程电气设备交接试验标准》（建标［1991］818 号）附录一（摘录）。

3.2.19.17 电力电缆调试记录（C2-19-17）

实施要点：

(1) 电力电缆调试记录按 C2-19-1 表式执行。

(2)《电气装置安装工程电气设备交接试验标准》(GB 50150—91) 第 17 章第 17.0.1 条规定：电力电缆的试验项目，应包括以下内容：

1) 测量绝缘电阻；
2) 直流耐压试验及泄漏电流测量；
3) 检查电缆线路的相位；
4) 充油电缆的绝缘油试验。

(3) 电缆耐压试验：

电力电缆是橡胶、塑料、充油以及油浸纸绝缘电力电缆等的总称。其试验项目及标准如下：

1) 绝缘电阻测量：绝缘电阻值不作规定。测量各电缆线芯对地或对金属屏蔽层间和各线芯间的绝缘电阻。

2) 直流耐压试验并测量泄漏电流。

①直流耐压试验电压标准见表 C2-19-17-1。

电力电缆直流耐压试验标准　　表 C2-19-17-1

电缆类型及额定电压（kV）标准	粘油纸绝缘		不滴流油浸纸绝缘			橡胶塑料绝缘			充油绝缘			
	0.87/10	21/35	6/6	8.7/10	21/35	6	12	26	66	110	220	330
试验电压	6U	5U	20	37	80	24	48	104	2.6U	2.6U	2.3U	2U
试验时间（min）	10	10	5	5	5	15	15	15	15	15	15	15

注：1. 表中 U 为电缆额定线电压。
　　2. 交流单芯电缆的保护层绝缘试验标准，按定货快慢进行。

②试验时，试验电压可分 4~6 阶段均匀升压，每阶段停留 1min，并读取泄漏电流值。测量时应消除杂散电流的影响。

③黏性油浸纸绝缘及不滴流油浸纸绝缘电缆泄漏电流的三相不平衡系数不大于 2；当 10kV 及以上电缆泄漏电流小于 20μA 和 6kV 及以下电缆泄漏电流小于 10μA 时，其不平衡系数不作规定。

④电缆的泄漏电流只作为判断绝缘情况参考，不作为决定是否能投入运行的标准。

⑤有下列情况之一者，电缆绝缘可能有缺陷，应找出缺陷部位，并予以处理：泄漏电流很不稳定；泄漏电流随试验电压升高急剧上升；泄漏电流随试验时间延长有上升现象。

3) 检查电缆线路的两端相位，两端相位应一致，并与电网相位相符合。

4) 充油电缆的绝缘油试验，见表 C2-19-17-2。

充油电缆使用的绝缘油试验项目和标准　　表 C2-19-17-2

项目	标准	说明	项目	标准	说明
电气强度试验	工频击穿强度：对于 110~220kV 的不应低于 45kV；对于 330kV 的不低于 50kV	使用 25mm 平板电极，常温	介质损耗角正切值（%）	当温度为 100±2℃时：对于 110~220kV 的不应大于 0.5；对于 330kV 的不应大于 0.4	

3.2.19.18 电容器调试记录（C2-19-18）

实施要点：

(1) 电容器调试记录表式按 C2-19-1 执行。

(2)《电气装置安装工程电气设备交接试验标准》（GB 50150—91）第 18 章第 18.0.1 条规定：电容器的试验项目，应包括以下内容：

1) 测量绝缘电阻；
2) 测量耦合电容器、断路器电容的介质损耗角正切值 $tg\delta$ 和电容值；
3) 耦合电容器的局部放电试验；
4) 并联电容器交流耐压试验；
5) 冲击合闸试验。

3.2.19.19 避雷器调试记录（C2-19-19）

实施要点：

(1) 避雷器调试记录表式按 C2-19-1 执行。

(2)《电气装置安装工程电气设备交接试验标准》（GB 50150—91）第 20 章第 20.0.1 条规定：避雷器的试验项目，应包括以下内容：

1) 测量绝缘电阻；
2) 测量电导或泄漏电流，并检查组合元件的非线性系数；
3) 测量磁吹避雷器的交流电导电流；
4) 测量金属氧化物避雷器的持续电流；
5) 测量金属氧化物避雷器的工频参考电压或直流参考电压；
6) 测量 FS 型阀式避雷器的工频放电电压；
7) 检查放电记数器动作情况及避雷器基座绝缘。

3.2.19.20 电除尘器调试记录（C2-19-20）

实施要点：

(1) 电除尘器调试记录表式按 C2-19-1 执行。

(2)《电气装置安装工程电气设备交接试验标准》（GB 50150—91）第 21 章第 21.0.1 条规定：电除尘器的试验项目，应包括以下内容：

1) 测量整流变压器及直流电抗器铁芯穿芯螺栓的绝缘电阻；
2) 测量整流变压器高压绕组及其直流电抗器绕组的绝缘电阻及直流电阻；
3) 测量整流变压器低压绕组的绝缘电阻及其直流电阻；
4) 油箱中绝缘油的试验；
5) 绝缘子及瓷套管的绝缘电阻测量和交流耐压试验；
6) 测量电力电缆绝缘电阻；
7) 电力电缆直流耐压试验及泄漏电流测量；
8) 空载升压试验；
9) 电除尘器振打装置的电气设备试验；
10) 测量接地电阻。

3.2.19.21 二次回路调试记录（C2-19-21）

实施要点：

(1) 二次回路调试记录表式按 C2-19-1 执行。

(2)《电气装置安装工程电气设备交接试验标准》(GB 50150—91) 第 22 章第 22.0.1 条规定：二次回路的试验项目，应包括以下内容：

1) 小母线在断开所有其他并联支路时，不应小于 10MΩ；

2) 二次回路的每一支路和断路器、隔离开关的操动机构的电源回路等，均不应小于 1MΩ。在比较潮湿的地方，可不小于 0.5MΩ。

3.2.19.22　1kV 以上架空电力线路调试记录 (C2-19-22)

实施要点：

(1) 1kV 以上架空电力线路调试记录表式按 C2-19-1 执行。

(2)《电气装置安装工程电气设备交接试验标准》(GB 50150—91) 第 24 章第 24.0.1 条规定：1kV 以上架空电力线路的试验项目，应包括以下内容：

1) 测量绝缘子和线路的绝缘电阻；

2) 测量 35kV 以上线路的工频参数；

3) 检查相位；

4) 冲击合闸试验；

5) 测量杆塔的接地电阻。

3.2.19.23　低压电器调试记录 (C2-19-23)

实施要点：

(1) 低压电器调试记录表式按 C2-19-1 执行。

(2)《电气装置安装工程电气设备交接试验标准》(GB 50150—91) 第 26 章第 26.0.1 条规定：低压电器的试验项目，应包括以下内容：

1) 测量低压电器连同所连接电缆及二次回路的绝缘电阻；

2) 电压线圈动作值校验；

3) 低压电器动作情况检查；

4) 低压电器采用的脱扣器的整定；

5) 测量电阻器和变阻器的直流电阻；

6) 低压电器连同所连接电缆及二次回路的交流耐压试验。

注：1. 低压电器包括电压为 60~1200V 的刀开关、转换开关、熔断器、自动开关、接触器、控制器、主令电器、起动器、电阻器、变阻器及电磁铁等。

2. 对安装在一、二级负荷场所的低压电器，应按以上 6 款中的第 2)、3)、4) 款的规定进行。

3.2.20　绝缘、接地电阻测试记录 (C2-20)

资料编制控检要求：

(1) 通用条件

1) 测试记录不缺项目、不缺部位，符合有关标准的规定，测试项目和手续齐全，内容具体、真实、有结论意见为符合要求。缺项目、缺部位、测试项目不全、测试电阻不符合规范要求的限值为不符合要求。

2) 试验项目和内容符合有关标准规定，内容真实、准确为符合要求，有齐全的过程记录者为符合要求。

3) 有试运转检验、有调整要求的项目。试调内容基本齐全，设备已能正常运转评为基本符合要求。发现试调记录不真实或缺主要试调项目，实验试调单位资质不符合要求的，为不符合要求。

(2) 专用条件

1) 绝缘电阻测试

①绝缘电阻测试记录。主要包括：设备绝缘电阻测试、线路导线对地间的测试记录；焊接或搭接接头的电阻测定及系统绝缘的电阻测试要求；测试后按图纸、按系统、按回路进行逐项测试，测试结果应填入表内。

②试调项目和内容符合有关标准规定，内容真实、准确为符合要求。

2) 接地电阻测试

接地电阻测试记录主要包括：设备系统的保护接地装置（分类、分系统进行的）测试记录、避雷系统及其他地极的测试记录。

3.2.20.1 绝缘电阻测试记录（C2-20-1）

1. 资料表式

绝缘电阻测试记录表　　　　　　表 C2-20-1

工程名称			分部（项）名称			
施工单位			仪表型号			
工作电压			电压等级			
测试日期						
层段、设备、线路、名称						
绝缘电阻（MΩ）	A—B					
	B—C					
	C—A					
	A—N					
	B—N					
	C—N					
	A—E					
	B—E					
	C—E					
	O—E					
结论：						

参加人员	监理（建设）单位	施 工 单 位		
		专业技术负责人	质检员	试验员

2. 实施要点

绝缘电阻测试记录是指建筑电气工程安装完成后，按规范要求必须进行的测试项目。

(1) 绝缘摇测。

接、焊、包工序全部完成后，检查其是否符合设计和施工规范要求，符合其要求后即可进行摇测。

照明线路的绝缘摇测一般选用500V，量程为0～500MΩ的兆欧表。测量线路绝缘电阻时：兆欧表上有三个分别标有"接地"(E)、"线路"(L)、"保护环"(G)的端钮。可将被测两端分别接于 E 和 L 两个端钮上（见图 C2-20-1）。

一般照明绝缘线路绝缘摇测有以下两种情况：

①电气器具未安装前进行线路绝缘摇测时，首先将灯头盒内导线分开，开关盒内导线连通。摇测应将干线和支线分开，一人摇测，一人应及时读数并记录。摇动速度应保持在 120r/min 左右，读数应采用一分钟后的读数为宜。

②电气器具全部安装完，在送电前进行摇测时，应先将线路上的开关、刀闸、仪表、设备等用电开关全部置于断开位置，摇测方法同上所述，确认绝缘摇测无误后再进行送电试运行。

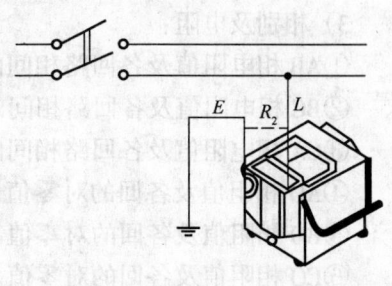

图 C2-20-1 绝缘测量与兆欧表接线示意图

注：瓷夹或塑料夹配线、瓷柱瓷瓶配线、塑料护套、钢索配线、金属槽配线、塑料线槽配线等摇测方法相同。

(2) 柜（盘）试验绝缘摇测：用 500V 摇表在端子板处测试每条回路的电阻，电阻必须大于 0.5MΩ。

(3) 配电箱（盘）绝缘摇测：配电箱（盘）全部电器安装完毕后，用 500V 兆欧表对线路进行绝缘摇测。摇测项目包括相线与相线之间，相线与零线之间，相线与地线之间，零线与地线之间。应有两人进行摇测，同时应做好记录，作为技术文件（资料）存档。

(4) 绝缘电阻值规定：

《建筑电气工程施工质量验收规范》(GB 50303—2002) 对绝缘电阻的测试规定：

1) 柜、屏、台、箱、盘间线路的线间和线对地间绝缘电阻值，馈电线路必须大于 0.5MΩ；二次回路必须大于 1MΩ。低压电器和电缆，线间和线对地间的绝缘电阻值必须大于 0.5MΩ。

2) 电动机、电加热器及电动执行机构绝缘电阻值应大于 0.5MΩ。

3) 室内配线工程，应在灯具试亮前，在各回路和进户线间测试绝缘电阻，合格后方可送电。绝缘电阻必须大于 0.5MΩ。

4) 测量电力线路绝缘电阻时，应将断路器、用电设备、电器仪表等断开。

5) 三相四线制应测总进户的线间绝缘电阻，即 A—B、B—C、C—A；相零间绝缘电阻，即 A—0、B—0、C—0。有专用保护接地线时，还应测 A—地、B—地、C—地、0—地。

6) 分层（回路）应测分支干线的线间绝缘电阻、相零间绝缘电阻。

7) 测分户回路应有相—0。

8) 绝缘电阻测试应注意：应在接、焊、包全部完成后，进行了自检和互检，检查导线接、焊、包符合了设计要求及施工质量验收规范的规定，经检查无误后再进行绝缘摇测。

9) 在建筑电气安装工程中的蓄电池母线对地的绝缘电阻与滑接线和移动式电缆的相同。

(5) 填表说明：

1）仪表型号：指测试使用的仪表的型号。
2）工作电压：指实际测试时的电压值。
3）相别及电阻：
①AB 相电阻值及各回路相间的电阻值。
②BC 相电阻值及各回路相间的电阻值。
③CA 相电阻值及各回路相间的电阻值。
④AO 相阻值及各回的对零值。
⑤BO 相阻值及各回的对零值。
⑥CO 相阻值及各回的对零值。
⑦A 地的电阻值及各回路的对地值。
⑧B 地的电阻值及各回路的对地值。
⑨C 地的电阻值及各回路的对地值。

3.2.20.2 接地电阻测试记录（C2-20-2）

1. 资料表式
2. 实施要点

（1）接地电阻测试记录是指建筑电气工程安装完成后，按规范要求必须进行的测试项目。

（2）接地种类有保护接地、工作接地、重复接地及保护接零等种类。

1）接地说明：

①在电力系统中，将电器设备和电装置中性点、外壳或支架与接地装置用导体作良好的电气连接叫做接地；将电器设备和用电装置的金属外壳与系统零线相接叫做接零。

②工作接地是指在正常或事故情况下，为了保证电器设备的安全运行，在电力系统中使某些点接地（如图 C2-20-2-1 所示）。

接地电阻测试记录表 表 C2-20-2

施工单位				测试日期	
分部工程名称				分项工程名称	
施工图号				测试仪器型号、精度	
测试部位	接地性质	接地电阻（Ω）		测试环境	结　论
		设计值	实测值	温度（℃）	天气情况	
简图或备注：					
试验结果					
参加人员	监理（建设）单位		施　工　单　位		
		专业技术负责人	质检员	试验员	

③保护接地是指为防止因绝缘损坏而造成触电危险，将电气设备的金属外壳和接地装置之间作电气连接（如图C2-20-2-2所示）。

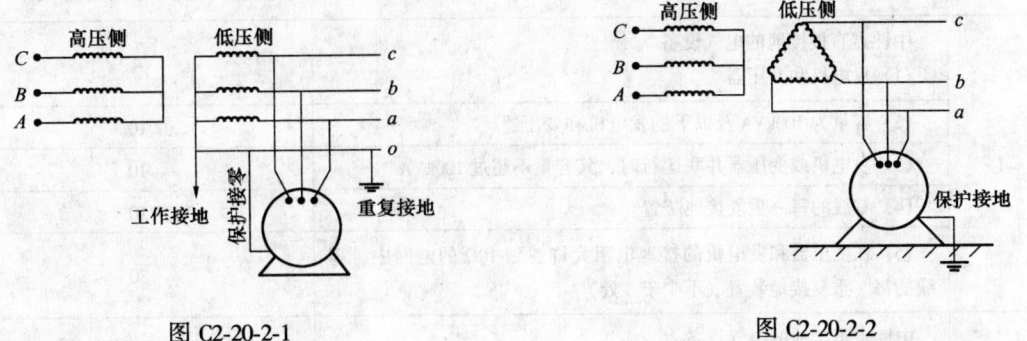

图 C2-20-2-1　　　　　　　　　　　　图 C2-20-2-2

④重复接地：是将零线上的一点或多点，与大地进行再一次的连接。

⑤保护接零：电气设备在正常情况下可将不带电的金属外壳与零线相连接。

2）接地电阻测试：

①保护接地或保护接零应接地或接零的部分如下：a. 电机、变压器及其他电器的金属底层和外壳；b. 电气设备的传动装置；c. 室内外配电装置的金属或钢筋混凝土构架以及靠近带电部分的金属栏杆和金属门；d. 配电、控制、保护用的盘（台、箱）的框架；e. 交、直流电力电缆的接线盒、终端盒的金属外壳和电缆的金属护层、电缆支架、穿线的钢管；f. 装有避雷线的电力线路杆塔；g. 防静电接地及设计有要求的接地电阻测试。

②避雷针（带）引下线之间，或线与线间的连接应采用搭接法焊接（搭接长度扁钢为宽的2倍、圆钢为直径的6倍）。

③建筑物上的防雷设施采用多根引下线时，宜在各引线距离地面的1.5～1.8m处设置断线卡。

3）接地（PE）或接零（PEN）支线必须单独与接地（PE）或接零（PEN）干线相连接，不得串联连接。

（3）接地装置的接地电阻值必须符合设计要求。

接地电阻值测试主要内容包括设备、系统的保护接地装置（分类、分系统进行）的测试记录，变压器工作接地装置的接地电阻，以及其他专用设备接地装置的接地电阻测试记录，避雷系统及其他装置的接地电阻的测试记录。接地装置应逐条进行测试，并认真记录。

接地电阻标准：

1）系统防雷接地电阻一般 $R \leqslant 10\Omega$；

2）一、二类建筑物冲击接地电阻 $R \leqslant 10\Omega$，当建筑物为高层或处于雷电活动强烈地区时，$R < 5\Omega$；

3）三类建筑物冲击接地电阻 $R \leqslant 30\Omega$；

4）保护接地和工作接地电阻 $R \leqslant 4\Omega$；

5）防静电接地电阻 $R = 0.5 \sim 2\Omega$；

6）低压电气（1000伏以下）设备接地装置的接地电阻应符合表C2-20-2-1的要求。

低压电器设备接地装置接地电阻

表 C2-20-2-1

序号	装置的特性	任何季节接地装置的接地电阻不大于下列数值（Ω）
1	中性点直接接地的电气设备 （1）发电机和变压器	4
	（2）容量为100kVA及以下的发电机和变压器	10
	（3）发电机或变压器并联运行时，其容量不超过100kVA	10
	（4）零线的每一重复接地装置	10
	（5）在变压器和发电机的接地电阻允许达到10Ω的电网中，零线的每一重复接地装置（不少于3处）	30
2	中性点不接地的电气设备 （1）接地装置	4
	（2）发电机和变压器容量为100kVA及以下的接地装置	10
	（3）发电机或变压器并联运行时，其容量不超过100kVA时的接地装置	10

（4）变压器中性点应与接地装置引出干线直接连接，其接地电阻值必须符合设计要求。

（5）金属电缆桥架及其支架和引入或引出的金属电缆导管的接地（PE）或接零（PEN）规定：金属电缆桥架及其支架全长应不少于2处与接地（PE）或接零（PEN）干线相连接；非镀锌电缆桥架间连接板的两端跨接铜芯接地线，接地线最小允许截面积不小于4mm^2；镀锌电缆桥架间连接板两端不跨接接地线，但连接板两端不少于2个有防松螺帽或防松垫圈的连接固定螺栓。

（6）金属的导管和线槽必须接地（PE）或接零（PEN）可靠，并符合下列规定：镀锌的钢导管、可挠性导管和金属线槽不得熔焊跨接接地线，以专用接地卡跨接的两卡间连线为铜芯软导线，截面积不小于4mm^2；当非镀锌钢导管采用螺纹连接时，连接处的两端焊跨接接地线；当镀锌钢导管采用螺纹连接时，连接处的两端用专用接地卡固定跨接地线；金属线槽不作设备的接地导体，当设计无要求时，金属线槽全长不少于2处与接地（PE）或接零（PEN）干线连接；非镀锌金属线槽间连接板的两端跨接铜芯接地线，镀锌线槽间连接板的两端不跨接接地线，但连接板两端不少于2个有防松螺帽或防松垫圈的连接固定螺栓。

（7）插座接线的接地（PE）或接零（PEN）线在插座间不串联连接。

（8）几点说明：

1）仪表应放在水平位置；

2）接地线路要与被保护设备断开，以保证测量结果的准确性；

3）下雨后和土壤吸收水分太多的时候，以及气候、温度、压力等急剧变化时不能测量；

4）被测地极附近不能有杂散电流和已极化土壤；

5）探测针应远离地下水管、电缆、铁路等较大金属体，其中电流极应远离100m以上。电压极应远离50m以上，如上述金属体与接地网没有连接时，可缩短距离1/2~1/3；

6) 注意电流极插入土壤的位置，使接地棒处于零电位的状态；

7) 连接线应使用绝缘良好的导线，以免有漏电现象；

8) 注意现场不能有电解物质和腐烂物体，以免造成错觉；

9) 宜选择土壤电阻率大的时候试验，如初冬或夏季干燥气候时进行；

10) 随时检查仪表的准确性；

11) 当检流计的灵敏度过高时，可将电位探针电压极插入土壤中浅一些，当检流计灵敏度不够时，可沿探针注水使其湿润。

(9) 接地电阻测试：

1) 接地装置人工接地体的尺寸不应小于下列数值：

①圆钢直径为10mm；扁钢截面为100mm^2；厚度为4mm；钢管壁厚度为3.5mm。

②在腐蚀性较强的土壤中，应采取镀锌等防腐措施或加大截面。

2) 利用建筑物钢筋混凝土屋面板、梁、柱、基础及钢筋作防雷引下线时，应符合下列要求：

用于通过雷电流的一根或几根钢筋的总截面积不应小于下列数值：

①对温度值要求不超过60℃、需要验算疲劳强度的构件，为90mm^2；

②对温度值要求不超过80℃的屋架、托架、屋面梁等材料，为64mm^2；

③对无温度要求的其他构件为54mm^2。

3) 构件内钢筋的连接应绑扎或焊接，被用作与外部连接的一根或几根钢筋与预留连接板的连接应焊接，各构件之间必须连接成电气通路。

4) 接地电阻试验用测试仪表：

测量接地电阻用接地电阻测定仪，亦称接地摇表。是一种专门测量接地电阻或土壤电阻率的摇表。接地电阻测试仪的名称、测量范围、准确度、外形尺寸等见表C2-20-2-2。

表 C2-20-2-2

名 称	测量范围（Ω）	准确度	外形尺寸（mm）	重量（kg）
ZC-8型 接地电阻测试仪	1/10/100 10/100/1000	在额定值的30%以下 为额定值的+1.5%	170×110×104	3
ZC29-1型 接地电阻测试仪	10/100/1000	在额定值的30%以上 为指示值的+5%	170×116×135	2.3
ZC24-1型晶体管 接地电阻测试仪	10/100/1000	±2.5%	210×110×130	1

5) 接地电阻测试内容、仪表选用：

测试内容：主要包括设备、系统的防雷接地、保护接地、工作接地、防静电接地及设计有要求的接地电阻测试。

仪表的选用：常用仪表一般选用ZC-8型接地电阻测量仪。

6) 测试方法及要求：

①把电位探针P插入被测接地极E和电流探针C之间，依直线布置彼此相距20米；

②用导线把 E、P、C 联于仪表的 E（C_2P_3）：P（P_1）、C（C_1）接线端；

③将仪表放置水平位置，检查检流计的指针是否在中心线上，否则应用零位调整器将其调整于中心线上；

④将"倍率标度"置于最大倍数，慢慢转动发电机的摇把，如指针达不到中心位置应重新调整"倍率标度"纽降低倍数重新摇测，直至指针位于中心。

⑤当检流计的指针接近平衡时，加快发电机摇把的转速，使其达到 120 转/分以上，同时调整"测量标度盘"，使指针指于中心线上；

⑥如果"测量度盘"的读数小于 1 时，应将"倍率度盘"置于较小的倍数再重新调整"测量度盘"以得到正确的读数。

⑦当指针完全平衡于中心线处后，用"测量度盘"的读数乘以倍率标度，即为所测的电阻值。

⑧天气过于干燥所测阻值过高，应在 P、C 探针处浇水重测。

⑨雨天后不应马上对接地极电阻进行摇测，因所测值不准确。

7）测量结果处理：

①测量后接地极达不到设计及规范要求数值时，应增加接地极限数，施工后重测，直到合格；

②不同季节的测试要乘以季节系数。由于各地土壤条件的差异，各地应制定当地的季节条件系数，下表系数仅供参考。季节系数调整测试值见表 C2-20-2-3，测验结果 = 实测阻值×季节性系数。

季节系数调整测试值 表 C2-20-2-3

月　份	1	2	3	4	5	6	7	8	9	10	11	12
季节性系数	1.05	1.05	1	1.6	1.9	2.0	2.2	2.55	1.6	1.55	1.55	1.35

（10）接地电阻测试，测试的接地电阻一般不大于 4Ω，并要符合设计要求；电气照明各回路绝缘电阻值，一般不小于 0.5MΩ。

3.2.21 隐蔽工程验收记录（C2-21）

3.2.21.1 电气工程隐蔽工程验收记录（C2-21-1）

1. 资料编制控检要求

电气安装工程必须实行隐蔽工程验收，隐蔽验收原则按建筑与结构的隐蔽验收要求执行。隐蔽工程验收应符合设计和有关标准规定为符合要求，不进行隐蔽工程验收或不填报隐蔽工程验收记录为不符合要求。

2. 实施要点

（1）电气工程隐蔽工程验收记录按 C2-5-1 表式执行。

（2）电气工程隐蔽验收的主要项目：

1）电气工程暗配线应进行分层分段分部位隐蔽检查验收，包括埋地、墙内、板孔内、密封桥架内、板缝内及混凝土内等。其内容包括：隐蔽内部线路走向与位置，规格、标高、弯度接头及焊接地线，防腐，管盒固定，管口处理；

2）利用结构钢筋做避雷引下线、暗敷避雷引下线及屋面暗设接闪器。应办理隐检手续，还应附图（平、剖面）及文字说明。内容包括：材质、规格、型号、焊接情况及相对位置。

3) 接地体的埋设与焊接。应检查搭接长度、焊面、焊接质量、防腐及其材料种类、遍数以及埋设位置、埋深、材质、规格、土壤处理等，还应附图说明。

4) 施工完成后不能进入吊顶内的管路敷设，在封顶前做好隐检，应检查位置、标高、材质、规格、固定方法、牢固程度及上、下层保护情况等。

5) 地基基础阶段隐检主要包括：暗引电缆的钢管埋设、地线引入、利用基础钢筋接地极的钢筋与引线焊接等。

3.2.21.2 电导管安装工程隐蔽验收记录（C2-21-2）

实施要点：

(1) 电导管安装工程隐蔽工程验收记录按 C2-5-1 表式执行。

(2) 隐蔽验收检查要点：

1) 检查验收金属的导管和线槽必须接地（PE）或接零（PEN）可靠。镀锌的钢导管、可挠性导管和金属线槽不得熔焊跨接接地线，以专用接地卡跨接的两卡间连线为铜芯软导线，截面积不小于 $4mm^2$；当非镀锌钢导管采用螺纹连接时，连接处的两端焊跨接接地线；当镀锌钢导管采用螺连接时，连接处的两端用专用接地卡固定跨接接地线；金属线槽不作设备的接地导体，当设计无要求时，金属线槽全长不少于两处与接地（PE）或接零（PEN）干线连接；非镀锌金属线槽间连接板的两端跨接钢芯接地线，镀锌线槽间连接板的两端不跨接接地线，但连接板两端不少于两个有防松螺帽或防松垫圈的连接固定螺栓。

2) 金属导管严禁对口熔焊连接；镀锌和壁厚小于等于 2mm 的钢导管不得套管熔焊连接。

3) 防爆导管不应采用倒扣连接；当连接有困难时，应采用防爆活接头，其接合面应严密。

4) 当绝缘导管在砌体上剔槽埋设时，应采用强度等级不小于 M10 的水泥砂浆抹面保护，保护层厚度大于 15mm。

5) 室外埋地敷设的电缆导管，埋深不应小于 0.7m。壁厚小于等于 2mm 的钢电线导管不应埋设于室外土壤内。

6) 室外导管的管口应设置在盒、箱内，在落地式配电箱内的管口，箱底无封板的，管口高出基础面 50~80mm。所有管口在穿入电线、电缆后应作密封处理。由箱式变电所或落地式配电箱引向建筑物的导管，建筑物一侧的导管管口应设在建筑物内。

7) 金属导管内、外壁应防腐处理；埋设于混凝土内的导管内壁应防腐处理，外壁可不做防腐处理。

8) 暗配的导管，埋设深度与建筑物、构筑物表面的距离不应小于 15mm；明配的导管应排列整齐，固定点间距均匀，安装牢固；在终端、弯头中点或柜、台、箱、盘等边缘的距离 150~500mm 范围内设有管卡，中间直线段管卡间的最大距离应符合表 C2-21-2-1 的规定。

管卡间最大距离 表 C2-21-2-1

敷设方式	导管种类	导管直径（mm）				
		15~20	25~32	32~40	50~65	65以上
		管卡最大距离（m）				
支架或沿墙明敷	壁厚>2mm刚性钢导管	1.5	2.0	2.5	2.5	3.5
	壁厚≤2mm刚性钢导管	1.0	1.5	2.0	—	—
	刚性绝缘导管	1.0	1.5	1.5	2.0	2.0

3.2.21.3 电线导管、电缆导管和线槽敷设隐蔽工程验收记录（C2-21-3）

实施要点：

（1）电线导管、电缆导管和线槽敷设隐蔽工程验收记录按C2-5-1表式执行。

（2）电线导管、电缆导管和线槽敷设隐蔽验收应检查的内容：

1）金属的导管和线槽必须接地（PE）或接零（PEN）可靠，并符合下列规定：

①镀锌的钢导管、可挠性导管和金属线槽不得熔焊跨接接地线，以专用接地卡跨接的两卡间连线为铜芯软导线，截面积不小于4mm²；

②当非镀锌钢导管采用螺纹连接时，连接处的两端焊跨接接地线；当镀锌钢导管采用螺纹连接时，连接处的两端用专用接地卡固定跨接接地线；

③金属线槽不作设备的接地导体，当设计无要求时，金属线槽全长不少于两处与接地（PE）或接零（PEN）干线连接；

④非镀锌金属线槽间连接板的两端跨接钢芯接地线，镀锌线槽间连接板的两端不跨接接地线，但连接板两端不少于两个有防松螺帽或防松垫圈的连接固定螺栓。

2）金属导管严禁对口熔焊连接；镀锌和壁厚小于等于2mm的钢导管不得套管熔焊连接。

3）电缆导管的弯曲半径不应小于电缆最小允许弯曲半径，电缆最小允许弯曲半径符合《建筑电气工程施工质量验收规范》（GB 50303—2002）规范的规定，见表C2-21-3-1。

电缆最小允许弯曲半径 表 C2-21-3-1

序号	电缆种类	最小允许弯曲半径
1	无铅包钢铠护套的橡皮绝缘电力电缆	10D
2	有钢铠护套的橡皮绝缘电力电缆	20D
3	聚氯乙烯绝缘电力电缆	10D
4	交联聚氯乙烯绝缘电力电缆	15D
5	多芯控制电缆	10D

注：D为电缆外径。

4）室内进入落地式柜、台、箱、盘内的导管管口，应高出柜、台、箱、盘的基础面50~80mm。

5）线槽应安装牢固，无扭曲变形，紧固件的螺母应在线槽外侧。

6）防爆导管敷设应符合下列规定：

①导管间及与灯具、开关、线盒等的螺纹连接处紧密牢固，除设计有特殊要求外，连接处不跨接接地线，在螺纹上涂以电力复合酯或导电性防锈酯；

②安装牢固顺直，镀锌层锈蚀或剥落处作防腐处理。

7）绝缘导管敷设应符合下列规定：

①管口平整光滑；管与管、管与盒（箱）等器件采用插入法连接，连接处结合面涂专用胶合剂，接口牢固密封。

②直埋于地下或楼板内的刚性绝缘导管，在穿出地面或楼板易受机械损伤的一段，采取保护措施。

③当设计无要求时，埋设在墙内或混凝土内的绝缘导管，采用中型以上的导管。

④沿建筑物、构筑物表面和在支架上敷设的刚性绝缘导管，按设计要求装设温度补偿装置。

8）金属、非金属柔性导管敷设应符合下列规定：

①刚性导管经柔性导管与电气设备、器具连接，柔性导管的长度在动力工程中不大于 0.8m，在照明工程中不大于 1.2m；

②可挠金属管或其他柔性导管与刚性导管或电气设备、器具间的连接采用专用接头；复合型可挠金属管或其他柔性导管的连接处密封良好，防液覆盖层完整无损；

③可挠性金属导管和金属柔性导管不能作接地（PE）或接零（PEN）的接续导体。

3.2.21.4 重复接地（防雷接地）工程隐蔽验收记录（C2-21-4）

实施要点：

（1）重复接地（防雷接地）工程隐蔽工程验收记录按 C2-5-1 表式执行。

（2）重复接地（防雷接地）隐蔽验收应检查的内容：

1）暗敷在建筑物抹灰层内的引下线应有卡钉分段固定；明敷的引下线应平直，无急弯，与支架焊接处，油漆防腐且无遗漏。

2）变压器室、高、低压开关室内的接地干线应有不少于 2 处与接地装置引出干线连接。

3）当利用金属构件、金属管道作接地线时，应在构件或管道与接地干线间焊接金属跨接线。

4）钢制接地线的焊接连接符合《建筑电气工程施工质量验收规范》（GB 50303—2002）规范 24.2.1 的规定，材料采用及最小允许规格、尺寸符合（GB 50303—2002）规范 24.2.2 的规定。

5）明敷接地引下线及室内接地干线的支持件间距应均匀，水平直线部分 0.5~1.5m；垂直直线部分 1.5~3m；弯曲部分 0.3~0.5m。

6）接地线在穿越墙壁、楼板和地坪处应加套钢管或其他坚固的保护套管，钢套管应与接地线做电气连通。

7）变配电室内明敷接地干线安装应符合下列规定：

①便于检查，敷设位置不妨碍设备的拆卸与检修；

②当沿建筑物墙壁水平敷设时，距地面高度 250~300mm；与建筑物墙壁间的间隙 10~15mm；

③当接地线跨越建筑物变形缝时，设补偿装置；

④接地线表面沿长度方向，每段为 15~100mm，分别涂以绿色和黄色相间的条纹；

⑤变压器室、高压配电室的接地干线上应设置不少于 2 个供临时接地用的接线柱或接地螺栓；

⑥当电缆穿过零序电流互感器时，电缆头的接地线应通过零序电流互感器后接地；由

电缆头至穿过零序电流互感器的一段电缆金属护层和接地线应对地绝缘；

⑦配电间隔和静止补偿装置的栅栏门及变配电室金属门绞链处的接地连接，应采用编织铜线。变配电室的避雷器应用最短的接地线与接地干线连接；

⑧设计要求接地的幕墙金属框架和建筑物的金属门窗，应就近与接地干线连接可靠，连接处不同金属间应有防电化腐蚀措施。

3.2.21.5 配线敷设施工隐蔽工程验收记录（C2-21-5）

实施要点：

(1) 配线敷设施工隐蔽工程验收记录按 C2-5-1 表式执行。

(2) 配线敷设隐蔽验收应检查的内容：

1) 电线、电缆、线槽敷线

①三相或单相的交流单芯电缆，不得单独穿于钢导管内。

②不同回路、不同电压等级和交流与直流的电线，不应穿于同一导管内；同一交流回路的电线应穿于同一金属导管内，管内电线不得有接头。

③爆炸危险环境照明线路的电线和电缆额定电压不得低于 750V，电线必须穿于钢导管内。

④电线、电缆穿管前，应清除管内杂物和积水。管口应有保护措施，不进入接线盒（箱）的垂直管口穿入电线、电缆后，管口应密封。

⑤当采用多相供电时，同一建筑物、构筑物的电线绝缘层颜色选择应一致；即保护地线（PE线）应是黄绿相间色，零线用淡蓝色，相线用：A相——黄色、B相——绿色、C相——红色。

⑥线槽敷线应符合下列规定：a. 电线在线槽内有一定余量，不得有接头。电线按回路编号分段绑扎，绑扎点间距不大于 2m；b. 同一回路的相线和零线，敷设于同一金属线槽内；c. 同一电源的不同回路无抗干扰要求的线路可敷设于同一线槽内；敷设于同一线槽内有抗干扰要求的线路用隔板隔离，或采用屏蔽电线且屏蔽护套一端接地。

2) 槽板配线

①槽板内电线无接头，电线连接设在器具处；槽板与各种器具连接时，电线应留有余量，器具底座应压住槽板端部。

②槽板敷设应紧贴建筑物表面，横平竖直，固定可靠，严禁用木楔固定，木槽板应经阻燃处理，塑料槽板表面应有阻燃标识。

③木槽板无劈裂，塑料槽板无扭曲变形。槽板底板固定点间距应小于 500mm；槽板盖板固定点间距应小于 300mm；底板距终端 50mm 和盖板距终端 30mm 处应固定。

④槽板的底板接口与盖板接口应错开 20mm，盖板在直线段和 90°转角处应成 45°斜口对接，T形分支处应成三角叉接，盖板应无翘角，接口应严密整齐。

⑤槽板穿过梁、墙和楼板处应有保护套管，跨越建筑物变形缝处槽板应设补偿装置，且与槽板结合严密。

3) 钢索配线

①应采用镀锌钢索，不应采用含油芯的钢索。钢索的钢丝直径应小于 0.5mm，钢索不应有扭曲和断股等缺陷。

②钢索的终端拉环埋件应牢固可靠，钢索与终端拉环套接处应采用心形环，固定钢索

的线卡不应少于2个，钢索端头应用镀锌绑扎紧密，且应接地（PE）或接零（PEN）可靠。

③当钢索长度50m及以下时，可在其一端装设花篮螺栓紧固；当钢索长度大于50m时，应在钢索两装设花篮螺栓紧固。

④钢索中间吊架间距不应大于12m，吊架与钢索连接处的吊钩深度不应小于20mm，并应有防止钢索跳出的锁定零件。

⑤电线和灯具在钢索上安装后，钢索应承受全部负载，且钢索表面应整洁、无锈蚀。

⑥钢索配线的零件间和线间距离如下：a.钢管：支持件之间最大距离1500mm；支持件与灯头盒之间最大距离200mm；b.刚性绝缘导管：支持件之间最大距离1000mm；支持件与灯头盒之间最大距离150mm；c.塑料护套线：支持件之间最大距离200mm；支持件与灯头盒之间最大距离100mm。

3.2.22 施工记录（C2-22）

资料编制控检要求：

施工记录应按C2-6要求的原则执行。按要求的内容填写齐全的为符合要求。应填写而没有填写施工记录的为不符合要求。

3.2.22.1 建筑电气施工记录（C2-22-1）

实施要点：

（1）建筑电气施工记录按C2-6-1表式执行。

（2）主要建筑电气设备安装应做如下施工记录：

1）设备安装需要埋入基础、预留孔洞、加设预埋件、地脚螺栓固定、埋设型钢等应记录施工过程实际。

2）地脚螺栓固定做法、二次灌浆、紧固地脚螺栓、精平等应满足设计和规范要求。

3）空载试运行前应对油、气、水冷、风冷、烟气排放等系统和隔振防噪声设施安装质量状况进行检查，并予记录。

3.2.22.2 电缆敷设施工记录（C2-22-2）

1. 资料表式

电缆敷设施工记录表　　　　　　　　　　　　　　　　表 C2-22-2

施工单位：　　　　　　　　　　　　　　　　编号：

工程名称		敷设日期		
位置与区段		外观质量		
敷设方式		沟内排列位置		
敷设要求：				
强制性条文执行：				
问题处理及建议：				
检查结论：				
备　注：				
参加人员	监理（建设）单位	施　工　单　位		
		项目技术负责人	专职质检员	工　长

2. 实施要点

(1) 建筑电气、智能建筑等分部工程的各类电缆敷设检查均应填写电缆敷设记录。

(2) 电缆敷设记录应在电缆的绝缘、耐压试验等电气性能参数测试合格及按施工图回路编号全数安装质量检查合格的基础上进行。

(3) 电缆敷设要求：按施工图设计及规范要求填记。

1) 回路编号：根据施工图中的电缆回路编号填写。

2) 型号截面电压等级：应完整、准确反映出电缆型号、规格、电压等级。

3) 电缆的始端、终端及电缆长度。

4) 电缆的敷设方式或沟内排列位置。

(4) 备注栏做一些附加说明（如耐火防护电缆的防护方式等）。

3.2.22.3 电气设备安装施工记录（C2-22-3）

1. 资料表式

电气设备安装施工记录表   表 C2-22-3

施工单位：　　　　　　　　　　　　　　　　　　　　　　　编号：

设备名称		系统名称	
设备位置与区段		安装日期	
执行标准		外观质量	
安装基本要求：			
强制性条文执行：			
检查结果：			
检查结论：			
备　　注：			
参加人员	监理（建设）单位	施　工　单　位		
		项目技术负责人	专职质检员	工　长

2. 实施要点

(1) 电气安装设备主要包括：电机、调相机、直流电机、交流电机、变压器等。

(2) 电气设备安装应位置正确、附件齐全、接地（接零）可靠，满足施工图设计和规范的有关规定。

通 风 与 空 调

3.2.23 通风与空调工程图纸会审、设计变更、洽商记录（C2-23）

资料编制控检要求：

按建筑与结构图纸会审、设计变更、洽商记录资料编制控检要求执行。

3.2.23.1 图纸会审（C2-23-1）

1. 通风与空调图纸会审按 C2-1-1 执行。
2. 图纸会审记录是对已正式签署的设计文件进行交底、审查和会审对提出的问题予以记录的技术文件。

3.2.23.2 设计变更（C2-23-2）

1. 通风与空调设计变更按 C2-1-2 执行。
2. 设计变更的表式以设计单位签发的设计变更文件为准。

3.2.23.3 洽商记录（C2-23-3）

1. 通风与空调洽商记录的表式按 C2-1-3 执行。
2. 洽商记录的表式以提出洽商单位签发的洽商记录文件为准。

3.2.24 材料、设备出厂合格证书及进场检（试）验报告（C2-24）

资料编制控检要求：

（1）通用条件

1）按资料名称项下建筑与结构中原材料、设备出厂合格证及进场检（试）验报告资料编制控检要求执行。

2）出厂合格证所证明的材质和性能符合设计和规范的为符合要求；仅有合格证明无材质技术数据，经建设单位认可签章者为基本符合要求，否则为不符合要求。

（2）专用条件

1）应提供设计或规范有规定的，对材质有怀疑的以及认为必需的抽样检查记录。

2）进场时进行开箱检验（主要材料、设备）并有检验记录。

3.2.24.1 材料、设备出厂合格证书及进场检（试）验报告汇总表（C2-24-1）

材料、设备出厂合格证书及进场检（试）验报告汇总表按 C2-3-1 表式执行。

3.2.24.2 材料、设备出厂合格证书粘贴表（C2-24-2）

实施要点：

材料、设备出厂合格证书粘贴表按 C2-3-2 表式执行。

（1）材料、设备出厂合格证：

《通风与空调工程施工质量验收规范》（GBJ 50243—2002）规定：通风与空调工程所使用的主要材料、设备、成品与半成品应按标准生产的产品，并有出厂检验合格证明文件。为工程加工的非标准产品，亦应具有质量检验合格的鉴定文件，并应符合国家有关强制性标准的规定。通风与空调工程在施工中或竣工后，应按标准规定提供以下材料、设备出厂合格证：

1）管材、（管件金属如钢板、型钢、不锈钢、铝板等，非金属如硬聚乙烯板、玻璃钢、复合材料、砖、混凝土等）油漆、防腐材料、保温材料等的出厂合格证。

2）通风机、制冷机、水塔、冷却塔、空调机组等出厂合格证。

3）除尘器、消声器、空气过滤器、风机盘管、空调器、洁净设备、其他设备等出厂合格证。

4）各种风口类（风口、罩类、风帽、其他部件等）、阀门类（包括防火阀、排烟阀在内）的出厂合格证。

（2）应提供设计或规范有规定的、对材质有怀疑的以及认为必需的抽样检查记录。

(3) 进场时进行开箱检验（主要材料、设备）并有检验记录。

(4) 出厂合格证所证明的材质和性能符合设计和规范的为符合要求。

(5) 仅有合格证明无材质技术数据，经建设、设计单位认可签章者为基本符合要求，否则，为不符合要求。

3.2.24.3　主要设备开箱检验记录（C2-24-3）

(1) 主要设备开箱检验记录按 C2-12-3 表式执行。

(2) 设备、材料、成品和半成品进场检验：

1) 主要设备、材料、成品和半成品进场检验结论应有记录，确认符合《建筑电气工程施工质量验收规范》（GB 50303—2002）规范的规定，才能在施工中应用。

2) 因有异议送有资质试验室进行抽样检测，试验室内出具检测报告，确认符合《建筑电气工程施工质量验收规范》（GB 50303—2002）规范和相关技术标准规定，才能在施工中应用。

3) 依法定程序批准进入市场的新电气设备、器具和材料进场验收，除符合《建筑电气工程施工质量验收规范》（GB 50303—2002）规范规定外，尚应提供安装、使用、维修和试验要求等技术文件。

4) 进口电气设备、器具和材料进场验收，除符合《建筑电气工程施工质量验收规范》（GB 50303—2002）规范的规定外，尚应提供商检证明和中文的质量合格证明文件、规格、型号、性能检测报告以及中文的安装、使用、维修和试验要求等技术文件。

5) 经批准的免检产品或认定的名牌产品，当进场验收时，可不作抽样检测。

(3) 设备安装中的制冷设备应进行开箱检验

1) 根据设备装箱清单说明书、合格证、检验记录和必要的装配图和其他技术文件，核对型号、规格以及全部零件、部件、附属材料和专用工具。

2) 主体和零、部件等表面有无缺损和锈蚀等情况。

3) 设备充填的保护气体应无泄漏，油封应完好。开箱检查后，设备应采取保护措施，不宜过早或任意拆除，以免设备受损。

3.2.25　制冷、空调、水管道强度试验、严密性试验记录（C2-25）

资料编制控检要求：

(1) 制冷、空调、水管道系统强度、气密性试验的项目和内容应符合有关的标准规定，测试结果真实、准确为符合要求。

(2) 制冷、空调、水管道系统强度、气密性试验必须有齐全的过程试验记录者，过程记录提供较完整的为符合要求。发现气密性试验记录不真实或缺少主要项目者为不符合要求。

(3) 制冷、空调、水管道系统强度、气密性试验记录不缺项，符合有关标准的规定，气密性试验项目和手续齐全，内容具体、真实、有结论意见为符合要求。缺项目、缺部位、气密性试验为不符合要求。

(4) 风管漏风检测记录调试前应按设计或"规范"要求进行预试运行准备，试验结果满足设计和规范要求的为符合要求，有要求未做或调试不符合设计和规范要求的为不符合要求。

3.2.25.1　制冷、空调、水管道严密性试验记录（通用）（C2-25-1）

1. 资料表式

制冷、空调、水管道严密性试验记录（通用）　　　　表 C2-25-1

工程名称		试验部位		日期	
管道编号	气 密 性 试 验				
	试验介质	试验压力（MPa）	定压时间（h）		试验结果
管道编号	真 空 试 验				
	设计真空度（kPa）	试验真空度（kPa）	定压时间（h）		试验结果
管道编号	充 制 冷 剂 试 验				
	充制冷剂压力（kPa）	检漏仪器	补漏位置		试验结果
评定意见					
参加人员	监理（建设）单位	施 工 单 位			
		专业技术负责人	质检员		试验员

2. 实施要点

（1）系统气密性试验

1）系统内污物吹净后，应对整个系统（包括设备、阀件）进行气密性试验。

2）制冷剂为氨的系统，采用压缩空气进行试压。

制冷剂为氟利昂系统，采用瓶装压缩氮气进行试压。对于较大的制冷系统也可采用压缩空气，但须经干燥处理后再充入系统。

3）检漏方法：用肥皂水对系统所有焊口、阀门、法兰等连接部件进行仔细涂抹检漏。

4）在试验压力下，经稳压24h后观察压力值，不出现压力降为合格（温度影响除外）。

5）试压过程中如发现泄漏，检修时必须在泄压后进行，不得带压修补。

（2）气密性试验要求

1）对泄漏有较严格要求的管道、设备、系统（子系统）均应按要求进行气密性试验。

2）建筑安装工程的设备开箱检验时，厂家提供的出厂合格证或随机文件中要求进行气密性试验时必须进行气密性试验。

3）专业规范对管道、设备、系统（子系统）要求进行气密性试验时必须进行气密性试验。风机的密封、润滑、控制和冷却系统以及进气和排气系统的管路应进行除锈、清洗干净，并应进行气密性试验；风机类、泵类产品安装时均应进行清洗和检查。

4）气密性试验应在压力（强度）试验完成后进行。

5）风管系统严密性检验以主、干管为主。

6）制冷系统阀门的安装应符合下列规定：

制冷剂阀门安装前应进行强度和严密性试验。强度试验压力为阀门公称压力的1.5倍，时间不得少于5min；严密性试验压力为阀门公称压力的1.1倍，不漏为合格。合格后应保持阀体内干燥。如阀门进、出口封闭破损或阀体锈蚀的还应进行解体清洗。

（3）严密性试验和试运行注意事项

1）制冷设备的各项严密性试验和试运行的技术数据，均应符合设备技术文件的规定。对组装式的制冷机组和现场充注制冷剂的机组，必须进行吹污、气密性试验、真空试验和充注制冷剂检漏试验，其相应的技术数据必须符合产品技术文件和有关现行国家标准、规范的规定。

整体组装式制冷设备，如出厂已充注制冷剂，且机组内压力无变化时，可只作系统试运转。

2）制冷系统投入运行前，应对安全阀进行调试校核，其开启和回座压力应符合设备技术文件的要求。

3）燃油管道系统必须设置可靠的防静电接地装置，其管道法兰应采用镀锌螺栓连接或在法兰处用铜导线进行跨接，且接合良好。

4）燃气系统管道与机组的连接不得使用非金属软管。燃气管道的吹扫和压力试验应为压缩空气或氮气，严禁用水。当燃气供气管道压力大于0.005MPa时，焊缝的无损检测的执行标准应按设计规定。当设计无规定时，且采纳超声波探伤，应全数检测，以质量不低于Ⅱ级为合格。

5）氨制冷剂系统管道、附件、阀门及填料不得采用铜或铜合金材料（磷青铜除外），管内不得镀锌。氨系统的管道焊缝应进行射线照相检验，抽检率为10%，以质量不低于Ⅲ级为合格。在不易进行射线照相检验操作的场合，可用超声波检验代替，以不低于Ⅱ级为合格。

6）输送乙二醇溶液的管道系统，不得使用内镀锌管道及配件。

（4）填表说明

1）气密性试验：

①试验压力：应按设计系统压力是低压还是高压系统确定，照实际试验压力填写；

②定压时间：按制冷系统试验的标准规定的定压时间执行。

2）真空试验：

①设计真空度：按施工图设计的真空度填写；

②试验真空度：照制冷系统气密性试验的试验真空度填写；

③定压时间：按制冷系统试验的标准规定的定压时间执行。

3）充制冷剂试验：

①充制冷剂压力：照实际填写，应满足规范对充制冷剂压力的规定；

②检漏仪器：照实际检漏仪器的名称填写；

③补漏位置：照实际补漏位置填写。

4）评定意见：指制冷系统气密性试验的验收结论意见，由参加验收的试验人员做出，结论必须说明制冷系统气密性试验是否合格。

5）阀门强度试验时，试验压力为公称压力的1.5倍，持续时间不少于5min，阀门的壳体、填料应无渗漏。

严密性试验时，试验压力为公称压力的 1.1 倍：试验压力在试验持续的时间内应保持不变，时间应符合表 C2-25-1A 的规定，以阀瓣密封面无渗漏为合格。

阀门压力持续时间　　　　　　　　　　　表 C2-25-1A

公称直径 DN（mm）	最短试验持续时间（s） 严密性试验	
	金属密封	非金属密封
≤50	15	15
65～150	60	15
200～300	60	30
≥500	120	60

3.2.25.2 制冷、空调、水管道压力试验记录（C2-25-2）

1. 资料表式

制冷、空调、水管道压力试验记录　　　　　　　　　表 C2-25-2

工程名称				试验部位			
分部名称				试验时间			
管道编号	试验介质	工作压力（MPa）	试验压力（MPa）	定压时间（min）	压降（MPa）	试验结果	备注
试验意见							
参加人员	监理（建设）单位		施　工　单　位				
	专业技术负责人		质检员			试验员	

2. 实施要点

（1）空调制冷系统安装过程中应进行的检查、试验和试运转

1）承受压力的辅助设备，应在制造厂进行强度试验，并具有合格证，在技术文件规定的期限内，设备无损伤和锈蚀现象条件下，可不做强度试验。

2）制冷剂管道阀门的单体试压：凡阀门具有产品合格证，进出口封闭良好，并在技术文件规定的期限内，可不作解体清洗，无损伤、锈蚀等现象可不做强度和严密性试验，否则应做强度和严密性试验。

3）冷冻水（载冷剂）、冷却水及冷凝水管道安装后必须进行水压试验，冷冻水系统和冷却水系统试验压力为工作压力的 1.25 倍，最低不小于 0.6MPa，水压试验时，在 10min 内，压力下降不大于 0.02MPa，且外观检查不漏为合格。

（2）阀门、管道系统压力试验

1）制冷系统阀门安装前应进行强度和严密性试验。强度试验压力为阀门公称压力的 1.5 倍，时间不得少于 5min；严密性试验压力为阀门公称压力的 1.1 倍，试验压力在试验持续的时间内应保持不变，时间应符合表 C2-25-2-1 的规定，以阀瓣密封面无渗漏为合格。合格后应保持阀体内干燥。如阀门进、出口封闭破损或阀体锈蚀的还应进行解体清洗。

阀门的壳体、填料应无渗漏。

阀门压力持续时间　　　　　　　　表 C2-25-2-1

公称直径 DN（mm）	最短试验持续时间（s）	
	严密性试验	
	金属密封	非金属密封
≤50	15	15
65~150	60	15
200~300	60	30
≥350	120	60

注：阀门安装的位置、高度、进出口方向、手动阀门、手柄等抽查5%，且不少于一个。水压试验以每批（同牌号、同规格、同型号）数量中抽查20%，且不少于一个。对于安装在主干管上起切断作用的闭路阀门，全数检查。

2）空调水系统管道安装完毕，外观检查合格后，应按设计要求进行水压试验。当设计无规定时，应符合下列规定：

①冷热水、冷却水系统的试验压力，当工作压力小于等于1.0MPa时，为1.5倍工作压力，但最低不小于0.6MPa；当工作压力大于1.0MPa时，为工作压力加0.5MPa。

②对于大型或高层建筑垂直位差较大的冷（热）媒水、冷却水管道系统宜采用分区、分层试压和系统试压相结合的方法。一般建筑可采用系统试压方法。

分区、分层试压：对相对独立的局部区域的管道进行试压。在试验压力下，稳压10min。压力不得下降，再将系统压力降至工作压力，在60分钟内压力不得下降、外观检查无渗漏为合格。

系统试压：在各分区管道与系统主、干管全部连通后，对整个系统的管道进行系统的试压。试验压力以最低点的压力为准，但最低点的压力不得超过管道与组成件的承受压力。压力试验升至试验压力后，稳压10min，压力下降不得大于0.02MPa，再将系统压力降至工作压力，外观检查无渗漏为合格。

③各类耐压塑料管的强度试验压力为1.5倍工作压力，严密性工作压力为1.15倍的设计工作压力；

④凝结水系统采用充水试验，应以不渗漏为合格。

3）水箱、集水缸、分水缸、储冷罐均应进行满水或水压试验。

4）填表说明：

①定压时间：按制冷系统试验的标准规定的定压时间执行；

②压降：在试验压力下，稳压规定时间，压力下降的值，照实际压力降填写。

3.2.25.3 空调水管道强度、气密性试验记录（C2-25-3）

实施要点：

(1) 空调水管道强度、气密性试验记录按C2-25-1表式执行。

(2) 管道与设备的连接，应在设备安装完毕后进行，与水泵、制冷机组的接管必须为柔性接口。柔性短管不得强行对口连接，与其连接的管道应设置独立支架。

(3) 冷热水及冷却水系统应在系统冲洗、排污合格（目测：以排出口的水色和透明度与入水口对比相近，无可见杂物），再循环试运行2小时以上，且水质正常后才能与制冷机组、空调设备相贯通。

(4) 管道系统安装完毕，外观检查合格后，应按设计要求进行水压试验。当设计无规定时，应符合下列规定：

1) 冷热水、冷却水系统的试验压力，当工作压力小于等于1.0MPa时，为1.5倍工作压力，但最低不小于0.6MPa；当工作压力大于1.0MPa时，为工作压力加0.5MPa。

2) 对于大型或高层建筑垂直位差较大的冷（热）媒水、冷却水管道系统宜采用分区、分层试压和系统试压相结合的方法。一般建筑可采用系统试压方法。

分区、分层试压：对相对独立的局部区域的管道进行试压。在试验压力下，稳压10min。压力不得下降，再将系统压力降至工作压力，在60分钟内压力不得下降、外观检查无渗漏为合格。

系统试压：在各分区管道与系统主、干管全部连通后，对整个系统的管道进行系统的试压。试验压力以最低点的压力为准，但最低点的压力不得超过管道与组成件的承受压力。压力试验升至试验压力后，稳压10min，压力下降不得大于0.02MPa，再将系统压力降至工作压力，外观检查无渗漏为合格。

3) 各类耐压塑料管的强度试验压力为1.5倍工作压力，严密性工作压力为1.15倍的设计工作压力。

4) 凝结水系统采用充水试验，应以不渗漏为合格。

(5) 阀门安装前必须进行外观检查，阀门的铭牌应符合现行国家标准《通用阀门标志》GB 12220的规定。对于工作压力大于1MPa及在主干管上起到切断作用的阀门，必须进行强度和严密性试验，合格后方准使用。其他阀门可不单独进行试验，待在系统试压中检验。

强度试验时，试验压力为公称压力的1.5倍，持续时间不少于5min，阀门的壳体、填料应无渗漏。

严密性试验时，试验压力为公称压力的1.1倍；试验压力在试验持续的时间内应保持不变，时间应符合表C2-25-2-1的规定，以阀瓣密封面无渗漏为合格。

(6) 水压试验以每批（同牌号、同规格、同型号）数量中抽查20%，且不得少于一个。对于安装在主干管上起切断作用的闭路阀门，全数检查。

(7) 补偿器的补偿量和安装位置必须符合设计及产品技术文件的要求，并应根据设计计算的补偿量进行预拉伸或预压缩。

设有补偿器（膨胀节）的管道应设置固定支架，其结构形式和固定位置应符合设计要求，并应在补偿器的预拉伸（或预压缩）前固定；导向支架的设置应符合所安装产品技术文件的要求。抽查20%，且不得少于一个。

3.2.25.4 制冷管道阀门强度、气密性试验记录（C2-25-4）

1. 资料表式
2. 实施要点：

(1) 管道焊缝表面应清理干净，并进行外观质量的检查。焊缝外观质量不得低于现行国家标准《现场设备、工业管道焊接工程施工及验收规范》GB 50236中第11.3.3条的Ⅳ级规定（氨管为Ⅲ级）。

制冷管道阀门强度和严密性试验记录 表 C2-25-4

工程名称							施工执行标准名称及编号					
试验仪器型号及精度			施工图号				试验时间		年 月 日 时			
阀门名称	制造厂名	型号规格	总数量（只）	试验数量（只）	抽查率（%）	试验介质	试验压力（MPa）		试验时间（s）		备注	
							强度	严密性	强度	严密性		
试验结论												
参加人员	监理（建设）单位				施工单位							
			专业技术负责人			质检员			试验员			

（2）钢塑复合管道的安装，当系统工作压力不大于 1.0MPa 时，可采用涂（衬）塑焊接钢管螺纹连接，与管道配件的连接深度和扭矩应符合表 C2-25-4-1 的规定；系统工作压力为 1.0～2.5MPa 时，可采用涂（衬）塑无缝钢管法兰连接或沟槽式连接，管道配件均为无缝钢管涂（衬）塑管件。沟槽式连接的管道，其沟槽与橡胶密封圈和卡箍套必须为配套合格产品，其支、吊架的间距应符合表 C2-25-4-2 的规定。

钢塑复合管螺纹连接深度及紧固扭矩 表 C2-25-4-1

公称直径（mm）		15	20	25	32	40	50	65	80	100
螺纹连接	深度（mm）	11	13	15	17	18	20	23	27	35
	牙数	6.0	6.5	7.0	7.5	8.0	9.0	10.0	11.5	13.5
扭矩（N·m）		40	60	100	120	150	200	250	300	400

沟槽式连接管道的沟槽及支、吊架的间距 表 C2-25-4-2

公称直径（mm）	沟槽深度（mm）	允许偏差（mm）	支、吊架的间距（m）	端面垂直度允许偏差（mm）
65～100	2.20	0～+0.3	3.5	1.0
125～150	2.20	0～+0.3	4.2	
200	2.50	0～+0.3	4.2	
225～250	2.50	0～+0.3	5.0	1.5
300	3.0	0～+0.5	5.0	

注：1. 连接管端面应平整光滑、无毛刺；沟槽过深，应作为废品不得使用；
2. 支、吊架不得支承在连接头上，水平管的任意两个连接头之间必须有支、吊架。

（3）金属管道的支、吊架的形式、位置、间距、标高应符合设计或有关技术标准的要求。设计无规定时，应符合下列规定：

1）支、吊架的安装应平整牢固，与管道接触紧密。管道与设备连接处，应设独立支、吊架；

2）冷（热）媒水、冷却水系统管道机房内总、干管的支、吊架，应采用承重防晃管架；与设备连接的管道管架宜有减振措施。当水平支管的管架采用单杆吊架时，应在管道

起始点、阀门、三通、弯头及长度每隔15m设置承重防晃支、吊架;

3) 无热位移的管道吊架,其吊杆应垂直安装;有热位移的,其吊杆应向热膨胀(或冷收缩)的反方向偏移安装,偏移量按计算确定;

4) 滑动支架的滑动面应清洁、平整,其安装位置应从支承面中心向位移反方向偏移1/2位移值或符合设计文件规定;

5) 竖井内的立管,每隔二~三层应设导向支架。在建筑结构负重允许的情况下,水平安装管道支、吊架的间距应符合表C2-25-4-3的规定。

6) 管道支、吊架的焊接应由合格持证焊工施焊,并不得有漏焊、欠焊或焊接裂纹等缺陷。支架与管道焊接时,管子侧的咬边量,应小于0.1管壁厚。

钢管道支、吊架的最大间距　　　　表 C2-25-4-3

公称直径(mm)		15	20	25	32	40	50	70	80	100	125	150	200	250	300
支架的最大间距(m)	L_1	1.5	2.0	2.5	2.5	3.0	3.5	4.0	5.0	5.0	5.5	6.5	7.5	8.5	9.5
	L_2	2.5	3	3.5	4	4.5	5.0	6.0	6.5	6.5	7.5	7.5	9.0	9.5	10.5
		对大于300mm的管道可参考300mm管道													

注:1. 适用于工作压力不大于2.0MPa,不保温或保温材料密度不大于200kg/m³的管道系统;
    2. L_1用于保温管道,L_2用于不保温管道。

(4) 闭式系统管路应在系统最高处及所有可能积聚空气的高点设置排气阀,在管路最低点应设置排水管及排水阀。

3.2.25.5 风机盘管机组水压试验记录(C2-25-5)

实施要点:

(1) 风机盘管机组水压试验记录按C2-25-2表式执行。

(2) 风机盘管机组的水压检漏试验:

1) 机组安装前宜进行单机三速试运转及水压检漏试验。试验压力为系统工作压力的1.5倍,试验观察时间为2min,不渗漏为合格;

2) 机组应设独立支、吊架,安装的位置、高度及坡度应正确、固定牢固;

3) 机组与风管、回风箱或风口的连接,应严密、可靠;

4) 按总数抽查10%,但不得少于1台。

(3) 风机盘管机组及其他空调设备与管道的连接,它采用弹性接管成软接管(金属或非金属软管),其耐压值应大于等于1.5倍的工作压力。软管的连接应牢固、不应有强扭和瘪管。

3.2.25.6 风管及部件严密性试验记录(C2-25-6)

1. 资料表式
2. 实施要点

(1) 一般规定:

1) 风管必须通过工艺性的检测或验证,其强度和严密性要求应符合设计或下列规定:
① 风管的强度应能满足在1.5倍工作压力下接缝处无开裂;
② 矩形风管的允许漏风量应符合GB 50243—2002第4.2.5条规定(见表C2-25-6-1);
③ 低压、中压圆形金属风管、复合材料风管以及采用非法兰形式的非金属风管的允许漏风量,应为矩形风管规定值的50%;

风管及部件严密性试验记录　　　　　表 C2-25-6

工程名称		分部（或单位）工程	
分项工程		系统名称	
风管级别		试验压力（Pa）	
系统总面积（m^2）		试验总面积（m^2）	
允许单位面积漏风量（$m^3/m^2 \cdot h$）		实测单位面积漏风量（$m^3/m^2 \cdot h$）	
系统测定分段数		试验日期	

检测区段图示	分段实测数值			
	序号	分段表面积（m^2）	试验压力（Pa）	实际漏风量（$m^3/m^2 \cdot h$）
	Ⅰ			
	Ⅱ			
	Ⅲ			
	Ⅳ			
	Ⅴ			

检测结果			
参加人员	监理（建设）单位	施 工 单 位	
	专业技术负责人	质检员	试验员

④砖、混凝土风道的允许漏风量不应大于矩形低压系统风管规定值的 1.5 倍；

⑤排烟、除尘、低温送风系统按中压系统风管的规定，1~5 级净化空调系统按高压系统风管的规定；

⑥按风管系统的类别和材质分别抽查，不得少于 3 件及 15m^2。

2）净化空调系统风管空气洁净度等级为 1~5 级的净化空调系统风管不得采用按扣式咬口。

(2) 漏风量测试：

1）漏风量测试应采用经检验合格的专用侧量仪器，或采用符合现行国家标准《流量测量节流装置》规定的计量元件搭设的测量装置。

2）漏风量测试装置可采用风管式或风室式。风管式测试装置采用孔板作计量元件；风室式测试装置采用喷嘴作计量元件。

3）漏风量测试装置的风机，其风压和风量应选择分别大于被测定系统或设备的规定试验压力及最大允许漏风量的 1.2 倍。

4）漏风量测试装置试验压力的调节，可采用调整风机转速的方法，也可采用控制节流装置开度的方法。漏风量值必须在系统经调整后，保持稳压的条件下测得。

5）漏风量测试装置的压差测定应采用微压计，其最小读数分格不应大于 2.0Pa。

6）风管式漏风量测试装置按《通风与空调工程施工质量验收规范》（GB 50243—2002）执行。

7) 正压或负压系统风管与设备的漏风量测试，分正压试验和负压试验两类。一般可采用正压条件下的测试来检验。

8) 系统漏风量测试可以整体或分段进行。测试时，被测系统的所有开口均应封闭，不应漏风。

9) 被测系统的漏风量超过设计和本规范的规定时，应查出漏风部位（可用听、摸、观察水或烟检漏），做好标记。修补、完工后，重新测试，直至合格。

10) 漏风量测定值一般应为规定测试压力下的实测数值。

(3) 风管系统安装完毕后，应按系统类别进行严密性检验，漏风量应符合设计与 GB 50243—2002 规范第 6.2.8 条的规定。风管系统的严密性检验，应符合下列规定：

1) 低压系统风管的严密性检验应采用抽检，抽检率为 5%，且不得少于一个系统。在加工工艺得到保证的前提下，采用漏光法检测。检测不合格时，应按规定的抽检率，作漏风量测试。

2) 中压系统风管的严密性检验，应在漏光法检测合格后，对系统漏风量测试进行抽检，抽检率为 20%，且不得少于一个系统。

3) 高压系统风管的严密性检验，为全数进行漏风量测试。

4) 系统风管严密性检验的被抽检系统，应全数合格，则视为通过；如有不合格时，则应再加倍抽检，直至全数合格。

5) 净化空调系统风管的严密性检验，1~5 级的系统按高压系统风管的规定执行；6~9 级的系统按 GB 50243—2002 第 4.2.5 条执行。

(4) 风管必须通过工艺性的检测或验证，其强度和严密性要求应符合设计或下列规定：

1) 风管的强度应能满足在 1.5 倍工作压力下接缝处无开裂。

2) 矩形风管的允许漏风量应符合以下规定：

低压系统风管 $Q_L \leq 0.1056 P^{0.65}$

中压系统风管 $Q_M \leq 0.0352 P^{0.65}$

高压系统风管 $Q_H \leq 0.0117 P^{0.65}$

式中 Q_L、Q_M、Q_H——系统风管在相应工作压力下，单位面积风管单位时间内的允许漏风量 [$m^3/(h \cdot m^2)$]；

P——指风管系统的工作压力 (Pa)。

3) 低压、中压圆形金属风管、复合材料风管以及采用非法兰形式的非金属风管的允许漏风量，应为矩形风管规定值的 50%。

4) 排烟、除尘、低温送风系统按中压，1~5 净化空调系统按高压系统风管的规定。按风管系统的类别和材质分别抽查，不得少于 3 件及 15m^2。

5) 砖、混凝土风道的允许漏风量不应大于矩形低压系统风管规定值的 1.5 倍。

(5) 漏风测试方法按 GB 50243—2002 规范附录 A 漏光法检测与漏风量测试（见本书附录专业规范测试）。

(6) 各系统风管的单位面积允许漏风量也可按表 C2-25-6-1 执行。

(7) 填表说明：

1) 风管级别：指施工图设计标注的风管级别。

2) 试验压力：指规范规定的额定试验压力（Pa）。
3) 系统总面积：指漏风检测设定的系统总面积。
4) 试验总面积：指漏风检测实际测定的总面积。
5) 允许单位面积漏风量：指规范规定的允许单位面积漏风量。
6) 实测单位面积漏风量：指实际测定单位面积漏风量。
7) 检测区段图示：指绘制被测区段的检测图，应简单、清晰。

风管单位面积允许漏风量（$m^3/h \cdot m^2$） 表 C2-25-6-1

工作压力（Pa） \ 系统类别	低压系统	中压系统	高压系统
100	2.11	—	—
200	3.31	—	—
300	4.30	—	—
400	5.19	—	—
500	6.00	2.00	—
600	—	2.25	—
800	—	2.71	—
1000	—	3.14	—
1200	—	3.53	—
1500	—	4.08	1.36
1800	—	—	1.53
2000	—	—	1.64
2500	—	—	1.90

3.2.25.7 水箱、集水缸、分水缸、储冷罐满水或水压试验记录（C2-25-7）

实施要点：

（1）水箱、集水缸、分水缸、储冷罐满水或水压试验记录按 C2-25-2 表式执行。

（2）水箱、集水缸、分水缸、储冷罐的满水或水压试验必须符合设计要求。储冷罐内壁防腐涂层的材质、涂抹质量、厚度必须符合设计或产品技术文件要求，储冷罐与底座必须进行绝热处理。

3.2.25.8 通风与空调工程设备、管道吹（扫）洗记录（C2-25-8）

实施要点：

（1）通风与空调工程设备、管道吹（扫）洗记录按 C2-15-1 表式执行。

（2）设备、管道吹洗：

1) 制冷机设备的拆卸和清洗

①用油封的活塞式制冷机，如在技术文件规定期限内，外观完整，机体无损伤和锈蚀等现象，可仅拆卸缸盖、活塞、气缸内壁、吸排气阀、曲轴箱等均匀清洗干净，油系统应畅通，检查紧固件是否牢固，并更换曲轴箱的润滑油，如在技术文件规定期限外，或机体有损伤和锈蚀等现象，则必须全面检查，并按设备技术文件的规定拆洗装配，调整各部位间隙，并做好记录。

②充入保护气体的机组在设备技术文件规定期限内，外观完整和氮封压力无变化的情况下，不作内部清洗，仅作外表擦洗，如需清洗时，严禁混入水汽。

③制冷系统中的浮球阀和过滤器均应检查和清洗。

④制冷剂和润滑油系统的管子、管件与阀门安装前的清洗：管子及管件在安装前应将内外壁的氧化皮、污物和锈蚀清除干净，使内壁出现金属光泽，并保持内外壁干燥；阀门应进行清洗，凡具有产品合格证，进出口封闭良好，并在技术文件规定的期限内，可不作解体清洗。

⑤制冷机的辅助设备，单体安装前必须吹污，并保持内壁清洁。

2）制冷管道的吹洗

①阀门均应进行清洗。凡具有产品合格证，进出口封闭良好，并在技术文件规定的期限内，可不作解体清洗。

②冷冻水（载冷剂）、冷却水及冷凝水管道安装后应进行系统性冲洗，系统清洗后方能与制冷设备或空调设备连接。

3.2.26 隐蔽工程验收记录（C2-26）

资料编制控检要求：

通风与空调工程应隐蔽的项目必须实行隐蔽工程验收，隐蔽验收原则按建筑与结构的隐蔽验收要求执行。隐蔽工程验收符合设计和有关标准规定的为符合要求，不进行隐蔽验收或不填报隐蔽工程验收记录为不符合要求。

3.2.26.1 井道、吊顶内管道或设备隐蔽验收记录（C2-26-1）

1. 资料表式

井道、吊顶内管道或设备隐蔽验收记录按 C2-5-1 表式执行。

2. 实施要点

（1）通风与空调工程凡敷设于暗井道及不通行吊顶内或其他工程（如设备、外砌墙、管道及附件外保温隔热等）所掩盖的项目，如空气洁净系统、制冷管道系统及其他部件等均需隐蔽工程验收。暗配管路（吊顶、埋地、管井内等）均应进行分层（或分段）的隐蔽工程检查验收。内容包括：管路走向、规格、标高、坡度、坡向、弯度接头、软接头、节点处理、保温及结落处理、防渗漏功能、支托吊架的位置及固定焊接质量、防腐情况等。应在隐蔽前进行标准规定的有关调整、试验。

需要绝热的管道与设备除进行标准规定的有关调整、试验外，必须在绝热工程完成后方可隐蔽。

未经试验或试验不符合要求的不得进行隐蔽。

（2）需要进行吹扫的管道，应在隐蔽前进行吹扫，需要吹扫且需要做保温绝热的工程，应在吹扫后进行保温绝热施工。

（3）制冷系统管道安装前，应将管子内的氧化皮、污染物和锈蚀除去，使内壁出现金属光泽面后，管子两端方可封闭。

（4）通风与空调工程中的隐蔽工程，在隐蔽前必须经监理人员验收及认可签证。

3.2.26.2 设备朝向、位置及地脚螺栓隐蔽验收记录（C2-26-2）

1. 资料表式（表 C2-27-1）

隐蔽工程验收记录按 C2-5-1 表式执行。

2. 实施要点

（1）制冷系统的附属设备如冷凝器、贮液器、油分离器、中间冷却器、集油器、空气分离器、蒸发器和制冷剂泵等就位前，应检查管路的方向和位置、地脚螺栓也和基础位置并应符合设计要求。

(2) 当基础施工完毕交接验收时或验收单位基础移交给安装单位时，应对基础进行检查。内容包括：基础位置、几何尺寸、预留孔、预埋装置的位置，混凝土强度等级、工程设计对设备基础的消声、防震装置等是否符合工程设计与基础设计施工图。

(3) 通风与空调工程中的隐蔽工程，在隐蔽前必须经监理人员验收及认可签证。

3.2.27 制冷设备运行调试记录（C2-27）

1. 资料编制控检要求：

(1) 制冷设备试车、各房间室内风量测量应按标准规定进行，并按标准要求做好记录。

(2) 制冷设备试车前、风量、温度调试前应按设计或"规范"要求进行设备试运行准备，且满足设计和规范要求的为符合要求，有要求未做或试验结果不符合设计和规范要求的为不符合要求；各房间室内风量测量记录的调试、管网风量平衡记录的调试、空气净化系统检测记录的调试……等均应满足设计和规范要求的为符合要求；不进行各房间室内风量测量记录的调试、管网风量平衡记录的调试、空气净化系统检测记录的调试……等为不符合要求。

(3) 表列子项填报齐全为符合要求，主要项目缺项为不符合要求。

2. 设备单机试车记录（通用）（C2-27-1）：

(1) 资料表式（表C2-27-1）

(2) 实施要点

1) 制冷设备与制冷附属设备安装应符合下列规定：

①制冷设备、制冷附属设备的型号、规格和技术参数必须符合设计要求，并具有产品合格证书、产品性能检验报告；

②设备的混凝土基础必须进行质量交接验收，合格后方可安装；

③设备安装的位置、标高和管口方向必须符合设计要求。用地脚螺栓固定的制冷设备或制冷附属设备，其垫铁的放置位置应正确、接触紧密，螺栓必须拧紧，并有防松动措施。

设备单机试车记录表（通用）　　　　　　　　　　表 C2-27-1

工程名称				分部（或单位）工程				
系统名称								
序号	系统编号	设备名称	设备转速（r/min）		功率（kW）		电流（A）	轴承温升（℃）
			额定值	实测值	铭牌	实测	额定值	实测值	实测值
试验结果						年　月　日			
参加人员	监理（建设）单位			施　工　单　位				
				专业技术负责人		质检员		试验员

2）制冷设备的各项严密性试验和试运行的技术数据，均应符合设备技术文件的规定。对组装式的制冷机组和现场充注制冷剂的机组，必须进行吹污、气密性试验、真空试验和充注制冷剂检漏试验，其相应的技术数据必须符合产品技术文件和有关现行国家标准、规范的规定。

3）制冷系统管道、管件和阀门安装应符合下列规定：

①制冷剂系统的管道、管件与阀门的型号、材质及工作压力等必须符合设计要求，并应具有出厂合格证、质量证明书。

②法兰、螺纹等处的密封材料应与管内的介质性能相适应。

③制冷剂液体管不得向上装成"U"形。气体管道不得向下装成"U"形（特殊回油管除外）；液体支管引出时，必须从干管底部或侧面接出；气体支管引出时，必须从干管顶部或侧面接出；有两根以上的支管从干管引出时，连接部位应错开，且间距不应小于2倍支管直径，且不小于200mm。

④制冷机与附属设备之间制冷剂管道的连接，其坡度与坡向应符合设计及设备技术文件要求，当设计无规定时，应符合表C2-27-1A的规定。

制冷剂管道坡度、坡向　　　　　　　　表 C2-27-1A

管道名称	坡　向	坡　度
压缩机吸气水平管（氟）	压缩机	≥10/1000
压缩机吸气水平管（氨）	蒸发器	≥3/1000
压缩机排气水平管	油分离器	≥10/1000
冷凝器水平供液管	贮液器	(1～3)/1000
油分离器至冷凝器水平管	油分离器	(3～5)/1000

⑤制冷系统投入运行前，应对安全阀进行调试校核，其开启和回座压力应符合设备技术文件的要求。

3. 通风机、空调机组中的风机运行调试记录（C2-27-1-1）：

实施要点：

(1) 通风机、空调机组中的风机运行调试记录按 C2-27-1 表式执行。

(2) 通风机、空气调节机组中的风机，叶轮旋转方向正确、运转平稳、无异常振动与声响，其电机运行功率应符合设备技术文件的规定。在额定转速下连续运转2h后，滑动轴承外壳最高温度不得超过70℃；滚动轴承不得超过80℃。

(3) 通风机试运转，运转前必须加上适度的润滑油，并检查各项安全措施；盘动叶轮，应无卡阻和碰擦现象；叶轮旋转方向必须正确。

(4) 风机试运转：

适用于离心通风机、离心鼓风机、轴流通风机、罗茨鼓风机和叶氏鼓风机的安装。

1) 风机试运转应分两步：第一步机械性能试运转；第二步设计负荷试运转。一般均应以空气为压缩介质，风机的设计工作介质的比重小于空气时，应计算以空气进行试运转时所需的功率和压缩后的温升是否影响正常运转，如有影响，必须用规定的介质进行设计负荷试运转。

2) 风机试运转前，应符合下列要求：润滑油的名称、型号、主要性能和加注的数量应符合设备技术文件的规定；按设备技术文件的规定将润滑系统、密封系统进行彻底冲洗；鼓风机和压缩机的循环供油系统的连锁装置、防飞动装置、轴位移警报装置、密封系统连锁装置、水路系统调节装置、阀件和仪表等均应灵敏可靠，并符合设备技术文件的规定；电动机或汽轮机、燃气轮机的转向应与风机的转向相符；盘动风机转子时，应无卡住和摩擦现象；阀件和附属装置应处于风机运转时负荷最小的位置；机组中各单元设备均应按设备技术文件的规定进行单机试运转；检查各项安全措施。

3) 风机在额定转速下试运转时，应根据风机在使用上的特点和使用地点的海拔高度，依据设备技术文件确定所需的时间。无文件规定时，在一般情况下可按下列规定：离心、轴流通风机，不应少于 2h；罗茨、叶氏式鼓风机在实际工作压力下，不应少于 4h；离心鼓风机、压缩机，最小负荷下（即机械运转）不应少于 8h，设计负荷下连续运转不应少于 24h；风机不得在喘振区域内运转（喘振流量范围由设备技术文件注明）。

4) 风机运转时，应符合下列要求：风机运转时，以电动机带动的风机均应经一次启动立即停止运转的试验，并检查转子与机壳等确无摩擦和不正常声响后，方得继续运转（汽轮机、燃气轮机带动的风机的启动应按设备技术文件的规定执行）；风机启动后，不得在临界转速附近停留（临界转速由设备技术文件注明）；风机启动时，润滑油的温度一般不应低于 25℃，运转中轴承的进油温度一般不应高于 40℃；风机启动前，应先检查循环供油是否正常，风机停止转动后，应待轴承回油温度降到小于 45℃后，再停止油泵工作；有启动油泵的机组，应在风机启动前开动起动油泵，待主油泵供油正常后才能停止启动油泵；风机停止运转前，应先开动启动油泵，风机停止转动后应待轴承回油温度降到 45℃后再停止启动油泵；风机运转达到额定转速后，应将风机调整到最小负荷（罗茨、叶氏式鼓风机除外）进行机械运转至规定的时间；然后逐步调整到设计负荷下检查原动机是否超过额定负额，如无异常现象则继续运转至所规定的时间为止；高位油箱的安装高度，以轴承中分面为基准面，距此向上不应低于 5m；风机的润滑油冷却系统中的冷却水压力必须低于油压；风机运转时，轴承润滑油进口处油压应符合设备技术文件的规定，无文件规定时，一般进油压力应为 0.08~0.15MPa（0.8~1.5kgf/cm^2），高速轻载轴承油压低于 0.07MPa（0.7kgf/cm^2）时应报警，低于 0.05MPa（0.5kgf/cm^2）时应停车；低速运转的轴承油压低于 0.05MP（0.5kgf/cm^2）时应报警，低于 0.03MPa（0.3kgf/cm^2）时应停车。当油压下降到上述数值的上限时，应立即开动启动油泵或备用油泵，同时查明油压不足的原因，并设法消除；风机运转中轴承的径向振幅应符合设备技术文件的规定，无规定时应符合表 C2-27-1-1A、C2-27-1-1B 的规定；风机运转时，轴承温度应符合设备技术文件的规定；无规定时，一般应符合表 C2-27-1-1C 的规定。风机运转时，应间隔一定的时间检查润滑油温度和压力、冷却水温度和水量、轴承的径向振幅、排气管路上和各段间气体的温度和压力、保定装置、电动机的电流、电压和功率因数，以及汽轮机、燃气轮机的设备技术文件中规定要测量的参数值等是否符合设备技术文件的规定，并做好记录；风机试运转完毕，应将有关装置调整到准备起动状态。

离心、轴流通风机、罗茨、叶氏式鼓风机轴承的径向振幅（双向） 表 C2-27-1-1A

转速（转/分）	≤375	>375~550	>550~750	>750~1000	>1000~1450	>1450~3000	>3000
振幅不应超过（mm）	0.18	0.15	0.12	0.10	0.08	0.06	0.04

离心鼓风机、压缩机和增速器轴承的径向振幅（双向） 表 C2-27-1-1B

转速（转/分）		≤3000	>3000~6500	>6500~10000	>10000~18000
主机轴承振幅不应超过（mm）	滚动	0.06			
	滑动	0.05	0.04	0.03	0.02
增速器轴承振幅不应超过（mm）			0.04	0.04	0.03

注：上两表所列振幅系指测振器的触头沿铅垂直方向安放于轴承压盖上所测得的数值。

轴承温度 表 C2-27-1-1C

轴承形式	滚动轴承	滑动轴承
温度不宜高于（℃）	80	60

4．水泵运行调试记录（C2-27-1-2）：

实施要点：

（1）水泵的运行调试记录按 C2-27-1 表式执行。

（2）水泵叶轮旋转方向正确，无异常振动和声响，紧固连接部件无松动，其电机运行功率值符合设备技术文件的规定。

（3）水泵试运转，在设计负荷下连续运转不应少于 2h，并应符合下列规定：

1）运转中不应有异常振动和声响，各静密封处不得泄漏，紧固连接部位不应松动；

2）滑动轴承的最高温度不得超过 70℃，滚动轴承的最高温度不得超过 75℃；

3）轴封填料的温升应正常，在无特殊要求的情况下，普通填料泄漏量不得大于 35～60ml/h，机械密封的泄漏量不得大于 10ml/h；

4）电动机的电流和功率不应超过额定值。

（4）泵类试运转（TJ231—（五）—78）。

1）泵试运转前，应做下列检查：原动机的转向应符合泵的转向要求；各紧固连接部位不应松动；润滑油脂的规格、质量、数量应符合设备技术文件的规定；有预润要求的部位应按设备技术文件的规定进行预润；润滑、水封、轴封、密封冲洗、冷却、加热、液压、气动等附属系统的管路应冲洗干净，保持通畅；安全、保护装置应灵敏、可靠；盘车应灵活、正常；泵起动前，泵的出入口阀门应处于下列开启位置：入口阀门：全开；出口阀门：离心泵全闭，其余泵全开（混流泵真空引水时，出口阀全闭）。

2）泵的试运转应在各独立的附属系统试运转正常后进行。

3）泵的启动和停止应按设备技术文件的规定进行。

4）泵在设计负荷下连续运转不应少于 2 小时，并应符合下列要求：

①附属系统运转应正常，压力、流量、温度和其他要求应符合设备技术文件的规定；

②运转中不应有不正常的声音;

③各静密封部位不应泄漏;

④各紧固连接部位不应松动;

⑤滚动轴承的温度不应高于75℃;滑动轴承的温度不应高于70℃;特殊轴承的温度应符合设备技术文件的规定;

⑥填料的温升应正常;在无特殊要求的情况下,普通软填料宜有少量的泄漏(每分钟不超过10~20滴);机械密封的泄漏量不宜大于10ml/h(每分钟约3滴);

⑦原动机的功率或电动机的电流不应超过额定值;

⑧泵的安全、保护装置应灵敏、可靠;

⑨振动应符合设备技术文件的规定;如设备技术文件无规定而又需测振动时,可参照表C2-27-1-2A的规定执行;

⑩其他特殊要求应符合设备技术文件的规定。

5) 试运转结束后,应做好下列工作:

泵的径向振幅(双向) 表 C2-27-1-2A

转速(转/分)	≤375	>375 ~600	>600 ~750	>750 ~1000	>1000 ~1500	>1500 ~3000	>3000 ~6000	>6000 ~12000	12000
振幅不应超过(mm)	0.18	0.15	0.12	0.10	0.08	0.06	0.04	0.03	0.02

注:振动应用手提式振动仪在轴承座或机壳外表面测量。

①关闭泵的出入口阀门和附属系统的阀门;

②输送易结晶、凝固、沉淀等介质的泵,停泵后,应及时用清水或其他介质冲洗泵和管路,防止堵塞;

③放净泵内积存的液体,防止锈蚀和冻裂;

④如长时间停泵放置,就采取必要的措施,防止设备玷污、锈蚀和损坏。

(5) 离心泵试运转:

1) 起动前,平衡盘冷却水管路应畅通,泵和吸入管路必须充满输送液体,排尽空气,不得在无液体情况下启动;自吸泵的吸入管路不需充满液体。

2) 输送高、低温液体的泵,启动前必须按设备技术文件的规定进行预热或预冷。

3) 离心泵不应在出口阀门全闭的情况下长时间运转;也不应在性能曲线中驼峰处运转。

4) 水泵涡轮机试运转时,当涡轮机尚未回收能量前,应确保电动机的电流小于额定值,严防电机超载。

(6) 深井泵试运转:

1) 适用于长轴深井水泵和湿式潜水电泵。

2) 泵试运转前应做好下列工作:

①长轴深井泵:按设备技术文件的规定调整叶轮与导流壳之间的轴向间隙;检查止退机构是否灵活、可靠;启动前,应按设备技术文件的规定用水预润橡胶轴承。

②潜水电泵:计算电缆的电压降,应保证潜水电机引出电缆接头处电压不低于潜水电机的规定值;每次启动前,均应使井下部分扬水管内充满空气;潜水电泵应在规定的范围

内使用。

③长轴深井泵起动后20min，应停泵再次调整叶轮与导流壳之间的轴向间隙。

④对未能在入井前检查电机转向的潜水电泵，应根据起动电流的变化情况确定电机的正确转向。

(7) 中、小型轴流泵的试运转：

泵试运转前应做好下列工作：检查叶片的安装角是否与使用需要相对应，否则，应按设备技术文件规定调整叶片的安装角；起动前，应用清水或肥皂水预润橡胶轴承，直至泵正常运转。

(8) 往复泵的试运转：

1) 泵试运转时应按下述要求升压：无负荷（出口阀门全开）运转不应少于15分钟，正常后，按工作压力的1/4、1/2、3/4各运转不应少于半小时，最后在工作压力下连续运转不应少于8小时。在前一压力级未合格前，不应进行后一压力级的运转。

2) 试运转尚应符合下列要求：不应在出口阀全闭的情况下起动；吸入和排出阀的工作应正常；安全阀、溢流阀的工作应灵敏、可靠；隔膜泵的三阀的工作应灵敏、可靠；蒸汽泵不得产生"撞缸"现象；计量泵的调节机构应灵活；在条件许可的情况下，应按设备技术文件规定的"流量——行程曲线"进行复校；计量泵和其他对泄漏有特殊要求的泵，填料的泄漏量应符合设备技术文件的规定；超高压泵应按设备技术文件的规定执行。

5. 冷却塔运行调试记录（C2-27-1-3）：

实施要点：

(1) 冷却塔的运行调试记录按C2-27-1表式执行。

(2) 冷却塔本体应稳固、无异常振动，其噪声应符合设备技术文件的规定。

冷却塔风机与冷却水系统循环试运行不少于2h，运行应无异常情况。

(3) 具有冷却水系统的通风空调工程的冷却塔试运转应填写冷却塔的运行调试记录。

(4) 试运转前应对冷却塔进行以下检查记录：

1) 塔体和附件（配件）的安装固定应牢靠。

2) 用手盘动风叶，布水器应灵活、无异常现象。

3) 电机绕组对电机金属外壳（对地）绝缘电阻应符合要求。

4) 点动电机检查风叶转向应正确。

(5) 冷却塔风机试运转检查记录内容及要求：

1) 运转平稳、无异常振动与声响。

2) 其电机运行电流、工作电压应符合设备技术文件的规定。

3) 在额定转速下连续运转2h后，风机轴承最高温度——滑动轴承不得超过70℃，滚动轴承不得超过80℃；电机轴承最高温度——滑动轴承不应超过80℃，滚动轴承不应超过95℃。

4) 在塔进风口方向，离塔壁水平距离为一倍塔体直径（当塔形为矩形时，取当量直径：$D=1.3(a \cdot b)^{0.5}$，a、b为塔的边长）及离地面高度1.5m处测量噪声。

5) 记录应填写连续运行时间及运行时的环境温度。

(6) 冷却塔型号及性能参数记录可在设备技术文件或机体铭牌上摘录数据。

6. 制冷机组、单元式空调机组运行调试记录（C2-27-1-4）：
1. 资料表式

制冷机组、单元式空调机组运行调试记录　　表 C2-27-1-4

工程名称						分部（或单位）工程				
系统名称						施工执行标准名称及编号				
测试仪器及精度				试验日期			项目经理			
设备名称	制冷量(kW)	制热量(kW)	额定功率(kW)	制冷剂	允许噪声(dB)	试验电流(A)	试验电压(V)	运转时间(h)	测试过程	测试结果
检测结果										
参加人员	监理（建设）单位				施工单位					
					专业技术负责人		质检员		试验员	

2. 实施要点：

（1）制冷机组、单元式空调机组运行调试记录表式按 C2-27-1 执行。

（2）制冷机组、单元式空气调节机组的试运转，应符合设备技术文件和现行国家标准《制冷设备、空调分离设备安装工程施工及验收规范》GB 50274 的有关规定，正常运转不应少于 8h。

（3）参加空分设备试运转的人员，应经培训，并应熟悉成套空分设备的工艺流程，熟练掌握本岗位操作规程，合格后方可上岗操作。

7. 电控防火、防排烟风阀（口）运行调试记录（C2-27-1-5）：

实施要点：

（1）电控防火、防排烟风阀（口）运行调试记录按 C2-27-1 表式执行。

（2）电控防火、防排烟风阀（口）的手动、电动操作应灵活、可靠，信号输出正确。

（3）通风与空调工程防排烟、送排风、空调（含净化空调）等系统子分部中防火阀和排烟阀的检查试验均应填写电控防火、防排烟风阀（口）运行调试记录。

（4）防火、防排烟风阀应检查试验手动、电动操作是否灵活、可靠，信号输出是否正确。

（5）准确表达系统名称、试验日期、风阀编号及其安装部位、区、段、风阀型号等。

8. 风机、空调机组、风冷热泵运行调试记录（C2-27-1-6）：

实施要点：

（1）风机、空调机组、风冷热泵运行调试记录按 C2-27-1 表式执行。

（2）风机、空调机组、风冷热泵等设备运行时，产生的噪声不宜超过产品性能说明书的规定值。

（3）现场组装的空调机组应做漏风量测试。空调机组静压为 700Pa，漏风率不应大于 3%；用于空气净化系统的机组，静压应为 1000Pa，当室内洁净度低于 1000 级时，漏风率不应大于2%，洁净度高于、等于1000级时，漏风率不应大于1%。

9．风机盘管机组运行调试记录（C2-27-1-7）：

实施要点：

(1) 风机盘管机组运行调试记录按C2-27-1表式执行。

(2) 风机盘管机组安装前应进行单机三速试运转及水压试验。试验压力为系统工作压力的1.5倍，不漏为合格。

(3) 带换热盘管的风机（风柜）安装前进行单体检查试验。

(4) 风机盘管检查试验和记录内容及要求：

1) 准确记录作为冷（或热）媒的冷冻水（或热水）系统设计和规范要求的工作压力，水压试验规定压力和时间。

2) 准确记录每一试验风机盘管的型号、出厂编号。

3) 水压检漏试验要求：试验压力为系统工作压力的1.5倍，试验观察时间为2min，不渗漏为合格。

4) 检测并记录风机电动机绕组对金属外壳（即对地）的绝缘电阻。

5) 对风机电动机进行高、中、低三速分别试运转，并记录其工作电压和三个速度运行的电流。

(5) 风机盘管机组的三速、温控开关的动作应正确，并与机组运行状态一一对应。

10．除尘器、空气过滤器和换热器运行调试记录（C2-27-1-8）：

(1) 资料表式

除尘器、空调机漏风检测记录　　　　　表 C2-27-1-8

工程名称		分部（或单位）工程	
分项工程		检测日期	
设备名称		型号 规格	
额定风量（m³/h）		允许漏风率（%）	
工作压力（Pa）		测试压力（Pa）	
允许漏风量（m³/h）		实测漏风量（m³/h）	
评定意见			
参加人员	监理（建设）单位	施 工 单 位	
		专业技术负责人	质检员	试验员

(2) 实施要点

1) 现场组装的除尘器壳体应做漏风量检测,在设计工作压力下允许漏风率为5%,其中离心式除尘器为3%。

2) 除尘器:电除尘器壳体及辅助设备均应接地,在各种气候条件下接地电阻应小于4Ω。组装除尘器安装完毕后,在敷设保温层前应进行漏风量测试。漏风率应符合在设计工作压力下除尘器的允许漏风率为5%,其中离心式除尘器为3%。

3) 洁净设备:生物安全柜在每次安装、移动后应进行现场试验,当设计无规定时,柜的检验应符合下列要求:

①必须对所有接缝(包括柜与地面的接缝)进行密封处理;

②柜缝进行密封处理后,应进行压力渗漏试验,高效空气过滤器的渗漏试验、操作口负压试验、操作区及操作口气流速度试验、洗涤盆漏水程度试验以及接地装置的接地线路电阻试验。

4) 填表说明:

①额定风量(m^3/h):指设备铭牌标注的额定风量。

②允许漏风率(%):指规范规定的允许漏风率。

③工作压力(Pa):指规范规定的额定试验压力。

④测试压力(Pa):按规范规定实际测试的试验压力。

⑤允许漏风量(m^3/h):指规范规定的允许单位面积漏风量。

⑥实测漏风量(m^3/h):指实际测定单位面积漏风量。

11. 风量、温度测试记录(C2-27-1-9):

(1) 资料表式

风量、温度测试记录 表 C2-27-1-9

工程名称		部 位	
试验要求		测试部位或区段	
试验日期		大气温度	
风量测试			
温度测试			
检验情况			
测试结果			
参加人员	监理(建设)单位	施工单位		
		专业技术负责人	质检员	试验员

(2) 实施要点

1) 风量、温度的测试应按标准规定进行，并按标准要求做好记录；

2) 系统总风量调试结果与设计风量的偏差不应大于10%；

3) 空调冷热水、冷却水总流量测试结果与设计流量的偏差不应大于10%；

4) 舒适空调的温度、相对湿度应符合设计的要求。恒温、恒湿房间内空气温度、相对湿度及波动范围应符合设计规定；

5) 检查数量：按风管系统数量抽查10%，且不得少于1个系统。

12. 各房间室内风量测量记录（C2-27-1-10）：

(1) 资料表式

各房间室内风量测量记录　　　　　表 C2-27-1-10

工程名称				分部（或单位）工程			日期	
位部 \ 项目	风量（m³/h）		相对差 $\Delta = \dfrac{L_{实} - L_{设}}{L_{设}}100\%$	位部 \ 项目	风量（m³/h）		相对差 $\Delta = \dfrac{L_{实} - L_{设}}{L_{设}}100\%$	
	实际	设计			实际	设计		
测试结果								
参加人员	监理（建设）单位			施工单位				
				专业技术负责人		质检员		试验员

(2) 实施要点

1) 各房间室内风量测量按 GB 50243—2002 规范规定的方法、数量进行。

2) 各房间室内风量的测量，应测量设计值和实际值以及相对差。

3) 净化空调系统：

①单向流洁净室系统的系统总风量调试结果与设计风量的允许偏差为0%~20%，室内各风口风量与设计风量的允许偏差为15%。

新风量与设计新风量的允许偏差为10%。

②单向流洁净室系统的室内截面平均风速的允许偏差为（0~+20)%，且截面风速不均匀度不应大于0.25。

新风量和设计新风量的允许偏差为10%。

③相邻不同级别洁净室之间和洁净室与非洁净室之间的静压差不应小于5Pa，洁净室与室外的静压差不应小于10Pa。

④室内空气洁净度等级必须符合设计规定的等级或在商定验收状态下的等级要求；

高于等于5级的单向流洁净室，在门开启的状态下，测定距离门0.6m室内侧工作高度处空气含尘浓度，亦不应超过室内洁净度等级上限的规定。

4）填表说明：

①风量：指室内风量的设计值和实际值，以 m^3/h 表示。

②相对差：指风量实测值减去设计值除以设计值所得的变量。

13. 管网风量平衡记录（C2-27-1-11）：

（1）资料表式

管网风量平衡记录　　　　表 C2-27-1-11

工程名称							分部（或单位）工程			
分项工程							系统名称		日期	
测点编号	风管尺寸 (m)	断面积 (m^2)	平均风压（Pa）			风速 (m/s)	风量（m^3/h）		相对差 $\Delta = \dfrac{L_{实} - L_{设}}{L_{设}} 100\%$	使用仪器编号
			动压	静压	全压		实际 ($L_{实}$)	设计 ($L_{设}$)		
试验结果										
参加人员	监理（建设）单位			施　工　单　位						
	专业技术负责人			质检员				试验员		

（2）实施要点

1）管网风量平衡记录应按标准规定进行，并按标准要求做好记录。

2）填表说明：

①平均风压：指被测管网系统的实测的平均风压。分别按动压、静压、全压记录。

②风速：指被测管网系统的风管断面内通过风量的风速。

③风量：指被测管网系统的风管断面内通过风量。分别按实际值和设计值填写。

④相对差：指风量实测值减去设计值除以设计值所得的变量。

14. 空气净化系统检测记录（C2-27-1-12）：

（1）资料表式

空气净化系统检测记录 表C2-27-1-12

工程名称			分部（或单位）工程			
系统编号			洁净室级别		日期	
仪器型号			仪器编号			
高效过滤器	型号			数量		
室内洁净度	室内洁净面积（m²）			实测洁净室等级		
检测结果						
参加人员	监理（建设）单位		施工 单 位			
		专业技术负责人		质检员		试验员

(2) 实施要点

1) 净化空调系统运行前应在回风、新风的吸入口处和粗、中效过滤器前设置临时用过滤器（如无纺布等），实行对系统的保护。净化空调系统的检测和调整，应在系统进行全面清扫，且已运行24h及以上达到稳定后进行。

洁净室洁净度的检测，应在全态或静态下进行或按合约规定。室内洁净度检测时，人员不宜多于3人，均必须穿与洁净室洁净度等级相适应的洁净工作服。

2) 净化空调系统还应符合下列规定：

①单向流洁净室系统的系统总风量调试结果与设计风量的允许偏差为0%~20%，室内各风口风量与设计风量的允许偏差为15%。

新风量与设计新风量的允许偏差为10%。

②单向流洁净室系统的室内截面平均风速的允许偏差为（0~+20)%，且截面风速不均匀度不应大于0.25。

新风量和设计新风量的允许偏差为10%。

③相邻不同级别洁净室之间和洁净室与非洁净室之间的静压差不应小于5Pa，洁净室与室外的静压差不应小于10Pa。

④室内空气洁净度等级必须符合设计规定的等级或在商定验收状态下的等级要求；

高于等于5级的单向流洁净室，在门开启的状态下，测定距离门0.6m室内侧工作高度处空气含尘浓度，亦不应超过室内洁净度等级上限的规定。

调试记录全数检查。

3) 净化空调系统的外观检查还应符合下列要求：

①空气调节机组、风机、净化空气调节机组、风机过滤器单元和空气吹淋室等的安

装位置应正确、固定牢固、连接严密，其偏差应符合 GB 50243—2002 规范有关条文的规定：

②高效过滤器与风管、风管与设备的连接处应有可靠密封；

③净化空气调节机组、静压箱、风管及送、回风口清洁无积尘；

④装配式洁净室的内墙面、吊顶和地面，应光滑、平整、色泽均匀，不起灰尘，地板静电值应低于设计规定；

⑤送回风口、各类末端装置、以及各类管道等与洁净室内表面的连接处，密封处理应可靠、严密。

4）风管系统安装完毕后，应按系统类别进行严密性检验，漏风量应符合设计与 GB 50243—2002 规范第 4.2.5 条的规定。风管系统的严密性检验，应符合下列规定：

①低压系统风管的严密性检验应采用抽检。在加工工艺得到保证的前提下，采用漏光法检测。检测不合格时，应按规定的抽检率，作漏风量测试。

中压系统风管的严密性检验，应在漏光法检测合格后，对系统漏风量测试进行抽检。

高压系统风管的严密性检验，为全数进行漏风量测试。

系统风管严密性检验的被抽检系统，应全数合格，则视为通过；如有不合格时，则应再加倍抽检，直至全数合格。

②净化空调系统风管的严密性检验，1~5 级的系统按高压系统风管的规定执行；6~9 级的系统按 GB 50243—2002 规范第 4.2.5 条的规定执行。

3.2.28 通风、空调系统试运行调试记录（C2-28）

资料编制控检要求：

(1) 通风、空调系统调试应按标准规定进行，并按标准要求做好记录。

(2) 通风、空调系统调试前应按设计或"规范"要求进行预试运行准备，调试结果满足设计和规范要求的为符合要求，有要求未做或调试不符合设计和规范要求的为不符合要求。

3.2.28.1 通风、空调系统调试记录（通用）（C2-28-1）

1. 资料表式

通风、空调系统调试记录表（通用）　　　　　表 C2-28-1

工程名称		分部（或单位）工程		
系统编号		试验日期	年　月　日	
设计总风量	（m³/h）	实测总风量	（m³/h）	
风机全压		实测风机全压		
运行调试内容：				
问题处理及建议：				
调试结果：				
参加人员	监理（建设）单位	施工　单　位		
		专业技术负责人	质检员	试验员

2. 实施要点

(1) 系统调试所使用的测试仪器和仪表，性能应稳定可靠，其精度等级及最小分度值应能满足测定的要求，并应符合国家有关计量法规及检定规程的规定。

(2) 通风与空调工程的系统调试，应由施工单位负责、监理单位监督，设计单位与建设单位参与和配合。系统调试的实施可以是施工企业本身或委托给具有调试能力的其他单位。

(3) 系统调试前，承包单位应编制调试方案，报送专业监理工程师审核批准；调试结束后，必须提供完整的调试资料和报告。

(4) 通风与空调工程系统无生产负荷的联合试运转及调试，应在制冷设备和通风与空气调节设备单机试运转合格后进行。空调系统带冷（热）源的正常联合试运转不应少于8小时，当竣工季节与设计条件相差较大时，仅做不带冷（热）源试运转。通风、除尘系统的连续试运转不应少于2小时。

(5) 净化空调系统运行前应在回风、新风的吸入口处和粗、中效过滤器前设置临时用过滤器（如无纺布等），实行对系统的保护。净化空调系统的检测和调整，应在系统进行全面清扫，且已运行24h及以上达到稳定后进行。

洁净室洁净度的检测，应在全态或静态下进行或按合约规定。室内洁净度检测时，人员不宜多于3人，均必须穿与洁净室洁净度等级相适应的洁净工作服。

(6) 系统无生产负荷的联合试运转及调试应符合下列规定：

1) 系统总风量调试结果与设计风量的偏差不应大于10%；

2) 空调冷热水、冷却水总流量测试结果与设计流量的偏差不应大于10%；

3) 舒适空调的温度、相对湿度应符合设计的要求。恒温、恒温房间内空气温度、相对湿度及波动范围应符合设计规定。

第(1)款按风管系统数量抽查10%，不少于1个系统。

(7) 防排烟系统联合试运行与调试的结果，（风量及正压）必须符合设计与消防的规定。

检查数量：抽查10%，不少于2个楼层。

(8) 净化空调系统还应符合下列规定：

1) 单向流洁净室系统的系统总风量调试结果与设计风量的允许偏差为0%~20%，室内各风口风量与设计风量的允许偏差为15%；

新风量与设计新风量的允许偏差为10%；

2) 单向流洁净室系统的室内截面平均风速的允许偏差为(0~+20)%，且截面风速不均匀度不应大于0.25。

新风量和设计新风量的允许偏差为10%；

3) 相邻不同级别洁净室之间和洁净室与非洁净室之间的静压差不应小于5Pa，洁净室与室外的静压差不应小于10Pa；

4) 室内空气洁净度等级必须符合设计规定的等级或在商定验收状态下的等级要求；

高于等于5级的单向流洁净室，在门开启的状态下，测定距离门0.6m室内侧工作高度处空气含尘浓度，亦不应超过室内洁净度等级上限的规定。

调试记录全数检查，测点抽查5%，不少于一点。

(9) 通风工程系统无生产负荷联动试运转及调试应符合下列规定：

1) 系统联动试运转中，设备及主要部件的联动必须符合设计要求，动作协调、正确，无异常现象；

2) 系统经过平衡调整，各风口或吸风罩的风量与设计风量的允许偏差不应大于 15%；

3) 湿式除尘器的供水与排水系统运行应正常。

(10) 空调工程系统无生产负荷联动试运转及调试还应符合下列规定：

1) 空气调节工程水系统应冲洗干净、不含杂物，并排除管道系统中的空气；系统连续运行应达到正常、平稳；水泵的压力与水泵电机的电流不出现大幅波动。系统平衡调整后，各空气调节机组的水流量与设计的规定，允许误差不大于 20%；

2) 各种自动计量检测元件和执行机构的工作应正常，满足建筑设备自动化（BA、FA 等）系统对被测定参数进行检测和控制的要求；

3) 多台冷却塔并联运行时，各冷却塔的进、出水量应达到均衡一致；

4) 空调室内噪声应符合设计规定要求；

5) 有压差要求的房间、厅堂与其他相连房间之间的压差，舒适性空调正压为 0~25Pa；工艺性的空调应符合设计的规定；

6) 有环境噪声要求的场所，制冷、空调机组应按《采暖通风与空气调节设备噪声功率级的测定—工程法》GB 9068 的规定进行测定。洁净室内的噪声应符合设计的规定。

(11) 通风与空调工程的控制和监测设备，应能与系统的检测元件和执行机构正常沟通，系统的状态参数应能正确显示，设备联锁、自动调节、自动保护应能正确动作。

3. 通风工程系统无生产负荷联动试运转及调试记录（C2-28-1-1）：

实施要点：

(1) 通风工程系统无生产负荷联动试运转及调试记录按 C2-28-1 表式执行。

(2) 通风与空调工程系统无生产负荷联动试运转及调试，应在制冷设备和通风与空调设备单机试运转合格后进行。

4. 系统总风量测定与调整记录（C2-28-1-2）：

实施要点：

(1) 系统总风量测定与调整记录按 C2-28-1 表式执行。

(2) 通风空调工程各类型风系统总风量的测试应填写系统总风量测定与调整记录。

(3) 系统总风量测试时，测试截面的位置应选择在气流均匀处，并按气流方向，选择在局部阻力影响最小的直管段上。当测试截面上的气流速度不均匀时，应增加测试截面上的测点数量。

(4) 系统总风量调试结果与设计风量的偏差不应大于 10%。

(5) 测试记录填写应注意：

1) 准确表达测试系统名称及测试日期。

2) 测试截面积是指对应于测试风速的风管（风道）的横截面积。

3) 测量截面平均风速是指对应于测试截面风速的平均值。

4) 系统总风量测试值是指被测风管（风道）系统输入或输出风量总和的实测计算值，该值与测试截面积及测试截面平均风速成正比。

5) 设计值可根据文件填写。

6) 偏差 = ±[(测试值-设计值)/设计值]×100%。

5. 舒适空调温度、湿度测定与调整记录（C2-28-1-3）：

实施要点：

（1）舒适空调温度、湿度测定与调整记录按 C2-28-1 表式执行。

（2）舒适空调的温度、相对湿度应符合设计的要求。恒温、恒湿房间内空气温度、相对湿度及波动范围应符合设计规定。

6. 设备及主要部件联动试运转及调整记录（C2-28-1-4）：

实施要点：

（1）设备及主要部件联动试运转及调试记录按 C2-28-1 表式执行。

（2）系统联动试运转中，设备及主要部件的联动必须符合设计要求，动作协调、正确，无异常现象。

7. 各风口或吸风罩风量测定与调整记录（C2-28-1-5）：

实施要点：

（1）各风口或吸风罩风量测定与调整记录按 C2-28-1 表式执行。

（2）系统经过平衡调整，各风口或吸风罩的风量与设计风量的允许偏差不应大于15%。

8. 湿式除尘器供水与排水系统运行与调整记录（C2-28-1-6）：

实施要点：

（1）湿式除尘器供水与排水系统运行与调整记录按 C2-28-1 表式执行。

（2）湿式除尘器的供水与排水系统运行应正常。

3.2.28.2 空调工程系统无生产负荷联动试运转及调试记录（C2-28-2）

1. 资料表式

空调工程系统无生产负荷联动试运转及调试记录表　　　　表 C2-28-2

工程名称		试运转日期		
分部（或单位）工程		系统名称		
试运转内容：				
运转情况记录：				
问题、处理及建议：				
调试结果：				
参加人员	监理（建设）单位	施　工　单　位		
		专业技术负责人	质检员	试验员

2. 实施要点

（1）空调工程系统无生产负荷联动试运转及调试记录表式、资料按 C2-28-1 执行。

（2）通风与空调工程系统无生产负荷联动试运转及调试，应在制冷设备和通风与空调设备单机试运转合格后进行。

3. 空调冷热水、冷却水总流量测试与调试记录（C2-28-2-1）：

实施要点：

（1）空调冷热水、冷却水总流量测试与调试记录按 C2-28-2 表式执行。

（2）空调冷热水、冷却水总流量测试结果与设计流量的偏差不应大于10%。

4. 空调水系统连续运行与调试记录（C2-28-2-2）：

实施要点：

（1）空调工程水系统连续运行与调试记录按 C2-28-2 表式执行。

（2）空调工程水系统应冲洗干净、不含杂物，并排除管道系统中的空气；系统连续运行应达到正常、平稳；水泵的压力与水泵电机的电流不出现大幅波动。

5. 空调系统设备（水泵、电机）连续运行与调整记录（C2-28-2-3）：

实施要点：

（1）空调系统设备（水泵、电机）连续运行与调整记录按 C2-28-2 表式执行。

（2）空调系统带冷（热）源的正常联合试运转不应少于 8h，当竣工季节与设计条件相差较大时，仅做不带冷（热）源试运转，通风、除尘系统的连续试运转不应少于 2h。

6. 各空调机组水流量测定与调整记录（C2-28-2-4）：

实施要点：

（1）各空调机组水流量测定与调整记录按 C2-28-2 表式执行。

（2）系统平衡调整后，各空气调节机组的水流量应符合设计的要求，允许偏差20%。

7. 各种自动计量检测元件和执行机构工作测定与调整记录（C2-28-2-5）：

实施要点：

（1）各种自动计量检测元件和执行机构工作测定与调整记录按 C2-25-2 表式执行。

（2）各种自动计量检测元件和执行机构的工作应正常，满足建筑设备自动化（BA、FA等）系统对被测定参数进行检测和控制的要求；通风与空调工程的控制和监测设备，应能与系统的检测元件和执行机构正常沟通，系统的状态参数应能正确显示，设备联锁、自动调节、自动保护应能正确动作。

8. 多台冷却塔联动运行冷却塔进、出水量测试与调整记录（C2-28-2-6）：

实施要点：

（1）多台冷却塔联动运行冷却塔进、出水量测试与调整记录表按 C2-28-2 表式执行。

（2）多台冷却塔并联运行时，各冷却塔的进、出水量应达到均衡一致。

9. 空调室内噪声测定与调试记录（C2-28-2-7）：

实施要点：

（1）空调室内噪声测定与调试记录按 C2-28-2 表式执行。

（2）有环境噪声要求的场所，制冷、空调机组应按现行国家标准《采暖通风与空气调节设备噪声声功率级的测定—工程法》GB 9068 的规定进行测定。洁净室内的噪声应符合设计的规定。

10. 有压差房间、厅堂与相邻房间的压差调整记录（C2-28-2-8）：

实施要点：

（1）有压差房间、厅堂与相邻房间的压差调整记录按 C2-28-2 表式执行。

(2) 有压差要求的房间、厅堂与其他相连房间之间的压差，舒适性空调正压力为0~25Pa；工艺性的空调应符合设计的规定。

11. 制冷、空调机组的环境噪声测定与调整记录（C2-28-2-9）：

实施要点：

(1) 制冷、空调机组的环境噪声测定与调整记录按C2-28-2表式执行。

(2) 空调室内噪声应符合设计规定要求。

3.2.28.3 防排烟系统联合试运行与调试记录（C2-28-3）

1. 资料表式

防排烟系统联合试运行及调试记录　　　　　　　　表 C2-28-3

工程名称				试运转时间		
试运行项目				试运行楼层		
风道类别				风机类别型号		
电源型式				防火（风）阀类别		
序　号	风口尺寸	风速（m/s）	风量（m³/h）		相对差	风压（Pa）
			设计风量（$Q_{设}$）	实际风量（$Q_{实}$）		
试运转结果：						
参加人员	监理（建设）单位		施　工　单　位			
		专业技术负责人		质　检　员		试　验　员

2. 实施要点：

(1) 防排烟系统联合试运行与调试记录按C2-28-2表式执行。

(2) 系统无生产负荷的联合试运转及调试应符合下列规定：防排烟系统联合试运行与调试的结果，（风量及正压），必须符合设计与消防的规定。

3.2.28.4 净化空调系统联合试运行与调试记录（C2-28-4）

实施要点：

净化空调系统联合试运行与调试记录按C2-28-2表式执行。

1. 单向流洁净室的系统总风量测试记录（C2-28-4-1）

实施要点：

(1) 单向流洁净室的系统总风量测试记录按C2-28-2表式执行。

(2) 净化空调系统还应符合下列规定：

1) 单向流洁净室系统的系统总风量调试结果与设计风量的允许偏差为0%~20%，室内各风口风量与设计风量的允许偏差为15%。

2) 新风量与设计新风量的允许偏差为10%。

2. 单向流洁净室的系统室内截面平均风速测定与调试记录（C2-28-4-2）：

实施要点：

（1）单向流洁净室的系统室内截面平均风速测定与调试记录按C2-28-2表式执行。

（2）单向流洁净室系统的室内截面平均风速的允许偏差为（0~+20)%，且截面风速不均匀度不应大于0.25。

（3）新风量和设计新风量的允许偏差为10%。

3. 相邻不同级别洁净室之间和洁净室与非洁净室之间静压差调试记录（C2-28-4-3）：

实施要点：

（1）相邻不同级别洁净室之间和洁净室与非洁净室之间的静压差调试记录按C2-28-3表式执行。

（2）相邻不同级别洁净室之间和洁净室与非洁净室之间的静压差不应小于5Pa，洁净室与室外的静压差不应小于10Pa。

3.2.28.5 制冷系统吹污试验记录（C2-28-5）

1. 资料表式

制冷系统吹污试验记录表　　　　表 C2-28-5

工程名称			部位：					日期	
管线编号	材质	工作介质	吹洗					备注	
			介质	压力	流速	吹洗次数	鉴定		
依据标准及要求			试验情况				试验结论		
试验结果									
参加人员	监理（建设）单位			施　工　单　位					
				专业技术负责人		质检员		试验员	

2. 实施要点

系统吹污：

（1）整个制冷系统是一个密封而又清洁的系统，不得有任何杂物存在，必须采用洁净干燥的空气对整个系统进行吹污，将残存在系统内部的铁屑、焊渣、泥砂等杂物吹净。

(2) 吹污前应选择在系统的最低点设排污口。用压力 0.5~0.6MPa 的干燥空气进行吹扫；如系统较长，可采用几个排污口进行分段排污。

此项工作按次序连续反复地进行多次，当用白布检查吹出的气体无污垢时为合格。

3.2.28.6 凝结水盘及管道充水试验记录（C2-28-6）

1. 资料表式

凝结水盘及管道充水试验记录　　　　　表 C2-28-6

工程名称			试验日期		
被测部位			充水压力		
接口做法			管道材质		
试验内容与要求					
凝结水盘及管道检试情况					
问题及处理意见与建议					
参加试验人员					
参加人员	监理（建设）单位	施　工　单　位			
		专业技术负责人	质 检 员	试 验 员	

2. 实施要点

(1) 适用于热交换设备或装置（如风机盘管加组）的凝结水收集排放系统试验。

(2) 凝结水系统的充水试验，应对各系统进行全数充水检查，以凝结水盘和排水管道不渗、漏、堵和排放顺畅为合格。

(3) 试验检查记录应根据施工图纸中管道的编号，按楼层或部位分段进行，并在表中"安装部位"栏目中准确表达充水试验的系统（部位），每段管道充水试验结果应在各凝结水排放系统"检查凝结水盘及管道情况"栏目中表达清楚。

3.2.29 施工记录（C2-29）

资料编制控检要求：

通风与空调工程施工记录按 C2-6 表式要求原则执行。施工记录应按表式内容填写。按要求的内容填写齐全的为符合要求。应填写而没有填写施工记录的为不符合要求。

3.2.29.1 通风机的安装施工记录（C2-29-1）

实施要点：

(1) 通风机的安装施工记录按 C2-6-1 表式执行。

(2) 通风机的安装施工应记录的内容：

1) 通风机的安装，叶轮转子与机壳的组装位置（应正确），叶轮进风口插入风机机壳进风口或密封圈的深度（应符合设备技术文件的规定，或为叶轮外径值的1/100）。

2) 现场组装的轴流风机叶片安装角度（应一致），达到在同一平面内运转，叶轮与筒体之间的间隙（应均匀），水平度允许偏差值（为1/1000）。

3) 安装隔振器的地面（应平整），各级隔振器承受荷载的压缩量（应均匀），高度误差应小于2mm。

4) 安装风机的隔振钢支、吊架，其结构形式和外形尺寸（应符合设计或设备技术文件的规定）；焊接应牢固，焊缝应饱满、均匀。

3.2.29.2 除尘设备的安装施工记录（C2-29-2）

实施要点：

(1) 除尘设备的安装施工记录按C2-6-1表式执行。

(2) 除尘设备的安装施工应记录的内容：

1) 除尘器的安装，位置应正确、牢固平稳，允许误差应符合规范规定；

2) 除尘器的活动或转动部件的动作其灵活、可靠程度应符合设计要求；

3) 除尘器的排灰阀、卸料阀、排泥阀的安装应严密，并便于操作与维护修理。

(3) 现场组装的静电除尘器的安装，还应符合设备技术文件及下列规定：

1) 阳极板组合后的阳极排平面度允许偏差为5mm，其对角线允许偏差为10mm；

2) 阴极小框架组合后主平面的平面度允许偏差为5mm，其对角线允许偏差为10mm；

3) 阴极大框架的整体平面度允许偏差为15mm，整体对角线允许偏差为10mm；

4) 阳极板高度小于或等于7m的电除尘器，阴、阳极间距允许偏差为5mm。阳极板高度大于7m的电除尘器，阴、阳极间距允许偏差为10mm；

5) 振打锤装置的固定，应可靠；振打锤的转动，应灵活。锤头方向应正确；振打锤头与振打砧之间应保持良好的线接触状态，接触长度应大于锤头厚度的0.7倍。

应对上述内容施工过程与结果进行记录。

(4) 现场组装布袋过滤式除尘器的安装还应符合下列规定：

1) 外壳应严密、不漏，布袋接口应牢固；

2) 分室反吹袋式除尘器的滤袋安装，必须平直。每条滤袋的拉紧力应保持在25~35N/m；与滤袋连接接触的短管和袋帽，应无毛刺；

3) 机械回转扁袋袋式除尘器的旋臂，转动应灵活可靠，净气室上部的顶盖，应密封不漏气，旋转应灵活，无卡阻现象；

4) 脉冲袋式除尘器的喷吹孔，应对准文氏管的中心，同心度允许偏差为2mm。

3.2.29.3 洁净室空气净化设备的安装施工记录（C2-29-3）

实施要点：

(1) 洁净室空气净化设备的安装施工记录按C2-6-1表式执行。

(2) 洁净室空气净化设备安装施工应记录的内容：

1) 带有通风机的气闸室、吹淋室与地面间应有隔振垫；

2) 机械式余压阀的安装，阀体、阀板的转轴均应水平，允许偏差为2/1000。余压阀的安装位置应在室内气流的下风侧，并不应在工作面高度范围内；

3) 传递窗的安装，应牢固、垂直，与墙体的连接处应密封。

3.2.29.4 装配式洁净室的安装施工记录（C2-29-4）

实施要点：

（1）装配式洁净室的安装施工记录按 C2-6-1 表式执行。

（2）装配式洁净室安装施工应记录的内容：

1）洁净室的顶板和壁板（包括夹芯材料）应为不燃材料。

2）洁净室的地面应干燥、平整，平整度允许偏差为 1/1000。

3）壁板的构配件和辅助材料的开箱，应在清洁的室内进行，安装前应严格检查其规格和质量。壁板应垂直安装，底部宜采用圆弧或钝角交接；安装后的壁板之间、壁板与顶板间的拼缝，应平整严密，墙板的垂直允许偏差为 1/1000，顶板水平度的允许偏差与每个单间的几何尺寸的允许偏差均为 2/1000。

4）洁净室吊顶在受荷载后应保持平直，压条全部紧贴。洁净室壁板若为上、下槽形板时，其接头应平整、严密；组装完毕的洁净室所有拼接缝，包括与建筑的接缝，均应采取密封措施，做到不脱落，密封良好。

3.2.29.5 洁净层流罩的安装施工记录（C2-29-5）

实施要点：

（1）洁净层流罩的安装施工记录按 C2-6-1 表式执行。

（2）洁净层流罩的安装施工应记录的内容：

1）应设独立的吊杆，并有防晃动的固定措施。

2）层流罩安装的水平度允许偏差为 1/1000，高度的允许偏差为 ±1mm。

3）层流罩安装在吊顶上，其四周与顶板之间应设有密封、隔振措施。

3.2.29.6 风机过滤器单元（FFU、FMU）安装施工记录（C2-29-6）

实施要点：

（1）风机过滤器单元（FFU、FMU）安装施工记录按 C2-6-1 表式执行。

（2）风机过滤器单元（FFU、FMU）安装施工应记录的内容：

1）风机过滤器单元的高效过滤器安装前应按 GB 50243—2002 规范第 7.2.5 条的规定检漏，合格后进行安装，方向必须正确；安装后的 FFU 或 FMU 机组应便于检修；

2）安装后的 FFU 风机过滤器单元，应保持整体平整，与吊顶衔接良好。风机箱与过滤器之间的连接，过滤器单元与吊顶框架间应有可靠的密封措施。

3.2.29.7 消声器安装施工记录（C2-29-7）

实施要点：

（1）消声器安装施工记录按 C2-6-1 表式执行。

（2）消声器安装施工应记录的内容：

1）消声器安装前应保持干净，做到无油污和浮尘。

2）消声器安装的位置、方向应正确，与风管的连接应严密，不得有损坏与受潮。两组同类型消声器不宜直接串联。

3）现场安装的组合式消声器，消声组件的排列、方向和位置应符合设计要求。单个消声器组件的固定应牢固。

4）消声器、消声弯管均应设独立支、吊架。

电　梯

3.2.30　土建布置图纸会审、设计变更、洽商记录（C2-30）

资料编制控检要求：

按建筑与结构图纸会审、设计变更、洽商记录资料要求执行。

3.2.30.1　图纸会审（C2-30-1）

1. 土建布置图纸会审按 C2-1-1 表式执行。

2. 图纸会审记录是对已正式签署的设计文件进行交底、审查和会审对提出的问题予以记录的技术文件。

3.2.30.2　设计变更（C2-30-2）

1. 资料表式、实施要点按 C2-1-2 执行。

2. 设计变更的表式以设计单位签发的设计变更文件为准。

3. 设计变更是工程实施过程中，由于设计图纸本身差错，设计图纸与实际情况不符，施工条件变化，原材料的规格、品种不符合设计要求及职工提出合理化建议等原因，需要对设计图纸部分内容进行修改而办理的变更设计文件。

3.2.30.3　洽商记录（C2-30-3）

1. 洽商记录的资料表式、实施要点按 C2-1-3 执行。

2. 洽商记录是工程实施过程中，由于设计图纸本身差错，设计图纸与实际情况不符，建设单位根据需要提出的设计修改，施工条件变化，原材料的规格、品种不符合设计要求及职工提出合理化建议等原因，需要对设计图纸部分内容进行修改而需要由建设单位或施工单位提出的变更设计的洽商记录文件。

3.2.31　设备出厂合格证书及开箱检验记录（C2-31）

资料编制控检要求：

（1）通用条件

1）按资料名称项下建筑与结构中原材料、设备出厂合格证及进场检（试）验报告资料编制控检要求执行。

2）出厂合格证所证明的材质和性能符合设计和规范的为符合要求；仅有合格证明无材质技术数据，经建设单位认可签章者为基本符合要求，否则为不符合要求。

（2）专用条件

1）应提供设计或规范有规定的，对材质有怀疑的以及认为必需的抽样检查记录。

2）进场时进行开箱检验（主要材料、设备）并有检验记录。

3.2.31.1　设备出厂合格证、检验报告汇总表（C2-31-1）

设备出厂合格证书、检验报告汇总表按 C2-3-1 表式执行。

3.2.31.2　设备出厂合格证粘贴表（C2-31-2）

实施要点：

（1）设备出厂合格证书粘贴表按 C2-3-2 表式执行。

（2）电梯的材料与设备检验：电梯材料与设备不论有无出厂合格证明，使用前均应做必要的试验和检验，注明日期，由检查人签证。

（3）对材料、半成品、产品的检验：检查原材料、半成品、产品出厂质量证明和质量试检验报告。材料、半成品、产品的质量必须合格，并应有出厂质量合格证明或试验单。需采取的技术处理措施应满足技术要求并应经有关技术负责人的批准后方可使用。

（4）检查合格证、试（检）验单或记录的抄件（复印件），应注明原件存放单位，并有抄件人、抄件（复印）单位的签字和盖章。

（5）凡使用新材料、新产品、新工艺、新技术的，应附有关证明，要有产品质量标准，使用说明和工艺要求。使用前，应按其质量标准进行检验。

3.2.31.3　主要设备开箱检验记录（C2-31-3）

实施要点：

（1）主要设备开箱检验记录按 C2-12-3 表式执行。

（2）主要电梯设备、材料合格证几点说明：

1）对电梯设备检验的要求：电梯设备在安装前必须开箱检验、外观检验及试验并做好记录。

2）主要检查项目：规格、型号、质量是否符合国家规范和设计要求。

①外包装检查：检查标记，箱体外包装是否牢固，起吊位置、表面保护层等外观有无损伤。

②内包装和外观检查：检查购货卡的情况，防雨防潮措施，防震措施，层间的隔离情况，主要部件、设备主体及材料的外观情况，密封有无损坏现象。

③数量检查：主要清点电梯设备、附机附件、备品备件、随机工具、图纸有关技术资料。

④品质检查：电梯设备的品质检查应根据出厂品质试验标准，并参考国家标准。

⑤对于电梯电气材料、元件均应检查其产品合格证，并检验材料与合格证是否一致，元器件应做相应的电气测试检验。对设计规范有规定或材质有怀疑的材料和设备必须按规定进行试验。

（3）电梯随机技术文件主要包括：

1）装箱单；

2）产品合格证书；

3）电梯机房井道图；

4）安装说明书；

5）电梯使用维修说明书；

6）电梯电气接线图；

7）安装试验说明书；

8）电梯电气原理图及其符号说明书；

9）备品备件目录。

3.2.32　电梯隐蔽工程验收记录（C2-32）

1. 资料编制控检要求

电梯安装工程需隐蔽的项目必须实行隐蔽工程验收，隐蔽验收原则按建筑与结构的隐蔽验收要求执行。隐蔽验收符合设计和有关标准规定的为符合要求，不进行隐蔽工程验收或不填报隐蔽工程验收记录为不符合要求。

2. 实施要点

电梯隐蔽工程验收记录除电梯承重梁、起重吊环埋设隐蔽工程验收记录和电梯钢丝绳头灌注隐蔽检查记录表式外，其他电梯隐蔽工程验收记录均按 C2-5-1 表式执行。

（1）电梯隐蔽项目包括：承重梁及其起重吊钩的埋设，检查应注意埋入承重墙内的长度、梁垫的规格尺寸、焊接、防腐情况等内容，必要时绘制示意图表示；钢绳绳头巴氏合金的制作浇注情况；暗设的电气管线的规格、位置、弯度、接头、焊接、跨接地线、防腐、管口处理等情况；地极制作与安装导轨支架的埋设情况；厅门地坎及钢牛腿的埋设、焊接、防腐情况等。

（2）电气接地装置隐检说明：

1）接地：电气设备的任何部分与土壤间作良好的电气连接，称为接地。

2）接地体：与土壤直接接触的金属体或金属体组，称为接地体或接地极。

3）接地线：连接于接地体与电气设备之间，正常情况下不载流的金属导体，称为接地线。

4）接地装置：接地体和接地线合称为接地装置。

5）接地电阻：电气设备接地部分的对地电压与接地电流之比，称为接地电阻。即等于接地线的电阻与流散电阻之和。

6）零线：与变压器直接接地的中点连接的中性线或直流回路中的接地中性线，称为零线。

7）保护接地：电气设备的金属外壳或构架同接地体之间作良好的连接，称为保护接地，简称接地。

8）接零保护：在中性点直接接地的电力系统中，电气设备的金属外壳或构架与零线连接，称接零保护，简称接零。

9）重复接地：将零线上的一点或多点与地再次作金属的连接，称为重复接地。

10）工作接地：在正常或事故情况下，为了保证电气设备可靠地运行，而必须在电力系统中某一点进行接地，称为工作接地。

11）防雷接地：以防止雷击为目的而作的接地，称为防雷接地。

12）静电接地：把可能产生或积聚静电荷的设备、管道和容器等进行接地，称为防静电接地。

13）屏蔽接地：为了使接收设备或导体不受外界干扰源的影响，也可使干扰源不去影响外界的接收设备或导体，而把金属屏蔽体与大地或机壳之间作良好的电气连接，称屏蔽接地。

（3）在同一配电系统中，不允许一部分电气设备采用接地保护，而另一部分电气设备采用接零保护。在民用建筑中均采用接零保护。

（4）三相五线和单相线：从变压器出线开始，工作零线和保护零线始终分开。对于三相线路即是五根线，对于单相线路即是三根线，简称五线制和三线制。用于保护零线的导线应采用与工作回路相同规格的绝缘导线，并按相同的路径和方法敷设，且易于识别；从变压器的接地的零点开始，经干线、支干线、支线直至末端均不许中断，中间不得装接熔断器，也不得过任何开关。在每个建筑物的入户处应做重复接地。鞭导线应采用黄绿双色的绝缘导线。

3.2.32.1 电梯承重梁、起重吊环埋设隐蔽工程验收记录（C2-32-1）

1. 资料表式

电梯承重梁、起重吊环埋设隐蔽工程验收记录　　　　表 C2-32-1

编号

工程名称			隐检项目	承重梁、起重吊环埋设	
检查部位	电梯机房承重梁		填写日期	年　月　日	
施工日期	年　月　日		天气情况		气温　　℃

隐检内容及示意图　　　　　　　　　　单位：mm

（图示：左图标注 >20、承重梁、钢筋混凝土梁、墙中心线、≥75；右图标注 墙中心线、曳引机、$\delta>18$ 钢板）

承重梁规格		数　量		承重墙类型		厚　度	
埋设长度		过墙中心		梁垫规格			
焊接情况		防腐措施		梁端封固		型钢焊接、混凝土灌筑	
起重吊环设计荷载			kg	起重吊环材料规格		A_3，Φ	
混凝土承重梁位置规格				吊环与钢筋锚固尺寸			
A_3圆钢吊荷载	$\Phi16,1.5t$		$\Phi20,2.1t$	$\Phi22,2.7t$		$\Phi24,3.3t$	$\Phi27,4.1t$
检查意见	年　月　日			验收结果		年　月　日	
参加人员签字	建设（监理）单位		安装单位				
			技术负责人		质检员		工　长

注：本表由施工单位填写，城建档案馆、建设单位、施工单位各保存一份。

2. 实施要点

（1）曳引机承重钢梁两端必须放于井道承重梁或墙上。承重钢梁埋入长度应与梁或墙外皮齐，其间垫 $d \geqslant 16$ 钢板，如曳引机承重钢梁长度不足时，其埋入长度应保证至少超出梁或墙的中心线在 20mm 以上，且至少为 75mm。

承重钢梁和各种型钢的规格、尺寸必须符合设计要求。

（2）承重钢梁施工注意事项：

1) 承重钢梁两端安装必须符合设计和规范要求。

2) 凡是要打入混凝土内的部件，在打混凝土之前要经有关人员检查，当符合要求，经检查核验者签字后，才能进行下一道工序。

3) 所有设备件连接螺孔要用相应规格的钻头开孔，严禁用气焊开孔。

（3）填表明说：

1) 承重墙类型：指支承承重梁的承重墙类型。

2) 埋设长度：指承重梁埋入承重墙的尺寸，填记单位为 mm。

3) 过墙中心：指承重梁埋入承重墙超过中心线的尺寸，填记单位为 mm。

4) 焊接情况：指承重钢梁与其联结件的焊接质量，按实际检查结果填写。

5) 起重吊环设计荷载：按施工图设计的起重吊环设计荷载值填写。

6) 起重吊环材料规格：应用 A_3 圆钢，按施工图设计的规格填写。

7) 混凝土承重梁位置规格：按施工图设计的混凝土承重梁的位置、规格填写。

8) 吊环与钢筋锚固尺寸：指吊环埋入混凝土内的锚固尺寸，按施工图设计图标注尺寸填写。

3.2.32.2 电梯钢丝绳头灌注隐蔽检查验收记录（C2-32-2）

1. 资料表式

电梯钢丝绳头灌注隐蔽检查验收记录　　　　表 C2-32-2

编号

工程名称			隐检项目	钢丝绳头灌注		
操作场地			填写日期		年　月　日	
操作日期		年 月 日	天气情况		气温	℃
用火手续		看火人		操作人		
钢绳用途	曳引、限速、补偿	钢绳规格	Φ　　mm	锥套数	共　　个	

单位：mm

隐检内容	将钢绳清洗干净，绳头分股后，每股端部绑扎防止散丝；去掉麻芯，各绳股向中心弯曲后，拉入锥套内；将锥套加热 40～50℃，熔化合金温度 270～400℃；必须一次与锥套浇平，严禁一个锥套二次浇灌。

检查意见		年　月　日	复查意见		年　月　日
参加人员	监理（建设）单位		施　工　单　位		
			专业技术负责人	质检员	试验员

注：本表由施工单位填写，城建档案馆、建设单位、施工单位各保存一份。

2. 实施要点

(1) 电梯钢丝绳头制作与灌注

1) 在挂绳之前,应先将钢丝绳放开,使之自由悬垂于井道内,消除内应力。挂绳之前若发现钢丝绳上有油污、渣土较多时,可用棉丝浸上煤油,拧干后对钢丝绳进行擦拭,禁止对钢丝绳直接进行清洗,防止润滑脂被洗掉。

2) 单绕式电梯先做绳头后挂钢丝绳。复绕式电梯由于绳头穿过复绕轮比较困难,所以要先挂钢丝绳后做绳头。或先做好一侧的绳头,待挂好钢丝绳后再做另一侧绳头。

3) 将钢丝绳剁开后,穿入锥体,将剁口处绑扎铅丝拆去,松开绳股,除去麻芯,用汽油将绳股清洗干净,按要求尺寸弯回,将弯好的绳股用力拉入锥套内,将浇口处用石棉布或水泥袋纸包扎好,下口用石棉绳或棉丝扎严。

4) 绳头浇灌前应将绳头锥套内部油质杂物清洗干净,浇灌前应采取缓慢加热的办法使锥套温度达到100℃左右,再行浇灌。

5) 钨金浇灌温度以350℃为宜,钨金采取间接加热熔化,温度采取热电偶测量或当放入水泥袋纸立即焦黑但不燃烧为宜。浇灌时清除钨金表面杂质,浇灌必须一次完成,浇灌时轻击绳头,使钨金灌实,灌后冷却前不可移动。

6) 绳头钨金浇灌密实、饱满、平整一致。一次与锥套浇平,并能观察到绳股的弯曲符合要求。

(2) 复绕式电梯位于机房或隔音层的绳头板装置,必须稳装在承重结构上,不可直接稳装于楼板上。

3.2.33 电梯安装工程施工记录(C2-33)

资料编制控检要求:

电梯安装工程施工记录按 C2-6 要求的原则执行。施工记录应按表式内容填写。按要求的内容填写齐全的为符合要求。应填写而没有填写施工记录的为不符合要求。

3.2.34 接地、绝缘电阻测试记录(C2-34)

资料编制控检要求:

电梯安装工程接地、绝缘电阻测试记录按建筑电气接地、绝缘电阻测试记录表式执行。接地、绝缘电阻测试应按表式内容填写。按要求的内容填写齐全的为符合要求。应填写而没有填写施工记录的为不符合要求。

3.2.34.1 接地电阻测试记录(C2-34-1)

接地电阻测试记录按建筑电气工程接地电阻测试记录 C2-20-2 表式执行。

3.2.34.2 绝缘电阻测试记录(C2-34-2)

绝缘电阻测试记录按建筑电气工程绝缘电阻测试记录 C2-20-1 表式执行。

3.2.35 负荷试验、安全装置检查记录(C2-35)

资料编制控检要求:

电梯安装工程负荷试验、安全装置检查记录按建筑电气相关表式要求原则执行。按其表列内容填写。按要求的内容填写齐全的为符合要求。应填写而没有填写的为不符合要求。

3.2.35.1 电梯安全装置检查记录(C2-35-1)

电梯负荷试验即电梯运行试验主要包括:电梯运行速度和平衡系数、电梯加减速度和轿厢运行的垂直、水平振动加速度、噪声和轿厢平层准确度等项内容。安全保护装置检查主要包括：各安全保护开关、系统中的安全保护装置、碰轮和碰铁、极限和限位开关、交流电梯极限开关、轿厢门安全触板等。

1. 资料表式

电梯安全装置检查记录　　　　　　　　　　　　　　表 C2-35-1

工程名称			日　期		
序号	检验项目	检验内容及其规范标准要求		检查结果	备注
1	电源主开关	位置合理、容量适中、标志易识别			
2	断相、错相保护装置	断任一相电或错相，电梯停止，不能启动			
3	上、下限位开关	轿厢越程>500mm时起作用			
4	上、下限极限开关	轿厢或对重撞缓冲器之前起作用			
5	上、下强迫缓速装置	位置符合产品设计要求，动作可靠			
6	停止装置（安全、急停开关）	轿箱、轿内、底坑进入位置≥lm，红色、停止			
7	检修运行开关	轿顶优先、易接近、双稳态、防误操作			
8	紧急电动运行开关（机房内）	防误操作按钮、标明方向、直观主机			
9	开、关门和运行方向接触器	机械或电气联锁动作可靠			
10	限速器电气安全装置	动作速度、额定速度与铭牌相符			
11	安全钳电气安全装置	在安全钳动作以前或同时，使电动机停转			
12	限速绳断裂、松弛保护	运行可靠			
13	轿厢位置传递装置的张紧度	钢带（钢绳、链条）断裂或松弛运行可靠			
14	耗能型缓冲器复位保护	缓冲器被压缩时，安全触点强迫断开			
15	轿厢安全窗安全门锁闭状况	如锁紧失效，应使电梯停止			
16	轿厢自动门撞击保护装置	安全触板、光电保护、阻止关门力严禁超过150N			
17	轿门的锁闭状况及关闭位置	健全触点、位置正确，无论是正常、检修或紧急电动操作均不能造成开门运行			
18	层门的锁闭状况及关闭位置				
19	绳索的张紧度及防跳装置	安全触点检查，动作时电梯停止运行			
20	检修门、井道安全门	均不得朝井道内开启，关闭时，电梯才能运行			
21	欠电压、过电流、弱磁、速度	按产品要求调整检验			
22	程序转速及消防专用开关	返基站、开门、解除应答、运行、动作可靠			
参加人员	监理（建设）单位	施　工　单　位			
		专业技术负责人	质检员	试验员	

2. 实施要点

（1）电力驱动安全保护验收必须符合下列规定：

1）必须检查以下安全装置或功能：

①断相、错相保护装置或功能：

当控制柜三相电源中任何一相断开或任何二相错接时，断相、错相保护装置或功能应使电梯不发生危险故障。

注：当错相不影响电梯正常运行时可没有错相保护装置或功能。

②短路、过载保护装置：动力电路、控制电路、安全电路必须有与负载匹配的短路保护装置；动力电路必须有过载保护装置。

③限速器：限速器上的轿厢（对重、平衡重）下行标志必须与轿厢（对重、平衡重）的实际下行方向相符。限速器铭牌上的额定速度、动作速度必须与被检电梯相符。

④安全钳：安全钳必须与其型式试验证书相符。

⑤缓冲器：缓冲器必须与其型式试验证书相符。

⑥门锁装置：门锁装置必须与其型式试验证书相符。

⑦上、下极限开关：上、下极限开关必须是安全触点，在端站位置进行动作试验时必须动作正常。在轿厢或对重（如果有）接触缓冲器之前必须动作，且缓冲器完全压缩时，保持动作状态。

⑧轿顶、机房（如果有）、滑轮间（如果有）、底坑停止装置：位于轿顶、机房（如果有）、滑轮间（如果有）、底坑的停止装置的动作必须正常。

2) 下列安全开关，必须动作可靠：

①限速器绳张紧开关；

②液压缓冲器复位开关；

③有补偿张紧轮时，补偿绳张紧开关；

④当额定速度大于 3.5m/s 时，补偿绳轮防跳开关；

⑤轿厢安全窗（如果有）开关；

⑥安全门、底坑门、检修活板门（如果有）的开关；

⑦对可拆卸式紧急操作装置所需要的安全开关；

⑧悬挂钢丝绳（链条）为两根时，防松动安全开关。

(2) 液压电梯安全保护验收必须符合下列规定：

1) 必须检查以下安全装置或功能：

①断相、错相保护装置或功能：当控制柜三相电源中任何一相断开或任何二相错接时，断相、错相保护装置或功能应使电梯不发生危险故障。

注：当错相不影响电梯正常运行时可没有错相保护装置或功能。

②短路、过载保护装置：动力电路、控制电路、安全电路必须有与负载匹配的短路保护装置；动力电路必须有过载保护装置。

③防止轿厢坠落、超速下降的装置：液压电梯必须装有防止轿厢坠落、超速下降的装置，且各装置必须与其型式试验证书相符。

④门锁装置：门锁装置必须与其型式试验证书相符。

⑤上极限开关：上极限开关必须是安全触点，在端站位置进行动作试验时必须动作正常。它必须在柱塞接触到其缓冲制停装置之前动作，且柱塞处于缓冲制停区时保持动作状态。

⑥机房、滑轮间（如果有）、轿顶、底坑停止装置：位于轿顶、机房、滑轮间（如果有）、底坑的停止装置的动作必须正常。

⑦液压油温升保护装置：当液压油达到产品设计温度时，温升保护装置必须动作，使

液压电梯停止运行。

⑧移动轿厢的装置：在停电或电气系统发生故障时，移动轿厢的装置必须能移动轿厢上行或下行，且下行时还必须装设防止顶升机构与轿厢运动相脱离的装置。

2) 下列安全开关，必须动作可靠：

①限速器（如果有）张紧开关；

②液压缓冲器（如果有）复位开关；

③轿厢安全窗（如果有）开关；

④安全门、底坑门、检修活板门（如果有）的开关；

⑤悬挂钢丝绳（链条）为两根时，防松动安全开关。

3.2.35.2 电梯负荷运行试验记录（C2-35-2）

1. 资料表式

电梯负荷运行试验记录　　　　　　　　　　　表 C2-35-2

工程名称				安装单位			
电梯类型				制造厂家			
电梯编号		速度	m/s	额定载荷	kg	层站	
电机功率	kW	电压	V	额定转速	r/min	电流	A
仪表型号	电流表：	电压表：	转速表：				
工况荷重 (%)	(kg)	运行方向	电压 (V)	电流 (A)	轿厢速度 (m/s)	电机转速 (r/min)
0		上				
		下				
25		上				
		下				
40		上				
		下				
50		上				
		下				
75		上				
		下				
100		上				
		下				
110		上				
		下				
评定意见						
参加人员	监理（建设）单位		施 工 单 位			
		专业技术负责人	质检员		试验员	

注：1. 当轿内的载重量为额定载重量的50%下行至全行程中部时的速度不得大于额定速度的105%，且不得小于额定速度的92%。（可测曳引线速度，或按 GB/T 10059 中 5.1.2 公式计算）

2. 仅测量电流，用于交流电动机；测量电流并同时测量电压，则用于直流电动机。

2. 实施要点

(1) 电力驱动电梯安装后应进行运行试验；轿厢分别在空载、额定载荷工况下，按产品设计规定的每小时启动次数和负载持续率各运行1000次（每天不少于8h），电梯应运行平稳、制动可靠、连续运行无故障。

(2) 电力驱动运行速度检验应符合下列规定：

当电源为额定频率和额定电压、轿厢载有50%额定载荷时，向下运行至行程中段（除去加速加减速段）时的速度，不应大于额定速度的105%，且不应小于额定速度的92%。

(3) 液压电梯超载试验必须符合下列规定：

当轿厢载有120%额定载荷时液压电梯严禁启动。

(4) 液压电梯安装后应进行运行试验；轿厢在额定载重量工况下，按产品设计规定的每小时启动次数运行1000次（每天不少于8h），液压电梯应平稳、制动可靠、连续运行无故障。

(5) 液压电梯运行速度检验应符合下列规定：

空载轿厢上行速度与上行额定速度的差值不应大于上行额定速度的8%；载有额定载重量的轿厢下行速度与下行额定速度的差值不应大于下行额定速度的8%。

(6) 液压电梯超压静载试验应符合下列规定：

将截止阀关闭，在轿内施加200%的额定载荷，持续5min后，液压系统应完好无损。

(7) 填表说明：

工况荷重：分别按0、25%、50%、75%、100%、110%荷重按上下行方向记录电压、电流、轿厢速度和电机速度。

3.2.35.3 电梯负荷运行试验曲线图（确定平衡系数）（C2-35-3）

1. 资料表式

电梯负荷运行试验曲线图（确定平衡系数）　　　　表 C2-35-3

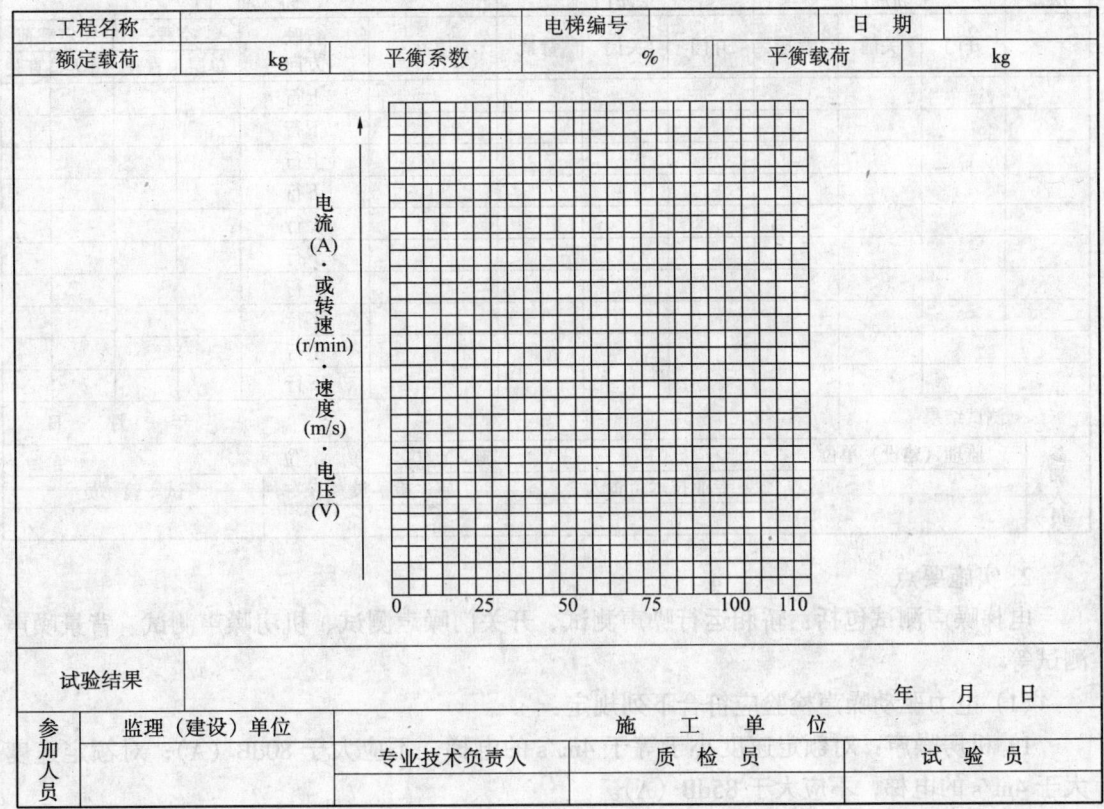

2. 实施要点

（1）电梯负荷运行试验曲线图表是为了确定电梯的平衡系数，国家规定各类电梯的平衡系数应为40%~50%。

绘制坐标图时应注意数据点要与表C2-43-3中的测试数据对应一致；形成两条曲线应分别标注上、下行的名称；如采用电流法测试时应把表格中的"电流"旁边划一"√"，或把"转速、速度、电压"用竖线划掉；当实际测试工况与横坐标的负荷%不相符时，应修改并在相应的格线下重新注明清楚；测试数据在纵坐标上分格时要注意比例，有效数据规范应占纵坐标全高的2/3左右为佳，以便分析观察；各测点应用曲线板、黑墨水细心清晰地描绘出上、下行两条曲线，两条曲线的交叉点向下引一条垂直线至横坐标线上并标注实际的%数据即为该电梯的平衡系数，平衡荷载等于额定荷载乘平衡系数。

（2）电梯负荷运行试验曲线图（确定平衡系数）由电梯安装的试验单位根据负荷运行试验结果进行绘制。

3.2.35.4 电梯噪声测试记录（C2-35-4）

1. 资料表式

电梯噪声测试记录   表 C2-35-4

工程名称		测试		日期	
电梯类型		额定载荷	kg	运行速度	m/s
声级计型号		计量单位	dB	电梯编号	

机房驱动主机	前	后	左	右	上	平均	背景

层站	轿厢门			层站门			轿厢门				
	开门	关门	背景	开门	关门	背景	层站	行驶方向	空载		额定载荷	

									单层	直驶	单层	直驶
								上行				
								下行				
								上行				
								下行				
								上行				
								下行				
								上行				
								下行				
								上行				
								下行				

测试结果			年 月 日
参加人员	监理（建设）单位	施 工 单 位	
	专业技术负责人	质 检 员	试 验 员

2. 实施要点

电梯噪声测试包括：轿厢运行噪声测试、开关门噪声测试、机房噪声测试、背景噪声测试等。

（1）电力驱动噪声检验应符合下列规定：

1) 机房噪声：对额定速度小于等于4m/s的电梯，不应大于80dB（A）；对额定速度大于4m/s的电梯，不应大于85dB（A）。

2) 乘客电梯和病床电梯运行中轿内噪声：对额定速度小于等于4m/s的电梯，不应大于55dB（A）；对额定速度大于4m/s的电梯，不应大于60dB（A）。

3) 乘客电梯和病床电梯的开关门过程噪声不应大于65dB（A）。

(2) 液压电梯噪声检验应符合下列规定：

1) 液压电梯的机房噪声不应大于85dB（A）；

2) 乘客液压电梯和病床液压电梯运行中轿内噪声不应大于55dB（A）；

3) 乘客液压电梯和病床液压电梯的开关门过程噪声不应大于65dB（A）。

(3) 填表说明：

1) 机房驱动主机：分别按前、后、左、右、上、平均、背景测试并记录。

2) 层站：分别记录每层站的轿厢门、层站门、轿厢内的有关实际测试噪声数据。

3.2.35.5A 电梯加、减速度和轿厢运行的垂直、水平振动速度试验记录（C2-35-5A）

资料表式：

电梯加、减速度和轿厢运行的垂直、水平振动速度试验记录表（额定速度大于1m/s）　**表 C2-35-5A**

工程名称					部　位		
试验日期							
序　号		1	2	3	4	5	6
工　况		空　　　　载			额　定　载　荷		
项　目		起动加速度（m/s²）	换速减速度（m/s²）	制动加速度（m/s²）	起动减速度（m/s²）	换速减速度（m/s²）	制动减速度（m/s²）
单　层	上行						
	下行						
多　层	上行						
	下行						
工　况		空　　　　载			额　定　载　荷		
项目		振动加速度（cm/s²）			振运加速度（cm/s²）		
		运行方向	平行轿厢门方向	垂直轿厢门方向	运行方向	平行轿厢门方向	垂直轿厢门方向
全程上行							
全程下行							
参加人员	监理（建设）单位			施　工　单　位			
		专业技术负责人		质　检　员		试　验　员	

3.2.35.5B 电梯加、减速度和轿厢运行的垂直、水平振动速度试验记录（C2-35-5B）

1. 资料表式

电梯加、减速度和轿厢运行的垂直、水平振动速度试验记录表（额定速度大于1m/s）　　表 C2-35-5B

工程名称						部位			
试验日期									
序号		1	2	3	4	5	6	7	8
工况		空载				额定载荷			
项目		起动加速度 (m/s^2)	起动平均加速度 (m/s^2)	制动减速度 (m/s^2)	制动平均减速度 (m/s^2)	起动加速度 (m/s^2)	起动平均加速度 (m/s^2)	制动减速度 (m/s^2)	制动平均减速度 (m/s^2)
单层	上行								
单层	下行								
多层	上行								
多层	下行								

工况	空载			额定载荷		
项目	振动加速度（cm/s^2）			振动加速度（cm/s^2）		
	运行方向	平行轿厢门方向	垂直轿厢门方向	运行方向	平行轿厢门方向	垂直轿厢门方向
全程上行						
全程下行						

评定意见	参加人员	监理（建设）单位		施工单位		
			专业技术负责人		质检员	试验员

2. 实施要点

（1）电力驱动电梯的运行速度检验应符合下列规定：

当电源为额定频率和额定电压、轿厢载有50%额定载荷时，向下运行至行程中段（除去加速加减速段）时的速度，不应大于额定速度的105%，且不应小于额定速度的92%。

（2）液压电梯安装后应进行运行试验；轿厢在额定载重量工况下，按产品设计规定的每小时启动次数运行1000次（每天不少于8h），液压电梯应平稳、制动可靠、连续运行无故障。

（3）液压电梯的运行速度检验应符合下列规定：

空载轿厢上行速度与上行额定速度的差值不应大于上行额定速度的8%；载有额定载重量的轿厢下行速度与下行额定速度的差值不应大于下行额定速度的8%。

（4）电梯额定速度一般分为：电梯额定速度>1m/s 和 ≤1m/s。

（5）电梯起、制动过程的加、减速度值和乘客、病床电梯的振动加速度值是衡量电梯舒适感的重要指标和依据。

（6）试验结果与评定：电梯的加、减速度取其在该过程的最大值；加、减速度的平均值是对其加、减速度过程求积；轿厢运行的振动加速度取轿厢在额定速度时的最大值，以其单峰值作计算与评定的依据。

(7) 电梯加、减速度和垂直、水平振动加速度试验应采用专用的试验仪器，具体操作按其说明书进行。

3.2.35.6 曳引机检查与试验记录（C2-35-6）

1. 资料表式

曳引机检查与试验记录　　　　　　　　　　表 C2-35-6

工程名称				部　位			
试验仪器				日　期			
(1) 技术参数							
曳引机型号	电机型号	速　比	电压（V）	模　数	电流（A）	功率（kW）	绳轮直径（mm）

中心距_____ mm　转速_____ r/min

(2) 检查项目
制动轮的径向跳动_____
曳引轮绳槽工作面跳动_____
制动器闸瓦松闸时的间隙_____
负荷运行检查；油温_____℃；电机定子温升_____K；
其他_____
蜗杆轴伸出端渗漏油，油迹面积_____cm²/h
空载噪声_____dB（A）

	试验结果					
参加人员	监理（建设）单位		施　工　单　位			
			专业技术负责人	质　检　员		试　验　员

2. 实施要点

(1) 曳引式电梯的曳引能力试验必须符合下列规定：

1) 轿厢在行程上部范围空载上行及行程下部范围载有125%额定载重量下行，分别停层3次以上，轿厢必须可靠地制停（空载上行工况应平层）。轿厢载有125%额定载重量以正常运行速度下行时，切断电动机与制动器供电，电梯必须可靠制动。

2) 当对重完全压在缓冲器上，且驱动主机按轿厢上行方向连续运转时，空载轿厢严禁向上提升。

(2) 曳引式电梯的平衡系数应为0.4~0.5。

(3) 填表说明：

负荷运行检查：当在额定电压时，空载工况连续运行2h（正反各转1h）。额定载荷工况时，按通电持续率40%（正转2min，停机3min，再反转2min），运行30min，用温度计直接测量油温，用微欧计测量电机定子温升。

注：1. 径向跳动：用百分表测量制动轮轮宽的两端及中间三个部位取其最大值。
　　2. 绳槽工作面跳动：用百分表测量各绳槽的两个侧面，取其最大值。
　　3. 闸瓦松闸时的间隙：用塞尺测量制动轮的松闸时，闸瓦和制动轮全长上的最大间隙。

3.2.35.7 限速器试验记录（C2-35-7）
1. 资料表式

限速器试验记录表 表 C2-35-7

工程名称		部 位	
试验单位		日 期	
限速器编号		试验仪器	

额定速度_____m/s 动作速度_____m/s 实测动作速度_____m/s 限速器绳的张紧力_____N			
试验结果			年 月 日
参加人员	监理（建设）单位	施 工 单 位		
		专业技术负责人	质 检 员	试 验 员

2. 实施要点

（1）限速器动作速度整定封记必须完好，且无拆动痕迹。

（2）限速器张紧装置与其限位开关相对位置安装应正确。

（3）限速器上的轿厢（对重、平衡重）下行标志必须与轿厢（对重、平衡重）的实际下行方向相符。限速器铭牌上的额定速度、动作速度必须与被检电梯相符。

（4）限速器绳张紧开关、液压缓冲器复位开关必须动作可靠。

3.2.35.8 安全钳试验记录（C2-35-8）
1. 资料表式

安全钳试验记录表 表 C2-35-8

工程名称		部 位		日 期	
额定速度	m/s	动作速度	m/s	导轨厚度	mm
限 时 式				试验仪器	
项 目		实测数据		备 注	
弹性极限	制动距离（mm）					
	制动阻力（T）					
	吸收能量（T·m）					
永久变形或断裂	制动距离（mm）					
	制动阻力（T）					
	吸收能量（T·m）					
钳体、楔块、导轨变形情况					
自由降落距离计算（m）					
总允许质量计算（kg）					

续表

次数\项目	渐进式——主要数据记录表				试验仪器
	平均减速度 (m/s²)	轿厢倾斜度 (%)	平均制动力 (N)	平均制动力平均值 (N)	总允许质量的极限值 (kg)
1					
2					
3					
4					

次数\项目	渐进式——其他数据记录表									
	降落总高度 (mm)	限速器绳滑动距离 (mm)	减速度最小值 (m/s²)	减速度最大值 (m/s²)	最小瞬时制动力 (N)	最大瞬时制动力 (N)	安全钳弹性元件总行程		制动距离		平均制动距离 (mm)
							左 (mm)	右 (mm)	左 (mm)	右 (mm)	
1											
2											
3											
4											

试验结果				年 月 日
参加人员	监理（建设）单位		施 工 单 位	
		专业技术负责人	质 检 员	试 验 员

2. 实施要点

(1) 安全钳必须与其型式试验证书相符。

(2) 当安全钳可调节时，整定封记应完好，且无拆动痕迹。

(3) 安全钳与导轨的间隙应符合产品设计要求。

(4) 限时式安全钳试验，轿厢有均匀分布的额定荷载，以额定速度下行时，可人为地使限速器运行，此时安全钳应将轿厢停于轨道上，曳引绳应在绳槽内打滑。

渐进式安全钳试验，在轿厢有均匀分布的125%额定荷载，以平层速度或检修速度下行的条件进行，试验目的是检查其安装是否正确，调整是否合理，以及轿厢、安全钳、轿厢架、导轨与建筑物连接件的牢固程度。

(5) 填表说明：

1) 弹性极限：限时式安全钳试验时采用，分别记录实测的制动距离、制动阻力、吸收能量。

2) 永久变形或断裂：限时式安全钳试验时采用，分别记录实测的制动距离、制动阻力、吸收能量。

3) 渐进式主要数据记录：分别按规范规定的试验次数记录：平均减速度、轿厢倾斜度、平均制动力、平均制动力平均值、总允许质量的极限值

4) 渐进式其他数据记录：分别按规范规定的试验次数记录：降落总高度、限速绳滑动距离、减速度最小值及最大值、最小值及最大瞬时制动力等。

3.2.35.9 缓冲器试验记录（C2-35-9）

1. 资料表式

缓冲器试验记录表

表 C2-35-9

工程名称			部 位			
缓冲器型号			试验仪器		日 期	
最大冲击速度	m/s		液压缓冲器		试验期间温度	℃
最大总质量	kg		最小总质量	kg	液体规格	

蓄能型缓冲器记录表

次数\项目	静 压 试 验		撞 击 试 验			
	加压质量（kg）	压缩量（mm）	重块质量（kg）	提起高度（mm）	撞击时减速度（m/s²）	重块复位速度（m/s）
1						
2						
3						
4						

耗能型缓冲器记录表

次数\项目	减速度峰值（m/s²）	平均减速度（m/s²）	减速度大于2.5g的时间（s）	复位时间（s）	液面位置检查	永久变形或损坏
1						
2						
3						

试验结果		年 月 日

参加人员	监理（建设）单位	施 工 单 位		
		专业技术负责人	质 检 员	试 验 员

2．实施要点

（1）缓冲器是电梯最后一道安全装置。缓冲器是一种吸收、消耗冲击能量减轻事故危害安全装置。

1）蓄能性（弹簧）缓冲器试验：轿箱以额定荷载和检修速度、对重以轿箱空载和检修速度下分别碰撞缓冲器，致使曳引绳松弛。

2）耗能性（液压）缓冲器试验：额定荷载的轿箱或对重应以额定速度与缓冲器接触并压缩五分钟后，以轿箱或对重开始离开缓冲器直到缓冲器回复到原状止，所需时间应少于120秒钟。

3）试验后，还应检查确认其零部件应无损伤或明显变形。

（2）缓冲器必须与其型式试验证书相符。

（3）上、下极限开关必须是安全触点，在端站位置进行动作试验时必须动作正常。在轿厢或对重（如果有）接触缓冲器之前必须动作，且缓冲器完全压缩时，保持动作状态。

（4）填表说明：

1）蓄能型缓冲器

①静压试验：分别按加压质量和压缩量进行试验。加压质量按规范规定进行。
②撞击试验：分别记录重块质量、提起高度、撞击时减速度、重块复位速度。
2）耗能型缓冲器
分别按规范规定的试验次数记录减速度峰值、平均减速度、减速度大于2.5g的时间（s）、复位时间（s）、液面位置检查、永久变形或损坏。

3.2.35.10 电梯层门安全装置检验记录（C2-35-10）

1. 资料表式

电梯层门安全装置检验记录   表 C2-35-10

安装单位						检验日期				
层、站门		—	开门方式	中分 旁开	分门宽度 B（mm）			门扇数		
门锁装置铭牌制造厂名称						有效期至				
形式试验标志及试验单位										
层站	开门时间	关门时间	联锁安全触点				啮合长度		自闭功能	
			左1	左2	右1	右2	左	右	左	右

层站			关门阻止力	紧急开锁装置	层门地坎护脚板

标准	≥S	每扇门齐全可靠	≤7mm	灵活可靠	≥150N	安全可靠	平整光滑
开门宽度（mm）		B≤800	800<B≤1000		1000<B≤1100	1100<B≤1300	
中分 开关门时间		3.2s	4.0s		4.3s	4.9s	
旁开 ≤		3.7s	4.3s		4.9s	5.9s	

参加人员	监理（建设）单位		施 工 单 位	
		专业技术负责人	质 检 员	试 验 员

2. 实施要点

（1）层门地坎至轿厢地坎之间的水平距离偏差为0～+3mm，且最大距离严禁超过35mm。

（2）层门强迫关门装置必须动作正常。

（3）动力操纵的水平滑动门在关门开始的1/3行程之后，阻止关门的力严禁超过150N。

（4）层门锁钩必须动作灵活，在证实锁紧的电气安全装置动作之前，锁紧元件的最小啮合长度为7mm。

（5）门刀与层门地坎、门锁滚轮与轿厢地坎间隙不应小于5mm。

（6）层门地坎水平度不得大于2/1000，地坎应高出装修地面2～5mm。

（7）层门指示灯盒、召唤盒和消防开关盒应安装正确，其面板与墙面贴实，横竖端正。

（8）门扇与门扇、门扇与门套、门扇与门楣、门扇与门口处轿壁、门扇下端与地坎的间隙，乘客电梯不应大于 6mm，载货电梯不应大于 8mm。

(9) 填表说明：

1) 机械强度试验：指层门和开门机械按规范规定进行的机械强度试验。

2) 门运行试验：指层门和开门机械按规范规定进行的门的运行试验。包括阻止关门力、和门的运行功能。

3) 滑动门保护装置试验：指层门和开门机械按规范规定进行的滑动门保护装置试验。包括性能检查和门的运行功能试验。

3.2.35.11 门锁试验记录（C2-35-11）

1. 资料表式

门锁试验记录表　　　　　　　　　表 C2-35-11

工程名称			门锁型号		日 期	
项　　目					实 测 量 数 据	
静 态 力			滑 动 门（N）			
			铰 链 门（N）			
动 态 冲 击 力						
耐久试验	循 环 操 作		承受（次）			
			频率（次/min）			
	断路能力	断开闭合	交流（次）			
			直流（次）			
		触点保持闭合	交流（次）			
			直流（次）			
		试验电流	交流（倍）			
			直流（%）			
		功率因数				
		电流稳定值（%）				
试验结果						
					年　月　日	
参加人员	监理（建设）单位			施　工　单　位		
	专业技术负责人		质 检 员		试 验 员	

2. 实施要点

(1) 门锁试验的内容包括：静态试验、动态试验和耐久性试验。

(2) 层门强迫关门装置必须动作正常；层门锁钩必须动作灵活，在证实锁紧的电气安全装置动作之前，锁紧元件的最小啮合长度为 7mm。

(2) 填表说明：

1) 动态冲击力：是门锁试验的内容之一，按实际测量数据填写，动态冲击力试验应符合产品质量要求。

2) 耐久试验：是门锁试验的内容之一，耐久性试验包括循环操作试验、断路能力试验。

3) 循环操作：是耐久性试验的内容之一，分别填写承受（次）、频率（次/min）的实测数据。

①承受（次）：按实测的承受次数填写，承受次数应符合产品质量要求。

②频率（次/min）：按实测的频率填写，频率（次/min）应符合产品质量要求。

4) 断路能力：是耐久性试验的内容之一，分别测试断开闭合、触点保持闭合、试验电流、功率因数、电流稳定值。

①断开闭合：是断路能力试验的内容之一，分别测试交流（次）、直流（次）的断开闭合能力。

a. 交流（次）：按实测的交流（次）填写，交流（次）测试结果应符合产品质量要求；b. 直流（次）：按实测的直流（次）填写，直流（次）测试结果应符合产品质量要求。

②触点保持闭合：是断路能力试验的内容之一，分别测试交流（次）、直流（次）的触点保持闭合能力。

a. 交流（次）：按实测的交流（次）填写，交流（次）测试结果应符合产品质量要求；b. 直流（次）：按实测的直流（次）填写，直流（次）测试结果应符合产品质量要求。

③试验电流：是断路能力试验的内容之一，分别测试交流（倍）、直流（%）的试验电流。

a. 交流（倍）：按实测的交流（倍）填写，交流（倍）测试结果应符合产品质量要求；b. 直流（%）：按实测的直流（%）填写，直流（%）测试结果应符合产品质量要求。

④功率因数：是断路能力试验的内容之一，按实际测试的功率因数填写。

⑤电流稳定值（%）：是断路能力试验的内容之一，按实际测试的电流稳定值填写。

3.2.35.12 绳头组合拉力试验记录（C2-35-12）

1. 资料表式

绳头组合拉力试验记录表　　　　　　　　　　　　　　表 C2-35-12

工程名称			试验时间		
控制仪器设备			试验单位		
绳头组合型号、规格					
序　号	拉　力　值　(N)			结　果	
1					
2					
3					
试验结果				年　月　日	
参加人员	监理（建设）单位		施　工　单　位		
	专业技术负责人	质　检　员		试　验　员	

2. 实施要点

（1）绳头组合必须安全可靠，且每个绳头组合必须安装防螺母松动和脱落的装置。

（2）钢丝绳严禁有死弯。

（3）当轿厢悬挂在两根钢丝绳或链条上，且其中一根钢丝绳或链条发生异常相对伸长时，为此装设的电气安全开关应动作可靠。

（4）随行电缆严禁有打结和波浪扭曲现象。

（5）每根钢丝绳张力与平均值偏差不应大于5%。

（6）随行电缆的安装应符合下列规定：

随行电缆端部应固定可靠；随行电缆在运行中应避免与井道内其他部件干涉。当轿厢完全压在缓冲器上时，随行电缆不得与底坑地面接触。

（7）补偿绳、链、缆等补偿装置的端部应固定可靠。

（8）对补偿绳的张紧轮，验证补偿绳张紧的电气安全开关应动作可靠。张紧轮应安装防护装置。

（9）填表说明：

1）拉力值（N）：分别填写不同序号绳头组合拉力试验的拉力值。拉力值应满足设计和产品质量标准要求。

2）结果：按不同序号绳头组合拉力试验的拉力值是否满足设计和产品质量标准要求，填写试验结果是否符合要求。

3.2.35.13 选层器钢带试验记录（C2-35-13）

1. 资料表式

选层器钢带试验记录表　　　　　　　　　　　　　表 C2-35-13

控制屏信号		被试验单位		
控制功能名称		试验人员		
试验设备		试验日期		
试验条件		钢带在试验台上，张紧力调至 90.8N 轮子转速调至 225r/min 运转 30min，检查试验后钢带情况		
结　果				
参加人员	监理（建设）单位	施　工　单　位		
		专业技术负责人	质　检　员	试　验　员

2. 实施要点

（1）选层器动、静触头的位置，应与电梯运行、停层的位置一致。

（2）选层器触头组的排列应横平竖直，触头组的水平偏差应符合规范要求。

（3）选层器快、慢车（单、多层）换速触头的提前量，应按减速时间平层距离调节适宜。

（4）触头动作，接触应可靠，接触后应略有压缩余量。

（5）选层器安装：

1）选层器钢带轮不铅垂度应符合规范要求。

2）钢带在轿厢上固定的不平行度应符合规范要求。

（6）选层器钢带（钢绳、链条）张紧轮下落大于 50mm 时应停止运行。

3.2.35.14 轿厢试验记录（C2-35-14）

1. 资料表式

轿厢试验记录表   表 C2-35-14

工程名称		试验单位	
规格、型号		试验日期	
(1) 轿厢顶刚度试验（记录变形情况和数据）：			
(2) 轿厢过载装置试验（记录过载信号在轿厢内加多少载荷时产生）：			
试验结果			年　月　日
参加人员	监理（建设）单位	施　工　单　位	
	专业技术负责人	质　检　员	试　验　员

2．实施要点

（1）轿厢试验：

1）轿厢顶刚度试验：轿厢组装后，以两个人站在轿厢顶任何位置上的净面积为准，对该面积施加 2000N 的垂直力。在轿厢内检查轿厢顶的变形，测试点不小于 2 个，取平均值。

2）轿厢过载装置试验：试验时轿厢停在底层端站，轿厢处在无司机状态，陆续向轿厢内加载荷，直至电梯发出过载信号。计算此时的载荷。该试验仅对集选电梯进行。

（2）当轿顶边缘和相邻电梯运动部件（轿厢、对重或平衡重）之间的水平距离小于 0.5m 时，隔障应延长贯穿整个井道的高度。隔障的宽度不得小于被保护的运动部件（或其部分）的宽度每边再各加 0.1m。

（3）轿厢在行程上部范围空载上行及行程下部范围载有 125％额定载重量下行，分别停层 3 次以上，轿厢必须可靠地制停（空载上行工况应平层）。轿厢载有 125％额定载重量以正常运行速度下行时，切断电动机与制动器供电，电梯必须可靠制动。

3.2.35.15 控制屏试验记录（C2-35-15）

1．资料表式

控制屏试验记录表   表 C2-35-15

控制屏信号			被试验单位	
控制功能名称			试验人员	
试验设备			试验日期	
序　号	项　目		试验条件与要求	结　果
1	绝缘试验		用 500V 兆欧表检查	
2	耐压试验		1000V/50Hz	
3	控制功能试验		按不同的控制功能的要求，检查其全部功能在模拟试验台上进行	
说明				
试验结果				年　月　日
参加人员	监理（建设）单位 ||施　工　单　位		
	专业技术负责人		质　检　员	试　验　员

2. 实施要点

控制柜（屏）的安装位置应符合电梯土建布置图中的要求。

智能建筑

3.2.36　图纸会审、设计变更、洽商记录、竣工图及设计说明（C2-36）

资料编制控检要求：

按建筑与结构图纸会审、设计变更、洽商记录资料要求执行。

3.2.36.1　图纸会审（C2-36-1）

1. 建筑智能化图纸会审按 C2-1-1 执行。

2. 图纸会审记录是对已正式签署的设计文件进行交底、审查和会审，对提出的问题予以记录的技术文件。

3.2.36.2　设计变更（C2-36-2）

1. 建筑智能化设计变更按 C2-1-2 执行，或按 1.5.14 智能建筑要求及表式执行。

2. 设计变更的表式以设计单位签发的设计变更文件为准。

3. 设计变更是设施过程中，由于设计图纸本身差错，设计图纸与实际情况不符，施工条件变化，原材料的规格、品种、质量不符合设计要求，及职工提出合理化建议等原因，需要对设计图纸部分内容进行修改而办理的变更设计文件。

3.2.36.3　洽商记录（C2-36-3）

1. 建筑智能化洽商记录的表式按 C2-1-3 执行，或按 1.5.14 智能建筑要求及表式执行。

2. 洽商记录以提出洽商单位签发的洽商记录文件为准。

3. 洽商记录是设施过程中，由于设计图纸本身差错，设计图纸与实际情况不符，施工条件变化，原材料的规格、品种、质量不符合设计要求，及职工提出合理化建议等原因，需要对设计，图纸部分内容进行修改而办理的变更设计文件。

3.2.37　材料、设备出厂合格证及技术文件及进场检（试）验报告（C2-37）

资料编制控检要求：

（1）通用条件

1）按资料名称项下建筑与结构中原材料、设备出厂合格证及技术文件及进场检（试）验报告资料编制控检要求执行。

2）出厂合格证所证明的材质和性能符合设计和规范的为符合要求；仅有合格证明无材质技术数据，经建设单位认可签章者为基本符合要求，否则为不符合要求。

（2）专用条件

1）应提供设计或规范有规定的，对材质有怀疑的以及认为必需的抽样检查记录。

2）进场时进行开箱检验（主要材料、设备）并有检验记录。

3.2.37.1　主要材料、设备出厂合格证、检（试）验报告汇总表（C2-37-1）

材料、设备出厂合格证、检（试）验报告汇总表按 C2-3-1 执行。

3.2.37.2　材料、设备出厂合格证粘贴表（C2-37-2）

材料、设备出厂合格证粘贴表按 C2-3-2 执行。

实施要点：

（1）器材检验一般要求如下：

1) 工程所用缆线器材型式、规格、数量、质量在施工前应进行检查，无出厂检验证明材料或与设计不符者不得在工程中使用。

2) 经检验的器材应做好记录，对不合格的器件应单独存放，以备核查与处理。

3) 工程中使用的缆线、器材应与订货合同或封存的产品在规格、型号、等级上相符。

4) 备品、备件及各类资料应齐全。

(2) 型材、管材与铁件的检验要求如下：

1) 各种型材的材质、规格、型号应符合设计文件的规定，表面应光滑、平整，不得变形、断裂。预埋金属线槽、过线盒、接线盒及桥架表面涂覆或镀层均匀、完整，不得变形、损坏。

2) 管材采用钢管、硬质聚氯乙烯管时，其管身应光滑、无伤痕，管孔无变形，孔径、壁厚应符合设计要求。

3) 管道采用水泥管块时，应按通信管道工程施工及验收中相关规定进行检验。

4) 各种铁件的材质、规格均应符合质量标准，不得有歪斜、扭曲、飞刺、断裂或破损。

5) 铁件的表面处理和镀层应均匀、完整，表面光洁，无脱落、气泡等缺陷。

(3) 缆线的检验要求如下：

1) 工程使用的对绞电缆和光缆型式、规格应符合设计的规定和合同要求。

2) 电缆所附标志、标签内容应齐全、清晰。

3) 电缆外护套需完整无损，电缆应附有出厂质量检验合格证。如用户要求，应附有本批量电缆的技术指标。

4) 电缆的电气性能抽验应从本批量电缆中的任意三盘中各截出100m长度，加上工程中所选用的接插件进行抽样测试，并作测试记录。

5) 光缆开盘后应先检查光缆外表有无损伤，光缆端头封装是否良好。

6) 综合布线系统工程采用光缆时，应检查光缆合格证及检验测试数据，在必要时，可测试光纤衰减和光纤长度，测试要求如下：

①衰减测试：宜采用光纤测试仪进行测试。测试结果如超出标准或与出厂测试数值相差太大，应用光功率计测试，并加以比较，断定是测试误差还是光纤本身衰减过大。

②长度测试：要求对每根光纤进行测试，测试结果应一致，如果在同一盘光缆中，光纤长度差异较大，则应从另一端进行测试或做通光检查以判定是否有断纤现象存在。

7) 光纤接插软线（光跳线）检验应符合下列规定：

①光纤接插软线，两端的活动连接器（活接头）端面应装配有合适的保护盖帽。

②每根光纤接插软线中光纤的类型应有明显的标记，选用应符合设计要求。

(4) 接插件的检验要求如下：

1) 配线模块和信息插座及其他接插件的部件应完整，检查塑料材质是否满足设计要求。

2) 保安单元过压、过流保护各项指标应符合有关规定。

3) 光纤插座的连接器使用型式和数量、位置应与设计相符。

(5) 配线设备的使用应符合下列规定：

1) 光、电缆交接设备的型式、规格应符合设计要求。

2）光、电缆交接设备的编排及标志名称应与设计相符。各类标志名称应统一，标志位置正确、清晰。

（6）有关对绞电缆电气性能、机械特性、光缆传输性能及接插件的具体技术指标和要求，应符合设计要求。

3.2.37.3 主要设备开箱检验记录（C2-37-3）

主要设备开箱检验记录按 C2-1-3 表式执行。

3.2.38 隐蔽工程验收记录（C2-38）

1. 资料编制控检要求

建筑智能化安装工程需隐蔽项目必须实行隐蔽工程验收，隐蔽验收原则按建筑与结构的隐蔽验收要求执行。隐蔽工程验收应符合设计和有关标准规定的为符合要求，不进行隐蔽工程验收或不填报隐蔽工程验收记录为不符合要求。

2. 实施要点

（1）建筑智能化工程隐蔽工程验收记录按 C2-5-1 表式执行，或按 1.5.14 智能建筑工程隐蔽工程（随工检查）验收表式要求执行。

（2）建筑智能化工程隐蔽验收的主要项目包括：

1）建筑智能化工程暗配线应进行分层分段分部位隐蔽检查验收。包括埋地、墙内、板孔内、密封桥架内、板缝内及混凝土内等。

2）接地体的埋设与焊接。

3）施工完成后不能进入吊顶内检修的管路敷设，在封顶前做好隐检。

4）地基基础阶段隐检主要包括：暗引电缆的钢管埋设、地线引入、利用基础钢筋接地极的钢筋与引线焊接等。

（3）建筑智能化工程隐蔽验收的检查内容包括：1）检查管道排列、走向、弯曲处理、固定方式：

①管道排列、走向、弯曲处理：检查验收线路的排列、走向与位置，规格、标高、弯曲接头，防腐。

②固定方式：检查验收连接固定方法、牢固程度、管盒固定，管口处理等。

1）检查管道连接、管道搭铁、接地：

①管道连接、管道搭铁：应检查位置、标高、材质、规格、连接固定方法、牢固程度等。

②接地：应检查搭接长度、焊面、焊接质量、防腐及其材料种类、遍数以及埋设位置、埋深、材质、规格、土壤处理等，还应附图说明。

2）检查管口安放护圈标识；检查接线盒及桥架加盖；检查线缆对管道及线间绝缘电阻；检查线缆接头处理等。

3）缆线暗敷隐蔽验收

①缆线暗敷的隐验内容：缆线规格、路由、位置；符合布放缆线工艺；接地。

②管道缆线的隐验内容：使用管孔孔位；缆线规格；缆线走向；缆线的防护设施的设置质量。

③埋式缆线的隐验内容：缆线规格；敷设位置、深度；缆线的防护设施的设置质量；回土夯实质量。

④隧道缆线的隐验内容：缆线规格；安装位置、路由；土建设计符合工艺要求。

4）其他的隐验内容：通信线路与其他设施的间距；进线室安装、施工质量。

3.2.38.1　管道排列、走向、弯曲处理、固定方式隐蔽工程验收记录（C2-38-1）

实施要点：

（1）管道排列、走向、弯曲处理、固定方式隐蔽工程验收记录按 C2-5-1 表式执行。

（2）隐蔽工程验收检查内容：

1）管道排列、走向、弯曲处理：检查验收线路的排列、走向与位置，规格、标高、弯曲接头，防腐。

2）固定方式：检查验收连接固定方法、牢固程度、管盒固定，管口处理等。

3.2.38.2　管道连接、管道搭铁、接地隐蔽工程验收记录（C2-38-2）

实施要点：

（1）管道连接、管道搭铁、接地隐蔽工程验收记录按 C2-5-1 表式执行。

（2）隐蔽工程验收检查内容：

1）管道连接、管道搭铁：应检查位置、标高、材质、规格、连接固定方法、牢固程度等。

2）接地：应检查搭接长度、焊面、焊接质量、防腐及其材料种类、遍数以及埋设位置、埋深、材质、规格、土壤处理等，还应附图说明。

3.2.38.3　管口安放、接线盒及桥架、线缆对管道及线间绝缘电阻、线缆接头处理隐蔽工程验收记录（C2-38-3）

实施要点：

（1）管口安放、接线盒及桥架、线缆对管道及线间绝缘电阻、线缆接头处理隐蔽工程验收记录按 C2-5-1 表式执行。

（2）隐蔽工程验收检查内容：

1）检查管口安放护圈标识；

2）检查接线盒及桥架加盖；

3）检查线缆对管道及线间绝缘电阻；

4）检查线缆接头处理等。

3.2.38.4　缆线暗敷隐蔽工程验收记录（C2-38-4）

实施要点：

（1）缆线暗敷隐蔽工程验收记录按 C2-5-1 表式执行。

（2）缆线暗敷隐蔽验收应检查的内容：

1）缆线暗敷的隐验内容：缆线规格、路由、位置；符合布放缆线工艺；接地。

2）管道缆线的隐验内容：使用管孔孔位；缆线规格；缆线走向；缆线的防护设施的设置质量。

3）埋式缆线的隐验内容：缆线规格；敷设位置、深度；缆线的防护设施的设置质量；回土夯实质量。

4）隧道缆线的隐验内容：缆线规格；安装位置、路由；土建设计符合工艺要求。

3.2.39　系统功能测定及设备调试记录（C2-39）

资料编制控检要求：

(1) 现场测试项目必须是在测试现场进行。由施工单位的专业技术负责人牵头,专职质量检查员详细记录,建设单位代表和项目监理机构的专业监理工程师参加。

现场原始记录须经施工单位的技术负责人和专职质量检查员审核签字,建设、监理单位的参加人员签字后方有效并归存,作为整理资料的依据以备查。

(2) 资料内必须附图的附图应简单易懂,且能全面反映附图质量。

(3) 有鉴定意见或分析结论的技术文件（资料）,必须填写清楚是符合设计和标准要求还是不符合设计或标准要求。

(4) 试验报告单内的主要试验项目应齐全,不齐全时应重新进行复试,不复试为不符合要求。

(5) 凡属视频系统末端测试均应在系统完成后按房间逐一进行测试,不得缺漏。并填写视频系统末端测试记录。

(6) 视频系统测试应在施工中经自检验收完成后进行。

(7) 视频系统测试结果必须符合设计要求和施工质量验收规范的要求。测试数据必须真实可靠,填报无误。

(8) 表内的内容必须填写齐全,不得缺项,主要的试验项目缺项为不符合要求。参加单位和人员均签字有效,不盖章,不得代签,代签的为不符合要求。

(9) 系统功能测定和设备调试前均应核查随工检查记录。

3.2.39.1 系统功能测定记录（C2-39-1）

1. 资料表式

系统功能测定记录　　　　　　　　　　　表 C2-39-1

工程名称		施工单位	
设备名称		分部（子分部）	
测试日期	年　月　日	测试部位	
测定内容			
调定结果			
复查结果			
鉴定结论			
参加人员	监理（建设）单位	施　工　单　位		
		专业技术负责人	质 检 员	试 验 员

2. 实施要点

系统功能测定包括:通信网络、信息网络系统、建筑设备监控、火灾自动报警、消防联动、安全防范、综合布线、智能化系统、电源与接地、环境、住宅（小区）智能化等功能测试分别使用系统功能测定表（通用）、设备调试记录表（通用）。

标准（GB 50304—2001）条文说明:将原建筑电气安装分部工程中的强电和弱电部分

独立出来各为一个分部工程，称其为建筑电气分部和建筑智能化（弱电）分部。

智能建筑分部的弱电工程分部，包括：通信网络系统、信息网络系统、建筑设备监控系统、火灾报警及消防联动系统、安全防范系统、综合布线系统、智能化集成系统、电源与接地、环境、住宅（小区）智能化系统等。

系统功能测试系指子分部工程中的子系统的每一个单独系统的测试。如：通信网络系统中的通信系统、卫星及有线电视系统、公共广播系统；信息网络系统中的计算机网络系统、信息平台及办公自动化应用软件、网络安全系统等。

形成这些信息系统均应分别按照设计要求进行测试。

通信网络系统、建筑设备自动化系统、信息网络系统、广播音响系统、有线电视系统及自动化的说明如下：

(1) 通信网络系统（CNS）

它是楼内的语音、数据、图像传输的基础，同时与外部通信网络（如公用电话网、综合业务数字网、计算机互联网、数据通信网及卫星通信网等）相联，确保信息畅通。

通信网络子分部工程系统包括通信系统、卫星及有线电视系统、公共广播系统三个分项工程。

通信网络系统基本结构其控制中心是程控数字用户交换机系统，是一个高压模块化的全分散控制系统。产品选择必须具有适用性、可靠性和经济性。并具有维修比较简单的特点。

通信网络的类别：程控数字用户交换机系统（建筑物内部进行电话交换的专用交换机）、语言信息服务系统（建筑物内用户专用语音信息、图文传真服务系统）、数据信息处理系统（包括：电子邮件、文件传递、电子数据交换、传真存储转发、图像和数字话音等）、可视图文系统（利用公用电话交换网和公用数据分组交换网，以交互型图像通信的方式向建筑物内用户提供公用数据库和专用数据库中的各类信息）、可视电话系统（双方通话能同时见到对方的图像在电话上）、微波通信系统（微波是指在300MHz至300GHz范围的电磁波。微波通信是指用户利用微波（射频）携带数字信息，通过微波天线发送，经过空间微波通道传输电波，到达另一端微波天线接受（发送）设备进行再生用户数字信号的通信方式）、光缆通信系统（数字光通信方式，即光缆时分数字传输链路方式进行多媒体信息传输）、卫星通信系统（利用人造地球卫星中继站转发或反射无线电信号，在两个或多个地球站之间进行通信）。

通信技术设备如：交换机系统接口设备、数据终端接口设备（数字话机、异步数据通信适配器、同步数据通信适配器、主计算机规约转换器、调制解调器）等均应有出厂合格证及标准规定了测（试）验报告及开箱数据资料）。

(2) 建筑设备自动化系统（BAS）

将建筑物或建筑群内的电力、照明、空调、给排水、防灾、保安、车库管理等设备或系统，以集中监视、控制和管理为目的，构成综合系统。

建筑设备监控子分部系统包括：空调与通风系统、变配电系统、照明系统、给排水系统、热源与热交换系统、冷冻和冷却系统、电梯和自动扶梯系统、中央管理工作站与操作分站、子系统通信接口9个分项工程。

(3) 信息网络系统（OAS）

信息网络系统是应用计算机技术、通信技术、多媒体技术和行为科学等先进技术，使人们的部分办公业务借助于各种办公设备，并由这些办公设备与办公人员构成服务于某种办公目标的人机信息系统。

信息网络子分部工程系统包括：计算机网络系统、信息平台及信息网络系统应用软件、网络安全系统三个分项工程。

信息网络是个以计算机技术为基础的人—机信息处理系统，是以提高办公效率、保证工作质量和舒适性为目标的综合性、多学科的实用技术，其内容包括语音、数据、图像、文字信息等的一体化信息处理系统。

(4) 广播音响系统

广播音响系统包括：一般广播、特殊广播和紧急广播等系统，一般应设置广播室。

1) 音量评价标准

听音质量可以从以下几个方面加以评判：

①响度：按相关标准规定执行。

②声场均匀度：根据音场空间和平面，正确布置相声设备；控制扬声设备的位置、悬点、俯角和它们的功率分配。

根据声场各点的声压级差值不大于 6~10dB。

③清晰度的混响时间：以语言为主的听音场所，清晰度应为 85% 以上。

④信噪比：一般要求信噪比为 10~15dB。

⑤系统失真度：应力求影响特性平滑、谐波失真小。

⑥视听一致性。

⑦传声增益：传声增益应稳定且不低于 −14dB。

⑧功率储备和调音手段。

2) 音响设备

主要包括：传声器、电唱机、录音机、相声器、功率放大（扩音机）、前级增音机、转播接收机、声频处理设备（人工混响器、延时器、压缩器、限幅器以及噪声增益自动控制器等）。

音响设备及材料应具有出厂合格证以及标准规定的检（试）验报告或开箱检验报告等。

(5) 有线电视系统（闭路电视简称 CATV）

1) 是在一座建筑物或一个建筑群中，选一个最佳的天线安装位置，根据所接收的电视频道的具体情况，选用一组优质天线，将接收到的电视信号进行混合放大，并通过传输和分配网络送至各用户的电视接收机。它可以同时传送调频广播、转播卫星电视节目，还可以配备电视摄像机，经过视影信号调制器进入系统，构成保安闭路电视；配上电视放像机还可以自办节目等。

2) 有线电视系统在安装天线时，在一座建筑物或一个建筑群中，应选择一个最佳的天线安装位置，选用一组优质天线经混合放大送至各用户的电视接收机。

3) 电视图像质量主观评价标准，定为 5 级：

5 级：良好的图像，觉察不到噪声和干扰。

4 级：较好的图像，噪声干扰可觉察到但不讨厌。

3级：噪声和干扰，有点讨厌。

2级：干扰和噪声使人讨厌。

1级：严重干扰，很讨厌，图像不能成形，甚至无法接受。

(6) 有线电视系统工程的系统调测

1) 系统工程各项设施安装完毕后，应对各部分的工作状态进行调测，以使系统达到设计要求。

2) 前端部分的调测应符合下列要求：

①检查前端设备所使用的电源，应该符合设计要求。

②在各电视台正常播出的情况下，在各频道天线馈线的输出端测量该频道的电平值，应与设计要求相符。

③在前端输出口测量各频道的输出电平（包括调频广播电平），通过调节各专用放大器的输入衰耗器使输出口电平达到设计规定值。

3) 放大器输出电平的调整应符合下列要求：

①放大器的供电电源，应符合设计要求。

②在每个干线放大器的输出端或输出电平测试点应测量其高、低频道的电平值，并通过调整干线放大器内的衰耗均衡器，使其输出电平达到设计要求。

4) 各用户端高低频道的电平值，应达到设计要求。在一个区域内（一个分配放大器所供给的用户）多数用户的电平值偏离要求时，应重新对分配放大器进行调整，使之达到要求。

当系统较大，用户数较多时，可只抽测 10%～20% 的用户。

5) 调测中应填好调测记录。调测记录见表 C2-39-1A、C2-39-1B、C2-39-1C。

(7) 系统质量的测试

1) 在不同类别系统的每一个标准测试点上必须测试的项目应符合表 C2-39-1A 的规定。

必须测试的项目　　　　　　　　　　　　　　表 C2-39-1A

项　目	类别	测试数量及要求	项　目	类别	测试数量及要求
图像和调频载波电平	A、B、C、D	所有频道	载波交流声比	A、B	任选一个频道进行测试
载噪比	A、B、C	所有频道	频道内频响	A、B	任选一个频道进行测试
载波互调比	A、B、C	每个波段至少测一个频道	色/亮度时延差	A、B	任选一个频道进行测试
载波组合三次差拍比	A、B	所有频道	微分增益	A、B	任选一个频道进行测试
交扰调制比	A、B	每个波段测一个频道	微分相位	A、B	任选一个频道进行测试

注：1. 对于不测的每个频道也应检查有无互调产物。

2. 在多频道工作时，允许折算到两个频道来测量，其折算方法按各频道不同步的情况考虑。

3. 本表选自《有线电视系统工程技术规范》（GB 50200—94）。

2) 在主观评价中，确认不合格或争议较大的项目，可以增加表 C2-39-1A 规定以外的测试项目，并以测试结果为准。

3）系统质量的测试参数要求和测试方法，应符合现行国家标准《30MHz～1GHz 声音和电视信号的电缆分配系统》的规定。

前端设备调试记录表　　　　　　　　　　　　　　表 C2-39-1B

项目	频道 电平值	直 接 收 转								调频广播			卫星接收			自办节目	
		CH	CH	CH	CH	CH	CH	CH	CH	MHz	MHz	MHz	CH	CH	CH	CH	CH
前端输入(天线输出)电平																	
信号处理设备	中频输出电平（1）																
	解调输出电平（2）																
	卫星接收输出电平																
	调制输入电平																
	频道变换输入电平																
	输出频道																
	前端输出电平																
	衰耗器步位																
测试时间		气候				电频表型号							测试人				

干线（桥接、分配、延长）放大器测试记录表　　　　　　表 C2-39-1C

放大器编号	放大器型号	输入电平		补偿间隔		输出电平		衰耗均衡步位
		低端	高端	电缆型号	距离	低端	高端	
测试时间		气候		电频表型号				测试人

（8）火灾自动报警系统调试：

1）火灾自动报警系统调试，应先分别对探测器、区域报警控制器、集中报警控制器、火灾报警装置和消防控制设备等逐个进行单机通电检查，正常后方可进行系统调试；

2）火灾自动报警系统通电后，应按现行国家标准《火灾报警控制器通用技术条件》的有关要求对报警控制器进行下列功能检查：火灾报警自检功能、消声复位功能、故障报

警功能、火灾优先功能、报警记忆功能、电源转换和备用电源自动充电功能,备用电源的欠压和过压报警功能;

3) 检查火灾自动报警系统的主电源和备用电源,其容量应分别符合现行国家有关标准的要求,在备用电源连续充放电三次后,主电源和备用电源应能自动转换;

4) 应采用专用的检查仪器对探测器逐个进行试验,其动作应准确无误;

5) 应分别用主电源和备用电源供电,检查火灾自动报警系统的各项控制功能和联动功能;

6) 火灾自动报警系统应在连续运行120h无故障后,按有关规定填写调试报告。

(9) 智能建筑的供配电

1) 智能建筑的用电设备种类多、耗电量大,按其功能分有:电力、照明、电梯、给排水、制冷、供热、空调、消防、通信、计算机等,智能化设备由于连续不间断工作的重要负荷,供电可靠性和电源质量是保证智能化设备及其网络稳定工作的重要因素。

2) 智能建筑供电应满足电源质量的要求,减少电压损失;防止电压偏移,一般规定电压值偏移应控制在±5%;抑制高次谐波;减少电能损耗,配电电压一般应采用10kV~35kV配电电压,注意三相系统中相电压的不平衡。

3) 变压器选择应根据使用地方的环境、功能、变压器装机容量,按照计算的最佳负荷选取时应略高于最佳功率,选择适用的变压器。

4) 有功能要求的应设置自备应急电源装置。柴油发电机的容量通常按变压器容量的10%~20%应由设计选定。

5) 智能化设备的供电方式通常有集中供电和分散供电两种,两者各有优缺点,而分散供电是今后发展的方向。

6) 智能建筑供配电导线和电缆选择的一般区别为:

①按使用环境和敷设方法选择导线和电缆的类型。

②按机械强度和敷设方法选择导线和电缆的最小允许截面。

③按允许升温和敷设方法选择导线和电缆的截面。

④按电压损失和敷设方法校验导线和电缆的截面。

上述选择的导线和电缆具有几种不同规格的截面时,应选取其中截面较大的一种。

7) 计算机房的供电必须从技术措施中保证系统工作的稳定和可靠。增加电源进线滤波器,调压器的功率一般应大于计算机系统总容量的1.5~2倍才较为可靠。

8) 保证计算机系统工作稳定、可靠,除保证供电方式外,还必须保证接地装置设计、安装生产各环节,如设备的安全保护接地、计算机系统的直流接地(必须按计算机说明要求做)等。施工安装中应注意的事项主要有:

①在计算机系统中,建议单独设置设备保护接地,将其设置离机房坪外1m远的地方为好。

②交流设备保护接地与直流接地不能室内混用,更不能共用接地装置。

③直流接地采用一点式接地。即在室内将计算机机柜的直流接地接在悬浮的地线网上。

3.2.39.2 设备调试记录(C2-39-2)

1. 资料表式

设备调试记录 表 C2-39-2

工程名称		设备所在部位		
施工单位		调试日期	年 月 日	
设备及标准测试要点规定				
测试过程记录				
测试结果				
参加人员	监理（建设）单位	施 工 单 位		
		专业技术负责人	质 检 员	试 验 员

2. 实施要点

设备调试记录实施要点的执行原则，详见 C2-19-1。

3.2.39.3 综合布线测试记录（C2-39-3）

1. 资料表式

综合布线测试记录 表 C2-39-3

工程名称				测试时间	年 月 日	仪表型号		
序号	点编号	房间号	设备房号	长度（m）	接线正确	衰减（dB）	近端串扰（dB）	
测试结果：								
参加人员	监理（建设）单位			施 工 单 位				
				专业技术负责人		质 检 员	试 验 员	

2. 实施要点

(1) 综合布线系统是建筑物或建筑群内部之间的传输网络，是现代化大厦与外界联系的信息通道。它能使建筑物或建筑群内部的语音、数据通信设备、信息交换设备、建筑物物业管理及建筑物自动化设备等系统之间彼此相联，也能使建筑物内通信网络设备与外部的通信网络相联。

(2) 综合布线系统由6个独立的子系统组成，互不影响，6个子系统依次为：

1）水平子系统：由每个工作区的信息插座开始，经布置一直到管理区的内侧配线架的线缆所组成。

2）干线子系统：由建筑物内所有的（垂直）干线多对段线缆所组成。

3）工作区子系统：由工作区内的终端设备连接对信息插座的连接线缆（3m左右）所组成。

4）管理区子系统：由交叉连接、直接连接配线的（配线架）连接硬件等设备所组成。

5）设备间子系统：由设备间中的线缆，连接器和相关支撑硬件所组成。

6）建筑群子系统：是将多个建筑物的数据通信信号连接为一体的布线系统。

(3) 综合布线系统产品：

1）系统产品包括：传输电缆、信息插座、插头、转换器（适配器）、连接器、线路配线及跳线硬件、传输电子信号和光信号线缆的检测器、电气保护设备，各种相关硬件的工具等。

2）系统产品还包括：建筑物内到电话局线缆进楼的交接点（汇接点）上这一段的布线线缆和相关器件。不包括交接点外的电话局网络上的线缆和相关器件以及不包括连接到布线系统上的各个交换设备，如程控数字用户交换机，数据交换设备，工作站中的终端设备和建筑物内自动控制设备。

(4) 综合布线系统产品的质量应符合产品标准和设计要求，综合布线产品应提供材料，设备出厂合格证明及技术文件及进场检（试）验报告。

(5) 综合布线测试包括以下两类：

1）电缆传输链路验证测试：是在施工过程中由施工人员边施工边测试，以提高施工的质量和速度，保证所完成的每一个连接的正确性。

2）电缆传输通道认证测试：由工程的建设单位（甲方）或建设单位的委托方对综合布线工程质量依据某一个标准进行逐项的比较，以确定综合布线是否全部达到设计要求。

以上两种测试包括连接性能测试和电气性能测试。

(6) 综合布线认证的测试参数：

1）接线图：是用来检验每根电缆末端的8条芯线与接线端子实际连接是否正确，并对安装连通性进行检查。

2）长度：保证长度测量的精度可在此项测试前需对被测线缆的NVP值进行校核。

3）衰减：对信号能量基本链路或通道损耗的量度。随频率和线缆长度的增加而增大。

4）近端串扰损耗：串扰是高速信号在双绞线上传输时，由于分布互感和电容的存在，在邻近传输线中感应的信号。它是决定链路传输能力的最重要的参数。施工质量问题会产生近端串扰。

测试一条双绞电缆的链路的近端串扰，需要在每一对线之间测试。

5）直流环路电阻：任何导线都存在电阻，直流环路电阻是指一对双绞线电阻之和。100Ω非屏蔽双绞电缆直流环路电阻不大于 19.2Ω/100m，150Ω屏蔽双绞电缆直流环路电阻不大于 12Ω/100m。常温环境下的最大值不超过 30Ω。直流环路电阻的测量应在每对双绞线远端短路，在近端测量直流环路电阻，其值应与电缆中导体的长度和直径相吻合。

6）特性阻抗：特性阻抗是衡量由电缆及相关连接件组成的传输通道的主要特性之一。一般说来，双绞电缆特性阻抗是一个常数。常说的 100ΩUTP（非屏蔽双绞电缆）、120ΩFTP（金属箔双绞电缆）、150ΩSTP（屏蔽双绞电缆）；其中 100Ω、120Ω、150Ω就是双绞电缆的特性阻抗。一个选定的平衡电缆通道的特性阻抗极限不能超过标称阻抗的 15%。

7）衰减与近端串扰比：此值是以 dB 表示的近端串扰与以 dB 表示的衰减的差值，它表示了信号强度与串扰产生的噪声强度的相对大小。它不是一个独立的测量值而是衰减与近端串扰（NEXT-Attenuation）的计算结果，ACR = NEXT − α，其值越大越好。

8）综合近端串扰：近端串扰是当发送与接收信号同时进行时，在这根电缆所产生的电磁干扰。在一根电缆中使用多对双绞线进行传送和接收信息会增加这根电缆中某对线的串扰。

9）等效远端串扰：一个线对从近端发送信号，其他线对接收串扰信号，在链路远端测量到经线路衰减了的串扰，称为远端串扰（FEXT）。测量得到的远端串扰值在减去线路的衰减值（与线长有关）后，得到的就是所谓的等效远端串扰。

10）传输延迟：这一参数代表了信号从链路的起点到终点的延迟时间。它的正式定义是一个 10MHz 的正弦波的相位漂移。两个线对间的传输延迟的偏差对于某些高速局域网来说是十分重要的参数。

11）回波损耗：是表征 100Ω双绞电缆终接 100Ω阻抗时，输入阻抗的波动。它是衡量通道特性阻抗一致性的。通道的特性阻抗随着信号频率的变化而变化。

双绞线的特性阻抗、传输速度和长度，各段双绞线的接续方式和均匀性都直接影响到结构回波损耗。

(7) 缆线的敷设：

1）缆线一般应按下列要求敷设：

①缆线的型式、规格应与设计规定相符。

②缆线的布放应自然平直，不得产生扭绞、打圈接头等现象，不应受到外力的挤压和损伤。

③缆线两端应贴有标签，应标明编号，标签书写应清晰、端正和正确。标签应选用不易损坏的材料。

④缆线终接后，应有余量。交接间、设备间对绞电缆预留长度宜为 0.5~1.0m，工作区为 10~30mm；光缆布放宜盘留，预留长度宜为 3~5m，有特殊要求的应按设计要求预留长度。

⑤缆线的弯曲半径应符合下列规定：

a. 非屏蔽 4 对对绞电缆的弯曲半径应至少为电缆外径的 4 倍；b. 屏蔽 4 对对绞电缆的弯曲半径应至少为电缆外径的 6~10 倍；c. 主干对绞电缆的弯曲半径应至少为电缆外径的 10 倍；d. 光缆的弯曲半径应至少为光缆外径的 15 倍。

⑥电源线、综合布线系统缆线应分隔布放。缆线间的最小净距应符合设计要求，并应

符合表 C2-39-3-1 的规定。

对绞电缆与电力线最小净距　　　　　　　　　　　表 C2-39-3-1

条件 \ 范围 \ 单位	最小净距（mm）		
	380V <2kV·A	380V 2.5~5kV·A	380V >5kV·A
对绞电缆与电力电缆平行敷设	130	300	600
有一方在接地的金属槽道或钢管中	70	150	300
双方均在接地的金属槽道或钢管中	注	80	150

注：双方都在接地的金属槽道或钢管中，且平行长度小于 10m 时，最小间距可为 10mm。表中对绞电缆如采用屏蔽电缆时，最小净距可适当减小，并符合设计要求。

⑦建筑物内电、光缆暗管敷设与其他管线最小净距见表 C2-39-3-2 的规定。

⑧在暗管或线槽中缆线敷设完毕后，宜在通道两端出口处用填充材料进行封堵。

电、光缆暗管敷设与其他管线最小净距　　　　　　表 C2-39-3-2

管线种类	平行净距（mm）	垂直交叉净距（mm）
避雷引下线	1000	300
保护地线	50	20
热力管（不包封）	500	500
热力管（包封）	300	300
给水管	150	20
煤气管	300	20
压缩空气管	150	20

2）预埋线槽和暗管敷设缆线应符合下列规定：

①敷设线槽的两端宜用标志表示出编号和长度等内容。

②敷设暗管宜采用钢管或阻燃硬质 PVC 管。布放多层屏蔽电缆、扁平缆线和大对数主干电缆或主干光缆时，直线管道的管径利用率应为 50%~60%，弯管道应为 40%~50%。暗管布放 4 对对绞电缆或 4 芯以下光缆时，管道的截面利用率应为 25%~30%。

预埋线槽宜采用金属线槽，线槽的截面利用率不应超过 50%。

3）设置电缆桥架和线槽敷设缆线应符合下列规定：

①电缆线槽、桥架宜高出地面 2.2m 以上。线槽和桥架顶部距楼板不宜小于 300mm；在过梁或其他障碍物处，不宜小于 50mm。

②槽内缆线布放应顺直，尽量不交叉，在缆线进出线槽部位、转弯处应绑扎固定，其水平部分缆线可以不绑扎。垂直线槽布放缆线应每间隔 1.5m 固定在缆线支架上。

③电缆桥架内缆线垂直敷设时，在缆线的上端和每间隔 1.8in 处应固定在桥架的支架上；水平敷设时，在缆线的首、尾、转弯及每间隔 5~10m 处进行固定。

④在水平、垂直桥架和垂直线槽中敷设缆线时，应对缆线进行绑扎。对绞电缆、光缆及其他信号电缆应根据缆线的类别、数量、缆径、缆线芯数分束绑扎。绑扎间距不宜大于1.5m，间距应均匀，松紧适度。

⑤楼内光缆宜在金属线槽中敷设，在桥架敷设时应在绑扎固定段加装垫套。

4) 采用吊顶支撑柱作为线槽在顶棚内敷设缆线时，每根支撑柱所辖范围内的缆线可以不设置线槽进行布放，但应分束绑扎。缆线护套应阻燃，缆线选用应符合设计要求。

5) 建筑群子系统采用架空、管道、直埋、墙壁及暗管敷设电、光缆的施工技术要求应按照本地网通信线路工程验收的相关规定执行。

(8) 保护措施：

1) 水平子系统缆线敷设保护应符合下列要求。

①预埋金属线槽保护要求：a. 在建筑物中预埋线槽，宜按单层设置，每一路由预埋线槽不应超过3根，线槽截面高度不宜超过25mm，总宽度不宜超过300mm；b. 线槽直埋长度超过30m或在线槽路由交叉、转弯时，宜设置过线盒，以便于布放缆线和维修；c. 过线盒盖应能开启，并与地面齐平，盒盖处应具有防水功能；d. 过线盒和接线盒盒盖应能抗压；e. 从金属线槽至信息插座接线盒间的缆线宜采用金属软管敷设。

②预埋暗管保护要求：a. 预埋在墙体中间暗管的最大管径不宜超过50mm，楼板中暗管的最大管径不宜超过25mm；b. 直线布管每30m处应设置过线盒装置；c. 暗管的转弯角度应大于90°，在路径上每根暗管的转弯角不得多于2个，并不应有S弯出现，有弯头的管段长度超过20m时，应设置管线过线盒装置；在有2个弯时，不超过15m应设置过线盒；d. 暗管转弯的曲率半径不应小于该管外径的6倍，如暗管外径大于50mm时，不应小于10倍；e. 暗管管口应光滑，并加有护口保护，管口伸出部位宜为25～50mm。

③网络地板缆线敷设保护要求：a. 线槽之间应沟通；b. 线槽盖板应可开启，并采用金属材料；c. 主线槽的宽度由网络地板盖板的宽度而定，一般宜在200mm左右，支线槽宽度不宜小于70mm；d. 地板块应抗压、抗冲击和阻燃。

④设置缆线桥架和缆线线槽保护要求：a. 桥架水平敷设时，支撑间距一般为1.5～3m，垂直敷设时固定在建筑物构体上的间距宜小于2m，距地1.5m以下部分应加金属盖板保护；b. 金属线槽敷设时，在下列情况下设置支架或吊架（线槽接头处；每间距3m处；离开线槽两端出口0.5m处；转弯处）；c. 塑料线槽槽底固定点间距一般宜为1m。

⑤铺设活动地板敷设缆线时，活动地板内净空应为150～300mm。

⑥采用公用立柱作为顶棚支撑柱时，可在立柱中布放缆线。立柱支撑点宜避开沟槽和线槽位置，支撑应牢固。立柱中电力线和综合布线缆线合一布放时，中间应有金属板隔开，间距应符合设计要求。

⑦金属线槽接地应符合设计要求。

⑧金属线槽、缆线桥架穿过墙体或楼板时，应有防火措施。

2) 干线子系统缆线敷设保护方式应符合下列要求：

①缆线不得布放在电梯或供水、供汽、供暖管道竖井中，亦不应放在强电竖井中。

②干线通道间应沟通。

3) 建筑群子系统缆线敷设保护方式应符合设计要求。

(9) 缆线终接：

1) 缆线终接的一般要求如下：

①缆线在终接前，必须核对缆线标识内容是否正确；

②缆线中间不允许有接头；

③缆线终接处必须牢固，接触良好；

④缆线终接应符合设计和施工操作规程；

⑤对绞电缆与插接件连接应认准线号、线位色标，不得颠倒和错接。

2) 对绞电缆芯线终接应符合下列要求：

①终接时，每对对绞线应保持扭绞状态，扭绞松开长度对于5类线不应大于13mm。

②对绞线在与8位模块式通用插座相连时，必须按色标和线对顺序进行卡接。插座类型、色标和编号应符合图C2-39-3-1的规定。在两种连接图中，首推A类连接方式，但在同一布线工程中两种连接方式不应混合使用。

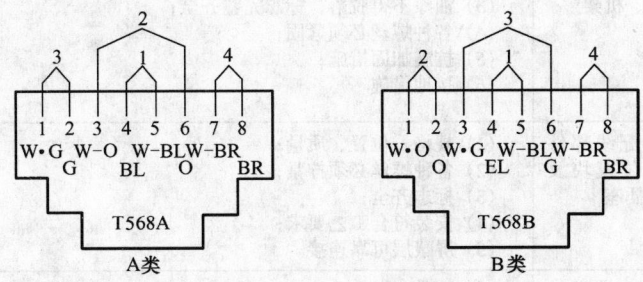

图C2-39-3-1　8位模块式通用插座连接图

G（Green）—绿；BL（Blue）—蓝；BR（Brown）—棕；W（White）—白；O（Orange）—橙。

③屏蔽对绞电缆的屏蔽层与接插件终接处屏蔽罩必须可靠接触，缆线屏蔽层应与接插件屏蔽罩360°圆周接触，接触长度不宜小于10mm。

3) 各类跳线的终接应符合下列规定：

①各类跳线缆线和接插件间接触应良好，接线无误，标志齐全。跳线选用类型应符合系统设计要求。

②各类跳线长度应符合设计要求，一般对绞电缆跳线不应超过5m，光缆跳线不应超过10m。

(10) 工程电气测试：

1) 综合布线系统工程的电缆系统电气性能测试及光纤系统性能测试，其中电缆系统测试内容分为基本测试项目和任选项目测试。各项测试应有详细记录，以作为竣工资料的一部分，测试记录格式如表C2-39-3所示。

2) 电气性能测试仪按二级精度，应达到电气测试用测试仪精度的最低性能规定的要求。

3) 现场测试仪应能测试3、5类对绞电缆布线系统及光纤链路。

4) 测试仪表应有输出端口，以将所有存贮的测试数据输出至计算机和打印机，进行维护和文档管理。

5) 电、光缆测试仪表应具有合格证及计量证书。

(11) 综合布线系统工程检验项目及内容（表C2-39-3-3）。

检验项目及内容　　　　　　　　　　表 C2-39-3-3

阶　段	验收项目	验　收　内　容	验收方式
一、施工前检查	1. 环境要求	(1) 土建施工情况：地面、墙面、门、电源插座及接地装置； (2) 土建工艺：机房面积、预留孔洞； (3) 施工电源； (4) 地板铺设	施工前检查
	2. 器材检验	(1) 外观检查； (2) 型式、规格、数量； (3) 电缆电气性能测试； (4) 光纤特性测试	施工前检查
	3. 安全、防火要求	(1) 消防器材； (2) 危险物的堆放； (3) 预留孔洞防火措施	施工前检查
二、设备安装	1. 交接间、设备间、设备机距、机架	(1) 规格、外观； (2) 安装垂直、水平度； (3) 油漆不得脱落，标志完整齐全； (4) 各种螺丝必须紧固； (5) 抗震加固措施； (6) 接地措施	随工检验
	2. 配线部件及8位模块及通用插座	(1) 规格、位置、质量； (2) 各种螺丝必须拧紧； (3) 标志齐全； (4) 安装符合工艺要求； (5) 屏蔽层可靠连接	随工检验
三、电、光缆布放（楼内）	1. 电缆桥架及线槽布放	(1) 安装位置正确； (2) 安装符合工艺要求； (3) 符合布放缆线工艺要求； (4) 接地	随工检验
	2. 缆线暗敷（包括暗管、线槽、地板等方式）	(1) 缆线规格、路由、位置； (2) 符合布放缆线工艺； (3) 接地； (4) 接地	隐蔽工程签证
四、电、光缆布放（楼间）	1. 架空缆线	(1) 吊线规格、架设位置、装设规格； (2) 吊线垂度； (3) 缆线规格； (4) 卡、挂间隔； (5) 缆线的引入符合工艺要求	随工检验
	2. 管道缆线	(1) 使用管孔孔位； (2) 缆线规格； (3) 缆线走向； (4) 缆线的防护设施的设置质量	隐蔽工程签证
	3. 埋式缆线	(1) 缆线规格； (2) 敷设位置、深度； (3) 缆线的防护设施的设置质量； (4) 回土夯实质量	隐蔽工程签证
	4. 隧道缆线	(1) 缆线规格； (2) 安装位置、路由； (3) 土建设计符合工艺要求	隐蔽工程签证
	5. 其他	(1) 通信线路与其他设施的间距； (2) 进线室安装、施工质量	随工检验或隐蔽工程签证

续表

阶　段	验收项目	验　收　内　容	验收方式
五、缆线终接	1. 8位模块式通用插座	符合工艺要求	随工检验
	2. 配线部件	符合工艺要求	
	3. 光纤插座	符合工艺要求	
	4. 各类跳线	符合工艺要求	
六、系统测试	1. 工程电气性能测试	(1) 连接图； (2) 长度； (3) 衰减； (4) 近端串音（两端都应测试）； (5) 设计中特殊规定的测试内容	竣工检验
	2. 光纤特性测试	(1) 衰减； (2) 长度	竣工检验
七、工程总验收	1. 竣工技术文件	清点、交接技术文件	竣工检验
	2. 工程验收评价	考核工程质量，确认验收结果	

注：系统测试内容的验收亦可在随工中进行检验。

（12）填表说明：

1）仪表型号：指综合布线测试所用仪表型号，现场测试仪是认证综合布线链路性能能否通过综合布线标准的各项测试。

在施中可使用单端电缆测试仪对电缆进行"链若链测"。照实际使用的仪表型号填写。

2）点编号：综合布线很多，每条布线为一个点，应一一填写其编号，按接点进行测试。

3）房间号：指综合布线点编号所在的房间号，接该房间所在建筑平面，图注的轴线编号，并加写房间名称（图注有名称时）。

4）设备房号：指设置综合布线设备房间的编号。照实际填写。

5）长度（m）：指测试的某一布线的实际长度。照实际填写。

6）接线正确：测试某一布线时拟查接线是否正确，如正确可打√或填写接线正确，接线不正确应进行返修。正确后再填写。

7）衰减（dB）：衰减是信号能量沿基本链路或通道损耗的量度，它取决于双链线的分布电阻、分布电容、分布电感的分布参数的信号频率，并随频率和线缆长度的增加而增大。

8）近端串扰（dB）：近端串扰是当发送与接收信号同时进行时，在这根电缆所产生的电磁干扰是决定链路传输能力的最重要的参数。施工质量问题会产生近端串扰（如端接处电缆被剥开，失去双绞长度过长）。综合布线的近端串扰用认证测试仪进行测试。照实际测试结果填写。

3.2.39.4 光纤损耗测试记录（C2-39-4）

1. 资料表式

光纤损耗测试记录　　　　　　　　　　表 C2-39-4

工程名称			测试时间		年　月　日
仪表型号			光缆标识		
区域：地点 X（末端）			X 端的操作员：		
地点 Y（末端）			Y 端的操作员：		
测试要求：MAX 期望损耗小于　　　dB				光缆损耗　　　dB	
光纤号	波长（nm）	在 X 位置的损耗读数 Lx（dB）	在 Y 位置的损耗读数 Ly（dB）	总损耗为（Lx + Ly）/2dB	
测试结果：					
参加人员	监理（建设）单位	施　工　单　位			
		专业技术负责人	质　检　员	试　验　员	

2. 实施要点

(1) 光纤是光导纤维的简称。是用高纯度石英玻璃材料或特制塑料拉成的软纤维制成的新型传导材料。分为多模光纤和单模光纤两种。综合布线系统多采用多模光纤，直径为 62.5μm，光纤分层直径为 125μm，标称波长 850μm。

(2) 光纤的测量参数：

1) 光纤的连续性：是对光纤的基本要求，是基本的测量之一。如果在光纤中有断聚或其他的不连续点，在光纤输出端的光功率就会减少或者根本没有光输出。

2) 光纤的衰减：也是光纤传输通道经常要测量的参数之一。光纤衰减主要是由光纤本身的固有吸收和散射造成的，通常用光纤的衰减单数 α 表示。单位是 dB/Km。

3) 光纤的带宽：是光纤传输单位重要参数之一，带宽越宽，信息传输率就越高。

(3) 光纤测试：

1) 光纤损耗测试仪：测试光纤传输通道衰减性能，常用光损耗测试仪/光动率计（OLTS/OPM）测试仪。

2) 光时域反射计：测试整个单位的特性的最简单的办法是采用光时域反射计。

(4) 光缆芯线终接应符合下列要求：

1) 采用光纤连接盒对光纤进行连接、保护，在连接盒中光纤的弯曲半径应符合安装工艺要求。

2) 光纤熔接处应加以保护和固定，使用连接器以便于光纤的跳接。

3) 光纤连接盒面板应有标志。

4) 光纤连接损耗值，应符合相关标准的规定。

(5) 填表说明：

1) 区域：地点 X（末端），照实际填写；地点 Y（末端），照实际填写。

2) X 端的操作员：填写末端 X 测试操作员的姓名。

3) Y 端的操作员：填写末端 Y 测试操作员的姓名。

4) 测试要求：按标准或设计要求的最大期望损耗（dB）值填写。

5) 光缆损耗 dB：按实测的光缆损耗值（dB）填写。

6) 光纤号：指依序时列的光纤号。可按 1、2、3、4……填写。

7) 波长（nm）：是光纤测量的应用参数。硅光二极管波长在 400~1000nm 的范围内较灵敏，适合在 650~850nm 上进行光纤传输性的测量。照实际采用的波长值填写。

8) 在 X 位置的损耗读数 Lx（dB）：照光纤损耗测试仪在 X 位置的实际参数损耗填写。

9) 在 Y 位置的损耗读数 Ly（dB）：照光纤损耗测试仪在 Y 位置的实际参数损耗填写。

10) 总损耗为（Lx + Ly）/2dB：按 X 位置，Y 位置损耗读数和除 2 的计算结果填写。

3.2.39.5 视频系统末端测试记录（C2-39-5）

1. 资料表式

视频系统末端测试记录　　　　表 C2-39-5

工程名称		仪表型号		日　期	
序号	房间号		出线口编号		末端电平
测试结果					
参加人员	监理（建设）单位		施　工　单　位		
		专业技术负责人	质　检　员		试　验　员

2. 实施要点

(1) 关于电平的概念：在 CATV 系统里，由于信号传输过程中有增益量、衰减量。在计算时，要给出一个参考电平，在 CATV 系统内参考电平规定：

1) 对电场的表示，定为 0dB = 1uV/m，俗称 dBu/m。

2) 对输入、输出电平的表示，定为 0dB = 1uV，欲称 dBu。

3) 对增益和衰减的表示，$dB = 20\lg\dfrac{E_2}{E_1}$，$E_2 > E_1$，dB 为正数，则为增益；若 $E_2 < E_1$，则 dB 为负值，故为衰减，对增益和衰减而言，它是一个比值，故只能用 dB，而不能用 dBu。

电平是 CATV 系统计算中增益或衰减的一个技术指标。

(2) 视频应用的范围很广，诸如通信网络系统，建筑设备监控系统、安全防范、住宅智能化等均含视频的内容，凡属视频类检查均用表 C2-39-5。

(3) 填表说明：

1) 仪表型号：指视频系统末端测试所用仪表型号，照实际填写。

2) 房间号：指被视频系统末端测试的房间号或设置综合布线设备的房间号。该房间建筑按平面图注的轴线编号并加写房间名称（图注有名称时）。

3）出口线编号：指视频系统末端测试内的出口线编号，一个房间号内有若干条出线口，应分别填写，不得缺漏。

4）末端电平：视频系统末端测试的技术指标之一，用认证测试仪对末端电平进行测试，照实际填写。

3.2.40 系统技术、操作和维护手册（C2-40）

由供货厂家提供系统技术操作与维修手册并归存。

3.2.41 系统管理、操作人员培训记录（C2-41）

由供货厂家或经批准的专业技术部门培训并提供培训记录。

3.2.42 系统检测报告（C2-42）

系统检测报告按施工单位提供的子分部（系统）的检测报告表式执行，依序入卷。计有：通信网络系统、信息网络系统、建筑设备监控系统、火灾自动报警及消防联动系统、安全防范系统、综合布线系统、智能化系统集成、电源与接地、环境、住宅（小区）智能化等。

地基处理与桩基文件（资料）

3.2.43 地基处理工程设计变更、洽商记录（C2-43）

资料编制控检要求

按资料名称项下建筑与结构设计变更、洽商记录的资料编制控检要求执行。

3.2.43.1 设计变更（C2-43-1）

1. 资料表式、实施要点按 C2-1-2 执行。
2. 设计变更的表式以设计单位签发的设计变更文件为准。
3. 设计变更是工程实施过程中，由于设计图纸本身差错，设计图纸与实际情况不符，施工条件变化，原材料的规格、品种不符合设计要求及职工提出合理化建议等原因，需要对设计图纸部分内容进行修改而办理的变更设计文件。

3.2.43.2 洽商记录（C2-43-2）

1. 洽商记录的资料表式、实施要点按 C2-1-3 执行。
2. 洽商记录是工程实施过程中，由于设计图纸本身差错，设计图纸与实际情况不符，建设单位根据需要提出的设计修改，施工条件变化，原材料的规格、品种不符合设计要求及职工提出合理化建议等原因，需要对设计图纸部分内容进行修改而需要由建设单位或施工单位提出的变更设计的洽商记录文件。

3.2.44 工程测量放线定位平面图（C2-44）

工程测量放线定位平面图、资料编制控检要求的按 C2-2 要求原则执行。

3.2.45 原材料出厂合格证及进场检（试）验报告（C2-45）

地基处理与桩基常用原材料出厂合格证及进场检（试）验报告下列子项均按 GB 50300—2001标准规定的单位（子单位）工程质量控制资料核查中建筑与结构项下的对应名称的表式、资料要求、实施要点执行。计有：合格证、试（检）验报告汇总表（通用）；合格证粘贴表（通用）；材料检验报告（通用）；钢材合格证、试验报告汇总表（通用）；钢筋出厂合格证（通用）；钢筋机械性能试验报告；钢材试验报告；焊接试验报告、焊条（剂）合格证汇总表（通用）；焊条（剂）合格证（通用）；水泥出厂合格证、试验报告汇总表（通用）；水泥出厂合格证（通用）；水泥试验报告；混凝土外加剂合格证、出厂检验报告；混凝土外加剂复试报告；掺合料合格证；掺合料试验报告；混凝土拌合用水水质试验报告（有要求时）；粗细骨料合格证、试验报告汇总表；砂子试验报告；石子试验报告。

注：原材料出厂合格证及进场检（试）验报告在单位（子单位）工程质量控制资料核查记录序目表中的序号为 1.45.1~1.45.20。资料编制控检要求按建筑与结构原材料出厂合格证及进场检（试）验报告控制原则要求执行。

3.2.46 施工试验报告及见证检测报告（C2-46）

地基处理与桩基的施工试验报告及见证检测报告下列子项均按 GB 50300—2001 标准规定的单位（子单位）工程质量控制资料核查中建筑与结构项下的对应名称的表式、资料编制控检要求、实施要点执行。计有：施工试验报告及见证检测报告；检验报告（通用）；土壤试验报告；土壤击实试验报告；钢（材）筋连接试验报告；混凝土试块强度试验报告汇总表；混凝土强度试配报告单；外加剂试配报告单；混凝土试块试验报告单；混凝土强度统计方法评定汇总表混凝土强度非统计方法评定汇总表。

注：施工试验报告及见证检测报告在单位（子单位）工程质量控制资料核查记录序目表中的序号为 1.46.1~1.46.10。资料编制控检要求按建筑与结构施工试验报告及见证检测报告控制原则要求执行。

3.2.47 隐蔽工程验收记录（C2-47）

资料编制控检要求按建筑与结构隐蔽工程验收记录控制原则要求执行。

3.2.47.1 隐蔽工程验收记录（C2-47-1）

隐蔽工程验收记录按 C2-5-1 表式执行。

3.2.47.2 钢筋隐蔽工程验收记录（C2-47-2）

钢筋隐蔽工程验收记录按 C2-5-2 表式执行。

3.2.47.3 地下连续墙的槽段接缝及墙体与内衬结构接缝隐蔽工程验收记录（C2-47-3）

地下连续墙的槽段接缝及墙体与内衬结构接缝隐蔽工程验收记录按 C2-5-2 表式执行。

3.2.48 地基处理施工记录（C2-48）

1. 资料编制控检要求

（1）通用条件

1）凡相关专业技术施工质量验收规范中主控项目或一般项目的检查方法中要求检查施工记录的项目均应对该项施工过程或成品质量进行检查并填写施工记录。存在问题时应有处理建议及改正情况。

2）地基处理及桩基工程施工应编制施工组织设计，并按此文件施工。

3）按要求填写齐全、正确、真实的为符合要求，不按要求填写子项不全、涂改原始记录的为不符合要求。子项不全以及后补者、应填报没有填报施工记录的为不符合要求。

4）责任制签章齐全为符合要求，否则为不符合要求。

5）现场记录的原件由施工单位保存，以备查。

（2）专用条件

1）强夯施工：

现场试夯记录：应提供的施工技术资料：材料出厂合格证和试验报告、强夯施工现场试夯记录、强夯试夯有关试验报告。强夯施工现场（试夯）记录应有专项设计，并按设计要求办理。

强夯施工现场记录：应有现场工作记录、强夯施工现场记录、强夯有关试验报告、强夯地基承载力试验报告、工程质量验收资料、质量事故处理报告等。

2）水泥土搅拌桩施工：

应提供的施工技术文件（资料）：材料出厂合格证和试验报告、水泥土搅拌桩试验报告、水泥土搅拌桩供灰记录、水泥土搅拌桩地基施工记录、轻便触探检测记录、水泥土搅拌桩复合地基及单桩承载力试验报告、工程质量验收资料、质量事故处理报告等。

3）土桩和灰土挤密桩：

施工应提供的施工技术资料：材料出厂合格证和试验报告、施工组织设计、土桩和灰土挤密桩试验报告、土桩和灰土挤密桩现场记录、土桩和灰土挤密桩地基施工记录、复合地基及单桩承载力试验报告、工程质量验收资料、质量事故处理报告等。

土桩和灰土挤密桩孔施工应有专项设计，并按设计要求办理。

2. 基本说明

（1）地基与基础工程施工前，必须具备完善的地质勘察资料及工程附近管线、建筑物、构筑物和其他公共设施的构造情况，必要时应作施工勘察和调查以确保工程质量及临近建筑物的安全。

（2）从事地基与基础工程检测及见证试验的单位，必须具备省（直辖市）级以上（含省、直辖市级）建设行政主管部门颁发的资质证书和计量行政主管部门颁发的计量认证合格证书。

（3）地基加固工程，应在正式施工前进行试验段施工，论证设定的施工参数及加固效果。为验证加固效果进行的载荷试验，其施加载荷应不低于设计载荷的2倍。

（4）地基处理应认真记录施工过程的材料使用、操作工艺执行情况以及地基处理的测试结果。

附录：地基与基础施工勘察要点及深基础施工勘察要点

1. 地基与基础施工勘察要点

（1）所有建（构）筑物均应进行施工验槽。遇到下列情况之一时，应进行专门的施工勘察。

1）工程地质条件复杂，详勘阶段难以查清时；

2）开挖基槽发现土质、土层结构与勘察资料不符时；

3）施工中边坡失稳，需查明原因，进行观察处理时；

4）施工中，地基上受扰动，需查明其性状及工程性质时；

5）为地基处理，需进一步提供勘察资料时；

6）建（构）筑物有特殊要求，或在施工时出现新的岩土工程地质问题时。

（2）施工勘察应针对需要解决的岩土工程问题布置工作量，勘察方法可根据具体情况选用施工验槽、钻探取样和原位测试等。

2. 深基础施工勘察要点

（1）当预制打入桩、静力压桩或锤击沉管灌注桩的入土深度与勘察资料不符或对桩端下卧层有怀疑时,应核查桩端下主要受力层范围内的标准贯入击数和岩土工程性质。

(2) 在单柱单桩的大直径桩施工中,如发现地层变化异常或怀疑持力层可能存在破碎带或溶洞等情况时,应对其分布、性质、程度进行核查,评价其对工程安全的影响程度。

(3) 人工挖孔混凝土灌注桩应逐孔进行持力层岩土性质的描述及鉴别,当发现与勘察资料不符时,应对异常之处进行施工勘察,重新评价,并提供处理的技术措施。

3. 地基处理工程施工勘察要点

(1) 根据地基处理方案,对勘察资料中场地工程地质及水文地质条件进行核查和补充;对详勘阶段遗留问题或地基处理设计中的特殊要求进行有针对性的勘察,提供地基处理所需的岩土工程设计参数,评价现场施工条件及施工对环境的影响。

(2) 当地基处理施工中发生异常情况时,进行施工勘察,查明原因,为调整、变更设计方案提供岩土工程设计参数,并提供处理的技术措施。

4. 施工勘察报告的主要内容

(1) 工程概况;
(2) 目的和要求;
(3) 原因分析;
(4) 工程安全性评价;
(5) 处理措施及建议。

Ⅰ 换填垫层法

3.2.48.1 灰土地基施工记录(C2-48-1)

1. 资料表式

_____地基施工记录表(通用)　　　　表 C2-48-1

记录项目或部位		记录日期		
施工班组人数		主要施工机具		
技术交底时间		交 底 人		
施工内容				
依据标准				
施工过程与质量				
强制性条文执行				
测试与检验				
问题记录与处理意见				
参加人员	监理(建设)单位	施 工 单 位		
		专业技术负责人	质 检 员	试 验 员

2. 实施要点

(1) 灰土垫层与材料

1) 灰土垫层是我国一种传统地基处理方法。用灰土作为垫层,在我国已有千余年历史,全国各地都积累了丰富的经验。北京城墙的地基,苏州古塔的地基,陕西三原县清龙桥护堤的地基都是用灰土建造的。这些灰土迄今还很坚硬，强度较大。目前国内采用灰土垫层作为地基的多层建筑已高达六~七层。

灰土垫层是将基础底面下一定范围内的软弱土层挖去，用按一定体积配比的灰土在最优含水量情况下分层回填夯实或压实。它适用于处理1~4m厚的软弱土层。

灰土垫层可以用于处理浅层湿陷性黄土，可以消除湿陷性，其承载力标准值可达250kPa。

2）灰土材料：

①生石灰

生石灰是一种无机的胶结材料，可分为气硬性和水硬性。它不但能在空气中硬化，而且还能在水中硬化。

灰土垫层中石灰$CaO + MgO$总量达8%左右，和土的体积比一般以2:8或3:7为最佳（土料较湿时可用3:7灰土，承载力要求不高时可用1:9灰土）。垫层强度随灰量的增加而提高，但当含灰量超过一定值后，灰土强度增加很慢。灰土垫层中所用的石灰宜达到国家三等石灰标准，生石灰标准见表C2-48-1A。在施工现场用作灰土的熟石灰应过筛，其粒径不得大于5mm。熟石灰中不得夹有未熟化的生石灰块，也不得含有过多的水分。所谓熟石灰是指CaO加H_2O变成的$Ca(OH)_2$。石灰的贮存时间不宜超过3个月，长期存放将会使其活性降低。灰土用石灰应以生石灰消解3~4天后过筛使用。

生石灰的技术指标　　　　　　　　　　　　　表C2-48-1A

指标 类别 等级 项目	钙质生石灰			镁质生石灰		
	一等	二等	三等	一等	二等	三等
有效钙加氧化镁含量不小于（%）	85	80	70	80	75	65
未消化残渣含量（5mm圆孔筛的筛孔）不大于（%）	7	11	17	10	14	20

②土料

灰土中的土不仅作为填料，而且参与化学反应，尤其是土中的粘粒（<0.005mm）或胶粒（<0.002mm）具有一定活性和胶结性，含量越多（即土的塑性指数越高），则灰土的强度也越高。

在施工现场宜采用就地基坑（槽）中挖出的黏性土（塑性指数宜大于5）拌制灰土。淤泥、耕土、冻土、膨胀土以及有机物含量超过8%的土料都不得使用。土料应予以过筛，其粒径不得大于15mm。

(2) 灰土垫层施工要点

1）灰土垫层施工前必须验槽，如发现坑（槽）内有局部软弱土层或孔穴，应挖出后用素土或灰土分层夯实。

2）施工时，应将灰土拌合均匀，控制含水量，其控制标准为最优含水量$\omega_{op} \pm 2\%$的范围内。如含水量过多或不足时，应晾干或洒水润湿。一般可按经验在现场直接判断，其方法是手握灰土成团，两指轻捏挤碎，这时灰土基本上接近最优含水量。

3）分段施工时，不得在墙角、桩基及承重窗间墙下接缝。上下两层灰土的接缝距离不得小于50cm，接缝处的灰土应夯实。

4）按要求掌握分层虚铺厚度。灰土最大虚铺厚度可参考表C2-48-1B执行，每层灰土的夯打遍数应根据设计要求的压实系数确定。

灰土最大虚铺厚度　　　　　　表 C2-48-1B

夯实机具种类	夯具质量（t）	虚铺厚度（mm）	备　　注
石夯、木夯	0.04～0.08	200～250	人力送夯，落高400～500mm，一夯压半夯
轻型夯实机械	—	200～250	蛙式（柴油）打夯机
压路机	6～10	200～300	双轮

5）在地下水位以下基坑（槽）内施工时，应采取排水措施。夯实后的灰土在3天之内不得受水浸泡。

注：土垫层施工控制说明：

土垫层是指采用素土制作的垫层，在湿陷性黄土地区为了消除浅层的湿陷性，常被采用。土垫层的计算原则同砂垫层。土垫层的土料以黏性土为主。施工时应使土的含水量接近最优含水量，一般控制在 $\omega op \pm 2\%$。土垫层应该分层填筑，每层厚度应根据夯实机具的能量决定，一般每层厚度为200～250mm。土料应过筛，有机质含量不得超过5%。也不得含有冻土或膨胀土。

（3）取样与检测

1）对素土、灰土应随施工分层（必须分层检验）用环刀法取样进行检测，测定其干密度和含水量，也可采用击实法进行测试。值得注意的是击实试验时土样是在有侧限的击实筒内，不可能发生侧向位移，力作用在有限体积的整个土体上，夯实均匀，在最优含水量状态下获得的最大干密度。而施工现场的土料，土块大小不一，含水量和铺土厚度等很难控制均匀，不利因素较多，压实土的均质性差。因此，在相应的压实功能下，施工现场所能达到的干土密度一般都低于击实试验所得到的最大干土密度。因此对现场应以压实系数 D_y 与控制含水量来进行检验。

2）对素土、灰土和砂垫层可用贯入仪检验垫层质量，对砂垫层也可用钢筋检验。并均应通过现场试验以控制压实系数所对应的贯入度为合格标准。压实系数的检验可采用环刀法或其他方法。

3）垫层的质量检验必须分层进行。每夯压完成一层，应检验该层的平均压实系数。当压实系数符合设计要求后，才能铺填上层。

当采用环刀法取样时，取样点应位于每层2/3的深度处。

4）当采用贯入仪或钢筋检验垫层的质量时，大基坑每50～100m^2 应不少于1个检验点；整片垫层每100m^2 不应少于4点；基槽每10～20m应不少于1个点；每个单独柱基应不少于1个点。

5）垫层法检测可适当多打一些钎探点，以判别地基土的均匀程度，籍以保证垫层法处理地基基土的均匀性。

（4）几点说明

1）基坑（槽）在铺打灰土前，基层必须先行钎探，并办完验槽的隐检手续。

2)施工前应根据工程特点、填料种类、设计压实系数、施工条件等合理确定填料含水率控制范围、铺设厚度和夯击遍数等参数。

3)施工前,测量放线工应作好水平高程和标志。如在基坑(槽)或沟的边坡上每隔3m钉上灰土上平的木橛;在室内和散水的边墙上弹上水平线或在地坪上钉好标准水平高程的木桩。

4)地基范围内不应留有孔洞。完工后如无技术措施,不得在影响其稳定的区域内进行挖掘工程。

3.2.48.2 砂和砂石地基施工记录(C2-48-2)

实施要点:

(1)砂和砂石地基施工记录表式按C2-48-1执行。

(2)对砂石地基用材料的要求

砂、石垫层材料,宜采用级配良好,质地坚硬的材料,其颗粒的不均匀系数最好不小于10,以中粗砂为好,可掺入一定数量的碎(卵)石,重要的是要拌合和分布均匀。细砂也可以作为垫层材料,但施工操作不易压实,而且强度也不高,使用时宜掺入一定数量的碎(卵)石。砂垫层含泥量不宜超过5%,也不得含有草根、垃圾等有机质杂物。如用作排水固结的砂石垫层材料,含泥量不宜超过3%,并且不应夹有过大的石块或碎石,因为碎石过大会导致垫层本身的不均匀压缩,一般要求碎(卵)石最大粒径不宜大于50mm。

利用当地材料是采用砂石垫层的必要条件,但有的地区,仅有特细砂或细砂,一般设计要求采用中砂或粗砂,特细砂或细砂用作垫层其强度和变形性质都不甚理想。为满足设计要求可采用细砂或细砂中掺加碎(卵)石的方法,这样砂石垫层强度提高较多、压缩模量增加,对砂石垫层的工程性能有很大改善,不失为一个好方法。

(3)砂与石的配比与铺填

1)砂与石的配比可采用砂:石,2:8、3:7或1:1,一般每层砂与石的虚铺厚度为200~250mm,不同施工设备的垫层每层铺填厚度及压实遍数对不具备试验条件的场合,可参照表C2-48-2A选用。

2)铺填厚度及压实遍数:

①垫层的每层铺填厚度及压实遍数可参照C2-48-2A选用。

垫层的每层铺填厚度及压实遍数　　　　　　　　表 C2-48-2A

施 工 设 备	每层铺填厚度(m)	每层压实遍数
平碾(8~12t)	0.2~0.3	6~8(矿渣10~12)
羊足碾(5~16t)	0.2~0.35	8~16
蛙式夯(200kg)	0.2~0.25	3~4
振动碾(8~15t)	0.6~1.3	6~8
插入式振动器	0.2~0.5	
平板式振动器	0.15~0.25	

②鉴于砂和砂石垫层每层铺筑厚度与最优含水量直接影响砂石垫层的施工质量,砂和砂石垫层每层铺筑厚度及最优含水量可参照表C2-48-2B选用。

砂和砂石垫层每层铺筑厚度及最优含水量　　　　表 C2-48-2B

项次	压实方法	每层铺筑厚度（mm）	施工时最优含水量 w（%）	施工说明	备注
1	平振法	200～250	15～20	用平板式振捣器往复振捣	不宜使用干细砂或含泥量较大的砂所铺筑的砂垫层
2	插振法	振捣器插入深度	饱和	1. 用插入式振捣器 2. 插入间距可根据机械振幅大小决定 3. 不应插至下卧黏性土层 4. 插入振捣器完毕后所留的孔洞，应用砂填实	不宜使用干细砂或含泥量较大的砂所铺筑的砂垫层
3	水撼法	250	饱和	1. 注水高度应超过每次铺筑面 2. 钢叉摇撼捣实，插入点间距为100mm 3. 钢叉分四齿，齿的间距80mm，长300mm，木柄长90mm，重40N	湿陷性黄土、膨胀土地区不得使用
4	夯实法	150～200	8～12	1. 用木夯或机械夯 2. 木夯重400N落距400～500mm 3. 一夯压半夯，全面夯实	
5	碾压法	250～350	8～12	60～100kN压路机往复碾压	1. 适用于大面积砂垫层 2. 不宜用于地下水位以下的砂垫层

注：在地下水位以下的垫层其最下层的铺筑厚度可比上表增加 50mm。

（4）施工方法和机具的选择

砂和砂石垫层采用什么方法和机具施工对于垫层的质量是至关重要的，除下卧层是高灵敏度的软土在铺设第一层时要注意不能采用振动能量大的机具扰动下卧土层外，在一般情况下，砂和砂石垫层首选振动法，因为振动比碾压更能使砂和砂石密实。我国目前常采用的方法有振动法，包括平振、插振；夯实法；水撼法；碾压法等。常采用的机具有：振捣器、振动压实机、平板振动器、蛙式打夯机等。

（5）垫层的压实标准和垫层承载力

1）各种垫层的压实标准可参照表 C2-48-2C 选用。

各种垫层的压实标准　　　　表 C2-48-2C

施工方法	换填材料类别	压实系数 λ_c
碾压、振密或夯实	碎石、卵石	0.94～0.97
	砂夹石（其中卵石、碎石占全重的 30%～50%）	
	土夹石（其中卵石、碎石占全重的 30%～50%）	
	中砂、粗砂、砾砂、角砾、圆砾、石屑	
	粉质黏土	
	灰土	0.95
	粉煤灰	0.90～0.95

注：1. 压实系数 λ_c 为土的控制干密度 ρ_d 与最大干密度 ρ_{dmax} 的比值；土的最大干密度宜采用击实试验确定，碎石或卵石的最大干密度可取 2.0～2.2t/m³；

2. 当采用轻型击实试验时，压实系数 λ_c 宜取高值，采用重型击实试验时，压实系数 λ_c 可取低值；

3. 矿渣垫层的压实指标为最后二遍压实的压陷差小于 2mm。

2）垫层承载力可参照表 C2-48-2D 选用。

垫 层 的 承 载 力　　　　　　表 C2-48-2D

换 填 材 料	承载力特征值 f_{ak}（kPa）
碎石、卵石	200～300
砂夹石（其中卵石、碎石占全重的 30%～50%）	200～250
土夹石（其中卵石、碎石占全重的 30%～50%）	150～200
中砂、粗砂、砾砂、圆砾、角砾	150～200
粉质黏土	130～180
石屑	120～150
灰土	200～250
粉煤灰	120～150
矿渣	200～300

注：压实系数小的垫层，承载力特征值取低值，反之取高值；原状矿渣垫层取低值，分级矿渣或混合矿渣垫层取高值。

3）垫层地基承载力也可按以下经验数据确定（对垫层本身强度而言）。
①按干质量密度确定；
当干质量密度 $\geq 1.67 \text{g/cm}^3$，比例界限压力 $\leq 20 \text{t/m}^2$；
当干质量密度 $\geq 1.70 \text{g/cm}^3$，比例界限压力 $\leq 25 \text{t/m}^2$。
②垫层地基承载力按经验数据确定的方法仅供参考。

(6) 砂石垫层施工

砂或砂石垫层作为处理软弱的地基的方法之一，其成败的关键是施工质量。砂或砂石垫层施工时，由于面积大，总厚度和分层厚度铺筑不均匀以致振捣夯压不均匀是影响施工质量的关键。因此，检验砂或砂石垫层质量应适当增加测试的样本数量，以保证其施工质量达到设计要求。

1）基槽应保持无水状态。铺设砂石前应清理浮土，加固边坡，防止振捣时坍方；

2）铺设砂石垫层应按同一标高进行，如深度不同，应由深至浅。分层铺设时应在接头处做斜坡，每层接槎必须拉开 0.5～1.0m；

3）砂石材料的含泥量应在标准规定的限度内，清除砂石中的杂草、树根等有机杂质；

4）验槽合格后，分层铺设砂石，每层厚约 300mm（以不埋设振捣棒体为准。）振实压密。

用压路机碾压时，压实遍数和压路机的吨位有关，可参照有关资料经试验后确定压实遍数。

5）垫层法施工时，垫层接头处应重复振捣，垫层厚度较大，用插入式振捣棒振完所留孔洞应用砂填实，在振捣首层砂石和基槽边部时，切勿把振捣棒插入原土层，以免破坏基土的结构，同时也要避免软土混入砂石垫层而降低砂石垫层的强度（承载力）；在季节性冻结区应注意不得采用夹有冰块的砂石作垫层。

6）砂石应保持一定的含水率，这样便于振实。用振捣棒振实时，间隙一般为 400～500mm；插入振捣依次振实，直至完成。

7）级配砂石成活后，如不连续施工，应适当洒水湿润。

8）砂石垫层厚度不宜小于 100mm，冻结的天然砂石不得使用，地下水位高于基坑

（槽）底面施工时，应采取排水或降低地下水位的措施，使其保持无积水状态。

（7）砂、砂石垫层的质量检验

对砂、砂石垫层的质量检验砂垫层用容积不小于 200cm² 的环刀取样，测定其干砂土的密度，以不小于该砂料在中密状态时的干土密度值为合格（中砂在中密状态时的干密度，一般为 1.55~1.60kN/m³）；对于砂石或碎石垫层的质量检验，可在垫层中设置纯砂检查点或用灌砂法进行检查。用静力触探检验砂垫层质量被工程界认为是一个好方法。静力触探可沿深度贯入连续测值，方法简捷，可以获得较多的样本，能较为准确地对砂或砂石垫层的总体质量进行评价并提供依据。

垫层法还可用贯入测定法进行质量检验，用贯入仪、钢筋、钢叉等，检查时应将其表面砂刷去 3cm 左右后再进行测试，以不大于通过试验所确定的贯入度为合格。

（8）砂石垫层施工注意事项

1）由于砂、砂石垫层或砂桩均系人工所造，施工时存在人为因素，有的独立基础数量较多等原因，虽然垫层厚度相等，但基础尺寸不同且密实度往往不一致，导致在荷载作用下基础沉降不均匀；整层的接头处往往密实度较差，该处往往容易出现问题。砂石垫层地基房屋建成后，相邻新建建筑物地基用锤击桩施工时，由于受振影响，造成建筑物倾斜或开裂的例子是有的。

2）用砂石垫层处理独立基础时，应注意垫层密实度不均匀可能造成的建筑物开裂，可适当多打一些钎探点，以此判别垫层土的均匀程度，来保证垫层法处理地基土的均匀性。

3）砂和砂石地基应选用机械压实以达到设计要求的密度和承载力。

4）在软土地基上采用砂垫层时，在垫层的最下一层，宜先铺设 15~20cm 厚的松砂，用木夯仔细夯实，不得使用振捣器；用细砂做垫层材料时，不宜使用振捣法和水撼法。

5）当地下水位高于基坑（槽）底，施工前应采取排水或降低地下水位的措施，使地下水位经常保持在施工面以下 50cm 左右。

6）对于湿陷性黄土地基不应选用具有透水性的砂石垫层。

3.2.48.3 土工合成材料地基施工记录（C2-48-3）

实施要点：

（1）土工合成材料地基施工记录表式按 C2-48-1 执行。

（2）土工合成材料的品种与性能和填料土类应根据工程特性和地基土条件，通过现场试验确定，垫层材料宜用黏性土、中砂、粗砂、砾砂、碎石等内摩阻力高的材料。如工程要求垫层排水，垫层材料应具有良好的透水性。

（3）施工前应对土工合成材料的物理性能（单位面积的质量、厚度、比重）、强度、延伸率以及土、砂石料等作检验。材料强度试验：置于夹具上做拉伸试验（结果与设计标准相比）≤5%。材料延伸率试验：置于夹具上做拉伸试验（结果与设计标准相比）≤3%。

（4）土工合成材料以 100m² 为一批；每批抽查 5%。砂石料有机质含量≤5%。

（5）施工过程中应检查清基、回填料铺设厚度及平整度（层面平整度≤20mm）、土工合成材料的铺设方向、接缝搭接长度（土工合成材料搭接长度≥300mm）或缝接状况、土工合成材料与结构的连接状况等。

（6）施工结束后，应进行承载力检验。其竣工后的结果（地基强度或承载力）必须达到设计要求的标准，检验数量，每单位工程应不应少于 3 点，1000m² 以上工程，每 100m²

至少应有1点，3000m² 以上工程，每 300m² 至少应有 1 点。每一独立基础下至少应有 1 点，基槽每 20 延米应有 1 点。

3.2.48.4 粉煤灰地基施工记录（C2-48-4）

实施要点：

（1）粉煤灰地基施工记录表式按 C2-48-1 执行。

（2）粉煤灰地基加固工程，应在正式施工前进行试验段施工，论证设定的施工参数及加固效果。为验证加固效果所进行的载荷试验，其施加载荷应不低于设计载荷的 2 倍。

粉煤灰填筑的施工参数宜试验后确定。每摊铺一层后，先用履带式机具或轻型压路机初压 1~2 遍，然后用中、重型振动压路机振碾 3~4 遍，速度为 2.0~2.5km/h，再静碾 1~2 遍，碾压轮变应相互搭接，后轮必须超过两施工段的接缝。

（3）粉煤灰地基的施工质量检验必须分层进行。每层铺筑厚度按设计要求进行，每层铺筑厚度的允许偏差为 ±50mm，应在每层的压实系数符合设计要求后铺填上层土。

（4）对粉煤灰地基，其竣工后的结果（地基强度或承载力）必须达到设计要求的标准，检验数量，每单位工程应不应少于 3 点，1000m² 以上工程，每 100m² 至少应有 1 点，3000m² 以上工程，每 300m² 至少应有 1 点。每一独立基础下至少应有 1 点，基槽每 20 延米应有 1 点。

（5）施工前应检查粉煤灰材料，检验项目主要包括：粉煤灰粒径（0.001~2.0mm）、氧化铝及二氧化硅含量（≥70%）、烧失量（≤12%），并对基槽清底状况，地质条件予以检验。（粉煤灰质量的检验项目、批量和检验方法应符合国家现行标准规定。）

（6）施工过程中应检查铺筑厚度，碾压遍数、施工含水量控制（施工含水量与最优含水量比较允许偏差值为 ±2%）、搭接区碾压程度，压实系数等。

（7）施工结束后，应检验地基的承载力，检验结果应符合设计要求。

Ⅱ 强夯法和强夯置换法

3.2.48.5 强夯施工现场试夯记录（C2-48-5）

1. 资料表式

强夯施工现场试夯记录　　　　　　表 C2-48-5

施工单位_____

工程名称_____ 施工日期_____年_____月_____日

建筑物名称_____ 夯击遍数_____ 第_____遍

夯击坑编号	夯击次数	落距(m)	锤顶面距地面高(cm)					时间
			一	二	三	四	平均	
备注			锤体高度：		(cm)			
参加人员	监理（建设）单位		施　工　单　位					
			专业技术负责人		质检员		记录人	

注：当设计要求试夯时可按此表执行。

2. 实施要点

(1) 正式强夯前的试夯

由于强夯法的许多设计参数还是经验性的，还不能作精确的理论计算，因此常在正式施工前作强夯试验，以校正各设计施工参数，考核施工设备的性能，为正式施工提供依据。

1) 确定设计目标

根据工程要求确定加固后的地基承载力、模量、有效加固影响深度，特别是消除地震液化的深度和消除黄土湿陷的深度，以此根据土的类型和特征：

①选定单击夯击能；

②单位面积夯击能；

③夯击遍数（包括夯击批次）、夯点间距，尚需确定是否需加垫层及填料并确定其厚度。

2) 试夯

①根据工程地质勘察报告，在施工现场选取一个地质条件具有代表性的试验区，平面尺寸不小于 20m×20m；

试夯应有单点及小片试区，必要时应有不同单击夯击的对比，以提供合理的选择。

单点夯应布置测试地表位移（竖直、水平位移）；记录每击夯沉量；测定夯坑深及口径、体积；测定孔隙水压力增长消散值及时间；振动影响值及范围；测定夯坑填料厚度。夯后检验应在时效后进行，测试内容可选取取土试验（抗剪强度指标、压缩模量、密度、含水量、孔隙比、渗透系数等）、十字板剪刀试验。动力触探、标准贯入试验、静力触探试验、旁压试验、波速试验、载荷试验等。试验孔布置应包括坑心、坑侧。坑侧一般应在距坑心 $2.5 \sim 3.0D$ 内布置 $3 \sim 4$ 点，以测定加固影响范围，确定合理的夯点间距。加固后土的各测试项目中，干密度是受时效影响最小的。

②在试验区内进行详细的原位测试，取原状土样，确定有关数据；

③选取合适的一组或多组强夯试验参数，并在试验区内进行试验性施工；

④施工中应做好现场测试和记录。测试内容和方法应根据地质条件和设计要求确定；

⑤检验强夯效果，一般在最后一遍夯击完成 $1 \sim 4$ 周以后进行。对于碎石土和砂石地基其间隔时间可取 $1 \sim 2$ 周，低饱和度的黏土和黏性土地基可取 $2 \sim 4$ 周。将检验结果与试验区内做的原位测试、原状土试验等的数据进行对比检查；

⑥当强夯效果不能满足要求时，可补夯或调整参数，再进行试验；

⑦做好强夯前后试验结果的对比分析，确定正式施工时采用的技术参数。

强夯施工必须严格按试验确定的技术参数进行控制，以各个夯击点夯击数为施工控制数值，也可采用试夯后确定的沉降量控制。

(2) 加固深度

1) Menard 根据主要影响因素强夯单击能，提出影响深度 H 的经验公式

$$H = \sqrt{\frac{Mh}{10}}$$

式中　　M——锤重(kN)；

h——落距(m)

注：颗粒粗大或细小的碎石均可适用

2）太原工业大学在 1980 年分析国内外几十项工程强夯实践的资料后，认为应对加固深度 H 界定，为区别称为有效加固深度 H，在该范围内承载力应达到 150kPa，湿陷性黄土干密度应达到 $1.5g/cm^3$ 或消除湿陷。考虑不同类型土由于结构性不同，对加固效果有明显的影响，提出下列公式。

①有效加固深度修正式

$$H = k\sqrt{Mh10}$$

式中　k——有效加固深度影响系数，一般黏性土、砂土 0.45~0.6，高填土 0.6~0.8；湿陷性黄土 0.34~0.5。

上强度大，单击能高取低值，反之取高值。

②考虑单位面积夯击能及多遍夯的加固影响，可得出如下统计经验式

$$H = 5.1022 + 0.00086Mh + 0.00094E$$

式中　E——单位面积夯击能，不计满夯（kJ/m^2）。

3）建筑地基处理技术规范（JGJ 79—91）提出的有效加固深度预估值如表 C2-48-6A

强夯法的有效加固深度（m）　　　　　表 C2-48-6A

单击夯击能（kJ）	碎石土、砂土等	粉土、黏性土、湿陷性黄土等
1000	5.0~6.0	4.0~5.0
2000	6.0~7.0	5.0~6.0
3000	7.0~8.0	6.0~7.0
4000	8.0~9.0	7.0~8.0
5000	9.0~9.5	8.0~8.5
6000	9.5~10.0	8.5~9.0

注：强夯法的有效加固深度应从起夯面算起。

小区试夯，小区试夯应选在施工现场有代表性的地段，试夯面积应根据布点要求确定，包括各批各遍夯击的作用，以使试夯区内部的检验有代表性。测试内容除单点夯内容外，应记录计算各遍的填料量及各遍的场地下沉量，以便正式施工时预留下沉量及校核加固效果。测试应包括夯点及夯间，最好能每遍夯后均进行。

强夯的有效加固深度可达 10m，其中部分为强夯实区，其他部分虽有影响，但仍较多地保留原来土的性质称为弱夯实区。

（3）填表说明

1）夯击遍数：按正方形或梅花形网格排列，根据夯击坑形状、孔隙水压力及建筑基础特点确定的间距，布置的夯击点依次夯击完成为第×遍，以下各遍均在中间补点，最后一遍锤印彼此搭接使表面平整。夯击遍数由设计确定，第一遍按实际填写。

2）夯击坑编号：按强夯施工图设计的坑位编号填写。

3）夯击次数：指每个夯击坑点的夯击数，按每个夯击坑点的实际夯击数填写。

4）落距：按施工时的实际落距填写，规范规定落距不宜小于 6m。

5）锤顶面距地面高：指夯锤每次夯击落地后锤顶面距实际地面高度，照每次实测数填写。

3.2.48.6 强夯地基施工记录（C2-48-6）

1. 资料表式

强夯地基施工记录表　　　　　　　　　　　　　　　　　表 C2-48-6

施工单位_____ 施工日期_____ 至_____

工程名称_____

建筑物名称_____ 占地面积_____ m²

场地标高_____ m　　地下水位标高_____ m

地层土质_____

起重设备_____ 夯锤规格_____ 重量_____ 吨

夯击遍数：第_____ 遍　本遍每个夯击坑击数_____ 击

本遍夯击数_____ 个　本遍总夯击击数_____ 击

本遍夯击坑遍数_____ 遍　总夯击坑数_____ 击

平均夯击能_____ t·m/m²　总夯击击数_____ 个

场地平均沉降量_____ cm　累计_____ cm

建筑物基础夯击坑布置简图	

参加人员	监理（建设）单位	施 工 单 位		
		专业技术负责人	质 检 员	试 验 员

2. 实施要点

（1）强夯法：强夯法是用很大的冲击能力，使用 8~40t 的重锤，从 6~25m 的高度自由落下，对地基进行强力夯实，使土中出现冲击波和高应力，引起土中一系列孔隙压缩的瞬间效应，并引起土的局部液化，同时，使夯击点周围土体产生裂隙，形成良好的排水通道，使孔隙水顺利溢出，土体迅速固结，从而达到降低土的压缩性，提高承载力达到提高强度的一种地基加固方法。强夯法处理的工程范围较广，从工业与民用建筑、仓库、油罐、贮仓、公路、铁路路基、机场跑道、码头等。可适用于从砾石到黏性土的各类土的地基上，可用来加固碎石土、砂土、黏性土、杂填土、湿陷性黄土等各类地基土，但对于饱和黏性土则应结合堆载预压法和垂直排水法使用，直接使用强夯法则不适宜。因此，对于饱和度较高的黏性土，一般说来处理效果不显著，其中尤其是淤泥和淤泥质土地基，处理效果更差，应慎用。

强夯法加固地基的机理，国内外学者的看法很不一致。由于土的类型多，土的性质各异,加固后的效果影响因素也多,情况复杂。从土的本身来说,土的类型(饱和土、非饱和土、砂性土、黏性土)、土的结构(粒径大小、形状、级配)、构造(层理)、密实度、内聚力、渗透性等均影响加固效果。从土的外部来说,单击夯击能(锤重、落距)、单位面积夯击能、锤底面积、夯点布置、分遍、特殊措施(预打砂井、夯坑填料)等也影响加固效果,可对其从机理上做出不同的解释。

(2) 适用范围:

可适用于加固粗粒土、细粒土、饱和土、非饱和土,甚至港口、河道水下土层,诸如填土、杂填土、砂类土、黏性土、黄土、淤泥类土,但对于厚层的,渗透系数小于10~5cm/s 的饱和黏性土应慎重。

(3) 强夯的技术参数:

强夯法加固地基根据现场地质情况、工程的具体要求和施工条件,根据经验或通过试验选定有关技术参数。

1) 锤重:一般不宜小于80kN(锤重一般为80~400kN,超过120kN时应用钢或铸件锤)。夯锤底面积为方形或圆形(圆柱或圆台形),砂土:底面积一般为3~4m^2;黏性土:底面积不宜小于6m^2。夯锤中宜设置若干个上下贯通的气孔(气孔的直径和数量,关系到排气是否畅通,应谨慎对待)。

2) 落距:不宜小于6m 常用的落距为7、8、11、13、15、17、18、25、30、35、40m。

3) 夯击点布置:一般按正方形或梅花形网格排列,间距5~15m。按上述形式和间距布置的夯击点依次夯击完成为第一遍,第一遍夯击点间距要取得大些。第二遍选用已夯点间隙依次补点夯击为第二遍。以下各遍均在中间补点,最后一遍应低能满夯,锤印彼此搭接达到表面平整。

4) 夯击点的夯击数:应符合下列条件之一。

①土的体积竖向压缩最大而侧向移动最小;

②最后两击的沉降量或最后两击沉降量之差小于试夯确定的数值,一般为3~10击。最佳击数:一般软土的控制瞬时沉降量为5~8击;废渣填石地基控制最后两击下沉量之差为2~4cm。

5) 夯击遍数:一般为2~5遍(一般夯3遍加1遍普夯)。

6) 两遍之间的间歇时间:取决于孔隙的水压力的消散,一般为1~4周。对砂土、地下水位较低和地质条件较好的场地,可采用连续夯击;黏土或冲积土为3周左右。

7) 平均夯击能:在一般情况下砂土可取50~100 t·m/m^2;黏性土可取150~300 t·m/m^2。

(4) 强夯施工要点:

强夯加固地基施工,必须加强施工管理。由于地质多变及强夯设计参数的经验性,甚至气象条件也可影响施工,需要调整施工工艺。因此强夯加固地基中的信息化施工非常重要。施工要点一般包括:

1) 编制施工组织与管理计划:为此应熟悉工程概况;了解设计意图、目标、建设单位的工期要求;调查场地的工程地质条件,施工环境(包括对周围的危害及干扰);了解砂石料来源、价格等。然后编制施工方案,施工进度计划、概预算及施工中应采取的措施。

2) 施工机具:

①吊车：采用单缆起吊，吊车起重量应为锤重的3倍以上，此法施工效率高，但需大吨位吊车，国外已设计了各种强夯专用吊车。

采用多缆起吊可使用小型吊车，但需采用自动脱钩装置，这时吊车起重量应大于锤重的1.5倍，为了实现小吊车大能级的强夯，许多部门还增设龙门架以支撑稳定吊臂或以缆绳稳定吊臂。

②夯锤：夯锤可采用铸钢（铸铁）锤、外包钢板的混凝土锤。铸钢锤可制作为组合式，以便调整锤重，其优缺点见前述材质比较。

排气孔：气孔小，下落阻力大，入坑时产生气垫，影响夯击效果，且易堵孔，清孔难，起锤困难，因此气孔不宜过小。

锤型以圆柱形较优越，山西机械施工公司设计稍带斜度的上大下小的倒圆台锤，夯击后，坑壁不易塌土，落点准确重叠性好，不偏斜，易起锤，对软弱地基增加了夯击效果。

③自动脱钩装置，见有关参考书。

④辅助机械：推土机、碾压机。

3) 夯击过程的记录及数据：

①每个夯点的每击夯沉量、夯坑深度、开口大小、夯坑体积、填料量都须记录。

②场地隆起，下沉记录，特别是邻近有建、构筑物时。

③每遍夯后场地的夯沉量、填料量记录。

④附近建筑物的变形监测。

⑤孔隙水压力增长、消散监测，每遍或每批夯点的加固效果检测，为避免时效影响，最有效的是检验干密度，其次为静力触探，以及时了解加固效果。

⑥满夯前根据设计基底标高，考虑夯沉预留量并整平场地，使满夯后接近设计标高。

4) 对每个夯点的最后一遍夯击及满夯，应控制最后二击的贯入度符合设计或试验要求值。

(5) 强夯施工检验项目：

1) 施工前应检查夯锤重量、尺寸，落距控制手段，排水设施及被夯地基的土质。

2) 施工中应检查落距、夯击遍数、夯点位置、夯击范围。

3) 施工结束后，检查被夯地基的强度并进行承载力检验。

(6) 强夯法的质量检验：

1) 强夯加固地基的效果检验与测试是必须进行的项目，一般应根据工程地质和结构设计的要求，选择以下方法进行：

对于一般工程，应用两种和两种以上方法综合检验；对重要工程，应增加检验项目并须做现场大型载荷试验；对液化场地，应做标贯试验。检验深度应超过设计处理深度。

①室内常规试验；

②现场十字板试验；

③动力触探、静力触探试验；

④旁压仪试验；

⑤载荷试验；

⑥波速试验。

2) 质量检验数量：

应根据场地的复杂程度和建筑物的重要程度确定。

①简单场地一般建筑物，每个建筑物地基不少于3处；

②复杂场地应根据场地变化类型，每个类型不少于3处。

注：强夯面积超过1000m^2，每增加1000m^{2}以内应增加一处。

3) 质量检验的时间：

强夯检验应在场地施工完成经时效后进行。

①粗粒土地基：应充分使孔压消散，一般消陷时间取1~2周；

②饱和细粒粉土、黏性土：应在孔压消散，土触变恢复后进行，一般需3~4周。

由于孔压消散后，土体积变化不大，取土检验孔隙比及干密度比较准确。土触变尚未完全恢复易重受扰动，故动力触探振动易引起对探钎的握裹力，经常使检测值偏大。一般说静力触探效果较好，可作为主要的使用方法。

4) 强夯施工验收时，应检查施工记录及各项技术参数，当对施工记录和各项技术参数有怀疑时，还应在夯击过的场地选点做试验。一般可采取标准贯入、静力触探或轻便触探测定。每个建筑物的地基不少于3处，检测深度和位置按原设计要求确定，符合试验确定探测定。

(7) 强夯处理后的地基竣工验收时，承载力检验应采用原位测试和室内土工试验。强夯置换后的地基竣工验收时，承载力检验除应采用单墩载荷试验检验外，尚应采用动力触探等有效手段查明置换墩着底情况及承载力与密度随深度的变化，对饱和粉土地基允许采用单墩复合地基载荷试验代替单墩载荷试验。

(8) 当强夯施工所产生的振动对邻近建筑物或设备会产生有害的影响时，应设置监测点，并采取挖隔振沟等防振措施。

(9) 强夯实践中应注意几个问题：

1) 在强夯的实践中，要充分考虑可能引起强夯效果差异性的主要因素，及时总结强夯实施中存在的问题，对指导工程实践，达到预定强夯效果具有极其重要的意义。

①注意区域性地基土的特点；

②及时分析夯击土击实实验结果。特别注意基土含水量，干密度等的变化；

③对夯实土及时进行渗透性分析。由于区域性和基土的工程性质差异，压实和含水量对渗透有很大影响。因此，及时分析发现问题是至关重要的。

2) 检查强夯施工过程中的各项测试数据和施工记录，当不符合设计要求时，不应当简单的采取补夯方法，重要的是分析不符合设计要求的原因和程度，从而采取补夯或采取其他有效措施。

3) 强夯法的噪声危害：

①振动和噪声均对环境产生恶劣影响；

②相邻建（构）筑物受振常引起民事纠纷。软黏土中距夯点18m，砂性土中距夯点14m与地震度相当，采用3000kg的单击能量强夯，在10m远处产生的水平振动加速度达0.6m/s^2。会对附近的精密设备、仪器的正常工作造成影响，人感觉很不舒服。因此，强夯只宜在远离城区的场地施工，在城区应采取挖掘隔振沟、钻设隔振孔等方法处理。

4) 强夯施工中应特别注意的几个问题：

①为了使强夯后的地表达到设计基底标高，强夯常推掉一层表土在基坑内进行，这时应防止雨水流入基坑，强夯场地也应保持平整，不使雨水汇入低凹处，因为即使降雨100mm，也仅使雨过地皮湿，不影响强夯，但集中汇聚于一处，将使表层或局部地区含水量过大，引起翻浆难以解决，造成强夯施工困难，这时需挖除或填料。

②在饱和软弱土地基上施工，应保证吊车的稳定，因此有一定厚度的砂砾石、矿渣等粗粒料垫层是必要的。这应根据需要设置，粗粒料粒径不应大于10cm，也不宜用粉细砂。在液化砂基中强夯，为防止夯坑涌砂流土，宜用碎石、卵石等填料而不宜用砂。

③注意吊车、夯锤附近人员的安全，为防止飞石伤人，吊车驾驶室应加防护网，起锤后，人员应在10m以外并戴安全帽，严禁在吊臂前站立。

(10) 填表说明：

1) 场地标高：指强夯施工区内未夯击前的场地标高，按经实际复测的场地标高填写。

2) 地下水位标高：指强夯施工区内未夯击前的地下水位标高，按工程地质报告或实际复测的地下水位标高填写。

3) 地层土质：一般按工程地质报告测得的地层土质填写，应填写至强夯设计影响深度以下5~8m的实际地层土质。

4) 起重设备：照实际选定的起重设备填写、一般多使用起重能力为15、30和50吨的履带式起重机或其他起重设备。也可采用专用三脚架或龙门架作为起重设备。

5) 夯锤规格：按夯锤的实际直径和高度填写。

6) 重量：指夯锤重量，一般不宜小于8t。

7) 夯击遍数，第_____遍：照实际施工的夯击遍数填写。

8) 本遍每个夯击坑的夯击数：照本遍实际施工的每个夯击坑的夯击数量填写。

9) 本遍的夯击坑数_____个：照本遍实际施工的夯击坑个数填写。

10) 本遍总夯击击数：指若干夯击坑击数的总和。

11) 总夯击遍数：指若干夯击坑的夯击遍数的总和。

12) 总夯击坑数：按实际夯击的夯击坑总数填写。

13) 平均夯击能：夯击能的总和（由锤重、落距、夯击坑数和每一夯击点的夯击次数算得）除以施工面积称之为平均夯击能。每一击的夯击能等于锤重乘以落距。

14) 总夯击击数：强夯施工面积夯击击数的总和。

15) 场地平均沉降量：强夯施工场地内总沉降量除以夯击遍数。

16) 累计：强夯施工场地内的总沉降量值。

Ⅲ 注 浆 法

3.2.48.7 注浆地基施工记录（C2-48-7）

实施要点：

(1) 注浆地基施工记录表式按C2-48-1执行。

(2) 注浆法适用于处理砂土、粉土、黏性土和人工填土等地基。

(3) 为确保注浆加固地基的效果，施工前应进行室内浆液配比试验及现场注浆试验，以确定浆液配方及施工参数。常用浆液类型见表C2-48-7。

常用浆液类型表　　　　　　　　表 C2-48-7

浆　　　　液		浆 液 类 型
粒状浆液（悬液）	不稳定粒状浆液	水泥浆
		水泥砂浆
	稳定粒状浆液	黏土浆
		水泥黏土浆
化学浆液（溶液）	不稳定粒状浆液	硅酸盐
		环氧树脂类
		甲基丙烯酸脂类
	有机浆液	丙烯酰胺类
		木质素类
		其 他

(4) 施工前应掌握有关技术文件（注浆点位置，浆液配比、注浆施工技术参数，检测要求）等。浆液组成材料的性能应符合设计要求，注浆设备应确保正常运转。

(5) 注浆用原材料的检验：水泥应符合设计要求；注浆用砂：粒径（<2.5mm）、细度模数（<2.0）、含泥量及有机物含量（<3%）；注浆用黏土：塑性指数（>14）、粘粒含量（>25%）、含砂量（<5%）、有机物含量（<3%）；粉煤灰：细度（不粗于同时使用的水泥）、烧失量（<3%）；水玻璃：模数（2.5~3.3）、其他化学浆液符合设计要求。

(6) 对化学注浆加固的施工顺序宜按以下规定进行：
1) 如固渗透系数相同的土层应自上而下进行。
2) 如土的渗透系数随深度而增大，应自下而上进行。
3) 如相邻土层的土质不同，应首先加固渗透系数大的土层。
检查时，如发现施工顺序与此有异，应及时制止，以确保工程质量。

(7) 施工中应经常检查：各种注浆材料称量误差<3%；注浆孔位偏差不大于±20mm；注浆孔深偏差不大于±100mm；注浆压力（与设计参数比）偏差值不大于±10%。

(8) 施工中应经常抽查浆液的配比及主要性能指标，注浆的顺序、注浆过程中的压力控制等。

(9) 施工结束后，应检查注浆体强度，承载力等。检查孔数为总量的2%~5%，不合格率大于或等于20%时应进行二次注浆。检验应在注浆后15d（砂土、黄土）或60d（黏性土）进行。

(10) 对注浆地基，其竣工后的结果（地基强度或承载力）必须达到设计要求的标准，检验数量，每单位工程应不应少于3点，1000m² 以上工程，每100m² 至少应有1点，3000m² 以上工程，每300m² 至少应有1点。每一独立基础下至少应有1点，基槽每20延米应有1点。

Ⅳ 预 压 法

3.2.48.8 预压地基施工记录（C2-48-8）

实施要点：
(1) 预压地基表式按 C2-48-1 执行。
(2) 预压法适用于处理淤泥质土、淤泥和冲填土等饱和黏性土地基。
(3) 对预压地基和塑料排水带，其竣工后的结果（地基强度或承载力）必须达到设计要求的标准，检验数量，每单位工程应不应少于 3 点，1000m² 以上工程，每 100m² 至少应有 1 点，3000m² 以上工程，每 300m² 至少应有 1 点。每一独立基础下至少应有 1 点，基槽每 20 延米应有 1 点。
(4) 施工前应检查施工监测措施，沉降、孔隙水压力等原始数据，排水设施，砂井（包括袋装砂井）、塑料排水带等位置。塑料排水带质量应符合（GB 50202—2002）附录 B（B.0.1、B.0.2）规定。

对软土预压应设置排水通道，其长度及间距宜通过试压确定。

B.0.1 不同型号塑料排水带的厚度应符合表 B.0.1。

不同型号塑料排水带的厚度（mm）　　　　　　　　　　　　　　　　表 B.0.1

型　号	A	B	C	D
厚　度	>3.5	>4.0	>4.5	>6

B.0.2 塑料排水带的性能应符合表 B.0.2。

塑料排水带的性能　　　　　　　　　　　　　　　　表 B.0.2

项　目		单位	A 型	B 型	C 型	条　件
纵向通水量		cm³/s	≥15	≥25	≥40	侧压力
滤膜渗透系数		cm/s		≥5×10⁻⁴		试件在水中浸泡 24h
滤膜等效孔径		μm		<75		以 D_{98} 计，D 为孔径
复合体抗拉强度（干态）		kN/10cm²	≥1.0	≥1.3	≥1.5	延伸率 10%时
滤膜抗拉强度	干态	N/cm²	≥15	≥25	≥30	延伸率 10%时
	湿态	N/cm²	≥10	≥20	≥25	延伸率 15%时，试件在水中浸泡 24h
滤膜重度		N/m²	—	0.8	—	

注：1. A 型排水带适用于插入深度小于 15m。
　　2. B 型排水带适用于插入深度小于 25m。
　　3. C 型排水带适用于插入深度小于 35m。

注：《建筑地基处理技术规范》（JGJ 79—2002）第 5.4.1 条规定：塑料排水带必须在现场随机抽样送往试验室进行表 B.0.2 内项目项下 6 项全部试验项目进行试验。

(5) 堆载施工中应进行的检查：预压载荷允许偏差≤2%、固结度（与设计要求比）允许偏差≤2%、沉降速率（与控制值比）不大于±10%、砂井或塑料排水带位置控制不大于±100mm、砂井或塑料排水带插入深度控制不大于±200mm、插入塑料排水带时的回带长度允许偏差≤500mm、塑料排水带或砂井高出砂垫层距离允许值≥200mm、插入塑料排水带的回带根数允许值<5%。

堆载预压，必须分级堆载，以确保预压效果并避免坍滑事故。一般每天沉降速率控制在10~15mm，边桩位移速率控制在4~7mm。孔隙水压力增量不超过预压荷载增量60%，可以上述参考指标控制堆载速率。

真空预压的真空度可一次抽气至最大，当连续5d实测沉降小于每天2mm或固结度≥80%，或符合设计要求时，可停止抽气，降水预压可参照上述要求。

（6）堆载施工应检查堆载高度、沉降速率。真空预压施工应检查密封膜的密封性能、真空表读数等。

（7）施工结束后应检查地基土的强度及要求达到的其他物理力学指标，重要建筑物地基应做承载力检验。承载力或其他性能指标应符合设计要求。

一般工程在预压结束后，做十字板剪切强度或标贯、静力触探试验即可，但重要建筑物地基应做承载力检验。如设计有明确规定应按设计要求进行检验。

注：如真空预压，主控项目中预压载荷的检查为真空度降低值<2%。

（8）预压法竣工验收检验应符合下列规定：

1）排水竖井处理深度范围内和竖井底面以下受压土层，经预压所完成的竖向变形和平均固结度应满足设计要求。

2）应对预压的地基土进行原位十字板剪切试验和室内土工试验。必要时尚应进行现场载荷试验，试验数量不应少于3点。

（9）施工过程质量检验和监测应包括以下内容：

1）塑料排水带必须在现场随机抽样送往实验室进行性能指标的测试，其性能指标包括纵向通水量、复合体抗拉强度、滤膜抗拉强度、滤膜渗透系数和等效孔径等。

2）对于同来源的砂井和砂垫层砂料，必须取样进行颗粒分析和渗透性试验。

3）对于以抗滑稳定控制的重要工程，应在预压区内选择代表性地点预留孔位，在加载不同阶段结果进行原位十字板剪切试验和取土进行室内土工试验。

4）对预压工程，应进行地基竖向变形、侧向位移和孔隙水压力等项目的监测。

5）真空预压工程除应进行地基变形、孔隙水压力的监测外，尚应进行膜下真空度和地下水位的量测。

Ⅴ 振 冲 法

3.2.48.9 振冲地基施工记录（C2-48-9）

1. 资料表式

振冲地基施工记录表　　　　　　表C2-48-9

造孔					填料					
作业		电流 (A)	水压 (N/cm²)	备注	作业		填料数量 (m³)	电流 (A)	水压 (N/cm²)	备注
时间	深度 (m)				时间	深度 (m)				

工程技术负责人：　　　　　　　　　　　　　　　　　　　　　　　　记录人：

2. 实施要点

(1) 振冲地基是利用振冲器水冲成孔（即振动水冲法），填以砂石骨料，借振冲器的水平振动及垂直振动，振密填料，形成碎石桩体（称碎石桩法）与原地基土构成复合地基，提高地基承载力和改善土体的排水降压通道，并对可能发生液化的土产生预振效应，防止液化。

振冲法分为振冲置换法和振冲密实法两类。振冲法适用于处理砂土、粉土、粉质黏土、素填土和杂填土地基等地基。对于处理不排水抗剪强度不小于20kPa的饱和黏性土和饱和黄土地基，应在施工前通过现场试验确定其适用性。

不加填料的振冲密实法仅适用于处理粘粒含量小于10%的粗砂、中砂地基。

(2) 对大型的、重要的或场地复杂的工程，在正式施工前应在有代表性的场地上进行试验取得施工参数，也可由设计确定。

(3) 振冲挤密法的填料可用粗砂、砾石、碎石、矿渣等，通常填料的粒径5～50mm为宜（不宜大于50mm）。碎石填料应质地坚硬，不能用风化或半风化的石料。振冲器电机功率大时，石子粒径可选的适当大一点，例如使用75kW振冲器，石子粒径可放宽到90～100mm；振冲器功率小时，石子粒径可选的适当小一些，例如使用30kW振冲器可选用50mm以内的石子。

(4) 振冲碎石桩施工应注意的几个问题。

振冲法施工有四个要素：水压、密实电流、填料量，留振时间，不论哪一个环节处理不当，都会造成问题，排污是振冲法难以解决的一个难题。

1) 水压问题：工程实践证明，水压的取值大小与不同的地质条件有关，选择不当会影响处理效果。水压过高，对原状土扰动严重，大量泥砂被排出，处理后不仅强度没有提高，还可能比原状土强度还低，或者形成橡皮土；水压过低，会影响形成孔速度，降低施工效率。

国内资料介绍，水压为0.6～0.8MPa，供水量为20m³/h。

2) 密实电流：存在的主要问题有：密实电流直方图多是绝壁型，属不正常现象。原因是：

①密实电流下限要求过严；

②电流表精度不够；

③电流表处在振动状态下工作指针摆动，难以做到真正达到标准要求的评价。

3) 填料量：

①由于地压条件的变化，桩体直径随振实而变化，难以真正正确地保证在填料量一定的情况下，桩体全部密实。

注：重要工程、地压条件差的桩沉密的工程可选择高一些的密实电流如55A。

②在地质条件一致的情况下，初打桩与后打桩填料量也会有异常，施工中应予考虑。

4) 留振时间：是一个难以控制的因素。需在施工中积累经验。

5) 排污问题：这是振冲法的一大缺陷，为此可能影响振冲法的应用和发展。

排污量一般约为填料量的0.6～0.8倍，为流塑的泥浆，排运十分困难，应根据现场的排污条件和土的渗透能力因地制宜的制定排污方案。如挖排污池、分段施工、确定排污方向等。

(5) 振冲桩施工对相邻建筑的影响因素：

1) 振动因素：振动是对相邻建筑物影响的主导因素。影响因素主要取决于：

①振冲器功率的大小，功率越大影响越大。

②建筑物距振冲器的距离，距离越近影响越大。

2) 地基土的特性因素：地基土的性质是决定振动对建筑物影响的主要因素。振冲器外围形成液化和塑性区是有限的，一般不超过3m。动力试验及测试表明：松散的砂类土、饱和软土易产生振陷；黄土对水十分敏感（遇水湿陷），随含水量的增加引起变形也显著增加和强度降低。

3) 相邻建筑物的特征因素：相邻建筑物的结构好、牢固，振动对它的影响就小，基础类型对振陷量有重要影响，桩基抗振陷性能最好，条基、独立基础和筏基较差。建筑物地基实际取用的承载力偏高，当超过或接近地基容许承载力时振陷量大，处于建成后快速下沉变形状态；建筑物最宜产生缺陷，建成后年限越长，沉降越趋于稳定，振陷量就越小。

振冲器的振动为点状振源，影响范围小，但距建筑物较近，具有极大的不对称性，因此，振冲器振动比地震更易发生不均匀振陷，造成不均匀振陷的原因，主要有：土层不均匀；结构荷载对称；动荷载不对称，距振源近动荷大，距振源远动荷小。

相邻建筑物地基所产生的振陷特别是均匀振陷是影响相邻建筑物安全使用的重要因素。

振冲器作为一种工程振源，操作时直接作用于地基土，振冲器的效率较高，振冲成孔自上而下，填料振密时自下而上，对地基土的影响较大，同时会对相邻建筑物造成一定的影响。采用振冲法施工应当考虑上述因素对相邻建筑物的影响。

(6) 振冲法施工对环境造成一定影响：

振冲施工时，振冲器在土中振动产生振波向四周传播，对周围不太牢固的旧建筑物可能造成某些危害，噪声对周围环境也有影响。

(7) 施工前应检查振冲器的性能，电流表、电压表的准确度及填料的性能。

(8) 施工中应检查密实电流、供水压力、供水量、填料量、孔底留振时间，振冲点位置、振冲器施工参数等（施工参数由振冲试验或设计确定）。

(9) 振冲碎石桩的质量检测：

振冲碎石桩是由桩和桩间土构成的复合地基，需要对桩、桩间土和复合地基进行有效的检测。检测点应选在有代表性或土质较差的地段，均匀地基、施工队伍比较稳定也可以随机抽检。用振冲法或其他施工方法可能引起超孔隙水压力时，检测时要停一段时间，当孔隙水压力消散后才能检测。除砂土地基外，对粉质黏土地基间隔时间可取 21~28d，对粉土地基可取 14~21d。

散体桩检测的方法主要有以下几种：

1) 复合地基载荷试验和单桩载荷试验：

大型重要建筑或场地复杂的工程宜用单桩复合地基载荷试验或多桩复合地基载荷试验，检验点数量可按加固面积大小取 2~4 组，中小型工程可采取单桩载荷试验。复合地基载荷板大小的确定：对于多桩复合地基，板下的置换率必须等于工程桩的置换率；单桩复合地基载荷试验可采用圆板或方板，板的大小等于一根桩加固的地基面积。根据经验，单桩复合地基试验采用面积为 $2m^2$ 的压板较为合适。单桩载荷试验采用圆板，其直径与桩径相等。压板底面高程应等同于建筑物基础底面高程，当承载力检测结果与实际情况不一致时应予以修正。

2) 取土试验：

桩间土加固效果测试可采用取土试验的方法。通过加固前后土的物理力学性质的变化加以判断，评价桩间土加固效果。

3) 原位测试：

桩间土可采用静力触探、标贯、轻便触探的方法判断、评价加固效果；桩身可用重型（Ⅱ）检测。所谓重型（Ⅱ）是指利用圆锥动力触探设备，将圆锥头置于桩顶中心处，然后按照标准的动力触探方法，即用 63.5kg 重的自动落锤锤击，落距 76cm，使锥头垂直向桩体内贯入，每贯入 10cm 的锤击数达到 10 击则桩身密实。

重型（Ⅱ）测试只能定性判断桩身是否密实，判断承载力取值应慎重，该项试验结果离散性较大，有时贯入困难，垂直度难以掌握。

4) 对不加填料的振冲密实法处理的砂土地基，处理效果检验宜用标准贯入、动力触探或其他合适的试验方法。检验点应选择在有代表性的或地基土质较差的地段，并位于振冲点围成的单元形心处。检验点数量可按每 100～200 个振冲点选取 1 孔，总数不得少于 3 孔。

(10) 施工结束后，应在有代表性的地段作地基强度或地基承载力检验。地基竣工验收时，承载力检验应采用复合地基载荷试验。

1) 对振冲桩复合地基，其承载力单桩载荷试验，数量为不少于总数的 0.5%，但不应少于 3 根。

2) 对碎石桩体检验可用重型动力触探进行随机检验。对桩间土的检验可在处理深度内用标准贯入、静力触探等进行检验。

3) 对不加填料振冲加密处理的砂土地基，竣工验收承载力检验应采用标准贯入、动力触探、载荷试验或其他合适的试验方法。检验点应选择在有代表性或地基土质较差的地段，并位于振冲点围成的单元形心处及振冲点中心处。检验数量可为振冲点数量的 1%，总数不应少于 5 点。

(11) 填表说明：

1) 填料规格：指桩身填料的规格，填料粒径一般为 5～50mm，按实际使用的规格填写。

2) 造孔：

①作业时间：指单桩孔自振冲器开始喷水至完成单桩孔的时间；

②作业深度：指单桩孔的造孔深度，按实际成孔的实测深度填写。

③电流：指单桩孔自振冲器开始喷水至完成单桩孔的时间内，控制电流操作台电流表的最低读数及最高读数；

④水压：指单桩孔自振冲器开始喷水至完成单桩孔的时间内，供水压力表的平均读数。

3) 填料：

①作业时间：指开始填料至完成填料的全部时间；

②作业深度：指单桩孔填料的总深度；
③填料数量：指单桩孔的实际填料总量；
④电流：单桩孔填料自开始至完成时间内，控制电流操作台电流表的最低读数及最高读数。按实际结果填写；
⑤水压：单桩孔填料自开始至完成时间内，供水压力表的平均读数。

Ⅵ 高压喷射注浆法

3.2.48.10 高压喷射注浆地基施工记录（C2-48-10）

实施要点：

（1）高压喷射注浆地基施工记录表式按 C2-48-1 执行。

（2）高压喷射注浆地基施工应记录：

1) 施工前检查水泥、外掺剂等的质量（水泥、外掺剂质量的检验项目、批量和检验方法应符合国家现行标准规定），桩位，压力表、流量表的精度和灵敏度，高压喷射设备的性能等情况。

2) 高压喷射注浆工艺执行情况（宜用普通硅酸盐水泥，强度等级不得低于 32.5，水泥用量，压力宜通过试验确定），如无条件可参考表 C2-48-10A 选用。

1m桩长喷射桩水泥用量参考表　　　　　　表 C2-48-10A

桩径（mm）	桩长（m）	强度为 32.5 普硅水泥单位用量	喷射施工方法		
			单 管	二重管	三 管
φ600	1	kg/m	200~250	200~250	—
φ800	1	kg/m	300~350	300~350	—
φ900	1	kg/m	350~400（新）	350~400	—
φ1000	1	kg/m	400~450（新）	400~450（新）	700~800
φ1200	1	kg/m	—	500~600（新）	800~900
φ1400	1	kg/m	—	700~800（新）	900~1000

注："新"系指采用高压水泥浆泵，压力为 36~40MPa，流量 80~110L/min 的新单管法和二重管法。

水灰比通常取 0.8~1.5 较妥，生产实践中常用 1.0。为确保施工质量，施工机具必须配置准确的计量仪表。

3) 施工中的施工参数（压力、水泥浆量、提升速度、旋转速度等）及施工程序检查情况。

注：施工中应注意：由于喷射压力较大，容易发生窜浆，影响相邻孔的质量，应采用间隔跳打法施工，一般二个孔的间距大于 1.5m。

4) 施工结束后的质量应检验桩体强度，平均直径，桩身中心位置，桩体质量及承载力等情况。桩体质量检验应在施工结束后 28d 进行。载荷试验必须在桩身强度满足试验条件时，并宜在成桩 28d 后进行。

（3）检验点应布置在下列部位：

1) 有代表性的桩位；

2) 施工中出现异常情况的部位；

3）地基情况复杂，可能对高压喷射注浆质量产生影响的部位。

（4）高压喷射注浆可根据工程要求和当地经验采用开挖检查、取芯（常规取芯或软取芯）、标准贯入试验、载荷试验或围井注浆试验等方法进行检验，并结合工程测试、观测资料及实际效果综合评价加固效果。

（5）竖向承载旋喷桩复合地基承载力特征值应通过现场复合地基载荷试验确定。承载力检验应采用复合地基载荷试验和单桩载荷试验。高压喷射注浆桩复合地基，其载荷试验，数量为桩总数的 0.5%～1%，但且每项单体工程不应少于 3 处。

注：如不做承载力或强度检验，则间歇期可适当缩短。

（6）高压喷射注浆法应注意以下问题：

1）高压喷射注浆方案确定后，应结合工程情况进行现场试验，试验性施工或根据工程经验确定施工参数及工艺。

2）喷射孔与高压注浆的距离不宜大于 50m。

3）在高压喷射注浆过程中出现压力骤然下降、上升或冒浆异常时，应查明原因并及时采取措施。

4）高压喷射注浆完毕，应迅速拔出喷射管。为防止浆液凝固收缩影响桩顶高程，必要时可在原孔位采用冒浆回灌或第二次注浆等措施。

5）施工中应做好泥浆处理，及时将泥浆运出或在现场短期堆放后做土方运出。

Ⅶ 水 泥 土 搅 拌 法

3.2.48.11A 水泥土搅拌桩地基施工记录（C2-48-11A）

1. 资料表式

水泥土搅拌桩地基施工记录表　　　　表 C2-48-11A

工程名称：　　　水泥品种强度等级：　　　水灰比：　　　第　页　共　页　　年　月　日

日期	序号	施工工序	每米下沉或提升时间																开始时间	终止时间	工艺时间	来浆时间	停浆时间	总喷浆时间	总施工时间	材料用量	备注
			1	2	3	4	5	6	7	8	9	10	11	12	13	14	15									
		预搅下沉																									
		喷浆提升																									
		重复下沉																									
		重复提升																									
		预搅下沉																									
		喷浆提升																									
		重复下沉																									
		重复提升																									
参加人员	监理（建设）单位								施　工　单　位																		
	专业技术负责人								质　检　员									试　验　员									

2. 实施要点

（1）水泥土搅拌法分为深层搅拌法（湿法）和粉体搅拌法（干法）。水泥土搅拌加固是旋喷方式处理地基土的一种方法。利用水泥、石灰等材料作为固化剂（也称硬化剂）为主剂，通过特制的水泥土搅拌机械，在地基深处就地将软土和固化剂强制拌合，利用固化剂和软土之间所产生的一系列物理、化学反应，使软土硬结成具有整体性、水稳定性和一定强度的优质地基或地下挡土构筑物，形成的桩柱是一种介于刚性桩和柔性桩之间具有一定压缩性的桩。水泥土搅拌桩法适用于处理正常固结的淤泥质土、淤泥、黏性土、粉土、饱和黄土、素填土以及无流动地下水的饱和松散砂土等地基的加固。当地基土的天然含水量小于30%（黄土含水量小于25%）、大于70%或地下水的pH值小于4时不宜采用干法。冬期施工时，应注意负温对处理效果的影响。

水泥土搅拌法用于处理泥炭土、有机质土、塑性指数 I_p 大于25的黏土、地下水具有腐蚀性时以及无工程经验的地区，必须通过现场试验确定其适用性。

（2）经验证明：水泥土搅拌桩与柱列桩联合使用以封闭坑壁是一种有效的支护并防水的措施。

用水泥土搅拌桩以解决坑壁稳定问题就必须有足够的宽度，以保证每一深度处的土压力小于抗滑桩的摩擦力。否则就难免出现坑壁坍塌或滑坡事故。

（3）质量检验与测试：

1）水泥土搅拌桩的施工质量检查与检验，重点是水泥用量、桩长、水泥浆拌制的罐数、压浆过程有无断浆现象、停浆处理方法和喷浆搅拌提升时间以及复搅次数与深度。

2）对于不合格桩的补救措施应征得设计单位的同意。

3）水泥土搅拌桩的施工质量检验可采用以下方法：

①成桩7天后，采用浅部开挖桩头（深度宜超过停浆（灰）面下0.5m），目测检查搅拌的均匀性，量测成桩直径。

②成桩后3d内，可用轻型动力触探器中附带的钻头，在搅拌桩身中钻（N_{10}）检查每米桩身的均匀性（表C2-48-11A1）。

4）在下列情况下应进行桩身取样、单桩载荷试验或开挖检查：

①以触探检验对桩身强度有怀疑的桩应钻取桩身芯样，制成试块并测定桩身强度；

②场地复杂或施工有问题的桩应进行单桩载荷试验，检验其承载力；

③对相邻桩搭接要求严格的工程，应在桩养护到一定龄期时选取数根桩体进行开挖，检查桩顶部分外观质量。

5）开挖检验：用做止水挡土的壁状水泥土搅拌桩体，必要时可挖开桩顶3~4m深度，检查其外观搭接状态。也可沿壁状加固体轴线，斜向钻孔，使钻杆通过2~4根桩身即可检查其深部相邻桩的搭接状态。

轻型触探参考值　　　　　　　　　　　　　　　表 C2-48-11A1

N_{10}（击）	15	20~25	30~35	>40
q_u（kPa）	200	300	400	>500

注：轻便触探检验深度一般不超过4m。

6）水泥土搅拌成桩质量检验：

①经触探和载荷试验检验后对桩身质量有怀疑时，应在成桩28d后，用双管单动取样

器钻取芯样作抗压强度检验。

②静载试验：载荷试验必须在桩身强度满足试验荷载条件时，并宜在成桩28d的进行。

注：一般最大加载为设计荷载的两倍。单桩的现场载荷试验，压板直径和桩径相等。

7）竖向承载水泥土搅拌桩地基竣工验收时，承载力检验应采用复合地基载荷试验和单桩载荷试验。

8）对相邻桩搭接要求严格的工程，应在成桩15天后，选取数根桩进行开挖，检查搭接情况。

9）基槽开挖后，应检验桩位、桩数与桩顶质量，如不符合设计要求，应采取有效补强措施。

（4）施工注意事项：

1）在成桩过程中，如发生意外事故（如提升过快、搅拌不均匀、输浆管路堵塞、断浆或断电），影响桩身质量时，应在24h内采取重新搅拌或补浆等处理措施，同时，搅拌桩施工间隔时间也不得超过24h。

2）搅拌头直径尺寸的负误差不得超过40mm。

3）搅拌桩的施工属隐蔽验收工程，因此应有完整"隐验"记录。

4）施工过程中应随时检查施工记录，并对每根桩进行质量评定。对于不合格的桩应根据其位置和数量等具体情况，分别采取补桩或加强邻桩等措施。

（5）填表说明：

1）水灰比：照实际水灰比填写，应与水泥土试块配方的水灰比相一致。

2）施工工序：指涂层搅拌桩施工，预搅下沉、喷浆提升、重复下沉、重复提升的操作程序。

3）每米下沉或提升时间：指水泥土搅拌施工设备施工时下沉、提升的时间，应按预搅下沉、喷浆提升、重复下沉、重复提升分别记录。

4）开始时间：指预搅下沉、喷浆提升、重复下沉、重复提升各环节开始时间分别记录。

5）终止时间：指预搅下沉、喷浆提升、重复下沉、重复提升各环节的终止时间分别记录。

6）工艺时间：指预搅下沉、喷浆提升、重复下沉、重复提升各环节实际供浆的时间。

7）来浆时间：指喷浆提升和重复提升环节的来浆时间，照实际填写。

8）停浆时间：指喷浆提升和重复提升环节的停浆时间，照实际填写。

9）总喷浆时间：指喷浆提升和重复提升喷浆的总喷浆时间。

10）总施工时间：指预搅下沉、喷浆提升、重复下沉、重复提升的施工的总施工时间。

附：1. 水泥土搅拌桩施工属于水泥土试块试验部分应由企业试验室负责进行，应用表式执行试验室现行表式。

2. 水泥土搅拌桩的供灰记录、轻便触探检验记录、可参照下表进行。

3.2.48.11B 水泥土搅拌桩供灰记录（C2-48-11B）

1. 资料表式

水泥土搅拌桩供灰记录表　　　　　　　　　　　　　　　表 C2-48-11B

工程名称：　　　　　　　　　　　　　　　　　　　　　　第　　页　共　　页

日期	桩号	输浆管道走浆时间	水泥品种强度等级	拌灰罐数	每罐用量	水泥总用量（t）	外掺剂总用量（t）	开泵时间	停泵时间	总喷浆时间	泵前管内状态	泵后管内状态	备注

参加人员	监理（建设）单位	施　工　单　位			
		专业技术负责人	质　检　员	试　验　员	

2. 实施要点

（1）水泥土搅拌桩供灰记录是为按照供灰仪表记录的供灰数量实施的记录。

（2）填表说明：

1）输浆管道走浆时间：按输浆管道走浆的供浆表的走浆时间填写。

2）水泥品种及强度等级：照实际使用的品种、等级填写，应与水泥土试块用水泥的配方相一致。

3）拌灰罐数：照实际的拌灰罐数填记。

4）每罐用量：照实际，核算后应和设计的供灰数量相一致。

5）水泥总用量：照实际，应不低于设计的水泥总数量或相一致。

6）外掺剂总用量：照实际，应和设计的外加剂总用量相一致。

7）总喷浆时间：指喷浆提升和重复提升喷浆的总喷浆时间。

8）泵前管内状态：指供灰泵前输浆管的畅通情况，照实际填写。

9）泵后管内状态：指供灰泵后输浆管的畅通情况，照实际填写。

3.2.48.11C　水泥土搅拌轻便触探检测记录（C2-48-11C）

1. 资料表式

轻便触探检测记录表　　　　　　　　　　　　　　　　表 C2-48-11C

工程名称：　　　　　　　　　　　　　　　　　　　　　　第　　页　共　　页

序号	成桩日期	触探日期	桩身龄期	轻便触探击数 N_{10}								加固土土样描述
				0.0~0.3 m	0.5~0.8 m	1.0~1.3 m	1.5~1.8 m	2.0~2.3 m	2.5~2.8 m	3.0~3.3 m	3.5~3.8 m	

参加人员	监理（建设）单位	施　工　单　位			
		专业技术负责人	质　检　员	试　验　员	

2. 实施要点

（1）水泥土搅拌桩轻便触探检测记录是为检测水泥土搅拌桩质量而进行的检测方法之一。

（2）成桩后 3d 内，可用轻型动力触探器中附带的钻头，在搅拌桩身中钻（N_{10}）检查每米桩身的均匀性。检验数量为施工总桩数的1%，且不少于3根。

(3) 填表说明：

1) 桩身龄期：指施工图设计的某桩号的桩身龄期，照实际填写。

2) 轻便触探击数：指施工图设计的某桩号进行轻便触探试验时轻便触探击数，用 N_{10} 的轻便触探器触探，分别照 0.0~0.3、0.5~0.8、1.0~1.3、1.5~1.8、2.0~2.3、2.5~2.8、3.0~3.3、3.5~3.8 填写。

3) 加固土土样描述：按轻便触探取出的加固土土样进行描述，照实际加固土土样进行描述。

Ⅷ 灰土挤密桩法和土挤密桩法

3.2.48.12 土桩和灰土挤密桩施工记录（C2-48-12）

1. 土桩和灰土挤密桩桩孔施工记录（C2-48-12-1）：

(1) 资料表式

土桩和灰土挤密桩桩孔施工记录　　　表 C2-48-12-1

施工单位_____　　工程名称_____
施工班组_____　　地面标高_____
机械型号_____　　设计孔径_____孔深_____

序号	施工日期	基础编号	桩孔编号	桩孔深度(m)	锤击次数		成孔时间（分）		成孔质量检查	备注
					总数	最后1米内	总计	最后1米内		

参加人员	监理（建设）单位	施工单位		
		专业技术负责人	质检员	试验员

注：1. 采用锤击沉管时，记录"锤击次数"一栏；采用振动沉管成孔时，记录"成孔时间"一栏。
　　2. 成孔质量检查内容：桩径、垂直度、孔深、缩颈、坍孔和回淤等。
　　3. 为了随时掌握土层变化情况，"锤击次数"也可详细分段记录。

(2) 实施要点

1) 适用范围：一般适用于地下水位以上的湿陷性黄土、素填土或杂填土的挤密加固地基（土桩主要用于消除黄土湿陷性、灰土桩主要用于提高承载力）。可处理深度为 5~15m。

当地基土含水量大于 24%、饱和度大于 65% 时，不宜选用灰土挤密桩或土挤密桩。

①施工前应在现场进行成孔、夯填工艺和挤密效果试验，并确定分层夯实填料的厚度、夯击次数和夯击后的干密度等要求。土的含水量超过 25% 时成孔挤密难以保证，不宜采用挤密桩。

②灰土的土料宜采用就地基槽中挖出的土，但不得含有有机杂质，使用前应过筛，其粒径不得大于 15mm；熟石灰应过筛，其粒径不得大于 5mm，且不得夹有未熟化的生石灰块，也不得含有过多的水分，体积配合比一般为 3:7 或 2:8。

③土和灰土挤密桩施工应按下列顺序进行：
a. 平整场地、准确的定出桩孔位置并编号；
b. 成孔应先外排后里排，同排内应间隔 1~2 个孔；
c. 成孔达到深度要求后，应及时分层回填夯实。
④桩孔成孔后，应立即检查，其质量应符合表 C2-48-12-1A 的规定，并应做好记录。填孔前应先清底夯实，夯击次数不少于 8 次。

土和灰土挤密桩孔的允许偏差　　　　表 C2-48-12-1A

成孔方法	允　许　偏　差			
	孔位（mm）	垂直度（%）	桩径（mm）	深度（mm）
沉管法	50	1.5	-20	≤100
爆扩法	50	1.5	±50	≤300
冲击法	50	1.5	±100 ±50	≤300

⑤填料含水量如超出最佳值的 ±3% 时，宜予凉干或洒水湿润。暑期或雨天施工宜有防晒、防雨设施。
⑥回填夯实可用人工或简易机械进行。
a. 人工夯实：使用重 25kg 带长杆的预制混凝土锤，用三人夯击；
b. 机械夯实：可用简易夯实机或链条传动摩擦轮提升的连续夯击机，锤采用倒抛物线型锥体或尖锥体，用铸钢制成，锤不宜小于 100kg，最大直径比桩孔直径小 50~120mm，一般落锤高度不小于 2m，每层夯击不少 10 锤，每层回填厚度 350~400mm。
2）质量检验：
灰土挤密桩和土挤密桩地基验收时承载力检验应采用复合地基载荷试验。
①施工结束后，对土或灰土挤密桩处理地基的质量，应及时进行抽样检验。
②对一般工程，主要应检查施工记录、检测全部处理深度内桩体和桩间土的干密度，并将其分别换算为平均压实系数 $\overline{\lambda}_c$ 和平均挤密系数 $\overline{\eta}_c$。对重要工程，除检测上述内容外，还应测定全部处理深度内桩间土的压缩性和湿陷性。
③夯填质量采用随机抽样检查，抽样检查数量，对一般工程应不小于桩总孔数的 1%；对重要工程不应少于桩总数的 1.5%。
④检验数量不应少于桩总数的 0.5%，且每项单体工程不应少于 3 点。
⑤对不合格处应采取加桩或其他补救措施，同时每台班至少应抽查 1 根。检查方法：
a. 用轻便触探检查"检定锤击数"，以不小于试夯时达到的数值为合格。轻便触探"检定锤击数"，试验方法如下：打试验桩孔，孔深不宜小于 2.4m 从孔底起每 60~90cm 为一层，以三种不同的下料速度，逐层回填夯实；当夯实机的夯击频率和功能固定时，各层土的密实度随下料速度的不同而各异；通过桩孔内夯填土轻便触探试验，求得每 30cm 的锤击数 N_{10}，一般同一层内的 2~3 个 N_{10} 值应相互接近，它们的平均值即为每层土的平均 N_{10} 值；开剖试验桩孔时，沿夯填桩孔深度每隔 10~15cm 取 3~6 个原状夯实土样，测定其干重度，并计算各层填土的平均干重度；绘制夯填土的 $N_{10} - \gamma_d$ 关系曲线，其中夯填土设计要求干密度所对应的锤击数，即为施工中用于检验夯填土质量的最少锤击数－"检定

锤击数"（见图C2-48-12-1）；夯填所用的填料、施工机械和工艺，应与施工时采用的相同。

b. 用洛阳铲在桩孔中心挖土，然后用环刀取出夯击土样，测定其干重度。必须时可通过开剖桩身，从基底开始沿桩身（桩孔深度）每米取夯击土样，测定其干重度。质量标准可按压实系数鉴定一般为0.93~0.95。

用贯入仪检查灰土质量时，应先进行现场试验以确定贯入度的具体要求。

注：1. dy 为土在施工时实际达到的干重度 V_d 与其最大干重度 V_{dmax} 之比即

$$dy = \frac{V_d}{V_{dmax}}$$

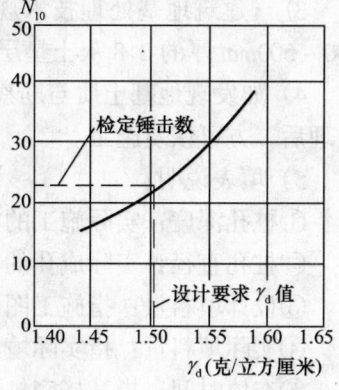

图 C2-48-12-1　$N_{10} - \gamma_d$ 关系曲线

当设计用压实系数作为测定压实土标准时，应注意先应在现场对被测试土取样，在试验时进行土的最大干密度测定，取得最大干密度参数才能和实际压实土的测定结果进行比较，看其是否满足设计要求。

2. 灰土质量标准可按表 C2-48-12-1B 选用。

灰 土 质 量 标 准　　　　　　　　　　　　C2-48-12-1B

项　次	土 料 种 类	灰土最小干重度（g/cm²）
1	粉土	1.55
2	粉质黏土	1.50
3	黏土	1.45

2. 土桩和灰土挤密桩孔分填施工记录（C2-48-12-2）：

（1）资料表式

土桩和灰土挤密桩孔分填施工记录　　　　表 C2-48-12-2

施工单位＿＿＿＿＿＿＿＿＿＿＿＿　　工程名称＿＿＿＿＿＿＿＿＿＿＿＿
施工班组＿＿＿＿＿＿＿＿＿＿＿＿　　地面标高＿＿＿＿＿＿＿＿＿＿＿＿
夯填机械＿＿＿＿＿＿＿＿＿＿＿＿　　填料类别＿＿＿＿＿＿＿＿＿＿＿＿

序号	施工日期	基础编号	桩孔编号	桩孔深度（m）	桩孔直径（m）	设计填料量（m³）	实际填料量（m³）	夯填时间（分）	质量检查	备注

参加人员	监理（建设）单位	施　工　单　位		
		专业技术负责人	质检员	试验员

（2）实施要点

1）土桩和灰土挤密桩动、静测试检测资料：由桩基检测单位按检测结果编制并提供。

2）桩体的夯实质量用平均压实系数 $\bar{\lambda}_c$ 控制，分层回填灰土或素土，桩体内的平均压实系数 $\bar{\lambda}_c$ 值，均不应小于 0.96。

3)《建筑地基处理技术规范》(JGJ79—2002)第14.2.7条规定桩顶标高以上应设置300~500mm厚的2:8灰土垫层,其压实系数不应小于0.95。

4)如发现地基土质与勘察资料不符,应立即停止施工,待查明情况或采取有效措施处理后,方可恢复施工。

5)填表说明:

①桩孔深度:实际施工的桩孔深度,如××米,底标高××米

②桩孔直径:实际成孔的桩直径,一般不小于设计直径。

③设计填料量:指施工图设计给定的填料数量,照施工图注的填料量。

④实际填料量:指实际填入桩孔的填料数量。

⑤夯填时间:指某挤密桩孔的分层夯填所需时间,照实际夯填需要的时间填写。

Ⅸ 水泥粉煤灰碎石桩法(CFG桩)

3.2.48.13 水泥粉煤灰碎石桩施工记录(C2-48-13)

1. 资料表式

水泥粉煤灰碎石桩施工记录　　　　　　　　表 **C2-48-13**

工程名称:

日期	序号	桩号	孔深(m)	桩顶标高	成孔时间		成桩时间		投料量(m³)	浮浆厚度(m)	备注
					起	止	起	止			
参加人员	监理(建设)单位				施　工　单　位						
					专业技术负责人		质检员		试验员		

注:本表为长螺旋钻成孔水泥粉煤灰碎石桩施工记录用表。

水泥粉煤灰碎石桩桩位偏差量测统计表　　　　表 **C2-48-13A**

工程名称:

桩号	偏移方向与距离(cm)				桩号	偏移方向与距离(cm)			
	东	西	南	北		东	西	南	北
参加人员	监理(建设)单位				施　工　单　位				
					专业技术负责人		质检员		试验员

2. 实施要点

水泥粉煤灰碎石桩即CFG桩,属高粘结强度桩。是在碎石桩桩体中加入适量石屑、

粉煤灰和水泥加水拌和，制成的一种具有刚性桩的某些性状的桩，是一种具有一定粘结强度的非柔性，非刚性桩。简称 CFG 桩（Cement Flyash gravel Pile）。这种桩的骨料为碎石，掺入石屑可以使级配良好，掺入粉煤灰可以增加混合料的和易性并有低等级水泥的作用，增加桩体的后期强度。是一种处理软弱地基土的经济而又行之有效的方法，是中科院地基所首次提出，并已得到广泛的应用。

(1) 水泥粉煤灰碎石桩应用特点

1) 水泥粉煤灰碎石桩承载力提高幅度大。桩长可从几米到 20 多米，桩径一般为 350～400mm，桩承担的荷载占总荷载的百分比可在 40%～75%。

水泥粉煤灰碎石桩同无粘结强度的碎石桩不同，增加其桩长或将其打至硬层均可提高承载力。这一特点使水泥粉煤灰碎石桩复合地基承载力提高通过改变设计，可调性相对增大。无粘结强度的碎石桩属柔性桩，柔性桩传递荷载的深度是有限的，增加桩长也不能提高承载力。

水泥粉煤灰碎石桩复合地基加固地基后承载力的提高幅度大，碎石桩复合地基承载力比天然地基承载力提高可达 2～3 倍。

2) 水泥粉煤灰碎石桩的适应范围广。对基础形式而言，可适用于条形基础，独立基础，筏基和箱基；对土性而言，可适用于填土，饱和及非饱和黏性土（主要是粉质黏土）、粉土、粉细砂，既可用于挤密效果好的土，又可用于挤密效果差的一些土。

水泥粉煤灰碎石桩加固后的地基土的含水量、孔隙比、压缩系数均有减小，重度和压缩模量有所增大。粉煤灰的振密效果比较显著，对于塑性指数较大的淤泥质粉质黏土，土的物理、力学指标也有所改善，但振密效果不如粉砂好。

水泥粉煤灰碎石桩的强度及模量远高于桩间土，在外荷载作用下，桩的变形小于桩间土的变形，因此，必须采取有效措施，保证复合地基中的桩土共同工作。解决桩土共同工作的实质是解决二者之间的变形协调。建科院黄熙龄院士提出，在复合地基表面，基础与桩和桩间土之间设置褥垫层，人为地向桩土刺入提供条件，并通过褥垫材料的流动补偿使桩间土与基础始终保持接触，从而达到使桩土共同工作的目的。通过一系列复合地基模型试验和有限元分析加上工程实例都证实褥垫对于协调桩土变形，保证桩土共同工作的作用是极为有效的。

褥垫层技术是水泥粉煤灰碎石桩复合地基的一个核心技术。褥垫层可以保证桩、土共同承担荷载、调整桩土荷载的分担比，减小基础底面的应力集中，调整桩土水平荷载的分担，还可以使桩的最大轴力由桩顶往下移，轴力下移对柔性桩的承载力发展是有利的。试验表明：柔性桩（如石灰桩）的强度随围压增大而增大。随着深度的增加，桩周土的围护作用增加，桩身强度亦相应有所增大，这一点与桩身的最大应力下移相适应，有利于复合地基承载力的提高。垫层的作用对柔性桩复合地基具有普通意义，只要运用得当可取得意想不到的效果。

褥垫层的合理厚度，综合大量的工程实践总结，将垫层厚度取 10～30cm 为宜。当建筑物上部结构刚度较大，同时对地基沉降值要求不很严格时，褥垫厚度可以大一些，这样有利于提高桩土共同工作的效率，褥垫材料可采用 3～10mm 的碎石。

褥垫层对于调整基础的不均匀沉降也有一定效果。

3) 水泥粉煤灰碎石桩复合地基：沉降量小，沉降稳定快。南京某工程试验表明：水泥粉煤灰碎石桩载荷试验+级加荷=总时间不超过24h,适用于对变形要求较严的建筑物,碎石桩复合地基为59h,需要指出的是:沉降量的大小和沉降稳定的速度与桩长、桩距、桩径及桩间土性质有关系。尚待深入探讨。

4) 水泥粉煤灰碎石桩当地基土承载力要求不高时,可以采用小桩径、大桩距,工程实践证明,小桩径、大桩距容易发挥桩间土的作用,大桩距施工可以防止断桩现象。

大压板载荷试验证明对于 80~100kPa 的淤泥质粉土,采用水泥粉煤灰碎石桩加固后,其复合地基容许承载力 $\geq 180kPa$,变形模量 $E_0 \geq 19MPa$。

(2) 粉煤灰质量标准

拌制水泥粉煤灰碎石桩用粉煤灰质量应满足表 C2-48-13B 要求。

粉煤灰技术指标　　　　　　　　　　　　　表 C2-48-13B

序号	指标		级别		
			Ⅰ	Ⅱ	Ⅲ
1	细度（0.045mm方孔筛的筛余）（%）	不大于	12	20	45
2	需水量比（%）	不大于	95	105	115
3	烧失量（%）	不大于	5	8	15
4	含水量（%）	不大于	1	1	不规定
5	三氧化硫（%）	不大于	3	3	3

符合表 C2-48-13B 技术要求的为等级品,若其中任何一项不符合要求的应重新加倍取样,进行复检。复检不合格的需降级处理。

凡低于表 C2-48-13B 要求中最低级别技术要求的粉煤灰为不合格品。

(3) 水泥粉煤灰碎石桩的施工

水泥粉煤灰碎石桩复合地基的成桩工艺是将碎石、粉煤灰、石屑、水泥和水按配比搅拌均匀,利用振动打桩机,直径为 300~400mm 的桩管,在管内边填料,边振动,填满料后振动拔管,并分三次振动反插,直到拌合料表面出浆为止。

水泥粉煤灰碎石桩多用振动沉管机施工,也可用螺旋钻机,有时是振动沉管机和螺旋钻机联合使用。水泥粉煤灰碎石桩施工应注意如下问题:

1) 粉土含水量高的地基土(如饱和粉土或近于饱和的土)选用沉管成孔时,沉管振动造成粉土可能发生液化,在上覆土重的作用下,粉土挤压桩身将造成缩颈,挤压严重还可能造成断桩。

2) 桩身的施工质量:桩身强度是保证单桩承载力的关键,直接关系到地基处理的成效,因此,必须选择适当的施工工艺。

3) 采用振动沉管法(管内投料)在地面进行施工,沉管时在其端部放置一钢筋混凝土桩靴,桩靴与钢管间的缝隙应用麻布充填,以防止泥水进入钢管内,保证桩尖与桩端土密实。

4) 保护桩长:所谓保护桩长是指成桩时预先设定加长的一级桩长,基础施工时将其剔除的部分。保护桩长必须设置,并建议遵守以下原则:

①设计桩顶标高离地表的距离不大时(不大于1.5m),保护桩长可取 50~70cm,上部再用土封顶;

②桩顶标高离地表的距离较大时，可设置700～1000mm的保护桩长，上部再用粒状材料封顶直到接近地面。

5）满堂布桩时，无论桩距大小，均不宜从四周围向内推进施工，可采用从中心向外推进或从一边向另一边推进的方案。

6）开挖与桩顶处理：

①水泥粉煤灰碎石桩施工完毕，应待桩达到一定强度（一般为3～7天），可进行开挖。当桩顶标高距地表不深（一般不大于1.5m），宜采用人工开挖，当桩顶标高较深，开挖面积较大时，可采用机械和人工联合开挖，但应注意留有足够的人工开挖厚度，且必须遵循以下原则： a.不可对设计桩顶标高以下的桩体产生损害； b.对中、高灵敏度土，应尽量避免扰动桩间土。

②剔除桩头应采取如下措施： a.找出桩顶标高位置； b.用钢钎等工具沿桩周向桩心逐次剔除多余桩头，直到设计桩顶标高，并把桩顶找平； c.不可用重锤或重物横向击打桩体； d.桩头剔至设计标高处，桩顶表面不可出现斜平面。

基槽开挖和剔除桩头时造成桩体断裂至设计标高以下时，必须补救修复，如断裂面距桩顶标高不深，可用C20碎石混凝土接桩至设计标高，注意在接桩过程中保护桩间土。

7）褥垫层的虚铺厚度：桩头处理后，桩间土和桩头处在同一平面，褥垫层的虚铺厚度按下式控制。

$$\Delta H = \frac{h}{a}$$

式中 ΔH——褥垫层的虚铺厚度；

h——设计褥垫层厚度；

a——夯填度，一般取0.87～0.9。

虚铺后用静力压实，桩间土含水量不大时也可夯实。虚铺宽度的宽出部分不宜小于褥垫层的厚度。

8）施工通用做法说明：

①严格控制桩体的配合比和水灰比，每盘料的搅拌时间不得少于两分钟；

②投料时边填料、边振动，填满后振动拔管，分三次振动反插；

③控制拔管速度，一般应控制在1.2～1.5m/min，以防止缩颈，保证桩体质量；

④采用隔桩跳打，隔行跳打，以防止土体隆起，变形，桩体错位和断桩；

⑤在沉管过程中，先投入一斗料，以防止水泥土进入管中，在桩底造成沉渣，影响桩端阻力的充分发挥。

(4) 应用水泥粉煤灰碎石桩应注意的几个问题

1）拔管速率以1.2～1.5m/min为宜。

2）从桩土作用的发挥考虑，桩距大于4倍桩径为宜。因为无论是振动沉管还是振动拔管，都对周围土体产生扰动或挤密，振动的影响与土的性质密切相关，挤密效果好的多，施工时振动可使土体密度增加，场地发生下沉；不可挤密的土则要发生地表隆起，桩距越小隆起量越大，以至于导致已打的桩产生缩颈或断桩，桩距越大越容易控制施工质量。但应根据不同的土性，分别加以考虑。必须缩桩距或桩距偏小且有比较坚硬土层时，可考虑采用螺旋钻预钻孔或引孔的措施。

3）混合料的坍落度控制在 3~5cm 和易性很好，当拔管速率为 1.2~1.5m/min 时，桩顶浮浆一般可控制在 10cm 左右，成桩质量容易控制。

4）当天然地基土的承载力标准值 $f_k \leqslant 50$kPa 时，水泥粉煤灰碎石桩的适用性值得研究。

5）当塑性指数高的饱和软黏土，成桩时土的挤密分量为零。承载力的提高唯一取决于桩的置换作用，由于桩间土承载力太小，土的荷载分担比例太低，因此不宜再做复合地基。

6）采用水泥粉煤灰碎石桩处理地基，必须保证适当的置换率。当置换率较低时，桩间土应按天然地基土考虑。

7）由于水泥粉煤灰碎石桩的设计是按摩擦力考虑的，因此测试试验应采用动、静对比的方法进行，以测定天然地基土与桩间土的物理力学性质；单桩承载力复合地基承载力；单桩桩身质量等。

(5) 水泥粉煤灰碎石桩的质量检测

施工检测应在施工结束 28 天后进行桩、土以及复合地基的检测，对于砂性较大的土可以缩短恢复期，不一定等 28 天。

1）桩间土的检测：施工后可取土做室内土的试验，考查土的物理力学指标的变化；也可做现场静力触探和标准贯入试验，与地基处理前进行比较；必要时做桩间土静载试验，确定桩间土的承载力。

2）水泥粉煤灰碎石桩的检测：

①施工质量检验主要应检查施工记录、混合料坍落度、桩数、桩位偏差、褥垫层厚度、夯填度和桩体试块抗压强度等。

②水泥粉煤灰碎石桩地基竣工验收时，承载力检验应采用复合地基载荷试验。

③水泥粉煤灰碎石桩地基检验应在桩身强度满足试验荷载条件时，并宜在施工结束 28d 后进行。试验数量宜为总桩数的 0.5%~1%，且每个单体工程的试验数量不应少于 3 点。

④应抽取不少于总桩数的 10% 的桩进行低应变动力试验，检测桩身完整性。

3）复合地基检测：对于主要工程试验用荷载数据尽量与基础宽度接近。若用沉降比确定复合地基承载力时，S/B 取 0.01 对应的荷载为水泥粉煤灰碎石桩复合地基承载力标准值。

(6) 水泥粉煤灰碎石桩复合地基验收时应提交下列资料：

1）桩位测量放线图（包括桩位编号）；

2）材料试（检）验及混合料试块、试验报告单；

3）竣工平面图；

4）水泥粉煤灰碎石桩施工原始记录；

5）设计变更通知书、事故处理记录；

6）复合地基静载试验检测报告；

7）施工技术措施。

(7) 填表说明

水泥粉煤灰碎石桩桩位偏差量测统计表（C2-48-13A）偏移方向与距离（cm）：指水泥粉煤灰碎石桩某一桩号成桩后桩顶向某一方向（东、南、西、北）与桩中心线偏移的距离。

附录：水泥粉煤灰碎石桩施工程序与施工记录表式（长螺旋钻成孔）

（1）水泥粉煤灰碎石桩施工工艺

1）桩机进入现场，组装设备；

2）桩机就位，调整立柱与地面的垂直度，确保垂直度不大于1%；

3）启动动力头钻孔至预定标高，停机；

4）停机后立即泵送混凝土至孔底，待混凝土在钻杆内具有合适高度时，启动主卷扬机提升钻杆，提升速度一般为1.5m～3.5m/min且与送料速度匹配。混凝土的坍落度按180～200mm控制，成桩后浮浆厚度以不超过200mm为宜；

5）钻杆提出地面，确认成桩符合设计要求后，移机进行其他桩施工。

（2）长螺旋钻孔泵压混凝土桩复合地基施工记录（表C2-48-13C）

长螺旋钻孔泵压混凝土桩复合地基施工记录　　　　表 C2-48-13C

工程名称：			设计桩长：			混凝土强度等级：		
施工单位：			设计桩径：			混凝土坍落度：		
监理单位：			设计桩顶标高：			钻机编号：		

序号	桩号	施工日期	开始时间	结束时间	孔深	实际桩长	桩顶标高	混凝土灌注量	备注

参加人员	监理（建设）单位	施 工 单 位		
		专业技术负责人	质检员	试验员

X　夯实水泥土桩法

3.2.48.14　夯实水泥土桩施工记录（C2-48-14）

实施要点：

（1）夯实水泥土桩施工记录按C2-48-2表式执行。

（2）夯实水泥土桩是将水泥与土按一定的比例拌和后。填入已钻好的孔中，分层夯实成桩。是介于柔形桩与刚性桩之间的一种桩体，其强度主要由土的性质、水泥品种、水泥强度等级、龄期、养护条件等控制。

(3) 夯实水泥土桩体固化材料水泥宜采用 32.5MPa 矿渣水泥或普通硅酸盐水泥，混合料用的土料有机物质含量不得超过 5%，不得含冻土或膨胀土，使用时应过 10~20mm 筛。

(4) 夯实水泥土桩的技术特点：

1) 可用多种工艺施工，设备简单，便于推广。

2) 施工速度快，造价低廉。

3) 桩体强度 0.5~4MPa，复合地基承载力可达 250kPa，桩间土经挤密后可大幅度提高承载力。

4) 除人工挖孔、人工夯实的工艺外，大多存在一定的振动和噪声，受到某些使用的限制。

5) 处理深度一般不大于 15m。

(5) 施工要点：

1) 施工前应在现场进行成孔、夯填工艺和挤密效果试验，并确定分层夯实填料的厚度，夯击次数和夯击后的干密度等要求。混合料压实系数 λ_c，不应小于 0.93。土的含水量超过 25% 时成孔挤密难以保证，不宜采用挤密桩。

2) 夯实水泥土桩施工应按下列顺序进行：

①平整场地、准确的定出桩孔位置并编号；

②成孔应先外排后里排，同排内应间隔 1~2 个孔；

③成孔达到深度要求后，应及时分层回填夯实。

3) 桩孔成孔后，应立即检查，其质量应符合设计和规范的规定，也可参照表 C2-48-15A 执行，并应做好记录。填孔前应先清底夯实，夯击次数一般不应小于 8 次。

水泥土桩孔的允许偏差 表 C2-48-15A

成孔方法	允　许　偏　差			
	孔位（mm）	垂直度（%）	桩径（mm）	深度（mm）
沉管法	50	1.5	-20	≤100
爆扩法	50	1.5	±50	≤300
冲击法	50	1.5	-50	≤300

4) 混合填料含水量应满足土料最优含水量 ω_{op}，其允许偏差不得大于 2%。混合料超出最佳值的 ±3% 时，宜予凉干或洒水湿润。暑期或雨天施工宜有防晒、防雨设施。

5) 回填夯实可用人工或简易机械进行。

①人工夯实：使用重 25kg 带长杆的预制混凝土锤，用三人夯击；

②机械夯实：可用简易夯实机或链条传动摩擦轮提升的连续夯击机，锤采用倒抛物线型锥体或尖锥体，用铸钢制成，锤不宜小于 100kg，锤的最大直径比桩孔直径小 50~120mm，一般落锤高度不小于 2m，每层夯击不少于 10 锤，每层回填厚度 350~400mm。

(6) 施工质量控制：

1) 桩点位置与场地标高应与施工图相符；

2) 夯实水泥土桩检验的允许偏差应符合下列要求：

桩的验收偏差，正常情况下，桩位偏差不宜大于 10cm，垂直度偏差不大于 1.5%，桩径误差 ±3cm，桩长误差 ±15cm。

3) 桩体密实度检验,一般在成桩后 7~10 天进行桩体静力触探或 N_{10} 轻便触探检验。

(7) 施工注意事项:

1) 确定灌料量:根据设计桩径计算每延长米桩料体积,然后将计算乘以 1.4 的压实系数作为每米的灌料量,灌入量不得小于设计要求。当掺加掺合料时,由于掺合料含水量变化很大,在工地可采用体积控制。

2) 在软土施工中,经常出现坍孔和缩孔,一根 6m 长的桩往往需要填料压实反复四五次,即使如此,桩长和桩底直径尚无确切把握,而桩的中部、上部直径往往偏大。较多采用桩管上刻度记号,每次沉管压入的深度要经过现场试验后严格控制来保证质量。

3) 夯实水泥土桩的水泥与土的配合比宜采用重量比,一般水泥与土的重量比为 1:5、1:6、1:7、1:8 等。夯实水泥土桩的水泥掺入量不宜小于 5%,以 7%~15% 为宜。

4) 夯实水泥土桩应优先选用机械夯实,不宜采用人工夯实。桩体的压实系数不应小于 0.93。

(8) 质量检验:

夯填质量采用随机抽样检查,检查数量应不小于桩孔总数的 2%,不合格处应采取加桩或其他补救措施,同时每台班至少应抽查一根。检查方法:

①用轻便触探检查"检定锤击数",以不小于试夯时达到的数值为合格。轻便触探"检定锤击数",试验方法如下:打试验桩孔,孔深不宜小于 2.4m;从孔底起每 60~90cm 为一层,以三种不同的下料速度,逐层回填夯实;当夯实机的夯击频率和功能固定时,各层土的密度随下料速度的不同而各异;通过桩孔内夯填土轻便触探试验,求得每 30cm 的锤击数 N_{10},一般同一层内的 2~3 个 N_{10} 值应相互接近;它们的平均值即为每层土的平均 N_{10} 值;开剖试验桩孔时,沿夯填桩孔深度每隔 10~15cm 取 3~6 个原状夯实土样,测定其干密度,并计算各层填土的平均干密度;绘制夯填土的 $N_{10} - \gamma d$ 关系曲线,其中夯填土设计要求干密度所对应的锤击数,即为施工中用于检验夯填土质量的最少锤击数——"检定锤击数",夯填所用的填料、施工机械和工艺,应与施工时采用的相同。

②用洛阳铲在桩孔中心挖土,然后可用环刀取出夯击土样,测定其干密度。必要时可通过开剖桩身,从基底开始沿桩身(桩孔深度)每米取夯击土样,测定其干密度。质量标准可按压实系数鉴定一般为 0.93~0.95。

(9) 桩体和复合地基检验:

1) 夯实水泥土桩复合地基的加固效果检验,较普遍的方法是载荷试验和静力触探,也有用十字板剪切试验,动力触探(标贯)法。对个别土质特殊或重要工程,根据设计要求还要取桩、土样进行有关的试验。各项试验均应在成桩后一个月进行为宜。

①施工过程中,对夯实水泥土桩的成桩质量,应及时进行抽样检验。抽样检验的数量不应少于总桩数的 2%。

对一般工程,可检查桩的干密度和施工记录。干密度的检验方法可在 24h 内采用取土样测定或采用轻型动力触探击数 N_{10} 与现场试验确定的干密度进行对比,以判断桩身质量。

②载荷试验:夯实水泥土桩地基竣工验收时,承载力检验应采用单桩复合地基载荷试

验。对重要或大型工程，尚应进行多桩复合地基载荷试验。

单桩复合地基试验的压板大小应等于单桩单元面积，群桩复合地基试验的压板大小亦为相应各桩单元面积之和。

③静载荷试验应有代表性，或土质较差的地段进行。检验数量应为总桩数的0.5%~1%，且每个单体工程不应少于3点。

④施工过程中的触探应在地基加固区的不同部位随机抽样进行测试，抽样桩数应按规范要求进行。

每根桩分别触探桩身、桩间土各一点，深度应大于桩长，如有异常应增加测点并判明原因。

当承载力未达到设计要求时，应在基础施工前予以补桩或修改设计。

2) 地基施工完成后，应及时设置沉降观测点，监视观测其沉降情况。

Ⅺ 砂 桩 法

3.2.48.15 砂桩地基（C2-48-15）

实施要点：

(1) 砂桩地基表式按 C2-48-12-1 和 C2-48-12-2 执行。

(2) 施工前应检查砂料的含泥量及有机质含量、样桩的位置等。砂质量的检验项目、批量和检验方法应符合国家现行标准规定（含泥量≤3%、有机质含量≤5%）。

(3) 砂桩施工：

砂桩施工应从外围或两侧向中间进行，成孔宜用振动沉管工艺。

(4) 施工中检查每根砂桩的桩位（允许偏差≤50mm）、灌砂量（≥95%）、标高（允许偏差±150mm）、垂直度（允许偏差≤1.5%）等。

(5) 应用砂桩地基注意事项：

1) 砂桩施工工艺可采用冲击成孔挤密法、振动成孔挤密法或旋转成孔挤密法。

2) 应用砂桩处理地基，应注意如何针对不同的土质，选用合适的桩径、桩距和施工工艺，使砂桩起复合地基和排水作用，减少挤压扰动影响，是砂桩地基加固效果好或不好的关键。

3) 砂桩可以起排水作用，加速地基的固结。为便于孔隙水压力消散，宜选用级配良好、含泥量小的砂料，施工时采用间隔跳打的施工工艺。

4) 砂桩法处理地基土，在提高地基的抗液化能力方面效果良好。

5) 不宜用扩大直径的桩头，因为这严重扰动地基土。

6) 宜用直径较大的桩管。宜用500mm 及其以上的桩管。

(6) 砂桩的质量检测：

1) 施工结束后，应检验被加固地基的强度或承载力。承载力检验应采用复合地基载荷试验。并符合设计要求。

2) 砂桩地基的承载力检验：数量为总数的0.5%~1%，但不应少于3处。有单桩强度检验要求时，数量为总数的0.5%~1%，但不应少于3根。

3.2.48.16 地基处理测试报告（C2-48-16）

地基处理测试报告分别见不同处理方法的地基检测资料。

桩基、有支护土方资料

3.2.49 桩基工程设计变更、洽商记录（C2-49）

资料编制控检要求：

桩基工程设计变更、洽商记录资料编制控检要求按 C2-1 要求原则执行。

3.2.49.1 设计变更（C2-49-1）

1．资料表式、实施要点按 C2-1-2 执行。

2．设计变更的表式以设计单位签发的设计变更文件为准。

3．设计变更是工程实施过程中，由于设计图纸本身差错，设计图纸与实际情况不符，施工条件变化，原材料的规格、品种不符合设计要求及职工提出合理化建议等原因，需要对设计图纸部分内容进行修改而办理的变更设计文件。

3.2.49.2 洽商记录（C2-49-2）

1．洽商记录的资料表式、实施要点按 C2-1-3 执行。

2．洽商记录是工程实施过程中，由于设计图纸本身差错，设计图纸与实际情况不符，建设单位根据需要提出的设计修改，施工条件变化，原材料的规格、品种不符合设计要求及职工提出合理化建议等原因，需要对设计图纸部分内容进行修改而需要由建设单位或施工单位提出的变更设计的洽商记录文件。

3.2.50 不同桩位测量放线定位图（C2-50）

不同桩位测量放线定位图资料编制控检要求均按 C2-2 要求原则执行。

3.2.51 材料出厂合格证、进厂材料检（试）验报告（C2-51）

材料出厂合格证、进厂材料检（试）验报告按 C2-3-1～19 执行。

桩基常用原材料出厂合格证及进场检（试）验报告下列子项均按 GB 50300—2001 标准规定的单位（子单位）工程质量控制资料核查中建筑与结构项下的对应名称的表式、资料编制控检要求、实施要点执行。计有：合格证、试（检）验报告汇总表（通用）；合格证粘贴表（通用）；材料检验报告（通用）；钢材合格证、试验报告汇总表（通用）；钢筋出厂合格证（通用）；钢筋机械性能试验报告；钢材试验报告；焊接试验报告、焊条（剂）合格证汇总表（通用）；焊条（剂）合格证（通用）；水泥出厂合格证、试验报告汇总表（通用）；水泥出厂合格证（通用）；水泥试验报告；混凝土外加剂合格证、出厂检验报告；混凝土外加剂复试报告；掺合料合格证；掺合料试验报告；混凝土拌和用水水质试验报告（有要求时）；粗细骨料合格证、试验报告汇总表；砂子试验报告；石子试验报告。

注：材料出厂合格证、进厂材料检（试）验报告在单位（子单位）工程质量控制资料核查记录序目表中的序号为 1.51.1～1.51.20。资料编制控检要求按建筑与结构材料出厂合格证及进场检（试）验报告控制原则要求执行。

3.2.52 施工试验报告及见证检测报告（C2-52）

施工试验报告及见证检测报告按 C2-4-1～16 执行。

桩基的施工试验报告及见证检测报告下列子项均按 GB 50300—2001 标准规定的单位（子单位）工程质量控制资料核查中建筑与结构项下的对应名称的表式、资料要求、实施要点执行。计有：施工试验报告及见证检测报告；检验报告（通用）；钢（材）筋连接试验报告；混凝土试块强度试验报告汇总表；混凝土强度试配报告单；外加剂试配报告单；

混凝土试块试验报告单；混凝土强度统计方法评定汇总表；混凝土强度非统计方法评定汇总表。

注：施工试验报告及见证检验报告在单位（子单位）工程质量控制资料核查记录序目表中的序号为1.52.1～1.52.8。资料编制控检要求按建筑与结构施工试验报告及见证检验报告控制原则要求执行。

3.2.53 隐蔽工程验收记录（C2-53）

资料编制控检要求：

桩基、有支护土方工程需隐蔽的项目必须实行隐蔽工程验收，隐蔽验收原则按建筑与结构的隐蔽验收要求执行。隐蔽工程验收符合设计和有关标准规定的为符合要求，不进行隐蔽工程验收或不填报隐蔽工程验收记录不符合要求。

3.2.53.1 隐蔽工程验收记录（C2-53-1）

隐蔽工程验收记录按 C2-5-1 表式执行。

3.2.53.2 钢筋隐蔽工程验收记录（C2-53-2）

钢筋隐蔽工程验收记录按 C2-5-2 表式执行。

3.2.54 施工记录（C2-54）

施工记录除单独设有施工记录表式外，其他均按施工记录（通用）表式 C2-6-1 执行。

资料编制控检要求：

(1) 通用条件

1) 凡专业技术施工质量验收规范中主控项目或一般项目的检查方法中要求检查施工记录的项目均应对该项施工过程或成品质量进行检查并填写施工记录。存在问题时应有处理建议及改正情况。

2) 桩基工程施工应编制施工组织设计，并按此文件施工。

3) 按要求填写齐全、正确、真实的为符合要求，不按要求填写子项不全、涂改原始记录的为不符合要求。子项不全以及后补者、应填报没有填报施工记录的为不符合要求。

4) 责任制签章齐全为符合要求，否则为不符合要求。

5) 现场记录的原件由施工单位保存，以备查。

(2) 专用条件

1) 预制桩施工：应提供的施工技术资料：预制桩出厂合格证、材料出厂合格证和试验报告、不同桩位的测量放线定位图、施工组织设计、不同桩位的竣工平面图、预制桩检查记录、桩的施工记录、桩的动静载试验报告等资料。

2) 钢管桩施工：应提供的施工技术资料：钢管桩出厂合格证、材料出厂合格证和试验报告、不同桩位的测量放线定位图、施工组织设计、不同桩位的竣工平面图、钢管桩检查记录、桩的施工记录、桩的动静载试验报告等资料，提供齐全的为符合要求。

现场记录的原件由施工单位保存，以备查。

3) 灌注桩施工：应提供的施工技术资料：灌注桩出厂合格证、材料出厂合格证和试验报告、不同桩位的测量放线定位图、施工组织设计、不同桩位的竣工平面图、混凝土试配及试块试验报告、泥浆护壁成孔灌注桩施工记录、干作业灌注桩施工记录、套管成孔灌注桩施工记录、灌注桩检查记录、桩的施工记录、桩的动静载试验报告等资料。

I 混凝土预制桩

3.2.54.1 钢筋混凝土预制桩打桩记录（C2-54-1）

1. 资料表式

钢筋混凝土预制桩打桩记录　　　　　　　　　　　　　表 C2-54-1A

施工单位＿＿＿＿＿＿＿＿＿＿＿＿＿＿＿＿＿　　工程名称＿＿＿＿＿＿＿＿＿＿＿＿＿＿＿＿＿

施工班组＿＿＿＿＿＿＿＿＿＿＿＿＿＿＿＿＿　　桩的规格＿＿＿＿＿＿＿＿＿＿＿＿＿＿＿＿＿

桩锤类型及冲击部分重量＿＿＿＿＿＿＿＿＿＿　　自然地面标高＿＿＿＿＿＿＿＿＿＿＿＿＿＿＿

桩帽重量＿＿＿＿＿＿＿　气候＿＿＿＿＿＿＿　　桩顶设计标高＿＿＿＿＿＿＿＿＿＿＿＿＿＿＿

编号	打桩日期	桩入土每米锤击次数																								落距 (mm)	桩顶高出或低于设计标高 (m)	最后贯入度 (mm/10击)
		1	2	3	4	5	6	7	8	9	10	11	12	13	14	15	16	17	18	19	20	21	22	23	24			
备注																												
参加人员	监理（建设）单位									施 工 单 位																	
				专业技术负责人									质检员									试验员					

注：打桩记录可根据地方习惯，当按桩入土每米锤击次数记录时选择表 C2-54-1A；当按每阵锤击次数记录时，可选择表 C2-54-1B。

钢筋混凝土预制桩打桩记录　　　　　　　　　　　　　表 C2-54-1B

工程名称：＿＿＿＿＿＿　　　桩号：＿＿＿＿＿＿　　　桩机型号：＿＿＿＿＿＿

施工单位：＿＿＿＿＿＿　　　设计桩尖标高(m)：＿＿＿　设计最后50cm贯入度(cm/次数)：＿＿

接桩型式：＿＿＿＿＿＿　　　桩锤重量(t)：＿＿＿＿　　停打桩尖标高(m)：＿＿　桩断面尺寸及长度(cm)：＿＿

桩号	桩位	每阵锤击次数	每阵打入深度(m)	每阵平均贯入度(cm/次)	累计贯入度(cm/次)	累计次数	最后50cm锤击次数	最后50cm贯入度(cm/次)	备注
参加人员	监理（建设）单位				施 工 单 位				
			专业技术负责人		质检员			记录人	

注：打桩记录可根据地方习惯，当按桩入土每米锤击次数记录时选择表 C2-54-1A；当按每阵锤击次数记录时，可选择表 C2-54-1B。

2. 实施要点

（1）预制桩的制作：

1）预制桩制桩所用的材料：钢材、水泥、砂、石、外加剂等出厂合格证和复试报告应齐全。模板材料适用前应进行检查。

2) 混凝土预制桩的截面边长不应小于 200mm；预应力混凝土预制桩的截面边长不宜小于 350mm；预应力混凝土离心管桩的外径不宜小于 300mm。

3) 预制桩的桩身配筋主筋直径不宜小于 $\phi14$，打入桩桩顶 $2\sim3d$ 长度范围内箍筋应加密并设置钢筋网片；预应力混凝土预制桩宜优先采用后张法施加预应力。预应力钢筋宜选用冷拉 HRB335（Ⅱ级）、HRB400（Ⅲ级）、HRB500（Ⅳ级）钢筋。

4) 预制桩的混凝土强度等级不宜低于 C30，采用静压法沉桩时，可适当降低，但不宜低于 C20，预应力混凝土桩的混凝土强度等级不宜低于 C40，预制桩纵向钢筋的混凝土保护层厚度不宜小于 30mm。

5) 预制桩的接头不宜超过两个，预应力管桩接头数量不宜超过四个。

6) 混凝土预制桩可以在工厂或施工现场预制，但预制场地必须平整、坚实。

7) 制桩模板可用木模板或钢模，必须保证平整牢靠，尺寸准确。

8) 钢筋骨架的主筋连接宜采用对焊或电弧焊，主筋接头配置在同一截面内的数量，应符合下列规定：

①当采用闪光对焊和电弧焊时，对于受拉钢筋，不得超过 50%；

②相邻两根主筋接头截面的距离应大于 $35d$（主筋直径），并不小于 500mm。

③必须符合钢筋焊接及验收规程的要求。

9) 确定桩的单节长度时应符合下列规定：

①满足桩架的有效高度、制作场地条件、运输与装卸能力；

②应避免桩尖接近硬持力层或桩尖处于硬持力层中接桩。

10) 为防止桩顶击碎，浇筑预制桩的混凝土时，宜从桩顶开始浇筑，并应防止另一端的砂浆积聚过多。

11) 锤击预制桩，其粗骨料粒径宜为 5~40mm。

12) 锤击预制桩，应在强度与龄期均达到要求后，方可锤击。

13) 重叠法制作预制桩时，应符合下列规定：

①桩与邻桩及底模之间的接触面不得粘连；

②上层桩或邻桩的浇筑，必须在下层桩或邻桩的混凝土达到设计强度的 30% 以后，方可进行；

③桩的重叠层数，视具体情况而定，不宜超过 4 层。

(2) 混凝土预制桩的起吊、运输和堆存。

1) 混凝土预制桩达到设计强度的 70% 方可起吊，达到 100% 才能运输。

2) 桩起吊时应采取相应措施，保持平稳，保护桩身质量。

3) 水平运输时，应做到桩身平稳放置，无大的振动，严禁在场地上以直接拖拉桩体方式代替装车运输。

4) 桩的堆存应符合下列规定：

①地面状况应满足平整、坚实的要求；

②垫木与吊点应保持在同一横断平面上，且各层垫木应上下对齐；

③堆放层数不宜超过四层。

(3) 混凝土预制桩的接桩。

1) 桩的连接方法有焊接、法兰接及硫磺胶泥锚接三种，前二种可用于各类土层；硫磺胶泥锚接适用于软土层,且对一级建筑桩基或承受拔力的桩宜慎重选用。

2)接桩材料应符合下列规定:

①焊接接桩:钢板宜用低碳钢,焊条宜用 E43;

②法兰接桩:钢板和螺栓宜用低碳钢;

③硫磺胶泥锚接桩:硫磺胶泥配合比应通过试验确定,其物理力学性能应符合表 C2-54-1C 的规定。

硫磺胶泥的主要物理力学性能指标　　　　表 C2-54-1C

物理性能	1. 热变性:60℃以内强度无明显变化;120℃变液态;140～145℃密度最大且和易性最好;170℃开始沸腾;超过180℃开始焦化,且遇明火即燃烧。 2. 重度:2.28～2.32g/cm³ 3. 吸水率:0.12%～0.24% 4. 弹性模量:$5×10^5$kPa 5. 耐酸性:常温下能耐盐酸、硫酸、磷酸、40%以下的硝酸、25%以下铬酸、中等浓度乳酸和醋酸
力学性能	1. 抗拉强度:$4×10^3$kPa 2. 抗压强度:$4×10^4$kPa 3. 握裹强度:与螺纹钢筋为$1.1×10^4$kPa;与螺纹孔混凝土为$4×10^3$kPa 4. 疲劳强度:对照混凝土的试验方法,当疲劳应力比值 P 为 0.38 时,疲劳修正系数 $r>0.8$

3)采用焊接接桩时,应先将四角点焊固定,然后对称焊接,并确保焊缝质量和设计尺寸。

4)为保证硫磺胶泥锚接桩质量,应做到:

①锚筋应刷清洁并调直;

②锚筋孔内应有完好螺纹,无积水、杂物和油污;

③接桩时接点的平面和锚筋孔内应灌满胶泥;

④灌注时间不得超过两分钟;

⑤灌注后停歇时间应符合表 C2-54-1D 的规定;

硫磺胶泥灌注后的停歇时间　　　　表 C2-54-1D

项次	桩断面 (mm)	不同气温下的停歇时间 (min)									
		0～10℃		11～20℃		21～30℃		31～40℃		41～50℃	
		打桩	压桩	打桩	压桩	打桩	压桩	打桩	压桩	打桩	压桩
1	400×400	6	4	8	5	10	7	13	9	17	12
2	450×450	10	6	12	7	14	9	17	11	21	14
3	500×500	13	/	15	/	18	/	21	/	24	/

⑥胶泥试块每班不得少于一组。

(4)混凝土预制桩的沉桩。

1)沉桩前必须处理架空(高压线)和地下障碍物,场地应平整,排水应畅通,并满足打桩所需的地面承载力。

2) 桩锤的选用应根据地质条件、桩型、桩的密集程度、单桩竖向承载力及现有施工条件等决定，也可按表 C2-54-1E 执行。

锤 重 选 择 表　　　　表 C2-54-1E

锤型		柴 油 锤（t）					
		20	25	35	45	60	72
锤的动力性能	冲击部分重（t）	2.0	2.5	3.5	4.5	6.0	7.2
	总重（t）	4.5	6.5	7.2	9.6	15.0	18.0
	冲击力（kN）	2000	2000~2500	2500~4000	4000~5000	5000~7000	7000~10000
	常用冲程（m）	1.8~2.3					
桩的截面尺寸	预制方桩、预应力管桩的边长或直径（cm）	25~35	35~40	40~45	45~50	50~55	55~60
	钢管桩直径（cm）		$\phi40$		$\phi60$	$\phi90$	$\phi90~\phi100$
持力层 黏性土 粉土	一般进入深度（m）	1~2	1.5~2.5	2~3	2.5~3.5	3~4	3~5
	静力触探比贯入阻力 P 平均值（MPa）	3	4	5	>5	>5	>5
持力层 砂土	一般进入深度（m）	0.5~1	0.5~1.5	1~2	1.5~2.5	2~3	2.5~3.5
	标准贯入击数 N（未修正）	15~25	20~30	30~40	40~45	40~50	50
锤的常用控制贯入度（cm/10击）			2~3		3~5	4~8	
设计单桩极限承载力（kN）		400~1200	800~1600	2500~4000	3000~5000	5000~7000	7000~10000

注：1. 本表仅供选锤用；
　　2. 本表适用于 20~60m 长预制钢筋混凝土桩及 40~60m 长钢管桩，且桩尖进入硬土层有一定深度。

3) 桩打入时应符合下列规定：
①桩帽或送桩帽与桩周围的间隙应为 5~10mm；
②锤与桩帽，桩帽与桩之间应加设弹性衬垫，如硬木、麻袋、草垫等；
③桩锤、桩帽或送桩应和桩身在同一中心线上；
④桩插入时的垂直度偏差不得超过 0.5%。

4) 打桩顺序应按下列规定执行：
①对于密集桩群，自中间向两个方向或向四周对称施打；
②当一侧毗邻建筑物时，由毗邻建筑物处向另一方面施打；
③根据基础的设计标高，宜先深后浅；
④根据桩的规格，宜先大后小，先长后短。

5) 桩停止锤击的控制原则如下：
①桩端（指桩的全断面）位于一般土层时，以控制桩端设计标高为主，贯入度可作参考；
②桩端达到坚硬、硬塑的黏性土、中密以上粉土、砂土、碎石类土、风化岩时，以贯入度控制为主，桩端标高可作参考；
③贯入度已达到而桩端标高未达到时，应继续锤击 3 阵，按每阵 10 击的贯入度不大于设计规定的数值加以确认，必要时施工控制贯入度应通过试验与有关单位会商确定。

6) 当遇到贯入度剧变，桩身突然发生倾斜、移位或有严重回弹，桩顶或桩身出现严重裂缝、破碎等情况时，应暂停打桩，并分析原因，采取相应措施。

7) 当采用内（外）射水法沉桩时，应符合下列规定：

①水冲法打桩适用于砂土和碎石土；

②水冲至最后 1~2m 时，应停止射水，并用锤击至规定标高，停锤控制标准可按有关规定执行。

8) 为避免或减小沉桩挤土效应和对邻近建筑物、地下管线等的影响，施打大面积密集桩群时，可采取下列辅助措施：

①预钻孔沉桩，孔径约比桩径（或方桩对角线）小 50~100mm，深度视桩距和土的密实度、渗透性而定，深度宜为桩长的 1/3~1/2，施工时应随钻随打；桩架宜具备钻孔锤击双重性能；

②设置袋装砂井或塑料排水板，以消除部分超孔隙水压力，减少挤土现象。袋装砂井直径一般为 70~80mm，间距 1~1.5m，深度 10~12m；塑料排水板，深度、间距与袋装砂井相同；

③设置隔离板桩或地下连续墙；

④开挖地面防震沟可消除部分地面震动，可与其他措施结合使用，沟宽 0.5~0.8m，深度按土质情况以边坡能自立为准；

⑤限制打桩速率；

⑥沉桩过程应加强邻近建筑物，地下管线等的观测、监护。

9) 静力压桩是在软土地基上，利用静压力将预制桩压入土中的一种沉桩工艺。静力压桩适用于软弱土层，当存在厚度大于 2m 的中密以上砂夹层时，不宜采用静力压桩。静力压桩应符合下列规定：

①压桩机应根据土质情况配足额定重量；

②桩帽、桩身和送桩的中心线应重合；

③节点处理应符合桩基规范确定桩的单节长度时的有关规定及混凝土预制桩接桩的规定；

④压同一根（节）桩应缩短停顿时间。

10) 为减小静力压桩的挤土效应，可按本规范选择适当措施。

11) 桩位允许偏差，应符合表 C2-54-1F 规定。

12) 按标高控制的桩，桩顶标高的允许偏差为 −50~+100mm。

13) 斜桩倾斜度的偏差，不得大于倾斜角正切值的 15%。

注：倾斜角系指桩纵向中心线与铅垂线的夹角。

预制桩（钢桩）位置的允许偏差 表 C2-54-1F

序 号	项　目	允许偏差（mm）
1	单排或双排桩条形桩基 (1) 垂直于条形桩基纵轴方向 (2) 平行于条形桩基纵轴方向	 100 150
2	桩数为 1~3 根桩基中的桩	100
3	桩数为 4~16 根桩基中的桩	1/3 桩径或 1/3 边长
4	桩数大于 16 根桩基中的桩 (1) 最外边的桩 (2) 中间桩	 1/3 桩径或 1/3 边长 1/2 桩径或 1/2 边长

注：由于降水、基坑开挖和送桩深度超过 2m 等原因产生的位移偏差不在此表内。

(5) 预制桩施工必须严格按操作工艺执行。诸如桩机就位、预制桩体起吊、稳桩、桩侧或桩架标尺设置、执行打桩原则（如落距、锤重选择、打桩顺序、标高、贯入度控制等）、接桩原则（如焊接接桩、预埋件表面清理、上下节之间缝隙用铁片垫实焊牢；接桩距地面的位置、外露铁件防腐；硫璜胶泥接桩等）、送桩、中间检验、移动桩机等，应认真做好记录。据此完成施工资料的编制。

(6) 填表说明：

最后贯入度：一般指贯入度已达到，而桩尖标高尚未达到时，应继续锤击3阵，其每阵实际的平均贯入度为最后贯入度。振动沉桩时，按最后3次振动（加压）每次10分钟或5分钟，测出每分钟的平均贯入度为最后贯入度。

Ⅱ 静 力 压 桩

静力压桩包括锚杆静压桩及其他各种非冲击力沉桩。

3.2.54.2 静力压桩施工记录（C2-54-2）

1. 资料表式

压桩施工记录　　　　　　　　　表 C2-54-2

施工单位_____ 工程名称_____
施工班组_____ 桩的规格_____
桩机编号和重量_____ 气候_____ 自然地面标高_____
压力表压载换算_____ MPa 合_____ t 桩顶设计标高_____

日期	班别早中夜	顺序号	桩号	起讫时间 时分至时分	节长连桩尖(m)	读数(MPa)	节长(m)	读数(MPa)	节长(m)	读数(MPa)	节长(m)	读数(MPa)	节长(m)	读数(MPa)	节长(m)	读数(MPa)	换算压载(t)	入土总深度(m)	备注

参加人员	监理（建设）单位	施 工 单 位		
		专业技术负责人	质检员	记录人

工程技术负责人：　　　　　　　　　　　　　　　　　　　　　记录人：

2. 实施要点

静力压桩是在软土地基上，利用静压力将预制桩压入土中的一种沉桩工艺。

从事静力压桩的单位，必须具备省（直辖市）级以上（含省、直辖市级）建设行政主管部门颁发的资质证书。

(1) 静力压桩的范围与要求

1) 静力压桩包括锚杆静压桩及其他各种非冲击力沉桩。

2) 施工前应对成品桩（锚杆静压成品桩一般均由工厂制造，运至现场堆放）作外观及强度检验，接桩用焊条或半成品硫磺胶泥应有产品合格证书，或送有关部门检验，压桩用压力表、锚杆规格及质量也应进行检查。硫磺胶泥半成品应每100kg做一组试件（3件）。

3) 压桩过程中应检查压力、桩垂直度、接桩间歇时间、桩的连接质量及压入深度。重要工程应对电焊接桩的接头作10%的探伤检查。对承受反力的结构应加强观测。

4) 施工结束后，应做桩的承载力及桩体质量检验。

(2) 压桩的有关规定

1) 压桩即静力压桩，适用于软弱土层，压桩应符合下列规定：

①压桩机应配足额定的总重；

②插桩偏差为桩在拆模时不得损坏棱角；

③桩帽、桩身和送桩的中心线应重合；

④节点处理应符合本书预制桩（四）接桩资料的有关规定；

2) 遇到下列情况应暂停压桩，并及时与有关单位研究处理：

①初压时，桩身发生大幅度移位、倾斜，压入过程中桩身突然下沉或倾斜；

②桩顶混凝土破坏或压桩阻力剧变。

(3) 压桩施工注意事项

1) 压桩施工前应对现场的土层土质情况了解清楚，做好设备的检查工作，必须保证使用可靠，避免中途间断，引起间歇后压桩阻力增大，发生压不下去的事故。压桩过程中施工方案需要停歇时，应将桩尖停歇在软弱土层中。

2) 施压过程中，应随时注意保持桩的轴心受压，若有偏移，要及时调整。

3) 接桩应保证上、下节桩的轴线一致，接桩时间应尽可能缩短。

4) 压桩所用的测量压力等仪器，应注意保养、检修和标定。

5) 压桩机行驶道的地基应有足够的承载能力，必要时需作处理。

6) 压桩过程中，当桩尖遇到夹砂层等引起压桩阻力增大，甚至超过压桩机能力而使桩机上抬。可以最大的压桩力作用在桩顶，并采取忽停忽开的方法，使桩有可能缓慢下沉穿过砂层。

7) 当桩压至接近设计标高时，不可过早停压。否则，在补压时常会发生压不下或压入过少的现象。

8) 当压桩阻力超过压桩能力，或来不及调整平衡，使压桩架发生较大倾斜时，应立即停压并采取安全措施。

(4) 填表说明

1) 桩顶设计标高：按施工图设计的桩顶标高填写。

2) 节长连桩尖：第一节桩长再加上桩尖的长度。

3) 读数：指第一节桩时压力表上的读数。

4) 节长：指第二节桩的桩长。

5) 读数：指第一、二节桩长压桩时压力表上的读数。其他节长、读数依次类推。

6) 送桩深度：按设计要求的送桩深度填写。

7) 读数：指自第一节起至送桩段压力表上的读数。

8) 换算压载：单位面积上的压力乘承压面积即为换算压载。

9) 入土总深度：指从每一节起至送桩段的总长度。

Ⅲ 钢 桩

3.2.54.3 钢管桩施工记录（C2-54-3）

1. 资料表式

钢管桩施工记录表　　　　　　　　　　　　　　表 C2-54-3

日期	桩号	分节顺序	打桩起讫时间	焊接起讫时间	锤击下沉情况																		累计土芯高度	最后贯入度	回弹度（cm/击）	回弹量（cm）	平面偏差（cm）	倾斜（%）
					入土深度（m）	1	2	3	4	5	6	7	8	9	10	11	12	13	14	15	16	17	18						
					锤击次数 落距高度（cm）																								
					锤击次数 落距高度（cm）																								
					锤击次数 落距高度（cm）																								
备注																													
参加人员	监理（建设）单位									施 工 单 位																		
					专业技术负责人					质检员										记录人									

注：打桩过程中如有异常情况记录在备注栏内。

2. 实施要点

(1) 钢桩（钢管桩、H 型桩及其他异型钢桩）的制作

1) 制作钢桩的材料应符合设计要求，并有出厂合格证和试验报告。

2) 钢桩制作的允许偏差应符合表 C2-54-3A 的规定。

钢桩制作的允许偏差　　　　　　　　　　　　表 C2-54-3A

序号	项　　目		允许偏差（mm）
1	外径或断面尺寸	桩 端 部	±0.5%D 外径或边长
		桩　身	±1%D 外径或边长
2	长度（mm）		+10
3	矢高		<1/1000L
4	端部平整度（mm）		≤2（H 型桩≤1）
5	端部平面与桩身中心线的倾斜值（mm）		≤2
6	H 钢桩的方正度　$h>300$　$h<300$		$T+T'≤8$　$T+T'≤6$

3) 钢桩的分段长度应满足设计规定,且不宜大于15m。
(2) 钢桩的焊接
1) 钢桩的焊接应符合下列规定:
①端部的浮锈、油污等脏物必须清除,保持干燥;下节桩顶经锤击后的变形部分应割除;
②上下节桩焊接时应校正垂直度,对口的间隙为2~3mm;
③焊丝(自动焊)或焊条应烘干;
④焊接应对称进行;
⑤焊接应用多层焊,钢管桩各层焊缝的接头应错开,焊渣应清除;
⑥气温低于0℃或雨雪天,无可靠措施确保焊接质量时,不得焊接;
⑦每个接头焊接完毕,应冷却一分钟后可锤击;
⑧焊接质量应符合国家钢结构施工与验收规范和建筑钢结构焊接规程,每个接头除应按规定进行外观检查外,还应按接头总数的5%做超声或2%做X射线拍片检查,在同一工程内,探伤检查不得少于3个接头。接桩焊缝外观允许偏差见表C2-54-3B。
2) H型钢桩或其他异型薄壁钢桩,接头处应加连接板,其型式如无规定,可按等强度设置。
(3) 钢桩的运输和堆存
钢桩的运输与堆存应注意下列几点:
①堆存场地应平整、坚实、排水畅通;
②桩的两端应有适当保护措施,钢管桩应设保护圈;
③搬运时应防止桩体撞击而造成桩端、桩体损坏或弯曲;
④钢桩应按规格、材质分别堆放,堆放层数不宜太高,对钢管桩,φ900直径放置三层;φ600直径放置四层;φ400直径放置五层;对H型钢桩最多六层;支点设置应合理,钢管桩的两侧应用木楔塞住,防止滚动。
(4) 钢桩的沉桩
1) 钢管桩如锤击沉桩有困难,可在管内取土以助沉。
2) H型钢桩断面刚度较小,锤重不宜大于4.5t级(柴油锤),且在锤击过程中桩架前应有横向约束装置,防止横向失稳。
3) 持力层较硬时,H型钢桩不宜送桩。
4) 地表层如有大块石、混凝土块等回填物,则应在插入H型钢桩前进行触探并清除位上的障碍物,保证沉桩质量。

接桩焊缝外观允许偏差　　　　表 C2-54-3B

序号	项　目	允许偏差(mm)
1	上下节桩错口:	
	①钢管桩外径≥700mm	≤3
	②钢管桩外径<700mm	≤2
	H型钢桩	1
2	咬边深度(焊缝)	0.5
3	焊缝加强层高度	2
	焊缝加强层宽度	2

(5) 填表说明

1) 桩锤类型及重量：桩锤类型分为蒸气锤和柴油锤两大类，重量指锤总重，详见桩基基本说明，打桩"选择锤重参考表"，按实际选用。

2) 分节顺序：钢管桩需分别由一根上节桩、一根下节桩和若干根中节桩组成。根据每根钢管桩长度及分节情况，由施工单位进行分节排序。

3) 焊接起讫时间：指焊接每节桩开始和结束的时间。

4) 锤击下沉情况：分别填记桩每米入土深度所需的锤击数和落距高度。

5) 累计入土深度：即桩的入土总深度，照实际填写。

6) 累计土芯高度：指钢管桩施打完成后管孔内土芯的实际高度，照实际填写。

7) 最后贯入度：一般以最后3阵10击的平均贯入度为最后贯入度，以不大于设计规定的数据为合格。

8) 回弹量：照实际回弹量填写。

9) 平面偏差：指两个方向（纵、横向）桩距的偏差，照实际填写。

10) 倾斜：指被击打桩完成后，桩的垂直度偏差。

附录：试打桩与成桩工艺选择参考

试打桩情况记录见附表1-1。

1. 资料表式

试打桩情况记录表　　　　　　　　　　　　　　　　附表1-1

工程名称：				试打日期：	年　月　日
建设单位		设计单位		总包单位		打桩单位	
设计桩型		混凝土强度等级		配筋情况		施工机械	
工程桩控制标准：					
试打桩桩号及施工情况：					
评定意见：					

参加人员	监理（建设）单位	施　工　单　位		
		专业技术负责人	质检员	记录人

2. 实施要点

(1) 试打桩应按照设计要求选择沉桩方法、选择桩锤重。

(2) 试打桩应认真记录试打过程的有关沉桩情况，按设计要求确定有关沉桩的技术参数及有关注意事项。

3.2 单位（子单位）工程质量控制资料核查记录（C2）

成桩工艺选择参考见附表1-2。

成桩工艺选择参考表 附表1-2

桩类			桩径		桩长(m)	穿越土层									桩端进入持力层				地下水位		对环境影响		孔底有无挤密
			桩身(mm)	扩大端(mm)		一般黏性土及其填土	淤泥和淤泥质土	粉土	砂土	碎石土	季节性冻土膨胀土	非自重湿陷性黄土	自重湿陷性黄土	中间有硬夹层	中间有砂夹层	中间有砾石夹层	硬粘性土	密实砂土	碎石土	软质岩石和风化岩石	以上	以下	振动和噪声	排浆	
非挤土成桩法	干作业法	长螺旋钻孔灌注桩	300~600	/	≤12	○	×	○	△	×	○	○	△	×	△	×	○	△	×	○	×	无	无	无
		短螺旋钻孔灌注桩	300~800	/	≤30	○	×	○	△	×	○	○	△	×	△	×	○	△	×	○	×	无	无	无
		钻孔扩底灌注桩	300~600	800~1200	≤30	○	×	○	△	×	○	○	△	×	△	×	○	△	×	○	×	无	无	无
		机动洛阳铲成孔灌注桩	300~500	/	≤20	○	×	○	△	×	○	○	△	×	△	×	○	△	×	○	×	无	无	无
		人工挖孔扩底灌注桩	1000~2000	1600~4000	≤40	○	×	○	△	×	○	○	△	×	△	×	○	△	×	○	△	无	无	无
非挤土成桩法	泥浆护壁法	潜水钻成孔灌注桩	500~800	/	≤50	○	○	○	○	×	○	○	△	○	○	×	○	△	×	○	○	无	有	无
		反循环钻成孔灌注桩	600~1200	/	≤80	○	○	○	○	△	○	○	△	○	○	△	○	△	△	○	○	无	有	无
		迴旋钻成孔灌注桩	600~1200	/	≤80	○	○	○	○	△	○	○	△	○	○	△	○	△	△	○	○	无	有	无
		机挖异型灌注桩	400~600	/	≤20	○	○	○	△	×	○	○	△	△	△	×	○	△	×	○	○	无	有	无
		钻孔扩底灌注桩	600~1200	1000~1600	≤20	○	○	○	△	×	○	○	△	△	△	×	○	△	×	○	○	无	有	无
	套护壁管法	贝诺托灌注桩	800~1600	/	≤50	○	○	○	○	○	○	○	△	○	○	○	○	○	○	○	○	无	无	无
		短螺旋钻灌注桩	300~800	/	≤30	○	○	○	○	×	○	○	△	△	△	×	○	△	×	○	○	无	无	无
部分挤土成桩法		冲击成孔灌注桩	600~1200	/	≤50	○	△	△	△	○	△	×	×	○	○	○	○	○	○	○	○	有	有	无
		钻孔压注成型灌注桩	300~1000	/	≤30	○	△	△	△	×	○	○	△	△	△	×	○	△	×	△	○	无	无	无
部分挤土成桩法		组合桩	≤600		≤30	○	○	○	○	△	○	○	△	○	○	△	○	△	△	○	○	有	无	无
		预钻孔打入式预制桩	≤500		≤60	○	○	○	○	×	○	○	×	○	○	×	○	○	×	○	○	有	无	有
		混凝土（预应力混凝土）管桩	≤600		≤60	○	○	○	○	×	○	○	×	○	○	×	○	○	×	○	○	有	无	有
		H型钢桩	规格	/	≤50	○	○	○	○	△	○	○	△	△	△	×	○	○	△	○	○	有	无	无
		敞口钢管桩	600~900	/	≤50	○	○	○	○	○	○	○	△	○	○	○	○	○	○	○	○	有	无	无
挤土成桩法	挤土灌注桩	振动沉管灌注桩	270~400	/	≤24	○	○	○	△	×	○	○	×	△	△	×	○	△	×	○	○	有	无	有
		锤击沉管灌注桩	300~500	/	≤24	○	○	○	△	×	○	○	×	△	△	×	○	△	×	○	○	有	无	有
		锤击振动沉管灌注桩	270~400	/	≤24	○	○	○	△	×	○	○	×	△	△	×	○	△	×	○	○	有	无	有
挤土成桩法	挤土灌注桩	平底大头灌注桩	350~400	450×450~500×500	≤15	○	△	×	×	×	○	○	×	×	×	×	○	×	×	○	○	有	无	有
		沉管灌注同步桩	≤400		≤20	○	○	○	○	×	○	○	×	○	△	×	○	△	×	○	○	有	无	有
		夯压成型灌注桩	325、377	460~700	≤24	○	○	○	○	×	○	○	×	○	○	×	○	○	×	○	○	有	无	有
		干振灌注桩	350		≤10	○	×	○	○	×	○	○	×	○	○	×	○	△	×	○	○	有	无	有
		夯扩灌注桩	≤350	≤1000	≤12	○	×	×	×	×	○	○	×	×	×	×	○	×	×	○	○	有	无	有
		弗兰克桩	≤600	≤1000	≤20	○	○	○	○	×	○	○	×	○	○	×	○	○	×	○	○	有	无	有
	挤土预制桩	打入实心混凝土预制桩闭口钢管桩、混凝土管桩	≤500×500 ≤600	/	≤50	○	○	○	○	×	○	○	△	○	○	△	○	○	△	○	○	有	无	有
		静压桩	400×400	/	≤40	○	○	○	△	×	○	○	△	△	△	×	○	○	×	○	○	无	无	有

注：表中符号○表示比较合适；△表示有可能采用；×表示不宜采用。

Ⅳ 混凝土灌注桩

3.2.54.4 混凝土灌注桩施工记录（C2-54-4）

下列子项均按 GB 50300—2001 标准规定的单位（子单位）工程质量控制资料核查中建筑与结构项下的对应名称的表式、资料要求、实施要点执行。计有：混凝土浇灌申请书；混凝土开盘鉴定；混凝土工程施工记录；混凝土坍落度检查记录。

注：混凝土灌注桩施工记录在单位（子单位）工程质量控制资料核查记录序目表中的序号为 1.54.4.1～1.54.4.4。

1. 泥浆护壁成孔的灌注桩施工记录（C2-54-4-5）
（1）资料表式

泥浆护壁成孔的灌注桩施工记录　　　　　　　　表 C2-54-4-5

施工单位＿＿＿＿＿＿＿＿＿＿＿＿　　工程名称＿＿＿＿＿＿＿＿＿＿＿＿
施工班组＿＿＿＿＿＿＿＿＿＿＿＿　　气　　候＿＿＿＿＿＿＿＿＿＿＿＿
钻机类型＿＿＿＿＿＿＿＿＿＿＿＿　　设计桩顶标高＿＿＿＿＿＿＿＿＿＿
设计桩径＿＿＿＿＿＿＿＿＿＿＿＿　　自然地面标高＿＿＿＿＿＿＿＿＿＿

日期	班次	桩位	钻孔时间(min)	钻孔直径(cm)		钻孔深度(m)		护筒埋深(m)	孔底沉渣厚度(cm)	孔底标高(m)	泥浆种类	泥浆指标			备注
				设计	实测	设计	实测					比重	胶体率(%)	含砂量(%)	

参加人员	监理（建设）单位	施 工 单 位		
		专业技术负责人	质检员	记录人

（2）实施要点

1）灌注桩施工

①灌注桩施工应具备下列资料：

a. 建筑物场地工程地质资料和必要的水文地质资料；

b. 桩基工程施工图（包括同一单位工程中所有的桩基础）及图纸会审纪要；

c. 建筑场地和邻近区域内的地下管线（管道、电缆）、地下构筑物、危房、精密仪器车间等的调查资料；

d. 主要施工机械及其配套设备的技术性能资料；

e. 桩基工程的施工组识设计或施工方案；

f. 水泥、砂、石、钢筋等原材料及其制品的质检报告；

g. 有关荷载、施工工艺的试验参考资料。

②施工组织设计的质量管理措施与内容：

a. 施工平面图：标明桩位、编号、施工顺序、水电线路和临时设施的位置；采用泥浆护壁成孔时，应标明泥浆制备设施及其循环系统；

b. 确定成孔机械、配套设备以及合理施工工艺的有关资料，泥浆护壁灌注桩必须有泥浆处理措施；

c. 施工作业计划和劳动力组织计划；

d. 机械设备、备（配）件、工具（包括质量检查工具）、材料供应计划；

e. 桩基施工时，对安全、劳动保护、防火、防雨、防台风、爆破作业、文物和环境保护等方面应按有关规定执行；

f. 保证工程质量、安全生产和季节性（冬、雨季）施工的技术措施。

③成桩机械必须经鉴定合格，不合格机械不得使用。

④施工前应组织图纸会审，会审纪要连同施工图等作为施工依据并列入工程档案。

⑤桩基施工用的临时设施，如供水、供电、道路、排水、临设房屋等，必须在开工前准备就绪，施工场地应进行平整处理，以保证施工机械正常作业。

⑥基桩轴线的控制点和水准基点应设在不受施工影响的地方。开工前，经复核后应妥善保护，施工中应经常复测。

⑦成孔设备就位后，必须平正、稳固，确保在施工中不发生倾斜、移动。为准确控制成孔深度，在桩架或桩管上应设置控制深度的标尺，以便在施工中进行观测记录。

⑧成孔的控制深度应符合下列要求：

a. 摩擦型桩：摩擦桩以设计桩长控制成孔深度；端承摩擦桩必须保证设计桩长及桩端进入持力层深度；当采用锤击沉管法成孔时，桩管入土深度控制以标高为主，以贯入度控制为辅；

b. 端承型桩：当采用钻（冲）、挖掘成孔时，必须保证桩孔进入设计持力层的深度；当采用锤击沉管法成孔时，沉管深度控制以贯入度为主，设计持力层标高对照为辅。

⑨灌注桩成孔施工的允许偏差应满足表 C2-54-4-5A 的要求。

灌注桩施工允许偏差　　　　　　　　　　　　　　　表 C2-54-4-5A

序号	成孔方法		桩径偏差（mm）	垂直度允许偏差（%）	桩位允许偏差（mm）	
					1～3根，单排桩基垂直于中心线方向和群桩基础中的边桩	条形桩基沿中心线方向和群桩基础中间桩
1	泥浆护壁钻孔桩	$d \leq 1000mm$	±50	1	$d/6$ 且不大于 100	$d/4$ 且不大于 150
		$d > 1000mm$	±50		$100 + 0.01H$	$150 + 0.01H$
2	套管成孔灌注桩	$d \leq 500mm$	−20	1	70	150
		$d > 500mm$			100	150
3	干成孔灌注桩		−20	1	70	150
4	人工挖孔桩	混凝土护壁	±50	0.5	50	150
		钢套管护壁	±20	1	100	200

注：1. 桩径允许偏差的负值是指个别断面；
　　2. 采用复打、反插法施工的桩，其桩径允许偏差不受本表限制；
　　3. H 为施工现场地面标高与桩顶设计标高的距离；d 为设计桩径。

⑩钢筋笼除符合设计要求外，尚应符合下列规定：

a. 混凝土灌注桩钢筋笼质量检验标准见表 C2-54-4-5B

混凝土灌注桩钢筋笼质量检验标准　　　　　　　　　　表 C2-54-4-5B

项次	项目	允许偏差（mm）	项次	项目	允许偏差（mm）
1	主筋间距	±10	3	钢筋笼直径	±10
2	箍筋间距	±20	4	钢筋笼长度	±100

b. 分段制作的钢筋笼，其接头宜采用焊接并应遵守《混凝土结构工程施工及验收规范》GB 50204—2002；

c. 主筋净距必须大于混凝土粗骨料粒径3倍以上；

d. 加劲箍宜设在主筋外侧，主筋一般不设弯钩，根据施工工艺要求所设弯钩不得向内圆伸露，以免妨碍导管工作；

e. 钢筋笼的内径应比导管接头处外径大100mm以上；

f. 搬运和吊装时，应防止变形，安放要对准孔位，避免碰撞孔壁，就位后应立即固定；

⑪粗骨料可选用卵石或碎石，其最大粒径对于沉管灌注桩不宜大于50mm，并不得大于钢筋间最小净距的1/3；对于素混凝土桩，不得大于桩径的1/4，并不宜大于70mm。

⑫检查成孔质量合格后应尽快浇注混凝土。桩身混凝土必须留有试件，直径大于1m的桩，每根桩应有1组试块，且每个浇注台班不得少于1组，每组3件。

⑬为核对地质资料、检验设备、工艺以及技术要求是否适宜，桩在施工前，宜进行"试成孔"。

⑭人工挖孔桩的孔径（不含护壁）不得小于0.8m，当桩净距小于2倍桩径且小于2.5m时，应采用间隔开挖。排桩跳挖的最小施工净距不得小于4.5m，孔深不宜大于40m。

⑮人工挖孔桩混凝土护壁的厚度不宜小于100mm，混凝土强度等级不得低于桩身混凝土强度等级，采用多节护壁时，上下节护壁间宜用钢筋拉结。

2）泥浆护壁成孔灌注桩

①泥浆的制备和处理

a. 除能自行造浆的土层外，均应制备泥浆。泥浆制备应选用高塑性黏土或膨润土。拌制泥浆应根据施工机械、工艺及穿越土层进行配合比设计。膨润土泥浆可按表C2-54-4-5C的性能指标制备。

制备泥浆的性能指标　　　　　　　　表 C2-54-4-5C

项次	项目	性能指标	检验方法
1	密度（黏土或砂性土中）	1.15～1.20	泥浆比重计
2	黏度	10～25s	50000/70000漏斗法
3	含砂率	<6%	
4	胶体率	>95%	量杯法
5	失水量	<30mL/30min	失水量仪
6	泥皮厚度	1～3mm/30min	失水量仪
7	静切力	1min 20～30mg/cm² 10min 50～100mg/cm²	静切力计
8	稳定性	<0.03g/cm²	
9	pH值	7～9	pH试纸

b. 泥浆护壁应符合下列规定：施工期间护筒内的泥浆面应高出地下水位1.0m以上，在受水位涨落影响时，泥浆面应高出最高水位1.5m以上；在清孔过程中，应不断置换泥浆，直至浇注水下混凝土；浇筑混凝土前，孔底500mm以内的泥浆密度应小于1.25；含砂率≤8%；黏度≤28s；在容易产生泥浆渗漏的土层中应采取维持孔壁稳定的措施。

注：泥浆护壁成孔对环境有一定污染，应制定其施工措施，该措施需经当地环保部门批准后实施。

②正反循环回转钻机钻孔灌注桩的施工

a. 钻孔机具及工艺的选择，应根据桩型、钻孔深度、土层情况、泥浆排放及处理等条件综合确定。对孔深大于30m的端承型桩，宜采用反循环工艺成孔或清孔。

b. 泥浆护壁成孔时，宜采用孔口护筒，护筒应按下列规定设置：（a）护筒有定位、保护孔口和维持液（水）位高差等重要作用，可以采用打埋或坑埋等设置方法。护筒埋设应准确、稳定，护筒中心与桩位中心的偏差不得大于50mm；（b）护筒一般用4~8mm钢板制作，其内径应大于钻头直径100mm，其上部宜开设1~2溢浆孔；（c）护筒的埋设深度：在黏性土中不宜小于1.0m；砂土中不宜小于1.5m；其高度尚应满足孔内泥浆面高度的要求；（d）受水位涨落影响或水下施工的钻孔灌注桩，护筒应加高加深，必要时应打入不透水层。

c. 在松软土层中钻进，应根据泥浆补给情况控制钻进速度；在硬层或岩层中的钻进速度以钻机不发生跳动为准。

d. 为了保证钻孔的垂直度，钻机设置的导向装置应符合下列规定：（a）潜水钻的钻头上应有不小于3倍直径长度的导向装置；（b）利用钻杆加压的正循环回转钻机，在钻具中应加设扶正器。

e. 钻进过程中如发生斜孔、塌孔和护筒周围冒浆时，应停钻。待采取相应措施后再行钻进。

f. 钻孔达到设计深度，清孔应符合下列规定：（a）泥浆指标参照表C2-54-4-5C执行；（b）灌注混凝土之前，孔底沉渣厚度指标应等于小于：端承桩≤50mm；摩擦端承、端承摩擦桩≤100mm；摩擦桩≤300mm。

g. 钻孔灌注桩施工注意事项：（a）钻孔灌注桩的桩孔钻成并清孔后，应尽快吊放钢筋骨架并灌注混凝土。在无水或少水的浅桩孔中灌注混凝土时，应分层浇注振实，每层高度一般为0.5~0.6m，不得大于1.5m。混凝土坍落度在一般黏性土中宜用50~70mm；砂类土中用70~90mm；黄土中用60~90mm。灌注混凝土至桩顶时，应适当超过桩顶设计标高，以保证在凿除浮浆层后，桩顶标高和混凝土质量能符合设计要求。水下灌注混凝土时，常用垂直导管灌注法水下施工。（b）钻孔灌注桩施工时常会遇到孔壁坍陷和钻孔偏斜等问题。（c）钻进过程中，如发现排出的泥浆中不断出气泡，或泥浆突然漏失，这表示有孔壁坍陷迹象。孔壁坍陷的主要原因是土质松散、泥浆护壁不好、护筒周围未用黏土紧密填封以及护筒内水位不高。钻进中出现缩颈、孔壁坍陷时，首先应保持孔内水位并加大泥浆比重稳孔护壁。如孔壁坍陷严重，应立即回填黏土，待孔壁稳定后再钻。（d）钻杆不垂直，土层软硬不匀或碰到孤石时，都会引起钻孔偏斜。钻孔偏斜时，可提起钻头，上下反复扫钻几次，以便削去硬土，如纠正无效，应于孔中局部回填黏土至偏孔处0.5m以上，重新钻进。

③冲击成孔灌注桩的施工

a. 在钻头锥顶和提升钢丝绳之间应设置保证钻头自转向的装置，以防产生梅花孔。

b. 冲孔桩的孔口应设置护筒，其内径应大于钻头直径200mm，护筒应按泥浆护壁灌注桩有关规定设置。

c. 泥浆应按表C2-54-4-5C的有关规定执行。

d. 冲击成孔应符合下列规定：(a) 开孔时，应低锤密击，如表土为淤泥、细砂等软弱土层，可加黏土块夹小片石反复冲击造壁，孔内泥浆面应保持稳定；(b) 在各种不同的土层、岩层中钻进时，可按照表 C2-54-4-5D 进行；(c) 进入基岩后，应低锤冲击或间断冲击，如发现偏孔应回填片石至偏孔上方 300mm～500mm 处，然后重新冲孔；(d) 遇到孤石时，可预爆或用高低冲程交替冲击，将大孤石击碎或挤入孔壁；(e) 必须采取有效的技术措施，以防扰动孔壁造成塌孔、扩孔、卡钻和掉钻；(f) 每钻进 4～5m 深度验孔一次，在更换钻头前或容易缩孔处，均应验孔；(g) 进入基岩后，每钻进 100～500mm 应清孔取样一次（非桩端持力层为 300～500mm；桩端持力层为 100～300mm）以备终孔验收。

冲击成孔操作要点　　　　　　　　　　　表 C2-54-4-5D

项 目	操 作 要 点	备 注
在护筒刃脚以下 2m 以内	小冲程 1m 左右，泥浆密度 1.2～1.5，软弱层投入黏土块夹小片石	土层不好时提高泥浆密度或加黏土块
黏性土层	中、小冲程 1～2m，泵入清水或稀泥浆，经常清除钻头上的泥块	防粘钻可投入碎砖石
粉砂或中粗砂层	中冲程 2～3m，泥浆密度 1.2～1.5，投入黏土块，勤冲勤掏碴	
砂卵石层	中、高冲程 2～4m，泥浆密度 1.3 左右，勤掏碴	
软弱土层或塌孔回填重钻	小冲程反复冲击，加黏土块夹小片石，泥浆密度 1.3～1.5	

e. 排碴可采用泥浆循环或抽碴筒等方法，如用抽碴筒排碴应及时补给泥浆。

f. 冲孔中遇到斜孔、弯孔、梅花孔、塌孔，护筒周围冒浆等情况时，应停止施工，采取措施后再行施工。

g. 大直径桩孔可分级成孔，第一级成孔直径为设计桩径的 0.6～0.8 倍。

h. 清孔应按下列规定进行：(a) 不易坍孔的桩孔，可用空气吸泥清孔；(b) 稳定性差的孔壁应用泥浆循环或抽碴筒排碴，清孔后浇注混凝土之前的泥浆指标按第 (2) 泥浆护壁成孔灌注桩 1) 泥浆的制备和处理中的②款执行（表 C2-54-4-5C）；(c) 清孔时，孔内泥浆面应符合规定；(d) 浇筑混凝土前，孔底沉碴允许厚度应按规定执行。

④潜水钻成孔灌注桩施工潜水钻成孔的灌注桩宜用于一般黏性土、淤泥和淤泥质土及砂土地基，尤其适宜在地下水位较高的土层中成孔，然后于桩孔内放入钢筋骨架，再进行水下灌注混凝土。钻孔过程中，为了防止坍孔，应在孔中注入泥浆护壁。在杂填土或松软土层中钻孔时，应在桩位处设护筒，以起定位、保护孔口、维持水头作用。在钻孔过程中，应保持护筒内泥浆水位高于地下水位。

在黏土中钻孔，可采用清水钻进，自造泥浆护壁，以防止坍孔；

在砂土中钻孔，则应注入制备泥浆钻进，注入的泥浆密度控制在 1.1 左右，排出泥浆的密度宜为 1.2～1.4。

钻孔达到要求的深度后，必须清孔。以原土造浆的钻孔，清孔可用射水法，同时钻具只转不进，待泥浆比重降到 1.1 左右即认为清孔合格；注入制备泥浆的钻孔，可采用换浆法清孔，置换出泥浆的密度小于 1.15～1.25 时方为合格。

⑤水下混凝土浇筑一般要求：

a. 钢筋笼吊装完毕,应进行隐蔽工程验收,合格后应立即浇注水下混凝土。

b. 水下混凝土的配合比应符合下列规定:(a)水下混凝土必须具备良好的和易性,配合比应通过试验确定;坍落度宜为180~200mm;水泥用量不少于360kg/m³;(b)水下混凝土的含砂率宜为40%~45%,并宜选用中粗砂;粗骨料的最大粒径应<40mm,有条件时可采用二级配;(c)为改善和易性和缓凝,水下混凝土宜掺外加剂。

c. 导管的构造和使用应符合下列规定:(a)导管壁厚不宜小于3mm,直径宜为200~250mm直径制作偏差不应超过2mm,导管的分节长度视工艺要求确定,底管长度不宜小于4m,接头宜用法兰或双螺纹方扣快速接头;(b)导管提升时,不得挂住钢筋笼,为此可设置防护三角形加劲板或设置锥形法兰护罩;(c)导管使用前应试拼装、试压,试水压力为0.6~1.0MPa。

d. 使用的隔水栓应有良好的隔水性能,保证顺利排出。

e. 浇筑水下混凝土应遵守下列规定:(a)开始灌注混凝土时,为使隔水栓能顺利排出,导管底部至孔底的距离宜为300~500mm,桩直径小于600mm时可适当加大导管底部至孔底距离;(b)应有足够的混凝土储备量,使导管一次埋入混凝土面以下0.8m以上;(c)导管埋深宜为2~6m严禁导管提出混凝土面,应有专人测量导管埋深及管内外混凝土面的高差,填写水下混凝土浇筑记录;(d)水下混凝土必须连续施工,每根桩的浇注时间按初盘混凝土的初凝时间控制,对浇注过程中的一切故障均应记录备案;e.控制最后一次灌注量,桩顶不得偏低,应凿除的泛浆高度必须保证暴露的桩顶混凝土达到强度设计值。

3) 沉管灌注桩

沉管灌注桩是利用锤击打桩法或振动打桩法,将带有钢筋混凝土桩靴(又叫桩尖)或带有活瓣式桩靴的钢桩管沉入土中,然后灌注混凝土并拔管而成。若配有钢筋时,则在规定标高处应吊放钢筋骨架。利用锤击沉桩设备沉管、拔管时,称为锤击灌注桩;利用激振动器的振动沉管、拔管时,称为振动灌注桩。

① 锤击沉管灌注桩的施工

a. 锤击沉管灌注桩的施工应该根据土质情况和荷载要求,分别选用单打法、复打法、反插法。

b. 锤击沉管灌注桩的施工应遵守下列规定:(a)群桩基础和桩中心距小于4倍桩径的桩基,应提出保证相邻桩桩身质量的技术措施;(b)混凝土预制桩尖或钢桩尖的加工质量和埋设位置应与设计相符,桩管与桩尖的接触应有良好的密封性;(c)沉管全过程必须有专职记录员做好施工记录;每根桩的施工记录均应包括每米的锤击数和最后一米的锤击数;必须准确测量最后三阵,每阵十锤的贯入度及落锤高度。

c. 拔管和灌注混凝土应遵守下列规定:(a)沉管至设计标高后,应立即灌注混凝土,尽量减少间隔时间;灌注混凝土之前,必须检查桩管内有无吞桩尖或进泥、进水;(b)当桩身配钢筋笼时,第一次混凝土应先灌至笼底标高,然后放置钢筋笼,再灌混凝土至桩顶标高。第一次拔管高度应控制在能容纳第二次所需灌入的混凝土量为限,不宜拔得过高。在拔管过程中应有专用测锤或浮标检查混凝土面的下降情况;(c)拔管速度要均匀,对一般土层以1m/min为宜,在软弱土层和软硬土层交界处宜控制在0.3~0.8m/min;(d)采用倒打拔管的打击次数,单动汽锤不得少于50次/min,自由落锤轻击(小落距锤击)不得少于40次/min；在管底未拔至桩顶设计标高之前，倒打和轻击不得中断。

d. 混凝土的充盈系数不得小于1.0；对于混凝土充盈系数小于1.0的桩，宜全长复打，对可能有断桩和缩颈桩，应采用局部复打。成桩后的桩身混凝土顶面标高应不低于设计标高500mm。全长复打桩的入土深度宜接近原桩长，局部复打应超过断桩或缩颈区1m以上。

e. 全长复打桩施工时应遵守下列规定：（a）第一次灌注混凝土应达到自然地面；（b）应随拔管随清除粘在管壁上和散落在地面上的泥土；（c）前后二次沉管的轴线应重合；（d）复打施工必须在第一次灌注的混凝土初凝之前完成。

f. 当桩身配有钢筋时，混凝土的坍落度宜采用80~100mm；素混凝土桩宜采用60~80m。

②振动、振动冲击沉管灌注桩的施工

a. 应根据土质情况和荷载要求，分别选用单打法、反插法、复打法等。单打法适用于含水量较小的土层，且宜采用预制桩尖；反插法及复打法适用于饱和土层。

b. 单打法施工应遵守下列规定：（a）必须严格控制最后30s的电流、电压值，其值按设计要求或根据试桩和当地经验确定；（b）桩管内灌满混凝土后，先振动5~10s，再开始拔管，应边振边拔，每拔0.5~1.0停拔振动5~10s；如此反复，直至桩管全部拔出；（c）在一般土层内，拔管速度宜为1.2~1.5m/min，用活瓣桩尖时宜慢，用预制桩尖时可适当加快；在软弱土层中，宜控制在0.6~0.8m/min。

c. 反插法施工应符合下列规定：（a）桩管灌满混凝土之后，先振动再拔管，每次拔管高度0.5~1.0m，反插深度0.3~0.5m；在拔管过程中，应分段添加混凝土，保持管内混凝土面始终不低于地表面或高于地下水位1.0~1.5m以上，拔管速度应小于0.5m/min；（b）在桩尖处的1.5m范围内，宜多次反插以扩大桩的端部断面；（c）穿过淤泥夹层时，应当放慢拔管速度，并减少拔管的高度和反插深度，在流动性淤泥中不宜使用反插法。

4）灌注桩施工注意事项

a. 灌注桩施工中，应采取有效措施，防止断桩、缩颈、离析、桩斜、偏位、桩不到位或出现混凝土强度等级不足等情况发生。布桩密集时应采取措施，预防挤土效应的不利影响。

b. 灌注桩各工序应连续施工。钢筋笼放入泥浆后4h内必须灌注混凝土。

c. 灌注桩的实际浇筑混凝土量不得小于计算体积。

d. 人工挖孔灌注桩必须做好开挖支护、排水和施工安全工作。扩底桩应实地检查底土情况，验证土质和开挖尺寸。当需要进行爆破时，应严格遵守安全爆破作业规定。

e. 沉管灌注桩的预制桩尖的轴线应与桩管中心重合。在测得混凝土确已流出桩管后，方能继续拔管；管内应保持不少于2m高的混凝土。

f. 灌注桩凿去浮浆后的桩顶混凝土强度等级必须符合设计要求。

g. 灌注桩成桩后，应按混凝土及钢筋混凝土灌注桩分项工程质量检验评定表要求进行验评，并应符合有关标准要求。

5）桩基工程质量检查及验收

①灌注桩的成桩质量检查主要包括成孔及清孔、钢筋笼制作及安放、混凝土搅制及灌注等三个工序过程的质量检查。

a. 混凝土搅制应对原材料质量与计量、混凝土配合比、坍落度、混凝土强度等级等进行检查；

b. 钢筋笼制作应对钢筋规格、焊条规格、品种、焊口规格、焊缝长度、焊缝外观和质量、主筋和箍筋的制作偏差等进行检查；

c. 在灌注混凝土前，应严格按照灌注桩施工的有关质量要求对已成孔的中心位置、孔深、孔径、垂直度、孔底沉渣厚度、钢筋笼安放的实际位置等进行认真检查，并填写相应质量检查记录。

②预制桩和钢桩成桩质量检查主要包括制桩、打入（静压）深度、停锤标准、桩位及垂直度检查：

a. 预制桩应按选定的标准图或设计图制作，其偏差应符合桩基施工规范的有关要求；

b. 沉桩过程中的检查项目应包括每米进尺锤击数、最后1m锤击数、最后三阵贯入度及桩尖标高、桩身（架）垂直度等。

③对于一级建筑桩基和地质条件复杂或成桩质量可靠性较低的桩基工程，应进行成桩质量检测。检测方法可采用可靠的动测法，对于大直径桩还可采取钻取岩芯、预埋管超声检测法；检测数量根据具体情况由设计确定。

6）单桩承载力检测

①为确保实际单桩竖向极限承载力标准值达到设计要求，应根据工程重要性、地质条件、设计要求及工程施工情况进行单桩静载荷试验或可靠的动力试验。

②下列情况之一的桩基工程，应采用静载试验对工程桩单桩竖向承载力进行检测，检测桩数"采用现场载荷载试验测桩数量"的规定执行。

a. 工程桩施工前未进行单桩静载试验的一级建筑桩基；

b. 工程桩施工前未进行单桩静载试验，且有下列情况之一者：地质条件复杂、桩的施工质量可靠性低、确定单桩竖向承载力的可靠性低、桩数多的二级建筑桩基。

③下列情况之一的桩基工程，可采用可靠的动测法对工程桩单桩竖向承载力进行检测。

a. 工程桩施工前已进行单桩静载试验的一级建筑桩基；

b. 属于（7）单桩承载力检测2）中的②规定范围外的二级建筑桩基；

c. 三级建筑桩基；

d. 一、二级建筑桩基静载试验检测的辅助检测。

7）基桩及承台工程验收资料

①当桩顶设计标高与施工场地标高相近时，桩基工程的验收应待成桩完毕后验收；当桩顶设计标高低于施工场地标高时，应待开挖到设计标高后进行验收。

②基桩验收应包括下列资料：

a. 工程地质勘察报告、桩基施工图、图纸会审纪要、设计变更单及材料代用通知单等；

b. 经审定的施工组织设计、施工方案及执行中的变更情况；

c. 桩位测量放线图，包括工程桩位线复核签证单；

d. 成桩质量检查报告；

e. 单桩承载力检测报告；

f. 基坑挖至设计标高的基桩竣工平面图及桩顶标高图。
　③承台工程验收时应包括下列资料：
　　a. 承台钢筋、混凝土的施工与检查记录；
　　b. 桩头与承台的锚筋、边桩离承台边缘距离、承台钢筋保护层记录；
　　c. 承台厚度、长宽记录及外观情况描述等。
　8) 核查要点
　　打（试）桩记录包括各种预制桩、灌注桩和砂桩、挤密桩……等。
　　a. 记录应采用"施工规范"附表格式，要求子目填写齐全，数据准确真实，其数据应符合设计要求和规范规定，并附桩位竣工平面图。
　　b. 打桩记录应与试桩记录对照检查，同时应与分项工程质量检验评定结果相符。
　　c. 打（压）桩的标高或贯入度的停锤标准，必须符合设计要求和施工规范规定，贯入度控制值应通过试桩或会同设计单位在现场做打试桩试验确定，并做好记录。
　　d. 灌注桩的成孔深度必须符合设计要求，沉渣厚度应视是以摩擦力为主或是以端承力为主的桩。分别严禁大于300mm或100mm，实际浇注混凝土量严禁小于计算体积。套管成孔桩任意一段平均直径与设计直径之比严禁小于1。
　　e. 打（压）桩的接头节点应做隐蔽工程验收记录，且符合设计要求和规范规定。
　　f. 桩基施工完，必须提供按设计要求或规范规定的单桩静力试验或动力测试及其他检测记录。对于一级建筑物，应查验现场静荷载试验记录，在同一条件下的试桩数量不宜少于总桩数1%且不少于3根。
　　g. 经测试单桩承载力和施工质量达不到设计要求，或是在打桩过程中发现贯入度剧变、桩身突然发生倾斜位移、严重回弹、桩身严重裂缝、桩击碎或泥浆护壁成孔时发生斜孔、弯孔、缩孔和塌孔、沿护筒周围冒浆、地面沉陷等异常情况者，应有技术鉴定和采取的技术措施和补桩等处理记录，并经设计、建设、监理、施工四方复验签证。
　9) 填表说明
　①设计桩顶标高：照施工图设计的桩预标高。
　②设计桩径：照施工图设计桩的直径填写。
　③自然地面标高：照室外的设计绝对标高填写。
　④桩位编号：按施工图设计的桩位编号填写。
　⑤钻孔直径：照实际成孔的桩孔直径填写。
　⑥钻孔深度：指实际施工时的桩的钻孔深度，照实际填写。
　⑦钻机类型：成孔机械的类型有冲抓型、冲击型、回转钻、潜水钻等，按实际选用。
　⑧钻孔时间：指每个桩孔钻孔所需的时间。
　⑨护筒埋深：护筒埋深按泥浆护壁成孔护筒要求办理，照实际护筒埋深填写。
　⑩孔底沉渣厚度：详见泥浆护壁成孔对孔底沉渣厚度的要求，照实际沉渣厚度填写。
　⑪孔底标高：指桩孔成孔后的孔底标高，照实际孔底标高填写。
　⑫泥浆种类：泥浆选择由塑性指数$I_P \geq 17$的黏土调制，度量指标详见地下连续墙，泥浆的性能指标，泥浆参数配合比表，按实际选用。
　2. 干作业成孔灌注桩施工记录（C2-54-4-6）
　(1) 资料表式

3.2 单位（子单位）工程质量控制资料核查记录（C2）

干作业成孔的灌注桩施工记录表　　　　　表 C2-54-4-6

施工单位_____　　工程名称_____
施工班组_____　　气　　候_____
钻机类型_____　　设计桩顶标高_____
设计桩径_____　　自然地面标高_____

日期	桩位	持力层标高(m)	钻孔深度(m)	进入持力层深(cm)	第一次测孔			第二次测孔			混凝土灌注		钻孔总用时间(分秒)	出现情况			备注
					孔深(m)	虚土(cm)	进水(cm)	孔深(m)	虚土(cm)	进水(cm)	实际(m³)	计算(m³)		坍孔	缩径	进水	

参加人员	监理（建设）单位		施　工　单　位		
	专业技术负责人		质检员		记录人

(2) 实施要点

1) 干作业成孔灌注桩

干作业成孔钻孔灌注桩的钻孔设备主要有螺旋钻机。螺旋钻成孔灌注桩是利用动力旋转钻杆，使钻头的螺旋叶片旋转削土。土块沿螺旋叶片上升排出孔外。在软塑土层，含水量大时，可用疏纹叶片钻杆，以便较快地钻进。在可塑或硬塑黏土中，或含水量较小的砂土中应用密纹叶片钻杆，缓慢地均匀钻进。一节钻杆钻入后，应停机接上第二节，继续钻到要求深度，操作时要求钻杆垂直，钻孔过程中如发现钻杆摇晃或难钻进时，可能遇到石块等异物，应立即停车检查。全叶片螺旋钻机成孔直径一般为300mm左右，钻孔深度 8~12m。宜用于地下水位以上的一般黏性土、砂土及人工填土地基，不宜用于地下水位以下的上述各类土及淤泥质土地基。

① 钻孔（扩底）灌注桩的施工

a. 钻孔时应符合下列规定：

钻杆应保持垂直稳固，位置正确，防止因钻杆晃动引起扩大孔径；

钻进速度应根据电流值变化，及时调整；

钻进过程中，应随时清理孔口积土，遇到地下水塌孔、缩孔等异常情况时，应及时处理。

b. 钻孔扩底桩的施工直孔部分应按相关标准规定执行，扩底部位尚应符合下列规定：

根据电流值或油压值，调节扩孔刀片切削土量，防止出现超负荷现象；

扩底直径应符合设计要求，经清底扫膛，孔底的虚土厚度应符合规定。

c. 成孔达到设计深度后，孔口应予保护，按灌注桩成孔施工允许偏差规定验收，并做好记录。

d. 浇筑混凝土前，应先放置孔口护孔漏斗，随后放置钢筋笼并再次测量孔内虚土厚度，扩底桩灌注混凝土时，第一次应灌到扩底部位的顶面，随即振捣密实；浇筑桩顶以下5m范围内混凝土时，应随浇随振动，每次浇筑高度不得大于1.5m。

②人工挖孔灌注桩的施工

a. 开孔前，桩位应定位放样准确，在桩位外设置定位龙门桩，安装护壁模板必须用桩心点校正模板位置，并由专人负责。

b. 第一节井圈护壁应符合下列规定：

（a）井圈中心线与设计轴线的偏差不得大于20mm；

（b）井圈顶面应比场地高出150～200mm，壁厚比下面井壁厚度增加100～150mm。

c. 修筑井圈护壁应遵守下列规定：（a）护壁的厚度、拉结钢筋、配筋、混凝土强度均应符合设计要求；（b）上下节护壁的搭接长度不得小于50mm；（c）每节护壁均应在当日连续施工完毕；（d）护壁混凝土必须保证密实，根据土层渗水情况使用速凝剂；（e）护壁模板的拆除宜在24h之后进行；（f）发现护壁有蜂窝、漏水现象时，应及时补强以防造成事故；（g）同一水平面上的井圈任意直径的极差不得大于50mm。

d. 遇有局部或厚度不大于1.5m的流动性淤泥和可能出现涌土涌砂时，护壁施工宜按下列方法处理：（a）每节护壁的高度可减小到300～500mm，并随挖、随验、随浇筑混凝土；（b）采用钢护筒或有效的降水措施。

e. 挖至设计标高时，孔底不应积水，终孔后应清理好护壁上的淤泥和孔底残碴、积水，然后进行隐蔽工程验收。验收合格后，应立即封底和浇筑桩身混凝土。

f. 浇筑桩身混凝土时，混凝土必须通过溜槽，当高度超过3m时，应用串筒，串筒末端离孔底高度不宜大于2m，混凝土宜采用插入式振捣器振实。

g. 当渗水量过大（影响混凝土浇筑质量时），应采取有效措施保证混凝土的浇筑质量。

2）填表说明

①设计桩顶标高：照施工图设计的桩要求办理。

②设计桩径：按施工图设计的桩的设计直径填写。

③自然地面标高：按室外的绝对标高填写。

④桩位编号：按施工图设计的桩位编号填写。

⑤持力层标高：一般指施工图设计基础垫层以下一定深度范围的土层为下卧层，垫层标高即为持力层一定的标高，照图注实际标高填写。

⑥钻孔深度：照实际钻孔深度填写，钻孔深度不应小于设计的钻孔深度。

⑦进入持力层深度：指灌注桩实际进入持力层的深度，照实际填写。

⑧第一次测孔：在第一节钻杆钻入后停机时进行测孔为第一次测孔，应填写测孔的深度、虚土厚度、孔内进水高度。

a. 孔深：第一次钻孔时测量的深度照实际填写。

b. 进水：第一次钻孔孔内的进水的尺寸，照实际填写。

⑨第二次测孔：接上第二节钻杆到钻至要求深度时测孔，应填写测孔的深度、虚土厚度、孔内进水高度。

a. 孔深：第二次钻孔时测量的深度，照实际（虚土）填写。

b. 进水：第二次钻孔孔内进水的尺寸，照实际填写。

⑩混凝土灌注：分别按计算灌注量和实际灌注量填写。

⑪钻孔总用时间：指某桩位施工从钻机开始进尺到完成桩孔成型的总用时间，照实际填写。

3. 套管成孔灌注桩施工记录（C2-54-4-7）

（1）资料表式

套管成孔的灌桩施工记录表　　　　　　表 C2-54-4-7

施工单位＿＿＿＿＿＿＿工程名称＿＿＿＿＿＿＿　　气候＿＿＿＿＿＿施工班组＿＿＿＿＿＿＿

打桩顺序＿＿＿＿＿＿＿跳打后中心距＿＿＿＿＿＿　　桩管规格及重量＿＿＿＿＿＿＿＿＿＿

打桩机类型及编号＿＿＿＿＿＿＿＿＿＿＿＿＿＿　　桩锤类型＿＿＿＿＿＿＿＿＿＿＿＿＿＿

桩锤冲击部分重量＿＿＿＿＿＿＿＿＿＿＿＿＿＿　　桩帽类型及重量＿＿＿＿＿＿＿＿＿＿

桩管上弹性衬垫的材料及厚度＿＿＿＿＿＿＿＿　　桩尖类型＿＿＿＿＿＿＿＿＿＿＿＿＿＿

施工日期	施工班次	钻孔班号	钻孔深度	灌注次数	沉管锤击次数（击/米）						最后十击贯入度（cm）	最后十击平均落距（cm）	沉管时间				停歇时间				实际消耗时间	
					总计	1	2	3	4	5			开始		结束		原因	开始		结束		时	分
													时	分	时	分		时	分	时	分		

序号	第一次加混凝土时间				第一次拔管时间				第一次拔管高度	第二次加混凝土时间				第二次拔管时间				拔管总时间 min	钢筋长度（m）	桩顶离地面深度（cm）	灌注混凝土数量（m³）		
	开始		结束		开始		结束			开始		结束		开始		结束					第一次	第二次	总计
	时	分	时	分	时	分	时	分		时	分	时	分	时	分	时	分						

参加人员	监理（建设）单位	施　工　单　位		
		专业技术负责人	质检员	记录人

注：沉管扩大灌注桩施工记录可参照该表格式填写。

（2）实施要点

1）灌注桩施工应提供的施工技术资料：灌注桩出厂合格证、材料出厂合格证和试验报告、不同桩位的测量放线定位图、施工组织设计、不同桩位的竣工平面图、混凝土试配及试块试验报告、泥浆护壁成孔灌注桩施工记录、干作业灌注桩施工记录、套管成孔灌注桩施工记录、灌注桩检查记录、桩的施工记录、桩的动静载试验报告等资料，提供齐全的为符合要求（合理缺项除外）。

现场记录的原件由施工单位保存，以备查。

2）填表说明：

①打桩顺序：按施工图设计的桩孔编号顺序成桩或按施工组织设计桩孔布置施工，照实际填写。

②跳打后的中心距：套管成孔灌注桩一般应连打，也可依照顺序间隔施打，打桩完成后，测量桩的中心距，照实际测量结果填写。

③桩锤冲击部分重量：按实际选用桩锤类型的相应的冲击部分重量填写。

④桩帽类型及重量：应用适合桩头尺寸的桩帽，照实际选用的桩帽类型和重量填写。

⑤桩管上弹性衬垫的材料及厚度：应用适合桩头尺寸的弹性衬垫，可缓和打入桩时的冲击，使打桩应力均匀分布，延长撞击的持续时间以利桩的贯入，照实际选用的弹性衬垫的材料和厚度填写。

⑥桩尖类型：一般有活瓣桩尖、混凝土桩尖（混凝土强度等级不低于C30等），照实际选用桩尖类型填写。

⑦沉管锤击次数：分别按每米沉管的锤击数填写，并就此进行汇总，填入总记栏内。

⑧最后十击贯入度：指最后3阵中最后一阵的贯入度，照实际填写。

⑨最后十击平均落距：指最后阵中的最后三阵的桩锤平均落距，照实际填写。

⑩实际消耗时间时分：指套管成孔方法完成一个管孔所需要的实际时间填写。

⑪第一次加混凝土时间：第一次用上料斗灌满桩管（或略高于地面）的时间，照实际填写。

⑫第一次拔管时间：混凝土灌满桩管即可开始第一次拔管，照实际填写。

⑬第一次拔管高度：第一次拔管高度控制在能容纳第二次所需混凝土灌注量为限，照实际填写。

⑭第二次加混凝土时间：第二次用上料斗灌满桩管（或略高于地面）的时间，照实际填写。

⑮第二次拔管时间：混凝土灌满桩管即可开始第二次拔管时间，照实际填写。

⑯拔管总时间：按第一次和第二次拔管时间的总和。

⑰灌注混凝土数量：分别按第一次、第二次灌注的混凝土实际数量，并进行汇总，填入总计栏内。

4. 钻孔类桩成孔质量检查记录（C2-54-4-8）

(1) 资料表式

钻孔类桩成孔质量检查记录表　　　　　　表 C2-54-4-8

年　月　日

工程名称			施工单位			
墩台号		桩编号		孔垂直度		
护筒顶标高（m）		设计孔底标高（m）		孔位偏差（m）		
设计直径（m）		成孔孔底标高（m）		前	后	左	右
成孔直径（m）		灌注前孔底标高（m）				
钻孔中出现的问题及处理方法						
钢筋骨架	骨架总长（m）			骨架底面标高（m）		
	骨架每节长（m）			连接方法		
检查意见						
参加人员	监理（建设）单位		施工　单　位			
			专业技术负责人	质检员		记录人

(2) 实施要点

1) 凡钻孔类桩成孔均应用该表进行桩孔质量检查。

2) 填表说明：

①墩台号：墩（台）号：按施工图设计图注的墩（台）编号填写。

②桩编号：指施工图设计图注的桩号。

③孔垂直度：钻孔桩成孔后的孔的垂直度。

④护筒顶标高（m）：护筒埋深按护壁成孔护筒要求的护筒顶标高，照实际护筒顶标高填写。

⑤设计孔底标高（m）：按施工图设计标注的孔底标高填写。

⑥孔位偏差（m）：指钻孔桩成孔后的实际孔位偏差。

a. 前：指钻孔桩成孔后的实际孔位与前孔的偏差。

b. 后：指钻孔桩成孔后的实际孔位与后孔的偏差。

c. 左：指钻孔桩成孔后的实际孔位与左孔的偏差。

d. 右：指钻孔桩成孔后的实际孔位与右孔的偏差。

⑦成孔孔底标高（m）：指钻孔桩成孔后实测的孔底标高。

⑧成孔直径（m）：指钻孔桩成孔后实测的成孔直径。

⑨灌注前孔底标高（m）：指钻孔桩的桩孔施工成孔完成后浇筑桩体材料前实测的孔底标高。

⑩钻孔中出现的问题及处理方法：指钻孔成孔施工过程中出现的问题及对问题的处理方法。

⑪钢筋骨架：指钻孔桩用钢筋骨架。

a. 骨架总长（m）：指钻孔桩用钢筋骨架的总长度。

b. 骨架底面标高（m）：指钻孔桩用钢筋骨架底面标高。

c. 骨架每节长（m）：指钻孔桩用钢筋骨架的骨架每节长度。

d. 连接方法：指钻孔桩用钢筋骨架的连接方法。

3.2.55 降低地下水（C2-55）

资料编制控检要求：

(1) 降低地下水应有专项设计，并按设计要求办理。

(2) 降低地下水施工应认真填写有关降水记录，表列子项填写齐全、正确为符合要求，不按要求填写、子项不全以及后补者均为不符合要求。

(3) 设计或规范规定应进行地下降水处理的，而不进行降低地下水处理的为不符合要求。

3.2.55.1 井点施工记录（通用）（C2-55-1）

1. 资料表式
2. 实施要点

(1) 为了保证施工的正常进行，防止边坡坍方和地基承载能力下降，必须做好基坑的降水工作，使坑底保持干燥。降水的方法有集水井降水和井点降水两类。

集水井降水，是在开挖基坑时沿坑底周围开挖排水沟，在于坑底设集水井，使基坑内的水经排水沟流向集水井，然后用水泵抽出坑外。

井点施工记录（通用） 表 C2-55-1

工程名称： 施工单位：

井点类别				井点孔施工机具规格				
施工日期				天气情况				

井点编号	冲孔起讫时间	井点孔		井点管		灌砂量(kg)	滤管长度(m)	滤管底端标高(m)	沉淀管长度(m)	备注
		直径(mm)	深度(m)	直径(mm)	全长(m)					

参加人员	监理（建设）单位	施 工 单 位		
		专业技术负责人	质检员	记录人

井点降水法有轻型井点、喷射井点和电渗井点几种。它属于人工降低地下水位的方法，除上述三种属于井点降水法之外，还有管井井点和深井泵降水法。

（2）管井井点是沿开挖的基坑，每隔一定距离（20～50m）设置一个管井，每个管井单独用一台水泵（潜水泵、离心泵）进行抽水，以降低地下水位。用此法可降低地下水位5～10m。

（3）深井泵是在当降水深度超过10m以上时，在管井内用一般的水泵降水满足不了要求时，改用特制的深井泵，即称深井泵降水法。

（4）各类井点的适用范围见表 C2-55-1A。

各类井点的适用范围 表 C2-55-1A

项 次	井点类别	土层渗透系数(m/昼夜)	降低水位深度(m)
1	单层轻型井点	0.1～50	3～6
2	多层轻型井点	0.1～50	6～12（由井点层数而定）
3	喷射井点	0.1～2	8～20
4	电渗井点	<0.1	根据选用的井点确定
5	管井井点	20～200	3～5
6	深井井点	10～250	>15

（5）填表说明：

1）井点孔施工机具规格：填写井点施工实际使用的机具规格，如套管冲枪等。

2）井点类别：按实际采用的井点种类填写，如轻型井点（单层或多层）、喷射井点、电渗井点、管井井点、深井泵等。

3）井点编号：按某"井点系统"设计的井点编号填写，如"轻型"1#、2#等。

4）冲孔起讫时间：按冲孔的实际时间填写，如某日某时至某时。

3.2 单位（子单位）工程质量控制资料核查记录（C2）

5) 井点孔：直径：指实际的成孔直径，按量测结果填写；深度：指实际的成孔深度，按量测结果填写。

6) 井点管：直径：照实际埋入井点管的直径填写；全长：照实际埋入井点管的总长度填写。

7) 灌砂量：指单孔的灌砂量，不应小于设计灌砂量的95%。

8) 滤管长度：不同井点系统滤管长度不同，按实际选用的井点系统的滤管长度填写。

9) 滤管底端标高：照滤管底端标高填写。

10) 沉淀管长度：照施工图设计沉淀管长度填写。

3.2.55.2 轻型井点降水记录（C2-55-2）

1. 资料表式

轻型井点降水记录　　　　　　　　　　表 C2-55-2

工程名称：　　　　　　　　　　　施工单位：

观测时间		降水机组		地下水流量 (m^3/h)	观测孔水位读数 (m)				记事	观测记录者
		真空表读数（毫米汞柱）	压力表读数（N/mm^2）		1	2	3	…		
时	分									
备注		降水泵房编号：　　　　机组类别：　　　气象： 实际使用机组数量：　　井点数量：开　　根，停　　根 观测日期：								
参加人员		监理（建设）单位	施工单位							
			专业技术负责人		质检员			试验员		

2. 实施要点

（1）轻型井点降低地下水，是沿基础周围以一定的间距埋入井管（下端为滤管），在地面上用水平铺设的集水总管将各井管连接起来，再于一定位置设置真空泵或离心水泵，开动真空泵和离心水泵后，地下水在真空吸力作用下，经滤管进入井管、集水总管排出，达到降水目的。

①轻型井点布置可根据一个地区、单位的实践规律，或经计算确定间距。

②一层井点降水时降低地下水的深度，约3～6m，地下水位较高需两层或多层井点降水时，一般不用轻型井点，因设备数量多，挖土量大，不经济。

③轻型井点施工记录包括井点施工记录和轻型井点降水记录。

井点为小直径的井，井点施工记录是轻型井点、喷射井点、管井井点、深井井点的"井孔"施工全过程中的有关记录。不同井点采用的不同的施工机械设备、施工方法与措施，应符合施工组织设计的要求，井孔的深度、直径应满足降水设计的要求。垂直孔径宜上下一致，滤管位置应按要求的位置埋设并应居中，应设在透水性较好的含水土层中，井孔淤塞严禁将滤管插入土中，灌砂滤料前应将孔内泥浆适当稀释，灌填高度应符合要求，灌填数量不少于计算值的95%，井孔口应有保护措施。

(2) 填表说明：

1) 观测时间：指某日的某一时间进行了观测，如××点××分。

2) 降水机组：

①真空表读数：按轻型井点抽水设备系统装设的真空表转动时的指针读数填写。

②压力表读数：按轻型井点抽水设备系统装设的压力表运转时的指针读数填写。

3) 地下水流量：按轻型井点若干机组每小时的排水总数量填写。

4) 观测孔水位读数：轻型井点降水设若干观测孔，每一观测孔均应定时观测，并按水位表的读数分别记录。

5) 记事：包括换工作水时间、抽出地下水含泥量、边坡稳定简要描述及井点系统运转情况等。

①换工作水的时间：工作水应保持清洁，不清洁会使喷嘴混合室等部位很快磨损，一般第一次换水应在两天后进行，正常抽水时如发现工作水不清洁，应随时予以更换并应记录。

②抽出地下水的含泥量：应定期取样测试，按实际测试结果填写。

③边坡稳定情况描述包括：

a.基坑概况，如基坑几何尺寸、土壤类别、固结情况；b.有无流砂现象；c.附近建筑物有无相互影响等。

④井点系统运转情况：按每一个机组的井点系统的实际运转情况简述，主要包括井点管畅阻情况，水泵运转是否有故障，是否检修过，原因是什么？排水效果如何？

3.2.55.3 喷射井点降水记录（C2-55-3）

1. 资料表式

喷射井点降水记录　　　　　　　　　　　　　　表 C2-55-3

工程名称：　　　　　　　　　　　　　　　　施工单位：

观测时间		工作水压力 (N/mm^2)	地下水流量 (m^3/h)	观测孔水位读数 (m)				实际抽水的井点编号	记事	观测记录者
时	分			1	2	3	…			
备注		降水泵房编号：　　　　　　　　　　　气候： 机组编号：在运转　　在停止　　在修理　　井点数量：开　　根，停　　根。 观测日期：								
参加人员		监理（建设）单位	施　工　单　位							
		专业技术负责人	质检员					试验员		

2. 实施要点

(1) 喷射井点有喷水井点和喷气井点之分，其工作原理相同，只是工作流体不同，喷水井点以压力水作为工作流体,喷气井点以压缩空气工作为工作流体。

(2) 喷射井点用于深层降水,一般降水深度大于 6m 时采用,降水深度可达 8~20m 及其以下,在渗透参数为 3~50m/天的砂土中应用最为有效。渗透系数为 0.1~3m/天的粉砂的淤泥质土中效果显著。

(3) 喷射井点的主要工作部件是喷射井点内管底端的抽水装置—喷嘴和混合室,当喷射井点工作时,由地面高压离心泵供应的高压工作水(压力 0.7~0.8MPa),经过内外管之间的环形空间直达底端,高压工作水由特制内管的两侧进入到喷嘴喷出,喷嘴处由于过水断面突然收缩变小,使工作水具有极高的流速(30~60m/s),在喷口附近造成负压(形成真空),而将地下水经滤管吸入,吸入的地下水在混合室与工作水混合,进入扩散室,水流流速相对变小,水流压力相对增大,将地下水与工作水一起扬升出地面,经排水管道系统排至某水池或水箱,其中一部分水全部用高压水泵压入井点管作为高压工作水,余下部分水利用低压水泵排走。

(4) 喷射井管的间距一般为 2~3m。冲孔直径为 400~600mm,深度比滤管底深 1m 以上。喷射井点用的高压工作水应经常保持清洁,不得含泥砂或杂物。试抽两天后应更换清水。

成孔与填砂:应用套管冲扩成孔,然后用压缩空气排泥,再插入井点管,最后仔细填砂。

(5) 填表说明:

1) 观测时间:指某日的某一时间进行的观测,如××点××分。

2) 工作水压力:按计算求得:$P = \dfrac{P_0}{d}$

式中 P——水泵工作水压力;

P_0——水高度(m),水箱至井管底部的总高度;

d——水高度与喷嘴前面工作水头的比。

3) 地下水流量:按喷射井点每小时的排水总数量填写。

4) 观测孔:喷射井点降水设若干观测孔,每一观测孔均应定时进行观测,并按编号分别记录。

5) 实际抽水的井点编号:指"运行抽水"井点的编号,照实际抽水的井点编号填写。

6) 记事:包括换工作水时间、工作水含泥量、真空度、基坑边坡稳定简要描述及井点系统运转情况等。

①换工作水时间:工作水应保持清洁,不清洁会使喷嘴、混合室等部位很快磨损,一般第一次换水应在两天后进行,正常抽水时如发现工作水不清洁,应予更换并应记录。

②工作水含泥量:按工作水抽样检验结果填写。

③真空度:地面测定真空度不宜小于 93300Pa,按真空表测定的数据填写。

④基坑边坡稳定情况:包括基坑概况,如基坑几何尺寸、土壤类别、固结情况;有无流砂现象;附近建筑物有无相互影响等。

⑤井点系统运转情况:指单元井点系统内高压水泵、进回水总管、井点管、水池、水箱、电源系统等运转是否正常,有无需要检修之处等。

3.2.55.4 电渗井点降水记录(C2-55-4)

1. 资料表式

电渗井点降水记录 表 C2-55-4

工程名称： 施工单位：

观测时间		连续通电时间	电气设备		井点设备		地下水流量 (m^3/h)	观测孔水位读数 (m)			记事	观测记录者
时	分		电流 (A)	电压 (V)	真空表读数 (毫米汞柱)	压力表读数 (N/mm^2)		1	2	...		

备注	降水泵房编号： 井点类别： 机组数量： 气候： 通电方式：（连续、间歇） 井点根数： 直流电机（或电焊机）数量： 观测日期：

参加人员	监理（建设）单位	施 工 单 位		
		项目技术负责人	专职质检员	工 长

2. 实施要点

（1）电渗井点：适用于渗透性差的（渗透系数小于 0.1m/天）淤泥和淤泥状黏土中，一般与轻型井点和喷射井点结合使用，效果较好。

（2）电渗排水是利用井点管（轻型井点或喷射井点）本身作阴极，沿基坑外围布置，以套管冲枪成孔埋设钢管（$\phi 50 \sim \phi 75$）或钢筋（$\phi 25$ 以上）作阳极，钢管或钢筋垂直埋设于井点管内侧，严禁与相邻阴极相碰，阳极露出地面高度约 20~40cm，埋入地下的深度比井点管深 50cm。阳极间距为 0.8~1.0m（采用轻型井点）或 1.2~1.5m（采用喷射井点），平行交错排列阴阳极，数量宜相等，或阳极数量多于阴极数量，阴阳极分别用电线或扁钢、钢筋连接通路，接至直流发电机（常用 9.6~55kW 直流电焊机代用）的相应电极上，通电后应用电压比降使带负电荷的土粒向阳极移动（电泳作用），带正电荷的孔隙水向阴极方向集中，产生电渗现象，在电渗和真空的双重作用下，强制黏土中的水在井点附近积集，由井点管迅速排出。井点管连续抽水，达到降水目的。通电电压不宜大于 60V，土中电流密度宜为 0.5~1.0A/m^2。

（3）填表说明：

1）观测时间：指某日的某一时间进行观测，如××点××分。

2）连续通电时间：照实际通电时间（一般采用间歇通电，即通电 24 小时后，停电 2~3 个小时再通电）填写。

3）电气设备电流、电压：指实际使用设备的电流和电压。

4）井点设备：

①真空表读数：按轻型或喷射井点真空表的实际读数填写。

②压力表读数：按轻型或喷射井点压力表的实际读数填写。

5）地下水流量：按施工组织设计核定的地下水流量，或按电渗井点每小时的排水总量填写。

6）观测孔水位读数：电渗井点设若干个观测孔，每个观测孔应定时观测并按编号分别记录。

7）记事：包括换工作水时间、通电停电时间、通电井点根数、基坑边坡稳定情况简要描述等。

①换工作水时间：工作水保持清洁，不清洁会使喷嘴、混合室等部位很快磨损，一般第一次换水应在两天后进行，正常抽水时如发现工作水不清洁，应予更换并应记录。

②通电停电时间：指通电停电的实际时间。

③通电井点根数：指实际运行时通电井点管的根数。

④基坑边坡稳定情况描述：包括基坑概况，如基坑几何尺寸、土壤类别、固结情况；有无流砂现象；附近建筑物有无相互影响等。

3.2.55.5 管井井点降水记录（C2-55-5）

1. 资料表式

管井井点降水记录　　　　　　　　表 C2-55-5

工程名称：									
施工单位：									

观测时间		地下水流量 (m^3/h)	各井点内水位读数 (m)			电压 (V)	各泵电流读数			记事	观测记录者
时	分		1	2	…		1	2	3 …		

备注	实际抽水进点数量：	气候：	观测日期：

参加人员	监理（建设）单位	施　工　单　位		
		项目技术负责人	专职质检员	工　长

2. 实施要点

（1）管井井点适用于渗透系数大、地下水位丰富的土层、砂层或轻型井点不易解决的地方。管井井点系统由滤水井管、吸水管、水泵（采用离心水泵、一般每个管井装一台）组成，沿基坑外围每隔一定距离设置一个管井，其深度和距离根据降水面积和深度以及含水层的渗透系数而定。最大埋深10m，间距10~15m。

（2）填表说明：

1）观测时间：指某日的某一时间进行了观测，如××点××分。

2）地下水流量：按施工组织设计核定的地下水流量，或按管井井点若干机组每小时排水总数量填写。

3) 各井点内水位读数：应按时对各个井管内的水位进行测定，并分别予以记录。

4) 电压：离心泵电机的电压值。

5) 各泵电流读数：不同管井内离心泵电机的电流读数。

6) 记事：包括水泵运转、抽出水的含泥量及基坑边坡稳定情况简要描述等。

①水泵运转：按实际运转情况简述。

②抽出水的含泥量：应定期取样测试，按实际测试结果填写。

③基坑边坡稳定情况：包括基坑概况，如基坑几何尺寸、土壤类别、固结情况；有无流砂现象；附近建筑物有无相互影响等。

7) 观测记录者：填写观测人的姓名。

3.2.55.6 深井井点降水记录（C2-55-6）

1. 资料表式

深井井点降水记录　　　　　　　　表 C2-55-6

工程名称：　　　　　　　　　　　　　　施工单位：

井点和观测孔编号	井点类别	水泵功率(kW)	电流(A)	电压(V)	水位读数(孔口起算)(m)	流量(m³/h)	含泥量	记事	观测记录者
井1									
井2									
井3									
…									
观1	观测孔口标高（m）				孔深（m）				
观2	观测孔口标高（m）				孔深（m）				
观3	观测孔口标高（m）				孔深（m）				
…	观测孔口标高（m）				孔深（m）				

备注	观测日期：　　　　气候：

参加人员	监理（建设）单位	施 工 单 位		
		项目技术负责人	专职质检员	工　长

2. 实施要点

（1）深井井点系统由井管、油浸式潜水电泵或深井泵组成。一般每隔15~30m设一个深井井点，深井成孔方法根据土质条件和孔深要求，采用冲击钻孔、回转钻孔、潜水电钻钻孔或水冲法，钻孔时孔位附近不得大量抽水。泥浆或自成泥浆护壁，孔口应及时设套筒，一侧设排泥沟（坑），防止泥浆漫流。孔径应较井管直径大 300mm 以上，孔深可根据抽水期内沉淀物的可能高度适当加深。

（2）深井井点施工程序：井位放样→做井口、安护筒→钻机就位、钻孔→回填井底砂垫层→吊放井管→回填管壁与孔壁间的过滤层→安装抽水控制电路→试抽→降水井正常工作。

（3）填表说明：

1）井点或观测孔编号：按"井点系统"设计的编号依次填写。

2）井点类别：实际采用的井点类别，如轻型（单层或多层）井点、喷射井点、电渗井点、管井井点、深井井点等。

3）水泵功率：指某一井点内抽水泵的电功功率。

4）电流：指某一井点内抽水水泵所用电的电流。

5）电压：指某一井点内抽水水泵所用电的电压。

6）水位读数：指不同井点内的水位数值，按量测的结果（从孔口算起）填写。

7）流量：指深井井点系统某一井点管的每一小时水的排出总量。

8）含泥量：指深井井点系统某一井点排出水的含泥量，按实际抽检测试结果填写。

9）记事：

①水泵运转情况：包括动转是否正常、水泵功率是否满足抽水要求，是否检修过，检修的原因是什么。

②基坑边坡的稳定情况：包括基坑概况，如基坑几何尺寸、土壤类别、固结情况、有无流砂现象、附近建筑物有无相互影响。

3.2.56 基坑工程（C2-56）

1．资料编制控检要求

（1）施工应有专项设计，并按设计要求办理。

（2）施工应认真填写地下连续墙护壁泥浆施工记录，表列子项填写齐全、正确为符合要求，不按要求填写、子项不全以及后补者均为不符合要求。

（3）设计或规范规定应进行地下降水处理的，而不进行降低地下水处理的为不符合要求。

（4）按要求填写齐全、正确为符合要求，不按要求填写子项不全、涂改原始记录以及后补者为不符合要求。责任制签章齐全为符合要求，否则为不符合要求。

2．基本说明

（1）基坑开挖根据支护结构设计、降排水要求，确定开挖方案。

（2）基坑边界周围地面应设排水沟，且应避免漏水、渗水进入坑内；放坡开挖时，应对坡顶、坡面、坡脚采取降排水措施。

（3）基坑周边严禁超堆荷载。

（4）软土基坑必须分层均衡开挖。

（5）基坑开挖过程中，应采取措施防止碰撞支护结构、工程桩或扰动基底原状土。

（6）发生异常情况时，应立即停止挖土，并应立即查清原因和采取措施，方能继续挖土。

（7）用于基坑支护与防水的水泥土搅拌桩等的资料表式、实施要点按复合地基中相关技术要求办理。

3.2.56.1 地下连续墙（C2-56-1）

1. 地下连续墙挖槽施工记录（C2-56-1-1）：

(1) 资料表式

地下连续墙挖槽施工记录表　　　　表 C2-56-1-1

施工单位＿＿＿＿＿＿＿＿＿＿＿＿＿＿＿＿＿＿挖土设备＿＿＿＿＿＿＿＿＿＿＿＿＿＿＿＿＿

工程名称＿＿＿＿＿＿＿＿＿＿＿＿＿＿＿＿＿＿挖槽设计深度、宽度＿＿＿＿＿＿＿＿＿＿＿＿＿

日期班次	单元槽段编号	单元槽段深度		本班挖槽深度(m)	本班挖土数量(m)	挖槽宽度(m)	槽壁垂直度	槽位偏差情况	备注
		本班开始时(m)	本班结束时(m)						

参加人员	监理（建设）单位	施 工 单 位		
		项目技术负责人	专职质检员	工 长

(2) 实施要点

1) 地下连续墙施工工艺即在地面上沿着开挖工程（如地下结构的边墙或挡土墙等）的周边用特制的挖槽机械，在泥浆（又称稳定液、触变泥浆、安定液等）护壁情况下开挖一定长度（一个单元槽段）的沟槽，然后将钢筋笼吊放入沟槽，最后用导管在充满泥浆的沟槽中浇筑混凝土。由于混凝土是由沟槽底部开始逐渐向上浇筑，所以随着混凝土的浇筑即将泥浆置换出来。各个单元槽段由特制的接头连接，这样就形成连续的地下墙。

2) 采用地下连续墙的基本要求：

①除岩溶地区和承压水头很高的砂砾层，不用其他辅助措施不能施工外，其他各种土质皆可采用地下连续墙。

②单元槽段是地下连续墙在延长方向上一次混凝土浇筑长度。槽段的最小长度不得小于挖槽机械的长度。槽段的长度应综合考虑下述因素来确定：

a. 地质条件：当地层不稳定时，为防止槽壁倒坍，应减少槽段尺寸，以缩短槽壁暴露的时间；

b. 地面荷载：附近如有高大建筑物、构筑物或有较大地面荷载时，为保证槽壁的稳定，应缩短槽段长度以缩短槽壁暴露的时间；

c. 起重机的起重能力：由于钢筋笼为整体吊装，所以要根据工地现有起重机起重能

力估算钢筋笼的重量和尺寸,以此推算槽段的长度;

d. 单位时间内混凝土的供应能力:一般每个单元槽段长度内的全部混凝土量,宜在 4h 内浇筑完毕,所以槽段长度应按下式计算;

$$槽段长度(m) = \frac{4h 内混凝土的最大供应量(m^3)}{墙宽(m) \times 墙深(m)}$$

e. 工地上具备的泥浆槽的容积。一般情况下泥浆槽的容积应不小于每一单元段槽壁容积的 2 倍。

③单元槽段还应考虑槽段之间的接头位置,以保证地下连续墙的整体性。一般情况下接头避免设在转角处,以及地下连续墙与内部结构的连接处。一般单元槽段长度取 4~6m。

④地下连续墙成槽过程中,为保持开挖沟槽土壁的稳定,要不间断的向槽中供给优质稳定液——泥浆。泥浆选用和管理好坏,将直接影响到连续墙的工程质量。常用泥浆是由膨润土(或黏土)、水和一些化学稳定剂(如火碱 CMC、碳酸钠)等组成的。详见表 C2-3-1、表 C2-3-2。

⑤泥浆应存放 24 小时以上或加分散剂,使膨润土或黏土充分水化后方可使用。

⑥混凝土的配合比应按设计要求,通过试配确定,混凝土强度一般比设计强度提高 5MPa。水灰比不应大于 0.6;水泥用量不宜少于 370kg/m³;用碎石并掺优良减水剂时水泥用量应为 400kg/m³,坍落度宜为 18~20cm,扩散度宜为 34~38cm。骨料选用中、粗砂及粒径不大于 40mm、导管内径 1/6 和钢筋最小间距的 1/4 的卵石或碎石,宜为 0.5~20mm,宜用 32.5~42.5 级普通硅酸盐水泥或矿渣硅酸盐水泥,并可根据需要掺入外加剂。混凝土的初凝时间应满足浇灌和接头施工工艺的要求。

⑦地下连续墙应按 GB 50204—2002 进行分项工程质量验收,应满足设计并符合标准的有关规定要求。

3) 填表说明:

①挖槽设计深度:按施工图设计的挖槽深度填写。

②挖槽设计宽度:按施工图设计的挖槽宽度填写。

③单元槽段编号:按施工组织设计或按施工图设计的单元槽段编号填写。

④单元槽段深度:分别填记单元槽段深度内本班开始时已挖至的某一深度及本班结束时挖至的深度。

⑤本班挖槽深度:按本班实际挖槽进尺填记。

⑥本班挖土数量:按本班实际挖槽进尺计算得出(长度×宽度×挖土深度)的数量填写。

⑦挖槽宽度:指实际的挖槽宽度,不应小于设计的挖槽宽度。

⑧槽壁垂直度:墙面垂直度应符合设计要求,一般为 $h/200$(h 为墙深),照实际量测的垂直度填写。

⑨槽位偏差情况:按地下连续墙分项工程质量检验评定标准允许偏差项目的要求检查,偏差值不应超过标准规定的限值,照实测允许偏善情况填写。

2. 地下连续墙泥浆护壁质量检查记录(C2-56-1-2):

(1) 资料表式

地下连续墙泥浆护壁质量检查记录

表 C2-56-1-2

施工单位＿＿＿＿＿＿＿＿＿＿＿＿＿＿泥浆搅拌机类型＿＿＿＿＿＿＿＿＿＿＿＿＿＿＿＿

工程名称＿＿＿＿＿＿＿＿＿＿＿＿＿＿膨润土种类和特性＿＿＿＿＿＿＿＿＿＿＿＿＿＿

泥浆配合比（每立方米）：土:水:化学掺合剂 = ＿＿＿＿＿；＿＿＿＿＿；＿＿＿＿＿（kg）

泥浆配合比（每　　盘）：土:水:化学掺合剂 = ＿＿＿＿＿；＿＿＿＿＿；＿＿＿＿＿（kg）

班次	日期	泥浆取样位置	泥浆质量指标									备注
			相对密度	黏度(s)	含砂量(%)	胶体率(%)	失水量(mL/30min)	泥皮厚度(mm)	静切力(mg/cm^2)	稳定性(g/cm^3)	pH	

参加人员	监理（建设）单位	施 工 单 位		
		项目技术负责人	专职质检员	工　长

（2）实施要点

1）泥浆性能指标（表 C2-56-1-1A）

泥浆的性能指标

表 C2-56-1-1A

项次	项　目	性能指标		检验方法
		一般土层	软土层	
1	相对密度	1.04～1.25	1.05～1.25	泥浆比重秤
2	黏度	18～22s	18～25s	500mL/700mL 漏斗法
3	含砂率	<4～8%	<4%	含砂仪
4	胶体率	≥95%	>98%	100mL 量杯法
5	失水量	<30mL/30min	<30mL/30min	失水量仪
6	泥皮厚度	1.5～3.0mm/30min	1～3mm/30min	失水量仪
7	静切力 1min 10min	10～25mg/cm^2	20～30mg/cm^2 50～100mg/cm^2	静切力测量仪
8	稳定性	<0.05 g/cm^3	≤0.02 g/cm^3	500ml 量筒或稳定计
9	pH 值	<10	7～9	pH 试纸

注：表中上限为新制泥浆，下限为循环泥浆。

2）泥浆配合比（表 C2-56-1-1B）

泥浆参考配合比（以重量%计）

表 C2-56-1-1B

土质	膨润土	酸性陶土	纯黏土	CMC	纯碱	分散剂	水	备　注
黏性土	6～8	—	—	0～0.02	—	—	100	
砂	6～8	—	—	0～0.05	—	—	100	
砂砾	8～12	—	—	0.05～0.1	—	0～0.5	100	掺防漏剂
软土	—	8～10	—	0.05	4	0～0.5	100	上海基础公司用
粉质黏土	6～8	—	—	0.5～0.7	0～0.5	—	100	
粉质黏土	1.65	—	8～20	—	0.3	—	100	半自成泥浆
粉质黏土	—	—	12	0.15	0.3	—	100	半自成泥浆

注：1. CMC（即钠羧甲基纤维素）配成 1.5% 的溶液使用。
　　2. 分散剂常用的有碳酸钠或三（聚）磷酸钠。

3) 地下连续墙主要施工机具（表 C2-56-1-1C）

地下连续墙主要施工机具　　　　　表 **C2-56-1-1C**

工　序	序号	名　称	规　格	单位	数量	备　注
多头钻成槽机	1	多头钻机	SF6080 或	台	1	挖槽用
	2	多头钻机架	DZ800×4	台	1	附配套设备装置
	3	卷扬机	组合件	台	1	升降机头用
	4	卷扬机	50kN·慢	台	1	吊排泥管、检修用
钻抓成槽	5	潜水电钻	22kW	台	1	钻导孔用
	6	导板抓斗	60cm	台	1	挖槽及清除障碍物
	7	钻抓机架	组合件	台	1	附配套设备装置
冲击成槽	8	冲击式钻机	20 或 22 型	台	1	冲击成槽用，带冲击锥、掏渣筒
	9	卷扬机		台	1	升降冲击锥用
泥浆制备及处理设备	10	泥浆搅拌机	800L	台	1	制配泥浆用
	11	振动筛	SZ—2	台	1	泥渣处理分离用
	12	旋流器	筒径 250	台	1	泥渣处理分离用，带旋流泵
	13	水泵	2BA—6	台	1	供水用
	14	泥浆泵	3LN	台	3	输送泥浆
	15	灰渣泵	4PH	台	1	供旋流器出泥
	16	抓斗挖土机	0.25m³	台	1	沉淀池清渣用
	17	储浆槽		套	1	储泥浆循环用，带管子阀门
吸泥渣设备	18	潜水砂石泵	Q4PS—1	台	1	多头钻泵举式反循环排泥渣用
	19	砂石泵	4PS	台	1	多头钻泵吸式反循环排泥渣用
	20	真空泵	SZ—4	台	1	多头钻吸渣用
	21	空气压缩机	10m³/min	台	1	多头钻空气吸泥渣用
混凝土浇灌机具设备	22	混凝土浇灌架	组合件	台	1	支承导管
	23	混凝土料斗	1.05m³	个	2	装运混凝土
	24	混凝土导管	Φ200～300mm	套	2	带漏斗，浇灌水下混凝土用
	25	卷扬机		台	1	提升混凝土料斗及导管

4) 填表说明

泥浆配合比：

①土：指膨润土在泥浆配比中的数量，分别按每立方米、每盘填写。

②水：指水在泥浆配比中数量，分别按每立方米、每盘填写。

③化学掺合剂：指化学掺合剂在泥浆配比中数量，分别按每立方米、每盘填写。

3. 地下连续墙混凝土浇筑记录（C2-56-1-3）：

(1) 资料表式

地下连续墙混凝土浇筑记录　　　　　　表 C2-56-1-3

施工单位＿＿＿＿＿＿＿＿＿＿＿　　混凝土设计强度等级＿＿＿＿＿＿＿＿＿＿＿

工程名称＿＿＿＿＿＿＿＿＿＿＿　　混凝土坍落度＿＿＿＿＿＿＿＿＿＿＿＿＿＿

混凝土导管直径＿＿＿＿＿＿＿＿　　混凝土扩散度＿＿＿＿＿＿＿＿＿＿＿＿＿＿

日期	班次	单元槽段编号	本单元槽段混凝土计算浇灌数量（m³）	本单元槽段混凝土实际浇灌数量（m³）	混凝土浇灌平均速度（m³/h）	混凝土实测的坍落度（cm）	导管埋入混凝土深度（m）	备注

参加人员	监理（建设）单位	施 工 单 位		
		专业技术负责人	质检员	记录人

（2）实施要点

1）混凝土设计强度等级：照施工图设计的混凝土强度等级填写。

2）混凝土坍落度：指混凝土试配设计中要求达到的混凝土塌落度，照混凝土试配单坍落度填写。

3）混凝土导管直径：指直接向"连续墙"输送混凝土的导管直径，导管内径一般为 150～200mm，间距一般为 3～4m，最大 4.5m。由 2～3mm 厚度钢板卷焊制成，每节 2～2.5m 并配数节 1～1.5mm 调节长度的短管。按实际选用填写。

4）混凝土扩散度：宜为 34～38cm，照实际扩散度填记。

5）单元槽段编号：按施工图设计或施工组织设计的单元槽段编号填写。

6）本单元槽段混凝土计算浇灌数量：一般按施工设计图注的混凝土浇灌量，也可按施工单位复核计算的混凝土浇灌量填写。

7）本单元槽段混凝土实际浇灌数量：照实际浇灌数量填写。

8）混凝土浇灌平均速度：应满足规范要求。采用导管法，槽内混凝土上升速度不应小于 2m³/h。

9）混凝土实测的坍落度：指混凝土施工在浇筑地点测试的混凝土坍落度，照实际填写。

10）导管埋入混凝土的深度：导管埋入混凝土 2～4m，最小埋深不得小于 1.5m。照实际导管埋入混凝土的深度填写。

3.2.56.2A　锚杆成孔记录（C2-56-2A）

1. 资料表式

锚 杆 成 孔 记 录　　　　　　　　　　表 C2-56-2A

工程名称：　　　　　　　　　　　　　　　　施工单位：

成孔日期	锚孔编号	锚孔层号	土层类型	孔体检查				备注
				孔直径	孔深度	孔倾角	孔间距	

参加人员	监理（建设）单位	施 工 单 位		
		项目技术负责人	专职质检员	工　长

2. 实施要点

(1) 锚杆成孔记录是指为保证基坑边坡的稳定，对基坑边坡锚杆成孔记录。

(2) 锚杆支护应有专项设计，施工时必须符合设计及规范规定。

(3) 填表说明：

1) 锚孔编号：指实际的锚孔编号。锚孔编号由施工单位按施工实际编号或按施工图设计的锚孔编号；

2) 锚孔层号：指整个护坡面深度范围内从上而下排列的某一层的层号；

3) 孔体检查：分别按孔深度、孔直径、孔倾角、孔间距进行检查。

3.2.56.2B 锚杆安装记录（C2-56-2B）

1. 资料表式

锚 杆 安 装 记 录　　　　　　　　　　表 C2-56-2B

工程名称：　　　　　　　　　　　　　　　　施工单位：

序号	施工日期	锚孔编号	锚孔层号	锚杆检查				备注
				锚杆直径	锚杆长度	锚杆间距	锚杆水平度	

附图	

参加人员	监理（建设）单位	施 工 单 位		
		项目技术负责人	专职质检员	工　长

2. 实施要点

(1) 锚杆安装记录是为保证基坑边坡的稳定，对基坑边坡锚杆安装记录。

(2) 填表说明：

1) 锚孔编号：指实际的锚孔编号。铺孔编号由施工单位按施工实际编号或按施工图设计的锚孔编号；

2) 锚孔层号：指整个护坡面深度范围内从上而下排列的某一层的层号；

3) 锚杆检查：分另按锚杆直径、水平度、锚杆长度、锚杆间距进行检查。

3.2.56.2C 预应力锚杆张拉与锁定施工记录（C2-56-2C）

1. 资料表式

预应力锚杆张拉与锁定施工记录　　　　　　　表 C2-56-2C

工程名称：　　　　　　　　　　　　　　　施工单位：

锚孔编号	施工日期	张拉荷载（kN）	油压表读数（MPa）	测定时间（min）	锚头位移（mm）			锚头位移增量（mm）	锁定荷载（kN）
					1	2	3		

参加人员	监理（建设）单位	施 工 单 位		
		项目技术负责人	专职质检员	工　长

2. 实施要点

(1) 预应力锚杆张拉与锁定施工记录是采用预应力锚杆支护时，当浆液达到设计强度后，对锚杆的张拉与锁定过程的记录。

(2) 填表说明：

1) 张拉荷载：指张拉时实际荷载；

2) 锁定荷载：指锁定时实际荷载。

3.2.56.2D 注浆及护坡混凝土施工记录（C2-56-2D）

1. 资料表式

注浆及护坡混凝土施工记录　　　　　　　　　表 C2-56-2D

工程名称：　　　　　　　　　　　　　　　施工单位：

序号	施工日期	孔编号	孔层号	孔体注浆			护坡面混凝土				备注
				材料及配合比	注浆压力	注浆量	强度等级	坍落度	混凝土量	浇筑时间	

附图				
参加人员	监理（建设）单位	施 工 单 位		
		项目技术负责人	专职质检员	工　长

2. 实施要点

(1) 注浆及护坡混凝土施工记录是为保证基坑边坡的稳定,对基坑边坡采用土钉墙或锚杆注浆及混凝土护坡支护施工时所作的施工记录。

(2) 填表说明:

1) 孔体注浆

①材料及配合比:设计配制的浆体及使用的原材料。

②注浆压力:施工时的注浆压力。

③注浆量:单个孔体注浆量。

2) 护坡面混凝土

①混凝土强度等级:指设计选定的混凝土强度等级。

②坍落度:指施工时采用的坍落度,不得大于试配的坍落度。

③厚度:指坡面混凝土设计厚度。

3.2.56.3A 土钉墙土钉成孔施工记录(C2-56-3A)

1. 资料表式

土钉墙土钉成孔施工记录　　　　表 C2-56-3A

施工单位:

序号	施工日期	土钉孔编号	土钉孔层号	土钉孔检查				护坡面坡度	成孔时间	备注
				土钉孔直径	孔体水平度	土钉孔长度	土钉孔间距			

附图	

参加人员	监理(建设)单位	施 工 单 位		
		项目技术负责人	专职质检员	工　长

2. 实施要点

(1) 土钉墙法

采用土钉墙法进行深基坑支护需进行土钉抗拉承载力计算、土钉墙整体稳定性验算等。

1) 土钉墙法的构造要求

①土钉墙设计及构造应符合下列规定:土钉墙墙面坡度不宜大于1:0.1;土钉必须和面层有效连接,应设置承压板或加强钢筋等构造措施,承压板或加强钢筋应与土钉螺栓连接或钢筋焊接连接;土钉的长度宜为开挖深度的0.5~1.2倍,间距宜为1~2m,与水平面夹角宜为5°~20°;土钉钢筋宜采用HRB335、HRB400级钢筋,钢筋直径宜为16~

32mm，钻孔直径宜为 70～120mm；注浆材料宜采用水泥浆或水泥砂浆，其强度等级不宜低于 M10；喷射混凝土面层宜配置钢筋网，钢筋直径宜为 6～10mm，间距宜为 150～300mm；喷射混凝土强度等级不宜低于 C20，面层厚度不宜小于 80mm；坡面上下段钢筋网搭接长度应大于 300mm。

②当地下水位高于基坑底面时，应采取降水或截水措施；土钉墙墙顶应采用砂浆或混凝土护面，坡顶和坡脚应设排水措施，坡面上可根据具体情况设置泄水孔。

2）施工与检测

①上层土钉注浆体及喷射混凝土面层达到设计强度的 70% 后方可开挖下层土方及下层土钉施工。

②基坑开挖和土钉墙施工应按设计要求自上而下分段分层进行。在机械开挖后，应辅以人工修整坡面，坡面平整度的允许偏差宜为 ±20mm，在坡面喷射混凝土支护前，应清除坡面虚土。

③土钉墙施工可按下列顺序进行：应按设计要求开挖工作面，修整边坡，埋设喷射混凝土厚度控制标志；喷射第一层混凝土；钻孔安设土钉、注浆，安设连接件；绑扎钢筋网，喷射第二层混凝土；设置坡顶、坡面和坡脚的排水系统。

土钉成孔施工宜符合下列规定：孔深允许偏差 ±50mm；孔径允许偏差 ±5mm；孔距允许偏差 ±100mm；成孔倾角偏差 ±5%。

喷射混凝土作业应符合下列规定：喷射作业应分段进行，同一分段内喷射顺序应自下而上，一次喷射厚度不宜小于 40mm；喷射混凝土时，喷头与受喷面应保持垂直，距离宜为 0.6～1.0m；喷射混凝土终凝 2h 后，应喷水养护，养护时间根据气温确定，宜为 3～7h；

喷射混凝土面层中的钢筋网铺设应符合下列规定：钢筋网应在喷射一层混凝土后铺设，钢筋保护层厚度不宜小于 20mm；采用双层钢筋网时，第二层钢筋网应在第一层钢筋网被混凝土覆盖后铺设；钢筋网与土钉应连接牢固。

土钉注浆材料应符合下列规定：注浆材料宜选用水泥浆或水泥砂浆；水泥浆的水灰比宜为 0.5，水泥砂浆配合比宜为 1:1～1:2（重量比），水灰比宜为 0.38～0.45；水泥浆、水泥砂浆应拌合均匀，随拌随用，一次拌合的水泥浆、水泥砂浆应在初凝前用完。

注浆作业应符合以下规定：注浆前应将孔内残留或松动的杂土清除干净；注浆开始或中途停止超过 30min 时，应用水或稀水泥浆润滑注浆泵及其管路；注浆时，注浆管应插至距孔底 250～500mm 处，孔口部位宜设置止浆塞及排气管；土钉钢筋应设定位支架。

土钉墙应按下列规定进行质量检测：土钉采用抗拉试验检测承载力，同一条件下，试验数量不宜少于土钉总数的 1%，且不应少于 3 根；墙面喷射混凝土厚度应采用钻孔检测，钻孔数宜每 100m² 墙面积一组，每组不应少于 3 点。

(2) 填表说明

1）土钉孔编号：照实际的土钉孔编号填写。土钉孔编号由施工单位按施工实际编号或按施工图设计的土钉孔编号。

2）土钉孔层号：指整个护坡面深度范围内从上而下排列的某一层的层号，照实际填写。

3）土钉孔检查：

①土钉孔直径:指实际钻成的土钉孔直径,照实际测检的结果填写。
②孔体水平度:指实际钻成的土钉孔的水平度,照实际测检的结果填写。
③土钉孔长度:指实际钻成的土钉孔的长度,照实际测检的结果填写。
④土钉孔间距:指实际钻成土钉孔与孔之间的间距,照实际测检的结果填写。

4)护坡面坡度:指土钉墙护坡面的坡度,照实际测检的结果填写。

3.2.56.3B 土钉墙土钉钢筋安装施工记录(C2-56-3B)

1. 资料表式

土钉墙土钉钢筋安装施工记录表　　　　　表 C2-56-3B

工程名称　　　　　　　　　　　　　　　　　　　　　　施工单位:

序号	施工日期	土钉孔层号	土钉孔编号	土钉孔钢筋检查					坡面钢筋			备注
				直径	根数	箍筋间距	钢筋长度	保护层厚度	上段筋	下段钢筋	搭接长度	

附图			
参加人员	监理(建设)单位	施　工　单　位	
		项目技术负责人　专职质检员　工　长		

2. 实施要点

(1) 土钉墙土钉钢筋安装施工应有专项设计,并按设计要求办理。

(2) 填表说明:

1) 土钉孔层号:指整个护坡面深度范围内从上而下排列的某一层的层号,照实际填写。

2) 土钉孔编号:照实际的土钉孔编号填写。土钉孔编号由施工单位按施工实际编号或按施工图设计的土钉孔编号。

3) 土钉孔钢筋的检查:

①直径:指土钉孔钢筋直径,照实际钢的直径填写。

②根数:指土钉孔钢筋根数,照实际的根数填写。

③箍筋间距:指土钉孔钢筋的箍筋间距,照实际的箍筋间距填写。

④钢筋长度:指土钉孔钢筋长度,照实际钢筋的长度填写。

⑤保护层厚度:指土钉孔的保护层厚度,照实际的保护层厚度填写。

4) 坡面钢筋:指护坡面用的钢筋,照实际填写。

①上段钢筋:指护坡面上段用的钢筋,照实际填写;

②下段钢筋:指护坡面下段用的钢筋,照实际填写;

③钢筋搭长:指护坡面上下的搭接长度,照实际填写。

3.2.56.3C 土钉墙土钉注浆及护坡混凝土施工记录（C2-56-3C）

1. 资料表式

土钉墙土钉注浆及护坡混凝土施工记录　　　　　　表 **C2-56-3C**

工程名称：　　　　　　　　　　　　　　　　　　　　　施工单位：

序号	施工日期	土钉孔编号	土钉孔层号	土钉孔注浆			护坡面混凝土量	浇筑时间	备注
				土钉孔直径	孔体混凝土量	土钉孔长度			

附图	

参加人员	监理（建设）单位	施工单位		
		项目技术负责人	专职质检员	工长

2. 实施要点

（1）土钉墙土钉注浆及护坡混凝土施工应有专项设计，并按设计要求办理。

（2）填表说明：

1) 土钉孔编号：照实际的土钉孔编号填写。土钉孔编号由施工单位按施工实际编号或按施工图设计的土钉孔编号。

2) 土钉孔层号：指整个护坡面深度范围内从上而下排列的某一层的层号，照实际填写。

3) 桩孔注浆：

①砂浆配比：水泥砂浆宜为 1.1～1.2 重量比，照实际填写；

②水灰比：水泥浆宜为 0.5，水泥砂浆宜为 0.38～0.45，照实际填写。

4) 坡面混凝土检查：

①混凝土强度等级：照设计选定的混凝土强度等级填写。

②坍落度：指施工的实际坍落度，照实际填写；不得大于试配的坍落度。

③坡面平整度：照实际检查结果填定。坡面坡度与平整度应符合设计要求。

④坡面混凝土厚度：指设计的混凝土厚度。照实际施工的坡面混凝土厚度填写。

（3）土钉墙土钉注浆及护坡混凝土施工用表也可采用注浆及护坡混凝土施工记录（表C2-56-3C）。

3.2.57 沉井与沉箱（C2-57）

资料编制控检要求：

（1）施工应提供的施工技术资料：材料出厂合格证和试验报告、施工组织设计、施工记录、下沉完毕检查记录、工程质量验收资料、质量事故处理报告等，提供齐全的为符合要求（合理缺项除外）。

现场记录的原件由施工单位保存，以备查。

（2）下沉施工记录的施工应有专项设计，并按设计要求办理。

(3) 下沉施工应认真填写沉井下沉施工记录表，表列子项填写齐全、正确为符合要求，不按要求填写、子项不全以及后补者均为不符合要求。

(4) 按要求填写齐全正确为符合要求，不按要求填写子项不全、涂改原始记录以及后补者为不符合要求。责任制签章齐全为符合要求，否则为不符合要求。

3.2.57.1 沉井下沉施工记录（C2-57-1）

1. 资料表式

沉井下沉施工记录　　　　　　　　　　　　　表 C2-57-1

工程名称		施工单位			班次	
出土量（m³）			出勤人数（工日）			
含泥量			气候		温度（℃）	
刃脚编号	1	2	3	4		
刃脚标高（m）					平均标高（m）	
下沉量（mm）					平均值（mm）	
土的类别			该层土开始标高（m）			
机械设备管路等情况						
刃脚掏空情况						
井内各孔土面标高和锅底情况						
倾斜和水平位移的情况						
备注						
参加人员	监理（建设）单位		施工单位			
			项目技术负责人	专职质检员		工长

2. 实施要点

(1) 沉井工程的地质勘察资料，是制定施工方案，编制施工组织设计的依据。因此除应有完整的工程地质报告及施工图设计之外，尚应符合下列规定：

1) 面积在 200m² 以下的沉井，不得少于一个钻孔；

2) 面积在 200² 以上的沉井，应在四角（圆形为相互垂直两直径与圆周的交点）附近各取一个钻孔；

3) 沉井面积较大或地质条件复杂时，应根据具体情况增加钻孔数。

(2) 每座沉井至少应有一个钻孔提供土的各项物理力学指标，其余钻孔应能鉴别土层变化情况。

(3) 沉井刃脚的形状和构造，应与下沉处的土质条件相适应。在软土层下沉的沉井，为防止突然下沉或减少突然下沉的幅度，其底部结构应符合下列规定：

1) 沉井平面布置应分孔（格）、圆形沉井亦应设置底梁予以分格。每孔（格）的净空面积可根据地质和施工条件确定；

2) 隔墙及底梁应具有足够的强度和刚度；

3) 隔墙及底梁的底面，宜高于刃脚踏面 0.5~1.0m；

4) 刃脚踏面宜适当加宽，斜面水平倾角不宜大于 60°。

(4) 沉井制作应在场地和中轴线验收以后进行。刃脚支设可视沉井重量、施工荷载和地基承载力情况，采用垫架、半垫架、砖垫座或土底模。沉井接高的各节竖向中心线应与前一节的中心线重合或平行。沉井外壁应平滑，如用砖砌筑，应在外壁表面抹一层水泥砂浆。

沉井分节制作的高度，应保证其稳定性并能使其顺利下沉。如采用分节制作一次下沉的方法时，制作总高度不宜超过沉井短边或直径的长度，亦不应超过 12m；总高度超过时，必须有可靠的计算依据和采取确保稳定的措施。

分节制作的沉井，在第一节混凝土达到设计强度的 70% 后，方可浇筑其上一节混凝土。冬期制作沉井时，第一节混凝土或砌筑砂浆未达到设计强度，其余各节未达到设计强度的 70% 前，不应受冻。

(5) 沉井若需浮运时，应在混凝土达到设计规定的强度后下（入）水。沉井浮运前，应与航运、气象和水文等部门联系，确定浮运和沉放时间，沉放时应在沉放地点的上游和周围设立明显标志，或用驳船及其公共漂浮设备防护、并应有能满足承载和稳定要求的水下基床。当基床坡度大于 3% 时，应预先整平，其范围应较沉井外壁尺寸放宽 2m。

(6) 沉井下沉有排水下沉和不排水下沉两种方法。排水下沉常用明沟集水井排水、井点排水或井点与明沟排水相结合的方法。不排水下沉的方法有：抓斗在水中取土；水力冲刷器冲刷土；空气吸泥机或水力吸泥机吸水中的泥土。沉井工程施工应编制沉井工程施工组织设计，并进行分阶段下沉系数的计算，作为确定下沉施工方法和采取技术措施的依据。沉井第一节的混凝土或砌筑砂浆，达到设计强度以后，其余各节达到设计强度的 70% 后，方可下沉。挖土下沉时，应分层、均匀、对称地进行，使其能均匀竖直下沉，不得有过大的倾斜。由数个井孔组成的沉井，为使其下沉均匀，挖土时各井孔土面高差不应超过 1m。采用泥浆润滑套减阻下沉的沉井，应设置套井，顶面宜高出地面 300~500mm，其外围应回填黏土并分层夯实。沉井外壁设置台阶形泥浆槽，宽度宜为 100~200mm，距刃脚踏面的高度宜大于 3m。

沉井下沉时，槽内应充满泥浆，其液面应接近自然地面，并储备一定数量泥浆，以供下沉时及时补浆。泥浆的性能指标可按地下连续墙泥浆性能指标选用。

沉井下沉过程中，每班至少测量两次，如有倾斜、位移应及时纠正，并应做好记录。沉井下沉至设计标高，应进行沉降观测，在 8 小时内下沉量不大于 10mm 时，方可封底。

(7) 干封底时，应符合下列规定：

1) 沉井基底土面应全部挖至设计标高；
2) 井内积水应尽量排干；
3) 混凝土凿毛处应洗刷干净；
4) 浇筑时，应防止沉井不均匀下沉，在软土层中封底宜分格对称进行；
5) 在封底和底板混凝土未达到设计强度以前，应从封底以下的集水井中不间断地抽水。停止抽水时，应考虑沉井的抗浮稳定性，并采取相应的措施。

(8) 采用导管法进行水下混凝土封底，应符合下列规定：

1) 基底为软土层时，应尽可能将井底浮泥清除干净，并铺碎石垫层；
2) 基底为岩基时，岩面处沉积物及风化岩碎块等应尽量清除干净；
3) 混凝土凿毛处应洗刷干净；
4) 水下封底混凝土应在沉井全部底面积上连续浇筑。当井内有间隔墙、底梁或混凝土供应量受到限制时，应预先隔断分格浇筑；
5) 导管应采用直径为 200~300mm 的钢管制作，内壁表面应光滑并有足够的强度和刚度，管段的接头应密封良好和便于装拆。每根导管上端应装有数节1m的短管；

6）导管的数量由计算确定，布置时应使各导管的浇筑面积相互覆盖，导管的有效作用半径一般可取3~4m；

7）水下混凝土面平均上升速度不应小于0.25m/h，坡度不应大于1:5；

8）浇筑前，导管中应设置球、塞等以隔水；浇筑时，导管插入混凝土的深度不宜小于1m；

9）水下混凝土达到设计强度后，方可从井内抽水，如提前抽水，必须采取确保质量和安全的措施。

(9) 配制水下封底用的混凝土，应符合下列规定：

1）配合比应根据试验确定，在选择施工配合比时，混凝土的试配强度提高10%~15%；

2）水灰比不宜大于0.6；

3）有良好的和易性，在规定的浇筑期间内，坍落度应为16~22cm；在灌筑初期，为使导管下端形成混凝土堆，坍落度宜为14~16cm；

4）水泥用量一般为350~400kg/m^3；

5）粗骨料可选用卵石或碎石粒径，以5~40mm为宜；

6）细骨料宜采用中、粗砂，砂率一般为45%~50%；

7）可根据需要掺用外加剂。

(10) 对下列各分项工程，应进行中间验收并填写隐蔽工程验收记录：

1）沉井的制作场地和筑岛；

2）浮运的沉井水下基床；

3）沉井（每节）应在下沉或浮运前进行中间验收；

4）沉井下沉完毕后位置、偏差和基底的验收应在封底前进行。用不排水法施工的沉井基底，可用触探及潜水检查，必要时可用钻孔方法检查。沉井、沉箱下沉完毕后应做好记录。

(11) 填表说明：

1）含泥量：指不排水下沉挖土时，应用水力吸泥机或空气吸泥机等取土时泥浆中的含泥量，按实测结果填写。

2）刃脚标高：指沉井下沉完成后，测量刃脚底面对称的四个点，从而检查沉井下沉偏移情况。还应指出，沉井下沉时，每班至少检测一次。一般下沉一节均应测量1~2次刃脚标高，以便及时调整沉井下沉的偏移。照实测结果填写。

3）平均标高：指测量刃脚底面对称的四个点的算术平均值。

4）下沉量：指测量对应于刃脚底面对称的四个点的下沉量。

5）平均值：指测量对应于刃脚底面对称的四个点的算术平均值。

6）机械设备管路等情况：指挖土机械、供排水管路、井点系统，空压机、高压水泵等运转情况，可据实记录。

7）刃脚掏空情况：指刃脚处1~1.5m的范围内，一般每隔2~3m向刃脚方向逐层全面、对称、均匀的削落土层，每次削5~10cm的情况，可据实记录。

8）井内各孔土面标高及锅底情况：井内各孔的土面标高指沉井由多个井孔组成对、

各井孔内的土面高差宜不大于0.5m；锅底情况指井底中间的除挖部分，一般锅底应比刃脚底低1~1.5m，照实际测量结果填写。

9）倾斜及水平位移情况：指沉井下沉完成后的倾斜及水平位移情况，按上述实测结果评定后简记。

3.2.57.2 沉井、沉箱下沉完毕检查记录（C2-57-2）

1. 资料表式

沉井、沉箱下沉完毕检查记录表　　　　　　　　表C2-57-2

施工单位＿＿＿＿＿＿＿＿工程名称＿＿＿＿＿＿＿＿＿＿＿年＿＿＿月＿＿＿日

沉井、沉箱开始下沉日期		开始下沉时刃脚标高(m)			
沉井、沉箱下沉完毕日期		下沉完毕时刃脚标高(m)			
基础平整后高于(低于)刃脚下(mm)		刃脚下的土质			
		挖土方法			
为核对预先勘察的地质资料，曾在沉井、沉箱中挖深井(钻孔)，挖掘深度达刃脚下(m)					
有无异常情况					
沉井、沉箱平面位置(在刃脚平面上)与设计位置的偏差	水平纵轴线偏移(mm)				
	水平横轴线偏移(mm)				
沉井、沉箱刃脚高差测量结果(m)	编号	1	2	3	4
	设计(m)				
	实测(m)				
检查结论：					
参加人员	监理(建设)单位	施工单位			
		项目技术负责人	专职质检员	工　　长	

2. 实施要点

（1）沉井、沉箱下沉及其完毕后的施工应有专项设计，并按设计要求办理。

（2）填表说明：

1）沉井、沉箱下沉完毕后应按表列内容进行检查，并按检查结果填记结论。

2）刃脚标高：是沉井沉箱下沉时及下沉完毕后必须检测的主要数据。刃脚标高是否符合标准规定直接影响沉井沉箱的工程质量，应检查：开始下沉时的刃脚标高，下沉完毕后的刃脚标高；下沉前基底平整后高于或低于刃脚的数值；刃脚下为何种土质，采用什么方法挖除；应核对工程地质条件是否符合实际，曾在沉井、沉箱中挖探井或钻孔，挖掘深度达到刃脚多少米，是否发现什么；沉井、沉箱的平面位置偏差；沉井、沉箱刃脚高差的测量结果，根据这些对已经完成的沉井、沉箱工程质量作出结论。

3.2.58 预制桩、钢桩、预拌混凝土发货单、预拌混凝土质量证书（C2-58）

工程用预制桩进厂后，需经施工单位，监理单位或建设单位一起进行桩的进场验收，验收合格后方可使用。

3.2.58.1 钢筋混凝土预制桩、钢桩合格证（C2-58-1）

钢筋混凝土预制桩、钢桩合格证按生产厂家提供的出厂合格证表式执行，或按C2-3-2表式粘贴。

3.2.58.2 预拌混凝土发货单、预拌混凝土质量证书（C2-58-2）

预拌混凝土订货单、预拌混凝土发货单、预拌混凝土质量证书按C2-7-3-1、C2-7-3-2表式执行。

3.2.59 桩基检测资料（C2-59）

桩的静荷载试验、动测试验报告，是桩施工过程中的必试项目，桩的检测单位应有相应资质。应用表式可按检测单位现行用表。

3.2.59.1 桩基检测报告实施说明（C2-59-1）

1. 桩基检测应制定桩基检测方案。
2. 受检桩位的确定原则：
   (1) 基桩的承载力检测，应首选成桩质量较差的基桩。
   注：基桩即桩基础中的单桩。
   (2) 当采用两种或两种以上检测方法进行成桩质量检测时，确认应依据前一种试验方法的检测结果选择成桩质量较差的基桩。
   (3) 选择对施工质量有怀疑的桩。
   (4) 选择设计方认为重要的桩。
   (5) 选择岩土特性复杂可能影响施工质量的桩。
   (6) 选择代表不同施工工艺条件和不同施工单位的桩。
   (7) 同类型的桩宜均匀分布。
3. 桩基检测方案应包括的内容：桩基检测方法；桩基检测数量、编号及其桩位平面图。
4. 对存在质量问题桩基的处理原则：
   (1) 单桩承载力的最终确定以静载试验报告为准。
   (2) 对基桩反射波法检测结果有怀疑或争议时，可采用钻孔抽芯法、高应变动力试验或直接开挖进行验证；对超声波透射法检测结果有怀疑或争议时，可重新组织超声波透射检测，或在同一基桩加钻孔取芯验证；对钻孔抽芯检测结果有怀疑或争议时，可在同一基桩加钻孔取芯验证。
   (3) 当基桩承载力或成桩质量未达到设计要求时，不得仅对不合格桩进行处理即予验收。应由监理、勘察、设计、施工、检测单位及监督机构，认真分析，提出方案予以处理。
   (4) 对桩基检测报告有异议时，必须向质量监督机构反映，然后委托仲裁检测机构进行重新检测。
   (5) 对质量有怀疑或经加固补强的桩基，应有经设计部门认可的文件，并附入竣工验收资料。

3.2.59.2 基桩钻芯法试验检测报告（C2-59-2）

实施要点：

(1) 钻芯法适用于检测混凝土灌注桩的桩长、桩身混凝土强度、桩底沉渣厚度和桩身完整性，判定或鉴别桩端持力层岩土性状。

(2) 现场操作：

1) 每根受检桩的钻芯孔数和钻孔位置宜符合下列规定：

①桩径小于 1.2m 的桩钻 1 孔，桩径为 1.2~1.6m 的桩钻 2 孔，桩径大于 1.6m 的桩钻 3 孔。

②当钻芯孔为一个时，宜在距桩中心 10~15cm 的位置开孔；当钻芯孔为两个或两个

以上时,开孔位置宜在距桩中心 $0.15\sim0.25D$ 内均匀对称布置。

③对桩端持力层的钻探,每根受检桩不应少于一孔,且钻探深度应满足设计要求。

2)钻机设备安装必须周正、稳固、底座水平。钻机立轴中心、天轮中心(天车前沿切点)与孔口中心必须在同一铅垂线上。应确保钻机在钻芯过程中不发生倾斜、移位,钻芯孔垂直度偏差不大于 0.5%。

3)当桩顶面与钻机底座的距离较大时,应安装孔口管,孔口管应垂直且牢固。

4)钻进过程中,钻孔内循环水流不得中断,应根据回水含砂量及颜色调整钻进速度。

5)提钻卸取芯样时,应拧卸钻头和扩孔器,严禁敲打卸芯。

6)每回次进尺宜控制在 1.5m 内;钻至桩底时,宜采取适宜的钻芯方法和工艺钻取沉渣并测定沉渣厚度,并采用适宜的方法对桩端持力层岩土性状进行鉴别。

7)钻取的芯样应由上而下按回次顺序放进芯样箱中,芯样侧面上应清晰标明回次数、块号、本回次总块数,并应按表 C2-59-2A 的格式及时记录钻进情况和钻进异常情况,对芯样质量进行初步描述。

钻芯法检测现场操作记录表 表 C2-59-2A

桩 号				孔号		工程名称		
时 间		钻进(m)			芯样编号	芯样长度(m)	残留芯样	芯样初步描述及异常情况记录
自	至	自	至	计				
检测日期				机长:		记录:		页次:

8)钻芯过程中,应按表 C2-59-2B 的格式对芯样混凝土、桩底沉渣以及桩端持力层详细编录。

钻芯法检测芯样编录表 表 C2-59-2B

工程名称			日期		
桩号/钻芯孔号		桩径		混凝土设计强度等级	
项 目	分段(层)深度(m)	芯 样 描 述		取样编号取样深度	备注
桩身混凝土		混凝土钻进深度,芯样连续性、完整性、胶结情况、表面光滑情况、断口吻合程度、混凝土芯是否为柱状、骨料大小分布情况,以及气孔、空洞、蜂窝麻面、沟槽、破碎、夹泥、松散的情况			
桩底沉渣		桩端混凝土与持力层接触情况、沉渣厚度			
持力层		持力层钻进深度、岩土名称、芯样颜色、结构构造、裂隙发育程度、坚硬及风化程度 分层岩层应分层描述		(强风化或土层时的动力触探或标贯结果)	
检测单位:		记录员:		检测人员:	

9）钻芯结束后，应对芯样和标有工程名称、桩号、钻芯孔号、芯样试件采取位置、桩长、孔深、检测单位名称的标示牌的全貌进行拍照。

10）当单桩质量评价满足设计要求时，应采用0.5～1.0MPa压力，从钻芯孔孔底往上用水泥浆回灌封闭；否则应封存钻芯孔，留待处理。

（3）芯样试件截取与加工：

1）截取混凝土抗压芯样试件应符合下列规定：

①当桩长为10～30m时，每孔截取3组芯样；当桩长小于10m时，可取2组，当桩长大于30m时，不少于4组。

②上部芯样位置距桩顶设计标高不宜大于1倍桩径或1m，下部芯样位置距桩底不宜大于1倍桩径或1m，中间芯样宜等同距截取。

③缺陷位置能取样时，应截取一组芯样进行混凝土抗压试验。

④当同一基桩的钻芯孔数大于一个，其中一孔在某深度存在缺陷时，应在其他孔的该深度处截取芯样进行混凝土抗压试验。

2）每组芯样应制作三个芯样抗压试件。芯样试件应按《建筑基桩检测技术规范》（JGJ106—2003）规范附录E进行加工和测量。

（4）芯样试件抗压强度试验：

1）芯样试件制作完毕可立即进行抗压强度试验。

2）混凝土芯样试件的抗压强度试验应按现行国家标准《普通混凝土力学性能试验方法》GB/T 50081—2002的有关规定执行。

3）抗压强度试验后，当发现芯样试件平均值小于2倍试件内混凝土粗骨料最大粒径，且强度值异常时，该试件的强度值不得参与统计平均。

4）混凝土芯样试件抗压强度应按下列公式计算：

$$f_{cu} = \xi \cdot \frac{4P}{\pi d^2}$$

式中　f_{cu}——混凝土芯样试件抗压强度（MPa），精确至0.1MPa；

　　　P——芯样试件抗压试验测得的破坏荷载（N）；

　　　d——芯样试件的平均直径（mm）；

　　　ξ——混凝土芯样试件抗压强度折算系数，应考虑芯样尺寸效应、钻芯机械对芯样扰动和混凝土成型条件的影响，通过试验统计确定；当无试验统计资料时，宜取为1.0。

5）桩底岩芯单轴抗压强度试验可按现行国家标准《建筑地基基础设计规范》GB 50007—2002附录J执行。

（5）检测数据的分析与判定：

1）混凝土芯样试件抗压强度代表值应按一组三块试件强度值的平均值确定。同一受检桩同一深度部位有两组或两组以上混凝土芯样试件抗压强度代表值时，取其平均值为该桩该深度处混凝土芯样试件抗压强度代表值。

2）受检桩中不同深度位置的混凝土芯样试件抗压强度代表值中的最小值为该桩混凝土芯样试件抗压强度代表值。

3）桩端持力层性状应根据芯样特征、岩石芯样单轴抗压强度试验、动力触探或标准贯入试验结果，综合判定桩端持力层岩土性状。

4）桩身完整性类别应结合钻芯孔数、现场混凝土芯样特征、芯样单轴抗压强度试验结果，按表 C2-59-2C 的规定和表 C2-59-2D 的特征进行综合判定。

桩身完整性分类表　　　　　　　　　　表 C2-59-2C

桩身完整性分类	分 类 原 则
Ⅰ	桩身完整
Ⅱ	桩身有轻微缺陷，不会影响桩身结构承载力的正常发挥
Ⅲ	桩身有明显缺陷，对桩身结构承载力有影响
Ⅳ	桩身存在严重缺陷

桩身完整性判定　　　　　　　　　　表 C2-59-2D

类 别	特 征
Ⅰ	混凝土芯样连续、完整、表面光滑、胶结好、骨料分布均匀、呈长柱状、断口吻合，芯样侧面仅见少量气孔
Ⅱ	混凝土芯样连续、完整、胶结较好、骨料分布基本均匀、呈柱状、断口基本吻合，芯样侧面局部见蜂窝麻面、沟槽
Ⅲ	大部分混凝土芯样胶结较好，无松散、夹泥或分层现象，但有下列情况之一： 芯样局部破碎且破碎长度不大于 10cm； 芯样骨料分布不均匀； 芯样多呈短柱状或块状； 芯样侧面蜂窝麻面、沟槽连续
Ⅳ	钻进很困难； 芯样任一段松散、夹泥或分层； 芯样局部破碎且破碎长度大于 10cm

5）成桩质量评价应按单桩进行。当出现下列情况之一时，应判定该受检桩不满足设计要求：

①桩身完整性类别为Ⅳ类的桩。
②受检桩混凝土芯样试件抗压强度代表值小于混凝土设计强度等级的桩。
③桩长、桩底沉渣厚度不满足设计或规范要求的桩。
④桩端持力层岩土性状（强度）或厚度未达到设计或规范要求的桩。

6）钻芯孔偏出桩外时，仅对钻取芯样部分进行评价。

7）检测报告内容包括：

①委托方名称，工程名称、地点，建设、勘察、设计、监理和施工单位，基础、结构型式，层数，设计要求，检测目的，检测依据，检测数量，检测日期；
②地质条件描述；
③受检桩的桩号、桩位和相关施工记录；
④检测方法，检测仪器设备，检测过程叙述；
⑤受检桩的检测数据，实测与计算分析曲线、表格和汇总结果；
⑥与检测内容相应的检测结论；
⑦钻芯设备情况；

⑧检测桩数、钻孔数量,架空、混凝土芯进尺、岩芯进尺、总进尺,混凝土试件组数、岩石试件组数、动力触探或标准贯入试验结果;

⑨按表 C2-59-2E 表式编制每孔的桩状图;

钻芯法检测芯样综合柱状图 表 C2-59-2E

桩号/孔号				混凝土设计强度等级		桩顶标高		开孔时间	
施工桩长				设计桩径		钻孔深度		终孔时间	
层序号	层底标高(m)	层底厚度(m)	分层厚度(m)	混凝土/岩土芯柱状图(比例尺)	桩身混凝土、持力层描述	序号	芯样强度深度(m)	备注	
				□ □ □					
编制:					校核:				

注:□代表芯样试件取样位置。

⑩芯样单轴抗压强度试验结果;

⑪芯样彩色照片;

⑫异常情况说明。

3.2.59.3 地下连续墙钻芯法试验检测报告(C2-59-3)

实施要点:

(1) 地下连续墙钻芯法试验检测报告相关内容同基桩钻芯法试验检测报告。

(2) 地下连续墙钻芯检验数量:每项工程不应少于20%的槽段,且不得少于3个槽段。

(3) 地下连续墙钻孔数应根据槽段长度确定:槽段长度 <4m,每槽段钻1孔;槽段长度 4~6m,每槽段2孔;槽段长度 >6m,每槽段钻孔数不少于3个。

(4) 持力层的钻探深度应符合下列规定:每个钻心槽段至少应有一孔钻至设计要求的深度,如设计未有明确要求时,对承重地下连续墙,宜钻入持力层3倍墙厚且不应少于3m。对非承重地下连续墙,每个钻芯钻入持力层不宜少于0.5m。

3.2.59.4 单桩竖向抗压静载试验检测报告(C2-59-4)

实施要点:

(1) 静载试验检测目的:

1) 静载试验检测适用于检测单桩的竖向抗压承载力。

2) 当埋设有测量桩身应力、应变、桩底反力的传感器或位移杆时,可测定桩的分层侧阻力和端阻力或桩身截面的位移量。

3) 为设计提供依据的试验桩,应加载至破坏;当桩的承载力以桩身强度控制时,可按设计要求的加载量进行。

(2) 对工程桩抽样检测时,加载量不应小于设计要求的单桩承载力特征值的2.0倍。

(3) 试桩、锚桩（压重平台支墩边）和基准桩之间的中心距离应符合表 C2-59-4 规定。

试桩、锚桩（或压重平台支墩边）和基准桩之间的中心距离   表 C2-59-4

反力装置 \ 距离	试桩中心与锚桩中心（或压力重平台支墩边）	试桩中心与基准桩中心	基准桩中心与锚桩中心（或压力重平台支墩边）
锚桩横梁	≥4（3）D 且 >2.0m	≥4（3）D 且 >2.0m	≥4（3）D 且 >2.0m
压重平台	≥4D 且 >2.0m	≥4（3）D 且 >2.0m	≥4D 且 >2.0m
地锚装置	≥4D 且 >2.0m	≥4（3）D 且 >2.0m	≥4D 且 >2.0m

注：1. D 为试桩、锚桩或地锚的设计直径或边宽，取其较大者。
2. 如试桩或锚桩为扩底桩或多支盘时，试桩与锚桩的中心距尚不应小于 2 倍扩大端直径。
3. 括号内数值可用于工程桩验收检测时多排桩设计桩中心距小于 4D 的情况。
4. 软土场地堆载重量较大时，宜增加支墩边与基准桩中心和试桩中心之间的距离，并在试验过程中观测基准桩的竖向位移。

(4) 现场检测：

1) 试桩的成桩工艺和质量控制标准应与工程桩一致。

2) 桩顶部宜高出试坑底面，试坑底面宜与桩承台底标高一致。混凝土桩头加固可按《建筑基桩检测技术规范》（JGJ106—2003）规范附录 B 执行。

3) 对作为锚桩用的灌注桩和有接头的混凝土预制桩，检测前宜对其桩身完整性进行检测。

4) 试验加卸载方式应符合下列规定：

①加载应分级进行，采用逐级等量加载；分级荷载宜为最大加载量或预估极限载承力的 1/10，其中第一级可取分级荷载的 2 倍。

②卸载应分级进行，每级卸载量取加载时分级荷载的 2 倍，逐级等量卸载。

③加、卸载时应使荷载传递均匀、连续、无冲击，每级荷载在维持过程中的变化幅度不得超过分级荷载的 ±10%。

5) 慢速维持荷载法试验步骤应符合下列规定：

①每级荷载施加后按第 5、15、30、45、60min 测读桩顶沉降量，以后每隔 30min 测读一次。

②试桩沉降相对稳定标准：每一小时内的桩顶沉降量不超过 0.1mm，并连续出现两次（从分级荷载施加后第 30min 开始，按 1.5h 连续三次每 30min 的沉降观测值计算）。

③当桩顶沉降速率达到相对稳定标准时，再施加下一级荷载。

④卸载时，每级荷载维持 1h，按第 15、30、60min 测读桩顶沉降量后，即可卸下一级荷载。卸载至零后，应测读桩顶残余沉降量，维持时间为 3h，测读时间为第 15、30min，以后每隔 30min 测读一次。

6) 施工后的工程桩验收检测宜采用慢速维持荷载法。当有成熟的地区经验时，也可采用快速维持荷载法。

快速维持荷载法的每级荷载维持时间至少为 1h，是否延长维持荷载时间应根据桩顶沉降收敛情况确定。

7) 当出现下列情况之一时，可终止加载：

①某级荷载作用下，桩顶沉降量大于前一级荷载作用下沉降量的 5 倍。

注：当桩顶沉降能相对稳定且总沉降量小于 40mm 时，宜加载至桩顶总沉降量超过 40mm。

②某级荷载作用下,桩顶沉降量大于前一级荷载作用下沉降量的2倍,且经24h尚未达到相对稳定标准。

③已达到设计要求的最大加载量。

④当工程桩作锚桩时,锚桩上拔量已达到允许值。

⑤当荷载-沉降曲线呈缓变型时,可加载至桩顶总沉降量60~80mm;在特殊情况下,可根据具体要求加载至桩顶累计沉降量超过80mm。

8) 测试桩侧阻力和桩端阻力时,测试数据的测读时间宜符合本条5)的规定。

(5) 检测数据的分析与判定:

1) 检测数据的整理应符合下列规定:

①确定单桩竖向抗压承载力时,应绘制竖向荷载-沉降(Q-s)、沉降-时间对数(s-$\lg t$)曲线,需要时也可绘制其他辅助分析所需曲线。

②当进行桩身应力、应变和桩底反力测定时,应整理出有关数据的记录表,并按《建筑基桩检测技术规范》(JGJ106—2003)规范附录A绘制桩身轴力分布图、计算不同土层的分层侧摩阻力和端阻力值。

2) 单桩竖向抗压极限承载力Q_u可按下列方法综合分析确定:

①根据沉降随荷载变化的特征确定:对于陡降型Q-s曲线,取其发生明显陡降的起始点对应的荷载值。

②根据沉降随时间变化的特征确定:取s-$\lg t$曲线尾部出现明显向下弯曲的前一级荷载值。

③出现"某级荷载作用下,桩顶沉降量大于前一级荷载作用下沉降量的5倍"的情况,取前一级荷载值。

④对于缓变型Q-s曲线可根据沉降量确定,宜取$s=40$mm对应的荷载值;当桩长大于40m时,宜考虑桩身弹性压缩量;对直径大于或等于800mm的桩,可取$s=0.05D$(D为桩端直径)对应的荷载值。

注:当按上述四款判定桩的竖向抗压承载力未达到极限时,桩的竖向抗压极限承载力应取最大试验荷载值。

3) 单桩竖向抗压极限承载力统计值的确定应符合下列规定:

①参加统计的试桩结果,当满足其极差不超过平均值的30%时,取其平均值为单桩竖向抗压极限承载力。

②当极差超过平均值的30%时,应分析极差过大的原因,结合工程具体情况综合确定,必要时可增加试桩数量。

③对桩数为3根或3根以下的柱下承台,或工程桩抽检数量少于3根时,应取低值。

4) 单位工程同一条件下的单桩竖向抗压承载力特征值R_a应按单桩竖向抗压极限承载力统计值的一半取值。

5) 检测报告内容应包括:

①委托方名称,工程名称、地点,建设、勘察、设计、监理和施工单位,设计要求,检测目的,检测依据,检测数量,检测日期;

②受检桩的桩号、桩位和相关施工记录;

③检测方法,检测仪器设备,检测过程叙述;

④与检测内容相应的检测结论；

⑤受检桩桩位对应的地质柱状图；

⑥受检桩及锚桩的尺寸、材料强度、锚桩数量、配筋情况；

⑦加载反力种类，堆载法应指明堆载重量，锚桩法应有反力梁布置平面图；

⑧加卸载方法，荷载分级；

⑨本条（5）检测数据的分析与判定要求绘制的曲线及对应的数据表；与承载力判定有关的曲线及数据；

⑩承载力判定依据；

⑪当进行分层摩阻力测试时，还应有传感器类型、安装位置，轴力计算方法，各级荷载下桩身轴力变化曲线，各土层的桩侧极限摩阻力和桩端阻力。

附录B　混凝土桩桩头处理

B.0.1　混凝土桩应先凿掉桩顶部的破碎层和软弱混凝土。

B.0.2　桩头顶面应平整，桩头中轴线与桩身上部的中轴线应重合。

B.0.3　桩头主筋应全部直通至桩顶混凝土保护层之下，各主筋应在同一高度上。

B.0.4　距桩顶1倍桩径范围内，宜用厚度为3～5mm的钢板围裹或距桩顶1.5倍桩径范围内设置箍筋，间距不宜大于100mm。桩顶应设置钢筋网片2～3层，间距60～100mm。

B.0.5　桩头混凝土强度等级宜比桩身混凝土提高1～2级，且不得低于C30。

B.0.6　高应变法检测的桩头测点处截面尺寸应与原桩身截面尺寸相同。

3.2.59.5　单桩竖向抗拔静载试验检测报告（C2-59-5）

实施要点：

（1）静载试验检测目的

1）单桩竖向抗拔静载试验适用于检测单桩的竖向抗拔承载力。

2）当埋设有桩身应力、应变测量传感器时，或桩端埋设有位移测量杆时，可直接测量桩侧抗拔摩阻力，或桩端上拔量。

3）为设计提供依据的试验桩应加载至桩侧土破坏或桩身材料达到设计强度；对工程桩抽样检测时，可按设计要求确定最大加载量。

（2）现场检测

1）对混凝土灌注桩、有接头的预制桩，宜在拔桩试验前采用低应变法检测受检桩的桩身完整性。为设计提供依据的抗拔灌注桩施工时应进行成孔质量检测，发现桩身中、下部位有明显扩径的桩不宜作为抗拔试验桩；对有接头的预制桩，应验算接头强度。

2）单桩竖向抗拔静载试验宜采用慢速维持荷载法。需要时，也可采用多循环加、卸载方法。慢速维持荷载法的加卸载分级、试验方法及稳定标准应按《建筑基桩检测技术规范》（JGJ106—2003、J256—2003）规范第4.3.4条和4.3.6条有关规定执行，并仔细观察桩身混凝土开裂情况。

注：4.3.4　试验加卸载方式应符合下列规定：

1. 加载应分级进行，采用逐级等量加载；分级荷载宜为最大加载量或预估极限承载力的1/10，其中第一级可取分级荷载的2倍。

2. 卸载应分级进行，每级卸载量取加载时分级荷载的2倍，逐级等量卸载。

3. 加、卸载时应使荷载传递均匀、连续、无冲击，每级荷载在维持过程中的变化幅度不得超过分级荷载的±10%。

4.3.6 慢速维持荷载法试验步骤应符合下列规定：

1. 每级荷载施加后按第5、15、30、45、60min测读桩顶沉降量，以后每隔30min测读一次。
2. 试桩沉降相对稳定标准：每一小时内的桩顶沉降量不超过0.1mm，并连续出现两次（从分级荷载施加后第30min开始，按1.5h连续三次每30min的沉降观测值计算）。
3. 当桩顶沉降速率达到相对稳定标准时，再施加下一级荷载。
4. 卸载时，每级荷载维持1h，按第15、30、60min测读桩顶沉降量后，即可卸下一级荷载。卸载至零后，应测读桩顶残余沉降量，维持时间为3h，测读时间为第15、30min，以后每隔30min测读一次。

3) 当出现下列情况之一时，可终止加载：
①在某级荷载作用下，桩顶上拔量大于前一级上拔荷载作用下的上拔量5倍。
②按桩顶上拔量控制，当累计桩顶上拔量超过100mm时。
③按钢筋抗拉强度控制，桩顶上拔荷载达到钢筋强度标准值的0.9倍。
④对于验收抽样检测的工程桩，达到设计要求的最大上拔荷载值。

4) 测试桩侧抗拔摩阻力或桩端上拔位移时，测试数据的测读时间宜符合《建筑基桩检测技术规范》(JGJ106—2003)规范第4.3.6条的规定。

(3) 检测数据的分析与判定

1) 数据整理应绘制上拔荷载-桩顶上拔量（$U-\delta$）关系曲线和桩顶上拔量-时间对数（$\delta-\lg t$）关系曲线。

2) 单桩竖向抗拔极限承载力可按下列方法综合判定：
①根据上拔量随荷载变化的特征确定：对陡变型 $U-\delta$ 曲线，取陡升起始点对应的荷载值；
②根据上拔量随时间变化的特征确定：取 $\delta-\lg t$ 曲线斜率明显变陡或曲线尾部明显弯曲的前一级荷载值。
③当在某级荷载下抗拔钢筋断裂时，取其前一级荷载值。

3) 单桩竖向抗拔极限承载力统计值的确定应符合本条单桩竖向抗压静载试验3)的规定。

4) 当作为验收抽样检测的受检桩在最大上拔荷载作用下，未出现本条2)情况时，可按设计要求判定。

5) 单位工程同一条件下的单桩竖向抗拔承载力特征值应按单桩竖向抗拔极限承载力统计值的一半取值。

注：当工程桩不允许带裂缝工作时，取桩身开裂的前一级荷载作为单桩竖向抗拔承载力特征值，并与按极限荷载一半取值确定的承载力特征植相比取小值。

6) 检测报告内容包括：
①委托方名称，工程名称、地点，建设、勘察、设计、监理和施工单位，设计要求，检测目的，检测依据，检测数量，检测日期；
②受检桩的桩号、桩位和相关施工记录；
③检测方法，检测仪器设备，检测过程叙述；
④与检测内容相应的检测结论；
⑤受检桩桩位对应的地质柱状图；

⑥受检桩尺寸（灌注桩宜标明孔径曲线）及配筋情况；

⑦加卸载方法，荷载分级；

⑧单桩竖向抗拔静载试验1）要求数据整理应绘制上拔荷载-桩顶上拔量（U-δ）关系曲线和桩顶上拔量-时间对数（δ-$\lg t$）关系曲线。单桩竖向抗拔静载试验1）要求绘制的曲线及对应的数据表；

⑨承载力判定依据；

⑩当进行抗拔摩阻力测试时，应有传感器类型、安装位置、轴力计算方法，各级荷载下桩身轴力变化曲线，各土层中的抗拔极限摩阻力。

3.2.59.6 单桩水平静载试验检测报告（C2-59-6）

实施要点：

(1) 静载试验检测目的

1) 单桩水平静载试验适用于桩顶自由时的单桩水平静载试验；其他形式的水平静载试验可参照使用。

2) 单桩水平静载试验方法适用于检测单桩的水平承载力，推定地基土抗力系数的比例系数。

3) 当埋设有桩身应变测量传感器时，可测量相应水平荷载作用下的桩身应力，并由此计算桩身弯矩。

4) 为设计提供依据的试验桩宜加载至桩顶出现较大水平位移或桩身结构破坏；对工程桩抽样检测，可按设计要求的水平位移允许值控制加载。

(2) 现场检测

1) 加载方法宜根据工程桩实际受力特性选用单向多循环加载法或《建筑基桩检测技术规范》（JGJ106—2003）规范第4章规定的慢速维持荷载法，也可按设计要求采用其他加载方法。需要测量桩身应力或应变的试桩宜采用维持荷载法。

2) 试验加卸载方式和水平位移测量应符合下列规定：

单向多循环加载法的分级荷载应小于预估水平极限承载力或最大试验荷载的1/10。每级荷载施加后，恒载4min后可测读水平位移，然后卸载至零，停2min测读残余水平位移，至此完成一个加卸载循环。如此循环5次，完成一级荷载的位移观测。试验不得中间停顿。

慢速维持荷载法的加卸载分级、试验方法及稳定标准应按《建筑基桩检测技术规范》（JGJ106—2003）规范第4.3.4条和4.3.6条有关规定执行。

注：4.3.4 试验加卸载方式和4.3.6 慢速维持荷载法试验步骤见2.2.59.5单桩竖向抗拔静载试验（C2-59-5）。

3) 当出现下列情况之一时，可终止加载：

①桩身折断；

②水平位移超过30～40mm（软土取40mm）

③水平位移达到设计要求的水平移位允许值。

4) 测量桩身应力或应变时，测试数据的测读宜与水平位移测量同步。

(3) 检测数据的分析与判定

1) 检测数据应按下列要求整理：

①采用单向多循环加载法时应绘制水平力-时间-作用点位移（$H-t-Y_0$）关系曲线和

水平力-位移梯度（$H - \Delta Y_0/\Delta H$）关系曲线。

②采用慢速维持荷载法时应绘制水平力-力作用点位移（$H - Y_0$）关系曲线、水平力-位移梯度（$H - \Delta Y_0/\Delta H$）关系曲线、力作用点位移-时间对数（$Y_0 - \lg t$）关系曲线和水平力-力作用点位移双对数（$\lg H - \lg Y_0$）关系曲线。

③绘制水平力、水平力作用点水平位移-地基土水平抗力系数的比例系数的关系曲线（$H - m$、$Y_0 - m$）。

当桩顶自由且水平力作用位置位于地面处时，m值可按下列公式确定：

$$m = \frac{(\upsilon_y \cdot H)^{\frac{5}{3}}}{b_0 Y_0^{\frac{5}{3}} (EI)^{\frac{2}{3}}}$$

$$\alpha = \left(\frac{mb_0}{EI}\right)^{\frac{1}{5}}$$

式中　m——地基土水平抗力系数的比例系数（kN/m^4）；

　　　α——桩的水平变形系数（m^{-1}）；

　　　υ_y——桩顶水平位移系数，由式 $\alpha = \left(\frac{mb_0}{EI}\right)^{\frac{1}{5}}$ 试算 α，当 $\alpha h \geq 4.0$ 时（h 为桩的入土深度），$\upsilon_y = 2.441$；

　　　H——作用于地面的水平力（kN）；

　　　Y_0——水平力作用点的水平位移（m）；

　　　EI——桩身抗弯刚度（$kN \cdot m^2$）；其中 E 为桩身材料弹性模量，I 为桩身换算截面惯性矩；

　　　b_0——桩身计算宽度（m）；对于圆形桩：当桩径 $D \leq 1m$ 时，$b_0 = 0.9(1.5D + 0.5)$；当桩 $D > 1m$ 时，$b_0 = 0.9(D + 1)$。对于矩形桩：当边宽 $B \leq 1m$ 时，$b_0 = 1.5B + 0.5$；当边宽 $B > 1m$ 时，$b_0 = B + 1$。

2）对埋设有应力或应变测量传感器的试验应绘制下列曲线，并列表给出相应的数据：

①各级水平力作用下的桩身弯矩分布图；

②水平力-最大弯矩截面钢筋拉应力（$H - \sigma_s$）曲线。

3）单桩的水平临界荷载可按下列方法综合确定：

①取单向多循环加载法时的 $H - t - Y_0$ 曲线或慢速维持荷载法时的 $H - Y_0$ 曲线出现拐点的前一级水平荷载值。

②取 $H - \Delta Y_0/\Delta H$ 曲线或 $\lg H - \lg Y_0$ 曲线上第一拐点对应的水平荷载值。

③取 $H - \sigma_s$ 曲线第一拐点对应的水平荷载值。

4）单桩的水平极限承载力可按下列方法综合确定：

①取单向多循环加载法时的 $H - t - Y_0$ 曲线产生明显陡降的前一级、或慢速维持荷载法时的 $H - Y_0$ 曲线发生明显陡降的起始点对应的水平荷载值。

②取慢速维持荷载法时的 $Y_0 - \lg t$ 曲线尾部出现明显弯曲的前一级水平荷载值。

③取 $H - \Delta Y_0/\Delta H$ 曲线或 $\lg H - \lg Y_0$ 曲线上第二拐点对应的水平荷载值。

④取桩身折断或受拉钢筋屈服时的前一级水平荷载值。

5）单桩水平极限承载力和水平临界荷载统计值的确定应符合《建筑基桩检测技术规

范》(JGJ106—2003)规范第4.4.3条的规定。

6) 单位工程同一条件下的单桩水平承载力特征值的确定应符合下列规定：

①当水平承载力按桩身强度控制时，取水平临界荷载统计值为单桩水平承载力特征值。

②当桩受长期水平荷载作用且桩不允许开裂时，取水平临界荷载统计值的0.8倍作为单桩水平承载力特征值。

7) 除《建筑基桩检测技术规范》(JGJ106—2003)规范第6.4.6条规定外，当水平承载力按设计要求的水平允许位移控制时，可取设计要求的水平允许位移对应的水平荷载作为单桩水平承载力特征值，但应满足有关规范抗裂设计的要求。

8) 检测报告内容包括：

①委托方名称，工程名称、地点，建设、勘察、设计、监理和施工单位，设计要求，检测目的，检测依据，检测数量，检测日期；

②受检桩的桩号、桩位和相关施工记录；

③检测方法，检测仪器设备，检测过程叙述；

④与检测内容相应的检测结论；

⑤受检桩桩位对应的地质柱状图；

⑥受检桩的截面尺寸及配筋情况；

⑦加卸载方法，荷载分级；

⑧第6.4.1条（即本节的（3）检测数据的分析与判定中的1）检测数据应按下列要求整理）要求绘制的曲线及对应的数据表；

⑨承载力判定依据；

⑩当进行钢筋应力测试并由此计算桩身弯矩时，应有传感器类型、安装位置、内力计算方法和第6.4.2条要求绘制的曲线及其对应的数据表。

3.2.59.7 基桩低应变法检测报告（C2-59-7）

实施要点：

(1) 基桩低应变法检测方法适用于检测混凝土桩的桩身完整性，判定桩身缺陷的程度及位置。

(2) 基桩低应变法检测方法的有效检测桩长范围应通过现场试验确定。

(3) 现场检测：

1) 受检桩应符合下列规定：

①桩身强度应符合《建筑基桩检测技术规范》(JGJ106—2003)规范第3.2.6条第1款的规定。

②桩头的材质、强度、截面尺寸应与桩身基本等同。

③桩顶面应平整、密实，并与桩轴线基本垂直。

2) 测试参数设定应符合下列规定：

①时域信号记录的时间段长度应在$2L/c$时刻后延续不少于$5ms$；幅频信号分析的频率范围上限不应小于2000Hz。

②设定桩长应为桩顶测点至桩底的施工桩长，设定桩身截面积应为施工截面积。

③桩身波速可根据本地区同类型的测试值初步设定。

④采样时间间隔或采样频率应根据桩长、桩身波速和频域分辨率合理选择；时域信号

采样点数不宜少于1024点。

⑤传感器的设定值应按计量检定结果设定。

3）测量传感器安装和激振操作应符合下列规定：

①传感器安装应与桩顶面垂直；用耦合剂粘结时，应具有足够的粘结强度。

②实心桩的激振点位置应选择在桩中心，测量传感器安装位置宜为距桩中心2/3半径处；空心桩的激振点与测量传感器安装位置宜在同一水平面上，且与桩中心连线形成的夹角宜为90°，激振点和测量传感器安装位置宜为桩壁厚的1/2处。

③激振点与测量传感器安装位置应避开钢筋笼的主筋影响。

④激振方向应沿桩轴线方向。

⑤瞬态激振应通过现场敲击试验，选择合适重量的激振力锤和锤垫，宜用宽脉冲获取桩底或桩身下部缺陷反射信号，宜用窄脉冲获取桩身上部缺陷反射信号。

⑥稳态激振应在同一个设定频率下获得稳定响应信号，并应根据桩径、桩长及桩周土约束情况调整激振力大小。

4）信号采集和筛选应符合下列规定：

①根据桩径大小，桩心对称布置2~4个检测点；每个检测点记录的有效信号数不宜少于3个。

②检查判断实测信号是否反映桩身完整性特征。

③不同检测点及多次实测时域信号一致性较差，应分析原因，增加检测点数量。

④信号不应失真和产生零漂，信号幅值不应超过测量系统的量程。

(4) 检测数据的分析与判定：

1）桩身波速平均值的确定应符合下列规定：

①当桩长已知、桩底反射信号明确时，在地质条件、设计桩型、成桩工艺相同的基桩中，选取不少于5根Ⅰ类桩的桩身波速值按下式计算其平均值：

$$c_m = \frac{1}{n} \sum_{i=1}^{n} c_i$$

$$c_i = \frac{2000L}{\Delta T}$$

$$c_i = 2L \cdot \Delta f$$

式中 c_m——桩身波速的平均值（m/s）；

c_i——第i根受检桩的桩身波速值（m/s），且$|c_i - c_m|/c_m \leq 5\%$；

L——测点下桩长（m）；

ΔT——速度波第一峰与桩底反射波峰间的时间差（ms）；

Δf——幅频曲线上桩底相邻谐振峰间的频差（Hz）；

n——参加波速平均值计算的基桩数量（$n \geq 5$）。

②当无法按上款确定时，波速平均值可根据本地区相同桩型及成桩工艺的其他桩基工程的实测值，结合桩身混凝土的骨料品种和强度等级综合确定。

2）桩身缺陷位置应按下列公式计算：

$$x = \frac{1}{2000} \cdot \Delta t_x \cdot c$$

$$x = \frac{1}{2} \cdot \frac{c}{\Delta f'}$$

式中 x——桩身缺陷至传感器安装点的距离（m）；

Δt_x——速度波第一峰与缺陷反射波峰间的时间差（ms）；

c——受检桩的桩身波速（m/s），无法确定时间 c_m 值替代；

$\Delta f'$——幅频信号曲线上缺陷相邻谐振峰间的频差（Hz）。

3) 桩身完整性类别应结合缺陷出现的深度、测试信号衰减特性以及设计桩型、成桩工艺、地质条件、施工情况，按《建筑基桩检测技术规范》（JGJ106—2003、J256—2003）规范表 C2-59-7-1 的规定和表 C2-59-7-2 所列实测时域或幅频信号特征进行综合分析判定。

注：桩身完整性检测结果评价，应给出每根受检桩的桩身完整性类别。桩身完整性分类应符合表 C2-59-7-1 的规定。

桩身完整性分类表   表 C2-59-7-1

桩身完整性分类	分 类 原 则
Ⅰ	桩身完整
Ⅱ	桩身有轻微缺陷，不会影响桩身结构承载力的正常发挥
Ⅲ	桩身有明显缺陷，对桩身结构承载力有影响
Ⅳ	桩身存在严重缺陷

桩身完整性判定表   表 C2-59-7-2

类别	时域信号特征	幅频信号特征
Ⅰ	$2L/c$ 时刻前无缺陷反射波，有桩底反射波	桩底谐振峰排列基本等间距，其相邻频差 $\Delta f = c/2L$
Ⅱ	$2L/c$ 时刻前出现轻微缺陷反射波，有桩底反射波	桩底谐振峰排列基本等间距，其相邻频差 $\Delta f = c/2L$，轻微缺陷产生的谐振峰与桩底谐振峰之间的频差 $\Delta f' > c/2L$
Ⅲ	有明显缺陷反射波，其他特征介于Ⅱ类和Ⅳ类之间	
Ⅳ	$2L/c$ 时刻前出现严重缺陷反射波或周期性反射波，无桩底反射波；或因桩身浅部严重缺陷使波形呈现低频大振幅衰减振动，无桩底反射波	缺陷谐振峰排列基本等间距，相邻频差 $\Delta f' > c/2L$，无桩底谐振峰；或因桩身浅部严重缺陷只出现单一谐振峰，无桩底谐振峰

注：对同一场地、地质条件相近、桩型和成桩工艺相同的基桩，因桩端部分桩身阻抗与持力层阻抗相匹配导致实测信号无桩底反射波时，可按本场地同条件下有桩底反射波的其他桩实测信号判定桩身完整性类别。

4) 对于混凝土灌注桩，采用时域信号分析时应区分桩身截面渐变后恢复至原桩径并在该阻抗突变处的一次反射，或扩径突变处的二次反射，结合成桩工艺和地质条件综合分析判定受检桩的完整性类别。必要时，可采用实测曲线拟合法辅助判定桩身完整性或借助实测导纳值、动刚度的相对高低辅助判定桩身完整性。

5) 对于嵌岩桩，桩底时域反射信号为单一反射波且与锤击脉冲信号同向时，应采取其他方法核验桩端嵌岩情况。

6) 出现下列情况之一，桩身完整性判定宜结合其他检测方法进行：

①实测信号复杂，无规律，无法对其进行准确评价。

②桩身截面渐变或多变，且变化幅度较大的混凝土灌注桩。

7）低应变检测报告应给出桩身完整性检测的实测信号曲线。

8）检测报告除应包括《建筑基桩检测技术规范》（JGJ106—2003、J256—2003）第3.5.5条内容外，还应包括下列内容：

①桩身波速取值；

②桩身完整性描述、缺陷的位置及桩身完整性类别；

③时域信号时段所对应的桩身长度标尺、指数或线性放大的范围及倍数；或幅频信号曲线分析的频率范围、桩底可桩身缺陷对应的相邻谐振峰间的频差。

3.2.59.8 基桩高应变法检测报告（C2-59-8）

实施要点：

（1）基桩高应变法检测方法适用于检测基桩的竖向抗压承载力和桩身完整性；监测预制桩打入时的桩身应力和锤击能量传递比，为沉桩工艺参数及桩长选择提供依据。

（2）现场检测：

1）检测前的准备工作应符合下列规定：

①预制桩承载力的时间效应应通过复打确定。

②桩顶面应平整，桩顶高度应满足锤击装置的要求，桩锤重心应与桩顶对中，锤击装置架立应垂直。

③对不能承受锤击的桩头应加固处理，混凝土桩的桩头处理按《建筑基桩检测技术规范》（JGJ106—2003）规范附录B执行。

④传感器的安装应符合《建筑基桩检测技术规范》（JGJ106—2003、J256—2003）规范附录F的规定。

⑤桩头顶部应设置桩垫，桩垫可采用10~30mm厚的木板或胶合板等材料。

2）参数设定和计算应符合下列规定：

①采样时间间隔宜为50~200μs，信号采样点数不宜少于1024点。

②传感器的设定值应按计量检定结果设定。

③自由落锤安装加速度传感器测力时，力的设定值由加速度传感器设定值与重锤质量的乘积确定。

④测点处的桩截面尺寸应按实际测量确定，波速、质量密度和弹性模量应按实际情况设定。

⑤测点以下桩长和截面积可采用设计文件或施工记录提供的数据作为设定值。

⑥桩身材料质量密度应按表C2-59-8-1取值。

桩身材料质量密度（t/m³) 表C2-59-8-1

钢 桩	混凝土预制桩	离心管桩	混凝土灌注桩
7.85	2.45~2.50	2.55~2.60	2.40

⑦桩身波速可结合本地经验或按同场地同类型已检桩的平均波速初步设定，现场检测完成后应按第9.4.3条调整（即本条的（3）检测数据的分析与判定中的3）桩身波速……的合理取值范围以及邻近桩的桩身波速值综合确定）。

⑧桩身材料弹性模量应按下式计算：

$$E = \rho \cdot c^2$$

式中　E——桩身材料弹性模量（kPa）；

c——桩身应力波传播速度（m/s）；
　　ρ——桩身材料质量密度（t/m³）。
　3）现场检测应符合下列要求：
　①交流供电的测试系统应良好接地；检测时测试系统应处于正常状态。
　②采用自由落锤为锤击设备时，应重锤低击，最大锤击落距不宜大于 2.5m。
　③试验目的为确定预制桩打桩过程中的桩身应力、沉桩设备匹配能力和选择桩长时，应按《建筑基桩检测技术规范》（JGJ106—2003、J256—2003）规范附录 G 执行。
　④检测时应及时检查采集数据的质量；每根受检桩记录的有效锤击信号应根据桩顶最大位移、贯入度以及桩身最大拉、压应力和缺陷程度及其发展情况综合确定。
　⑤发现测试波形紊乱，应分析原因；桩身有明显缺陷或缺陷程度加剧，应停止检测。
　4）承载力检测时宜实测桩的贯入度，单击贯入度宜在 2~6mm 之间。
　（3）检测数据的分析与判定：
　1）检测承载力时选取锤击信号，宜取锤击能量较大的击次。
　2）当出现下列情况之一时，高应变锤击信号不得作为载力分析计算的依据：
　①传感器安装处混凝土开裂或出现严重塑性变形使曲线最终未归零；
　②严重锤击偏心，两侧力信号幅值相差超过 1 倍；
　③触变效应的影响，预制桩在多次锤击下承载力下降；
　④四通道测试数据不全。
　3）桩身波速可根据下行波波形起升沿的起点到上行波下降沿的起点之间的时差与已知桩长值确定（图 C2-59-8-1）；桩底反射信号不明显时，可根据桩长、混凝土波速的合理取值范围以及邻近桩的桩身波速值综合确定。

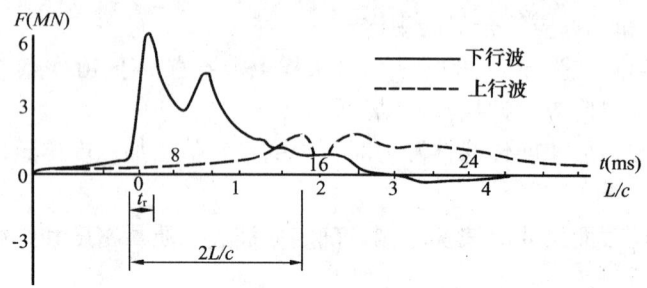

图 C2-59-8-1　桩身波速的确定

　4）当测点处原设定波速随调整后的桩身波速改变时，桩身材料弹性模量和锤击力信号幅值的调整应符合下列规定：
　①桩身材料弹性模量应按《建筑基桩检测技术规范》（JGJ106—2003）规范式（9.3.2）重新计算（即本条的 2）参数设定和计算中的⑧桩身材料弹性模量的计算式）。
　②当采用应变式传感器测力时，应同时对原实测力值校正。
　5）高应变实测的力和速度信号第一峰起始比例失调时，不得进行比例调整。
　6）承载力分析计算前，应结合地质条件、设计参数，对实测波形特征进行定性检查：
　①实测曲线特征反映出的桩承载性状。
　②观察桩身缺陷程度和位置，连续锤击时缺陷的扩大或逐步闭合情况。

7) 以下四种情况应采用静载法进一步验证：
①桩身存在缺陷，无法判定桩的竖向承载力。
②桩身缺陷对水平承载力有影响。
③单击贯入度大，桩底同向反射强烈且反射峰较宽，侧阻力波、端阻力波反射弱，即波形表现出竖向承载性状明显与勘察报告中的地质条件不符合。
④嵌岩桩桩底同向反射强烈，且在时间 $2L/c$ 后无明显端阻力反射；也可采用钻芯法核验。

8) 采用凯司法判定桩承载力，应符合下列规定：
①只限于中、小直径桩。
②桩身材质、截面应基本均匀。
③阻尼系数 Jc 宜根据同条件下静载试验结果校核，或应在已取得相近条件下可靠对比资料后，采用实测曲线拟合法确定 Jc 值，拟合计算的桩数不应少于检测总桩数的 30%，且不应少于 3 根。
④在同一场地、地质条件相近和桩型及其截面积相同情况下，Jc 的极差不宜大于平均值的 30%。

9) 凯司法判定单桩承载力可按下列公式计算：

$$Rc = \frac{1}{2}(1 - Jc) \cdot \left[F(t_1) + Z \cdot V(t_1)\right] + \frac{1}{2}(1 + Jc) \cdot \left[F\left(t_1 + \frac{2L}{c}\right) - Z \cdot V\left(t_1 + \frac{2L}{c}\right)\right]$$

$$Z = \frac{E \cdot A}{c}$$

式中　Rc——由凯司法判定的单桩竖向抗压承载力（kN）；
　　　Jc——凯司法阻尼系数；
　　　t_1——速度第一峰对应的时刻（ms）；
　　　$F(t_1)$——t_1 时刻的锤击力（kN）；
　　　$V(t_1)$——t_1 时刻的质点运动速度（m/s）；
　　　Z——桩身截面力学阻抗（kN·s/m）；
　　　A——桩身截面面积（m²）；
　　　L——测点下桩长（m）。

注：公式（指由凯司法判定单桩竖向抗压承载力）适用于 $t_1 + 2L/c$ 时刻桩侧和桩端土阻力均已充分发挥的摩擦型桩。

对于土阻力滞后于 $t_1 + 2L/c$ 时刻明显发挥或先于 $t_1 + 2L/c$ 时刻发挥并造成桩中上部强烈反弹这两种情况，宜分别采用以下两种方法对 Rc 值进行提高修正：
①适当将 t_1 延时，确定 Rc 的最大值。
②考虑卸载回弹部分土阻力对 Rc 值进行修正。

10) 采用实测曲线拟合法判定桩承载力，应符合下列规定：
①所采用的力学模型应明确合理，桩和土的力学模型应能分别反映桩和土的实际力学性状，模型参数的取值范围应能限定。
②拟合分析选用的参数应在岩土工程的合理范围内。

③曲线拟合时间段长度在 $t_1 + 2L/c$ 时刻后延续时间不应小于 20ms 对于柴油锤打桩信号,在 $t_1 + 2L/c$ 时刻后延续时间不应小于 30ms。

④各单元所选用的土的最大弹性位移值不应超过相应桩单元的最大计算位移值。

⑤拟合完成时,土阻力响应区段的计算曲线与实测曲线应吻合,其他区段的曲线应基本吻合。

⑥贯入度的计算值应与实测值接近。

11) 本方法对单桩承载力的统计和单桩竖向抗压承载力特征值的确定应符合下列规定:

①参加统计的试桩结果,当满足其极差不超过平均值的 30% 时,取其平均值为单桩承载力统计值。

②当极差超过 30% 时,应分析极差过大的原因,结合工程具体情况综合确定。必要时可增加试桩数量。

③单位工程同一条件下的单桩竖向抗压承载力特征值 Ra 应按本方法得到的单桩承载力统计值的一半取值。

12) 桩身完整性判定可采用以下方法进行:

①采用实测曲线拟合法判定时,拟合所选用的桩土参数应符合《建筑基桩检测技术规范》(JGJ106—2003、J256—2003)规范第 9.4.10 条第 1~2 款的规定;根据桩的成桩工艺,拟合时可采用桩身阻抗拟合或桩身裂隙(包括混凝土预制桩的接桩缝隙)拟合。

注:第 9.4.10 条 采用实测曲线拟合法判定桩承载力,应符合下列规定:
1. 所采用的力学模型应明确合理,桩和土的力学模型应能分别反映桩和土的实际力学性状,模型参数的取值范围应能限定。
2. 拟合分析选用的参数应在岩土工程的合理范围内。

②对于等截面桩,可按表 C2-59-8-2 并结合经验判定;桩身完整性系数 β 和桩身缺陷位置 x 应分别按下列公式计算:

$$\beta = \frac{[F(t_1) + Z \cdot V(t_1)] - 2R_x + [F(t_x) - Z \cdot V(t_x)]}{[F(t_1) + Z \cdot V(t_1)] - [F(t_x) - Z \cdot V(t_x)]}$$

$$x = c \cdot \frac{t_x - t_1}{2000}$$

式中 β——桩身完整性系数;
t_x——缺陷反射峰对应的时刻(ms);
x——桩身缺陷至传感器安装点的距离(m);
R_x——缺陷以上部位土阻力的估计值,等于缺陷反射波起始点的力与速度乘以桩身截面力学阻抗之差值,取值方法见图 C2-59-8-2。

桩身完整性判定　　　　　　表 C2-59-8-2

类　别	β 值	类　别	β 值
Ⅰ	$\beta = 1.0$	Ⅲ	$0.6 \leqslant \beta < 0.8$
Ⅱ	$0.8 \leqslant \beta < 1.0$	Ⅳ	$\beta < 0.6$

13) 出现下列情况之一时,桩身完整性判定宜按工程地质条件和施工工艺,结合实测曲线拟合法或其他检测方法综合进行:

①桩身有扩径的桩。

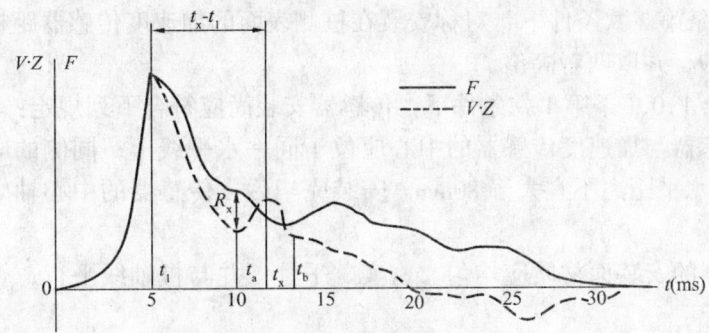

图 C2-59-8-2 桩身完整性系数计算

②桩身截面渐变或多变的混凝土灌注桩。

③力和速度曲线在峰值附近比例失调，桩身浅部有缺陷的桩。

④锤击力波上升缓慢，力与速度曲线比例失调的桩。

14）桩身最大锤击拉、压应力和桩锤实际传递给桩的能量应分别按本规范附录 G 相应公式计算。

15）高应变检测报告应给出实测的力与速度信号曲线。

16）检测报告内容包括：

①委托方名称，工程名称、地点，建设、勘察、设计、监理和施工单位，设计要求，检测目的，检测依据，检测数量，检测日期；

②受检桩的桩号、桩位和相关施工记录；

③检测方法，检测仪器设备，检测过程叙述；

④与检测内容相应的检测结论；

⑤计算中实际采用的桩身波速值和 Jc 值；

⑥实测曲线拟合法所选用的各单元桩土模型参数、拟合曲线、土阻力沿桩身分布图；

⑦实测贯入度；

⑧试打桩和打桩监控所采用的桩锤型号、锤垫类型，以及监测得到的锤击数、桩侧和桩端静阻力、桩身锤击拉应力和压应力、桩身完整性以及能量传递比随入土深度的变化。

附录 B　混凝土桩桩头处理见 3.2.59.4 单桩竖向抗压静载试验检测 C2-59-4。

附录 F　高应变法传感器安装

F.0.1　检测时至少应对称安装冲击力和冲击响应（质点运动速度）测量传感器各两个（传感器安装见图 F.0.1）。冲击力和响应测量可采取以下方式：

1　在桩顶下的桩侧表面分别对称安装加速度传感器和应变式力传感器，直接测量桩身测点处的响应和应变，并将应变换算成冲击力。

2　在桩顶下的桩侧表面对称安装加速传感器直接测量响应，在自由落锤锤体 $0.5H_r$ 处（H_r 为锤体高度）对称安装加速度传感器直接测量冲击力。

F.0.2　在第 F.0.1 条第 1 款条件下，传感器宜分别对称安装在距桩顶不小于 $2D$ 的桩侧表面处（D 为试桩的直径或边宽）；对于大直径桩，传感器与桩顶之间的距离可适当减小，但不得小于 $1D$。安装面处的材质和截面尺寸应与原桩身相同，传感器不得安装在截面突变处附近。

在第F.0.1条第2款条件下，对称安装在桩侧表面的加速度传感器距桩顶的距离不得小于$0.4H_r$或$1D$，并取两者高值。

F.0.3 在第F.0.1条第1款条件下，传感器安装尚应符合下列规定：

1 应变传感器与加速度传感器的中心应位于同一水平线上；同侧的应变传感器和加速度传感器间的水平距离不宜大于80mm。安装完毕后，传感器的中心轴应与桩中心轴保持平行。

2 各传感器的安装面材质应均匀、密实、平整，并与桩轴线平行，否则应采用磨光机将其磨平。

3 安装螺栓的钻孔应与桩侧表面垂直；安装完毕后的传感器应紧贴桩身表面，锤击时传感器不得产生滑动。安装应变式传感器时应对其初始应变值进行监视，安装后的传感器初始应变值应能保证锤击时的可测轴向变形余量为：

 1）混凝土桩应大于$\pm 1000\mu\varepsilon$；
 2）钢桩应大于$\pm 1500\mu\varepsilon$。

F.0.4 当连续锤击监测时，应将传感器连接电缆有效固定。

附录G 试打桩与打桩监控

G.1 试打桩

G.1.1 选择工程桩的桩型、桩长和桩端持力层进行打桩时，应符合下列规定：

1 试打桩位置的工程地质条件应具有代表性。

2 试打桩过程中，应按桩端进入的土层逐一进行测试；当持力层较厚时，应在同一土层中进行多次测试。

G.1.2 桩端持力层应根据试打桩结果的承载力与贯入度关系，结合场地岩土工程勘察报告综合判定。

G.1.3 采用试打桩判定桩的承载力时，应符合下列规定：

1 判定的承载力值应小于或等于试打桩时测得的桩侧和桩端静土阻力值之和与桩在地基土中的时间效应系数的乘积，并应进行复打校核。

2 复打至初打的休止时间应符合JGJ106—2003规范表3.2.6的规定。

G.2 桩身锤击应力监测

G.2.1 桩身锤击应力监测应符合下列规定：

1 被监测桩的桩型、材质应与工程桩相同；施打机械的锤型、落距和垫层材料及状况应与工程桩施工时间相同。

2 应包括桩身锤击拉应力和锤击压应力两部分。

G.2.2 为测得桩身锤击应力最大值，监测时应符合下列规定：

1 桩身锤击拉应力宜在预计桩端进入软土层或桩端穿过硬土层进入软夹层时测试。

2 桩身锤击压应力宜在桩端进入硬土层或桩周土阻力较大时测试。

G.2.3 最大桩身锤击拉应力可按下式计算：

$$\sigma_t = \frac{1}{2A}\left[Z \cdot V\left(t_1 + \frac{2L}{c}\right) - F\left(t_1 + \frac{2L}{c}\right) - Z \cdot V\left(t_1 + \frac{2L-2x}{c}\right) - F\left(t_1 + \frac{2L-2x}{c}\right)\right]$$

(G.2.3)

式中 σ_t——最大桩身锤击拉应力（kPa）；

x——传感器安装点至计算点的距离（m）；
A——桩身截面面积（m²）。

G.2.4 最大桩身锤击压应力可按下式计算：

$$\sigma_p = \frac{F_{max}}{A} \tag{G.2.4}$$

式中 σ_p——最大桩身锤击压应力（kPa）；
F_{max}——实测的最大锤击力（kN）。

当打桩过程中突然出现贯入度骤减甚至拒锤时，应考虑与桩端接触的硬层对桩身锤击压应力的放大作用。

G.2.5 桩身最大锤击应力控制值应符合《建筑桩基技术规范》JGJ 94 的有关规定。

G.3 锤击能量监测

G.3.1 桩锤实际传递给桩的能量应按下式计算：

$$E_n = \int_{0}^{t_e} \cdot E \cdot V \cdot dt \tag{G.3.1}$$

式中 E_n——桩锤实际传递给桩的能量（kJ）；
t_e——采样结束的时刻（s）。

G.3.2 桩锤最大动能宜通过测定锤芯最大运动速度确定。

G.3.3 桩锤传递比应按桩锤实际传递给桩的能量与桩锤额定能量的比值确定；桩锤效率应按实测的桩锤最大动能与桩锤的额定能量的比值确定。

3.2.59.9 基桩声波透射法检测报告（C2-59-9）

实施要点：

(1) 基桩声波透射法检测方法适用于已预埋声测管的混凝土灌注桩桩身完整性检测，判定桩身缺陷的程度并确定其位置。

(2) 现场检测：

1) 声测管埋设应按《建筑基桩检测技术规范》（JGJ106—2003）规范附录 H 的规定执行。

2) 现场检测前准备工作应符合下列规定：
①采用标定法确定仪器系统延迟时间。
②计算声测管及耦合水层声时修正值。
③在桩顶测量相应声测管外壁间净距离。
④将各声测管内注满清水，检查声测管畅通情况；换能器应能在全程范围内长降顺畅。

3) 现场检测步骤应符合下列规定：
①将发射与接收声波换能器通过深度标志分别置于两根声测管中的测点处。
②发射与接收声波换能器以相同标高（图 C2-59-9a）或保持固定高差（图 C2-59-9b）同步升降，测点间距不宜大于 250mm。
③实时显示和记录接收信号的时程曲线，读取声时、首波峰值和周期值，宜同时显示频谱曲线及主频值。
④将多根声测管以两根为一个检测剖面进行全组合，分别对所有检测剖面完成检测。

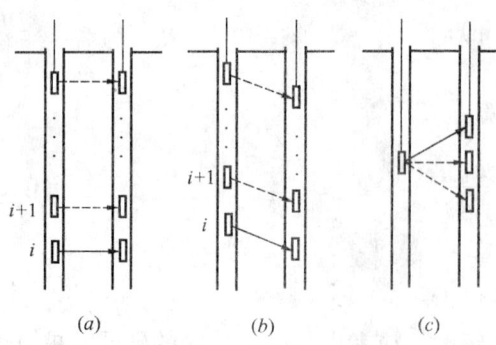

图 C2-59-9 平测、斜测和扇形扫测示意图
(a) 平测；(b) 斜测；(c) 扇形扫测

⑤在桩身质量可疑的测点周围，应采用加密测点，或采用斜测（图 C2-59-9b）、扇形扫测（图 C2-59-9c）进行复测，进一步确定桩身缺陷的位置和范围。

⑥在同一根桩的各检测剖面的检测过程中，声波发射电压和仪器设置参数应保持不变。

(3) 检测数据的分析与判定：

1) 各测点的声时 t_c、声速 v、波幅 A_p 及主频 f 应根据现场检测数据，按下列各式计算，并绘制声速-深度（v-z）曲线和波幅-深度（A_p-z）曲线，需要时可绘制辅助的主频-深度（f-z）

$$t_{ci} = t_i - t_0 - t'$$

$$v_i = \frac{l'}{t_{ci}}$$

$$A_{pi} = 20\lg\frac{a_i}{a_o}$$

$$f_i = \frac{1000}{T_i}$$

式中　t_{ci}——第 i 测点声时（μs）；
　　　t_i——第 i 测点声时测量值（μs）；
　　　t_0——仪器系统延迟时间（μs）；
　　　t'——声测管及耦合水层声时修正值（μs）；
　　　l'——每检测剖面相应两声测管的外壁间净距离（mm）；
　　　v_i——第 i 测点声速（km/s）；
　　　A_{pi}——第 i 测点波幅值（dB）；
　　　a_i——第 i 测点信号首波峰值（V）；
　　　a_o——零分贝信号幅值（V）；
　　　f_i——第 i 测点信号主频值（kHz），也可由信号频谱的主频求得；
　　　T_i——第 i 测点信号周期（μs）。

2) 声速临界值应按下列步骤计算：

①将同一检测剖面各测点的声速值 v_i 由大到小依次排序，即

$$v_1 \geq v_2 \geq \cdots \geq v_i \geq v_{n-k} \geq v_{n-1} \geq v_n \quad (k = 0,1,2,\cdots)$$

式中　v_i——按序排列后的第 i 个声速测量值；
　　　n——检测剖面测点数；
　　　k——从零开始逐一去掉（C2-59-9a）v_i 序列尾部最小数值的数据个数。

②对从零开始逐一去掉 v_i 序列中最小数值后余下的数据进行统计计算。当去掉最小数值的数据个数为 k 时，对包括 v_{n-k} 在内的余下数据 $v_1 \sim v_{n-k}$ 按下列公式进行统计计算：

3.2 单位（子单位）工程质量控制资料核查记录（C2）

$$v_0 = v_m - \lambda \cdot s_x$$

$$v_m = \frac{1}{n-k}\sum_{i=1}^{n-k} v_i$$

$$s_x = \sqrt{\frac{1}{n-k-1}\sum_{i=1}^{n-k}(v_i - v_m)^2}$$

式中 v_0——异常判断值；

v_m——$(n-k)$ 个数据的平均值；

s_x——$(n-k)$ 个数据的标准差；

λ——由表 C2-59-9A 查得的与 $(n-k)$ 相对应的系数。

统计数据个数 $(n-k)$ 与对应的 λ 值　　　　表 C2-59-9A

$n-k$	20	22	24	26	28	30	32	34	36	38
λ	1.64	1.69	1.73	1.77	1.80	1.83	1.86	1.89	1.91	1.94
$n-k$	40	42	44	46	48	50	52	54	56	58
λ	1.96	1.98	2.00	2.02	2.04	2.05	2.07	2.09	2.10	2.11
$n-k$	60	62	64	66	68	70	72	74	76	78
λ	2.13	2.14	2.15	2.17	2.18	2.19	2.20	2.21	2.22	2.23
$n-k$	80	82	84	86	88	90	92	94	96	98
λ	2.24	2.25	2.26	2.27	2.28	2.29	2.29	2.30	2.31	2.32
$n-k$	100	105	110	115	120	125	130	135	140	145
λ	2.33	2.34	2.36	2.38	2.39	2.41	2.42	2.43	2.45	2.46
$n-k$	150	160	170	180	190	200	220	240	260	280
λ	2.47	2.50	2.52	2.54	2.56	2.58	2.61	2.64	2.67	2.69

③将 v_{n-k} 与异常判断值 v_0 进行比较，当 $v_{n-k} \leqslant v_0$ 时，v_{n-k} 及其以后的数据均为异常，去掉 v_{n-k} 及其以后的异常数据；再用数据 $v_1 \sim v_{n-k-1}$ 并重复式（10.4.2-2）～（10.4.2-4）的计算步骤，直到 v_i 序列中余下的全部数据满足：

$$v_i > v_0$$

此时，v_0 为声速的异常判断临界值 v_c。

④声速异常时的监界值判据为：

$$v_i \leqslant v_c$$

当式（10.4.2-6）成立时，声速可判定为异常。

3）当检测剖面 n 个测点的声速值普遍偏低且离散性很小时，宜采用声速低限值判据：

$$v_i < v_L$$

式中 v_i——第 i 测点声速（km/s）；

v_L——声速低限值（km/s），由预留同条件混凝土试件的抗压强度与声速对比试验
　　　结果，结合本地区实际经验确定。

当式（10.4.3）成立时，可直接判定为声速低于低限值异常。

$$A_m = \frac{1}{n}\sum_{i=1}^{n} A_{pi}$$

$$A_{pi} < A_m - 6$$

式中 A_m——波幅平均值（dB）；

n——检测剖面测点数。

当式（10.4.4-2）成立时，波幅可判定为异常。

4）当采用斜率法的 PSD 值作为辅助异常点判据时，PSD 值应按下列公式计算：

$$PSD = K \cdot \Delta t$$

$$K = \frac{t_{ci} - t_{ci-1}}{z_i - z_{i-1}}$$

$$\Delta t = t_{ci} - t_{ci-1}$$

式中 t_{ci}——第 i 测点声时（μs）；

t_{ci-1}——第 $i-1$ 测点声时（μs）；

z_i——第 i 测点深度（m）；

z_{i-1}——第 $i-1$ 测点深度（m）。

根据 PSD 值在某深度处的突变，结合波幅变化情况，进行异常点判定。

5）当采用信号主频值作为辅助异常点判据时，主频-深度曲线上主频值明显降低可判定为异常。

6）桩身完整性类别应结合桩身混凝土各声学参数临界值、PSD 判据、混凝土声速低限值以及桩身质量可疑点加密测试（包括斜测或扇形扫测）后确定的缺陷范围，按表 C2-59-2c 的规定和表 C2-59-9B 的特征进行综合判定。

7）检测报告内容包括：

①委托方名称，工程名称、地点，建设、勘察、设计、监理和施工单位，设计要求，检测目的，检测依据，检测数量，检测日期；

②受检桩的桩号、桩位和相关施工记录；

③检测方法，检测仪器设备，检测过程叙述；

④与检测内容相应的检测结论；

⑤声测管布置图；

⑥受检桩每个检测剖面声速-深度曲线、波幅-深度曲线，并将相应判据临界值所对应的标志线绘制于同一个坐标系；

⑦当采用主频值或 PSD 值进行辅助分析判定时，绘制主频-深度曲线或 PSD 曲线；

⑧缺陷分布图示。

桩身完整性判定 表 C2-59-9B

类别	特征
Ⅰ	各检测剖面的声学参数均无异常，无声速低于低限值异常
Ⅱ	某一检测剖面个别测点的声学参数出现异常，无声速低于低限值异常
Ⅲ	某一检测剖面连续多个测点的声学参数出现异常； 两个或两个以上检测剖面在同一深度测点声学参数出现异常；局部混凝土声速出现低于低限值异常
Ⅳ	某一检测剖面连续多个测点的声学参数出现明显异常； 两个或两个以上检测剖面在同一深度测点的声学参数出现明显异常； 桩身混凝土声速出现普遍低于低限值异常或无法检测首波或声波接收信号严重畸变

附录 H 声测管理埋设要点

H.0.1 声测管内径宜为 50～60mm。

H.0.2 声测管应下端封闭、上端加盖、管内无异物；声测管连接处应光滑过渡，管口应高出桩顶 100mm 以上，且各声测管管口高度宜一致。

H.0.3 应采取适宜方法固定声测管，使之成桩后相互平行。

H.0.4 声测管埋设数量应符合下列要求：

1 $D \leqslant 800$mm，2 根管。

2 800mm$< D \leqslant 2000$mm，不少于 3 根管。

3 $D > 2000$mm，不少于 4 根管。

式中 D——受检桩设计桩径。

H.0.5 声测管应沿桩截面外侧呈对称形状布置，按图 H.0.5 所示的箭头方向顺时针旋转依次编号。

检测剖面编组分别为：

1-2；

1-2，1-3，2-3；

1-2，1-3，1-4，2-3，2-4，3-4。

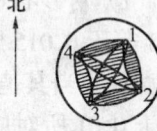

图 H.0.5 声测管布置图

3.2.59.10 复合地基载荷试验（C2-59-10）

实施要点：

复合地基载荷板大小的确定：对于多桩复合地基，板下的置换率必须等于工程桩的置换率；单桩复合地基载荷试验可采用圆板或方板，板的大小等于一根桩加固的地基面积。根据经验，单桩复合地基试验采用面积为 $2m^2$ 的压板较为合适。单桩载荷试验采用圆板，其直径与桩径相等。压板底面高程应等同于建筑物基础底面高程，当承载力检测结果与实际情况不一致时应予以修正。

附录 复合地基载荷试验要点

1．本试验要点适用于单桩复合地基载荷试验和多桩复合地基载荷试验。

2．复合地基载荷试验用于测定承压板下应力主要影响范围内复合土层的承载力和变形参数。复合地基载荷试验承压板应具有足够刚度。单桩复合地基载荷试验的承压板可用圆形或方形面积为根桩承担的处理面积；多桩复合地基载荷试验的承压板可用方形或矩形，其尺寸按实际桩数所承担的处理面积确定。桩的中心（或形心）应与承压板中心保持一致，并与荷载作用点相重合。

3．承压板底标高应与桩顶设计标高相适应。承压板底面下宜铺设粗砂或中砂垫层，垫层厚度取 50～150mm，桩身强度高时宜取大值。试验标高处的试坑长度和宽度，应不少于承压板尺寸的 3 倍。基准梁的支点应设在试坑之外。

4．试验前应采取措施，防止试验场地地基土含水量变化或地基土扰动。以免影响试验结果。

5．加载等级可分为 8～12 级。最大加载压力不应小于设计要求压力值的 2 倍。

6．每加一级荷载前后均应各读记承压板沉降量一次，以后每半个小时读记一次。当一小时内沉降量小于 0.1mm 时，即可加下一级荷载。

7. 当出现下列现象之一时可终止试验：
(1) 沉降急剧增大，土被挤出或承压板周围出现明显的隆起；
(2) 承压板的累计沉降量已大于其宽度或直径的6%；
(3) 当达不到极限荷载，而最大加载压力已大于设计要求压力值的2倍。

8. 卸载级数可为加载级数的一半，等量进行，每卸一级，间隔半小时，读记回弹量，待卸完全部荷载后间隔三小时读记总回弹量。

9. 复合地基承载力特征值的确定：
(1) 当压力—沉降曲线上极限荷载能确定，而其值不小于对应比例界限的2倍时，可取比例界限；当其值小于对应比例界限的2倍时，可取极限荷载的一半；
(2) 当压力—沉降曲线是平缓的光滑曲线时，可按相对变形值确定；
1) 对砂石桩、振冲桩复合地基或强夯置换墩：当以黏性土为主的地基，可取 s/b 或 s/d 等于0.015所对应的压力（s 为载荷试验承压板的沉降量；b 和 d 分别为承压板宽度和直径，当其值大于2m时，按2m计算）；当以粉土或砂土为主的地基，可取 s/b 或 s/d 等于0.01所对应的压力。
2) 对土挤密桩、石灰桩或柱锤冲扩桩复合地基，可取 s/b 或 s/d 等于0.012所对应的压力。对灰土挤密桩复合地基，可取 s/b 或 s/d 等于0.008所对应的压力。
3) 对水泥粉煤灰碎石桩或夯实水泥土桩复合地基，当以卵石、圆砾、密实粗中砂为主的地基，可取 s/b 或 s/d 等于0.008所对应的压力；当以黏性土、粉土为主的地基，可取 s/b 或 s/d 等于0.01所对应的压力。
4) 对水泥土搅拌桩或旋喷桩复合地基，可取 s/b 或 s/d 等于0.006所对应的压力。
5) 对有经验的地区，也可按当地经验确定相对变形值。
按相对变形值确定的承载力特征值不应大于最大加载压力的一半。

10. 试验点的数量不应少于3点，当满足其极差不超过平均值的30%时，可取其平均值为复合地基承载力特征值。

3.2.60 工程质量事故调（勘）查处理资料（C2-60）

3.2.60.1 工程质量事故报告（C2-60-1）
工程质量事故资料按 C2-9-1 执行。

3.2.60.2 建设工程质量事故调（勘）查处理资料（C2-60-2）
建设工程质量事故调（勘）查处理资料按 C2-9-2 执行。

3.3 单位（子单位）工程安全和功能检验资料核查及主要功能抽查记录（C3）

单位（子单位）工程安全和功能检验资料核查及主要功能抽查记录序目　　表3-3

资料报送编目	资料名称	应用表式编号	说明
C3	单位（子单位）工程安全和功能检验资料核查及主要功能抽查记录		
	建筑与结构		
C3-1	屋面淋水试验记录	C3-1	

3.3 单位（子单位）工程安全和功能检验资料核查及主要功能抽查记录（C3）

续表

资料报送编目	资 料 名 称	应用表式编号	说 明
C3-2	地下室防水效果检查记录	C3-2	
C3-3	有防水要求的地面蓄水试验记录	C3-3	
C3-4	建筑物垂直度、标高、全高测量记录	C3-4	
C3-5	抽气（风）道检查记录	C3-5	
C3-6	幕墙及外窗气密性、水密性、耐风压检测报告	C3-6	
C3-7	节能、保温测试记录	C3-7	
C3-8	室内环境检测报告	C3-8	
	给排水与采暖		
C3-9	给水管道通水试验记录	C3-9	
C3-10	暖气管道、散热器压力试验记录	C3-10	
C3-10-1	暖气管道压力试验记录	C3-10-1	
C3-10-2	散热器压力试验记录	C3-10-2	
C3-11	卫生器具满水试验记录	C3-11	
C3-12	消防管道、燃气管道强度、严密性试验记录	C3-12	
C3-12-1	消防管道强度试验记录	C3-12-1	
C3-12-2	燃气管道强度、严密性试验验收记录	C3-12-2	
C3-12-3	户内燃气设施强度/严密性试验记录	C3-12-3	
C3-13	排水干管通球试验记录	C3-13	
	电气		
C3-14	建筑物照明全负荷试验记录	C3-14	
C3-15	大型灯具牢固性试验记录	C3-15	
C3-16	避雷接地装置检测记录	C3-16	
C3-17	线路、插座、开关接地检验记录	C3-17	
	通风与空调		
C3-18	通风、空调系统试运行记录	C3-18	
C3-19	风量、温度测试记录	C3-19	
C3-20	洁净室洁净度测试记录	C3-20	
C3-21	制冷机组试运行调试记录	C3-21	
	电梯		
C3-22	电梯运行记录	C3-22	
C3-23	电梯安全装置检测报告	C3-23	
	智能建筑		
C3-24	系统试运行记录	C3-24	
C3-25	系统电源及接地检测报告	C3-25	

注：单位（子单位）工程安全和功能检验资料核查及主要功能抽查检测多数是复查和验证性的。

建 筑 与 结 构

资料编制控检要求：

(1) 通用条件

1) 现场测量项目必须是在测量现场进行。由施工单位的专业技术负责人牵头，专职质量检查员详细记录，建设单位代表和项目监理机构的专业监理工程师参加。

现场原始记录必须经施工单位的技术负责人和专职质量检查员签字，建设、监理单位的参加人员签字后方为有效并归存，作为整理资料的依据以备查。

2) 必须实行见证取样和送样的试验室必须在试验报告单的适当位置注明见证取样人的单位、姓名和见证资质证号。对必须实行见证取样、送样的试验报告单上不注有见证取样人单位、姓名和见证资质证号的试验报告单，按无效试验报告单处理。

3) 试验报告单内的主要试验项目应齐全，不齐全时应重新进行补试；各被检项目的记录必须填写齐全，不得漏填，检查意见与结果要具体明确；表内的内容必须填写齐全，不得缺项，主要的试验项目缺项为不符合要求。

4) 资料内必须附图的，附图应简单易懂，且能全面反映附图质量。

5) 测试应办的手续应及时办理不得后补，后补资料必须经建设、监理单位批准，确认其真实性后签注说明并签字有效；责任制中的所有人员签字应齐全，不得漏签或代签。

6) 试验结论必须填写清楚是符合设计和标准要求还是不符合设计或标准要求。检查意见与结果要具体明确。

7) 对检查结果进行评价与建议必须填写清楚是符合设计和标准要求还是不符合设计和标准要求及改进意见。

(2) 专用条件

1) 浴室、厕所等凡有防水要求的房间必须做蓄水试验，并有详细记录；防水工程验收记录应有检查结果，写明有无渗漏。

2) 屋面防水工程均应进行浇水试验，对凸出屋面部分（管子根部、烟囱根部等）应重点进行检查并做好记录。

3) 设计对混凝土有抗渗要求时，应提供混凝土抗渗试验报告单。

4) 抽气道、风道、垃圾道必须 100% 检查，检查数量不足为不符合要求。

5) 建筑物垂直度测量单内的主要项目应齐全，不齐全时应重新进行复测。

6) 应检项目内容应全部检查，不得漏检；按要求检查，内容完整，签章齐全为正确，无记录或后补记录的不正确。

注：幕墙的气密性、水密性、耐风压性能试验的试件的送检，应按幕墙的设计单元幅为单位。试验也可在制作中以见证取样、送样，只要真正送检且试验合格，有试验单位出具的报告单不一定必须在现场抽检进行试验。

3.3.1 屋面淋水试验记录 (C3-1)

1. 资料表式

2. 实施要点

防水工程验收记录即防水工程试水记录。防水工程必须严格选择、认真认证检测，使用性能、质量可靠的防水材料，特别是新型防水材料并应采取相应的施工技术。凡有防水

3.3 单位（子单位）工程安全和功能检验资料核查及主要功能抽查记录（C3）

要求的建筑工程，工程完成后均应有蓄水、淋水或浇水试验。

屋面淋水试验记录　　　　　　　　　　　　　　　　表 C3-1

工程名称		施工单位		
建筑面积		检查日期		
试水日期	年　月　日　时起 年　月　日　时止	试水部位		
试水简况：				
强制性条文执行：				
检查结果：				
评定意见：			年　月　日	
参加人员	监理（建设）单位	施　工　单　位		
		项目技术负责人	专职质检员	工　长

(1) 蓄水试验

凡浴室、厕所等有防水要求的房间必须进行蓄水检验。同一房间应做两次蓄水试验，分别在室内防水完成后及单位工程竣工后 100% 做蓄水试验。蓄水时最浅水位不得低于 20mm，应为 20～30mm。浸泡 24h 后撤水，检查无渗漏为合格。检查数量应为全部此类房间。检查时，应邀请建设单位参加并签章认可。

有女儿墙的屋面防水工程，能做蓄水试验的宜做蓄水试验。

(2) 浇水试验

屋面工程一般均应有全部屋面的浇水试验，浇水试验应全面地同时浇水，可在屋脊处设干管向两边喷淋至少 2h，浇水试验后检验屋面有否渗漏。检查的重点是管子根部、烟囱根部、女儿墙根等凸出屋面部分的泛水及下口等细部节点。浇水试验的方法和试验后的检验都必须做详细的记录，并应邀请建设单位检查、签字。最好坚持二次浇水试验。浇水试验记录要存入施工技术资料施工记录中。

(3) 淋水试验

空腔防水外墙板竣工后都应做淋水试验。淋水试验是用花管在所有外墙上喷淋，淋水时间不得小于 2h，淋水后检查外墙壁有无渗漏现象，应请建设单位参加并签认。

无条件做浇水试验的屋面工程，应做好雨季观察记录。每次较大降雨时施工单位应邀请建设单位对屋面进行检查（重点查管子根部、烟囱根部、女儿墙根等凸出屋面部分的泛水及下口等细部节点处），检查有无渗漏，并做好记录，双方签认。经过一个雨季，如屋面无渗漏现象视为合格。

(4) 防水工程试水前应检查的施工技术资料

①原材料、半成品和成品的质量证明文件、分项工程质量验评资料、以及试验报告和

现场检验记录；

②应用沥青、卷材等防水材料、保温材料的防水工程的现场检查记录；

③混凝土自防水工程应检查混凝土试配、实际配合比、防水等级、试验结果等；

④施工过程中重大技术问题的处理记录和工程变更记录。

在检查以上资料的基础上，对防水工程进行蓄水或浇水试验，以检验防水工程的实际防水效果，并按上表填写防水工程验收记录，作为防水工程质量检查验收的依据。

3.3.2 地下室防水效果检查记录（C3-2）

1. 资料表式

地下室防水效果检查记录表　　　　　表 C3-2

工程名称		检查日期	
工程编号		部　位	
检查内容			
强制性条文执行			
检查结论			
评定结果			
			年　月　日
参加人员	监理（建设）单位	施　工　单　位	
		项目技术负责人	专职质检员	工长

2. 实施要点

（1）防水混凝土所用的材料应符合下列规定：

1）水泥品种应按设计要求选用，其强度等级不应低于 32.5 级，不得使用过期或受潮结块水泥；

2）碎石或卵石的粒径宜为 5~40mm，含泥量不得大于 1.0%，泥块含量不得大于 0.5%；

3）砂宜用中砂，含泥量不得大于 3.0%，泥块含量不得大于 1.0%；

4）拌制混凝土所用的水，应采用不含有害物质的洁净水；

5）外加剂的技术性能，应符合国家或行业标准一等品及以上的质量要求；

6）粉煤灰的级别不应低于二级，掺量不大于 20%；硅粉掺量不应大于 3%，其他掺合料的掺量应通过试验确定。

（2）防水混凝土的配合比应符合下列规定：

1）试配要求的抗渗水压值应比设计值提高 0.2MPa；

2) 水泥用量不得少于300kg/m³；掺有活性掺合料时，水泥用量不得少于280kg/m³；
3) 砂率宜为35%～45%，灰砂比宜为1:2～1:2.5；
4) 水灰比不得大于0.55；
5) 普通防水混凝土坍落度不宜大于50mm，泵送时入泵坍落度宜为100～140mm。
(3) 混凝土拌制和浇筑过程控制应符合下列规定：
1) 拌制混凝土所用材料的品种、规格和用量，每工作班检查不应少于两次。每盘混凝土各组成材料计量结果的偏差应符合表C3-2-1的规定。

混凝土组成材料计量结果的允许偏差（%）　　　表 C3-2-1

混凝土组成材料	每盘计量	累计计量
水泥、掺合料	±2	±1
粗、细骨料	±3	±2
水、外加剂	±2	±1

注：累计计量仅适用于微机控制计量的搅拌站。

2) 混凝土在浇筑地点的坍落度，每工作班至少检查两次。混凝土的坍落度试验应符合现行《普通混凝土拌合物性能试验方法》GBJ 80的有关规定。

混凝土实测的坍落度与要求坍落度之间的偏差应符合表C3-2-2的规定。

混凝土坍落度允许偏差　　　表 C3-2-2

要求坍落度（mm）	允许偏差（mm）
≤40	±10
50～90	±15
≥100	±20

(4) 防水混凝土抗渗性能，应采用标准条件下养护混凝土抗渗试件的试验结果评定。试件应在浇筑地点制作。

连续浇筑混凝土每500m³应留置一组抗渗试件（一组为6个抗渗试件），且每项工程不得少于两组。采用预拌混凝土的抗渗试件，留置组数应视结构的规模和要求而定。

抗渗性能试验应符合现行《普通混凝土长期性能和耐久性能试验方法》GBJ 82的有关规定。

(5) 防水混凝土的施工质量检验数量，应按混凝土外露面积每100m²抽查1处，每处10m²，且不得少于3处；细部构造应按全数检查。

(6) 防水混凝土的抗压强度和抗渗压力必须符合设计要求。

(7) 防水混凝土的变形缝、施工缝、后浇带、穿墙管道、埋设件等设置和构造，均须符合设计要求，严禁有渗漏。

(8) 防水混凝土结构表面的裂缝宽度不应大于0.2mm，并不得贯通。

(9) 防水混凝土结构厚度不应小于250mm，其允许偏差为+15mm、-10mm；迎水面钢筋保护层厚度不应小于50mm，其允许偏差为±10mm。

(10) 地下室防水效果检查要求：

1) 房屋建筑地下室检查围护结构内墙和底板：全埋设于地下的结构（地下商场、地铁车站、军事地下库等）除调查围护结构内墙和底板外，背水的顶板（拱顶）重点检查。

2）专业施工单位、总包施工单位、监理单位在工程施工质量验收前，必须进行地下防水工程防水效果检查，绘制"背水内表面的结构工程展开图"。详细标示：裂缝及渗漏水现象、经修补及堵漏的渗漏水部位、防水等级标准容许的渗漏水现象位置。

附录地下防水工程渗漏水调查与量测方法

1. 渗漏水调查：

（1）地下防水工程质量验收时，施工单位必须提供地下工程"背水内表面的结构工程展开图"。

（2）房屋建筑地下室只调查围护结构内墙和底板。

（3）全埋设于地下的结构（地下商场、地铁车站、军事地下库等），除调查围护结构内墙和底板外，背水的顶板（拱顶）系重点调查目标。

（4）钢筋混凝土衬砌的隧道以及钢筋混凝土管片衬砌的隧道渗漏水调查的重点为上半环。

（5）施工单位必须在"背水内表面的结构工程展开图"上详细标示：

1）在工程自检时发现的裂缝，并标明位置、宽度、长度和渗漏水现象。

2）经修补、堵漏的渗漏水部位。

3）防水等级标准容许的渗漏水现象位置。

（6）地下防水工程验收时，经检查、核对标示好的"背水内表面的结构工程展开图"必须纳入竣工验收资料。

2. 渗漏水现象描述使用的术语、定义和标识符号，可按附表1选用。

渗漏水现象描述使用的术语、定义和标识符号　　　　　　　　　　　　附表1

术　语	定　义	标识符号
湿　渍	地下混凝土结构背水面，呈现明显色泽变化的潮湿斑或流挂水膜	#
渗　水	水从地下混凝土结构衬砌内表面渗出，在背水的墙壁上可观察到明显的流挂水膜范围	○
水　珠	悬垂在地下混凝土结构衬砌背水顶板（拱顶）的水珠，其滴落间隔时间超过1min称水珠现象	◇
滴　漏	地下混凝土结构衬砌背水顶板（拱顶）渗漏水的滴落速度，每min至少1滴，称为滴漏现象	▽
线　漏	指渗漏成线或喷水状态	↓

3. 当被验收的地下工程有结露现象时，不宜进行渗漏水检测。

4. 房屋建筑地下室渗漏水现象检测：

（1）地下工程防水等级对"湿渍面积"与"总防水面积"（包括顶板、墙面、地面）的比例作了规定。按防水等级二级设防的房屋建筑地下室，单个湿渍的最大面积不大于 $0.1m^2$，任意 $100m^2$ 防水面积上的湿渍不超过1处。

（2）湿渍的现象：湿渍主要是由混凝土密实度差异造成毛细现象或由混凝土容许裂缝（宽度小于 0.2mm）产生，在混凝土表面肉眼可见的"明显色泽变化的潮湿斑"。一般在人工通风条件下可消失，即蒸发量大于渗入量的状态。

（3）湿渍的检测方法：检查人员用干手触摸湿斑，无水分浸润感觉。用吸墨纸或报纸贴附，纸不变颜色。检查时，要用粉笔勾划出湿渍范围，然后用钢尺测量高度和宽度，计算面积，标示在"展开图"上。

（4）渗水的现象：渗水是由于混凝土密实度差异或混凝土有害裂缝（宽度大于0.2mm）而产生的地下水连续渗入混凝土结构，在背水的混凝土墙壁表面肉眼可观察到明显的流挂水膜范围，在加强人工通风的条件下也不会消失，即渗入量大于蒸发量的状态。

（5）渗水的检测方法：检查人员用干手触摸可感觉到水分浸润，手上会沾有水分。用吸墨纸或报纸贴附，纸会浸润变颜色。检查时，要用粉笔勾划出渗水范围，然后用钢尺测量高度和宽度，计算面积，标示在"展开图"上。

（6）对房屋建筑地下室检测出来的"渗水点"，一般情况下应准予修补堵漏，然后重新验收。

（7）对防水混凝土结构的细部构造渗漏水检测，尚应按本条内容执行。若发现严重渗水必须分析、查明原因，应准予修补堵漏，然后重新验收。

5. 钢筋混凝土隧道衬砌内表面渗漏水现象检测：

（1）隧道防水工程，若要求对湿渍和渗水做检测时，应按房屋建筑地下室渗漏水现象检测方法操作。

（2）隧道上半部的明显滴漏和连续渗流，可直接用有刻度的容器收集量测，计算单位时间的渗漏量（如 L/min，或 L/h 等）。还可用带有密封缘口的规定尺寸方框，安装在要求测量的隧道内表面，将渗漏水导入量测容器内。同时，将每个渗漏点位置、单位时间渗漏水量，标示在"隧道渗漏水平面展开图"上。

（3）若检测器具或登高有困难时，允许通过目测计取每分钟或数分钟内的滴落数目，计算出该点的渗漏量。经验告诉我们，当每分钟滴落速度 3~4 滴的漏水点，24h 的渗水量就是 1L。如果滴落速度每分钟大于 300 滴，则形成连续细流。

（4）为使不同施工方法、不同长度和断面尺寸隧道的渗漏水状况能够相互加以比较，必须确定一个具有代表性的标准单位。国际上通用 $L/m^2 \cdot d$，即渗漏水量的定义为隧道的内表面，每平方米在一昼夜（24h）时间内的渗漏水立升值。

（5）隧道内表面积的计算应按下列方法求得：

1）竣工的区间隧道验收（未实施机电设备安装）

通过计算求出横断面的内径周长，再乘以隧道长度，得出内表面积数值。对盾构法隧道不计取管片嵌缝槽、螺栓孔盒子凹进部位等实际面积。

2）即将投入运营的城市隧道系统验收（完成了机电设备安装）

通过计算求出横断面的内径周长，再乘以隧道长度，得出内表面积数值。不计取凹槽、道床、排水沟等实际面积。

6. 隧道总渗漏水量的量测：

隧道总渗漏水量可采用以下4种方法，然后通过计算换算成规定单位：$L/m^2 \cdot d$。

（1）集水井积水量测：量测在设定时间内的水位上升数值，通过计算得出渗漏水量。

（2）隧道最低处积水量测：量测在设定时间内的水位上升数值，通过计算得出渗漏水量。

(3) 有流动水的隧道内设量水堰：靠量水堰上开设的 V 形槽口量测水流量，然后计算得出渗漏水量。

(4) 通过专用排水泵的运转计算隧道专用排水泵的工作时间，计算排水量，换算成渗漏水量。

3.3.3 有防水要求的地面蓄水试验记录（C3-3）

有防水要求的地面蓄水试验记录按 C3-2 执行。

3.3.4 建筑物垂直度、标高、全高测量记录（C3-4）

1. 资料表式

建筑物垂直度、标高、全高测量记录（测量）　　　　表 C3-4

检测工程名称			施工阶段			检测日期			年　月　日	
垂直度测量	检测部位								累计偏差	
	允许偏差（mm）									
	实测值（mm）									
	说　明									
标高测量	允许偏差（mm）									
	实测值（mm）									
	说　明									
全高测量	允许偏差（mm）									
	实测值（mm）									
	说　明									
评价与建议										
参加人员	监理（建设）单位			施　工　单　位						
				项目技术负责人			专职质检员		工　　长	

2. 实施要点

(1) 施工过程中的垂直度测量

1) 测量次数，原则上每加高一层测量一次，整个施工过程不得少于 4 次。

2) 轴线测量按基数及各层放线、测量与复测执行。

3) 《高层建筑混凝土结构技术规程》JGJ 3—2002 关于高层建筑施工竖向（垂直度）控制的规定：

①竖向垂直度检查必须根据建筑平面布置的具体情况确定若干竖向控制轴线，并应由初始控制线向上投测。

②轴线投测误差的层间测量偏差不应超过 3mm；建筑物全高垂直度测量偏差不应超过 $3H/10000$（H 为建筑物总高度），且对应于不同高度范围的建筑物，其总高轴线投测偏差有不同的规定。

4) 对结构构件（实体）施工垂直度偏差、标高的检测规定：

①现浇混凝土结构墙柱构件垂直度允许偏差，层高≤5m，层间垂直度偏差不能大于 8mm；层高>5m，层间垂直度偏差不能大于 10mm。

②总高偏差不能大于 $H/1000$ 及 30mm（H 为建筑物全高）。

5) 施工过程中高层建筑必须严格控制轴线投测的竖向偏差，保证建筑物的垂直度偏差控制在规范的要求之内。

（2）竣工后的测量

1) 建筑物垂直度、标高、全高测量选定应在建筑物四周转角处和建筑物的凹凸部位。单位工程每项选定不应少于 10 点，其中前沿、背沿各 4 点，两个侧的面各 1 点。

2) 标高测量应按层进行，高层建筑可两层为一测定，多层建筑可一层为一测点，可按测点的平均差值填写。

3) 建筑物垂直度、标高、全高测量必须由施工单位、专职测量人员进行，测量应在监理单位参加下共同进行。

4) 建筑物的垂直度、标高、全高测量是建筑物已竣工，观感质量检查完成后对建筑物进行的测量工作，由施工单位测量，量测时项目监理机构派专业监理工程师参加监督量测进行。

（3）填表说明

1) 垂直度测量：应分别填写标准规定的垂直度测量允许偏差值和实际测量值，并应说明垂直度测量值平均值是否满足设计要求。

2) 标高测量：应分别填写标准规定标高允许偏差值，并应说明标高测量值平均值是否满足设计要求。

3) 全高测量：应分别填写标准规定的全高测量的允许偏差值，并应说明全高测量值平均值是否满足设计要求。

4) 评价与建议：按实际测量结果，由施工、监理单位对测量结果与标准对照后做出评价，对测量结果不满足设计要求时，应由施工、监理单位提出处理建议，报建设单位后转设计部门处理。

3.3.5 抽气（风）道检查记录（C3-5）

1. 资料表式

建筑抽气（风）道、垃圾道检查记录　　　　　　表 C3-5

工程名称						
施工单位					年　月　日	
检查部位	检查部位和检查结果				检查人	复检人
	主抽气（风）道		负抽气（风）道			
	抽气道	风道	抽气道	风道	垃圾道	

参加人员	监理（建设）单位		施　工　单　位		
			项目技术负责人	专职质检员	工　长

注：1. 主抽气（风）道可先检查，检查部位按轴线记录；副抽气（风）道可按户门编号记录。
　　2. 检查合格记（√），不合格记（×）。

2. 实施要点

应做通（抽）风和漏风、串风实验。抽气道、风道都应100%做通风检查，并做好自检记录，试验可在抽气道、风道进口处划根火柴，观察火苗的转向和烟的去向，即可判别是否通风。也可用其他适宜的方法进行，投抽气道、风道、垃圾道除应进行通风试验外，还应进行观感检查，两项检验均合格后，才可验收。

垃圾道进行100%检查，看其是否畅通，并做好记录。

3.3.6 幕墙及外窗气密性、水密性、耐风压检测报告（C3-6）

1. 资料表式

幕墙及外窗气密性、水密性、耐风压检测报告表　　　　表 C3-6

工程名称			试验时间		年　月　日	
幕墙类别			试验编号			
风压变形性能				雨水渗漏性能		
空气渗透性能				平面内变形性能		
性能结果评定	依据标准：					
	检测结果：					
参加人员	监理（建设）单位			施　工　单　位		
				项目技术负责人	专职质检员	工　长

注：风压变形、雨水渗漏、空气渗透、平面内变形性能均应附试验单位的试验报告单。

2. 实施要点

（1）玻璃幕墙的安装施工要求

1）一般规定

①安装玻璃幕墙的钢结构、钢筋混凝土结构及砖混结构的主体工程，应符合设计和有关结构施工及验收规范的要求。

②安装玻璃幕墙的构件及零附件的材料品种、规格、色泽和性能、应符合设计要求。

③玻璃幕墙的安装施工应单独编制施工设计方案。

④对幕墙结构设计应核查幕墙结构计算书。主要包括：位移、挠度计算；板材（玻璃）应力计算；横梁、立柱承载力计算；硅酮结构密封胶的强度验算；幕墙与主体结构连接件承载力计算。

2）幕墙的安装施工

①幕墙的施工测量应符合下列要求：a. 幕墙分格轴线的测量应与主体结构的测量配合，其误差应及时调整不得积累；b. 对高层建筑的测量应在风力不大于4级情况下进行，每天应定时对幕墙的垂直及立柱位置校核。

②幕墙立住的安装应符合下列要求：a. 应将立柱先与连接件连接，然后连接件再与

主体预件相连接，并应调整和固定。立柱安装标高偏差不应大于3mm，轴线前后偏差不应大于2mm，左右偏差不应大于3mm；b.相邻两根立柱的距离偏差不应大于2mm。

③幕墙横梁安装应符合下列要求：a.应将横梁两端的连接件及弹性橡胶垫安装在立柱的预定位置，并应安装牢固，其接缝应严密；b.相邻两根横梁的水平标高偏差不应大于1mm。同层标高偏差：当一幅幕墙宽度小于或等于35m时，不应大于5mm；当一幅幕墙宽度大于35m，不应大于7mm；c.同一层的横梁安装应由下向上。当安装完一层高度时，应检查、调整、校正固定，使其符合质量要求。

④幕墙其他主要附件安装应符合下列要求：a.有热工要求的幕墙，保温部分宜从内向外安装。当采用内衬板时，四周应套装弹性橡胶密封条，内衬板与构件接缝应严密；内衬板就位后，应密封处理；b.固定防火保温材料应锚钉牢固，防火保温层应平整，拼接处不应留缝隙；c.冷凝水排出管及附件应与水平构件预留孔连接严密，与内衬板出水管连接处应设橡胶密封条；d.其他通气留横孔及雨水排出口等应按设计施工，不得遗漏；e.幕墙立柱安装就位、调整并及时紧固。幕墙安装的临时螺栓等在构件安装、就位调整、紧固后应及时拆除；f.现场焊接或高强螺栓紧固的构件固定后，应及时进行防锈处理，幕墙中与铝合金接触的螺栓及金属配件应采用不锈钢或轻金属制品；g.不同金属的接触面应采用垫片做隔离处理。

⑤幕墙玻璃安装应按下列要求进行：a.安装前应将表面尘土和污物擦拭干净。热反射安装应将镀膜面朝向室内，非镀膜面朝向室外；b.与构件不得直接接触。四周与构件凹槽底应保持一定空隙，每块下部应设不少于二块弹性定位垫块；垫块的宽度与槽口宽度应相同，长度不应小于100mm；两边嵌入量及空隙应符合设计要求；c.四周橡胶条应按规定型号选用，镶嵌应平整，橡胶条长度宜比边框内槽口长1.5%~2%，其断口应留在四角；斜面断开尖拼成预定的设计角度，并应用粘结剂粘结牢固后嵌入槽内。

⑥幕墙四周与主体结构之间的缝隙，应采用防火的保温材料填塞；内外表面应用密封胶连续封闭，接缝应严密不漏水。

⑦幕墙施工过程中应分层进行抗雨水渗漏性能检查：a.耐候硅酮密封胶的施工厚度应大于3.5mm，施工宽度不应小于施工厚度的2倍；较深的密封槽口底部应用聚乙烯发泡材料填塞；b.耐候硅酮密封胶在接缝内应形成相对两面粘结，并不得三面粘结。

⑧幕墙安装施工应对下列项目进行隐蔽验收：a.构件与主体结构的连接节点的安装；b.幕墙四周、幕墙内表面与主体结构之间间隙节点的安装；c.幕墙伸缩缝、沉降缝、防震缝及墙面转角节点的安装；d.幕墙防雷接地节点的安装。

3）幕墙的安全要求

①明框幕墙、半隐框幕墙和隐框幕墙，宜采用半钢化、钢化或夹层玻璃。

②幕墙下部宜设置绿化带，入口处宜设置遮阳棚或雨罩。

③当楼面外缘无实体窗下墙时，应设防撞栏杆。

④幕墙与每层楼板、隔墙处的缝隙应采用不燃烧材料填充。

4）幕墙的性能要求

幕墙的性能一般包括下列项目：a.风压变形性能；b.雨水渗漏性能；c.空气渗透性能；d.平面内变形性能；e.保温性能；f.隔声性能；g.耐撞击性能。

幕墙应进行风压变形，抗空气渗透，抗雨水渗漏三项基本性能检验（见表C3-6-1、表

C3-6-2、表 C3-6-3），根据功能要求还可进行其他性能检验。抗风压变形按 50 年一遇时风值。在瞬进风压作用下主要受力构件的相对挠度不应超过 $L/180$（L 为主要受力构件长度），绝对挠度值不超过 20mm。

风压变形性能　　　　　　　　　　表 C3-6-1

性　能	Ⅰ	Ⅱ	Ⅲ	Ⅳ	Ⅴ
WK（kPa）	≥5	<5，≥4	<4，≥3	<3，≥2	<2，≥1

标准状态下的空气渗透量　　　　　　表 C3-6-2

性　能		Ⅰ	Ⅱ	Ⅲ	Ⅳ	Ⅴ
qm³/m·h10Pa	开启部分	≤0.5	>0.5，≤1.5	>1.5，≤2.5	>2.5，≤4.0	>4.0，≤6.0
	固定部分	≤0.01	>0.01，≤0.05	>0.05，≤0.10	>0.10，≤0.20	>0.20，≤0.50

雨水渗透性能　　　　　　　　　　表 C3-6-3

性　能		Ⅰ	Ⅱ	Ⅲ	Ⅳ	Ⅴ
P（Pa）	开启部分	≥500	<500，≥350	<350，≥250	<250，≥150	<150，≥100
	固定部分	≥2500	<2500，≥1600	<1600，≥1000	<1000，≥700	<700，≥500

当建筑物高度超过 60m 时应同时进行平面内变形性能试验见表 C3-6-4。

相对位移值 γ 的范围　　　　　　表 C3-6-4

性　能	Ⅰ	Ⅱ	Ⅲ	Ⅳ	Ⅴ
γ	≥1/100	<1/100，≥1/150	<1/150，≥1/200	<1/200，≥1/300	<1/300，≥1/400

5）幕墙工程验收

①幕墙工程验收前应将其表面擦洗干净。

②幕墙验收时应提交下列资料：a.设计图纸、文件、设计修改和材料代用文件；b.材料出厂质量证书，结构硅酮密封胶相容性试验报告及幕墙物理性能检验报告；c.预制构件出厂质量证书；d.隐蔽工程验收文件；e.施工安装自检记录。

③璃幕墙工程验收时应按要求进行隐蔽验收。

④幕墙工程质量验收应进行观感检验和抽样检验。并应以一幅幕墙为检验单元，每幅幕墙均应检验。

⑤幕墙观感检验应符合下列要求：a.明框幕墙框料应竖直横平；单元式幕墙的单元拼缝或隐框幕墙分格拼缝应竖直横平，缝宽应均匀，并符合设计要求；b.品种、规格与色彩应与设计相符，整幅幕墙的色泽应均匀，不应有析碱、发霉和膜脱落等现象；c.安装应正确；d.幕墙材料的色彩应与设计相符，并应均匀，铝合金料不应有脱膜现象；e.装饰压板表面平整，不应有肉眼可察觉的变形、波纹或局部压砸等缺陷；f.幕墙的上下边及侧边封口、沉降缝、伸缩缝、防震缝的处理及防雷体系应符合设计要求；g.幕墙隐蔽节点的遮封装修应整齐美观；h.幕墙不得渗漏。

⑥幕墙工程抽样检验应符合下列要求：a.铝合金料及表面不应有铝屑、毛刺、油斑

和其他污垢；b. 应安装或粘结牢固，橡胶条和密封胶应嵌密实填充平整；c. 钢化玻璃表面不得有伤痕。

(2) 填表说明

1) 试验编号：指试验室的风压变形性能、雨水渗漏性能、控气渗透性能、平面内变形性能的试验编号。

2) 风压变形性能：指幕墙性能试验的结果，即幕墙在风荷载标准值作用下，其立柱和横梁的相对挠度不应大于 $L/180$（L 为立柱和横梁两支点间的跨度），绝对挠度不得大于 20mm。

3) 雨水渗漏性能：指幕墙雨水渗漏性能试验的结果，即幕墙在风荷载标准值除以 2.25 的风荷载作用下不应发生雨水渗漏。在任何情况下，幕墙开启部分的雨水渗漏压力应大于 250MPa。

4) 空气渗透性能：指幕墙空气渗透性能试验的结果，即幕墙在有空调和采暖要求时，幕墙的空气渗透性能应在 10Pa 的内外压力差下，其固定部分的空气渗透不应大于 $0.10m^2/m·h$，开启部分的空气渗透量不应大于 $2.5m^2/m·h$。

5) 平面内变形性能：指幕墙平面内变形性能试验的结果，即幕墙在平面内变形性能应符合下列要求：

①平面内变形性能以建筑物的层间相对位移值表示。在设计允许的相对位移范围内，幕墙不应损坏；

②平面内变形性能应按不同结构类型弹性计算的位移控制的 3 倍设计。

3.3.7 节能、保温测试记录（C3-7）

1. 资料表式

节能、保温测试记录表　　　　　　　表 C3-7

工程名称		试验日期	年　月　日
测试单位		测试面材质	

试验要求：
1. 墙体的保温性能；
2. 门窗的气密性；
3. 管道保温层厚度；
4. 供回水温度计、压力表、热表检测

强制性条文执行：

试验情况记录：

评定意见：

参加人员	监理（建设）单位	施　工　单　位		
		专业技术负责人	质检员	记录人

注：保温性能、气密性应附检验单位的检测报告。

2．实施要点

（1）节能、保温测试按《民用建筑热工设计规范》（GB 50176—93）和《民用建筑节能设计标准》（JGJ 26—95）执行。

（2）按照工程建设标准强制性条文规定节能、保温测试主要内容为：居住建筑和公共建筑的保温性能；居住建筑和公共建筑的气密性；采取供热管道最小保温层厚度测定；重建炉房、热力站和每个独立建筑物入口供回水温度计、压力表和热表检测、补水系统设置的水表的检测。

3.3.8 室内环境检测报告（C3-8）

1．资料表式

室内环境检测报告表　　　　　　　表 C3-8
（　　　　　）

工程名称		测试时间	年　月　日	
监测部位或区段				
被测面材料质量				
测试内容				
强制性条文执行				
测试结果				
评定意见				
参加人员	监理（建设）单位	施　工　单　位		
		专业技术负责人	质检员	记录人

注：热工与节能测试、照明照度、隔声与噪声测试应附试验单位的检测报告。

2．实施要点

室内环境检测报告应根据"工程建设标准强制性条文"按不同建筑物规定的有关内容进行检测。室内环境检测涉及内容较多，主要包括：室内环境污染控制检测、热工与节能、照明、隔声与噪声限制等。当前室内环境检测主要是对室内环境中的苯、甲醛、氨、氡、总挥发性有机化合物的检测。

（1）室内环境污染控制检测

1）依据标准：

评定标准：《民用建筑工程室内环境污染控制规范》（GB 50325—2001）；《室内装饰装修材料人造板及其制品中甲醛释放限量》（GB 18580—2001）；《室内装饰装修材料溶剂型木器涂料中有害物质限量》（GB 18581—2001）；《室内装饰装修材料内墙涂料中有害物质

限量》（GB 18582—2001）；《室内装饰装修材料胶粘剂中有害物质限量》（GB 18583—2001）；《室内装饰装修材料木家具中有害物质限量》（GB 18584—2001）；《室内装饰装修材料壁纸中有害物质限量》（GB 18585—2001）；《室内装饰装修材料聚氯乙烯卷材地板中有害物质限量》（GB 18586—2001）；《室内装饰装修材料地毯、地毯衬垫及地毯胶粘中有害物质释放限量》（GB 18587—2001）；《混凝土外加剂中释放氨的限量》（GB 18588—2001）；《建筑材料放射性核素限量》（GB 6566—2001）。

检验标准：苯：《居住区大气中苯、甲苯、二甲苯卫生检验标准方法》（GB 11737—1989）；甲醛：《居住区大气中甲醛卫生检验标准方法》（GB/T 16129—1995）；氨：《公共场所空气中氨检验方法　靛酚蓝分光光度法》（GB/T 18204.25—2000）；氡：《民用建筑工程室内环境污染控制规范》（GB 50325—2001）；TVOC：《民用建筑工程室内环境污染控制规范》（GB 50325—2001）。

2）检验项目：

苯、甲醛、氨、氡、总挥发性有机化合物（TVOC）。

3）取样要求：

①民用建筑工程及室内装修工程的室内环境质量验收应在工程完工至少7天以后、工程交付使用前进行。

②应抽检有代表性的房间，抽检数量不得少于5%，并不得少于3间。

③房间使用面积小于 $50m^2$ 时，设1个检测点；$50\sim100m^2$ 时，设2个检测点；$100m^2$ 以上时，设3~5个检测点。

④检测点应距内墙面不小于0.5m，距楼地面的高度，0.8~1.5m。检测点应均匀分布，避开通风道和通风口。

⑤对采用集中空调的工程，测氡、游离甲醛、氨、苯、TVOC时应在空调正常运转的情况下进行。

⑥对自然通风的工程，测甲醛、氨、苯、TVOC时，应在门窗关闭1h后进行；测氡时，应在门窗关闭24h后进行。

4）结果评定：民用建筑工程室内环境污染物浓度限量见表C3-8-1。

民用建筑工程室内环境污染物浓度限量　　　　　表C3-8-1

检测项目		Ⅰ类民用建筑工程	Ⅱ类民用建筑工程
游离甲醛	(mg/m³)	≤0.08	≤0.12
苯	(mg/m³)	≤0.09	≤0.09
氨	(mg/m³)	≤0.2	≤0.5
氡	(Bq/m³)	≤200	≤400
TVOC	(mg/m³)	≤0.5	≤0.6

①当室内环境污染物浓度的全部检测结果符合《民用建筑工程室内环境污染控制规范》（GB 50325—2001）规范的规定时，可判定该工程室内环境质量合格。

②当室内环境污染物浓度检测结果不符合规范的规定时，应查找原因并采取措施进行处理，并可进行再次检测。再次检测时，抽检数量应增加一倍。室内环境污染物浓度再次检测结果全部符合《民用建筑工程室内环境污染控制规范》（GB 50325—2001）规范的规定时，可判定该工程室内环境质量合格。

5) 室内环境检测由施工单位在工程竣工并经初检合格后根据设计要求、执行标准的要求对其进行检测或由施工单位委托专门测试单位对室内环境进行检测，并出具检测报告，费用由建设单位承担。

6) 室内环境检测必须在建设单位组织单位工程竣工验收与备案之前测试完成，并已出具室内环境检测报告。

(2) 热工、电气照明等的控制检测

1) 热工与节能：《民用建筑节能设计标准》（JGJ 26—95）规定："……和每个独立建筑物入口应设置供回水温度计、压力表和热表（或热水流量计）。补水系统应设置水表。"对供热系统实行设置计量化表的量化管理方法。还规定了采暖供热管道最小保温层厚度等；

2) 电气照明：

①《民用建筑照明设计标准》（GBJ 133—90）对不同建筑物规定了照明的照度标准；

②照明灯具有功能为主和装饰为主之分，主要包括：吸顶灯、镶嵌灯、节灯、荧光灯、壁灯、台灯、主灯、轨道灯等。

照明灯具应满足不同类型建筑标准规定照度标准值。

艺术照明如歌舞厅照明、花园照明、广场照明、雕塑和纪念碑照明、喷泉照明、水中照明等均应严格按设计要求施工和质量验收规范执行。

③智能照明控制系统，通常可以由调光模块、控制面板、液晶显示、触摸屏、智能传感器、偏抢插口、时针管理器、手持式编程器和PC监控机等部件组成。

④照明质量检查的注意事项：

照明质量的评价：应全面考虑和正确处理下列几项主要内容：a. 合适的照度：应不低于《建筑电气设计技术规范》推荐了照度值；b. 照明均匀度：应力求工作面与周围照度均匀；c. 适宜的亮度分布；d. 限制眩光；e. 源的显色性：采用显色指数高的光源；f. 照度的稳定性：灯具应设置在没有气流冲击的地方或采取牢固的吊装方式；g. 影闪效应的消除：应采取措施，降低影闪效应。

⑤照明的光度测量：a. 照度的测量：一般采用光检测器和微安表构成的照度计。室内照明的中等照度计高照度的测量，多采用简易或精密型的光电池式照度计，道路、广场的由低照度到高照度测量采用光电管式照度计，极微照度的测量应采用光电倍增管式照度计；b. 光通量的测量：通常用球形积分光度计；c. 亮度的测量；d. 光强的测量：主要应用直尺光度计进行。

3) 隔声与噪声限制：《民用建筑隔声设计规范》（GBJ 118—88）规划了不同建筑物的允许噪声级标准。

建筑工程施工完成后均应对室内环境的热工与节能、照明、隔声与噪声限制进行测试，并应符合设计要求和规范规定，并出具检测报告。

(3) 填表说明

1) 表内的括号是指被测试的内容名称。诸如室内环境污染控制、照明设计……等。

2) 被测面材料质量：一般指被测面的材料性能质量。

3) 测试内容：指检测要求的测试内容和实际的测试内容，如室内环境污染控制检测中应测苯、甲醛、氨、氡、总挥发性有机化合物（TVOC）。如检测内容不满足规范要求应填写清楚。

4) 测试结果：按实际测试结果填写，应规定是否满足设计要求，应填写实测数据。

给 排 水 与 采 暖

资料编制控检要求：

(1) 试调项目和内容符合有关标准规定，内容真实、准确为符合要求。

(2) 现场测试项目必须是在测试现场进行。由施工单位的专业技术负责人牵头，专职质量检查员详细记录，建设单位代表和项目监理机构的专业监理工程师参加。

现场原始记录必须经施工单位的技术负责人和专职质量检查员签字，建设、监理单位的参加人员签字后方为有效并归存，作为整理资料的依据以备查。

(3) 资料内必须附图的附图应简单易懂，且能全面反映附图质量。

(4) 各被检项目的记录必须填写齐全，不得漏填，检查意见与结果要具体明确。

(5) 测试应办的手续应及时办理不得后补，后补资料须经建设、监理单位批准，确认其真实性后签注说明并签字有效。

(6) 试验结论必须填写清楚是符合设计和标准要求还是不符合设计或标准要求。

(7) 试验报告单内的主要试验项目应齐全，不齐全时应重新进行复试。

(8) 表内的内容必须填写齐全，不得缺项，主要的试验项目缺项为不符合要求。

3.3.9 给水管道通水试验记录（C3-9）

给水管道通水试验记录室内给排水系统通水试验记录按 C2-15-2-1 执行。

3.3.10 暖气管道、散热器压力试验记录（C3-10）

3.3.10.1 暖气管道压力试验记录（C3-10-1）

实施要点：

(1) 暖气管道压力试验记录按 C2-13-6 表式执行。

(2) 暖气管道压力试验见工程质量控制资料核查给排水与采暖资料"管道、设备强度试验、严密性试验记录"有关说明。

3.3.10.2 散热器压力试验记录（C3-10-2）

(1) 散热器压力试验记录按 C2-13-8 表式执行。

(2) 散热器压力试验见工程质量控制资料核查给排水与采暖资料"管道、设备强度试验、严密性试验记录"有关说明。

(3) 散热器试验方法：

1) 散热器组对后，以及整组出厂的散热器在安装之前应作水压试验。试验压力如设计无要求时应为工作压力的 1.5 倍，但不小于 0.6MPa。试验时间为 2~3min，压力不降且不渗不漏。

2) 辐射板在安装前应做水压试验，如设计无要求时试验压力应为工作压力的 1.5 倍，但不得小于 0.6MPa。试验压力下 2~3min 压力不降且不渗不漏。

3) 散热器水压试验方法：

①将散热器抬到试压台上，用管钳子上好临时炉堵和临时补心，上好放气嘴，联接试压泵；各种成组散热器可直接联接试压泵；

②试压时打开进水截门，往散热器内充水，同时打开放气嘴，排净空气，待水满后关

闭放气嘴；

③加压到规定的压力值时，关闭进水截门，持续 5min，观察每个接口是否有渗漏，不渗漏为合格。如有渗漏用铅笔做出记号，将水放尽，卸下炉堵或炉补心，用长杆钥匙从散热器外部比试，量到漏水接口的长度，在钥匙杆上做标记，将钥匙从散热器对丝孔中伸入至标记处，接丝扣旋紧的方向拧动钥匙，使接口继续上紧或卸下换垫，如有坏片需更换。钢制散热器如有砂眼渗漏可补焊，返修好后再进行水压试验。直到合格。不能用的坏片要做明显标记（或用手锤将坏片砸一个明显的孔洞单独存放），防止再次混入好片中误组对。

④打开泄水阀门，拆掉临时丝堵和临时补心，泄净水后将散热器运到集中地点，补焊处要补刷二道防锈漆。

4）在安装太阳能集热器玻璃前，应对集热排管和上、下集热管做水压试验，试验压力为工作压力的 1.5 倍。

太阳能热水器的管路系统试压：

①应在未做保温前进行水压试验，其压力值应为管道系统工作压力的 1.5 倍，最小不低于 0.5MPa；

②系统试压完毕后应做冲洗或吹洗工作，直至将污物冲净为止；

③热水器系统安装完毕，在交工前按设计要求安装温控仪表；

④按设计要求做好防腐和保温工作；

⑤太阳能热水器系统交工前进行调试运行，系统上满水，排除空气，检查循环管路有无气阻和滞流，机械循环检查水泵运行情况及回路温升是否均衡，做好温升记录，水通过集热器一般应温升 3~5℃，符合要求后办理交工验收手续。

3.3.11 卫生器具满水试验记录（C3-11）

1. 资料表式

卫生器具满水试验记录表　　　　　　表 C3-11

工　程　名　称		施工单位		
试验项目				
试验时间	由　　日　　时　　分开始，至　　日　　时　　分结束			
依据标准及要求				
过程情况简述				
试验结果				
参加人员	监理（建设）单位	施　工　单　位		
		专业技术负责人	质检员	试验员

2. 实施要点

(1) 卫生器具如洗面盆、浴盆等必须进行满水试验。如不进行满水试验其溢流口、溢流管是否畅通将无从检查，同时可以检验卫生器具是否漏水。

(2) 现场测试项目必须是在测试现场进行。由施工单位的专业技术负责人牵头，专职质量检查员详细记录，建设单位代表和项目监理机构的专业监理工程师参加。

现场原始记录须经施工单位的技术负责人和专职质量检查员签字、建设监理单位的参加人员签字后方有效并归存，作为整理资料的依据以备查。

3.3.12 消防管道、燃气管道强度、严密性试验记录（C3-12）

3.3.12.1 消防管道强度试验记录（C3-12-1）

消防管道强度试验记录按 C2-13-15 表式执行。资料要求、实施要点按室内消防系统水压试验及消火栓试射试验记录执行。

3.3.12.2 燃气管道强度、严密性试验验收记录（C3-12-2）

1. 资料表式

燃气管道强度、严密性试验验收记录　　　　表 C3-12-2

施工单位：　　　　　　　　　　　　施验日期：　　年　月　日

工程名称		压力级别及管径	_____压 Φ _____
接口做法		管道材质	
试验压力		允许压力降	
实际压力降		试验介质	
试验结果			
强制性条文执行			
处理意见			
备注			
参加人员	监理（建设）单位	施　工　单　位	
		专业技术负责人	质检员	记录人

2. 实施要点

(1) 燃气管道严密性试验

1) 试验范围应为引入管阀门至燃具前阀门之间的管道。

2) 中压管道的试验压力为设计压力，但不得低于 0.1MPa，以发泡剂检验，不漏气为合格。

3) 低压管道的试验压力不应低于 5kPa，居民用户试验时间为 15min，商业和工业用户试验时间为 30min，观察压力表（压力计）无压力降为合格。

(2) 燃气管道强度试验

1) 应在严密性试验合格后进行，试验前必须核查各项试验检测记录和现场安装焊接检查记录等，合格后方可进行强度试验。

2) 试验范围为居民用户引入管阀门至燃气计量表进口阀门（含阀门）之间的管道或工业企业和商业用户引入管阀门至燃具接入管阀门（含阀门）之间的管道。

试验用介质宜为压缩空气，严禁用水。

3) 当设计压力小于10kPa时，试验压力为0.1MPa；当设计压力大于或等于10kPa时，试验压力为设计压力的1.5倍，在试验压力下稳压0.5h，用发泡剂检查接头，不漏为合格；或稳压1h，观察压力表，无压力降为合格。

4) 当强度试验压力大于0.6MPa时，应在达到试验压力的1/3和2/3时各停15min，用发泡剂检查所有接头，无泄漏，且观察压力表无降压，管道系统无变形和其他异常情况为合格。

(3) 填表说明

1) 压力级别及管径（压Φ）：指燃气管道严密性试验验收段的压力级制及燃气管道的管径，按施工图设计的压力级制及燃气管道的管径填写。

2) 接口作法：指燃气管道严密性试验验收段管道的接口做法。

3) 试验压力：指燃气管道严密性试验验收段管道的试验压力。

4) 允许压力降：指燃气管道严密性试验验收段规范规定的管道的允许压力降。

5) 实际压力降：指燃气管道严密性试验验收段验收时实测的管道实际压力降。

3.3.12.3 户内燃气设施强度/严密性试验记录（C3-12-3）

1. 资料表式

户内燃气设施强度/严密性试验记录　　　　表 C3-12-3

工程名称							
施工单位							
试验项目	□ 强度		□ 严密性	试验日期		年　月　日	
试验压力			kPa	允许压力降			kPa
试验范围	楼　　号						
	户数（户）						
	主立管（数量）						
	引入口（个）						
	燃气表（台）						
	燃气灶（台）						
	热水器（台）						
强度试验	试验压力（kPa）						
	检漏结果						
严密性试验	试验压力（kPa）						
	保压时间（min）						
	最大压力降（kPa）						
试验结论：							

监理（建设）单位	设计单位	施工单位		
		项目技术负责人	施工项目负责人	试验员

2. 实施要点

(1) 户内燃气设施强度/严密性试验见燃气管道强度、严密性试验验收记录（C3-14-1）的相关说明。

(2) 填表说明：

1) 试验项目（强度、严密性）：是指强度试验或严密性试验，进行某种试验时在表内的方框内打勾。

2) 试验范围：

①楼号：按施工图设计图注的楼号填写。

②户数（户）：指施工组织设计燃气管道强度严密性试验划分的户数。

③主立管（数量）：指燃气管道强度严密性试验范围内主立管的数量。

④引入口（个）：指燃气管道强度严密性试验的引入口，引入口数量按施工组织设计。

⑤燃气表（台）：指燃气管道强度严密性试验范围内户数的累计燃气表数量。

⑥燃气灶（台）：指燃气管道强度严密性试验范围内户数的累计燃气灶数量。

⑦热水器（台）：指燃气管道强度严密性试验范围内户数的累计热水器数量。

3) 强度试验：

①试验压力（kPa）：指燃气管道强度试验的实际试验压力，试验压力应满足规范规定的要求。

②检漏结果：指燃气管道强度试验完成后进行的检漏检查，按检查结果填写。

4) 严密性试验：

①试验压力（kPa）：指燃气管道严密性试验的实际试验压力，试验压力应满足规范规定的要求。

②保压时间（min）：指燃气管道严密性试验压力达到规范规定后的保持压力的持续时间，保压时间应满足规范规定的要求。

③最大压力降（kPa）：指燃气管道严密性试验段压力达到规范规定后，保持压力的持续时间完成后测试的管道最大压力降。

3.3.13 排水干管通球试验记录（C3-13）

排水干管通球试验记录室内排水管道通球试验记录按 C2-15-3 执行。

电　气

资料编制控检要求：

(1) 按给排水与采暖资料编制控检要求执行。

(2) 大型灯具试验的有关数据必须按设计要求办理。试验方法按施工图或规范要求执行。

(3) 按设计或规范要求进行大型灯具试验并应符合要求，资料齐全的为符合要求，不按设计或规范要求进行大型灯具试验，无资料的为不符合要求，判定不符合要求的不得交工验收。

3.3.14 建筑物照明全负荷通电试运行记录（C3-14）

1. 资料表式

2. 实施要点

建筑物照明全负荷通电试运行记录 表 C3-14

工程名称：

施工单位		试运行日期			年 月 日			
分部工程名称		施工图号						
时间（h） \ 测试电流值（A） \ 盘柜编号	a	b	c	a	b	c	a	b	c
照度检测	检测部位								
	设计值（lx）								
	实测值（lx）								
试验结果：									
参加人员	监理（建设）单位		施 工 单 位						
			专业技术负责人			质检员		试验员	

(1) 电气照明器具通电安全试运行应完成：

1) 电线绝缘电阻测试前电线的接续完成；

2) 照明箱（盘）、灯具、开关、插座的绝缘电阻测试在就位前或接线前完成；

3) 备用电源或事故照明电源作空载自动投切试验前拆除负荷，空载自动投切试验合格，才能做有载自动投切试验；

4) 电气器具及线路绝缘电阻测试合格，才能通电试验；

5) 照明全负荷试验必须在本条的 1)、2)、4) 款完成后进行。

(2) 电气照明动力试运行：

调整和安全检查完成后方可进行试运行。试运行的时间应按有关规定或在承包合同中规定。试运行内容应按设计规范及有关标准要求，应对如：导线温升、负荷系数、保险丝熔断情况、空气开关整定值、接触器、断电器线圈的温升、电动机的温升、噪声、运转方向、通电的持续时间、电压、电流是否正常、电表运行是否正常、自动开关有无误动情况等情况进行检核。全负荷应不分层、段按供电系统进行。一般应按一个进户为一个单位，工程中的电气安装分部应全部参加试运行。试运行应从总开关开始供电，不应甩掉总箱，采用柜接入临时电源测试，因为这样做总箱、柜的性能无法接受考验。试运行期间所发生的问题均应准确记录，并应将质量问题和故障排除结果记录表内，记录电源、电压，照明每 8h 记录一次，照明满负荷试验一般不少于 24h。24h 共记录 4 次，动力约每小时记录一次，2h 共记录 3 次。

试运行应对一切设备、系统进行试验，主要包括：高低压电气装置及其保护系统。如电力变压器、高低压开关柜、电机、发电机组、蓄电池、具有自动控制的电机及电加热设备、各种音响、讯号、监视系统、共用天线系统、计算系统、电扇、灯具、插座、报警系统等。

(3) 灯具、吊扇的通电试运行：

灯具、吊扇、配电箱（盘）安装完毕，且各条支路的绝缘电阻摇测合格后，方允许通电试运行。通电后应仔细检查和巡视，检查灯具的控制是否灵活、准确；开关与灯具控制顺序相对应，吊扇的转向及调速开关是否正常，如果发现问题必须先断电，然后查找原因进行修复。

(4) 配电箱安装完毕后再进行一次通电前的检查。先进行绝缘测试并填写绝缘摇测记录，确认无误后按试运行程序逐一送电至用电设备，应如实记录通电运行情况，发现问题及时解决，经试运行无误办理竣工验收后交付使用。

(5) 室外路灯全部安装完成后，应进行送电试灯，并进一步调整灯具的照射角度。

(6) 开关、插座的观察与通电检查：

1) 保证插座的接地（零）保护措施符合施工规范规定；

2) 安装位置正确，表面清洁。绝缘良好。

(7) 滑接线及软电缆的试运行和验收：

1) 滑接线及软电缆安装后，检查和清扫干净，用摇表摇测相间及相对地的绝缘电阻，电阻值应大于 $0.5M\Omega$ 并作记录；

2) 检测符合要求即可送电空载运行。检查无异常现象后，再带负荷运行，滑触器在运行中与滑接线全程滑接平滑，无较大火花和异常现象后，交付使用；

3) 验收时应提交的资料：交工验收单、设计变更及洽商记录、产品合格证和技术文件；安装记录、测试及运行记录。

(8) 高压开关送电验收：高压开关的送电验收应与其他设备一起进行。空载运行 24h 无异常现象，交付使用。

(9) 蓄电池的送电及验收：

1) 蓄电池二次充电后，经过对蓄电池电压、电解液比重、温度检查正常后交付使用；

2) 验收时应提交的资料：产品说明书及有关技术文件、蓄电池安装、充、放电记录、材料试验报告。

(10) 配电柜调试运行：

配电柜安装完毕后再进行一次通电前的检查。先进行绝缘摇测并做好绝缘摇测记录，确认无误后按试运行程序逐一送电至用电设备，如实记录试运行情况，发现问题及时解决，经试运行无误，办理竣工验收后交使用单位。

(11) 公用建筑照明系统通电连续试运行时间应为 24h，每隔 2h 做一次记录；民用住宅照明系统通电连续试运行时间应为 8h，每隔 2h 做一次记录。

(12) 建筑物照明系统通电试运行应包括低压配电系统的全部照明回路。试验时所有照明灯具均应开启投入运行，连续试运行期间检查线路及灯具的可靠性（稳定性）和安全性，测试并记录试运行过程中的电压、电流等参数和运行状况（是否正常，有无故障等）。

(13) 记录以低压配电系统的照明回路为单位填写。

(14) 填表说明：

1) 被测系统：指照明全负荷试验被试的某系统。

2) 测试、检验情况：应分别填写测试依、检验的实际情况。试运行内容应根据规范标准、设计要求，如负荷系数、开关整定值、熔断器规格、导线电缆、低压电器（闸刀、继电器、接触器等）、电动机的温升、噪声、运转方向、继电保护、自控装置运作程序是否正常，线路、负荷通电的持续时间等情况认真填写。

3) 测试检测结果：按实际试验结果填写。应说明是否满足设计要求和规范规定。

3.3.15 大型灯具牢固性试验记录（C3-15）

1. 资料表式

大型灯具牢固性试验记录表　　　　　　　　　表 C3-15

工程名称：

施工单位				
楼　层			试验日期	
灯具名称	安装部位	数　量	灯具自重（kg）	试验载重（kg）
试验结果：				

参加人员	监理（建设）单位	施　工　单　位		
		专业技术负责人	质检员	试验员

2. 实施要点

（1）大型灯具系指单独建筑物或其中设有大型厅、堂、会议等用房需设有专用灯具；为装饰或专门用途而设置的重量或体量较大的大型花、吊灯具，其安装的牢固程度直接影响到使用功能及人身安全，安装前需对固定件、灯具连接部位按图纸要求进行复核，安装后对其牢固性进行试验，以保证满足使用功能及安全。

（2）一般灯具需加设专用吊杆或灯具重量在30kg以上的花灯、吊灯、手术无影灯等的大型灯具即需进行牢固性试验。凡符合下列之一的灯具应做牢固性试验：

1) 体积较大的多头花灯（吊灯），大型的花灯。
2) 产品技术文件有要求的即灯具本身指明的。
3) 设计文件有规定的或单独出图的。
4) 监理（建设）单位或监督机构要求的。

大型灯具的牢固性试验由施工单位负责进行并填写"大型灯具牢固性试验记录"。

（3）《常用灯具安装》（96SD469）国标图集编制说明第五条第6～7款规定：

1) 灯具重量超过3kg时，应预埋铁件，吊钩或螺丝进行固定。
2) 软线吊灯限1kg以下，超过者应加吊链，固定灯具用的螺栓或螺钉应不少于2个。特殊重量的灯具应考虑起吊或安装的预埋铁件以固定灯具。

在砖或混凝土结构上安装灯具时，应预埋吊钩或螺栓，也可采用膨胀螺栓，其承装负载由设计确定允许承受拉（重）力。

（4）大型灯具承载试验方法：

1) 大型灯具的固定及悬挂装置，应按灯具重量的2倍做承载试验。

2）大型灯具的固定及悬挂装置，应全数做承载试验。

3）试验重物宜距地面300mm左右，试验时间为15min。

（5）大型灯具的固定（悬吊）装置应全数逐个做牢固性试验并记录。照明灯具承载试验应由建设（监理）单位、施工单位共同进行检查。

（6）填表说明：

1）试验过程与要求：指大型灯具类型及牢固性试验过程，应说明是否有违规范规定。

2）检验结果：指大型灯具牢固性试验的检测结果，应说明是否满足设计要求。

3.3.16 避雷接地装置检测记录（C3-16）

1．资料表式

避雷接地装置检测记录　　　　　　　　表 C3-16

	工程名称					施工单位		
	施工图号：					检验日期：		
避雷装置	编 号（部位）	材质	规格	长度(m)	埋深(m)	连 接 方 式	防 腐 处 理	
接地及引线								
接地干线								
简图		设计电阻：　　　　Ω				评定意见：		
		测验电阻：　　　　Ω						
		仪表编号：				年　月　日		
参加人员	监理（建设）单位			施　工　单　位				
				专业技术负责人		质检员		试验员

2．实施要点

（1）避雷装置检测的有关数据必须按设计要求办理。试验方法按施工图或规范要求执行。测试接地装置的接地电阻值必须符合设计要求。

（2）接地体、设备房预留接地点、工作接地点、建筑物基础和首层接地测试点、建筑转换层、高层建筑均压环、总等电位接地点、楼层等电位接地点和局部等电位接地点、建筑物屋面避雷带等，以及设备（装置、器具）导线等应按有关设计、设备技术文件和规范的要求，在不同的施工阶段进行实测，然后记录每一测点的接地电阻实测值。

（3）避雷接地装置检测前应对其材质、规格、长度、埋深、连接方式、防腐处理等复检后进行。

（4）接地电阻测试记录填写应注意：

1）准确表达所属分部、子分部（系统）的名称。

2）准确表达接地类别和测试点的名称（部位）。

3) 准确表达测试时的天气情况（晴、阴、雨及大气的相对湿度）。
4) 设计要求的接地电阻值（Ω）应按有关设计文件，或设备技术文件，或标准规范的要求填写。

(5) 填表说明：

1) 避雷装置

①编号（部位）：指避雷装置的编号或部位，如屋顶避雷带等；

②材质：避雷装置所用材料品种及其质量，照实际填写。

③规格：避雷装置所用材料规格，如利用柱内钢筋做引下线 $\phi 20$ 等。

④长度：避雷装置被测段的长度。

⑤埋深：避雷装置接地的埋深，应满足设计要求。

⑥连接方式：指避雷装置的连接方式，如焊接等。

⑦防腐处理：指避雷装置采用何种防腐方法，如镀锌等。

2) 接地及引线

①编号（部位）：指避雷装置的接地编号，照实际填写。

②其他同上 6 项中②③④⑤⑥⑦。

3) 接地干线：同 6 项说明。

4) 设计电阻、测验电阻：分别按设计给定电阻值和测验结果填写。

5) 仪表编号：指测试避雷装置所用的仪表编号，如 ZX—10，02851 等。

6) 简图：避雷装置简图由施工单位绘制。

3.3.17 线路、插座、开关接地检验记录（C3-17）

1. 资料表式

线路、插座、开关接地检验记录表   表 C3-17

工程名称							日期			
线 路 接 地	检验数量									
	符合要求									
	不符合要求									
插 座 接 地	检验数量									
	符合要求									
	不符合要求									
开 关 接 地	检验数量									
	符合要求									
	不符合要求									
检 验 结 果	线 路									
	插 座									
	开 关									
参加人员	监理（建设）单位			施 工 单 位						
				专业技术负责人			质检员		记录人	

3.3 单位（子单位）工程安全和功能检验资料核查及主要功能抽查记录（C3）

2. 实施要点

（1）线路、插座、开关接地均必须进行检验，并填写线路、插座、开关接地检验记录表。

（2）应注意接地（PE）或接零（PEN）线在插座间不串联连接。

（3）填表说明：

1）线路接地、插座接地、开关接地：均指被试的线路接地、插座接地和开关接地。

2）评定意见：应分别填写线路、插座、开关根据测试结果的评定意见。

通 风 与 空 调

资料编制控检要求：

按给排水与采暖资料编制控检要求执行。

3.3.18 通风、空调系统试运行记录（C3-18）

1. 资料表式

通风、空调系统试运行记录表　　　　表 C3-18

工程名称							分部（或单位）工程				
时间		测检次数	测检时间	风机转数		轴承温升		人工观察项目			
开车	停车			要求	实测	环境温度	实测	声音及震动情况	淋水室工作情况	送排风口情况	其他情况
试验结果											
参加人员	监理（建设）单位			施 工 单 位							
				专业技术负责人			质检员		试验员		

2. 实施要点

通风、空调系统运行调试要求：

1）系统调试所使用的测试仪器和仪表，性能应稳定可靠，其精度等级及最小分度值应能满足测定的要求，并应符合国家有关计量法规及检定规程的规定。

2）通风与空调工程的系统调试，应由施工单位负责、监理单位监督，设计单位与建设单位参与和配合。系统调试的实施可以是施工企业本身或委托给具有调试能力的其他单位。

3）系统调试前，承包单位应编制调试方案，报送专业监理工程师审核批准；调试结束后，必须提供完整的调试资料和报告。

4）通风与空调工程系统无生产负荷的联合试运转及调试，应在制冷设备和通风与空气调节设备单机试运转合格后进行。空调系统带冷（热）源的正常联合试运转不应少于8h，当竣工季节与设计条件相差较大时，仅做不带冷（热）源试运转。通风、除尘系统的连续试运转不应少于2h。

5）净化空调系统运行前应在回风、新风的吸入口处和粗、中效过滤器前设置临时用过滤器（如无纺布等），实行对系统的保护。净化空调系统的检测和调整，应在系统进行全面清扫，且已运行24h及以上达到稳定后进行。

洁净室洁净度的检测，应在全态或静态下进行或按合约规定。室内洁净度检测时，人员不宜多于3人，均必须穿与洁净室洁净度等级相适应的洁净工作服。

6）系统无生产负荷的联合试运转及调试应符合下列规定：

①系统总风量调试结果与设计风量的偏差不应大于10%；

②空调冷热水、冷却水总流量测试结果与设计流量的偏差不应大于10%；

③舒适空调的温度、相对湿度应符合设计的要求。恒温、恒湿房间内空气温度、相对湿度及波动范围应符合设计规定。

按风管系统数量抽查10%，不得少于1个系统。

7）防排烟系统联合试运行与调试的结果，（风量及正压）必须符合设计与消防的规定。

检查数量：抽查10%，不得少于2个楼层。

8）净化空调系统还应符合下列规定：

①单向流洁净室系统的系统总风量调试结果与设计风量的允许偏差为0~20%，室内各风口风量与设计风量的允许偏差为15%；

新风量与设计新风量的允许偏差为10%；

②单向流洁净室系统的室内截面平均风速的允许偏差为0~20%，且截面风速不均匀度不应大于0.25。

新风量和设计新风量的允许偏差为10%。

③相邻不同级别洁净空之间和洁净室与非洁净室之间的静压差不应小于5Pa，洁净室与室外的静压差不应小于10Pa；

④室内空气洁净度等级必须符合设计规定的等级或在商定验收状态下的等级要求；

高于等于5级的单向流洁净室，在门开启的状态下，测定距离门0.6m室内侧工作高度处空气含尘浓度，亦不应超出室内洁净度等级上限的规定。

调试记录全数检查，测点抽查5%，不得少于一点。

9）通风工程系统无生产负荷联动试运转及调试应符合下列规定：

①系统联动试运转中，设备及主要部件的联动必须符合设计要求，动作协调、正确，无异常现象；

②系统经过平衡调整，各风口或吸风罩的风量与设计风量的允许偏差不应大于15%；

③湿式除尘器的供水与排水系统运行应正常。

10）空调工程系统无生产负荷联动试运转及调试还应符合下列规定：

①空气调节水系统应冲洗干净、不含杂物，并排除管道系统中的空气；系统连续运行应达到正常、平稳；水泵的压力与水泵电机的电流不应出现大幅波动。系统平衡调整后，各空气调节机组的水流量应符合设计的规定，允许偏差为20%；

②各种自动计量检测元件和执行机构的工作应正常，满足建筑设备自动化（BA、FA等）系统对被测定参数进行检测和控制的要求；

③多台冷却塔并联运行时，各冷却塔的进、出水量应达到均衡一致；

④空调室内噪声应符合设计规定要求；

⑤有压差要求的房间、厅堂与其他相连房间之间的压差，舒适性空调正压为0～25Pa；工艺性的空调应符合设计的规定；

⑥有环境噪声要求的场所，制冷、空调机组应按《采暖通风与空气调节设备噪声功率级的测定—工程法》GB 9068 的规定进行测定。洁净室内的噪声应符合设计的规定。

按系统数量抽查10%，不得少于1个系统或1间。

11）通风与空调工程的控制和监测设备，应能与系统的检测元件和执行机构正常沟通，系统的状态参数应能正确显示，设备联锁、自动调节、自动保护应能正确动作。

按系统或监测系统总数抽查30%，不得少于一个系统。

3.3.19 风量、温度测试记录（C3-19）

1. 执行表式：

风量、温度测试记录按 C2-27-1-10 执行。

2. 测试说明

（1）风管系统按其系统的工作压力（总风管静压）划分为三个类别，其要求应符合表C3-19的规定。

风 管 系 统　　　　表 C3-19

系统类别	系统工作压力（Pa）	强度要求	密封要求	使用范围
低压系统	≤500	一般	咬口缝及连接处无孔洞及缝隙	一般空调及排气等系统
中压系统	>500且≤1500	局部增强	连接面及四角咬缝处增加密封措施	1000级及以下空气净化、排烟、除尘等系统
高压系统	>1500	特殊加固不得用按扣式咬缝	所有咬缝连接面及固定件四周采取密封措施	1000级以上空气净化、气力输送、生物工程等系统

（2）系统风量测定应符合下列规定：

①风管的风量一般可用皮托管和微压计测量。测量截面的位置应选择在气流均匀处，按气流方向，应选择在局部阻力之后，大于或等于4倍及局部阻力之前，大于或等于1.5倍圆形风管直径或矩形风管长边尺寸的直管段上。当测量截面上的气流不均匀时，应增加测量截面上的测点数量。

②风管内的压力测量应采用液柱式压力计，如倾斜式、补偿式微压计。

③通风机出口的测定截面位置应按本条①款的规定选取。通风机测定截面位置应靠近风机。通风机的风压为风机进出口处的全压差。

风机的风量为吸入端风量和压出端风量的平均值，且风机前后的风量之差不应大于5%。

（3）风口的风量可在风口或风管内测量。在风口测风量可用风速仪直接测量或用辅助风管法求取风口断面的平均风速，再乘以风口净面积得到风口风量值。

当风口与较长的支管段相连时,可在风管内测量风口的风量。

(4) 风口处的风速如用风速仪测量时,应贴近格栅或网格,平均风速测定可采用匀速移动法或定点测量法等,匀速移动法不应少于 3 次,定点测量法的测点不应少于 5 个。

(5) 系统风量调整宜采用"流量等比分配法"或"基准风口法",从系统最不利环路的末端开始,最后进行总风量的调整。

附录漏光法检测与漏风量测试

1. 漏光法检测

(1) 漏光法检测是利用光线对小孔的强穿透力,对系统风管严密程度进行检测的方法。

(2) 检测应采用具有一定强度的安全光源。手持移动光源可采用不低于 100W 带保护罩的低压照明灯,或其他低压光源。

(3) 系统风管漏光检测时,光源可置于风管内侧或外侧,但其相对侧应为黑暗环境。检测光源应沿着被检测接口部位与接缝作缓慢移动,在另一侧进行观察,当发现有光线射出,则说明查到明显漏风处,并作好记录。

(4) 对系统风管的检测,宜采用分段检测,汇总分析的方法。在严格安装质量管理的基础上,系统风管的检测以总管和干管为主。当采用漏光法检测系统的严密性时,低压系统风管以每 10m 接缝,漏光点不大于 2 处,且 100m 接缝平均不大于 16 处为合格;中压系统风管每 10m 接缝,漏光点不大于 1 处,且 100m 接缝平均不大于 8 处为合格。

(5) 漏光检测中对发现的条缝形漏光,应作密封处理。

2. 测试装置

(1) 漏风量测试应采用经检验合格的专用测量仪器,或采用符合现行国家标准《流量测量节流装置》规定的计量元件搭设的测量装置。

(2) 漏风量测试装置可采用风管式或风室式。风管式测试装置采用孔板作计量元件;风室式测试装置采用喷嘴作计量元件。

(3) 漏风量测试装置的风机,其风压和风量应选择分别大于被测定系统或设备的规定试验压力及最大允许漏风量的 1.2 倍。

(4) 漏风量测试装置试验压力的调节,可采用调整风机转速的方法,也可采用控制节流装置开度的方法。漏风量值必须在系统经调整后,保持稳压的条件下测得。

(5) 漏风量测试装置的压差测定应采用微压计,其最小读数分格不应大于 2.0Pa。

(6) 风管式漏风量测试装置:

1) 风管式漏风量测试装置由风机、连接风管、测压仪器、整流栅、节流器和标准孔板等组成(附图 1-1)。

2) 本装置采用角接取压的标准孔板。孔板 β 值范围为 $0.22 \sim 0.7$($\beta = d/D$);孔板至前、后整流栅及整流栅外直管段距离,应分别符合大于 10 倍和 5 倍圆管直径 D 的规定。

3) 本装置的连接风管均为光滑圆管。孔板至上游 $2D$ 范围内其圆度允许偏差为 0.3%;下游为 2%。

4) 孔板与风管连接,其前端与管道轴线垂直度允许偏差为 $1°$;孔板与风管同心度允许偏差为 $0.015D$。

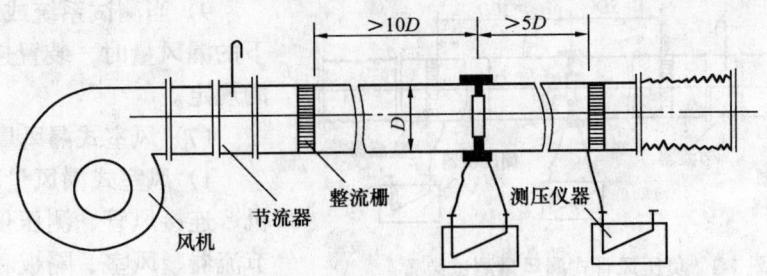

附图1-1 正压风管式漏风量测试装置

5) 在第一整流栅后,所有连接部分应该严密不漏。

6) 用下列公式计算漏风量:

$$Q = 3600\varepsilon \cdot \alpha \cdot A_n \sqrt{\frac{2}{\rho}\Delta P}$$

式中 Q——漏风量（m³/h）;

ε——空气流束膨胀系数;

α——孔板的流量系数;

A_n——孔板开口面积（m²）;

ρ——空气密度（kg/m³）;

ΔP——孔板差压（Pa）。

7) 孔板的流量系数与 β 值的关系见附图1-2确定,其适用范围应满足下列条件:

$$10^5 < Re < 2.0 \times 10^6$$

$$0.05 < \beta^2 \leqslant 0.49$$

$$50\text{mm} < D \leqslant 1000\text{mm}$$

在此范围内,不计管道粗糙度对流量系数的影响。

雷诺数小于 10^5 时,则应按现行国家标准《流量测量节流装置》求得流量系数 α。

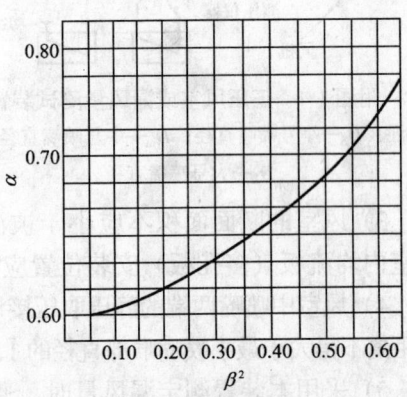

附图1-2 孔板流量系统图

8) 孔板的空气流速膨胀系数 ε 值可根据附表1-1查得。

采用角接取压标准孔板流速膨胀系数 ε 值（$K=1.4$）　　附表1-1

P_2/P_1 β^4	1.0	0.98	0.96	0.94	0.92	0.90	0.85	0.80	0.75
0.08	1.0000	0.9930	0.9866	0.9803	0.9742	0.9681	0.9531	0.9381	0.9232
0.1	1.0000	0.9924	0.9854	0.9787	0.9720	0.9654	0.9491	0.9328	0.9166
0.2	1.0000	0.9918	0.9843	0.9770	0.9698	0.9627	0.9450	0.9275	0.9100
0.3	1.0000	0.9912	0.9831	0.9753	0.9676	0.9599	0.9410	0.9222	0.9034

注:本表允许内插,不允许外延。

P_2/P_1 为孔板后与孔板前的全压值之比。

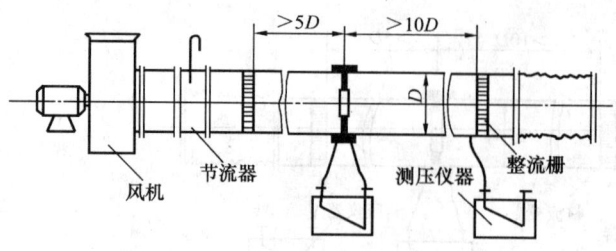

附图 1-3 负压风管式漏风量测试装置

9) 当测试系统或设备负压条件下的漏风量时，装置连接如附图 1-3 的规定。

(7) 风室式漏风量测试装置：

1) 风室式漏风量测试装置由风机、连接风管、测压仪器、均流板、节流器、风室、隔板和喷嘴等组成，如附图 1-4 所示。

2) 测试装置采用标准长颈喷嘴（附图 1-5）。喷嘴必须按附图 1-4 的要求安装在隔板上，数量可为单个或多个。两个喷嘴之间的中心距离不得小于较大喷嘴喉部直径的 3 倍；任一喷嘴中心到风室最近侧壁的距离不得小于其喷嘴喉部直径的 1.5 倍。

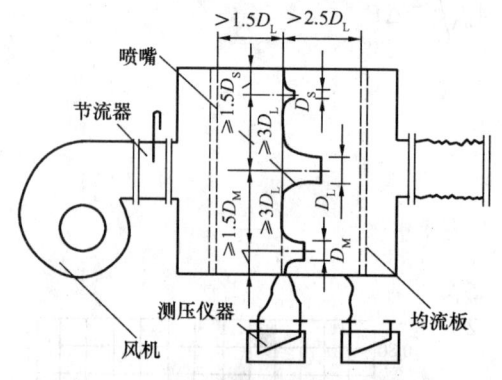

附图 1-4 正压风室或漏风量测试装置
注：D_S—小号喷嘴直径；D_m—中号喷嘴直径；
D_L—大号喷嘴直径。

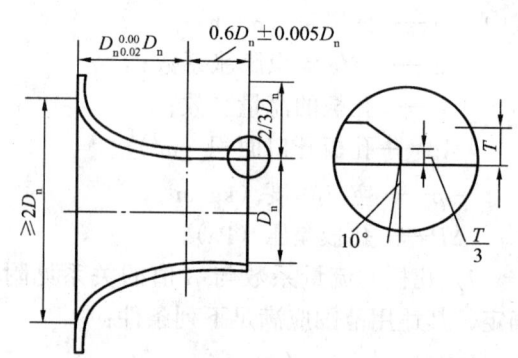

附图 1-5 标准长颈风嘴

3) 风室的断面面积不应小于被测定风量按断面平均速度小于 0.75m/s 时的断面积。风室内均流板（多孔板）安装位置应符合附图 1-4 的规定。

4) 风室中喷嘴两端的静压取压接口，应为多个且均布于四壁。静压取压接口至喷嘴隔板的距离不得大于最小喷嘴喉部直径的 1.5 倍。然后，并联成静压环，再与测压仪器相接。

5) 采用本装置测定漏风量时，通过喷嘴喉部的流速应控制在 15～35m/s 范围内。

6) 本装置要求风室中喷嘴隔板后的所有连接部分，应严密不漏。

7) 用下列公式计算单个喷嘴风量：

$$Q_n = 3600 C_d \cdot A_d \sqrt{\frac{2}{\rho} \Delta P}$$

多个喷嘴风量 $Q = \Sigma Q_n$ （m³/h）

式中 Q_n——单个喷嘴漏风量（m³/h）；

C_d——喷嘴的流量系数（直径 127mm 以上取 0.99，小于 127mm，可按附表 1-2 或附图 1-6 查取）；

A_d——喷嘴的喉部面积（m²）；

ΔP——喷嘴前后的静压差（Pa）。

3.3 单位（子单位）工程安全和功能检验资料核查及主要功能抽查记录（C3）

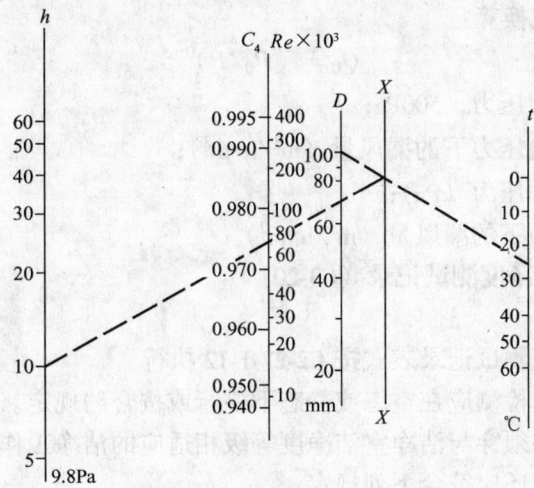

附图 1-6 喷嘴流量系数推算

注：先用直径与温度标尺在指数标尺（X）上求点，
再将指数与压力标尺点相连，可求取流量系数值。

喷嘴流量系数表　　　　　　　　　　　　　　　　　　附表 1-2

Re	流量系数 C_d	Re	流量系数 C_d	Re	流量系数 C_d	Re	流量系数 C_d
12000	0.950	40000	0.973	80000	0.983	200000	0.991
16000	0.956	50000	0.977	90000	0.984	250000	0.993
20000	0.961	60000	0.979	100000	0.985	300000	0.994
30000	0.969	70000	0.981	150000	0.989	350000	0.994

注：不计温度系数。

8）当测试系统或设备负压条件下的漏风量时，装置连接如附图 1-7 的规定。

3. 漏风量测试

（1）正压或负压系统风管与设备的漏风量测试，分正压试验和负压试验两类。一般可采用正压条件下的测试来检验。

（2）系统漏风量测试可以整体或分段进行。测试时，被测系统的所有开口均应封闭，不应漏风。

（3）被测系统的漏风量超过设计和 GB 50243—2002 规范的规定时，应查出漏风部位（可用听、摸、观察、水或烟检漏），做好标记；修补、完工后，重新测试，直至合格。

（4）漏风量测定值一般应为规定测试压力下的实测数值。特殊条件下，也可用相近或大于规定压力下的测试代

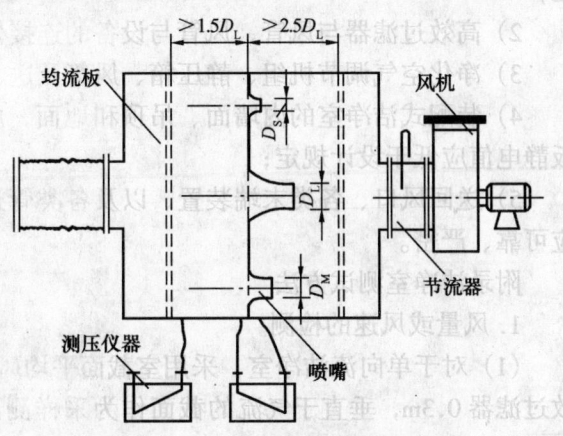

附图 1-7 负压风室式漏风量测试装置

替，其漏风量可按下式换算：
$$Q_0 = (P_0/P)^{0.65}$$
式中　P_0——规定试验压力，500Pa；
　　　Q_0——规定试验压力下的漏风量（$m^3/h \cdot m^2$）；
　　　P——风管工作压力（Pa）；
　　　Q——工作压力下的漏风量（$m^3/h \cdot m^2$）。

3.3.20　洁净室洁净度测试记录（C3-20）

实施要点：

(1) 洁净室洁净度测试记录表式按 C2-27-1-12 执行。

(2) 洁净室洁净度检测应在空态或静态下进行或按合约规定。室内洁净度检测时，人员不宜多于 3 人，均必须穿与洁净室洁净度等级相适应的洁净工作服。

(3) 净化空调系统还应符合下列规定：

1) 单向流洁净室系统的系统总风量调试结果与设计风量的允许偏差为 0～20%，室内各风口风量与设计风量的允许偏差为 15%；

新风量与设计新风量的允许偏差为 10%；

2) 单向流洁净室系统的室内截面平均风速的允许偏差为 (0～+20)%，且截面风速不均匀度不应大于 0.25。

新风量和设计新风量的允许偏差为 10%。

3) 相邻不同级别洁净室之间和洁净室与非洁净室之间的静压差不应小于 5Pa，洁净室与室外的静压差不应小于 10Pa；

4) 室内空气洁净度等级必须符合设计规定的等级或在商定验收状态下的等级要求。

高于等于 5 级的单向流洁净室，在门开启的状态下，测定距离门 0.6m 室内侧工作高度处空气含尘浓度，亦不应超过室内洁净度等级上限的规定。

调试记录全数检查，测点抽查 5%，不得少于一点。

(4) 净化空调系统的观感质量检查还应符合下列要求：

1) 空气调节机组、风机、净化空气调节机组、风机过滤器单元和空气吹淋室等的安装位置应正确、固定牢固、连接严密，其偏差应符合 GB 50243—2002 规范有关条文的规定；

2) 高效过滤器与风管、风管与设备的连接处应有可靠密封；

3) 净化空气调节机组、静压箱、风管及送、回风口清洁无积尘；

4) 装配式洁净室的内墙面、吊顶和地面，应光滑、平整、色泽均匀、不起灰尘，地板静电值应低于设计规定；

5) 送回风口、各类末端装置、以及各类管道等与洁净室内表面的连接处，密封处理应可靠、严密。

附录洁净室测试方法

1. 风量或风速的检测

(1) 对于单向流洁净室，采用室截面平均风速和截面积乘积的方法确定送风量。离高效过滤器 0.3m，垂直于气流的截面作为采样测试截面，截面上测点间距不宜大于 0.6m，测点数不应少于 5 个，以所有测点风速读数的算术平均值作为平均风速。

(2) 对于非单向流洁净室，采用风口法或风管法确定送风量，做法如下：

1) 风口法是在安装有高效过滤器的风口处，根据风口形状连接辅助风管进行测量。即用镀锌钢板或其他不产尘材料做成与风口形状及风口截面相同，长度等于2倍风口长边长的直管段，连接于风口外部。在辅助风管出口平面上，按最少测点数不少于6点均匀布置，使用热球式风速仪测定各测点之风速。然后，以求取的风口截面平均风速乘以风口净截面积求取测定风量。

2) 对于风口上风侧有较长的支管段，且已经或可以钻孔时，可以用风管法确定风量。测量断面应位于大于或等于局部阻力部件前3倍管径或长边长，局部阻力部件后5倍管径或长边长的部位。

对于矩形风管，是将测定截面分割成若干个相等的小截面。每个小截面尽可能接近正方形，边长不应大于200mm，测点应位于小截面中心，但整个截面上的测点数不宜少于3个。

对于圆形风管，应根据管径大小，将截面划分成若干个面积相同的同心圆环，每个圆环测4点。根据管径确定圆环数量，不宜少于3个。

2. 静压差的检测

(1) 静压差的测定应在所有的门关闭的条件下，由高压向低压，由平面布置上与外界最远的里间房间开始，依次向外测定。

(2) 采用的微差压力计，其灵敏度不应低于2.0Pa。

(3) 有孔洞相通的不同等级相邻的洁净室，其洞口处应有合理的气流流向。洞口的平均风速大于等于0.2m/s时，可用热球风速仪检测。

3. 空气过滤器泄漏测试

(1) 高效过滤器的检漏，应使用采样速率大于1L/min的光学粒子计数器。D类高效过滤器宜使用激光粒子计数器或凝结核计数器。

(2) 采用粒子计数器检漏高效过滤器，其上风侧应引入均匀浓度的大气尘或含其他气溶胶尘的空气。对大于等于0.5μm尘粒，浓度应大于或等于$3.5 \times 10^5 Pc/m^3$；或对大于或等于0.1μm尘粒，浓度应大于或等于$3.5 \times 10^7 Pc/m^3$；若检测D类高效过滤器，对大于或等于0.1μm尘粒，浓度应大于或等于$3.5 \times 10^9 Pc/m^3$。

(3) 高效过滤器的检测采用扫描法，即在过滤器下风侧用粒子计数器的等动力采样头，放在距离被检部位表面20~30mm处，以5~20mm/s的速度，对过滤器的表面、边框和封头胶处进行移动扫描检查。

(4) 泄漏率的检测应在接近设计风速的条件下进行。将受检高效过滤器下风侧测得的泄露浓度换算成透过率，高效过滤器不得大于出厂合格透过率的2倍；D类高效过滤器不得大于出厂合格透过率的3倍。

(5) 在移动扫描检测工程中，应对计数突然递增的部位进行定点检验。

4. 室内空气洁净度等级的检测

(1) 空气洁净度等级的检测应在设计指定的占用状态（空态，静态，动态）下进行。

(2) 检测仪器的选用：应使用采样速率大于1L/min的光学粒子计数器，在仪器选用时应考虑粒径鉴别能力，粒子浓度适用范围和计数效率。仪表应有有效的标定合格证书。

(3) 采样点的规定：

1) 最低限度的采样点数 N_L，见附表1-1。

最低限度的采样点数 N_L 表 附表 1-1

测点数（N_L）	2	3	4	5	6	7	8	9	10
洁净区面积 A（m²）	2.1~6.0	6.1~12.0	12.1~20.0	20.1~30.0	30.1~42.0	42.1~56.0	56.1~72.0	72.1~90.0	90.1~110.0

注：1. 在水平单向流时，面积 A 为与气流方向呈垂直的流动空气截面的面积；
  2. 最低限度的采样点数按公式 $N_L = A^{0.5}$ 计算（四舍五入取整数）。

2）采样点应均匀分布于整个面积内，并位于工作区的高度（距地坪 0.8m 的水平面），或设计单位、业主特指的位置。

（4）采样量的确定：

1）每次采样最少采样量见附表 1-2。

每次采样最少采样量 V_s（L）表 附表 1-2

洁净度等级	粒 径					
	0.1μm	0.2μm	0.3μm	0.5μm	1.0μm	5.0μm
1	2000	8400	—	—	—	—
2	200	840	1960	5680	—	—
3	20	84	196	568	2400	—
4	2	8	20	57	240	—
5	2	2	2	6	24	680
6	2	2	2	2	2	68
7	—	—	—	2	2	7
8	—	—	—	2	2	2
9	—	—	—	2	2	2

2）每个采样点的最少采样时间为 1min，采样量至少为 2L。

3）每个洁净室（区）最少采样次数为 3 次。当洁净区仅有一个采样点时，则在该点至少采样 3 次。

4）对预期空气洁净度等级达到 4 级或更洁净的环境，采样量很大，可采用 ISO 14644—1 附录 F 规定的顺序采样法。

（5）检测采样的规定：

1）采样时采样口处的气流速度，应尽可能接近室内的设计气流速度。

2）对单向流洁净室，其粒子计数器的采样管口应迎着气流方向；对于非单向流洁净室，采样管口宜向上。

3）采样管必须干净，连接处不得有渗漏。采样管的长度应根据允许长度确定，如果无规定时，不宜大于 1.5m。

4）室内的测定人员必须穿洁净工作服，且不宜超过 3 名，并应远离或位于采样点的下风侧静止不动或微动。

（6）记录数据评价：

空气洁净度测试中，当全室（区）测点为 2~9 点时，必须计算每个采样点的平均粒子浓度 C_i 值、全部采样点的平均粒子浓度 N 及其标准差，导出 95% 置信上限值；采样点超过9点时，可采用算术平均值 N 作为置信上限值。

1) 每个采样点的平均粒子浓度 C_i 应小于或等于洁净度等级规定的限值，见附表1-3。

洁净度等级及悬浮粒子浓度限值　　　　　　　　　　　　　　　附表1-3

洁净度等级	大于或等于表中粒径 D 的最大浓度 C_n（ρ_c/m^3）					
	0.1μm	0.2μm	0.3μm	0.5μm	1.0μm	5.0μm
1	10	2	—	—	—	—
2	100	24	10	4	—	—
3	1000	237	102	35	8	—
4	10000	2370	1020	352	83	—
5	100000	237000	10200	3520	832	29
6	1000000	237000	102000	35200	8320	293
7	—	—	—	352000	83200	2930
8	—	—	—	3520000	832000	29300
9	—	—	—	35200000	8320000	293000

注：1. 本表仅表示了整数值的洁净度等级（N）悬浮粒子最大浓度的限值。

2. 对于非整数洁净度等级，其对应于粒子粒径 D（μm）的最大浓度限值（C_n），应按下列公式计算求取。

$$C_n = 10^N \times \left(\frac{0.1}{D}\right)^{2.08}$$

3. 洁净度等级定级的粒径范围为 0.1μm~0.5μm，用于定级的粒径数不应大于3个，且其粒径的顺序级差不应小于1.5倍。

2) 全部采样点的平均粒子浓度 N 的95%置信上限值，应小于或等于洁净等级规定的限值，即：

$$(N + t \times s/\sqrt{n}) \leq 级别规定的限值$$

式中　N——室内各测点平均含尘浓度，$N = \Sigma C_i / n$；

　　　n——测点数；

　　　s——室内各测点平均含尘浓度，N 的标准差：$S = \sqrt{\dfrac{(C_i - N)^2}{n-1}}$

　　　t——置信度上限为95%时，单侧 t 分布的系数，见附表1-4。

**　　　　　　　　　　　　　　　t 系 数　　　　　　　　　　　　　　　附表1-4**

点数	2	3	4	5	6	79
t	6.3	2.9	2.4	2.1	2.0	1.9

(7) 每次测试应做记录，并提交性能合格或不合格的测试报告，测试报告包括以下内容：

1) 测试机构的名称、地址；

2) 测试日期和测试者签名；

3) 执行标准的编号及标准实施日期；

4) 被测试的洁净室或洁净区的地址、采样点的特定编号及坐标图；

5) 被测洁净室或洁净区的空气洁净度等级、被测粒径（或沉降菌、浮游菌）、被测洁净室所处的状态、气流流型和静压差；

6) 测量用的仪器的编号和标定证书；测试方法细则及测试中特殊情况；

7) 测试结果包括在全部采样点坐标图上注明所测的粒子浓度（或沉降菌、浮游菌的菌落数）；

8) 对异常测试值进行说明及数据处理。

5. 室内浮游菌和沉降菌的检测

（1）微生物检测方法有空气悬浮微生物法和沉降微生物法两种，采样后的基片（或平皿）经过恒温箱内37℃、48h的培养生成菌落后进行计数。使用的采样器皿和培养液必须进行消毒灭菌处理。采样点可均匀布置或取代表性地域布置。

（2）悬浮微生物法应采用离心式、狭缝式和针孔式等碰击式采样器，采样时间应根据空气中微生物浓度来决定，采样点数可与测定空气洁净度测点数相同。各种采样器应按仪器说明书规定的方法使用。

沉降微生物法，应采用直径为90mm培养皿，在采样点上沉降30min后进行采样，培养皿最少采样数应符合附表1-5的规定。

最 少 培 养 皿 数　　附表1-5

空气洁净度级别	培养皿数
<5	44
5	14
6	5
≥7	2

（3）制药厂洁净室（包括生物洁净室）室内浮游菌和沉降菌测试，也可采用按协议确定采样方案。

（4）用培养皿测定沉降菌，用碰撞式采样器或过滤采样器测定浮游菌，还应遵守以下的规定：

1) 采样装置采样前的准备及采样后的处理，均应在设有高效空气过滤器排风的负压实验室进行操作，该实验室的温度应为22±2℃；相对湿度应为50%±10%；

2) 采样仪器应消毒灭菌；

3) 采样器选择应审核其精度和效率，并有合格证书；

4) 采样装置的排气不应污染洁净室；

5) 沉降皿个数及采样点、培养基及培养温度、培养时间按有关规范的规定执行；

6) 浮游菌采样器的采样率宜大于100L/min。

7) 碰撞培养基的空气速度应小于20m/s。

6. 室内空气温度和相对湿度的检测

（1）根据温度和相对湿度波动范围，应选择相应的具有足够精度的仪表进行测定。每次测定间隔不大于30min。

（2）室内测点布置：

1) 送、回风口处；

2) 恒温工作区具有代表性的地点（如沿着工艺设备周围布置或等距离布置）；

3) 没有恒温要求的洁净室中心；

4) 测点一般应布置在距外墙表面大于0.5m，离地面0.8m的同一高度上；也可以根据恒温区的大小，分别布置在离地不同高度的几个平面上。

（3）测点数应符合附表1-6的规定。

温、湿度测点数　　　　　　　　　　　　　　　　　附表 1-6

波动范围	室面积≤50m²	每增加 20~50m²
$\Delta t = \pm 0.5℃ \sim \pm 2℃$ $\Delta RH = \pm 5\% \sim \pm 10\%$	5个	增加 3~5个
$\Delta t \leq \pm 0.5℃$ $\Delta RH \leq \pm 5\%$	点间距不应大于2m，点数不应少于5个	

(4) 有恒温恒湿要求的洁净室。室温波动范围按各测点的各次温度中偏差控制点温度的最大值，占测点总数的百分比整理成累积统计曲线。如90%以上测点偏差值在室温波动范围内，为符合设计要求。反之，为不合格。

区域温度以各测点中最低的一次测试温度为基准，各测点平均温度与超偏差值的点数，占测点总数的百分比整理成累计统计曲线，90%以上测点所达到的偏差值为区域温差，应符合设计要求。相对温度波动范围可按室温波动范围的规定执行。

7. 单向流洁净室截面平均速度，速度不均匀度的检测

(1) 洁净室垂直单向流和非单向流应选择距墙或围护结构内表面大于0.5m，离地面高度0.5~1.5m作为工作区。水平单向流以距送风口或围护结构内表面0.5m处的纵断面为第一工作面。

(2) 测定截面的测点数和测定仪器应符合附表1-6的规定。

(3) 测定风速应用测定架固定风速仪，以避免人体干扰。不得不用手持风速仪测定时，手臂应伸至最长位置，尽量使人体远离测头。

(4) 室内气流流形的测定，宜采用发烟或悬挂丝线的方法，进行观察测量与记录。然后，标在记录的送风平面的气流流形图上。一般每台过滤器至少对应一个观察点。

风速的不均匀度 β_0 按下列公式计算，一般 β_0 值不应大于0.25。

$$\beta_0 = \frac{s}{v}$$

式中　v——各测点风速的平均值；

　　　s——标准差。

8. 室内噪声的检测

(1) 测噪声仪器应采用带倍频程分析的声级计。

(2) 测点布置应按洁净室面积均分，每50m²设一点。测点位于其中心，距地面1.1~1.5m高度处或按工艺需要设定。

3.3.21　制冷机组试运行调试记录（C3-21）

实施要点：

(1) 制冷机组试运行调试记录按C2-27-1-4执行（应在设计负荷下进行试运行）。

(2) 制冷设备运行调试：

1) 参加空分设备试运转的人员，应经培训，并应熟悉成套空分设备的工艺流程，熟练掌握本岗位操作规程，合格后方可上岗操作。

2) 成套空分设备试运转前，应具备下列条件：

①分馏塔应经整体裸冷试验合格；

②空压机应经试运转，其排气量、压力和温度应符合分馏塔的要求；

③各配套的机组、仪表控制系统、电气控制系统和安全保护装置等应符合试运转的要求。

3）成套空分设备的负荷试运转应符合下列要求：

①在规定的介质、状态下进行；

②无明显的漏气和漏液；

③各机组运转正常；

④安装单位应配合建设单位进行成套空分设备的负荷试运转，直到系统工况稳定后连续测定4h。

4）活塞式制冷压缩机和压缩机组的试运转：开启式压缩机出厂试验记录中的无空负荷试运转、空气负荷试运转和抽真空试验，均应在试运转时进行上述3项试验。

5）压缩机和压缩机组试运转前应符合下列要求：

①气缸盖、吸排气阀及曲轴箱盖等应拆下检查，其内部的清洁及固定情况应良好；气缸内壁面应加少量冷冻机油，再装上气缸盖等；盘动压缩机数转各运动部件应转动灵活、无过紧及卡阻现象；

②加入曲轴箱冷冻机油的规格及油面高度，应符合设备技术文件的规定；

③冷却水系统供水应畅通；

④安全阀应经校验、整定，其动作应灵敏可靠；

⑤压力、温度、压差等继电器的整定值应符合设备技术文件的规定；

⑥点动电动机的检查，其转向应正确，但半封闭压缩机可不检查此项。

6）压缩机和压缩机组的空负荷试运转应符合下列要求：

①应先拆去气缸盖和吸、排气阀组并固定气缸套；

②启动压缩机并应运转10min，停车后检查各部位的润滑和温升，应无异常。而后应继续运转1h；

③运转应平稳，无异常声响和剧烈振动；

④主轴承外侧面和轴封外侧面的温度应正常；

⑤油泵供油应正常；

⑥油封处不应有油的滴漏现象；

⑦停车后，检查气缸内壁面应无异常的磨损。

7）压缩机的空气负荷试运转应符合下列要求：

①吸、排气阀组安装固定后，应调整活塞的止点间隙，并应符合设备技术文件的规定；

②压缩机的吸气口应加装空气滤清器；

③启动压缩机，当吸气压力为大气压力时，其排气压力，对于有水冷却的应为0.3MPa（绝对压力），对于无水冷却的应为0.2MPa（绝对压力），并应连续运转且不得少于1h；

④油压调节阀的操作应灵活，调节的油压应比吸气压力高0.15~0.3MPa；

⑤能量调节装置的操作应灵活、正确；

⑥压缩机各部位的允许温升应符合表C3-21-1的规定；

压缩机各部位的允许温升值　　　　表 C3-21-1

检查部位	有水冷却（℃）	无水冷却（℃）
主轴承外侧面	≤40	≤60
轴封外侧面	≤40	≤60
润滑油	≤40	≤50

⑦气缸套的冷却水进口水温不应大于35℃，出口温度不应大于45℃；

⑧运转应平稳，无异常声响和振动；

⑨吸、排气阀的阀片跳动声响应正常；

⑩各连接部位、轴封、填料、气缸盖和阀件应无漏气、漏油、漏水现象；

⑪空气负荷试转后，应拆洗空气滤清器和油过滤器，并更换润滑油。

8) 压缩机和压缩机组的抽真空试验应符合下列要求：

①应关闭吸、排气截止阀，并开启放气通孔，开动压缩机进行抽真空；

②曲轴箱压力应迅速抽至0.015MPa（绝对压力）；

③油压不应低于0.1MPa（绝对压力）。

9) 压缩机和压缩机组的负荷试运转应在系统充灌制冷剂后进行。试运转中除应符合《通风与空调工程施工及验收规范》（GBJ 50243—97）的规定外（油温除外），尚应符合下列要求：

①对使用氟利昂制冷剂压缩机，启动前应按设备技术文件要求将热曲轴箱中的润滑油加热；

②运转中润滑油的油温，开启式机组不应大于70℃；半封闭机组不应大于80℃；

③最高排气温度应符合表C3-21-2的规定；

压缩机的最高排气温度　　　表 C3-21-2

制冷剂	最高排气温度（℃）
R717	150
R12	125
R22	145
R502	145

④开启式压缩机轴封处的渗油量不应大于0.5mL/h。

10) 螺杆式制冷压缩机组的试运转：

①压缩机组的纵向和横向安装水平偏差均不应大于1/1000，并应在底座或与底座平行的加工面上测量。

②压缩机组试运转前应符合下列要求：a.脱开联轴器，单独检查电动机的转向应符合压缩机要求；连接联轴器，其找正允许偏差应符合设备技术文件的规定；b.盘动压缩机应无阻滞、卡阻等现象；c.应向油分离器、贮油器或油冷却器中加注冷冻机油，油的规格及油面高度应符合设备技术文件的规定；d.油泵的转向应正确；油压宜调节至0.15～0.3MPa（表压）；调节四通阀至增、减负荷位置；滑阀的移动应正确、灵敏，并应将滑阀调至最小负荷位置；e.各保护继电器、安全装置的整定值应符合技术文件的规定，其动作应灵敏、可靠。

③压缩机组的负荷试运转应符合下列要求：a.应按要求供给冷却水；b.制冷剂为R12、R22的机组，启动前应接通电加热器，其油温不应低于25℃；c.启动运转的程度应符合设备技术文件规定；d.调节油压宜大于排气压力0.15～0.3MPa；精滤油器前后压差

不应高于 0.1MPa；e. 冷却水温度不应高于 32℃，压缩机的排气温度和冷却后的油温应符合表 C3-21-3 的规定；f. 吸气压力不宜低于 0.05MPa（表压）；排气压力不应高于 1.6MPa（表压）；g. 运转中应无异常声响和振动，并检查压缩机轴承体处的温升应正常；h. 轴封处的渗油量不应大于 3mL/h。

压缩机的排气温度和
冷却后的油温　　表 C3-21-3

制冷剂	排气温度（℃）	油温（℃）
R12	≤90	30~55
R22、R717	≤105	30~65

11）离心式制冷机组的试运转：

①机组试运转前应符合下列要求：a. 应按设备技术文件的规定冲洗润滑系统；b. 加入油箱的冷冻机油的规格及油面高度应符合技术文件的要求；c. 抽气回收装置中压缩机的油位应正常，转向应正确，运转应无异常现象；d. 各保护继电器的整定值应整定正确；e. 导叶实际开度和仪表指示值，应按设备技术文件的要求调整一致。

②机组的空气负荷试运转应符合下列要求：a. 应关闭压缩机吸气口的导向叶片，拆除浮球室盖板和蒸发器上的视孔法兰，吸排气口应与大气相通；b. 应按要求供给冷却水；c. 启动油泵及调节润滑系统，其供油应正常；d. 点动电动机的检查，转向应正确，其转动应无阻滞现象；e. 启动压缩机，当机组的电机为通水冷却时，其连续运转时间不应小于 0.5h；当机组的电机为通氟冷却时，其连续运转时间不应大于 10min；同时检查油温、油压，轴承部位的温升，机器的声响和振动均应正确；f. 导向叶片的开度应进行调节试验；导叶的启闭应灵活、可靠；当导叶开度大于 40% 时，试验运转时间宜缩短。

应按《制冷设备、空气分离设备施工及验收规范》（JBJ 30—96）压缩机制冷系统试运转充灌制冷剂的有关规定充灌制冷剂。

③机组的负荷试运转应符合下列要求：a. 接通油箱电加热器，将油加热至 50~55℃；b. 按要求供给冷却水和载冷剂；c. 启动油泵、调节润滑系统，供油应正常；d. 按设备技术文件的规定启动抽气回收装置，排除系统中的空气；e. 启动压缩机应逐步开启导向叶片，并应快速通过喘振区，使压缩机正常工作；f. 检查机组的声响、振动，轴承部位的温升应正常；当机器发生喘振时，应立即采取措施予以消除故障或停机；g. 油箱的油温宜为 50~65℃，油冷却器出口的油温宜为 35~55℃。滤油器和油箱内的油压差，制冷剂为 R11 的机组应大于 0.1MPa，R12 机组应大于 0.2MPa；h. 能量调节机构的工作应正常；i. 机组载冷剂出口处的温度及流量应符合设备技术文件的规定。

12）机组载冷剂出口处的温度及流量应符合设备技术文件的规定。

13）活塞式、螺杆式、离心式压缩机为主机的压缩式制冷系统中附属设备及管道的安装。

①制冷系统的附属设备如冷凝器、贮液器、油分离器、中间冷却器、集油器、空气分离器、蒸发器和制冷剂泵等的安装除应符合设计和设备技术文件的规定外，尚应进行气密性试验及单体吹扫；气密性试验压力，当设计和设备技术文件无规定时，应符合表 C3-21-4 的规定；

②吸、排气管道敷设时，其管道外壁之间的间距应大于 200min；在同一支架敷设时，吸气管宜装在排气管下方。

③设备之间制冷剂管道连接的坡向及坡度当设计或设备技术文件无规定时，应符合表 C3-21-5 的规定。

气密性试验压力（绝对压力）　　　　　　　　　　　　　　表 C3-21-4

制 冷 剂	高压系统试验压力（MPa）	低压系统试验压力（MPa）
R717、R502	2.0	1.8
R22	2.5（高冷凝压力） 2.0（低冷凝压力）	1.8
R12	1.6（高冷凝压力） 1.2（低冷凝压力）	1.2
R11	0.3	0.3

制冷设备管道敷设坡向及坡度　　　　　　　　　　　　　　表 C3-21-5

管 道 名 称	坡 向	坡 度
压缩机进气水平管（氨）	蒸发器	≥3/1000
压缩机进气水平管（氟利昂）	压缩机	≥10/1000
压缩机排气水平管	油分离器	≥10/1000
冷凝器至贮液器的水平管	贮液器	1/1000～3/1000
油分离器至冷凝器的水平管	油分离器	3/1000～5/1000
机器间调节站的供液管	调节站	1/1000～3/1000
调节机器间的加气管	调节站	1/1000～3/1000

14）压缩式制冷系统试运转：

①制冷系统的设备及管道组装完毕后，应按下列程序充灌制冷剂：a. 系统的吹扫排污；b. 气密性试验；c. 抽真空试验；d. 氨系统保温前的充氨检漏；e. 系统保温后充灌制冷剂。

②制冷系统的吹扫排污应符合下列要求：a. 应采用压力为0.5～0.6MPa（表压）的干燥压缩空气或氮气按系统顺序反复多次吹扫，并应在排污口处设靶检查，直至无污物为止；b. 系统吹扫洁净后，应拆卸可能积存污物的阀门，并应清洗洁净，重新组装。

③制冷系统的气密性试验应符合下列要求：a. 气密性试验应采用干燥压缩空气或氮气进行；试验压力，当设计和设备技术文件无规定时，应符合表C3-21-4的规定。b. 当高、低压系统区分有困难时，在检漏阶段，高压部分应按高压系统的试验压力进行；保压时，可按低压系统的试验压力进行。c. 系统检漏时，应在规定的试验压力下，用肥皂水或其他发泡剂刷抹在焊缝、法兰等连接处检查，应无泄漏；系统保压时，应充气至规定的试验压力，在6h以后开始记录压力表读数，经24h以后再检查压力表读数，其压力降应按下式计算，并不应大于试验压力的1%；当压力降超过以上规定时，应查明原因消除泄漏，并应重新试验，直至合格。

$$\Delta P = P_1 - \frac{273 + t_1}{273 + t_2}$$

式中　ΔP——压力降（Pa）；

P_1——开始时系统中气体的绝对压力（MPa）；

P_2——结束时系统中气体的绝对压力（MPa）；

t_1——开始时系统中气体的温度（℃）；

t_2——结束时系统中气体的温度（℃）。

注：当压力降超过规定时，应查明原因消除泄漏，并应重新试验，直至合格。

④氨系统的充氨检漏应符合下列要求：a. 抽真空试验后，对氨制冷系统，应利用系统的真空度向系统充灌少量的氨；当系统内的压力升至 0.1～0.2MPa（表压）时，应停止充氨，对系统进行全面检查并应无泄漏。b. 当发现有泄漏需要补焊修复时，必须将修复段的氨气放净，通大气后方可进行。

⑤充灌制冷剂，应遵守下列规定：a. 制冷剂应符合设计的要求；b. 应先将系统抽真空，其真空度应符合设备技术文件的规定，然后将装制冷剂的钢瓶与系统的注液阀接通，氟利昂系统的注液阀接通前应加干燥过滤器，使制冷剂注入系统，在充灌过程中按规定向冷凝器供冷却水或蒸发器供载冷剂；c. 当系统内的压力升至 0.1～0.2MPa（表压）时，应进行全面检查，无异常情况后，再继续充制冷剂，R11制冷剂除外；d. 当系统压力与钢瓶压力相同时，方可开动压缩机，加快制冷剂充入速度；e. 制冷剂充入的总量应符合设计或设备技术文件的规定。

⑥制冷系统负荷试运转前的准备工作应符合下列要求：a. 系统中各安全保护继电器、安全装置应经整定，其整定值应符合设备技术文件的规定，其动作灵敏、可靠；b. 油箱的油面高度应符合规定；c. 按设备技术文件的规定开启或关闭系统中相应的阀门；d. 冷却水供给应正常；e. 蒸发器中载冷剂液体的供给应正常；f. 压缩机能量调节装置应调到最小负荷位置或打开旁通阀。

⑦制冷系统的负荷试运转应符合下列要求：a. 制冷压缩机的启动和运转，应符合规范对温升、油温、充灌制冷剂等规定；b. 对双级制冷系统应先启动高压级的制冷压缩机；c. 压缩机启动后应缓缓开启吸气截止阀，调节系统的节流装置，其系统工作应正常；d. 系统经过试运转，系统温度应能够在最小的外加热负荷下，降低至设计或设备技术文件规定的温度；e. 运转中应按要求检查下列项目，并做记录：

——油箱的油面高度和各部位供油情况；

——润滑油的压力和温度；

——吸、排气压力和温度；

——进、排水温度和冷却水供给情况；

——载冷剂的温度；

——贮液器、中间冷却器等附属设备的液位；

——各运动部件有无异常声响，各连接和密封部位有无松动、漏气、漏油、漏水等现象；

——电动机的电流、电压和温升；

——能量调节装置的动作应灵敏，浮球阀及其他液位计的工作应稳定；

——各安全保护继电器的动作应灵敏、准确；

——机器的噪声和振动。

f. 停止运转应符合下列要求：(a) 应按设备技术文件规定的顺序停止压缩机的运转；

(b) 压缩机停机后,应关闭水泵或风机以及系统中相应的阀门,并应放空积水。

⑧试运转结束后,应拆洗系统中的过滤器并应更换或再生干燥过滤器的干燥剂。

15) 溴化锂吸收式制冷机组:

①机组就位后,其安装水平应在设备技术文件规定的基准面上测量,其纵向和横向安装水平偏差不应大于 1/1000。

②系统的气密性试验应符合下列要求:

a. 当采用氮气或干燥压缩空气进行试验时,试验压力应为 0.2MPa(表压);检查设备及管道有无泄漏时,应保持压力 24h;按 2.3.21 节制冷机组试运行调试记录(C3-21)中实施要点 14)压缩式制冷系统试运转中③款的公式计算,压力降不应大于 0.0665kPa; b. 采用氟利昂进行试验时,应先将系统抽真空至 0.265kPa 并充入氟利昂气体至 0.05MPa(表压)。然后,再充入氟气或干燥压缩空气至 0.15MPa(表压),并用电子卤素检漏仪进行检查,其泄漏率不应大于 2.03PamL/s。

③系统抽真空试验应在气密性试验合格后进行;试验时,应将系统内绝对压力抽至 0.0665kPa,关闭真空泵上的抽气阀门,保持压力 24h;按压缩或制冷系统试运转③压力降的公式计算,压力的上升不应大于 0.0266kPa。

④系统气密性试验和抽真空试验后,应按设备技术文件规定进行系统内部的冲洗。

⑤机组和管道绝热保温的材料、保温范围及绝热层的厚度应符合设计或设备技术文件的规定。

⑥制冷系统的加液应符合下列要求:

a. 按设备技术文件规定配制溴化锂溶液;配制后,溶液应在容器中进行沉淀,并应保持洁净,不得有油类物质或其他杂物混入;

b. 开动真空泵,应将系统抽真空至 0.0665kPa 以下绝对压力,当系统内部冲洗后有残留水份时,可将系统抽至环境温度相对应的水的饱和蒸汽压力,其压力可采用《制冷设备、空气分离设备安装工程施工及验收规范》(JBJ 30—96)规范附录一;

c. 加液连接管应采用真空胶管,连接管的一端应与规定的阀门连接,接头密封应良好;管的另一端插入加液桶与桶底的距离不应小于 100mm,且应浸没在溶液中;

d. 开启加液阀门,应将溶液注入系统;溴化锂溶液的加入量应符合设备技术文件的规定,加液过程中,应防止将空气带入系统。

⑦制冷系统的试运转应符合下列要求:

a. 启动运转应按下列要求进行:

——应向冷却水系统供水和蒸发器供冷媒水。当冷却水低于 20℃时,应调节阀门减少冷却水供水量;

——启动发生器泵、吸收器泵,应使溶液循环;

——应慢慢开启蒸汽或热水阀门,向发生器供水,对以蒸汽为热源的机组,应使机组先在较低的蒸汽压力状态下运转,无异常现象后,再逐渐提高蒸汽压力至设备技术文件的规定值;

——当蒸发器冷剂水液囊具有足够的积水后,应启动蒸发器泵,并调节制冷机,应使其正常运转;一起动运转过程中应起动真空泵,抽除系统内的残余空气或初期运转产生的不凝性气体。

b. 运转中检查的项目和要求应符合下列规定：
—稀溶液、浓溶液和混合溶液的浓度、温度应符合设备技术文件的规定；
—冷却水、冷媒水的水量和进、出口温度差应符合设备技术文件的规定；
—加热蒸汽压力、温度和凝结水温度、流量或热水温度及流量应符合设备技术文件的规定；
—混有溴化锂的冷剂水比重不应超过 1.04；
—系统应保持规定的真空度；
—屏蔽泵的工作应稳定，并无阻塞、过热、异常声响等现象；
—各安全保护继电器的动作应灵敏、正确，仪表的指示应准确。

电 梯

资料编制控检要求：
按给排水与采暖资料编制控检要求执行。

3.3.22 电梯运行试验记录（C3-22）

1. 资料表式

电梯运行记录表　　　　　表 C3-22

工程名称		分项工程名称		
电梯型号		日　期		
序号	种类	检　查　项　目		评定意见
1	平衡系数	按设备文件规定检查（一般取 0.4～0.5）		
2	运行速度	交流双速电梯在额定起重量时，实际升、降速度平均值对额定速度平均值的差值不应超过±3%　直流快速、高速电梯在额定起重量时的实际升降速度的平均值对额定速度的差值不应超过±2%		
3	称量装置	按设备技术文件规定载重量限值检查，安全开关可靠		
4	预负载	轿厢位于底层，陆续平稳地载以额定起重量150%（200%），历时10min	试验中各承重构件应无损坏，曳引绳在槽内应无滑移，制动器应可靠地刹紧	
参加人员	监理（建设）单位	施　工　单　位		
		专业技术负责人	质检员	试验员

2. 实施要点

电梯运行记录是施工单位根据平衡、运行速度、称重装置、预负载等试验调整结果由施工单位提供的一份电梯试检验的综合调整试验报告。由施工方按调整试验结果根据综合分析结果提出。

(1) 机房

1) 每台电梯应单设有一个切断该电梯最大负荷电流的主电源开关,主开关位置应能从机房入口处方便迅速地接近,如几台电梯共用同一机房,各台电梯主电源开关应易于识别;

主开关不应切断下列供电电路:

①轿厢照明和通风;

②机房和滑轮间照明;

③机房内电源插座;

④轿顶与底坑的电源插座;

⑤电梯井道照明;

⑥报警装置。

2) 每台电梯应配备供电系统断相、错相保护装置,该装置在电梯运行中断相也应起保护作用。

3) 电梯动力与控制线路应分离敷设,从进机房电源起零线和接地线应始终分开,接地线的颜色为黄绿双色绝缘电线,除 36V 以下安全电压外的电气设备金属罩壳均应设有易于识别的接地端,且应有良好的接地。接地线应分别直接接至接地线柱上,不得互相串接后再接地。

4) 线管、线槽的敷设应平直、整齐、牢固。线槽内导线总面积不大于槽净面积 60%;线管内导线总面积不大于管内净面积 40%;软管固定间距不大于 1m,端头固定间距不大于 0.1m。

5) 控制柜、屏的安装位置应符合:

①控制柜、屏正面距门、窗不小于 600mm;

②控制柜、屏的维修侧距墙不小于 600mm;

③控制柜、屏与机械设备的距离不小于 500mm。

6) 机房内钢丝绳与楼板孔洞每边间隙均应为 20~40mm,通向井道的孔洞四周应筑一高 50mm 以上的台阶。

7) 曳引机承重梁如需埋入承重墙内,则支承长度应超过墙厚中心 20mm,且不应小于 75mm。

8) 在电动机或飞轮上应有与轿厢升降方向相对应的标志。曳引轮、飞轮、限速器轮外侧面应漆成黄色。制动器手动松闸扳手漆成红色,并挂在易接近的墙上。

9) 曳引机应有适量润滑油。油标应齐全,油位显示应清晰,限速器各活动润滑部位也应有可靠润滑。

10) 制动器动作灵活,制动时两侧闸瓦应紧密、均匀地贴合在制动轮的工作面上,松闸时应同步离开,其四角处间隙平均值两侧各不大于 0.7mm。

11) 限速器绳轮、选层器钢带轮对铅垂线的偏差均不大于 0.5mm,曳引轮、导向轮对铅垂线的偏差在空载或满载工况下均不大于 2mm。

12) 限速器运转应平稳、出厂时动作速度整定封记应完好无拆运痕迹,限速器安装位置正确、底座牢固,当与安全钳联动时无颤动现象。

13) 停电或电气系统发生故障时应有轿厢慢速移动措施,如用手动紧急操作装置,应能用松闸扳手松开制动器,并需用一个持续力去保持其松开状态。

(2) 井道

1) 每根导轨至少应有 2 个导轨支架,其间距不大于 2.5m,特殊情况,应有措施保证导轨安装满足 GB 7588 规定的弯曲强度要求。导轨支架水平度不大于 1.5‰,导轨支架的地脚螺栓或支架直接埋入墙的埋入深度不应小于 120mm,如果用焊接支架,其焊缝应是连续的,并应双面焊牢。

2) 当电梯冲顶时,导靴不应越出导轨。

3) 每列导轨工作面(包括侧面与顶面)对安装基准线每 5m 的偏差均应不大于下列数值:轿厢导轨和设有安全钳的对重导轨为 0.6mm;不设安全钳的 T 型对重导轨为 1.0mm。

在有安装基准线时,每列导轨应相对基准线整列检测,取最大偏差值。电梯安装完成后检验导轨时,可对每 5m 铅垂线分段连续检测(至少测 3 次),取测量值间的相对最大偏差应不大于上述规定值的 2 倍。

4) 轿厢导轨和设有安全钳的对重导轨工作面接头处不应有连续缝隙,且局部缝隙不大于 0.5mm。导轨接头处台阶用直线度为 0.01/300 的平直尺或其他工具测量,应不大于 0.05mm,如超过应修平,修平长度为 150mm 以上,不设安全钳的对重导轨接头处缝隙不得大于 1mm,导轨工作面接头处台阶应不大于 0.15mm,如超差亦应校正。

5) 两列导轨顶面间的距离偏差:轿厢导轨为 $^{+2}_{0}$mm,对重导轨为 $^{+3}_{0}$mm。

6) 导轨应用压板固定在导轨架上,不应采用焊接或螺栓直接连接。

7) 轿厢导轨与设有安全钳的对重导轨的下端应支承在地面坚固的导轨座上。

8) 对重块应可靠紧固,对重架若有反绳轮时其反绳轮应润滑良好,并应设有挡绳装置。

9) 限速器钢丝绳至导轨导向面与顶面两个方向的偏差均不得超过 10mm。

10) 轿厢与对重间的最小距离为 50mm,限速器钢丝绳和选层器钢带应张紧,在运行中不得与轿厢或对重相碰触。

11) 当对重完全压缩缓冲器时的轿顶空间应满足:

①井道顶的最低部件与固定在轿顶上设备的最高部件间的距离(不包括导靴或滚轮,钢丝绳附件和垂直滑动门的横梁或部件最高部分)与电梯的额定速度 V(单位:m/s)有关,其值应不小于 $(0.3+0.35V^2)$ m。

②轿顶上方应有一个不小于 $0.5m\times0.6m\times0.8m$ 的矩形空间(可以任何面朝下放置),钢丝绳中心线距矩形体至少一个铅垂面距离不超过 0.15m,包括钢丝绳的连接装置可包括在这个空间里。

12) 封闭式井道内应设置照明,井道最高与最低 0.5m 以内各装设一灯外,中间灯距不超过 7m。

13) 电缆支架的安装应满足:

①避免随行电缆与限速器钢丝绳、选层器钢带、限位极限等开关、井道传感器及对重装置等交叉;

②保证随行电缆在运动中不得与电线槽、管发生卡阻;

③轿底电缆支架应与井道电缆支架平行,并使电梯电缆处于井道底部时能避开缓冲器,并保持一定距离。

14)电缆安装应满足:

①随行电缆两端应可靠固定;

②轿厢压缩缓冲器后,电缆不得与底坑地面和轿厢底边框接触;

③随行电缆不应有打结和波浪扭曲现象。

(3) 轿厢

1)轿厢顶有反绳轮时,反绳轮应有保护罩和挡绳装置,且润滑良好,反绳轮铅垂度不大于1mm。

2)轿厢底盘平面的水平度应不超过3/1000。

3)曳引绳头组合应安全可靠,并使每根曳引绳受力相近,其张力与平均值偏差均不大于5%,且每个绳头锁紧螺母均应安装有锁紧销。

4)曳引绳应符合GB 8903规定,曳引绳表面应清洁不粘有杂质,并宜涂有薄而均匀的ET极压稀释型钢丝绳脂。

5)轿内操纵按钮动作应灵活,信号应显示清晰,轿厢超载装置或称量装置应动作可靠。

6)轿顶应有停止电梯运行的非自动复位的红色停止开关,且动作可靠,在轿顶检修接通后,轿内检修开关应失效。

7)轿厢架上若安装有限位开关碰铁时,相对铅垂线最大偏差不超过3mm。

8)各种安全保护开关应可靠固定,但不得使用焊接固定,安装后不得因电梯正常运行的碰撞或因钢丝绳、钢带、皮带的正常摆动使开关产生位移、损坏或误动作。

(4) 层站

1)层站指示信号及按钮安装应符合图纸规定,位置正确,指示信号清晰明亮,按钮动作准确无误,消防开关工作可靠。

2)层门地坎应具有足够的强度,水平度不大于2/1000,地坎应高出装修地面2~5mm。

3)层门地坎至轿门地坎水平距离偏差为$^{+3}_{0}$mm。

4)层门门扇与门扇,门扇与门套,门扇下端与地坎的间隙,乘客电梯应为1~6mm,载货电梯应为1~8mm。

5)门刀与门地坎,门锁滚轮与轿厢地坎间隙应为5~10mm。

6)在关门行程1/3之后,阻止关门的力不超过150N。

7)层门锁钩、锁臂及动接点动作灵活,在电气安全装置动作之前,锁紧元件的最小啮合长度为7mm。

8)层门外观应平整、光洁、无划伤或碰伤痕迹。

9)由轿门自动驱动层门情况下,当轿厢在开锁区域以外时,无论层门由于任何原因而被开启,都应有一种装置能确保层门自动关闭。

(5) 底坑

1)轿厢在两端站平层位置时,轿厢、对重装置的撞板与缓冲器顶面间的距离,耗能型缓冲器应为150~400mm,蓄能型缓冲器应为200~350mm,轿厢、对重装置的撞板中心与缓冲器中心的偏差不大于20mm。

2) 同一基础上的两个缓冲器顶部与轿底对应距离差不大于2mm。

3) 液压缓冲器柱塞铅垂度不大于0.5%，充液量正确。且应设有在缓冲器动作后未恢复到正常位置时使电梯不能正常运行的电气安全开关。

4) 底坑应设有停止电梯运行的非自动复位的红色停止开关。

5) 当轿厢完全压缩在缓冲器上时，轿厢最低部分与底坑底之间的净空间距离不小于0.5m，且底部应有一个不小于0.5m×0.6m×1.0m的矩形空间（可以任何面朝下放置）。

(6) 整机功能检验

1) 曳引检查

①在电源电压波动不大于2%工况下，用逐渐加载测定轿厢上、下行至与对重同一水平位置时的电流或电压测量法，检验电梯平衡系数应为40%~50%，测量表必须符合电动机供电的频率、电流、电压范围。

②电梯在行程上部范围内空载上行及行程下部范围125%额定载荷下行，分别停层3次以上，轿厢应被可靠地制停（下行不考虑平层要求），在125%额定载荷以正常运行速度下行时，切断电动机与制动器供电，轿厢应被可靠制动。

③当对重支承在被其压缩的缓冲器上时，空载轿厢不能被曳引绳提升起。

④当轿厢面积不能限制载荷超过额定值时，再需用150%额定载荷做曳引静载检查，历时10min，曳引绳无打滑现象。

2) 限速器安全钳联动试验

①额定速度大于0.63m/s及轿厢装有数套安全钳应采用渐进式安全钳，其余可采用瞬时式安全钳；

②限速器与安全钳电气开关在联动试验中动作应可靠，且使曳引机立即制动；

③对瞬时式安全钳，轿厢应载有均匀分布的额定载荷，短接限速器与安全钳电气开关，轿内无人，并在机房操作下行检修速度时，人为让限速器动作。复验或定期检验时，各种安全钳均采用空轿厢在平层或检修速度下试验。

对渐进式安全钳，轿厢应载有均匀分布125%的额定载荷，短接限速器与安全钳电气开关，轿内无人。并在机房操作平层或检修速度下行，人为让限速器动作。

以上试验轿厢应可靠制动，且在载荷试验后相对于原正常位置轿厢底倾斜度不超过5%。

3) 缓冲试验

①蓄能型缓冲器仅适用于额定速度小于1m/s的电梯，耗能型缓冲器可适用于各种速度的电梯；

②对耗能型缓冲器需进行复位试验，即轿厢在空载的情况下以检修速度下降将缓冲器全压缩，从轿厢开始离开缓冲器一瞬间起，直到缓冲器回复到原状，所需时间应不大于120s。

4) 层门与轿门联锁试验

①在正常运行和轿厢未停止在开锁区域内，层门应不能打开；

②如果一个层门和轿门（在多扇门中任何一扇门）打开，电梯应不能正常启动或继续正常运行。

5）上下极限动作试验

设在井道上下两端的极限位置保护开关。它应在轿厢或对重接触缓冲器前起作用，并在缓冲器被压缩期间保护其动作状态。

6）安全开关动作试验

电梯以检修速度上下运行时，人为动作下列安全开关2次，电梯均应立即停止运行。

①安全窗开关，用打开安全窗试验（如设有安全窗）；

②轿顶、底坑的紧急停止开关；

③限速器松绳开关。

7）运行试验

①轿厢分别以空载、50%额定载荷和额定载荷三种工况，并在通电持续率40%情况下，到达全行程范围，按120次/h，每天不少于8h，各起、制动运行1000次，电梯应运行平稳、制动可靠、连续运行无故障。

②制动器温升不应超过60K，曳引机减速器油温升不超过60K，其温度不应超过85℃，电动机温升不超过GB 12974的规定。

③曳引机减速器，除蜗杆轴伸出一端渗漏油面积平均每小时不超过150cm^2外，其余各处不得有渗漏油。

8）超载运行试验

断开超载控制电路，电梯在110%的额定载荷，通电持续率40%情况下，到达全行程范围。起、制动运行30次，电梯应能可靠地起动、运行和停止（平层不计），曳引机工作正常。

（7）整机性能试验

1）乘客与病床电梯的机房噪声、轿厢内运行噪声与层、轿门开关过程的噪声应符合GB 10058规定要求。

2）平层准确度应符合GB 10058规定要求。

3）整机其他性能宜符合GB 10058有关规定要求。

（8）填表说明

1）电梯型号：照实际填写。

2）检查项目：按以下的检查项目进行。

①平衡系数；

②运行速度；

③称量装置；

④预负载。

注：调整试验包括：平衡系数、运行速度、称量装量、预负等项。

3.3.23 电梯安全装置检测报告（C3-23）

电梯安全装置检测报告按C2-35-1执行。

智 能 建 筑

资料编制控检要求：

按给排水与采暖资料编制控检要求执行。

3.3.24 系统试运行记录（C3-24）

1. 资料表式

系统试运行记录　　　　　　　　　　　表 C3-24

工程名称			工程编号		
系统名称			检查日期	年　月　日	
试运行内容					
存在问题					
试运行结果					
参加人员	监理（建设）单位		施　工　单　位		
		专业技术负责人	质检员	试验员	

注：系统试运行表式，当独立承建智能建筑工程时也可按 2.5.14 智能建筑工程 2.5.14.3-5 表式执行。

2. 实施要点

智能建筑系统试运行记录是根据"工程建设标准强制性条文"按不同建筑物规定进行的智能建筑系统试运行的记录，以满足设计要求。

（1）智能建筑是以建筑为平台，兼备建筑设备、信息网络系统及通信网络系统，集结构、系统、服务、管理及它们之间的最优化组合，向人们提供一个安全、高效、舒适、便利的建筑环境。具有建筑的自动化功能、远程通信功能、信息网络系统功能及其支持系统。所谓支持系统是保证上述功能的设备、线路、系统有机可靠的能够有效运作。使建筑物内的电力、空调、照明、防火、防盗、运输设备等，实现建筑物综合管理自动化、远程通讯和办公自动化。籍以达到提供良好的信息服务、提高工作效率和管理水平、提高人们生活质量的目的。

智能建筑的基本内涵是：以综合布线系统为基础，以计算机网络为桥梁，综合配置建筑内的各功能子系统，全面实现对通信系统、信息网络系统、大楼内各种设备（空调、供热、给排水、变配电、照明、电梯、消防、公共安全）等的综合管理。

（2）智能建筑中各智能化系统根据各类建筑的使用功能管理要求以及投资标准等对智能建筑的各个智能化系统划分为甲、乙、丙三级，并对构成系统的配置和应用场合分别具体予以划档分级。各级均可有可扩性、开放性和灵活性。智能建筑的系统按有关评定标准确定。

我国民用建筑智能化只是智能建筑的一部分，建筑智能化才刚刚起步，功能尚不完备，需逐步加以完善。

（3）智能建筑的系统试运行应由施工单位的专业人员在建设单位、监理单位的共同参加下进行。

(4) 与智能建筑相关的国家工程建设标准目录：
《民用建筑电气设计规范》JGJ/T 16—92
《电子计算机房设计规范》GB 50174—93
《CATV 行业标准》GY/T 121—95；
《有线电视广播技术规范》GY/T 106—92；
《工业企业共用天线电视系统设计规范》GBJ 120—88；
《工业企业通信接地设计规范》GBJ 79—85；
《30MHz~1GHz 声音和电视信号电缆分项系统》GB 1498—94；
《民用闭路电视系统工程技术规范》GB 5019—94；
《有线电视系统工程技术规范》GB 50200—94；
《高层民用建筑设计防火规范》GB 50045—95；
《火灾自动报警系统施工及验收规范》GB 50166—92；
《火灾自动报警系统设计规范》GBJ 50116—98；
《大楼通信综合布线系统》YD/T 926.1—97；
《建筑与建筑群综合布线系统工程设计规范》GB 50311—2000；
《建筑与建筑群综合布线系统工程验收规范》GB 50312—2000；
《银行营业场所风险等级和安全防护级别的规定》GB 38—1992；
《文物系统博物馆风险等级和安全防护级别的规定》GB 27—1992；
《安全防范工程程序和要求》GB/T 75—1994；
《安全防范系统通用图形符号》GA/T 74—1994；
《文物系统博物馆安全防范工程设计规范》GB/T 16571—1996；
《银行营业场所安全防范工程设计规范》GB/T 16676—1996；
《用户交换机标准》YD 344—90；
《会议系统电视及音频的性能要求》GB/T 15381—94；
《64—1920kbit/s 会议电视系统进网技术要求》GB/T 15839—95。
(5) 资料要求和实施要点见单位（子单位）工程质量控制资料核查记录、建筑智能化设备调试记录。

3.3.25 系统电源及接地检测报告（C3-25）

系统电源及接地检测报告按 C2-34-1 执行。

检测说明：

(1) 智能建筑的供配电系统：

智能建筑的供配电系统用电设备种类多、耗电量大，按其功能分有：电力、照明、电梯、给排水、制冷、供热、空调、消防、通信、计算机等，智能化设备属于连续不间断工作的重要负荷，供电可靠性和电源质量是保证智能化设备及其网络稳定工作的重要因素。

智能建筑供电应满足电源质量的要求，减少电压损失；防止电压偏移，一般规定电压值偏移应控制在 ±5%；抑制高次谐波；减少电能损耗，配电电压一般应采用 10kV~35kV 配电电压，注意三相系统中相电压的不平衡。

变压器选择应根据使用地方的环境、功能、变压器装机容量，按照计算的最佳负荷，选取时应略高于最佳功率，选择适用的变压器。

有功能要求的应设置自备应急电源装置。柴油发电机的容量通常按变压器容量的 10%~20%选定（应由设计选定）。

智能化设备的供电方式通常有集中供电和分散供电两种，两者各有优缺点，而分散供电是今后发展的方向。

智能建筑供配电导线和电缆选择的一般区别为：
①按使用环境和敷设方法选择导线和电缆的类型。
②按机械强度和敷设方法选择导线和电缆的最小允许截面。
③按允许升温和敷设方法选择导线和电缆的截面。
④按电压损失和敷设方法校验导线和电缆的截面。
上述选择的导线和电缆具有几种不同规格的截面时，应选取其中截面较大的一种。

(2) 计算机房的供电必须从技术措施上保证系统工作的稳定和可靠。增加电源进线滤波器，调压器的功率一般应大于计算机系统总容量的 1.5~2 倍才较为可靠。

保证计算机系统工作稳定、可靠，除保证供电方式外，还必须保证接地装置设计、安装生产各环节。如设备的安全保护接地、计算机系统的直流接地（必须按计算机说明要求做）等。施工安装中应注意的事项主要有：

①在计算机系统中，建议单独设置设备保护接地，将其设置在离机房坪外 1m 远的地方为好。
②交流设备保护接地与直流接地不能室内混用，更不能共用接地装置。
③直流接地采用一点式接地。即在室内将计算机机柜的直流接地接在悬浮的地线网上。

(3) 接地检测单位（子单位）工程质量控制资料核查记录建筑智能化接地检测部分。

4 建筑工程施工技术管理文件（C4）

建筑工程施工技术管理文件目录

序号	资料名称	应用表式编号	说明
1	工程开工报审表	C4-1	
2	施工组织设计（施工方案）	C4-2	
3	施工组织设计（施工方案）实施小结	C4-3	
4	材料（设备）进场验收记录（通用）	C4-4	
5	技术交底	C4-5	
6	技术交底小结	C4-6	
7	施工日志	C4-7	
8	预检工程（技术复核）记录	C4-8	
9	自检互检记录	C4-9	
10	工序交接单	C4-10	
11	施工现场质量管理检查记录	C4-11	
12	见证取样	C4-12	
13	工程竣工施工总结	C4-13	
14	工程质量保修书	C4-14	
15	工程竣工报告	C4-15	

4.1 工程开工报审表（C4-1）

1. 资料表式

工程开工报审表　　　　　　　　　　　　表 C4-1

工程名称：　　　　　　　　　　　　　　　　　　　　　编号：

致_____（监理单位）	
我方承担的_____准备工作已完成。	
一、施工许可证已获政府主管部门批准；	☐
二、征地拆迁工作能满足工程进度的需要；	☐
三、施工组织设计已获总监理工程师批准；	☐
四、现场管理人员已到位，机具、施工人员已进场，主要工程材料已落实；	☐
五、进场道路及水、电、通讯等已满足开工要求；	☐
六、质量管理、技术管理和质量保证的组织机构已建立；	☐
七、质量管理、技术管理制度已制定；	☐
八、专职管理人员和特种作业人员已取得资格证、上岗证。特此申请，请核查并签发开工指令。	☐
承包单位（章）：_____	
项目经理：_____ 日期：_____	
审查意见：	
项目监理机构（章）：_____	
总监理工程师：_____ 日期：_____	

2. 实施目的

工程开工报审表是项目监理机构对承包单位施工的工程经自查已满足开工条件后提出申请开工且已经项目监理机构审核确已具备开工条件后的批复文件。

3. 资料要求

(1) 承包单位提请开工报审时,提供的附件:应满足实施要点中(3)条中的1)~7)款的要求,表列内容的证明文件必须齐全真实,对任何形式的不符合开工报审条件的工程项目,承包单位不得提请报审,监理单位不得签发报审表。

(2) 承包单位提请开工报审时,应加盖法人承包单位章,项目经理签字不盖章。

(3) 工程开工报审除监理合同规定须经建设部门批准外,以总监理工程师最终签发有效,项目监理机构盖章总监理工程师签字。

(4) 开工报审必须在开工前完成报审,否则为不符合要求。

(5) 表列项目应逐项填写,不得缺项,缺项为不符合开工条件。

4. 实施要点

(1) 本表由施工单位填报,满足表列条件后,项目监理机构填写审查意见并批复;

(2) 审查开工报告时,承包单位的施工准备工作必须确已完成且具备开工条件时方可提请报审;

(3) 项目监理机构应对以下内容进行审查:

1) 施工许可证已获政府主管部门批准,并已签发《建设工程施工许可证》;

2) 征地拆迁工作能够满足工程施工进度的需要;

3) 施工图纸及有关设计文件已齐备;

4) 施工组织设计(施工方案)已经项目监理机构审定,总监理工程师已经批准;

5) 施工现场的场地、道路、水、电、通讯和临时设施已满足开工要求,地下障碍物已清除或查明(不影响正常施工);

6) 测量控制桩已经项目监理机构复验合格;

7) 施工、管理人员已按计划到位,相应的组织机构和制度已经建立,施工设备、料具已按需要到场,主要材料供应已落实。

(4) 对监理单位审查承包单位现场项目管理机构的要求

1) 现场项目管理机构的质量管理体系、技术管理体系和质量保证体系的确认,必须在确能保证工程项目施工质量时,由总监理工程师负责审查完成。

2) 现场项目管理机构的质量管理体系、技术管理体系和质量保证体系的确认,必须在确能保证工程项目施工质量时,应在工程项目开工前完成。

3) 对承包单位的现场项目管理机构的质量管理体系、技术管理体系和质量保证体系,应审查下列内容:质量管理、技术管理和质量保证的组织机构;质量管理、技术管理和制度;专职管理人员和特种作业人员的资格证、上岗证。

4) 应当深刻的认识监理工作必须是在承包单位建立健全质量管理体系、技术管理体系和质量保证体系的基础上才能完成的,如果承包单位不建立质量管理体系、技术管理体系和质量保证体系,是难以保证施工合同履行的。

(5) 经专业监理工程师核查,具备开工条件时报项目总监理工程师签发《工程开工报审表》,并报建设单位备案,委托合同规定工程开工报审需经建设单位批准时,项目总监理工程师审核后应报建设单位,由建设单位批准。工期自批准之日起计算。

(6) 整个项目一次开工,只填报一次,如工程项目中涉及较多单位工程,且开工时间不同时,则每个单位工程开工都应填报一次。

(7) 填表说明:

1) 致＿＿＿＿＿＿监理单位:指建设单位与签订合同的监理单位名称,按全称填写。

2) 审查意见:总监理工程师应指定专业监理工程师应对承包单位的准备工作情况,一至八项等内容进行审查,除所报内容外,还应对施工图纸及有关设计文件是否齐备;施工现场的临时设施是满足开工要求;地下障碍物是否清除或查明;测量控制桩是否已经监理机构复验合格等情况进行审查,专业监理工程师根据所报资料及现场检查情况,如资料是否齐全,有无缺项或开工准备工作是否满足开工要求等情况逐一落实,具备开工条件时,向总监理工程师报告并填写"该工程各项开工准备工作符合要求,同意某年某月某日开工"。

3) 承包单位按表列内容逐一落实后,自查符合要求可在该项"□"内划"√"。并需将《施工现场质量管理检查记录》及其要求的有关证件;《建筑工程施工许可证》;现场专职管理人员资格证、上岗证;现场管理人员、机具、施工人员进场情况;工程主要材料落实情况等资料作为附件同时报送。

4.2 施工组织设计(施工方案)(C4-2)

1. 资料要求

(1) 施工组织设计或施工方案内容应齐全,步骤清楚,层次分明,反映工程特点,有保证工程质量的技术措施。编制及时,必须在工程开工前编制并报审完成。

(2) 按要求及时编制单位工程施工组织设计,且先有施工组织设计后施工为符合要求。

(3) 没有或不及时编制单位工程施工组织设计,为不符合要求。

(4) 参与编制人员应在"会签表"上签字,交项目经理签署意见并在会签表上签字,经报审同意后执行并进行下发交底。

2. 实施要点

(1) 施工组织设计的分类

施工组织设计,一般按建设规模的大小、施工工艺的简繁、施工项目的重要性等情况分类:

1) 大中型建设项目编制施工组织总设计;

2) 施工组织设计在绝大多数情况下按照两段设计,即扩大初步设计和施工图设计;当设计复杂或新的工艺过程尚未成熟掌握的工业企业,或者设计特别复杂并对建筑艺术有特殊要求的房屋和构筑物才按三段进行设计,即初步设计、技术设计和施工图设计。当按三段设计时:

①施工组织条件设计(或称施工组织设计基本概况),以工程的技术可行性与经济合理性进行分析与规划。这是包括在初步设计中的;

②施工组织总设计,以整个建设项目或民用建筑群为对象,对整个工程施工进行通盘考虑,全面规划,用以指导全场性的施工准备和有计划地运用施工力量,开展施工活动。

这是包括在技术设计中的;

③单位工程施工组织设计,以单项或单位工程为对象编制,用以具体指导施工的活动,并作为建筑安装企业编制月旬作业计划的基础。

(2) 编制施工组织设计应遵循的基本原则

1) 认真贯彻党和国家的方针、政策,严格执行建设程序和施工程序。

2) 施工单位、建设单位和设计单位密切配合,做好调查研究,掌握编制施工组织设计的依据资料。

3) 保证重点,统筹安排,遵守承包合同的承诺;

4) 合理地安排施工程序。

①及时完成有关准备工作;

②条件具备时先进行全场性工程(指平整场地、铺设管网、修筑道路等);

③单个房屋和构筑物施工顺序要考虑空间顺序;工种间顺序;

④先建造可供施工期间使用的永久性建筑(如道路、各种管网、仓库、宿舍、土场、办公房、饭厅等);

5) 坚持"质量第一",认真制订保证质量和安全的措施,确保工程质量和安全施工;

6) 用流水作业法和网络计划技术安排进度计划;

7) 恰当安排冬雨季施工项目,提高施工的连续性和均衡性;

8) 充分利用机械设备提高机械化程度,减轻劳动强度,提高劳动生产率;

9) 采用先进的施工技术,合理地选择施工方案,应用科学的计划方法,确保进度快、成本低、质量好;

10) 减少暂设工程和临时性设施,减少物资运输量,合理布置施工平面图,节约施工用地。

注:土建、水、暖、电、通风、空调、煤气等均应分别编制。

(3) 施工组织总设计的内容与表式

施工组织总设计的内容应具有规模性和控制性,其深度是根据施工中的要素决定的。应视其性质、规模、复杂程度、工期要求、地区的自然和经济条件。一般内容有:工程概况;施工准备工作计划;施工方法与相应的技术组织措施,即施工方案;施工总进度计划;施工现场平面布置图;劳动力、机械设备、材料和构件等供应计划;建筑工地施工业务的组织规划;质量保证措施与安全技术措施;主要技术经济指标。

1) 工程概况相当于一个总说明。主要说明建设地点、工程性质、规模、建筑面积、投资、建设期限、建设地区特征,如工程地质、地形、地下水位及水质情况;工程项目及结构类型与特征;施工的力量与条件;主要机具配备及可能协作的力量和劳动力的情况等。主要表式详见表 C4-2-1、表 C4-2-2、表 C4-2-3 所示。

建筑安装工程项目一览表　　　　　　　　　表 C4-2-1

序　号	工程名称	建筑面积 (m^2)	建安工作量 (万元)		吊装和安装工程量 (吨或件)		建筑结构
			土建	安装	吊装	安装	

注:建筑结构栏填以砖木、混合、钢、钢筋混凝土结构及层数等。

4.2 施工组织设计(施工方案)(C4-2)

主要建筑物和构筑物一览表　　　　　　　　　　　　　表 C4-2-2

序号	工程名称	建筑结构特征或其示意图	建筑面积(m²)	占地面积(m²)	建筑体积(m³)	备注

注:建筑结构特征栏说明其基础、柱、墙、屋盖的结构构造,如附示意图应注以主要尺寸。

工　程　量　总　表　　　　　　　　　　　　　　　表 C4-2-3

序号	工程量名称	单位	合计	生产车间			仓库运输			管网					生活福利		大型暂设		备注
				××车间	⋮	⋮	仓库	铁路	公路	供电	供水	供水	供热	宿舍	文化福利	生产	生活	

注:生产车间栏按主要生产车间、辅助生产车间、动力车间次序填列。

2)施工准备工作计划。

施工准备工作计划。是根据施工部署和施工方案的要求及施工总进度计划的安排编制的。主要内容为:按照建筑总平面图做好现场测量控制网;进行土地征用,居民迁移和障碍物拆除;了解和掌握施工图出图计划、设计意图和拟采用的新结构、新材料、新技术、并组织进行试制和试验工作;编制施工组织设计和研究有关施工技术措施;进行有关大型临时设施工程,施工用水、用电和铁道、道路、码头以及场地平整工作的安排;进行技术培训工作;材料、构件、加工品、半成品和机具的申请和准备工作。

主要施工准备工作计划见表 C4-2-7。

3)施工方案与相应的技术组织措施:

施工方法与相应的技术措施即全局性的施工总设想。主要包括施工任务的组织分工与安排,重点单位工程的施工方案,主要施工方法,现场的"三通一平"规划建设,工地大型临时设施的设置与布置。对全局性的问题应做出原则性的考虑。哪些实行工厂化施工,哪些实行机械化施工,哪些构件现场浇筑,哪些构件预制;构件吊装采用什么机械;采用什么新工艺、新技术等。

编制预制构件加工品分工计划详见表 C4-2-4。

预制构件加工品分工计划　　　　　　　　　　　　　表 C4-2-4

序号	工程名称	混凝土构件(m³)			大型板材(m³)			砌块(m³)			钢结构(t)			木门窗(m³)			钢门窗(m³)			铁件(t)		
		合计	××加工厂	现场	合计	××加工厂	现场	合计	××加工厂	现场	合计	××加工厂	现场	合计	××加工厂	现场	合计	××加工厂	现场	合计	××加工厂	现场

4）施工总进度计划（总控制网络计划）。

施工总进度计划是根据施工部署和施工方案合理定出各主要建筑物的施工期限，和各建筑物之间的搭接时间，编制要点为：

①计算所有项目的工程量；

②确定建设总工期和单位工程工期；

③根据使用要求和施工可能明确主要施工项目的开竣工时间；

④做到均衡施工。

注：工业建设项目的施工日期定额，可参照建设部、冶金部、电力部等单位根据各自行业的建设特点制定的施工工期定额。

一般工业与民用建筑项目施工工期定额仍应执行原城乡建设环境保护部1985年颁布的"建筑安装工程工期定额"，该工期定额按工程类别（厂房、住宅、旅馆、医疗、教学、构筑物等）、结构类型、建筑层数、工程和地区进行分类，分别计算其额定工期。

施工总进度计划、主要分部（项）工程流水施工进度计划见表C4-2-5、表C4-2-6。

施工总进度计划 表C4-2-5

序 号	工程名称	建筑指标		设备安装指标(t)	造价（千元）			进度计划					
		单位	数量		合计	建筑工程	设备安装	第一年				第二年	第三年
								Ⅰ	Ⅱ	Ⅲ	Ⅳ		

注：1. 工程名称的顺序应按生产、辅助、动力车间、生活福利和管网等次序填列。

2. 进度线的表达应按土建工程、设备安装和试运转用不同线条表示。

主要分部（项）工程流水施工进度计划 表C4-2-6

序号	单位工程和分部分项工程名称	工程量		机械		劳动力			施工延续天数	施工进度计划
		单位	数量	机械名称	台班数量	机械数量	工程名称	总工日数	平均人数		19　年 月月月月月月月月月

注：单位工程按主要工程项目填列，较小项目分类合并。分部分项工程只填主要的，如土方包括竖向布置，并区分挖与填。砌筑包括砌砖砌石。现浇混凝土与钢筋混凝土包括基础、框架、地面垫层混凝土。吊装包括装配式析材、梁、柱、屋架、砌块和钢结构。抹灰包括室内外装修、屋面以及水、电、暖、卫和设备安装。

主要施工准备工作计划 表C4-2-7

序 号	项 目	施工准备工作内容	负责单位	涉及单位	要求完成日期	备 注

5）各项资源需要量计划（如劳动力、材料、机具需用量计划）。

劳动力计划需要量：根据工种工程的工程量、概（预）算定额及施工经验列出，应提出解决劳动力不足的有关措施,是组织劳力进场和计算布置房屋时的依据,见表C4-2-8;主要材料、构件和半成品需要量计划:根据工程的工程量及预算定额列出,是材料部门及有关加工单位及时落实货源、组织供应依据见表C4-2-9、表C4-2-10;主要施工机具、设备需用量计划:根据施工部署和主要建筑物的施工方案和技术措施,考虑施工总进度计划要求所提出的主要施工机具、设备数量、进场日期等的计划,是选择变压器,计算施工用电的依据,见表C4-2-12;大型临时设施计划;按照施工部署、施工方案和各种物资需用量计划编制,详见表C4-2-13。

运输工具的选用和运输量的计算,按照建筑工地运输情况,编制主要材料、预制加工品运输量计划(见表C4-2-11)。

劳动力需要量计划　　　　　　　　　　　　　　　　表 C4-2-8

序号	工种名称	施工高峰需用人数	19 年				19 年				现有人数	多余(+)或不足(−)
			一季	二季	三季	四季	一季	二季	三季	四季		

注:1. 工程名称除生产工人外,应包括附属辅助用工(如机修、运输、构件加工、材料保管等)以及服务和管理用工。
　　2. 表下应附以分季度的劳动力动态曲线(以纵轴表示所需人数,横轴表示时间)。

主要材料需要量计划　　　　　　　　　　　　　　　表 C4-2-9

工程名称 \ 材料名称 单位	主　要　材　料												

注:1. 主要材料可按型钢、钢板、钢筋、管材、水泥、木材、砖、石、砂、石灰、油毡等填列。
　　2. 木材按成材计算。
　　3. 主要材料、预制加工品按运输量计划。

主要材料、预制加工品需要量计划　　　　　　　　表 C4-2-10

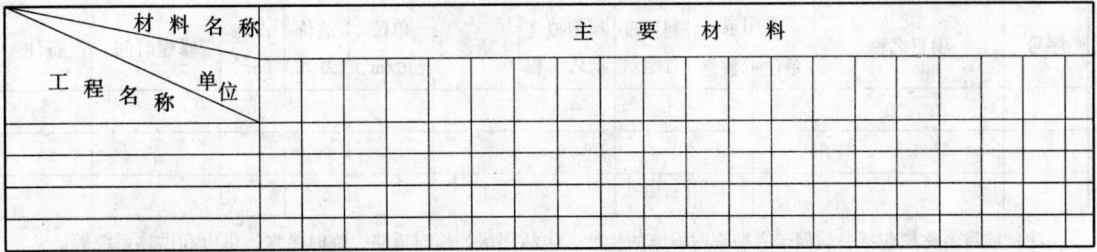

注:材料或预制加工名称应与其他表一致,并应列出详细规格。

主要材料、预制加工品运输量计划　　　　　　　　　　　　　表 C4-2-11

序号	材料或预制加工品名称	单位	数量	折合吨数	运距（km）			运输量 (t·km)	分类运输量（t·km）			备注
					装货点	卸货点	距离		公路	铁路	航运	

注：材料和预制加工品所需运输总量应另加入 8~10% 的不可预见系数，垃圾运输量按实计算，生活日用品运输量按每人年 1.2~1.5t 计算。

主要施工机具、设备需要量计划　　　　　　　　　　　　　表 C4-2-12

序号	机具设备名称	规格型号	电动机功率	数量			购置价值（千元）	使用时间	备注
				单位	需用	现有	不足			

注：机具设备名称可按土石方机械、钢筋混凝土机械、起重设备、金属加工设备、运输设备、木工加工设备、动力设备、测试设备、脚手工具等类别分别填列。

劳动力需要量计划：按照施工设备工作计划、施工总进度计划和主要分部（项）工程进度计划套用概算定额，或经验资料计算所需的劳动力人数，并编制劳动力需要量计划；同时要提出解决劳动力不足的有关措施，如开展技术革新，加强技术培训，加强调度管理等。

大型临时设施计划　　　　　　　　　　　　　　　　　　　表 C4-2-13

序号	项目名称	需用量		利用现有建筑	利用拟建永久工程	新建	单位造价（元/m²）	造价（万元）	占地（m²）	修建时间	备注
		单位	数量								

注：项目名称栏包括一切属于大型临时设施的生产、生活用房，临时道路，临时供水、供电和供热系统等。

6）施工总平面图：

施工总平面图是把建设区域内地下、地上的建筑物、构筑物（准备建和已有的）以及施工时的材料仓库、运输线路、附属生产企业、给水、排水、供电、临时建筑物取其重点及需要的测量基准点、坐标网等，分别绘制在建筑总平面图上的规划和布置图。

7）主要技术组织措施：

根据建设工程特点和条件，结合有关规范、规程、施工工期等要求提出：

①保证施工质量、安全、进度措施；

②冬雨季施工措施；

③降低成本、节约措施；

④施工总平面图管理措施。

8）主要技术经济指标：

①施工周期：指从主要项目开工时到全部项目投产使用止，其中：
(a) 施工准备期：从施工准备开始到主要项目开工止；
(b) 部分投产期：从主要项目开工到第一批项目投产使用止。
②全员劳动生产率：

$$全员劳动生产率 = \frac{计划期自行完成的建安工作量（万元）}{计划期全部职工平均人数（万人）}（元/每人年）$$

$$劳动力不平衡系数 = \frac{施工期高峰人数}{施工期平均人数}$$

③工程质量：

$$单位工程合格品率 = \frac{合格品单位工程个数（或面积数）}{验收鉴定的单位工程个数（或面积数）} \times 100\%$$

$$单位工程优良品率 = \frac{优良品率单位工程个数（或面积数）}{验收鉴定的单位工程个数（或面积数）} \times 100\%$$

④降低成本：

$$降低成本 = \frac{全部成本降低额}{工程预算成本} \times 100\%$$

⑤安全：

$$负伤事故频率 = \frac{一定时期内发生的负伤事故人数}{一定时期内平均在职人数} \times 100\%$$

⑥施工机械：

$$机械设备完好率 = \frac{机械完好台日数}{日历台日数 - 例级节日台日数} \times 100\%$$

$$机械设备利用率 = \frac{机械工作台日数}{日历台日数 - 例级节日台日数} \times 100\%$$

⑦三材节约率：

$$某种材料节约率 = \frac{[该种材料计划消耗量] - [该种材料实际消耗量]}{该种材料计划消耗量} \times 100\%$$

(4) 单位工程施工组织设计的内容与表式

1) 施工组织设计或施工方案由施工机构在施工前编制。当工程项目应用新材料、新结构、新工艺、新技术或有特殊要求时，设计应提出技术要求和注意事项，设计、施工单位密切配合，使之满足设计意图。施工组织设计的编制程序详见图 C4-2-1。

2) 施工组织设计是进行基本建设和指导建筑施工的必要文件，是实现科学管理的重要环节，切实做好施工组织设计的编制与实施，建立起正常的施工秩序，实现施工管理科学化，是在建筑施工中实现多快好省要求的具体措施。

施工过程是一项十分复杂的生产活动，正确处理好人与物、空间与时间、天时与地利、工艺与设备、使用与维修、专业与协作、供应与消耗、生产与储备等各种矛盾就必须要有严密的组织与计划，以最少的消耗取得最大的效果，要求建设施工人员必须严肃对待，认真执行。

3) 建筑工程在开工之前，施工单位必须在了解工程规模特点和建设工期，调查和分析建设地区的自然经济条件的基础上，编制施工组织设计，大、中型建设项目，应根据已批准的初步设计（或扩大初步设计）编制施工组织大纲（或称施工组织总设计）；单位工

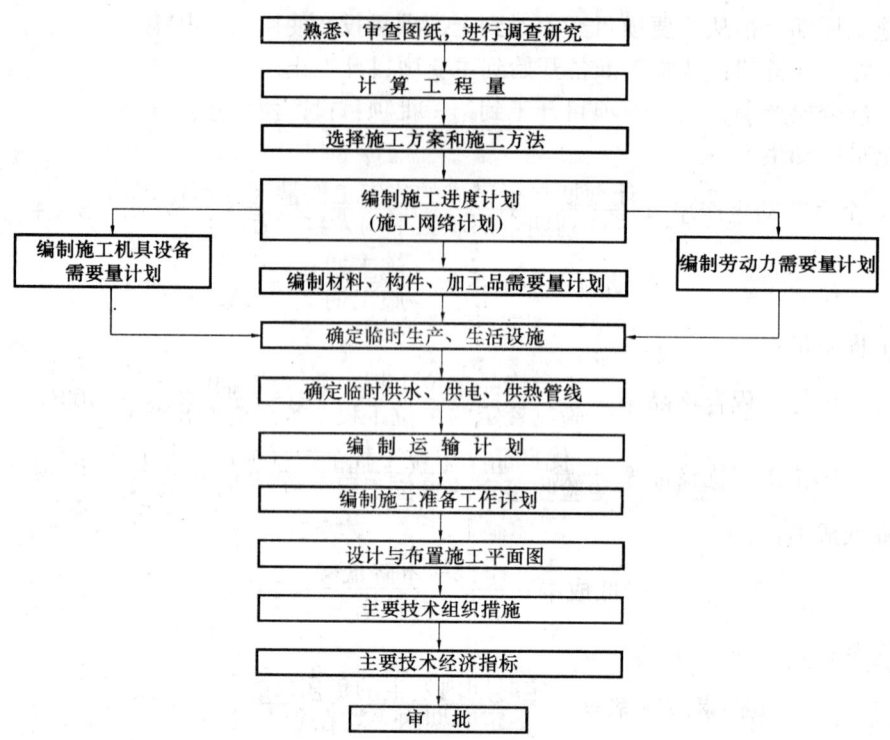

图 C4-2-1 单位工程施工组织设计编制程序

程应根据施工组织大纲及经过会审的施工图编制施工组织设计；规模较小，结构简单的工业、民用建筑，也应编制单位工程施工方案。

4) 施工组织设计的主要内容一般应包括：工程概况和工程特点、全部工程的施工顺序、施工力量部署、关键性工程的施工方法（流水段划分、主要项目施工工艺）；施工技术组织措施和建筑安装施工综合进度计划；场内外交通运输，临时便道、水、电供应、场内排水和降低地下水位等方面的规划；材料、预制加工品，施工机械设备和劳动力需要量计划，以及社会生产力的利用方案；建设单位的原有工程的利用和施工基地，暂设工程的修建计划；施工准备工作计划；施工总平面图；施工管理措施和八大经济技术指标。（八大经济技术指标包括：产量、质量、总产量、燃料、动力消耗、劳动生产率、产品成本、流动奖金、利润）。

①工程概况和工程特点：例如建筑物的平面组合、建筑面积、结构特征类型、高度、层数、工作量主要分项工程量和交付生产、使用的期限等；建设地点的特征：如位置、地形、工程地质、不同深度的土壤分析、冻结期与冻层厚度、地下水位、水质、气温、冬雨季时间，主导风向风力和地震烈度等；施工条件，如五通一平情况，材料、预制加工品的供应情况，以及施工单位的机械、运输、劳动力和企业管理情况等。

②施工方案及施工方法。

施工方案和施工方法的拟定，要根据工期要求，材料、构件、机具和劳动力的供应情况，以及协作单位的施工配合条件和其他现场条件进行周密考虑。主要内容与编制要求如下：a. 确定总的施工程序：按基建程序办事，做好施工准备，完成三通一平以及材料、机具、构件、劳动力的准备才能开工;地基已经处理并经验收合格,才能进行基础施工;一般应遵守"先地下,后地上","先土建,后设备","先主体,后围护","先结构,后装修"的施工原则。b. 确定施工总流向:就是要解决建筑物在平面上和分层施工上的合理施工顺序。确定时应考虑以下几个方面:生产使用的先后;适应施工组织的分区分段;与材料、构件运输不相冲突;适应主导工程的合理施工顺序及平面上各部分施工的繁简程序等。c. 确定各主要分部分项工程的施工方法:决定土石方工程挖、填、运是采用机械还是人工进行;确定基槽、基坑开挖的施工方法和放坡要求;石方爆破方法及所需机具与材料;地下水、地表水的排除方法,以及沟渠、集水井和井点的布置和所需的设备;大量土石方的平衡调配,编制土石方工程平衡调配表;对混凝土和钢筋混凝土工程,重点决定模板类型和支模方法,隔离剂选用,钢筋加工和安装方法,混凝土搅拌和运输方法,混凝土的浇筑顺序,施工缝位置,分层高度,振捣方法和养护制度等;对结构吊装工程,应着重选择吊装机械型号和数量,确定吊装方法,安排吊装顺序,布置机械的行驶路线,考虑构件的制作、拼装场地,以及构件运输、装卸、堆放方法等;对装修工程,主要是确定工艺流程、制定操作要点和组织流水施工,采用新结构、新材料、新工程、新技术;高耸、大跨和重型构件,以及水下、深基和软弱地基等的工艺流程、施工方法、劳动组织、施工措施应单独编制。确定质量、安全、技术措施和降低成本技术措施。

大量土石方的平衡调配,需以图表表示,其分区挖、填、运数量汇总后编制土石方平衡调配表,见表 C4-2-14。

土方平衡调配表 表 C4-2-14

分区编号	工程项目	挖方量（m³）	填方量（包括场地平整）（m³）	分区平衡（m³）		土方来源或去向及数量
				余	缺	

现场垂直、水平运输,确定标准层垂直运输量(如砖、砌砖或砌块、砂浆、模板、钢筋、混凝土、各种预制构件、门窗和各种装修用料、水电材料及工具脚手等),并编制垂直运输量计划表,见表 C4-2-15。

垂直运输量计划 表 C4-2-15

序 号	项 目	单 位	数 量		需要吊量
			工程量	每吊工程量	

③施工总进度计划。

施工总进度计划是在既定施工方案的基础上,根据规定工期要求,对整个建筑物各个工序的施工顺序、开始及结束时间,及其相互衔接或穿插配合情况做出安排。其编制步骤为:确定施工顺序,划分施工项目,划分流水施工段,计算工程量,计算劳动量和机械台班量；确定各施工项目（或工序）的作业时间，组织各施工项目（或工序）间的搭接关系；编制进度指示图表；检查和调整施工进度计划。

④施工准备工作计划：a. 根据施工具体需要和要求编制施工准备工作计划，其主要内容为：技术准备，如熟悉和会审图纸。编制和审定施工组织设计、编制施工预算各种加工半成品技术资料的准备和计划申请新技术项目的试验和试制；现场准备，如测量放线，拆除障碍物，场地平整，临时道路和临时供水、供电、供热消防等管线的敷设，有关生产、生活临时设施的搭设水平和垂直运输设备的搭设等；劳动力、机具、材料、构件和加工半成品的准备，如调整劳动组织，进行计划、技术交底，协调组织施工机具、材料、构件和加工半成品的租赁与进场；以及与专业施工单位的联系和落实工作等。b. 单位工程施工前，可以根据施工具体需要和要求，编制施工准备工作计划（见表 C4-2-16）。

⑤各项资源需用量计划。

内容包括：根据工程预算、预算定额和施工进度计划编制材料需用量计划，是备料、供料和确定仓库、堆场面积及组织运输的依据；根据工程预算、劳动定额（或预算定额）和施工进度计划编制的劳动力用量计划，是劳动力平衡、调配和衡量劳动力耗用指标的依据；根据施工图、标准图及施工进度计划进行编制，构件和加工的半成品需用量计划，是落实加工单位、定出需用时间、组织加工和货源进场的依据；根据施工方案、施工方法和施工进度计划编制的施工机具需用量计划，用于落实机具来源，组织机具进场；根据材料、构件、加工半成品、机具计划、货源地点和施工进度计划编制的运输计划，用于组织运输力量，保证货源按时进场。

a. 工程材料需要量计划根据工程预算、预算定额和施工进度计划进行编制，见表 C4-2-17。b. 劳动力需要量计划作为安排劳动力的平衡、调配和衡量劳动力耗用指标的依据，内容见表 C4-2-18，可根据工程预算、劳动定额和施工进度计划编制。c. 构件和加工半成品需要量计划用于落实加工单位，并按所需规格、数量和需要时间，组织加工和货源进场，其内容见表 C4-2-19，可根据施工图（包括定型图、标准图）及施工进度计划编制。d. 施工机具、设备需要量计划包括机具型号、规格，用以落实机具来源、组织机具进场，内容可见表 C4-2-20，根据施工方案、施工方法和进度编制。e. 运输计划用于组织运输力量，保证货源按时进场，其内容见表 C4-2-21，可根据材料、构件和加工品、半成品、机具计划、货源地点和施工进度计划编制。f. 绘制施工平面图应首先进行现场踏勘，以获取建设地区或工地各种自然条件和技术经济条件的有关资料。施工平面图是施工组织设计的主要组成部分，是具体解决有关施工机械、搅拌站和加工场、材料半成品及构件、运输道路、水电管线及其他临时设施等的布置问题，是根据建筑总图、施工图、现场地形地物、现有水电源、道路、四周可利用的空地、可利用的房屋的调研资料，以及施工组织总设计及各项临时设施的计算资料绘制的。工期较长的大型建筑物，可按施工阶段绘制各阶段的施工总图。在各阶段施工平面图中，对整个施工时期一直使用的主要道路、水电管、道和临时房屋等，应尽可能不作变动。较小的建筑物，可按主体结构施工阶段的要求绘制施工平面图，应同时考虑到其他施工阶段的施工场地周转、使用问题。绘制施工颊图的一般步骤是：确定起重机的数量及其位置；布置搅拌站、加工场、材料仓库及露天堆场；布置道路；布置其他临时建筑物及水电管线。g. 主要技术组织措施：内容要求与施工组织设计相同；h. 技术经济指标。

施工准备工作计划表 表 C4-2-16

序号	施工准备工作项目	工程量		负责队组或人	进 度													
		单位	数量		月							月						
					1	2	3	4	5	6	……	1	2	3	4	5	6	……

××工程材料需要量计划 表 C4-2-17

序号	材料名称	规格	需要量		需 要 时 间											备注
			单位	数量	月			月			月			月			
					上	中	下	上	中	下	上	中	下	上	中	下	

×××工程劳动力需要量计划 表 C4-2-18

序号	工程名称	需用总工日数	需要人数及时间											备注
			月			月			月			月			
			上	中	下	上	中	下	上	中	下	上	中	下	

××工程××构件和加工半成品需要量计划 表 C4-2-19

序号	构件、加工半成品名称	图号和型号	规格尺寸（mm）	单位	数量	要求供应起止日期	备注

××工程施工机具设备需要量计划 表 C4-2-20

序号	机具名称	规格	单位	需要数量	使用起止时间	备注

××工程运输计划 表 C4-2-21

序号	需运项目	单位	数量	货源	运距(km)	运输量(t·km)	所需运输工具			需用起止时间
							名称	吨位	台班	

技术经济指标是编制单位工程施工组织设计的最后效果，应在编制相应的技术组织措施的基础上进行计算，主要有以下几项指标：

①工期指标。
②劳动生产率指标。
③质量、安全指标。
④降低成本率。
⑤主要工程机械化施工程度。
⑥三大材料节约指标。

4.3 施工组织设计（施工方案）实施小结（C4-3）

基本要求：

（1）施工组织设计的实施过程中应按分部工程（如基础、主体分部等）、新工艺、新材料实施情况进行小结，内容包括工程进度、工程质量、材料消耗、机械使用及成本费用等，将施工组织设计与实际执行结合起来，为发现问题及分析原因提供依据。

（2）当发现施工组织设计不能有效地指导施工或某项工艺发生变化时，应及时对施工组织设计的有关部分逐项进行调整，拟定改进措施方案，变更方案由原编制单位编制，报原审批人签认后方可生效。

4.4 材料（设备）进场验收记录（通用）（C4-4）

1. 资料表式

材料（设备）进场验收记录（通用）　　　　表 C4-4

收货日期 年 月 日	材料（设备）名称	单位	数量	送货单编号	供货单位名称
材料（设备）数量及质量情况	1. 不同品种的各自应送产品数量； 2. 不同品种的各自实收产品数量； 3. 实收质量状况					
有效地点及保管状况	1. 露天或仓库； 2. 能否正常保管					
备注	1. 运输单位名称； 2. 送货人名称； 3. 其他					
施工单位材料员：	供货单位人员：		专职质检员：		专业技术负责人

注：1. 每品种、批次填表一次。
　　2. 进场验收记录为管理资料，不作为归存资料。

2. 实施要点：

材料（设备）进场检验：

（1）材料、构配件进场后，应由施工单位会同建设（监理）单位共同对进场物资进行检查验收，填写《材料（设备）进场验收记录》。

（2）主要检验内容包括：

1）物资出厂质量证明文件及检验（测）报告是否齐全。

2）实际进场物资数量、规格和品种等与计划的符合性，是否满足设计和施工计划要求。

3）物资外观质量是否满足设计要求或规范规定。

4）按规定需进行抽检的材料、构配件是否及时抽检，检验结果和结论是否齐全。

（3）按规定应进场复试的工程物资，必须在进场检查验收合格后取样复试。

（4）钢材质量进场检查举例说明：

1）外观质量：a. 进场钢（材）筋必须对其断面进行检查。不论直条钢筋还是盘条供货，断面尺寸检查均应先后对两端钢筋断面进行检查，检查结果不应超过允许偏差值；b. 带肋钢筋表面不得有裂纹、结疤和折叠。钢筋表面允许有凸块，但不得超过横肋的高度，钢筋表面上其他缺陷的深度和高度不得大于所在部位尺寸的允许偏差；c. 盘条表面不得有裂纹、折叠、结疤、耳子、分层及夹杂，允许有压痕及局部的凸块、凹坑、划痕、麻面，但其深度或高度（从实际尺寸算起）不得大于0.20mm。盘条表面氧化铁皮重量不得大于16kg/t，如工艺有保证，可不做检查。

2）尺寸检查：a. 带肋钢筋内径的测量精确到0.1mm；b. 带肋钢筋肋高的测量可采用测量同一截面两侧肋高平均值的方法，即测取钢筋的最大外径，减去该处内径，所得数值的一半为该处肋高，精确到0.05mm；c. 带肋钢筋横肋间距可采用测量平均肋距的方法进行测量。即测取钢筋一面上第1个与第11个横肋的中心距离，该数值除以10即为横肋间距，精确到0.1mm。

4.5 技术交底（C4-5）

1. 资料表式

技术交底记录　　　　　　表C4-5

工程名称		交底部位	
工程编号		日　期	
交底内容			
技术负责人：	交底人：		接交人：

2. 资料要求

（1）按设计图纸要求，严格执行施工质量验收规范要求。

(2) 结合本工程的实际情况及特点，提出切实可行的工艺、施工方法等，交底清楚明确。

(3) 签章齐全，责任制明确。没有各级相关人员签章为无效。

(4) 技术交底书符合要求，及时交底为正确。

(5) 技术交底资料内容基本齐全、及时交底为基本正确。没有技术交底资料或后补为不正确。

3. 实施要点

(1) 技术交底是施工企业技术管理的一项重要环节和制度，是把设计要求、施工措施贯彻到基层以至工人的有效办法。有关技术人员认真审阅、熟悉施工图纸，在图纸会审中解决存在的问题，全面明确设计意图后进行技术交底。

技术交底应根据工程性质、类别和技术复杂程度分级进行，要结合本单位的实际技术状况采用不同的方法进行。

重点工程、大型工程、技术复杂的工程，应由企业技术负责人组织有关科室、项目经理部有关施工部门进行交底；工程技术负责人负责对项目经理部级进行技术交底；项目经理部技术负责人向专业工长、班组长交底；工长负责向班组长按工种进行分部、分项工程技术交底。

(2) 技术交底的制定必须符合施工组织设计和施工方案在各个方面的要求，是施工组织设计和施工方案的具体化，具有很强有可操作性。

(3) 施工单位从进场开始交底，包括临建现场布置，水电临时线路敷设及各分项、分部工程。

交底时应注意关键项目、重点部位、新技术、新材料项目，要结合操作要求、技术规定及注意事项细致、反复交待清楚，以真正了解设计、施工意图为原则。交底的方法宜采用书面交底，也可采用会议交底，样板交底和岗位交底，要交任务、交操作规程、交施工方法、交质量安全、交定额；定人、定时、定质、定量、定责任，做到任务明确、质量到人。

(4) 技术交底的主要内容为：

图纸交底：

图纸交底包括工程的设计要求、地基基础、主体结构和建筑上的特点、构造做法与要求、抗震处理、设计图纸的轴线、标高、尺寸、预留孔洞、预埋件等具体细节，以及砂浆、混凝土、砖等材料和强度要求、使用功能等，做到掌握设计关键，认真按图施工。

暖卫安装分项工程技术交底内容包括：施工前的准备；施工工艺要求；质量验收标准；成品保护要求；注意可能出现的问题。

电气安装分项工程技术交底内容包括：施工准备；操作工艺；质量标准；成品保护；应注意的质量问题。

通风空调分项工程技术交底内容包括：通风空调系统的技术要求；图纸关键部位尺寸、轴线、标高、预留孔和支架、预埋件的位置、规格及尺寸；使用的特殊材料品种、规格等涉及质量要求；施工方法、施工顺序、工种之间与土建之间交叉配合施工注意要点；工程质量和安全操作要求；通风空调设备的吊装、部件装配及试车的注意事项；季节性施工措施；已审批的设计变更情况。

(5) 施工组织设计交底：

要将施工组织设计的全部内容向施工人员交待。主要包括：工程特点、施工部署、施工方法、操作规程、施工顺序及进度、任务划分、劳动力安排、平面布置、工序搭接、施工工期、各项管理措施等。

(6) 设计变更和洽商交底：

将设计变更的结果向施工人员和管理人员做统一说明，便于统一口径，避免差错。

(7) 分项工程技术交底：

是各级技术交底的关键，应在各分项工程开始之前进行。主要包括：施工准备、操作工艺、技术安全措施、质量标准、成品保护、消灭和预防质量通病措施、新工艺、新材料、新技术工程的特殊要求以及应注意的质量问题等，劳动定额、材料消耗定额、机具、工具等。

技术交底工作必须在正式施工之前认真做好。在施工过程中，应反复检查技术交底的落实情况，加强施工监督，确保施工质量。

(8) 安全技术交底：

施工作业安全、施工设施（设备）安全、施工现场（通行、停留）安全、消防安全、作业环境专项安全以及其他意外情况下的安全技术交底。

(9) 技术交底只有当签字齐全后方可生效，并发至施工班组。

(10) 技术交底注意事项：

1) 技术交底必须在该交底对应项目施工前进行，并应为施工留出足够的准备时间。技术交底不得后补。

2) 技术交底应以书面形式进行，并辅以口头讲解。交底人和被交底人应履行交接签字手续。技术交底及时归档。

3) 技术交底应根据施工过程的变化，及时补充新内容。施工方案、方法改变时也要及时进行重新交底。

4) 分包单位应负责其分包范围内技术交底资料的收集整理，并应在规定时间内向总包单位移交。总包单位负责对各分包单位技术交底工作进行监督检查。

注：应按交接时间及时签字，无本人签字时为无效技术交底资料。

4.6 技术交底小结（C4-6）

基本要求：

(1) 技术交底接收人应针对每一份交底在实施完成后做出总结，注意实施过程及施工过程中发现的问题，要求改进的建议等。

(2) 技术交底小结应反馈至技术交底人，小结日期应及时，不得晚于实施完成后2日。

4.7 施工日志（C4-7）

1. 资料表式

施 工 日 志   表 C4-7

工程名称：

日 期	年 月 日	气象		风力		温度	
工程部位							
施工队组							
主要施工、生产、质量、安全、技术、管理活动							
审核：					记录：		

2. 资料编制控检要求

(1) 按实施要求对单位工程从开工到竣工的整个施工阶段进行全面记录，要求内容完整、能全面反映工程进展情况。

(2) 施工记录、桩基记录、混凝土浇筑记录、模板拆除等，应单独记录，分别列报。

(3) 按要求及时记录，内容齐全为正确。

(4) 施工日记的记录内容不齐全，没有记录为不正确。

3. 实施要点

施工日志是施工过程中由项目经理部级的有关人员对有关技术管理和质量管理活动及其效果逐日做的连续完整的记录，其主要内容如下：

(1) 工程准备工作的记录。包括现场准备、施工组织设计学习、各级技术交底要求、熟悉图纸中的重要问题、关键部位和应抓好的措施，向班、组长的交底日期、人员及其主要内容，及有关计划安排。

(2) 进入施工以后对班组抽检活动的开展情况及其效果，组织互检和交接检的情况及效果，施工组织设计及技术交底的执行情况及效果的记录和分析。

(3) 分项（检验批）工程质量验收、质量检查、隐蔽工程验收、预检及上级组织的检查等技术活动的日期、结果、存在问题及处理情况记录。

(4) 原材料检验结果、施工检验结果的记录包括日期、内容、达到的效果及未达到要求等问题和处理情况及结论。

(5) 质量、安全、机械事故的记录包括原因、调查分析、责任者、研究情况、处理结论等，对人事、经济损失等的记录应清楚。

(6) 有关洽商、变更情况，交待的方法、对象、结果的记录。

(7) 有关归档资料的转交时间、对象及主要内容的记录。

(8) 有关新工艺、新材料的推广使用情况，以及小改、小革、小窍门的活动记录，包括项目、数量、效果及有关人员。桩基应单独记录并上报核查。

(9) 工程的开、竣工日期以及主要分部、分项工程的施工起止日期，技术资料供应情况。

(10) 重要工程的特殊质量要求和施工方法。

(11) 有关领导或部门对工程所做的书面或检查生产、技术方面的决定或建议。

(12) 气候、气温、地质以及其他特殊情况（如停电、停水、停工待料）的记录等。

(13) 在紧急情况下采取特殊措施的施工方法，施工记录由单位工程负责人填写。

（14）混凝土试块、砂浆试块的留置组数、时间，以及28天的强度试验报告结果，有无问题及分析。

4.8 预检工程（技术复核）记录（C4-8）

1. 资料表式

预检工程（技术复核）记录　　　　　　　　　　**表 C4-8**

预检日期：　　　年　　　月　　　日

工程名称		施工队	
预检内容	分部工程部位名称	说　　明	
检查意见			
要求检查时间		要求复查时间和意见	

技术负责人：　　　　　　　　质检员：　　　　　　　　施工员：

2. 资料编制控检要求

（1）应提供的预检资料：

1）建筑物位置线：红线、坐标、建筑物控制桩、轴线桩、标高、标准水准控制桩（工业厂房、±0水准桩），并附有平面示意图。重点工程附测量原始记录。

2）基础尺寸线：包括基础轴线，断面尺寸、标高（槽底标高、垫层标高）等。

3）模板：包括几何尺寸、轴线标高、预埋件位置、预留孔洞位置、模板牢固性、模板清理等。

4）墙体：包括各层墙身轴线，门、窗洞口位置线，皮数杆及50cm水平线。

5）翻样检查。

6）设备基础：位置、轴线、标高、尺寸、预留孔、预埋件等。

（2）按要求检查内容进行预检，签章齐全为正确。

（3）无记录或后补记录为不正确。

3. 实施要点

（1）预检是该工程项目或分项（检验批）工程在未施工前进行的预先检查。及时办理预检是保证工程质量，防止重大质量事故的重要环节，预检工作由单位工程负责人组织，专职质检员核定，必要时邀请设计、建设单位的代表参加。未经预检的项目或预检不合格的项目不得进行下道施工工序。

（2）预检是在自检的基础上由质量检查员、专业工长对分项（检验批）工程进行把关的检查，把工作中的偏差检查记录下来，并认真解决，预检合格后方可进行下道工序，未经预检的项目或预检不合格的项目不得进行下道施工工序。

（3）需要预检的分项（检验批）工程项目完成后，班组填写自检表格，专业工长核定后填写预检工程检查记录单，项目技术负责人组织，由监理、质量检查员、专业工长及班组长参加验收（其中建筑物位置线、标准水准点、标准轴线桩由上级单位组织）。

（4）预检记录中有关测量放线和构件安装的测量记录及附图作为预检附件归档。

（5）预检项目包括的内容：

1）建筑物位置线，现场标准水准点（包括标准轴线桩平面示意图）。重点工程应附测量原始记录。

2）基础尺寸线，包括基础轴线、断面尺寸、标高槽底标记、垫层标高。

3）桩基定位：根据龙门板的轴线或控制网的控制点，对桩位点进行复核。

4）模板包括几何尺寸、轴线、标高、预埋件、预留孔位置、模板牢固性和模板清理等。

5）墙体包括各层墙体轴线、门窗洞口位置和皮数杆。

6）放样尺寸检查。

7）楼层 50cm 水平线检查。

8）预制构件吊装包括轴线位置、构件型号、构件支点的搭接长度、标高、垂直偏差以及构件裂缝、操作处理等。

9）设备基础包括设备基础的位置、标高、几何尺寸、预留孔洞、预埋件等。

10）各层间地面基层处理，屋面找平层的坡度，各阴阳角的处理。

11）主要管道、沟的标高和坡度。

12）电梯的预检项目主要有：

①机房的通道应畅通无阻、安全近便；

②机房和通道的门口高度不得小于 1.8m，宽度不小于 1.6m，且应向外开启；

③机房的高度、面积和预留孔洞尺寸应保证电梯设备的安装要求；

④承重梁的规格及预埋位置是否与设备相符；

⑤井道顶层高度、底坑深度、井道尺寸、预埋件位置、各层预留孔洞的尺寸位置是否与设计图纸相符；

⑥机房井道内杂物、积水是否清理干净。

（6）预检后必须及时办理预检签证手续，列入工程管理技术档案，对预检中提出的不符合质量要求的问题要认真进行处理，处理后进行复检并说明处理情况。

4.9 自检互检记录（C4-9）

1. 资料表式

4.9 自检互检记录（C4-9）

自检互检记录单 表 C4-9

编号

工程名称		自、互检部位		
自、互检内容				
检查意见				
填表人	签 名		要求检查时间	年 月 日
自互检人	签 名		检查时间	年 月 日
备 注				

2．实施要点

自、互检制度是操作自身对质量负责的重要体现，也是工程质量管理的基础工作和重要环节。是建立在充分相信和依靠工人的基础上的一种群众性的质量检验方式，是自检、互检、专职检验相结合制度的一个组成部分。

（1）自检：自检是生产工人在施工过程中，按照质量标准的有关技术文件的要求，对自己生产的产品或完成的生产任务按照规定的时间和数量进行自我检验，可在工序段操作中严格监督、层层把关，保持工序能力一直满足质量要求。能把不合格品自己主动改正，防止流入下道工序。

群众性自检主要适用于工序检验，可利用一般检测工具即可完成的检测过程。

自检应填写自检记录。班组长应签字。就是操作者自我把关，来保证操作质量符合质量标准的措施之一，交付符合质量标准的产品。也就是操作者知道干什么、怎么干、照什么标准干、合格标准是什么。自检工作是建立在加强管理、认真交底、真正发动和依靠群众基础上的，应有一套完整的管理办法，建立质量管理小组，实行质量控制，才能真正把好自检关。

（2）互检：是互相督促、互相检查、共同提高的有利手段，也是保证质量的有效措施。由班组长或单位技术负责人组织，在人与人之间、组与组之间进行。通过互检肯定成绩、交流经验、找出差距、采取措施、改进提高。互检工作的好坏是能否保证质量持续提高的关键。

1）同一班组内相同工序的工人相互之间进行的产品检验；
2）班组质检员对本组工人生产的产品质量进行抽检；
3）下道工序工人对上道工序转来的产品进行检验；
4）班组之间对各自承担的作业进行检验。互检完成后应填写互检记录，责任人签字。

4.10 工序交接单（C4-10）

1. 资料表式

工 序 交 接 单　　　　　　　　　表 C4-10

编号

单位工程名称		交接日期	
交接项目		部　位	
自检结果：			
交接检查意见：			
技术负责人	检查员	接班组	移交组

2. 实施要点：

交接检是指前后工序之间进行的交接检查。应由单位工程技术负责人或项目经理组织进行。其基本原则是"既保证本工序质量，又为下道工序创造顺利施工条件"。交接检查工作是促进上道工序自我严格把关的重要手段。

交接检完成后应填写交接检记录并经责任人签字。

4.11 施工现场质量管理检查记录（C4-11）

1. 资料表式

施工现场质量管理检查记录　　　　　　　　　表 C4-11

开工日期：

工程名称			施工许可证（开工证）	
建设单位			建设单位项目负责人	
设计单位			设计单位项目负责人	
监理单位			总监理工程师	
施工单位		项目经理	项目技术负责人	
序号	项　　　目		内　　　容	
1	现场质量管理制度			
2	质量责任制			
3	主要专业工种操作上岗证书			
4	分包方资质与对分包单位的管理制度			
5	施工图审查情况			
6	地质勘察资料			
7	施工组织设计、施工方案及审批			
8	施工技术标准			
9	工程质量检验制度			
10	搅拌站及计量设置			
11	现场材料、设备存放与管理			
12				
检查结论：				

总监理工程师　　　　　年　月　日
（建设单位项目负责人）

2．实施要点

（1）施工现场质量管理检查记录在开工前由施工单位填写。

（2）项目总监理工程师进行检查并做出检查结论。检查不合格不准开工，检查不合格应改正后重审直至合格。检查资料审完后签字退回施工单位。

（3）应附有表列有关附件资料。表列内容栏应填写附件资料名称及数量。

（4）为了控制和保证不断提高施工过程中记录整理资料的完整性，施工单位必须建立必要的质量管理体系和质量责任制度，推行生产控制和合格控制的全过程。质量控制有健全的生产控制和合格控制的质量管理体系，包括材料控制、工艺流程控制、施工操作控制、每道工序质量检查、各道相关工序和它的交接检验、专业工种之间等中间交接环节的质量管理和控制、施工图设计和功能要求的抽检制度，工程实施中的质量通病或在实施中难以保证工程质量符合设计和有关规范要求时提出的措施、方法等。

（5）工程开工施工单位应填报施工现场质量管理检查记录，经项目监理机构总监理工程师或建设单位项目负责人核查属实签字后填写检查结论。详见表C4-11。

（6）表列检查项目。

应填写各项检查项目文件的名称或编号，并将文件（复印件或原件）附在表的后面供检查，检查后应将文件归还。

1）现场质量管理制度。主要是图纸会审、设计交底、技术交底、施工组织设计编制审批程序、工序交接、质量检查评定制度，质量好的奖励及达不到质量要求处罚办法，以及质量例会制度及质量问题处理制度等。

2）质量责任制栏，质量负责人的分工，各项质量责任的落实规定，定期检查及有关人员奖罚制度等。

3）主要专业工种操作上岗证书栏。测量工、起重、塔吊等垂直运输司机，钢筋、混凝土、机械、焊接、瓦工、防水工等建筑结构工种。

电工、管道等安装工种的上岗证，以当地建设行政主管部门的规定为准。

4）分包方资质与对分包单位的管理制度栏。专业承包单位的资质应在其承包业务的范围内承建工程，超出范围的应办理特许证书，否则不能承包工程。在有分包的情况下，总承包单位应有管理分包单位的制度，主要是质量、技术的管理制度等。

5）施工图审查情况栏，重点是看建设行政主管部门出具的施工图审查批准书及审查机构出具的审查报告。如果图纸是分批交出的话，施工图审查可分段进行。

6）地质勘察资料栏：有勘察资质的单位出具的正式地质勘察报告，地下部分施工方案制定和施工组织总平面图编制时参考等。

7）施工组织设计、施工方案及审批栏。施工单位编写施工组织设计、施工方案，经项目行政机构审批，应检查编写内容、有针对性的具体措施，编制程序、内容，有编制单位、审核单位、批准单位，并有贯彻执行的措施。

8）施工技术标准栏。是操作的依据和保证工程质量的基础，承建企业应编制不低于国家质量验收规范的操作规程等企业标准。要有批准程序，由企业的总工程师、技术委员会负责人审查批准，有批准日期、执行日期、企业标准编号及标准名称。企业应建立技术标准档案。施工现场应有的施工技术标准都有。可作培训工人、技术交底和施工操作的主要依据，也是质量检查评定的标准。

9) 工程质量检验制度栏。包括三个方面的检验，一是原材料、设备进场检验制度；二是施工过程的试验报告；三是竣工后的抽查检测，应专门制订抽测项目、抽测时间、抽测单位等计划，使监理、建设单位等都做到心中有数。可以单独搞一个计划，也可在施工组织设计中作为一项内容。

10) 搅拌站及计量设置栏。主要是说明设置在工地搅拌站的计量设施的精确度、管理制度等内容。预拌混凝土或安装专业就没有这项内容。

11) 现场材料、设备存放与管理栏。这是为保持材料、设备质量必须有的措施。要根据材料、设备性能制订管理制度，建立相应的库房等。

(7) 填表说明：

施工许可证（开工证）：填写当地建设行政主管部门批准发给的施工许可证（开工证）的编号。

表头部分可统一填写，不需具体人员签名，只是明确了负责人的地位。

4.12 见证取样（C4-12）

为了保证建设工程质量检测工作的科学性、公证性和正确性，杜绝"仅对来样负责"而不对"工程质量负责"的不规范检测报告，建设部先后下达建监［1996］208号《关于加强工程质量检测工作的若干意见》及建监［1996］488号《建筑企业试验室管理规定》等文件要求在检测工作中执行见证取样、送样制度，全国各地建设行政主管部门也陆续发文执行建设工程质量检测执行见证取送样制度。

见证取样制度是保证工程质量记录资料科学、公证和正确的必须执行的制度，凡不执行或不认真执行见证取样制度的均应为工程质量记录资料不符合要求。对因无见证取样、送样而被评为不符合要求的工程，应根据工程实际进行抽测，抽测结果不符合要求时，应按第5.0.6条和5.0.7条办理。

1. 中华人民共和国建设部令第141号（2005年11月1日施行），《建设工程质量检测管理办法》规定，具有相应资质的检测单位，按其批准的不同资质可以进行不同的检测内容。具有相应资质的检测单位对如下内容必须实行见证取样检测：

(1) 水泥物理力学性能检验；

(2) 钢筋（含焊接与机械连接）力学性能检验；

(3) 砂、石常规检验；

(4) 混凝土、砂浆强度检验；

(5) 简易土工试验；

(6) 混凝土掺加剂检验；

(7) 预应力钢绞线、锚夹具检验；

(8) 沥青、沥青混合料检验。

2. 见证取样送检见证人授权书：

见证取样送检见证人授权书以本表格式形式或当地建设行政主管部门授权部门下发的表式归存。

(1) 见证人员应由建设单位或项目监理机构书面通知施工、检测单位和负责该项工程的质量监督机构。

（2）施工过程中，见证人员应按照见证取样和送检计划，对施工现场的取样和送检进行见证，并由见证人、取样人签字（表C4-12-1）。见证人应制作见证记录，并归入工程档案。

见证取样送检见证人授权书　　　　　　　　　　　　　　　　表 C4-12-1

＿＿＿＿＿＿＿＿＿＿＿（质量监督机构）	
经研究决定授权＿＿＿＿＿＿同志任＿＿＿＿＿＿＿＿＿＿＿＿＿＿工程见证取样和送检见证人。负责对涉及结构安全的试块、试样和材料见证取样和送检，施工单位、试验单位予以认可。	
见证取样和送检印章	见证人签字手迹
	监理（建设）单位（章） 　　　　年　月　日

3．见证取样相关规定：

（1）涉及结构安全的试块、试件和材料见证取样和送检的比例不得低于有关技术标准中规定应取样数量的30％。

注：见证取样及送检的监督管理一般有当地建设行政主管部门委托的质量监督机构办理。

（2）见证取样必须采取相应措施以保证见证取样具有公证性、真实性，应做到：

1）严格按照建设部建建［2000］211号文确定的见证取样项目及数量执行。项目不超过该文规定，数量按规定取样数量的30％；

2）按规定确定见证人员，见证人员应为建设单位或监理单位具备建筑施工试验知识的专业技术人员担任，并通知施工、检测单位和质量监督机构；

3）见证人员应在试件或包装上做好标识、封志、标明工程名称、取样日期、样品名称、数量及见证人签名；

4）见证人应保证取样具有代表性和真实性并对其负责。见证人应作见证记录并归档；

5）检测单位应保证严格按上述要求对其试件确认无误后进行检测，其报告应科学、真实、准确，应签章齐全。

4．见证取样试验委托单（C4-12-2）：

见证取样试验委托单　　　　　　　　　　　　　　　　　　　表 C4-12-2

工程名称		使用部位	
委托试验单位		委托日期	
样品名称		样品数量	
产地（生产厂家）		代表数量	
合格证号		样品规格	
试验内容及要求			
备　注			
取样人		见证人	

承担见证取样检测及有关结构安全检测的单位应具有相应资质。

相应资质是指经过管理部门确认其是该项检测任务的单位,具有相应的设备及条件,人员经过培训有上岗证;有相应的管理制度,并通过计量部门认可,不一定是当地的检测中心等检测单位,应考虑就近,以减少交通费用及时间。

5. 见证取样送检记录(表 C4-12-3):

见证取样送检记录(参考用表)   表 C4-12-3

编号:_____

工程部位:_____
取样部位:_____
样品名称:_____ 取样数量:_____
取样地点:_____ 取样日期:_____
见证记录:

有见证取样和送检印章:
取样人签字:_____
见证人签字:_____

填制本记录日期:

6. 有见证试验汇总表(表 C4-12-4):

有见证试验汇总表   表 C4-12-4

工程名称:_____
施工单位:_____
建设单位:_____
监理单位:_____
见 证 人:_____
试验室名称:_____

试验项目	应送试验总次数	有见证试验次数	不合格次数	备 注

施工单位: 制表人:

注:此表由施工单位汇总填写,报当地质量监督总站(或站)。

4.13 工程竣工施工总结(C4-13)

施工总结的主要内容:
(1) 工程概况;
(2) 技术档案和施工管理资料情况;
(3) 建筑设备安装调试情况;
(4) 工程质量验收情况等。

4.14 工程质量保修书（C4-14）

实施要点：

(1) 建设工程实行质量保修制度。在工程竣工后施工单位应向建设单位出具工程质量保修书。

建筑工程的保修范围应当包括地基基础工程、主体结构工程、屋面防水工程和其他土建工程，以及电气管线、上下水管线的安装工程，供热、供冷系统工程等项目；保修的期限应当按照保证建筑物合理寿命年限内正常使用。建筑物在合理使用寿命内必须保证地基基础和主体工程质量。

建筑工程竣工时，屋顶、墙面不得留有渗漏、开裂等质量缺陷。

(2) 在正常使用条件下，建设工程的最低保修期限为：

1）地基基础工程和主体结构工程，为设计文件规定的该工程的合理使用年限；
2）屋面防水工程、有防水要求的卫生间、房间和外墙面的防渗漏，为5年；
3）供热与供冷系统，为2个采暖期、供冷期；
4）电气管线、给排水管道、设备安装和装修工程，为2年。
5）其他项目的保修期限由建设单位和施工单位约定。
6）建设工程的保修期，自竣工验收合格之日起计算。

保修期的起始日是竣工验收合格之日。是指建设单位收到建设工程竣工报告后，组织设计、施工、工程监理、勘察、设计、审查等有关单位进行竣工验收，验收合格并各方签收竣工验收之文本的日期。

7）房屋建筑工程在保修范围和保修期限内发生质量缺陷，施工单位应当履行保修义务。

对在保修期限和保修范围内发生质量问题的，一般应先由建设单位组织勘察、设计、施工等单位分析质量问题的原则，确定保修方案，由施工单位负责保修。但当问题严重时和紧急时，不管是什么原因造成的，均先由施工单位履行保修义务，不得推诿和扯皮。对引起质量问题的原因则实事求是，科学分析，分清责任，按责任大小由责任方承担不同比例的经济赔偿。这里的损失，既包括因工程质量问题造成的直接损失，即用于返修的费用，也包括间接损失，如给使用人或第三人造成的财产或非财产损失等。

4.15 建设工程竣工验收报告（C4-15）

4.15.1 工程竣工验收文件的组成

1. 工程概况表。
2. 工程竣工总结。
3. 单位（子单位）工程的质量验收。
4. 单位（子单位）工程质量控制资料核查记录。
5. 单位（子单位）工程安全和功能检验资料核查及主要功能抽查记录。
6. 单位（子单位）工程观感质量检查记录。

7. 建设工程竣工验收报告。

4.15.2 工程竣工验收的实施

工程竣工验收由建设单位负责组织实施。工程竣工验收前应进行验收准备工作，准备工作完成后才可以进行工程竣工验收。多数建设单位，由于对基本建设程序与管理缺乏必须的竣工验收基本知识，工程竣工验收时有一定困难，由于委托了工程监理，故一般情况下该项工作多由监理单位协助建设单位完成。

5 竣 工 图（C5-1）

竣工图是指建筑工程完成后，由建设单位组织设计、施工单位按照建筑工程竣工的实貌编制的工程图纸。

5.1 竣工图的编制

(1) 竣工图的基本要求

1) 竣工图均按单位工程进行整理。

2) 竣工图由建设单位组织施工、设计、监理单位在施工过程中及时编制。凡竣工图不准确、不完整的不能交工验收。

3) 竣工图的编制必须认真负责，一丝不苟。室外管网的竣工图施工中修改较多，一旦隐蔽后查找极为困难，因此竣工图必须严格根据修改变更情况认真绘制。

4) 竣工图由施工单位在新编制的竣工图上加盖"竣工图"标志。竣工图图签包括有：编制单位名称、制图人、审核人、技术负责人和编制日期等基本内容。

编制单位、制图人、审核人、技术负责人对竣工图负责。竣工图图签如图 C5-1。

竣 工 图			
施工单位			
编制人		审核人	
技术负责人		编制日期	
监理单位			
总 监		现场监理	
20	20	20	20
80			

图 C5-1 竣工图图签

(2) 竣工图的编制方法

1) 凡按图施工注有变动的，由施工单位（包括分包施工单位）在原施工图上加盖"竣工图"标志后，即可作为竣工图。

2) 虽有一般性设计变更，但能在原施工图上加以修改补充作为施工图的，可不重新绘制竣工图，由施工单位负责在原施工图上注明修改的部分，并附加设计变更或洽商记录的复印本及施工说明，加盖"竣工图"标志后作为竣工图。

3) 凡结构形式改变、工艺改变、平面布置改变、项目改变以及其他重大改变，应重新绘制改变后的竣工图。由施工单位负责在新图上加盖"竣工图"标志后作为竣工图。

4) 专业竣工图应包括各部位、各专业涂化（二次）设计的相关内容，不得缺漏项、重复。

5）编制竣工图，必须采用不褪色的绘图墨水。

6）编制竣工图的改绘要求：

具体的改绘方法可视图面、改动范围和位置、繁简程度等实际情况而定。

①当需要取消时：可有杠改法或叉改法。即在施工兰图上将被修改的地方用×或－将其划掉，在其侧注明见×年×月×日洽商×条。

②当需要部分增改、改绘时：a.可在原图的空白处，按绘图的要求从新绘制；b.原兰图无空白处时，可把应绘部位按绘图要求绘制在另一张硫酸纸上晒成兰图。

③当需重新绘制竣工图时：应按国家制图标准绘制竣工图规定绘图，重新绘制时，要求原图内容完整无误，修改的内容也能准确、真实地反映在竣工图上。绘制竣工图要按建筑制图规定和要求进行，必须参照原施工图和该专业的统一图示，并在底图的下角绘制竣工图图签。

④在二底图上修改的要求：a.在二底图上修改，要求在图纸上做一修改备考表，以做到修改的内容与洽商变更的内容相对照。可将修改内容简要地注明在此备考表中，应做到不看洽商原件即知修改的部位和基本内容；b.修改的部位用语言描述不清楚时，也可用细实线在图上画出修改范围；c.以修改后的二底图或兰图做为竣工图，要在二底图或兰图上加盖竣工图章。没有改动的二底图转做竣工图也要加盖竣工图章；d.如果二底图修改次数较多，个别图面可能出现模糊不清等技术问题，必须进行技术处理或重新绘制，以期达到图面整洁、字迹清楚等质量要求。

⑤加写必须的说明：

凡设计变更、洽商的内容应当在竣工图上修改的，均应用绘图方法改绘在兰图上，一律不再加写说明。如果修改后的图纸仍然有些内容没有表示清楚，可用精炼的语言适当加以说明。

a.一张图上某一种设备、门窗等型号的改变，涉及到多处，修改时要对所有涉及到的地方全部加以改绘，其修改依据可标注在一个修改处，但需在此处加以简单说明；b.钢筋的代换，混凝土强度等级改变，墙、板、内外装修材料的变化，由建设单位自理的部分等在图上修改难以用作图方法表达清楚时，可加注或用索引的形式加以说明；c.凡涉及到说明类型的洽商，应在相应的图纸上使用设计规范用语反映洽商内容。

7）修改时应注意的问题：

①原施工图纸目录必须加盖竣工图章，作为竣工图归档，凡有作废的图纸、补充的图纸、增加的图纸、修改的图纸，均要在原施工图目录上标注清楚。即作废的图纸在目录上扛掉，补充的图纸在目录上列出图页、图号。

②按施工图施工而没有任何变更的图纸，在原施工图上加盖竣工图章，做为竣工图。

③如某一张施工图由于改变大，设计单位重新绘制了修改图的，应以修改图代替原图，原图不再归档。

④凡是洽商图作为竣工图，必须进行必要的制作。

如洽商图是按正规设计图纸要求进行绘制的可直接作为竣工图，但需统一编写图名图号，并加盖竣工图章，作为补图。并在说明中注明此图是哪张图哪个部位的修改图，还要在原图修改部位标注修改范围，并标明见补图的图号。

如洽商图未按正规设计要求绘制，均应按制图规定另行绘制竣工图，其余要求同上。

⑤某一条洽商可难涉及到二张或二张以上图纸，某一局部变化可能引起系统变化……，凡涉及到的图纸和部位均应按规定修改，不能只改其一，不改其二。

⑥不允许将洽商的附图原封不动的贴在或附在竣工图上作为修改图，也不允许洽商的内容抄在兰图上作为修改。凡修改的内容均应改绘在兰图上或用作补图的办法附在本专业图纸之后。

⑦某一张图纸，根据规定的要求，需要重新绘制竣工图时，应按绘制竣工图的要求制图。

8）竣工图章（签）：

①所有竣工图均应加盖竣工图章，用不易褪色的红印泥加盖。

②竣工图章（签）的位置：

用兰图改绘的竣工图竣工图章加盖在原图签右上方，如有内容，找一内容比较少的位置加盖。

用二底图修改的竣工图，应将竣工图章盖在原图签右上方；

重新绘制的竣工图，应绘制竣工图图签，图签位置在图纸右下角。

③竣工图章（签）是竣工图的标志和依据，要按规定填写图章（签）上各项内容。加盖竣工图章（签）后，原施工图转化为竣工图，编制单位、制图人、审核人、技术负责人要对本竣工图负责。

④原施工兰图的封面、图纸目录也要加盖竣工图章，作为竣工图归档，并置于各专业图纸之前。但重新绘制的竣工图的封面、图纸目录，可不绘制竣工图签。

5.2 竣工图的内容

竣工图应按专业、系统进行整理，包括以下内容：

1. 工程总体布置图、位置图，地形复杂者应附竖向布置图；
2. 总图（室外）工程竣工图；
3. 建筑专业竣工图；
4. 结构竣工图；
5. 装饰、装修竣工图；
6. 石墙竣工图；
7. 给排水竣工图；
8. 消防竣工图；
9. 燃气竣工图；
10. 电气竣工图；
11. 建筑智能化竣工图（建筑智能化系统如楼宇自控、保安监控、综合布线、共用电视天线…等）；
12. 采暖竣工图；
13. 通风与空调竣工图；
14. 电梯竣工图；

15. 工艺竣工图等。

5.3 竣工图的折叠（C5-2）

竣工图的折叠，不同幅面的竣工图纸应按《技术制图复制图的折叠方法》（GB/T 10609.3—89），统一折成 A4 幅面（297mm×210mm），图标栏露在外面。

6 建筑工程施工技术资料分卷报送序列组排

6.1 施工技术文件序列组排

施工技术文件形成过程中的检查、搜集和整理的数量及内容要求，在（GB 50300—2001）中对其提出了统一要求，手册就是配合新标准、规范对施工技术文件编报要求而编写的。根据这一思路提出了建筑工程施工技术文件序列组排目录，同时提出了施工技术文件编制与核查的一些建议，其基本思路是：

1. 为了提高施工技术文件的编制与核查质量，建议单位工程质量记录资料按本书中的目录组排表序列进行编制与报送。对于组排目录表中没有名称及表式，而标准、规范或设计文件要求必报的技术文件，报送时可将应报资料排在各专业技术文件目录的后面，接着编号。

2. 单位工程施工技术文件的编制与核查是一项严肃、认真细致和工作，核查工作对施工企业的技术管理有一定的促进作用。编制与核查均需按标准的要求进行。

3. 施工技术文件的核查，主要是为了确保建筑物的强度、刚度、稳定性和使用功能，满足设计和规范的有关要求，工程质量验收资料、工程质量记录资料、工程质量管理资料均应同时核查，然后根据规定分别归档保存。

6.2 建筑工程施工技术文件排序

建筑工程施工技术文件组成的排序为：第一卷为工程质量验收技术文件；第二卷为工程质量记录技术文件；单位（子单位）工程质量控制资料（第二卷第一分卷）；单位（子单位）工程安全和功能检验资料核查及主要功能抽查记录资料（第二卷第二分卷）；第三卷为建筑工程施工技术管理文件；第四卷为竣工图。

1. 工程质量验收技术文件（第一卷）包括：
1）单位工程内按各专业规范要求进行的检验批的验收记录；
2）单位工程内按各专业规范要求进行的分项工程的验收记录；
3）单位工程内各专业规范要求进行的分部（子分部）的验收记录；
4）单位（子单位）工程观感质量检查记录；
5）单位工程质量竣工验收记录。该竣工验收记录为初验记录资料，应用统一标准（GB 50300—2001）表 G.0.1-1 单位（子单位）工程质量竣工验收记录表式，只完成该表中除综合验收结论和参加验收各方的责任制签章以外的全部内容。

注：1. 工程质量验收技术文件（第一卷），检验批的验收记录、分项工程的验收记录、分部（子分部）的验收记录、工程观感质量检查记录、单位工程质量竣工验收记录。必须按以上顺序依

序进行，报送资料逆向依序编整。

　　2. 初验记录资料是指单位（子单位）工程已经施工、监理单位根据标准或规范要求完成了工程质量的验收，还未经建设单位组织有关单位进行综合验收前完成的工程质量验收文件（资料）。

2. **工程质量记录技术文件（第二卷）包括：**

　　工程质量记录资料通常包括：工程质量控制资料核查和工程安全与功能检验资料核查及主要功能抽查记录。这两个部分的资料统称为工程质量记录资料，是施工过程中形成的各个环节质量状况的基本数据和原始记录。这些资料是在建造过程中随着工程进度，根据工程需要，按照设计、规范要求进行的测试和检验，这些资料在形成过程中，经过施工、检测部门、监理、建设等环节的检审，有的通过见证取样、送样形成的，因此是真实的。这些资料是说明工程质量的一个重要组成部分，是工程技术资料的核心。

　　1）单位（子单位）工程质量控制资料。

　　完整的经检查验收合格确认的单位（子单位）工程质量控制资料反映了检验批从原材料到最终验收的各施工工序的操作依据、检查情况以及保证质量所必须的试（检）验等。

　　2）单位（子单位）工程安全和功能检验资料核查及主要功能抽查记录资料。

　　完整的经检查验收合格确认的单位（子单位）工程安全和功能检验资料核查及主要功能抽查资料反映了工程中涉及安全和使用功能在分部工程验收时应进行检验资料完整性复查，并对在分部工程补充进行的见证抽样报告等的应进行检验资料的复核。

　　3）单位（子单位）工程质量控制资料、单位（子单位）工程安全和功能检验资料核查及主要功能抽查记录资料组排序列分别按表 3.2 和表 3.3 组排送检。

3. **建筑工程施工技术管理文件（第三卷）包括：**

　　（1）建筑工程施工技术管理资料反映了施工企业在施工过程的管理中，从施工准备到工程交付使用的全过程中，为保证和提高工程质量所进行的各项组织与管理工作，在实施中制定和实施中形成的有关资料。诸如：工程开工报审、施工组织设计、技术交底、施工日志、工程预检、施工现场质量管理检查等。

　　（2）建筑工程施工技术管理文件（第三卷）组排序列分别按表 4.1 组排送检。

4. **竣工图（第四卷）包括：**

　　竣工图反映了建筑工程在施工过程中和工程完成后，由建设单位组织设计、施工单位，在监理单位协助下，按照建筑工程完成的各专业（总图、建筑、结构、给排水、采暖、燃气、电气、通风与空调、电梯、工艺等）的实貌编制的工程施工图纸。其排序为：

（1）工程总体布置图、位置图（地形复杂者应附竖向布置图）；

（2）总图（室外）工程竣工图；

（3）建筑专业竣工图；

（4）结构竣工图；

（5）装饰、装修竣工图；

（6）石墙竣工图；

（7）给排水竣工图；

（8）消防竣工图；

（9）燃气竣工图；

(10) 电气竣工图；

(11) 建筑智能化竣工图（各弱电系统，如楼宇自控、保安监控、综合布线、共用电视天线等）；

(12) 采暖竣工图；

(13) 通风与空调竣工图；

(14) 电梯竣工图；

(15) 工艺竣工图等。

注：合理缺项除外。

附录 优良工程评价实施要点

《建筑工程施工质量评价标准》(GB/T 50375—2006)的发布实施，为施工企业争创优良工程制订了"促进质量管理工作发展，统一评价基本指标和方法，鼓励和规范创优行为"的一部适时、系统、具体、简明、可操作性很强的标准。任何一个施工企业为争创优良工程都必须从加强施工技术管理入手，制定施工工艺、操作标准、质量环节控制、试(检)验、达标验收等实施过程中的相应技术制度和措施，并通过认真实践和落实，切实完成施工过程各环节的验收进行创优。创优必须明确以下几点：

(1) 必须正确认识《建筑工程施工质量评价标准》(GB/T 50375—2006)标准对优良工程的定义。该标准的优良工程是指建筑工程质量在满足相关标准规定和合同约定合格基础上，经过评价在结构安全、使用功能、环境保护等内在质量、外表实物质量及工程资料方面，达到《建筑工程施工质量评价标准》(GB/T 50375—2006)规定的质量指标的建筑工程。这就是说创优工程是在工程质量合格基础上对建筑工程再按创优标准进行的评价验收。

(2) 创优不是施工企业按照施工图根据"统一标准和相关专业规范"进行常规施工，施工前没有对质量达到优良标准的事先策划、没有质量目标、没有相应的施工措施、合同中也未明确创优约定，只是其施工结果认为工程质量不错或相对较好，就认为可以进行评价优良工程，这种认识是和《建筑工程施工质量评价标准》(GB/T 50375—2006)要求相悖的。施工企业承建的任何建筑工程凡是没有对创优工程进行事先策划、没有创优质量目标、没有相应的"争创"措施、合同中也未明确创优约定的建筑工程是不能(不得)参加创优评价的。

(3) 创优工程是在优良评价基础上进行施工的建筑工程。所谓"优良评价基础"是指创优工程是按《建筑工程施工质量评价标准》(GB/T 50375—2006)的标准要求进行过程和竣工质量验收的。也就是说在"统一标准和相关专业规范"的质量标准基础上制定了创优目标策划，按照目标要求制定施工工艺、操作标准、质量检查控制、试(检)验、达标验收等措施，实施和监控内容明确且在合同中明确约定各方责任的建筑工程。

(4) 创优评价的工程应提供单位(子单位)合格工程的施工技术文件进行抽检。

创优评价建筑工程应提单位(子单位)工程合格质量的施工技术文件包括：单位(子单位)工程质量验收技术文件、单位(子单位)工程质量控制技术文件、单位(子单位)工程安全和功能检验资料核查及主要功能抽查技术文件、单位(子单位)工程质量管理技术文件等，上述技术文件需经项目监理机构及有关单位核查确认并装订成册后，提交"优良工程评价验收单位"。

创优评价单位(子单位)工程实施过程中创优抽检的施工技术文件(资料)，由"优良工程评价验收单位"提供其在施工过程中协同相关单位一起抽检，由"优良工程评价验收单位"暂行保存的施工技术文件(资料)。对于评价优良工程的施工技术文件(资料)不论是否被评价为优良工程，施工技术文件(资料)最后均将其并入总体施工文件中。

1 标准对创优评价的基本规定

1.1 评价基础

1.1.1 创优建筑工程质量最根本的起点要求应实施目标管理,施工单位工程开工前应制订质量目标,进行质量策划。实施创优良的工程,还应在承包合同中明确质量目标以及各方责任。

1.1.2 建筑工程施工质量应推行科学管理,强化工程项目的工序质量管理,重视管理机制的质量保证能力及持续改进能力。

1.1.3 建筑工程质量控制的重点应突出原材料、过程工序质量控制及功能效果测试。应重视提高管理效率及操作技能。

1.1.4 建筑工程施工质量优良评价应注重科技进步、环保和节能等先进技术的应用。

1.1.5 建筑工程施工质量优良评价,应在工程质量按《建筑工程施工质量验收统一标准》及其配套的各专业工程质量验收规范验收合格基础上评价优良等级。

1.2 创优评价的框架体系

1.2.1 建筑工程施工质量评价应根据建筑工程特点按工程部位、系统分为地基及桩基工程、结构工程、屋面工程、装饰装修工程及安装工程等五部分,其框架体系应符合图1.2.1的规定。

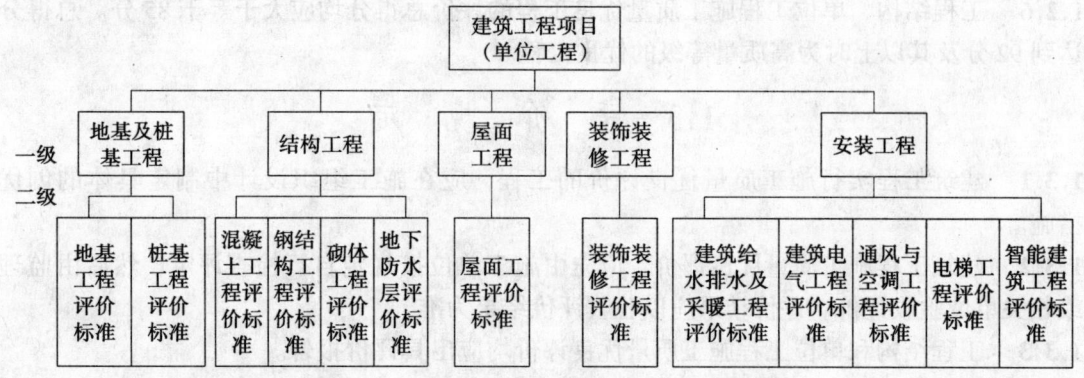

图1.2.1 施工阶段工程项目质量评价框架体系

1.2.2 每个工程部位、系统应根据其在整个工程中所占工作量大小及重要程度给出相应的权重值,工程部位、系统权重值分配应符合表1.2.2的规定。

工程部位、系统权重值分配表 表1.2.2

工程部位	权重分值	工程部位	权重分值
地基及桩基工程	10	装饰装修工程	25
结构工程	40	安装工程	20
屋面工程	5		

注:安装工程有五项内容:建筑给水排水及采暖工程、建筑电气、通风与空调、电梯、智能建筑工程各4分。缺项时按实际工作量分配但应为整数。

1.2.3 每个工程部位、系统按照工程质量的特点，其质量评价应包括施工现场质量保证条件、性能检测、质量记录、尺寸偏差及限值实测、观感质量等五项评价内容。

每项评价内容应根据其在该工程部位、系统内所占的工作量大小及重要程度给出相应的权重值，各项评价内容的权重值分配应符合表 1.2.3 的规定。

评价项目权重值分配表 表 1.2.3

序号	评价项目	地基及桩基工程	结构工程	屋面工程	装饰装修工程	安装工程
1	施工现场质量保证条件	10	10	10	10	10
2	性能检测	35	30	30	20	30
3	质量记录	35	25	20	20	30
4	尺寸偏差及限值实测	15	20	20	10	10
5	观感质量	5	15	20	40	20

注：1. 用各检查评分表检查评分后，将所得分值换算为本表分值，再按规定变为表 1.2.2 的权重量。

2. 地下防水层评价权重值没有单独列出，包含在结构工程中，当有地下防水层时，其权重值占结构工程的 5%。

1.2.4 每个检查项目包括若干项具体检查内容，对每一具体检查内容应按其重要性给出标准分值，其判定结果分为一、二、三共三个档次。一档为 100% 的标准分值；二档为 85% 的标准分值；三档为 70% 的标准分值。

1.2.5 建筑工程施工质量优良评价应分为工程结构和单位工程两个阶段分别进行评价。

1.2.6 工程结构、单位工程施工质量优良工程的评价总得分均应大于等于 85 分。总得分达到 92 分及其以上时为高质量等级的优良工程。

1.3 评 价 规 定

1.3.1 建筑工程实行施工质量优良评价的工程，应在施工组织设计中制定具体的创优措施。

1.3.2 建筑工程施工质量优良评价，应先由施工单位按规定自行检查评定，然后由监理或相关单位验收评价。评价结果应以验收评价结果为准。

1.3.3 工程结构和单位工程施工质量优良评价均应出具评价报告。

1.3.4 工程结构施工质量优良评价应在地基及桩基工程、结构工程以及附属的地下防水层完工，且主体工程质量验收合格的基础上进行。

1.3.5 工程结构施工质量优良评价，应在施工过程中对施工现场进行必要的抽查，以验证其验收资料的准确性。多层建筑至少抽查一次，高层、超高层、规模较大工程及结构较复杂的工程应增加抽查次数。

现场抽查应做好记录，对抽查项目的质量状况进行详细记载。

现场抽查采取随机抽样的方法。

1.3.6 单位工程施工质量优良评价应在工程结构施工质量优良评价的基础上，经过竣工验收合格之后进行，工程结构质量评价达不到优良的，单位工程施工质量不能评为优良。

1.3.7 单位工程施工质量优良的评价，应对工程实体质量和工程档案进行全面的检查。

1.4 评 价 内 容

1.4.1 工程结构、单位工程施工质量优良评价的内容应包括工程质量评价得分，科技、环保、节能项目加分和否决项目。

1.4.2 工程结构施工质量优良评价应按《建筑工程施工质量评价标准》（GB/T 50375—2006）标准第4～6章的评价表格，按施工现场质量保证条件、地基及桩基工程、结构工程的评价内容逐项检查。结合施工现场的抽样记录和各检验批、分项、分部（子分部）工程质量验收记录，进行统计分析，按规定对相应表格的各项检查项目给出评分。

1.4.3 单位工程施工质量优良评价应按《建筑工程施工质量评价标准》（GB/T 50375—2006）标准第4～9章的评价表格，按各表格的具体项目逐项检查，对工程的抽查记录和验收记录，进行统计分析，按规定对相应表格的各项检查项目给出评分。

1.4.4 工程结构、单位工程施工质量内出现下列情况之一的不得进行优良评价：

1. 使用国家明令淘汰的建筑材料、建筑设备、耗能高的产品及民用建筑挥发性有害物质含量释放超过国家规定的产品。

2. 地下工程渗漏超过有关规定、屋面防水出现渗漏、超过标准的不均匀的沉降、超过规范规定的结构裂缝，存在加固补强工程以及施工过程出现重大质量事故的。

3. 评价项目中设置否决项目，确定否决的条件是：其评价得分达不到二档，实得分达不到85%的标准分值；没有二档的为一档，实得分达不到100%的标准分值。设置的否决项目为：

地基及桩基工程：地基承载力、复合地基承载力及单桩竖向抗压承载力；

结构工程：混凝土结构工程实体钢筋保护层厚度、钢结构工程焊缝内部质量及高强度螺栓连接副紧固质量；

安装工程：给水排水及采暖工程承压管道、设备水压试验，电气安装工程接地装置、防雷装置的接地电阻测试，通风与空调工程通风管道严密性试验，电梯安装工程电梯安全保护装置测试，智能建筑工程系统检测等。

1.4.5 有以下特色的工程可适当加分，加分为权重值计算后的直接加分，加分只限一次。

1. 获得部、省级及其以上科技进步奖，以及使用节能、节地、环保等先进技术获得部、省级奖的工程可加0.5～3分；

2. 获得部、省级科技示范工程或使用先进施工技术并通过验收的工程可加0.5～1分。

1.4.6 评价项目内容：

评价项目内容包括：施工现场质量保证条件；性能检测；质量记录；尺寸偏差及限值实测；观感质量。其中的性能检测项目见表1.4.6。

安全和功能检查项目 表1.4.6

资料报送编目	资 料 名 称	应用表式编号	说 明
	建筑与结构		
1	屋面淋水试验记录		
2	地下室防水效果检查记录		
3	有防水要求的地面蓄水试验记录		

续表

资料报送编目	资料名称	应用表式编号	说明
4	建筑物垂直度、标高、全高测量记录		
5	抽气（风）道检查记录		
6	幕墙及外窗气密性、水密性、耐风压检测报告		
7	建筑物沉降观测测量		
8	节能、保温测试记录		
9	室内环境检测报告		
给排水与采暖			
1	给水管道通水试验记录		
2	承压管道、设备、水压试验		
3	卫生器具满水试验记录		
4	消火栓系统试射试验		
5	排水干管通球试验记录		
电气			
1	照明全负荷试验		
2	大型灯具牢固性试验		
3	避雷接地电阻测试		
4	线路、插座、开关接地检验		
通风与空调			
1	通风管道严密性试验		
2	风量、温度测试及系统试运行		
3	洁净室洁净度测试		
4	制冷机组试运行调试		
电梯			
1	电梯运行		
2	电梯安全保护装置检测		
智能建筑			
1	系统试运行		
2	系统电源及接地检测		

注：单位（子单位）工程安全和功能检验资料核查及主要功能抽查检测多数是复查和验证性的。

1.5 基本评价方法

建筑工程施工质量评价应根据建筑工程特点按工程部位、系统分为地基及桩基工程、结构工程、屋面工程、装饰装修工程及安装工程等五部分。五个部分中每一个部分分别进行：性能检测、质量记录检查、尺寸偏差及限值实测检查、观感质量检查四项内容。

1.5.1 性能检测检查评价方法应符合下列规定：

检查标准：检查项目的检测指标（参数）一次检测达到设计要求及规范规定的为一档，取100%的标准分值；按有关规范规定，经过处理后达到设计要求及规范规定的为三档，取70%的标准分值（性能检测无二档标准分值档）。

检查方法：现场检测或检查检测报告。

1.5.2 质量记录检查评价方法应符合下列规定：

检查标准：材料、设备合格证（出厂质量证明书）、进场验收记录、施工记录、施工试验记录等资料完整、数据齐全并能满足设计及规范要求，真实、有效、内容填写正确，分类整理规范，审签手续完备的为一档，取100%的标准分值；资料完整、数据齐全并能满足设计及规范要求，真实、有效，整理基本规范，审签手续完备为二档，取85%的标准分值；资料基本完整并能满足设计及规范要求，真实、有效，内容审签手续基本完备和为三档，取70%的标准分值。

检查方法：检查资料的数量及内容。

1.5.3 尺寸偏差及限值实测检查评价方法应符合下列规定：

检查标准：检查项目为允许偏差项目时，项目各测点实测值均达到规范规定值，且有80%及其以上的测点平均实测值小于等于规范规定值0.8倍的为一档，取100%的标准分值；检查项目各测点实测值均达到规范规定值，且有50%及其以上，但不足80%的测点平均实测值小于等于规范规定值0.8倍的为二档，取85%的标准分值；检查项目各测点实测值均达到规范规定的为三档，取70%的标准分值。

检查项目为双向限值项目时，项目各测点实测值均能满足规范规定值，且其中有50%及其以上测点实测值接近限值的中间值的为一档，取100%的标准分值；各测点实测值均能满足规范规定值范围的为二档，取85%的标准分值；凡有测点经过处理后达到规范规定的为三档，取70%的标准分值。

当允许偏差、限值两项都有时，取较低档项目的判定值。

检查方法：在各相关同类检验批或分项工程中，随机抽取10个检验批或分项工程，不足10个抽取的全部进行分析计算。必要时，可进行现场抽测。

1.5.4 观感质量检查评价方法应符合下列规定：

检查标准：每个检查项目的检查点按"好"、"一般"、"差"给出评价，项目检查点90%及其以上达到"好"，其余检查点达到一般的为一档，取100%的标准分值；项目检查点"好"的达到70%及其以上但不足90%，其余检查点达到"一般"的为二档，取85%的标准分值；项目检查点"好"的达到30%及其以上但不足70%，其余检查点达到"一般"的为三档，取70%的标准分值。

检查方法：观察辅以必要的量测和检查分部（子分部）工程质量验收记录，并进行分析计算。

2 施工现场质量保证条件评价

2.1 施工现场质量保证条件检查评价项目

2.1.1 施工现场应具备基本的质量管理及质量责任制度：

1. 现场项目部组织健全，建立质量保证体系并有效运行；
2. 材料、构件、设备的进场验收制度和抽样检验制度；
3. 岗位责任制度及奖罚制度。

工程施工现场质量管理及质量责任制度审查内容按表2.1.1进行。

工程施工现场质量管理及质量责任制度审查表　　　　　表 2.1.1

序号	资料项目名称	资料文号批准情况	评价结果
1	项目部组织机构		
2	质量保证体系及运行		
3	材料、构件、设备进场验收制度		
4	抽样检验制度		
5	项目部人员分工及岗位责任制度		
6	奖罚制度		

评价结果：

评价人：　　年　月　日

注：如每个项目中有多项资料时可编顺序号。

质量管理和管理制度评价分为三个档次：一档为制度健全，能落实的；二档为制度健全，能基本落实的；三档为有主要质量管理及责任制度，能基本落实的。

2.1.2 施工现场应配置基本的施工操作标准及质量验收规范：

1. 建筑工程施工质量验收规范的配置；
2. 施工工艺标准（企业、操作规程）的配置。

施工操作标准和质量验收规范的评价，操作标准齐全是指主要工序有施工操作标准（工艺标准、企业标准、操作工艺均可），主要工序是指影响结构安全、使用功能的工序，可由施工、监理或质量优良评价单位共同议定一个主要工序清单，可按工程主要工序明细表列记，工程主要工序明细表见表 2.1.2。

工程主要工序明细表　　　　　表 2.1.2

序　号	主要工序名称	施工操作标准名称及编号

有操作标准工序的数量/主要工序数量＝

检查人：　　年　月　日

2.1.3 施工前应制定较完善的施工组织设计、施工方案。

施工组织设计、施工方案主要要求为：内容齐全、重点突出、有技术依据并说明其效果。

2.1.4 施工前应制定质量目标及措施。

质量目标及措施主要要求为：重点是措施，措施应具体，可操作性强，重点环节和部位有重点措施。

2.2 施工现场质量保证条件检查评价方法

2.2.1 施工现场质量保证条件应符合下列检查标准：

1. 质量管理及责任制度健全，能落实的为一档，取 100% 的标准分值；质量管理及责任制度健全，能基本落实的为二档，取 85% 的标准分值；有主要质量管理及责任制度，能基本落实的为三档，取70%的标准分值。

2．施工操作标准及质量验收规范配置。工程所需的工程质量验收规范齐全、主要工序有施工工艺标准（企业标准、操作规程）的为一档，取100%的标准分值；工程所需的工程质量验收规范齐全、1/2及其以上主要工序有施工工艺标准（企业标准、操作规程）的为二档，取85%的标准分值；主要项目有相应的工程质量验收规范、主要工序施工工艺标准（企业标准、操作规程）达到1/4不足1/2为三档，取70%的标准分值。

3．施工组织设计、施工方案编制审批手续齐全、可操作性好、针对性强，并认真落实的为一档，取100%的标准分值；施工组织设计、施工方案、编制审批手续齐全，可操作、针对性较好，并基本落实的为二档，取85%的标准分值；施工组织设计、施工方案经过审批，落实一般的为三档，取70%的标准分值。

4．质量目标及措施明确、切合实际、措施有效性好，实施好的为一档，取100%的标准分值；实施较好的为二档，取85%的标准分值；实施一般的为三档，取70%的标准分值。

2.2.2 施工现场质量保证条件检查方法应符合下列规定：

检查有关制度、措施资料，抽查其实施情况，综合进行判定。

2.2.3 施工现场质量保证条件评分应符合表2.2.3的规定。

施工现场质量保证条件评分表　　　　表2.2.3

工程名称		施工阶段		检查日期			年 月 日	
施工单位			评价单位					
序号	检查项目		应得分	判定结果			实得分	备注
				100%	85%	70%		
1	施工现场质量管理及质量责任制度	现场组织机构、质保体系，材料、设备进场验收制度、抽样检验制度，岗位责任制及奖罚制度	30					
2	施工操作标准及质量验收规范配置		30					
3	施工组织设计、施工方案		20					
4	质量目标及措施		20					
检查结果	权重值10分。 应得分合计： 实得分合计： 　　　　施工现场质量保证条件评分 = $\dfrac{实得分}{应得分} \times 10$ = 　　　　　　　　　　　　　　　　　　　　　　　评价人员：　　　　年 月 日							

3 地基及桩基工程质量评价

3.1 地基及桩基工程性能检测

3.1.1 地基及桩基工程性能检测

地基及桩基工程性能检测应检查的项目包括：地基强度、压实系数、注浆体强度；地基承载力；复合地基桩体强度（土和灰土桩、夯实水泥土桩测桩体干密度）；复合地基承载力；单桩竖向抗压承载力；桩身完整性。

3.1.2 地基及桩基工程性能检测检查评价方法应符合下列规定

1. 检查标准：

1) 地基强度、压实系数、承载力；复合地基桩体强度或桩体干密度及承载力；桩基承载力。检查标准和方法为：检查项目的检测指标（参数）一次检测达到设计要求及规范规定的为一档，取100%的标准分值；按有关规范规定，经过处理后达到设计要求及规范规定的为三档，取70%的标准分值（现场检测或检查检测报告）。

2) 桩身完整性。桩身完整性一次检测95%及其以上达到Ⅰ类桩，其余达到Ⅱ类桩时为一档，取100%的标准分值；一次检测90%及其以上，不足95%达到Ⅰ类桩，其余达到Ⅱ类桩时为二档，取85%的标准分值；一次检测70%及其以上不足90%达到Ⅰ类桩，且Ⅰ、Ⅱ类桩合计达到98%及以上，且其余桩验收合格的为三档，取70%的标准分值。

2. 检查方法：检查有关检测报告。

3.1.3 地基及桩基工程性能检测检查参考用表

1. 土样密度试验记录

本表是为求得压实系数而对原位土进行检测，以其求得最优含水率和最大干密度时对土样密度进行试验的用表。

土样密度试验记录　　　　　　　　　　　表 3.1.3-1

工程编号_____　　　　　　　　　　　试验者_____
试样编号_____　　　　　　　　　　　计算者_____
试验日期_____　　　　　　　　　　　校核者_____

试验序号	预估最优含水率____% 风干含水率____% 试验类别____									
	筒加试样质量 (g)	筒质量 (g)	试样质量 (g)	筒体积 (cm³)	湿密度 (g/cm³)	干密度 (g/cm³)	盒号	湿土质量 (g)	干土质量 (g)	含水率 (%)	平均含水率 (%)
	(1)	(2)	(3)=(1)−(2)	(4)	(5)=(3)/(4)	$(6)=\dfrac{(5)}{(1)+0.01(10)}\times 100$	(7)	(8)	$(9)=\left(\dfrac{(7)}{(8)}-1\right)$	(10)

检测单位（盖章）　　　　　　　　　　　　　　　　　　　　年　月　日

2. 无侧限抗压强度试验

本表为测试复合地基桩体强度在地基处理后，在地基处理范围内的有效部位、深度内，按原状土试样制备检测其无侧限抗压强度试验时用表。

无侧限抗压强度试验记录　　　　　　　　　　　　表 3.1.3-2

工程编号_____　　　　　　　　　试验者_____
试样编号_____　　　　　　　　　计算者_____
试验日期_____　　　　　　　　　校核者_____

试验初始高度 h_0 _____ cm	量力环率定系数 c = N/0.01mm
试样直径 D _____ mm	原状试样无侧限抗压强度 q_u = kPa
试样面积 A_0 _____ cm²	重塑试样无侧限抗压强度 q'_u = kPa
试样质量 m _____ g	灵敏度 S_t
试样密度 ρ _____ g/cm³	

轴向变形 (mm)	量力环读数 (0.01mm)	轴向应变 (%)	校正面积 (cm²)	轴向应力（kPa）	试样破坏描述
(1)	(2)	$(3) = \dfrac{(1)}{h_0} \times 100$	$(4) = \dfrac{A_0}{1-(3)}$	$(5) = \dfrac{(2) \cdot C}{(4)} \times 10$	

检测单位（盖章）　　　　　　　　　　　　　　　　　　　　　　年　月　日

3. 地基承载力试验

地基承载力试验是天然地基与复合地基等各种地基承载力通常均应通过其原位载荷试验确定。应用浅层平板载荷试验确定浅部地基土层的承压板下应力主要影响范围内的承载力时，在同一土层参加统计的试验点不应少于3点。

地基承载力试验报告　　　　　　　　　　　　表 3.1.3-3

试验单位					报告编号		
委托单位					报告日期		
施工单位					委托日期		
地基处理工艺方法					试验方法		
地基承载力 设计值（kPa）		载荷板尺寸 (mm)			加荷方法		
点 (桩) 号	加荷 级数	最大试验 荷载（kN）	最大试验荷 载下载荷板 沉降 (mm)	残余变形 (mm)	地基承载力 特征值（kPa）	检测日期	备注
检测依据							
检测结果							
备　注							
检测单位地址					联系电话		

检测单位（盖章）　　批准：　　　审核：　　　试验：　　　　　年　月　日

4. 单桩竖向抗压静载试验

本表为单桩竖向抗压静载试验过程的记录报告表。

单桩竖向抗压静载试验报告　　　　表 3.1.3-4

检测单位											工程地点			
建设单位											设计单位			
试桩编号											检测日期			
见 证 人											见 证 号			
荷重传感器号											压力表号			
千斤顶号											百分表号			
加荷次号	油压(MPa)	荷载(kN)	测读时间	间隔时间(min)	位移计（百分表）读数（mm）								沉降量（mm）	
					1		2		3		4			
					读数	读数差	读数	读数差	读数	读数差	读数	读数差	平均	本级	累计
检测依据														
检测结果														
备 注														
检测单位地址							联系电话							

检测单位（盖章）　　　批准：　　　审核：　　　试验：　　　　　年　月　日

5. 单桩竖向抗压静载检测

本表为单桩竖向抗压静载试验检测单位出具试验结果的报告表。

单桩竖向抗压静载检测报告　　　　表 3.1.3-5

工程名称：　　　　　　　　　　　　　　　　　　　　编号：

检测单位						工程地点			
合同编号						检测编号			
委托单位						建设单位			
设计单位						勘测单位			
施工单位						建筑层数			
监理单位						结构型式			
桩 型						设计桩端持力层			
总桩数		检测桩数及比例（%）				设计单桩竖向抗压承载力特征值（kN）			
桩号	桩长(m)	桩径(mm)	扩大头直径(mm)	最大试验荷载(kN)	最大荷载下桩顶沉降(mm)	残余变形(mm)	单桩竖向抗压极限承载力(kN)	实测单桩竖向抗压承载力特征值(kN)	施工日期	检测日期
检测依据										
检测结果										
备 注										
检测单位地址						联系电话				

检测单位（盖章）　　　批准：　　　审核：　　　试验：　　　　　年　月　日

6. 基桩高应变法检测

本表是采用高应变法检测基桩时检测单位正式出具的检测报告用表。

基桩高应变法检测报告　　　　　　　　　　　　　　表 3.1.3-6

工程名称：　　　　　　　　　　　　　　　　　　　　编号：

检测单位					工程地点				
合同编号					检测编号				
委托单位					建设单位				
设计单位					勘测单位				
施工单位					结构型式				
监理单位					设计桩端持力层				
桩　型					设计单桩竖向抗压承载力特征值（kN）				
总桩数					检测桩数及比例（%）				
桩号	桩长(m)	桩径(mm)	扩大头直径(mm)	实测单桩竖向抗压极限承载力(kN)	锤重(kN)	贯入度(kN)	实测单桩竖向抗压承载力特征值(kN)	施工日期	检测日期
检测依据									
检测结果									
备　注									
检测单位地址						联系电话			

检测单位（盖章）　　批准：　　审核：　　试验：　　　　　　　年　月　日

7. 基桩高应变法检测现场记录

本表为基桩采用动测法时在提供的基桩高应变法检测报告后面应附的现场记录表之一。

基桩高应变法检测现场记录　　　　　　　　　　　　表 3.1.3-7

工程名称：　　　　　　　　　　　　　　　　　　　　编号：

检测单位				工程地点				
合同编号			检测编号		锤重（kN）		检测日期	
现　场　设　定　值								
表面积 A (cm^2)	桩身材料质量密度 σ（kN/m^3）	波速 c（m/s）		阻尼系数 J_c	传感器标定系数			
					F_1	F_2	A_1	A_2
桩号	桩长(m)	测点下桩长(m)	入土深度(m)	接桩长度(m)	桩径(截面)(cm^2)	现场实测值		检测情况	备注
						灌距（m）			
						贯入度（mm）			
						灌距（m）			
						贯入度（mm）			
检测依据								
检测结果								
备　注								
检测单位地址					联系电话			

检测单位（盖章）　　批准：　　审核：　　试验：　　　　　　　年　月　日

8. 钻芯法检测现场操作记录

本表为基桩采用动测法检测，同时基桩工程采用桩端持力层钻芯检测时应进行的现场操作的报告表式之一。

钻芯法检测现场操作报告　　　　　　　　　　表 3.1.3-8

工程名称：　　　　　　　　　　　　　　　　　编号：

检测单位					工程地点				
委托单位					建设单位				
设计单位					勘测单位				
施工单位					监理单位				
总桩数		检测桩数及比例（%）			检测日期			桩型	
桩　号		孔　号			桩长（m）			桩径（mm）	
时　间		钻芯（m）			芯样编号	芯样长度（m）		残留芯样	芯样初步描述及异常情况记录	备注
自	至	自	至	计		总长	>10cm 长度			
检测依据										
检测结果										
备　注										
检测单位地址						联系电话				

检测单位（盖章）　　批准：　　审核：　　试验：　　　　　年　月　日

9. 钻芯法检测芯样综合柱状图

本表为基桩采用动测法检测，同时基桩工程采用桩端持力层钻芯检测，必要时应在其"现场操作记录"后面还应附有的记录资料之一。

钻芯法检测芯样综合柱状图　　　　　　　　　表 3.1.3-9

工程名称：　　　　　　　　　　　　　　　　　编号：

检测单位				工程地点			
桩　号		孔　号		开孔时间		终孔时间	
施工桩长		设计桩径（mm）		桩顶标高（m）		成孔桩底标高（m）	
孔深(m)	层厚(m)	标高(m)	柱状图	桩身混凝土、持力层描述	芯样质量指标（%）	芯样强度（MPa）	备注
						深度（m）	
				1. 桩身混凝土　钻进深度，芯样连续性、完整性、胶结情况、表面光滑情况、断口吻合程度、骨料大小分布情况，以及气孔、空洞、夹泥、松散的情况			
				2. 沉渣　桩端混凝土与持力层接触情况、沉渣厚度			

续表

孔深(m)	层厚(m)	标高(m)	柱状图	桩身混凝土、持力层描述	芯样质量指标（%）	芯样强度（MPa）		备注
						深度（m）		
				3. 持力层 持力层钻进深度，岩土名称、芯样颜色、结构构造、裂隙发育程度分层岩层应分层描述； 分层岩层应分层描述强风化或土层时的动力触探或标贯结果				
检测依据								
检测结果								
备 注								
检测单位地址					联系电话			

检测单位（盖章）　　批准：　　审核：　　试验：　　　　年　月　日

10. 基桩低应变法检测报告

本表系基桩采用低应变检测时检测单位出具的检测报告用表。

基桩低应变法检测报告　　　　表 3.1.3-10

工程名称：　　　　　　　　　　　　　　　　　　编号：

检测单位		工程地点	
合同编号		检测编号	
委托单位		建设单位	
设计单位		勘测单位	
施工单位		监理单位	
桩　型		桩身混凝土设计强度	
总桩数		检测桩端持力层	
检测桩数及比例（%）		检测日期	
见证人		见证号	

桩号	施工记录			施工日期	桩身波速（m/s）	施工记录		
	桩长(m)	桩径(mm)	扩大直径(mm)			检测结果	缺陷位置	类别

检测依据	
检测结果	
备 注	
检测单位地址	联系电话

检测单位（盖章）　　批准：　　审核：　　试验：　　　　年　月　日

11. 地基与桩基工程性能检测说明

(1) 地基及桩基工程检测是桩基工程评价的否决项目。

(2) 对于基桩的检测方法和内容、检测程序、检测数量、验证与扩大检测、检测结果评价和检测报告以及桩身完整性类别,不同试验方法中的适用范围、设备仪器、现场检测、检测数据分析与判定等均应执行《建筑基桩检测技术规范》(JGJ 106—2003、J256—2003)的要求。

不同测试方法本书在基桩的检测资料中已有部分介绍可供参阅。

3.1.4 地基及桩基工程性能检测资料汇总

工程性能检测的汇总,包括检测报告、检测记录等,汇总统计表按资料名细记列,并按不同检测报告根据内容按标准规定做出判定,可借助表3.1.4进行。经过对资料的评价与判定,将其结果填入评分表。

地基及桩基工程性能检测资料汇总表　　　　表 3.1.4

序 号	资 料 名 称	供判定内容	判定结果
1. 天然地基	(1) 压实系数记录表及地基强度测定记录	①	
		②	
		③	
	(2) 地基承载力检测报告	①	
		②	
		③	
2. 复合地基	(1) 地基强度测定记录及桩体强度	①	
		②	
		③	
	(2) 复合地基承载力检测报告	①	
		②	
		③	
3. 桩基	(1) 桩身完整性检测报告	①	
		②	
		③	
	(2) 单桩竖向抗压检测报告	①	
		②	
		③	

汇总人:　　　　　　　年　月　日

3.1.5 地基及桩基工程性能检测评分

地基及桩基工程性能检测评分表　　　　　　表3.1.5

工程名称			施工阶段		检查日期		年　月　日	
施工单位			评价单位					
序号	检查项目		应得分	判定结果			实得分	备注
				100%	85%	70%		
1	地基	地基强度、压实系数、注浆体强度	50					
		地基承载力	50					
2	复合地基	桩体强度、桩体干密度	(50)					
		复合地基承载力	(50)					
3	桩基	单桩竖向抗压承载力	(50)					
		桩身完整性	(50)					
检查结果	权重值35分。 应得分合计： 实得分合计： 　　地基及桩基工程性能检测评分 = $\dfrac{实得分}{应得分} \times 35 =$ 　　　　　　　　　　　　　　　　　　评价人员：　　　　　年　月　日							

3.2 地基及桩基工程质量记录

地基及桩基工程质量记录主要按三种类型进行整理检查，不是对合格工程资料的全部检查，一是材料、构配件、设备等物资的出厂合格证书、进场验收记录及需要按规范要求进行复检的复试报告；二是施工记录；三是施工试验。核查的记录内容包括：施工的起止时间、操作要求、过程情况、质量记录，按此记录核查其数量、内容、数据的完整性、真实性、及时性，检查判定其质量等级。

3.2.1 地基及桩基工程质量记录检查的项目包括

1．材料、预制桩合格证（出厂试验报告）及进场验收记录及水泥、钢筋复试报告。

2．施工记录：

（1）地基处理、验槽、钎探施工记录；

（2）预制桩接头施工记录；

（3）打（压）桩试桩记录及施工记录；

（4）灌注桩成孔、钢筋笼及混凝土灌注检查记录及施工记录；

（5）检验批、分项、分部（子分部）工程质量验收记录。

3．施工试验：

（1）各种地基材料的配合比试验报告；

（2）钢筋连接试验报告；

（3）混凝土强度试验报告；

（4）预制桩龄期及强度试验报告。

注：地基及桩基工程质量记录资料的相关表式与要求，本书在第三章工程质量记录资料中已有记述，可供参阅。工程质量记录资料的创优评价按3.2.2实施。

3.2.2 地基及桩基工程质量记录检查评价方法

材料、设备合格证（出厂质量证明书）、进场验收记录、施工记录、施工试验记录等资料完整、数据齐全并能满足设计及规范要求，真实、有效、内容填写正确，分类整理规范，审签手续完备的为一档，取100%的标准分值；资料完整、数据齐全并能满足设计及规范要求，真实、有效，整理基本规范，审签手续完备为二档，取85%的标准分值；资料基本完整并能满足设计及规范要求，真实、有效，内容审签手续基本完备的为三档，取70%的标准分值（检查资料的数量及内容）。

3.2.3 地基及桩基工程质量记录资料汇总

工程质量记录的汇总，是按检验批、分项、分部（子分部）工程质量验收资料及其要求提供的材料合格证及进场验收记录、施工记录、施工试验资料，按表列出明细，可借助表3.2.3进行。经过对资料按标准规定的评价方法与判定，将其结果填入评分表。

地基及桩基工程质量记录资料汇总表　　　　　表3.2.3

序 号	资料项目名称	份数	供判定内容	资料质量判定结果
1. 材料、预制桩合格证	材料合格证、进场验收记录及复试报告			
	预制桩合格证及进场验收记录			
2. 施工记录	地基处理记录			
	验槽记录			
	钎探记录			
	预制桩接头施工记录			
	打（压）桩记录及施工记录			
	灌注槽成孔、钢筋笼及混凝土灌注检查记录及施工记录			
	检验批验收记录			
	分项工程验收记录			
	分部（子分部）工程验收记录			
3. 施工试验	配合比试验报告			
	钢筋连接试验报告			
	混凝土强度试验报告			
	预制桩龄期及强度试验报告			

汇总人：　　　　　年　月　日

3.2.4 地基及桩基工程质量记录评分

地基及桩基工程质量记录评分表 表 3.2.4

工程名称			施工阶段		检查日期		年 月 日	
施工单位				评价单位				
序号	检查项目		应得分	判定结果			实得分	备注
				100%	85%	70%		
1	材料、预制桩合格证（出厂试验报告）及进场验收记录	材料合格证（出厂试验报告）及进场验收记录及钢筋、水泥复试报告	30					
		预制桩合格证（出厂试验报告）及进场验收记录	(30)					
2	施工记录	地基处理、验槽、钎探施工记录	30					
		预制桩接头施工记录	(10)					
		打（压）桩试桩记录及施工记录	(20)					
		灌注桩成孔、钢筋笼、混凝土灌注检查记录及施工记录	(30)					
		检验批、分项、分部（子分部）工程质量验收记录	10					
3	施工试验	灰土、砂石、注浆桩及水泥、粉煤灰、碎石桩配合比试验报告	30					
		钢筋连接试验报告	(15)					
		混凝土试件强度试验报告	(15)					
		预制桩龄期及试件强度试验报告	(30)					
检查结果	权重值35分。 应得分合计： 实得分合计： 地基及桩基工程质量评分 = $\dfrac{实得分}{应得分} \times 35 =$							
						评价人员：	年 月 日	

3.3 地基及桩基工程尺寸偏差及限值实测

3.3.1 地基及桩基工程尺寸偏差及限值实测应检查的项目包括：

1. 天然地基基槽工程尺寸偏差及限值实测检查项目：基底标高允许偏差 -50mm；长度、宽度允许偏差 +200mm、-50mm。

2. 复合地基工程尺寸偏差及限值实测检查项目：桩位允许偏差：振冲桩允许偏差 ≤100mm；高压喷射注浆桩允许偏差 ≤0.2D；水泥土搅拌桩允许偏差 <50mm；土和灰尘挤密桩、水泥粉煤灰碎石桩、夯实水泥土桩的满堂桩允许偏差 ≤0.4D。

注：D 为桩体直径或边长。

3. 打（压）入桩工程尺寸偏差及限值实测检查项目：桩位允许偏差应符合表3.3.1-1的规定。

预制桩（钢桩）桩位允许偏差　　　　　表3.3.1-1

序号	项 目	允许偏差（mm）
1	盖有基础梁的桩： （1）垂直基础梁的中心线 （2）沿基础梁的中心线	$100+0.01H$ $150+0.01H$
2	桩数为1～3根桩基中的桩	100
3	桩数为4～16根桩基中的桩	1/2桩径或边长
4	桩数大于16根桩基中的桩： （1）最外边的桩 （2）中间桩	1/3桩径或边长 1/2桩径或边长

注：H为施工现场地面标高与桩顶设计标高的距离。

4. 灌注桩工程尺寸偏差及限值实测检查项目：灌注桩允许偏差应符合表3.3.1-2的规定。

灌注桩桩位允许偏差（mm）　　　　　表3.3.1-2

序号	成 孔 方 法		1～3根、单排桩基垂直于中心线方向和群桩基础的边桩	条形桩基沿中心线方向和群桩基础的中间桩
1	泥浆护壁钻孔桩	$D\leqslant 1000$mm	$D/6$，且不大于100	$D/4$，且不大于150
		$D>1000$mm	$100+0.01H$	$150+0.01H$
2	套管成孔灌注桩	$D\leqslant 500$mm	70	150
		$D>500$mm	100	150
3	人工挖孔桩	混凝土护壁	50	150
		钢套管护壁	100	200

注：1. D为桩径；
　　2. H为施工现场地面标高与桩顶设计标高的距离。

5. 实测项目依据资料汇总登记表。

实测项目依据资料汇总登记表首先将抽取的检验批、分项工程质量验收表和实际抽查的实测表进行汇总登记，实测项目依据抽取的检验批、分项工程质量验收及实际抽测的实测记录进行汇总登记，根据标准规定判定其结果。

实测项目依据资料汇总登记表　　　　　表3.3.1-3

序号	资料项目名称	份数	供判定内容	资料质量判定结果
1	地基工程质量验收记录			
2	地基处理分项工程验收记录			
3	打（压）入桩分项工程质量验收记录			
4	灌注桩分项工程质量验收记录			
5	实际抽查实测记录			

汇总人：　　　　　年　月　日

6. 实测项目数据摘录汇总表。

实测项目数据摘录汇总表是在求得实测评分后，将表3.3.1-3、表3.3.1-4附在表3.3.3后，作为附件，其各项原始质量验收记录可不附在后边，原始资料就放在原工程质量验收资料中，但要注明存放地点，以便查找。

3 地基及桩基工程质量评价

实测项目数据摘录汇总表 表 3.3.1-4

序 号		项目偏差及限值	尺寸偏差及限值测量数值					数据分析
1. 地基		基底标高 −50mm						
		基槽长、宽 +200mm，−50mm						
2. 复合地基		振冲桩桩位 ≤200mm						
		高压喷射桩桩位 ≤0.2D						
		水泥土桩桩位 <50mm						
		土和灰土桩桩位 ≤0.4D						
3. 打（压）桩		有基础梁桩垂直中心线 100+0.01H						
		沿中心线 150+0.01H						
		1~3 根桩 100mm						
		4~16 根桩 1/2D 或边长						
		>16 根桩边桩 1/3D 或边长						
		中间桩 1/2D 或边长						
4. 灌注桩	护壁钻孔	$D \leq 1000$，1~3 根，单排桩 垂直中心线 D/6 且 ≤100mm						
		沿中心线 D/4 且 ≤150mm						
		$D>1000mm$ 垂直中心线 100+0.01H						
		沿中心线 150+0.01H						
	套管成孔	$D<500mm$，1~3 根单排 垂直中心线 70mm						
		沿中心线 150mm						
		$D>500mm$，1~3 根单排 垂直中心线 100mm						
	人工成孔	混凝土护壁垂直中心线 50mm						
		垂直中心线 150mm						
		钢套管护壁垂直中心线 50mm						
		沿中心线 150mm						
5. 实际抽查项目	抽查项目							

汇总人：　　　　　　　　　年　月　日

3.3.2 地基及桩基工程尺寸偏差及限值实测检查评价方法：

地基及桩基工程尺寸偏差及限值实测检查评价方法应符合第1.5.3条的规定。

3.3.3 地基及桩基工程尺寸偏差及限值实测检查评分。

地基及桩基工程尺寸偏差及限值实测评分表　　　　表3.3.3

工程名称		施工阶段		检查日期		年　月　日	
施工单位		评价单位					
序号	检查项目		应得分	判定结果		实得分	备注
				100%	85%	70%		
1	天然地基标高及基槽宽度偏差		100					
2	复合地基桩位偏差		(100)					
3	打（压）桩桩位偏差		(100)					
4	灌注桩桩位偏差		(100)					
检查结果	权重值15分。 应得分合计： 实得分合计： 地基及桩基工程尺寸偏差及限值实测评分 = $\dfrac{实得分}{应得分} \times 10 =$						
					评价人员：		年　月　日

3.4 地基及桩基工程观感质量

3.4.1 地基及桩基工程观感质量应检查的项目包括：

1. 地基、复合地基：标高、表面平整、边坡等；
2. 桩基：桩头、桩顶标高、场地平整等。

3.4.2 地基及桩基工程观感质量检查评价方法应符合第1.5.4条的规定。

3.4.3 地基及桩基工程观感质量检查辅助表

工程观感质量检查辅助表是对每个检查项目的检查点进行观察辅以必要的量测和检查分部（子分部）工程质量检查记录，按标准规定的"好"、"一般"、"差"给出评价，按标准规定的评价方法与判定，经分析计算判定将其结果填入评分表。

地基及桩基工程观感质量检查辅助表　　　　表3.4.3

序号	检查项目	检查点检查结果				检查资料依据		检查结果
		检查点数	好的点数	一般的点数	差的点数	分部（子分部）验收记录	现场检查记录	
1	基底标高、表面平整							
2	基槽边坡、支护安全							
3	天然地基基底土性情况							
4	复合地基处理（桩头及材料等）情况							
5	桩头、桩顶标高及桩位、场地平整等情况							

汇总人：　　　　　　　　　　　年　月　日

3.4.4 地基及桩基工程观感质量检查评分。

地基及桩基工程观感质量评分表　　　　　表 3.4.4

工程名称			施工阶段		检查日期		年　月　日	
施工单位			评价单位					
序号	检查项目		应得分	判定结果			实得分	备注
				100%	85%	70%		
1	地基、复合地基	标高、表面平整、边坡	100					
2	桩基	桩头、桩顶标高、场地平整	(100)					
检查结果	权重值5分。 应得分合计： 实得分合计： 地基及桩基工程观感质量评分 = $\dfrac{实得分}{应得分} \times 10 =$ 　　　　　　　　　　　　　　　　　　评价人员：　　　　年　月　日							

4　结构工程质量评价

4.1　结构工程性能检测

4.1.1 结构工程性能检测应检查的项目包括：

1．混凝土结构工程
(1) 结构实体混凝土强度；
(2) 结构实体钢筋保护层厚度。

2．钢结构工程
(1) 焊缝内部质量；
(2) 高强度螺栓连接副紧固质量；
(3) 钢结构涂装质量。

3．砌体工程
(1) 砌体每层垂直度；
(2) 砌体全高垂直度。

4．地下防水层渗漏水

结构工程性能检测的创优评价主要是检查施工、监理单位提供的工程质量验收及施工试验记录，必要时可现场抽查并进行分析计算。评价标准按4.1.2的性能检验评分方法实施。

4.1.2 结构工程性能检测检查评分方法应符合下列规定：

1．混凝土结构工程
(1) 结构实体混凝土强度。
(2) 结构实体钢筋保护层厚度检测。
1) 混凝土结构实体混凝土强度评定表式见表4.1.2-1。

混凝土结构实体混凝土强度评定　　　　　表 4.1.2-1

序号	结构部位或构件名称	设计混凝土强度等级	标养试件强度评定	同条件养护试件强度评定 600℃·d 和 1.10 系数	采用非破损或局部破损检验结果
1	柱及框架				
2	梁、板				
评定结果	1. 同条件养护试件强度评定： (1) 标养试件评定达到设计、规范规定； (2) 同条件养护试件（600℃·d）×1.10 检验达到设计、规范规定。 2. 采用非破损或局部破损检验方法评定； (1) 标养试件评定达到设计、规范规定； (2) 非破损或局部破损检验达到设计、规范规定				

汇总人：　　　　　年　月　日

2）结构实体钢筋保护层厚度评定表式见表 4.1.2-2。

结构实体钢筋保护层厚度评定　　　　　表 4.1.2-2

序号	项目允许偏差	实测数据	判 定 情 况
1. 梁类	+10mm，-7mm （1.5 倍为 +15mm，-11mm）		①实测点 100% 合格；②实测点 90% 及以上合格；③实测点 80% 及以上，不足 90% 时再抽查同样数量实测点，按两次抽测点总和计算的合格率达到 90% 及以上。
2. 板类	+8mm，-5mm （1.5 倍为 +12mm，-8mm）。		①实测点 100% 合格；②实测点 90% 及以上合格；③实测点 80% 及以上，不足 90% 时再抽查同样数量实测点，按两次抽测点总和计算的合格率达到 90% 及以上。
评定结果	(1) 梁类、板类实测点合格率都达到 100% 时为一档；(2) 梁类、板类实测点有一项达到 100%，但都达到 90% 及以上时为二档；(3) 梁类、板类实测点合格率当有一项是或两项是经过再抽样达到 90% 及以上时为三档；(4) 梁类、板类实测点当有实测值超过 1.5 倍允许偏差值时，不得评优良。		

汇总人：　　　　　年　月　日

3）混凝土结构工程质量记录资料汇总表。

工程质量记录的汇总，是按检验批、分项、分部（子分部）工程质量验收资料及其要求提供的材料合格证及进场验收记录、施工记录、施工试验资料，按表列出明细，可借助表 4.1.2-3 进行。经过对资料按标准规定的评价方法与判定，将其结果填入评分表。

4 结构工程质量评价

混凝土结构工程质量记录资料汇总表　　表 4.1.2-3

序　号	资料项目名称	资料分数及编号	判定情况
1. 材料合格证、进场验收记录及复试报告	砂出厂合格证、进场验收记录		
	碎（卵）石出厂合格证、进场验收记录		
	掺合料出厂合格证、进场验收记录		
	外加剂出厂合格证、进场验收记录		
	水泥、钢材出厂合格证、进场验收记录		
	水泥、钢材复试报告		
	构件出厂合格证、进场验收记录		
	预应力锚夹器、连接器出厂合格证、进场验收记录及复试报告		
2. 施工记录	预拌混凝土出厂合格证及进场坍落度试验报告		
	混凝土施工记录		
	装配式结构吊装记录		
	预应力筋安装、张拉及灌浆记录		
	隐蔽工程验收记录		
	检验批质量验收记录		
	分项工程质量验收记录		
	分部（子分部）工程质量验收记录		
3. 施工试验	混凝土配合比试验报告		
	混凝土试件强度评定及混凝土试件强度试验报告		
	钢筋连接试验报告		

汇总人：　　　　　　　　　年　月　日

2. 钢结构工程
(1) 焊缝内部质量检测

检查标准：设计要求全焊透的一、二级焊缝采用无损探伤进行内部缺陷的检验，其质量等级、缺陷等级探伤比例应符合表 4.1.2-4 的规定。

一、二级焊缝质量等级及缺陷分级　　表 4.1.2-4

焊缝质量等级		一级	二级
内部缺陷超声波探伤	评定等级	Ⅱ	Ⅲ
	检验等级	B 级	B 级
	探伤比例	100%	20%
内部缺陷射线探伤	评定等级	Ⅱ	Ⅲ
	检验等级	AB 级	AB 级
	探伤比例	100%	20%

注：探伤比例的计数方法应按以下原则确定：(1) 对工厂制作焊缝，应按每条焊缝计算百分比，且探伤长度不小于 200mm，当焊接长度不足 200mm 时，应对整条焊缝进行探伤；(2) 对现场安装焊缝，应按同一类型、同一施焊条件的焊缝条数计算百分比，探伤长度不小于 200mm，并应不小于 1 条焊缝。

当焊缝经检验后返修率≤2%进为一档，取 100%的标准分值；2%＜返修率≤5%时为二档，取 85%的标准分值；返修率＞5%时为三档，取 70%的标准分值。所有焊缝经返修后均应达到合格质量标准。

检查方法：检查超声波或射线探伤记录并统计计算。

(2) 高强度螺栓连接副紧固质量检测

检查标准：高强度螺栓连接副终拧完成 1h 后，48h 内应进行紧固质量检查，其检查标准应符合表 4.1.2-5 的规定。

高强度螺栓连接副紧固质量检测标准　　　　表 4.1.2-5

紧固方法	判定结果	
	好的点	合格点
扭矩法紧固	终拧扭矩偏差 $\Delta T \leqslant 5\% T$	终拧扭矩偏差 $5\% T < \Delta T \leqslant 10\% T$
转角法紧固	终拧角度偏差 $\Delta \theta \leqslant 5°$	终拧角度偏差 $5° < \Delta \theta \leqslant 10°$
扭剪型高强度螺栓施工扭矩	尾部梅花头未拧掉比例 $\Delta \leqslant 2\%$	尾部梅花头未拧掉比例 $2\% < \Delta \leqslant 5\%$

注：T 为扭矩法紧固时终拧扭矩值。

当全部高强螺栓连接副紧固质量检测点好的点达到 95% 及以上，其余点达到合格点时为一档，取 100% 的标准分值；当检测好的点达到 85% 及以上，但不足 95%，其余点达到合格点时为二档，取 85% 的标准分值；当检测点好的点不足 85%，其余点均达到合格点时为三档，取 70% 的标准分值。

检查方法：检查扭矩法或转角法紧固检测报告并统计计算。

（3）高强度螺栓连接副紧固质量检测汇总表

通常情况是检查施工单位和监理单位共同完成的检测报告，必要时也可以实际抽查验证一部分，或参加施工单位和监理单位进行的检测，以便了解检测的具体情况。不合格的应处理到合格，将检测报告中的数据进行汇总。

高强度螺栓连接副紧固质量检测汇总表　　　　表 4.1.2-6

序号	检测方法	依据检测报告编号	实测数据					判定情况
1	扭矩法 $d=$							好的点 合格点
2	转角法 $d=$							好的点 合格点
3	施工扭矩 $d=$							好的点 合格点
评定结果		1. 全部高强螺栓连接副紧固质量检测好的点达到 95% 及以上，其余为合格点时，为一档，取 100% 的标准分值。 2. 全部高强螺栓连接副紧固质量检测好的点达到 85% 及以上，但不足 95%，其余为合格点时为二档，取 85% 的标准分值。 3. 全部高强螺栓连接副紧固质量检测好的点不到 85%，其余点均达到合格点时为三档，取 70% 的标准分值						

汇总人：　　　　　　　　年　月　日

(4) 钢结构涂装质量检测

1)检查标准:钢结构涂装后,应对涂层干漆膜厚度进行检测,其检测标准应符合表 4.1.2-7 的规定。

钢结构涂装漆膜厚度质量检测标准　　　　表 4.1.2-7

涂装类型	判　定　结　果	
	好　的　点	合　格　点
防腐涂料	干漆膜总厚度允许偏差(Δ) $\Delta \leqslant -10\mu m$	干漆膜总厚度允许偏(Δ) $-10\mu m < \Delta \leqslant -25\mu m$
薄涂型防火涂料	涂层厚度(δ)允许偏差(Δ) $\Delta \leqslant -5\%\delta$	涂层厚度(δ)允许偏差(Δ) $-5\%\delta < \Delta \leqslant -10\%\delta$
厚涂型防火涂料	90%及以上面积应符合设计厚度,且最薄处厚度不应低于设计厚度的90%	80%及以上面积应符合设计厚度,且最薄处厚度不应低于设计厚度的85%

2)当全部涂装漆膜厚度检测点好的点达到 95% 及以上,其余点达到合格点时为一档,取 100% 的标准分值;当检测点好的点达到 85% 及以上,其余点达到合格点时为二档,取 85% 的标准分值;当检测点好的点不足 85%,其余点均达到合格点时为三档,取 70% 的标准分值。

检查方法:用干漆膜测厚仪检查或检查检测报告,并统计计算。

3)钢结构涂装漆膜厚度检测汇总表。

工程性能检测的汇总,包括检测报告、检测记录等,汇总统计表按资料名细记列,并按不同检测报告根据内容按标准规定做出判定,可借助表 4.1.2-8 进行。经过对资料的评价与判定,将其结果填入评分表。

钢结构涂装漆膜厚度检测汇总表　　　　表 4.1.2-8

序　号	依据检测报告编号	实　测　数　据	判定情况
1. 防腐涂装			好的点 合格点
2. 薄涂型防火涂装			好的点 合格点
3. 厚涂型防火涂装			好的点 合格点
评定结果			

汇总人:　　　　年　月　日

4)钢结构工程质量记录资料汇总表。

钢结构工程质量记录的汇总,是按检验批、分项、分部(子分部)工程质量验收资料及其要求提供的材料合格证及进场验收记录、施工记录、施工试验资料,按表列出明细,可借助表 4.1.2-9 进行。经过对资料按标准规定的评价方法与判定,将其结果填入评分表。

钢结构工程质量记录资料汇总表

表 4.1.2-9

序号	资料项目名称	资料分数及编号	判定情况
1. 材料合格证、进场验收记录及复试报告	钢材出厂合格证、进场验收记录及复试报告		
	焊材出厂合格证、进场验收记录及复试报告		
	紧固连接件出厂合格证、进场验收记录及复试报告		
	加工件出厂检验证、进场验收记录		
	防火防腐涂料出厂合格证、进场验收记录		
2. 施工记录	焊接施工记录		
	构件吊装记录		
	预拼装构件检查记录		
	高强度螺栓连接副施工扭矩检验记录		
	焊缝外观及焊缝尺寸检查记录		
	柱脚及网架支座检查记录		
	隐蔽工程验收记录		
	检验批质量验收记录		
	分项工程验收记录		
	分部（子分部）工程质量验收记录		
3. 施工试验	螺栓最小荷载试验报告		
	高强度螺栓预拉力复试报告		
	高强度大六角头螺栓连接副扭矩系数复试报告		
	高强度螺栓连接摩擦面抗滑移系数检查报告		
	网架节点承载力试验报告		

汇总人： 年 月 日

3. 砌体结构工程

检查标准：

1）砌体每层垂直度允许偏差≤5mm；

2）全高≤10m 时垂直度允许偏差≤10mm；全高>10m 时垂直度允许偏差≤20mm。

每层垂直度允许偏差各检测点检测值均达到规范规定值，且其平均值≤3mm 时为一档，取 100%的标准分值；其平均值≤4mm 时为二档，取 85%的标准分值；其各检测点均达到规范规定值时为三档，取 70%的标准分值。

全高垂直度允许偏差各检测点检测值均达规范规定值，当层高≤10m 时，其平均值≤6mm、当层高>10m 时，其平均值≤12mm 时为一档，取 100%的标准分值；当层高≤10m 时，其平均值≤8mm、当层高>10m 时，其平均值≤16mm 时为二档，取 85%的标准分值；其各检测点均达到规范规定值时为三档，取 70%的标准分值。

检查方法：尺量检查、检查分项工程质量验收记录，并进行统计计算。

3）砌体工程每层、全高垂直度汇总表。

砌体工程每层、全高垂直度汇总是根据随机抽取的施工单位提供砌体工程的检验批、分项验收表核查，包括检测方法、抽检数量、测量数据等应符合规范规定。然后检查有关检测数据进行汇总分析计算。

砌体工程每层、全高垂直度汇总表 表 4.1.2-10

序号	检查项目		依据检验批、分项工程验收表编号	实测数据						判定情况
1	每层垂直度	≤5mm								平均值:
2	全高垂直度	全高≤10m ≤10mm								平均值:
		全高>10m ≤20mm								

判定结果：(1) 每层垂直度：
　　　　　(2) 全高垂直度：

汇总人：　　　　　　　年　月　日

4）砌体结构工程质量记录资料汇总表。

砌体工程质量记录的汇总，是按检验批、分项、分部（子分部）工程质量验收资料及其要求提供的材料合格证及进场验收记录、施工记录、施工试验资料，按表列出明细，可借助表 4.1.2-11 进行。经过对资料按标准规定的评价方法与判定，将其结果填入评分表。

砌体结构工程质量记录资料汇总表 表 4.1.2-11

序 号	资料项目名称	资料分数及编号	判定情况
1. 材料出厂合格证及进场验收记录	水泥、砌块、外加剂出厂合格证及进场验收记录		
	水泥、砌块复试报告		
2. 施工记录	砌筑砂浆使用施工记录		
	隐蔽工程验收记录		
	检验批质量验收记录		
	分项工程质量验收记录		
	分部（子分部）工程质量验收记录		
3. 施工试验	砌筑砂浆配合比试验报告		
	砂浆试件强度试验报告		
	砂浆试件强度评定		
	水平灰缝砂浆饱满度检测记录		

汇总人：　　　　　　　年　月　日

4. 地下防水层渗漏水检验的评定标准及检查方法

检查标准：无渗水，结构表面无湿渍的为一档，取 100% 的标准分值；结构表面有少量湿渍，整个工程湿渍总面积不大于总防水面积的 1‰，单个湿渍面积不大于 $0.1m^2$，任意 $100m^2$ 防水面积不超过 1 处的为三档，取 70% 的标准分值。

检查方法：现场全面观察检查。

地下防水层工程质量记录的汇总，是按检验批、分项、分部（子分部）工程质量验收资料及其要求提供的材料合格证及进场验收记录、施工记录、施工试验资料，按表列出明细，可借助表 4.1.2-12 进行。经过对资料按标准规定的评价方法与判定，将其结果填入评分表。

地下防水层质量记录资料汇总表　　　　　表 4.1.2-12

序　号	资料项目名称	资料分数及编号	判定情况
1. 防水材料出厂合格证及进场验收记录	卷材、塑料板、涂料防水材料出厂合格证、进场验收记录		
	卷材、塑料板复试报告		
2. 施工记录	防水层施工记录		
	防水层质量验收记录		
3. 施工试验	涂料防水材料配合比试验报告		
	卷材胶结材料配合比试验报告		

汇总人：　　　　　　　　　年　月　日

4.1.3 结构工程性能检测检查评分。

结构工程性能检测检查评分表　　　　　表 4.1.3

工程名称				施工阶段		检查日期		年　月　日
施工单位				评价单位				

序号	检查项目			应得分	判定结果 100%	判定结果 85%	判定结果 70%	实得分	备注
1	混凝土	实体混凝土强度		50			/		
		结构实体钢筋保护层厚度		50					
2	钢结构	焊缝内部质量		(60)					
		高强度螺栓连接副紧固质量		60					
		钢结构涂装	防腐	20					
			防火	20					
3	砌体	砌体垂直度	每层	50					
			全高 ≤10m	50					
			全高 >10m	(50)					
4	地下防水层渗漏水			(100)			/		

检查结果	权重值 30 分。 应得分合计： 实得分合计： 　　结构工程性能检测评分 = $\dfrac{实得分}{应得分} \times 30 =$

评价人员：　　　　　　　　　年　月　日

注：1. 当一个工程项目中同时有混凝土结构、钢结构、砌体结构，或只有其中两种时，其权重值按各自在项目中占的工程量比例进行分配，但各项应为整数。当砌体结构仅为填充墙时，只能占 10% 的权重值。其施工现场质量保证条件、质量记录、尺寸偏差及限值实测和观感质量的权重值分配与性能检测比例相同。

2. 当有地下防水层时，其权重值占结构权重值的 5%，其他项目同样按 5% 来计算。

4.2 结构工程质量记录

结构工程质量记录包括：混凝土结构工程、钢结构工程、砌体结构工程、地下防水层等应检项目。

4.2.1 结构工程质量记录应检查的项目包括：

1．混凝土结构工程

1) 材料合格证及进场验收记录

①砂、碎（卵）石、掺合料、水泥、钢筋、外加剂等材料出厂合格证（出厂检验报告）、进场验收记录及水泥、钢筋复试报告。

②预制构件合格证（出厂检验报告）及进场验收记录。

③预应力筋用锚夹具、连接器合格证（出厂检验报告）、进场验收记录及锚夹具、连接器复试报告。

2) 施工记录

①预拌混凝土合格证及进场坍落度试验报告。

②混凝土施工记录。

③装配式结构吊装记录。

④预应力筋安装、张拉及灌浆记录。

⑤隐蔽工程验收记录。

⑥检验批、分项、分部（子分部）工程质量质量验收记录。

3) 施工试验

①混凝土配合比试验报告。

②混凝土试件强度评定及混凝土试件强度试验报告。

③钢筋连接试验报告。

结构工程的材料合格证及进场验收记录、施工记录、施工试验表式及其实施要点可参照本书第 2 章、第 3 章建筑结构工程中的相关章节。

2．钢结构工程

1) 钢结构材料合格证（出厂检验报告）及进场验收记录。

①钢材、焊材、紧固连接件材料合格证（出厂检验报告）、进场验收记录及钢材、焊接材料复试报告。

②加工构件合格证（出厂检验报告）及进场验收记录。

③防腐、防火涂装材料合格证（出厂检验报告）及进场验收记录。

2) 施工记录：

①焊接施工记录；

②构件吊装记录；

③预拼装检查记录；

④高强度螺栓连接副施工扭矩检验记录；

⑤焊缝外观及尺寸检查记录；

⑥柱脚及网架支座检查记录；

⑦隐蔽工程验收记录；

⑧检验批、分项、分部（子分部）工程质量验收记录。

3）施工试验：

①螺栓最小荷载试验报告；

②高强螺栓预拉力复验报告；

③高强度大六角头螺栓连接副扭矩系数复试报告；

④高强度螺栓连接摩擦面抗滑移系数检验报告；

⑤网架节点承载力试验报告。

注：检查施工单位提供经项目监理机构核查确认的网架节点承载力试验报告。对建筑结构安全等级为一级，跨度40m及以上的钢网架结构公共建筑，且设计有要求时，应做网架节点承载力试验。焊接球节点应进行轴心拉、压承载力试验，其破坏荷载大于或等于1.6倍的设计承载力；螺栓球节点应按设计指定规格的球的最大螺孔、螺纹进行抗拉强度保证荷载试验，当达到螺栓的设计承载力时，螺孔、螺纹及封板仍完好无损。保证载荷值可查GB/T 3098—2000中的表7粗牙螺纹，表9细牙螺纹。

3. 砌体结构工程

1）材料合格证（出厂检验报告）及进场验收记录。

2）施工记录：

①砌筑砂浆使用施工记录；

②隐蔽工程验收记录；

③检验批、分项、分部（子分部）工程质量验收记录。

3）施工试验：

①砂浆配合比试验报告；

②水平灰缝砂浆饱满度检测记录；

③砂浆试件强度评定及砂浆试件强度试验报告。

4. 地下防水层

1）防水材料合格证、进场验收记录及复试报告。

2）防水层施工及质量验收记录。

3）防水材料配合比试验报告。

4.2.2 结构工程质量记录检查评价方法应符合《建筑工程施工质量评价标准》（GB/T 50375—2006）标准第3.5.2条的规定（即本书的1.5.2条）。

4.2.3 结构工程质量记录检查评分。

结构工程质量记录评分表　　　　　表4.2.3

工程名称			施工阶段		检查日期		年 月 日	
施工单位			评价单位					
序号	检查项目		应得分	判定结果			实得分	备注
				100%	85%	70%		
1	混凝土结构	材料合格证及进场验收记录	砂、碎(卵)石、掺合料、水泥、钢筋、外加剂合格证(出厂检验报告)、进场验收记录及水泥、钢筋复试报告	10				
			预制构件合格证(出厂检验报告)及进场验收记录	10				
			预应力锚夹具、连接器合格证(出厂检验报告)、进场验收记录及复试报告	10				

4 结构工程质量评价

续表

工程名称			施工阶段		检查日期	年 月 日		
施工单位				评价单位				
序号	检查项目			应得分	判定结果		实得分	备注
					100%	85%	70%		
1	混凝土结构	施工记录	预拌混凝土合格证及进场坍落度试验报告	5					
			混凝土施工记录	5					
			装配式结构吊装记录	10					
			预应力筋安装、张拉及灌浆记录	5					
			隐蔽工程验收记录	5					
			检验批、分项、分部（子分部）工程质量验收记录	10					
		施工试验	混凝土配合比试验报告	10					
			混凝土试件强度评定及混凝土试件强度试验报告	10					
			钢筋连接试验报告	10					
2	钢结构	材料合格证及进场验收记录	钢材、焊材、紧固连接件原材料出厂合格证（出厂检验报告）及进场验收记录及钢材、焊接材料复试报告	10					
			加工件出厂合格证（出厂检验报告）及进场验收记录	10					
			防火、防腐涂装材料出厂合格证（出厂检验报告）及进场验收记录	10					
		施工记录	焊接施工记录	5					
			构件吊装记录	5					
			预拼装检查记录	5					
			高强度螺栓连接副施工扭矩检验记录	5					
			焊缝外观及焊缝尺寸检查记录	5					
			柱脚及网架支座检查记录	5					
			隐蔽工程验收记录	5					
			检验批、分项、分部（子分部）工程质量验收记录	5					
		施工试验	螺栓最小荷载试验报告	5					
			高强螺栓预拉力复验报告	5					
			高强度大六角头螺栓连接副扭矩系数复试报告	5					
			高强度螺栓连接摩擦面抗滑移系数复试报告	5					
			网架节点承载力试验报告	10					
3	砌体结构	材料合格证及进场验收记录	水泥、砌块、外加剂合格证（出厂检验报告）、进场验收记录及水泥、砌块复试报告	30					
		施工记录	砌筑砂浆使用施工记录	10					
			隐蔽工程验收记录	15					
			检验批、分项、分部（子分部）工程质量验收记录	15					
		施工试验	砂浆配合比试验报告	10					
			砂浆试件强度评定及砂浆试件试验报告	10					
			水平灰缝砂浆饱满度检测记录	10					

续表

序号	检查项目			应得分	判定结果			实得分	备注
					100%	85%	70%		
4	地下防水层	材料合格证及进场验收记录	防水材料合格证、进场验收记录及复试报告	(30)					
		施工记录	防水层施工及质量验收记录	(40)					
		施工试验	防水材料配合比试验报告	(30)					
检查结果	权重值25分。 应得分合计： 实得分合计： 结构工程质量记录评分 = $\frac{实得分}{应得分} \times 25 =$ 评价人员：　　　　　年　月　日								

4.3 结构工程尺寸偏差及限值实测

4.3.1 结构工程尺寸偏差及限值实测项目应符合表4.3.1的规定。

结构工程尺寸偏差及限值实测项目表　　　表4.3.1

序号	项目			允许偏差（mm）
1	混凝土结构	钢筋	受力钢筋受保护层厚度 柱、梁	±5
			受力钢筋受保护层厚度 板、墙、壳	±3
		混凝土	轴线位置 独立基础	10
			轴线位置 墙、柱、梁	8
			标高 层高	±10
			标高 全高	±30
2	钢结构	结构尺寸	单层结构整体垂直度	$H/1000$，且≤25
			多层结构整体垂直度	$(H/2500+10)$，且≤50
		网格结构	总拼完成后挠度值	≤1.15倍设计值
			屋面工程完成后挠度值	≤1.15倍设计值
3	砌体结构	轴线位置偏移	砖砌体、混凝土小型空心砌块砌体	10
		砌体表面平整度		5
4	地下防水层	防水卷材、塑料板搭接宽度		−10

4.3.2 结构工程尺寸偏差及限值实测检查评价方法应符合第1.5.3条的规定。

实测项目数据摘录汇总分析表：

是尺寸偏差及限值实测的汇总，是根据施工单位提供经项目监理机构审核同意的相关同类检验批或分项工程质量验收记录，按标准规定在相应资料中随机抽取的工程质量验收资料中的尺寸偏差及限值,再将必要时现场实际抽查实测资料的数据进行汇总并分析计算。按表列出明细,可借助表4.3.2进行。经过对资料按标准规定的评价方法与判定,将其结果填入评分表。

实测项目数据摘录汇总分析表　　　　　　表4.3.2

序　号	允许偏差及限值项目（mm）		尺寸偏差及限值测量数值						数据分析
1.混凝土结构	受力钢筋保护层厚度	柱、梁±5							
		板、墙、壳±3							
	混凝土 轴线位置	独立基础10							
		墙、柱、梁8							
	标　高	层高±10							
		全高±30							
2.钢结构	单层结构整体垂直度 H/1000,且≤25								
	多层结构整体垂直度 (H/2500+10),且≤50								
	网格总拼完成后挠度值≤1.15倍设计值								
	网格屋面工程完成后挠度值≤1.15倍设计值								
3.砌体结构	轴线位置偏移10								
	砌体表面平整度8								
4.地下防水层	防水卷材、塑料板搭接宽度 -10								

汇总人：　　　　　　　　　　　　　　年　月　日

4.3.3　结构工程尺寸偏差及限值实测检查评分。

结构工程尺寸偏差及限值实测评分表　　　　　　表4.3.3

工程名称			施工阶段		检查日期			年　月　日	
施工单位					评价单位				
序号	检　查　项　目			应得分	判定结果			实得分	备注
					100%	85%	70%		
1	混凝土结构	钢筋受保护层厚度	柱、梁　±5mm	20					
			板、墙、壳　±3mm	20					
		混凝土	独立基础　10mm	20					
		轴线位置	墙、柱、梁　8mm	20					
		标高	层高　±10mm	10					
			全高　±30mm	10					
2	钢结构	结构尺寸	单层结构整体垂直度 H/1000,且≤25mm	50					
			多层结构整体垂直度 (H/2500+10),且≤50mm	(50)					
		网格结构	总拼完成后挠度值≤1.15倍设计值（mm）	50					
			屋面工程完成后挠度值≤1.15倍设计值（mm）	(50)					
3	砌体结构	轴线位移	10mm	50					
		砌体表面平整度	5mm	50					
4	地下防水层	卷材、塑料板搭接宽度　-10mm		(100)					
检查结果	权重值20分。 应得分合计： 实得分合计：结构工程尺寸偏差及限值实测评分 = $\dfrac{实得分}{应得分} \times 20 =$								

　　　　　　　　　　　　　　　　　　　　　　　评价人员：　　　　　年　月　日

4.4 结构工程观感质量

4.4.1 结构工程观感质量应检查的项目包括:

1. 混凝土结构工程观感质量检查项目
   1) 露筋;
   2) 蜂窝;
   3) 孔洞;
   4) 夹渣;
   5) 疏松;
   6) 裂缝;
   7) 连接部位缺陷;
   8) 外形缺陷;
   9) 外表缺陷。

2. 钢结构工程观感质量检查项目
   1) 焊缝外观质量;
   2) 普通紧固件连接外观质量;
   3) 高强度螺栓连接外观质量;
   4) 钢结构表面质量;
   5) 钢网架结构表面质量;
   6) 普通涂层表面质量;
   7) 防火涂层表面质量;
   8) 压型金属板安装质量;
   9) 钢平台、钢梯、钢栏杆安装外观质量。

3. 砌体工程观感质量检查项目
   1) 砌筑留槎;
   2) 组砌方法;
   3) 马牙槎拉结筋;
   4) 砌体表面质量;
   5) 网状配筋及位置;
   6) 组合砌体拉结筋;
   7) 细部质量(脚手眼留置、修补、洞口、管道、沟槽留置、梁垫及楼板顶面找平、灌浆等)。

4. 地下防水层
   1) 表面质量;
   2) 细部处理。

4.4.2 结构工程观感质量检查评价方法应符合第1.5.4条的规定。

1. 混凝土工程观感质量检查标准(见表4.4.2-1)
2. 钢结构工程观感质量检查标准
(1) 钢结构工程观感质量检查标准按以下说明判定。

混凝土工程观感质量检查标准 表4.4.2-1

名称	现象	严重缺陷	一般缺陷
露筋	构件内钢筋未被混凝土包裹而外露	纵向受力钢筋有露筋	其他钢筋有少量露筋
蜂窝	混凝土表面缺少水泥砂浆而形成石子外露	构件主要受力部位有蜂窝	其他部位有少量蜂窝
孔洞	混凝土中孔穴深度和长度超过保护层厚度	构件主要受力部位有孔洞	其他部位有少量孔洞
夹渣	混凝土中夹有杂物且深度超过保护层厚度	构件主要受力部位有夹渣	其他部位有少量夹渣
疏松	混凝土中局部不密实	构件主要受力部位有疏松	其他部位有少量疏松
裂缝	缝隙从混凝土表面延伸至混凝土内部	构件主要受力部位有影响结构性能或使用功能的裂缝	其他部位有少量不影响结构性能或使用功能的裂缝
连接部位缺陷	构件连接处混凝土缺陷及连接钢筋、连接件松动	连接部位有影响结构传力性能的缺陷	连接部位有基本不影响结构传力性能的缺陷
外形缺陷	缺棱掉角、棱角不直、翘曲不平、飞边凸肋等	清水混凝土构件有影响使用性能或装饰效果的外形缺陷	其他混凝土构件有不影响使用功能的外形缺陷
外表缺陷	构件表面麻面、掉皮、起砂、沾污等	具有重要装饰效果的清水混凝土构件有外表缺陷	其他混凝土构件有不影响使用功能的外表缺陷

焊缝外观质量。焊缝表面不得有裂纹、焊瘤;一、二级焊缝不得有气孔、夹渣、弧坑裂纹、电弧擦伤等缺陷;二、三级焊缝外观质量检查标准见表4.4.2-2。

二级、三级焊缝外观质量标准(mm) 表4.4.2-2

项目	允许偏差	
缺陷类型	二级	三级
未焊满(指不足设计要求)	$\leq 0.2+0.02t$,且≤ 1.0	$\leq 0.2+0.04t$,且≤ 2.0
	每100.0焊缝内缺陷总长≤ 25.0	
根部收缩	$\leq 0.2+0.02t$,且≤ 1.0	$\leq 0.2+0.04t$,且≤ 2.0
	长度不限	
咬边	$\leq 0.05t$,且≤ 0.5;连续长度≤ 100.0,且$\leq 10\%$焊缝全长	$\leq 0.1t$且≤ 1.0,长度不限
弧坑裂纹	—	允许存在个别长度≤ 5.0的弧坑裂纹
电弧擦伤	—	允许存在个别电弧擦伤
接间不良	缺口深度$\leq 0.05t$,且≤ 0.5	缺口深度$\leq 0.1t$,且≤ 1.0
	每1000.0焊缝不应超过1处	
表面夹渣	—	深$\leq 0.2t$ 长$\leq 0.5t$,且≤ 20.0
表面气孔	—	每50.0焊缝长度内允许直径$\leq 0.4t$,且≤ 3.0的气孔2个,孔距≥ 6倍孔径

注:表内t为连接处较薄的板厚。

(2)普通紧固件外观质量。普通紧固螺栓应牢固、可靠,外露丝扣不少于2扣,自攻钉、拉铆钉、射钉等规格尺寸与连接板材相匹配,间距、边距符合设计要求,与连接钢板紧固密贴,外观排列整齐。

(3) 高强度螺栓连接外观质量。扭剪型高强螺栓未扭掉梅花头的螺栓不应多于5%，并按规定进行扭检查。螺栓终拧后，外露丝扣2~3扣，可有10%的外露1扣或4扣。高强螺栓扩孔不应用气割扩孔，扩孔孔径不应大于1.2d。螺栓球节点，拧入螺栓球的螺纹长度不应小于1.0d，连接处不应出现间隙、松动等未拧紧情况。

(4) 钢结构表面质量。钢结构表面不应有疤痕，泥沙等污垢；主要构件上的中心线、标高基点等应标记齐全。

(5) 钢网架结构表面质量。网架支承垫块的种类、规格、摆放位置，支座锚栓应紧固，符合设计及规范要求，安装完成后节点及杆件表面应干净，不应有明显的疤痕、泥沙和污垢，应将所有螺栓球节点接缝用油腻子填嵌严密，并将多余的螺孔封口。

(6) 普通涂层表面质量。构件表面不应误涂、漏涂，涂层不应脱皮和返锈，涂层应均匀，无明显皱皮、滚坠、针眼和气泡等。设计有要求时，应测试涂层附着力，测试结果应符合设计要求，涂装后构件的标志、标记和编号应清晰完整。

(7) 防火涂层表面质量。防火涂层不应有误涂、漏涂，涂层不应闭合，无脱层、空鼓、明显凹陷、粉化松散和浮浆、乳突等外观缺陷。

(8) 压型金属板安装质量。压型金属板、泛水板和包角板等应固定可靠、牢固，防腐涂料及密封材料敷设应完好，连接件数量、间距应符合设计规定及规范要求；压型金属板应在承重构件上可靠搭接，搭接长度应符合设计要求，且最小搭接长度应符合设计要求：截面高度>70mm，为375mm；截面高度≤70mm时，屋面坡度>1/10，为250mm；屋面坡度>1/10，为200mm，墙面为120mm；组合楼板中压型金属板与主体结构的锚固支承长度应符合设计要求，且不小于50mm，端部锚固件连接应可靠，设计置位置应符合设计要求；屋面压型金属板安装平整、顺直，表面不应有残留物及污物，檐口和墙面下端应呈直线，不应有未经处理的锚钻孔洞。

(9) 钢平台、钢梯、钢栏杆安装质量。安装应符合《固定式钢直梯》GB 4053.1、《固定式钢斜梯》GB 4053.2、《固定式防护栏杆》GB 4053.3、《固定式钢平台》GB 4053.4等规范规定。在建筑工程中应用较少。

3. 砌体工程观感质量检查

该检查是在工程完成后施工现场的宏观质量检查，检查内容为砌筑过程中主要的工序质量。

(1) 砌筑留槎。能不留槎尽量不留槎，或将槎留在构造柱上。留槎留成斜槎，水平投影长度不应大于高度的2/3，不能留斜槎时，除转角处外，非抗震设防地区，可留直槎，应留成阳槎，不应留阴槎，但必须加设拉结筋，其数量为每120mm墙厚放1ϕ6拉结筋，间距沿高度不超过500mm，埋入长度每国均不小于500mm，对6度、7度设防地区不应小于1000mm，末端应有90°弯钩。

(2) 组砌方法。砖砌块摆放正确，上下错缝，内外搭接，柱不应有包心砌法。混水墙中长度小于等于300mm的通缝，每间房不能有3处及以上，且不在同一墙面上。

(3) 马牙槎拉结筋。构造柱与墙体连接处，应砌成马牙槎，马牙槎先退后进，预留的拉结筋数量、位置正确，施工中不应任意弯折。钢筋竖向移位不大于100mm，每一马牙槎沿高度方向尺寸偏差不超过300mm，每一构造柱连接的钢筋竖向位移和马牙槎尺寸偏差不应超过2处。

(4) 砌体表面质量。墙体砌完后，每层及规定高度砌体，最上一皮砖应砌丁砖，水平缝应横平竖直、厚薄均匀，竖向灰缝不得有透亮、瞎缝、假缝。留置施工洞口应留出离墙500mm，宽度应小于1m；在120mm厚墙，料石清水墙和独立柱，过梁上，宽度小于1m的窗向墙上，梁及梁垫下50mm范围内等不得设置脚手眼。补脚手眼，应填满砂浆，不得用砖填塞；设计要求留置的洞口、沟槽等应正确留出，不应打凿墙体，超过300mm的洞口应加设过梁。墙体表面应整洁、平整。

(5) 网状配筋及位置。砌体有网状配筋时，钢筋位置应按设计要求放置，间距应符合设计要求，超过设计要求1皮砖厚的不得多于1处。

(6) 组合砌体拉结筋。水平灰缝内的钢筋应居中置于灰缝中，水平灰缝厚度应大于钢筋直径4mm以上。灰缝长度不宜小于50d，且其水平或垂直弯折段的长度不宜小于20d和150mm；钢筋的搭接长度不应小于55d。砌体外露面砂浆保护层的厚度不应小于15mm。在潮湿环境或有化学侵蚀介质的环境中，砌体灰缝中的钢筋应采取防腐措施。竖向受力钢筋保护层应符合设计要求，拉结筋两端应设弯钩，拉结筋及箍筋的位置应符合设计要求。

(7) 细部质量，如脚手眼留置情况、洞口、管道埋设、沟槽留置、梁垫及楼顶面找平、灌浆、修补等情况，进行综合评价。综合检查分项工程，分部（子分部）工程质量验收记录或部分现场抽查，并综合分析。

4. 地下防水层观感质量检查标准按以下说明

地下防水层施工完成后，进行质量验收时必须检查的有以下内容：

(1) 表面质量。卷材防水层搭接缝应粘结牢固，密封严密，不得有皱折、翘边和鼓泡等缺陷；侧墙防水层保护层应与防水层粘结牢固、结合紧密、厚度均匀一致。塑料板防水层铺设应平顺，与基层固定牢固，不得有下垂和损坏现象，焊缝宜采用双条焊缝焊接，焊缝符合设计要求等。

(2) 细部处理。变形缝、施工缝、后浇带、穿墙管道、预埋件等细部构造符合设计要求，构造合理；止水带、遇水膨胀橡胶腻子等措施到位、没有渗漏；穿墙止水环安装正确；接缝处表面混凝土密实、干燥、密封材料填嵌严密。全面检查防水层质量验收记录，综合分析。

5. 结构工程观感质量检查辅助表

结构工程观感质量检查辅助表是对每个检查项目的检查点进行观察辅以必要的量测和检查分部（子分部）工程质量检查记录，按标准规定的"好"、"一般"、"差"给出评价，按标准规定的评价方法与判定，经分析计算判定将其结果填入评分表。

结构工程观感质量检查辅助表　　　　　　表4.4.2-3

序号	检查项目	检查点检查结果				检查资料依据		检查结果
		检查点数	好的点数	一般的点数	差的点数	分部（子分部）验收记录	现场检查记录	
1. 混凝土工程	露筋							
	蜂窝							
	孔洞							
	夹渣							
	疏松							
	裂缝							
	连接部位缺陷							
	外形缺陷							
	外表缺陷							

续表

序号	检查项目	检查点检查结果			检查资料依据		检查结果
		检查点数	好的点数	一般的点数	差的点数	分部（子分部）验收记录	现场检查记录	
2.钢结构工程	焊缝外观质量							
	普通紧固件连接外观质量							
	高强度螺栓连接外观质量							
	钢结构表面质量							
	钢网架结构外观质量							
	普通涂层表面质量							
	防火涂层表面质量							
	压型金属板安装质量							
	钢平台、钢梯、钢栏杆安装外观质量							
3.砌体结构工程	砌筑留槎							
	组砌方法							
	马牙槎拉结筋							
	砌体表面质量							
	网状配筋及位置							
	组合砌体拉结筋							
	细部质量							
4.地下防水层	表面质量							
	细部处理							

汇总人：　　　　　　　年　月　日

4.4.3 结构工程观感质量评分表。

结构工程观感质量评分表　　　　表 4.4.3

工程名称			施工阶段		检查日期	年　月　日	
施工单位					评价单位		

序号	检查项目		应得分	判定结果			实得分	备注
				100%	85%	70%		
1	混凝土结构	露筋	10					
		蜂窝	10					
		孔洞	10					
		夹渣	10					
		疏松	10					
		裂缝	15					
		连接部位缺陷	15					
		外形缺陷	10					
		外表缺陷	10					
2	钢结构	焊缝外观质量	10					
		普通紧固件连接外观质量	10					
		高强度螺栓连接外观质量	10					
		钢结构表面质量	10					
		钢网架结构表面质量	10					
		普通涂层表面质量	15					
		防火涂层表面质量	15					
		压型金属板安装质量	10					
		钢平台、钢梯、钢栏杆安装外观质量						

续表

工程名称				施工阶段		检查日期			年 月 日	
施工单位						评价单位				
序号	检查项目		应得分		判定结果			实得分	备注
					100%	85%	70%			
3	砌体结构	砌筑留槎	20							
		组砌方法	10							
		马牙槎拉结筋	20							
		砌体表面质量	10							
		网状配筋及位置	10							
		组合砌体拉结筋	10							
		细部质量	20							
4	地下防水层	表面质量	(50)							
		细部质量	(50)							
检查结果	权重值15分。 应得分合计： 实得分合计： 结构工程观感质量评分 = $\dfrac{实得分}{应得分} \times 15 =$									
	评价人员： 年 月 日									

5 屋面工程质量评价

屋面工程质量评价应检查屋面工程性能检测、屋面工程质量记录、屋面工程尺寸偏差及限值实测、屋面工程观感质量进行检查评价。

5.1 屋面工程性能检测

5.1.1 屋面工程性能检测应检查的项目包括：

1. 屋面防水层淋水、蓄水试验；
2. 保温层厚度测试。

5.1.2 屋面工程性能检测检查评价方法应符合下列规定：

1. 检查标准：

1) 防水层淋水或雨后检查，防水层及细部无渗漏和积水现象的为一档，取100%的标准分值；防水层及细部无渗漏，但局部有少量积水，水深不超过30mm的为二档，取85%的标准分值；经返修后达到无渗漏的为三档，取70%的标准分值；

2) 保温层厚度抽样测试达到+10%、-3%为一档，取100%的标准分值；抽样检测达到+10%、-5%为二档，取85%的标准分值；抽样检测80%点达到要求+10%、-5%，其余测点经返修达到厚度95%的为三档，取70%的标准分值。

2. 检查方法：检查检测记录。

5.1.3 屋面工程性能检测用表及说明。

防水工程试水检查记录见本书第 3 章中 3.3 单位（子单位）工程安全与功能检验资料核查及主要功能抽查记录中的 3.3.1 屋面淋水试验记录表式及实施要点。

5.1.4 保温层厚度检测记录表。

保温层厚度检测记录表　　　　　　　　　　　表 5.1.4

工程名称：

施工单位						
检查部位			检查日期		年　月　日	
检测工具	钢针及钢板尺					
检验方法及内容说明（附检测点平面图）：						
保温层厚度实测	1			6		
	2			7		
	3			8		
	4			9		
	5			10		
检验结果：						
参加人员	监理（建设）单位		施 工 单 位			
		专业技术负责人		质 检 员		试 验 员

5.1.5 屋面工程性能检测评分应符合表 5.1.5 的规定。

屋面工程性能检测评分表　　　　　　　　　　表 5.1.5

工程名称		施工阶段		检查日期		年 月 日		
施工单位				评价单位				
序号	检 查 项 目		应得分	判定结果			实得分	备注
				100%	85%	70%		
1	屋面防水屋淋水、蓄水试验		60					
2	保温层厚度测试		40					
检查结果	权重值 30 分。 应得分合计： 实得分合计：屋面工程性能检测评分 = $\dfrac{实得分}{应得分} \times 30 =$							
						评价人员：	年 月 日	

5.2 屋面工程质量记录

5.2.1 屋面工程质量记录应检查的项目

1. 材料合格证（出厂检测报告）及进场验收记录

1）瓦及混凝土预制块出厂合格证（出厂试验报告）及进场验收记录；

2) 防水卷材、涂膜防水材料、密封材料合格证（出厂试验报告）、进场验收记录及复试报告；

3) 保温材料合格证（出厂试验报告）及进场验收记录。

2．施工记录

1) 卷材、涂膜防水层的基层施工记录；

2) 天沟、檐沟、泛水和变形缝等细部做法施工记录；

3) 卷材、涂膜防水层和附加层施工记录；

4) 刚性保护层与卷材、涂膜防水层之间设置的隔离层施工记录；

5) 隐蔽工程验收记录；

6) 检验批、分项、分部（子分部）工程质量验收记录。

3．施工试验

1) 细石混凝土配合比试验报告；

2) 防水涂料、密封材料配合比试验报告。

屋面工程的材料合格证（出厂检测报告）及进场验收记录、施工记录、施工试验表式及其实施要点可参照本书第2章、第3章建筑屋面工程中的相关章节。

5.2.2 屋面工程质量记录资料汇总表

屋面工程质量记录的汇总，是按检验批、分项、分部（子分部）工程质量验收资料及其要求提供的材料合格证及进场验收记录、施工记录、施工试验资料，按表列出明细，可借助表5.2.2进行。经过对资料按标准规定的评价方法与判定，将其结果填入评分表。

屋面工程质量记录资料汇总表　　表5.2.2

序　号	资料项目名称	分数及编号	判定内容	判定情况
1. 材料合格证、进场验收记录	防水卷材出厂合格证、进场验收记录及复试报告			
	涂膜防水材料出厂合格证、进场验收记录及复试报告			
	密封材料出厂合格证、进场验收记录及复试报告			
	瓦材料出厂合格证、进场验收记录及复试报告			
	压型板板出厂合格证、进场验收记录及复试报告			
	保温材料出厂合格证、进场验收记录及复试报告			
2. 施工记录	基层施工记录			
	细部做法施工记录			
	卷材、涂膜防水层施工记录			
	附加层、隔离层施工记录			
	保温层施工记录			
	隐蔽工程验收记录			
	检验批质量验收记录			
	分项工程质量验收记录			
	分部（子分部）工程质量验收记录			
3. 施工试验	细石混凝土配合比试验报告			
	涂料防水、密封防水材料配合比试验报告			

汇总人：　　　　　年　月　日

5.2.3 屋面工程质量记录评分表

屋面工程质量记录评分表　　　表 5.2.3

工程名称			施工阶段		检查日期		年　月　日	
施工单位					评价单位			
序号		检查项目	应得分	判定结果 100% / 85% / 70%			实得分	备注
1	材料合格证及进场验收记录	瓦及混凝土预制块合格证及进场验收记录	10					
		卷材、涂膜材料、密封材料合格证、进场验收记录及复试报告	10					
		保温材料合格证及进场验收记录	10					
2	施工记录	卷材、涂膜防水层的基层施工记录	5					
		天沟、檐沟、泛水和变形缝等细部做法施工记录	5					
		卷材、涂膜防水层和附加层施工记录	10					
		刚性保护层与防水层之间隔离层施工记录	5					
		隐蔽工程验收记录	5					
		检验批、分项、分部（子分部）工程质量验收记录	10					
3	施工试验	细石混凝土配合比试验报告	15					
		防水涂料、密封材料配合比试验报告	15					
检查结果	权重值20分。 应得分合计： 实得分合计： 屋面工程质量记录评分 = $\frac{实得分}{应得分} \times 20 =$ 评价人员：　　　　　　　　　　　年　月　日							

5.3 屋面工程尺寸偏差及限值实测

5.3.1 屋面工程尺寸偏差及限值实测项目。

屋面工程尺寸偏差及限值实测项目　　　表 5.3.1

序号	检查项目		尺寸要求、允许偏差（mm）
1	找平层及排水沟排水坡度		1%～3%
2	卷材防水层卷材搭接宽度		-10
3	涂料防水层厚度		不小于设计厚度80%
4	瓦屋面	压型板纵向搭接及泛水搭接长度、挑出墙面长度	≥200
		脊瓦搭盖坡瓦宽度	≥40
		瓦伸入天沟、檐沟、檐口的长度	50～70
5	细部构造	防水层贴入水落口杯长度	≥50
		变形缝、女儿墙防水层立面泛水高度	≥250

5.3.2 屋面工程尺寸偏差及限值实测评价方法应符合第1.5.3条的规定。

5.3.3 屋面工程尺寸偏差及限值数据汇总表。

尺寸偏差及限值实测的汇总,是根据施工单位提供经项目监理机构审核同意的相关同类检验批或分项工程质量验收记录,按标准规定在相应资料中随机抽取的工程质量验收资料中的尺寸偏差及限值,再将必要时现场实际抽查实测资料的数据进行汇总并分析计算。按表列出明细,可借助表5.3.3-1进行。经过对资料按标准规定的评价方法与判定,将其结果填入评分表。

屋面工程尺寸偏差及限值数据汇总表　　　　表5.3.3-1

序号	尺寸偏差及限值项目	尺寸偏差及限值测量数值	数据分析
1	找平层及排水沟排水坡度1%~3%		
2	卷材防水层卷材搭接宽度 -10mm		
3	涂料防水层厚度不小于设计厚度80%		
4	压型板纵向搭接及泛水搭接长度、挑出墙面长度≥200mm		
	脊瓦搭盖坡瓦宽度≥40mm		
	瓦伸入天沟、檐沟、檐口的长度50~70mm		
5	防水层贴入水落口杯长度≥50mm		
	变形缝、女儿墙防水层立面泛水高度≥250mm		

汇总人：　　　　　　年　月　日

卷材搭接宽度（mm）　　　　表5.3.3-2

铺贴方法 卷材种类		短边搭接		长边搭接	
		满粘法	空铺、点粘、条粘法	满粘法	空铺、点粘、条粘法
沥青防水卷材		100	150	70	100
高聚物改性沥青防水卷材		80	100	80	100
合成高分子防水卷材	胶粘剂	80	100	80	100
	胶粘带	50	60	50	60
	单缝焊	60,有效焊接宽度不小于25			
	双缝焊	80,有效焊接宽度10×2+空腔宽			

5.3.4 屋面工程尺寸偏差及限值实测评分。

屋面工程尺寸偏差及限值实测评分表　　　　表5.3.4

工程名称			施工阶段		检查日期		年　月　日	
施工单位					评价单位			
序号	检查项目			应得分	判定结果		实得分	备注
					100%	85%	70%		
1	找平层及排水沟排水坡度			20					
2	防水卷材搭接宽度			20					
3	涂料防水层厚度			(40)					
4	瓦屋面	压型板纵向搭接及泛水搭接长度、挑出墙面长度		(40)					
		脊瓦搭盖坡瓦宽度		(20)					
		瓦伸入天沟、檐沟、檐口的长度		(20)					

续表

工程名称			施工阶段		检查日期		年 月 日	
施工单位					评价单位			
序号	检查项目			应得分	判定结果		实得分	备注
					100%	85% 70%		
5	细部构造	防水层伸入水落口杯长度		30				
		变形缝、女儿墙防水层立面泛水高度		30				
检查结果	权重值20分。 应得分合计: 实得分合计: 屋面工程尺寸偏差及限值实测评分 = $\frac{实得分}{应得分} \times 20 =$ 评价人员: 年 月 日							

5.4 屋面工程观感质量

5.4.1 屋面工程观感质量应检查的项目包括:

1. 卷材屋面:
1) 卷材铺设质量;
2) 排气道设置质量;
3) 保护层铺设质量及上人屋面面层。
2. 金属板材屋面金属板材铺设质量。
3. 平瓦及其他屋面铺设质量。
4. 细部构造。

屋面工程的施工试验表式及其实施要点可参照本书第3章建筑屋面工程中的相关章节。

5.4.2 屋面工程观感质量检查评价方法应符合第1.5.4条的规定。

5.4.3 屋面工程观感质量检查辅助表。

屋面工程观感质量检查辅助表是对每个检查项目的检查点进行观察辅以必要的量测和检查分部(子分部)工程质量检查记录,按标准规定的"好"、"一般"、"差"给出评价,按标准规定的评价方法与判定,经分析计算判定将其结果填入评分表。

屋面工程观感质量检查辅助表　　　　表5.4.3

序号	检查项目		检查点检查结果			检查资料依据		检查结果
			检查点数	好的点数	一般的点数	差的点数	分部(子分部)验收记录	现场检查记录
1	卷材屋面	卷材铺设质量						
		排气道设置质量						
		保护层铺设质量及上人屋面面层						
2	金属板材铺设质量							
3	平瓦及其他屋面铺设质量							
4	细部构造							

汇总人: 年 月 日

5.4.4 屋面工程观感质量检查评分应符合表5.4.4的规定。

屋面工程观感质量评分表　　　　　　　　　表5.4.4

工程名称			施工阶段		检查日期		年　月　日	
施工单位					评价单位			
序号	检查项目		应得分	判定结果			实得分	备注
				100%	85%	70%		
1	卷材屋面	卷材铺设质量	20					
		排气道设置质量	20					
		保护层铺设质量及上人屋面面层	10					
2	瓦屋面	金属板材铺设质量	(50)					
		平瓦及其他屋面	(50)					
3	细部构造		50					
检查结果	权重值20分。 应得分合计： 实得分合计： 屋面工程尺寸偏差及限值实测评分 = $\frac{实得分}{应得分} \times 20 =$							
					评价人员：		年　月　日	

6　装饰装修工程质量评价

6.1　装饰装修工程性能检测

6.1.1 装饰装修工程性能检测应检查的项目包括：
　1．外窗传热性能及建筑节能检测（设计有要求时）；
　2．幕墙工程与主体结构连接的预埋件及金属框架的连接检测；
　3．外墙块材镶贴的粘结强度检测；
　4．室内环境质量检测。
　装饰装修工程的施工试验表式及其实施要点可参照本书第3章建筑装饰装修工程中的相关章节。

6.1.2 装饰装修工程性能检测检查评价方法应符合第1.5.1条的规定。

6.1.3 幕墙预埋件及金属框架连接检查表。

幕墙预埋件及金属框架连接检查表　　　　　　表6.1.3

序　号	检　查　项　目	检查结果
1. 幕墙预埋件	（1）隐蔽工程检查记录：预埋件的数量、规格、位置及防腐处理情况 （2）幕墙安装前核对检查记录 （3）后置埋件拉拔试验报告	
2. 金属框架连接	（1）金属框与主体结构预埋件连接，单元幕墙连接和吊挂处铝型材壁厚≥5.0mm （2）立柱采用螺栓与角码连接，螺栓直径≥φ10mm；铝壁厚≥3.0mm；钢型材壁厚≥3.5mm （3）板材与金属框之间硅酮结构胶粘结宽度≥7.0mm	

汇总人：　　　　　　年　月　日

6.1.4 装饰装修工程性能检测用表。

1. 外墙饰面砖粘结强度试验报告见外墙饰面砖粘结强度检测报告表 C2-4-14-5。
2. 室内环境质量检测结果。

本表为室内环境质量检测报告后面应附的附表。

室内环境质量检测结果表　　　　　　　　　　　　　　　表 6.1.4

测点编号	限量标准 / 抽样位置	氡 (Bq/m³)	游离甲醛 (mg/m³)	苯 (mg/m³)	氨 (mg/m³)	TVOC (mg/m³)	评定
1							
2							
3							
4							
5							
6							
…							

注：标准限量依据 GB 50325—2001《民用建筑工程室内环境污染控制规范》中对一类民用建筑工程室内环境污染物浓度限量的规定，除氡外均以同步测定的室外空气相应值为空白值。

6.1.5 装饰装修工程性能检测评分应符合表 6.1.5 的规定。

装饰装修工程性能检测评分表　　　　　　　　　　　　　　　表 6.1.5

工程名称			施工阶段		检查日期		年　月　日	
施工单位					评价单位			
序号	检 查 项 目			应得分	判定结果		实得分	备注
					100%	70%		
1	外窗传热性能及建筑节能检测（设计有要求时）			30				
2	幕墙工程与主体结构连接的预埋件及金属框架的连接检测			20				
3	外墙块材镶贴的粘结强度检测			20				
4	室内环境质量检测			30				
检查结果	权重值20分。 应得分合计： 实得分合计： 　　装饰装修工程性能检测评分 = $\dfrac{\text{实得分}}{\text{应得分}} \times 20 =$ 　　　　　　　　　　　　　　　　　　评价人员：　　　　　年　月　日							

6.2 装饰装修工程质量记录

6.2.1 装饰装修工程质量记录应检查的项目包括：

1. 材料合格证及进场验收记录
1) 装饰装修、节能保温材料合格证、进场验收记录；
2) 幕墙的玻璃、石材、板材、结构材料合格证及进场验收记录，门窗及幕墙抗风压、水密性、气密性、结构胶相容性试验报告；
3) 有环境质量要求的材料合格证、进场验收记录及复试报告。

2. 施工记录
1) 吊顶、幕墙、外墙的面板（砖）、各种预埋件及粘贴施工记录；
2) 节能工程施工记录；
3) 检验批、分项、分部（子分部）工程质量验收记录。

3. 施工试验
1) 有防水要求的房间地面蓄水试验记录；
2) 烟道、通风道通风试验记录；
3) 有关胶料配合比试验单。

装饰装修工程的材料合格证及进场验收记录、施工记录、施工试验表式及其实施要点可参照本书第2章、第3章建筑装饰装修工程中的相关章节。

6.2.2 装饰装修工程质量记录检查评价方法应符合第1.5.2条的规定。

6.2.3 装饰装修工程质量记录资料汇总表。

工程质量记录的汇总，是按检验批、分项、分部（子分部）工程质量验收资料及其要求提供的材料合格证及进场验收记录、施工记录、施工试验资料，按表列出明细，可借助表6.2.3进行。经过对资料按标准规定的评价方法与判定，将其结果填入评分表。

装饰装修工程质量记录资料汇总表　　　　表6.2.3

序 号	资料项目名称	资料分数及编号	判定情况
1. 材料出厂合格证及进场验收记录	墙面、隔墙顶棚材料出厂合格证及进场验收记录 地面材料出厂合格证及进场验收记录		
	保温材料出厂合格证、进场验收记录及导热系数测试报告		
	幕墙材料出厂合格证及进场验收记录		
	有环境质量要求材料、环保项目检测报告		
2. 施工记录	吊顶、幕墙、外墙饰面板（砖）、预埋件及粘贴施工记录		
	节能项目施工记录		
	检验批		
	分项工程		
	分部（子分部）工程		
3. 施工试验	有防水要求房间地面蓄水试验记录		
	烟道、通风道通风试验记录		
	有关胶料配合比试验单		

汇总人：　　　　　　年　月　日

6.2.4 装饰装修工程质量记录评分表。

装饰装修工程质量记录评分表 表 6.2.4

工程名称			施工阶段		检查日期		年 月 日	
施工单位					评价单位			
序号	检查项目		应得分	判定结果			实得分	备注
				100%	85%	70%		
1	材料合格证、进场验收记录	装饰装修、节能保温材料合格证、进场验收记录	10					
		幕墙的玻璃、石材、板材、结构材料合格证及进场验收记录，门窗及幕墙抗风压、水密性、气密性、结构胶相容性试验报告	10					
		有环境质量要求的材料合格证、进场验收记录及复试报告	10					
2	施工记录	吊顶、幕墙、外墙饰面板（砖）、预埋件及粘贴施工记录	15					
		节能工程施工记录	15					
		检验批、分项、分部（子分部）工程质量验收记录	10					
3	施工试验	有防水要求的房间地面蓄水试验记录	10					
		烟道、通风道通风试验记录	10					
		有关胶料配合比试验单	10					
检查结果	权重值20分。 应得分合计： 实得分合计： 装饰装修工程质量记录评分 = $\frac{实得分}{应得分} \times 20 =$							
					评价人员：		年 月 日	

6.3 装饰装修工程尺寸偏差及限值实测

6.3.1 装饰装修工程尺寸偏差及限值实测检查项目应符合表6.3.1的规定。

装饰装修工程尺寸偏差及限值实测项目表 表 6.3.1

序号	子分部	检查项目		留缝限值、允许偏差（mm）	
				普通	高级
1	抹灰工程	立面垂直度		4	3
		表面平整度		4	3
2	门窗工程	门窗框正、侧面垂直度		2	1
3	幕墙工程	幕墙垂直度	幕墙高度≤30m	10	
			30m＜幕墙高度≤60m	15	
			60m＜幕墙高度≤90m	20	
			幕墙高度＞90m	25	
4	地面工程	整体地面	表面平整度	4	2
		板块地面	表面平整度	4	1

6 装饰装修工程质量评价

6.3.2 装饰装修工程尺寸偏差及限值实测检查评价方法应符合第1.5.3条的规定。

6.3.3 装饰装修工程实测数据汇总表。

装饰装修尺寸偏差及限值实测的汇总，是根据施工单位提供经项目监理机构审核同意的相关同类检验批或分项工程质量验收记录，按标准规定在相应资料中随机抽取的工程质量验收资料中的尺寸偏差及限值，再将必要时现场实际抽查实测资料的数据进行汇总并分析计算。按表列出明细，可借助表6.3.3进行。经过对资料按标准规定的评价方法与判定，将其结果填入评分表。

装饰装修工程实测数据汇总表　　　　表6.3.3

序号	允许偏差及限值项目		尺寸偏差及限值实测数值	数据分析
1	抹灰工程	立面垂直度4（3）mm		
		表面平整度4（3）mm		
2	门窗框正侧面垂直度			
3	幕墙垂直度 高度≤30mm≤10mm 高度＜30mm≤60mm≤15mm 高度＜60mm≤90mm≤20mm 高度＞90mm≤25mm			
4	地面工程	整体地面表面平整度4（2）mm		
		板块地面表面平整度		

汇总人：　　　　　　　　　　　年　月　日

6.3.4 装饰装修工程尺寸偏差及限值实测评分。

装饰装修工程尺寸偏差及限值实测评分表　　　　表6.3.4

工程名称			施工阶段		检查日期		年　月　日	
施工单位					评价单位			
序号	检查项目		应得分	判定结果			实得分	备注
				100%	85%	70%		
1	抹灰工程	立面垂直度、表面平整度	30					
2	门窗工程	门窗框正、侧面垂直度	20					
3	幕墙工程	幕墙垂直度	20					
4	地面工程	表面平整度	30					
检查结果	权重值10分。 应得分合计： 实得分合计： 　　　装饰装修工程尺寸偏差及限值实测评分＝$\frac{实得分}{应得分}×10=$ 　　　　　　　　　　　评价人员：　　　　　　年　月　日							

6.4 装饰装修工程观感质量

6.4.1 装饰装修工程观感质量应检查的项目包括：

1. 地面；
2. 抹灰；
3. 门窗；
4. 吊顶；
5. 轻质隔墙；
6. 饰面板（砖）；
7. 幕墙；
8. 涂饰工程；
9. 裱糊与软包；
10. 细部工程；
11. 外檐观感；
12. 室内观感。

装饰装修工程的施工试验表式及其实施要点可参照本书第3章建筑装饰装修工程中的相关章节。

6.4.2 装饰装修工程观感质量检查评价方法应符合第1.5.4条的规定。

6.4.3 装饰装修工程观感质量检查辅助表。

工程观感质量检查辅助表是对每个检查项目的检查点进行观察辅以必要的量测和检查分部（子分部）工程质量检查记录，按标准规定的"好"、"一般"、"差"给出评价，按标准规定的评价方法与判定，经分析计算判定将其结果填入评分表。

装饰装修工程观感质量检查辅助表　　　　表 6.4.3

序号	检查项目	检查点检查结果			检查资料依据		检查结果
		检查点数	好的点数	一般点数	差的点数	分部（子分部）验收记录	现场检查记录	
1	地面							
2	抹灰							
3	门窗							
4	吊顶							
5	轻质隔墙							
6	饰面板（砖）							
7	幕墙							
8	涂饰工程							
9	裱糊与轻色							
10	细部工程							
11	外檐观感							
12	室内观感							

汇总人：　　　　　　　年　月　日

6.4.4 装饰装修工程观感质量评分表。

装饰装修工程观感质量评分表　　　　表 6.4.4

工程名称			施工阶段		检查日期			年　月　日	
施工单位					评价单位				
序号	检查项目		应得分	判定结果			实得分	备注	
				100%	85%	70%			
1	地面	表面、分格缝、图案、有排水要求的地面的坡度	10						
2	抹灰	表面、护角、阴阳角、分格缝、滴水线	10						
3	门窗	固定、配件、位置、构造、密封等	10						
4	吊顶	图案、颜色、灯具设备安装位置、交接缝处理、吊杆龙骨外观	5						
5	轻质隔墙	位置、墙面平整、连接件、接缝处理	5						
6	饰面板（砖）	表面质量、排砖、勾缝嵌缝、细部	10						
7	幕墙	主要构件外观、节点做法、打胶、配件、开启密闭	10						
8	涂饰工程	分色规矩、色泽协调	5						
9	裱糊与软包	端正、边框、拼角、接缝	5						
10	细部工程	柜、盒、护罩、栏杆、花式等安装、固定和表面质量	5						
11	外檐观感	室外墙面、大角、墙面横竖线（角）及滴水槽（线）、散水、台阶、雨罩、变形缝和泛水等	15						
12	室内观感	面砖、涂料、饰物、线条及不同做法的交接过渡	10						
检查结果	权重值40分。 应得分合计： 实得分合计： 　　　　装饰装修工程观感质量评分 = $\dfrac{实得分}{应得分} \times 40 =$								

评价人员：　　　　　年　月　日

7　安装工程质量评价

7.1　建筑给水排水及采暖工程质量评价

Ⅰ　建筑给水排水及采暖工程性能检测

7.1.1 建筑给水排水及采暖工程性能检测应检查的项目包括：
　　1. 生活给水系统管道交用前水质检测；
　　2. 承压管道、设备系统水压试验；
　　3. 非承压管道和设备灌水试验及排水干管管道通球、通水试验；

4. 消火栓系统试射试验;
5. 采暖系统调试、试运行、安全阀、报警装置联动系统测试。

安装工程的施工试验表式及其实施要点可参照本书第 3 章建筑安装工程中的相关章节。

7.1.2 生活净水水质检测表。

生活净水水质检测表　　　　　　表 7.1.1

项　目		标　准	检测值
感官性状	色	色度不超过 15 度,并不得呈现其他异色	
	浑浊度	不超过 3 度,特殊情况不超过 5 度	
	臭和味	不得有异臭、异味	
	肉眼可见物	不得含有	
一般化学指标	pH	6.5~8.5	
	总硬度（以碳酸钙计）	450mg/L	
	铁	0.3mg/L	
	锰	0.1mg/L	
	铜	1.0mg/L	
	锌	1.0mg/L	
	挥发酚类（以苯酚计）	0.002mg/L	
	阴离子合成洗涤剂	0.3mg/L	
	硫酸盐	250mg/L	
	氯化物	250mg/L	
	溶解性总固体	1000mg/L	
细菌学指标	细菌总数	100 个/mL	
	总大肠菌群	3 个/L	
	游离余氯	在与水接触 30min 后应不低于 0.3mg/L。集中式给水除出厂水符合上述要求外,管网末梢水不应低于 0.05mg/L	
检测结果			

检测单位：　　批准人：　　审核人：　　检测人：　　　　年　月　日

7.1.3 建筑给水排水及采暖工程性能检测检查评价方法应符合第1.5.1条的规定。

7.1.4 建筑给水排水及采暖工程性能检测评分。

建筑给水排水及采暖工程性能检测评分表　　　　表7.1.4

工程名称			施工阶段		检查日期	年 月 日	
施工单位					评价单位		
序号	检查项目		应得分	判定结果		实得分	备注
				100%	70%		
1	生活给水系统管道交用前水质检测		10				
2	承压管道、设备系统水压试验		30				
3	非承压管道和设备灌水试验、排水干管管道通球、通水试验		30				
4	消火栓系统试射试验		20				
5	采暖系统调试、试运行、安全阀、报警装置联动系统测试		10				
检查结果	权重值30分。 应得分合计： 实得分合计： 建筑给水排水及采暖工程性能检测评分 = $\frac{实得分}{应得分} \times 30 =$						
					评价人员：	年 月 日	

Ⅱ 建筑给水排水及采暖工程质量记录

7.1.5 建筑给水排水及采暖工程质量记录应检查的项目包括：

1．材料合格证及进场验收记录

1）材料及配件出厂合格证及进场验收记录；

2）器具及设备出厂合格证及进场验收记录。

2．施工记录

1）主要管道施工及管道穿墙、穿楼板套管安装施工记录；

2）补偿器预拉伸记录；

3）给水管道冲洗、消毒记录；

4）隐蔽工程验收记录；

5）检验批、分项、分部（子分部）工程质量验收记录。

3．施工试验

1）阀门安装前强度和严密性试验；

2）给水系统及卫生器具交付使用前通水、满水试验；

3）水泵安装试运转。

建筑给水排水及采暖工程的材料合格证及进场验收记录、施工记录、施工试验表式及其实施要点可参照本书第2章、第3章建筑给水、排水及采暖工程中的相关章节。

7.1.6 建筑给水排水及采暖工程质量记录检查评价方法应符合第1.5.2条的规定。

7.1.7 建筑给水排水及采暖工程质量记录资料汇总表。

工程质量记录的汇总,是按检验批、分项、分部(子分部)工程质量验收资料及其要求提供的材料合格证及进场验收记录、施工记录、施工试验资料,按表列出明细,可借助表7.1.7进行。经过对资料按标准规定的评价方法与判定,将其结果填入评分表。

建筑给水排水及采暖工程质量记录资料汇总表　　　　表7.1.7

序号	资料项目名称	分数及编号	判定内容	判定情况
1. 材料合格证及进场验收记录	给水管材及配件出厂合格证及进场验收记录			
	排水管材及配件出厂合格证及进场验收记录			
	卫生器具出厂合格证及进场验收记录			
	设备出厂合格证及进场验收记录			
2. 施工记录	主要管道施工及管道穿墙、穿楼板套管安装施工记录			
	补偿器预拉伸记录			
	给水管道冲洗、消毒记录			
	隐蔽工程验收记录			
	检验批质量验收记录			
	分项工程质量验收记录			
	分部(子分部)工程质量验收记录			
3. 施工试验	阀门安装前强度和严密性试验			
	给水系统及卫生器具交付使用前通水、满水试验			
	水泵安装试运转			

汇总人:　　　　　　　　年　月　日

7.1.8 建筑给水排水及采暖工程质量记录评分表。

建筑给水排水及采暖工程质量记录评分表　　　　表7.1.8

工程名称			施工阶段		检查日期	年 月 日		
施工单位					评价单位			
序号		检查项目	应得分	判定结果			实得分	备注
				100%	85%	70%		
1	材料合格证、进场验收记录	材料及配件出厂合格证及进场验收记录	15					
		器具及设备出厂合格证及进场验收记录	15					
2	施工记录	主要管道施工及管道穿墙、穿楼板套管安装施工记录	5					
		补偿器预拉伸记录	5					
		给水管道冲洗、消毒记录	10					
		隐蔽工程验收记录	10					
		检验批、分项、分部(子分部)工程质量验收记录	10					

续表

工程名称			施工阶段		检查日期		年 月 日
施工单位					评价单位		
序号		检查项目		应得分	判定结果	实得分	备注
					100%　85%　70%		
3	施工试验	阀门安装前强度和严密性试验		10			
		给水系统及卫生器具交付使用前通水、满水试验		10			
		水泵安装试运转		10			
检查结果	权重值30分。 应得分合计： 实得分合计： 建筑给水排水及采暖工程质量记录评分 = $\frac{实得分}{应得分} \times 30 =$ 评价人员：　　　　　　　　　　　　年　月　日						

Ⅲ 建筑给水排水采暖工程尺寸偏差及限值实测

7.1.9 建筑给水排水采暖工程尺寸偏差及限值实测应检查的项目包括：

1．给水、排水、采暖管道坡度按设计要求或下列规定检查：生活污水排水管道坡度：铸铁的为5‰～35‰，塑料的为4‰～25‰；给水管道坡度：2‰～5‰；采暖管道坡度：气（汽）水同向流动为2‰～3‰，气（汽）水逆向流动为不小于5‰；散热器支管的坡度为1%，坡向利于排气和泄水方向。

2．箱式消火栓安装位置，按设计安装高度安装允许偏差：距地±20mm，垂直度3mm。

3．卫生器具按设计安装高度安装允许偏差±15mm；淋浴器喷头下沿高度允许偏差±15mm。

7.1.10 建筑给水排水及采暖工程尺寸偏差及限值实测检查评价方法应符合表7.1.10规定。

尺寸偏差及限值实测的汇总，是根据施工单位提供经项目监理机构审核同意的相关同类检验批或分项工程质量验收记录，按标准规定在相应资料中随机抽取的工程质量验收资料中的尺寸偏差及限值，再将必要时现场实际抽查实测资料的数据进行汇总并分析计算。按表列出明细，可借助表7.1.10进行。经过对资料按标准规定的评价方法与判定，将其结果填入评分表。

尺寸偏差及限值实测控制值及实测值记录表　　　　表7.1.10

序号	允许偏差及限值项目		尺寸偏差及限值实测数值	数据分析
1	生活污水	铸铁管道坡度5‰～35‰		
		塑料管道坡度4‰～25‰		
	给水管道	2‰～5‰		
	采暖管道	汽水同向流动2‰～3‰		
		汽水逆向流动>5‰		
		热水器支管坡向排气、泄水方向1%		

续表

序号	允许偏差及限值项目		尺寸偏差及限值实测数值	数据分析
2	箱式消火栓	距地高差 ±20mm		
		垂直度 3mm		
3	卫生器具安装高度	±15mm		
	淋浴器下沿高度	±15mm		
4	现场抽查项目			

汇总人：　　　　　年　月　日

7.1.11 建筑给水排水及采暖工程尺寸偏差及限值实测评分应符合表7.1.10的规定。

建筑给水排水及采暖工程尺寸偏差及限值实测评分表　　　表7.1.11

工程名称			施工阶段			检查日期		年 月 日
施工单位						评价单位		
序号	检查项目			应得分	判定结果		实得分	备注
					100%	85%	70%		
1	给水、排水、采暖管道坡度			50					
2	箱式消火栓安装位置			20					
3	卫生器具安装高度			30					
检查结果	权重值10分。 应得分合计： 实得分合计： 建筑给水排水及采暖工程尺寸偏差及限值实测评分 = $\dfrac{实得分}{应得分} \times 10 =$ 评价人员：　　　　　年　月　日								

Ⅳ　建筑给水排水及采暖工程观感质量

7.1.12 建筑给水排水及采暖工程观感质量应检查的项目包括：
1. 管道及支架安装；
2. 卫生洁具及给水配件安装；
3. 设备及配件安装；
4. 管道、支架及设备的防腐及保温；
5. 有排水要求的设备机房、房间地面的排水口及地漏。

建筑给水排水及采暖工程的施工记录、施工试验表式及其实施要点可参照本书第3章建筑给水、排水及采暖工程中的相关章节。

7.1.13 建筑给水排水及采暖工程观感质量检查评价方法应符合表7.1.13的规定。

7.1.14 建筑给水排水及采暖工程观感质量检查辅助表。

工程观感质量检查辅助表是对每个检查项目的检查点进行观察辅以必要的量测和检查分部（子分部）工程质量检查记录，按标准规定的"好"、"一般"、"差"给出评价，按标准规定的评价方法与判定,经分析计算判定将其结果填入评分表。

建筑给水排水及采暖工程观感质量检查辅助表　　　　　　表7.1.14

序号	检查项目	检查点检查结果				检查资料依据		检查结果
		检查点数	好的点数	一般的点数	差的点数	分部(子分部)验收记录	现场检查记录	
1	管道及支架安装							
2	卫生器具及给水配件安装							
3	设备及配件安装							
4	管道、支架及设备的防腐及保温							
5	有排水要求房间地面的排水口及地漏							

汇总人：　　　　　年　月　日

7.1.15 建筑给水排水及采暖工程观感质量评分表。

建筑给水排水及采暖工程观感质量评分表　　　　　　表7.1.15

工程名称			施工阶段		检查日期		年　月　日
施工单位					评价单位		
序号	检查项目		应得分	判定结果			实得分	备注
				100%	85%	70%		

序号	检查项目	应得分	100%	85%	70%	实得分	备注
1	管道及支架安装	20					
2	卫生洁具及给水配件安装	20					
3	设备及配件安装	20					
4	管道、支架及设备的防腐及保温	20					
5	有排水要求的设备机房、房间地面的排水口及地漏	20					
检查结果	权重值20分。 应得分合计： 实得分合计： 建筑给水排水及采暖工程观感质量评分 = $\dfrac{实得分}{应得分} \times 20 =$							

评价人员：　　　　　年　月　日

7.2 建筑电气安装工程质量评价

Ⅰ 建筑电气安装工程性能检测

7.2.1 建筑电气安装工程性能检测应检查的项目包括：
1. 接地装置、防雷装置的接地电阻测试；
2. 照明全负荷试验；
3. 大型灯具固定及悬吊装置过载测试。

建筑电气安装工程的施工试验表式及其实施要点可参照本书第3章建筑建筑电气安装

工程中的相关章节。
7.2.2 建筑电气安装工程性能检测检查评价方法应符合第 1.5.1 条的规定。
7.2.3 建筑电气安装工程性能检测评分应符合表 7.2.3 的规定。

建筑电气安装工程性能检测评分表　　　　表 7.2.3

工程名称		施工阶段		检查日期	年　月　日
施工单位				评价单位	

序号	检查项目	应得分	判定结果 100%	判定结果 70%	实得分	备注
1	接地装置、防雷装置的接地电阻测试	40				
2	照明全负荷试验	30				
3	大型灯具固定及悬吊装置过载测试	30				
检查结果	权重值30分。 应得分合计： 实得分合计： 　　建筑电气安装工程性能检测评分 = $\frac{实得分}{应得分} \times 30 =$ 　　　　　　　　　　　　　　　评价人员：　　　　　　年　月　日					

7.2.4 建筑电气安装工程性能的施工试验用表。
1．电气接地电阻测试记录见电气接地电阻测验记录表 C2-20-2。
2．绝缘电阻测试记录表式及实施要点见本书第3章表 C2-20-1。
3．建筑物照明全负荷通电试运行记录见表 C3-14。
4．大型照明灯具吊环承载力试验记录见大型灯具牢固性试验记录表 C3-15。

Ⅱ　电气安装工程质量记录

7.2.5 建筑电气安装工程质量记录应检查的项目包括：
1．材料、设备出厂合格证及进场验收记录
1）材料及元件出厂合格证及进场验收记录；
2）设备及器具出厂合格证及进场验收记录。
2．施工记录
1）电气装置安装施工记录；
2）隐蔽工程验收记录；
3）检验批、分项、分部（子分部）工程质量验收记录。
3．施工试验
1）导线、设备、元件、器具绝缘电阻测试记录；
2）电气装置空载和负荷运行试验记录。
建筑电气工程的材料、设备出厂合格证及进场验收记录、施工记录、施工试验表式及其实施要点可参照本书第2章、第3章建筑电气工程中的相关章节。
7.2.6 建筑电气工程质量记录检查评价方法应符合第 1.5.2 条的规定。
7.2.7 电气安装工程质量记录资料汇总表。
电气安装工程质量记录的汇总，是按检验批、分项、分部（子分部）工程质量验收资料及其要求提供的材料合格证及进场验收记录、施工记录、施工试验资料，按表列出明细，可借助表7.2.7进行。经过对资料按标准规定的评价方法与判定，将其结果填入评分表。

电气安装工程质量记录资料汇总表　　　　　　　　　　表7.2.7

序号	资料项目名称		资料分数及编号	判定情况
1. 材料、设备出厂合格证及进场验收记录	材料及元件	电线电缆		
		开关、插座、接线盒		
		灯具及附件		
		其他材料、元件		
	设备器具	电动机、加热器		
		高、低压成套配电柜		
		变压器等		
		其他设备、器具		
2. 施工记录	电气安装施工记录			
	隐蔽工程验收记录			
	检验批质量验收记录			
	分项工程质量验收记录			
	分部（子分部）工程质量验收记录			
3. 施工试验	高、低压电气设备及布线系统交接试验记录			
	电气装置空载和负荷运行试验记录			

汇总人：　　　　　　　　年　月　日

7.2.8 建筑电气安装工程质量记录评分表。

建筑电气安装工程质量记录评分表　　　　　　　　　　表7.2.8

工程名称			施工阶段		检查日期		年　月　日
施工单位					评价单位		
序号	检查项目		应得分	判定结果			实得分	备注
				100%	85%	70%		

序号		检查项目	应得分	100%	85%	70%	实得分	备注
1	材料、设备合格证、进场验收记录	材料及元件出厂合格证及进场验收记录	15					
		设备及器具出厂合格证及进场验收记录	15					
2	施工记录	电气装置安装施工记录	10					
		隐蔽工程验收记录	10					
		检验批、分项、分部（子分部）工程质量验收记录	20					
3	施工试验	导线、设备、元件、器具绝缘电阻测试记录	15					
		电气装置空载和负荷运行试验记录	15					
检查结果	权重值30分。 应得分合计： 实得分合计： 建筑电气安装工程质量记录评分 = $\dfrac{实得分}{应得分} \times 30 =$							

评价人员：　　　　　　　　年　月　日

Ⅲ 建筑电气安装工程尺寸偏差及限值实测

7.2.9 建筑电气安装工程尺寸偏差及限值实测检查项目表。

建筑电气安装工程尺寸偏差及限值实测检查项目表 表 7.2.9

序号	项目	允许偏差
1	柜、屏、台、箱、盘安装垂直度	1.5‰
2	同一场所成排灯具中心线偏差	5mm
3	同一场所的同一墙面,开关、插座面板的高度差	5mm

7.2.10 建筑电气安装工程尺寸偏差及限值实测检查评价方法应符合第 1.5.3 条的规定。

建筑电气安装工程尺寸偏差及限值实测的汇总,是根据施工单位提供经项目监理机构审核同意的相关同类检验批或分项工程质量验收记录,按标准规定在相应资料中随机抽取的工程质量验收资料中的尺寸偏差及限值,再将必要时现场实际抽查实测资料的数据进行汇总并分析计算。按表列出明细,可借助表 7.2.10 进行。经过对资料按标准规定的评价方法与判定,将其结果填入评分表。

建筑电气安装工程尺寸偏差及限值实测数据汇总表 表 7.2.10

序号	允许偏差及限值项目	尺寸偏差及限值实测数值	数据分析
1	柜、屏、台、箱、盘安装垂直度		
2	同一场所成排灯具中心线偏差		
3	同一场所的同一墙面,开关、插座面板的高度差		

汇总人：　　　　　　年　月　日

7.2.11 建筑电气安装工程尺寸偏差及限值实测评分应符合表 7.2.11 的规定。

建筑电气安装工程尺寸偏差及限值实测评分表 表 7.2.11

工程名称			施工阶段			检查日期	年 月 日	
施工单位						评价单位		
序号	检查项目			应得分	判定结果		实得分	备注
					100%	85%	70%		
1	柜、屏、台、箱、盘安装垂直度			30					
2	同一场所成排灯具中心线偏差			30					
3	同一场所的同一墙面,开关、插座面板的高度差			40					
检查结果	权重值 10 分。 应得分合计： 实得分合计： 　　　建筑电气安装工程尺寸偏差及限值实测评分＝$\frac{实得分}{应得分}\times 10=$ 　　　　　　　　　　　　　　评价人员：　　　　　　年　月　日								

Ⅳ 建筑电气安装工程观感质量

7.2.12 建筑电气安装工程观感质量应检查的项目包括：
1. 电线管（槽）、桥架、母线槽及其支吊架安装；
2. 导线及电缆敷设（含色标）；
3. 接地、接零、跨接、防雷装置；
4. 开关、插座安装及接线；
5. 灯具及其他用电器具安装及接线；
6. 配电箱、柜安装及接线。

建筑电气安装工程的施工记录、施工试验表式及其实施要点可参照本书第3章建建筑电气安装工程中的相关章节。

7.2.13 建筑电气安装工程观感质量检查评价方法应符合第1.5.4条的规定。

7.2.14 建筑电气安装工程观感质量检查辅助表。

建筑电气安装工程观感质量检查辅助表是对每个检查项目的检查点进行观察辅以必要的量测和检查分部（子分部）工程质量检查记录，按标准规定的"好"、"一般"、"差"给出评价，按标准规定的评价方法与判定，经分析计算判定将其结果填入评分表。

建筑电气安装工程观感质量检查辅助表　　　　　　　表 7.2.14

序号	检查项目	检查点检查结果			检查资料依据		检查结果
		检查点数	好的点数	一般的点数	差的点数	分部（子分部）验收记录	现场检查记录	
1	电线管、桥架、母线槽及其支吊架安装							
2	导线及电缆敷设							
3	接地、接零、跨接、防雷装置							
4	开关、插座安装及接线							
5	灯具及其他用电器具安装及接线							
6	配电箱、柜安装及接线							

汇总人：　　　　　　　年　月　日

7.2.15 建筑电气安装工程观感质量评分应符合表 7.2.15 的规定。

建筑电气安装工程观感质量评分表　　　　　　　表 7.2.15

工程名称		施工阶段		检查日期		年　月　日	
施工单位				评价单位			
序号	检查项目		应得分	判定结果			实得分	备注
				100%	85%	70%		
1	电线管（槽）、桥架、母线槽及其支吊架安装		20					
2	导线及电缆敷设（含色标）		10					
3	接地、接零、跨接、防雷装置		20					
4	开关、插座安装及接线		20					

续表

工程名称			施工阶段		检查日期		年 月 日
施工单位					评价单位		
序号	检查项目		应得分	判定结果		实得分	备注
				100%	85% 70%		
5	灯具及其他用电器具安装及接线		20				
6	配电箱、柜安装及接线		10				
检查结果	权重值20分。 应得分合计： 实得分合计： 建筑电气安装工程观感质量评分 = $\dfrac{实得分}{应得分} \times 20 =$						
					评价人员：		年 月 日

7.3 通风与空调工程质量评价

Ⅰ 通风与空调工程性能检测

7.3.1 通风与空调工程性能检测应检查的项目包括：
1. 空调水管道系统水压试验；
2. 通风管道严密性试验；
3. 通风、除尘、空调、制冷、净化、防排烟系统无生产负荷联合试运转与调试。

通风与空调工程的施工试验表式及其实施要点可参照本书第3章建筑通风与空调工程中的相关章节。

7.3.2 通风与空调工程性能检测检查评价方法应符合第1.5.1条的规定。

7.3.3 通风与空调工程性能检测评分应符合表7.3.3的规定。

通风与空调工程性能检测评分表　　　　　表7.3.3

工程名称		施工阶段		检查日期		年 月 日
施工单位				评价单位		
序号	检查项目		应得分	判定结果	实得分	备注
				100%　　70%		
1	空调水管道系统水压试验		20			
2	通风管道严密性试验		30			
3	通风、除尘系统联合试运转与调试		15			
	空调系统联合试运转与调试		15			
	制冷系统联合试运转与测试		(15)			
	净化空调系统联合试运转与调试		(10)			
	防排烟系统联合试运转与调试		15			
检查结果	权重值30分。 应得分合计： 实得分合计： 通风与空调工程性能检测评分 = $\dfrac{实得分}{应得分} \times 30 =$					
				评价人员：		年 月 日

7.3.4 通风与空调工程性能检测用表。

1. ＿＿＿＿＿管道、设备强度试验、严密性试验记录表见表 C2-13-1。
2. 阀门强度和严密性试验记录见第 3 章通风与空调工程表 C2-25-4。
3. 风管漏光检测记录见表 7.3.4-1。

风管漏光检测记录　　　　　　　　表 7.3.4-1

工程名称		试验日期	
系统名称		工作压力（Pa）	
风管级别		试验压力（Pa）	
系统接缝总长度（m）		每 10m 接缝为一检测段的分段数	
检测光源			
分段序号	实测漏光点数（个）	每 10m 接缝的允许漏光点数（个/10m）	结　论
合　计	总漏光点数（个）	每 100m 接缝的允许漏光点数（个/100m）	结　论

检测结果：			
参加人员	监理（建设）单位	施 工 单 位		
		专业技术负责人	质 检 员	试 验 员

4. 风管漏风检测记录见第 3 章风管及部件严密性试验记录表 C2-25-6。
5. 制冷机组、单元式空调机组试运转记录见表 C2-27-1-4。
6. 空调水系统试运转调试记录见空调水系统连续运转与调试记录表 C2-28-2-2。
7. 空调制冷系统试运转调试记录见表 C2-28-1。
8. 防排烟系统联合试运转记录见防排烟系统联合试运行及调试记录表 C2-28-3。
9. 通风空调系统无生产负荷联合试运转记录见表 7.3.4-9。

通风空调系统无生产负荷联合试运转记录

表 7.3.4-9

工程名称				试运转日期	
监理单位				施工执行标准名称及编号	
试运转测试仪表或设备精度等级				项目经理	

项目	序号	内容		检查结果	判定
空调工程	1	总风量与设计值比较			
	2	冷、热水总流量与设计值比较			
	3	冷却水总流量与设计值比较			
	4	舒适空调的温度、相对湿度			
	5	恒温恒湿房间室内温湿度、相对湿度及波动范围			
	6	空调机组水流量与设计值比较			
	7	与 BA、FA 配合情况			
	8	多台冷却塔进出水量均衡情况			
	9	其他			
洁净空调工程	1	单向流洁净室系统总风量与设计值比较			
	2	室内各风口风量与设计值比较			
	3	系统总新风量与设计新风量的比较			
	4	单向流洁净室平均风速及均匀度			
	5	单向流洁净室内新风量与设计值比较			
	6	洁净室间或洁净室与室外的静压差值			
	7	室内洁净度测定			
通风工程	1	各风口或吸风罩风量与设计值比较			
	2	湿式除尘器供排水情况			
	3	设备及主要部件的联动、自动调节、自动防护情况			
防排烟工程	1	系统总风量与设计值比较			
	2	正压送风的余压值测定	防烟楼梯间		
			消防楼梯间、封闭避难间		
	3	其他			

试运转联动结果：

参加人员	监理（建设）单位	施 工 单 位		
		专业技术负责人	质 检 员	试 验 员

Ⅱ 通风与空调工程质量记录

7.3.5 通风与空调工程质量记录应检查的项目包括：

1. 材料、设备出厂合格证及进场验收记录
 1）材料、风管及部件出厂合格证及进场验收记录；
 2）仪表、设备出厂合格证及进场验收记录。
2. 施工记录
 1）风管及部件加工制作记录；
 2）风管系统、管道系统安装记录；
 3）防火阀、防排烟阀、防爆阀等安装记录；
 4）设备（含水泵、风机、空气处理设备、空调机组和制冷设备等）安装记录；
 5）隐蔽工程验收记录；
 6）检验批、分项、分部（子分部）工程质量验收记录。
3. 施工试验
 1）空调水系统阀门安装前试验；
 2）设备单机试运转及调试；
 3）防火阀、排烟阀（口）启闭联动试验。

通风与空调工程的材料、设备出厂合格证及进场验收记录、施工记录、施工试验表式及其实施要点可参照本书第 2 章、第 3 章建筑通风与空调工程中的相关章节。

7.3.6 通风与空调工程质量记录检查方法应符合第 1.5.2 条的规定。

通风与空调工程质量记录的汇总，是按检验批、分项、分部（子分部）工程质量验收资料及其要求提供的材料合格证及进场验收记录、施工记录、施工试验资料，按表列出明细，可借助表 7.3.5 进行。经过对资料按标准规定的评价方法与判定，将其结果填入评分表。

通风与空调工程质量记录资料汇总表　　　表 7.3.5

序　号	资料项目名称	资料分数及编号	判定情况
1. 材料、设备出厂合格证及进场验收记录	材料、风管及部件出厂合格证及进场验收记录		
	设备出厂合格证及进场验收记录		
2. 施工记录	风管及部件加工记录		
	风管系统、管道系统安装记录		
	防火阀、防排烟阀、防爆阀等安装记录		
	设备（含水泵、风机、空气处理设备、空调机组和制冷设备等）安装记录		
	隐蔽工程验收记录		
	检验批工程质量验收记录		
	分项工程质量验收记录		
	分部（子分部）工程质量验收记录		
3. 施工试验	空调水系统阀门安装前试验		
	设备单机试运转及调试		
	防火阀、排烟阀（口）启闭联动试验		

汇总人：　　　　　　　年　月　日

7.3.7 通风与空调工程质量记录评分应符合表7.3.6的规定。

通风与空调工程质量记录评分表

工程名称			施工阶段		检查日期		年 月 日	
施工单位					评价单位			
序号	检查项目		应得分	判定结果			实得分	备注
				100%	85%	70%		
1	材料、设备出厂合格证及进场验收记录	材料、风管及部件出厂合格证及进场验收记录	15					
		仪表、设备出厂合格证及进场验收记录	15					
2	施工记录	风管及部件加工制作记录	5					
		风管系统、管道系统安装记录	10					
		防火阀、防排烟阀、防爆阀等安装记录	10					
		设备（含水泵、风机、空气处理设备、空调机组和制冷设备等）安装记录	5					
		隐蔽工程验收记录	5					
		检验批、分项、分部（子分部）工程质量验收记录	5					
3	施工试验	空调水系统阀门安装前试验	10					
		设备单机试运转及调试	10					
		防火阀、排烟阀（口）启闭联动试验	10					
检查结果	权重值30分。 应得分合计： 实得分合计： 通风与空调工程质量记录评分 = $\frac{实得分}{应得分} \times 30 =$							
	评价人员：				年 月 日			

Ⅲ 通风与空调工程尺寸偏差及限值实测

7.3.8 通风与空调工程尺寸偏差及限值实测应检查的项目包括：

1. 风口尺寸允许偏差：圆形 $\phi \leqslant 250mm$，$0 \sim -2mm$；$\phi > 250mm$，$0 \sim -3mm$。矩形，边长 $< 300mm$，$0 \sim -1mm$；边长 $300 \sim 800mm$，$0 \sim -2mm$；边长 $> 800mm$，$0 \sim -3mm$。

2. 风口水平安装水平度偏差 $\leqslant 3/1000$；风口垂直安装的垂直度偏差 $\leqslant 2/1000$。

3. 防火阀距墙表面的距离不宜大于 200mm。

7.3.9 通风与空调工程尺寸偏差及限值实测检查评价方法：

检查项目为允许偏差项目时，项目各测点实测值均达到规范规定值，且有80%及其以上的测点平均实测值小于等于规范规定值0.8倍的为一档，取100%的标准分值；检查项目各测点实测值均达到规范规定值，且有50%及其以上，但不足80%的测点平均实测值小于等于规范规定值0.8倍的为二档，取85%的标准分值；检查项目各测点实测值均达到规范规定的为三档，取70%的标准分值。

检查项目为双向限值项目时，项目各测点实测值均能满足规范规定值，且其中有

50%及其以上测点实测值接近限值的中间值的为一档，取100%的标准分值；各测点实测值均能满足规范规定值范围的为二档，取85%的标准分值；凡有测点经过处理后达到规范规定的为三档，取70%的标准分值。

当允许偏差、限值两都有时，取较低档项目的判定值。

检查方法：在各相关同类检验批或分项工程中，随机抽取10个检验批或分项工程，不足10个抽取的全部进行分析计算。必要时，可进行现场抽测。

风口口径尺寸允许偏差检查用表7.3.8。

风口口径尺寸允许偏差表　　　　　　　　　　　　　表7.3.8

13	风口尺寸		允许偏差（mm）	量测值（mm）					
1)	圆形风口	直径（mm）	≤250	0~-2					
			>250	0~-3					
2)	矩形风口	边长（mm）	<300	0~-1					
			300~800	0~-2					
			>800	0~-3					
		对角线长度（mm）	<300	≤1					
			PO300~500	≤2					
			>500	≤3					

注：每检验批检查数量按类别、批分别抽查5%，不得少于1个。

7.3.10 通风与空调工程实测数据汇总表。

通风与空调工程尺寸偏差及限值实测的汇总，是根据施工单位提供经项目监理机构审核同意的相关同类检验批或分项工程质量验收记录，按标准规定在相应资料中随机抽取的工程质量验收资料中的尺寸偏差及限值，再将必要时现场实际抽查实测资料的数据进行汇总并分析计算。按表列出明细，可借助表7.3.9进行。经过对资料按标准规定的评价方法与判定，将其结果填入评分表。

通风与空调工程实测数据汇总表　　　　　　　　　　表7.3.9

序号	项目允许偏差值		允许偏差测量数值					数据分析
1	风口口径尺寸	圆形						
		矩形						
2	风口安装偏差	水平安装						
		垂直安装垂直度						
3	防火阀距墙表面的距离							

汇总人：　　　　　　年　月　日

7.3.11 通风与空调工程尺寸偏差及限值实测评分应符合表 7.3.10 的规定。

通风与空调尺寸偏差及限值实测评分表　　　　　表 7.3.10

工程名称			施工阶段		检查日期		年　月　日
施工单位				评价单位			
序号	检查项目		应得分	判定结果			实得分	备注
				100%	85%	70%		
1	风口尺寸		40					
2	风口水平安装的水平度，风口垂直安装的垂直度		30					
3	防火阀距墙表面的距离		30					
检查结果	权重值 10 分。 应得分合计： 实得分合计： 　　通风与空调工程尺寸偏差及限值实测评分 = $\dfrac{实得分}{应得分} \times 10$ = 　　　　　　　　　　　　　　　　　　　　　评价人员：　　　　　年　月　日							

Ⅳ　通风与空调工程观感质量

7.3.12 通风与空调工程观感质量应检查的项目包括：

1. 风管制作；
2. 风管及其部件、支吊架安装；
3. 设备及配件安装；
4. 空调水管道安装；
5. 风管及管道保温。

通风与空调工程的施工记录、施工试验表式及其实施要点可参照本书第 3 章通风与空调工程中的相关章节。

7.3.13 通风与空调工程观感质量检查评价方法应符合第 1.5.4 条的规定。

7.3.14 通风与空调工程观感质量检查辅助表。

工程观感质量检查辅助表是对每个检查项目的检查点进行观察辅以必要的量测和检查分部（分子部）工程质量检查记录，按标准规定的"好"、"一般"、"差"给出评价，按标准规定的评价方法与判定，经分析计算判定将其结果填入评分表。

通风与空调工程观感质量检查辅助表　　　　　表 7.3.13

序号	检查项目		检查点检查结果				检查资料依据		检查结果
			检查点数	好的点数	一般的点数	差的点数	分部（子分部）验收记录	现场检查记录	
1	风管制作								
2	风管及其部件、支吊架安装	风管							
		部件							
		支吊架							
3	设备及部件安装	设备							
		部件							
4	空调水管道安装	管道							
		设备							
5	风管及管道保温	风管							
		管道							

汇总人：　　　　　年　月　日

7.3.15 通风与空调工程观感质量评分应符合表7.3.14的规定。

通风与空调工程观感质量评分表　　　　　　　表7.3.14

工程名称		施工阶段		检查日期			年　月　日	
施工单位			评价单位					
序号	检查项目		应得分	判定结果			实得分	备注
				100%	85%	70%		
1	风管制作		20					
2	风管及其部件、支吊架安装		20					
3	设备及配件安装		20					
4	空调水管道安装		20					
5	风管及管道保温		20					
检查结果	权重值20分。 应得分合计： 实得分合计： 通风与空调工程观感质量评分 = $\frac{实得分}{应得分} \times 20 =$ 　　　　　　　　　　　　　　　　　　评价人员：　　　　年　月　日							

7.4 电梯安装工程质量评价

Ⅰ 电梯安装工程性能检测

7.4.1 电梯安装工程性能检测应检查的项目包括：
1. 电梯、自动扶梯（人行道）电气装置接地、绝缘电阻测试；
2. 层门与轿门试验；
3. 曳引式电梯空载、额定载荷运行测试；
4. 液压式电梯超载和额定载荷运行测试；
5. 自动扶梯（人行道）制停距离测试。

电梯安装工程的施工试验表式及其实施要点可参照本书第3章建筑电梯安装工程中的相关章节。

7.4.2 电梯安装工程性能检测检查评分方法应符合第1.5.1条的规定。

7.4.3 电梯安装工程性能检测评分应符合表7.4.3的规定。

电梯安装工程性能检测评分表　　　　　　　表7.4.3

工程名称		施工阶段		检查日期		年　月　日	
施工单位			评价单位				
序号	检查项目		应得分	判定结果		实得分	备注
				100%	70%		
1	电梯、自动扶梯（人行道）电气装置接地、绝缘电阻测试		30				
2	层门与轿门试验		40				
3	曳引式电梯空载、额定载荷运行测试		30				
4	液压电梯超载和额定载运行测试		(30)				
5	自动扶梯（人行道）制停距离测试		(30)				
检查结果	权重值30分。 应得分合计： 实得分合计： 电梯安装工程性能检测评分 = $\frac{实得分}{应得分} \times 30 =$ 　　　　　　　　　　　　　　　　　　评价人员：　　　　年　月　日						

7.4.4 电梯安装工程性能检测用表。

1. 接地电阻测试记录表见表 C2-20-2。
2. 绝缘电阻测试记录表见表 C2-20-1。
3. 电缆敷设绝缘电阻测试记录见表 7.4.4-1。

电缆敷设绝缘电阻测试记录　　　　　　表 7.4.4-1

工程名称								施工日期				
分部工程名称								施工图号				
电缆编号	规格型号	起点	终点	敷设方式	电缆头形式	中间头数量	绝缘电阻（MΩ）			长度(m)		
							相间	对零	对地			

电缆支架安装记录：
1) 电缆支架最上至竖井顶部或楼板的距离为＿＿＿＿ m；
2) 电缆支架最下至沟底或地面的距离为＿＿＿＿ m；
3) 电缆支架间最小距离为＿＿＿＿ m。

试验结果：

参加人员	监理（建设）单位	施 工 单 位		
		专业技术负责人	质 检 员	试 验 员

4. 电梯层门安全装置检验记录见表 C2-35-10。
5. 电梯运行试验记录见电梯负荷运行试验记录表 C2-35-2。
6. 电梯运行试验曲线图见表 C2-35-3。
7. 自动扶梯、自动人行道整机运行试验记录见表 7.4.4-2。

自动扶梯、自动人行道整机运行试验记录　　　　　　表 7.4.4-2

安装单位		试验日期		
序	检查内容及标准规定要求			检查结果
1	在额定频率和额定电压下，梯级踏板或胶带的空载运行速度与额定速度之间允许偏差≤±5%			
2	扶手带的运行速度相对于梯级、踏板或胶带的速度允许偏差为 0～×2%			
3	空载运行，梯级、踏板或胶带及出入口盖板上 1m 处所测的噪声值应≤dB（A）			
4	空载和有载下行的制停距离应在下列范围内：			
	额定速度（m/s）	制停距离范围（m）	实 测（m）	
	0.50	0.20～1.00		
	0.65	0.30～1.30		
	0.75	0.35～1.50		
	0.90	0.40～1.70（自动人行道）		
	若额定速度在上述数值之间，制停距离用插入法计算；制停距离应从电气制动装置动作时开始测量			
5	各连接件、紧固件无松动、无异常响声，运行平稳；所有梯级、踏板或胶带应顺利通过梳齿板，与围裙板无刮碰现象；相临梯级踏板与踢板的啮合过程无摩擦			

续表

安装单位		试验日期		
序	检查内容及标准规定要求		检查结果	
6	空载情况下,连续上下运行2h,电动机、减速器温升≤60℃,油温≤80℃。各部件运行正常,不得有任何故障发生			
	手动或自动加油装置应油量适中,工作正常			
7	功能试验应根据制造厂提供的功能表进行,应齐全可靠			
8	扶手带材质应耐腐蚀,外表面应光滑平整,无刮痕,无尖锐物外露			
9	对梯级(踏板或胶带)、梳齿板、扶手带、护壁板、围裙板、内外盖板、前沿板及活动盖板等部位的外表面应清理			
参加人员	监理(建设)单位	施 工 单 位		
		专业技术负责人	质 检 员	试 验 员

Ⅱ 电梯安装工程质量记录

7.4.5 电梯安装工程质量记录应检查的项目包括:

1. 设备、材料出厂合格证、安装使用技术文件和进场验收记录
   1) 土建布置图;
   2) 电梯产品(整机)出厂合格证;
   3) 重要(安全)零(部)件和材料的出厂合格证及型式试验证书;
   4) 安装说明书(图)和使用维护说明书;
   5) 动力电路和安装电路的电气原理图、液压系统图(如有液压电梯时);
   6) 装箱单;
   7) 设备、材料进场(含开箱)检查验收记录。

2. 施工记录
   1) 机房(如有时)、井道土建交接验收检查记录;
   2) 机械、电气、零(部)件安装隐蔽工程验收记录;
   3) 机械、电气、零(部)件安装施工记录;
   4) 分项、分部(子分部)工程质量验收记录。

3. 施工试验
   1) 安装过程的机械、电气零(部)件调整测试记录;
   2) 整机运行试验记录。

电梯安装工程的设备、材料出厂合格证、安装使用技术文件和进场验收记录、施工记录、施工试验表式及其实施要点可参照本书第2章、第3章建筑电梯安装工程中的相关章节。

7.4.6 电梯工程质量记录检查评价方法应符合第1.5.2条的规定。

7.4.7 电梯安装工程质量记录资料汇总表。

电梯安装工程质量记录的汇总,是按检验批、分项、分部(子分部)工程质量验收资

料及其要求提供的材料合格证及进场验收记录、施工记录、施工试验资料，按表列出明细，可借助表7.4.7进行。经过对资料按标准规定的评价方法与判定，将其结果填入评分表。

电梯安装工程质量记录资料汇总表 表7.4.7

序　号	资料项目名称	分数及编号	判定内容	判定情况
1. 设备、材料合格证及进场验收记录	土建布置图			
	电梯（整机）出厂合格证			
	重要（安全）零（部）件合格证及形式试验报告			
	安装及使用维护说明书			
	动力电路图、安全电路的电气原理图、液压系统图			
	装箱单			
	设备、材料进场（含开箱）检查验收记录			
2. 施工记录	土建交接记录			
	安装隐蔽记录			
	驱动主机、导轨、门系统、安全部件、整机安装等施工记录			
	分项工程质量验收记录			
	分部工程（或单梯）质量验收记录			
3. 施工试验	安装过程的机械、电气零（部）件调试主电源开关切断使用情况检测记录；			
	导轨安装基准线控制记录			
	电梯安全保护装置检验验收记录			
	自动扶梯、自动人行道检验验收记录			
	曳引式、液压式电梯、自动扶梯、自动人行道整机试运行记录			

汇总人：　　　　　　　　　　　　　年　月　日

7.4.8 电梯安装工程质量记录评分应符合表7.4.8的规定。

电梯安装工程质量记录评分表 表7.4.8

工程名称		施工阶段		检查日期		年 月 日	
施工单位				评价单位			

序号	检查项目		应得分	判定结果			实得分	备注
				100%	85%	70%		
1	设备、材料出厂合格证、安装使用技术文件和进场验收记录	土建布置图	5					
		电梯产品（整机）出厂合格证	5					
		重要（安全）零（部）件和材料的出厂合格证及型式试验证书	5					
		安装说明书（图）和使用维护说明书	3					
		动力电路和安装电路的电气原理图、液压系统图（如有液压电梯时）	5					
		装箱单	2					
		设备、材料进场（含开箱）检查验收记录	5					

续表

工程名称			施工阶段		检查日期		年 月 日	
施工单位					评价单位			
序号	检查项目		应得分	判定结果			实得分	备注
				100%	85%	70%		
2	施工记录	机房、井道土建交接验收检查记录	10					
		机械、电气、零（部）件安装隐蔽工程验收记录	10					
		机械、电气、零（部）件安装施工记录	10					
		分项、分部（子分部）工程质量验收记录	10					
3	施工试验	安装过程的机械、电子零（部）件调整测试记录	15					
		整机运行试验记录	15					
检查结果	权重值 30 分。 应得分合计： 实得分合计：		电梯安装工程质量记录评分 = $\dfrac{实得分}{应得分} \times 30 =$ 评价人员：　　年　月　日					

Ⅲ 电梯安装工程尺寸偏差及限值实测

7.4.9 电梯安装工程尺寸偏差及限值实测应检查的项目包括：
1. 层门地坎至轿厢地坎之间水平距离；
2. 平层准确度；
3. 扶手带的运行速度相对梯级、踏板或胶带的速度允许偏差。

7.4.10 电梯安装工程尺寸偏差及限值实测项目检查评价方法应符合下列规定：
1. 检查标准：
1) 层门地坎至轿厢地坎之间的水平距离偏差为 0～+1mm，且最大距离≤35mm 为一档，取 100% 的标准分值；偏差超过+1mm，但不超过+3mm 的为三档，取 70% 的标准分值。
2) 平层准确度。
额定速度 $V \leqslant 0.63\text{m/s}$ 的交流双速电梯和其他交直流调速方式的电梯：平层准确度偏差不超过±5mm 的为一档，取 100% 的标准分值；偏差超过±5mm，但不超过±15mm 的为三档，取 70% 的标准分值。
$0.63\text{m/s} <$ 额定速度 $V \leqslant 1.0\text{m/s}$ 的交流双速电梯：平层准确度偏差不超过±10mm 的为一档，取 100% 的标准分值；偏差超过±10mm，但不超过±20mm 的为二档，取 85% 的标准分值；偏差超过±20mm，但不超过±30mm 的为三档，取 70% 的标准分值。
3) 扶手带的运行速度相对梯级、踏板或胶带的速度允许偏差：偏差值在 0～+0.5% 的为一档，取 100% 的标准分值；偏差值在 0～+（0.5～1）% 的为二档，取 85% 的标准分值；偏差值在 0~+（1~2）%的为三档，取 70%的标准分值。

2. 检查方法：抽测和检查检查记录，并进行统计计算。

7.4.11 电梯安装工程尺寸偏差及限值实测汇总表。

电梯安装尺寸偏差及限值实测的汇总，是根据施工单位提供经项目监理机构审核同意的相关同类检验批或分项工程质量验收记录，按标准规定在相应资料中随机抽取的工程质量验收资料中的尺寸偏差及限值，再将必要时现场实际抽查实测资料的数据进行汇总并分析计算。按表列出明细，可借助表 7.4.11 进行。经过对资料按标准规定的评价方法与判定，将其结果填入评分表。

电梯安装工程尺寸偏差及限值实测汇总表　　　　　表 7.4.11

序号	允许偏差及限值项目	尺寸偏差及限值实测数值	数据分析
1	层门地坎至轿厢地坎之间水平距离		
2	平层准确度		
3	扶手带的运行速度相对梯级、踏板或胶带的速度允许偏差		

汇总人：　　　　　年　月　日

7.4.12 电梯安装工程尺寸偏差及限值实测评分应符合表 7.4.12 的规定。

电梯安装工程尺寸偏差及限值实测评分表　　　　　表 7.4.12

工程名称		施工阶段			检查日期		年 月 日
施工单位					评价单位		
序号	检查项目	应得分	判定结果			实得分	备注
			100%	85%	70%		
1	层门地坎至轿厢地之间水平距离	50					
2	平层准确度	50					
3	扶手带的运行速度相对梯级、踏板或胶带的速度差	(100)					
检查结果	权重值 10 分。 应得分合计： 实得分合计： 　　电梯安装工程尺寸偏差及限值实测评分 = $\dfrac{\text{实得分}}{\text{应得分}} \times 10 =$						

评价人员：　　　　　年　月　日

Ⅳ　电梯安装工程观感质量

7.4.13 电梯安装工程观感质量应检查的项目包括：

1. 曳引式、液压式电梯

1）机房（如有时）及相关设备安装；

2）井道及相关设备安装；

3) 门系统和层站设施安装;
4) 整机运行。

2. 自动扶梯（人行道）

1) 外观;
2) 机房及其设备安装;
3) 周边相关设施;
4) 整机运行。

电梯安装工程的施工记录、施工试验表式及其实施要点可参照本书第3章建筑电梯安装工程中的相关章节。

7.4.14 电梯安装工程观感质量检查评价方法应符合第1.5.4条的规定。

7.4.15 电梯安装工程观感质量检查辅助表。

工程观感质量检查辅助表是对每个检查项目的检查点进行观察辅以必要的量测和检查分部（子分部）工程质量检查记录，按标准规定的"好"、"一般"、"差"给出评价，按标准规定的评价方法与判定，经分析计算判定将其结果填入评分表。

电梯安装工程观感质量检查辅助表　　　　表7.4.15

序号	检查项目		检查点检查结果				检查资料依据		检查结果
			检查点数	好的点数	一般的点数	差的点数	分部（子分部）验收记录	现场检查记录	
1. 引曳式、液压式电梯	(1)机房及相关设备	机房及其环境							
		驱动主机及油压泵站							
		电梯装置（机房井道）							
	(2)井道及相关设备	井道及底坑							
		轿厢、对重、悬挂装置、随行装置及补偿器装置							
	(3)门系统及层站	门及门套							
		层门指示灯及台唤按钮							
	(4)整机运行								
2. 自动扶梯	(1)外面								
	(2)机房及其设备								
	(3)周边相关设施								
	(4)整机运行								

汇总人：　　　　　　年　月　日

7.4.16 电梯安装工程观感质量评分应符合表7.4.16的规定。

电梯安装工程观感质量评分表　　　　　表 7.4.16

工程名称			施工阶段		检查日期		年 月 日
施工单位					评价单位		

序号	检查项目		应得分	判定结果			实得分	备注
				100%	85%	70%		
1	曳引式、液压式电梯	机房(如有时)及相关设备安装	30					
		井道及相关设备安装	30					
		门系统和层站设施安装	20					
		整机运行	20					
2	自动扶梯(人行道)	外观	(30)					
		机房及其设备安装	(20)					
		周边相关设施	(30)					
		整机运行	(20)					
检查结果	权重值20分。 应得分合计: 实得分合计: 电梯安装工程观感质量评分 = $\frac{实得分}{应得分} \times 20 =$							

评价人员：　　　　　年　月　日

7.5　智能建筑工程质量评价

7.5.1 智能建筑工程性能检测应检查的项目包括：

1．系统检测；

2．系统集成检测；

3．接地电阻测试。

智能建筑工程的施工试验表式及其实施要点可参照本书第3章建筑智能建筑工程中的相关章节。

7.5.2 智能建筑工程性能检测检查评价方法应符合下列规定：

1．检查标准：火灾自动报警、安全防范、通信网络等系统应由专业检测机构进行检测，按先各系统后系统集成进行检测。系统检测、系统集成检测一次检测主控项目达到合格，一般项目中不超过10%的项目（且不超过3项）经整改后达到合格的为一档，取100%的标准分值；主控项目有一项不合格或一般项目超过10%，不超过20%，且不超过5项，整改后达到合格的为三档，取70%的标准分值。

接地电阻测试一次检测达到设计要求的为一档，取100%的标准分值；经整改达到设计要求的为三档，取70%的标准分值。

2．检查方法：检查承包商及专业机构出具的检验报告并统计计算。

主观质量评价的主要技术指标及标准见表7.5.2。

主观质量评价的主要技术指标及标准 表7.5.2

序号	项目名称	测 试 频 道	主观评价标准
1	系统输出电平（dBμV）	系统的所有频道	60~80
2	系统载噪比	系统总频道的10%且不少于5个，不足5个全检，且分布于整个工作频段的高、中、低段	无噪波，即无"雪花干扰"
3	载波互调比	系统总频道的10%且不少于5个，不足5个全检，且分布于整个工作频段的高、中、低段	图像中无垂直、倾斜或水平条纹
4	交扰调制比	系统总频道的10%且不少于5个，不足5个全检，且分布于整个工作频段的高、中、低段	图像中无移动、垂直或斜，即无"窜台"
5	回波值	系统总频道的10%且不少于5个，不足5个全检，且分布于整个工作频段的高、中、低段	图像无沿水平方向分布在右边一条或多条轮廓线，即无"重影"
6	色/亮度时延差	系统总频道的10%且不少于5个，不足5个全检，且分布于整个工作频段的高、中、低段	图像中色、亮信息对齐，即无"彩色鬼影"
7	载波交流声	系统总频道的10%且不少于5个，不足5个全检，且分布于整个工作频段的高、中、低段	图像中无上下移动的水平条纹，即无"滚道"现象
8	伴音和调频广播的声音	系统总频道的10%且不少于5个，不足5个全检，且分布于整个工作频段的高、中、低段	无背景噪音，如丝丝声、哼声、蜂鸣声和串音等

7.5.3 智能建筑工程性能系统检测：

1. 通信网络系统检测

通信网络系统检测项目记录表。

通信网络系统检测项目记录表 表7.5.3-1

单位（子单位）工程			施工执行标准及编号	
施工单位			项目经理	
序号		检 测 项 目	检 测 记 录	备 注
1	程控电话系统	硬件故障率		
		系统再启动		
		计费差错率		
		硬件原因再启动		
		软件原因故障		
		分群设备可靠性		
		试运行模拟测试呼叫接通率，收费正确		
2	卫生电视及有线电视	系统输出电平		
		系统载噪比		
		载波互调比		
		交扰调制比		
		回波值		
		色/亮度时延差		
		载波交流声		
		伴音和调频广播声音		

续表

单位（子单位）工程				施工执行标准及编号		
施工单位				项目经理		
序号		检测项目			检测记录	备注
3	公共广播与紧急广播系统	放声系统分布				
		音质音量	最高输出电平			
			输出信噪比			
			声压级			
			频宽			
		音响效果主观评价				
		系统功能	业务广播			
			背景音乐			
			紧急广播优先			

汇总人： 年 月 日

2．信息网络系统检测

信息网络系统检测项目记录表。

信息网络系统检测项目记录表　　　表 7.5.3-2

单位（子单位）工程				施工执行标准及编号		
施工单位				项目经理		
序号		检测项目			检测记录	备注
1．计算机网络系统	1	网络设备连通性				
	2	路由检测				执行本规范第5.3.4条中规定
	3	容错功能检测	故障判断			执行本规范第5.3.5条中规定
			自动恢复			
			切换时间			
			故障隔离			
			自动切换			
	4	网络管理功能检测	设备连接图			执行本规范第5.3.6条中规定
			自诊断			
			节点流量			
			广播率			
			错误率			
2．网络安全系统	1	安全系统配置	防火墙			执行本规范第5.5.3条中规定
			防病毒			
	2	信息安全性	来自防火墙外模拟网络攻击			执行本规范第5.5.4条中规定
			对内部终端机访问控制			
			对公网络与控制网络的隔离			
			防病毒系统测试			
			入侵检测系统功能			
			内容过滤系统的有效性			
	3	应用系统安全性	身份认证			
			访问控制			

续表

单位（子单位）工程				施工执行标准及编号		
施工单位				项目经理		
序号		检测项目		检测记录		备注
2.网络安全系统	4	物理层安全	安全管理制度			执行本规范第5.3.7条中规定
			中心机房的环境要求			
			涉密单位的保密要求			
	5	应用系统安全	数据完整性			执行本规范第5.3.8条中规定
			数据保密性			
			安全审计			

注：本表内"本规范"一词系指《建筑工程施工质量评价标准》GB/T 50375—2006。

3．建筑设备监控系统工程检测

（1）空调与通风系统检测记录表

空调与通风系统检测记录表　　　　表 7.5.3-3

单位（子单位）工程				
施工单位			项目经理	
施工执行标准及编号				
检测项目		检测记录		备注
1	空调系统温度	控制稳定性		
		响应时间		
		控制效果		
2	空调系统相对湿度控制	控制稳定性		
		响应时间		
		控制效果		
3	新风量自动控制	控制稳定性		检测数量为每类机组按总数20%抽检，且不得少于5台，不足5台时全部检测，抽检设备全部符合设计要求时为检测合格。
		响应时间		
		控制效果		
4	预定时间表自动启停	控制稳定性		
		响应时间		
		控制效果		
5	节能优化控制	控制稳定性		
		响应时间		
		控制效果		
6	设备连锁控制	正确性		
		实时性		
7	故障报警	正确性		
		实时性		

汇总人：　　　　　　　　　　年　月　日

(2) 变配电系统检测记录表

变配电系统检测记录表　　　　　　　　　　　　　表 7.5.3-4

单位（子单位）工程			
施工单位		项目经理	
施工执行标准及编号			
	检 测 项 目	检 测 记 录	备 注
1	电气参数测量		各类参数按 20%抽检，且不得少于 20 点，被检参数合格率 100%时为检测合格
2	电气设备工作状态测量		
3	变配电系统故障报警		
4	高低压配电柜工作状态		各类参数全部检测，被检参数合格率 100%时为检测合格
5	电力变压器温度		
6	应急发电机组工作状态		
7	储油罐液位		
8	蓄电池组及充电设备工作状态（100%）		
9	不间断电源工作状态		

汇总人：　　　　　　　年　月　日

(3) 公共照明系统检测记录表

公共照明系统检测记录表　　　　　　　　　　　　表 7.5.3-5

单位（子单位）工程				
施工单位			项目经理	
施工执行标准及编号				
	检 测 项 目		检 测 记 录	备 注
1	公共照明设备监控	公共区域 1		1. 以光照度或时间表为依据，检测控制动作正确性 2. 按照明回路 20%抽检，且不得少于 10 路，抽检合格率 100%时为检测合格
		公共区域 2		
		公共区域 3		
		公共区域 4		
		公共区域 5		
		公共区域 6（园区景观）		
		公共区域 7（园区景观）		
2	检查手动开关功能			

汇总人：　　　　　　　年　月　日

(4) 给排水系统功能检测记录表

给排水系统功能检测记录表　　　　表 7.5.3-6

单位（子单位）工程				
施工单位		项目经理		
施工执行标准及编号				
		检 测 项 目	检 测 记 录	备 注
1	给水系统	参数检测：液位		
		参数检测：压力		
		参数检测：水泵运行状态		
		自动调节水泵转速		
		水泵投运切换		
		故障报警及保护		
2	排水系统	参数检测：液位		按系统50%数量抽检，且不得少于5点，被检系统合格率100%时为系统检测合格
		参数检测：压力		
		参数检测：水泵运行状态		
		自动调节水泵转速		
		水泵投运切换		
		故障报警及保护		
3	中水系统监控	液位		
		压力		
		水泵运行状态		

汇总人：　　　　　年　月　日

(5) 热源和热交换系统检测项目记录表

热源和热交换系统检测项目记录表　　　　表 7.5.3-7

单位（子单位）工程			施工执行标准及编号		
施工单位			项目经理		
		检 测 项 目		检 测 记 录	备 注
1	热源系统	参数检测			
		系统负荷调节			
		预定时间表启停			
		节能优化控制			
		故障检测记录与报警			
2	热交换系统	参数检测			系统功能全部检测，被检系统合格率100%时为检测合格
		系统负荷调节			
		预定时间表启停			
		节能优化控制			
		故障检测记录与报警			
3	能耗计量与统计				满足设计要求时为合格

汇总人：　　　　　年　月　日

(6) 冷冻和冷却水系统检测项目记录表

冷冻和冷却水系统检测项目记录表　　　　表 7.5.3-8

单位（子单位）工程			施工执行标准及编号	
施工单位			项目经理	
		检测项目	检测记录	备注
1	冷冻水系统	参数检测		
		系统负荷调节		
		预定时间表启停		
		节能优化控制		
		故障检测记录与报警		
		设备运行联动		系统功能全部检测，满足设计要求时为检测合格
2	冷却水系统	参数检测		
		系统负荷调节		
		预定时间表启停		
		节能优化控制		
		故障检测记录与报警		
		设备运行联动		
3	能耗计量与统计			满足设计要求时为合格

　　　　　　　　　　　　　　　　　　　　汇总人：　　　　年　月　日

(7) 电梯和自动系统检测项目记录表

电梯和自动系统检测项目记录表　　　　表 7.5.3-9

单位（子单位）工程			施工执行标准及编号	
施工单位			项目经理	
		检测项目	检测记录	备注
1	电梯系统	电梯运行状态		各系统全部检测，合格率100%时为检测合格
		故障检测记录与报警		
2	自动扶梯系统	扶梯运行状态		各系统全部检测，合格率100%时为检测合格
		故障检测记录与报警		

　　　　　　　　　　　　　　　　　　　　汇总人：　　　　年　月　日

(8) 系统实时性、可维护性、可靠性检测记录表

系统实时性、可维护性、可靠性检测记录表　　　　表 7.5.2-10

单位（子单位）工程				
施工单位			项目经理	
施工执行标准及编号				
	检 测 项 目		检 测 记 录	备　注
1	关键数据采样速度	满足合同文件		10%抽检且不得少于10台，合格率达90%为合格
		满足设备性能指标		
2	系统响应时间	满足合同文件		
		满足设备性能指标		
3	报警信号响应速度	满足合同文件		20%抽检且不得少于10台，合格率达100%为合格
		满足设备性能指标		
4	应用软件在线编程和修改	在线编程及修改		
		软件下载		
5	设备故障自检测	现场故障指标		对相应功能进行验证，功能得到验证或工作正常时为合格
		工作站显示和报警		
6	网络通信故障自检测	网络故障指标		
		工作站显示报警		
7	系统可靠性（启停设备时）			
	电源切换为 UPS 供电时			
	中央站冗余主机自动投入时			
			汇总人：	年　月　日

(9) 建筑设备监控系统检测项目记录表

建筑设备监控系统检测项目记录表　　　　表 7.5.3-11

单位（子单位）工程			
施工单位		项目经理	
施工执行标准及编号			
序号	检 测 项 目	检 测 记 录	备　注
1	空调与通风系统功能检测		
2	变配电系统功能检测		
3	公共照明系统功能检测		
4	给排水系统功能检测		
5	热和热交换系统功能检测		
6	冷冻和冷却水系统功能检测		
7	电梯和自动扶梯系统功能检测		
8	系统实时性检测		
9	系统可维护功能检测		
10	系统可靠性检测		
		汇总人：	年　月　日

4. 火灾自动报警及消防联动系统工程检测

火灾自动报警及消防联动系统检测项目记录见表 7.5.3-12。

火灾自动报警及消防联动系统检测项目记录表　　表 7.5.3-12

单位（子单位）工程				
施工单位		项目经理		
施工执行标准及编号				
序号	检 测 项 目		检 测 记 录	备　注
1	系统联运	与其他系统联动，系统应为独立系统		满足设计要求为检测合格
2	系统电磁兼容性防护			
3	火灾报警控制器人机界面	汉化图形界面		符合设计要求为检测合格
		中文屏幕菜单		
4	接口通信功能	消防控制室与建筑设备监控系统		符合设计要求为检测合格
		消防控制室与安全防范系统		
5	系统关联功能	公共广播与紧急广播共用		符合 GB 50166 有关规定
		安全防范子系统对火灾响应与操作		符合设计要求为检测合格
6	火灾探测器性能及安装状况	智能性		符合设计要求为检测合格
		普通性		
7	新型消防设施设置及功能	早期烟雾探测		符合设计要求为检测合格
		大空间早期检测		
		大空间红外图像矩阵火灾报警及灭火		
		可燃气体泄漏报警及联动		
检测意见：				

监理工程师签字　　　　　　　　　　　　检测机构负责人签字
（建设单位项目专业技术负责人）

日期　　　　　　　　　　　　　　　　　日期

5. 安全防范系统检测项目评价

(1) 综合防范功能系统检测记录表

综合防范功能系统检测记录表　　　　表7.5.3-13

单位（子单位）工程				
施工单位			项目经理	
施工执行标准及编号				
	检测项目		检测记录	备注
1	防范范围	设防情况		
		防范功能		
2	重点防范部位	设防情况		
		防范功能		
3	要害部门	设防情况		
		防范功能		
4	设备运行情况			综合防范功能符合设计要求时检测合格
5	防范子系统之间的联动			
6	监控中心图像记录	图像质量		
		保存时间		
7	监控中心报警记录	完整性		
		保存时间		
8	系统集成	系统接口		
		通信功能		
		信息传输		
9				

汇总人：　　　　　　　　　　年　月　日

(2) 安全防范综合管理系统检测记录表

安全防范综合管理系统检测记录表　　　　表7.5.3-14

单位（子单位）工程				
施工单位			项目经理	
施工执行标准及编号				
	检测项目		检测记录	备注
1	数据信息接口	对子系统工作状态观测并核实		
		对各子系统报警信息观测并核实		
		发送命令时子系统响应情况		
2	综合管理系统	正确显示子系统工作状态		各项系统功能和软件功能全部检测，符合设计要求为合格，合格率100%时系统检测合格
		对各类报警信息显示、记录、统计情况		
		数据报表打印		
		报警打印		
		操作方便性		
		人机界面友好、汉化、图形化		
		对子系统的控制功能		
3				
4				

汇总人：　　　　　　　　　　年　月　日

6. 综合布线工程检测

综合布线系统性能检测记录见表 7.5.3-15。

综合布线系统性能检测记录表　　　　　表 7.5.3-15

单位（子单位）工程			
施工单位		项目经理	
施工执行标准及编号			
	检 测 项 目	检 测 记 录	备 注
1	综合布线管理系统 中文平台管理软件 硬件设备图 楼层图 干线子系统及配线子系统配置 硬件设施工作状态		执行本规范第 3.2.6 条的规定合格，合格率 100%时系统检测合格
2	工程电气性能检测		本规范第 9.3.4 条的规定
3	光纤特性检测		

汇总人：　　　　　年　月　日

注：本表内"本规范"一词系指《建筑工程施工质量评价标准》GB/T 50375—2006。

7.5.4 智能建筑工程性能系统集成检测评价。

1. 系统集成工程验收记录表

系统集成工程验收记录表　　　　　表 7.5.4-1

单位（子单位）工程			
施工单位		项目经理	
施工执行标准及编号			
	检 测 项 目		检 测 记 录	备 注
1	系统的报警信息及处理	服务器端		各项检测应做到安全、正确、及时、无冲突，符合设计要求为合格，否则为不合格
		有权限的客户端		
2	设备连锁控制	服务器端		
		有权限的客户端		
3	应急状态的联动逻辑检测	现场模拟火灾信号		
		现场模拟非法侵入		
4	综合管理功能			运用安全验证满足功能需求
5	信息管理功能			
6	信息服务功能			
7	视频图像接入时	图像显示		满足设计要求的为合格
		图像切换		
		图像传输		
8	系统冗余和容错功能	双机备份及切换		满足设计要求的为合格
		数据库备份		
		备用电源及切换		
		通信链路冗余及切换		
		故障自诊断		
		事故条件下的安全保障措施		
9	与火灾自动报警系统相关性			
10	系统可靠性维护	可靠性维护说明及措施		符合设计要求的为合格
		设定系统故障检查		
11	系统集成安全性	身份认证		符合设计要求的为合格
		访问控制		
		信息加密和解密		
		抗病毒攻击能力		
12	工程实施及质量控制记录	真实性		符合设计要求的为合格
		准确性		
		完整性		

汇总人：　　　　　年　月　日

2. 防雷与接地系统检测记录表

防雷与接地系统检测记录表 表 7.5.4-2

单位（子单位）工程				
施工单位			项目经理	
施工执行标准及编号				
	检 测 项 目		检 测 记 录	备 注
1	防雷与接地系统引接	引接 GB 50303 验收合格的共用接地装置		执行本规范第 11.3.1 条
2	建筑物金属体作接地装置	接地电阻不应大于1Ω		
3	采用单独接地装置	接地装置测试点的设置		执行 GB 50303 第 24.1.1 条
		接地电阻值测试		执行 GB 50303 第 24.1.2 条
		接地模块的埋设深度、间距和基坑尺寸		执行 GB 50303 第 24.1.4 条
		接地模块设置应垂直或水平就位		执行 GB 50303 第 24.1.5 条
4	其他接地装置	防过流、过压元件接地装置		其设置应符合设计要求，连接可靠
		防电磁干扰屏蔽接地装置		
		防静电接地装置		
5	等电位联结	建筑物等电位联结干线的连接及局部等电位箱间的连接		执行 GB 50303 第 27.1.1 条
		等电位联结的线路最小允许截面积		执行 GB 50303 第 27.1.2 条
6	防过流和防过压接地装置、防电磁干扰屏蔽接地装置、防静电接地装置	接地装置埋设深度、间距和搭接长度		执行 GB 50303 第 24.2.1 条
		接地装置的材质和最小允许规格		执行 GB 50303 第 24.2.2 条
		接地模块与干线的连接干线材质选用		执行 GB 50303 第 24.2.3 条
7	等电位联结	等电位联结的可接近裸露导体或其他金属部件、构件与支线的连接可靠，导通正常		执行 GB 50303 第 27.2.1 条
		需等电位联结的高级装修金属部件或零件等电位联结的连接		执行 GB 50303 第 27.2.2 条

汇总人： 年 月 日

7.5.5 智能建筑工程检测项目汇总表。

工程性能检测的汇总,包括检测报告、检测记录等,汇总统计表按资料名细记列,并按不同检测报告根据内容按标准规定做出判定,可借助表7.5.5进行。经过对资料的评价与判定,将其结果填入评分表。

系统检测项目汇总表　　　　　　　　　　　　　　　表7.5.5

序号	系统检测名称	达到设计要求判定档次	系统检测判定档次
1	通信网络系统		
2	信息网络系统		
3	建筑设备监控系统		
4	火灾自动报警及消防联动系统		
5	安全防范系统		
6	综合布线系统		

7.5.6 智能建筑工程性能检测评分应符合表7.5.6的规定。

智能建筑工程性能检测评分表　　　　　　　　　　表7.5.6

工程名称		施工阶段		检查日期	年　月　日
施工单位				评价单位	
序号	检查项目	应得分	判定结果 100%　70%	实得分	备注
1	系统检测	60			
2	系统集成检测	30			
3	接地电阻测试	10			
检查结果	权重值30分。 应得分合计: 实得分合计:	智能建筑工程性能检测评分 $= \dfrac{\text{实得分}}{\text{应得分}} \times 30 =$			
		评价人员:　　　年　月　日			

7.5.7 智能建筑工程质量记录应检查的项目包括:

1. 材料、设备、软件合格证及进场验收记录;
1) 材料出厂合格证及进场验收记录;
2) 设备、软件出厂合格证及进场验收记录;
3) 随机文件:设备清单、产品说明书、软件资料清单、程序结构说明、安装调试说明书、使用和维护说明书、装箱清单及开箱检查验收记录。

2. 施工记录
1) 系统安装施工记录;
2) 隐蔽工程验收记录;
3) 检验批、分项、分部(子分部)工程质量验收记录。

3. 施工试验
1) 硬件、软件产品设备测试记录;

2）系统运行调试记录。

智能建筑工程的材料、设备、软件合格证及进场验收记录、施工记录、施工试验表式及其实施要点可参照本书第3章建筑智能建筑工程中的相关章节。

7.5.8 智能建筑工程质量记录资料汇总表。

智能建筑工程质量记录的汇总，是按检验批、分项、分部（子分部）工程质量验收资料及其要求提供的材料合格证及进场验收记录、施工记录、施工试验资料，按表列出明细，可借助表7.5.8进行。经过对资料按标准规定的评价方法与判定，将其结果填入评分表。

智能建筑工程质量记录资料汇总表　　　　　　　　　　　　　表7.5.8

序　号	质量记录名称	份数及编号	判定内容	判定情况
1. 材料、设备、软件合格证及进场验收记录	缆线、线槽、线管、支架、材料合格证、进场验收报告			
	硬件设备合格证及进场验收记录			
	软件出厂合格证及进场验收记录			
	随机文件			
2. 施工记录	系统安装施工记录			
	隐蔽工程验收记录			
	分项工程质量验收记录			
	子分部工程质量验收记录			
3. 施工试验	硬件试验记录			
	软件试验记录			
	系统试运行调试记录			

汇总人：　　　　　　　　　　年　月　日

7.5.9 智能建筑质量记录检查评价方法应符合第1.5.2条的规定。

智能建筑工程质量记录评分表　　　　　　　　　　　　　表7.5.9

工程名称			施工阶段		检查日期		年　月　日	
施工单位					评价单位			
序号	检查项目		应得分	判定结果			实得分	备注
				100%	85%	70%		
1	材料、设备、软件合格证及进场验收记录	材料出厂合格证及进场验收记录	10					
		设备、软件出厂合格证及进场验收记录	10					
		随机文件	10					
2	施工记录	系统安装施工记录	15					
		隐蔽工程验收记录	10					
		检验批、分项、分部（子分部）工程质量验收记录	15					
3	施工试验	硬件、软件产品设备测试记录	15					
		系统运行调试记录	15					
检查结果	权重值30分。 应得分合计： 实得分合计： 智能建筑工程质量记录评分 = $\dfrac{实得分}{应得分} \times 30 =$ 评价人员：　　　　年　月　日							

7.5.10 智能建筑工程尺寸偏差及限值实测应检查的项目包括：
  1. 机柜、机架安装垂直度偏差≤3mm；
  2. 桥架及线槽水平度≤2mm/m；垂直度≤3mm。

7.5.11 智能建筑工程尺寸偏差及限值实测检查评价方法应符合第1.5.3条的规定。

7.5.12 智能建筑工程尺寸偏差及限值实测汇总表。

智能建筑工程尺寸偏差及限值实测的汇总，是根据施工单位提供经项目监理机构审核同意的相关同类检验批或分项工程质量验收记录，按标准规定在相应资料中随机抽取的工程质量验收资料中的尺寸偏差及限值，再将必要时现场实际抽查实测资料的数据进行汇总并分析计算。按表列出明细，可借助表7.5.12进行。经过对资料按标准规定的评价方法与判定，将其结果填入评分表。

智能建筑工程尺寸偏差及限值实测汇总表　　　　表7.5.12

序号	尺寸偏差及限值项目	尺寸偏差及限值实测数据					数据分析
1	机柜、机架安装垂直度≤3mm						
2	桥架及线槽水平度≤2mm/m						
	桥架及线槽垂直度≤3mm						

汇总人：　　　　　　年　月　日

7.5.13 智能建筑工程尺寸偏差及限值实测评分应符合表7.5.13的规定。

智能建筑工程尺寸偏差及限值实测评分表　　　　表7.5.13

工程名称		施工阶段		检查日期		年 月 日	
施工单位				评价单位			
序号	检查项目		应得分	判定结果		实得分	备注
				100%	85%	70%	
1	机柜、机架安装垂直度偏差		50				
2	桥架及线槽水平度、垂直度		50				
检查结果	权重值10分。 应得分合计： 实得分合计： 智能建筑工程尺寸偏差及限值实测评分 = $\dfrac{实得分}{应得分} \times 10 =$						
				评价人员：　　　　　　年　月　日			

7.5.14 智能建筑工程观感质量应检查的项目包括：
  1. 综合布线、电源及接地线等安装；
  2. 机柜、机架、配线架安架；
  3. 模块、信息插座等安装。

7.5.15 智能建筑工程观感质量检查评价方法应符合第1.5.4条的规定。

7.5.16 智能建筑工程观感质量检查辅助表。

智能建筑工程观感质量检查辅助表是对每个检查项目的检查点进行观察辅以必要的量

测和检查分部（子分部）工程质量检查记录，按标准规定的"好"、"一般"、"差"给出评价，按标准规定的评价方法与判定，经分析计算判定将其结果填入评分表。

智能建筑工程观感质量检查辅助表 表 7.5.16

序号	检查项目	检查点检查结果			检查资料依据		检查结果
		检查点数	好的点数	一般的点数	差的点数	分项、子分部验收记录	现场检查记录	
1	综合布线、电源及接地线安装							
2	机柜、机架和配线安装							
3	模块、信息插座等安装							

汇总人： 年 月 日

7.5.17 智能建筑工程观感质量评价应符合表 7.5.17 的规定。

智能建筑工程观感质量评分表 表 7.5.17

工程名称		施工阶段		检查日期		年 月 日	
施工单位			评价单位				
序号	检查项目		应得分	判定结果			实得分	备注
				100%	85%	70%		
1	综合布线、电源及接地线等安装		35					
2	机柜、机架、配线架安装		35					
3	模块、信息插座等安装		30					
检查结果	权重值20分。 应得分合计： 实得分合计： 智能建筑工程观感质量评分 = $\frac{实得分}{应得分} \times 20 =$							

评价人员： 年 月 日

8 单位工程质量综合评价

8.1 工程结构质量评价

8.1.1 工程结构质量评价包括地基及桩基工程、结构工程（含地下防水层），应在主体结构验收合格后进行。

8.1.2 评价人员应在结构抽查地基础上，按有关评分表格内容进行核查，逐项作出评价。

8.1.3 工程结构凡出现《建筑工程施工质量评价标准》（GB/T 50375—2006）标准第3.4.4条规定否决项目之一的不得评优。

注：3.4.4 工程结构、单位工程施工质量内出现下列情况之一的不得进行优良评价：
1. 使用国家明令淘汰的建筑材料、建筑设备、耗能高的产品及民用建筑挥发性有害物质含量释放超

过国家规定的产品。

2. 地下工程渗漏超过有关规定、屋面防水出现渗漏、超过标准的不均匀的沉降、超过规范规定的结构裂缝，存在加固补强工程以及施工过程出现重大质量事故的。

3. 评价项目中设置否决项目，确定否决的条件是：其评价得分达不到二档，实得分达不到85%的标准分值；没有二档的为一档，实得分达不到100%的标准分值。设置的否决项目为：

地基及桩基工程：地基承载力、复合地基承载力及单桩竖向抗压承载力；

结构工程：混凝土结构工程实体钢筋保护层厚度、钢结构工程焊缝内部质量高强度螺栓连接副紧固质量；

安装工程：给水排水及采暖工程承压管道、设备水压试验，电气安装工程接地装置、防雷装置的接地电阻测试，通风与空调工程通风管道严密性试验，电梯安装工程电梯安全保护装置测试，智能建筑工程系统检测等。

8.1.4 工程结构凡符合《建筑工程施工质量评价标准》（GB/T 50375—2006）标准第3.4.5条特色工程加分项目的，可按规定在综合评价后直接加分。加分只限一次。

注：3.4.5有以下特色的工程可适当加分，加分为权重值计算后的直接加分，加分只限一次。

1. 获得部、省级及其以上科技进步奖，以及使用节能、节地、环保等先进技术获得部、省级奖的工程可加0.5~3分；

2. 获得部、省级科技示范工程或使用先进施工技术并通过验收的工程可加0.5~1分。

8.1.5 工程结构质量综合评价应符合下列规定：

工程结构质量综合评价评分应按表8.1.5进行。

工程结构质量综合评价表 表8.1.5

序号	检查项目	地基与桩基工程评价得分		结构工程评价得分（含地下防水层）		备注
		应得分	实得分	应得分	实得分	
1	现场质量保证条件	10		10		
2	性能检测	35		30		
3	质量记录	35		25		
4	尺寸偏差及限值及限值实测	15		15		
5	观感质量	5		15		
6	合计	(100)		(100)		
7	各部位权重实得分	A = 地基与桩基工程 评价×0.10 =		B = 结构工程 评分×0.40		
8	结构质量评分（$P_结$）： 特色工程加分项目分值（F）： $$P_结 = \frac{A+B}{0.50} + F$$ $$P_结 = \frac{A + (0.7B_1 + 0.2B_2 + 0.1B_3)B}{0.5} + F$$ $$P_结 = \frac{A+B}{0.5} \times 0.95 + G \times 0.05 + F$$					
				评价人员：	年 月 日	

工程结构评价得分应符合下式规定：

$$P_{结} = \frac{A + B}{0.50} + F$$

式中　$P_{结}$——工程结构评价得分；
　　　A——地基与桩基工程权重值实得分；
　　　B——结构工程权重值实得分；
　　　F——工程特色加分。

0.5系地基与桩基工程、结构工程在工程权重值中占比例10%、40%之和。

8.1.6　当工程结构有混凝土结构、钢结构和砌体结构工程的二种或三种时，工程结构评价得分应是每种结构在工程中占的比重及重要程度来综合结构的评分。

如：有一工程结构中有混凝土结构、钢结构及砌体结构三种工程，其中混凝土结构工程量占70%、钢结构占15%、砌体（填充墙）占15%，按《建筑工程施工质量评价标准》(GB/T 50375—2006)标准6.1.3条规定，按砌体工程只能占10%、混凝土工程占70%、钢结构占20%的比重来综合结构工程的评分。即：

$$P_{结} = \frac{A + (0.7B_1 + 0.2B_2 + 0.1B_3)B}{0.5} + F$$

式中　B_1——混凝土结构工程评价得分；
　　　B_2——钢结构工程评价得分；
　　　B_3——砌体结构工程评价得分。

8.1.7　当有地下防水层时，工程结构评价得分应符合下式规定：

$$P_{结} = \frac{A + B}{0.5} \times 0.95 + G \times 0.05 + F$$

式中　G——地下防水层评价得分。

8.2　单位工程质量评价

8.2.1　单位工程质量评价包括地基工程、结构工程（含地下防水层）、屋面工程、装饰装修工程及安装工程，应在工程竣工验收合格后进行。

8.2.2　评价人员应在工程实体质量和工程档案资料全面检查的基础上，分别按有关表格内容进行查对，逐项作出评价。

8.2.3　单位工程凡出现《建筑工程施工质量评价标准》(GB/T 50375—2006)标准第3.4.4条规定否决项目之一的不得评优。

注：3.4.4　工程结构、单位工程施工质量内出现下列情况之一的不得进行优良评价：

1. 使用国家明令淘汰的建筑材料、建筑设备、耗能高的产品及民用建筑挥发性有害物质含量释放超过国家规定的产品。

2. 地下工程渗漏超过有关规定、屋面防水出现渗漏、超过标准的不均匀的沉降、超过规范规定的结构裂缝，存在加固补强工程以及施工过程出现重大质量事故的。

3. 评价项目中设置否决项目，确定否决的条件是：其评价得分达不到二档，实得分达不到85%的标准分值；没有二档的为一档，实得分达不到100%的标准分值。设置的否决项目为：

地基及桩基工程：地基承载力、复合地基承载力及单桩竖向抗压承载力；

结构工程：混凝土结构工程实体钢筋保护层厚度、钢结构工程焊缝内部质量高强度螺栓连接副紧固

质量;

安装工程:给水排水及采暖工程承压管道、设备水压试验,电气安装工程接地装置、防雷装置的接地电阻测试,通风与空调工程通风管道严密性试验,电梯安装工程电梯安全保护装置测试,智能建筑工程系统检测等。

8.2.4 单位工程凡符合《建筑工程施工质量评价标准》(GB/T 50375—2006)标准第 3.4.5 条特色加工程加分项目的,可在单位工程质量评价后按规定值接加分。工程结构和单位工程特色加分,只限加一次,选取一个最大加分项目。

注:3.4.5 有以下特色的工程可适当加分,加分为权重值计算后的直接加分,加分只限一次。

1. 获得部、省级及其以上科技进步奖,以及使用节能、节地、环保等先进技术获得部、省级奖的工程可加 0.5~3 分;

2. 获得部、省级科技示范工程或使用先进施工技术并通过验收的工程可加 0.5~1 分。

8.2.5 单位工程质量综合评价应符合下列规定:

单位工程质量评价评分应按表 8.2.5 进行。

单位工程质量评价评分应符合下式规定:

$$P_{竣} = A + B + C + D + E + F$$

式中 $P_{竣}$——单位工程质量评价得分;

C——屋面工程权重值实得分;

D——装饰装修工程权重值实得分;

E——安装工程权重值实得分;

F——特色工程加分。

8.2.6 安装工程权重值得分计算与调整应符合下列规定:

安装工程包括五项内容,当工程安装项目全有时每项权重值为 4 分;当安装工程项目有缺项时可按安装项目的工作量进行调整,调整时总分值 20 分,但各项应为整数。

单位工程质量综合评价表　　　　表 8.2.5

序号	检查项目	地基及桩基工程评价得分		结构工程评价得分(含地下防水层)		屋面工程评价得分		装饰装修工程评价得分		安装工程评价得分		备注
		应得分	实得分	应得分	实得分	应得分	实得分	应得分	实得分	应得分	实得分	
1	现场质量保证条件	10		10		10		10		10		
2	性能检测	35		30		30		20		30		
3	质量记录	35		25		20		20		30		
4	尺寸偏差及限值实测	15		20		20		10		10		
5	观感质量	5		15		20		40		20		
6	合计	(100)		(100)		(100)		(100)		(100)		
7	各部位权重值实得分	A=地基及桩基工程评分 ×0.10=		B=结构工程评分 ×0.40=		C=屋面工程评分 ×0.05=		D=装饰装修工程评分 ×0.25=		E=安装工程评分 ×0.20=		
8	单位工程质量评分($P_{竣}$): 特色工程加分项目加分值(F): $P_{竣} = A + B + C + D + E + F$ 评价人员:　　　年　月　日											

8.3 单位工程各项目评分汇总及分析

8.3.1 单位工程各工程部位、系统汇总应符合下列规定：

各项目评价得分应按表8.3.1进行汇总。

单位工程质量各项目评价得分汇总表　　　　表8.3.1

序号	检查项目	地基及桩基工程	结构工程（含地下防水层）	屋面工程	装饰装修工程	安装工程	合计	备注
1	现场质量保证条件							
2	性能检测							
3	质量记录							
4	尺寸偏差及限值实测							
5	观感质量							
	合　计							

8.3.2 单位工程各部位、系统评分及分析应符合下列规定：

工程部位、系统的评价项目实际得分（即竖向中部分）相加，可根据得分情况评价分析工程部位、系统的质量水平程度。

8.3.3 单位工程各项目评价得分及评价分析应符合下列规定：

各工程单位、系统相同项目实际评价得分（即横向部分）相加，可根据得分情况评价分析项目的质量水平程度；各项目实际评价得分（即竖向部分）相加，可根据得分情况评价分析工程部位、系统的质量水平程度。

8.4 工程质量评价报告

8.4.1 工程结构、单位工程质量评价后均应出具评价报告，评价报告应由评价机构编制，应包括下列内容：

1. 工程概况。
2. 工程评价情况。
3. 工程竣工验收情况：附建设工程竣工验收备案表和有关消防、环保等部门出具的认可文件。
4. 工程结构质量评价情况及结果。
5. 单位工程质量评价情况及结果。

8.4.2 工程质量评价报告应符合下列要求：

1. 工程概况中应说明建设工程的规模、施工工艺及主要的工程特点、施工过程的质量控制情况。
2. 工程质量评价情况应说明委托评价机构，在组织、人员及措施方面所进行的准备工作和评价工作过程。
3. 说明建设、监理、设计、勘察、施工等单位的竣工验收评价结果和意见，并附评价文件。
4. 工程结构和单位工程评价应重点说明工程评价的否决条件及加分条件等审查情况。
5. 工程结构和单位工程质量评价得分及等级情况。

主要参考文献

1 《建筑工程施工质量验收统一标准》（GB 50300—2001），中国建筑工业出版社，2001
2 《建筑地基基础工程施工质量验收规范》（GB 50202—2002），中国建筑工业出版社，2002
3 《砌体工程施工质量验收规范》（GB 50203—2002），中国建筑工业出版社，2002
4 《混凝土结构工程施工质量验收规范》（GB 50204—2002），中国建筑工业出版社，2002
5 《钢结构工程施工质量验收规范》（GB 50205—2001），中国建筑工业出版社，2001
6 《木结构工程施工质量验收规范》《GB 50206—2002》，中国建筑工业出版社，2002
7 《屋面工程施工质量验收规范》（GB 50207—2002），中国建筑工业出版社，2002
8 《地下防水工程施工质量验收规范》（GB 50208—2002），中国建筑工业出版社，2002
9 《建筑地面工程施工质量验收规范》（GB 50209—2002），中国建筑工业出版社，2002
10 《建筑装饰装修工程施工质量验收规范》（GB 50210—2001），中国建筑工业出版社，2001
11 《给排水与采暖工程施工质量验收规范》（GB 50242—2002），中国建筑工业出版社，2002
12 《电气工程施工质量验收规范》（GB 50303—2002），中国建筑工业出版社，2002
13 《通风与空调工程施工质量验收规范》（GB 50243—2002），中国建筑工业出版社，2002
14 《电梯工程施工质量验收规范》（GB 50310—2002），中国建筑工业出版社，2002
15 《智能建筑工程施工质量验收规范》（GB 50339—2003），中国建筑工业出版社，2003
16 王立信主编．建筑安装工程施工技术资料编审手册．石家庄：河北科学技术出版社，1995
17 王立信等编．《河北省建筑工程技术资料管理规程》．石家庄：河北科学技术出版社，2002
18 吴松勤主编．建筑工程施工质量验收规范应用讲座．北京：中国建筑工业出版社，2002
19 王立信主编．建筑工程质量验收指南．北京：中国建筑工业出版社，2003
20 王立信主编．建筑工程技术资料应用指南．北京：中国建筑工业出版社，2003
21 王立信主编．建筑工程施工技术编制实例．北京：中国建筑工业出版社，2004
22 王立信主编．建设工程监理工作实务应用指南．北京：中国建筑工业出版社，2005
23 《建筑工程施工质量评价标准》（GB/T 50375—2006），中国建筑工业出版社，2006